Elmar Kulke, Heiner Monheim und Peter Wittmann
(Hrsg.)

GrenzWerte

55. Deutscher Geographentag Trier 2005
1. bis 8. Oktober 2005

GrenzWerte

Tagungsbericht und
wissenschaftliche Abhandlungen

im Auftrag der Deutschen Gesellschaft für Geographie (DGfG)
herausgegeben von

Elmar Kulke, Heiner Monheim und Peter Wittmann

Berlin, Leipzig, Trier 2006

Schriftleitung: Peter Wittmann
Layout und Satz: Peter Wittmann
Umschlaggestaltung: Martin Lutz, Jens Rohland

Umschlagfoto: Martin Lutz

Druck: Maxroi Graphics GmbH, Görlitz | www.maxroi.de

ISBN 3-9808754-2-3

© 2006 Deutsche Gesellschaft für Geographie (DGfG) | www.geographie.de

Inhalt

Vorwort
Elmar *Kulke*, Heiner *Monheim* und Peter *Wittmann* 1

Eröffnung
Heiner *Monheim:* Grußwort 3
Elmar *Kulke:* Eröffnung des 55. Deutschen Geographentags 7
Peter *Schwenkmezger:* Grußwort 11
Helmut *Schröer:* Gegenwartsprobleme und Zukunftsperspektiven der Stadt Trier 15
Karl-Heinz *Klär:* Neue Herausforderungen an die Deutschland- und
    Europapolitik aus der Sicht von Rheinland-Pfalz 19
Paul *Reuber:* Die Grenzen Europas als soziale und politische Ordnungen
    (Festvortrag und zugleich Keynote-Vortrag zu Leitthema A) 23

Schlussveranstaltung
Heiner *Monheim:* Schlussansprache 55. Deutscher Geographentag Trier 2005 33
Elmar *Kulke:* Die aktuelle Lage der Deutschen Geographie – Bilanz und Ausblick 37

Leitthemen des 55. Deutschen Geographentags Trier 2005

Keynote-Vorträge
Paul *Reuber:* Die Grenzen Europas als soziale und politische Ordnungen
    (Keynote-Vortrag zu Leitthema A und zugleich Festvortrag in der
    Eröffnungsveranstaltung) .... (23)
Karl *Ganser:* Akzeptanz von Wachstums- und Schrumpfungsprozessen
    in Deutschland (Keynote-Vortrag zu Leitthema B) 43
Wolfhard *Symader:* Relativität von Grenzen und Raumeinheiten
    (Keynote-Vortrag zu Leitthema C) 67
Stefan *Schmitz:* Der Nachhaltigkeitsdiskurs in globaler Sicht
    (Keynote-Vortrag zu Leitthema E) 77

Leitthema A – Europa ohne Grenzen?

Sitzung 1: Konvergenz oder Divergenz in der Wirtschaft in Europa
Eike W. *Schamp* und Walter *Thomi:* Einleitung 87
Wolfgang *Schwarz* und Karin *Vorauer-Mischer:* Konvergenz oder Divergenz
    der regionalen Entwicklung in Europa? 89
Martin *Hallet:* Die Bedeutung des Euro für die regionale Wirtschaftentwicklung 99
Stefan *Krätke:* Europas Stadtsystem zwischen Metropolisierung und Globalisierung ... 109
Martina *Fuchs:* Europäische Peripherien im Wettbewerb und die Restrukturierung
    von Industrien in Süd- und Osteuropa 119

Sitzung 2: Grenzüberschreitende Verflechtung und Mobilität
Heinz *Fassmann* und Klaus *Friedrich:* Einleitung 129
Gustav *Lebhart:* „Migrating Europe" – ein Überblick 133
Birgit *Glorius:* Transnationale Arbeitsmigration am Beispiel
    polnischer Arbeitsmigranten in Deutschland 141
Heike *Jöns:* Internationale Mobilität von Wissen und Wissensprodukten 151
Anthony M. *Warnes:* Older foreign migrants in Europe: multiple pathways
    and welfare positions 161

Sitzung 3*: Neuorientierung des Tourismus in Europa/Tourismus zwischen Wachstum und Krise

Hans *Hopfinger:* Einleitung 167
Harald *Pechlaner:* Europa als touristisches Ziel. Internationales,
　nationales und regionales Destinationenmanagement (Kurzfassung) 169
Dietrich *Soyez:* Pfade des europäischen Industrietourismus: Begrenzungen
　und Potenziale (Kurzfassung) 171
Felizitas *Romeiß-Stracke:* Die europäische Stadt – touristische Attraktion im Wandel ... 173
Christian *Steiner,* Ala *Al-Hamarneh und* Günter *Meyer:* Krisen, Kriege, Katastrophen
　und ihre Auswirkungen auf den Tourismusmarkt (Kurzfassung) 179
Aline *Albers* und Heinz-Dieter *Quack:* Chancen und Grenzen ökotouristischer
　Entwicklung: Das Beispiel der Nordfriesischen Insel Amrum 181

Sitzung 4: Europa im Geographieunterricht

Michael *Hemmer* und Michael *Ernst:* Einleitung 191
Helmut *Köck:* Wachstum ohne Grenzen? – Versuch einer geographi(edidakti)schen
　Positionsbestimmung zu(r) künftigen EU-Erweiterung(en) 193
Ingrid *Hemmer,* Michael *Hemmer,* Gabi *Obermaier* und Rainer *Uphues:* Topographische
　Europakenntnisse von Schülerinnen und Schülern – zwischen Wunsch(-bild)
　und Wirklichkeit 207
Christiane *Meyer* und Gundula *Scholz:* Europa in unseren Köpfen – Grenzregionen
　im Geographieunterricht am Beispiel des SaarLorLux-Raumes 217
Hartwig *Haubrich:* Standards geographischer Europaerziehung – ein normativer
　Diskussionsbeitrag 227

Leitthema B – Grenzen von Wachsen und Schrumpfen

Sitzung 1: Schrumpfung und Entgrenzung in der Stadtentwicklung

Frauke *Kraas* und Ulrike *Sailer:* Einleitung 237
Jürgen *Bähr* und Ulrich *Jürgens:* Grenzloses Wachstum in den Metropolen
　des Südens? Sozialräumliche und planerische Konsequenzen im Vergleich
　zwischen Lateinamerika und dem subsaharischen Afrika 239
Thomas *Krafft:* Entgrenzung und Steuerbarkeit: Herausforderung für die
　Gesundheitsversorgung in den Megastädten Asiens 249
Sigrun *Kabisch:* Stadtumbau Ost und West: Chancen und Grenzen
　von Schrumpfung 257
Monika *Alisch:* Steuerung in der Sozialen Stadt – Anmerkungen zur
　Sozialverträglichkeit von Wachsen und Schrumpfen 267

Sitzung 2: Verkehrsentwicklung zwischen Marktliberalisierung und Nachhaltigkeit

Jürgen *Deiters* und Andreas *Kagermeier:* Einleitung 277
Cordula *Neiberger:* Globalisierung der Güterverkehrsbranche – Der Einfluss von
　Deregulierung, veränderten Kundenanforderungen und neuen Technologien
　auf den internationalen Güterverkehr 281
Tobias *Behnen:* Die deutsche „Flughafenlandschaft" im Wandel: Etablierte
　Standorte und „Newcomer Airports" zwischen Krise und Wachstum 291
Werner *Rothengatter:* Planung und Finanzierung der Verkehrsinfrastruktur unter
　nachhaltigen Entwicklungsbedingungen 301
Martin *Lanzendorf:* Im Osten auf der Überholspur? – Zur Transformation
　von Verkehr und Mobilität in den neuen Bundesländern 309

---

* Die Beiträge der Sitzungen A3 und B3 sind auf Wunsch der Sitzungsleitung zu einem Themenblock zusammengefasst

Sitzung 3: Tourismus zwischen Wachstum und Krise
   (siehe Leitthema A, Sitzung 3)

Sitzung 4: Geographieunterricht zu Beginn des 21. Jahrhunderts

Helmut *Köck:* Einleitung 319
Wolfgang *Hassenpflug* und Sylke *Hlawatsch:* Zum Erwerb geowissenschaftlicher
   Kompetenzen im geographischen Unterricht des 21. Jahrhunderts 321
Jörg *Scheffer:* Das Kulturraumkonstrukt im Zeichen von Globalisierung und
   Interkulturalität und seine Bedeutung für einen zeitgemäßen
   Geographieunterricht 331
Armin *Hüttermann:* Geographie und Wirtschaft – Synergien oder Konkurrenz
   im Unterricht? 341
Sibylle *Reinfried:* Effektiver Geographieunterricht durch Bildungsstandards?
   Folgen der Standardisierung für die Schulgeographie in den USA 351

Leitthema C – Relativität von Grenzen und Raumeinheiten

Sitzung 1: Luft-, Wasser-, Stofftransporte grenzenlos: Raumeinheiten auf
unterschiedlichen Skalenniveaus

Thomas *Mosimann* und Harald *Zepp:* Einleitung 361
Rainer *Duttmann,* Karsten *Krüger* und Kay *Sumfleth:* No data als Problem – Wo die
   Landschaftsmodellierung an ihre Grenze stößt 363
Ralf *Ludwig* und Wolfram *Mauser:* Realität im Modell? – Integrative methodische
   Ansätze zur Modellierung von Wasser- und Stoffflüssen in mesoskaligen
   Flussgebieten 373
Benjamin *Burkhard* und Felix *Müller:* Von der norddeutschen Kulturlandschaft
   zu den Grenzen der Ökumene – Modellierung des Wasser- und
   Stoffhaushaltes auf verschiedenen Skalen 383

Sitzung 2: Geovisualisierung zwischen staatlicher Präsentation und
dynamischer Interaktion

Jürgen *Bollmann* und Manfred F. *Buchroithner:* Einleitung 393
Lars *Bernard* und Albrecht *Wirthmann:* INSPIRE – Der Weg zu einer
   Europäischen Geodateninfrastruktur 397
Sebastian *Lentz:* Geowissenschaftliche Karten und Kartenwerke oder
   Fachinformationssysteme – eine Analyse anhand des Nationalatlas
   Bundesrepublik Deutschland 405
Andreas *Müller:* Datenexploration und Wissenskommunikation
   in der Geovisualisierung 415
Lorenz *Hurni:* Anwendung kartographischer Medien im Rahmen
   aktueller I+K-Technologien 425

Sitzung 3: Naturgefahren und die Probleme der Grenzziehung

Richard *Dikau* und Jürgen *Pohl:* Einleitung 433
Karl-Heinz *Rother:* Räumliche und institutionelle Grenzen
   der Hochwasservorsorge in Europa 437
Ortwin *Renn,* Christina *Benighaus* und Andreas *Klinke:* Die Bedeutung
   anthropogener Eingriffe in natürliche Prozesse: die Wechselwirkungen
   zwischen Naturgefahren und Risiken 443
Thomas *Glade:* Herausforderungen bei der Abgrenzung von Gefährdungsstufen
   und der Festlegung gefährdeter Zonen von Naturgefahren 453

Sitzung 4: Biogeographie und die Relativität von Grenzen und Räumen
Paul *Müller:* Einleitung 463
Thomas *Schmitt:* Landschaftsstrukturen und molekulare Biogeographie 465
Peter *Nagel*, Ralf *Peveling* und Brice *Sinsin:* Biodiversitätsschutz durch Teakplantagen? ... 473

Leitthema D – Indikatoren globaler Umweltveränderungen

Sitzung 2: Landschaftsveränderung und Umweltbelastung in Mittelgebirgsräumen
Jörg *Völkel:* Einleitung 483
Jörg *Völkel* und Thomas *Raab:* Paläoökosystemforschung in prähistorischen Siedlungskammern und Zentren historischen Bergbaus im ostbayerischen Mittelgebirgsraum 487
Karsten *Grunewald* und Jörg *Scheithauer:* Landschaftsveränderung und Umweltbelastung im Erzgebirge 497
Alexandra *Raab* und Jörg *Völkel:* Sedimente und Moore in Mittelgebirgsräumen als Archive der Landschaftsgeschichte – Prospektion, Analyse, Fallbeispiele 507
Thomas *Ludemann:* Gegenwartsbezogene Landschaftsgenese des Schwarzwaldes und der Vogesen auf der Grundlage paläoökologischer Untersuchungsmethoden 517

Sitzung 3: Klimatrends und Extremereignisse
Eberhard *Parlow* und Jörg *Bendix:* Einleitung 527
Heinz *Wanner:* Struktur und Dynamik spätholozäner Klimaschwankungen in Europa 529
Christoph *Schneider:* Klimaindikatoren aus der Wetterküche der Südhemisphäre: zum Gletscherwandel in Patagonien und auf Feuerland 537
Jan *Esper*, Robert J. S. *Wilson*, David C. *Frank*, Anders *Moberg*, Heinz *Wanner* und Jürg *Luterbacher:* Strategies for Improving Large-Scale Temperature Reconstructions 547
Werner *Eugster* und Nicolas *Schneider:* Auswirkungen der Landnutzungsänderung auf das regionale Klima: das Typbeispiel Juragewässerkorrektion 553

Sitzung 4: Umweltwahrnehmung – Umweltbildung – Umwelthandeln
Martina *Flath:* Einleitung 561
Petra *Schweizer-Ries:* Neueste Erkenntnisse der Umweltpsychologie zur Umweltwahrnehmung 563
Heidi *Megerle:* Landschaftsinterpretation und erlebnispädagogische Elemente als neue Ansätze zur Förderung der Umweltbildung und des Umwelthandelns 573
Johanna *Schockemöhle:* Gestaltungskompetenz fördern – Potenzial der Szenario-Methode aus der Perspektive der Bildung für nachhaltige Entwicklung 583
Andreas *Keil:* Umweltwahrnehmung im Ballungsraum: (Industrie-)Wälder im Ruhrgebiet – neue außerschulische Naturerfahrungs- und Lernräume der offenen Ganztagsgrundschule in NRW 593

Leitthema E – Nachhaltigkeit: Grenzbereich zwischen Ressourcenerhalt und -degradation

Sitzung 1: Ressourcen, Gewalt und Gerechtigkeit
Michael *Flitner* und Dietrich *Soyez:* Einleitung 603

Matthias *Basedau:* Öl als Gewaltursache? Empirische Ergebnisse zum Zusammenhang von Ressourcenreichtum und Gewalt in „Entwicklungsländern" 607

Jürgen *Oßenbrügge:* Konflikte ohne Ende? Zu den materiellen Grundlagen afrikanischer Gewltökonomien 617

Benedikt *Korf:* Hydraulischer Imperialismus, Geographie und epistemische Gewalt in Sri Lanka 627

Caroline *Desbiens:* A New Path to the Waterfall: Nature, Nation and Hydroelectric Development in James Bay 635

Sitzung 2: Landnutzungswandel und Landdegradation – Prozesserfassung und Szenarien einer nachhaltigen Nutzung

Johannes *Ries* und Manfred *Meurer:* Einleitung 639

Santiago *Beguería-Portugués,* José I. *López-Moreno,* Noemí *Lana-Renault,* Estela *Nadal-Romero,* Pilar *Serrano-Muela,* Jérôme *Latron,* David *Regüés-Muñoz,* Teodoro *Lasanta,* Carlos *Martí-Bono* and José M. *García-Ruiz:* Global Change and Water Resources in the Mediterranean Mountains: Threats and Opportunities 641

Joachim *Hill,* Achim *Röder* und Sebastian *Mader:* Landdegradation und Desertifikation. Die Erfassung prozessrelevanter Oberflächeneigenschaften mit optischen Fernerkundungssystemen 651

Tillmann *Buttschardt:* Biosphärenreservate als Modell für nachhaltige Nutzungssysteme – das Beispiel Westafrika und das Biosphärenreservat Pendjari 661

Marcus *Nüsser* und Cyrus *Samimi:* Politische Ökologie im südlichen Afrika: Problemkontexte, Ursachen und Konsequenzen 671

Sitzung 3: Bodenerosionsforschung: Experiment und Modell

Rainer *Duttmann* und Ádám *Kertész:* Einleitung 679

Hans-Rudolf *Bork,* Stefan *Dreibrodt* und Andreas *Mieth:* Bodenerosion als globales Umweltproblem 681

Jürgen *Böhner:* Regionalisierungsmethoden für räumlich differenzierte Erosionsprognosen 689

Thomas *Mosimann:* Bodenerosionsschutz – Wie weiter mit der „neuen" Landwirtschaft? 699

Sitzung 4: Interessen- und Nutzungskonflikte als Gegenstand des Geographieunterrichts

Johann-Bernhard *Haversath* und Gisbert *Rinschede:* Einleitung 709

Dieter *Böhn:* Geopolitik – (k)ein Thema für den Geographieunterricht 713

Thomas *Hoffmann:* Brennpunkt Wasser. Das Konfliktpotenzial einer elementaren Ressource – dargestellt am Beispiel Mittelasien 723

Thomas *Breitbach:* Konfliktentstehung und Konfliktlösung im Geographieunterricht 733

Anhang

Autoren- und Herausgeberverzeichnis 743

Vorwort

Unter dem Motto *GrenzWerte* fand vom 1.–8. Oktober 2005 in Trier der 55. Deutsche Geographentag statt. Im Viereck zwischen Deutschland, Luxemburg, Belgien und Frankreich lag es nahe, mit dem Motto zu zeigen, dass heute viel im Fluss ist mit den Grenzen Europas, mit den Grenzen von Wirtschaft, Kulturen und gesellschaftlichen Werten, mit den Grenzen der Fachdisziplinen sowie den wissenschaftlichen oder politisch-planerischen Grenzwerten.

Die Keynote-Vorträge und die Beiträge zu den Leitthemensitzungen werden traditionsgemäß in einem Sammelband von der Deutschen Gesellschaft für Geographie und dem Ortsausschuss als den Veranstaltern des Geographentags herausgebracht. In Trier erfolgte eine umfassende Standortbestimmung zu den Leitthemen

- Europa ohne Grenzen?
- Grenzen von Wachsen und Schrumpfen
- Relativität von Grenzen und Raumeinheiten
- Indikatoren globaler Umweltveränderungen
- Nachhaltigkeit: Grenzbereich zwischen Ressourcenerhalt und -degradation

Die Beiträge bieten einen breiten Überblick über aktuelle Forschungsfelder der Humangeographie, der Physischen Geographie und der Geo- und Umweltwissenschaften. Ein ausgewogenes Gleichgewicht zwischen den verschiedenen Teilen der Geographie war besonderes Anliegen der Programmgestalter und findet sich nun auch in diesem Sammelband. Dem Generationenwechsel in der Geographie trägt Rechnung, dass nicht nur etablierte Kolleginnen und Kollegen zu den Autoren gehören, sondern dass auch bei den Leitthemen der wissenschaftliche Nachwuchs zum Zuge kam. Noch sehr viel deutlicher wurde beim Geographentag das große Engagement des Nachwuchses bei den Posterausstellungen und im Programm „Der Junge Geographentag".

Da der Trierer Geographentag der letzte Geographentag im „klassischen Format" war, lohnt an dieser Stelle eine kurze Nachlese mit einigen Überlegungen zur Zukunft der Geographentage und zur Publikation der Ergebnisse. Der Geographentag Trier war ein Erfolg. Mit insgesamt 2000 Teilnehmern wurde angesichts der schwierigen Randbedingungen (fiskalischer Sparkurs aller öffentlichen Hände, private Finanzknappheit vieler Geographen, Terminüberschneidung mit Konkurrenzveranstaltungen) ein respektables Ergebnis erzielt. Es gab viele positive Reaktionen zu Inhalt und Organisation.

Künftige Geographentage brauchen eine professionelle Organisation und bessere Finanzierungsbasis, um auf jeden Fall mindestens 2000 zahlende Teilnehmer zu finden. Künftige Geographentage müssen mit ihrem Programm und ihrem Zeitplan den Anforderungen der verschiedenen Teilnehmergruppen – Hochschulgeographen, Studierende, Lehrer und Praktiker – noch besser Rechnung tragen. In Trier waren die Lehrer und die Praktiker mit (zu) kleinen Teilnehmerzahlen vertreten.

Große Verantwortung für eine hohe Beteiligung tragen die Hochschulgeographen, wobei sie auch mehr als bisher die Teilnahme von Studierenden fördern sollten. Zwei Strategien können deren Beteiligung sicherstellen. Erstens eine Einbeziehung der Fachschaften oder anderer studentischer Verbände bei der Vorbereitung und Programmaufstellung. Trier hat mit dem „Jungen Geographentag" einen erfolgreichen Versuch zur Schaffung eines Forums für studentische Beiträge gemacht, der fortgeführt werden sollte. Zweitens könnten alle Institute ihre Exkursionen gezielt in den Dienst der Geographentage stellen. Wenn jedes Institut aus deutschen, österreichischen und Schweizer Landen mit Exkursionen den „Geographentag" besucht, dann braucht kein Ortsausschuss mehr um eine ausreichende Teilnehmerzahl zu zittern.

Solche Überlegungen sind nicht nur für das Erreichen ausreichender Teilnehmerzahlen wichtig. Wichtig ist auch, dass ein Geographentag ein ausreichendes fachliches Echo in allen Teilgruppen erfährt, dass er für ein paar Jahre die Fachdiskussion maßgeblich mit prägt und dass er eine Serie von Publikationen anstößt. Der Sammelband „Tagungsbericht und wissenschaftliche Abhandlungen" der DGfG vermag dieses Ziel alleine nicht zu erreichen.

Auch Praktiker und Schulgeographen müssen dafür sorgen, dass in ihren einschlägigen Publikationsorganen im Vorfeld und im Nachhinein der Geographentag zum Thema gemacht wird. Im Falle des Trierer Geographentages hat zum Beispiel der „Standort" ein Jahr vorher einen längeren Beitrag zum Trierer Geographentag gebracht, kurz vor dem Geographentag erschien dann noch ein eigenes Themenheft zu Stadt und Region Trier und ihren Planungsthemen. Optimal wäre, wenn nach jedem Geographentag auch ein Sammelband der praxisrelevanten Beiträge erscheinen würde, der vor allem die Praxisklientel erreicht. Gleiches gilt für den Teilbereich der Schulgeographen. Bisher macht es große organisatorische Schwierigkeiten, alle Lehrer in allen Schulstufen informatorisch zu erreichen. Und dann ist die Teilnahmemotivation der informierten Lehrer noch zu klein. Wenn künftig die Geographentage eine kompakte und ausreichend attraktive Angebotspalette für die Lehrer aufweisen, sollte es gelingen, mehr Lehrer anzuziehen. Und im Anschluss sollte es möglich sein, einen attraktiven Sammelband mit allen schulrelevanten Beiträgen zu publizieren.

Der Trierer Geographentag hat Optimismus und Stolz unter den Geographen verbreitet. Das Fach hat sich gründlich „rundum erneuert". Mit großer thematischer und methodischer Vielfalt sind Geographen heute auf immer mehr Teilmärkten erfolgreich. Die Geographie ist in hohem Maße diskussionsfreudig, streitbar, und sie hat eine beachtliche konzeptionelle Vielfalt. Die hohe inhaltliche Qualität, aber auch große politische und planerische Relevanz der Themen zeigt dieser Sammelband. Viel Spaß bei der Lektüre, die allen Teilnehmern noch einmal die selbst gehörten Beiträge lebhaft in Erinnerung bringt und gleichzeitig die Chance bietet, die Beiträge, die man gern gehört hätte, es aber dann doch nicht schaffte, nachzulesen.

Ein frohes Wiedersehen 2007 in Bayreuth wünschen
Elmar Kulke, Heiner Monheim und Peter Wittmann

Berlin, Leipzig, Trier
im April 2006

Rede des Vorsitzenden des Ortsausschusses zur Eröffnung des 55. Deutschen Geographentags

Heiner Monheim (Trier)

Liebe, große Geographenfamilie aus Deutschland und den Nachbarländern,
liebe Freunde der Geographie aus den Nachbardisziplinen,
liebe Interessierte aus der Region Trier,
liebe Journalisten

Die Universität Trier als junge Hochschulneugründung
Ab heute Mittag werden wir hier in Trier auf dem Campus einer noch relativ jungen Universität tagen. Wie viele andere Hochschulneugründungen der 1970er Jahre resultierte der Impuls für die Gründung diese Universität aus typischer bildungsgeographischer und wirtschaftsgeographischer Regionalanalyse. Damals haben Bundesraumordnung und Landesplanung es geschafft, den Verantwortlichen für Hochschulplanung in Ländern, Bund und Wissenschaftsrat Hochschulen als ein wichtiges Instrument der Regionalentwicklung bewusst zu machen.

Hochschulpolitik als Sparpolitik
Heute sehen die Vorzeichen der Hochschulpolitik leider anders aus. In den meisten Bundesländern kämpfen die Hochschulen mit harten Sparzwängen. Was für eine Diskrepanz zu den wohltönenden Reden dieses Wahlkampfes über die hohe Priorität von Bildung und Forschung. Die Geographie sieht sich von vielen Kürzungen bedroht: Kürzungen der Stundentafeln an den Schulen, Kürzungen der Budgets an den Hochschulen, ja sogar Schließungen von Instituten.

Der Arbeitsmarkt für Geographen wächst
Zur gleichen Zeit legt die Bundesagentur für Arbeit Ihre neue Broschüre über den Arbeitsmarkt für Geographen vor, die deutlich zeigt: Die Geographie erfreut sich aktuell einer stark wachsenden Nachfrage in allen Studiengängen. Und die fertigen Geographen bewähren sich auf hervorragende Weise am Arbeitsmarkt und erschließen sich immer neue Berufsfelder. „Never change a winning team", möchte man da den Sparkommissaren zurufen.

Neue Hochschulen und ihre Geographen als „Motoren" der Regionalentwicklung
Nicht umsonst mahnt die OECD das reiche Deutschland, angemessen in Bildung und Forschung zu investieren. Stattdessen bedrohen jahrelange Vakanzen die Qualität in Lehre und Forschung. Wer Geographische Institute schließen will, muss wissen, dass eine dezentrale, auch regional ausgerichtete Struktur Geographischer Institute viele Vorteile hat. Die Region Trier beispielsweise profitiert seit 25 Jahren davon, dass praxisorientierte Geographen und Geographiestudenten viele Planungsfragen bearbeiten und damit wichtige Impulse für die lokale und regionale Politik und Wirtschaft gegeben haben.

Eröffnung

Angewandte Geographie hilft bei der Früherkennung von Problemen und schützt vor Fehlern
Und Bund und Länder sollten nicht vergessen, dass die Angewandte Geographie mit ihren vielen Analysen und Planungskonzepten maßgeblich dazu beiträgt, Fehlentwicklungen im Bereich von Umwelt, Siedlung, Verkehr, Wirtschaft und Landwirtschaft frühzeitig zu erkennen und zu korrigieren. Investitionen in die Geographie zahlen sich mit einem Vielfachen an „Turn Over" wieder aus. Es ist grotesk, dass im Bereich der harten Infrastruktur aus Beton, der Flughäfen, der Autobahnen und anderer Großprojekte das öffentliche Geld üppiger sprudelt als je zuvor, während das eigentliche Kapital unseres Landes, die Bildungs- und Forschungsressourcen vernachlässigt werden, und zwar an beiden Enden, sowohl bei Kinderkrippen, Kindergärten und Schulen als auch bei den Hochschulen.

Geographie hat sich phantastisch weiterentwickelt
Nach diesem Monitum will ich nun aber lobende Töne anstimmen. Diese betreffen die inhaltliche Erfolgsstory der deutschen Geographie. 1969 haben die Fachschaften beim Kieler Geographentag die deutsche Geographie scharf kritisiert, als veraltet, hausbacken, wenig innovationsbereit. Seitdem ist die Geographie auf eine faszinierende Weise modern geworden. Sie arbeitet weithin mit innovativen Methoden. Sie reflektiert die sozial- und wirtschaftswissenschaftliche und naturwissenschaftliche Theoriebildung. Sie ist in hohem Maße anwendungsorientiert. Sie ist mit vielen ihrer Themen sehr aktuell und politikrelevant. Und sie nimmt ihre besondere Integrationsrolle zwischen den verschiedenen sozial- und naturwissenschaftlichen, planungs- und raumwissenschaftlichen Disziplinen produktiv wahr.

Diplomgeograph als Erfolgsmodell muss hohe Maßstäbe für neue BA/MA-Studiengänge setzen
Die Einführung anwendungsorientierter Diplom-Geographiestudiengänge an fast allen deutschen Universitäten hat eine beachtliche Erfolgsstory ausgelöst und den Arbeitsmarkt für Geographen geöffnet. Insofern schmerzt es schon ein wenig, dass der Diplomgeograph, unser in mittlerweile 45 Jahren erfolgreich aufgebautes Markenzeichen, im Zug des Bologna-Prozesses abgeschafft wird. Es wird umso wichtiger sein, in Zukunft im BA/MA-Kontext ein scharfes praxisrelevantes Profil zu verteidigen und damit auch die neuen Abschlüsse marktgängig zu halten.

Programm des Geographentags: aktuell, innovativ, jung
Unser Programm für die nächsten drei Tage kann für sich in Anspruch nehmen, die große Breite moderner geographischer Forschung und Praxisorientierung der Öffentlichkeit zu verdeutlichen. Die Geographie gehört zwar historisch zu den ältesten Fächern. Sie ist aber trotzdem heute jung und innovativ. Das beweisen auch die verschiedenen Veranstaltungen des Jungen Geographentags. Das beweisen die 666 zahlenden Studenten unter unseren Teilnehmern. Und das beweist die große Zahl junger Referenten.

Neue Strukturen für künftige Geographentage
Erlauben Sie mir am Ende noch ein Wort der Nachdenklichkeit zur Institution der Geographentage. Wir in Trier haben einen aufreibenden Vorbereitungsprozess hinter uns. Die Organisatoren früherer Geographentage wissen, wovon ich rede. Deshalb sehen wir mit Freude und großer Zustimmung, dass der institutionelle Rahmen für Geo-

graphentage sich ab 2007 so entwickeln soll, dass ein gemeinsamer Kongress aller Teilverbände mit zentraler Finanzierung und professionellen Organisationsstrukturen stattfindet. Bisher finanzieren sich Geographentage aus Teilnehmerbeiträgen. Das ist der Grund, warum wir darauf achten müssen, dass auch alle Teilnehmer ihre Beiträge zahlen, denn nur das deckt unsere Kosten.

Geographentag wieder als zentralen Treffpunkt aller Geographen etablieren
Diese Feststellung verbinde ich mit einem Appell: Die deutschen Geographen müssen ihre Geographentage wieder richtig annehmen, es muss wieder selbstverständlich sein, dass man dort hinfährt, mitdiskutiert, sich um Vorträge bewirbt. Die vielen „atomisierten" geographischen Fachtagungen der kleinen Netzwerke dürfen die Geographentage nicht kannibalisieren. Das Fach braucht dieses regelmäßigen Treffen: als Forum nach innen und Schaufenster nach außen. Die Öffentlichkeit und die Politik haben einen Anspruch auf eine solche Leistungsschau und Standortbestimmung der deutschen Geographie. Und wir müssen diese Chance nutzen, auch klare Forderungen zu stellen.

Verleihung der Geographie-Preise als wichtiger Programmpunkt
Und auch unsere Preisträger, die Preisträger der Prof. Voss- Stiftung für Geographie und die Preisträger des Medienpreises der Deutschen Geographie sowie die Preisträger des jungen Geographentages haben einen Anspruch auf ein großes Publikum. Bei dieser Gelegenheit darf ich Sie auf einen Mechanismus hinweisen. Das Vermögen der entsprechenden Stiftungen hängt auch von Ihrer Kauflaune ab, denn an den Ständen der geographischen Verbände werden Ihnen verschiedene Produkte angeboten, unter anderem hiesige Weine und Kunstkarten, mit deren Erlösen die Voss-Stiftung weiter wachsen kann.

Geographentag als Diskussionsforum
Ich bin sicher, Sie werden in den nächsten drei Tagen einen interessanten Kongress erleben, mit exzellenten Präsentationen, gehaltvollen Diskussionen und vielen interessanten Gesprächen und überraschenden Begegnungen. Ich wünsche Ihnen neue Erkenntnisse und Anregungen für die eigene Arbeit in Forschung, Lehre und Unterricht an den Schulen. Tragen Sie dann die Botschaft weiter: Die Geographie ist modern, aktuell, politisch und planerisch relevant und wissenschaftlich produktiv.

Dank an Unterstützer
Ich bedanke mich zum Schluss bei allen Mitwirkenden, die mit ihren inhaltlichen und organisatorischen Beiträgen am Gelingen dieses Kongresses beteiligt sind. Den Sitzungsleitern und Referenten. Dem Land, der Deutschen Forschungsgemeinschaft und der Universität wegen ihrer partiellen finanziellen Unterstützung, der Universität außerdem auch für die großartige organisatorische Unterstützung. Und der Deutschen Gesellschaft für Geographie danke ich für das Vertrauen in Trier als den Ausrichter des 55. Deutschen Geographentags.

Grußwort zur Eröffnung des 55. Deutschen Geographentags

Elmar Kulke (Berlin)

Sehr geehrter Herr Staatssekretär Klär,
sehr geehrter Herr Oberbürgermeister Schröer,
sehr geehrter Herr Präsident Prof. Dr. Schwenkmezger,
meine sehr geehrten Damen und Herren,
liebe Geographinnen und Geographen,

zur Eröffnung des 55. Deutschen Geographentages hier in Trier begrüße ich Sie ganz herzlich!

Die alle zwei Jahre stattfindenden Geographentage sind die herausragende Veranstaltung der Geographie im deutschsprachigen Raum. Getragen werden sie von der Deutschen Gesellschaft für Geographie, dem Dachverband von mehr als 20 000 in Wissenschaft, Schule und Praxis tätigen Geographen und Geographinnen. Die Geographentage dienen sowohl zur Diskussion aktueller Ergebnisse aus der geographischen Forschung und Berufspraxis als auch zum Transfer unserer Erkenntnisse in die Öffentlichkeit.

Dabei wird an jedem Standort, der den Geographentag ausrichtet, ein spezielles Thema aufgegriffen, welches prägende Bedeutung für die geographische Wissenschaft und einen besonderen Bezug zum Veranstaltungsort besitzt. Der Trierer Geographentag widmet sich in seinem Schwerpunkt dem Thema „GrenzWerte". Damit stellt er einen Bezug dazu her, dass Grenzen im räumlichen und auch im disziplinären Sinne gegenwärtig starke Veränderungen erfahren und die Geographie dieses Themenfeld bewusst aufgreift. Kaum ein Ort in Europa wäre geeigneter zur Diskussion dieses Themenfeldes als Trier, das auf eine zwei Jahrtausende lange Erfahrung in großräumigen Beziehungen zurückblicken kann.

Europa wächst zusammen, und internationale Verflechtungen prägen immer mehr Wirtschaft, Gesellschaft, Umwelt und unser tägliches Leben. Die Industrie ist eingebunden in globale Produktionssysteme und Warenketten, Institutionen wie die Europäische Union setzen Rahmenbedingungen für politische Entscheidungen. Und spätestens seit dem Kyoto-Protokoll ist allen bewusst, dass ungehinderter CO_2-Ausstoß nicht an politischen Grenzen endet, sondern zu weltweiten Klimaveränderungen – und möglicherweise auch zu häufigeren und stärkeren Hurrikans – führen kann. Diese immer stärkeren globalen und internationalen Verflechtungen sind mit neuen Raumstrukturen und dem Bedeutungswandel räumlicher Einheiten verbunden. Nationale Grenzen verlieren an Gewicht, während einerseits globale und supranationale Systeme – wie die EU – einen Bedeutungsgewinn erfahren. Andererseits vollzieht sich auch auf lokaler Ebene ein Funktionswandel: Kleinräumige Einheiten, von Global Cities über Technologiecluster bis zu Biosphärenreservaten, übernehmen wichtige und besondere Aufgaben in globalisierten räumlichen Systemen.

Der Trierer Geographentag behandelt in seinen Leitthemen diese neuen grenzüberschreitenden Zusammenhänge und beschäftigt sich nicht nur mit den Entwicklungen Europas, sondern auch mit der Relativität von Grenzen, mit globalen Umweltzusammenhängen, mit Herausforderungen an nachhaltige Entwicklung und mit Grenzen von Wachstum und Schrumpfung. Die räumlichen Ansätze des Faches werden dabei – und das ist unser besonderes Anliegen – in die interdisziplinäre Diskussion eingebracht.

Damit repräsentiert der Trierer Geographentag in bestem Sinne eine moderne Geographie, deren Kernkompetenz in räumlichen Ausprägungen von Systemzusammenhängen liegt. Und diese erforscht und vermittelt sie auf allen Ebenen.

Das Fach Geographie erfüllt mit seiner besonderen Struktur, bestehend aus einer sowohl naturwissenschaftlichen als auch sozial-/wirtschaftswissenschaftlichen Komponente, Brückenfunktionen. Räumliche Phänomene lassen sich nur im überregionalen und interdisziplinären Zusammenhang erklären. Gerade an den Grenzen von Disziplinen entwickeln sich gegenwärtig die größten wissenschaftlichen Herausforderungen. Hochspezialisierte Detailforschung in den Teilgebieten der Wissenschaft entwickelt erst dann ihren besonderen Wert, wenn sie in einen interdisziplinären und großräumigen Kontext eingebunden wird. Dies gelingt der Geographie in besonderem Maße – und stellvertretend möchte ich dazu wenige Beispiele aus unserem engeren Arbeitsgebiet nennen:

- Die Analyse von Feinstäuben, die in den vergangenen Monaten plötzlich öffentlich als Problem bemerkt wurden, stellt ein wichtiges Element der Stadtklimatologie dar; erst mit genauen Kenntnissen über deren natürliche und anthropogene Entstehung und Wirkung können Vermeidungsstrategien entwickelt werden.
- Tsunamis sind ein in der Physischen Geographie lang diskutiertes Folgephänomen von Erdbeben. Kenntnisse ihrer Merkmale können nicht nur Leben retten – eine Schülerin aus England hatte eine Woche vor der Katastrophe in Südostasien Tsunamis im Erdkundeunterricht durchgenommen, erkannte rechtzeitig die Anzeichen, warnte und rettete viele Menschenleben. Auch die Nutzung dieses Wissens in der Praxis, zum Beispiel bei der Bebauungsplanung, kann helfen, denn aus einem Naturereignis muss nicht zwingend eine Katastrophe für Menschen werden.
- Die Analyse des global geprägten wirtschaftlichen Strukturwandels stellt einen Arbeitsschwerpunkt der Wirtschaftsgeographie dar. Wenn über die Wettbewerbsfähigkeit des Standortes Deutschland beraten wird, können die Erkenntnisse, beispielsweise getragen durch zahlreiche in der Wirtschaftsförderung tätige Geographen, einen wesentlichen Beitrag zur regionalen Entwicklung leisten.
- Und auch in der Schule quält die Erdkunde Schüler schon lange nicht mehr mit den längsten Flüssen und höchsten Bergen. Topographie- und Regionalkenntnisse werden vielmehr eingebunden in Systemverständnis. Regionale Wirtschaftsentwicklung in Deutschland ist nur im Kontext von EU-Integration und Globalisierung zu verstehen, lokale Maßnahmen des Umweltschutzes nur im Zusammenhang mit Nachhaltigkeit und globalen Umweltzusammenhängen. Damit ist die Schulgeographie nicht nur ein Lernfach, sondern sie weckt wirkliche Begeisterung. Dass beispielsweise in diesem Jahr 225 000 Schülerinnen und Schüler an dem vom Verband Deutscher Schulgeographen und National Geographic Deutschland gemeinsam veranstalteten Wettbewerb „National Geographic Wissen" teilgenommen haben, ist als Ausdruck der Faszination des Faches zu verstehen.

Die Beispiele zeigen, dass kaum eine andere Disziplin ein vergleichbares Potenzial wie die Geographie besitzt, Spezialwissen in interdisziplinären und interregionalen Systemzusammenhängen – also im umfassendsten Sinne grenzüberschreitend – in Wert zu setzen. Das vielfältige Programm des Trierer Geographentages zeigt in zahlreichen Beispielen, dass die Geographen diese Chance bewusst und kompetent ergreifen.

An dieser Stelle möchte ich mich im Namen der DGfG und der Geographie ganz herzlich bei den Organisatoren des Geographentages, Herrn Prof. Monheim, Frau Prof. Sailer und Herrn Prof. Ries, für das Aufgreifen dieses Themas und ihr großes Engagement in der Vorbereitung und Durchführung des Geographentages bedanken.

Allen Teilnehmern wünsche ich einen erfolgreichen Kongress mit anregenden Vorträgen und fruchtbaren Diskussionen.

Hiermit erkläre ich den 55. Deutschen Geographentag für eröffnet.

Ansprache des Präsidenten der Universität Trier

Peter Schwenkmezger (Trier)

Sehr geehrte Damen und Herren Abgeordnete aus dem Europaparlament,
dem Bundestag und den Landtagen,
sehr geehrter Herr Präsident Kulke von der Deutschen Gesellschaft für Geographie,
sehr geehrter Herr Staatssekretär,
sehr geehrter Herr Oberbürgermeister,
sehr geehrte Ehrengäste, Teilnehmerinnen und Teilnehmer, Organisatorinnen
und Organisatoren, Studierende,
sehr geehrte Gäste,

die Eröffnung eines so großen wissenschaftlichen Kongresses ist auch für mich als Präsident einer Universität ein besonderes Ereignis. Und ich freue mich, Sie sozusagen „extra muros" unserer Universität hier in der Europahalle am Viehmarkt begrüßen zu können. Auf diesem Platz vor der Halle befinden sich die symbolische Schnittstelle der alten römischen Augusta Treverorum mit einer ihrer berühmten Thermenanlagen unter dem Glaskubus und das heutige Trier mit einer modernen Architektur rund um den Platz.

Es ehrt uns, dass Sie den 55. Deutschen Geographentag mit so großer Beteiligung in unserer noch jungen Universität durchführen. Wir haben uns nach Kräften bemüht, Ihren Kongress zu unterstützen, dem Ortsausschuss bei der schwierigen Vorbereitung zu helfen und Ihnen unseren Campus mit seiner „Universität der kurzen Wege" nahezu komplett für die nächsten Tage zu reservieren, zumindest in den Hörsaal- und Seminargebäuden und den übrigen Freiflächen.

Trier war schon im 15. Jahrhundert eine der alten Universitätsgründungen auf deutschem Boden, die aber nach 350 Jahren ihres Bestehens im Zuge der napoleonischen Kriege wie alle linksrheinischen Universitäten wieder geschlossen wurde. Die Randlage symbolisiert über viele Jahre die Geschichte Triers als Aufmarsch- und Kriegsgebiet, das die Entwicklung der Stadt und der Region nachhaltig behinderte. Insofern ist auch Ihr Motto „GrenzWerte" passend für diese Region. Erst in der langen Friedensperiode nach dem Zweiten Weltkrieg prosperierten die Stadt und die Region. Die Stadt Trier hat heute etwa 100 000 Einwohner, etwas mehr als in der Blütezeit des römischen Kaiserreiches mit damals etwa 80 000 Einwohnern; eine Zahl, die dann über viele Jahrhunderte unter 10 000 sank. Zur heutigen Entwicklung beigetragen hat sicher auch die 1970 neu gegründete Doppel-Universität Trier-Kaiserslautern, die beide ab 1975 dann eigene Wege gingen. Zwischenzeitlich ist die Universität eine der größten Arbeitgeberinnen der Stadt und der Region.

Übrigens ist heutzutage in Zeiten überbordender gesetzlicher und bürokratischer Regelungen das 1969 verabschiedete Gründungsgesetz der Universität Trier-Kaiserslautern geradezu vorbildlich. Es ist eines der kürzesten Gesetze, das je in Rheinland-

Pfalz verabschiedet wurde. Es umfasst nur fünf Paragraphen und wenige Zeilen. Manchmal wünsche ich mir, dass auch heute die Hochschulgesetzgebung so kurz und unbürokratisch wäre. Und ich glaube, dass viele von Ihnen sich diesem Wunsch anschließen würden.

Sie werden in den nächsten Tagen auf dem Petrisberg und auf der Tarforster Höhe die Universität mit ihrem farbenfrohen, architektonisch reizvollen, landschaftlich gut integrierten, modernen Campus intensiv erleben. Die Hörsäle sind in enger Nachbarschaft angelegt. Es gibt attraktive Freiflächen zwischen den Gebäuden und das Forum vor der Mensa. Die Universität wächst weiter in Richtung Stadt mit dem Campus II, auf dem große Teile der Geographie und der Geowissenschaften und ein neuer Wissenschaftspark untergebracht sind. Über 13 000 junge Menschen studieren in Trier in 40 Studiengängen und sechs Fachbereichen. Die Schwerpunkte liegen im geistes-, wirtschafts-, rechts-, sozial- und geowissenschaftlichen Bereich. Die Geographie und die Geowissenschaften sind eine der größten Fächergruppen mit rund 1600 Studierenden. Dass im Übrigen Trier eine Hochschulstadt ist, dokumentiert auch die mehr technisch-ingenieurwissenschaftlich ausgerichtete Fachhochschule und eine mit der Universität eng verbundene Theologische Fakultät.

Als Präsident ist es nahezu unvermeidlich, auch zu einem solchen Ereignis einige wenige Worte zur Hochschulpolitik zu verlieren. Bildung und Wissenschaft waren zwar nicht eines der zentralen Themen des vergangenen Wahlkampfes, aber in vielen Diskussionen und Reden spielten sie eine Rolle. Immerhin haben alle Parteien sich – zumindest verbal – für eine Priorität für Bildung und Innovation sowie zu Reformen im Bildungsbereich bekannt. Allein: Taten sind notwendig.

Auch wenn ich mich wie viele meiner Kolleginnen und Kollegen in den Hochschulleitungen wiederhole: Die Hochschulen brauchen bessere Rahmenbedingungen, mehr Geld und Finanzautonomie, mehr Spielraum für schnelle Veränderungen, eine Entfesselung des von vielen beklagten bürokratisch-erstarrten Systems; übrigens auch erstarrt in gegenseitigen Blockaden von Bund und Ländern, erstarrt in Schwerfälligkeiten des eigenen Verwaltungssystems (oft aufgezwungen von außen durch immer neue Verordnungen), erstarrt aber auch in einer viel zu geringen Durchlässigkeit zwischen Hochschulen, Wirtschaft und Verwaltung.

Obwohl Rheinland-Pfalz immer noch einen erheblichen Nachholbedarf in der Finanzierung der Hochschulen, auch im Vergleich zu anderen Bundesländern, aufweist, muss positiv hervorgehoben werden, dass in diesem Jahr in Rheinland-Pfalz als erstem Bundesland ein Programm mit dem Titel „Wissen schafft Zukunft" aufgelegt wurde, das ausschließlich aus Landesmitteln die Hochschulen in den nächsten fünf Jahren mit einem Betrag von jeweils 25 Millionen Euro erheblich unterstützt, während in vielen anderen Bundesländern die Hochschuletats weiter gekürzt werden. Und glücklicherweise ergeben sich auch in der Bund-Länder-Diskussion zwischenzeitlich Fortschritte.

Trotzdem möchte ich auch hier nochmals ganz klar feststellen: Wir brauchen mehr Autonomie, mehr Entscheidungsfreiheit, um schnell auf neue Entwicklungen reagieren zu können. Wir sind gerne bereit, uns dem Wettbewerb zu stellen und auch die mit Autonomie verbundene Verantwortung zu übernehmen. Dies betrifft uns im Übrigen auch selbst in unseren internen Organisations- und Denkstrukturen, die ständig eine Reflexion über Modernisierungen notwendig machen.

Ich hatte bereits darauf hingewiesen, dass die Stadt und die Region Trier von der neuen Universität vielfältig profitiert haben. Es waren auch in Trier unter anderem die

Geographen, die mit ihren bildungs- und wirtschaftsgeographischen Analysen den argumentativen Boden für diese Universitätsneugründung bereiteten.

Die Hoffnungen auf nachhaltige wirtschaftliche Impulse durch die Universitätsgründung haben sich erfüllt. Die Universität ist ein wichtiger Wirtschaftsfaktor von Stadt und Region. Durch eine intensive Zusammenarbeit mit der Stadt, der Region, den Kommunen und Betrieben in der Umgebung und auch im benachbarten Ausland, vor allem in Luxemburg, haben sich viele positive Effekte ergeben. Besonders auch die Geographen und Geowissenschaftler engagieren sich dabei ganz besonders in der Region. Das liegt auch an den praxisorientierten Studiengängen und der Hinführung zu einem Projektstudium, das auf der anderen Seite einer großen Offenheit in Verwaltung und der Wirtschaft im Sinne einer Kooperation begegnet.

Ich darf vielleicht noch einen persönlichen Eindruck einfügen.

Der Fachbereich veranstaltet seit etlichen Jahren regelmäßig würdige Absolventinnen- und Absolventenfeiern mit einer feierlichen Übergabe der Zeugnisse. Anlässlich dieser Veranstaltung kommen viele Eltern und Angehörige, aber auch Ehemalige zurück an unsere Universität. Sie berichten über ihre Berufsfindung, über ihre Integration in das Wirtschafts- und Verwaltungsleben sowohl regional als auch überregional. Ich bin jedes Mal beeindruckt, wie vielfältig sich die Tätigkeitsfelder, die mit hoher Verantwortung, großenteils aber auch mit guten Verdienstmöglichkeiten verbunden sind, darstellen. Dies gibt den manchmal verunsicherten Studierenden wiederum einen erheblichen Motivationsschub, ihr Studium und auch den Berufsfindungsprozess engagiert und zumeist auch mit Erfolg anzugehen.

Vielleicht darf ich abschließend noch auf unsere Bemühungen zur Internationalisierung hinweisen. Wir haben in Trier etwa 15 Prozent ausländische Studierende – ein im Vergleich mit anderen Universitäten hoher Anteil. Fairerweise muss man allerdings hinzufügen, dass die Nachbarschaft zu Luxemburg hier eine wichtige Rolle spielt. Luxemburg hatte bisher keine eigene Universität, deshalb kommen viele Studierende nach Trier. Zwischenzeitlich ist dort seit zwei Jahren die Universitätsgründung im Gange, eine Entwicklung, die wir von Seiten der Universität nachhaltig begrüßen. Dies gibt uns die Möglichkeit einer engen Kooperation mit dieser Nachbaruniversität und damit auch die Möglichkeit der Entwicklung einer eng vernetzten Hochschullandschaft. Zum Teil wird dies auch schon durch gemeinsame Berufungen auf Professuren bzw. durch die Tätigkeit von Luxemburger Kolleginnen und Kollegen an unserer Universität dokumentiert, übrigens gerade auch im Fachbereich Geographie/Geowissenschaften.

Aus eigener Erfahrung weiß ich wie schwierig es ist, einen so großen Kongress zu organisieren. Ich danke vor allem den örtlichen Organisatorinnen und Organisatoren, an ihrer Spitze Herrn Monheim, Frau Sailer und Herrn Ries, aber auch den vielen Helferinnen und Helfern im Hintergrund. Der ganze Fachbereich wurde einbezogen, und ich kann nur sagen, dass Sie auf diese organisatorische Leistung stolz sein können. Und, sehr geehrte Teilnehmerinnen und Teilnehmer, liebe Gäste, sehen Sie es uns nach, wenn vielleicht auch das eine oder andere schief geht oder nicht so gut klappt. Dies ist bei einem Kongress dieser Größenordnung gelegentlich nicht zu vermeiden.

Schließlich darf ich Sie auch einladen, die Schönheiten der Stadt und der Region sozusagen als Ausgleich zum anspruchsvollen Kongressprogramm kennen zu lernen. In diesem Sinne wünsche ich Ihnen einen interessanten, ergiebigen Kongress, viele fruchtbare Diskussionen und schöne Erlebnisse in dieser schönen Stadt mit einer schönen und hoffentlich auch erfolgreichen Universität.

Gegenwartsprobleme und Zukunftsperspektiven der Stadt Trier

Helmut Schröer (Trier)

Sehr geehrter Herr Prof. Schwenkmezger,
Sehr geehrter Herr Staatssekretär Klär,
Sehr geehrter Herr Prof. Kulke,
Sehr geehrter Herr Prof. Monheim,

es freut mich sehr, dass der Geographentag in Trier stattfindet. Damit werden nicht nur Besucher nach Trier gebracht, sondern auch ein weiteres Stück Zukunft konkretisiert, denn der Geographentag ist ein Mosaikbaustein, mit dem die wissenschaftliche Stärke unserer Universität und unserer Forschung über die eigene Region hinaus präsentiert und die stadtentwicklungspolitische Zielsetzung weitergehend umgesetzt wird, Trier als Kongress-Stadt zu positionieren.

Ich bin gebeten worden, über die Gegenwartsprobleme und Zukunftsperspektiven der Stadt Trier zu sprechen. Erlauben Sie mir, dass ich auf die Gegenwartsprobleme weniger intensiv eingehen werde. Ich glaube, dass die finanziellen und zukünftigen Engpässe der Kommunen, die absehbaren demographischen Entwicklungen mit ihren strukturellen Einschnitten, die Konkurrenzbeziehungen zwischen Städten, ihrem Umland und anderen Regionen, die Auswirkungen der weiterhin wachsenden Europäisierung und Globalisierung Ihnen allseits bekannt sind.

Ich möchte mehr auf die Zukunftsperspektiven eingehen, die es auch mit wachsenden Problemlagen für die zukünftige Entwicklung von Kommunen wie der Stadt Trier geben muss bzw. die sich die Entscheidungsträger einer Stadt – trotz aller absehbaren Widrigkeiten – aktiv und gezielt erarbeiten müssen.

Wir haben in der Stadt Trier mit anderen privaten und öffentlichen Einrichtungen und Persönlichkeiten bereits 1992 mit dem Prozess „Zukunft Trier 2020" begonnen, mit dem für die zukünftige Entwicklung der Stadt Trier eindeutige Ziele und entsprechende Leitprojekte definiert wurden. Dieses strategische Zukunftskonzept haben wir zwischen 2000 und 2003 fortgeschrieben, und ich werde bzw. ich kann Ihnen nachfolgend nur die wichtigsten Ergebnisse aufzeigen.

Die zentralen Fragen, die wir immer wieder stellen und beantworten müssen, sind:
1. Welche Veränderungen kommen auf Trier langfristig zu?
2. Welchen Chancen und Risiken beinhalten diese Veränderungen für Trier?
3. Wie können die heute erkennbaren Herausforderungen bewältigt werden?
4. Wie kann und soll Trier im Jahr 2020 aussehen? (Visionen)
5. Welche konkreten Etappenziele sollen kurzfristig, z. B. bis 2007, erreicht werden? (Ziele)
6. Welche Aktionen und Projekte müssen in den kommenden Monaten und Jahren dafür umgesetzt werden? (Maßnahmen)

Diese Fragen zeigen, dass wir in der Erarbeitung der Antworten uns mit den möglichen, wahrscheinlichen und gewollten Zukünften der Stadt beschäftigen müssen. Wir haben zu diesem Zweck ein so genanntes „Vier-Topf-Modell" angewendet, mit dem wir unsere Zukunftsannahmen, unsere Zukunftschancen, unsere strategischen Visionen und Ziele sowie unsere konkreten Umsetzungsprojekte für ein Konzept „Zukunft Trier 2020" erarbeitet haben.

Ich könnte Ihnen jetzt sehr viel über den sehr interessanten Prozess – in den sich rund 120 Personen über zweieinhalb Jahre aktiv eingebracht haben – berichten. Dies lässt meine begrenzte Redezeit jedoch nicht zu. Sie können sich diese Informationen aus dem Internet besorgen, in dem Sie das Konzept „Zukunft Trier 2020" aufrufen.

Ich möchte aber gerne auf die Zukunftsperspektiven der Stadt Trier zu sprechen kommen, die wir in unserem Konzept in insgesamt zwölf so genannten Visionsbausteinen definiert haben.

Trotz der absehbaren demographischen Veränderungen haben wir die Vision, dass 2020 in Trier 100 000 Menschen mit einer ausgewogenen Alters- und Erwerbsstruktur leben. Dieser Visionsbaustein und die damit verbundenen Ziele und Maßnahmen haben für mich eine besondere Bedeutung. Trotz der absehbaren Schrumpfung der absoluten Bevölkerungszahlen und den damit verbundenen strukturellen Verwerfungen zwischen den jeweiligen Kohorten haben wir uns für eine Beibehaltung der heutigen Bevölkerungszahlen und einem Auffangen der strukturellen Verwerfungen entschieden. Wir sind davon überzeugt, dass Trier als Hauptstadt der Region Zuströme aus dem ländlichen Umland einerseits und insbesondere aus dem weiterhin absehbar wachsenden Großherzogtum Luxemburg andererseits haben wird.

Deshalb sind die folgenden Visionen bzw. Zukunftsperspektiven mit ihren jeweiligen konkreten Zielen für mich von besonderer Bedeutung. Ich greife diese heraus, betone sie, ohne dass ich die anderen Visionsbausteine vernachlässigen will.

- Visionsbaustein 6: „Trier hat einen hohen Anteil nachhaltig arbeitender zukunftsorientierter Betriebe"
- Visionsbaustein 7: „Es ist ein gemeinsamer Kultur- und Wirtschaftsraum mit Luxemburg entwickelt"
- Visionsbaustein 8: „Trier ist ein sehr attraktiver europäischer Wissenschafts- und Bildungsstandort"
- Visionsbaustein 11: „Die Verkehrsinfrastruktur ist bedarfsgerecht ausgebaut"
- Visionsbaustein 12: „In Trier ist Kultur erlebbar"

Bereits mit diesen Visionsbausteinen und den jeweiligen mit ihnen verbundenen Zielen und Maßnahmen wird unser strategischer Ansatz deutlich.

Die Stadt Trier muss in ihrem regionalen und grenzüberschreitenden Umfeld für die kommenden 20 bis 30 Jahre heute so attraktiv gestaltet werden, dass sie eine strukturell ausgeglichene Bevölkerungsstruktur erhalten kann. Die Stadt muss deshalb die Lebensqualität in den Bereichen „Arbeiten", „Wohnen", „Kultur", „Bildung und Innovation", „Mobilität" und „Grenzüberschreitende Kooperation" ausbauen, um Menschen sowohl in der Stadt zu halten als auch in die Stadt zu ziehen.

Eine wesentliche Rolle haben für mich hierzu die privaten Investitionen in Arbeitsplätze. Die Funktion der Stadt als Dienstleistungs-, Einzelhandels- und Tourismuszentrum – in Arbeitsteilung zur umgebenden Region – muss ausgebaut werden.

Mit der seit 1992 laufenden Konversion militärischer Liegenschaften konnten wir bereits in der Vergangenheit entscheidende Projekte umsetzen. Beispielhaft nenne ich die Fläche Castelforte, die zu einem Dienstleistungszentrum umgenutzt werden konnte, oder den Petrisberg in direkter Nachbarschaft zur Universität, der nach Ablauf der Landesgartenschau im Oktober 2004 heute Standort des Wissenschaftsparks Trier ist und der die Nutzungsmischung „Arbeiten – Wohnen – Mobilität" in besonderer Weise als Projekt umsetzen wird. Dort entsteht aktuell ein Stück Zukunft.

Die Entwicklung des Wissenschaftsparks zeigt aber die Bedeutung einer noch stärkeren Kooperation mit dem Großherzogtum Luxemburg. Wir beabsichtigen mit der Stadt Esch-Alzette im Süden von Luxemburg die Umsetzung eines Wissenschaftsparks Trier-Luxemburg.

Insbesondere mit der Hauptstadt Luxemburg gibt es vielfältige Austauschbeziehungen. Ich möchte beispielhaft auf das Städtenetz QuattroPole (einer Kooperation der vier Oberzentren Luxemburg, Metz, Saarbrücken, Trier) oder den Kulturgroßereignissen „Konstantinausstellung" und „Europäische Kulturhauptstadt Luxemburg" in 2007 hinweisen, Events, die wir in der direkten Zusammenarbeit mit Luxemburg durchführen werden und die uns in ihrer Umsetzung der Realisierung der von mir genannten Visionsbausteine 7 und 12 wesentlich näher bringen wird.

Wir können und wollen uns natürlich nicht einseitig abhängig machen von der Entwicklung in Luxemburg. Deshalb müssen wir in den eigenen Gestaltungsfeldern Profile ausarbeiten, die nachhaltig im Sinne von dauerhaft für die Weiterentwicklung der Stadt sind. Insbesondere möchte ich die gezielte Entwicklung und Begleitung von Betrieben und Unternehmen nennen, der die so genannten Wachstumsbranchen zuzuordnen sind. Beispielhaft nenne ich den Logistik- und Gesundheitssektor, in denen wir beabsichtigen, die Stadt als Kompetenzzentrum zu positionieren. Diese Vorgehensweise bedeutet nicht, dass wir uns mit Betrieben und Unternehmen, die nicht zu diesen Wachstumsbranchen gehören, nicht mehr beschäftigen wollen. Dies wäre fatal, da insbesondere Klein- und Mittelbetriebe und Handwerksbetriebe in der Summe diejenigen sind, die Arbeitsplätze schaffen und sichern. Aber – und dies unterstreiche ich besonders – wird die Begleitung von Betrieben und Unternehmen in Wachstumsbranchen gezielter als bisher erfolgen müssen. Ich nenne Beispielsstädte wie Ulm, Aachen, Wolfsburg, die mit einer solchen Vorgehensweise ihre Arbeitslosenzahlen markant reduzieren konnten.

Einen wesentlichen Bereich, der in sich bereits Zukunft implementiert, sehe ich in dem Sektor Forschung und Bildung. Mit den demographischen Veränderungen werden die Verfügbarkeiten über qualifiziertes Personal immer knapper werden. Den schulischen und universitären Ausbildungs- und sonstigen Weiterbildungseinrichtungen wird damit eine zunehmende Bedeutung zukommen. Ein Oberzentrum wie Trier muss diese Infrastruktur in ausreichender Menge und Qualität konzentriert am Standort anbieten. Forschung und Bildung bedeuten für die Bürgerinnen und Bürger als auch die Betriebe und Unternehmen Zukunft, denn nur so kann der absehbar zunehmende Wettbewerb mit anderen Standorten positiv gestaltet werden. Insbesondere die Forschung, aber auch die Bildung wird auch in der grenzüberschreitenden Zusammenarbeit mit Luxemburg neue Perspektiven erschließen.

Meine Damen und Herren: Ich hoffe, dass ich Ihnen trotz aller Gegenwartsprobleme verdeutlichen konnte, dass sich die Stadt Trier ihre Zukunftsperspektiven erarbeitet hat. Wir haben in einem kooperativen Dialog mit anderen wichtigen Einrichtungen und Persönlichkeiten das Konzept „Zukunft Trier 2020" erstellt, das eindeutige Visionen, Ziele und Leitprojekte definiert, die wir – trotz aller finanziellen Probleme – in Zukunft umsetzen wollen. Wichtig wird aber auch sein, wie die Stadt mit dem sie umgebenden Landkreis Trier-Saarburg, der Region Trier und insbesondere mit dem Land Rheinland-Pfalz diese Zukunft gemeinsam gestalten kann. In vielen Bereichen wird die Stadt die arbeitsteilige Kooperation mit den vorgenannten Ebenen suchen müssen. Dies betrifft insbesondere die Zusammenarbeit mit dem Land. Die Konversion militärischer Liegenschaften hat sehr eindrucksvoll gezeigt, wie diese kooperative Vorgehensweise aussehen kann und wie wichtige Zukunftsprojekte in gemeinsamer Abstimmung umgesetzt werden und die notwendige kommunale Selbstverantwortung erhalten bleibt.

Ich bedanke mich für Ihre Aufmerksamkeit.

Neue Herausforderungen an die Deutschland- und Europapolitik aus der Sicht von Rheinland-Pfalz

Karl-Heinz Klär (Berlin)

Am 55. Deutschen Geographentag in Trier teilzunehmen, ist für mich ein ganz besonderes Vergnügen: Erdkunde und Geschichte haben mich schon zu Schulzeiten fasziniert, aber dann wurde ich doch Historiker und nicht Geograph, bevor ich in die professionelle Politik geriet. Dort habe ich es seit elf Jahren mit der Europäischen Union zu tun. Da sind historische und geographische Kenntnisse nicht schädlich. Vor allem nicht in Zeiten wie diesen, da die EU in einer echten Krise steckt.

Ein großer Sohn dieser Stadt schrieb einst, die Philosophen hätten die Welt nur interpretiert, es komme indes darauf an, sie zu verändern. Ich sehe das seit 40 Jahren nicht anders. Und doch muss man die Welt erst mal richtig interpretieren, um sie danach zum Besseren wenden zu können.

Warum Krise der EU?
Zwei Referenden in Frankreich und in den Niederlanden über den Entwurf für eine EU-Verfassung sind gescheitert. Würden weitere Referenden – etwa in Deutschland oder Großbritannien – durchgeführt, wären diese derzeit mit großer Wahrscheinlichkeit ebenfalls zum Scheitern verurteilt. De facto bedeutet dies, dass der Verfassungsprozess auf Eis liegt und damit auch die dringend erforderliche Reform der EU-Institutionen und ihres Regelwerks.

Gleichwohl scheiterten die Referenden in Frankreich und den Niederlanden nicht einzig und allein, vermutlich nicht einmal primär aus europapolitischen Gründen. Und doch gibt es auch solche; auf drei möchte ich eingehen.

Würde man die Menschen in der EU-25 befragen, ob man die EU brauche, erhielte man in zahlreichen Ländern der Union keine klare und belastbare Zustimmung mehr.

Dahinter steht zum einen, dass die EU von Vielen als ein Instrument der Globalisierung wahrgenommen wird – und nicht etwa als Mittel, die Globalisierung zu zügeln und sie verträglich zu machen. Das ist um so gravierender als viele Bürger der EU, beileibe nicht nur in Deutschland, Sorge wegen der unabsehbaren Verschärfung der Konkurrenz haben, worin sie den Kern der Globalisierung erblicken. Nur 31 Prozent der befragten Deutschen gaben in der letzten Eurobarometer-Umfrage vom Herbst 2005 an, dass die hohe Arbeitslosigkeit im Rahmen der EU besser behoben werden könne. Dies ist *ein* Beleg dafür, dass die EU nicht gerade als Chance wahrgenommen wird, um negative Folgen der Globalisierung abzumildern.

Dahinter steckt zum anderen der unabsehbare Erweiterungsprozess. Die Erweiterung der EU-15 zur EU-25 ist nicht annähernd verdaut, sie ist weder materiell noch gedanklich oder emotional bewältigt. Gleichwohl redet man allenthalben über den Fortgang der EU-Erweiterung.

Kommt hinzu der Konkurrenzkampf zwischen den politischen Klassen in Brüssel, den nationalen Hauptstädten und den regionalen und städtischen Zentren um tendenziell abnehmende Kompetenzen. Dieser Konkurrenzkampf ist garstig. Man spricht selten gut übereinander. Es fehlt das Bewusstsein, dass Konkurrenz das Geschäft nur dann belebt, wenn die Regeln beachtet werden. Die Hauptregel der EU, soll sie gelingen, ist aber die vertrauensvolle Zusammenarbeit. Stattdessen allzu oft: Rosinenpickerei und Verantwortungsscheu. Wenn politisch etwas schief geht oder Protest hervorruft, sind schuld immer die Anderen, vorzugsweise aus nationaler oder kommunaler Sicht die „Eurokraten" aus Brüssel. Und im Gegenzug: Was gelingt, ist drei, zwei, eins *meins*.

Warum ist das so?
Das Verständnis von Charakter und Eigenheiten der EU, ihrer Institutionen und politischen Prozesse ist in den Mitgliedstaaten gering. Ein Blick in die letzte Eurobarometer-Umfrage vom Herbst 2005 belegt dies. So glaubten z. B. 43 Prozent der befragten Deutschen (EU-weit 31 %), dass der mit Abstand größte Etatposten der EU für Verwaltungsaufgaben und Gebäudemanagement drauf gehe. De facto sind die größten Einzelposten des EU-Haushalts die Landwirtschaft und die Regionalförderung; 2005 machten sie zusammen fast 80 % des Haushalts aus. Verwaltungskosten schlugen dagegen mit gerade mal sechs Prozent der EU-Ausgaben zu Buche.

Auf dem Nährboden eines unzureichenden Verständnisses über die Grundlagen der EU gedeihen eine weit verbreitete Abwehrhaltung und Misstrauen gegenüber dem fremden Brüssel.

Daneben herrscht in den Brüsseler Institutionen, nicht zuletzt in der Beamtenschaft, eine geringe Vertrautheit mit den Erfordernissen der nationalen und regionalen Legislativen und Exekutiven sowie den Auswirkungen der EU-Rechtssetzungen auf die Verwaltung – und die Bürger. Daraus rühren gelegentlich, nicht immer, Hochmut und Arroganz. Das Wort von den „Eurokraten" ist nicht nur falsch.

Was fehlt, sind Dolmetscher und Mediateure zwischen den EU-Institutionen und der Bürgerschaft der EU. Gewiss, die Europaabgeordneten bemühen sich und die EU-Kommission unterdessen auch, aber die Ministerräte sind eher kontraproduktiv, der Ausschuss der Regionen, ehrenamtlich und nur beratend, ist nicht stark genug, seine Mitglieder ducken sich zu oft unter der Fuchtel der nationalen Regierungen.

Nach wie vor gibt es keine kritische EU-Öffentlichkeit, sondern lediglich fünfundzwanzig nationale Öffentlichkeiten, die kritisch zu nennen ich mich sträube – aus Anhänglichkeit an meine alten akademischen Standards. Weil das so ist, gibt es einen dezidiert europäischen Diskurs nur in Brüssel – wo er verhallt. In den Mitgliedstaaten wird die EU in dezidiert nationalen Diskursen verarbeitet. Sie kennen das Paradebeispiel: Was zahlen wir ein? Was kriegen wir raus? Sie können sicher sein: Es ist in allen Mitgliedstaaten immer zu viel und/oder zu wenig.

Die Analyse führt mich zu folgenden drei Schlussfolgerungen:
- Die europäische Integration, die Vertiefung der EU ist den Bevölkerungen der Mitgliedstaaten leider kein unbestrittener, kein selbstverständlicher Wert mehr.
- Der nationale Diskurs führt tendenziell zu nationalistischer Interessenpolitik. Der zunehmende Intergouvernementalismus ist Ausdruck dieser Tendenz.
- EU-Kommission und Europäisches Parlament sind in der Defensive – und damit auch die so genannte Gemeinschaftsmethode. Gewinner ist der Rat – das sind die nationalen Exekutiven. Ein Gewinn für die europäische Integration verbirgt sich dahinter nicht.

Meine Landesregierung ist im Rahmen ihrer Möglichkeiten bemüht, der Krise der EU entgegen zu wirken, sie möchte nicht zu ihr beitragen. Konkret stellen wir uns im Augenblick mehrere Fragen: Wie kann man dem Unwohlsein in weiten Teilen der Bevölkerung über die Erweiterungspolitik begegnen? Wie können wir die Vertiefung der europäischen Integration befördern? Welche Gemeinschaftspolitiken sollten gestärkt werden, damit auch Zusammenhalt, Zusammengehörigkeitsgefühl, Unionsbewusstsein und Unionstreue gestärkt werden?

Wir haben nicht nur Fragen, sondern auch Antworten, die ich so umreißen möchte:
- Vertiefung und Erweiterung sind zwei Seiten einer Medaille. Die erweiterte EU-25 muss funktionsfähig bleiben, darum ist als nächstes Vertiefung angesagt.
- Europa muss „sichtbar" sein – auch und gerade in Form der EU-Regional- und Kohäsionspolitik. Minderung der Mittel ist keine gute Idee.
- Interregionale und interkommunale Zusammenarbeit müssen in besonderer Weise unterstützt werden, will man das Zusammenwachsen Europas befördern. Das kostet *mehr* Geld, aber das Geld wird sinnvoll angelegt sein werden.

Das Ziel meiner Landesregierung ist klar: Die weitere Integration der Europäischen Union darf nicht versanden oder gar scheitern. Wir müssen – wie Premierminister Juncker es einmal nannte – die „europäischen Angelegenheiten wieder mit großem „E" schreiben".

Erlauben Sie mir zum Abschluss zwei persönliche Anmerkungen:

Erstens eine leidenschaftliche: Die EU ist weltgeschichtlich die erste quasistaatliche Unternehmung, die, sich erweiternd, auf die Sicherung und Festigung von Freiheit, Friede und Wohlstand zielt. Das unterscheidet sie ums Ganze von früheren Expansionen, die auf Eroberung, Unterdrückung und Ausbeutung aus waren. Wenn Sie ein Beispiel für zivilisatorischen Fortschritt suchen, dies ist ein solches Beispiel. Ich habe die Europäische Union immer als Antwort auf den europäischen Imperialismus verstanden, diesen elenden alten Mist.

Zweitens eine eher trockene, sehr deutsche Anmerkung, zur Verdeutlichung ökonomistisch verkürzt: Dieses Land hat im zurückliegenden 20. Jahrhundert drei große Investments getätigt. Das erste war der Erste Weltkrieg; das zweite war der Zweite Weltkrieg; das dritte war die Europäische Integration. Müssen wir über den Ertrag dieser Investments diskutieren?

Ich danke für Ihre Geduld und Aufmerksamkeit.

Die Grenzen Europas als soziale und politische Ordnungen

Paul Reuber (Münster)

1 Die Grenzen Europas – Politischer Dauerbrenner und Forschungsthema der Politischen Geographie

„Die Menschen müssen wissen, wo die Grenzen Europas sind" hat Angela MERKEL im Fernseh-Duell mit dem damaligen Kanzler SCHRÖDER im Vorfeld der Bundestagswahlen 2005 gesagt. Frau MERKEL zielte mit diesem Statement auf die kontroverse Debatte um Gestalt und Größe der Europäischen Union, genauer: um deren Grenzen und Erweiterungsfähigkeit. Zeitgleich zur Eröffnung des Geographentages geht es in Brüssel um einen weiteren, umstrittenen Meilenstein: Die EU beginnt die Beitrittsverhandlungen mit der Türkei, und die begleitenden Diskussionen in den Medien verweisen einmal mehr auf die Bedeutung und Aktualität des Themas. Aus dieser Sicht liegt auch der 55. Deutsche Geographentag in Trier mit dem Titel „GrenzWerte" im Zentrum einer für die Gesellschaft wichtigen Debatte, wenn er die Frage „Europa ohne Grenzen" zu einem seiner Leitthemen macht.

Die Brisanz des Themas ist aber beileibe keine Eintagsfliege: Auseinandersetzungen um Territorien, Identitäten und Grenzen sind nach dem Ende des Kalten Krieges gerade auch in Europa mit Macht auf die politische Bühne zurückgekehrt. Hier ist die Situation seit den 1990er Jahren unter anderem gekennzeichnet

- durch das Wegbrechen des Eisernen Vorhangs und den radikalen Wandel der politischen Systeme in Ost- und Südosteuropa,
- durch die Folgekonflikte und Re-Territorialisierungen in diesen Regionen,
- durch die Bezugnahme der ost- und südosteuropäischen Staaten auf ihre Zugehörigkeit zu „Europa" als argumentative Eintrittskarte für einen möglichen EU-Beitritt
- sowie durch die konkreten Verhandlungen um Gestalt und die Grenzen der EU, die in der Osterweiterung 2004 ihr jüngstes Ergebnis gefunden haben.

Die Kontroversen um die Aufnahme von Beitrittsverhandlungen mit der Türkei zeigen dabei einmal mehr, dass sich auch in Europa die Argumente entscheidend verändert haben, mit denen in der Gesellschaft politisch-territoriale Zugehörigkeiten und Grenzen verhandelt werden: Heute geht es nicht mehr in erster Linie um ideologische Unterschiede, wie noch zur Zeit des Kalten Krieges, sondern vermehrt um „kulturelle" Differenzen. Kultur, so könnte man sagen, ist die neue Achse der Distinktion geworden in den globalen Restrukturierungen unserer Zeit.

Die kurze Einführung deutet bereits an, wie sehr das Thema Grenzen als politischer Dauerbrenner auch eine Herausforderung für die gesellschaftswissenschaftlich ausgerichteten Teile der Geographie darstellt. Aspekte wie Territorialität, raumbezogene Identität und Grenzen gehören ebenso wie Forschungen über die Regionalisierung von Kultur zu den traditionellen Kernkompetenzen unseres Fachs. International renommierte Kolleginnen und Kollegen wie Derek GREGORY, Dorren MASSEY, Anssi PAASI, David NEWMAN und viele andere haben in diesem Bereich bereits seit

Mitte der 1990er Jahre entscheidende Impulse beigetragen. Sie haben eine Debatte mit angeschoben, die mittlerweile allgemein als „spatial turn" in den gesamten Kulturwissenschaften verbreitet ist, und man kann sagen: Unser Fach befindet sich hier durchaus im Mittelpunkt der aktuellen gesellschaftspolitischen Diskussion.

Das heißt aber gerade nicht, dass wir auf die Frage der jetzigen Bundeskanzlerin MERKEL, „wo denn die Grenzen Europas liegen", eine klare Antwort hätten. Das Gegenteil ist der Fall, und das aus gutem Grund. Bereits die Feuilletons der Zeitungen heben immer wieder den semantisch unscharfen Charakter der Identität Europas hervor. In aller Unterschiedlichkeit ihrer Deutungen sagen sie dabei gemeinsam das eine: dass wohl kaum irgendwelche „objektiven" Kriterien zu seiner Abgrenzung zu finden seien. So schreibt Adolf MUSCHG in seinem neulich erschienenen Buch über die Identität Europas: „Die zeitlichen Grenzen, in denen wir Europa definieren, sind *willkürlich*, und wenn wir erst zum Problem seiner räumlichen Grenzen kommen, verliert das Wort ‚Willkür' auch noch jede formale Unschuld" (2005, 15). Die wissenschaftliche Analyse zielt deshalb auch in der Politischen Geographie seit den 1990er Jahren in eine andere Richtung: Vor dem Hintergrund, dass Grenzen soziale und politische Ordnungen sind (NEWMAN/PAASI 1998), also das Ergebnis von kontextuellen, historisch fließenden Aushandlungsprozessen, besteht das Kerninteresse der Forschung darin, die gesellschaftlichen, insbesondere politischen und medialen Praktiken zu untersuchen, mit denen territoriale Identitäten entworfen und mit Grenzen versehen werden (z. B. PAASI 2003).

Die Leitfragen würden dabei im Sinne der Forschungsrichtung der *Critical Geopolitics* (vgl. Ó TUATHAIL 1996, DODDS 2005) lauten:
- Welche Akteure sind an Diskussionen um politische Territorien und Grenzen beteiligt?
- Wie sehen ihre unterschiedlichen Entwürfe aus und welche Ziele verfolgen sie damit?
- Mit welchen Argumentationsstrategien legitimieren sie eigene Vorstellungen, und welche geographischen, politischen, ökonomischen und anderen Argumente ziehen sie dazu jeweils heran?

Um diese Gedanken im Folgenden etwas zu vertiefen, soll zunächst auf einige konzeptionelle Grundlagen aus dem Arbeitsfeld „raumbezogene Identität und Grenzen" hingewiesen werden. Diese werden anschließend – mit Bezug zum Leitthema „Europa ohne Grenzen" – an aktuellen Beispielen aus einem abgeschlossenen DFG-Projekt kurz erläutert. Die Beispiele öffnen schließlich den Blick für einige Bemerkungen zur gesellschaftlichen Relevanz solcher Forschungsansätze in der Geographie.

Mit dem Fokus auf politische Grenzen setzt dieser Beitrag zwangsläufig einen gewissen Schwerpunkt in einem Forschungsfeld, dass sich eigentlich auszeichnet durch seine „breadth of research interest and ... multiple and even contradictory perspectives on contemporary boundaries and borderlands" (KAPLAN/HÄKLI 2002, 4; vgl. auch WASTL-WALTER/PAVLAKOVIC/MOREHOUSE 2004). So werden in diesem Beitrag Aspekte wie etwa die „flow approaches" der Wirtschaftsgeographie oder stärker alltagsweltlich ausgerichtete „peoples approaches" (vgl. z. B. die Zusammenstellung in VAN HOUTUM 2000) nicht behandelt, die jedoch in verschiedenen Leitthemensitzungen des Geographentags ausführlicher zum Tragen kommen.

2 Grenzen als soziale und politische Ordnungen – einige konzeptionelle Anmerkungen

Was macht Grenzen so unverzichtbar für die Gesellschaft? Grundsätzlich kann man über Grenzen konzeptionell gesehen nicht reflektieren, ohne den Aspekt der Identität mitzudenken. Es scheint ein geradezu unvermeidlicher Reflex der Identitätsbildung zu sein, das Eigene vom Fremden trennen zu wollen. Das beginnt schon beim „Ich", das sich vom „Anderen" unterscheiden lernt, und setzt sich fort in der Bildung sozialer Gruppen mit eigener Identität und eigenen Abgrenzungsstrategien gegen diejenigen, die nicht dazugehören. Die Grenze ist aus dieser Perspektive das logische Janusgesicht der Identität, ihr komplementärer Aspekt, ohne den sie nicht funktioniert, „the urge to emphasise a difference refers to the general process of identification, which is always a process of distinction, of marking and making borders" (STRÜVER 2005, 7). Entsprechend schafft sich die Gesellschaft Grenzen als strukturierende Elemente beim Aufbau von Identitäten, als Möglichkeit, in der an sich kontingenten Vielfalt des Seins so etwas wie Orientierung, Überschaubarkeit und Sicherheit zu bieten.

Diese Beobachtungen werfen ein entscheidendes Licht auf den konzeptionellen Charakter von Identität und Abgrenzung, der bereits in den einführenden Gedanken kurz angesprochen worden ist: Es handelt sich dabei, NEWMAN/PAASI 1998 folgend, nicht um „objektive" Erscheinungen, sondern um soziale und politische Ordnungen. „Boundaries are not, as traditonal political geography took them to be, timeless, neutral lines and absolute limits of sovereignity [...] boundaries are part of the ways by which people try to make sense of the world" (PAASI 2003, 467 im Rückgriff auf RÉE 1998). Grenzen sind historisch wandelbar, und sie unterliegen – abseits stabiler Phasen, in denen sie den Menschen durchaus als quasi-objektive Gebilde vorkommen mögen – der ständigen Aus- und Neuverhandlung durch gesellschaftliche Akteure. Aus geographischer Sicht ist dabei wichtig, dass auch – und gerade – räumliche Strukturen, Symbole und Repräsentationen eine oftmals zentrale Rolle bei der Schaffung und Abgrenzung gesellschaftlicher Identitäten spielen. Der entscheidende Punkt bei der Verkopplung von sozialer und territorialer Grenze liegt in der dadurch entstehenden „purification of space" (SIBLEY 1995). Das Resultat ist „the construction of culturally homogeneous territorial groups"(PAASI 2003, 466).

Nun könnte man aus gesellschaftlicher Sicht angesichts der potenziellen Vielfalt sozialer Kategorien von Identität die starke Fokussierung auf *raumbezogene* Identitäten und entsprechende Grenzen als geographische Fachverliebtheit apostrophieren, wären da nicht deren massive Konsequenzen für das Handeln der Menschen. Es ist eben genau jene Erschaffung des „Eigenen" und des „Fremden" entlang räumlich (de-)markierbarer Kategorien, die solche inneren Homogenisierungs- und äußeren Abgrenzungsstrategien besonders beflügelt.

Das zeigt sich eindrücklich an einer der wirkungsvollsten Raumkonstruktion der Moderne, den Nationalstaaten. Obwohl Benedict ANDERSON die Nationen aufgrund ihres Konstruktcharakters treffend als „Imagined communities" (1983) bezeichnet, ist die nationalstaatliche Ordnung ein solch persistentes Erfolgsmodell geworden, dass sie die politische und wirtschaftliche Organisation der Gesellschaft in vielen Bereichen als eine Art „quasi-realistisches" System bestimmt. Auch in Zeiten zunehmender Globalisierung scheint sie ihre Wirkung – trotz des unbestreitbaren und teilweise gravierenden Machtverlustes zugunsten der „*trans*"-nationalen Netzwerke einer Global Governance – in vielen Bereichen zu behaupten (HIGGOTT/PAYNE 2000).

Zu Recht spricht deshalb John AGNEW von einer „territorial trap" (1994) des Denkens und Handelns. Nationalstaaten-Grenzen machen aus dieser Perspektive einmal mehr deutlich, wie sehr die Konstruktion territorialer Identitäten und deren Grenzen auf Machtgradienten beruht und wie diese Macht auch in den Grenzregimen und symbolischen Ausdrucksformen der Grenze repräsentiert ist. Am stärksten zeigt sich die gesellschaftliche Bedeutung territorialer Identitäten und Grenzen dann, wenn ein darauf aufbauender territorialer Homogenisierungswahn konflikthaft und mit Gewalt umgesetzt wird. Solche unrühmlichen Versuche pflastern als Mahnmale die Geschichte, und sie kommen in unterschiedlichen Abstufungen als Ausgrenzung, Abschiebung oder Vertreibung, als ethnische Säuberung oder als Völkermord daher. Welche Kraft die Schaffung territorial verorteter Identität und Abgrenzung hat, zeigt die Tatsache, dass die Menschheit bis heute an diesem Punkt nur wenig lernfähig scheint. Und das gilt nicht nur für die Gewaltökonomien Afrikas, sondern auch für eine Reihe jüngerer Konfliktregionen in Europa nach dem Ende des Kalten Krieges. Dieser Aspekt macht noch einmal klar, wie sehr politische Grenzen immer „expressions of *geo-power*" (Ó TUATHAIL 1996) darstellen. Sie sind Ausdruck von Machtverhältnissen, sind „part of the discursive landscape of social power (and) control" (NEWMAN/PAASI 1998, 196).

3 Die Grenzen der EU in den Köpfen der Politiker – einige ausgewählte Beispiele

Diese konzeptionellen Überlegungen lassen sich am Beispiel Europa exemplarisch konkretisieren. Hier treten die kontroversen Aushandlungsprozesse bei der Strukturierung des Eigenen und Fremden „im Raum" derzeit gut sichtbar an den Diskussionen um Erweiterung und Grenzen der EU zu Tage, ein Thema, das auch wissenschaftlich interdisziplinär intensiv bearbeitet wird.

Mit der Analyse solcher Auseinandersetzungen lässt sich zeigen, welche unterschiedlichen Regionalisierungs- und Abgrenzungsvorstellungen sich bei den Akteuren finden. Und es zeigt sich besonders auch, mit welchen Mitteln sie diese argumentativ absichern. Vor allem den zweiten Aspekt möchte ich im Folgenden an praktischen Beispielen verdeutlichen. Dieser Punkt ist aus Sicht der Politischen Geographie deswegen so interessant, weil dabei zu Tage tritt, wie unterschiedlich Raum in der politischen Diskussion aufgeladen und repräsentiert werden kann. Denn wer als Politiker eine bestimmte Vorstellung über Gestalt und Grenzen z. B. der EU entwirft, der muss plausible Argumente finden, um die Sinnhaftigkeit seiner Vorstellungen in Politik, Medien und Öffentlichkeit deutlich zu machen. Dabei greifen die Akteure auf kollektiv etablierte Leitlinien gesellschaftlichen Denkens (und Argumentierens) zurück, Leitlinien, die von FOUCAULT konzeptionell gesehen als hegemoniale Diskurse (1981) bezeichnet werden. Die Analyse der Diskussion um die Grenzen der EU macht deutlich, wie dabei neben politischen und historischen Argumentationen interessanter Weise auch eine Reihe kultur-räumlicher, natur-räumlicher und geo- bzw. lagedeterministischer Denkfiguren hervortreten (Abb. 1).

Aus der Vielfalt dieser Argumentationsstrategien sollen beispielhaft nur zwei herausgegriffen werden, die aus geographischer Sicht derzeit eine besondere Bedeutung besitzen, und zwar
    1. der Mittellage-Diskurs als Beispiel für eine lagedeterministische Argumentation mit sehr problematischem Bezug zur deutschen Geschichte und
    2. der zunehmend wichtiger werdende Diskurs kultur-räumlicher Differenz.

3.1 Der „Mittellage"-Diskurs

Geographinnen und Geographen ist die bis heute während semantische Verknüpfung des Begriffs „Mittellage" mit der Geopolitik des Dritten Reichs nur zu vertraut, auf die

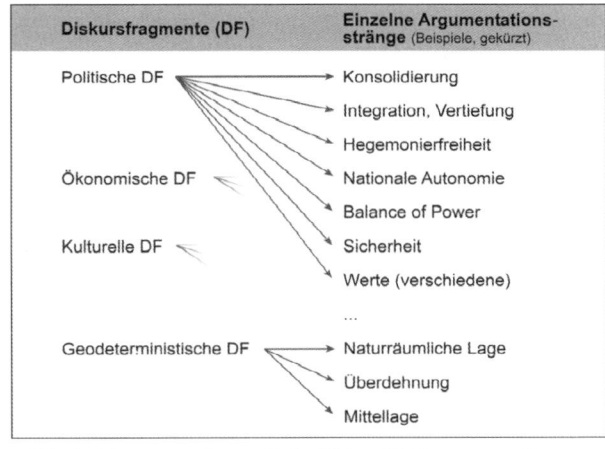

Diskursfragmente (DF)	Einzelne Argumentationsstränge (Beispiele, gekürzt)
Politische DF	Konsolidierung
	Integration, Vertiefung
	Hegemoniefreiheit
Ökonomische DF	Nationale Autonomie
	Balance of Power
Kulturelle DF	Sicherheit
	Werte (verschiedene)
	...
Geodeterministische DF	Naturräumliche Lage
	Überdehnung
	Mittellage

Abb. 1: Fragmente des gesellschaftlichen Diskurses zur Begründung für künftige Außengrenzen der EU

z. B. Autoren wie Hans-Dietrich SCHULZ immer wieder hingewiesen haben. Angesichts einer solchen Begriffsgeschichte ist es dann schon erstaunlich, mit welcher Selbstverständlichkeit und sozusagen „Nonchalance" deutsche Politiker seit den 1990er Jahren diese alte geodeterministische Metapher wieder vermehrt verwenden, um eigene Vorschläge zu Gestalt und Grenzen der EU zu begründen. So steht es beispielsweise in einem europapolitischen Grundsatzpapier der CDU aus dem Jahr 1995 zu lesen, das seinerzeit von SCHÄUBLE und LAMERS verfasst wurde:

Sie fordern darin „nach dem Ende des Ost-West-Konfliktes [...] eine stabile Ordnung auch für den östlichen Teil des Kontinents [...]. Daran hat Deutschland ein besonderes Interesse, weil es auf Grund seiner Lage schneller und unmittelbarer als andere von den Folgen östlicher Instabilität betroffen wäre. Die einzige Lösung [...], mit der ein Rückfall in das instabile Vorkriegssystem und die Rückkehr Deutschlands in die Mittellage verhindert werden kann, ist die Eingliederung der mittelosteuropäischen Nachbarn in das (west-)europäische Nachkriegssystem und eine umfassende Partnerschaft mit Rußland. Ein stabilitätsgefährdendes Vakuum, ein Zwischen-Europa, darf es nicht wieder geben. Ohne eine solche Weiterentwicklung der (west-)europäischen Integration könnte Deutschland aufgefordert werden oder aus eigenen Sicherheitszwängen versucht sein, die Stabilisierung des östlichen Europas alleine und in der traditionellen Weise zu bewerkstelligen".

Das ist eine in Begriffswahl und Semantik nicht unproblematische Rhetorik, und sie stammt nicht etwa aus ersten Nachkriegsjahrzehnten, sondern aus der Mitte der 90er Jahre. Solche Passagen belegen eindrücklich die Persistenz historisch belasteter und lagedeterministischer Argumentationsstrukturen bei heutigen politischen Vorstellungen über Ein- und Ausgrenzungen in Europa. Sie bilden keine Einzelfälle. Ganz ähnlich äußerte sich etwa der damalige europapolitische Sprecher der CDU 2002, Peter HINTZE, in einem der Leitfadeninterviews, die im Rahmen eines DFG-Projektes zur Untersuchung von „Strategischen Leitbildern Europas" geführt wurden (REUBER/STRÜVER/WOLKERSDORFER 2005, SCHOTT 2005):

Hintze betonte, dass es „Deutschland nicht gut tut, wenn es praktisch zwischen Ost und West eine eigene Rolle im Spagat hat – wie es sie hatte im 19. und im 20. Jahrhundert". Seine Hoffnung im Zuge der EU-Erweiterungen besteht darin, dass „Deutschland aus dieser Mittellage rauskommt, wenn unsere Außengrenze nicht gleichzeitig die Außengrenze der Europäischen Union ist. [...] Wir rücken in die Mitte Europas, aber wir verlassen die Mittellage, die eine Schaukellage zwischen Ost und West ist". Bezogen auf die Notwendigkeit einer solchen Veränderung "spielen historische, außenpolitische und sicherheitspolitische Erfahrungen einfach eine große Rolle" (Interview geführt 2002).

Ähnliche Beispiele ziehen sich durch alle politischen Parteien. So verwendet auch der damalige Außenminister Joschka FISCHER (Die Grünen) in seiner von viel internationalem Echo begleiteten europapolitischen Rede an der Berliner Humboldt-Universität im Jahr 2000 („Humboldt-Rede") den Begriff der „Mittellage" als außenpolitisches Schreckgespenst, wenn er konstatiert, dass „die in Deutschlands Dimension und Mittellage objektiv angelegten Risiken und Versuchungen [...] durch die Erweiterung bei gleichzeitiger Vertiefung der EU dauerhaft überwunden werden können". Die Passage zeigt ein weiteres Mal, wie sehr die historisch belastete Argumentationsfigur offenbar wieder hoffähig geworden ist.

Solche Statements fügen sich nahtlos in einen politischen Zeitgeist ein, in dem die geopolitische Rhetorik insgesamt wieder auf dem Vormarsch zu sein scheint. Das zeigt exemplarisch noch einmal das Redeuell SCHRÖDER-MERKEL, die Fernsehsendung mit der höchsten Einschaltquote des Jahres 2005, in einem Ausschnitt, in dem der damalige SPD-Kanzler zur EU-Politik zu Wort kommt:

„Frau Merkel, Sie machen hier wieder den gleichen Fehler, den Sie im Irak-Konflikt gemacht haben. Sie verstehen nicht, welche geostrategische, geopolitische Bedeutung die Einbindung der Türkei in die EU hat. Und ‚privilegierte Partnerschaft' gibt es doch längst, wir haben Assoziierungsabkommen. Und das bisschen, was Sie ihnen zugestehen wollen in der Außenpolitik, das reicht doch nun wirklich nicht, um dieser geostrategischen Bedeutung gerecht zu werden. Jeder von uns kennt doch die Aufregungen, die es in der ganzen Region gibt: Iran, Irak, der Kaukasus. Wenn wir es schaffen, die Türkei so fest an den Westen zu binden, dass Sie nicht mehr los kann, wenn wir es dadurch schaffen, in der Türkei einen nicht fundamentalistischen Islam zu verbinden mit den Werten der westlichen Aufklärung, dann haben wir in Deutschland, in Europa, einen Sicherheitszuwachs, der gar nicht aufzuwiegen ist".

Die Liste solcher Beispiele ließe sich im Rückgriff auf Politik und Medien leicht erweitern, und dieser Umstand verweist dann doch auf eine gewisse Dringlichkeit, die Renaissance solcher nicht unproblematischer und historisch belasteter Denkfiguren mit einer kritischen politisch-geographischen Forschung zu begleiten, und auf diesem Wege auch eine breitere Öffentlichkeit auf die subtile sprachliche Verkopplung von „Raum und Macht" sowie die damit einhergehenden Gefahren aufmerksam zu machen.

3.2 Der „kultur-räumliche" Diskurs

Noch notwendiger erscheint ein solches Vorgehen gemessen an der gesellschaftlichen Dringlichkeit bei meinem zweiten Beispiel, bei der Renaissance kultur-räumlicher Argumentationsstrategien. Denn diese sind nicht, wie die „Mittellage", ein Spezifikum allein der deutschsprachigen Diskussion. Sie bilden vielmehr EU-weit eine der wesentlichen Leitlinien bei der Ein- und Ausgrenzungsdebatte. Das zeigen die im oben erwähnten Forschungsprojekt angefertigten Medienanalysen ebenso wie die Interviews mit den Europapolitikern, aus denen – erneut nur exemplarisch – zwei kurze Ausschnitte vorgestellt werden sollen.

So stellt etwa der damalige EU-Kommissar für Erweiterung, Günther VERHEUGEN, im Interview im Rahmen des o. a. Forschungsprojektes (2003) die Kultur als zentrale Kategorie der europäischen Identität dar. Dabei nehmen für ihn auf der inhaltlichen Ebene die religiös-geistigen Traditionen der christlichen Wertegemeinschaft noch ein-

Abb. 2: Die Brisanz des Themas „Grenzen in Europa" spiegelt sich immer wieder auch in der Medienberichterstattung, hier beispielhaft repräsentiert in einem Titelbild der Wirtschaftswoche.

mal einen herausgehobenen Stellenwert ein. Auf dieser Grundlage erfolgt dann seine diskursive Verortung Europas in Form einer klassischen Kultur-Raum-Kopplung, bei der die solcherart definierte kulturelle Gemeinschaft von Dublin bis Wladiwostok reiche. Vor dem Hintergrund der Überzeugung, dass Europa am besten kulturell definiert sei, nimmt Verheugen entlang dieses Begriffs auch eine klare Abgrenzung zu Nordamerika vor, indem er darauf hinweist, dass man es zwischen diesen beiden Regionen mit einem massiven kulturellen Unterschied zu tun habe. In derselben diskursiven Formation und Argumentationslogik bewegt sich auch der Außenminister der Tschechischen Republik, Cyril Svovboda, wenn er in unserem Leitfadeninterview (2002) für die Identität Europas in erster Linie „die gemeinsam geteilten christlichen Werte" hervorhebt. Europa werde dabei, so Svovboda, „nur in der Lage sein zu überleben, wenn Europa so mutig ist, diese Werte nicht nur zu teilen, sondern sie auch zu verteidigen. Die christlich-demokratischen Werte" (im Original englisch, Übers. d. A.).

Wie tagespolitisch bedeutsam der Rückgriff auf solche kultur-räumlichen Diskurse sein kann, wurde jüngst wieder im Rahmen der Diskussion um die Aufnahme von Beitrittsverhandlungen mit der Türkei Anfang Oktober 2005 deutlich. Die aktuelle Debatte greift dabei auf eine lange Tradition diskursiver geopolitischer Verortungen der Türkei zurück (Lossau 2001). Die Argumentationsstränge, mit denen in der politischen Arena für oder gegen einen Beitritt votiert wird, „legen die Vermutung nahe, dass es sich beim Diskurs um einen Beitritt der Türkei zur EU nicht um einen thematisch über die Zeit stabilen, einheitlichen Diskurs handelt. [...] Vielmehr scheint der Diskurs um die Zugehörigkeit der Türkei zu Europa durch unterschiedliche, thematisch voneinander abgegrenzte Diskursfelder bestimmt zu werden" (Albert 2005, 59). In diesem Konzert spielen gleichwohl kultur-räumliche Diskursfragmente eine ganz zentrale Rolle, wobei erneut die religiöse Differenz einen Kernpunkt der Argumentation bildet.

Aus der konzeptionellen Perspektive einer konstruktivistisch argumentierenden Politischen Geographie liegen die Probleme solcher Begründungsmuster auf mehreren Ebenen. Da ist zunächst die semantische Vielfalt der begrifflichen Bedeutung von Kultur. So einheitlich, wie der *Rückgriff* auf kulturelle Argumente bei der Debatte häufig erfolgt, so uneinheitlich sind die inhaltlichen Zuschreibungen, was denn Kultur sei und wo dann, dem jeweiligen Kulturbegriff entsprechend, kulturelle Grenzen „im Raum" zu finden wären. Der Kulturbegriff nimmt entsprechend oft die Gestalt einer Leerformel an, mit der je nach Bedarf Abgrenzungen konstruiert werden, wo man sie braucht: mal zwischen Amerika und Europa, mal zwischen der EU und der Türkei. Immer aber – das bleibt den Argumenten gemeinsam und macht sie so gefährlich – schimmert die implizite Homogenisierung entlang territorialer Grenzen durch. Es ist genau die Kultur-Raum-Kopplung, die die Komplexität sozialer Vielfalt dramatisch reduziert, dem Denken in territorialen Gegensätzen Vorschub leistet und darauf aufbauenden Konfliktszenarien den Weg ebnet.

Die wenigen Beispiele können hier nur stellvertretend andeuten, welche herausgehobene Rolle das Thema Kultur für die Grenzen der EU hat. Dies fügt sich nahtlos ein in die globale Renaissance einer Rhetorik kulturell-räumlicher Differenzen in den 1990er Jahren und insbesondere seit der Zeit nach den Anschlägen des 11. September, in der sich solche Kategorien des Denkens inklusive der daraus abgeleiteten Thesen vom Zusammenprall der Kulturen als feste Bestandteile einer *globalen* Regionalisierungs- und Krisenrhetorik in Besorgnis erregender Form zu etablieren beginnen.

An dieser Stelle ist die Geographie gefordert, sich der neuen gesellschaftlichen Debatte um Kultur ebenso zu stellen wie den Konsequenzen, die deren Instrumentalisierung bei der Verhandlung und Schaffung territorialer Grenzen mit sich bringt. Ein Zeichen für die gestiegene Sensibilität in unserem Fach ist die intensive Diskussion, die derzeit um die „Kulturgeographie" und den „cultural turn" geführt wird, und in der sich die unterschiedlichsten Stimmen zu Wort melden. Es geht mir heute nicht darum, zu dieser Debatte Stellung zu nehmen, aber ihr Vorhandensein und ihre Lebhaftigkeit zeigen gemeinsam das eine: dass die Geographie an diesem Punkt die Zeichen der Zeit erkannt hat, und dass sie bereit ist, sich in die auch gesellschaftspolitisch relevante Auseinandersetzung um das Feld der „Kultur" und den problematischen Macht-Raum-Nexus, den sie in sich birgt, einzumischen.

Die Geographie erweitert mit solchen Forschungsperspektiven das Feld ihrer Möglichkeiten. Neben das ihr traditionell zugewiesene gesellschaftliche Aufgabenfeld, Regionalisierungen zu produzieren, d. h. diese mit den ihr zur Verfügung stehenden wissenschaftlichen Methoden zu konstruieren, stellt sie mit der Einbindung konstruktivistischer Ansätze nicht nur ein weiteres Instrument für die wissenschaftlich übliche Selbstkritik solcher Regionalisierungen; sie versetzt das Fach auch in die Lage, sich zentral in die im Zuge des „spatial turn" laufende Diskussion in den Kulturwissenschaften um die Rolle raumbezogener Konstruktionen und Repräsentation in Politik, Ökonomie und Medien einzumischen und diese konzeptionell reflektiert zu analysieren und gesellschaftskritisch zu hinterfragen.

4 Schlussbemerkungen

Natürlich sind die gezeigten Beispiele hier aufgrund der Kürze der Zeit nur als stark vergröberte Schlaglichter einer sehr viel breiteren Debatte und Analyse zu verstehen. Die etwas schablonenhafte Darstellung zeigt aber trotzdem bereits im Hinblick auf die Kernthesen des Beitrags den Konstruktionscharakter sowie die Heterogenität politisch-territorialer Regionalisierungen und Abgrenzungen im allgemeinen und in Europa im besonderen, die sich vor dem Hintergrund der unterschiedlichen Interessenlagen der beteiligten Akteure durchaus auch als strategische Regionalisierungen und Leitbilder rekonstruieren lassen. Dabei treten aus Sicht unseres Faches und insbesondere der Politischen Geographie folgende Aspekte besonders hervor:

- Geographische Argumentationen spielen in der aktuellen politischen Diskussion um die Grenzen Europas und der EU eine grundlegende Rolle. Sie kommen oft in Form scheinbar neutraler politisch-geographischer Fakten und Begründungsansätze daher, die zur Inklusion und Exklusion bestimmter Länder bzw. Regionen dienen. Die Akteure verwenden solche Konstruktionen häufig als vermeintlich „objektiv-sachliche" Ermächtigungsgrundlage für ihr politisches Handeln.
- Geographische Argumente und politisch-geographische Gebietsabgrenzungen werden vor allem dann wirksam, wenn sie mit weiteren Dimensionen aufgeladen werden. Darunter sind vor allem die Dimensionen Kultur (z. B. Kultur-Raum-

Kopplung) und Sicherheit (z. B. Risiko-Semantiken) zu nennen. Der Geographische Raum wird damit zur Projektionsfläche gesellschaftlicher Eigen- und Besonderheiten sowie sicherheitspolitischer Bedrohungen.
- Die Unschärfe der Kategorie Kultur eröffnet in Verknüpfung mit territorialen Bezügen ein umfassendes Feld für die Konstruktion strategischer Regionalisierungen bzw. Leitbilder aus der Perspektive unterschiedlicher europapolitischer Akteure.

Die Politische Geographie richtet ihr Analyseziel darauf, die Konstruktionsweise und Rolle solcher raumbezogener Argumentationen und Repräsentationen in politischen Gestaltungsprozessen und Konflikten offen zu legen. Aus Sicht der Critical Geopolitics setzen Akteure diese als Teil der Begründungsrhetorik und Legitimation ihrer jeweiligen Interessen ein. Aber auch wenn man den konzeptionell teilweise diskussionsbedürftigen Prämissen einer solchen, im weiteren Sinne handlungstheoretisch informierten Argumentation nicht folgen will, kann einen Analyse aus einer enger diskurstheoretisch orientierten Perspektive herausarbeiten, auf welche gesamtgesellschaftlichen Deutungsmuster solche geographical bzw. geopolitical imaginations zurückgreifen (und welche Rolle kultur-räumliche und geodeterministische Rhetoriken in diesem Zusammenhang spielen). Sie zeigt darüber hinaus tiefer liegend das vielfältige Wirken solcher sprachlicher Repräsentationen im Alltag der Menschen. Das gilt auch und gerade bei raumbezogenen Vorstellungen, Regionalisierungen und Abgrenzungen. Eine wissenschaftliche Offenlegung solcher Aspekte macht die Menschen dafür sensibel, wie stark entsprechende Leitvorstellungen, wenn sie einmal in den Köpfen der Menschen verankert sind, deren alltägliches Handeln bestimmen können, vom Gang zur Wahlurne bis zum aktiven Einsatz in kriegerischen Auseinandersetzungen.

Politisch-geographische Forschung ist in dieser Form unmittelbar gesellschaftlich relevant in den Krisen und Konflikten unserer Zeit. Ihre Erkenntnisse geben den Bürgerinnen und Bürgern praktische Anleitung für den kritischen Umgang z. B. mit den verstärkt wieder auftretenden territorialen bis geopolitischen Argumentationsformen, die von Politik und Medien verbreitet werden. Es ist notwendig und möglich, eine solche Veränderung des Blicks nicht nur Erwachsenen, sondern auch jungen Menschen bereits in der Schule an ausgewählten Themen des Geographieunterrichts nahe zu bringen, wie Erfahrungen aus entsprechenden Lehrerfortbildungen gezeigt haben. Die Geographie leistet mit einer solchen Forschungs- und Vermittlungsarbeit einen generellen und sehr zeitgemäßen Beitrag zu einer lebendigen, kritischen Demokratie. Ihre Ergebnisse sind für alle Bürgerinnen und Bürger Anleitung und Aufforderung zum partizipativen Handeln in einer europäischen Zivilgesellschaft.

Literatur

AGNEW, J. A. (1994): The Territorial Trap: The Geographical Assumptions of International Relations Theory. 53-80 (= Review of International Political Economy 1).

ALBERT, M. (2005): Von Rom nach Istanbul (und zurück): Europas Grenzen und ihre Entgrenzung. In: Reuber, P./Strüver, A./Wolkersdorfer, G. (Hrsg.): Politische Geographien Europas – Annäherungen an ein umstrittenes Konstrukt. Münster, 55-72 (= Forum Politische Geographie 1).

ANDERSON, B. (1983): Imagined Communities. Reflections on the Origin and Spread of Nationalism. London.

DERRIDA, J. (2004): Die différance. In: Derrida, J. (2004): Die différance. Ausgewählte Texte. Suttgart.

DODDS, K. (2005): Global Geopolitics. A critical introduction. Harlow.

FISCHER, J. (2000): Vom Staatenverbund zur Föderation – Gedanken über die Finalität der europäischen Integration. Rede des Außenministers Joschka Fischer vom 12. Mai 2000 in der Humboldt-Universität in Berlin. 752-760 (= Blätter für deutsche und internationale Politik, 6).

FOUCAULT, M. (1981): Die Archäologie des Wissens. Frankfurt a. M.

HIGGOTT, R./PAYNE, A. (Hrsg.) (2000): The New Political Economy of Globalisation: Vol. I, Theories, Concepts and the State. Aldershot.

KAPLAN, D. H./HÄKLI, J. (2002): Learning from Europe? Borderlands in Social and Geographical Context. In: Kaplan, D. H./Häkli, J. (Hrsg.): Boundaries and Place. European Borderlands in Geographical Context. New York/Oxford, 1-17.

LOSSAU, J. (2001): Anderes Denken in der Politischen Geographie: der Ansatz der Critical Geopolitics. In: Reuber, P./Wolkersdorfer, G. (Hrsg.): Politische Geographie – Handlungsorientierte Ansätze und Critical Geopolitics. (= Heidelberger Geographische Arbeiten 110).

MUSCHG, A. (2005): Was ist europäisch? Reden für einen gastlichen Erdteil. München.

NEWMAN, D./PAASI, A. (1998): Fences and neighbours in the postmodern world: boundary narratives in political geography. (= Progress in Human Geography, 22/2). 186-207.

Ó TUATHAIL, G. (1996): Critical Geopolitics. The Politics of Writing Global Space. Minneapolis.

PAASI, A. (2001): Europe as a social process and discourse: considerations of place, boundaries and identity. (= European Urban and Regional Studies 8, Nr. 1). 7-28.

PAASI, A. (2003): Boundaries in a Globalizing World. In: Anderson, K./Domosh, M./ Pile, S./Thrift, N. (Hrsg.): Handbook of Cultural Geography. London, 462-472.

PAASI, A. (2005): The Changing Discourses on Political Boundaries. Mapping the Backgrounds, Contexts und Contents. In: Van Hountum, H./Kramsch, O./Zierhofer, W. (Hrsg.): B/Ordering Space. (= Border Regions Series). Aldershot, 17-31.

REUBER P. (1999) Raumbezogene Politische Konflikte. Geographische Konfliktforschung am Beispiel von Gemeindegebietsreformen. (= Erdkundliches Wissen 131). Stuttgart.

REUBER, P./STRÜVER, A./WOLKERSDORFER, G. (Hrsg.) (2005): Politische Geographien Europas – Annäherungen an ein umstrittenes Konstrukt (= Forum Politische Geographie 1). Münster.

SCHOTT, M. (2005): Geopolitische Leitbilder und Diskurse als strategische Regionalisierungen in der europapolitischen Diskussion. In: Reuber, P./Strüver, A./Wolkersdorfer, G. (Hrsg.): Politische Geographien Europas – Annäherungen an ein umstrittenes Konstrukt (= Forum Politische Geographie 1). Münster, 73-100.

SIBLEY, D. (1995): Geographies of exclusion. Society and difference in the West. London.

STRÜVER, A. (2005): Stories of the „Boring Border": The Dutch-German Borderscape in People's Minds. (= Forum Politische Geographie, 2). Münster.

VAN HOUTUM, H. (2000): An Overview of European Geographical Research on Borders and Border Regions. (= Journal of Boarderlands Studies, 15/1). 57-83.

WASTL-WALTER, D./PAVLAKOVICH, V. K./MOREHOUSE, B. J. (2004): Part I – Introduction: Perspectives on Borderlands. In: Pavlakovich V. K./Morehouse, B. J./Wastl-Walter, D. (Hrsg.): Challenged Borderlands: Transcending Political and Cultural Boundaries. Ashgate/Aldershot, 3-11.

Schlussansprache 55. Deutscher Geographentag Trier 2005

Heiner Monheim (Trier)

Liebe Geographinnen und Geographen,
liebe Freunde der Geographie,

heute Abend schließt sich der Kreis. Viele von Ihnen werden gleich im Anschluss die Heimreise antreten. Einige werden noch für die Arbeitskreise, Arbeitsgruppen, Workshops und Exkursionen bleiben.

Was haben Sie nun also mit in Ihrem „Reisegepäck" an neuen Erkenntnissen und Eindrücken?

Vitale Stadt Trier und Campus der kurzen Wege
Für alle, die Trier vorher noch nicht kannten, wird die Stadt sicher mit ihrem besonderen Charme, ihrer großen Innenstadt, ihrer gelungenen Verbindung von sehr alter Geschichte und sehr moderner Weiterentwicklung, z. B. auf dem Universitätscampus, in Erinnerung bleiben. Dies ist ein Campus der kurzen Wege und auch die Stadt ist eine Stadt der kurzen Wege. Zumal sie es geschafft hat, auch dank vieler Studenten und junger Studentenfamilien die Innenstadt wieder zum beliebten Wohnquartier zu machen, mit heute mehr als zweieinhalb Mal mehr Einwohnern als vor 20 Jahren.

Diese Stadt ist eine „Persönlichkeit" mit vielen Facetten, die man sich in zwei oder drei Tagen kaum richtig erschließen kann. Kommen Sie also bald wieder nach Trier und bleiben Sie im Dialog und Austausch mit der Trierer Geographie und den hiesigen Geowissenschaften.

Ein neues Bild der Geographie: modern, aktuell, innovativ und relevant durch gelungenen Generationenwechsel
Alle, die gestützt auf alte Klischeevorstellungen, die Geographie für eine eher betuliche, nicht eben spektakuläre Disziplin gehalten haben, müssen ihr Vorurteil korrigieren. Die Geographie ist jung und attraktiv, jedenfalls wenn sie sich thematisch so aufstellt wie bei diesem Geographentag. Das beweist die ungewöhnlich große Zahl von studentischen Teilnehmern. Und das beweist die umfangreiche Berichterstattung in den Medien. Die Geographie bietet auch eine verheißungsvolle Berufsperspektive, jedenfalls für diejenigen, die flexibel sind und mutig neue Felder besetzen.

Die Geographie meistert gerade einen beachtlichen Generationenwechsel. Das merkt man auch am Mut zu vielen neuen Ideen und methodischen sowie didaktischen Experimenten. Diese Aufbruchsstimmung tut dem Fach gut, das ja in einigen Jahren mit einem internationalen Geographentag in Köln auch die weltweite Geographie nach Deutschland einladen wird. Ich hoffe, viele der mehr als 600 Studenten werden dann – wo auch immer sie gelandet sein werden – erneut die Geographie befragen, was sie leisten kann, auch im internationalen Vergleich.

Neues Interesse an integrativen Ansätzen in der Geographie
In diesem Zusammenhang ist wichtig, dass die Geographie neuerdings die eher zentrifugalen Tendenzen des Zerfaserns in „atomisierte" Teile hinter sich lässt und neue Anstrengungen für Integration und Vernetzung unternimmt. Besonderes Zeugnis hiervon haben die gemeinsamen physio- und humangeographischen Fachsitzungen und der Versuch eines rundum ausgewogenen Gesamtprogramms gegeben.

Leitthemen haben sich bewährt
Die fünf Leitthemen des Geographentages haben sich bewährt in dem Sinne, dass die besondere Aktualität und „seismographische Sensibilität" der Geographie für relevante Entwicklungstendenzen in vielen Feldern erkennbar wurde.

Europa als Hoffnungsträger
Die europapolitische Katerstimmung des Jahres 2005 in den alten europäischen Kernländern hat uns nicht gehindert, den Prozess der fortschreitenden europäischen Erweiterung vor allem mit seinen Chancen und schon jetzt erkennbaren positiven Effekten zu thematisieren. Jenseits aller diffusen Ängste: Europa lebt, und die Hoffnungen der jungen Mitgliedsländer kontrastieren auf bewundernswerte Weise mit den Ängsten und Selbstzweifeln der alten europäischen Kooperationspartner.

Geographie als engagierte Umweltwissenschaft im Nachhaltigkeitsdiskurs
Die Umwelt- und Nachhaltigkeitsdebatte hat durch viele engagierte Beiträge neue Impulse bekommen. Jenseits aller politischen Opportunitäten bleibt uns das Thema auf allen Maßstabsebenen – global bis lokal – als drängendes Problem mit massiven Handlungserfordernissen erhalten.

Strukturwandel offenbart Krise der Wohlstandsgesellschaften
Hier muss sich noch beweisen, wie innovationsfähig letztlich westliche Wohlstandsgesellschaften und ihre Entscheidungssysteme sind, auf die Herausforderungen angemessen zu reagieren. Die Hoffnung, man könne die Nachhaltigkeitsziele und umweltpolitischen Herausforderungen lebensstil- und wirtschaftsstilneutral mit wenigen, letztlich marginalen technischen Kurskorrekturen erreichen, dürfte sich angesichts der Notwendigkeiten eher als Illusion erweisen.

Geographen als Spezialisten für regionale Problem- und Prozessdifferenzierungen
Unsere mitteleuropäischen Gesellschaften werden mit einem massiven sozio-ökonomischen und sozio-demographischen Strukturwandel konfrontiert, bei dem geographische Analysen viel zur angemessenen Strategieentwicklung beitragen können. Denn fast immer handelt es sich um regional hochdifferenzierte Prozesse und Erfordernisse, und die Geographen sind nun einmal die Spezialisten für regionale Differenzierungen in Analyse und Strategieentwicklung.

Dankesworte
Lassen Sie mich zum Schluss ein paar Dankesworte anhängen.

Dank an Referenten und Diskutanten
Dank an alle Referenten und Diskutanten, die aktiv im Programm mitgewirkt haben.

Wir haben eine breite Palette großer und kleiner Fachveranstaltungen erlebt. Insgesamt war mein eigener Eindruck und der vieler Kommentare: Die Geographie ist diskussionsfreudiger denn je, sie ist streitbar und eine Disziplin, der man in keiner Weise enge Beschränktheit und Betulichkeit nachsagen kann.

Dank an das Organisationsteam
Dank an alle guten Geister, die den Kongress in den letzten Tagen „organisiert" haben. Im Frontoffice und Backoffice, im Service und in der Logistik. Stellvertretend für die gut einhundert Aktiven, die sich in den letzten Tagen und Monaten eingebracht haben, strömen die gerade frei verfügbaren „Gelbhemden" jetzt hier auf die Bühne, um Ihr Dankeschön als Woge von Applaus zu genießen.

Liebe Studis, ich darf mich bei Euch im Namen des Ortsausschuss, des DGfG-Präsidiums und sicherlich auch aller Teilnehmer für Euren großen Einsatz, Eure Fröhlichkeit, den „Spirit", bedanken. Jetzt habt Ihr ein paar Tage Ruhe verdient, aber zwei Tage Abbauarbeiten müssen trotzdem noch sein.

Dank an die Universität
Ein Dank geht auch an unseren Gastgeber, die Universität, den Präsidenten und den Kanzler, stellvertretend für alle Unterstützer, die uns diesen schönen Campus und seine Technik und die Unterstützung durch die Verwaltung zur Verfügung gestellt haben. Ich denke, ich spreche im Namen aller, wenn ich sage, Trier kann auf diesen Campus stolz sein, der, obschon in die Jahre gekommen, auf angenehme Weise moderne Architektur und Landschaftsgestaltung verkörpert.

Einladung zur Fortsetzung
Liebe Geographenfamilie, ich kann Sie hier nicht verabschieden, ohne eine ausdrückliche Einladung zu den nächsten geographischen Highlights auszusprechen:

Schulgeographentag 2006 in Bremen
Einmal nach Bremen zum nächsten und wohl gleichzeitig letzten Schulgeographentag in gewohnter Form im Jahr 2006. Hierzu wird gleich Herr Mahlert einige Ausführungen machen.

Geographentag 2007 in Bayreuth
Zum anderen nach Bayreuth im Jahre 2007. Dort wird dann das erste Mal ein voll integrierter Geographentag stattfinden. Ich bin sicher, dieses Experiment wird sich bewähren. Ihnen, lieber Herr Popp als Vorsitzendem des Bayreuther Ortsausschusses möchte ich jetzt den Staffelstab überreichen, den mir Paul Messerli 2005 in Bern übergeben hat. Wir haben in den Staffelstab eine Wanderurkunde eingelegt, die in den nächsten Jahrzehnten mit jeder Etappe weiter wachsen soll.

Glückliche Reise
Nun wünsche ich allen, die heute die Heimreise antreten, eine glückliche Rückkehr, allen, die morgen noch in ihren Arbeitskreisen, Arbeitsgruppen und Workshops engagiert weiter arbeiten, interessante Beratungen, allen, die auf Exkursionen unterwegs sein werden, viele neue und konkrete Vor-Ort-Erkenntnisse. Ich hoffe, dass wir Ihnen bald zur Erinnerung und Nachbereitung den Verhandlungsband überreichen können.

Schlussansprache

Ich schließe mit einer kleinen Verszeile:
„Lang schallt's im ganzen Lande noch,
die Geographen leben hoch"

Danke für Ihren Besuch und auf Wiedersehen.

Die aktuelle Lage der Deutschen Geographie – Bilanz und Ausblick

Elmar Kulke (Berlin)

Liebe Geographinnen und Geographen,
meine sehr geehrten Damen und Herren,

Schlussveranstaltungen großer Kongresse dienen üblicherweise dazu, die wichtigsten Aspekte und letztlich die Botschaft der Veranstaltung zusammenzufassen. Dies hat Herr Monheim in seiner Begrüßung schon vorgenommen, und ich möchte nur noch kurz meinen persönlichen Eindruck ergänzen. Dieser Geographentag war ein voller Erfolg. Viele Teilnehmer, eine perfekte Organisation, ein kompakter und übersichtlicher Tagungsstandort, zahlreiche interessante Vorträge führten zu einer ausgezeichneten Stimmung und einem hohen wissenschaftlichen Ertrag. Herzlichen Dank an die Organisatoren – Prof. Monheim, Prof. Sailer, Prof. Ries – und an alle zahlreichen engagierten Helfer.

Schlussveranstaltungen eines so komplexen, eine ganze Disziplin umfassenden Kongresses können aber auch weiter gehen und Lage sowie Perspektiven eines Faches beleuchten, und darauf möchte ich im Folgenden eingehen, indem ich die Frage stelle: *Geographie, wo stehst du und wohin gehst du?*

Dabei will ich als Wirtschaftsgeograph keineswegs die Inhalte der Geographie und deren Forschungsfronten definieren, sondern beschränke mich aufgrund meiner Verbandsfunktion auf die fachpolitischen Herausforderungen.

In meiner Tätigkeit als Präsident der Deutschen Gesellschaft für Geographie könnte ich fast den Eindruck gewinnen, das Haus Geographie brennt, und ich bin nur noch als Feuerwehrmann unterwegs – Protestbriefe gegen Stellenstreichungen und Stundenkürzungen bilden beinahe meine Hauptaufgabe. Aber eine darauf basierende nur negative Sichtweise wäre eine völlig falsche Einschätzung der Lage. Vielmehr glaube ich, dass die Situation der Geographie deutlich besser ist, als wir in unserer kritischen Eigenbewertung immer wahrnehmen, und dass wir vor allem gute Zukunftsperspektiven besitzen. Diese können wir allerdings nur nutzen – und dies ist meine persönliche, feste, auch auf langjähriger Erfahrung aus dem Wissenschaftsmanagement beruhende Überzeugung –, wenn die Geographen zusammenhalten und gemeinsam an der Weiterentwicklung der Inhalte und der Außenvertretung des Faches arbeiten. Zentrifugale Entwicklungen, bei denen Wissenschaftler ihr Heil im Abwandern in andere Disziplinen suchen (und sich dann lieber als Geo-irgendwas statt als Geographen bezeichnen), fehlende Solidarität gegenüber dem Fach (die sich auch in fehlender Bereitschaft von Sitzungsleitern zeigt, den Geographentags-Beitrag zu zahlen) und das Verleugnen der eigenen fachlichen Herkunft (ich bin Wirtschaftsgeograph und nicht Regionalökonom!) schaden dem Fach erheblich.

Lassen Sie mich kurz die Lage der Geographie an den Universitäten, in der Schule und in der Berufspraxis beleuchten:

Geographie an den Universitäten

Die Universitäten stehen in einem Umbruch, wie wir ihn schon seit längerer Zeit nicht mehr erlebt haben. Rahmenbedingungen der wissenschaftlichen Tätigkeit verändern sich in kaum bekanntem Ausmaß. Das Diktat der knappen Kassen führt zu massiven Stellenreduzierungen. Geographie befindet sich bisweilen in einer schwierigen Situation, weil viele Institute sehr klein sind und sich damit an der Grenze einer unterkritischen Masse befinden – von den 77 geographischen Lehreinrichtungen in Deutschland haben nur sechs eine Professorenzahl von zehn und mehr, aber 43 setzen sich aus nur vier oder weniger Professuren zusammen. Wenn dann keine ausreichende Vertretung in den Gremien und keine hohe wissenschaftliche Reputation (z. B. durch große anerkannte Forschungsprojekte) vorhanden sind, retten auch die vergleichsweise hohen Studierendenzahlen nicht davor, Lieblingsstreichobjekt zu werden.

Diese Problemsituation dokumentiert sich in der Veränderung der Personalstrukturen. Das hauptberufliche wissenschaftliche Personal in der Geographie stieg bis 2000 an und ist seitdem leicht rückläufig (1980: 720, 1990: 840, 2000: 1218, aber 2003: 1176; lt. Rundbrief Geographie, H. 196). Doch diese Zahlen verdecken die wirkliche Dramatik der Entwicklung. Denn ganz besonders drastisch war der Rückgang bei dem von den Universitäten bezahlten Personal. 1996 waren es noch 90,1 Prozent, 2004 nur noch 57,8 Prozent. Das heißt: Nur durch Einwerbung von Drittmitteln konnte der absolute Verlust an Personal kompensiert werden; wenn auch das größere Engagement bei Drittmittel basierter Forschung positiv ist, gehen doch damit die Lehrkapazitäten zurück.

Was tun?
Wenn auch von vielen Wissenschaftlern ungeliebt, ist ein Engagement im Wissenschaftsmanagement unverzichtbar. Nur durch Mitarbeit in den Gremien ist man rechtzeitig informiert und kann an Entscheidungen mitwirken. Ebenso wichtig ist die Bildung von Netzwerken mit anderen Fächern und Institutionen, wobei das Einwerben weiterer Stellen von Professoren durch gemeinsame Berufungen mit außeruniversitären Einrichtungen besonders Erfolg versprechend ist (man mag das ständig beklagen, aber die Universitätsrealität ist, dass bei Abstimmungen Professuren das entscheidende Gewicht besitzen).

Mir ist durchaus bewusst, dass ich damit Forderungen stelle, die bei vielen Kolleginnen und Kollegen nur Naserümpfen verursachen – sie sind Wissenschaftler, und ihr Wert wird nur an der Forschung gemessen. Warum soll man sich Berufungschancen vermasseln, ist doch ein Artikel in einem internationalen Journal viel mehr wert als zwei Jahre Senatsmitglied zu sein! Aber auch sie sollten sich bewusst sein, dass es ohne hochschulpolitisches Engagement womöglich keine Stellen für Berufungen mehr gibt!

Wenn denn keine Lust am Management besteht, dann sollten sich diese Kollegen zumindest von ihrer eigenen Forschungsinsel lösen. Denn nur große Verbundprojekte in der Forschung (GraKo, SFB, EU) werden in den Universitäten wahrgenommen und dienen in der Strukturplanung als Argument für Fächer.

In beiden Feldern, Hochschulmanagement und vor allem Verbundprojekte, sehe ich noch große, unausgeschöpfte Potenziale. Und ich ermuntere dringend, sich hier stärker als bisher zu engagieren. Gerade wenn man Geographie als Brückenfach mit vielen inhaltlichen Kontakten zu anderen Fächern sieht, dann muss dies genutzt werden, indem wir Koordinatoren von interdisziplinären Projekten werden. Die wichtigen Forschungsergebnisse – und da wiederhole ich mich – werden gegenwärtig an den Schnittstellen von Disziplinen erzielt; die Geographie hat hier wirklich Spannendes zu bieten.

Studierende und Lehre

Dramatische Auswirkungen hat diese Situation auch auf die Relation zwischen Lehrenden und Studierenden, die sich permanent verschlechterte und in manchen Einrichtungen schon längst die Grenze des Erträglichen überschritten hat.

Denn gleichzeitig zum Personalabbau ist ein kontinuierlicher Anstieg der Zahl der Studierenden und auch der Absolventen zu beobachten. 1980 lag die Zahl der Studierenden noch bei 12 243, 1990 bei 19 639, 2000 bei 22 812 und drei Jahre später bei 25 512 Personen (aus Rundbrief Geographie H. 196, 2005). Dieser hohe Zuwachs ist keineswegs darin begründet, dass Geographie als Parkplatz genutzt wird. Vielmehr liegt eine kontinuierlich geringe Abbrecherquote von rund 19 Prozent (BfA 2005) vor, die deutlich unter dem Universitätsdurchschnitt von 26 Prozent liegt. Geographie ist also offenbar ein Fach, das aufgrund seiner Inhalte und vermutlich auch der Betreuungsform Studierende begeistert oder zumindest bindet und zu einem erfolgreichen Abschluss führt: Etwa 1700 Berufsgeographen und rund 1000 Lehramtskandidaten schließen jährlich erfolgreich ihr Studium ab (BfA 2005).

Geographie ist somit ein Fach, das unter dem Diktat knapper Kassen ständige Personaleinsparungen erfährt, gleichzeitig aber an fast allen Standorten eine extreme Überlast an Studierenden aufweist und diese trotz schwieriger Bedingungen zu erfolgreichen Abschlüssen führt.

Darauf können wir durchaus stolz sein und sollten dies auch immer wieder als Argument im Kampf gegen Stellenstreichungen verwenden. Die hohe Ausbildungseffizienz müssen wir in der Hochschulöffentlichkeit wesentlich offensiver vertreten! Sie kann zugleich, falls die zu erwartenden Studiengebühren wenigstens teilweise den jeweiligen Fächern entsprechend ihrer Ausbildungserfolge zukommen, unsere Lehrsituation klar verbessern.

Neue Studiengänge

Auch in der Lehre erfolgen gegenwärtig, ausgelöst durch die Bologna-Vereinbarung der EU, massive Veränderungen. Der zwar im Vergleich zu anderen Fächern noch relativ junge Diplom-Abschluss, der sich seit seiner Einführung in den 60er Jahren inzwischen auch auf dem Arbeitsmarkt als erfolgreich erwiesen hat, wird schrittweise durch Bachelor- und Masterabschlüsse ersetzt werden. Damit wird nicht nur die Form der Abschlüsse verändert, sondern auch massiv das Lehrkonzept: Das Schlagwort heißt Modularisierung!

Ob man es nun mag oder nicht mag, wir können uns diesen Veränderungen nicht verschließen! Alle Einrichtungen, die bisher noch nicht ihr Studienprogramm modularisiert haben, rufe ich dringend auf, dies umgehend zu tun. Nur so sind Mobilität und Leistungstransfer für Studierende möglich, und außerdem stehen wir ziemlich dumm da, wenn wir bei einer machbaren Veränderung die Letzten sind.

Schwieriger ist die Konzeption und Realisierung von Bachelor- und Masterabschlüssen (für die eine Modularisierung die Voraussetzung bildet), die in einer internationalisierten Welt nun einmal die üblichen Abschlüsse darstellen. Es bedeutet einen erheblichen Aufwand, diese zu entwickeln und dann auch noch akkreditieren zu lassen. Aber die Arbeitsgruppe von Herrn Schmiedecken hat hier wertvolle Vorarbeit für alle Institute geleistet.

Bei den neuen Abschlüssen besteht eine relativ große Freiheit der Ausgestaltung der Lehrinhalte – es wird nicht mehr wie früher bei den Diplomstudiengängen geprüft, ob die Inhalte den Rahmenrichtlinien der KMK entsprechen. Wir als DGfG sind jedoch der festen Überzeugung, dass bei dem ersten Studienabschnitt, dem Bachelor, eine maximal mögliche Übereinstimmung in den inhaltlichen Ausbildungsplänen der deutschsprachigen Geographie-Institute erreicht werden sollte. Wo Geographie drauf steht, muss auch Geographie drin sein! Nur so sichern wir das Fach und auch die Mobilität von Studierenden.

Anders sieht es bei den Master-Studiengängen aus. Hier besteht die ausgezeichnete Chance, dass jeder Standort seine speziellen inhaltlichen Schwerpunkte einbringt und damit ein klares und einzigartiges Profil entwickelt; so entstehen Alleinstellungsmerkmale! Und ich erwarte hier eine wirklich attraktive Situation im Zusammenspiel von Lehrenden und Studierenden in einem Spezialgebiet, die zu einer ausgeprägten kreativen Atmosphäre führen kann.

Insgesamt können die neuen Abschlüsse also durchaus ein noch attraktiveres Ausbildungssystem in Geographie erschließen, sie stellen viel mehr eine Perspektive als ein Problem dar.

Für die ersten Absolventen wird der Berufseinstieg allerdings nicht ganz einfach sein – Bachelor klingt fast wie eine Erkältungskrankheit! Aber dies ist kein geographiespezifisches Problem, und in dem Maße, in dem auch andere Fächer umstellen, wird sich diese Schwierigkeit lösen.

Geographie in der Schule

Geographie oder Erdkunde in der Schule stellt – und dies ist meine feste Überzeugung – die entscheidende Säule unseres Faches dar! Die Schulgeographie transferiert unsere Erkenntnisse in die Öffentlichkeit, und über Lehrer und Schüler prägt sich viel stärker das Bild unseres Faches als über alle anderen möglichen Vermittlungskanäle. Das Fach Erdkunde vermittelt das Weltbild für Generationen, und wir können durchaus stolz darauf sein, dass unsere Erdkunde-Ausbildung Regional-, Kultur- und Problemkompetenz vermittelt. Wenn durch Erdkunde-Kenntnisse Schüler bei Tsunamis Leben retten, ist das besser, als wenn Politiker ohne Kenntnis von Naturfaktoren erst nach Hurrikan-Katastrophen merken, wie sträflich sie diese vorher vernachlässigt haben.

Und nur über diese Breitenwirkung ergibt sich auch unser einzigartiges Rekrutierungspotenzial an Studierenden. Auch Elfenbeinturm-Wissenschaftler müssen sich der Basis ihrer Arbeit bewusst sein! Wir müssen als Wissenschaftler und auch als Berufspraktiker der Schulgeographie unsere besondere Aufmerksamkeit widmen.

Wo liegen nun die aktuellen Herausforderungen in der Schule?

Stundentafeln

Ein ständiger Kampf erfolgt um die Stundentafeln in den einzelnen Bundesländern. Die Geographie befindet sich dabei in einer schwieriger Konkurrenz mit anderen Fächern, die entweder aufgrund ihres gesellschaftlichen Ansehens weniger umstritten sind – an der Notwendigkeit des Geschichtsunterrichts wird nicht gezweifelt, und wenn, dann schlägt das Argument „dann lernen ja die Schüler nichts über das Dritte Reich!" mehr als „dann wissen die Schüler ja nichts über Australien" – oder die einfach unsere Inhalte besetzen. Wirtschaftliche Globalisierung oder Entwicklungsländerthemen sind unsere Kernkompetenz und nicht die der Politik. Sonneneinstrahlung und Klima sind kein Thema der Physik, um nur eine aktuelle Zuordnung aus dem PISA-Test zu nennen. Hier ist ständige Verbandsarbeit erforderlich – dies tun wir sowohl auf der Ebene der Bundesländer als auch durch die DGfG – und aber eben auch eine ständige inhaltliche Arbeit! Wir behandeln aktuelle und hoch relevante Themen, die einen besonderen Platz in der Schule einnehmen. Zu erwähnen wären beispielsweise die inzwischen in vielen Lehrplänen berücksichtigten Themen Globalisierung, globale Umweltzusammenhänge oder Nachhaltigkeit. Also besitzen wir inhaltlich wirklich schlagende Argumente für die Geographie, und diese müssen nur immer wieder – und von möglichst vielen - vertreten werden.

Weiterbildung
Dies leitet gleich zu der zweiten Herausforderung über. Geographie ist ein sehr dynamisches Fach, das seine Inhalte laufend weiterentwickelt, neue Erkenntnisse integriert und einen ständigen Hunger nach aktualisierten Daten hat. Auch für engagierte Lehrer ist es nicht ganz einfach, immer den Anschluss zu halten. Die Zusammenarbeit zwischen Hochschule und Schule, vor allem im Bereich Weiterbildung, ist bisher bei uns noch wenig ausgeprägt. Sicher, die Universitäten sind jetzt schon komplett ausgelastet und haben kaum Potenziale für noch weitere Aktivitäten. Aber in diesem Bereich besteht ein dringender Bedarf, den Austausch zu intensivieren. Also sollten alle Seiten – Schule, Wissenschaft und Berufspraxis – auf Länderebene wesentlich enger als bisher zusammenarbeiten.

Geographie in der Berufspraxis
Bloß nicht so viele Absolventen produzieren, die haben ohnehin keine Berufschancen. Diese immer wieder geäußerte Behauptung ist schlicht und ergreifend falsch. Natürlich ist es bei uns nicht so einfach wie bei Ärzten und Juristen, die genau auf eine spezielle Tätigkeit vorbereitet werden und dort zumeist einen leichten und gut bezahlten Einstieg finden. Wir brauchen uns jedoch im Vergleich zu den meisten Universitätsfächern überhaupt nicht zu verstecken und bilden schon gar nicht überqualifizierte Taxifahrer aus!

Die gerade veröffentlichte Studie der Bundesanstalt für Arbeit zum Arbeitsmarkt für Geographen zeigt überwiegend ermutigende Ergebnisse (obwohl Geographie noch immer irgendwie in die Geowissenschaften hineingewurstelt wird und entsprechend exakte Daten nur teilweise vorliegen).

Arbeitslosigkeit: Die Zahl der gemeldeten arbeitslosen Geographen (BfA-Daten 2005) liegt seit Jahren konstant zwischen 1500 und 1800 Personen (d. h. weniger als ein Jahresoutput an Absolventen), und dies bei steigenden Absolventenzahlen. Hoch ist auch die Fluktuation mit monatlich 200 bis 300 Neumeldungen, aber ebenso vielen Abmeldungen: Das heißt es handelt sich aufgrund der starken Fluktuation in der Geographie eher um friktionelle (d. h. zwischen Jobs) als um strukturell bedingte Arbeitslosigkeit.

Berufseinstieg: Zwar tauchen relativ wenige explizit Geographen suchende Stellenanzeigen auf, aber aufgrund ihrer Querschnittsqualifikation sind viele benachbarte Bereiche für Geographen möglich – wie bekannt stellt hier die Nebenfachkombination die Weichen für ein Tätigkeitsfeld. Alle Studierenden kann ich nur dringend auffordern, ihr Berufspraktikum gezielt zu wählen. In sehr vielen Fällen erschließt man sich so einen späteren Arbeitgeber!

Wo liegen nun die Besonderheit bei Berufseinstieg und Berufstätigkeit von Geographen:

1. Der erste Berufseinstieg wird über Nebenfächer und Berufspraktika erschlossen, und deutlich häufiger als in anderen Fächern erhalten Neuanfänger nur befristete Beschäftigungen (über zwei Drittel im Vergleich zu üblicherweise unter 50 Prozent bei

anderen Fächern). Das heißt eine strategische Planung sollte durch die Studierenden noch während ihrer Studienzeit erfolgen.

2. Berufsgeographen haben inzwischen klar identifizierbare und von ihnen besetzte Berufsfelder. Die zu Beginn vorhandene Abhängigkeit vom Öffentlichen Dienst besteht nicht mehr, sondern über die Hälfte der Absolventen ist in der Privatwirtschaft tätig. Im überwiegend öffentlich finanzierten Segment des Arbeitsmarktes liegen typische Berufsfelder neben dem Wissenschaftsbereich im Bereich Planung, Umwelt-/Naturschutz, Wirtschaftsförderung und auch Entwicklungszusammenarbeit. Als aufnahmefähiges Berufsfeld der Privatwirtschaft haben sich vielfältige Arten von Beratungstätigkeiten profiliert. Marktforschung, Unternehmensberatung, Standortplanung und Immobilienwirtschaft sind inzwischen fast klassische Arbeitsbereiche für Geographen, in die sie ihre speziellen empirischen Fähigkeiten und ihr über das Kernfach hinausgehendes Systemverständnis einbringen können.

3. Außerdem werden gerade mit dem Wandel im Ausbildungssystem und mit der veränderten Einstellungspraxis der Wirtschaft immer mehr hochqualifizierte Universitätsabsolventen aufgrund ihrer Fähigkeit zur selbständigen inhaltlichen Arbeit und ihrer Methodenkompetenz unabhängig von ihrem Fach eingestellt. Und hier bietet Geographie einen herausragenden Vorteil, werden doch einerseits Methoden-, Präsentationskompetenzen und „Soft-Skills" vermittelt und gleichzeitig eine inhaltliche Orientierung auf Systemverständnis im ganzen Studium gelehrt und erwartet. Hier besitzen Geographen zweifellos erhebliche Vorteile gegenüber anderen Fächern.

Schlusswort

Also kann man zusammenfassend feststellen, dass die Lage des Faches nicht schlecht ist, denn

- wir bearbeiten inhaltlich spannende und relevante Themen,
- wir besitzen an den Universitäten eine hohe Ausbildungseffizienz,
- wir verfügen mit der Schulgeographie über ein etabliertes Fach, welches unsere Inhalte in die Öffentlichkeit transferiert und den Hochschulen gute Studierende liefert und
- wir haben einen vom Arbeitsmarkt nachgefragten Abschluss zu bieten!

Aber gleichzeitig sind wir – wie andere Fächer auch – ständig unter Druck und müssen für unsere Perspektiven arbeiten:

- an den Universitäten um Stellenerhalt kämpfen und mehr als bisher Verbundprojekte der Forschung einwerben,
- um Schulstunden ringen und Schule, Universität und Berufspraxis besser vernetzen und
- schließlich mehr Werbung für unser Fach machen – und dies sieht die DGfG auch als eine ihrer Hauptaufgaben an, in Zusammenarbeit mit dem Leibniz-Institut für Länderkunde, mit dem Pressereferenten in Leipzig, mit dem noch schlagkräftigeren Geographentagskonzept ab 2007, mit der ständigen Lobbyarbeit.

All diese guten Chancen in Wissenschaft, Schule und Berufspraxis können wir aber nur nutzen, wenn sich Geographen nicht nur für sich selbst engagieren, sondern auch für das Fach – und dazu rufe ich dringend auf!

Akzeptanz von Wachstums- und Schrumpfungsprozessen in Deutschland

Karl Ganser (Breitenthal)

„Mit dem immerwährenden Wachstum
ist es so
wie mit dem ewigen Leben;
ein frommer Wunsch,
der nicht in Erfüllung geht"

1 In einem Wort

„Wachstum" ist ein rundum positiv besetzter Begriff so wie „Mobilität" oder „Innovation". Wachstum gilt als Schlüssel zur Lösung aller gesellschaftlichen Probleme. „Schrumpfen" ist schon vom semantischen Gehalt her ein eher abscheulicher Begriff. Schrumplige Äpfel sind nicht verkäuflich. Schrumplige Haut ist das Stigma des Alters. Daher kämpfen alle dagegen an, gegen das Unvermeidliche.

Gäbe es als Gegenstück zum „Wachstum" einen ähnlich sympathischen Begriff für das „Schrumpfen"? Das würde den Prozess über das Wachsen zum Reifen bis hin zum Vergehen akzeptabel, ja selbstverständlich machen. So aber kommt das Weniger im Vergleich zum Mehr einer Katastrophe gleich, und schon die Stabilität wird mit dem Begriff der Stagnation negativ besetzt oder mit dem des „Null-Wachstums" beschönigt. Wachstumskritiker haben und hatten es daher seit jeher schwer, sie wurden als Schwarzmaler, Katastrophenverkünder, Pessimisten diskriminiert und als Abweichler oder Außenseiter ins Abseits gestellt.

Die Natur kennt kein ewiges Wachstum. Die längste Phase im Zyklus von Wachsen, Reifen und Vergehen ist eine der Stabilität. Auch der etwas längere Blick zurück in der Geschichte würde lehren, dass Wachstumsphasen in der Entwicklung menschlicher Kulturen sehr kurze Perioden darstellen, die von langen der Stabilität gefolgt sind. Kulturwissenschafter und Siedlungsgeographen haben dazu kluge Betrachtungen angestellt.

Gerade haben wir den Wettbewerb der politischen Parteien aus Anlass einer Bundestagswahl hinter uns. Wachstumsförderung wollen sie alle. Die Konzepte sind sich im Prinzip ähnlich. Der Streit geht eher ums Detail. Wachsen und Schrumpfen sind heute gleichzeitige Realitäten in Deutschland. Für die Gestaltung des Schrumpfens gibt es keine Konzepte.

2 Fünfzig Jahre im Rückblick

Beschränken wir uns bei der Beschreibung von Wachstum und Schrumpfung vorderhand auf einen einzigen Indikator: die „Bevölkerungsentwicklung". Sie wird bestimmt durch Geburt und Tod sowie durch Wanderung.

2.1 Die Bevölkerung

Die junge Bundesrepublik startete in die Nachkriegszeit 1950 mit knapp 48 Millionen Einwohnern. 20 Jahre später zählte die BRD 60,6 Mio. Die weiteren 20 Jahre von 1970 bis 1990 verharrten stabil auf rund 61 Mio. Die Jahre nach der Öffnung der Ostgrenzen führten dann zu Zuwanderungen von 5 Mio. Einwohnern in den Westen der Republik: Ausländer, Aussiedler und Zuwanderer aus der ehemaligen DDR.

In den nächsten 50 Jahren soll sich nach Aussagen der Prognostiker an dem jetzt erreichten Stand von ca. 65 Mio. (früheres Bundesgebiet) kaum etwas ändern (Tab. 1). Also: Zwei kurze Phasen des Wachstums, zwei lange Phasen der Stabilität.

2.2 Geburten

Die Geburtenhäufigkeit, gemessen an den Geburten je Frau im gebärfähigen Alter, lag 1950 bei 2,1, 1960 bei 2,4, 1970 bei 2,0, 1980 bei 1,4 und blieb von da an bis in die Gegenwart hinein stabil bei 1,4. Nach den Annahmen der Prognostiker wird diese Geburtenziffer bis in das Jahr 2050 beibehalten. Also: Nach dem so genannten Pillenknick Stabilität auf dem Niveau von 1,4 (Tab. 2).

Tab. 1: 100 Jahre Bevölkerungsentwicklung 1950–2050 (in Mio.) (Quelle: BBR 2005)

	Früheres Bundesgebiet	Deutschland	
		gesamt	davon Ost
1950	47,8		
1970	60,6		
1975	61,6		
1988	61,5		
2003	65,6	(82)	(17)
2020	66,5	(82)	(15)
2050	64,1	(77)	(13)

( ) Zahlen für Gesamtdeutschland

Tab. 2: 100 Jahre Geburtenhäufigkeit 1950–2000 (Früheres Bundesgebiet) (Quelle: BBR 2005)

	Geburten je Frau im gebärfähigen Alter
1950	2,1
1960	2,4
1970	2,0
1980	1,4
1990	1,4
2000	1,4
2020	(1,4)
2050	(1,4)

( ) Zahlen für Gesamtdeutschland

2.3 Wanderungen

Die Außenwanderungen über die Grenzen der BRD alt:
- 1950 72 000 Gewinn im Saldo von Zu- und Abwanderung
- 1965 320 000 Gewinn
- 1967 ein Verlust von 194 000
- 1970 ein Gewinn von 555 000
- 1975 ein Verlust von 218 000
- 1980 ein Gewinn von beinahe 300 000
- 1984 ein Verlust von annähernd 200 000
- 1992 ein Gewinn von 780 000. Die Sondersituation der Wendezeit.

Danach Stabilisierung auf etwa 200 000 Wanderungsgewinn pro Jahr.

Die Außenwanderungsgewinne und -verluste verlaufen ziemlich parallel zur wirtschaftlichen Entwicklung und deren Konjunkturzyklen. Verluste werden in den darauf folgenden Jahren durch Gewinne kompensiert. Im Schnitt zeigt sich ein stabiler Außenwanderungsgewinn von jährlich etwa 200 000 (Tab. 3).

Die Prognostiker behalten diese Zahl bis 2050 bei, kompensieren damit die Verluste aus der Bilanz von Geburt und Tod und erreichen so eine annähernd stabile Bevölkerung.

Tab. 3: 100 Jahre Außenwanderung 1950–2050 (Früheres Bundesgebiet) (Quelle: BBR 2005)

	in 1000
1950	72
1965	320
1967	- 194
1970	555
1975	- 218
1980	298
1984	-192
1992	782
2020	(200)
2050	(200)

( ) Zahlen für Gesamtdeutschland

2.4 Was ist zu befürchten?

Die „Bevölkerungszahl"?
Nach der 4. Koordinierten Bevölkerungsvorausschätzung der amtlichen Statistik geht die Bevölkerungszahl in Deutschland von heute 82,5 Mio. auf 75 Mio. zurück (Tab. 4).

Das „Geburtendefizit"?
Für eine stabile Bevölkerung ohne Zuwanderung würden bei gegenwärtiger Altersstruktur 2,1 und mehr Kinder pro Frau im gebärfähigen Alter benötigt. Tatsächlich liegt diese Zahl bei 1,4.

Die Gefahr der „Überfremdung"?
Würden die Prognostiker für den Zeitraum bis 2050 die Außenwanderung von derzeit 200 000 per anno auf Null setzen, dann würde die Gesamtbevölkerung auf 62 Mio. gegenüber 82 Mio. heute zurückgehen. Oder anders ausgedrückt: Für eine stabile Bevölkerung würden in Zukunft weit mehr Ausländer zuwandern müssen.

Tab. 4: Bevölkerung in Deutschland (Quelle: Sommer 2005; s. koordinierte Bevölkerungsvorausschätzung Variante 5)

2000	82,5 Mio.
2050	75,0 Mio.
Annahmen:	
Geburtenziffer	1,4 konstant
Wanderungsgewinn	+ 200 000/a konstant
Lebenserwartung	Männer 81,1 Frauen 86,6

Bevölkerungsentwicklung
Zahl der Einwohner in Millionen,
in Klammern: Anteile der Bevölkerung unter 20 und über 60 Jahren an der Gesamtbevölkerung

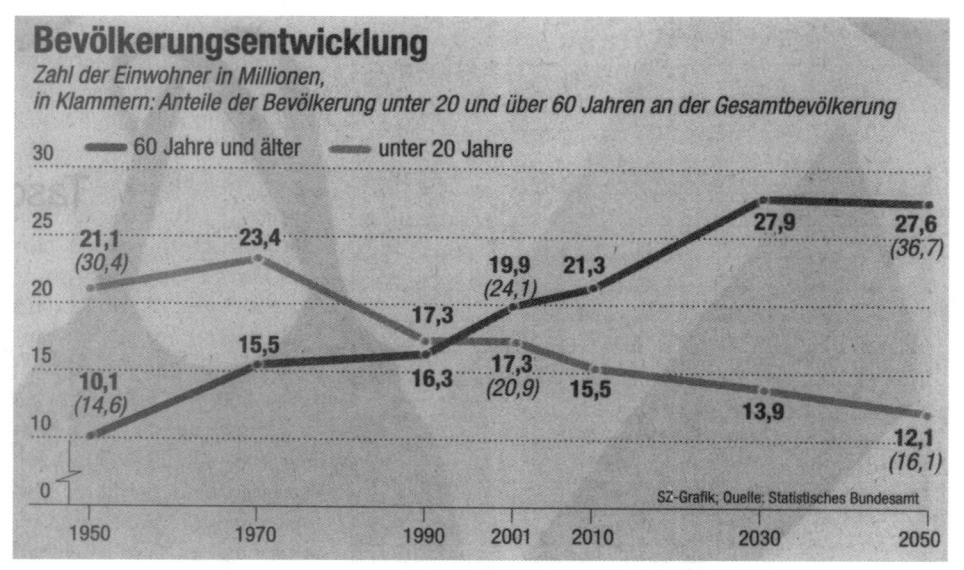

— 60 Jahre und älter   — unter 20 Jahre

Jahr	60+	(Anteil)	unter 20	(Anteil)
1950	10,1	(14,6)	21,1	(30,4)
1970	15,5		23,4	
1990	16,3		17,3	
2001	17,3	(20,9)	19,9	(24,1)
2010	15,5		21,3	
2030	27,9		13,9	
2050	27,6	(36,7)	12,1	(16,1)

SZ-Grafik; Quelle: Statistisches Bundesamt

Abb. 1: Bevölkerungsentwicklung 1950–2050 in Deutschland (Quelle: Süddeutsche Zeitung, Nr. 225, 29.09.2005)

Die „Überalterung"?
Heute gibt es noch mehr Menschen im Alter zwischen 20 und 60 Jahren als im Alter von über 60 Jahren. Nach 2030 wird es deutlich mehr über 60-Jährige geben als Personen im erwerbsfähigen Alter (Abb. 1).
Der Trend zur „Entleerung"?
Immer mehr Regionen werden Bevölkerung verlieren und geraten unter die „kritische Dichte", während wenige Zentren weiter expandieren (Abb. 2). Hinter der numerischen Stabilität der Gesamtbevölkerung verbergen sich also auffällige strukturelle und regionale Unterschiede von „weniger" und „mehr".
    Es wird im Folgenden darüber zu reden sein, wie Staat und Gesellschaft diese akzeptieren und dazu passende Lösungen gestalten.

3 Gesellschaftliche Akzeptanz und politische Reaktionen
Die beschriebene Entwicklung der Bevölkerungszahlen im Verbund mit den jeweiligen

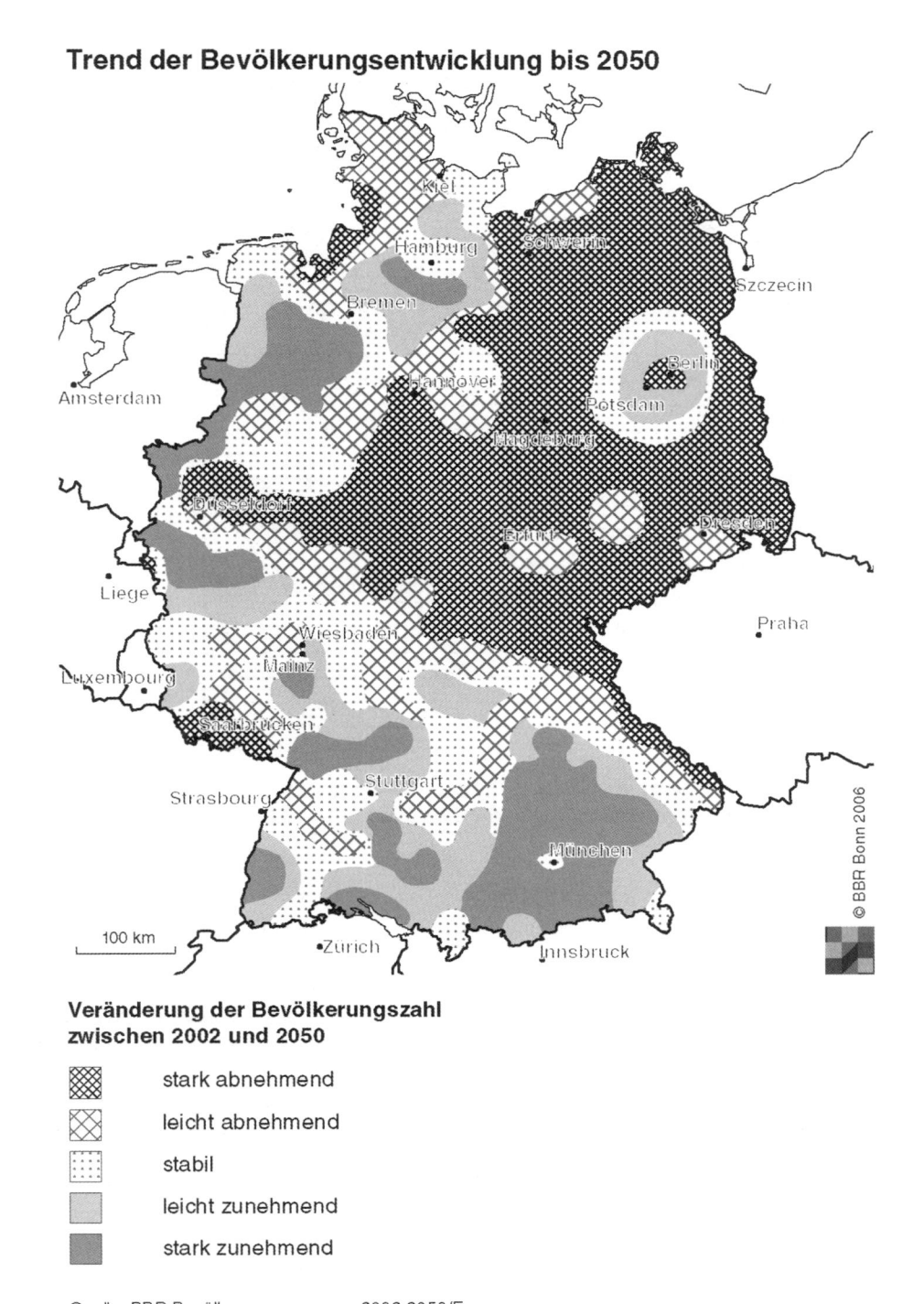

Trend der Bevölkerungsentwicklung bis 2050

Veränderung der Bevölkerungszahl zwischen 2002 und 2050

- stark abnehmend
- leicht abnehmend
- stabil
- leicht zunehmend
- stark zunehmend

Quelle: BBR-Bevölkerungsprognose 2002-2050/Exp

Abb. 2: Regionaliserte Bevölkerungsprognose 2050 (Quelle: BBR, Raumordnungsbericht 2005)

Tab. 5: *Demografische Kennziffern 1950–2003 (Früheres Bundesgebiet) (Quelle: BBR 2005)*

Jahr	Bevölkerung (Mio.)	Geburten (1000)	Sterbefälle (1000)	Geb-Ziffer (je 1000 Frauen im gebärfähigen Alter)	W-Saldo (1000)
1950	47,8	813	529	2,1	72
1964	58,2	1065	644	2,5	244
1965	59,0	1044	678	2,5	320
1967	59,8	1019	687	2,4	- 194
1970	60,6				555
1972	61,6	701	731		
1974	62,0	614	638	1,5	- 24
1975	61,8	601	749	1,4	- 218
1983	61,4	594	718	1,3	- 129
1984	61,1	584	696	1,3	- 192
1988	61,5	677	688	1,4	441
1992	64,5	721	695	1,4	782
2003	65,6	581	670	1,3	143

Wirtschaftsdaten rufen gesellschaftliche Reaktionen hervor, haben politische Auswirkungen und erzeugen regionalpolitische Programme. Diese werden nachstehend beschrieben (Tab. 5).

3.1 Wirtschaftswunder-Zeit 1955–1965

Ende der fünfziger Jahre begann eine nie mehr wieder erreichte „Wachstumsblüte" mit stark zunehmenden Bevölkerungszahlen als Folge hoher Geburtenüberschüsse und Wanderungsgewinne. Dem Wesen nach war diese „Wirtschaftswunderzeit" ein selbst laufender sozialökonomischer Prozess, der politisch der „sozialen Marktwirtschaft", verbunden mit dem Namen Ludwig ERHARD zugeschrieben wurde. Der Glaube in der Öffentlichkeit und im politischen System war tief verwurzelt, dies werde so weitergehen. Jährliche Zuwanderungsgewinne um 300 000, jährliche Geburtenüberschüsse um 500 000. Programmatisch begleitet wurde diese Zeit vor allem durch hoch dotierte, öffentliche geförderte Wohnungsprogramme. In der Stadtentwicklung wurde die planmäßige Stadterweiterung nicht zuletzt durch Großsiedlungen und „neue Städte", vergleichbar den „New Towns" in England betrieben.

Trotz des überschäumenden Wachstums aber blieben einige Regionen in Westdeutschland in ihrer Entwicklung zurück: Die extrem dünn besiedelten ländlichen Räume wie Emsland oder Mittelfranken und vor allem der gesamte „Zonenrand" entlang der Grenze zur Tschechoslowakei und zur DDR. Diese ländlichen Räume haben ihren Entwicklungsrückstand schon aus den fünfziger Jahren mitgebracht. Der Staat reagierte damals mit so genannten „Notstandsprogrammen" auf Abwanderung und hohe Arbeitslosigkeit. Das Ruhrgebiet als zurückbleibende Region dagegen trat – mit Beginn der Kohlekrise – neu in diesen Kreis ein.

3.2 Eintrübung 1966/67

Überraschend und unvorbereitet standen Gesellschaft und Politik in den Jahren 1966/67 vor einer wirtschaftlichen Rezession, die damals völlig unvorstellbar war, aus heutiger Sicht indes eher als eine harmlose Konjunkturabschwächung erscheint. Immerhin, die Arbeitslosigkeit stieg auf zwei Prozent gesamtstaatlich mit entsprechend höheren Ausprägungen bis zu fünf Prozent in den wirtschaftlich schwächeren Regionen. Begleitet wurde diese Entwicklung durch einen Auswanderungsverlust in der Größenordnung von 200 000 Personen. Ausländische Arbeitskräfte wurden zurückgeschickt oder kehrten freiwillig zurück.

Die politischen Reaktionen auf die Situation allerdings waren gewaltig. Die in der Nachkriegszeit unangefochten regierende konservative Partei verlor ihre Mehrheit und erstmals übernahmen auch Sozialdemokraten Regierungsverantwortung in einer „Großen Koalition". Diese bereitete den Weg in eine nachfolgende sozialliberale Regierung aus SPD und FDP vor mit einem wirtschaftspolitischen Programm, das mit dem Namen Karl SCHILLER verbunden war.

Während die Erhard-Zeit die wirtschaftliche Entwicklung allenfalls „moderierte", wie man heute sagen würde, ging die Schiller-Zeit zur umfassend angelegten staatlichen Beeinflussung der allgemeinen wirtschaftlichen Lage und der Entwicklung der Regionen über. Durch eine Grundgesetzänderung wurden für zentrale Bereiche des Wirtschaftsgeschehens „Gemeinschaftsaufgaben" für
- regionale Wirtschaftsförderung,
- Hochschulbau,
- Agrarstrukturverbesserung sowie Gemeinschaftsfinanzierungen für den Verkehrswegebau in den Kommunen und die
- Städtebauförderung

eingerichtet.

Dieses System wurde flankiert durch die
- konzertierte Aktion, ein „Runder Tisch" von Wirtschaft, Gewerkschaft und Politik,
- einen Finanzplanungsrat von Bund, Ländern und Gemeinden.

Hinter dieser tief greifenden Reform des staatlichen Steuerungssystems stand die wirtschaftstheoretisch abgesicherte Hoffnung, dass konjunkturelle Schwankungen im Verlauf eines stetigen wirtschaftlichen Wachstums geglättet werden können, also Rezessionen vermieden und überschäumendes Wachstum ebenso. In den Zeiten der Rezession sollten Staatsausgaben vermehrt und in Perioden des Wachstums stark zurückgenommen werden. Die Mehrausgaben zur Rezessionsbekämpfung sollten durch die höheren Steuereinnahmen in der folgenden Periode des wieder hergestellten Wachstums kompensiert werden.

Regionalpolitisch hatte dieses gesamtstaatliche Steuerungssystem zwei explizite Ausprägungen:
- die Gemeinschaftsaufgabe zur Verbesserung der regionalen Wirtschaftsstruktur in den benachteiligten Gebieten;
- die Gemeinschaftsaufgabe für den Hochschulbau mit Hochschulneugründungen in den bislang hochschulfernen Regionen.

In den großen Städten wurde damit begonnen, die umfassende Stadtentwicklungsplanung einzurichten. Vorreiter war die Stadt München, die, beflügelt durch die Vorbereitung der Olympischen Spiele, sehr früh ein solches System etablierte. Die Länder folgten mit Landesentwicklungsprogrammen. Hier ist vor allen Dingen das Land Nordrhein-Westfalen mit seinem Nordrhein-Westfalen-Programm 1975 (NWP 75) in Erinnerung zu rufen. Schließlich wölbte der Bund mit seinem Bundesraumordnungsprogramm (BROP) in den frühen siebziger Jahren einen gesamtstaatlichen Rahmen darüber.

Was ist all diesen Programmen und Plansystemen gemeinsam? Der Glaube an die staatliche Beeinflussung von Wachstum, mehr noch an eine gesamtstaatliche und regionale zielorientierte Steuerung des gesamten sozialökonomischen Geschehens.

Anfänglich eher unbemerkt entwickelte sich in dieser Zeit auch die staatliche Umweltvorsorge als Politikbereich. Anfänglich wurde diese Aufgabe noch durch den Innenminister vorgenommen. Alsbald folgten eigenständige Umweltressorts, denn die Umweltbelastungen eines fortschreitenden Wachstums von Wirtschaft und Bevölkerung waren längst nicht mehr zu übersehen. Leitend für die Umweltpolitik der damaligen Zeit war die Vorstellung, durch gezielte Entsorgungsinvestitionen könnten die Umweltbelastungen wieder aus dem Ökosystem geschafft werden. Kurz gesagt: Eine „End of the Pipe-Politik".

Neben einer umfassenden Entwicklungsplanung wurden damals auch die einzelnen Fachaufgaben in langfristigen Programmen gefasst, so zum Beispiel:

- *die Verkehrswegeplanung*
  Mit dem so genannten „Leber-Plan", benannt nach dem damaligen Verkehrsminister, dieser sah unter anderem die „Vollversorgung" des „hintersten Winkels" in Deutschland mit Autobahnen vor.
- *das erste Energieprogramm der Bundesregierung*
  Mit einer zusätzlichen Kraftwerkskapazität zwischen 60 000 bis 80 000 MW, davon der Löwenanteil in Kernkraftwerken, was rund 40 neue KKW bedeutet hätte.

Für die administrative Handhabung dieses umfassenden Steuerungssystems wurden neue Verwaltungen auf allen Ebenen des Staates und der Gemeinden eingerichtet. Entsprechend stieg die Zahl der öffentlich Bediensteten rapide an, was einen durchaus erwünschten begleitenden Beschäftigungseffekt hatte. (Nebenbei bemerkt: Was damals als bewusster Fortschritt begriffen wurde, wird heute als übermächtige Bürokratie kritisiert.)

3.3 Die große Verunsicherung 1974/75

Der Sonnenschein des wieder gewonnenen Wachstums dauerte nur kurz. Die Jahre 1974/75 waren durch eine erneute, nun tiefer gehende Rezession geprägt. Erstmals gab es eine rückläufige Gesamtbevölkerung, verbunden mit Wanderungsverlusten von 200 000 im Jahr.

Die „Ölkrise" hinterließ einen Schock und machte die außenwirtschaftliche Abhängigkeit der Bundesrepublik deutlich. Der damalige Bundeskanzler Helmut SCHMIDT befasste sich mehr und mehr mit der weltwirtschaftlichen Lage und profilierte sich als „Welt-Ökonom".

Neoliberale Wirtschaftswissenschaftler meldeten sich immer lauter zu Wort und forderten eine Abkehr von der nachfrageorientierten Wirtschaftspolitik nach dem Modell von KEYNES. Angebotsorientierung wurde verlangt in Gestalt von staatlicher Deregulierung und Steuerentlastung. Das war der Anfang von der theoretischen und politischen Demontage einer umfassenden staatlichen Entwicklungspolitik. Planung, bis dato als Wegbereiter der Modernisierung und des Wachstums hoch geschätzt, wurde nun als Planungsbürokratie und Entwicklungshemmnis gebrandmarkt.

Der schwindende Glaube an stetig hohe Wachstumsraten eröffnete zugleich einen regionalen Verteilungskampf. Erstmals forderten die großen Städte das Ende der „Ausgleichspolitik", indem sie das schwache Wachstumspotenzial an Bevölkerung, Wirtschaftskraft und staatlichen Investitionsmitteln für sich allein reklamierten. Konzentration auf Entwicklungspole. Wortführer in dieser Kampagne war der damalige erste Bürgermeister KLOSE aus Hamburg.

Damit wurde die ausgleichsorientierte regionale Wirtschaftsförderung mit Vergünstigungen für Unternehmen, die sich in schwach strukturierten ländlichen Regionen ansiedeln, in Frage gestellt. Jede Region soll sich von nun an auf die eigenen Kräfte besinnen und sich selbst helfen.

Der Ruf der damaligen regionalen Wirtschaftsförderung war ohnehin nicht besonders gut, denn die neu angesiedelten Betriebe erwiesen sich nur zu oft als „verlängerte Werkbänke" und als wenig stabil. Zum Menetekel wurden die „Bettenburgen", die im Rahmen der Fremdenverkehrsförderung unter anderem an der Ostsee oder im Bayerischen Wald entstanden sind, wenig bis gar nicht ausgelastet.

Neben der traditionellen Entwicklungspoltheorie in den Regionalwissenschaften entstanden auch alternative Modelle einer „autozentrierten Regionalpolitik". Selbstverwaltete Betriebe sollten Produkte im „regionalen Kreislauf" etablieren, so dass die Beschäftigungseffekte von Vor- und Nachlieferungen zum großen Teil der jeweiligen Region zugute kommen. Zur Praxisreife kamen diese Ideen in Westdeutschland nicht. In Österreich dagegen experimentierte das dortige Bundeskanzleramt in benachteiligten Regionen wie Waldviertel oder Steiermark mit einer „Sonderaktion".

Um die Szene der Verunsicherung abzurunden, sei an die Wachstumskritik erinnert, die in den frühen siebziger Jahren auf der Grundlage eines ökologischen Gedankengutes von sich reden machte: Der Club of Rome oder die Gruppe Ökologie in Deutschland.

Ein „qualitatives Wachstum" anstelle der quantitativen Wachstumsorientierung wurde gefordert. In den neunziger Jahren nach der Rio-Konferenz wurde für solches Gedankengut der Begriff der „Nachhaltigkeit" populär.

Nicht zuletzt meldete sich Mitte der siebziger Jahre der „bürgerschaftliche Ungehorsam" immer deutlicher zu Wort. Aus dem eher bürgerlichen Lager kamen Proteste und Forderungen nach mehr Bewahrung des geschichtlichen Erbes. Das Europäische Denkmalschutzjahr 1975 leitete die Wende weg von einer auf Abriss und Neubau beruhenden Stadtentwicklungspolitik hin zu einer „erhaltenden Stadterneuerung" ein. Man erinnere sich auch, dass die Ursprünge der alternativen Stadtverkehrspolitik unter dem Stichwort „Verkehrsberuhigung" in diese Zeit fielen. Mit anderer Ideologie, aber ähnlicher Wirkung betreiben die Hausbesetzer und die Gründer soziokultureller Zentren Obstruktion gegenüber der etablierten Entwicklungspolitik.

Das also war die beginnende große Verunsicherung mit dem Ergebnis, dass bis in die beginnenden neunziger Jahre hinein eine viel gestaltete und sich teilweise widersprechende Entwicklungspolitik in Bund, Ländern und Gemeinden parallel betrieben wurde.

In der regionalen Wirtschaftsförderung gab es weiterhin die „alte" Investitionshilfe, verbunden mit der Förderung kommunaler Infrastruktur – sprich Gewerbegebiete und Straßen. Daneben blühte eine Vielfalt von innovationsorientierten staatlichen Förderprogrammen in allen Regionen auf, und da und dort zeigten sich die ersten staatsunabhängigen Selbsthilfeprogramme. In der Stadtentwicklungspolitik gab es eine deutliche Hinwendung zur „Bestandspflege" und zur ökologisch und sozial orientierten Stadterneuerung.

3.4 Strukturkrise 1985

Was 1975 noch gerne als vorübergehende Rezession im konjunkturellen Zyklus gedeutet wurde, hatte sich Mitte der achtziger Jahre als dauerhafte Strukturkrise herausgestellt. Kein Wachstum mehr weit und breit: gleich bleibende Bevölkerungszahlen, geringfügige Wanderungsgewinne, gleich bleibend niedrige Geburtenziffern, wirtschaftliche Entwicklung mal plus, mal minus, steigende Arbeitslosigkeit und zunehmende Verschuldung der Staatsfinanzen.

Für Konjunktur- und Beschäftigungsprogramme blieb kein finanzieller Spielraum. Auf kommunaler Ebene folgte Jahr für Jahr eine schärfere Sparrunde. Das war der Zeitraum, wo in einzelnen Regionen der Bundesrepublik West beträchtliche Leerstände bei Infrastruktur und Wohnungen aufgetreten sind, von Rückbau die Rede war und in einzelnen Fällen auch Bauwerke gesprengt wurden. So betrachtet, hat das Rückbauthema von heute einen Vorlauf von fast zwanzig Jahren. Dann kam die Wende.

3.5 Hurra, wir wachsen wieder 1989!

Die Öffnung der Grenzen nach Osten war mit einem schlagartigen Zustrom von Aussiedlern, Ausländern und Menschen aus der ehemaligen DDR nach Deutschland West verbunden. Alle rechneten auf viele Jahre hinaus mit hohen Wachstumsraten in allen Bereichen. Um die Lebensverhältnisse im Osten Deutschlands möglichst schnell an die des Westens anzugleichen, wurde das größte Konjunktur- und Beschäftigungsprogramm aller Zeiten aufgelegt. Von „blühenden Landschaften im Osten" und einer „neuen Wohnungsnot im Westen" war die Rede.

An den strahlenden Gesichtern in Politik und Wirtschaft war abzulesen, wie groß die Sehnsucht zurück zu den goldenen Wachstumsjahren in den Sechzigern verwurzelt ist. Es ist hier nicht die Zeit, um diese Wachstumsförderungsprogramme näher zu betrachten. Die wesentlichen Programmteile sind:
- Arbeitsförderung und Arbeitslosenunterstützung
- Regionale Wirtschaftsförderung
- Verkehrswegeausbau
- Kulturförderung
- Treuhandanstalt

3.6 Ratlosigkeit 2000?

Zehn Jahre nach der Wende war die Euphorie verflogen. Die Arbeitslosigkeit bleibt hoch. Das Wirtschaftswachstum kommt nicht in Gang. Die Kreditaufnahmen des Staates sind stets höher als geplant, trotz verschärfter Einsparungen. Die demographischen Kennziffern liegen wieder da, wo sie sich in den achtziger Jahren bewegten.

Der Abstand des Ostens zum Westen hat sich nicht verringert, bezogen auf Wirtschaftskraft, Einkommen und Arbeitslosigkeit und dies trotz inzwischen nahezu perfekter Infrastruktur. Die Abwanderung in Richtung Westen hält an.

Nun gibt es dramatische Überkapazitäten bei Wohnungen und Infrastruktur, wobei ein beträchtlicher Teil vor kurzem erst durch das Wendeprogramm aufgebaut wurde.

Wie mit den Leerständen umgehen?

Die Politik reagiert erneut mit einem milliardenschweren Förderprogramm, ein „Abschlachtprogramm", das in erster Linie die Verkleinerung des Wohnungsangebotes finanziert. Gemeint ist das „Stadtumbauprogramm Ost". Seither ist viel von „Rückbau" die Rede. Daneben wird leicht übersehen, dass es auch weiterhin wachsende oder gar boomende Regionen gibt.

Die Meinungen gehen auseinander, ob Bevölkerungsverluste und Rückbau ausschließlich ein Thema in Ostdeutschland sind oder demnächst auch immer mehr Regionen in Westdeutschland eine solche Entwicklung nehmen. Vor allem aber besteht eine tiefe Ratlosigkeit, ob und wie eine solche Entwicklung hin zu weniger Bevölkerung und Infrastruktur unterbunden oder zumindest konstruktiv gestaltet werden kann.

4 Megatrends

Eine Rückkehr in die Wachstumsjahre des vergangenen Jahrhunderts ist ausgeschlossen. Dagegen sprechen alle Megatrends. Dagegen spricht auch der Blick auf die Entwicklung der Vergangenheit. Denn selbst in den Wachstumsperioden ist es nicht gelungen, die großräumigen Unterschiede in der regionalökonomischen Entwicklung von Regionen in Deutschland abzubauen. Die prosperierenden Regionen von damals sind auch die von heute. Die zurückgebliebenen Regionen heute sind auch die von damals. Das zeigt der Blick auf die regionale Verteilung von Wanderungen und Arbeitslosigkeit.

Neu hinzugekommen sind im Laufe der achtziger Jahre ein sozialökonomisches Gefälle von Nord nach Süd sowie nach der Wende sozialökonomische Defizite in allen ostdeutschen Regionen. In den regionalisierten Prognosen der sozialökonomischen Entwicklung bis 2050 bleibt dieses Bild im Prinzip erhalten, mit der Tendenz, dass sich das wirtschaftliche Wachstum auf wenige Kernregionen konzentriert.

4.1 Bevölkerungsentwicklung

Wie groß ist der Spielraum, den Trend in der künftigen Bevölkerungsentwicklung zu korrigieren?

In den Prognosen wird die Geburtenhäufigkeit bei 1,4 je Frau im gebärfähigen Alter konstant gehalten. Eine pro-natale Politik kann eine Korrektur nach oben bewirken. Gerne wird an dieser Stelle der Blick auf Frankreich gelenkt mit einer Geburtenziffer um 1,9. Zur Bestandserhaltung der Bevölkerung reicht diese Geburtenhäufigkeit jedoch nicht aus. Dabei ist zu bedenken, dass pro-natale Förderung nur allmählich und langfristig wirkt. Denn es dauert eine Generation, bis die Jahrgänge im gebärfähigen Alter wieder stärker besetzt sind (Abb. 3, 4)

Solange gesellschaftliche und kulturelle Werte durch Individualismus und Hedonismus geprägt sind und vom Einzelnen Konsumfreude im Verbund mit fast grenzenloser beruflicher Mobilität verlangt sind, ist die Wirkung Geburten fördernder Maßnahmen beschränkt. Der Staat selbst handelt also widersprüchlich, wenn er einerseits Familienpolitik betreiben und andererseits in der Wirtschaftspolitik von dem Einzelnen Mobilität und Flexibilität einfordert.

Folge der dominierenden „Tugenden" in den modernen Gesellschaften sind zwangsläufig niedrige Geburtenziffern, wie ein Vergleich der westeuropäischen Länder zeigt (Abb. 3, 4).

Die Bevölkerungszahl mit höheren Außenwanderungen nach oben zu korrigieren wird kaum gelingen. Denn Zuwanderungen waren in der Vergangenheit ein ziemlich genaues

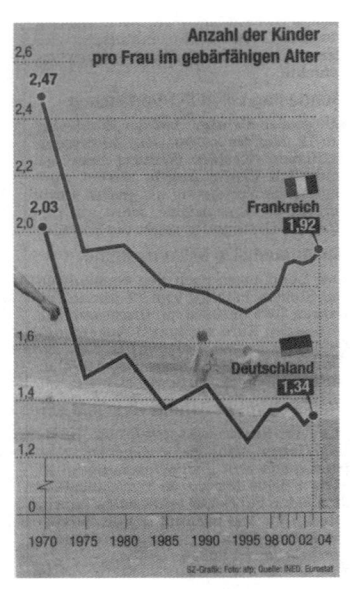

Abb. 3: Fertilität in Deutschland und Frankreich (Quelle: Süddeutsche Zeitung, Nr. 35, 12./13.07.2005)

Abb. 4: Geburtenrate in Weteuropa (Quelle: Süddeutsche Zeitung, Nr. 35, 12./13.07.2005)

Abbild der wirtschaftlichen Entwicklung, und das wird auch in Zukunft so sein. Der in den Prognosen fortgeschriebene Wert von 200 000 Wanderungsgewinn pro Jahr kann daher – zyklische Schwankungen eingerechnet – eine eher optimistische Annahme sein.

4.2 Wirtschaftsentwicklung

In der wirtschaftlichen Entwicklung zeichnet sich real trotz aller politischen Bekenntnisse und Bemühungen um mehr Wachstum kein höherer Wert im Vergleich zu heute ab. Ein Wert um plus/minus Null beim Bruttosozialprodukt erscheint daher realistischer als einer, der sich stetig und verlässlich auf plus zwei Prozent pro anno BSP bewegt (Abb. 5). Das bedeutet, dass auch weiterhin die Steigerung der Produktivität deutlich über dem Wachstum der Produktion liegen wird, was zu einer anhaltenden Reduzierung des gesamtwirtschaftlichen Arbeitsvolumens führt.

In den Arbeits- und Sozialwissenschaften mehren sich daher die theoretischen

Abb. 5: Kennwerte der deutschen Wirtschaft (Quelle: Die Zeit, Nr. 18, 28.04.2005)

Begründungen, weshalb hoch entwickelte Industriegesellschaften sich gegenwärtig und in Zukunft auf eine dauerhaft hohe Arbeitslosigkeit einrichten müssen.

Lassen wir es bei dieser kurzen Skizze der Megatrends. Sie soll uns lehren, dass es aussichtslos erscheint, die gegenwärtigen Systeme bei Steuern, Sozialabgaben, Gesundheit und Regionalpolitik beibehalten zu wollen, verbunden mit einer Politik, die diese durch ein höheres Wachstum am Laufen hält. Realistisch ist nur eine Umstellung derselben auf die durch die Megatrends vorgezeichneten Rahmenbedingungen. (Man möge sich erinnern: Zwei Bundeskanzler haben je zwei Legislaturperioden lang versprochen, sie würden jetzt endlich die Arbeitslosigkeit halbieren. In Wirklichkeit ist sie stetig angestiegen.)

4.3 Regionale Entwicklung

In der gesamtstaatlichen Politik sind inzwischen entsprechende Reformen in Gang gekommen aus der Erkenntnis heraus, dass die Megatrends in der Entwicklung von Bevölkerung und Wirtschaft als gegeben hinzunehmen sind. In der Regional- und Kommunalpolitik dagegen ist ein weit verbreitetes „weiter so" zu beobachten. Alle Regionen betreiben Wachstumspolitik. Aber schon in der Vergangenheit haben die regionalpolitischen Förderprogramme keinen Ausgleich zwischen wachsenden und schrumpfenden Regionen bewirkt.

Die prinzipiellen Fragen lauten:
- Kann es in den derzeit – und nach den Prognosen auch in Zukunft – wachsenden Zentren ein „ewiges Wachstum" geben? Was treibt dieses an und wie hoch ist der Preis?
- Lässt sich der Prozess des immer Weniger in den Regionen mit derzeitigen und künftigen Bevölkerungsverlusten unterbinden? Was kann dort zu einer neuen Stabilität führen und wie lässt sich dies erreichen?

Davon soll in den folgenden Kapiteln die Rede sein.

5 Metropolen-Wachstum

Sie nennen sich gerne „Metropolen", die Verdichtungsräume, die auch in Zukunft weiter wachsen werden nach Aussage der Prognosen. (Es sei dahin gestellt, ob sie im internationalen Vergleich wirklich den Rang von Metropolen einnehmen). Es geht um Hamburg, die Rheinschiene, Rhein-Main, Stuttgart und München sowie die Hauptstadt Berlin. Dazu in der zweiten Reihe Dresden, Leipzig, Nürnberg und andere (Abb. 6).

5.1 Der Wachstumsmotor

Was treibt das Wachstum in diesen Regionen voran? Die Zunahme der Bevölkerung beruht auf andauernden Zuwanderungen aus dem Binnenland und aus dem Ausland. Motor für die Zuwanderung sind Karriereerwartungen mittels hoch qualifizierter Ausbildungsangebote und hoch bezahlter Arbeitsplätze.

Diese „Kerngruppe" zieht weniger qualifizierte Beschäftigungsmöglichkeiten nach sich, vor allem im Baugewerbe und im Servicebereich. Diese werden zum großen Teil mit Ausländern besetzt.

Das Investment besorgen internationale Finanzinvestoren, die Unternehmen aufkaufen und transformieren, vor allem aber in den Immobilienmarkt investieren. Aus der Vogelperspektive global agierender Vorstandsetagen kommen dafür nur wenige „Glanz-Standorte" ins Kalkül. Diese Konzentration des Interesses auf wenige Stand-

Entscheidungs- und Kontrollfunktionen

Unternehmerische und kapitalmarktorientierte Entscheidungs- und Kontrollfunktionen

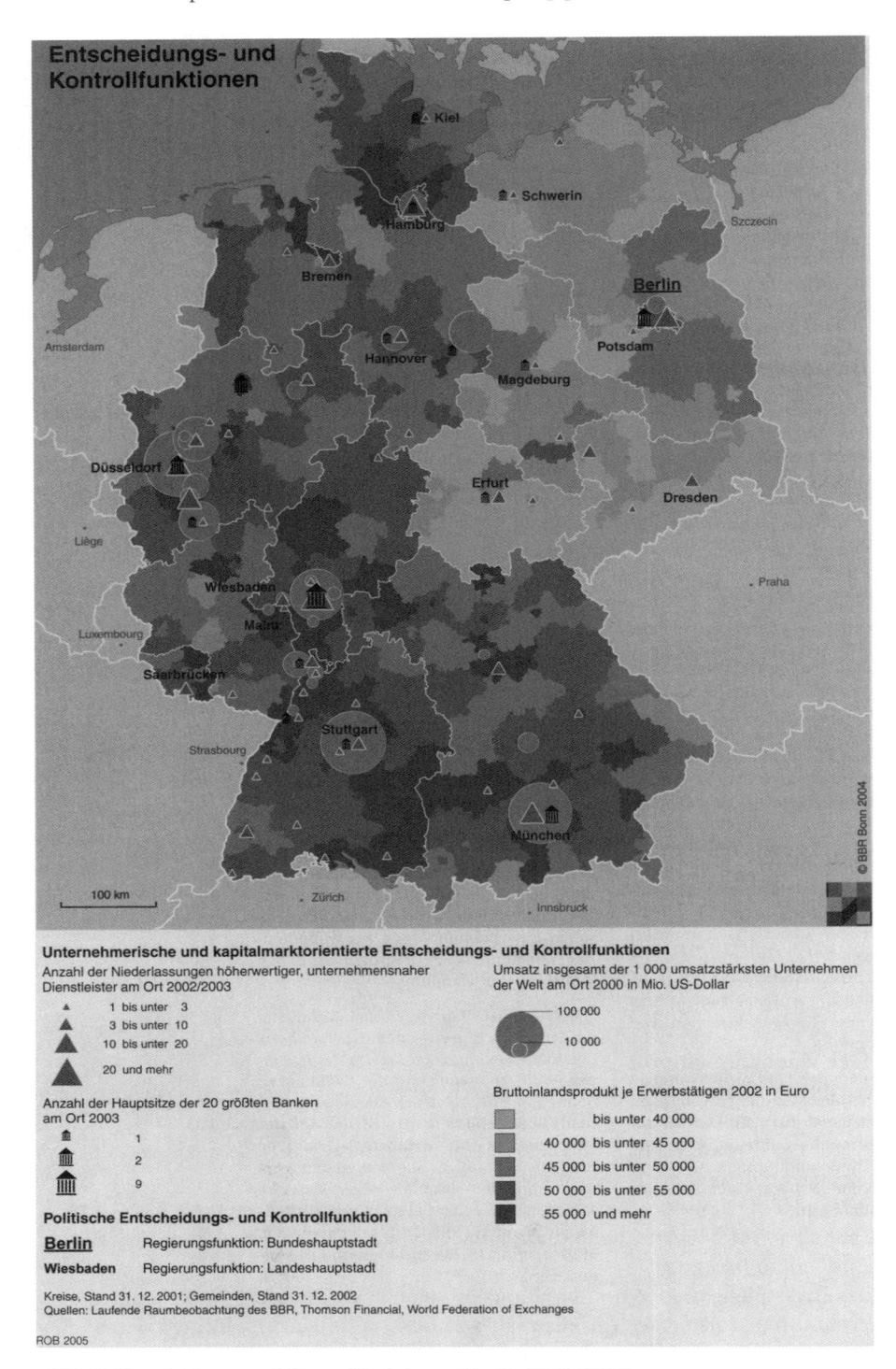

Anzahl der Niederlassungen höherwertiger, unternehmensnaher Dienstleister am Ort 2002/2003
- 1 bis unter 3
- 3 bis unter 10
- 10 bis unter 20
- 20 und mehr

Anzahl der Hauptsitze der 20 größten Banken am Ort 2003
- 1
- 2
- 9

Umsatz insgesamt der 1 000 umsatzstärksten Unternehmen der Welt am Ort 2000 in Mio. US-Dollar
- 100 000
- 10 000

Bruttoinlandsprodukt je Erwerbstätigen 2002 in Euro
- bis unter 40 000
- 40 000 bis unter 45 000
- 45 000 bis unter 50 000
- 50 000 bis unter 55 000
- 55 000 und mehr

Politische Entscheidungs- und Kontrollfunktion
- Berlin: Regierungsfunktion: Bundeshauptstadt
- Wiesbaden: Regierungsfunktion: Landeshauptstadt

Kreise, Stand 31. 12. 2001; Gemeinden, Stand 31. 12. 2002
Quellen: Laufende Raumbeobachtung des BBR, Thomson Financial, World Federation of Exchanges

ROB 2005

Abb. 6: Entscheidungs- und Kontrollfunktionen (Quelle: BBR 2005)

orte treibt die Immobilienpreise in die Höhe, und je höher diese sind, umso interessanter ist das Investment, versprechen sie doch hohe Gewinne.

Der Treibstoff, mit dem dieser Wachstumsmotor fährt, sind stets neue und mehr Attraktivität. Dabei rückt der Kultur- und Eventsektor in einer sich selbst stilisierenden eventsüchtigen Schicht der „Global Players" immer mehr in den Vordergrund. Im Zeitablauf ist dieser Wachstumsmotor gezwungen, auf immer höhere Drehzahlen zu schalten, um im Wettbewerb mit immer neuen und noch größeren Sensationen aufwarten zu können.

Machen wir das am Beispiel der Boom-Town Nummer eins in Deutschland, am Fall München deutlich.

Die bayerische Staatsregierung betreibt den Bau der Magnetschwebebahn vom Flughafen in die Innenstadt mit Nachdruck, obwohl dies ein „teures Spielzeug" ist, das genau genommen kein kommunales Verkehrsproblem löst. Es geht vielmehr um ein Symbol der Technikgläubigkeit und um ein medienwirksames Spektakel bei Bau und Eröffnung.

Da wird soeben angekündigt, dass der Münchener Flughafen eine dritte Startbahn benötigt mit dem unverhohlen ausgesprochenen Kalkül: München will Frankfurt den ersten Rang als HUB in Mitteleuropa streitig machen.

Da wird eine glanzvolle Arena gebaut als Highlight für die Fußballweltmeisterschaft 2006. Im Gefolge werden dabei zwei bislang taugliche geschichtsträchtige Stadien arbeitslos (Abb. 7).

Da schießen innerhalb kürzester Zeit Bürohochhäuser in die Höhe als bewusste Symbole einer „neuen Zeit", die Stadteingänge markierend, und dies, obwohl nun schon seit Jahren 1,65 Mio. Bürofläche leer stehen (Abb. 8, 9).

Großbürger und Freistaat schenken der Stadt München ein neues Kunstmuseum, die Pinakothek der Moderne. Diese Einrichtung setzt der Kunststadt München eine neue Spitze auf. Das Museum ist schon vor der Eröffnung eine Publikumsattraktion allein als Architektur.

BMW erbaut gerade eine „Autowelt" als Vergnügungspark, der dem Motto „Aus Freude am Fahren" aufregende Bilder und sinnliche Erlebnisse nachreicht. Die zugehörige Architektur muss auffallen um jeden Preis. Daher wurden die Architekten von COOP Himmelblau gerufen.

Es wird eine zweite Röhre für die S-Bahn notwendig, um den wachstumsbedingt vermehrten Verkehr bewältigen zu können.

5.2 Der Preis

Der Preis für diese Art der Standortprofilierung ist hoch. Die hier für München beispielhaft vorgetragenen Projekte übersteigen einen Betrag von drei Milliarden Euro. Sie fallen in eine Zeit, in der der Oberbürgermeister der Stadt und jetzige Präsident des Deutschen Städtetags nicht müde wird, den drohenden „Bankrott" der Stadt und der kommunalen Gebietskörperschaften allgemein anzuklagen.

Allein für die Erschließung der neuen Arena rechtzeitig zur Fußball-WM schichtet die Stadt im Investitionshaushalt eben mal rund 500 Millionen Euro um, unter Hintanstellung der Maßnahmen, die bislang mit hoher und höchster Priorität ausgezeichnet waren. Dazu gibt es dann ein Bürgerbegehren, und die Bürger stimmen mehrheitlich für das Großereignis und gegen die Investitionen für die Verbesserung der alltäglichen Stadtqualität und der Notwendigkeiten im sozialen Bereich. Das ist ein Zeichen für die „Event-Anfälligkeit" breiter Bevölkerungsschichten.

Akzeptanz von Wachstums- und Schrumpfungsprozessen in Deutschland

Abb. 7:
Allianz-Arena München (Quelle: Süddeutsche Zeitung, Nr. 8, 11.01.2006)

Abb. 8:
Debatte um Bürotürme (Quelle: Süddeutsche Zeitung, Nr. 107, 11.05.2005)

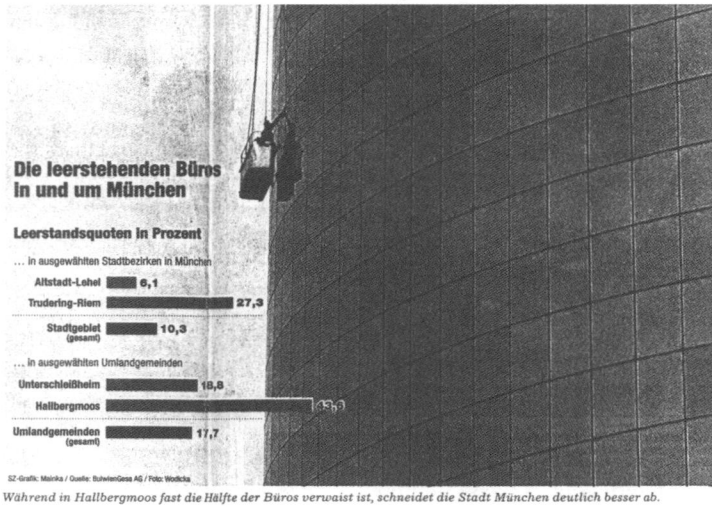

Abb. 9:
Überangebot an Büroflächen in München (Quelle: Süddeutsche Zeitung, Nr. 154, 07.07.2005)

Die Begründung für dieses Haushaltsgebaren ist ähnlich wie im Modell einer gesamtstaatlichen Konjunkturpolitik: Investitionen in die kommunalen Wachstumsmotoren führen zu Steuereinnahmen, und mit diesen Einnahmen lassen sich die Folgeprobleme des Wachstums im ökologischen und sozialen Bereich lösen. Was aber, wenn die Steuereinnahmen nicht steigen? Dann bleiben die Schulden. Auch in München ist im Laufe der Jahre die Verschuldung gewachsen, und das in einer Stadt, die stets auf der „Sonnenseite" der Entwicklung gestanden hat.

5.3 Reichtum und Armut
Die gesamtgesellschaftliche Tendenz, als Reicher immer reicher und als Armer immer ärmer zu werden, hat eine besondere Heimat in den großen Städten. Dort ist die Spreizung zwischen Arm und Reich besonders groß. Wer einmal zugewandert ist, kann nicht ohne weiteres wieder wegziehen, wenn sein Arbeitsplatz wegrationalisiert oder von einem Leistungsfähigeren eingenommen wird. Wenn seine Betriebsstätte mit einem Federstrich in ein anderes Land verlagert wird oder wenn seine Qualifikation für die neuen Anforderungen als nicht ausreichend taxiert wird, dann bleiben ihm die überdurchschnittlich hohen Lebenshaltungskosten, nicht zuletzt verursacht durch das andauernde Hoch auf dem Immobilienmarkt. So wächst mit jeder neuen Wachstumsrunde auch der „Bodensatz" von Menschen, die nicht mehr mithalten können.

5.4 Überkapazitäten
Der beschriebene Wachstumsmodus führt zwangsläufig zu lokalen und regionalen „Überkapazitäten" bei Infrastruktur und privaten Immobilien. Bislang – so wird gerne argumentiert – habe sich ein Überangebot auf dem Immobilienmarkt durch einen später zuwachsenden Bedarf immer wieder aufgelöst. Was aber ist, wenn das regionale Wachstum im langen Trend dauerhaft schwächelt? Dann wird erst einmal weiter investiert, trotz vorhandener Leerstände. Es wird unter Kosten vermietet mit dem Effekt, dass kostengünstigere Immobilien unter Druck geraden, das Leerstandsproblem also nur weitergereicht wird. Am Ende entstehen strukturelle Leerstände, die sich nicht mehr auflösen.

Bei Büroimmobilien und Einkaufszentren gibt es untrügliche Anzeichen für eine solche Entwicklung. Gerade hat Bremen die Pleite mit dem hochgejubelten „Space Park" erfahren und dabei 180 Mio. Euro Landesmittel in den Sand gesetzt. Nun soll eine noch „größere Nummer" folgen. Kanadische Spekulanten wollen an die Stelle „Europas größte Spielhölle" setzen. Und das Land scheint gewillt zu sein, dafür als erstes Bundesland das Spielbank-Monopol an Privat zu verkaufen. Und was ist, wenn das „neue Ding" erst recht nicht funktioniert?

Einen ähnlichen Verlauf könnte es bei der Infrastruktur geben, bei Flughäfen oder bei Messen und Kongresszentren. Da gerät eine Einrichtung in die roten Zahlen, weil die Kosten durch die Nachfrage nicht mehr gedeckt sind. Also wird in einem Kraftakt eine noch größere Kapazität geschaffen, die sich rein rechnerisch als so rentabel erweist, dass die Rentabilität wieder erreicht wird. Aber häufig sind diese Rechnungen stark geschönt.

5.5 Zum Wachstum verdammt
Die beschriebenen Mechanismen zeigen, dass wachsende Zentren „zum Wachsen verdammt sind", weil nur so die Folgekosten des Wachstums in den Bereichen Infrastruktur, Sozialhaushalt, Umweltbelastung und Finanzwirtschaft aufgefangen werden können.

Wenn die Rechnung allerdings nicht aufgeht, dann müssen noch größere Anstrengungen in die Förderung des Wachstums gesteckt werden. Die Spirale scheint endlos zu sein. Bislang hat sie leidlich funktioniert. Aber es ist unverkennbar, dass die Finanzwirtschaft in den großen Metropolen immer mehr in die Schieflage gerät und auf zunehmende Hilfen des Gesamtstaates angewiesen ist.

In den „alten Industrieregionen" in Europa und Übersee lässt sich zeigen, dass regionales Wachstum irgendwann abbricht, obwohl mit hohen staatlichen Subventionen weiter angeschoben wird, aber letztlich ohne Erfolg. Die Standortschädigung des ökologisch und sozial nicht gezügelten Wachstums – es ließe sich auch sagen, die Folgen einer nicht nachhaltigen Entwicklung – sind so groß, dass ein neuer Wachstumszyklus bislang zumindest nicht eingeleitet werden konnte. Das sollte nachdenklich stimmen.

6 Schrumpfende Regionen

Eine Erkenntnis aus der vorherigen Betrachtung der Metropolen ist die, dass bis auf weiteres die Dynamik des Metropolenwachstums erhalten bleibt. Das bedeutet, dass deren Sogkraft weiter wirkt und die Abwanderung aus den jetzt schon schrumpfenden Regionen weitergeht. Zumindest werden diese Regionen in der Standortkonkurrenz kaum Chancen haben, neue Entwicklungspotenziale durch Ansiedlung von Unternehmen und durch Zuwanderung von Erwerbspersonen auf sich zu ziehen. Damit rückt die Frage in den Mittelpunkt, welche Entwicklung diese Regionen mit eigenen Kräften nehmen können.

6.1 Agrarregionen und Industrieregionen

Unter den Regionen mit anhaltender Abnahme der Bevölkerung befinden sich traditionelle Agrarräume, die nie eine nennenswerte Industrialisierung erfahren haben, und dicht besiedelte Industrieregionen, deren Industriebranchen „aus der Mode" gekommen sind.

In den einen verringert sich die Bevölkerungsdichte von einem bereits tiefen Niveau aus. Bevölkerungsdichten werden auf einen Wert unter 50 Einwohner/qkm sinken (Tab. 6). In den anderen ist die Bevölkerungsdichte immer noch beträchtlich, trotz des lang anhaltenden Bevölkerungsrückgangs. Im Ruhrgebiet liegt sie in Kernstädten bei 2000 Einwohnern/qkm.

In den dünn besiedelten Regionen drängt sich die Frage auf, ab wann die Tragfähigkeit für eine Mindestversorgung mit Infrastruktur unterschritten wird.

Tab. 6: Bevölkerungsdichte 1993 (Quelle: BBR 2005)

Raumordnungsregionen	E / km²
West	
Lüneburg	77
Emsland	103
Trier (Eifel)	100
West-Mittelfranken	92
Oberpfalz	94
Ost	
Neubrandenburg	59
Altmark	55
Prignitz	47
Eberswalde	64
Stralsund	87
Extremwerte	
West Kreis Lüchow-Dannenberg	41
Ost Kreis Röbel-Müritz	31

6.2 Nur Nachteile?

Die Folgeprobleme in Regionen mit anhaltenden Bevölkerungsverlusten stehen bislang im Zentrum der wissenschaftlichen Analysen und politischen Debatten:

- Zunehmende Wohnungsleerstände mit der Gefahr, dass die Wohnungsmärkte zusammenbrechen und die Unternehmen insolvent werden.
- Nicht mehr ausgelastete Einrichtungen der sozialen Infrastruktur mit der Notwendigkeit, Einrichtungen zu schließen und die verbleibenden zu größeren Einheiten zusammen zu legen.
- Der Unterhalt in der technischen Infrastruktur – Straßen, Wasserversorgung, Entwässerung – verteuert sich. Im Extremfall ist sogar die technische Funktionsfähigkeit gefährdet. Dabei ist die Kapazitätsminderung bei weit verzweigten und starren Netzen kaum möglich.
- Die gleich bleibenden Fixkosten der Infrastruktur müssen auf weniger Köpfe umgelegt werden, was zu überproportionalen Gebührenerhöhungen zwingt.
- Gleichzeitig geht das Steueraufkommen der Gebietskörperschaften dramatisch zurück.
- Fortschreitende Angebotsverschlechterung und höhere Abgabenlast mindern die Attraktivität für Bewohner und Betriebe stets aufs Neue, so dass immer mehr Menschen und Betriebe die Region verlassen.

Ist das wirklich so und ist es unausweichlich?

6.3 Gibt es auch Vorteile?

Der Berliner Journalist Wolfgang Kɪʟ hat 2004 ein Buch mit dem Titel „Luxus der Leere" vorgelegt. Er geht darin systematisch auf die Suche nach den Chancen, die mit der Entleerung verbunden sein könnten.

Es gibt mehr Wohnungen als Mieter, die Mietpreise sinken und die Auswahl steigt. Jahrzehntelang herrschte in der Bundesrepublik Deutschland ein Markt der Anbieter, der Qualität und Preise diktieren konnte. Jetzt kippt die Situation und die Mieter können ihre Ansprüche formulieren, haben Auswahl. Auch die Lebenshaltung ist in schrumpfenden Regionen billiger. Und es wird mehr Platz in den Schulen und auf den Straßen. Die Natur erholt sich.

Aber all dies sind Erleichterungen, die nur allmählich eintreten. Sie machen das „Überleben" einfacher, schaffen aber keine neue Beschäftigung, zumindest nicht im herkömmlichen Sinn. So bleiben diese Regionen für Immobilieninvestitionen und für Ansiedlungen uninteressant. Beschäftigungseffekte in der Bauwirtschaft sind auf Bestandspflege und gelegentlichen Rückbau beschränkt.

Der „Luxus der Leere" wird zumindest von denen nicht als Chance erkannt, die an Aufstieg und Konsumerlebnis interessiert sind. Sie werden ihre Chancen in den Metropolen suchen und weiter abwandern. Die Attraktivität der Leere könnte vielleicht von denen geschätzt werden, die gesicherte Transfereinkommen haben oder Erträge aus Kapital, also für die eher Reicheren und Älteren. Aber auch für diese Gruppe gibt es viele Alternativen. Bislang sind für die Altenzuwanderung in Deutschland die „prominenten Fremdenverkehrsregionen im Alpenvorland oder an der Ostseeküste" attraktiv. Obendrein ist zu bedenken, dass das Angebot an dauerhaften oder temporären Altersresidenzen aus den Tourismusgebieten des gesamten Mittelmeerraumes riesig und zugleich kostengünstig ist.

6.4 Weiter im alten Modus

Es ist daher verständlich, dass die Regionalpolitik in den schrumpfenden Regionen weiter am „alten Modus" der regionalen Entwicklungsförderung festhält. Die Standorte in großen und kleinen Zentren bis hinein in die Dörfer sollen durch die Ausweisung von Gewerbegebieten, weiteren Straßenbau, Tourismusinvestitionen und nicht zuletzt durch Events aus dem Kultur- und Unterhaltungsbereich attraktiv für Unternehmensansiedlungen machen.

So kopieren die schrumpfenden Regionen den bislang noch erfolgreichen Wachstumsmotor der Metropolen, indem sie dasselbe machen, nur etwas kleiner. Das Ergebnis ist, der Motor läuft nicht. Gewerbliche Bauflächen bleiben ohne Nachfrage. Noch mehr Straßen bewirken nichts. Events hinterlassen Defizite, und hoch subventionierte Industriepolitik erweist sich als Flop.

Beispiele:
Rostock leistet sich eine Internationale Gartenbauausstellung. Dabei wird eine naturnahe Fläche eher der Natur entfremdet, obwohl ein ökologischer Gestaltungsanspruch behauptet wird. Für die Blumenschau wird eine große Halle gebaut, die später Messehalle sein soll. Dann bleiben die Besucherzahlen aus. Das Ereignis hinterlässt der Stadt ein Defizit jenseits von zehn Millionen Euro. Und ein Messestandort in Rostock wird nicht funktionieren. Der Imageertrag mit Blick auf die skandinavischen Nachbarn wird schon am Ende des Ereignisses dadurch zerstört, dass nun die Debatten über das kommunale Defizit die Nachricht von einer Fehlinvestition in die Welt hinaustragen.

Oder: Der privat finanzierte Warnow-Tunnel in Rostock verlangt für die Durchfahrt eine beträchtliche Maut. Viele Menschen meiden daher die Wegeverkürzung. Der Tunnel „rechnet sich nicht". Mal sehen, wer auf die Dauer die Defizite trägt, wahrscheinlich die öffentliche Hand.

Oder: Der „Lausitz-Ring" wird mit weit mehr als einhundert Millionen Euro vom Land Brandenburg gefördert in der Absicht, dass Autorennen der ersten Kategorie die Nachricht vom Wirtschaftsstandort Lausitz in die Welt hinaustragen. Aber der Standort bleibt schon im Start sitzen, weil er im globalen Wettbewerb der eingeführten Rennstrecken keine Chancen hat.

Wäre auch die hoch gelobte Chip-Fabrik in Frankfurt an der Oder als fehlgeschlagener Versuch einer großspurigen Industriepolitik anzuprangern.

Akzeptanz des Schrumpfens heißt also, auf Wachstumsförderung mit den eingeübten und teuren Instrumenten der Regionalpolitik zu verzichten. Das bedeutet auch, dass die ständigen Versprechungen, schnell neue Arbeitsplätze zu schaffen, nicht mehr hinausgetönt werden.

Aber welche Politik ist in der Lage, die Lage nüchtern zu beschreiben, Versprechungen bisheriger Art zu lassen, wenn keine neuen Versprechungen in Sicht sind?

7 Aus eigener Kraft

Die Akzeptanz von Schrumpfungsprozessen bedeutet in erster Linie, Abstand zu nehmen von Anstrengungen, die zur Ausweitung bestehender Kapazitäten und damit zu teuren Überkapazitäten führen.

Das gilt auch für die öffentliche Förderung des Rückbaus, denn dieser ist ebenso teuer wie der Vorbau, und die „Abschlachtprämien" sind ihrem Charakter nach nichts anderes als die Investition in die überflüssigen Erweiterungen von Kapazitäten. Es verdienen die gleichen daran. Das ist das Gegenteil einer nachhaltigen Entwicklung.

Würde man von dieser Regionalpolitik die Hände lassen, dann bleiben genug öffentliche Mittel übrig für eine andere Regionalpolitik. Aber für welche?

7.1 Freies Geld

Die fünf Milliarden Euro aus dem Programm „Stadtumbau Ost", die fast ausschließlich in die Subventionierung der traditionellen Wohnungsbaugesellschaften fließen, der Bauwirtschaft eine kurzfristige Beschäftigung verschaffen, bieten keine Perspektive für die künftige Entwicklung in schrumpfenden Regionen. Wäre es gelungen, lediglich zehn Prozent dieser gigantischen Summe auf die Seite zu legen, um nachhaltige Entwicklungsprozesse mit einer Starthilfe auszustatten, dann wäre daraus ein Programm von rd. 600 Millionen Euro entstanden, verteilt auf viele Jahre.

Aber wer käme als Empfänger solcher Fördermittel in Frage? Diese sind nicht da oder sie zeigen sich nicht oder sie werden als marginal eingestuft.

Dem Stadtumbauprogramm Ost war ein verdienstvoller Stadtentwicklungswettbewerb vorgeschaltet gewesen. In diesen Planstudien sind durchaus einige Ideen enthalten, die es Wert wären, vom Papier in die Praxis transportiert zu werden. Aber nach dem Wettbewerb brach der kreative Prozess ab. Die meisten Initiativen sind verflogen.

Damit sind wir beim Grundproblem: Eine „alternative Regionalpolitik" muss sich aus kleinsten Ansätzen aus der Region selbst heraus entwickeln. Das setzt Akteure voraus, die aus eigener Kenntnis und eigenem Antrieb andere Wege gehen wollen. Das sind zu Beginn Außenseiter, und es sind nur wenige, und es ist schwer, sie zu finden und zusammenzuführen. Ihre Ideen passen nicht in die herkömmlichen Denkschemata, nicht zu den herkömmlichen Programmen und somit auch nicht zu den zementierten Förderrichtlinien für die Vergabe staatlicher Mittel.

Die Akteure also kommen „von unten", die Hilfe „von oben" muss dafür „freies Geld" auf den Tisch legen. Das bedeutet, dass keine starren Verwendungszwecke und keine bürokratisierten Vergaberichtlinien vorgegeben sein dürfen. Benötigt wird „Spielgeld" zum „Verspielen". Denn die Zukunft in schrumpfenden Regionen kann nur „spielerisch" gewonnen werden.

„Spielerisch" bedeutet, dass auch das „Verspielen" des Geldes in Kauf genommen werden muss. Das ist kein Freibrief für Unfug oder Verschwendung oder gar Betrug. Aber es müssen viele neue Wege ausgelotet werden, von denen eine große Zahl vielleicht nicht gangbar ist. Gemessen an den teuren faktischen Fehlschlägen herkömmlicher Regionalförderung sind das aber kleine Beträge, die dabei vielleicht in den „Sand der Zukunft" gesetzt werden.

Aber davor haben Förderbürokratien wie private Investoren Angst. Sie gehen den vermeintlich sicheren Weg des Etablierten auch dann noch, wenn es ein Holzweg ist.

7.2 Regionale Kreisläufe

Reden wir über einige Grundprinzipien einer alternativen Regionalpolitik in schrumpfenden Regionen. Regionalökonomisch ist das Ziel, einen großen Teil der nach wie vor existierenden Binnennachfrage nach Gütern und Dienstleistungen in der gesamten Kette der Entstehung, Verwendung und Entsorgung innerhalb der Region zu halten, also regionale Wirtschaftskreisläufe zu stärken, Export und Import klein zu halten: Regionale Erzeugung, regionale Vermarktung, regionale Entsorgung!

Am ehesten sind solche Denkweisen bislang im Sektor Landwirtschaft und im Nahrungsmittelgewerbe akzeptiert. Der reale Anteil an der Gesamtheit einer Regionalwirtschaft allerdings ist bislang noch bescheiden.

7.3 Extreme Dezentralisierung

Im gesamten Bereich der sozialen Infrastruktur wird der herkömmliche Weg, die Einrichtungen zu schließen und die geringer werdende Nachfrage auf weniger Standorte zu konzentrieren, umgekehrt. Nicht mehr der Kunde nimmt längere Wege auf sich, sondern der Anbieter:

- Der Lehrer fährt, nicht der Schüler.
- Der Altenservice kommt, und nicht die Alten wandern in das Altenzentrum.
- Die Ware kommt ins Haus, und der Kunde läuft nicht ins Einkaufszentrum.
- Immer mehr Menschen helfen sich selbst, bedienen sich gegenseitig und ersparen auf diese Weise den Aufwand für Fremdleistungen.
- In der technischen Infrastruktur werden nicht mehr ausgelastete Einrichtungen abgekoppelt und abgeworfen.
- Die Eigenwasserversorgung extrem dezentral tritt an die Stelle der ferngeleiteten Fremdwasserversorgung.
- Der große Entwässerungs- und Kläranlagenverbund wird unterlaufen durch kleine dezentrale Pflanzenkläranlagen.

Die Übergänge von den Großsystemen auf extrem dezentrale Systeme sind allerdings äußerst schwierig, technisch wie betriebswirtschaftlich. Gleichwohl muss die Priorität lauten: Erst den Aufbau der dezentralen Versorgung fördern und nachrangig sich der betrieblichen und finanzwirtschaftlichen Sorgen der Großunternehmen zuwenden.

7.4 Gegenmacht

Spätestens an dieser Stelle wird die Frage nach den Machtverhältnissen aufgeworfen. Wer hat denn eigentlich Einfluss auf Kommunalpolitik und staatliche Politik? Der Verbund zwischen den Funktionären in der Politik und den Geschäften der kommunalen, halböffentlichen und privaten Wirtschaft ist eng. Ihr Interesse ist nicht der Aufbau einer dezentralen Konkurrenz. Das lässt sich am Beispiel der Energiewirtschaft besonders gut demonstrieren.

Den Weg einer nahe liegenden Konzentrationspolitik bei nachlassender Nachfrage in schrumpfenden Regionen konsequent in eine Förderung extremer Dezentralität umzulenken, ist äußerst schwierig. Und es werden über einen Übergangszeitraum beide Politiken nebeneinander existieren, denn letztlich geht es um einen Wettbewerb um politische Macht und wirtschaftlichen Einfluss.

7.5 Neue Produkte

Das eigentliche ungelöste Problem einer alternativen Regionalwirtschaft allerdings ist, neue Produkte und neue Unternehmen entstehen zu lassen, die exportfähig sind. Denn in einer hoch arbeitsteiligen Gesamtwirtschaft kann es keine „autarke Region" geben, die allein von einer stärkeren Regionalisierung der Binnenwirtschaft lebt.

Also geht es nicht ohne Innovationen bei Produkten und Verfahren. Vorherrschende Denkweise ist, dass Innovationsprozesse nur oder überwiegend in wachsenden Metropolen zustande kommen. Dort ist die notwendige Dichte von Kommunikation und neuerungssüchtigen Märkten vorhanden. Dort versammeln sich die „Erfinder", da sind die hoch qualifizierten Forschungsstätten und Bildungseinrichtungen. Dort lohnt der Einsatz von öffentlichem Kapital zur Unterstützung von Innovationsprozessen. Dort ist die höchstwertige Verkehrsinfrastruktur vorhanden, die heute für innovative Unternehmungen benötigt wird.

Sieht man genauer hin, an welchen Standorten und in welchen Regionen heute in Deutschland weltweit erfolgreiche Unternehmen sind, dann gibt es diese auch an „abseitigen Standorten" in vergleichsweise schlechter Verkehrslage und sogar in Regionen mit dünner Besiedlung, ja auch in schrumpfenden Regionen. Beispiele sind
- der weltweit größte Schraubenhändler Würth in Künzelsau,
- Villeroy & Boch in Mettlach an der Saar,
- der erfolgreiche Erfinder und Erbauer von Leicht- und Höhenflugzeugen Grob in Mindelheim,
- Liebherr in Ochsenhausen.

Weshalb werden „kreative Übungen" der Leitungsbereiche von großen Unternehmungen bevorzugt in die Abgeschiedenheit ländlicher Regionen, sozusagen in „klösterlicher Atmosphäre" verlegt? Das muss doch etwas damit zu tun haben, dass Ruhe und Abgeschiedenheit, naturnahe Umgebung, also eine „Anti-Welt", zur permanenten Kommunikation und grenzenlosen Mobilität eine Voraussetzung für Umdenken, Weiterdenken und neue Ideen ist.

Es gibt leider kaum systematische Forschungen über die räumliche Verteilung von Erst-Innovationen, also bildlich gesprochen, die „Geburtsorte von Erfindungen und Erfindern". Es ist aber zu vermuten, dass Erfindergabe unabhängig vom Standort in einer Population gleich verteilt ist. Das bedeutet, dass auch in schrumpfenden Regionen mit geringerer Bevölkerungsdichte ein mit den Metropolen vergleichbarer Anteil von potenziellen Erfindern vorhanden ist, wobei mit dem Begriff „Erfinder" nicht nur patentfähige Erfindungen gemeint sind, sondern die Fähigkeit, andere Wege zu gehen.

7.6 Heimatbindung

Wenn dies so ist, dann ist es die vorrangige Aufgabe einer alternativen Regionalpolitik, diese Erfinderpotenziale in schrumpfenden Regionen in einem Klima der Wertschätzung zu „hofieren" und alles zu tun, um diese Begabungen an die Region zu binden. „Heimatbindung" ist vermutlich die letztlich tragfähige Erklärung, weshalb Unternehmen mit Welterfolg noch immer ihren Hauptsitz in den Regionen haben, in denen sie groß geworden sind, weshalb sie allen betriebswirtschaftlichen Ratschlägen, den Unternehmenshauptsitz doch endlich in eine Metropolregion zu verlegen, widerstanden haben.

Was bewirkt „Heimatbindung" und welche Lebensstile sind metropolresistent? Das führt eine erfolgreiche Regionalpolitik in schrumpfenden Regionen tief in die Analyse und in die Debatte über kulturelle Selbstverständnisse hinein.

Literatur

BUNDESFORSCHUNGSANSTALT FÜR LANDESKUNDE UND RAUMORDNUNG (1995): Laufende Raumbeobachtung 1992/93. (= Materialien zur Raumentwicklung, 67). Bonn.

BUNDESAMT FÜR BAUWESEN UND RAUMORDNUNG (Hrsg.): Raumordnungsbericht 2000. (= Berichte, 7). Bonn.

BUNDESAMT FÜR BAUWESEN UND RAUMORDNUNG (Hrsg.): Raumordnungsbericht 2005. (= Berichte, 21). Bonn.

BUNDESAMT FÜR BAUWESEN UND RAUMORDNUNG (2005): Öffentliche Daseinsvorsorge und demographischer Wandel. Berlin, Bonn.

KHALATBARI, P./OTTO, J. (Hrsg.) (1999): 200 Jahre Malthus. Bundesinstitut für Bevölkerungsforschung (BIB), 96.

BIRG, H. (Hrsg.) (2005): Demographische Alterung und Bevölkerungsschrumpfung. Münster.

KIL, W. (2004): Luxus der Leere. Wuppertal.

BEYERS, B. (1999): Die Zukunftsmacher. Frankfurt a. M.

KREIBICH, R./SIE LIONG THIO (2005): Engagiert und produktiv mit älteren Menschen. Werkstattbericht Institut für Zukunftsstudien und Technologiebewertung, 76.

OPASCHOWSKI, H. W. (1994): Zehn Jahre nach Orwell. Herne.

SOMMER, B. (2005) Die Bevölkerungsentwicklung in den Bundesländern bis zum Jahr 2050. Münster.

Relativität von Grenzen und Raumeinheiten

Wolfhard Symader (Trier)

Das Thema „Relativität von Grenzen und Raumeinheiten" ist recht abstrakt, sperrig und klingt nach 45 Minuten intellektueller Langeweile. Worum es aber wirklich geht, ist einer der wenigen weiß-grauen Flecken unserer Forschungslandschaft, und die Vortragsblöcke, die unter dem Leitthema Grenzen und Raumeinheiten stattfinden, decken nur einen Teil der Forschungsfragen ab. Lassen Sie sich also überraschen.

Meine eigenen, ersten Erfahrungen mit diesem Thema liegen schon lange zurück. Ich habe mich während meiner Studienzeit mit Landschaften und Landschaftstypen, Naturräumen und der naturräumlichen Gliederung beschäftigt. Es fiel niemandem von uns wirklich schwer, die wichtigsten unterschiedlichen Landschaftstypen zu erkennen und zu beschreiben. Wir fanden sie auch auf den Exkursionen wieder. Das einzige, was ich nie gefunden habe, waren die naturräumlichen Grenzen. Und was für mich noch viel erstaunlicher war, sie wurden in den Lehrveranstaltungen auch nie behandelt. Es gab keine Lehrveranstaltungen über Grenzen!

Und so sind die naturräumlichen Grenzen für mich bis heute schwarze oder braune oder blaue Linien geblieben, die auf irgendwelchen Karten eingezeichnet sind. Irgendwann später wurde mir dann klar, dass es nicht nur diese naturräumlichen Grenzen gar nicht gab, sondern auch viele andere Grenzen, die auf Karten eingezeichnet waren, in der Realität nicht existierten. Dafür fand ich aber Grenzen an Orten und Stellen, wo ich vorher nie welche gesehen hatte. Und damit fing die Geschichte an, spannend zu werden. Offensichtlich sind Grenzen für uns etwas so Selbstverständliches geworden, dass wir keine Notwendigkeit mehr sehen, sich mit ihnen zu beschäftigen oder sie gar zu hinterfragen. Das ist ein idealer Startpunkt für weiterführende Beobachtungen und Überlegungen.

1 Die Grenze im wissenschaftlichen Denken und in der Wahrnehmung

Als Wissenschaftler beginnt man seine Überlegungen am besten mit einigen Fragen. Wenn zwischen naturräumlichen Einheiten keine scharfen Grenzen existieren, sie aber trotzdem eingezeichnet werden, dann müssen wir uns mindestens zwei Fragen stellen:
- Was gewinnen wir dadurch, dass wir Grenzen selbst dort postulieren, wo keine vorhanden sind?
- Welches sind die Gefahren oder Nachteile, die entstehen, wenn wir solche fiktiven Grenzen schaffen.

Es geht zunächst nicht um den Punkt, ob und welche Grenzen real in der Natur vorkommen. Wenn Grenzen postuliert werden, dann geschieht das, um etwas zu erreichen. Die gesetzten Grenzen sind ein Faktum. Sie werden allein deshalb zu einem Faktum, weil sie, wenn sie erst einmal gesetzt sind, Bewertungen, Denken und Handeln beeinflussen. Sollten sie nicht real sein, dann sind wir es, die sie real machen.

Unterstützt wird das Ziehen von Grenzen durch das wissenschaftliche Denken. Eine der wichtigsten Denkmethoden ist das Denken in Kästchen. Bei diesem Ansatz wird alles innerhalb eines Kästchens als weitgehend homogen betrachtet, und jedes einzelne Kästchen mit seinen Eigenschaften und Prozessabläufen von den anderen Kästchen getrennt und unterschieden. Die Vorteile des Kästchendenkens liegen klar auf der Hand. Es verstärkt vorhandene Strukturen und betont Unterschiede.

Mit dem Kästchendenken lassen sich zwei Naturräume exzellent voneinander unterscheiden. Aber nicht nur Naturräume. Man kann sich auch vorstellen, dass der Abfluss eines Flusses aus einzelnen Komponenten wie Oberflächenabfluss, Bodenwasser, Grundwasser und Abwasser zusammengesetzt ist und dass sich diese Komponenten deutlich voneinander unterscheiden. Ein Boden ist nicht aus Kästchen oder Komponenten, sondern aus Horizonten aufgebaut. Die Wortwahl wechselt, der Wahrnehmungsaspekt bleibt unverändert.

Kästchendenken macht nicht nur vorhandene Strukturen deutlicher, sondern hilft auch bei der Kommunikation, weil ein Denken in Kästchen ein Denken in Zuordnungen ist. Es kann daher nicht überraschen, dass ein Denken, das darüber entscheidet, was dazugehört und was nicht, viele wissenschaftliche Theorien und Hypothesen dominiert, indem es Elemente, Komponenten, Raumeinheiten oder Zeitabschnitte postuliert. Und noch wichtiger: Es strukturiert das wissenschaftliche Wissen und wird von einer Anzahl mathematischer oder statistischer Werkzeuge wie Varianzanalyse, Diskriminanzanalyse oder verschiedenen Klassifizierungsmethoden begleitet.

Versuchen wir ein kurzes Zwischenfazit:

Es hat unbestreitbare Vorteile, sich die Welt als Flickenteppich vorzustellen. Es erleichtert das Erkennen von Strukturen und strukturiert das Wissen. Es hilft bei der Formulierung von Hypothesen und Theorien und bereitet die Weiterverarbeitung von Wissen vor. Aber jeder Vorteil wird mit Nachteilen erkauft. Das Denken in Kästchen steht in einer scharfen Konkurrenz zu seiner Alternative. Dem Denken in Kontinuen. Auch ein Denken in Kontinuen ist ein mächtiges Denken. Es hat seinen Fokus auf Übergänge gelegt. Seine mathematische Sprache ist die der Differentialgleichungen.

Dass es mehr als einen Denkansatz gibt, ist eher eine Bereicherung, als dass es bedenklich ist, denn nichts auf der Welt hindert uns, unsere Denkmethode zu ändern. Katastrophal wird es erst dann, wenn wegen des Erfolges des Kästchendenkens die Alternative „Kontinuum" aus dem Bewusstsein verschwindet und nicht mehr betrachtet wird. Denn dann haben wir einen Teil der Welt verloren, und was weg ist, kann nicht mehr erforscht werden. Das Ergebnis wäre dann eine wissenschaftliche Halbsicht.

Wenn ein Wissenschaftler das verstanden hat, dann kennt er eine der mächtigsten Denkblockaden. Und wenn er seine Denkblockaden kennt, dann kann er sie auch bewusst umgehen und für sich und seine Schule ein völlig neues Forschungsfeld entdecken. Ich möchte Ihnen an den zwei Beispielen „Waldrand" und „riparian zone" demonstrieren, wie das Kästchendenken dazu geführt hat, dass ganz wesentliche Phänomene übersehen wurden.

Der Waldrand ist die Grenze zwischen Wald und Freiland. Sowohl Freiland- als auch das Bestandsklima des Waldes sind recht gut untersucht. Aber welches Klima herrscht am Waldrand?

Die erste größere Arbeit zum Waldrandklima, die ich kenne, ist eine Dissertation aus den siebziger Jahren. Klimatisch gesehen ist der Waldrand ein Streifen, der je nach Sonnenstand im Schatten oder in der prallen Sonne liegt. Entsprechend hoch sind die Tagesschwankungen der Temperatur. Es herrscht Windstille, wenn die vorherrschende Windrichtung vom Wald weggewandt ist, und die Vegetation wird durch Düseneffekte und Wirbel strapaziert, wenn starker Wind von der Freifläche kommend am Waldrand abgebremst wird.

Der Waldrand ist also kein Übergangsraum, wie vorher immer fälschlich angenommen wurde, sondern klimatisch gesehen, ein Raum mit eigenen Charakteristika. Diese Erkenntnis ist nicht älter als dreißig oder vierzig Jahre, und das ist forschungsgeschichtlich eine recht kurze Zeit.

Noch jünger als das Wissen über den Waldrand ist das über die Beziehungen zwischen einem Fluss und seiner Umgebung. Der englische Begriff „riparian land" umfasst sowohl die schmalen Vegetationsstreifen entlang eines Baches wie auch die Überflutungsgebiete und Flussauen, die in Europa zum Teil dicht besiedelt sind, und lässt sich zur Zeit noch nicht adäquat übersetzen. Die althergebrachte Wahrnehmung kennt die „riparian zone" nicht. Sie kennt den Fluss, das Ufer, die Flussaue oder den Talboden und das Tal mit seinen Talhängen.

Wer ein Ufer als Grenze eines Flusses betrachtet, für den ist die Aue zwar nass oder hochwassergefährdet, aber in jedem Fall ein Raum außerhalb des Flusses, auf den nach Bedarf zugegriffen werden kann. Für wen hingegen die Flussaue Teil des Flusses ist, kann es nicht zulassen, dass Siedlungen im Auenbereich akzeptiert werden.

„Riparian land" hat sich von dem Begriff Ufer zugunsten eines Interaktionsraumes zwischen Fluss und Land verabschiedet. Diese Wahrnehmung beginnt sich aber erst in den letzten Jahren und auch dort zunächst nur in der Wissenschaft durchzusetzen.

Wenn sich die Geographie bisher vorwiegend mit Raumausschnitten und nicht mit den Grenzen, die die Raumausschnitte voneinander trennen, beschäftigt hat, dann kann sie auch keine Aussagen über die Natur von Grenzen machen. Es sollte einleuchtend sein, dass man in allen Fragen einer praktischen Planung mit einem schmalen Raumstreifen, der über ganz spezifische Eigenschaften verfügt, anders umgehen muss als mit einem Interaktionsraum.

Die statische Wahrnehmung einer Grenze hat viele Forschungsfragen so stark eingeengt, dass sie bis heute nicht richtig bearbeitet wurden und deshalb auch unbeantwortet blieben. Das ist einer der Gründe, warum die Forschung ständig auf der Stelle tritt, bis jemand die Denk- und Wahrnehmungsblockade beseitigt. Dann macht die Forschung einen großen Sprung vorwärts, um dann wieder für einige Zeit zu verharren. Den Zustand des Verharrens lässt sich besonders deutlich bei dem Forschungsthema Transportprozesse aufzeigen.

Stellen wir uns vor, wir sähen eine mittelalterliche Filmszene, in der ein reitender Bote ein verschnürtes Bündel zum König bringen soll. Die Szene zeigt nur ein galoppierendes Pferd und einen wehenden Umhang vor der untergehenden Sonne. Doch was wirklich passiert, ist unvergleichlich spannender.

Da gibt es ein Pferd, das einen Reiter transportiert, einen Reiter, der ein Bündel transportiert, ein Bündel, in dem Kräuter transportiert werden, und Kräuter, auf denen trotz Trocknung immer noch eine Anzahl Mikroorganismen wohnt. Das Pferd transportiert nicht nur seinen Reiter, sondern auch noch ein paar Zecken und halbverdauten Hafer oder Heu, das es auf dem Weg in Form von Pferdeäpfeln verstreut. Der Reiter transportiert nicht nur ein Bündel, sondern auch seine Kleidung und – wenn man es dramatisch haben will – die Erreger der Schwarzen Pest.

Das Pferd zerstampft den schlammigen Weg. Der Reiter spricht mit Leuten, die sich, weil er ein Königsbote ist, ihr ganzes Leben an ihn erinnern werden. Kurzum: Nach dem einen Ritt dieses Boten wird nichts mehr sein, wie es einmal war. Es ist auch überhaupt nicht klar, was das Transportmittel und was der transportierte Gegenstand ist. Es ist noch nicht einmal völlig klar, was denn nun der Forschungsgegenstand bei den Transportprozessen ist. Sind es die transportierten Gegenstände, ist es die transportierte Information oder geht es um all die Veränderungen auf der Transportstrecke?

Transportprozesse sind nie einfach. Es geht immer um Transportketten. Wenn Wasser von der Quelle eines Flusses zu seiner Mündung fließt und weiteres Wasser aus dem Boden und aus den Nebenflüssen dazukommt, haben wir eine vorwiegend linear ausgerichtete Wasserbewegung. Dieses Wasser transportiert gelöste Substanzen wie Nitrat, Phosphat oder Natrium. Dieses Wasser transportiert auch Partikel die aus dem Flusssediment aufgewirbelt wurden, zusammen mit Abwässern eingeleitet wurden oder als Erosionsschwebstoff eingewaschen wurden. Entsprechend gibt es völlig unterschiedliche Schwebstofftypen, die sich bereits an der Farbe unterscheiden lassen. Der Schwebstoff selbst wiederum transportiert weitere Stoffe wie zum Beispiel polyzyklische chlorierte Kohlenwasserstoffe oder Bakterienschleime. Doch damit nicht genug. Die transportierten Stoffe (Wasser, Partikel, chemische Stoffe) werden an ihren Quellen entfernt und woanders abgelagert. Auf ihrem Weg von der Quelle zur Senke verändern sie sich und ihren Transportweg.

Als Forschungsthemen ergeben sich aus einer einfachen Forschungsfrage nach dem partikelgebundenen Schadstofftransport gleich sieben große Forschungsthemen.

1. Der Abflussbildungsprozess
2. Der Schwebstofftransport
3. Der Transport der gelösten Stoffe
4. Der partikelgebundene Schadstofftransport
5. Die Identifizierung der Quellen
6. Die Veränderung des Flusssediments
7. Der Austausch zwischen Wasserkörper, Schwebstoff und Sediment

Bevorzugte Transportbahnen wie ein Fluss oder eine Straße sind direkt mit der Problematik der Grenzen verbunden. Einerseits sind sie linienhafte Strukturen von größter Durchlässigkeit. Doch braucht der Betrachter aber seine Position nur um neunzig Grad zu verändern und sich quer zur Fließrichtung aufzustellen, dann wird aus dieser durchgängigen, hochdynamischen Struktur plötzlich eine Grenze. Um Flüsse zu überqueren, baut man Brücken, die auch nichts anderes sind als eine Transportbahn für die einen und eine Grenze für die anderen. Eine Straße, die über einen Fluss führt zu verlassen, ist ebenso schwierig wie einen Fluss zu queren. Was eine Grenze und was eine Transportbahn ist, hängt also davon ab, wo der Betrachter sich befindet. Eindimensionale Transportbahnen gehören mit zu den stärksten Grenzen, die wir kennen.

Ob ein lineares Phänomen eine Grenze darstellt oder nicht, ist eine reine Frage des Standpunktes. Welche Barrieren da manchmal im Denken feststecken zeigt die Geschichte der amerikanischen Eisenbahn. Die Pläne, Nordamerika von Osten nach Westen mit einer Bahntrasse zu durchqueren, missfiel den Dampfschiffern, die befürchteten einen Teil ihres Geschäftes zu verlieren und sich mit ihren Schiffen den Brücken anpassen zu müssen. Ihr renommierter Anwalt soll ein fulminantes Plädoyer gehalten und dabei sogar das Gespenst eines Bürgerkrieges an die Wand gemalt haben. Die Eisenbahner hatten einen kleinen unbedeutenden Anwalt bestellt, der den gesamten Rechtsstreit auf die eine Frage herunterbrach, ob das amerikanische Volk mehr Recht besäße von Norden nach Süden zu reisen als von Osten nach Westen. Der Name dieses Anwaltes war Abraham Lincoln.

2 Die Grenze als Strukturelement

Die Untersuchung von räumlichen Strukturelementen hat in den Geowissenschaften eine lange Tradition. Ihre Bedeutung kommt aus der Erkenntnis, dass Strukturen für den Ablauf von Prozessen verantwortlich sind und Prozesse wiederum Strukturen schaffen. Die Untersuchung von Strukturen bietet daher gleich zwei Möglichkeiten, sich den Prozessen zu nähern. Strukturen sind Verursacher und Indikatoren gleichermaßen.

Grenzen sind linienhafte Strukturen, und die erste Frage, die gestellt werden muss, ist die nach der Bedeutung einer Grenze. Die Alltagswahrnehmung besitzt gute Kriterien für eine erste Einschätzung. Eine Grenze ist dann wichtig, wenn sie viel Raum einnimmt, schwierig zu überschreiten ist oder einen deutlichen Unterschied charakterisiert.

Die wissenschaftliche Wahrnehmung weicht von der Alltagswahrnehmung in so weit ab, als dass sie immer versucht, über die Alltagserfahrung hinaus zu gehen. Wer fällt, schlägt auf dem Boden auf und erfährt den Dichteunterschied zwischen Luft und Boden in einer direkten Form und wird daher zu Recht eine Grenze zwischen Luft und Boden annehmen.

Bei anderen Eigenschaften als der Dichte wird diese klare Trennung von Luft und Boden aber bereits erheblich weniger deutlich. Aus der Luft der Atmosphäre wird Bodenluft. Dabei verändert sie ihre Eigenschaften nicht plötzlich, sondern kontinuierlich. Sie wird reicher an Kohlendioxid und ärmer an Sauerstoff. Der Tagesgang der Temperatur wird ausgeglichener, und die Feuchtigkeit hält sich an der Bodenoberfläche ein wenig länger als in der Luft. Mit zunehmender Bodentiefe verändern sich also viele Eigenschaften und nähern sich in einigen Fällen mit zunehmender Bodentiefe asymptotisch einer Konstanz an.

Was eine Grenze ist, hängt also nicht nur vom Standort des Betrachters, sondern auch von den Eigenschaften ab, die der Betrachter auswählt. Die Bodenoberkante kann eine Grenze sein, muss es aber nicht. Diese feine Unterschied zwischen einer Grenze an sich und einem durch eine Reihe von Eigenschaften definierten Phänomen hat direkte praktische Auswirkungen für die wissenschaftliche Arbeit.

Wenn das Forschungsthema etwas mit der Bodenluft oder leicht flüchtigen Schadstoffe zu tun hat und Ihre Ergebnisse modelliert werden sollen, dann hängt alles von den Kriterien ab, nach denen der Modellansatzes ausgewählt wird. Wird jetzt ein Komponentenmodell (Kästchendenken) gewählt, das die Kästchen Boden und Atmosphäre enthält, weil die Bodenoberkante als offensichtliche Grenze zwischen zwei Kompartimenten wahrgenommen wird, dann ist das keine glückliche Wahl.

Wer sich mit Grenzen beschäftigt, muss wissen, dass es die Grenze an sich nicht gibt. Grenzen werden über Eigenschaften definiert und die Auswahl der betrachteten Eigenschaften ist entweder subjektiv oder orientiert sich an einer Norm, einer Aufgabe oder eine wissenschaftlichen Fragestellung. Werden Grenzen nur als Unterschiede zwischen zwei Bereichen betrachtet und selbst nicht weiter untersucht, dann ist es auch unmöglich, Informationen über ihre Eigenschaften zu erhalten.

Es ist von essentieller Bedeutung, ob eine Grenze als Übergangsraum eine Art Kompromiss zwischen zwei Räumen darstellt, deren Eigenschaften sich dort mitteln, ob sie als scharfer Gradienten eine Prozessrichtung vorgibt, ob sie als Strukturelement wie ein Verteiler oder Ordner wirkt, oder ob sie als eigener Raum mit spezifischen Eigenschaften oder als Interaktionsraum betrachtet werden muss.

In diesem Zusammenhang könnte es aus wissenschaftlicher Sicht ein lohnendes Unterfangen sein, einmal die Gemeinsamkeiten und Unterschiede verschiedener Grenzen unterschiedlicher Ausprägungen herauszustellen, anstatt sich immer nur um Einzelfälle zu kümmern. Eine vergleichende Untersuchung von Grenzen fehlt nach meiner Kenntnis.

3 Die Grenze als Zuordnungskriterium

Wer einen Raum bearbeiten will, zerlegt ihn zweckmäßig in überschaubare Stücke. Ein Weltreich ist eine Utopie, die bereits im Verwaltungsalltag zerfällt. Grenzen zwischen Raumeinheiten dienen der Festlegung, was zu einer Einheit gehört und was nicht. Entsprechend finden Grenzkonflikte zwar an Grenzen statt, aber es geht dabei immer um Konflikte zwischen den normativen Inhalten benachbarter Flächen. Bei Grenzkonflikten geht es also nicht um Grenzen. Gestritten wird stattdessen um Überzeugungen, Ideen, Regeln und Machtstrukturen. Diese Grenzen sind unsichtbar. Man erkennt sie daran, dass diesseits und jenseits einer unsichtbaren Linie die Landschaft anders aussieht.

Nur in wenigen Fällen sind diese Grenzen in Form von Grenzanlagen greifbar. Die chinesische Mauer ist auch heute noch aus dem Weltall zu erkennen, wohingegen vom Limes kaum mehr übrig geblieben als ein kleiner Erdwall oder eine Ansammlung von Steinen. Sie schaffen Fakten, weil sie existieren und das Verhalten der Menschen beeinflussen. Auch wenn man sie nicht sieht, so lassen sie sich doch an ihren Wirkungen erkennen.

Die Staatsgrenzen in Europa haben sich aus dem Zerfall des Reichs Karls des Großen entwickelt und spiegeln heute die Ergebnisse eines Machtgerangels zwischen weltlichen und kirchlichen Mächten und dem Diktat von Siegernächten wider.

Bundesländer wie Nordrhein-Westfalen, Rheinland-Pfalz und Baden-Württemberg nennen sich zwar Länder, aber die Landsmannschaften, gleichgültig ob sie in Politik oder in Sportverbänden wirksam sind, haben eine ganz andere Auffassung darüber, was dazu gehört und was nicht.

In Afrika zeigen die wie mit einem Lineal gezogenen Staatsgrenzen als Verhandlungsergebnis der ehemaligen Kolonialmächte die Willkürlichkeit solcher Abgrenzungen. Das Ergebnis sind Krieg und Unruhen, weil zusammengeworfen, was sich nicht zusammengehörig fühlt, und getrennt wurde, was zueinander will.

4 Grenzen auf Widerruf

Zu diesen leicht flüchtigen Grenzen gehören künstliche Raster, aber auch Einzugsgebiete von Bussen und Bahnen, von Innovationen und Ideen oder von Bächen und Flüssen. Diese ad hoc-Grenzen werden gebraucht, um räumliche Informationen problemorientiert zu sortieren.

Hydrologen folgen gedanklich dem Weg eines Wassertropfens bis er den nächsten Bach erreicht. Jeder Punkt einer Fläche, der seine Wassertropfen zu seinem Vorfluter schickt, gehört dazu. Alle anderen Punkte nicht. Kleine Einzugsgebiete lassen sich dabei leicht zu größeren zusammenfassen. Die Grenzen zwischen Niederschlagseinzugsgebieten sind gedankliche Linien, die die höchsten Punkte einer Landschaft miteinander verbinden. In Mittelgebirgslandschaften können diese Linien auch von Laien leicht gefunden werden. Aber obwohl die Grenze eines Einzugsgebietes in der Natur nachvollzogen werden kann, handelt es sich doch um eine künstliche Festlegung. Die Betrachtung unterirdischer Einzugsgebiete als Korrektiv zeigt bereits, wie anfällig dieses Konzept ist.

Was all diesen Grenzen gemeinsam ist, sind zwei Aspekte. Zum einen trennen sie

Raumeinheiten voneinander ab und zum anderen schaffen sie Nachbarn. Das ist von einer ausgesprochen hohen wissenschaftlichen und praktischen Relevanz.

Zunächst einmal legt die gewählte Größe einer Raumeinheit den Betrachtungsmaßstab und damit auch erste Kriterien für eine Raumbewertung fest. Der Betrachtungsmaßstab wiederum bestimmt, welche Prozesse als relevant zu betrachten sind. So wenig wie sich aus der Atomphysik biochemische Reaktionen verstehen lassen, und mit biochemischen Reaktionen der Flug eines Schmetterlings verstanden werden kann, so wenig lässt sich die Hochwasserentstehung in kleinen Einzugsgebieten auf große Flüsse übertragen. Die Frage des geeigneten räumlichen Maßstabes ist oftmals auch eine Frage nach dem funktionalen Maßstab.

Lokal entscheidet oft noch die Wasseraufnahmefähigkeit eines Bodens über die Höhe einer Hochwasserwelle. In Flüssen wie Rhein oder Mosel ist es viel wichtiger, die Prozesse zu kennen, die im Gerinne ablaufen. „Wann treffen welche Wellen zusammen, wie überlagern sie sich und steilen sie sich weiter auf oder flachen sie sich ab?" sind Fragen, die neben der Kenntnis über den Niederschlag für die Vorhersage von Hochwässern entscheidend sind. Die Maßstabsproblematik ist ein Dauerbrenner der empirischen Forschung und eng mit dem Thema der Grenzziehung verknüpft.

Wenn wir Grenzen ziehen oder Rasterflächen schaffen, ohne über die Grenzen nachzudenken, dann entscheiden wir uns automatisch auch für eine Maßstabsebene, die dann ebenfalls gewählt wurde ohne nachzudenken. Dadurch besteht immer die Gefahr, dass die Maßstabsebene dem Problem nicht angemessen ist. Sicherer ist der umgekehrte Weg. Zunächst wird die Maßstabsebene in Abhängigkeit vom Problem gewählt und dann ein Raster gesetzt, das der Maßstabebene entspricht. Die Rolle des Maßstabs in Raum, Zeit und Prozessabläufen und die Evaluation von Raumteilen, Zeitabschnitten und Prozessen sind ständige Forschungsfelder in allen Geowissenschaften, und immer wieder wird dabei die künstliche Grenzziehung als Forschungswerkzeug eingesetzt.

Während die Zusammenhänge zwischen Maßstab, Bewertung und Raster noch zum Teil recht gut im Bewusstsein sind, ist ein anderes Thema weitgehend ausgeblendet. Jede Grenze schafft Nachbarn. Das ist trivial und bekannt. Was es aber bedeutet, ist nur in wenigen Arbeiten untersucht. Vom Schachbrett ist bekannt, dass es Nachbarn gibt, die durch eine gemeinsame Kante oder durch einen gemeinsamen Eckpunkt oder durch beides definiert sind, je nachdem, ob Turm, Läufer oder Dame bewegt werden. Die Mittelpunkte der Nachbarflächen sind aber nicht alle gleich weit von der Startfläche entfernt. Ältere Computerspiele haben das Problem dadurch gelöst, dass sie die Quadrate durch gleichseitige Sechsecke ersetzt haben. Gleichgültig welche Form einer Raumeinheit und welche Nachbarschaftsdefinition gewählt werden, bei räumlich orientierten Bewegungen wird der Kreis von 360 Grad durch vier, sechs oder acht Raumklassen ersetzt.

Das ist ein gewaltiger Verlust an Information. Der Wissenschaftler muss sich also darüber klar sein, dass die Wahl seines Rasters sein Ergebnis nicht nur über den Maßstab, sondern auch über die Nachbarschaftsbeziehungen enorm beeinflussen kann. In der Regel verfügt er über keine raumbezogene Hypothese und erst recht über keine Theorie, die ihm Kriterien für die Wahl der Raumeinheiten und ihre Orientierung im Raum liefert. Diese Unkenntnis setzt sich bei den Modellen fort. Es ist leicht, Übereinstimmung zu erzielen, dass Blockmodelle (lumped systems) zu einfach sind und die räumliche Variation nicht berücksichtigen. Also fällt die Wahl auf einen raumvarianten Modellansatz. So weit so gut.

Es werden Untereinheiten gewählt und mit GIS Informationen verteilt. Und dann kommt der Bruch. Jede räumliche Untereinheit hat Grenzen zu anderen Untereinheiten. Was geschieht an diesen Grenzen? Wir Hydrologen haben es da noch einigermaßen einfach. Da Wasser nur selten bergauf fließt, kann man annehmen, dass es von einer Fläche in die nächst tiefer gelegene fließt. Doch so einfach ist das auch nicht. Es kann unter Druck durchaus bergauf fließen und es kann auch unter einer Untereinheit unten drunter durchfließen.

Worauf ich hinaus will, ist eine ganz einfache Erkenntnis. Was nutzt mir ein flächendifferenziertes Modell, wenn ich keine Vorstellung darüber habe, wie die Nachbarschaftsbeziehungen aussehen und was an den Grenzen von einer Fläche zur anderen passiert.

5 Katastrophen halten sich nicht an Grenzen

Während Wissenschaftler durch die Wahl ihrer Raumeinheiten Fakten schaffen, diese Fakten aber durch die Wahl eines neuen Rasters jederzeit wieder rückgängig machen können, liegen Verwaltungs- oder Staatsgrenzen fest. Hier geht es vor allem darum, einen Weg zu finden über die Grenzen hinaus effizient handeln zu können.

Naturkatastrophen kümmern sich wenig um Grenzen. Wenn Wirbelstürme über das Land ziehen, machen sie erst Halt, wenn ihre Energie nicht mehr ausreicht. Seebeben und Tsunamis stoppen zwar an den Küsten, reichen aber trotzdem weit in das Landesinnere hinein. Erdbeben und Vulkanismus haben eine punktförmige Quelle und kümmern sich ebenso wenig um Grenzen wie Feuerbrünste. Nur Hochwässer orientieren sich zunächst einmal an den Transportbahnen der Flussbetten.

Die Grenzen kommen aus der Welt der Gegenmaßnahmen. Was zu Konflikten führt ist ein Wechsel von Regeln und Zuständigkeiten. Nur im äußersten Notfall werden diese einmal außer Kraft gesetzt. Langfristig muss ein Weg gefunden werden, mit grenzüberschreitenden Problemen umzugehen. Das übergeordnete Lehrbuchbeispiel für Zusammenarbeit und Konflikt ist aber nicht die Katastrophe, auf die ad hoc reagiert werden muss, sondern das klassische Oberlieger-Unterlieger Problem. Dabei geht es einfach nur darum, dass der Oberlieger an einem Fluss das Wasser in einer Art und Weise nutzt, die dem Unterlieger Nachteile beschert. Der Oberlieger kann zu viel Wasser verbrauchen, das Wasser verschmutzen oder die Fließeigenschaften verändern.

So lange ein bedeutender Fluss die Grenzen eines Nationalstaates nicht verlässt, kann ein Bewirtschaftungsplan oder ein Einzugsmanagementsystem die Nutzung regeln. Schwieriger wird es, wenn der Fluss Staatengrenzen quert. Es müssen neue gemeinsame Regeln entwickelt werden. Ist das unmöglich, bleibt nur noch der Krieg als letzter Ausweg.

Indien und Pakistan hatten einen jahrelangen Streit am Indus. Die größten Schwierigkeiten entstanden durch hohe Wasserstände im Unterlauf gekoppelt mit Versalzungsproblemen, die eine sehr kostspielige Entwässerung nötig machten. Voraussetzung für jede technische Lösung war eine neue sinnvollere Wassernutzung im Oberlauf.

Wasserrechte entwickeln sich historisch aus lokalen Bedürfnissen. In Deutschland gibt es immer noch alte Mühlenrechte, die eine sinnvolle Gewässernutzung erschweren. Der Staat sammelt diese alten Rechte dadurch ein, dass alte Rechte an ihn zurückfallen, wenn sie nicht genutzt werden. Das kann sehr lange dauern. Am Indus wurden 1960 alle Wasserrechte in einem Schlag annulliert und in einem Vertrag neu verteilt. Das war nur möglich durch die Einbeziehung einer dritten mächtigen Partei. In diesem Fall handelte es sich um die International Bank of Reconstruction and Development. Ihre

Macht lag in ihrer finanziellen Unterstützung des Projektes. Heute verstehen sich Indien und Pakistan immer noch nicht, aber aus dem Indusproblem ist der größte Teil der Schärfe herausgenommen worden.

Harmlos erschien dagegen die Regelung der Wasserverteilung im Colorado River. Der Colorado besteht aus einem oberen und einem unteren Einzugsgebiet, an dem die sieben Staaten Arizona, Kalifornien, Utah, Nevada, Wyoming, Colorado und Neu Mexiko beteiligt sind. Bereits 1922 wurde das Wasser in gleiche Nutzungsrechte von je 9,2 km^3 für das obere und untere Einzugsgebiet aufgeteilt. Der Grenzpunkt ist Lees Ferry etwas südlich der Staatsgrenze zwischen Utah und Arizona. Diese Aufteilung ist aber nur dann gültig, wenn genügend Wasser vorhanden ist, und beinhaltet keine Garantie auf Lieferung.

Von besonderer Brisanz ist, dass sich das untere Einzugsgebiet früher entwickelt hat als das obere. Überschusswasser, das im oberen Teil des Einzugsgebietes nicht genutzt wurde, floss daher dem Unterlauf zu und wurde dort genutzt. Mit Zunahme der Produktivität im Norden wurde das Wasser flussabwärts immer knapper und salzhaltiger. Da die vorwiegende Landnutzung Bewässerungsfeldbau war, trafen Salzgehalt und Wasserknappheit die Unterlieger gleich doppelt.

Die Unstimmigkeiten waren durch diesen ersten Vertrag nicht beendet. Es gab vor allem ständig Streit zwischen den Unterliegern Kalifornien und Arizona. Kalifornien begann 1934 einen Damm unterhalb vom Boulder Canyon anzulegen. Arizona verhinderte das mit seinen Truppen, und Amerika stand erneut kurz vor einem Bürgerkrieg. Erst 1964 schlichtete der Oberste Gerichtshof die meisten der bekannten Streitpunkte.

Mit der Zunahme von Bewässerungsprojekten trat dann die Katastrophe ein. Durch das Wellton-Mohawk Bewässerungsprojekt gelang zu viel Wasser in den Untergrund und löste dort unterirdische Salzdome an. Um dieses Salzwasser abzuleiten finanzierte das Projekt eine Reihe von Entwässerungsbrunnen, die für den nötigen Rückfluss des Bewässerungswassers sorgten. Das führte zu enormen Problemen mit Mexiko, und die anschließenden Verhandlungen haben die USA viel Geld gekostet.

Das Beispiel des Colorado zeigt, dass bei einem Interessenausgleich zwischen Staaten, bei dem es nie um Individuen, sondern um große Interessengruppen innerhalb festgesetzter Grenzen geht, immer mehrere Aspekte gleichzeitig betrachtet werden müssen. Wasservolumen und Salzgehalt mussten nun ständig überwacht werden. Die eingeleiteten Gegenmaßnahmen zur Reduzierung des Wasserverbrauchs und der Einleitung von Salzfrachten benötigen ein Regelwerk, das sich bis zu den Managementpraxen auf der Ebene einzelner Farmen durchschlägt mit direkten Auswirkungen auf die landwirtschaftliche Produktion sowohl unter betriebswirtschaftlichen wie auch unter volkswirtschaftlichen Aspekten. Bei diesen Veränderungen handelt es sich nicht um Kleinigkeiten.

Im Falle des Colorado und des Indus sind die Schwierigkeiten gelöst. In anderen Teilen der Welt werden sie noch nicht einmal richtig erkannt. Die Drohung der wirtschaftlich und technisch überlegenen Türkei, im Bergland mehr Stauseen für eine stärkere Nutzung der Wasserkraft zu bauen, hat bei den Irakern zu Protesten geführt, die sich durchaus zu einer bewaffneten Auseinandersetzung hätte steigern können. Der Irak ist der Unterlieger und auf das Wasser angewiesen.

Umgekehrt verhält sich die Situation am Nil. Ägypten nutzt den Nil seit Urzeiten für die Bewässerung und als Trinkwasserreservoir. Mit dem Energiegewinn aus dem Assuan-Staudamm konnte die Industrialisierung vorangetrieben werden. Auch für den

Sudan gibt es seit vielen Jahren Pläne, den Nil effizienter zu nutzen. Aber im Sudan herrschen Unruhen, die verhindern, dass dieses Land sich entwickelt. Sollte nur ein einziger dieser Stauseen gebaut werden, stimmt die gesamte Wasserbilanz des Assuan-Stausees nicht mehr. Aber wer will dem Sudan nicht zugestehen, was Ägypten zugestanden worden ist.

6 Fazit

Das Thema Raumgrenzen gehört nicht den Geowissenschaften allein. Der Umgang mit ihnen ist ein grundsätzliches Element menschlichen Verhaltens, und die Grenze als Strukturelement steuert viele wichtige Prozesse. Das ist alles trivial und altbekannt. Als übergeordnetes Forschungsfeld wurde dieses Thema aber bisher noch nicht entdeckt.

Das erinnert an eine Erfolgsgeschichte der Physik. Dort wurde vor einigen Jahrhunderten damit begonnen, kritische Zustände zu untersuchen. Heute finden wir kritische Zustände bei Magneten ebenso wie bei Schmelzprozessen, in der Chemie, wie bei Katastrophen, in der Evolution, der Ökologie und der Ökonomie. Ich glaube, dass ein Geographentag das geeignete Forum ist, einmal aus den Fachgrenzen herauszuschauen. Sie existieren ohnehin nur im Kopfe.

Der Nachhaltigkeitsdiskurs in globaler Sicht

Stefan Schmitz (Bonn)

1 Globale Herausforderungen im 21. Jahrhundert

Die internationale Politik steht zweifellos vor immensen Herausforderungen. Da sind einerseits Armut, wachsende Entwicklungsunterschiede und wachsende soziale Disparitäten. Mehr als 1,2 Milliarden Menschen leben unterhalb eines Existenzminimums von weniger als einem Dollar pro Tag. Krieg und Terror, Flüchtlingselend und Seuchen sind beängstigende Folgen dieser absoluten Armut. Da sind andererseits globale Erwärmung und Degradation der Ökosysteme. Globale Umweltprobleme sind zwar überwiegend eine Folge ressourcenintensiver Wirtschafts- und Lebensweise in den Industriestaaten, werden aber zunehmend auch durch armutsbedingten Raubbau in vielen Südländern und durch das rasche Wirtschaftswachstum in einigen großen Entwicklungs- und Schwellenländern hervorgerufen

Die Komplexität und Interdependenz der „großen Probleme" wird heute deutlicher denn je wahrgenommen. Nahezu jedes Politikfeld besitzt zu Beginn des 21. Jahrhunderts grenzüberschreitende oder globale Dimensionen. Die Grenzen zwischen Innen- und Außenpolitik werden fließend. Die Welt ist durch eine immer stärkere Vernetzung, wechselseitige Verwundbarkeiten, grenzüberschreitende Problemlagen sowie geteilte Souveränitäten charakterisiert (MESSNER 2001). RISCHARD (2002) identifiziert 20 große, brennende globale Probleme, die möglichst vor Ablauf der nächsten 20 Jahre gelöst werden müssen, und das um so dringender als die Weltbevölkerung auf dem bereits heute überstrapazierten Planeten weiterhin deutlich wächst und die Weltwirtschaft sich mit weitreichenden Konsequenzen grundlegend wandelt.

Die Weltgemeinschaft wird die Herausforderungen nur meistern, wenn es ihr politisch gelingt, die Risiken der Globalisierung einzudämmen und ihre Chancen für die Bewältigung der großen Zukunftsaufgaben zu nutzen. Die Welt ist in der Zeit der Globalisierung auf eine gemeinschaftliche Sicherung der globalen öffentlichen Güter angewiesen (KAUL et al. 1999). Hierzu zählen vor allem Frieden und Sicherheit, Gleichheit und Gerechtigkeit, Umwelt, Gesundheit und Kulturerbe, aber auch der Zugang zu Wissen und Information.

2 Beispiellose Aufholjagd einiger Länder

Lange Zeit wurde der Nachhaltigkeitsdiskurs vor dem Hintergrund einer global extrem ungleich verteilten Ressourcennutzung geführt. Einem relativ kleinen Teil der Erdbevölkerung mit weit überdurchschnittlicher Inanspruchnahme der Natur und ihrer Leistungen stand die große Mehrheit gegenüber, deren Naturkonsum nur eine marginale Größe darstellte. Zentraler Bestandteil dieses Nachhaltigkeitsdiskurses war daher schon lange die Überzeugung, dass die Lebens- und Wirtschaftsmodelle der wohlhabenden Minderheit dieses Planeten nicht auf die gesamte Erdbevölkerung übertragbar sind, ohne dass das Ökosystem Erde innerhalb kürzester Zeit kollabieren würde. „Wenn erst jeder Chinese ein Auto fährt, ist die Erde nicht mehr zu retten." – Dies war bis vor wenigen Jahren noch eine Schreckensvision, die unendlich weit entfernt schien. Derweil verschwendeten die reichen Länder des Nordens reichlich Naturressourcen, aber wenige Gedanken daran, durch Änderung ihrer Technologien, ihrer Lebensstile und ihrer Verbrauchsgewohnheiten den Naturverbrauch so zu reduzieren, dass die Rohstoffe und Leistungen der Biosphäre auch den Armen dieser Welt für ihre Entwicklung zur Verfügung stehen – und das ohne Ökosystem-Kollaps. Die viel zitierten „Grenzen des Wachstums" waren eher eine akademische Fiktion, die hoffentlich nie erreicht werden würden.

Nun aber kommt innerhalb kurzer Zeit viel in Bewegung. Im Jahr 2001 gab es in China, dem mit 1,3 Milliarden Menschen bevölkerungsreichsten Land der Erde, gerade einmal fünf Millionen Pkw – nicht mehr als im Großraum Los Angeles mit seinen ca. 15,5 Millionen Einwohnern. Doch seit 2002 wächst der chinesische Automobilmarkt mit atemberaubender Geschwindigkeit. Hintergrund sind das anhaltend hohe Wirtschaftswachstum, eine entstehende urbane Mittelschicht und die mit dem Beitritt zur World Trade Organisation (WTO) einhergehenden fallenden Fahrzeugpreise. Nachdem 2002 erstmalig über eine Million Pkw in China verkauft wurden, stieg der Absatz 2003 sogar um 69 Prozent auf über zwei Millionen Neuwagen (vgl. MARZ/WEIDER 2004, 29). Der Fahrzeugbestand in Städten wie Shanghai wächst jährlich um über 80 Prozent. Schon in den nächsten Jahren wird China Deutschland als drittgrößten Automobilmarkt der Welt – nach den USA und Japan – abgelöst haben (ebd.).

China steht nicht allein, sondern sticht lediglich aufgrund seiner immensen Größe und Bevölkerungszahl aus einer Gruppe von Staaten hervor. Als „neue Verbraucherländer" gelten nach MYERS und KENT (2004, vgl. WUPPERTAL INSTITUT 2005) folgende 20 Schwellenländer, die mehr als 20 Millionen Einwohner zählen und damit über eine Größe verfügen, die den Aufstieg ihrer Verbraucher global bedeutsam werden lässt: Argentinien, Brasilien, China, Indien, Indonesien, Iran, Kolumbien, Malaysia, Mexiko, Pakistan, Philippinen, Polen, Russland, Saudi-Arabien, Südafrika, Südkorea, Thailand, Türkei, Ukraine, Venezuela. Mittel- und langfristige Prognosen (GOLDMAN/SACHS 2003, DEUTSCHE BANK RESEARCH 2005) gehen davon aus, dass der derzeitige Wachstumstrend in einer Reihe der genannten Länder anhalten wird, insbesondere in Indien und China, aber beispielsweise auch in Brasilien, Russland, Thailand und der Türkei. Angesichts überdurchschnittlicher Produktivitätszuwächse werden die zu erwartenden Wachstumsraten der Wirtschaft nur noch zu einem geringen Teil durch das Bevölkerungswachstum erklärt. Da gleichzeitig wegen geringerer Produktivitätszuwächse und des rapiden demographischen Wandels die Wachstumsaussichten in den meisten OECD-Ländern bescheidener sind, werden sich die ökonomischen Gewichte von den traditionellen Kernräumen der Weltwirtschaft hin zu den neuen Wachstumsmotoren verschieben. Diese neuen Wachstumszentren dominieren zunehmend die internationale Arbeitsteilung und sind besonders in der Leichtindustrie stark. Einzelne Länder holen zudem in Sachen technologischer Kompetenz rasch auf. Das gilt etwa für Indien auf dem Gebiet der Informations- und Kommunikationsdienstleistungen oder für Brasilien auf dem Feld der Biotechnologie (vgl. STAMM/ALTENBURG 2005).

Die anhaltende weltweite Wachstumsdynamik hat – unter den Rahmenbedingungen der herrschenden Produktions- und Konsummuster – erhebliche Auswirkungen auf die globale Ökologie. Es sind vor allem drei Klassen von Verbrauchsgütern, die den Energieverbrauch, den Material- und Wasserverbrauch sowie die Flächenverbrauch in die Höhe treiben: Neben den genannten Kraftfahrzeugen sind es Elektrogeräte und der Fleischverbrauch. Der wachsende Fleischkonsum macht die weit reichenden Wirkungen exemplarisch deutlich: „Fleischproduktion aus Tiermast erfordert in der Regel Getreide, und Getreide erfordert Ackerfläche und Wasser. Allein von 1990 bis 2000 nahm die Menge des an Vieh verfütterten Getreides in China um 31 Prozent, in Malaysia um 52 und in Indonesien um 63 Prozent zu. Der Wasserverbrauch für die Bewässerung der bei der Tiermast eingesetzten Getreidesorten zehrt an den Oberflächengewässern und am Grundwasser; um eine Tonne Getreide zu produzieren, sind bis zu 1000 Tonnen Wasser und für eine Tonne Rindfleisch wiederum 16 000 Tonnen Wasser erforderlich" (WUPPERTAL INSTITUT 2005, 86 f.; vgl. MYERS/KENT 2004, HOEKSTRA 2003).

Man kann vielleicht spektakuläre Ereignisse wie den Hurrikan „Katrina" als Menetekel eines dramatischen Wandels interpretieren. Gewiss ist aber, dass ebenso, wie ein „stiller Tsunami" sich tagtäglich über die Welt ergießt und Tausende an Hunger und Krankheit sterben lässt, es die stillen Naturkatastrophen sind, die jeden Tag – durch den Menschen verursacht und fast unbemerkt – zur schleichenden Destabilisierung der Biosphäre beitragen: die Ausdehnung der Wüsten, der Verlust von fruchtbarem Ackerland, das Versiegen von Wasserquellen, das Überfischen der Ozeane, das Aussterben von Tier- und Pflanzenarten. Ein Versuch, die Übernutzung der Biosphäre mit einem einzigen globalen Indikator zu erfassen, ist der „ökologische Fußabdruck" (WACKERNAGEL/REES 1997) Er beschreibt die Gesamtfläche, die ein Land benötigt, um seine Infrastruktur zu errichten, Nahrung, Güter und Dienstleistungen zu erzeugen und die Hinterlassenschaften menschlichen Lebens und Wirtschaftens (Abfälle, Abwässer, Emissionen) zu absorbieren. Der ökologische Fußabdruck der Menschheit, d.h. also die Umrechnung und Aufsummierung aller Belastungen der Biosphäre in eine Flächengröße, war im Jahr 2001 zweieinhalbmal größer als im Jahr 1961. Seit Mitte der 1970er Jahre übertrifft er die biologisch produktive Fläche an Größe, derzeit um etwa 20 Prozent (vgl. WWF 2004, WUPPERTAL INSTITUT 2005). „Diese Überforderung greift fortdauernd das Naturkapital der Erde an und ist deshalb nur für eine begrenzte Zeit möglich" (WUPPERTAL INSTITUT 2005, 36). Immer mehr Menschen teilen sich einen immer kleiner und ökologisch ärmer werdenden Planeten.

3 Zunehmende Polarisierung, zunehmender Kampf um Ressourcen

Der „Club der Wohlhabenden" wird größer. Dennoch hat sich die jahrzehntelang gehegte Hoffnung, durch „nachholende Entwicklung" und durch zunehmende Integration in die Weltwirtschaft die Fesseln von Armut und Elend abstreifen zu können, bis heute nur für relativ wenige Länder – und in diesen wenigen Ländern längst nicht für alle Menschen – erfüllt. Weit über hundert Länder sind bislang geblieben, was sie immer waren: Weder Industrie- noch Schwellenländer, sondern schlicht Entwicklungsländer. Nach wie vor leben 1,1 Milliarden Menschen, d. h. knapp ein Fünftel der Menschheit, von weniger als einem US-Dollar pro Tag und damit in absoluter Armut. Unter die Armutsgrenze von zwei US-Dollar pro Tag fällt die Hälfte der Menschheit. Sie alle haben wenig Chancen, sich an gesellschaftlichen, ökonomischen und politischen Prozessen zu beteiligen (vgl. BMZ 2005).

Die wirtschaftliche Diskrepanz zwischen den Ländern ist gewachsen. Innerhalb der früher relativ homogenen Gruppe der Südländer vollzieht sich eine Polarisierung: Während einige den Anschluss an westlichen Wohlstand suchen und finden, drohen andere sogar zurückzufallen. „So hat die Globalisierungsepoche ein janusköpfiges Ergebnis hervorgebracht: Einerseits erlebten manche Länder ihren Anschluss an die globale Wachstumswirtschaft, andererseits aber auch viele Länder ihren Ausschluss von ihr. Deshalb ist es irreführend, umstandslos von der Integration in die Weltwirtschaft im Zuge der Globalisierung zu sprechen; in Wahrheit lässt sich ein Prozess der globalen Fragmentierung beobachten." (WUPPERTAL INSTITUT 2005, 25; vgl. MENZEL 1998, SCHOLZ 2002)

Wirtschaftliche Spaltung und soziale Polarisierung haben aber nicht nur zwischen Ländern, sondern auch innerhalb der Länder – und dort auch zwischen Regionen, Städten und Stadtquartieren – eher zu- als abgenommen. Flexibilisierung und Globalisierung unternehmerischer Aktivitäten, in erster Linie durch moderne Transport- und Kommunikationstechnik ermöglicht und vorangetrieben, ersetzen die interne Arbeitsteilung des Großbetriebs zunehmend durch eine externe Arbeitsteilung zwischen spezialisierten Betrieben. Hierdurch bilden sich weit gespannte Produktions- und Dienstleistungsnetzwerke mit punktuellen Knotenpunkten von kontinentaler, nationaler und regionaler Bedeutung (vgl. SCHMITZ 2001). In einer solchen Welt liegen solche Orte, die in diese Ökonomie eingebunden sind und von ihr profitieren, eng neben solchen Orten, an denen diese Entwicklung vorbeiläuft oder auf die deren negativen Begleiterscheinungen abgewälzt werden. Leuchtende Hochhausfassaden und moderne Produktionsstätten wenige hundert Meter vom nächsten Großstadtslum, aufstrebende Städte inmitten von Regionen bitterer ländlicher Armut: ein zunehmend vertrautes Bild in vielen Teilen der Erde.

Nun droht der verstärkte Kampf um natürliche Ressourcen und um die unentgeltlichen Dienstleistungen der Umwelt die Ungleichheit auf der Welt, für die es viele Ursachen gibt, weiter zu verschärfen und die Kluft zwischen Arm und Reich zu vergrößern. Konflikte um Ressourcen drohen zuzunehmen – wahrscheinlich nicht nur um knapper werdendes Öl, sondern auch um Wasser und fruchtbares Land. Nicht nur ökologischer sondern auch sozialer Dauerstress ist die Gefahr, auf die sich die Welt zubewegt, wenn nicht die Ursachen dieser Zuspitzung angegangen werden.

4 Nachhaltige Entwicklung: Gerechtigkeit und sichere Zukunft

Armut und Mangel an Lebensgrundlagen bedeuten menschliches Leid und führen zu sozialen Unruhen und politischer Destabilisierung. Armuts- und Umweltflüchtlinge vor der Toren der reichen Länder lassen auch diese die Kehrseite einer Globalisierung spüren, die zwar große Chancen bietet, von der bisher zu viele Menschen aber nur die Schattenseiten erleben durften, weil ihre Erzeugnisse noch nicht wettbewerbsfähig sind, der Handel durch Subventionen verzerrt wird oder weil sie ihre Produkte durch Behinderung des Marktzugangs nicht exportieren können (vgl. BMZ 2005). Armut und Mangel an Lebensgrundlagen sind eine unmittelbare Bedrohung der internationalen Sicherheit. Daher sind der Abbau der Kluft zwischen Arm und Reich und die Gewährleistung eines fairen Zugangs zu den Grundlagen von Wohlstand und Entwicklung ein Gebot der Gerechtigkeit, der politischen Verantwortung und des gemeinsamen Interesses an einer sicheren Zukunft.

Nachhaltige Entwicklung heißt also nicht nur: unseren Kindern und Enkelkindern ein intaktes ökologisches, soziales und ökonomisches Gefüge zu hinterlassen. Es heißt auch: den Entwicklungsländern nicht die Chance auf ein intaktes ökologisches, soziales und ökonomisches Gefüge vorzuenthalten. Es geht also nicht nur um inter-generative Gerechtigkeit, sondern auch um Nord-Süd-Gerechtigkeit. Egoismus ist zu überwinden nicht nur gegenüber nachfolgenden Generationen, sondern auch gegenüber Mitmenschen in anderen Teilen der Welt.

Nachhaltige Entwicklung in diesem umfassenden Sinn ist eine gemeinsame Aufgabe von Nord und Süd. Die so genannten Millenniums-Entwicklungsziele konkretisieren diese Gemeinschaftsaufgabe. Die insgesamt acht Entwicklungsziele (Tab. 1) wurden aus der Millenniumserklärung der Vereinten Nationen abgeleitet, die im September 2000 von den 189 Mitgliedstaaten verabschiedet wurde. Sie bekannten sich dazu, gemeinsam sicherzustellen, dass Globalisierung zu einer positiven Kraft für alle Menschen dieser Welt wird, und verpflichteten sich alles daran zu setzen, das Recht auf Entwicklung zu verwirklichen, die extreme Armut zu beseitigen, den Umgang mit der Natur nachhaltig zu gestalten, die Demokratie zu fördern, die Rechtsstaatlichkeit und die international anerkannten Menschenrechte zu stärken, den Frieden zu wahren und damit die Welt sicherer zu machen. In der Folge wurden die acht Entwicklungsziele insbesondere durch die Konferenzen von Doha 2001 (Welthandel), Monterrey 2002 (Entwicklungsfinanzierung) und Johannesburg 2002 (Umwelt und Entwicklung) spezifiziert und gefestigt. Sie werden durch 18 Teilzeile konkretisiert und anhand von 48 Indikatoren messbar gemacht.

Die Millenniums-Entwicklungsziele stellen heute den wichtigsten Referenzrahmen für die internationale Entwicklungspolitik dar. Sie weisen den Industrie- und den Entwicklungsländern differenzierte Verantwortlichkeiten zu. Entwicklungsaufgaben wie die Beseitigung des Hungers, Verwirklichung allgemeiner Primarschulbildung, Stärkung der Frauen, Senkung der Mütter- und Kindersterblichkeit, Bekämpfung von HIV/AIDS (Ziele 1–6) liegen hauptsächlich in der Eigenverantwortung der Entwicklungsländer.

Tab. 1: Millenniums-Entwicklungsziele (nach BMZ 2005)

1. Beseitigung der extremen Armut und des Hungers
   (Halbierung des extrem armen und hungernden Bevölkerungsteils bis 2015)
2. Verwirklichung der allgemeinen Primarschulbildung
3. Förderung der Gleichstellung der Geschlechter und Stärkung der Frauen
   (in der Grundbildung bis 2005, in der höheren Bildung bis 2015)
4. Senkung der Kindersterblichkeitsrate (um zwei Drittel bis 2015)
5. Verbesserung der Gesundheit von Müttern
   (Senkung der Müttersterblichkeitsrate um drei Viertel bis 2015)
6. Bekämpfung von HIV/AIDS, Malaria und anderen Krankheiten
   (Stillstand der Ausbreitung der Krankheiten bis 2015 und allmähliche Umkehr)
7. Sicherung der ökologischen Nachhaltigkeit
   (unter anderem Konzeption nachhaltiger Politiken und Umkehr der Verluste von Umweltressourcen, Halbierung des Anteils der Menschen ohne nachhaltigen Zugang zu Trinkwasser und sanitärer Versorgung bis 2015)
8. Aufbau einer weltweiten Entwicklungspartnerschaft (unter anderem Entwicklung eines offenen und regelgestützten Welthandels- und -finanzsystems, Berücksichtigung der Bedürfnisse der am wenigsten entwickelten Länder, Sicherstellung der Mittel zur Entwicklungsfinanzierung und Erreichung einer nachhaltigen Schuldentragfähigkeit in den Entwicklungsländern

Jedes Land trägt die Hauptverantwortung für die eigene wirtschaftliche und soziale Entwicklung, zu erreichen vor allem durch klare Entwicklungsstrategien, demokratisches Regierungshandeln und den Aufbau effizienter Institutionen. Die nationalen Entwicklungsbemühungen müssen jedoch auf förderliche internationale Rahmenbedingungen treffen. Daher liegt die Verantwortung der Industrieländer hauptsächlich darin, die Eigenanstrengungen des Südens etwa durch öffentliche Entwicklungszusammenarbeit, Schaffung nicht diskriminierender Handels- und Finanzsysteme und Schuldenerleichterungen zu unterstützen (Ziel 8).

Die Verantwortung für die „Sicherung der ökologischen Nachhaltigkeit" (Ziel 7) schließlich ist geteilt: Während etwa die Sicherung und Bereitstellung von sauberem Trinkwasser Aufgabe der einzelnen Länder ist, tragen die Industriestaaten die Hauptverantwortung für die Abwendung globaler Risiken wie etwa des Klimawandels. Jedoch müssen künftig auch aufstrebende Entwicklungsländer, die mit ihrem typischerweise ressourcenintensiven, aber nicht emissionseffizienten Wachstum zur globalen Belastung beitragen, in die Verantwortung für Klima- und Ressourcenschutz einbezogen und für neue Formen von internationaler Partnerschaft und Kooperation gewonnen werden (vgl. STAMM/ALTENBURG 2005)

Die Umsetzung des „kategorischen Imperativs" der nachhaltigen Entwicklung verlangt die Durchsetzung weltweit gleicher Rechte auf Gemeinschaftsgüter. Da das derzeitige Nutzungsniveau der Nordländer (und der aufstrebenden „neuen Verbrauchsländer") wegen der Begrenztheit der Ressourcen nicht verallgemeinerbar, d.h. auf alle Länder und alle Menschen übertragbar ist, und da den heutigen Armen für deren angemessene, selbstbestimmte Entwicklung ein gegenüber heute höherer Ressourcenverbrauch zugestanden werden muss, kann die Lösung nur in einer Reduzierung des insgesamt zu hohen Naturverbrauchs bei gleichzeitiger Konvergenz der Verbrauchs- und Emissionspfade des Nordens und des Südens auf Pro-Kopf-Werte gleicher Größenordnung liegen (vgl. MEYER 2000, SACHS 2002, HENRICH 2005). Die nur so dauerhaft mögliche Durchsetzung weltweit gleicher Rechte auf Gemeinschaftsgüter erfordert sowohl Fortentwicklung und entsprechende Anwendung von Technik als auch grundlegende Korrektur heutigen Lebens- und Verhaltensweisen. Verlangt Nachhaltigkeit die Beachtung von Ökonomie, Gesellschaft und Ökologie als deren gleichwertigen Zielkategorien, so bieten sich Effizienz, Konsistenz und Suffizienz als deren zentrale Strategieelemente an (vgl. HUBER 1995, 2000; LINZ 2004).

5 Beispiel: Globale Energieversorgung

Eine der wichtigsten Weichen für die globale Zukunft wird bei den weltweiten Energiesystemen gestellt. Hier wird das Konzept nachhaltiger Entwicklung auf die Probe gestellt, hier wird mitentschieden, ob das Versprechen globaler Gerechtigkeit eingelöst und gleichzeitig die dauerhafte Erhaltung der natürlichen Lebensgrundlagen realisiert werden kann. Die Erhöhung der Energieeffizienz und der Ausbau erneuerbarer Energien sind dringend erforderlich. Nur so ist es möglich, unabhängiger vom Öl zu werden, Klimagefahren abzuwenden und gleichzeitig den armen Ländern Entwicklungsperspektiven zu bieten.

Mehr als zwei Milliarden Menschen, ein Drittel der Erdbevölkerung, hat keinen Zugang zu moderner, sauberer Energie. Feuerholz und Pflanzenreste sind deren wichtigste Energiequelle. Sie sind von Kerzen oder Kerosinlampen zur Beleuchtung, von Batterien als Stromquelle, von Feuerholz und anderer Biomasse als Kochenergie abhängig.

Der Zugang zu Energie gehört – etwa neben Grundbildung, Basisgesundheitsversorgung und elementarer Verkehrsinfrastruktur – zu den Grundvoraussetzungen für die Verbesserung der Lebens- und Produktionsbedingungen. Energiezugang ist damit ein wichtiger Baustein für die Armutsbekämpfung. Die Zusammenhänge zwischen Armut und Energiearmut sind sehr vielschichtig. Vor allem ist Energie von zentraler Bedeutung für die wirtschaftliche Entwicklung. Mit Hilfe von Energie können Menschen ihre Arbeitskraft produktiver einsetzen und ihr Einkommen steigern. Kleine Unternehmen bekommen neue Produktions- und Verdienstmöglichkeiten. In der Landwirtschaft zum Beispiel ermöglicht der Einsatz von Energie Produktivitätssteigerungen und Einkommensverbesserungen durch Wasserpumpen, gekühlte Lagerung, Weiterverarbeitung und Transport zu den Märkten. Zugang zu Energie hat aber auch zahlreiche positive Wirkungen im Gesundheitsbereich. Moderne Energietechnik ermöglichen beispielsweise den Zugang zu besserer medizinischer Versorgung (z. B. durch Kühlung von Impfstoffen und Medikamenten), die Verringerung von starken Arbeitsbelastungen (z. B. Transport von Wasser und Brennholz), oder die Reduzierung der Innenraum-Luftbelastung durch Rauchentwicklung bei offenem Feuer. Die hierdurch verursachten akuten Atemwegserkrankungen zählen in den Entwicklungsländern zu den häufigsten Todesursachen.

Seit Beginn des Industriezeitalters nutzen die Länder des Nordens in großem Umfang fossile Energieträger für ihre Entwicklung. Die einhergehenden Belastungen für die Umwelt und die Risiken für das globale Klima sind allgemein bekannt. Der wirtschaftliche Aufholprozess in einer Reihe von Ländern auf Basis konventioneller Energietechnologien verschärft nun diese Probleme. Daher wird es immer drängender, erneuerbare Energien, die Möglichkeiten zur Erhöhung der Energieeffizienz sowie den intelligenteren und bescheideneren Umgang mit Energieressourcen in allen Teilen der Welt als Alternative zu fördern.

Bei der Nutzung der immensen Möglichkeiten erneuerbarer Energien steht die Welt noch ganz am Anfang. Die Förderung entsprechender Technologien („RE-Technologien") muss „im großem Stil" erfolgen, weil nur bei deutlich größeren Stückzahlen die Stückkosten so sinken werden, dass diese Technologien sich „nachhaltig" am Markt durchsetzen können, d.h. wirtschaftlich und erschwinglich werden. Eine solche Kostenreduzierung durch Massenproduktion lässt sich vor allem dann erzielen, wenn RE-Technologien den Strom in große Stromnetze einspeisen.

Die Hautverantwortung, die RE-Technologien zu entwickeln, liegt bei den Industrieländern. Sie müssen ihre Innovationskraft nutzen, diese Technologien zur Marktreife zu führen und deren Kosten zu senken. Nur so werden sie in Zukunft auch für arme Länder bezahlbar sein. Neben den unmittelbar wirksamen Kostennachteilen gibt es derzeit noch weitere Hemmnisse für die Verbreitung von RE-Technologien, die ebenfalls angegangen werden müssen. So müssen beispielsweise vorhandene (Zoll-)Barrieren für den grenzüberschreitenden Handel von RE-Technologien abgebaut werden. Außerdem bedürfen RE-Technologien einer erheblich größeren Standardisierung, um sich am Markt behaupten zu können. Schließlich müssen Kapazitäten für Vertrieb und Wartung von RE-Technologien erheblich ausgeweitet werden.

Bis erneuerbare Energien überall auf der Welt zur wichtigsten Energiequelle werden können, benötigen die Entwicklungsländer unsere Unterstützung, damit sie bereits heute die Vorteile ihres Einsatzes nutzen können. Die natürlichen Voraussetzungen für den Einsatz von RE-Technologien sind in vielen Entwicklungsländern günstig – man denke etwa an die Sonneneinstrahlung in den Wüstengebieten, das Windpotenzial in Küstenregionen und das Erdwärmepotenzial des ostafrikanischen Grabens. Außerdem eignen sich RE-Technologien in besonderer Weise zum Einsatz im dezentralen Betrieb. Gerade in armen ländlichen Gebieten, in denen der Aufbau eines Stromnetzes unwirtschaftlich ist, kann die Nutzung erneuerbarer Energien neue Perspektiven für die ländliche Bevölkerung bieten und einen wichtigen Beitrag zur Minderung der dortigen Armut leisten. Schließlich erhöht der Einsatz von RE-Technologien die Sicherheit der Energieversorgung und mindert die Abhängigkeit vom Import fossiler Brennstoffe. Derzeit wirken sich gerade für viele der ärmsten Länder ohne eigene fossile Energiequellen die Ölpreissteigerungen verheerend auf das Verschuldungsniveau aus, wodurch die positiven Wirkungen von Schuldenreduzierungen und Schuldenerlassen völlig kompensiert werden können.

6 Neue Formen internationaler Verständigung

Multilaterale Dialog- und Konsultationssysteme etwa im Rahmen der Vereinten Nationen gewinnen in einer komplexer werdenden Welt mit wachsenden globalen Problemen an Bedeutung. Aber bei allen ermutigenden Tendenzen – auf die Millenniumserklärung und die Millenniums-Entwicklungsziele wurde hingewiesen – muss eingestanden werden, dass die existierenden Instrumente und Mittel der Völkerverständigung und internationalen Zusammenarbeit bei der Entscheidungsfindung und bei der Umsetzung von Worten in Taten schwerfällig und nicht sehr effizient sind. Sie allein werden nicht in der Lage sein, die anstehenden Probleme zu lösen (vgl. RISCHARD 2002).

Erprobt werden derzeit daher neue, netzwerkartige Kooperationsformen transnationaler und regionaler Interessenverfolgung, die die traditionellen multilateralen Institutionen und Mechanismen flankieren und ergänzen sollen. Sie firmieren vor allem unter den Stichworten „Global Issues Networks" und „Global Public Policy Networks". Sie stellen neue Governance-Formen dar, in denen staatliche Akteure mit internationalen Organisationen, aber auch mit Unternehmen und nichtstaatlichen Organisationen kooperieren und durch breit angelegte Koalitionen Ansätze zu einer globalen Ordnungspolitik zu entwickeln versuchen. Die Global-Compact-Initiative der Vereinten Nationen ist ein solcher Versuch mit dem Ziel, eine Grundlage für einen strukturierten Dialog zwischen den VN, der Wirtschaft, den Arbeitnehmern und der Zivilgesellschaft über die Verbesserung unternehmerischen Handelns im sozialen Bereich zu legen. Die World Commission on Dams ist ein weiteres Beispiel für eine Netzwerk aus Nichtregierungsorganisationen, Wissenschaft, Wirtschaft und Politik. Die Kommission wurde 1998 ins Leben gerufen, um den Beitrag von Staudämmen zur nachhaltigen Entwicklung zu bewerten und Prinzipien und Verfahren für die Entscheidung über den Bau von Staudämmen zu entwickeln (vgl. EID 2001/2002).

Die Grenzen traditioneller multilateraler Systeme und Verfahren wurde jüngst beim Weltgipfel in Johannesburg wieder deutlich, wo besondern bei der Frage der künftigen globalen Energieversorgung die Verhandlungen in der multilateralen „Konsensfalle" festgefahren waren. Um die Blockade aufzubrechen, hatte die Bundesregierung dort eine internationale Konferenz für Erneuerbaren Energien angekündigt, die im Juni 2004 in Bonn stattfand. Diese Konferenz (renewables 2004) hat mit Erfolg auf die internationale Allianz der Engagierten, auf die Formulierung einer politischen Vision und auf einen auf Selbstverpflichtungen beruhenden Aktionsplan gesetzt. Sie hat mit dieser neuen Konferenzform einen Beitrag dazu geleistet, die bisherige Blockade in der Energiefrage aufzubrechen.

Die im Konsens angenommene politische Erklärung hebt den Beitrag erneuerbarer Energien zur nachhaltigen Entwicklung, für den Klimaschutz und zur Armutsbekämpfung hervor und unterstreicht die zunehmende Rolle erneuerbarer Energien im Energiemix. Zur Erreichung der Millenniumsziele bis zum Jahr 2015 sollen eine Milliarde Menschen mit Energie aus erneuerbaren Quellen versorgt werden. Ferner formuliert die politische Erklärung die Verpflichtung zur Gründung eines informellen Global Policy Networks: „Die Minister und Regierungsvertreter verpflichten sich, in einem ‚globalen Politiknetzwerk' mit Vertretern von Parlamenten, kommunalen und regionalen Behörden, Wissenschaft, Privatwirtschaft, internationalen Institutionen, internationalen Wirtschaftsverbänden Verbrauchern, Gruppen der bürgerlichen Gesellschaft, Frauenverbänden und mit den betreffenden Partnerschaften weltweit zusammenzuarbeiten" (vgl. auch BMU/BMZ 2004). Die Vorbereitungen zur Umsetzungen dieser Verpflichtung laufen derzeit.

Die ebenfalls verabschiedeten Politikempfehlungen enthalten Strategien und Optionen für den weiteren Ausbau erneuerbarer Energien. Wesentlicher Teil des Konferenzerfolgs ist das Internationale Aktionsprogramm mit verbindlich vereinbarten Aktionen und Verpflichtungen von Regierungen, den Vereinten Nationen und anderen internationalen Organisationen sowie von Vertreterinnen und Vertretern der Zivilgesellschaft, der Wirtschaft und anderer Beteiligter.

Literatur

BMU – Bundesministerium für Umwelt, Naturschutz und Reaktorsicherheit/BMZ – Bundesministerium für wirtschaftliche Zusammenarbeit und Entwicklung (Hrsg.) (2004): Conference report renewables 2004. Outcomes & Documentation – Political Declaration/International Action Programme/Policy Recommendations for Renewable Energies.

BMZ – Bundesministerium für wirtschaftliche Zusammenarbeit und Entwicklung (Hrsg.) (2005): Zwölfter Bericht zur Entwicklungspolitik der Bundesregierung. BMZ-Materialien, 131.

DEUTSCHE BANK RESEARCH (2005): Globale Wachstumszentren 2020. Formel-G für 34 Volkswirtschaften.

EID, U. (2001/2002): Globalisierung und Entwicklung. Neue Herausforderungen für die Entwicklungszusammenarbeit im Kontext internationaler Strukturpolitik. In: WeltTrends. Zeitschrift für internationale Politik und vergleichende Studien, (9)33, 30-33.

GOLDMAN & SACHS (2003): Dreaming the BRICs. The Path to 2050. Global Economics Paper, 99.

HENRICH, K. (2005): Plädoyer für ein globales K & K-Regime: Kontraktion und Konvergenz als nachhaltigkeitspolitische Leitbegriffe. In: Natur und Kultur, 6(2).

HOEKSTRA, A. Y. (2003): Virtual Water trade between Nations: A Global Mechanism affecting Regional Water Systems. IGBP Global Change News Letter, 54.

HUBER, J. (1995): Nachhaltige Entwicklung durch Suffizienz, Effizienz und Konsistenz. In: Fritz, P. et al. (Hrsg.): Nachhaltigkeit in naturwissenschaftlicher und sozialwissenschaftlicher Perspektive. Stuttgart, 31-46.

HUBER, J. (2000): Industrielle Ökologie. Über Konsistenz, Effizienz und Suffizienz. In: Kreibich, R./Simonis, U. E. (Hrsg.): Global Change – globaler Wandel. Ursachenkomplexe und Lösungsansätze. Berlin, 107-124.

KAUL, I./GRUNBERG, I/STERN, M. A. (Hrsg.) (1999): Globale öffentliche Güter. Internationale Zusammenarbeit im 21. Jahrhundert. New York, Oxford.

Linz, M. (2004): Weder Mangel noch Übermaß. Über Suffizienz und Suffizienzforschung. Wuppertal Papers, 145.

Marz, L./Weider, M. (2004): Zehn Jahre Zeit zu handeln. Chinas Motorisierung zwischen Klima-Kollaps und automobilem Quantensprung. In: WZB-Mitteilungen, 104, 29-32.

Menzel, U. (1998): Globalisierung versus Fragmentierung. Frankfurt a. M.

Messner, D. (2001): Globalisierungsanforderungen an Institutionen deutscher Außen- und Entwicklungspolitik. In: Aus Politik und Zeitgeschichte, B 18-19, 21-29.

Meyer, A. (2000): Contraction and Convergence. Dartington.

Myers, N./Kent, J. (2004): The New Consumers. The Influence of Affluence on the Environment. Washington D. C.

Rischard, J. F. (2002): High Noon. Twenty Global Problems, Twenty Years to Solve Them. New York.

Rischard, J. F. (2003): Countdown für eine bessere Welt. Lösungen für 20 globale Probleme. München, Wien.

Stamm, A./Altenburg, T. (2005): Ein Fuß in der Tür. In: E+Z Entwicklung und Zusammenarbeit, 46(10), 364-366.

Sachs, W. (2002): Von Rio nach Johannesburg. Wuppertal Papers, 119.

Schmitz, St. (2001): Revolutionen der Erreichbarkeit. Gesellschaft, Raum und Verkehr im Wandel. Stadtforschung aktuell, 83. Opladen.

Schmitz, St. (2005): Entwicklungspolitik als globale Struktur- und Friedenspolitik. In: Standort – Zeitschrift für Angewandte Geographie, 29(1), 15-20.

Scholz, F. (2002): Die Theorie der „fragmentierten Entwicklung". In: Geographische Rundschau, 54(10), 6-11.

Wackernagel, M./Rees, M. (1997): Unser ökologischer Fußabdruck. Wie der Mensch Einfluss auf die Umwelt nimmt. Basel.

Wuppertal Institut für Klima, Umwelt, Energie (Hrsg.) (2005): Fair Future. Begrenzte Ressourcen und globale Gerechtigkeit. München.

Leitthema A – Europa ohne Grenzen?

Sitzung 1: Konvergenz oder Divergenz in der Wirtschaft in Europa

Eike W. Schamp (Frankfurt/M.) und Walter Thomi (Halle)

Das „Projekt Europa" zielt nun schon seit nahezu fünfzig Jahren auf eine politische und gesellschaftliche Integration, deren Basis zu allererst in der Integration seiner Wirtschaft gesucht wird. Seine Legitimation bezieht es aus der politischen Alternative zu den seit mehr als zwei Jahrhunderten betriebenen kriegerischen Konflikten und (wirtschafts-)politischen Rivalitäten zwischen den europäischen Nationen. Im 19. und 20. Jahrhundert hatten sich auf nationalstaatlicher Basis jeweils unterschiedliche institutionelle Rahmenbedingungen und ökonomische sowie politische Machtstrukturen entwickelt, die möglichen Konvergenzprozessen der gesellschaftlichen und ökonomischen Entwicklung Europas lange Zeit entgegen standen. Erst in jüngerer Vergangenheit haben sich die Bedingungen für eine stärkere Integration radikal verändert. An erster Stelle ist sicher der Zusammenbruch der zentralstaatlich gesteuerten Ökonomien Osteuropas um die damalige Sowjetunion zu nennen, der eine politische und ökonomisch-regulative Neuordnung Europas ermöglichte. Ebenso bedeutsam sind jedoch auch die Integrationsschritte, die Europa bereits in der zweiten Hälfte des 20. Jahrhunderts unternahm: Die Montanunion (1951), die Europäische Wirtschaftsgemeinschaft (1957) und die Europäische Gemeinschaft bildeten wichtige Etappen auf dem Weg zu einem integrierten Wirtschafts- und Gesellschaftsraum in Europa. Die Erweiterungen nach 1957 schufen schrittweise ein Modell für ganz Europa. Eine neue Qualität in der Entwicklung wurde durch die Öffnung Osteuropas und die Bildung eines gemeinsamen Binnenmarktes (1992) sowie – später, und die EU-Mitglieder nur teilweise umfassend – die europäische Währungsgemeinschaft (1999) erreicht. Diese Schritte bewirkten nicht nur eine intensivierte Binnenintegration, sondern verbesserten auch Europas Position im neuen Gefüge der Weltwirtschaft.

Wenn hier nun von Europa gesprochen wird, dann ist immer der Teil des europäischen Kontinents gemeint, der aktuell in die Europäische Union eingebunden ist, wenngleich diese Integration inzwischen eine Attraktivität als „politisches Projekt" erzielt, die weit über die unmittelbaren EU-Nachbarn hinausgeht. Mit Prozessen der ökonomischen Integration in diesem Europa verbindet sich allgemein die Hoffnung auf Partizipation Aller an den Gewinnen der Integration. Konvergenz bezeichnet in diesem Kontext einen vorteilhaften Prozess, Divergenz einen nachteiligen. Regionalwissenschaften verstehen dieses Begriffspaar im Allgemeinen als einen Prozess, der auf das Verhältnis von Regionen zueinander bezogen ist. Diese territoriale Perspektive nehmen die ersten beiden Beiträge ein. Die Analyse der regionalen Konvergenz oder Divergenz legt Grundlagen für politisches Handeln im Bereich einer direkt wirkenden Regionalpolitik, die erkannte Fehlentwicklungen „heilen" will (Beitrag von Karin Vorauer-Mischer, Wien). Die Untersuchung der räumlichen Konsequenzen einer die Integration besonders fördernden makropolitischen Entscheidung, nämlich die Schaffung eines einheitlichen Währungsraumes des Euro, zeigt auf, dass regulative Konvergenz mit regionalökonomischen

Divergenzen einhergehen kann (Beitrag von Martin HALLET, Brüssel). Es stellt sich jedoch die Frage, ob Konvergenz/Divergenz im Prozess der ökonomischen Integration allein in territorialen Perspektiven gedacht werden sollten. Denn wie der Beitrag von Stefan KRÄTKE (Frankfurt/Oder) zeigt, haben die urbanen Knoten in einem europäischen Städte-Netzwerk besondere Bedeutung für die ökonomische Dynamik, und es wäre wichtig zu wissen, inwieweit diese Knoten angemessen auf dem Territorium Europas verteilt sind und gleichwertig Funktionen übernehmen. Hier wie in dem letzten Beitrag zu diesem Thema (von Martina FUCHS, Köln) wird die Perspektive von Netzwerken – wenn auch solchen, die auf das Territorium der gesamten EU begrenzt sind – eingenommen. Auch ein multinationales Unternehmen kann als Netzwerk seiner Standorte verstanden werden, in dem Divergenz und Konvergenz von regulativen Ordnungen der Arbeitsorganisation und der Arbeitsentlohnung einen (Teil-)Beitrag zur Konvergenz oder Divergenz regionaler Prozesse in Europa leisten.

Die Ergebnisse dieser Beiträge und der Diskussion sind widersprüchlich und verlangen nach weiteren Studien. Erstens wird in allen Themenbereichen ein Mangel an verfügbaren Daten, insbesondere zu Zeitreihen, beklagt. Das ist bei der gemeinsamen Währung noch am ehesten zu verstehen, da sie jung ist. Zweitens zeigt sich eine Konvergenz zwischen Nationen bei gleichzeitiger Divergenz zwischen Regionen. Drittens werden Städte für die nationalen und regionalen Prozesse immer bedeutender, besonders als die Wissenszentren im dynamischen Wirtschaftswachstum; doch auch Städte entwickeln sich keineswegs gleichmäßig. Viertens werden die aktuellen Prozesse in Europa immer noch sehr stark vom jeweiligen Nationalstaat geprägt, d. h. es bestehen weiterhin unterschiedliche regulierte Rechtsräume, die die Handlungen der Wirtschaftsakteure beeinflussen. Und schließlich muss „Konvergenz" in einer unternehmens-internen Standortkonkurrenz, die weitgehend durch den Wettbewerb nationaler Politiken in Europa gefördert wird, keineswegs eine Anpassung (von Arbeitsorganisation und -entlohnung) zum Besten bedeuten, sondern kann die Gefahr einer Konvergenz „nach unten" in sich bergen.

So bleibt als Fazit, dass Europa noch keineswegs voll integriert ist, dass vor allem die geringere politische Integration ihre Konsequenzen auch für die ökonomische Integration hat, und dass ökonomische Integration keineswegs die klassische Entwicklungstendenz kapitalistischer Gesellschaften zum „uneven development" aufhebt und damit eine Spaltung in Gewinner und Verlierer nicht vermieden wird.

Konvergenz oder Divergenz der regionalen Entwicklung in Europa?

Wolfgang Schwarz (St. Pölten/Klagenfurt) und Karin Vorauer-Mischer (Wien)

1 Einleitung

Die Einschätzungen hinsichtlich der regionalen Entwicklung in (EU-)Europa verlaufen keineswegs einheitlich, sondern bewegen sich zwischen den beiden Polen weiterer Verschärfung am einen Ende und mittel- bis längerfristiger Ausgleich der Disparitäten am entgegengesetzten Ende. Grund für die differenzierten Beurteilungen sind nicht zuletzt unterschiedliche Theoriegebäude. Ausgleichsüberlegungen regionaler Entwicklungsunterschiede basieren auf neoklassischen Theorieansätzen. Abbau von Handelshemmnissen (Binnenmarkt) und Ausbau von Infrastruktur (Verringerung des „Raumwiderstandes") würden, so die Annahme, mittel- bis längerfristig zu einem Ausgleich regionaler Disparitäten führen. Im Gegensatz dazu stehen die so genannten Divergenzansätze. Sie gehen von einer Zunahme bestehender Disparitäten u. a. aufgrund von Skalenvorteilen, Technologieunterschieden oder Unterschieden in den Marktzugängen aus. Während das neoklassische Theoriegebäude längerfristig eine ausgewogene Raumentwicklung stützt, prognostizieren auf Divergenzansätzen basierende Studien eine weitere Stärkung von Agglomerationen in zentralen geographischen Lagen.

Mittlerweile ist diese Entweder-Oder-Rhetorik einem „Sowohl als auch" gewichen. Spätestens seit dem Europäischen Raumentwicklungskonzept (EUREK), welches von den Mitgliedstaaten der Europäischen Union gemeinsam mit der Europäischen Kommission erarbeitet wurde, ist mit der „Entwicklung eines ausgewogenen und polyzentrischen Städtesystems" ein neues Leitbild der erwünschten regionalen Entwicklung geschaffen, welches die zwei bislang antagonistisch diskutierten wachstums- und ausgleichspolitischen Zielsetzungen zusammenführt (vgl. EUROPÄISCHE KOMMISSION 1999). Die Verschiebung in den Leitbildern spiegelt sich auch deutlich in den abgeleiteten Raumbildern wider. Die entstandenen „geographischen Bilder" reichen von auf den europäischen Zentralraum konzentrierten „Bildern" – wie dem „Europäischen Fünfeck" oder der „Blauen Banane" – am einen Ende und graphischer Umsetzungen einer erwünschten ausgewogenen Entwicklung – wie der so genannten „Europäischen Traube" – am anderen Ende (vgl. KUNZMANN 1992). Die Visualisierung des Leitbildes des Polyzentrismus schlägt im Grunde eine Brücke zwischen den beiden Polen, indem es eine Kombination aus dezentralisierten Städtenetzen und transeuropäischen Entwicklungsachsen (basierend auf dem Achsenentwicklungskonzept) darstellt.

Die Diskussion über das Leitbild des Polyzentrismus ist jedoch keineswegs eine einheitliche, sondern wird durchaus kontrovers geführt. Die Befürworter sehen darin das geeignete Leitbild, um die beiden Zielsetzungen „soziale und territoriale Kohäsion" (Art. 16 Vertrag von Amsterdam 1999) und „Wettbewerbsfähigkeit" zu vereinen (vgl. SCHINDEGGER/TATZBERGER 2002, 13 ff.). Die Skeptiker befürchten hingegen genau das Gegenteil, nämlich dass sich hinter der Worthülse „Polyzentrismus" nur eine Strategie verbirgt, um letztendlich die Kohäsionspolitik der Wettbewerbsfähigkeit unterzuordnen. Tatsächlich weisen aktuelle Dokumente, wie beispielsweise der SAPIR-Bericht (Beratungsgrundlage der Europäischen Kommission für eine europäische Politik im Hinblick auf das Jahr 2010), eine einseitige Orientierung auf wirtschaftliches Wachstum auf. Gleichzeitig wird der politische Konsens über die Notwendigkeit einer europäischen Kohäsionspolitik in Frage und damit der notwendige Ausgleich für benachteiligte Regionen hintan gestellt (vgl. SAPIR 2004).

Damit wird umgekehrt aber auch deutlich, dass der Abbau regionaler Disparitäten innerhalb der EU bis dato eine zentrale Zielsetzung der Gemeinschaftspolitik darstellt. Immerhin entfällt in der aktuellen Strukturfondsperiode 2000 bis 2006 mehr als ein Drittel des EU-Budgets auf Maßnahmen im Rahmen der gemeinsamen Strukturpolitik. Insofern stellt sich die berechtigte Frage, ob dieses politische Bekenntnis in der tatsächlichen regionalen Entwicklung Wirkung zeigt. Dabei ist nicht allein der deskriptive Befund über Zu- oder Abnahme regionaler Disparitäten von Interesse, sondern darüber hinaus vor allem die Identifikation von regionalen Unterschieden bzw. Regelhaftigkeiten und deren Ursachen. Erst dann können in weiterer Folge Empfehlungen für die Ausgestaltung der zukünftigen Kohäsionspolitik gegeben werden. Dementsprechend sollen in diesem Beitrag nicht nur Antworten gegeben, sondern entlang der nachstehenden Punkte auch Perspektiven für die Zukunft eröffnet werden:

1. Kommt es zu einer Konvergenz oder Divergenz der regionalen Entwicklung in Europa?
2. Welche Faktoren beeinflussen die regionale Wettbewerbsfähigkeit maßgeblich? Können Einflussfaktoren identifiziert werden, die in Bezug auf die regionale Wettbewerbsfähigkeit an Bedeutung gewinnen bzw. verlieren?
3. Hat die europäische Regionalpolitik ihr Ziel erreicht? Konnten die entwicklungsschwächsten Regionen der EU an die entwicklungsstärksten Regionen im europäischen Zentralraum herangeführt werden?

2 Konvergenz oder Divergenz der regionalen Entwicklung in Europa?

Die regionalen Entwicklungsunterschiede innerhalb der Europäischen Union sind erheblich, und dies nicht erst seit der Erweiterung um die zehn neuen Mitgliedstaaten (2004). Auch innerhalb der „alten" EU-15 konzentrieren sich die Wirtschaftsaktivitäten nach wie vor auf den europäischen Zentralraum. So wohnen innerhalb des viel zitierten Fünfecks London-Paris-Mailand-München-Hamburg auf einer Fläche von nur 20 % (der EU-15) 40 % der Gesamtbevölkerung und werden 50 % des BIP erwirtschaftet. Die Spannweite des BIP pro Kopf reicht von Luxemburg mit einem Wert von 251,4 % (gemessen am Durchschnitt der EU-15) am oberen bis Epirus (Griechenland) mit einem Wert von 54,6 % am unteren Ende der Skala. Vergleichbar groß sind die Unterschiede bei der Arbeitslosigkeit. So steht der Region Zeeland (NL) mit einer Arbeitslosenquote von nur 2,5 % die süditalienische Region Kalabrien mit einem Wert von 27 % gegenüber.

Im Zuge der letzten Erweiterungsrunde am 1. Mai 2004 haben die regionalen Disparitäten noch einmal erheblich zugenommen. Einem Bevölkerungszuwachs von 19,4 % steht ein bescheidener BIP-Zuwachs von 9,9 % (nach Kaufkraftstandards) gegenüber. Das durchschnittliche Pro-Kopf-BIP sinkt dadurch um 7,9 %. Während die alten Kohäsionsländer (ES, GR, IRL, PT) durch die Erweiterung relativ reicher geworden sind und nun durchweg ein BIP pro Kopf über dem 75 %-Niveau aufweisen, liegen die neuen Mitgliedstaaten mit Ausnahme von Slowenien (79 %) und Zypern (83 %) weit darunter: Tschechien erreicht 70 %, die Slowakei 52 %, Polen 49 %, Estland 51 %,

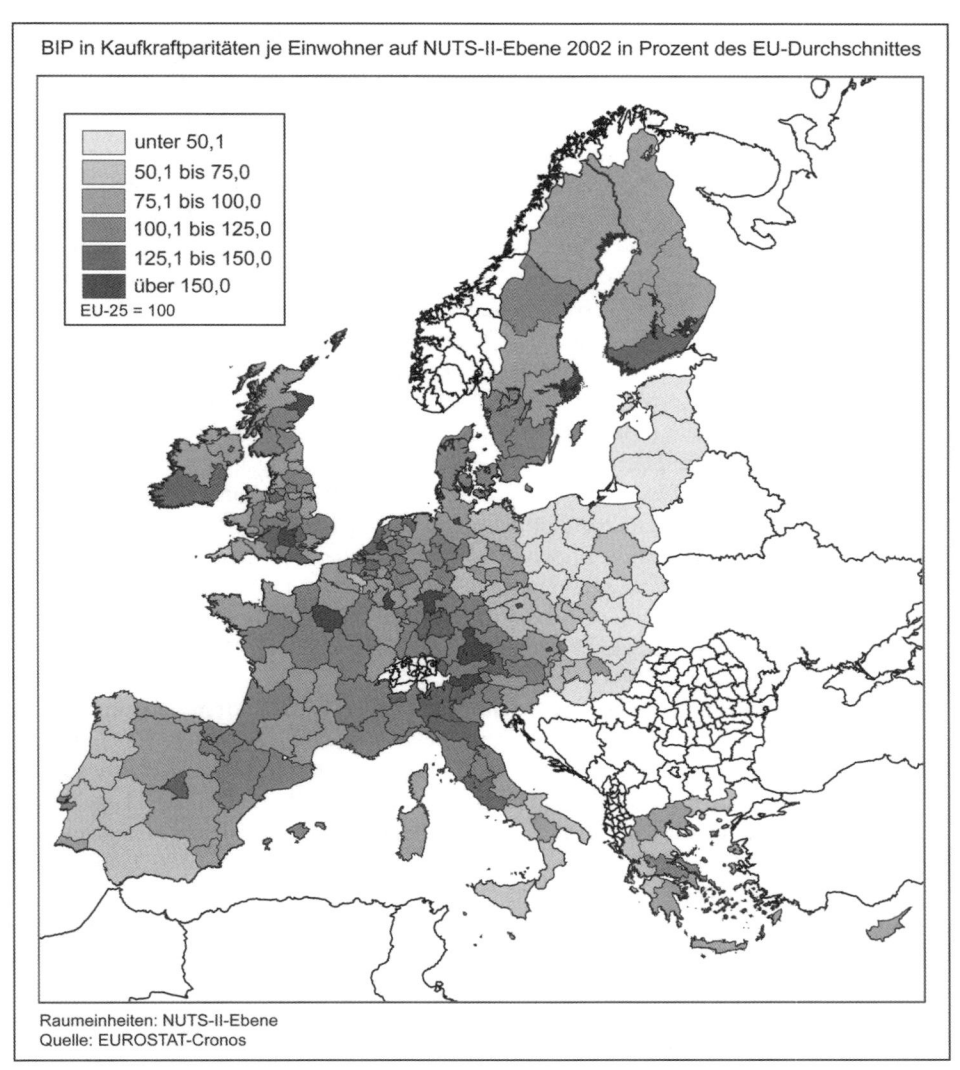

Abb. 1: BIP pro Kopf in KKS, 2002

Lettland 43 % und Litauen 48 %. Auch die Arbeitslosenquoten sind zum Teil besorgniserregend hoch, allen voran in Polen mit einem nationalen Durchschnittswert von 17,7 % und der Slowakei mit 16,4 %.

Oberflächlich betrachtet scheint sich das Bild eines wirtschaftlich dynamischen europäischen Kernraums auf der einen Seite und den nördlichen, westlichen, südlichen und im Zuge der letzten Erweiterung hinzu gekommenen östlichen Peripherien auf der anderen Seite zu bestätigen. Jene Regionen, die Ende der 1980er Jahre die entwicklungsstärksten waren, führen auch nach der Jahrtausendwende noch die Liste der Top 10-Regionen an. Umgekehrt verhält es sich mit den entwicklungsschwächsten Regionen. Insofern entspricht das räumliche Muster heute im Großen und Ganzen jenem von vor zehn Jahren (vgl. Abb. 1).

Ein Vergleich von Raummustern zu unterschiedlichen Zeitpunkten sagt jedoch nichts darüber aus, ob sich möglicherweise – trotz gleicher Positionen – die Abstände zwischen den Regionen verringert haben und damit ggf. die entwicklungsschwächeren Regionen relativ gesehen reicher geworden sind. Auch sagen die Positionen der reichsten bzw. ärmsten Regionen nichts darüber aus, wie sich die Regionen im mittleren Bereich verändert haben. Denn obwohl der Stellenwert des europäischen Zentralraums hinsichtlich der Konzentration von Wirtschaftsaktivitäten ungebrochen ist, konnten bei genauerem Hinsehen Regionen einen wirtschaftlichen Aufschwung verzeichnen, die bis dato als peripher und entwicklungsschwach eingestuft wurden. Als prominentestes Beispiel kann hier wohl Irland angeführt werden, dessen Pro-Kopf-BIP zwischen 1988 und 2002 von 64 auf 132,7 % des EU-Durchschnitts angestiegen ist. Damit ist Irland hinter Luxemburg – gemessen anhand des BIP – mittlerweile das zweitreichste Land in der EU. Gerne wird demzufolge Irland von Seiten der Europäischen Kommission auch als sichtbare positive Bestätigung sowohl für die verfolgte europäische Integrationspolitik als auch für eine mit zunehmendem finanziellem Aufwand betriebene Europäische Regionalpolitik herausgestellt.

Aber nicht nur in Irland, sondern auch in den Kohäsionsländern Griechenland, Spanien und Portugal liegen, trotz abnehmender Wachstumsdynamik in den letzten Jahren, die Zuwachsraten immer noch 1 % über dem EU-Durchschnitt. Auch in den neuen Mitgliedstaaten haben sich die hohen Wachstumsraten seit der Jahrtausendwende etwas verlangsamt, dennoch sind sie mit 4 % pro Jahr immer noch deutlich über jenem der alten Mitgliedstaaten mit einem Wachstum von nur 2,5 % pro Jahr (vgl. EUROPÄISCHE KOMMISSION 2004).

Aufgrund des im nationalen Durchschnitt stärkeren Wirtschaftswachstums in den entwicklungsschwächeren Ländern nehmen die Disparitäten zwischen den Mitgliedstaaten stetig ab. Diesen Trend bestätigen die in Abb. 2 dargestellten Veränderungen der Variationskoeffizienten für das BIP pro Kopf. Demzufolge haben die Disparitäten im Vergleichszeitraum zwischen den neuen Mitgliedstaaten am stärksten abgenommen. Auch für die EU-15 bzw. EU-25 verläuft die Kurve – zwar deutlich abgeflacht – aber dennoch tendenziell abfallend.

Ein Wechsel der räumlichen Betrachtungsebene verändert das Bild grundlegend: Auf der unterhalb der Nationalstaaten angesiedelten regionalen Ebene haben die Disparitäten zugenommen. Dies gilt sowohl für die EU-25, die EU-15 als auch im verstärkten Ausmaß für die EU-10 (vgl. Abb. 2). Die innerstaatlichen Disparitäten sind in nahezu allen EU-Mitgliedstaaten gewachsen.

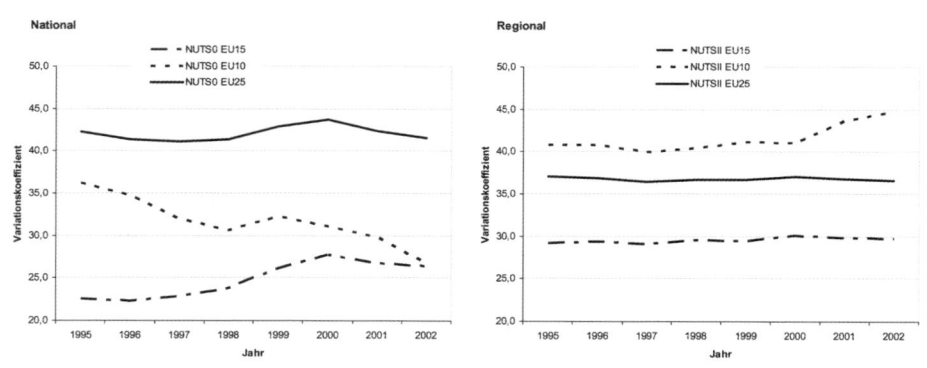

Abb. 2: Disparitäten auf nationaler und regionaler Ebene, BIP pro Kopf in KKS 1995–2002

So fand beispielsweise der eindrucksvolle Aufholprozess der südlichen und westlichen Peripherien räumlich polarisiert statt. Das trifft auf Irland ebenso zu wie auf die drei Kohäsionsländer im Süden. Der wirtschaftliche Aufholprozess ist deutlich auf die Zentralräume fokussiert, also auf die Metropolen und ihre Kontaktzonen sowie auf wenige industrielle Verdichtungsräume (Dublin; Madrid, Barcelona, Bilbao; Lissabon, Porto; Athen, Saloniki). Die ländlichen Regionen haben zwar etwas aufgeholt, weisen aber noch immer einen erheblichen Rückstand auf. In einigen traditionell besonders problematischen Regionen in den Kohäsionsländern, aber auch im italienischen Mezzogiorno, gab es – trotz hoher Ziel 1-Förderung – Stagnation, zum Teil sogar einen Rückgang in Relation zum Pro-Kopf-BIP der EU, z. B. in Estremadura, Andalusien, Kampanien, Apulien, Epirus.

Noch augenscheinlicher ist die differenzierte regionale Entwicklung der letzten Jahre in den neuen Mitgliedstaaten. In jenen Mitgliedstaaten, welche auf der NUTS II-Ebene eine räumliche Untergliederung aufweisen, sind die Unterschiede in den Entwicklungsverläufen erheblich. Während in Tschechien, Ungarn und der Slowakei eine zunehmende Polarisierung und damit eine tendenzielle Monozentriertheit auf die Hauptstadtregionen Prag, Budapest und Bratislava gegeben ist, konnte in Polen dieser Prozess bisher vermieden werden.

Die Konzentration auf die Beobachtung der Entwicklung in jenen Regionen mit den größten Entwicklungsrückständen, den so genannten Ziel 1-Regionen, verstellt den Blick leicht auf jene Regionen, deren BIP zwar über 75 % des EU-Durchschnitts liegt, die aber gleichzeitig auch nicht zu den Regionen innerhalb der dynamischen Wirtschaftsräume und Agglomerationen zählen. Diese im zunehmenden Maße mit Strukturproblemen kämpfenden Regionen finden sich in allen Teilen der Union, so unter anderem im Nordosten Englands, in nördlichen Teilen Deutschlands und Schwedens. Hauptprobleme dieser Regionen sind anhaltende Umstrukturierungsprobleme, fehlende Innovationspotenziale und Abwanderung (vgl. SCHWARZ/VORAUER 2004, 30).

3 Einflussfaktoren

Aus den oben stehenden Ausführungen lässt sich resümieren, dass sich einerseits die Einschätzungen zu den aktuellen raumwirtschaftlichen Entwicklungen hinsichtlich Konvergenz bzw. Divergenz in Abhängigkeit der zugrunde gelegten Leitbilder und der gewählten Maßstabsebenen erheblich unterscheiden können. Andererseits wurde aber auch deutlich, dass die Entwicklungen einzelner Regionen mit ähnlichen Ausgangsniveaus (BIP) durchaus unterschiedlich verlaufen können. Insofern stellen sich in weiterer Folge zwei Fragen:

- Können Einflussfaktoren identifiziert werden, die in Bezug auf die regionale Wettbewerbsfähigkeit von großer/geringer Bedeutung sind?
- Verschieben sich die Bedeutungen der Einflussfaktoren im Lauf der Zeit, d. h. welche Einflussfaktoren gewinnen bzw. verlieren an Bedeutung?

Der Zeithorizont für die nachstehenden Ausführungen reicht zurück bis zum Jahr 1988 und endet mit dem Jahr 2000. Sowohl Ausgangs- als auch Endjahr sind nicht zufällig, sondern durchaus bewusst gewählt: Das Ausgangsjahr markiert jenes Jahr, seit dem die EU eine eigene Regionalpolitik mit erheblichem Mittelaufwand regional gebunden im Rahmen der Programmplanung betreibt. Das Endjahr 2000 korrespondiert mit der bereits 1999 abgeschlossenen so genannten 2. Programmperiode (die aktuelle 3. Strukturfondsperiode läuft noch bis einschließlich 2006). Nicht zuletzt aus diesem Grund beschränken sich die nachfolgenden Analysen auf die EU-15, da für diese im

Tab. 1: *Korrelativer Zusammenhang zwischen regionalwirtschaftlicher Entwicklung in der EU und ausgewählten raumrelevanten Strukturmerkmalen (Produktmomentkorrelation nach Pearson) (Quelle: Schwarz/Vorauer-Mischer 2003, 15)*

Strukturmerkmal	BIP/Ew. 2000 (EU-15 = 100)	BIP/Ew.-Veränderung (Index)	
		1988–1995	1995–2000
Arbeitslosenquote 1989	-0,41	-0,02	0,09
Arbeitslosenquote 1995	-0,45	-0,24	0,06
Bevölkerungsdichte	0,36	0,08	-0,02
größte Stadtagglomeration	0,35	-0,02	-0,05
Erreichbarkeitspotential			
- Straßenverkehr	0,45	0,03	-0,30
- Schienenverkehr	0,45	-0,02	-0,33
- Luftverkehr	0,62	0,11	-0,13
- Insgesamt	0,52	0,03	-0,28
Bildungsniveau			
- niedrig	-0,36	0,23	0,26
- mittel	0,34	-0,15	-0,28
- hoch	0,20	-0,27	-0,09
F&E-Unternehmensausgaben/BIP	0,52	-0,22	-0,10
Erwerbstätigenquote (15–64 Jahre)	0,35	-0,07	-0,07
Frauenerwerbsquote	0,23	-0,28	-0,19
Beschäftigungsanteil			
- Land- und Forstwirtschaft	-0,56	0,12	0,16
- Industrie/Gewerbe	0,15	0,05	-0,10
- Dienstleistungen	0,37	-0,15	-0,04
EU-Strukturfondsmittel/Einw. 1994–1999 (regionale Zielprogramme)	-0,65	-	0,17
- Ziel 1-Regionen 1994–1999	-	-	0,35
- Ziel 2/5b-Regionen 1994–1999	-	-	-0,06

Unterschied zu den neuen Mitgliedstaaten für den Vergleichszeitraum von ähnlichen wirtschaftspolitischen Rahmenbedingungen ausgegangen werden kann.

Als Einflussfaktoren auf die standörtliche Bonität und die sozioökonomische Situation der NUTS II-Regionen in der EU-15 wurde aufgrund des Kriteriums signifikanter Korrelationen ein Set von zehn Leitvariablen aus ursprünglich insgesamt 60 Indikatoren ausgewählt (vgl. Tab. 1).

Die korrelative Zusammenhangsanalyse zwischen regionalwirtschaftlichen Indikatoren und maßgeblichen räumlich relevanten Strukturmerkmalen lässt in aller Kürze folgende Aussagen zu:

- Erwartungsgemäß korreliert das jeweilige regionale BIP-Niveau als Maß für die Wirtschaftskraft durchwegs positiv mit räumlichen Verdichtungsmerkmalen, der Arbeitsmarktsituation, dem Bildungsniveau und der Innovationsfreudigkeit einer Region. Die höchsten Werte fokussieren sich auf den bekannten Kernraum der EU.
- Ganz anders verlief hingegen die Veränderung des BIP-Niveaus in den NUTS II-Regionen in der jüngeren Vergangenheit, wobei eine Differenzierung in den Beobachtungszeiträumen festzustellen ist:
  - Im Zeitraum 1988–1995 hat eine räumlich völlig indifferente Entwicklung stattgefunden: Agglomerierende und dezentrale, die schwächeren Regionen begünstigende Wirtschaftsaktivitäten heben einander in ihrer Wirkung auf das Ergebnis

der Korrelationsanalyse auf. Koeffizienten nahe Null sind daher das Resultat dieser divergierenden regionalwirtschaftlichen Entwicklungstendenzen.
- In der Periode 1995–2000 ist dagegen eine mäßige Dekonzentration weg vom Kernraum der EU hinsichtlich der regionalen Wirtschaftsleistungen unverkennbar. Das BIP nimmt in den stärker agrarisch geprägten ländlichen Gebieten, welche überwiegend Ziel 1-Status aufweisen, zu. Die Industrieräume, zum Teil altindustrialisierte Regionen, sind dagegen die Verlierer der jüngsten Entwicklung.

In Anbetracht der generell relativ niedrigen Korrelationskoeffizienten ist festzuhalten, dass zwischen wichtigen raumstrukturellen Einflussfaktoren und Regionalentwicklung kein wirklich enger – statistischer – Zusammenhang zu konstatieren ist. Dies ist offenkundig das Resultat räumlich divergierender, in ihrer Wirkung sich einander neutralisierender Entwicklungstendenzen. Es ist jedoch evident, dass in jüngerer Zeit jene Standortfaktoren, welche räumliche Dekonzentration und Dezentralität begünstigen (niedrige Faktorkosten wie Löhne; Grundstückspreise usw.; hohe Regionalförderung), die Komponenten, welche zur Agglomerationsbildung beitragen, zumindest aufzuwiegen scheinen.

4 Wirksamkeit der EU-Regionalpolitik

Seit dem Jahr 1988 (1. Strukturfondsreform) betreibt die Europäische Union eine eigene Regionalpolitik mit zunehmendem finanziellem Aufwand. Mittlerweile stellt die Europäische Regionalpolitik nach der Gemeinsamen Agrarpolitik mit einem Anteil von einem Drittel am Haushaltsbudget insgesamt die zweithöchste Ausgabenposition dar. Da der größte Anteil der Fördermittel im Rahmen der so genannten Zielgebietskulisse gebunden ist, kann ein Zusammenhang zwischen regionaler Entwicklung und eingesetzten Fördermitteln hergestellt werden. Die wahrscheinlich regionalpolitisch wichtigste Aussage der obigen Berechnungen (Tab. 1) ist demzufolge: Die eingesetzten EU-Regionalfördermittel für die letzte Programmperiode (1994–1999) korrelieren mit einem Wert von r = 0,17 zwar nur schwach, aber dennoch positiv mit der BIP-Entwicklung 1995–2002. Deutlicher wird das Ergebnis nach Differenzierung entlang der regional gebundenen Ziele: Werden nur die Ziel 1-Regionen, also jene Regionen mit dem höchsten Entwicklungsrückstand, betrachtet, so erhöht sich der Koeffizient erheblich auf immerhin r = 0,35. Ohne daraus einen tatsächlichen kausalen Zusammenhang herstellen zu können, lässt sich zumindest das schlichte Statement abgeben, dass im Durchschnitt jene Regionen die stärkste Wirtschaftsdynamik aufweisen, welche in der Programmperiode 1994–1999 die höchsten Fördermittel auf sich konzentrieren konnten.

Demgegenüber ist das Ergebnis für die Ziel 2-Regionen (industriell geprägte Problemregionen) und Ziel 5b-Regionen (landwirtschaftlich geprägte Problemregionen) mit ihrem im Vergleich zu den Ziel 1-Regionen wesentlich geringeren Förderungsquoten enttäuschend. Es kann kein positiver Zusammenhang zwischen Entwicklung und Einsatz von Fördermitteln hergestellt werden. Der Mehrwert der Unterstützungen durch die EU-Strukturfonds kam in diesen beiden Fördergebietskategorien aber immerhin in Form qualitativer Verbesserungen zum Tragen, z. B. durch den Aufbau dezentraler institutioneller Strukturen (intermediate bodies) zur stärkeren Mobilisierung endogener Potenziale oder die Einleitung ökonomisch relevanter Innovationsprozesse in den geförderten Gebieten.

5 Resümee und Ausblick
Konvergenz oder Divergenz der regionalen Entwicklung in Europa?
Aufgrund der empirischen Befunde kann im Hinblick auf die regionalwirtschaftliche Entwicklung innerhalb des EU-Raumes folgendes Resümee gezogen werden:

- Anders als dies der Ausgangsbestand suggeriert, findet im EU-Raum als Ganzem keine Zentrum-Peripherie-Entwicklung mit einer weiteren Konzentration auf den Kernraum der Union statt (Ob dies bei der räumlichen Verteilung der ökonomischen Entscheidungs- und Machtstrukturen ebenfalls zutrifft, kann aufgrund der Datenlage nicht beantwortet werden).
- Umgekehrt ist – trotz eines gewissen Aufholprozesses nicht zuletzt aufgrund des Einsatzes hoher Fördersummen im Rahmen der Europäischen Regionalpolitik – auch kein eindeutiger Entwicklungstrend in Richtung strukturschwacher Gebiete mit niedrigen Faktorkosten (Arbeit, Boden) feststellbar.
- Insgesamt lassen die niedrigen Korrelationskoeffizienten eine sehr heterogene raumstrukturelle Entwicklung im EU-15-Europa erkennen.
- Gewinner- und Verliererregionen mit ähnlicher sektoraler Wirtschaftsstruktur und vergleichbarer Faktorausstattung liegen zum Teil unmittelbar nebeneinander.

Zusammenfassend ist festzuhalten, dass keine markanten Regelhaftigkeiten der europäischen Regionalentwicklung empirisch nachweisbar sind. Im Lichte der empirischen Befunde können folgende Erklärungsdimensionen für das gegebene Phänomen regionaler Unstetigkeit unternommen werden:

- Standortfaktoren erhalten einen zunehmend optionalen Charakter. Der einst stärker limitierende Charakter traditioneller Standortfaktoren nimmt ab, die Austauschbarkeit der Standortfaktoren, ihre Substitutionalität, wird größer.
- Wirtschaftsaktivitäten sind durch zunehmende Diversifizierung gekennzeichnet. Die vermehrte räumliche Aufspaltung ökonomischer Aktivitäten im Rahmen einer räumlich-arbeitsteiligen Produktion mit ihren unterschiedlichen Standortansprüchen kann sowohl eine ausgewogene räumliche Verteilung ökonomischer Aktivitäten begünstigen, als auch eine zunehmende Polarisierung vor allem in den entwicklungsschwachen Regionen im Wettbewerb um Standortvorteile fördern.
- Kreative regionale Produktionsmilieus gewinnen neben von vorrangig durch komparative Faktorkostenkalküle bestimmten Standortentscheidungen multinationaler Konzerne an Bedeutung. Das Vorhandensein bzw. Nicht-Vorhandensein solcher regionaler Produktionsmilieus und spezialisierter Industriedistrikte ist ein ganz wesentlicher Grund für die mehrfach festgestellte Heterogenität der europäischen Regionalstruktur.

Welche Schlussfolgerungen lassen sich nun für die Regionalpolitik und für die künftige Strukturpolitik der EU im Licht der empirischen Erkenntnis, dass die regionalwirtschaftliche Entwicklung innerhalb der EU-15 räumlich sehr heterogen und zeitlich diskontinuierlich abläuft, ableiten? Die – auf den ersten Blick unerwartete – Aufwärtsentwicklung etlicher peripherer Gebiete spricht sicherlich für eine von der EU als Solidaritätsgemeinschaft seit 1988 (Strukturfondsreform) vorangetriebene Strukturpolitik für Regionen mit erheblichem Entwicklungsrückstand. Gleichzeitig eröffnen die größere Austauschbarkeit der Standortfaktoren, die wachsende branchenmäßige und funktionale Differenzierung und damit räumliche Arbeitsteilung der Wirtschaft, vor allem aber die Herausbildung regionaler kreativer Milieus der gegenwärtigen Regionalpolitik größere Optionen als in der Vergangenheit.

Im Moment zeichnet sich jedoch bezüglich der möglichen Ausgestaltung der künftigen Strukturpolitik ein gewisser Paradigmenwechsel ab. Wurde in der Agenda 2000 die Kohäsion (sozialer und wirtschaftlicher Zusammenhalt) noch sehr groß geschrieben, so ist dieses Ziel mittlerweile den beiden anderen Pfeilern Wettbewerbsfähigkeit und Arbeitsmarkt im Sinne der Lissabon-Strategie der EU eher untergeordnet und nur mehr sehr schwach mit Inhalten gefüllt (vgl. SAPIR et al. 2004). Auch eine übergeordnete Raumordnung scheint ins Stocken geraten zu sein. War die Euphorie 1999, als das Europäische Raumordnungskonzept (EUREK) für eine ausgewogene und nachhaltige Entwicklung des Territoriums der EU in Potsdam von allen Raumordnungsministern der damaligen EU verabschiedet wurde, noch sehr groß, so ist bis dato keine Revision bzw. Neuauflage erfolgt – ein dringendes Anliegen nicht zuletzt wegen der stark veränderten räumlichen Rahmenbedingung aufgrund der aktuellen Erweiterung (vgl. EUROPÄISCHE KOMMISSION 1999).

Ist die Europäische Regionalpolitik am Wendepunkt? Die Spanne möglicher Zukunftsszenarien reicht von einem Rückzug aus der europäischen Verantwortung für eine ausgewogene regionale Entwicklung bei gleichzeitiger Unterordnung unter das Ziel der globalen Wettbewerbsfähigkeit (Lissabon-Strategie der EU) am einen Ende und einer stärkeren Konzentration der Mittel auf die besonders benachteiligten Gebiete, wie dies die aktuelle Strukturfondsreform vorzeichnet, am anderen Ende. Während im Rahmen des ersten Szenarios aufgrund eines zunehmenden wirtschaftlichen Auseinanderdriftens der Regionen mittel- bis längerfristig der europäische Einigungsprozess sicherlich gefährdet würde, ist die (wieder) stärkere Konzentration der Mittel auf die benachteiligten Gebiete – nicht zuletzt gestützt durch die Ergebnisse der empirischen Analyse – durchaus zu befürworten. Damit würden zwar weniger Regionen, diese dafür effizienter und gezielter gefördert. In der künftigen Programmperiode der EU-Strukturfonds (2007–2013) wird versucht, in der Regionalförderung den „Spagat" zwischen dem regionalpolitischen Ausgleichsziel und der Lissabon-Agenda zu schaffen. Der Großteil der Strukturfondsmittel, nämlich 83 %, wird demzufolge noch konzentrierter in den Regionen mit hohem Entwicklungsrückstand eingesetzt, als dies in der laufenden Programmperiode der Fall ist. In den besser gestellten Regionen werden die knappen europäischen Finanzmittel hingegen wesentlich stärker auf bestimmte Lissabon-konforme Themenschwerpunkte fokussiert.

Literatur

EUROPÄISCHE KOMMISSION (Hrsg.) (1999): EUREK Europäisches Raumentwicklungskonzept. Auf dem Weg zu einer räumlich ausgewogenen und nachhaltigen Entwicklung der Europäischen Union. Luxemburg.

EUROPÄISCHE KOMMISSION (Hrsg.) (2004): Eine neue Partnerschaft für die Kohäsion. Konvergenz Wettbewerbsfähigkeit Kooperation. (= Dritter Bericht über den wirtschaftlichen und sozialen Zusammenhalt). Luxemburg.

KUNZMANN, K. (1992): Zur Entwicklung der Stadtsysteme in Europa. In: Mitteilungen der Österreichischen Geographischen Gesellschaft, 134, 25-50.

SAPIR, A. et al. (2004): An Agenda for a Growing Europe. The Sapir-Report. Oxford.

SCHINDEGGER, F./TATZBERGER, G. (2002): Polyzentrismus – ein europäisches Leitbild für die räumliche Entwicklung. Wien.

SCHWARZ, W./VORAUER-MISCHER, K. (2003): Die Regionalentwicklung in der EU-15 – räumliche Heterogenität, zeitliche Diskontinuität, regionalpolitische Optionalität. Ergebnisse einer empirischen Analyse. In: Mitteilungen der Österreichischen Geographischen Gesellschaft, 145, 7-34.

Die Bedeutung des Euro für die regionale Wirtschaftsentwicklung

Martin Hallet (Brüssel)[1]

1 Einführung

Ein vorrangiges Ziel, das mit der Einführung des Euro im Jahr 1999 verfolgt wurde, war es, die Bedingungen für Wachstum und Beschäftigung in Europa zu verbessern, indem die wirtschaftliche Stabilität und Integration weiter steigt (EUROPEAN COMMISSION 1990, 2004). Jedoch variierte die wirtschaftliche Entwicklung innerhalb des Euro-Gebiets beträchtlich. Eine Folge davon war, dass es wenig regionale Konvergenz im Euro-Gebiet insgesamt gab. Regionale Unterschiede in den Integrationsauswirkungen und in den makroökonomischen Bedingungen könnten Erklärungsansätze dafür sein, dass der Euro eine Rolle in diesen Unterschieden in der Regionalentwicklung gespielt hat. Tatsächlich können regionale Unterschiede in den Transaktionskostenersparnissen verschiedene Auswirkungen auf die regionale Integration haben. Außerdem wirken sich Unterschiede in den realen Wechselkursen und den Realzinsen, die aus Inflationsunterschieden resultieren, auf Finanzierungsbedingungen und Wettbewerbsfähigkeit aus. Insgesamt könnten diese Mechanismen zum uneinheitlichen Bild regionalen Wachstums – neben anderen langfristigen Wachstumsdeterminanten – beigetragen haben.

Dieser Beitrag beschreibt zunächst kurz die regionale Wirtschaftsentwicklung im Euro-Gebiet (Abschnitt 2), diskutiert die verschiedenen regionalen Integrationswirkungen (Abschnitt 3) und überprüft die möglichen regionalen Wirkungen makroökonomischer Bedingungen (Abschnitt 4), um dann die Ergebnisse zusammenzufassen (Abschnitt 5).

2 Die regionale Wirtschaftsentwicklung im Euro-Gebiet

Das wirtschaftliche Wachstum im Euro-Gebiet seit 1999 war relativ heterogen sowohl auf nationaler als auch auf regionaler Ebene. Die wichtigste Beobachtung hinsichtlich der Wachstumsdynamik auf nationaler Ebene ist, dass sie in den kleinen, offenen Volkswirtschaften deutlich höher war als in den größeren Euro-Teilnehmern (Abb. 1). Die Konvergenz zwischen den Mitgliedstaaten war relativ schwach, weil zwei der reichsten Mitgliedstaaten, Irland und Luxemburg, am stärksten wuchsen, während Portugal ein Wachstum unterhalb des Euro-Gebietsdurchschnitt verzeichnete aufgrund eines „boom-bust"-Zyklus mit starkem Wachstum 1999 und 2000, gefolgt von einer Rezession 2003. Andererseits gab es einen Aufholprozess von Spanien und Griechenland nicht zuletzt auch wegen der relativ niedrigen Wachstumsrate im Euro-Gebiet, die sich aus der schwachen Wirtschaftsentwicklung von Italien und Deutschland als zwei der größten Volkswirtschaften des Euro-Gebiets ergab.

---

[1] Europäische Kommission, Generaldirektion für Wirtschaft und Finanzen. Die Positionen, die in diesem Beitrag zum Ausdruck kommen, sind ausschließlich die des Autors und entsprechen nicht zwangsläufig denen der Europäischen Kommission.

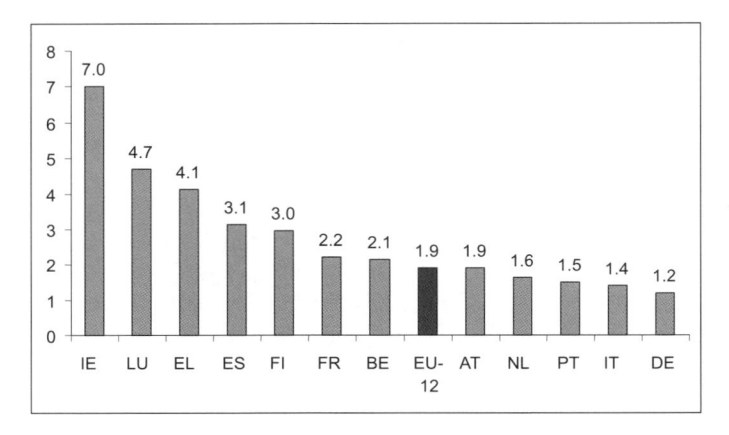

Abb. 1:
Reales BIP-Wachstum in den Ländern des Euro-Gebiets, Durchschnitt in % zum Vorjahr, 1999–2004 (Quelle: Europäische Kommission, Ameco-Datenbank)

Dieses heterogene Bild der Wachstumsentwicklung wird auf der regionalen NUTS 2-Ebene bestätigt. Ein Zusammenhang zwischen den Niveaus der regionalen Pro-Kopf-Einkommen und ihrer Veränderung ist zwischen 2000 und 2002 kaum feststellbar: Die Trendlinie ist im Wesentlichen flach ($\beta = -0.0026$), während eine noch negativere Steigung darauf hingewiesen hätte, dass ärmere Regionen stärker wuchsen und reichere Regionen ein langsameres Wachstum verzeichneten. Der Variationskoeffizient des Pro-Kopf-Einkommens verringerte sich nur leicht von 27,2 % im Jahr 2000 auf 26,2 % im Jahr 2002. Wie schon für die nationalen Daten gab es einen gewissen Aufholprozess spanischer und griechischer Regionen. Jedoch resultierten wesentliche Auswirkungen der Einkommensdivergenz aus der schwachen Leistung ostdeutscher und süditalienischer Regionen sowie aus dem starken Wachstum Irlands und Luxemburgs. Die Situation auf den Arbeitsmärkten innerhalb des Euro-Gebiets entsprach größtenteils dem des BIP-Wachstums.

Stellt man die Frage, über welche Kanäle der Euro regionales Wachstum beeinflussen könnte, so bietet sich die Betrachtung der wichtigsten Komponenten des Wachstums an. Ausgehend von den grundlegenden Auswirkungen einer einheitlichen Währung, nämlich der Reduzierung der Transaktionskosten und der Einführung einer einheitlichen Währungspolitik zwischen Gebieten mit vorher verschiedenen Währungen und Währungspolitiken, sollten die Hauptkanäle die Integration von Märkten und die makroökonomischen Bedingungen sein. Diese können das Wachstum über die Bedingungen für Beschäftigung, Investition und Innovation auf mehrere Arten beeinflussen, die nachfolgend diskutiert werden. Jedoch gibt es auch andere langfristige Determinanten regionalen Wachstums, wie zum Beispiel die Qualität von Institutionen, räumliche Lage, Infrastruktur, Ausbildung, Forschung usw., die nicht Gegenstand dieses Beitrags sind.

3 Regionale Integrationswirkungen

Geht man von einer weiten Definition wirtschaftlicher Integration als jede Reduzierung von Handelskosten (einschließlich der Risiken) zwischen räumlich entfernten Märkten aus, so kann von der Einführung des Euro eine deutliche Integrationswirkung erwartet werden. Für Transaktionen zwischen verschiedenen Währungsgebieten entstehen Kosten für wenigstens einen der Transaktionspartner beim Vergleich von Preisen, beim Umtausch ausländischer Währung und bei der Absicherung von Wechselkursrisiken. Der Hauptvorteil einer einheitlichen Währung ist daher, diese Transaktionskosten einzusparen. Während die Einführung des Euro Parameter auf nationaler Ebene verändert, d. h. die Abschaffung von nationalen Währungen und ihren Wechselkursen innerhalb der Währungsunion, so können die Integrationswirkungen doch auf regionalem, sub-nationalem Niveau variieren.

Die Einführung des Euro wirkt auf alle grenzüberschreitenden Transaktionen auf Güter-, Kapital- und Arbeitsmärkten. Dies bedeutet zunächst eine weitere Vertiefung der Handelsintegration zusätzlich zum Binnenmarkt. Tatsächlich ist seit dem Ende der 1990er Jahre der Außenhandel innerhalb des Euro-Gebiets deutlich schneller gewachsen als der Handel zwischen Euro-Ländern und den anderen drei EU-Ländern (EUROPEAN COMMISSION 2004, 145 f.). Bedeutende Integrationswirkungen waren auch auf den Finanzmärkten des Euro-Gebiets zu beobachten, obwohl weiterhin viele Unterschiede in nationalen Regulierungen bestehen. Demgegenüber scheinen die Integrationswirkungen auf den Arbeitsmärkten hinsichtlich der internationalen räumlichen Mobilität oder der Lohnverhandlungen eher begrenzt gewesen zu sein. Die nachfolgenden Betrachtungen beschränken sich auf die Handelsintegration.

Für eine Analyse der regionalen Wirkungen wirtschaftlicher Integration ist es nützlich, zwischen statischen und dynamischen Integrationswirkungen zu unterscheiden (vgl. HALLET 2004). Die anfänglichen oder statischen Integrationswirkungen des Euro bei gegebenen Produktionsstrukturen können zwischen den Regionen variieren und dynamische Integrationswirkungen auslösen, welche die räumlichen Strukturen der Produktion durch mehr Wettbewerb, Kostendegressionen, Produktdifferenzierung, Innovation und Wachstum verändern. In der Terminologie ökonomischer Modelle ist dies der Unterschied zwischen dem „Anfangsschock" und seiner Ausbreitung in der Wirtschaft.

Allgemeine Schätzungen über Transaktionskostenersparnisse durch den Euro reichen von 0,3 % bis 0,8 % des BIP (EUROPÄISCHE KOMMISSION 1990). Um eine Idee von den statischen Integrationswirkungen des Euro auf regionaler Ebene zu erhalten, können außenhandelsbezogene Tauschkosten einen Hinweis auf die Größenordnungen geben (HALLET 1999). Diese Schätzung für das Jahr 1994 wurde durch die Multiplikation des regionalen Außenhandels mit den anderen Ländern des Euro-Gebiets mit den jeweiligen Ankauf/Verkauf-Spannen ihrer Währungen gegenüber der DM berechnet. Die Ergebnisse (s. Tab. 1 und Abb. 2) reflektieren die verwendete Methodik und können so zusammengefasst werden, dass die Tauschkosten hoch waren in den Regionen, wo:
- die Wechselkursvolatilität gegenüber dem stabilen Kern des DM-Gebiets hoch gewesen war. Dies gilt insbesondere für Regionen in Spanien, Irland, Italien, Portugal und Finnland;
- der Anteil des Außenhandels mit anderen Ländern des Euro-Gebiets hoch ist, was insbesondere für die sechs Gründungsmitglieder der Europäischen Gemeinschaft der Fall ist;
- der Anteil des Produzierenden Gewerbes hoch ist, wie im Nordosten Spaniens, Belgiens und Italiens, im Osten Frankreichs und im Norden Portugals. Demgegenüber haben Großstädte und periphere Regionen, in denen Dienstleistungen vorherrschend sind, relativ niedrige Umtauschkostenersparnisse.

Angesichts der Tatsache, dass die ersten beiden Aspekte für alle Regionen in einem Land grundsätzlich identisch sind, scheinen die nationalen Merkmale deutlich wichtiger als die Merkmale regionaler Spezialisierung zu sein. Zusammengenommen deuten die Ergebnisse darauf hin, dass es kein klares Zentrum-Peripherie-Muster hinsichtlich der Tauschkosteneinsparungen gibt, weder auf nationaler noch auf regionaler Ebene.

Tab. 1: *Nationale durchschnittliche, höchste und niedrigste regionale Werte für Tauschkosteneinsparungen in % der Bruttowertschöpfung, 1994 (Quelle: Hallet 1999)*

	Durchschnitt	Höchster Wert	Niedrigster Wert
BE	0,31	Limburg (0,40)	Namur (0,18)
DE	0,05	Niederbayern (0,06)	Hamburg (0,03)
ES	0,14	Navarra (0,23)	Ceuta y Melilla (0,04)
FR	0,09	Franche-Comté (0,16)	Corse (0,03)
IRL	0,22	-	-
IT	0,13	Piemonte (0,17)	Kalabrien (0,06)
LU	0,26	-	-
NL	0,18	Noordbrabant (0,24)	Utrecht (0,13)
AT	0,14	-	-
PT	0,22	Alentejo (0,28)	Madeira (0,08)
FI	0,12	Etelä-Suomi (0,14)	Ahvenmaa/Åland (0,09)
Summe	0,10	0,40	0,03

Anmerkung: Für Irland, Luxemburg und Österreich basieren die Berechnungen auf nationalen Daten.

Während die obigen Schätzungen schon die verschiedenen Handelsintensitäten von Regionen berücksichtigen, soll im nächsten Schritt bestimmt werden, wie dies den interregionalen Handel beeinflussen kann. BRÖCKER (2004) stellt modellbasierte Ergebnisse für die regionalen Wohlfahrtswirkungen dar, die sich aus erhöhtem Handel aufgrund der verringerten Transaktionskosten des Euro ergeben. Das dazu verwendete statische allgemeine Gleichgewichtsmodell beinhaltet auf dem Gravitationsmodell basierende Gleichungen für den interregionalen Handel zwischen 800 Regionen vom Atlantik bis zum Ural. Die Wirkungen des Euro wurden in das Modell eingeführt, indem der Handelshemmnisfaktor reduziert wurde, wie er sich aus der Literatur über die Wirkungen von Währungsunionen auf den Handel ergibt, und indem die Ankauf/Verkauf-Spannen als Ausdruck der vor der Einführung des Euro bestehenden Wechselkursarrangements berücksichtigt wurden. Wichtigstes Ergebnis ist ein Wohlfahrtsgewinn von 0,9 % des BIP, das über Länder und Regionen variiert. Die höchsten Werte ergeben sich für Irland mit 2,7 % gefolgt von Österreich mit 2,5 % und die niedrigsten Werte für Deutschland und Frankreich mit 0,7 % (vgl. Bröcker 2004, 37; Tab. 3, Variante III). Ähnlich den Ergebnissen von HALLET (1999) tendieren die kleinen offenen Volkswirtschaften dazu, die größten Wohlfahrtsgewinne zu haben. Wegen ihrer höheren Handelsintensitäten gewinnen Grenzregionen ebenfalls relativ mehr. Die Korrelation der Wohlfahrtsgewinne mit dem Pro-Kopf-BIP ist fast gleich null, was als eine neutrale Kohäsionswirkung zu deuten ist.

Die dynamischen Wirkungen wirtschaftlicher Integration haben neues Interesse in der akademischen Diskussion durch die Entwicklung der „New Economic Geography" in den 1990er Jahren erhalten. In den dabei entwickelten Modellen wird wirtschaftliche Integration als die Reduzierung von Transportkosten abgebildet, die zur

Vereinfachung – um die kompliziertere Gestaltung eines Verkehrssektors zu vermeiden – von der „Eisbergannahme" ausgehen, d. h. ein Teil der Güter „schmilzt" während des Transports. Ein Modell zeigt, dass „die vollständige Beseitigung von Handelshemmnissen immer die Wettbewerbsfähigkeit der peripheren Regionen erhöht, jedoch die teilweise Beseitigung im Prinzip eine entgegen gesetzte Auswirkung haben kann" (KRUGMAN/VENABLES 1990, 58). Dieses vereinfachte Modell, das grafisch eine u-förmige Kurve des relativen Einkommens der Peripherie mit zunehmender Integration ergibt, wurde auf der Grundlage nur weniger entscheidender Variablen entwickelt, wie insbesondere Marktzugang, Größenvorteile und Faktorpreise. In Abhängigkeit von den Möglichkeiten der Peripherie, Größenvorteile durch den Zugang zu den großen Märkten des Zentrums auszunutzen, divergieren relative Löhne in Zentrum und Peripherie in einem Bereich hoher bis mittlerer Transportkosten und konvergieren in einem Bereich mittlerer bis niedriger Transportkosten. Wenn Transportkosten extrem hoch sind, werden Industriegüter im Wesentlichen nicht gehandelt, und Unternehmen müssen ihre Produktion in der Region ansiedeln, die sie beliefern wollen, so dass jede Region gemäß der lokalen Nachfrage produziert. Wenn die Transportkosten verringert werden, gewinnt die größere zentrale Region an Attraktivität, da Unternehmen, die im Zentrum größere Mengen verkaufen, wegen der Größenvorteile zunehmende Gewinne haben. Die höheren Gewinne ziehen mehr Unternehmen und Produktion in das Zentrum an, das dann ein Nettoexporteur von Industriegütern gegenüber der Peripherie wird. Gleichzeitig steigen Nachfrage und Preise für immobile lokale Produktionsfaktoren im Zentrum relativ zur Peripherie an, wodurch, wenn die Transportkosten weiter sinken, die Standortattraktivität des Zentrums zurückgeht. Im Extremfall, wenn es keine Transportkosten gibt, bestimmen nur die Faktorpreise über die räumliche Anordnung der Produktion.

Auf den Argumenten der „New Economic Geography" aufbauend, behaupten einige Autoren, dass der Euro in Verbindung mit dem Binnenmarkt zu einem Grad an Marktintegration führen wird, der mit dem in den USA vergleichbar ist und einen ähnlichen Grad

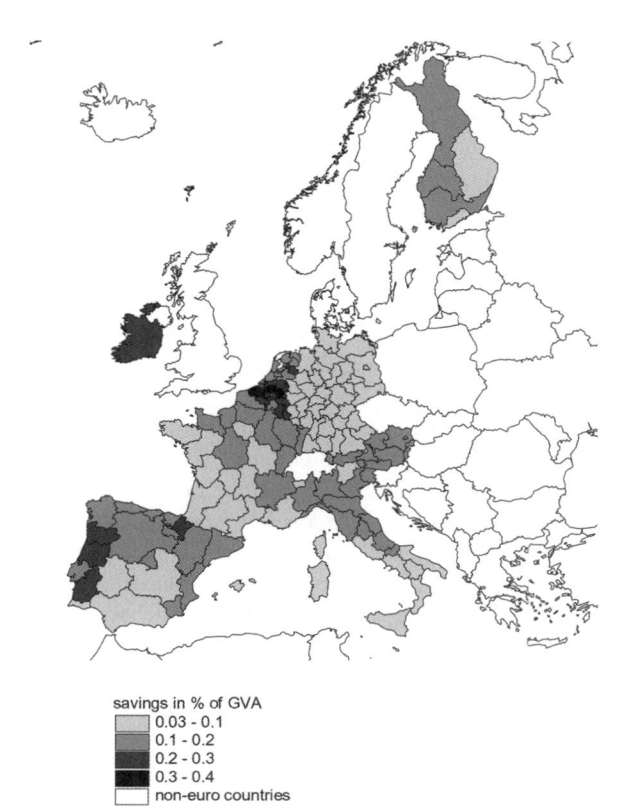

Abb. 2: Umtauschkostenersparnisse durch den Euro in NUTS 2-Regionen in % der Bruttowertschöpfung, 1994 (Quelle: Hallet 1999)

an regionaler Spezialisierung wie in der Industrie der USA verursachen würde (KRUGMAN 1993). Das Ergebnis wäre eine höhere Sensibilität gegenüber regionalen asymmetrischen Schocks durch sektorspezifische Schocks. Angesichts der Tatsache, dass der empirische Befund zu dieser Frage nicht sehr klar war, wurden mehrere Studien über regionale Spezialisierung und Konzentration in Europa durchgeführt, die eine weniger dramatische Sicht der räumlichen Auswirkungen europäischer Integration auf Konzentration und Spezialisierung ergeben, und zwar aus mehreren Gründen (vgl. HALLET 2004):

1. Ansiedlung und Verlagerung von Produktion beinhalten hohe Investitionen und sind langfristige Prozesse mit einer großen Trägheit, möglicherweise auch wegen „lock in"-Effekten, sobald ein bestimmtes Muster von Spezialisierung und Konzentration sich entwickelt hat. Signifikante Änderungen sind deshalb über 20 oder 30 Jahre nur schwer zu identifizieren, obwohl mehrere wichtige Standortfaktoren in der EU sich deutlich geändert haben, wie beispielsweise die Vollendung des Binnenmarktes, mehrere Erweiterungen, die Öffnung Osteuropas und der allgemeine Trend der Globalisierung. Dennoch haben sich in kleineren Ländern mit einem hohen Tempo von Aufholprozessen oder struktureller Änderung, wie zum Beispiel Finnland, Irland und Portugal, die Spezialisierungsmuster deutlich geändert.
2. Der allgemeine Prozess des Strukturwandels von Industrie zu Dienstleistungen führt dazu, Regionen hinsichtlich ihrer Spezialisierung ähnlicher zu machen. Während in einigen Sektoren handelbarer Güter mittel- bis langfristig wahrscheinlich weitere Konzentration zu beobachten sein wird, wird das Gesamtbild doch von der zunehmenden Bedeutung nicht handelbarer Güter geprägt sein, deren Produktion dem räumlichen Muster der Kaufkraft folgt und – angesichts des Fehlens signifikanter räumlicher Arbeitsmobilität in der EU – möglichen Agglomerationskräften entgegenwirkt.
3. Unter den Standortfaktoren wird die Bedeutung von Marktzugang und Humankapitalausstattung in der Regel bestätigt, wohingegen die zentripetale Auswirkung von Größenvorteilen sich zu vermindern scheint. In dieser Hinsicht und in Verbindung mit ihrem traditionellen Vorteil niedriger Lohnkosten im Vergleich zum Rest der EU scheinen Kohäsionsländer attraktivere Standorte für bestimmte Arten der Produktion geworden zu sein.

Zusammenfassend lässt sich feststellen, dass Regionen mit einer hohen Intensität des Außenhandels mit Euro-Partnern und Regionen in Ländern, wo das vorherige Wechselkursregime eine höhere Volatilität beinhaltete, wahrscheinlich die größten anfänglichen Integrationswirkungen durch den Euro erfahren haben. Zusätzlich zu den Grenzregionen sind dies in der Regel Regionen in den kleinen offenen Volkswirtschaften wie zum Beispiel Irland, den Benelux-Ländern, Österreich, Griechenland, Spanien, Portugal und Finnland. Dies kann teilweise das beobachtete höhere Wachstum von Irland, Luxemburg, Griechenland, Spanien und Finnland seit 1999 erklären. Diese statischen Integrationswirkungen, die im Hinblick auf die Kohäsion neutral sind, können in dynamische Integrationswirkungen übergehen, obwohl es zweifelhaft ist, ob dies schon in dem kurzen Betrachtungszeitraum sichtbar wird.

4 Regionale Auswirkungen makroökonomischer Bedingungen

Integrationswirkungen allein werden nicht ausreichen, um die Unterschiede in der beobachteten Wachstumsentwicklung seit 1999 zu erklären. Während langfristige, angebotsseitige Determinanten ebenfalls für das regionale Wachstum wichtig sind, werden sie weniger direkt vom Euro beeinflusst werden und sind nicht Gegenstand dieses Beitrags. Jedoch können makroökonomische Bedingungen wichtige kurzfristige nachfrageseitige Wirkungen auf den Konjunkturzyklus haben.

Mit dem Beginn der Währungsunion gab es zwei wesentliche Änderungen in den makroökonomischen Bedingungen. Erstens gab es eine Konvergenz der Wirtschaftspolitik entsprechend den Konvergenzkriterien für die Teilnahme am Euro und dem Stabilitäts- und Wachstumspakt. Eine wichtige Folge davon war, dass die nominalen Zinssätze im Euro-Gebiet auf niedrigem Niveau zusammenkamen. Zweitens bedeutet die unwiderrufliche Fixierung der Wechselkurse in einer Währungsunion und die Einführung einer einheitlichen Währungspolitik unter der Verantwortung der Europäischen Zentralbank, dass der nominale Wechselkurs und die kurzfristigen Zinssätze nicht mehr als Politikinstrumente für die teilnehmenden Länder verfügbar sind.

Wenn es einen einheitlichen nominalen Wechselkurs und ähnliche nominale Zinssätze innerhalb einer Währungsunion gibt, kommen im Falle eines regionalen asymmetrischen Schocks alternative Anpassungsmechanismen ins Spiel. Insbesondere bedeuten regionale Inflationsdifferenzen Unterschiede in den realen Zinssätzen und den realen Wechselkursen. Da der Inflationsdruck umso stärker sein wird, je höher die Kapazitätsauslastung ist, hängt die Inflation hauptsächlich von der konjunkturellen Lage einer Wirtschaft ab. Empirisch ist dies in einer Währungsunion sowohl auf nationaler Ebene als auch auf regionaler Ebene relevant, obwohl Preisentwicklungen hauptsächlich auf nationaler Ebene berichtet werden. Tatsächlich wird ein großer Anteil des Haushaltseinkommens für Wohnen ausgegeben, dessen Preis in hohem Maße von lokalen Bedingungen abhängt, obwohl nationale Regulierungen über Bauen und Finanzierung ebenfalls wichtige Faktoren sind.

Wenn die Inflation höher ist, und deshalb der Realzins niedriger als anderswo im Euro-Gebiet ist, wird die Kreditaufnahme, um Konsum oder Investition zu finanzieren, relativ billiger und erhöht die Gesamtnachfrage. Dieser Zinssatzeffekt war teilweise das Ergebnis des Beginns der Währungsunion mit der Folge einiger Desynchronisierung der Konjunkturzyklen innerhalb des Euro-Gebiets. Der Inflationsdruck war häufig in den einkommensschwachen Volkswirtschaften wegen des „Balassa-Samuelson"-Effekts besonders stark, welcher vereinfacht gesagt bedeutet, dass einkommensschwache Volkswirtschaften in der Regel eine höhere Inflation für nicht handelbare Güter haben, weil Aufholprozesse bei den Löhnen sich vom Sektor handelbarer Güter übertragen, wo der technische Fortschritt die Arbeitsproduktivität erhöht.

Tatsächlich lässt sich eine beträchtliche Konvergenz nominaler langfristiger Zinssätze in den 90er Jahren beobachten, die bei Inflationsunterschieden zu sichtbaren Differenzen in den realen Zinsen führten (Abb. 3). In mehreren Ländern (Griechenland, Spanien, Irland, Niederlande, Portugal) bedeutete dies Realzinssätze von etwa 1 % oder sogar weniger. Dies ergab extrem günstige Bedingungen für die Kreditaufnahme, die in den meisten dieser Länder einen Kreditboom auslöste, der zu einem starken Anstieg der Immobilienpreise und des Verbrauchs führte. Die Niederlande und Portugal haben bereits eine Abwärtskorrektur mit einer damit zusammenhängenden Abschwächung von Wachstum und Inflation erfahren. Dagegen blieben in Frankreich und Deutschland die realen langfristigen Zinssätze bei etwa 3 % und können zu der Schwäche von Wachstum und Beschäftigung in den letzten Jahren beigetragen haben.

Während der eben beschriebene Realzinseffekt Wachstumsunterschiede in einer Währungsunion kurzfristig erhöht, dominiert mittelfristig der reale Wechselkurseffekt und gleicht die Konjunkturzyklen aneinander an (vgl. EUROPEAN COMMISSION 2005, 19 ff.). In einer schnell wachsenden Wirtschaft mit Inflationsraten über dem Euro-Gebietsdurchschnitt führt die Aufwertung des realen Wechselkurses zu einem Verlust an Preiswettbewerbsfähigkeit gegenüber der übrigen Währungsunion und deshalb zu einer Reduzierung der Nettoexporte. Dieser Wettbewerbsfähigkeitseffekt verringert die Nachfrage in einer überhitzenden Wirtschaft und erhöht die Nachfrage in einer Wirtschaft mit schwachem Wachstum und gleicht somit die konjunkturellen Situationen innerhalb einer Währungsunion an.

Abb. 4 zeigt die Entwicklung des realen effektiven Wechselkurses der Euro-Länder gegenüber den anderen Euro-Ländern von 1999 bis 2004.

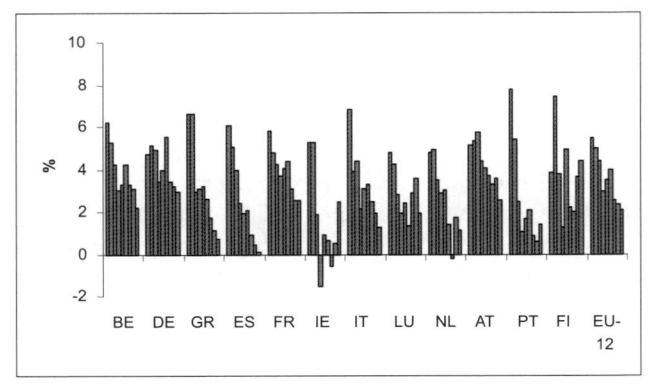

Abb. 3: Reale langfristige Zinssätze im Euro-Gebiet (BIP-Deflator) 1995–2004 (Quelle: Europäische Kommission, Ameco-Datenbank)

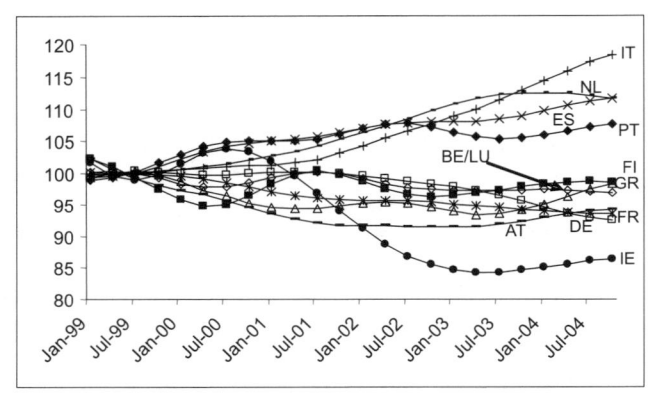

Abb. 4: Vierteljährliche reale effektive Wechselkurse gegenüber EU-12 (1999 = 100; basierend auf nominalen Lohnstückkosten in der Industrie) 1999–2004 (Quelle: Europäische Kommission, Website der GD ECFIN)

Die nominalen Lohnstückkosten in der Industrie wurden als Deflator als ein guter Indikator der Exportwettbewerbsfähigkeit verwendet. Es gab eine beträchtliche Aufwertung in Italien, Spanien, den Niederlanden und Portugal, während es eine starke Abwertung in Österreich, Frankreich, Deutschland und Irland gab. Es ist daran zu erinnern, dass dieser Indikator nur Änderungen und nicht Niveaus abbildet, so dass in den Fällen eines verzerrten Umrechnungskurses zu Beginn der Währungsunion die Änderung des realen Wechselkurses eher eine Bewegung hin zum Gleichgewichtswechselkurs als ein neuer Gewinn oder Verlust an Wettbewerbsfähigkeit bedeuten würde.[2] Diese Vermutung gilt insbesondere für Deutschland, wo es wegen der längerfristigen Auswirkungen der Wiedervereinigung eine weit verbreitete Ansicht gibt, dass der Eintrittskurs zu hoch war und eine nachfolgende Korrektur erforderte.

---

[2] Ebenso, insoweit es eine Veränderung des Gleichgewichtswechselkurses gibt, beispielsweise durch den Balassa-Samuelson-Effekt, hat die entsprechende Änderung des realen Wechselkurses keinen Einfluss auf die Wettbewerbsfähigkeit.

Bei Preis- und Lohnstarrheiten sowie „kurzsichtigen" Wirtschaftsakteuren können die Wechselwirkungen von Realzinseffekt und Wettbewerbsfähigkeitseffekt zu Überhitzung und Unterkühlung führen und können deshalb „Boom-Bust"-Zyklen ergeben (DEROOSE et al. 2004). Da Preisveränderungen häufig besonders stark für Anlagewerte wie zum Beispiel Wertpapiere oder Immobilien sind, kann die Erwartung anhaltender Preiserhöhungen zu Überinvestitionen und Spekulationsblasen führen, die schließlich platzen und zu scharfen und langwierigen abwärtsgerichteten Anpassungen beitragen. Dies scheint die Erfahrung von Deutschland seit den späten 1990er Jahren und, in den letzten Jahren, in den Niederlanden und Portugal gewesen zu sein. Finanz- und Lohnpolitik können diesen scharfen Anpassungsweg verschärfen, wohingegen Strukturreformen, die die Integration und Flexibilität von Märkten erhöhen, in der Regel nützliche Auswirkungen bei der Verringerung von Inflationsunterschieden und dem Abfedern der Anpassung haben.

5 Zusammenfassung

Seit der Einführung des Euro gab es wenig Einkommenskonvergenz auf nationaler und regionaler Ebene innerhalb des Euro-Gebiets. Regionale Integrationswirkungen und die makroökonomischen Bedingungen wurden im Hinblick darauf diskutiert, welche Rolle der Euro bei der Regionalentwicklung gehabt haben könnte, um die beobachtete Wachstumsentwicklung zu erklären. Alles in allem können die regionalen Integrationswirkungen und die regionalen Auswirkungen makroökonomischer Bedingungen tatsächlich Erklärungen für die Unterschiede in der Wachstumsentwicklung liefern, obwohl der mögliche Beitrag mehrerer langfristiger Angebotsdeterminanten regionalen Wachstums in diesem Beitrag nicht analysiert wurde.

Regionen mit einer hohen Intensität von Außenhandel im Euro-Gebiet und Regionen in Ländern, wo das vorherige Wechselkursregime eine hohe Volatilität ergab, haben wahrscheinlich die größten Integrationswirkungen durch den Euro erfahren. Zusätzlich zu Grenzregionen sind dies in der Regel Regionen in den kleineren offenen Volkswirtschaften des Euro-Gebiets. Die statischen Integrationswirkungen, die wie gezeigt im Hinblick auf die Kohäsion neutral sind, können dynamische Integrationswirkungen haben, obwohl es zweifelhaft ist, ob dies schon in dem berücksichtigten kurzen Zeitraum sichtbar wird.

Bei regionalen Inflationsunterschieden kann sich der makroökonomische Rahmen innerhalb einer Währungsunion auf den Realzinssatz und den realen Wechselkurs auswirken. Während der Realzinseffekt kurzfristig Wachstumsunterschiede erhöhen kann, dominiert mittelfristig der reale Wechselkurseffekt, der auf die Synchronisierung von Konjunkturzyklen hinwirkt. Lohn- und Preisstarrheiten in Verbindung mit „kurzsichtigen" Wirtschaftsakteuren können zu längeren Perioden der Überhitzung und Unterkühlung und deshalb zu „Boom-Bust"-Zyklen führen.

Literatur

BRÖCKER, J. (2004): Regional Welfare Effects of the European Monetary Union. In: ARL/Datar (Hrsg.): Spatial Implications of the European Monetary Union. Hannover, 45-62. (= ARL Studies in Spatial Development, 6).

DEROOSE, S./LANGEDIJK, S./ROEGER, W. (2004): Reviewing adjustment dynamics in EMU: from overheating to overcooling. Brüssel (= DG ECFIN Economic Papers, 198).

EUROPÄISCHE KOMMISSION – Generaldirektion für Wirtschaft und Finanzen (1990): Ein Markt, eine Währung. Brüssel/Luxemburg: Amt für amtliche Veröffentlichungen (= Europäische Wirtschaft Nr. 44).

EUROPEAN COMMISSION (2004): EMU after 5 years. Brüssel (= European Economy Special Report 1/2004).

EUROPEAN COMMISSION (2005): Quarterly Report on the Euro Area, 4(2). Brüssel.

HALLET, M. (1999): The Regional Impact of the Single Currency. In: Fischer, M./Nijkamp, P. (Hrsg.): Spatial Dynamics of European Integration – Regional and Policy Issues at the Turn of the Century. Berlin, 94-109.

HALLET, M. (2004): Regional Integration Effects of the Euro – What is the Empirical Evidence after the First Years? In: ARL/Datar (Hrsg.): Spatial Implications of the European Monetary Union. Hannover 45-62 (= ARL Studies in Spatial Development No. 6).

KRUGMAN, P. R. (1993): Lessons of Massachusetts for EMU. In: Torres, F./Giavazzi, F. (Hrsg.): Adjustment and growth in the European Monetary Union. Cambridge, 241-269.

KRUGMAN, P. R./VENABLES, A. J. (1990): Integration and the Competitiveness of Peripheral Industry. In: Bliss, C./Braga de Macedo, J. (Hrsg.): Unity with Diversity in the European Economy: The Community's Southern Frontier. Cambridge et al., 56-75.

EUROPÄISCHE KOMMISSION – Generaldirektion für Wirtschaft und Finanzen (1990): Ein Markt, eine Währung. Brüssel/Luxemburg: Amt für amtliche Veröffentlichungen (= Europäische Wirtschaft Nr. 44).

EUROPEAN COMMISSION (2004): EMU after 5 years. Brüssel (= European Economy Special Report 1/2004).

EUROPEAN COMMISSION (2005): Quarterly Report on the Euro Area, Vol. 4 N° 2. Brüssel.

HALLET, M. (1999): The Regional Impact of the Single Currency. In: Fischer, M./Nijkamp, P. (Hrsg.): Spatial Dynamics of European Integration – Regional and Policy Issues at the Turn of the Century. Berlin, 94-109.

HALLET, M. (2004): Regional Integration Effects of the Euro – What is the Empirical Evidence after the First Years? In: ARL/Datar (Hrsg.): Spatial Implications of the European Monetary Union. Hannover 45-62 (= ARL Studies in Spatial Development No. 6).

KRUGMAN, P. R. (1993): Lessons of Massachusetts for EMU. In: Torres, F./Giavazzi, F. (Hrsg.): Adjustment and growth in the European Monetary Union. Cambridge, 241-269.

KRUGMAN, P. R./VENABLES, A. J. (1990): Integration and the Competitiveness of Peripheral Industry. In: Bliss, C./Braga de Macedo, J. (Hrsg.): Unity with Diversity in the European Economy: The Community's Southern Frontier. Cambridge et al., 56-75.

Europas Stadtsystem zwischen Metropolisierung und Globalisierung

Stefan Krätke (Frankfurt/Oder)

1 Einleitung

Die Entwicklung Europas ist in der Gegenwart von einem doppelten Prozess geprägt, der zum einen eine fortschreitende wirtschaftliche Integration innerhalb des EU-Raumes („Europäisierung"), zum anderen die Einbindung Europas in eine neue Entwicklungsphase der Weltwirtschaft („Globalisierung") beinhaltet. Große Städte bzw. Stadtregionen spielen hierbei als verdichtete urbane Wirtschaftszentren und Knotenpunkte weiträumiger wirtschaftlicher Beziehungsnetze eine herausragende Rolle. Sie sind durch grenzüberschreitende Handelsbeziehungen und Unternehmensverflechtungen in ein transnationales Netz von regionalen Wirtschaftszentren eingebunden, das sich nicht nur über den europäischen Raum erstreckt, sondern zunehmend auch auf der globalen Maßstabsebene verbunden ist. Die Wirtschaftsintegration Europas spielt sich daher ganz wesentlich auf dem Feld der grenzüberschreitenden Integration von ehemals nationalen Stadtsystemen ab. Dies führt zu einer Aufwertung bestimmter Stadtregionen und zum Wandel ihrer funktionalen Reichweiten im europäischen und globalen Kontext. Die dominanten wirtschaftlichen Entwicklungszentren im EU-Raum sind dynamische Großstadtregionen und Metropolräume, in denen sich insbesondere die wissensintensiven Dienstleistungen und forschungsintensiven Industrieaktivitäten konzentrieren.

Da sich im Zuge des wirtschaftlichen Strukturwandels die Wirkungskräfte der räumlichen Agglomeration tendenziell verstärken (KRÄTKE 2005), stellt sich die wirtschaftsräumliche Entwicklung Europas weithin als ein Prozess der „Metropolisierung" von wirtschaftlichen Entwicklungs- und Innovationspotenzialen dar. Die Großstadtregionen und Metropolräume fungieren dabei als „Motoren" der gesamt- und regionalwirtschaftlichen Entwicklung im EU-Raum. Die zunehmende Konzentration wirtschaftlicher Entwicklungspotenziale insbesondere im Bereich von wissensintensiven Dienstleistungen und forschungsintensiven Industrien auf dynamische Großstadtregionen und Metropolräume ist allerdings auch eine wesentliche Triebkraft bei der Verstärkung regionaler Disparitäten in Europa. Nicht nur der Prozess der „Europäisierung" bzw. der fortschreitenden wirtschaftlichen Integration der EU-Länder hat das traditionelle Denken in nationalen Stadtsystemen obsolet gemacht – viel mehr noch hat der Prozess der Globalisierung die Stadt- und Regionalforschung veranlasst, die transnationale wirtschaftliche Vernetzung der Städte und Regionen als eine bedeutende Triebkraft ihrer wirtschaftlichen Entwicklung zu begreifen. Insbesondere die Metropolräume der EU sind herausragende Knotenpunkte der Organisationsnetze von global agierenden Unternehmen und fungieren als primäre Zentren für die weltwirtschaftliche Integration Europas.

In diesem Beitrag werden „Metropolisierung" und „Globalisierung" als übergreifende Tendenzen der Raumentwicklung thematisiert. Die Metropolisierung wird dabei vorrangig auf die selektive Konzentration der Potenziale wissensintensiver Wirtschaftsaktivitäten im Stadtsystem Europas bezogen. Diesbezüglich werden die unterschiedlichen sektoralen Profile und die verschiedenen Entwicklungspfade der Großstadtregionen und Metropolräume Europas im Bereich der wissensintensiven Wirtschaft herausgearbeitet. Mit Bezug auf den Prozess der Globalisierung wird die zunehmend transnationale (bzw. transkontinentale) wirtschaftliche Vernetzung von Großstadtregionen und Metropolräumen herausgestellt. Dabei werden die sektoral unterschiedlichen Muster der Verteilung von Unternehmenseinheiten globaler Firmen im Stadtsystem Europas aufgezeigt. Diese globalen Funktionen bewirken eine weitere Stärkung der Wirtschaftskraft bestimmter Großstadtregionen und Metropolräume, mit dem Effekt, dass die Metropolisierung des Stadtsystems im Kontext der Globalisierung weiter verstärkt wird.

2   Metropolisierung des Stadt- und Regionalsystems in der „Wissensgesellschaft"

Ausgehend von der These, dass im Rahmen einer zunehmend von Innovationen getriebenen Ökonomie die Entwicklungsaussichten von Städten und Regionen in besonderem Maße von Potenzialen und Kapazitäten im Bereich wissensintensiver Wirtschaftsaktivitäten bestimmt sind, werden in neuerer Zeit in der Wirtschaftsgeographie und Regionalforschung die Perspektiven einer „wissensbasierten" Regionalentwicklung thematisiert (KEEBLE/WILKINSON 2000, COOKE 2002, LO/SCHAMP 2003, MATTHIESEN 2004, KUJATH 2005a). Diese Debatte verweist auf den Stellenwert von Wissensressourcen sowie Forschungs- und Bildungs-Infrastrukturen, auf die Bedeutung der interaktiven Wissensgenerierung in Unternehmens-Clustern für die Wettbewerbsfähigkeit der Regionen, und nicht zuletzt auf die mögliche Stärkung der Entwicklungsaussichten von Städten und Regionen durch den Ausbau von wissensintensiven Aktivitätszweigen der Regionalwirtschaft („Profilierung" einer Region als Zentrum der knowledge economy). Zu den Kernbereichen der wissensintensiven Wirtschaft gehören sowohl Aktivitätszweige der Industrie mit hohem Anteil von Forschungs- und Entwicklungsaktivitäten zur Generierung von neuem Wissen technologischer Art als auch jene Wirtschaftsaktivitäten, bei denen die Generierung und wirtschaftliche Nutzung von spezifischem Wissen zentralen Stellenwert hat. Dazu gehören insbesondere die qualifizierten Unternehmensdienste im Bereich Wirtschaftsberatung und Organisationsmanagement, High-Tech-Dienstleistungen und Ingenieurdienste sowie die von „kreativem Wissen" abhängige Kulturökonomie und Medienwirtschaft.

„Metropolisierung" ist eine Umschreibung für die zunehmende räumliche Konzentration von wirtschaftlichen Entwicklungspotenzialen insbesondere im Bereich der forschungsintensiven Industrien und wissensintensiven Dienstleistungen auf Metropolräume und Großstadtregionen. Es reicht jedoch nicht aus, diese zusammenfassend als Zentren wissensintensiver Wirtschaftsaktivitäten im Regionalsystem darzustellen. Vielmehr zeichnen sich die Großstadtregionen und Metropolräume Europas durch unterschiedliche Profile bzw. spezifische Branchenschwerpunkte auch im Bereich der wissensintensiven Wirtschaft aus. Darüber hinaus können auf Basis der regional divergierenden Entwicklungsdynamiken von Teilsektoren der wissensintensiven Wirtschaft unterschiedliche Entwicklungspfade der Großstadtregionen und Metropolräume Europas im Strukturwandel zur wissensintensiven Wirtschaft identifiziert werden.

Um die Tendenzen des wirtschaftlichen Strukturwandels im EU-Raum unter dem Aspekt der Metropolisierung und der Ausdifferenzierung ökonomischer Profile der europäischen Großstadtregionen nachzuzeichnen, wurden die in der Eurostat Regiodatenbank bereitgestellten Daten zur wissensintensiven Wirtschaft für den Zeitraum 1997–2002 ausgewertet. Leider weist diese Datenbasis häufig noch Lücken für einzelne EU-Länder (oder Regionen) und Bezugsjahre auf. In der vorliegenden Untersuchung wurde deshalb nur die Entwicklung bis 2002 betrachtet. Die für die vorliegende Studie relevanten Daten sind nur für die relativ grobe NUTS 2-Ebene der regionalen Gliederung Europas ausgewiesen. Dadurch entstehen bei der Analyse von Stadtregionen gewisse Verzerrungen, die bei der Interpretation im Blick behalten werden müssen – so sind die Daten für Stadtregionen stets als Aggregat von Kernstadt und ihrem weiteren Umland zu verstehen. Andererseits ist die NUTS 2-Ebene für diese Analyse durchaus akzeptabel, wenn man bedenkt, dass sich in heutiger Zeit die wirtschaftlichen Verflechtungsräume der Großstädte und insbesondere der Metropolen Europas immer weiter ausgedehnt haben, und in diesem thematischen Zusammenhang ja nicht die kleinräumigen administrativen Gebietseinheiten, sondern die realen Wirtschaftsräume der urbanen Zentren des Regionalsystems von primärem Interesse sind. Die Analyse der Potenziale und Entwicklungspfade europäischer Großstadtregionen und Metropolräume im Bereich wissensintensiver Wirtschaftsaktivitäten bezieht insgesamt 60 Großstadtregionen im EU-Raum ein, unter denen ca. 20 bis 25 als Metropolregionen qualifiziert werden können. Da es keine einheitliche Definition oder Abgrenzung von Metropolregionen/Metropolräumen gibt (vgl. BLOTEVOGEL 1998, KUJATH 2005b), zielt dieser Ausdruck hier nur auf die näherungsweise Einkreisung von den nach ihren überregionalen Funktionen und wirtschaftlichen Kapazitäten im EU-Raum „herausragenden" Großstadtregionen. Die 60 Großstadtregionen wurden ausgewählt nach den Kriterien, dass (a) die Kernstadt der Region mehr als 450 000 Einwohner hat und (b) die Bevölkerungszahl der gesamten Stadtregion auf der NUTS 3-Ebene mehr als 1 Million Einwohner beträgt. Für die Zwecke einer gesamteuropäischen Analyse wurden mehrere Stadtregionen zu einer Gesamtregion zusammengefasst: Dazu gehören Florenz/Bologna, Manchester/Liverpool/Leeds, die „Randstad Holland" mit Amsterdam/Rotterdam/Den Haag sowie die Rhein-Ruhr-Agglomeration. Hier ist im Auge zu behalten, dass die aggregierte Analyse und Darstellung die polyzentrische interne Struktur dieser Großstadtregionen verdeckt.

Nach traditioneller Sichtweise ist der europäische Wirtschaftsraum durch eine großräumige Polarität zwischen einem geographisch zentralen Kernraum höchster Wirtschaftskraft und den umliegenden, eher „peripheren" Raumzonen im Süden, Südwesten, Norden und Osten Europas charakterisiert. Die Umschreibungen dieser großräumigen Polarität variierten im Zeitverlauf, wobei das klassische Raumstrukturbild des Entwicklungskorridors der „Banane" (SCHÄTZL 1993) heute zunehmend durch die Rede von einem „Kernraum der EU" abgelöst worden ist, der durch das Fünfeck der Metropolen London, Paris, Mailand, München und Hamburg umschrieben wird (EUROPÄISCHES RAUMENTWICKLUNGSKONZEPT 1999). Gleichwohl zeigt ein Blick auf die regionalen Konzentrationen von Wirtschaftskraft im Raum der heutigen EU, dass auch außerhalb des so genannten Kernraumes eine ganze Reihe von Großstadtregionen mit hoher Wirtschaftsleistung zu finden sind (z. B. Dublin, Stockholm, Wien, Madrid und Barcelona, Florenz/Bologna und Rom, Kopenhagen). So erscheint die traditionelle Vorstellung einer großräumigen Polarisierung im EU-Raum zu stark vergröbert, um die wirtschaftsräumliche Struktur Europas angemessen zu charakterisieren. Die wirtschaftlichen Leistungszentren Europas formen ein polyzentrisches Gefüge, das nahezu alle Raumzonen der EU mit einschließt, und im sog. Kernraum nur eine „höhere Dichte" von leistungsstarken Großstadtregionen aufweist. Das Gesamtbild der EU-Regionalstruktur zeigt vor allem eine Konzentration der Wirtschaftskraft auf die Großstadtregionen und Metropolräume. Die 60 Großstadtregionen der EU-25 vereinigten 2002 zusammen 61 % des BIP und 56 % aller Beschäftigten der EU-25 auf sich. Die wirtschaftliche Entwicklung der Gegenwart deutet zudem auf eine weitere Verstärkung dieser Konzentration hin: Im Zeitraum 1997–2002 vereinigten die Großstadtregionen der EU-15 zusammen 69 % des Zuwachses an Wirtschaftsleistung der EU-15 auf sich. Ferner konzentrierten allein 43 Großstadtregionen der EU-15, für die Daten zur Beschäftigtenentwicklung verfügbar sind (Eurostat Regiodatenbank), 60 % der Beschäftigungsgewinne der EU-15 im Zeitraum 1997–2002 auf sich.

An diese Befunde zur „Metropolisierung" knüpft sich die These, dass die herausragende Wirtschaftskraft der europäischen Großstadtregionen auf die besonders starke (und zunehmende) Konzentration von wissensintensiven Wirtschaftsaktivitäten zurückzuführen ist. Die wissensintensiven Wirtschaftszweige weisen in den 60 Großstadtregionen einen höheren Beschäftigtenanteil auf als im Mittelwert der EU-25; den höchsten Beschäftigtenanteil von 44 % erreichen dabei die Metropolregionen. Diese Konzentration in Großstadtregionen und Metropolräumen ist sowohl bei wissensintensiven Dienstleistungen als auch bei forschungsintensiven Industriezweigen gegeben. Die Beschäftigtenentwicklung der Gegenwart deutet auf eine weitere Akzentuierung dieses Musters hin: Der Beschäftigungszuwachs im Industriesektor der EU-15 (1997–2002) entfällt zum größten Teil auf die forschungsintensiven Industrien; deren Wachstumsrate ist acht Mal höher als die der sonstigen Industriezweige. In den 43 Großstadtregionen, für die differenzierte Beschäftigungsdaten verfügbar sind, vereinigen die forschungsintensiven Industrien 87 % des Zuwachses an Industriearbeitsplätzen auf sich. In den 17 Metropolregionen der EU-15 war im Zeitraum 1997–2002 ein Zuwachs von 65.000 Beschäftigten in forschungsintensiven Industrien zu verzeichnen – demgegenüber stand ein Verlust von zusammen 118.000 Beschäftigten in anderen Industriezweigen. Der Beschäftigungszuwachs im Dienstleistungssektor der EU-15 (1997–2002) entfällt zum größten Teil auf die wissensintensiven Dienstleistungen – deren Wachstumsrate ist doppelt so hoch wie bei den sonstigen Dienstleistungszweigen. In den 43 Großstadtregionen, für die differenzierte Beschäftigungsdaten vorliegen (Eurostat Regiodatenbank), vereinigen die wissensintensiven Dienstleistungen 68 % des Zuwachses an Dienstleistungsbeschäftigten auf sich; in den 17 Metropolregionen der EU-15 erreicht dieser Anteil 75 %. Nach diesen Befunden qualifizieren sich die Großstadtregionen und insbesondere die Metropolräume der EU als die primären Standortzentren für wissensintensive Industriezweige und qualifizierte Unternehmensdienstleistungen. In solchen Befunden ist auch die Rede von den Metropolräumen und Großstadtregionen als „regionalen Motoren" der europäischen Wirtschaftsentwicklung begründet. Die Tendenz der Metropolisierung kann gewissermaßen als räumliche Artikulationsform des Bedeutungszuwachses von wissensintensiven Wirtschaftsaktivitäten begriffen werden.

Die räumliche Verteilung der wissensintensiven Wirtschaft (alle Teilsektoren zusammen) im Stadtsystem Europas lässt erkennen, dass der sog. Kernraum der EU einen Großteil der Standortzentren der Wissensökonomie einschließt, wobei London und Paris eine führende Position einnehmen (und die Rhein-Ruhr-Agglomeration in aggregierter Darstellung ebenfalls eine starke Konzentration aufweist). Darüber hinaus existieren im europäischen Raum aber eine Reihe weiterer herausragender Zentren wissensintensiver Wirtschaftsaktivitäten wie insbesondere Madrid und Barcelona, Florenz/Bologna, Birmingham, Manchester/Liverpool/ Leeds, Kopenhagen, und Berlin. Die höchsten Anteile an den Gesamtbeschäftigten (meist 40–60 %) erreicht die „knowledge economy" in den Großstadtregionen der Mitte und des Nordens der EU. Die Entwicklung im Zeitraum 1997–2002 lässt einen Zuwachs der „knowledge economy" in allen Großstadtregionen und Metropolräumen der EU-15 erkennen. Dabei sind starke absolute Zuwächse in den Großstadtregionen und Metropolräumen des sog. Kernraums der EU zu verzeichnen, darüber hinaus jedoch auch in Metropolräumen wie Berlin, Kopenhagen und Stockholm sowie insbesondere in der Region Dublin. Ferner gibt es deutliche Anzeichen für einen Aufholprozess der Großstadtregionen und Metropolräume im Süden der EU, wo u. a. Madrid, Barcelona, Florenz/Bologna und Rom zu den Aufsteiger-Regionen der „knowledge economy" gehören.

3 Differenzierung ökonomischer Profile und Entwicklungspfade europäischer Großstadtregionen und Metropolräume im Strukturwandel zur wissensintensiven Wirtschaft

Die Großstadtregionen und Metropolräume der EU haben unterschiedliche Profile (bzw. spezifische Branchenschwerpunkte) im Bereich der wissensintensiven Wirtschaft: Im Subsektor der forschungsintensiven „High Technology"-Industrien erweist sich die Metropolregion London als das Standortzentrum mit der stärksten absoluten Konzentration von Beschäftigten (2002). Weitere herausragende Standortzentren der „High Technology"-Industrien sind Paris, Lyon, Mailand, München und Stuttgart. Zu den weiteren Standortzentren dieses Aktivitätszweiges gehören u. a. Stockholm, Berlin, Wien, Florenz/Bologna, Barcelona und Madrid. Insgesamt zeigt sich eine deutliche Konzentration forschungsintensiver Industriezweige auch in sog. Dienstleistungsmetropolen wie London, Paris und Mailand, was in überkommenen Debatten über die sog. Dienstleistungsgesellschaft überwiegend ausgeblendet wird. Demgegenüber belegt die Analyse der Zentren verschiedener Subsektoren der wissensintensiven Wirtschaft, dass die Metropolräume des europäischen Stadtsystems nach wie vor herausragende Standortzentren für forschungsintensive Industriezweige sind und ihre ökonomische Basis keineswegs auf Dienstleistungen reduziert ist. Die regionale Beschäftigtenentwicklung im Zeitraum 1997–2002 lässt erkennen, dass eine Reihe von Metropolräumen und Großstadtregionen in diesem Subsektor einen Rückgang der Beschäftigtenzahl aufweisen (insbesondere die Metropolregionen London und Paris), während andere einen deutlichen Zuwachs verzeichnen. Dazu gehören u. a. Mailand, München, Dublin, ferner Berlin, Frankfurt-Main, Lyon und Bilbao. Im Subsektor der „Medium High Technology"-Industrien erscheinen die Metropolregionen London, Mailand und Stuttgart sowie die Rhein-Ruhr-Agglomeration als die Standortzentren mit der stärksten absoluten Konzentration von Beschäftigten. Weitere herausragende Standortzentren sind Paris, Lyon, Barcelona, Florenz/Bologna, München, Frankfurt am Main, Hamburg, Birmingham und Manchester/Leeds/Liverpool. Die Veränderung der regionalen Beschäftigtenzahlen dieses Subsektors im Zeitraum 1997–2002 deutet auf ein „gespaltenes" Entwicklungsmuster hin: Schrumpfungsprozesse der „Medium High Technology"-Industrien sind vor allem in Großstadtregionen und Metropolräumen des Nordens der EU zu verzeichnen, mit Ausnahme von Dublin und dem Londoner Raum. Dagegen weisen nahezu alle Großstadtregionen und Metropolräume des Südens der EU sowie in Süddeutschland einen Zuwachs an Beschäftigten in diesem Subsektor forschungsintensiver Industrien auf.

Im Bereich der wissensintensiven Dienstleistungen werden hier nur zwei ausgewählte Subsektoren betrachtet: die „wissensintensiven Marktdienstleistungen", welche vor allem die qualifizierten Unternehmensdienste (Wirtschafts- und Rechtsberatung usw.) repräsentieren, und die „sonstigen wissensintensiven Dienstleistungen", welche in erster Linie aus Dienstleistungen im Bereich von Bildung, Kultur und Medien zusammengesetzt sind. Im Subsektor der „wissensintensiven Marktdienstleistungen" sind erwartungsgemäß die

Metropolregionen London, Paris, Mailand und Madrid sowie die Randstad Holland als herausragende Standortzentren ausgewiesen; die Rhein-Ruhr-Agglomeration und der Ballungsraum Manchester/Leeds/Liverpool zeigen vor allem aufgrund des Aggregationseffekts der Zusammenfassung eine erhebliche Konzentration von wissensintensiven Marktdienstleistungen. Es braucht nicht weiter kommentiert zu werden, dass sich die stärkste Konzentration von qualifizierten Unternehmensdiensten in prominenten „Global Cities" des europäischen Wirtschaftsraumes herausgebildet hat. Im Subsektor der „sonstigen wissensintensiven Dienstleistungen" – d. h. überwiegend Dienstleistungen im Bereich Bildung, Kultur und Medien – zeigen sich im Kreis der primären Standortzentren des EU-Raums einige Abweichungen vom Verteilungsmuster der Zentren qualifizierter Unternehmensdienste: Die Metropolregion London weist eine alles überragende absolute Konzentration auf. Zu den primären Standortzentren für den Bereich Bildung, Kultur und Medien gehören darüber hinaus neben Paris und Mailand u. a. auch die Metropolregionen Berlin, Hamburg und Kopenhagen, sowie die Großstadtregionen von Lyon, Birmingham und Manchester/Leeds/Liverpool. Eine starke Konzentration von wissensintensiven Dienstleistungen im Bereich Bildung, Kultur und Medien ist somit auch in Metropolräumen zu finden, die nicht zu den führenden Zentren überregionaler Unternehmensdienste gehören. Damit wird deutlich, dass die sog. Dienstleistungszentren des europäischen Stadtsystems auch unterschiedliche Profile im Bereich der wissensintensiven Dienstleistungen aufweisen. In vielen Großstadtregionen und Metropolräumen der EU hat der Bildungs-, Kultur- und Mediensektor ein größeres Gewicht als die unternehmensbezogenen Marktdienstleistungen. Die Dynamik der Beschäftigungsentwicklung aller wissensintensiven Dienstleistungen zusammen ist im Zeitraum 1997–2002 durch einen Zuwachs der Beschäftigtenzahlen in allen Großstadtregionen und Metropolräumen der EU-15 gekennzeichnet. Dabei sind starke Zuwächse in den Großstadtregionen und Metropolräumen des sog. Kernraums der EU zu verzeichnen (insbesondere im Raum von London und Paris), darüber hinaus jedoch auch in Metropolräumen wie Madrid, Berlin, Kopenhagen und Stockholm, sowie insbesondere in der Region Dublin und im Raum Manchester/Leeds/Liverpool. Im Süden der EU zeigen die Stadtregionen von Barcelona, Valencia und Sevilla, Florenz/Bologna und Rom einen erheblichen Beschäftigungszuwachs.

Richtet man den Blick auf regionale Entwicklungszusammenhänge zwischen wissensintensiven Industrien und Dienstleistungen, wäre zu prüfen, ob im Stadtsystem Europas eine Konvergenz oder Divergenz der Entwicklung wissensintensiver Industrien und Dienstleistungen erkennbar wird. Zunächst einmal verzeichnen die wissensintensiven Dienstleistungen im Zeitraum 1997–2002 in nahezu allen Großstadtregionen und Metropolräumen der EU einen quantitativ höheren Beschäftigtenzuwachs als die wissensintensiven Industrieaktivitäten. Darüber hinaus ist aber eine „gespaltene" Entwicklung insofern festzustellen, als ein Teil der Großstadtregionen und Metropolräume – vor allem im Norden der EU – bei wachsenden Beschäftigtenzahlen im Bereich wissensintensiver Dienstleistungen eine Schrumpfung der Beschäftigtenzahl forschungsintensiver Industrien aufweist, d. h. eine deutliche Divergenz der Entwicklungsrichtungen beider Teilsektoren. Demgegenüber zeigt der größere Teil der Großstadtregionen und Metropolräume eine Korrespondenz im Wachstum wissensintensiver Industrien und Dienstleistungen. Diese Stadtregionen, die vor allem im Süden der EU und im Süden der Bundesrepublik Deutschland liegen, sind durch eine Konvergenz der Entwicklungsrichtungen beider Teilsektoren gekennzeichnet. Diese Befunde geben erste Hinweise auf eine Ausdifferenzierung von

Entwicklungspfaden der Großstadtregionen und Metropolräume Europas.

Die Ausdifferenzierung der ökonomischen Entwicklung europäischer Stadtregionen kann über eine kombinierte Bewertung der Dynamik in Teilsektoren der wissensintensiven Wirtschaft europäischer Agglomerationsräume verdeutlicht werden. Hierzu wurden zunächst die Veränderungen der Beschäftigtenzahlen im Zeitraum 1997–2002 für sechs Teilsektoren nebeneinandergestellt. Die ersten drei Teilsektoren repräsentieren forschungsintensive Industrieaktivitäten und darauf bezogene forschungs- und technologieorientierte Dienstleistungen, die anderen drei Teilsektoren umfassen verschiedene gesamtwirtschaftlich relevante wissensintensive Dienstleistungen (hochqualifizierte Unternehmensdienste, Bildungs- und Medienbereich, Finanzdienste). Bei einer multisektoralen Bewertung der Entwicklung ist zu beachten, dass die absoluten Veränderungen der Beschäftigtenzahlen in den Teilsektoren unterschiedliche Größenordnungen erreichen. Um eine gleiche Gewichtung der verschiedenen Teilsektoren zu erreichen, wurden die einbezogenen Großstadtregionen und Metropolräume hinsichtlich der absoluten Veränderungen für alle Teilsektoren nach jeweils fünf Perzentilen klassifiziert. Auf dieser Basis wurde anschließend eine qualitative Einstufung der Dynamik vorgenommen, die von „starkem Zuwachs" bis „starker Schrumpfung" reicht. Im Ergebnis zeigt sich für 42 Stadtregionen, für die differenzierte Beschäftigungsdaten verfügbar waren, jeweils das spezifische Profil der Dynamik von Teilsektoren der wissensintensiven Wirtschaft. Durch die zusammenfassende Klassifizierung der Veränderungen kristallisierten sich vier Pfad-Typen heraus:

1. Stadtregionen, in denen wissensintensive Industrien den Entwicklungspfad zur wissensintensiven Wirtschaft prägen,
2. Stadtregionen, in denen wissensintensive Dienstleistungen den Entwicklungspfad bestimmen,
3. Stadtregionen, deren Entwicklungspfad durch ein kombiniertes Wachstum von wissensintensiven Industrien und Dienstleistungen geprägt ist, und
4. Stadtregionen ohne erkennbaren Schwerpunkt der Entwicklungsrichtung bzw. mit insgesamt schwacher Entwicklungsdynamik im Bereich der wissensintensiven Wirtschaft.

Werden die Pfad-Typen (Entwicklungsrichtungen) der Großstadtregionen und Metropolräume mit ihrem jeweiligen „Profil-Typus" (Ausgangskonstellation) kombiniert, ergibt sich ein differenziertes Bild der Entwicklungsdynamik im Stadtsystem Europas, das von simplifizierenden Trendbeschreibungen (wie z. B. „Wandel der Stadtregionen zu Dienstleistungszentren") abweicht. Danach umfasst das europäische Stadtsystem heute Stadtregionen wie Bordeaux, das sich von einem eher „diffusen" wirtschaftsstrukturellen Profil-Typus her auf einem von wissensintensiven Industrieaktivitäten geprägten Entwicklungspfad bewegt, und Stadtregionen wie Lyon, das vom Profil-Typus eines etablierten Zentrums wissensintensiver Industrien und Dienstleistungen herkommend im Strukturwandel einen von wissensintensiven Industrieaktivitäten geprägten Entwicklungspfad einschlägt. Ferner gibt es Stadtregionen wie London und Paris, die sich von der Ausgangskonstellation eines etablierten Zentrums wissensintensiver Industrien und Dienstleistungen herkommend auf einem Entwicklungspfad bewegen, der vom Schrumpfungsprozess der Industrieaktivitäten und starken Zuwachs im Bereich der wissensintensiven Dienstleistungen geprägt ist. Weitere Konstellationen schließen Stadtregionen ein, bei denen Profil-Typus und Entwicklungspfad gleichgerichtet sind, d. h. ein bestimmtes wirtschaftsstrukturelles Profil im Untersuchungszeitraum weiter ausgebaut bzw. stärker akzentuiert wird (z. B. Stockholm und Sevilla für wissensintensive Dienstleistungen, sowie

Strasbourg, Stuttgart und Bilbao für wissensintensive Industrien). Die meisten Metropolräume des europäischen Stadtsystems (wie u. a. Barcelona, Berlin, Frankfurt am Main, Madrid, Mailand, München) sind vom Profil-Typus als etablierte Zentren wissensintensiver Industrien und Dienstleistungen zugleich einzustufen und bewegen sich auf einem Entwicklungspfad, der durch ein kombiniertes Wachstum von wissensintensiven Industrien und Dienstleistungen gekennzeichnet ist.

Die Untersuchung der Entwicklungsdynamik im Stadtsystem Europas kommt zusammenfassend zu dem Ergebnis, dass die wissensintensiven Dienstleistungen keineswegs die allein bestimmende Komponente im Strukturwandel zur „knowledge economy" sind. Tatsächlich sind die forschungsintensiven Industrien ein ebenso prägender Bestandteil dieses Prozesses. Die Mehrheit der Großstadtregionen und Metropolräume der EU ist durch einen Entwicklungspfad gekennzeichnet, bei dem die Dynamik im Bereich forschungs- und wissensintensiver Industrieaktivitäten eine erhebliche Rolle spielt. Dieser Befund ist auch für die strategischen Orientierungen der wirtschaftlichen Entwicklungspolitik europäischer Stadtregionen relevant.

4 Globale Vernetzungen als Verstärker der Metropolisierung des Stadtsystems

Als Ausgangsthese dieses Beitrags wurde die Aussage getroffen, dass die Metropolisierung des Stadtsystems im Kontext der Globalisierung über eine selektive Konzentration globaler Wirtschaftsfunktionen in den führenden Metropolräumen und Großstadtregionen weiter verstärkt würde. Diese Stadtregionen sind herausragende Knotenpunkte der Organisationsnetze von global agierenden Unternehmen und fungieren als primäre Zentren für die weltwirtschaftliche Integration Europas. Strukturanalysen des internationalen Städtesystems waren meist auf die Darstellung einer globalen Städte-Hierarchie gerichtet und stützten sich gewöhnlich auf ökonomisch-funktionale Rangordnungen des Stadtsystems nach Kriterien wie z. B. der Anzahl von Unternehmenszentralen großer nationaler oder internationaler Firmen, der Anzahl internationaler Banken usw. Hierbei wurden vorrangig Attribut-Daten verwendet, die keine Aussage über die transnationalen wirtschaftlichen Verbindungen der Stadtregionen beinhalten. Wenn aber die globalen Verflechtungen zwischen städtischen Wirtschaftsräumen im Sinne eines ungleichmäßig verknüpften Netzes von Standortzentren zur Debatte stehen, müsste die Analyse auf relationale Daten – wie z. B. die Position einer Stadtregion als Verbindungsglied bzw. „Netzknoten" in den supra-regionalen Organisationsnetzen der Wirtschaft – gegründet werden. Die Forschung zum internationalen Stadtsystem beschäftigt sich heute weniger mit Global Cities als Klassifizierungskategorie von Rangordnungen des internationalen Stadtsystems (SASSEN 1991, 1996), sondern vielmehr mit Prozessen der zunehmenden globalen Vernetzung von Großstadtregionen und Metropolräumen (TAYLOR 2004), die einen sehr viel größeren Kreis von Stadtregionen einbeziehen und als ein relevanter Faktor ihrer regionalwirtschaftlichen Entwicklung begriffen werden. Die Großstadtregionen und Metropolräume der Industrieländer sind die Standortzentren für neue wissensbasierte Wertschöpfungsketten und innovationsstarke Produktionscluster im Bereich der wissensintensiven Industrie- und Dienstleistungsaktivitäten (SCOTT 2001; COOKE 2002, 2003; KRÄTKE 2005). Solche urbanen bzw. metropolitanen „knowledge cluster" sind häufig nicht nur durch regionale Beziehungsnetze gekennzeichnet, sondern auch durch starke überregionale Verbindungen zu den Innovationszentren anderer Regionen, und zwar auch im globalen Maßstab (REHFELD 2001, SCHAMP 2001, KRÄTKE 2004, ALVSTAM/SCHAMP 2005). Die globalen Verbindungen werden vor allem durch die „global players" der jeweiligen

Wertschöpfungsketten hergestellt, die in regionalen Clustern häufig als fokale Unternehmen fungieren und ihre weiträumig ausgreifenden Standortnetze bevorzugt in den führenden regionalen Clustern eines Aktivitätszweiges verankern (KRÄTKE 2002, LO/SCHAMP 2003). Auf diese Art und Weise werden spezifische regionale Wissens- und Kreativitätsressourcen mit Informationen und Wissensvorräten aus anderen, geographisch weit entfernten Regionen verknüpft.

Ein zentraler (doch häufig zu einseitig hervorgehobener) Aspekt der Stadtentwicklung im Globalisierungsprozess ist der Bedeutungszuwachs globaler Dienstleistungszentren im Sinne von Stadtregionen, in denen sich die spezialisierten Anbieter von Dienstleistungen für die Koordination und Kontrolle von transnational ausgedehnten Unternehmensaktivitäten konzentrieren. Die selektive Konzentration globaler Dienstleistungsanbieter im internationalen Stadtsystem ist in neuerer Zeit von der „Globalization and World Cities Study Group" empirisch untersucht worden (BEAVERSTOCK/SMITH/TAYLOR 1999, TAYLOR 2004). Studien der GaWC interpretieren die transnationalen Standortnetze von globalen Dienstleistungsfirmen als eine greifbare wirtschaftliche Verbindung zwischen Stadtregionen. Die Global Cities der Weltwirtschaft formieren nach TAYLOR (2004) nicht die Spitzengruppe einer globalen Städte-Hierarchie, sondern ein Netzwerk von Städten, das durch die transnationalen Verbindungen zwischen ihren Dienstleistungskomplexen konstituiert wird. Durch die selektive Konzentration von Unternehmenseinheiten mehrerer globaler Firmen in einer Stadt fungiert diese dann als mehr oder weniger starker Knotenpunkt der Organisationsnetze globaler Dienstleistungsfirmen.

Als Ergebnis dieser Studien zu den Knotenpunkten globaler Organisationsnetze der Wirtschaft ist für das Stadtsystem Europas festzuhalten: Globale Vernetzungen werden nicht nur in etablierten „Global Cities" wie London und Paris ausgebaut. Viele weitere Metropolräume und Großstadtregionen Europas sind heute in Globalisierungsprozesse einbezogen und werden zu wichtigen Knotenpunkten der Organisationsnetze globaler Unternehmen. Gleichwohl ist die weitaus stärkste Konzentration globaler Funktionen im EU-Raum nach wie vor in London und Paris zu finden. Die Metropolräume und Großstadtregionen der EU zeigen auch hinsichtlich ihrer globalen Vernetzungen unterschiedliche Profile, da die globalen Firmen im Bereich von Unternehmensdiensten, Finanzdienstleistungen, Kultur- und Medienwirtschaft oder forschungsintensiven Industriezweigen häufig unterschiedliche Verankerungspunkte ihrer Organisationsnetze im weltweiten Stadtsystem wie auch im Stadtsystem Europas wählen. So ist davon auszugehen, dass es „vielfältige Geographien der Globalisierung" gibt und die Metropolräume/Großstadtregionen Europas in unterschiedlicher Weise in globale Vernetzungen einbezogen sind.

5 Schlussfolgerung

Als Gesamtfazit der Analyse ist festzuhalten, dass die wirtschaftsräumliche Entwicklung Europas heute weithin als ein Prozess der „Metropolisierung" von wirtschaftlichen Entwicklungs- und Innovationspotenzialen betrachtet werden kann. So ist die traditionelle Vorstellung vom EU-Wirtschaftsraum als eines territorialen Mosaiks von Nationalökonomien ebenso wie die Vorstellung von nationalstaatlichen Territorien, die den Container-Raum „nationaler" Stadtsysteme bilden, eine zunehmend fragwürdige Abstraktion. Sobald die Wirtschaft als räumlich situiertes Produktionssystem verstanden wird, stellt sich der EU-Raum primär als ein Archipel regionaler Wirtschaftszentren dar, die ein transnational verbundenes „Netzwerk" von dynamischen Großstadtregionen und Metropolräumen konstituieren.

Literatur

ALVSTAM, C./SCHAMP, E.W. (Eds.) (2005): Linking Industries across the World. Processes of Global Networking. Aldershot.

BEAVERSTOCK, J. V./SMITH, R. G./TAYLOR, P. J. (1999): A Roster of World Cities. In: Cities, 16 (6), 445-458.

BLOTEVOGEL, H.-H. (1998): Europäische Metropolregion Rhein-Ruhr. Theoretische, empirische und politische Perspektiven eines neuen raumordnungspolitischen Konzepts. Dortmund.

COOKE, Ph. (2002): Knowledge Economies. Clusters, Learning and Cooperative Advantage. London.

COOKE, Ph. (2003): Biotechnology Clusters, Big Pharma and the Knowledge-driven Economy. In: International Journal of Technology Management, 25, 65-81.

EUROPÄISCHES RAUMENTWICKLUNGSKONZEPT (EUREK) (1999). Auf dem Wege zu einer räumlich ausgewogenen und nachhaltigen Entwicklung der EU. Potsdam.

KEEBLE, D./WILKINSON, F. (Eds.) (2000): High-Technology Clusters, Networking and Collective Learning in Europe. Aldershot.

KRÄTKE, S. (2002): Medienstadt. Urbane Cluster und globale Zentren der Kulturproduktion. Opladen.

KRÄTKE, S. (2004): Urbane Ökonomien in Deutschland: Cluster-Potenziale und globale Vernetzungen. In: Zeitschrift für Wirtschaftsgeographie, 48(3/4), 146-163.

KRÄTKE, S. (2005): Wissensintensive Wirtschaftsaktivitäten im Regionalsystem der Bundesrepublik Deutschland. Clusterpotenziale und Beitrag zur regionalen Wirtschaftsleistung. In: Kujath, H.-J. (Hrsg.): Knoten im Netz. Münster, 159-203.

KUJATH, H.-J. (Hrsg.) (2005a): Knoten im Netz. Zur neuen Rolle der Metropolregionen in der Dienstleistungswirtschaft und Wissensökonomie. Münster.

KUJATH, H.-J. (2005b): Deutsche Metropolregionen als Knoten in europäischen Netzwerken. In: Geographische Rundschau, 57(3), 20-28.

LO, V./SCHAMP, E. W. (Hrsg.) (2003): Knowledge, Learning, and Regional Development. Münster

MATTHIESEN, U. (Hrsg.) (2004): Stadtregion und Wissen. Analysen und Plädoyers für eine wissensbasierte Stadtpolitik. Opladen

REHFELD, D. (2001): Global Strategies Compared: Firms, Markets and Regions. In: European Planning Studies, 9(1), 29-46.

SASSEN, S. (1991): The Global City: New York, London, Tokyo. Princeton.

SASSEN, S. (1996): Metropolen des Weltmarkts. Frankfurt am Main.

SCHAMP, E. W. (2001): Reorganisation metropolitaner Wissenssysteme im Spannungsfeld zwischen lokalen und nicht-lokalen Anstrengungen. In: Zeitschrift für Wirtschaftsgeographie, 45, 231-245.

SCHÄTZL, L. (1993): Wirtschaftsgeographie der Europäischen Gemeinschaft. Opladen.

SCOTT, A. J. (Hrsg.) (2001): Global City-Regions. Trends, Theory, Policy. Oxford.

TAYLOR, P. J. (2004): World City Network. A Global Urban Analysis. London.

Europäische Peripherie im Wettbewerb und die Restrukturierung von Industrien in Süd- und Osteuropa: das Beispiel Volkswagen Navarra

Martina Fuchs (Köln)

1 Einführung

Konvergenzen oder Divergenzen in Bezug auf Einkommen und Beschäftigung in den verschiedenen Regionen Europas werden im hohen Maße von den lokal ansässigen Betrieben bestimmt. Sind diese Betriebe Teile internationaler Unternehmen oder transnationaler Konzerne und werden die Entscheidungen in einem Zentrum außerhalb der Region getroffen, so befindet sich der „periphere" Betrieb in externer Abhängigkeit. „Peripherie" meint in diesem Kontext sowohl die räumliche Randlage in Hinblick auf die Zentren und die traditionellen Werke als auch die geringere Entscheidungsbefugnis im Vergleich zu den jeweiligen Unternehmens- bzw. Konzernzentralen. Dieser Beitrag beschäftigt sich mit der zunehmenden Konkurrenz von Peripherien in Europa.

„Konvergenzen" und „Divergenzen" beziehen sich hier auf Aspekte von Arbeitsverhältnissen in Betrieben, das heißt auf die Chancen der Erhaltung (oder Schaffung) von Arbeitsplätzen, auf die Höhe der Löhne und Einkommen und auf andere Regulierungen, wie beispielsweise den Kündigungsschutz. „Konvergenz" meint damit abnehmende Ungleichheiten zwischen den Arbeitsverhältnissen, „Divergenz" bezieht sich auf eine zunehmende Kluft zwischen Arbeitsverhältnissen in verschiedenen Regionen Europas. Bei der „Konvergenz" ist auch die Richtung von Bedeutung: Es macht einen großen Unterschied aus, ob eine „Konvergenz nach oben", eine Verbesserung der Arbeitsverhältnisse aus Sicht der Beschäftigten, oder eine Konvergenz „nach unten", eine Verschlechterung und im Extremfall ein „race to the bottom", eintritt. Mit dem Blick in das Innere von Unternehmen hinein beziehen sich regionale Konvergenzen und Divergenzen in diesem Beitrag nicht auf den Vergleich von flächenhaft gedachten Regionen. Vielmehr wird die „Region" verstanden als lokales Akteurssystem (hier: Management und Belegschaftsvertreter), das in ein lokales institutionelles Setting integriert ist, gleichermaßen – und zunehmend – aber auch in nicht-lokale, internationale Akteurs- und institutionelle Systeme eingebunden ist.

Für viele Industrieunternehmen haben sich mit der Transformation der mittel- und osteuropäischen Staaten und durch die Erweiterung der EU neue Standortoptionen im Osten ergeben. Diese resultieren aus den institutionellen Rahmenbedingungen in Bezug auf Arbeitsverhältnisse und Produktionsbedingungen, die es für Unternehmen attraktiv machen, dort neue Standorte zu schaffen und Kapazitäten aufzubauen, und die damit eine ernsthafte Konkurrenz zu den vorhandenen institutionellen Bedingungen in der südlichen Peripherie entstehen lassen. Dies gilt zum Beispiel für die Automobilindustrie. Die Werke in der neuen Peripherie im Osten sind räumlich zwar am Rande der EU gelegen, aber dennoch in der Nähe der traditionellen Stammwerke und Produktionsverbünde in Deutschland angesiedelt. Für die Zulieferer ist es wichtig, den großen Markenherstellern zu folgen (*follow sourcing*). Etwa 40 Prozent der deutschen Automobilzulieferunternehmen haben Tochterbetriebe in Mittel- und Osteuropa errichtet und beschäftigen dort etwa 100 000 Menschen. Zusätzlich profitiert die Automobilindustrie von den im europäischen Vergleich geringen Löhnen einer gut qualifizierten Arbeiterschaft, und, was für eine kapitalintensive Industrie wie die Automobilindustrie noch wichtiger ist, von der hohen „Flexibilität", das heißt der Anpassungsbereitschaft der Arbeitenden auch an für sie schlechtere Bedingungen in Bezug auf Arbeitszeit, Entgelt, Kündigungsschutz etc. Andere Standorte in Europa verspüren nun den harten Wind der Konkurrenz. Ein Beispiel für die gestiegene Standortkonkurrenz durch Mittel- und Osteuropa ist das Volkswagenwerk in der nordspanischen Provinz Navarra, das in Comunidad Foral in unmittelbarer Nähe der Stadt Pamplona angesiedelt ist, wo der Polo produziert wird. Navarra hat in der letzten Dekade eine starke Konkurrenz erhalten, da der Volkswagenkonzern neue Standorte im Osten errichtet und ausgebaut hat. Der Volkswagenkonzern verfügt in den 2004 der EU beigetretenen Ländern über zwölf Produktionsstätten mit etwa 50 000 Beschäftigten und hat dort einen Marktanteil von etwa dreißig Prozent errungen. In einem Betrieb, in Bratislava in der Slowakischen Republik, wird mit ca. 7700 Beschäftigten neben anderen Modellen auch der Polo gefertigt.

Die zentrale These dieses Beitrags besteht darin, dass die „neue Peripherie" in Mittel- und Osteuropa einen verstärkten Druck auf die Standorte in der „alten Peripherie" auf der iberischen Halbinsel ausübt. Diese verschärfte Standortkonkurrenz führt aber zumindest in der Automobilindustrie nicht unmittelbar zu Standortschließungen. Standorte in den „alten Peripherien" können erhalten bleiben, sofern die regionalen Märkte in den „alten Peripherien" von der Existenz des jeweiligen Standorts abhängen. Dass die traditionelle südliche Peripherie weiterhin eine Chance hat, liegt in unserem Fallbeispiel daran, dass der regionale Markt in Spanien zu wichtig ist, als dass das Top-Management in Wolfsburg ihn durch einen Imageschaden, wie durch eine Werksschließung, verlieren möchte. Außerdem sind die Akteure an dem Standort bereit, sich im Bereich der Arbeitsbeziehungen auf Flexibilisierung einzulassen. Die lokalen Akteure in Spanien haben sich den Erwartungen der internationalen Akteure anzupassen, um die institutionellen Voraussetzungen für eine Flexibilisierung der Arbeitsverhältnisse zu schaffen, die gegenüber den institutionellen Bedingungen in Mittel- und Osteuropa wettbewerbsfähig erscheint.

Der Beitrag stellt zunächst die Situation der südlichen Peripherie, dem Volkswagenwerk in Navarra dar, wobei besonders die Bedeutung von Produktzuordnungen im Kontext der internen Konkurrenzsituation bei Volkswagen erörtert wird. Anschließend wird auf die Anforderungen des Managements in Richtung einer weiteren Flexibilisierung in Navarra eingegangen, bevor ein Ausblick auf die Zukunftsperspektiven für die südliche Peripherie Navarra gegeben wird.

2 Produktzuordnungen im Kontext der internen Konkurrenz im Volkswagenkonzern

Das Werk in Navarra, das ursprünglich 1965 von Seat gegründet worden war, bekam 1982/1983 mit dem Volkswagenkonzern einen Kooperationspartner, der es schrittweise bis 1994 übernahm. Damals, in den 1980er Jahren, fand eine Expansion der Automobilproduktion im Bereich der Mittelklasse in die „südliche Peripherie" Europas statt, ähnlich wie heute die Ausbreitung nach Osten. Dieser südlichen Peripherie wurde eine besondere Rolle zugeordnet: Es wurden dort vorwiegend kleinere und preiswertere Fahrzeuge gefertigt. Wie im Folgenden deutlich wird, hat sich diese Rolle heute geän-

Martina Fuchs

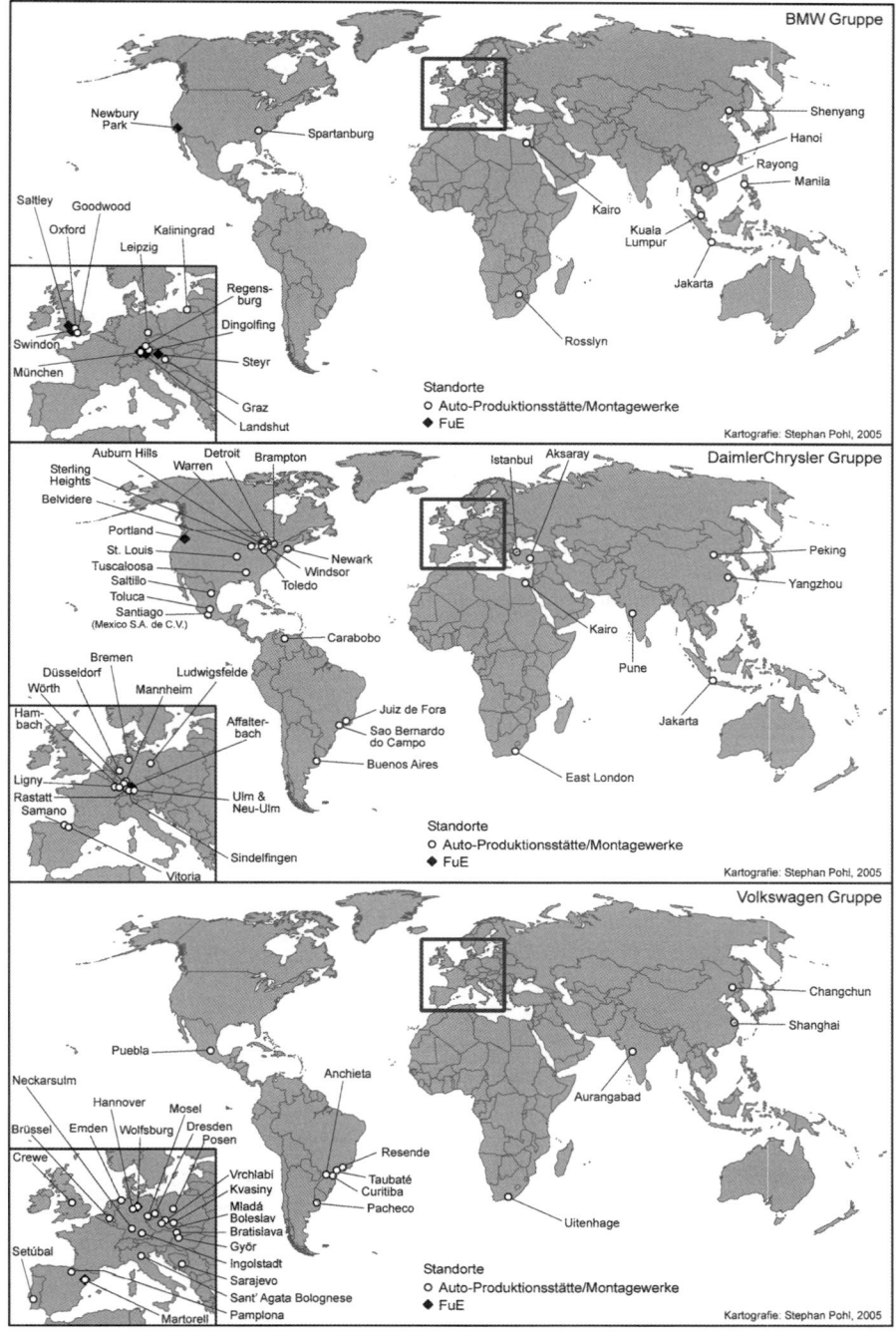

Abb. 1a-c: Standortverteilungen von BMW, DaimlerChrysler und Volkswagen (Quellen: BMW 2005, DaimlerChrysler 2005, Volkswagen 2005). Die Karten zeigen ausschließlich die Autowerke (integrierte Montagewerke und CKD-Montage, auch Nutzfahrzeuge) ohne konzerninterne Zulieferer von Motoren, Teilen, Elektroniksystemen etc.).

dert — mit Ausnahme für das Werk in Navarra.

Betrachtet man die Automobilhersteller, die eine eigene Marke in Deutschland aufweisen, so ist festzustellen, dass die Produzenten der klassischen Oberklasse-Fahrzeuge (wie DaimlerChrysler, BMW und Porsche) zumindest im PKW-Bereich nicht in Spanien investiert haben. Die spanischen Standorte von DaimerChrysler stellen Nutzfahrzeuge her. Wohl aber haben die traditionellen Hersteller von Mittelklasse-Fahrzeugen dort Fertigungstätten errichtet. Dieses Muster ist — obwohl die Konzerne mittlerweile in die jeweils anderen Größensegmente drängen, um die gesamte Modellgrößenpalette abzudecken — bis heute erhalten geblieben. Auch wenn DaimlerChrysler inzwischen zu einem transnationalen Konzern geworden ist und BMW weltweit Standorte errichtet hat, so hielten sich diese Hersteller mit Montagestandorten in der EU-internen Peripherie zurück, sowohl auf der Iberischen Halbinsel als auch in Mittel- und Osteuropa, und begaben sich vor allem in neue große Marktregionen, wie Amerika, Südostasien und Ostasien. Jedoch haben sie in den neuen Bundesländern investiert (Abb. 1a, b). Ganz anders sieht dagegen das Standortmuster von Volkswagen aus. In der Abb. 1c fallen die neuen Standorte im Osten Deutschlands und, mehr noch, in Europas östlicher Peripherie auf. Insofern ist festzustellen, dass wir mit Volkswagen ein Beispiel gewählt haben, das in Bezug auf die Nutzung der östlichen Peripherie besonders aktiv ist. Allerdings sind, wenn nicht ganz so deutlich, neben Volkswagen auch andere traditionelle Mittelklasse-Hersteller, wie Opel und Ford, diesen Weg gegangen.

Volkswagen, Opel und Ford verfolgten zunächst die Strategie, die größeren und gewinnträchtigeren Modelle an den deutschen Standorten herzustellen, während die kleinen Modelle in der südlichen und später in der östlichen Peripherie Europas produziert wurden (Abb. 2). Mittlerweile haben die traditionellen Mittelklassehersteller aber Lernerfahrungen in den Peripherien gesammelt, wie dort erfolgreich produziert werden kann. Außerdem veränderten sich die Märkte in der Weise, dass dort auch großvolumigere Fahrzeuge nachgefragt wurden. Daher begannen die Hersteller in vielen Wer-

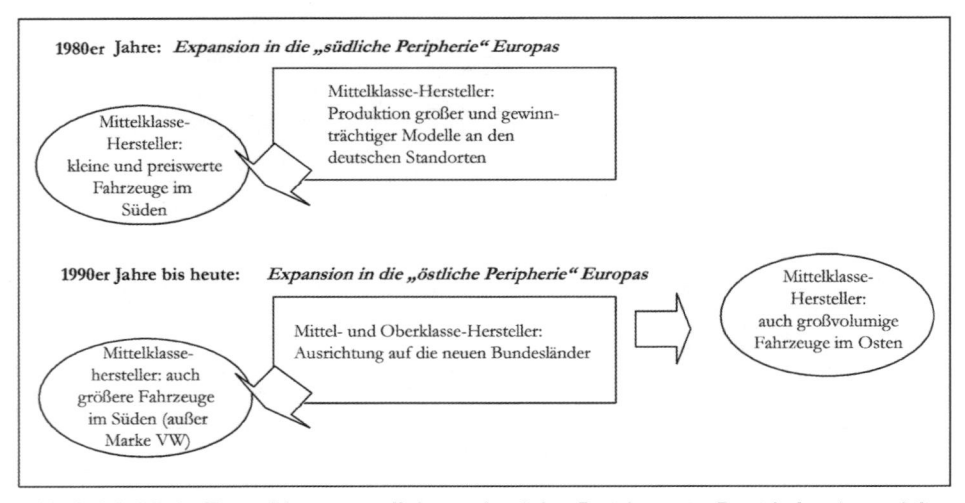

Abb. 2: Modell der Entwicklung von südlichen und östlichen Peripherien im Bereich der Automobilindustrie (Quelle: eigene Darstellung)

```
┌─────────────────────────────────────────────────────────────────┐
│                      Volkswagenkonzern                          │
│  ┌──────────────────────────────────────┐  ┌─────────────────┐  │
│  │                PKW                   │  │  Nutzfahrzeuge  │  │
│  │  ┌────────────────────┐ ┌─────────────────────────────┐   │  │
│  │  │ Markengruppe Audi: │ │ Markengruppe Volkswagen:    │   │  │
│  │  │ Marken: Audi, SEAT,│ │ Marken: Volkswagen-PKW,     │   │  │
│  │  │ Lamborghini        │ │ Škoda, Bentley und Bugatti  │   │  │
│  │  └────────────────────┘ └─────────────────────────────┘   │  │
│  └──────────────────────────────────────┘                      │
└─────────────────────────────────────────────────────────────────┘
```

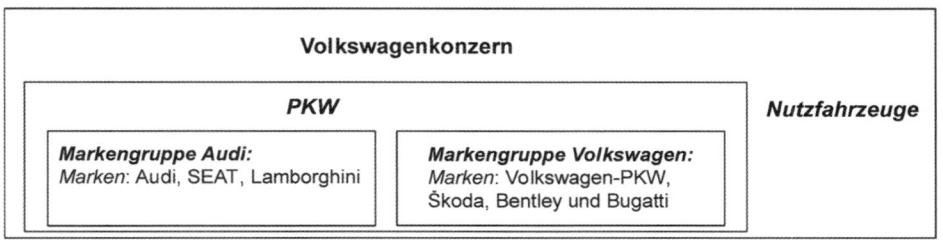

Abb. 3: Organisation des Volkswagenkonzerns (Quelle: Volkswagen AG 2005, eigene Darstellung)

ken, auch hochwertigere Fahrzeuge zu produzieren, etwa auf der Iberischen Halbinsel den Volkswagen Sharan, Ford Galaxy und Ford Focus und Opel Meriva. Mit dieser Diversifizierung ist Spaniens alter Spezialisierungsvorteil als Kleinwagenproduzent auf dem europäischen Markt abhanden gekommen: 1989 waren es 88 Prozent Kleinwagen, die Spanien exportierte, 1999 nur noch 48 Prozent (HUMPHREY/MEMEDOVIC 2003, 11). Inzwischen ist die Fahrzeugpalette aber auch an mittel- und osteuropäischen Volkswagenstandorten in großvolumigere Bereiche vorgedrungen. So fertigt der Volkswagenkonzern in der Slowakischen Republik auch Bora- und Golfvarianten sowie den Touareg, in der tschechischen Republik den Octavia Combi sowie den Škoda Superb und in Ungarn den Audi TT. Opel/GM stellt in Polen und Ungarn neben anderen Modellen den Vectra her.

Für Pamplona mit seiner Spezialisierung auf den Polo bedeuten die generellen Entwicklungen zunehmender Diversifizierung der Fahrzeugproduktion in der europäischen Peripherie, dass dieser Standort bislang nicht der Strategie einer Produktion auch größerer Modelle folgen konnte. Zugleich muss sich Volkswagen Navarra stärker mit anderen internationalen Kleinwagenproduzenten, besonders aus Frankreich und aus Japan, auf dem europäischen Markt messen. Dabei hat sich aber der Standort Pamplona auch der konzerninternen Konkurrenz bei Volkswagen zu stellen. Außer in Pamplona wird der Polo an Volkswagenstandorten in Brasilien, China, Südafrika und in der Slowakischen Republik gefertigt. Insbesondere der slowakische Standort zielt in weiten Teilen auf die gleichen Marktgebiete in Westeuropa wie der spanische Standort. Immerhin ist die Position von Navarra immer noch stark: Mehr als die Hälfte der weltweit hergestellten Polo-Fahrzeuge werden in Navarra produziert.

Neben der Konkurrenz von Standorten, die dasselbe Modell produzieren, steht der Standort Pamplona auch in Konkurrenz zu anderen Marken des Volkswagenkonzerns. Dies bildet ein Ergebnis der für Volkswagen spezifischen Strategie von „Volumenwachstum" (in die oberen Fahrzeugklassen hinein) und „Vielfalt" (der Angebotspalette und Varianten). Mittlerweile gibt es sieben Marken des Volkswagenkonzerns, die zu zwei Markengruppen zusammengefasst worden sind (vgl. Abb. 3). Die zunehmende Vielfalt erforderte schließlich eine Vereinheitlichung der Konzernmarken Volkswagen, Audi, Seat und Škoda auf gemeinsamen Entwicklungs- und Produktionsplattformen (vgl. FREYSSENET u .a. 2003, 245 ff.). Sicherlich stehen die Marken untereinander nicht in so direkter Konkurrenz wie Fahrzeuge desselben Modells, da mit den Marken verschiedene Designwünsche der Kunden abgedeckt werden: Seat wird mit einem sportlichen Image und ´südlicher Emotionalität´ auf den Markt gebracht, Škoda steht für die kompakte klassische Mittelklasse von hoher Qualität und für Seriosität (man erinnere sich an die Fabia-Werbung: „So klein und schon so ernst!"), und der Volkswagen Polo gilt als zeitgemäßes, zuverlässiges Fahrzeug mit gutem Werterhalt sowie umfangreichen sicherheitsbezogenen Ausstattungen. Dennoch birgt eine solche Strategie das Risiko eines „Kannibalismus" zwischen den Marken in sich (FREYSSENET/LUNG 2004, 90), die im selben Fahrzeugsegment und auf derselben Fahrzeugplattform jeweils ihre Modelle anbieten. Bezogen auf die Polo-Produktion in Pamplona bedeutet dies vor allem die Konkurrenz durch den Seat Ibiza, der in Spanien sowie in der Slowakischen Republik gefertigt wird, und durch den Škoda-Fabia aus der Tschechischen Republik. Die Märkte der Konkurrenzmodelle sind stark: Während weltweit rund 100 000 Polos verkauft wurden, konnte der Volkswagenkonzern ca. 184 000 Seat Ibiza und rund 240 000 Škoda-Fabia absetzen (2004).

Die „südliche Peripherie" gerät durch die „östliche Peripherie" unter Druck. Dieser ist gerade deswegen so stark geworden, weil das Werk in Navarra nur auf das eine Produkt, den Polo, ausgerichtet ist. Während vor der Volkswagenübernahme in dem Werk in Navarra verschiedene Fahrzeugtypen produziert worden waren, wird seit der Übernahme nur ein Modell, der Polo, dort gefertigt; außerdem gibt es eine Motorenproduktion. Der erste Polo war seit 1975 in Wolfsburg auf der Basis des „Audi 50" produziert worden, und der erste Polo, der in Spanien gebaut wurde, war jener der zweiten Generation, der „A 02". Seitdem wurden immer wieder neue Polomodelle eingeführt, zuletzt, 2005, der „A 05". Zunächst führte diese allein auf den Polo ausgerichtete Produktion zu einer Erfolgsstory in Navarra (ALÁEZ ALLER/GARCÈS 2004a, b; vgl. auch SCHMITZ 1999). Allerdings gab es bereits Anfang der 1990er Jahre einen Einbruch bei den spanischen Seatwerken und auch bei der Polo-Produktion, auf den die EU 1994/1995 mit einer Entscheidung zugunsten von Beihilfen reagierte. Das Werk in Navarra wurde dann vollständig an Volkswagen verkauft. Seinerseits erließ Volkswagen Seat Geschäftsschulden und verpflichtete sich zu unterstützenden Maßnahmen.

Erneut sind seit Anfang des aktuellen Jahrzehnts die Anzahl der produzierten Fahrzeuge und der Beschäftigten zurückgegangen, und die Erfolgsgeschichte hat Risse bekommen (Abb. 4). Lokale Akteure befürchten, dass eine Schließung von Volkswagen die Region Navarra tief treffen würde. Zwar ist die Abhängigkeit von Volkswagen insofern etwas begrenzt, als der Zuliefersektor in Navarra nicht allein auf Volkswagen, sondern auch auf andere europäische Fahrzeughersteller ausgerichtet ist. ALÁEZ AL-

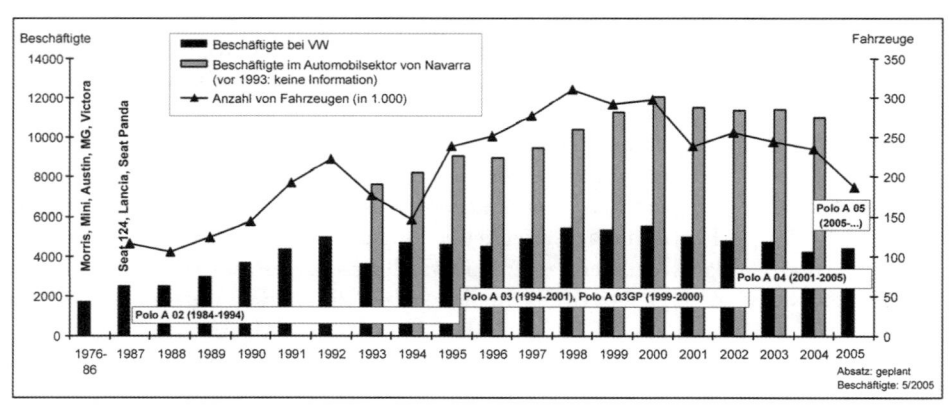

Abb. 4: Beschäftigte und produzierte Fahrzeuge bei Volkswagen und im Automobilsektor in Navarra (Quelle: Aláez Aller/Garcès 2004b, 9; eigene Darstellung)

LER/GARCÈS (2004b, 25) schätzen, dass – falls Volkswagen das Werk in Navarra schließen würde – etwa 4500 Arbeitsplätze im nicht von Volkswagen abhängigen Zuliefersektor erhalten bleiben könnten, aber immerhin mehr als 7000 Automobilbeschäftigte arbeitslos würden. Aber der regionale Markt in Spanien ist zu wichtig, als dass das Top-Management in Wolfsburg ihn durch einen Imageschaden, wie durch eine Werksschließung, verlieren möchte. Die Marke Volkswagen und der Volkswagenkonzern würden einen Schaden erleiden, der nicht nur das Ansehen des Polos, sondern von Volkswagen insgesamt in Spanien stark beschädigen könnte. Immerhin weist der Volkswagenkonzern dort einen Marktanteil von rund 21 Prozent an allen PKW auf, und etwa jedes zehnte Fahrzeug, das der Volkswagenkonzern in Europa ausliefert, wird in Spanien ausgeliefert (VOLKSWAGEN 2005).

Aus einer solchen Situation wie bei Volkswagen in Navarra bestehen prinzipiell zwei Auswege: Preiswettbewerb oder Innovationskonkurrenz. In Bezug auf Preiswettbewerb gibt es zwar grundsätzlich die Möglichkeit, durch billigere Angebote die Marktposition zu verbessern. Aber in der Automobilindustrie ist dieser Weg eingeschränkt, auch wenn jüngst niedrig preisige Fahrzeugmodelle auf den Markt gebracht worden sind, wie der neue Fox von Volkswagen oder der Dacia Logan von Renault. Doch lassen insbesondere die Kundenerwartungen an Sicherheitseinrichtungen und Ausstattung die Fahrzeuge letztlich doch teuer werden, und außerdem bringen diese preiswerten Fahrzeuge deutlich weniger Gewinne ein als hochwertige Fahrzeuge. Eine zweite Möglichkeit liegt in Produktinnovationen, oder „product upgrading". Hierfür hat sich Volkswagen entschieden. Das Management in Wolfsburg hat dabei nicht vor, den Standort durch die Einführung höherwertiger Modelle zu diversifizieren. Doch soll das Design des Polos weiter verbessert werden und das Fahrzeug in neuen Varianten auf den Markt gelangen. Dadurch kann der Polo verstärkt zum Einsteigerauto für junge Leute werden und so – im besten Falle – den Eintritt in eine lebenslange Markenbindung legen.

3 Arbeitsbeziehungen und Flexibilisierung

Außerdem wird ein Druck in Richtung Flexibilisierung an dem Standort in Navarra ausgeübt. Dabei treten nicht nur das Top-Management in Wolfsburg und die lokale Betriebsleitung als Akteure auf, sondern auch die Belegschaftsvertreter in Wolfsburg und in Navarra, welche die „changing geographies of production" prägen (HUDSON 2002, 267 ff.). Die Belegschaftsvertreter in Spanien sind Gewerkschafter, wobei es an dem Standort in Navarra verschiedene, konkurrierende Gewerkschaften gibt. Die gewählten Gewerkschaftsmitglieder vor allem aus der UGT (Union General de Trabajadores) gehören dem Europäischen bzw. Weltkonzernbetriebsrat von Volkswagen an. Diese Betriebsratsgremien wurden 1990 und 1998 vor dem Hintergrund des zusammenwachsenden Europas und der Globalisierung gegründet. Sie räumen den Belegschaftsvertretern zwar keine so starken Mitbestimmungsrechte wie etwa auf nationaler Ebene in Deutschland ein, aber immerhin die Möglichkeit, sich gegenseitig rechtzeitig zu informieren und gemeinsame Strategien zu entwickeln. Dadurch entstehen gegenseitige Lernprozesse. Wie die folgenden Ausführungen zeigen, weisen sie den Weg zu einer „Flexibilisierung", die mit Lohneinbußen einhergeht, aber auch mit der Hoffnung der Belegschaftsvertreter auf Standorterhalt in Navarra verbunden ist.

In Deutschland musste der deutsche Gesamtbetriebsrat bereits frühzeitig lernen, dass aufgrund der Konzernerweiterung nach Mittel- und Osteuropa ein starker Konkurrenzdruck aufgebaut wird, um flexiblere Formen der Arbeit zu schaffen. Dabei hat das Gremium sich traditionell um kooperative Konfliktlösungen mit dem Management bemüht. Als das Management drohte, ein neues Modell, den Touran, in der europäischen Peripherie zu produzieren, sofern nicht die deutschen Standorte zeigen könnten, dass sie genauso flexibel die Leistung erbringen wie die neuen Standorte im Osten, wurde die „Auto 5000 GmbH" geschaffen. Sie beruht auf einer Vereinbarung, die es seit 2001 erlaubt, dass ca. 5000 neu Beschäftigte innerhalb der Volkswagenwerke in Wolfsburg und Hannover in einer anderen Volkswagengesellschaft mit niedrigeren Löhnen und längeren Arbeitszeiten, aber mit einer neuen Kombination aus Arbeits- und Qualifizierungszeit sowie in einer nicht-tayloristischen Arbeitsorganisation tätig sind. Mittlerweile gilt „Auto 5000" in Bezug auf Bekämpfung von regionaler Arbeitslosigkeit und innovativer Arbeitsgestaltung als Erfolgsmodell (vgl. SCHUMANN u.a. 2005); es bildet aber auch eine neue Messlatte des Managements in Bezug auf Produktivitätssteigerung und Rationalisierung, wie sich im Sommer 2005 zeigte, als der Standort Wolfsburg den Zuschlag für den neuen, kleinen VW-Geländewagen nur unter den Bedingungen von „Auto 5000" erhielt. Die kooperative Strategie beruht auf einer spezifischen Struktur und Selbstdefinition des Betriebsrats und der Gewerkschaft bei Volkswagen in Deutschland. Betriebsrat und Gewerkschaft versuchen, wenn sich Standorte in schwierigen Situationen befinden, einerseits die Einbußen für die Belegschaft gering zu halten und innovative Lösungen zu finden, andererseits aber auch – und hier partiell gemeinsam mit dem Vorstand – die unangenehmen Botschaften an die Belegschaft zu vermitteln. Der Informationsfluss zwischen Management und Betriebsrat erfolgt u.a. über den Aufsichtsrat, in dem neben Management und den Arbeitnehmervertretern auch Vertreter des Landes Niedersachsen agieren. Hinzu kommt ein intensiver Informationsfluss vom Betriebsrat und von der (zu über 90 % bei Volkswagen organisierten) Gewerkschaft der IG Metall über Betriebsversammlungen und Informationsbroschüren an die Beschäftigten. Dieses institutionelle Gefüge hat es an den deutschen Volkswagenstandorten möglich gemacht, den Diskurs bei der Belegschaft so zu lenken, dass sie der konsensorientierten Strategie folgen.

Die gewerkschaftliche Situation bei Volkswagen Navarra erweist sich als völlig anders. Es gibt in Spanien verschiedene Gewerkschaften unterschiedlicher politischer Couleur, wobei die Auffassungen von eher sozialpartnerschaftlich orientierten Modellen, wie bei der UGT, bis hin zu anarcho-syndikalistischen Auffassungen reichen. Das Konkurrenzverhältnis zwischen den verschiedenen Gewerkschaften hat seinen Teil dazu beigetragen, dass die sozialpartnerschaftlich orientierten Teile der Gewerkschaften es oft nicht gewagt haben, die Belegschaft über die Marktprobleme zu unterrichten und ihnen unangenehme Strategien zu vermitteln. Den geschilderten Widerständen zum Trotz haben die kooperativ orientierten Gewerkschaften in Navarra begonnen, prinzipiell dem Kurs der deutschen Kollegen zu folgen. So haben die spanischen Gewerkschaften 2004, um Entlassungen zu verhindern, Vereinbarungen über Arbeitszeitverkürzungen ohne Lohnausgleich zugestimmt. Dies kann mit gegenseitigen Lernprozessen erklärt werden: Zum einen wurden die spanischen Belegschaftsvertreter durch gemeinsame Treffen mit den deutschen Betriebsräten davon überzeugt, dass es notwendig sei, einen kooperativen Kurs zu verfolgen, zum anderen haben ihre deutschen Kollegen von den institutionellen Hindernissen, wie von der hohen Gewerkschaftskonkurrenz in Spanien, erfahren und konnten entsprechend auf ihre spanischen Kollegen eingehen.

4 Bewertung und Zukunftsaussichten

Zusammenfassend ist festzustellen, dass der Automobilstandort Navarra unter verschärften Wettbewerbsbedingungen agieren muss, da andere spanische Standorte bereits ihre Produktion in größere Klassen von Fahrzeugen diversifiziert haben, während Pamplona weiterhin auf den Polo spezialisiert bleibt. Zugleich hat die Konkurrenz in dem Marktsegment des Polos zugenommen, insbesondere durch die neuen Standorte in Mittel- und Osteuropa, speziell in Bratislava. Der Beitrag zeigte, dass trotz Standortkonkurrenz innerhalb von transnationalen Unternehmensgruppen periphere Standorte eine Chance haben können, besonders dann, wenn die regionalen Märkte von dem Erhalt des jeweiligen Standorts abhängen. Insofern kann man feststellen, dass Automobilstandorte keine „Schwalbenindustrien" sind, die bei dem geringsten Lärm um Lohnkostenvorteile gleich ihre alten Standorte aufgeben. In Bezug auf die Wertschätzung des spanischen Marktes von Seiten des Top-Managements kann man allerdings aus heutiger Sicht nicht abschätzen, ob vielleicht später einmal das Management die regionalen Märkte und die Markenbindung als doch nicht mehr so bedeutend ansehen und dann den Standort infrage stellen könnte. Immerhin finden wir in der Automobilindustrie immer wieder Beispiele, bei denen auch in wichtigen Marktregionen Werke geschlossen werden – oder deren Stilllegung zumindest angedroht wird, wie bei Opel (General Motors) in Deutschland 2004 oder, wenn auch weniger konkret, bei Volkswagen in Deutschland im Sommer 2005, als es neue Gerüchte um die Zukunft des Standorts in Navarra und um eine mögliche Schließung eines deutschen Standorts sowie um einen Verkauf von SEAT gab. Dies weist auf die verschiedenen Pfadabhängigkeiten zwischen verschiedenen Automobilherstellern, aber auch auf den zeitlichen Wandel von Entscheidungsrichtungen innerhalb eines Konzerns hin. Die Institutionen, welche die Flexibilität sichern sollen, werden immer wieder erneut auf die Probe internationaler Konkurrenz gestellt.

Damit heißt dann aber „Konvergenz" zwischen der südlichen und östlichen Peripherie „Angleichung nach unten", hin zu niedrigeren Löhnen und höheren Anpassungsleistungen der Arbeitenden. Derselbe abwärts gerichtete Konvergenzdruck wird auch auf die zentralen Standorte ausgeübt. Dies schließt nicht aus, dass auch an den „alten" Standorten, seien sie zentral oder peripher, kreative Lösungen entwickelt und neue Win-win-Situationen geschaffen werden könnten. Dabei unterstellt der Beitrag nicht, dass der kooperative Kurs in den deutschen Werken die „richtige" Richtung ist. Aber der Beitrag macht deutlich, dass an der Entwicklung von Strategien nicht nur das Management und die örtlichen Betriebsleitungen, sondern auch international und national organisierte Betriebsräte und Gewerkschaften beteiligt sind. Die „changing geographies of production" (HUDSON 2002) in den östlichen und südlichen Peripherien haben mithin neue unternehmens- und konzerninterne Akteurskonstellationen und Institutionen hervorgebracht, die ihrerseits die Standortmuster beeinflussen.

Literatur

ALÁEZ ALLER, R./GARCÈS, A. (2004a): The Automotive Industry in Navarre. Vortrag auf dem 12. Gerpisa Colloquium, 9.-11. Juni 2004, Ministerère de la Recherche. Paris.

ALÁEZ ALLER, R./GARCÈS, A. (2004b): El sector de Automoción en la „vieja periferia" de la Unión Europea. Vortrag auf den Cursos de Verano, Universidad Pública de Navarre, Fundación Universidad Sociedad, 20.-22. Juli 2004, Pamplona.

Freyssenet, M./Shimizu, K./Volpato, G. (2003): Conclusion: Regionalization of the European Automobile Industry. In: Freyssenet, M./Shimizu, K./Volpato, G. (Hrsg.): Globalization or Regionalization of the European Car Industry? Houndsmills, 241-260.

Freyssenet, M./Lung, Y. (2004): Car Firms´ Strategies and Practices in Europe. In: Faust, M./Voskamp, U./Wittke, V. (Hrsg.): European Industrial Restructering in a Global Economy: Fragmentation and Relocation of Value Chains. Göttingen, 85-103.

Hudson, R. (2002): Changing industrial production systems and regional development in the New Europe. In: Transactions, 27, 262-281.

Humphrey, J./Memedovic, O. (2003): The Global Automotive Industry Value Chain: What Prospects for Upgrading by Developing Countries? Vienna.

Schmitz, C. (1999): Regulation und Raum. Frankfurt a. M.

Schumann, M./Kuhlmann, M./Sanders, F./Sperling, H. J. (2005): Anti-tayloristisches Fabrikmodell – Auto 5000 bei Volkswagen. In: WSI-Mitteilungen, (58)1, 3-10.

VDA (2003, 2004): International Auto Statistics. Frankfurt a. M.

Weitere Quellen

BMW (2005): www.bmwgroup.com, August 2005

DaimlerChrysler (2005): www.daimlerchrysler.com, August 2005

Volkswagen (2005): www.volkswagen.de, August 2005

Interview mit Mitarbeiter des Gesamtbetriebsrats der Volkswagen AG, Wolfsburg, Juli 2004

Leitthema A – Europa ohne Grenzen?

Sitzung 2: Grenzüberschreitende Verflechtung und Mobilität

Heinz Fassmann (Wien) und Klaus Friedrich (Halle)

Migration und alle damit zusammenhängenden Fragen einer differentiellen Integration zählen zu den Themen der Zeit. In einem, auch historisch betrachtet, außerordentlich starken Ausmaß erfahren unsere europäischen Gesellschaften Zuwanderungen aus den europäischen Peripherien oder den angrenzenden Hinterländern. Nach Jahrzehnten, nach Jahrhunderten der europäischen Auswanderung und der Europäisierung der Welt von den Kolonialmächten aus dreht sich das Verhältnis gegenwärtig um. Es wäre übertrieben, würden wir von einer Globalisierung Europas sprechen, aber in Deutschland, Frankreich, Holland und Österreich und jeweils in den großen Metropolen sind die Anzeichen in diese Richtung unübersehbar.

Die meisten europäischen Staaten und Metropolen haben sich die neue Form des „Weltimports", der Umkehr der Europäisierung, nicht freiwillig ausgesucht. Sie sind nicht aufgrund politischer Entscheidungen zu Einwanderungsländern geworden, sondern aufgrund grundsätzlicher Gegebenheiten. Alle Staaten der EU-15 haben nach dem Zweiten Weltkrieg eine prosperierende Wirtschaftsentwicklung erfahren und nach und nach ein rechtsstaatliches und demokratisches System aufgebaut. Nichts kennzeichnet treffender den ökonomischen und politischen Wiederaufstieg Europas als eben die Umkehr der Wanderungsströme. Heute ist die EU attraktiv für Flüchtlinge, Arbeitsmigranten und Familienangehörige von Nigeria bis Tschetschenien, und nur wenige machen sich noch auf den Weg, um Europa in Richtung Übersee zu verlassen.

Der positive Wanderungssaldo der EU-15 mit dem Rest der Welt lag im vergangenen Jahrzehnt in einer Größenordnung von jährlich rund 750 000. In der ersten Hälfte der 1990er Jahre waren es noch über 900 000 in der zweiten Hälfte aber nur rund 600 000 pro Jahr. In den vergangenen 40 Jahren betrug der jährliche Wanderungssaldo der EU-15 Staaten mit dem Rest der Welt immerhin rund 500 000, summiert über alle Jahre somit 20 Mio. Menschen oder rund 6 % der Wohnbevölkerung der EU-15. Die Türkei, das ehemalige Jugoslawien, Algerien und Marokko sind die wichtigsten Herkunftsstaaten, Deutschland, Frankreich und Großbritannien sowie Holland, Belgien, Österreich und die Schweiz sind die wichtigsten Zielstaaten.

Im Unterschied zur öffentlichen Meinung dominiert die Wanderung von Arbeitskräften und deren Familienangehörigen und nicht die Migration von Flüchtlingen. Die Zuwanderung von Asylbewerbern stellt ein enges und selektives „Gate of Entry" dar: Lediglich 10 bis 20 % des gesamten Inflows entfallen auf diesen Typus, 80 bis 90 % sind dagegen Arbeitskräfte und deren Familienangehörigen. In beiden Fällen geht es den Migranten jedoch um eine bessere ökonomische oder politische Zukunft. Waren es früher meistens unqualifizierte und direkt im Heimatland angeworbene „Gastarbeiter", die gesucht wurden, so haben heute viele europäische Staaten besondere Regelungen für unterschiedliche Arbeitskräfte implementiert: Green Cards für Hochqualifizierte in Deutschland, besondere Regelungen für temporär anwesende Arbeitskräfte, sektoral kontingentierte Arbeitskräfte, Saisonarbeiter oder Fach- und Führungskräfte. Das breite „Gate of Entry" für Gastarbeiter ist durch einen Haupteingang und differenzierte Nebeneingänge ersetzt worden.

Im Unterschied zur öffentlichen Meinung ist auch das Bild der „Festung Europa" grundsätzlich falsch. Dieses Bild ist durch eine oberflächliche Kenntnis des Schengen- und Amsterdamvertrags und besonders durch die mediale Berichterstattung hervorgerufen: Flüchtlingsschiffe, die vor Bari, Brindisi oder Lampedusa stranden, Flüchtlinge, die beim Überwinden des Grenzzaunes in den spanischen Exklaven Ceuta und Melilla scheitern oder Lkw, bei denen im doppelten Boden Migranten entdeckt werden. Das erfolglose Anstürmen an die Außengrenzen und die versuchte Bewältigung derselben passt gut zu dem Bild der Festung.

Was jedoch nicht gesehen wird, ist die liberale Grundposition der Kommission, die spätestens mit dem im Jahr 2005 veröffentlichten Grünbuch zur Steuerung der Arbeitsmigration deutlich zu erkennen gab, dass sie Zuwanderung als ein Instrument zur Stimulierung von Wirtschaftswachstum und zur Sicherung der Sozialsysteme ansieht. Sie plädiert für mehr Rechte der sich dauerhaft niedergelassenen Drittstaatsangehörigen und hat den quotenfreien Familiennachzug auch auf diese Gruppe ausgedehnt. Dass sich der Familiennachzug inzwischen zum wichtigsten Zuwanderungstyp in die EU-Staaten entwickelt hat, ist eine Folge davon. Die Kommission will jedenfalls weg von der reinen Migrationskontrolle und hin zu einem flexibleren System des umfassenden Managements der internationalen Migration.

Was die Kommission will, ist eine Sache, wie die Bevölkerung und die nationalen Politiken reagieren, eine andere. Viele Wiener Bürger beispielsweise verstehen nicht, wieso sich die Nachbarschaft ethnisch verändert, eine türkische, serbische oder rumänische Familie in eine freigewordene Wohnung einzieht. Sie hören Sprachen, die sie nicht kennen, und beobachten Bräuche, die für sie fremd sind. Und am Abend sehen sie dann im Fernsehen Gewaltakte, die von Menschen mit Migrationshintergrund in London, Amsterdam oder Paris begangen werden. Fremdenfeindliche Äußerungen und eine Hinwendung zu einer Law and Order Policy sind vor diesem Hintergrund nicht überraschend.

Was die westeuropäischen Gesellschaften benötigen, ist ein Mehr an Orientierungswissen, um Antworten geben zu können, warum Zuwanderung stattfindet, welche Gruppen daran beteiligt sind, wie Integrationsprozesse verlaufen und wie eine Gesellschaft mit einer multiethnischen und multikulturellen Herausforderung umgehen kann. Von diesem neu zu schaffenden Orientierungswissen hat die einschlägige Forschung ungemein profitiert. Die EU-Rahmenprogramme 5, 6 und 7 und viele uns bekannten nationalen Forschungsprogramme berücksichtigen alle in der einen oder anderen Nomenklatur Migrations- und Integrationsfragen.

Die aktuelle Forschung und die erzielten Forschungsresultate sind nicht zusammenzufassen, zu heterogen sind die Themen, Ansätze und die disziplinären Herangehensweisen. Was jedoch auffällt, ist die zunehmende Differenzierung der empirischen Grundlagenarbeit und der theoretischen Ansätze. Erkenntnisfortschritt ist nicht mehr „ganz weit oben" zu erzielen, sondern „unten": Wer versucht, die Ursachen und Motive aller Migranten innerhalb eines Zeitraums in allen europäischen Staaten zu klären, dem wird das nicht gelingen, wer dagegen beispielsweise durch die Untersuchung polnischer Migranten in Leipzig einen Baustein zum empirischen Gesamtbild zu liefern versucht, wird erfolgreich sein. Wer den Anspruch erhebt, eine neue übergeordnete und umfassende Migrationstheorie zu konstruieren, der oder die wird ebenfalls scheitern, wer jedoch eine Theorie der mittleren Reichweite vor Augen hat, nicht.

Das von uns zusammengestellte Programm reflektiert diese Sichtweise. Wir erheben nicht den Anspruch, dass die eingeladenen Referentinnen und Referenten die grenzüberschreitende Verflechtung und Mobilität umfassend und erschöpfend darstellen, sondern dass sie Forschungsergebnisse der unteren und mittleren Reichweite präsentieren.

Gustav LEBHART (Statistik Austria, Direktion Bevölkerung) gibt einen quantitativen Überblick über Migrationen in Europa. Der Beitrag informiert über die unterschiedlichen Wanderungstypen, über die Wanderungspolitik der Europäischen Union sowie über quantitative Trends. Er verweist darauf, dass in der zweiten Hälfte des 20. Jahrhunderts nicht nur die Zuwanderung nach Europa zunahm, sondern gleichzeitig auch grundlegende Veränderungen der unterschiedlichen Wanderungsformen auftraten. Die traditionelle Form der angeworbenen Arbeitsmigration nahm ab, während die Asylmigration und die Familienzusammenführung an Bedeutung gewannen.

Birgit GLORIUS (Halle) präsentiert in ihrem Beitrag erste Resultate aus einem laufenden DFG-Projekt zur transnationalen Arbeitsmigration. Basierend auf einem Modell zur Transnationalität untersucht sie die grenzüberschreitenden Verflechtungen und die Mobilitätsentwicklung zwischen Polen und Deutschland und differenziert verschiedene transnationale Ausprägungen von Arbeitsmigration. Die empirischen Beispiele umfassen sowohl kurzfristige Migrationsformen wie Saisonarbeit als auch längere Aufenthalte von Migranten, die neben der Familie in Polen einen zweiten Lebensmittelpunkt an ihrem deutschen Arbeitsort begründen. Das Konzept zur Transnationalität operationalisiert sie anhand quantitativer und qualitativer Daten und zeigt den Facettenreichtum transnationaler Lebensweisen in Bezug auf reale und symbolische Verbindungen zwischen Herkunfts- und Ankunftsraum, transkulturelle Praxis und hybride Identitätsentwicklung. Als Ergebnis ihrer Untersuchung arbeitet sie die jeweilige Abhängigkeit des Transnationalisierungsgrades von politischen und ökonomischen Rahmenbedingungen, den individuellen Ressourcen und Netzwerkbeziehungen der Migranten heraus.

Heike JÖNS (Nottingham/Heidelberg) analysiert die Bedeutung grenzüberschreitender Mobilität in den Wissenschaften. Sie strukturiert ihre Analyse anhand von drei Leitfragen: Wie hat sich die internationale Mobilität von Wissenschaftlern mit der Ausdehnung eines Europa ohne innere Grenzen entwickelt? Welche Art von Grenzüberschreitungen und Auswirkungen sind mit der Mobilität von Wissenschaftlern verbunden? Welche Schlüsse lassen sich aus der Entwicklung und den Bedingungen der Wissenschaftlermobilität in Europa für die räumlichen Bezüge und Strukturierungen internationaler Mobilität von Wissen und Hochqualifizierten ziehen? JÖNS geht es dabei nicht nur um Mobilität insgesamt und um die Position Deutschlands in einem Netzwerk der Wissenschaften, sondern auch um die unterschiedlichen Produktions- und Entstehungsbedingungen wissenschaftlichen Wissens.

Tony WARNES von der Universität Sheffield thematisiert in seinem Beitrag die Muster internationaler Migrationen älterer Menschen innerhalb Europas. Dabei spannt er in raum-zeitlicher Perspektive den Bogen weit auf, von den ehemaligen europäischen „Gastarbeitern" und nicht europäischen Arbeitsmigranten, die zwischenzeitlich im Zielgebiet gealtert sind, bis hin zu älteren Familiennachzüglern sowie nicht erwerbsorientierten Ruhesitzwanderern in den mediterranen Süden. Erkennbar ist die Heterogenität dieser Migrantengruppen hinsichtlich ihrer Herkunfts- und Zielgebiete, der Beweggründe, der sozialen und ethnischen Zugehörigkeit, der zeitlichen Perspektive des Aufenthaltes sowie ihrer Ansprüche an unterstützungsorientierte Dienstleistungen.

Einleitung

Die – hauptsächlich durch das Motiv der Ruhesitzwanderung geprägten – und lebensstilbestimmten Standortverlagerungen älterer Personengruppen vor allem aus den west- und nordeuropäischen Zentren in den mediterranen „Sunbelt" sind ein bereits länger bekanntes, jedoch erst seit Mitte der 1990er Jahre international wahrgenommenes Phänomen. Dessen wachsende quantitative Bedeutung hat weitreichende Konsequenzen für die Zielgebiete. WARNES zeigt, wie sich der Aufenthalt der Zuzügler von einer zunächst dauerhaften Perspektive hin zu einer temporären Orientierung mit zirkulärem Charakter verschiebt. Seine Befunde unterstreichen die Bedeutung transnationaler Netzwerke, der jeweils gültigen Sozialgesetzgebung sowie der personellen und ökonomischen Ressourcen für den Grad der Integration der Akteure in das Zielgebiet.

„Migrating Europe" – ein Überblick

Gustav Lebhart (Wien)

1 Einleitung

Weltweit leben zu Beginn des 21. Jahrhunderts rund 175 Mio. Menschen bzw. drei Prozent der Weltbevölkerung außerhalb ihres Geburtslandes. Auf Europa entfallen dabei rund 56 Mio. aktuelle und ehemalige Zuwanderer, auf Asien rund 50 Mio. und auf die USA 35 Mio. (vgl. UNITED NATIONS 2002).

Europa zählt gegenwärtig zum bevorzugten Ziel der weltweiten Wanderung. Dies hat zuerst die Gesellschaften Nord- und Westeuropas, seit den 1980er Jahren auch jene Südeuropas verändert. Seit Beginn des 21. Jahrhunderts ist eine ähnliche Entwicklung auch in einigen Ländern Ostmitteleuropas zu beobachten, denn auch sie sind verstärkt das Ziel von internationaler Migration. Die Zuwanderung gehörte in der Vergangenheit zu den wichtigen demographischen Einflussfaktoren, die das Ausmaß und Tempo der regionalen Bevölkerungsentwicklung bestimmten. Im 21. Jahrhundert wird Migration in Europa eine Quantität und Qualität erreicht haben, die weitere demographische und sozialpolitische Veränderungen mit sich bringen werden (vgl. SALT 2005).

Der Beitrag informiert im Folgenden über die unterschiedlichen Typen der Außenwanderung, über die Wanderungspolitik der Europäischen Union sowie über quantitative Trends. Ein Fazit über die gesellschaftlichen Konsequenzen der verstärkten Zuwanderung beendet den Beitrag.

2 Typologie internationaler Migration

In der zweiten Hälfte des 20. Jahrhunderts nahm die Zuwanderung nach Europa zu, gleichzeitig traten grundlegende Veränderungen der unterschiedlichen Migrationsformen auf. Von Bedeutung ist dabei zunächst die Differenzierung in legale bzw. dokumentierte Migration (Arbeitsmigration und Familienzusammenführung), in illegale bzw. nicht dokumentierte Migration, sowie in Flüchtlings- und Asylmigration (Abb. 1). Die legale Migration wird im Gegensatz zur illegalen Migration durch Einwanderungsgesetze, Visa- und Einreisebestimmungen oder durch das Fremdenrecht gesteuert. Die illegale Migration stellt dagegen eine Migrationsform dar, die unter Umgehung von rechtlichen Ein- und Auswanderungsbestimmungen stattfindet. Eine weitere internationale Migrationsform wird durch Asyl- und Flüchtlingsströme ausgelöst (vgl. UNHCR 2000).

Die Arbeitsmigration („Gastabeitersystem") war und ist in Europa eine organisierte Migration. Sie verfolgte das Ziel, einen Bedarf an Arbeitskräften abzudecken, der durch Veränderungen in der Bevölkerungsstruktur und der Arbeitsmarktpolitik sowie den damit verbundenen ökonomischen strukturellen Bedingungen hervorgerufen wurde. Die wachstumsorientierte Wirtschafts- und Arbeitsmarktpolitik führte nach 1950 in vielen westeuropäischen Staaten zu einer Nachfrage nach Arbeitskräften und somit zu einer gezielten Anwerbung von ausländischen Arbeitnehmern. Diese Öffnung des Arbeitsmarktes hatte zur Folge, dass die traditionellen Aufnahme-

```
┌─────────────────────────────────────────────────────────┐
│                  Internationale Migration               │
└─────────────────────────────────────────────────────────┘
┌──────────────────────────┐  ┌──────────────────────────┐
│      Dokumentierte       │  │     Nicht dokumentierte  │
│        Migration         │  │        Migration         │
└──────────────────────────┘  └──────────────────────────┘
┌──────────────────────────┐  ┌──────────────────────────┐
│      Arbeitsmigration    │  │     „visa overstayers"   │
└──────────────────────────┘  └──────────────────────────┘
┌──────────────────────────┐  ┌──────────────────────────┐
│   Familienzusammenführung│  │ „illegale Grenzübertritte"│
└──────────────────────────┘  └──────────────────────────┘
┌─────────────────────────────────────────────────────────┐
│             Asyl- und Flüchtlingsmigration              │
└─────────────────────────────────────────────────────────┘
```

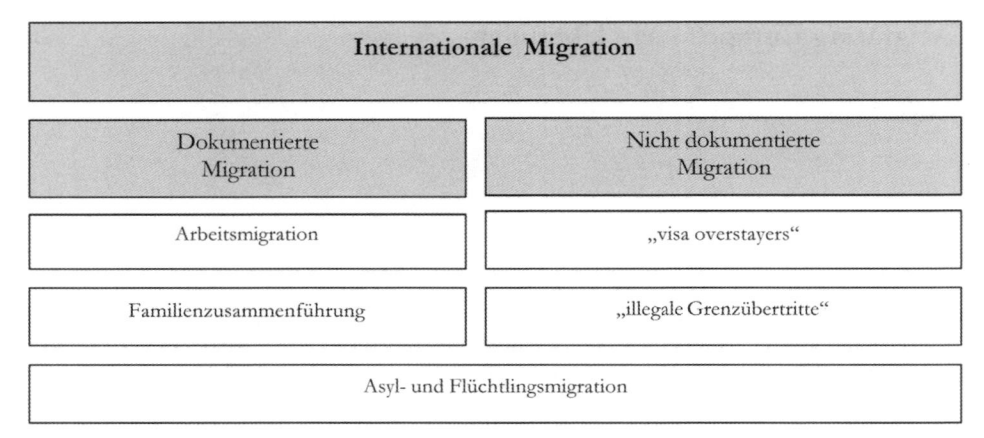

Abb. 1: Typologie internationaler Migration (Quelle: eigener Entwurf)

länder von Migranten in Europa von 1960 bis 1974 insgesamt 2,2 Mio. Immigranten zu verzeichnen hatten. In Deutschland erfolgte die Arbeitsmigration in einer Zeit, in der die Zahl der Bevölkerung im erwerbsfähigen Alter um 2,3 Mio. zurückging. Damit wurde der Fehlbedarf an Arbeitskräften durch Arbeitsmigration ausgeglichen. Die gegen Ende 1973 beginnende Energiekrise hatte eine Wende der Arbeits- und Zuwanderungspolitik zur Folge und führte in vielen europäischen Staaten zum Anwerbestopp für ausländische Arbeitskräfte. Am Höhepunkt des „Gastarbeitersystems" (1973) waren europaweit rund 6,5 Mio. Arbeitsmigranten beschäftigt. Seitdem wird in vielen westeuropäischen Staaten die Arbeitsmigration mit Quotenregelungen politisch gesteuert und auf spezifische Gruppen hin fokussiert (Saison- und Kontraktarbeiter).

Eine Migrationsform, die im engen Zusammenhang mit der Arbeitsmigration steht, ist die Familienzusammenführung. Bereits in den 1970er Jahren zeigte sich, dass die Zuwanderung ausländischer Arbeitskräfte von einem konjunkturellen zu einem strukturellen Phänomen wurde und von der Familienzusammenführung abgelöst wurde. Insbesondere die traditionellen Einwanderungsländer USA, Kanada und Australien betrachten geregelte Zusammenführung als einen einwanderungspolitischen Weg. In der Europäischen Union dagegen ist die Familienzusammenführung von Nicht-EU-Staatsangehörigen noch maßgeblich von der Ausländer- und Einwanderungspolitik des jeweiligen EU-Staates abhängig.

Restriktive Zuwanderungsgesetze bei wachsendem Migrationsdruck führen und führten in der Vergangenheit oftmals zu einer verstärkten illegalen Migration. Weit verbreitet sind sog. „visa overstayers" die nach Ablauf der gewährten Visumspflicht im Land bleiben, ohne eine entsprechende Aufenthaltsgenehmigung zu beantragen. Aber auch die Nachfrage von kleinen und arbeitsintensiven Betrieben nach billigen Arbeitskräften erhöht die Beschäftigungschancen illegaler Migranten. Zu diesen zählen auch jene, deren Verlängerung des legalen Aufenthaltes verweigert wurde.

Durch Legalisierungsprogramme versuchten einzelne europäische Staaten einen Überblick über das reale Ausmaß illegaler Migration zu bekommen, wie etwa Belgien, Frankreich, Spanien, Italien und Griechenland. In den vergangenen zwanzig Jahren hat Italien insgesamt sechs große Legalisierungsprogramme durchgeführt und nachträglich den Aufenthalt für illegal anwesende Personen anerkannt, die einen Arbeitsplatz nachweisen konnten. Zuletzt wurden 2002 ca. 635 000 Anträge bewilligt. In Spanien wurden im Jahr 2005 etwa rund 700 000 so genannte „sin papeles" in einem der europaweit größten Regularisierungsverfahren legalisiert. Seit 1981 erhielten 6,8 Mio. Einwanderer ohne legalen Aufenthaltsstatus, im Rahmen einer Legalisierung, einen regulären Aufenthaltstitel (vgl. OECD 2003). Die Zahl der illegalen Migranten ist jedoch wesentlich größer, als dies durch Legalisierungsprogramme punktuell erfasst werden kann. Nach Schätzungen leben in Europa bis zu 3 Mio. illegale Migranten, jährlich kommen etwa 120 000 bis 500 000 irreguläre Neuzuwanderer hinzu (vgl. IOM 2003).

Eine spezielle internationale Migrationsform wird durch die weltweit zunehmenden Flüchtlingsströme ausgelöst. Nach statistischen Angaben der UNHCR (2000) bewegte sich die Zahl der Flüchtlinge weltweit bis Mitte der 1970er Jahre auf einem Niveau von etwa 2,5 Mio. Menschen. Danach stieg die Zahl an Flüchtlingen rasant an und erreichte zu Beginn der 1980er Jahre bereits 10 Mio. und Anfang der 1990er Jahre über 17 Mio. Menschen. In Europa waren durch den Anstieg der Asylsuchenden in den 1980er und 1990er Jahren insbesondere die zentraleuropäischen Staaten (Deutschland, Österreich, Schweiz) betroffen, die etwa 75 % der Flüchtlinge aufnahmen. Die westeuropäischen Staaten (Belgien, Frankreich Großbritannien und Niederlande) gewährten aufgrund ihrer kolonialen Verbindungen vermehrt Flüchtlingen aus Afrika und Asien Schutz und Aufnahme. Die Gesamtzahl der Flüchtlinge am Beginn des 21. Jahrhunderts betrug ungefähr 50 Mio. Menschen und stellt somit einen bestimmenden Teil der internationalen Migrationsbewegungen dar (vgl. IOM 2003). Im Zeitraum 2000 bis 2004 lag die Zahl der Asylanträge in der EU-25 insgesamt bei knapp zwei Mio. Die überwiegende Mehrheit davon wurde in der ehemaligen EU-15 gestellt (1,7 Mio.), während auf die neuen Mitgliedstaaten insgesamt weniger als 200 000 Anträge entfielen (Tab. 1).

Tab. 1: Asylanträge in industrialisierten Staaten bzw. in europäischen Regionen 2000 bis 2004 (Quelle: UNHCR)

Region	2000	2001	2002	2003	2004	Gesamt	in Promille 2004	'00-'04
EU-15	397.070	394.990	393.450	309.340	243.560	1.738.410	0,6	4,6
EU-10	32.900	43.980	32.070	37.360	38.920	185.230	0,5	2,5
EU-Gesamt (25)	429.970	438.970	425.520	346.700	282.480	1.923.640	0,6	4,2
Nordische Staaten (5)	42.530	52.510	60.130	55.200	38.060	248.430	1,6	10,3
Westeuropa (19)	425.550	430.560	437.280	346.290	265.910	1.905.590	0,7	4,9
Ehem. Jugoslawien (6)	9.660	2.840	1.780	4.350	1.720	20.350	0,1	0,8
Ehem. UdSSR (7)	7.710	6.620	3.450	3.300	3.180	24.260	0,0	0,1
Europa-Gesamt (44)	475.400	492.390	481.720	396.780	314.260	2.160.550	0,4	2,7
Nicht-Europa Gesamt (6)	130.040	162.740	146.920	111.290	82.120	633.110	0,2	1,2
Insgesamt (50)	605.440	655.130	628.640	508.070	396.380	2.793.660	0,3	2,1

3 Aktuelle Migrationstrends in der EU

Im 20. Jahrhundert wurde der europäische Kontinent von einer Auswanderungsregion zu einem Kontinent, in dem Einwanderung überwiegt. Zwischen 1800 und 1960 emigrierten rund 60 Mio. Europäer in einen anderen Kontinent, davon rund zwei Drittel nach Nordamerika. Diese interkontinentale Migration war im Wesentlichen eine Folgeerscheinung der kolonialen Expansion Europas in aller Welt. Nach dem Zweiten Weltkrieg fand die letzte große Auswanderung aus Europa statt. Zwischen 1945 und 1960 emigrierten rund 7 Mio. Menschen aus Europa (vgl. EMMER 1993).

In der zweiten Hälfte des 20. Jahrhunderts kam es zu einer Trendwende der richtungsspezifischen Dynamik europäischer Wanderungsströme. Europa wurde von einem Auswanderungskontinent zu einer Einwanderungsregion. Von 1960 bis 2002 führte die Nettozuwanderung in der Europäischen Union (EU-25) zu einem Bevölkerungsanstieg um rund 16,7 Mio. Menschen. Im Rückblick unterscheidet sich jedoch die Wanderungsdynamik der EU-15 deutlich von den neuen EU-Mitgliedstaaten. Verzeichneten letztere mit rund einer Mio. mehr Weg- als Zuzügen in diesem Zeitraum ein beträchtliches Migrationsdefizit, zogen in die EU-15 hingegen gleichzeitig netto etwa 17,8 Mio. Menschen zu. Dabei überwog in der zweiten Hälfte der 1960er Jahre noch die Abwanderung, und auch in der ersten Hälfte der 1980er Jahre war nur eine schwach positive Wanderungsbilanz zu verzeichnen. Nach einem kurzzeitigen Anstieg Ende der 1980er Jahre verstärkte sich die Zuwanderung in die EU-15 vor allem ab Mitte der 1990er Jahre beträchtlich, was allein seit dem Jahr 2000 zu einem jährlichen Bevölkerungszuwachs von rund einer Mio. Menschen führte. Der negative Wanderungssaldo in den neuen EU-Mitgliedsstaaten beeinflusste dagegen kaum die Bevölkerungsentwicklung (Tab. 2).

Seit der zweiten Hälfte der 1990er Jahre lässt sich in einigen Staaten der EU ein signifikanter Anstieg des internationalen Wanderungssaldos beobachten. Insbesondere in Belgien, Italien, Finnland, Griechenland und Österreich erhöhte sich die Nettozuwanderung um ein Vielfaches. In Dänemark, Luxemburg, Schweden sowie in den neuen EU-Mitgliedstaaten Estland, Malta, Slowenien und Slowakei verlief die Nettozuwanderung dagegen relativ stabil. Die Niederlande, Großbritannien und Ungarn verzeichneten zwischen 2000 und 2002 einen Rückgang ihrer Wanderungssalden. Ein Vergleich der EU-15 mit den neuen EU-Mitgliedstaaten zeigt deutliche Unterschiede in der Quantität der Wanderungsströme sowie der Ergebnisse der Wanderungssalden (stark positiv bis vereinzelt negativ). Lediglich Zypern passt nicht ins Bild, da sein Wanderungsregime eher dem der EU-15 ähnelt (vgl. EUROSTAT 2004).

Die Migrationsstatistik bestätigt, dass sich in den letzten Jahren viele EU-Staaten zu Einwanderungsländern entwickelt haben. Insgesamt waren zu Beginn des 21. Jahrhunderts von den rund 451 Mio. Einwohnern der EU-25 rund 23,4 Mio. Staatsangehörige aus anderen Staaten. Dazu kommen Bürger, die einen Migrationshintergrund aufweisen, deren Geburtsland im Ausland lag oder die Kinder von Eingebürgerten sind und im Land geboren wurden. Nach Berechnungen von EUROSTAT und OECD wurden in den EU-Staaten etwa 34,9 Mio. Menschen außerhalb ihres Geburtslandes in einem der EU-Staaten registriert. Die Zahl der in der EU illegal lebenden Ausländer dürfte beachtlich sein. Für Deutschland wird ihre Zahl auf zwischen 500.000 und einer Mio. geschätzt. Nicht darin enthalten sind Ausländer mit einem „Duldungsstatus", die – obwohl ausreisepflichtig – eine behördliche Bescheinigung besitzen, dass von einer zwangsweisen Abschiebung für eine gewisse Zeit abgesehen wird (vgl. DEUTSCHE BISCHOFSKON-

Tab. 2: Wanderungssaldo in der Europäischen Union (Quelle: Eurostat; eigene Berechnungen)

	1990/94	1995/99	2000	2001	2002
			absolut (in 1.000)		
EU-25	946,5	678,8	1.119,5	1.180,8	1.265,8
EU-15	1.016,0	704,4	1.129,5	1.188,9	1.261,4
EU-10	-69,5	-25,6	-10,0	-8,1	4,4
Belgien	18,8	11,0	12,9	35,8	40,5
Dänemark	10,6	15,7	10,1	12,0	9,6
Deutschland	562,6	204,5	167,8	274,8	218,8
Estland	-21,8	-8,7	0,2	0,1	0,2
Finnland	9,0	4,2	2,4	6,2	5,3
Frankreich	22,5	-1,6	45,9	64,2	65,0
Griechenland	58,1	22,5	12,2	33,9	32,1
Großbritannien	72,8	137,3	168,5	184,3	126,5
Irland	-1,4	15,7	26,2	45,9	32,6
Italien	108,9	117	181,2	125,8	350,1
Lettland	-22,7	-14,8	-3,6	-5,2	-1,8
Litauen	-18,5	-22,5	-20,3	-2,5	-2,0
Luxemburg	4,1	4,2	1,9	2,8	2,6
Malta	1,2	0,7	1,4	2,2	1,8
Niederlande	41,4	31,0	57,0	56,0	27,6
Österreich	48,7	7,2	17,3	17,3	26,1
Polen	-15,2	-14,0	-19,7	-16,8	-12,7
Portugal	7,3	31,2	50,1	58,7	70,0
Schweden	32,5	9,6	24,5	28,6	30,9
Slowakei	-7,5	1,9	1,4	1,0	0,9
Slowenien	-2,7	0,3	2,7	4,9	2,2
Spanien	20,1	94,9	351,5	242,6	223,7
Tschech. Rep.	-5,8	10,1	6,5	-8,5	12,3
Ungarn	18,2	17,4	16,7	9,8	3,5
Zypern	5,3	4,0	4,7	6,9	-

FERENZ 2001). Von den rund 34,9 Mio. Menschen (ohne Italien und Malta) mit Migrationshintergrund leben knapp ein Drittel (29 %) in Deutschland, gefolgt von Frankreich (17 %) und Großbritannien (14 %). In sechs weiteren EU-Staaten zählen jeweils mehr als eine Mio. Menschen zu den sog. „foreign-born". In der Europäischen Union sind insgesamt 7,7 % der Bevölkerung außerhalb des jeweiligen Staates geboren – der Ausländeranteil in der EU-25 beträgt dagegen 5,2 %. Die höchsten Bevölkerungsanteile mit Geburtsland im Ausland verzeichnen innerhalb der Europäischen Union die Staaten Deutschland, Österreich und Schweden (Abb. 2).

Die Zusammensetzung der ausländischen Wohnbevölkerung – insbesondere in Westeuropa – ist das Resultat der Gastarbeitermigration und der damit verbundenen Familienzusammenführung sowie von Flucht- und Asylmigration. Die ausländischen Bevölkerungsgruppen widerspiegeln einerseits die Herkunftsregionen, aus denen Arbeitskräfte in der zweiten Hälfte des 20. Jahrhunderts rekrutiert wurden, andererseits die besondere historische und bilaterale Verbindung zu ehemaligen Kolonien. Durch die in den letzten Jahren verstärkte Zuwanderung hat sich die Zahl der ausländischen

"Migrating Europe"

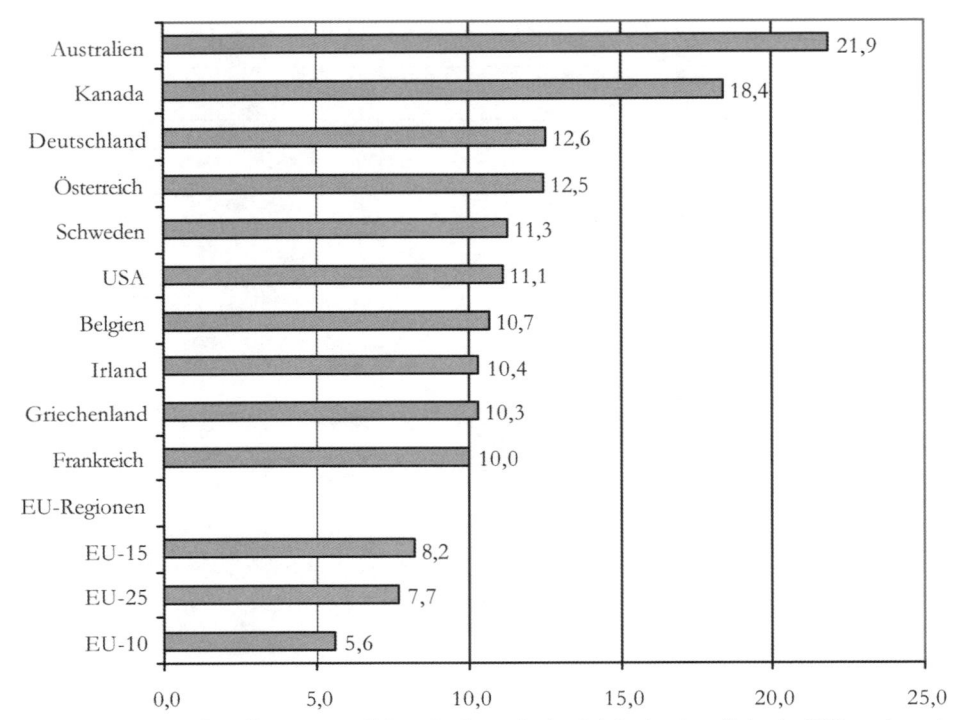

Land	Anteil (%)
Australien	21,9
Kanada	18,4
Deutschland	12,6
Österreich	12,5
Schweden	11,3
USA	11,1
Belgien	10,7
Irland	10,4
Griechenland	10,3
Frankreich	10,0
EU-Regionen	
EU-15	8,2
EU-25	7,7
EU-10	5,6

Abb. 2: Anteil der Bevölkerung mit Geburtsland im Ausland („foreign born") in der EU sowie nach ausgewählten Staaten (Referenzjahr 2000/2001) (Quelle: OECD; eigene Berechnungen)

Bürger in den jeweiligen EU-Staaten erhöht. Die Zuwanderung mit der Zahl der ausländischen Bevölkerung zu vergleichen ist nur bedingt interpretierbar, da diese u. a. von der jeweiligen Einbürgerungspolitik abhängt.

4 Zuwanderungspolitik in der Europäischen Union

Zu Beginn des 21. Jahrhunderts stellen die Migrations -und Flüchtlingsströme die Europäische Union vor große politische Aufgaben. Die Europäische Union zählt weltweit zu der bevorzugten Einwanderungsregion, und viele europäische Staaten sind in den letzten Jahren faktisch zu Einwanderungsstaaten geworden. Damit verbunden sind unterschiedliche politische Problembereiche, denen sich die Mitgliedsstaaten der EU stellen müssen. Die in den letzten Jahren beobachtete Zuwanderung nach Europa führte zur Einsicht, diese anzuerkennen, zu gestalten und mit integrationspolitischen Konzepten zu begleiten. Das damit verbundene Problem liegt im Prozess der Europäisierung nationaler Zuwanderungskonzepte.

Elf Jahre nach Unterzeichnung der Römischen Verträge (1957) von sechs europäischen Staaten wurde mit der Vollendung der Zollunion (1968) die Freizügigkeit der Arbeitnehmer eingeführt. Den Grundstein zur Schaffung des Europäischen Binnenmarktes legte im Jahr 1986 die einheitliche Europäische Akte. Darin wurde unter anderem der Wegfall der Personen- und Warenkontrollen an den Grenzen sowie die Erweiterung der Freizügigkeits-Regelung auf „Nicht-Erwerbspersonen" (Studenten) vereinbart. Mit der Ratifizierung des Vertrages von Maastricht (1993) wurden nicht nur eine

Europäische Wirtschafts- und Währungsunion, sondern auch die Einführung einer Europäischen Staatsbürgerschaft sowie das Wahlrecht für EU-Bürger bei Kommunalwahlen vereinbart. Mit dem Vertrag von Amsterdam (1997) erhielt die Europäische Kommission politische Kompetenzen in den Bereichen Migration und Asyl und es wurden wichtige Schritte zur Schaffung einer gemeinsamen europäischen Politik in diesen Bereichen unternommen.

Vorläufige Richtlinien und Ziele für eine gemeinsame Migrationspolitik wurden im finnischen Tampere (1999) beschlossen. Neben der Entwicklung eines „Gemeinsamen Europäischen Asyl-Systems" auf der Grundlage der Genfer Konvention lag der Themenschwerpunkt auf verstärkten Integrationsbemühungen für die in der EU ansässigen Drittstaatsangehörigen. Weiterhin wurde auf dem Gipfeltreffen ein gemeinsames Vorgehen gegen illegale Zuwanderung sowie Schlepperorganisationen thematisiert. Das Problemfeld der illegalen Einwanderung war auch auf den Gipfeltreffen von Sevilla (2002) und Thessaloniki (2003) ein zentrales Thema, wo u. a. eine stärkere Zusammenarbeit zwischen den Grenzschutzbehörden der Mitgliedsstaaten sowie die Schaffung einer gemeinsamen Datenbank für EU-Visa vereinbart wurde (vgl. MÄRKER 2001, WÖHLCKE 2001).

5 Fazit

Im 18. und 19. Jahrhundert erfolgte ein größerer Teil der Zuwanderung in die Städte aus dem regionalen Umland, während sich im 20. Jahrhundert das „demographische Hinterland" allmählich in weiter entfernte europäische Regionen verlagerte. Obwohl Migration in den letzten Jahrzehnten ein historisch konstantes Muster bildete, sind zu Beginn des 21. Jahrhunderts strukturelle Veränderungen festzustellen. Dabei handelt es sich nicht nur um die geographische „Entgrenzung" der Migrationsverflechtung, sondern auch um neue ethnische Horizonte des Migrationsregimes. Gegenwärtig kommen jene, die in die Europäische Union zuwandern, vermehrt aus nicht-europäischen Staaten wie Afrika oder Asien, also aus großen „soziokulturellen Entfernungen". Migration in Europa gehört im Wesentlichen nicht zu den neuen demographischen Prozessen, aber ihre Dynamik und Komplexität hat sich im Zeitalter der Globalisierung verändert. Gleichzeitig formen die neuen Kommunikations- und Transporttechnologien die räumlichen und zeitlichen Achsen der Gesellschaft. Denn Entfernungen bzw. Distanzen sind leichter überbrückbar geworden. Durch die steigende Mobilität gewinnen daher transnationale Räume immer mehr an Relevanz. Durch die Migration verändern sich nicht nur die geographischen Räume, sie werden auch neu bzw. anders wahrgenommen. Mit den damit verbundenen sozialen Veränderungen könnte das integrationspolitische Repertoire auf lokaler Ebene zum Teil überfordert sein.

Das Ziel einer zukünftigen Migrationspolitik auf europäischer Ebene müsste daher sowohl den demographischen Entwicklungen als auch den arbeitsmarkt- und integrationspolitischen Verpflichtungen Rechnung tragen. Es geht daher im Wesentlichen nicht allein um den quantitativen Umfang, sondern insbesondere um das „soziokulturelle" Profil des künftigen Migrationsregimes. Damit unmittelbar verbunden ist ein Konzept bewusster Integrationspolitik.

Politische Maßnahmen zur quantitativen wie qualitativen Steuerung von Zuwanderung und zur Regelung von Integration sind notwendig. Denn in den kommenden Jahrzehnten werden europäische Staaten aus demographischen und arbeitspolitischen Gründen aktive Zuwanderungspolitik forcieren. Das Fazit lautet also, dass die europäische Gesellschaft selbst bei kontinuierlicher und zunehmender Zuwanderung vermutlich erstens schrumpfen und zweitens mit Sicherheit demographisch altern wird, da eine entsprechend hohe Zahl von Zuwanderern, um die Bevölkerung zu stabilisieren, nicht verfügbar sein wird. Drittens wird das Integrationspotenzial der europäischen Gesellschaft aufgrund des ethnisch heterogenen Migrationsprofils vor große Herausforderungen gestellt.

Literatur

DEUTSCHE BISCHOFSKONFERENZ (2001): Leben in der Illegalität in Deutschland – eine humanitäre und pastorale Herausforderung. Die deutschen Bischöfe – Kommission für Migrationsfragen. Bonn.

EMMER, P. (1993): Migration und Expansion: Die europäische koloniale Vergangenheit und die interkontinentale Völkerwanderung. In Kälin W./Moser, R. (Hrsg.): Migrationen aus der Dritten Welt. Bern, 31-40.

EUROSTAT (2004): Internationale Wanderungsströme. In: Bevölkerungsstatistik, Themenkreis 3: Bevölkerung und soziale Bedingungen (Kapitel F). Luxemburg, 95-114.

IOM (2003): World Migration 2003 – Managing Migration. Challenges and Responses for People on the Move. Vol. 2, IOM World Migration Report Series. Geneva.

MÄRKER, A. (2001): Zuwanderungspolitik in der Europäischen Union. In: Aus Politik und Zeitgeschichte, 8. Bonn, 3-10.

OECD (2003): SOPEMI 2003. Trends in International Migration. Paris-Cedex.

UNHCR (2000): Zur Lage der Flüchtlinge in der Welt. 50 Jahre humanitärer Einsatz. Hrsg. vom Amt des Hohen Flüchtlingskommissars der Vereinten Nationen. Bonn.

SALT, J. (2005): Current Trends in International Migration in Europe. Council of Europe, CDMG (2005) 2.

UNITED NATIONS (2002): International Migration Report 2002. Department for Economic and Social Affairs, Population Division. New York.

WÖHLCKE, M. (2001): Grenzüberschreitende Migration als Gegenstand internationaler Politik. In: Aus Politik und Zeitgeschichte, 43. Bonn, 31-39.

Transnationale Arbeitsmigration am Beispiel polnischer Arbeitsmigranten in Deutschland

Birgit Glorius (Halle)

1 Einleitung

Mit der Integration Polens in die Europäische Union rückt die Freizügigkeit für polnische Bürger immer näher. Voraussichtlich ab dem Jahr 2009 können Polen, gleichberechtigt zu allen anderen EU-Bürgern, ihren Arbeits- und Aufenthaltsort innerhalb Europas frei wählen. Gleichzeitig wird das Land Polen für EU-Bürger Teil des europäischen Binnenraums und damit ebenfalls als Arbeitsort frei zugänglich.

Doch bereits heute gibt es vielfältige Migrationsbeziehungen zwischen Polen und Deutschland, vor allem im Bereich der Arbeitsmigration. Die hohe Zyklizität dieser Austauschbeziehungen legt es nahe, die polnisch-deutschen Migrationsvorgänge unter dem theoretischen Fokus der Transnationalität zu betrachten. Basierend auf dem Konzept der Transnationalität sollen die grenzüberschreitenden Verflechtungen und die transnationale Mobilität zwischen Polen und Deutschland untersucht und transnationale Ausprägungsformen von Arbeitsmigration dargestellt werden. Als empirische Basis dienen Daten zur polnischen Saisonarbeitermigration nach Sachsen sowie zur polnischen Arbeitsmigration in die Stadt Leipzig, die in den vergangenen Jahren im Rahmen eines DFG-Projektes zur transnationalen Migration erhoben wurden.

2 Transnationale Migration: Begriffsbestimmung und empirischer Nachweis

Unter transnationaler Migration versteht man mehrfache, multidirektionale, internationale Wanderungsformen, die hauptsächlich erwerbs- oder lebensphasenbezogen sind und meist innerhalb von Migrationsnetzwerken ablaufen. Die Abgrenzung der transnationalen Migration von herkömmlichen Migrationsformen geschieht zum einen aufgrund der Häufigkeit und Richtung des Mobilitätsvorgangs, zum anderen aufgrund des Verhältnisses der Migranten zum Herkunfts- und Zielland. Der Begriff „transnational" kennzeichnet die Verortung des Migrationsprozesses jenseits nationalstaatlicher Grenzen, welche durch die mehrfache Überschreitung und die Etablierung sozialer Bezugspunkte dies- und jenseits der Grenze an Bedeutung verlieren. Dabei werden soziale Räume geschaffen, die Elemente der Herkunfts- und der Zielgesellschaft enthalten und in denen sich die Lebenswirklichkeit der Migranten abspielt. Mit der Fortdauer des Migrationsprozesses werden diese Elemente umgeformt und ein eigener transnationaler Lebensstil entwickelt sich (vgl. FAIST 2000, GLICK-SCHILLER et al. 1992, PRIES 1997).

Wie lässt sich nun dieses Phänomen empirisch fassen? Folgende Indikatoren scheinen für den Nachweis transnationaler Migrationsvorgänge und der daraus resultierenden Entstehung transnationaler sozialer Räume von Bedeutung zu sein (vgl. Abb. 1):

- Die *Zirkularität des Migrationsverhaltens*, die sich vor allem in häufigen grenzüberschreitenden Migrationsvorgängen innerhalb des Lebens- und Arbeitszyklus widerspiegelt. Weitere Indizien für Zirkularität sind die Existenz von Familien, die

Zirkularität des Migrationsverhaltens
- Pendelmigration
- geteilte Haushalte
- Rücküberweisungen
- hybride Lebens- und Arbeitsorientierung

Alltagsweltliche Transnationalisierung
- Mehrsprachigkeit
- Bi- bzw. Polykulturalität
- Nutzung transnationaler Infrastruktur

Hybride Identitätsentwicklung
- deterritorialisierter Heimatbegriff
- Lebensmittelpunkt ↔ Staatsbürgerschaft

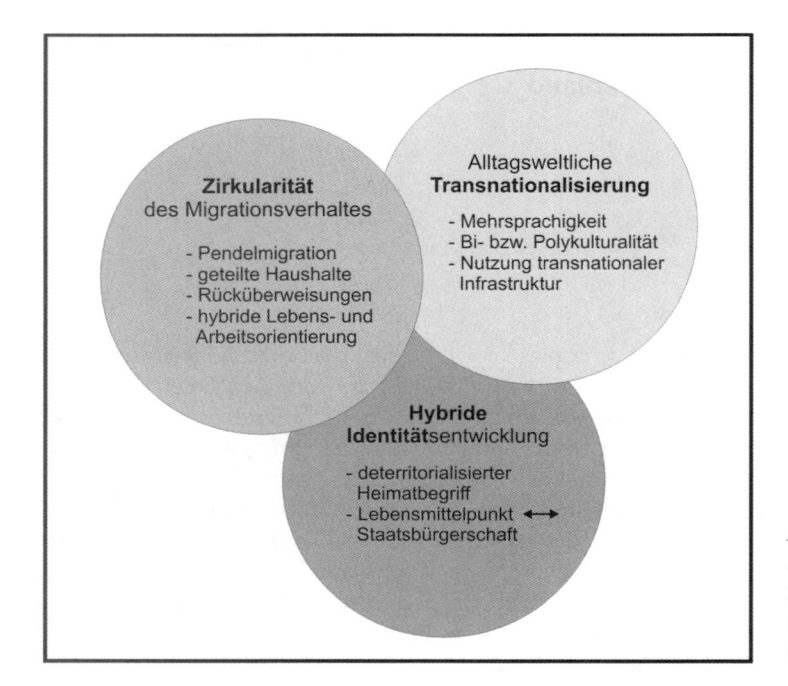

Abb. 1: Indikatorenmodell zur Transnationalität (Quelle: eigener Entwurf 2005)

in geteilten Haushalten leben, Geldrücküberweisungen an die Familienangehörigen im Herkunftsland sowie eine hinsichtlich des Lebensmittelpunktes hybride Zukunftsplanung, die sich in Plänen zur Remigration, Ruhesitzwanderung oder berufsbedingten Weiterwanderung sowie in unbestimmten Vorstellungen zur Aufenthaltsdauer im Ankunftsland niederschlägt.
- Ein weiterer Indikator ist die *alltagsweltliche Transnationalisierung* der Migranten, nachweisbar durch Mehrsprachigkeit, Bi- bzw. Polykulturalität sowie der Nutzung von Medien und Institutionen des Herkunftslandes im Ankunftsland.
- Transnationale Biographien zeichnen sich schließlich durch eine *hybride Identitätsentwicklung* aus, die sich zum Beispiel in Form eines deterritorialisierten Heimatbegriffes nachweisen lässt. Durch die Verbundenheit mit Herkunfts- *und* Zielland liegt Heimat häufig dazwischen, lässt sich nicht einem konkreten Standort zuordnen und wird als enträumlicht wahrgenommen. Ein weiterer Aspekt einer hybriden Identitätsentwicklung ist die Divergenz von Lebensmittelpunkt, Staatsbürgerschaft und nationaler Identität. Häufig besteht der Wunsch, im Zielland zu bleiben, jedoch unter Beibehaltung der Staatsbürgerschaft des Herkunftslandes und dem Gefühl einer übergeordneten nationalen Identität, die sich am besten mit dem Begriff des „Weltbürgers" oder „Kosmopoliten" umschreiben lässt.

Dieses Modell zeigt mögliche Indizien für Transnationalität, was aber nicht bedeutet, dass bei jedem transnationalen Migrationsvorgang alle diese Zuschreibungen aufzufinden sind. Zudem spielen die jeweiligen politischen, ökonomischen oder auch infrastrukturellen Rahmenbedingungen eine wichtige Rolle bei der Entwicklung transnationaler Migrationsprozesse zwischen zwei Staaten, wie etwa Einwanderungsbestimmungen, ökonomische Disparitäten oder auch die Beschaffenheit und Zugänglichkeit von Transport- und Kommunikationswegen.

3 Polnische Arbeitsmigranten in Deutschland als Beispiel für transnationale Migration

Anhand zweier Fallbeispiele sollen nun polnische Arbeitsmigranten in Deutschland unter dem Fokus der Transnationalität betrachtet werden. Das erste Fallbeispiel der Saisonarbeitermigration steht dabei für eine Migrationsform, die starken politischen Regulierungsmechanismen unterworfen ist. Das zweite Fallbeispiel spürt individualisierte Arbeitsmigrationsvorgänge auf, wie sie vor allem in großstädtischen Ankunftsräumen vorzufinden sind.

3.1 Größenordnungen polnischer Arbeitsmigration nach Deutschland

Die Migrationsbeziehungen zwischen Polen und Deutschland zeichnen sich seit der politischen Wende 1989 durch ein hohes Wanderungsvolumen, aber einen geringen Wanderungssaldo aus, d. h. die Mehrheit der nach Deutschland einwandernden Polen geht wieder in das Herkunftsland zurück. Wie viele dieser Wanderungsereignisse ökonomisch motiviert sind, kann allerdings nicht eindeutig bestimmt werden, da die Daten auf den Statistiken der Einwohnermeldeämter basieren und lediglich die An- und Abmeldungen ausländischer Staatsbürger dokumentieren, nicht jedoch den Aufenthaltszweck. Zudem bildet die Statistik das Wanderungsgeschehen nicht vollständig ab, da sich nicht alle kurzfristig in Deutschland arbeitenden Polen in Deutschland amtlich melden (müssen). So ist es zu erklären, dass die quantitativ bedeutsamste Gruppe der temporär in Deutschland arbeitenden polnischen Migranten, nämlich die der Saisonarbeitnehmer, die Gesamtzahl der dokumentierten Wanderungen polnischer Bürger nach Deutschland weit übersteigt (vgl. Abb. 2).

Die Saisonarbeitnehmer repräsentieren dabei eine politisch stark regulierte Form der temporären Arbeitsmigration, die gleichzeitig mit den Möglichkeiten der Werkver-

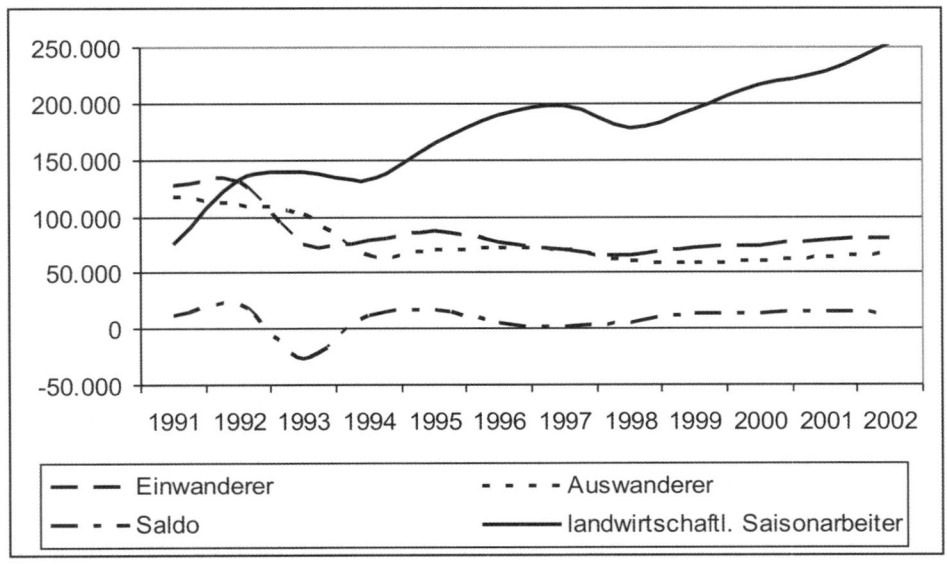

Abb. 2: Zu- und Fortzüge polnischer Staatsbürger über die Grenzen Deutschlands sowie temporäre Zuzüge polnischer Erntehelfer (Datenquelle: Beauftragte der Bundesregierung für Migration, Flüchtlinge und Integration 2003, ZAV 2005)

tragsarbeit, dem Gastarbeitnehmer- und Grenzgängertum Anfang der 90er Jahre geschaffen wurden. All diesen Beschäftigungsformen ist gemeinsam, dass eine dauerhafte Bindung an den deutschen Arbeitgeber bzw. eine dauerhafte Niederlassung in Deutschland nicht möglich ist. Dafür sorgen zum Beispiel das Rotationsprinzip bei den Werkvertragsvereinbarungen bzw. die zeitliche Befristung der Saisonarbeit auf drei Monate pro Arbeitnehmer und Jahr (FAIST 1995). Außerhalb dieser Beschäftigungsformen ist es polnischen Staatsbürgern derzeit nur sehr beschränkt möglich, in der Bundesrepublik Deutschland einer Erwerbstätigkeit nachzugehen. Diese stark regulierten Tätigkeiten umfassten im Jahr 2002 rund 361 000 Fälle, was die Zahl der amtlich gemeldeten Zuwanderer etwa um das Vierfache übertraf (BEAUFTRAGTE DER BUNDESREGIERUNG FÜR MIGRATION, FLÜCHTLINGE UND INTEGRATION 2003).

3.2 Polnische Saisonarbeitnehmer in Sachsen

Die meisten Saisonarbeitnehmer werden für Erntetätigkeiten eingesetzt und konzentrieren sich auf die Regionen Deutschlands, in denen intensiver Obst- und Gartenbau betrieben wird. Das sächsische Obstland zwischen Grimma, Döbeln und Oschatz ist eines dieser Gebiete. Hier werden auf einer Fläche von 1500 ha jährlich ca. 35 000 t Obst, hauptsächlich Äpfel, produziert. Die untersuchten Betriebe sind aus früheren Landwirtschaftlichen Produktionsgenossenschaften (LPGs) hervorgegangen und verfügen auch heute noch über große Anbauflächen zwischen 100 und 250 ha. Dies bedingt einen hohen Arbeitskräftebedarf während der Ernteperioden, der zu 90 % durch ausländische, vor allem polnische Saisonarbeitnehmer abgedeckt wird. So wurden im Arbeitsamtsbezirk Oschatz, dem diese Region zugeordnet ist, im Jahr 2001 1.384 Erntehelfer aus Mittelosteuropa beschäftigt, darunter 86 % Polen (ZAV 2005). Während der Jahre 2002 und 2003 wurden in dieser Region insgesamt 113 polnische Erntehelfer befragt.

Die Befragten lassen sich nach ihrem beruflichen Status in drei Gruppen untergliedern: Studierende, Erwerbstätige und Nicht-Erwerbstätige, wobei letztere Gruppe sich vor allem aus Arbeitslosen, Hausfrauen und Rentnern zusammensetzt. Während die Studierenden in der Hauptsache die jungen Altersklassen der Erntehelfer repräsentieren, ist bei den Erwerbstätigen der Anteil der mittleren Altersjahrgänge erhöht. Bei den Nicht-Erwerbstätigen, zu denen auch Rentner gehören, ist vor allem die Gruppe der 40 bis 55-Jährigen stark vertreten. Verbunden mit der Aufschlüsselung nach dem Geschlecht wird deutlich, dass neben Studierenden beiderlei Geschlechts vor allem berufstätige Männer sowie nicht-berufstätige Frauen das Gros der Saisonarbeitnehmer ausmachen. Während sich die Studierenden meist noch in der vorfamiliären Phase befinden, sind zwei Drittel der übrigen Befragten verheiratet und haben Kinder, müssen also für eine Familie sorgen.

Als Gründe für die Aufnahme der Tätigkeit in Deutschland werden hauptsächlich ökonomische Faktoren genannt. Über ein Drittel gibt an, in Polen zu wenig zu verdienen oder gar arbeitslos zu sein, viele möchten mit dem Verdienst vor allem ihre Familie unterstützen. Andere Gründe, wie das Erlernen der deutschen Sprache, die berufliche Weiterbildung oder das kennen lernen des Landes spielen jeweils nur eine untergeordnete Rolle. Selbst die Studierenden geben in der Mehrheit ökonomische Gründe für ihren Deutschland-Aufenthalt an.

Die meisten Befragten waren zwischen vier und sechs Wochen im Einsatz und verdienten wöchentlich zwischen 100 und 125 Euro. Die Bedeutung dieses Zuverdienstes offenbart sich bei einem Vergleich zwischen dem hochgerechneten Monatslohn durch Saisonarbeit und dem Einkommen in Polen. Die meisten der in Polen erwerbstätigen Saisonarbeiter erhielten einen monatlichen Nettolohn unter 1000 Złoty, teils sogar unter 800 Złoty, was erheblich unter dem polnischen Durchschnittslohn liegt. Der durchschnittliche Monatslohn durch Saisonarbeit betrug demgegenüber zwischen 400 und 500 Euro, umgerechnet zwischen 1700 und 2000 Złoty (Wechselkurse vom April 2003). Somit war ein Großteil der Berufstätigen in der Lage, durch den Ernteeinsatz das Doppelte und Dreifache des regulären Einkommens zu erzielen. Noch bedeutsamer ist der Saisonlohn als Einkommensquelle für die Nicht-Erwerbstätigen und die Studierenden, die normalerweise auf die Unterstützung durch Angehörige angewiesen sind und sich zusätzlich durch Gelegenheitsjobs finanzieren.

Private Netzwerke spielen bei der Informationsgewinnung über die Arbeitsmöglichkeiten in Deutschland eine große Rolle. Vier Fünftel der Befragten haben sich bei Verwandten, Freunden oder Bekannten in Polen – welche größtenteils eigene Arbeitserfahrungen in Deutschland besaßen – über die Saisonarbeit informiert. Andere Informationsquellen wie die Medien, das Arbeitsamt oder Bekannte in Deutschland wurden kaum genutzt.

Auch die Vermittlung erfolgte häufig über private Netzwerke, doch auch kommerzielle Vermittlungsagenturen wurden in Anspruch genommen. Diese Art der Arbeitsvermittlung ist eine ostdeutsche Besonderheit und resultiert aus dem hohen Arbeitskräftebedarf der dortigen Großbetriebe. Die Vermittlungsagenturen bearbeiten im direkten Kontakt zum deutschen Arbeitgeber die Arbeitskräfteanforderungen, wählen polnische Bewerber aus, erledigen alle Formalitäten und bereiten die Arbeitskräfte auf ihren Einsatz in Deutschland vor. Teilweise organisieren sie sogar die Anreise und stellen zweisprachige Gruppenleiter, die vor Ort für die nötige Disziplin sorgen und als zentrale Ansprechpartner für den Arbeitgeber fungieren. Neben der Arbeitserleichterung bei der Rekrutierung ist für die Arbeitgeber auch die größere Verlässlichkeit der Arbeitskräfte von Bedeutung, für die die Agentur Sorge trägt, da sie ja an weiteren Aufträgen Interesse hat. Dem Einzugsbereich der Agenturen entsprechend stammten die Befragten überwiegend aus den Wojewodschaften Śląskie und Dolnośląskie.

Knapp die Hälfte der Befragten ist bereits zum wiederholten Mal zur Saisonarbeit in Deutschland, vor allem die Nicht-Berufstätigen, die vermutlich am abhängigsten von der Einkommensquelle Erntearbeit sind. Meist fand diese Beschäftigung immer an demselben Arbeitsort statt, was die Bindung an den Arbeitgeber aufzeigt. Bei den meisten Befragten existiert ein großes Interesse daran, die Einkommensquelle der Saisonarbeit längerfristig zu erhalten. Über die Hälfte von ihnen möchte im nächsten Jahr auf jeden Fall wieder kommen, ein Drittel der Befragten zieht einen weiteren Arbeitseinsatz zumindest in Erwägung.

Entspricht diese Form der temporären Arbeitsmigration nun dem Bild, das von der Migrationsforschung zum Phänomen der transnationalen Migration gezeichnet wird? Vor allem die Zirkularität kann hier nachgewiesen werden, erkennbar durch das Phänomen des Pendelns und den Einkommenstransfer in die Heimat. Auch die Arbeitsvermittlung über private bzw. institutionalisierte Netzwerke ist ein Indiz für Transnationalität.

Gleichwohl lassen sich nicht alle Indikatoren für Transnationalität im Bereich der Saisonarbeitermigration wieder finden. Es fehlt die alltagsweltliche Transnationalisierung oder gar eine Hybridisierung der Identität. Die starke politische Reguliertheit dieses Typus der temporären Migration ermöglicht es auch Migranten mit wenig eigenem

Humankapital – wie etwa deutschen Sprachkenntnissen – Migrationserfolge zu erzielen. Eine Arbeitsmigration auf eigene Faust scheint bei der Mehrzahl der Befragten kaum möglich und wird von ihnen auch nicht angestrebt. Die Abschottung innerhalb der eigenen ethnischen Gruppe während des Arbeitsaufenthaltes, die weitgehende Organisation über Institutionen sowie die temporäre Begrenzung verhindert eine stärkere Transnationalisierung dieser Migrationsform.

3.3 Polnische Arbeitsmigranten in Leipzig

Das zweite regionale Beispiel betrifft die auf individueller Basis stattfindende Arbeitsmigration aus Polen in deutsche Großstädte, in denen sich gute Beschäftigungsmöglichkeiten bieten, etwa in der Baubranche, im Bereich der Altbausanierung oder zunehmend auch in privaten Haushalten und in der Seniorenbetreuung. Leipzig wurde als Untersuchungsraum ausgewählt, da die Stadt durch ihre Größe, ihre relative Nähe zu Polen, durch die hier existierende polnische Infrastruktur und nicht zuletzt durch eine große Anzahl polnischer Einwohner einen günstigen Ankunftsort für polnische Arbeitsmigranten bietet.

Ähnlich wie die Wanderungen für Gesamtdeutschland weisen die Wanderungen zwischen Polen und Leipzig zwar ein hohes Volumen, aber einen geringen Wanderungssaldo aus. Rein rechnerisch blieb nicht einmal jeder Zehnte der zwischen 1991 und 2001 Eingereisten aus Polen dauerhaft hier. Vor allem in der ersten Hälfte der 90er Jahre kamen viele polnische Bauarbeiter als Werkvertragsarbeiter nach Leipzig. Als 1997 die Arbeitsmarktschutzklausel für Leipzig in Kraft trat, nach der aufgrund der überdurchschnittlich hohen Arbeitslosigkeit keine neuen Werkverträge mehr abgeschlossen werden durften, ging die Zahl der polnischen Zuwanderer von über 2000 auf unter 1000 zurück, der Wanderungssaldo rutschte kurzzeitig ins Negative. Derzeit sind rund 2350 polnische Staatsbürger in Leipzig gemeldet, zu 80 % Männer.

Die polnische bzw. polnischstämmige Bevölkerung Leipzigs kann in drei Hauptgruppen eingeteilt werden: Zum ersten die meist männlichen Arbeitsmigranten, die einerseits im Bau- und Sanierungsgewerbe, andererseits in hoch qualifizierten Leitungspositionen tätig sind, zum zweiten gibt es eine große Gruppe vorwiegend weiblicher Heiratsmigranten, die häufig bereits zu DDR-Zeiten nach Leipzig kamen und hier größtenteils familiär und beruflich sehr gut integriert sind, und drittens gibt es eine wachsende Gruppe polnischer Studierender, die hier ihr Studium absolvieren und danach potenziell dem deutschen Arbeitsmarkt zur Verfügung stehen.

Im Folgenden werden nun drei aus qualitativen Erhebungen gewonnene Fallbeispiele beschrieben, um sich dem Typus des individuell agierenden Arbeitsmigranten anzunähern. Es handelt sich hierbei erstens um einen Angehörigen der deutschen Minderheit in Polen, der dank seines deutschen Passes legal in Leipzig lebt und arbeitet. Der zweite Fall ist der eines Hochqualifizierten, der sich in Leipzig selbstständig gemacht hat, der dritte Fall betrifft einen Studenten, als zukünftigen hoch qualifizierten transnationalen Migranten.

Fall 1: Pan Leszek (Jg. 1958) ist Elektriker von Beruf und kam 1992 nach Deutschland, weil seine Firma in Polen abgewickelt wurde und sein Arbeitsplatz in Gefahr war. Er ist Angehöriger der deutschen Minderheit in Polen und besitzt neben der polnischen auch die deutsche Staatsangehörigkeit, was ihm den einfachen Zugang zum deutschen Arbeitsmarkt ermöglicht. Zunächst fand er Arbeit auf einer Baustelle in Frankfurt/Main. Da ihm die Entfernung zur Heimat jedoch zu weit war, suchte er über polnische

Bekannte eine Arbeit in Leipzig, wo er seitdem in der Altbausanierung arbeitet. Er ist verheiratet und hat drei Kinder, seine Familie lebt in der schlesischen Wojewodschaft Opole. Jedes zweite Wochenende fährt er für vier Tage nach Hause. Eine endgültige Emigration mit der ganzen Familie lehnt er ab, da sie in Polen fest eingebunden sind: Die Familie besitzt im Kreis Opole ein Haus, seine Frau hat Arbeit, seine Kinder gehen dort zur Schule. Pan Leszeks deutsche Einkünfte fließen größtenteils ins Haushaltsbudget, der Rest wird vor allem in das eigene Haus investiert. Durch die häufigen und langen Abwesenheiten von Zuhause hat Pan Leszek kaum Einfluss auf die Erziehung seiner Kinder, was er sehr bedauert. In Leipzig lebt er zusammen mit mehreren schlesischen Kollegen im Kellergeschoß eines Hauses, das seinem Arbeitgeber gehört. Seine Tage sind geprägt von langen Arbeitszeiten, da er nur so genug Überstunden ansammeln kann, um regelmäßig für ein verlängertes Wochenende nach Hause zu fahren. Kontakte zu Einheimischen hat er nicht. Die einzige „Freizeitaktivität" ist der Besuch des polnischen Gottesdienstes am arbeitsfreien Sonntag. Pan Leszek betont, dass er nur aus finanziellen Gründen in Deutschland ist. Falls sich die Lage in Polen besserte, würde er sofort wieder dorthin zurückgehen, schätzt diese Möglichkeit aber aufgrund der dortigen Arbeitsmarktentwicklung und aufgrund seines Alters als gering ein.

Fall 2: Pan Tadeusz (Jg. 1943) ist Denkmalrestaurator und stammt aus Krakau. Er ist verheiratet und hat drei erwachsene Kinder, die zum Teil noch studieren. Seine Familie lebt in Krakau. Er kam 1986 erstmals im Rahmen einer beruflichen Kooperation in die DDR und beschloss nach der Wende zusammen mit einem Kollegen, sich in Leipzig selbstständig zu machen. An Aufträgen mangelte es ihnen anfangs nicht, da sie gute Kontakte zu den Denkmalschutzverantwortlichen der Stadtverwaltung hatten, doch die jeweils nur für ein Jahr verlängerte Aufenthaltserlaubnis erwies sich als ein Hindernis für eine dauerhafte Niederlassung und den Familiennachzug. Seine Familie besucht er mehrfach im Jahr, wie die Auftragslage es zulässt. Nach 14 Jahren erhielt er eine unbefristete Arbeits- und Aufenthaltserlaubnis und mietete sich daraufhin erstmals eine eigene kleine Wohnung in Leipzig. Zuvor hatte er zusammen mit seinem Kollegen in einer unsanierten Altbauwohnung gehaust, in denen gleichzeitig ihre Malerutensilien gelagert waren – „ein bisschen wie Zigeuner, keine Investitionen in Wohnung oder so was". Pan Tadeusz hat Kontakt zu Landsleuten in Leipzig, er nimmt regelmäßig an den polnischen Gottesdiensten teil, ist Mitglied eines Polnischen Vereins und besucht Veranstaltungen im Polnischen Institut. Er vermisst viele Elemente des polnischen Alltags, zum Beispiel die Spontanbesuche durch Freunde oder Kollegen. Er will noch bis zum Erreichen des Rentenalters in Deutschland bleiben. Eine Reintegration in den polnischen Arbeitsmarkt schließt er für sich aufgrund seiner langen Abwesenheit und des damit zusammenhängenden Verlusts an beruflichen Kontakten in Polen aus.

Fall 3: Pan Dariusz (Jg. 1978) kam erstmals in den 80er Jahren mit seiner Familie als Asylbewerber nach Westdeutschland und verbrachte dort zwei Jahre. Als die Familie nach Polen zurückkehrte, weil der Asylantrag nicht bewilligt worden war, stand sein Plan, nach Deutschland zurückzukehren, bereits fest. Er besuchte in Polen das Lyzeum und fing dann an, Germanistik zu studieren, weil er sich dadurch die besten Chancen auf ein Auslandsstudium versprach. Während der gesamten Schulzeit in Polen hatte er stets in den Ferien Deutschland besucht und dort für einen festen Arbeitgeber gejobbt. Als dieser Arbeitgeber für ein Sanierungsprojekt in Leipzig einen zweisprachigen Mitarbeiter suchte, sah Pan Dariusz seine Chance: „Damit stand für mich fest, ich hab 'nen Job, ich hab 'ne Wohnung als Hausmeister – Leipzig". Seit 1999 lebt und studiert er in

Leipzig. Dank seines Jobs und der Hausmeisterwohnung ist er finanziell unabhängig. Er hat einen überwiegend deutschen Freundeskreis, ist fließend zweisprachig und fühlt sich in Deutschland wie in Polen zuhause. Er informiert sich über die politischen Veränderungen in seinem Land durch das polische Fernsehen und nimmt gerne an Jazzveranstaltungen im Polnischen Institut teil. Im Sommer 2003 sollte – für ihn unerwartet – seine Aufenthaltsgenehmigung nicht mehr verlängert werden. Pan Dariusz wollte jedoch seine Existenz in Deutschland auf keinen Fall aufgeben und schloss eine Scheinehe mit einer deutschen Bekannten. Für die Zukunft strebt er eine Karriere in der Wirtschaft an, wozu er seine Zweisprachigkeit und seinen bikulturellen Hintergrund nutzen möchte, zum Beispiel als Mitarbeiter einer deutschen Firma in Polen.

Was ist das Gemeinsame oder Verallgemeinerbare dieser Fälle? Worin bestehen die Unterschiede und wie sind sie zu erklären? In allen drei Fallbeispielen sind Elemente der Transnationalität vorzufinden, wenn auch in unterschiedlicher Intensität. Während in den ersten beiden Beispielen vor allem die Zirkularität bedeutsam ist und im zweiten Fall auch die alltagsweltliche Transnationalisierung durch die Nutzung transnationaler Infrastruktur stark ausgeprägt ist, dominiert im dritten Fall die Hybridisierung der Identität.

Der Grad der Transnationalität scheint hier abhängig vom Migrationsmotiv, dem Alter und der familiären Situation zum Zeitpunkt der Zuwanderung. In den ersten beiden Fällen war die Migration rein ökonomisch motiviert, die Migranten leben in Deutschland ähnlich wie „auf Montage". Ihre Integration in den Ankunftsraum ist unterschiedlich stark ausgeprägt, was vermutlich auf die Verschiedenheit der persönlichen Ressourcen und alltäglichen Notwendigkeiten zurückzuführen ist. Die Beschäftigung des ethnischen Deutschen im Angestelltenverhältnis erfordert kaum Kontakte außerhalb seines unmittelbaren Arbeitsumfeldes, während der selbstständige Restaurator auf die Pflege eines sozialen Netzwerks angewiesen ist. Seine stärkere alltagsweltliche Transnationalisierung könnte im höheren Bildungsniveau und den daraus resultierenden kulturellen, sozialen und politischen Interessen begründet sein. Vergleichbar sind in den beiden Fällen jedoch die Entkoppelung vom Herkunftsraum und dem dortigen sozialen Kontext sowie die Zukunftsplanung, die eine Remigration im Rentenalter vorsieht. Anders der Fall des Studenten. Seine Zuwanderung resultierte aus dem Wunsch nach Unabhängigkeit vom Elternhaus, was sich als Student in Deutschland leichter umsetzen ließ als in Polen. Mit Deutschland seit seiner Kindheit vertraut, sagte ihm der hiesige Lebensstil und die hohe Lebensqualität mehr zu als das Leben in Polen. In Deutschland kann er seine Ressourcen optimal nutzen, er integriert sich viel stärker in die deutsche Gesellschaft, als das in den vorgenannten Beispielen der Fall ist. Gleichwohl fühlt er sich in beiden Gesellschaften verwurzelt und möchte dies auch in der Zukunft bewusst für seine berufliche Karriere nutzen. Mit dieser transnationalen Planung stößt er jedoch auf eine Grenze, und die liegt bei der Staatsbürgerschaft, wie das Erlebnis der abgelehnten Aufenthaltsgenehmigung zeigt.

4 Zusammenfassung der Ergebnisse

Die Funktionsweise grenzüberschreitender Arbeitsmigration, die Lebensweise der Akteure, der Einfluss von Rahmenbedingungen und individuellen Ressourcen auf das Migrationsverhalten sollten hier am Beispiel polnischer Arbeitsmigranten aufgezeigt werden. Aus den vorgestellten Beispielen lässt sich folgendes Fazit ziehen:

Für die Saisonarbeitermigration sind politische und ökonomische Rahmenbedingungen ausschlaggebend. Die persönlichen Ressourcen der Migranten würden kaum ausreichen, um auf individueller Basis in Deutschland zu arbeiten. Ein gleichzeitiges Arbeiten *und* Leben in Deutschland ist aufgrund der politischen Ausgestaltung der Saisonarbeit und aufgrund der niedrigen Löhne undenkbar. Diese pendelnde Arbeitsform rechnet sich nur, solange die Familie in Polen bleibt. Sie ist gleichwohl eine wichtige Einkunftsmöglichkeit für die Betroffenen, welche sich gut mit weiteren Arbeitsverhältnissen im Herkunftsland vereinbaren lässt. Der Grad der Transnationalisierung bleibt gering, eine hybride Identität bildet sich nicht, einzig die Aspekte der Zirkularität treffen vollständig zu.

Die Arbeitsmigration nach Leipzig kann als individualisierte Migration beschrieben werden, in starker Abhängigkeit von persönlichen Ressourcen und sozialen Netzwerken, aber auch mit einer großen Abhängigkeit von politischen und ökonomischen Rahmenbedingungen. Alle Indikatoren der Transnationalität sind vorhanden, wenn auch in unterschiedlicher Intensität. Die relative räumliche Nähe zwischen Leipzig und Polen spielt eine wichtige Rolle bei der Standortentscheidung der Arbeitsmigranten, denn sie erleichtert ein regelmäßiges Pendeln. Auf diese Weise können die ökonomischen Vorteile des Familienlebens in Polen und des Arbeitens in Deutschland genutzt werden. Gleichwohl ist diese Zirkularität nicht frei von Problemen. So wurde es deutlich, dass die gleichzeitige soziale Integration an zwei Standorten nur schwer funktioniert, was Abstriche in der persönlichen Lebensqualität nach sich zieht. Noch schwerwiegender sind jedoch die Einflüsse der politischen und juristischen Rahmenbedingungen auf die Lebensführung und Zukunftsplanung der Migranten, z. B. was das Erlangen eines längerfristigen Aufenthaltstitels angeht, oder den Bezug einer deutschen Rente nach einer Remigration nach Polen.

Die vorgestellten Beispiele zeigen, dass Herkunfts- wie Zielland von grenzüberschreitender Arbeitsmigration profitieren können. Anders als bei der stark regulierten Saisonarbeitermigration werden den individuell handelnden Migranten höhere persönliche Ressourcen abgefordert, um einen Migrationserfolg zu erzielen. Gerade in Anbetracht des deutschen Wunsches, mehr Hochqualifizierte ins Land zu holen, ist die Schaffung von eindeutigen politischen Rahmenbedingungen notwendig, die den Migranten auch eine zuverlässige Zukunftsplanung für sich und ihre Familien erlauben. Die Europäische Integration ist hier ein wichtiger Schritt, dennoch bleibt auf diesem Gebiet noch viel zu tun.

Literatur

Faist, T. (2000): The Volume and Dynamics of International Migration and Transnational Social Spaces. Oxford.

Faist, T. (1995): Migration in transnationalen Arbeitsmärkten: Zur Kollektivierung und Fragmentierung sozialer Rechte in Europa. In: Zeitschrift für Sozialreform, 34(1 u. 2); 1: 36-47, 2: 108-122.

Glick-Schiller, N. H./Basch, L. H./Blanc-Szanton, C. H. (Hrsg.) (1992): Towards a Transnational Perspective on Migration: Race, Class, Ethnicity and Nationalism Reconsidered. New York.

Beauftragte der Bundesregierung für Migration, Flüchtlinge und Integration (Hrsg.) (2003): Migrationsbericht 2003 im Auftrag der Bundesregierung. Berlin.

Pries, L. (1997): Neue Migration im transnationalen Raum. In: Pries, L., (Hrsg.): Transnationale Migration. Baden-Baden, 15-44.

ZAV (Zentralstelle für Arbeitsvermittlung) (Hrsg.) (2005): Arbeitserlaubnisverfahren für ausländische Saisonarbeitnehmer. Vergleichsstatistiken 1991–2004 (unveröffentlicht).

Internationale Mobilität von Wissen und Wissensproduzenten

Heike Jöns (Heidelberg/Nottingham)

1 Einleitung

Zu Beginn des 21. Jahrhunderts ist Europa eingebunden in einen wachsenden internationalen Wettbewerb um wirtschaftlich relevantes Wissen und hoch qualifizierte Arbeitskräfte. Aus globaler Perspektive betrachtet wird dieser Wettbewerb bestimmt durch ein Spannungsfeld von Konkurrenz und Kooperation mit etablierten Zentren in den USA sowie aufstrebenden Standorten in Asien (BLUMENTHAL et al. 1996, KANTROWITZ 2003, LEPENIES 2003, KING 2004, LEYDESDORFF/ZHOU 2006). Dies gilt für verschiedene Ebenen der Produktion, Verbreitung und Anwendung von Wissen und Technologie. In diesem Beitrag wird die Bedeutung grenzüberschreitender Mobilität in den Wissenschaften aus europäischer Perspektive untersucht; folgende Fragen stehen im Vordergrund:

1. Wie hat sich die internationale Mobilität von Wissenschaftlern mit der Ausdehnung eines Europas ohne innere Grenzen entwickelt?
2. Welche Art von Grenzüberschreitungen und Auswirkungen sind mit der Mobilität von Wissenschaftlern innerhalb Europas verbunden?
3. Welche konzeptionellen Schlüsse lassen sich aus der Wissenschaftlermobilität in Europa für die räumlichen Bezüge und Strukturierungen internationaler Mobilität von Wissen und dessen Produzenten ziehen?

Das Hauptinteresse der Analyse richtet sich auf zirkuläre Mobilität von Wissenschaftlern in Form von zeitlich befristeten Forschungsaufenthalten im Ausland. Deren hoher wissenschafts- und gesellschaftspolitischer Stellenwert kommt in zahlreichen staatlich und privat unterstützten Mobilitätsprogrammen zum Ausdruck. Gerade auf europäischer Ebene wurden zahlreiche Förderinstrumente entwickelt, die wie SOKRATES/ ERASMUS, TEMPUS oder Marie-Curie-Stipendien auf eine stärkere innereuropäische Vernetzung von Forschung und Lehre abzielen, um Europa als Hochschul- und Forschungsstandort langfristig zu stärken und gemäß der Lissabon-Strategie des Europäischen Rates aus dem Jahr 2000 in der laufenden Dekade „zum wettbewerbsfähigsten und dynamischsten wissensbasierten Wirtschaftsraum in der Welt zu machen" (EUROPÄISCHES PARLAMENT 2000).

Die Erkundungen zu den Bedingungen und Auswirkungen zirkulärer akademischer Mobilität ordnen sich in einen weiteren Kontext der Untersuchung zeitlicher und räumlicher Variationen in der Produktion und Verbreitung wissenschaftlichen Wissens ein. Dessen Grundstein legte in den 1960er Jahren Thomas KUHN (1962), in dem er darauf verwies, dass wissenschaftliche Methoden, Konzepte, Probleme und Lösungsstrategien keineswegs universell gültig sind, sondern über die Zeit hinweg variieren. Mehr als zwanzig Jahre später betonten Bruno LATOUR (1987) und Donna HARAWAY (1988) den zeitlich und *räumlich* situierten Charakter wissenschaftlicher Praxis und Ideen und verwarfen somit die Vorstellung einer von lokalen Bedingungen abgekoppelten, räumlich universellen wissenschaftlichen Objektivität. Während sich im Rahmen einer Geographie des Wissens unter anderem David LIVINGSTONE (1995, 2002, 2003) und Peter MEUSBURGER (1980, 1998, 2000) mit räumlichen Bezügen verschiedener Arten des Wissens befasst haben, wird im Folgenden die Art dieses Zusammenhangs für verschiedene Typen *wissenschaftlichen* Wissens empirisch erkundet und konzeptionalisiert.

2 Muster und Einflüsse im Rahmen zirkulärer Mobilität von Wissenschaftlern

Einen Einblick in aktuelle Beziehungsmuster des internationalen Wissenschaftleraustausches gibt der vom Deutschen Akademischen Austauschdienst (DAAD) herausgegebene Report „Wissenschaft weltoffen 2005". Dieser Report präsentiert Daten zu den Mobilitätsprogrammen von 24 deutschen Forschungsförderinstitutionen, die zusammen für einen wesentlichen, jedoch aufgrund einer fehlenden Gesamtstatistik nicht quantifizierbaren Anteil des gesamten deutschen Wissenschaftleraustausches verantwortlich zeichnen (DAAD 2005). Die geographische Verteilung der mobilen Wissenschaftler nach Herkunfts- und Zielländern verdeutlicht Deutschlands vermittelnde Position in einer weltweiten Hierarchie regionaler Wissenschaftszentren (Abb. 1). In den krisengeschüttelten bis boomenden Forschungsstandorten Russlands, Chinas und Indiens besteht ein sehr großes Interesse an Deutschland, während sich mehr als ein Drittel der deutschen Gastwissenschaftler im Ausland auf die international führenden Wissenschaftszentren in den USA und Großbritannien konzentrieren. Das Interesse deutscher Wissenschaftler an westeuropäischen Staaten ist tendenziell größer als an osteuropäischen Staaten, während umgekehrt mehr Gastwissenschaftler aus den östlichen Regio-

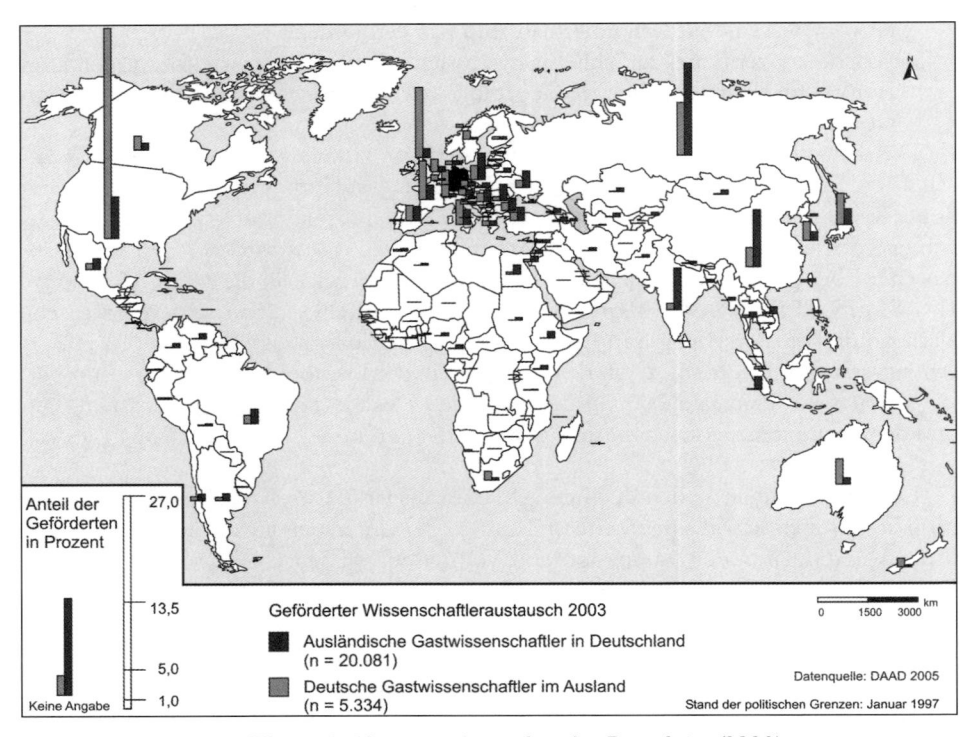

Abb. 1: Internationaler Wissenschaftleraustausch aus deutscher Perspektive (2003)

nen Europas nach Deutschland kommen.

Diese asymmetrischen geographischen Muster zirkulärer akademischer Mobilität zeigen, dass politische Grenzen je nach sozioökonomischer Lage, politischem Verhältnis von Herkunfts- und Gastland sowie wissenschaftlichem Standard und Prestige für Wissenschaftler unterschiedlich leicht zu überwinden sind bzw. überwunden werden wollen. In historischer Perspektive lässt sich dieser Zusammenhang an den Veränderungen der regionalen Herkunft von Forschungsstipendiaten der Alexander von Humboldt-Stiftung nachvollziehen (JANSEN 2004, JÖNS 2003b). Mit über 50 000 Bewerbern und rund 20 000 geförderten Stipendiaten seit 1954 handelt es sich um das zahlenmäßig bedeutendste Förderprogramm für längerfristige Forschungsaufenthalte ausländischer Wissenschaftler in Deutschland. Humboldt-Stipendien sind für alle Fächer und Länder ausgeschrieben. Sie richten sich an mindestens promovierte Nachwuchswissenschaftler im Alter bis zu 40 Jahren, die ein selbst gewähltes Forschungsvorhaben in der Bundesrepublik durchführen möchten. Eine kontinuierliche Zunahme von Bewerbungen, vergebenen Stipendien und Herkunftsländern in den ersten vier Förderdekaden verdeutlicht nicht nur eine allmähliche Reintegration Deutschlands in die internationale Wissenschaftsgemeinschaft nach dem Ende des Zweiten Weltkriegs, sondern auch die Kapazitätserweiterungen im Rahmen der Bildungsexpansion der 1960er und 1970er Jahre und einen deutlichen Anstieg der Qualität von Forschung und Lehre an deutschen Hochschulen. Veränderungen in der Zahl der Stipendiaten aus Ostmitteleuropa verdeutlichen den wichtigen Einfluss politischer Ereignisse und bilateraler Beziehungen auf den Wissenschaftleraustausch. Während der Reformperiode des Prager Frühlings im Jahr 1968 stieg die relativ kleine Tschechoslowakei für einen kurzen Zeitraum zu dem Land mit den meisten Bewerbungen auf. In Polen ging die Aufnahme diplomatischer Beziehungen zu Deutschland im Jahr 1972 mit einem regelrechten Bewerbungsboom einher, der bereits in den 1980er Jahren zahlreiche polnische Wissenschaftler nach Deutschland brachte. In den osteuropäischen Staaten, die bis 1989 Teil der Sowjetunion waren, kamen erst ab Mitte der 1970er Jahre einzelne Stipendiaten nach Deutschland, während der Fall des Eisernen Vorhangs eine Bewerbungseuphorie in vielen Ländern Osteuropas und der Russischen Föderation auslöste. Das Ende des Kalten Kriegs eröffnete weltweit mehr Möglichkeiten zu internationaler Mobilität und Kooperation, so dass die Zeit seit Anfang der 1990er Jahre von einer Dezentralisierung internationaler Wissenschaftsbeziehungen und einem verstärkten Wettbewerb um Gastwissenschaftler geprägt ist und sich die Förderzahlen – in Europa auch aufgrund konkurrierender Förderangebote – auf dem Niveau der 1980er Jahre stabilisieren. Der Rückgang des Interesses an einem Forschungsaufenthalt in Deutschland hängt aber auch mit weltweit rückläufigen biographischen Deutschlandbezügen zusammen. In den Regionen, in denen der Anteil Deutschstämmiger aufgrund von Auswanderungswellen, Emigrationen in der Zeit des Nationalsozialismus und Bildungsmigrationen der Nachkriegszeit besonders hoch war, wie zum Beispiel in Nord- und Südamerika, ist die Zahl der Wissenschaftler mit biographischen Bezügen zu Deutschland und Mitteleuropa aus historischen Gründen stark rückläufig, so dass sich ein wichtiger Einfluss auf das Interesse an einem längeren Deutschlandaufenthalt langfristig reduziert. Ähnliches gilt für Ostmitteleuropa, wo in der Vergangenheit ebenfalls besonders viele Wissenschaftler biographische Deutschlandbezüge und fundierte deutsche Sprachkenntnisse besaßen.

Wichtige Veränderungen gab es in der zweiten Hälfte des 20. Jahrhunderts bei den Fachgebieten ausländischer Gastwissenschaftler in Deutschland. Im Zuge eines gezielten Ausbaus natur- und ingenieurwissenschaftlicher Forschung seit den 1970er Jahren und einer zunehmenden internationalen Vernetzung verschob sich das Fächerspektrum deutlich zugunsten der Natur- und Ingenieurwissenschaften. Grundsätzlich kann die Errichtung attraktiver Forschungsinfrastruktur in der relativ standardisierten und englischsprachig dominierten Großgeräte- und Laborforschung der physikalisch-chemischen und biologischen Wissenschaften das Interesse an einem Forschungsaufenthalt in Deutschland massiv steigern, während die Mobilisierung neuer Gastwissenschaftler in den Geisteswissenschaften relativ schwierig ist, weil Sprache für viele Projekte eine zentrale Rolle spielt und das Potenzial an ausländischen Wissenschaftlern mit Deutschkenntnissen nicht nur begrenzt, sondern auch rückläufig ist. Nach Fachgebieten betrachtet zeigen sich ebenfalls große Unterschiede in den Geographien des Austauschs, da verschiedene wissenschaftliche Arbeitsweisen unterschiedlich stark auf spezifische räumliche Kontexte angewiesen sind. Zudem variieren Prestige und Leistungsfähigkeit verschiedener Forschungsstandorte nach Arbeitsgruppen, aber auch nach nationalen Forschungsstilen und sozioökonomischem Entwicklungsstand (JÖNS/MEUSBURGER 2005). Relativ ausgeglichene Austauschbeziehungen innerhalb Europas bestehen in Mathematik und den Naturwissenschaften, aufgrund der Regions- und Sprachbindung trifft dies auch in den Sprach- und Kulturwissenschaften zu. Stärker asymmetrische Mobilitätsbeziehungen zwischen west- und osteuropäischen Staaten bestehen in den Ingenieurwissenschaften und in den empirisch ausgerichteten Rechts-, Wirtschafts- und Sozialwissenschaften.

Im Folgenden wird den Ursachen für diese unterschiedlichen geographischen Muster wissenschaftlicher Beziehungen in einem Europa ohne innere Grenzen am Beispiel der Interaktion zwischen deutschen Wissenschaftlern und Gastwissenschaftlern aus den EU-15 Staaten näher auf den Grund gegangen und dabei auf ein theoretisches Verständnis der Art von Begrenzungen hingearbeitet, die internationale Mobilität von Wissen und dessen Produzenten strukturieren.

3 Bedingungen und Auswirkungen internationaler Wissenschaftlermobilität

In Anlehnung an den französischen Philosophen Michel SERRES (1995) können reisende Wissenschaftler als Boten angesehen werden, die bei ihrer Bewegung durch Raum und Zeit unerwartete Verknüpfungen und Allianzen zwischen scheinbar unvereinbaren Menschen, Dingen, Ideen und Ereignissen herstellen können. Um vor diesem Hintergrund empirisch begründete Aussagen zu den Bedingungen und Auswirkungen zirkulärer Mobilität in den Wissenschaften treffen zu können, wurde am Geographischen Institut der Universität Heidelberg ein DFG-Projekt durchgeführt, das die Forschungsaufenthalte ausländischer Wissenschaftler in Deutschland auf Grundlage umfangreicher schriftlicher Befragungen und persönlicher Interviews analysierte. Den Auswertungen liegen die Antworten von rund 1 900 Gastwissenschaftlern der Jahre 1954 bis 2001 zugrunde, von denen auch nach dem Forschungsaufenthalt mehr als 90 % in der Wissenschaft tätig waren. Der Kontakt zum wissenschaftlichen Gastgeber in Deutschland entstand bei mehr als jedem zweiten Stipendiaten durch vorherige internationale Mobilität von ihnen selber, ihrer wissenschaftlichen Betreuer, Gastgeber oder anderer Kontaktpersonen. Da fast 90 % der Forschungsaufenthalte nachfolgende internationale zirkuläre Mobilität von Studierenden und Wissenschaftlern generierten, ordnen sich die Aufenthalte in ein komplexes Geflecht grenzüberschreitender Mobilität und Kooperation ein, das sie auf vielfältige Weise intensivierten (JÖNS/MEUSBURGER 2005).

Eine besonders gut nachvollziehbare Form der Zusammenarbeit stellen gemeinsame Publikationen der Stipendiaten und ihrer deutschen Kollegen dar. Vor dem Forschungsaufenthalt in Deutschland hatte jeder fünfte Humboldt-Stipendiat gemeinsame Publikationen mit in Deutschland tätigen Wissenschaftlern erstellt. Als Resultat des Forschungsaufenthaltes waren dies mehr als zwei Drittel der Gastwissenschaftler (67 %). Wissenschaftler aus EU-15 Staaten haben aufgrund der räumlichen, politischen und kulturellen Nähe besonders häufig vorher gemeinsam publiziert (25 %), und auch Stipendiaten aus Ostmitteleuropa (20 %) haben von einem höheren Kontaktpotenzial profitieren können als zum Beispiel Wissenschaftler in Australien (14 %), worin die anhaltende Bedeutung geographischer Distanz für die Entwicklung internationaler Wissenschaftsbeziehungen deutlich wird. In den 1990er Jahren hatten bereits gleich viele Stipendiaten aus Ostmitteleuropa und aus den EU-15 Staaten vor dem Aufenthalt mit Wissenschaftlern in Deutschland publiziert (je 34 %), so dass die europäische Integration im Bereich wissenschaftlicher Kontakte sehr weit fortgeschritten ist.

Während die Chancen und Motivationen zur Teilnahme an internationaler akademischer Mobilität relativ stark durch politische, wirtschaftliche, soziale, kulturelle und regionale Besonderheiten moderiert werden, variieren die Art der wissenschaftlichen Interaktion und die unmittelbaren wissenschaftlichen Resultate der Forschungsaufenthalte vor allem nach fachspezifischen Arbeitsstilen und Kooperationskulturen. So haben die Wissenschaftler der betrachteten Herkunftsregionen als Resultat der Forschungsaufenthalte etwa gleichhäufig mit deutschen Kollegen publiziert (EU-15: 61 %, Ostmitteleuropa: 67 %, Australien: 69 %), während es zwischen Wissenschaftlern verschiedener Fachgebiete große Unterschiede gab. Am häufigsten wurde in Physik (90 %), Chemie (88 %), Medizin (83 %), den Ingenieur- (82 %) und Biowissenschaften (81 %) zusammengearbeitet. Mathematische Forschung ist bereits durch eine größere Individualität gekennzeichnet (62 %), während in den Wirtschafts- und Sozialwissenschaftlern noch etwas mehr als ein Drittel der Gastwissenschaftler kooperierte (37 %) und in Philosophie nur noch ein Viertel. Systematische Unterschiede im Kooperationsverhalten entfalten sich dabei nicht nur zwischen verschiedenen Fachgebieten und deren Gegenstandsbereichen, sondern vor allem entlang der wissenschaftlichen Arbeitsweise (Abb. 2). Während weniger als ein Drittel argumentativ-interpretativ arbeitender Wissenschaftler aus den EU-15 Staaten als Resultat des Forschungsaufenthaltes gemeinsam mit Wissenschaftlern in Deutschland publizierten, stieg dieser Anteil von den Empirikern über die Theoretiker bis zu den Experimentalisten auf fast 90 % an. Ein etwas anderes Bild ergibt sich bei der Frage nach der Ortsgebundenheit der Forschungsprojekte: Empirische Studien waren am häufigsten nur in Deutschland und am wenigsten häufig in verschiedenen Ländern möglich, gefolgt von argumentativ-interpretativer Arbeit, experimentellen und theoretischen Projekten.

Im Folgenden wird argumentiert, dass sich diese systematischen Unterschiede fachspezifischer Mobilitäts- und Kooperationskulturen durch unterschiedliche räumliche Bezüge der konstituierenden Entitäten wissenschaftlicher Praxis und Interaktion erklären, und gezeigt, dass diese entlang von drei Dimensionen variieren (Abb. 3). Der Begriff der konstituierenden Entitäten wird dabei im Sinne von „Aktanten" der Akteursnetzwerktheorie gebraucht (LATOUR 1999, JÖNS 2003a): Erstens unterscheidet sich der Raumbezug des Gegenstandsbereichs wissenschaftlicher Arbeit nach dem Grad der Materialität. Je stärker Forscher in ihrer Arbeit mit physisch verorteten Geräten, Objekten, Landschaften, Ereignissen oder Lebewesen befasst sind, desto größer ist ihre

a) Resultierende Publikationen mit Wissenschaftlern in Deutschland

n = 261

- Nein
- ...aber Publikationen als Einzelautor erstellt
- ...aber mit Personen außerhalb Deutschlands publiziert
- Ja

b) Ortsgebundenheit des Forschungsprojekts

n = 256

- Nein, das Projekt war in verschiedenen Ländern möglich
- Nein, es war aber nur noch in einem weiteren Land möglich
- Nein, es war aber nur noch im Herkunftsland möglich
- Ja, das Projekt war nur in Deutschland möglich

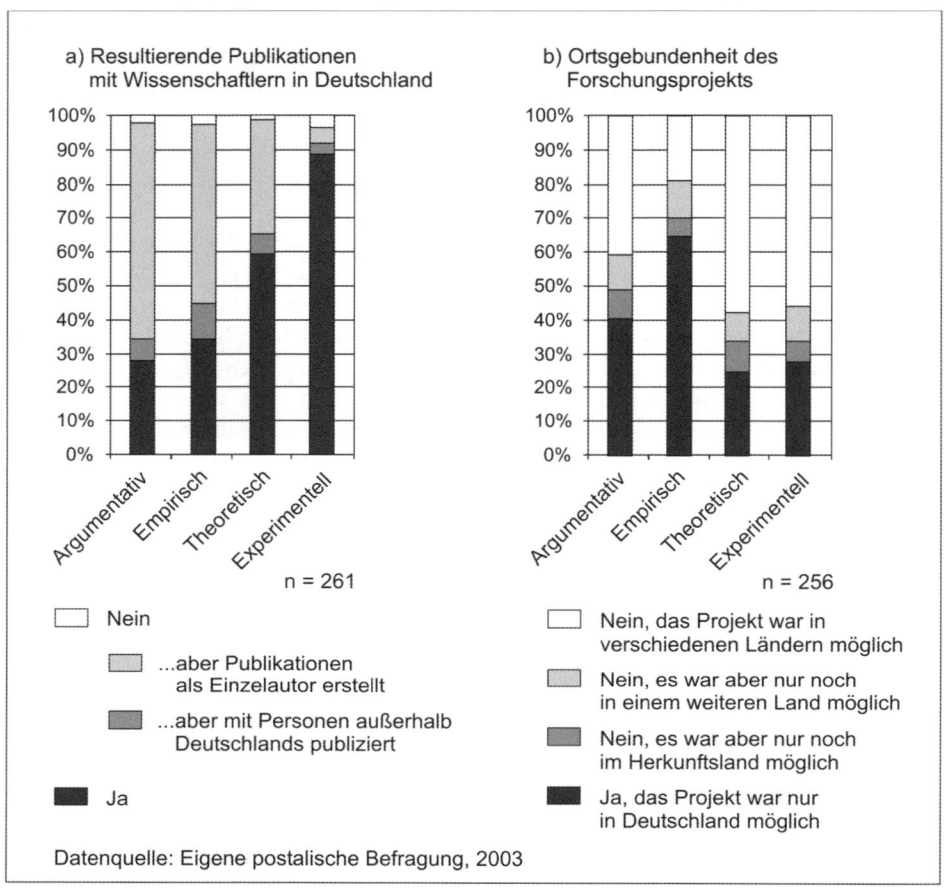

Datenquelle: Eigene postalische Befragung, 2003

Abb. 2: Kooperationsverhalten und Ortsgebundenheit der Forschungsprojekte von Humboldt-Forschungsstipendiaten aus EU-15 Staaten nach der wissenschaftlichen Arbeitsweise (1954–2001)

Einbettung in einen spezifischen lokalen Kontext und desto geringer ist die Möglichkeit, die Arbeit an anderen Orten durchzuführen. Die große Vielfalt wissenschaftlicher Arbeit weist somit ontologisch verschiedene Ausgangspunkte und konstituierende Entitäten auf, die jeweils andere räumliche Bezüge implizieren: Materialitäten können Wissenschaftler aufgrund ihrer eigenen Körperlichkeit an einen spezifischen physisch-materiellen Kontext binden; geistige Entitäten bzw. Immaterialitäten sind im Prinzip genauso mobil wie es ihre physischen Träger erlauben.

Die Konstitution dieser Entitäten variiert jedoch zweitens nach dem Grad der Standardisierung. Empirische Studien, die sich mit konkreten Lebenswelten und Regionen auseinandersetzen, sind am stärksten räumlich verortet; einen intermediären Typ bilden die Geowissenschaften mit Feldforschung und Laborexperimenten, während in den hoch standardisierten Laborkontexten der Chemie Forschungsobjekte und -infrastruktur nicht nur relativ gut über räumliche Distanzen transportiert werden können, sondern wesentlich häufiger eine Anschlussfähigkeit für die gemeinsame Bearbeitung eines Projekts gegeben ist. Auch innerhalb theoretischer Arbeit mit primär geistigen bzw. immateriellen Assoziationen gibt es große Unterschiede in der räumlichen Einbettung zwischen den stark kontextualisierten und oft quellengebundenen Geisteswissenschaften und der hochabstrakten Arbeit von Mathematikern, deren Vertreter aus den EU-15 Staaten zum Beispiel alle angaben, dass ihr Forschungsprojekt auch anderswo als in Deutschland möglich gewesen wäre.

In dieser theoretischen Matrix lassen sich auch die systematischen Unterschiede in Hinblick auf gemeinsame Publikationen verorten: Kollektivität, verstanden als Möglichkeit zur Zusammenarbeit, nimmt demnach mit zunehmender Standardisierung zu und mit abnehmender Materialität ab – umgekehrt nimmt Individualität mit zunehmender Standardisierung ab und mit zunehmender Bedeutung geistiger Arbeit zu. Folglich publizieren Chemiker im Umgang mit standardisierten Materialitäten sehr häufig gemeinsam, Mathematiker im Umgang mit standardisierten geistigen Assoziationen etwas weniger. Eine noch größere Individualität findet sich aufgrund stark spezialisierter Forschung und kontextspezifischer Themen in den empirisch ausgerichteten Wirtschafts- und Sozialwissenschaften, während die individuelle Interpretationsleistung bei den mit konkreten Gedankengebäuden arbeitenden Philosophen besonders groß ist. Grundsätzlich erfordern Forschungsaufenthalte im Ausland und Kooperationen mit Dritten in den Geisteswissenschaften viel mehr Voraussetzungen und gemeinsame Anknüpfungspunkte als in anderen Arbeitsgebieten, wie z. B. Fremdsprachenkenntnisse oder ortsgebundene Primärquellen, und kommen daher grundsätzlich seltener vor.

In Hinblick auf eine dritte Dimension variierender räumlicher Bezüge wissenschaftlicher Arbeit hat LATOUR (1999) darauf hingewiesen, dass im Zuge wissenschaftlichen Netzwerkbildens Vielfalt zunehmend abstrahiert wird, um leicht verständliche und gut kommunizierbare Aussagen über wesentlich komplexere Sachverhalte zu ermöglichen. Somit werden unabhängig von den Gegenstandsbereichen wissenschaftlicher Arbeit mit fortschreitender Arbeit sowohl materiell als auch geistig stark kontextualisierte Praktiken von weniger stark in spezifische räumliche Kontexte eingebetteten Arbeitsweisen

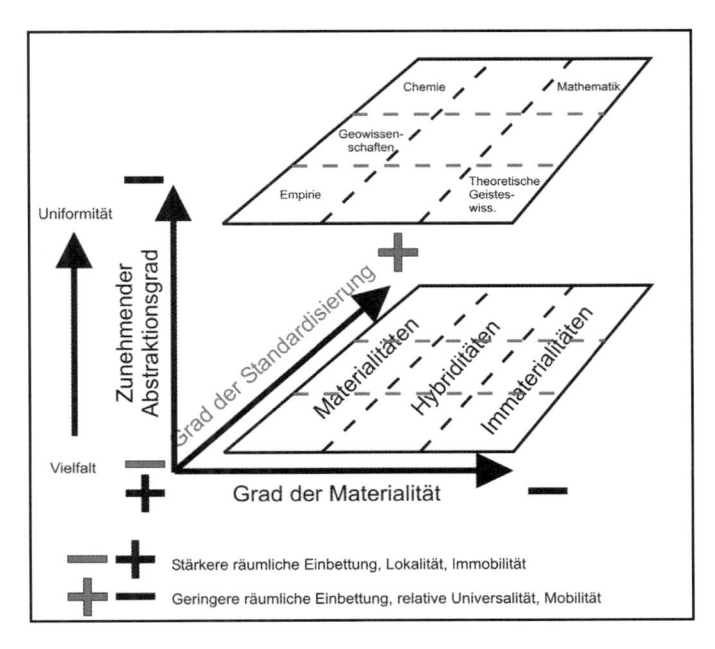

Abb. 3:
Variierende räumliche Bezüge wissenschaftlicher Arbeit

abgelöst. Durch verortete Experimente gelangen wir zu räumlich und geistig relativ mobilem Wissen, durch Denken zur noch mobileren Theorie. So können Theoretiker physische Kopräsenz in der Zusammenarbeit über theoretische Inhalte häufig früher und leichter durch Telekommunikation substituieren als Experimentalisten oder Empiriker, weil geistige Argumentationen ontologisch kompatibel mit diesen Medien sind und daher über E-Mail, Fax und Telefon ausgetauscht werden können, ohne grundlegend verändert zu werden.

Verschiedene Stadien wissenschaftlicher Arbeit implizieren daher ebenfalls unterschiedliche Geographien wissenschaftlicher Praxis und Interaktion, so dass sich die Beziehung zwischen verschiedenen räumlichen Kontexten und unterschiedlichen wissenschaftlichen Arbeitsweisen in einer Matrix mit drei grundlegenden Dimensionen beschreiben lässt – dem Grad der Materialität, dem Grad der Standardisierung und dem Stadium des Forschungsprozesses. Auf Grundlage dieses theoretischen Verständnisses der räumlichen Strukturierung wissenschaftlicher Praxis und Interaktion lassen sich wissenschaftspolitisch wichtige Schlüsse aus Daten zu internationaler akademischer Mobilität und Zusammenarbeit in verschiedenen Fächern und Arbeitsrichtungen ziehen. Aus theoretischer Sicht wäre zu fragen, inwieweit variierende räumliche Bezüge der konstituierenden Elemente von Wissen in verschiedenen Stadien der Verarbeitung und Anwendung wissenschaftlichen Wissens und somit in anderen gesellschaftlichen Bereichen, wie zum Beispiel in der Wirtschaft, Standort- und Interaktionsmuster prägen.

4 Schlussfolgerungen

Internationale Mobilität von Wissen und Wissensproduzenten wird durch zahlreiche Sachverhalte strukturiert, die selbst in einem Europa ohne innere Grenzen zu asymmetrischen internationalen Mobilitätsmustern führen. Der Zugang zu internationalen Wissenschaftsbeziehungen wird dabei im Wesentlichen durch folgende Einflüsse moderiert: politische Systeme und Beziehungen, die sozioökonomische Situation in Herkunfts- und Gastland, institutionelle Förderangebote, wissenschaftliches Prestige und Leistungsfähigkeit von Forschungsstandorten, fachspezifische Mobilitäts- und Kooperationskulturen sowie biographische Beziehungen und kulturelle Affinität zum Gastland. Hinzu kommen in diesem Beitrag nicht erwähnte Aspekte wie die Karrierephase und der Familienzyklus eines Wissenschaftlers, geschlechtsspezifische Mobilitätshemmnisse sowie persönliche Ressourcen (z. B. Sprachkenntnisse) und Kontakte (JÖNS 2003a, 2005). In Abhängigkeit von der Situierung eines Wissenschaftlers innerhalb entsprechender Beziehungsgeflechte materieller und symbolischer Ressourcen variieren Bedarf, Möglichkeiten und Motivationen zur Beteiligung an internationaler Zirkulation und somit an der Generierung möglicher positiver Rückkopplungseffekte für die eigene Arbeit und Karriere.

Bei der Interaktion mit Kollegen im Gastland spielen jedoch kulturelle und soziale Unterschiede eine untergeordnete Rolle. Vielmehr werden wissenschaftliche Praxis und Interaktion während des Forschungsaufenthaltes maßgeblich durch fachspezifische Arbeitsstile und Kooperationskulturen geprägt. Diese sind mit vielfältigen Grenzüberschreitungen zwischen materiellen und immateriellen Räumen verbunden und bedingen dadurch wiederum unterschiedliche räumliche Bezüge, Kooperationsmuster und unmittelbare wissenschaftliche Resultate. In diesem Zusammenhang haben die empirischen Erkundungen gezeigt, dass die Beziehung zwischen verschiedenen räumlichen Kontexten und unterschiedlichen wissenschaftlichen Arbeitsweisen sowie das Ausmaß der Kollektivität wissenschaftlicher Praxis in einer Matrix mit drei grundlegenden Dimensionen beschrieben werden kann: dem Grad der Materialität, dem Grad der Standardisierung und dem Stadium des Forschungsprozesses.

In Hinblick auf die Formierung eines europäischen Forschungsraumes während der zweiten Hälfte des 20. Jahrhunderts zeigte sich, dass wissenschaftliche Beziehungen auch schon vor dem Fall des Eisernen Vorhangs relativ stark abgeschottete Grenzen zwischen der Bundesrepublik Deutschland und Ostmitteleuropa überschritten haben. Aufgrund der generierten nachfolgenden Beziehungen bestanden daher bereits in den 1990er Jahren ähnlich enge grenzüberschreitende Verflechtungen in den Wissenschaften zwischen Deutschland und Ostmitteleuropa wie zwischen Deutschland und anderen EU-15 Staaten. Welche großräumigen Veränderungen in den grenzüberschreitenden Mobilitätsmustern langfristig zu erwarten sind, zeigt sich daran, dass das Interesse deutscher Wissenschaftler an einem Forschungsaufenthalt in der Tschechischen Republik im Jahr 2003 bereits relativ größer war als umgekehrt (Abb. 1). Dies beruht vor allem auf einer großen Attraktivität naturwissenschaftlicher Forschung und somit eines Fächerkomplexes, in dem aus den genannten theoretischen Zusammenhängen auf Grundlage von Investitionen in Forschungsinfrastruktur relativ einfach neue Gastwissenschaftler mobilisiert werden können.

Literatur

BLUMENTHAL, P./GOODWIN, C. D./SMITH, A./TEICHLER, U. (Hrsg.) (1996): Academic Mobility in a Changing World: Regional and Global Trends. London. (= Higher Education Policy 29).

DAAD (Hrsg.) (2005): Wissenschaft weltoffen 2005: Daten und Fakten zur Internationalität von Studium und Forschung in Deutschland. Bielefeld. (siehe auch http://www.wissenschaft-weltoffen.de/).

EUROPÄISCHES PARLAMENT (Hrsg.) (2000): Europäischer Rat: 23. und 24. März 2000: Lissabon: Schlussfolgerungen des Vorsitzes. (http://www.europarl.eu.int/summits/lis1_de.htm)

HARAWAY, D. (1988): Situated Knowledges: The Science Question in Feminism and the Privilege of Partial Perspective. In: Biagioli, M. (Hrsg.) (1999): The Science Studies Reader. New York, 172-188.

JANSEN, C. (2004): Exzellenz weltweit: Die Alexander von Humboldt-Stiftung zwischen Wissenschaftsförderung und auswärtiger Kulturpolitik. Köln.

JÖNS, H. (2003a): Grenzüberschreitende Mobilität und Kooperation in den Wissenschaften: Deutschlandaufenthalte US-amerikanischer Humboldt-Forschungspreisträger aus einer erweiterten Akteursnetzwerkperspektive. Heidelberg. (= Heidelberger Geographische Arbeiten, Bd. 116).

JÖNS, H. (2003b): Zwischen Wissenschaftsförderung und auswärtiger Kulturpolitik: Eine Interpretation der Förderzahlen der Humboldt-Stiftung nach fünf Jahrzehnten. In: Humboldt-Kosmos: Mitteilungen der Alexander von Humboldt-Stiftung, 81, 22-31.

JÖNS, H. (2005): Grenzenlos mobil? Anmerkungen zur Bedeutung und Strukturierung zirkulärer Mobilität in den Wissenschaften. In: Kempter, K./Kiesel, H./Meusburger, P. (Hrsg.): Bildung und Wissensgesellschaft. Heidelberg, 333-362. (= Heidelberger Jahrbücher, Bd. 49).

JÖNS, H./MEUSBURGER, P. (2005): Internationaler Wissenschaftsaustausch. In: Institut für Länderkunde (Hrsg.): Nationalatlas Bundesrepublik Deutschland: Deutschland in der Welt. Heidelberg, 116-119.

KANTROWITZ, B. (2003): Learning the Hard Way: Universities Around the World are Plagued by a Host of Intractable Problems – Except in America. What are They Doing Right? In: Newsweek, 15.09.2003, 60-67.

KING, D. A. (2004): The Scientific Impact of Nations. In: Nature, 430, 15.07.2004, 311-316.

KUHN, T. (1962): The Structure of Scientific Revolutions. Chicago.

LATOUR, B. (1987): Science in Action: How to Follow Scientists and Engineers Through Society. Cambridge, MA.

LATOUR, B. (1999): Pandora's Hope: Essays on the Reality of Science Studies. Cambridge, MA.

LEPENIES, W. (2003): Haltet die Forscher! Die Eliten fliehen – und neue sind nicht in Sicht. In: Süddeutsche Zeitung, 182, 09.08.2003, 11.

LEYDESDORFF, L./ZHOU, P. (2006): Are the Contributions of China and Korea Upsetting the World System of Science? In: Research Policy (forthcoming). (http://users.fmg.uva.nl/lleydesdorff/ChinaScience)

LIVINGSTONE, D. N. (1995): The Spaces of Knowledge: Contributions Towards a Historical Geography of Science. In: Environment and Planning D: Society and Space, 13, 5-34.

LIVINGSTONE, D. N. (2002): Science, Space and Hermeneutics: Hettner-Lecture 2001. Heidelberg.

LIVINGSTONE, D. N. (2003): Putting Science in its Place: Geographies of Scientific Knowledge. Chicago.

MEUSBURGER, P. (1980): Beiträge zur Geographie des Bildungs- und Qualifikationswesens: Regionale und soziale Unterschiede des Ausbildungsniveaus der österreichischen Bevölkerung. Innsbruck. (= Innsbrucker Geographische Studien 7).

MEUSBURGER, P. (1998): Bildungsgeographie: Wissen und Ausbildung in der räumlichen Dimension. Heidelberg.

MEUSBURGER, P. (2000): The Spatial Concentration of Knowledge: Some Theoretical Considerations. In: Erdkunde, 54, 352-364.

SERRES, M. (1995): Die Legende der Engel. Frankfurt a. M.

Older foreign migrants in Europe: multiple pathways and welfare positions

Anthony M. Warnes (Sheffield, Großbritannien)

1 Introduction

During the last few years, researchers and welfare professionals throughout Europe have become increasingly aware that the older population is becoming ethnically and culturally more diverse, and that among the minority ethnic and immigrant groups there are many older people with exceptional health and social problems. Both 'ageing' and 'international migration' have been studied intensively but rarely in combination. There is, of course, nothing new about large and sustained flows of international migration (CASTLES/MILLER 2003). From early in the 19th century, Europe's experience was mainly to send people to other continents, not to receive migrants. Only in the last half-century has the net movement reversed, and since the 1980s another radical change has occurred: Greece, southern Italy, Spain and Portugal have become regions of immigration from eastern Europe and other continents (KING 2002, FONSECA/CALDEIRA/ESTEVES 2002).

At the same time, among 'older migrants' are an increasing number of affluent northern Europeans pursuing positive approaches to old age through innovative residential strategies, including moving their permanent homes to southern Europe, or making seasonal moves between two or more homes. Whether deprived or privileged, by moving to a country in which they are not citizens or long-term residents, all migrants compromise their eligibility to state-funded, subsidised or managed services and have difficulties in accessing services – they inevitably have less knowledge of services in a foreign than in their home country, and for most language is a barrier. This paper synthesises the scarce evidence on the growth and characteristics of 'older migrants' across western Europe, explains why their number is likely to increase substantially in the coming decades, and argues that both policy makers and researchers should give more attention to their diverse circumstances and welfare.

2 The political and economic background

The causes of the high rate of international migration are multiple and complex. Improved standards of living in much of Europe have led to rising levels of educational and work skills, and these in turn to shortages of menial, low-wage labour. To sustain national competitiveness and to restrain rising labour costs, the pragmatic policy response throughout the European Union has been to encourage immigration (if not always overtly). At the beginning, during the 1950s, policy makers assumed that the incoming unskilled labourers would eventually return to their countries of origin, but in most countries it soon became apparent that labour shortages would persist, that immigrant workers have families, their children require schools, and a civilised country should promote the integration of the migrant workers into the national society and its local communities.

The migration of young adults has implications for old age because there are strong connections between people's lifetime 'activity space', that is where they have lived and visited often for education, training, work, their personal lives and recreation, and the places that they stay in or move to when they stop work. Another important foundation of the growing number of older migrants has therefore been the internationalisation of leisure trips, work and education, another outcome of rising incomes, new aspirations, and advances in transport and communications technology. The growth of foreign holidays has been the main driver of increased 'amenity-seeking' migration from north to south in Europe, most particularly to the Spanish coasts and islands. It is apparent, then, that older international migrants in western Europe today include some of the most deprived and socially excluded older people, and also some of the most advantaged, resourceful and innovative.

3 Foreign migrants in Europe

Statistics on the foreign population and migrants are problematic for several reasons: 'entries' and 'exits' to and from a country are imperfectly recorded, there is considerable illegal migration, and the labelling of people from different countries and of different parentage is inconsistent, e. g. France does not regard residents born in its overseas *départements* and resident in metropolitan France as foreigners, and some nations regard people born in the country of one or two foreign parents as themselves foreigners.

The total population of Europe (EU-25) in 2000 was around 457 million, and the foreign population around 20 million, 4.4 per cent of the total. Most of the foreigners were in West Europe, with the highest concentrations in Luxembourg (35 % of the population) and Switzerland (19 %). Other countries with relatively high shares (around 9 %) were Austria, Belgium and Germany (HAUG/COMPTON/COURBAGE 2002). In the European Union and EFTA countries in 1998, there were 19.8 million foreigners, of whom 12.9 million (65 %) were Europeans. The largest foreign national groups continue to be from the southern European countries (Italy, Portugal, Spain and Greece) and Turkey, but there were also 3.1 million Africans and 2.2 million Asians. Germany has been the predominant destination for non-EU member state foreign nationals. It is notable that in recent decades, it is the southern European countries that have had the highest rates of growth of the foreign population.

The majority of labour migrants are young adults and in the early decades of a mass migration, they include few older people and their average age is low. The pioneer 1950s and 1960s labour migrants are now entering old age and some of the flows have slowed. The result in many countries, as Belgian data show, is that the average age of the foreign population is increasing towards the national average (POULAIN/PERRIN 2002). In most of western Europe, foreign immigrants are dominated by southern Europeans, north Africans and Turks, but the 'pioneer waves' of inter-continental migrants are also entering old age, e. g. Afro-Caribbeans and Indians in London and Latin Americans in Iberia. For the next two decades, it will be the younger elderly population (aged 60-74 years) that grows most quickly, as regional and city studies have shown. By the 2020s, there will be a rapid growth of the older population among migrants from more distant origins, particularly Asia.

4 The diversity of older migrants

Two older migrant populations are increasing rapidly. The most numerous are the labour migrants who, from the 1950s, moved either from south to north within Europe or into Europe, and subsequently have 'aged in place'. Many in the first waves were from the areas of severe agricultural decline in southern Europe, while others came from regions of similarly constricted opportunities in north Africa and east Asia (in Germany's case, especially Turkey). By the 1960s, there were substantial flows from other continents, especially the Caribbean, the Indian sub-continent and south east Asia. Many of the migrants had little education, and the majority entered low-skilled and low-paid manual work, and they have had a lifetime of disadvantage, including poor health care and housing conditions, few opportunities to learn the local language, and very often the insults of cultural and racial discrimination.

The other rapidly expanding group are northern Europeans who, when aged in the fifties or sixties, permanently or seasonally migrate to southern Europe for retirement. Most are property owners, have occupational pensions, and worked and lived in the larger cities of northwest Europe. They finance their moves or 'residential circulation' by the sale of their high value metropolitan homes, and with the intention of improving the quality of their lives. A warmer climate that enables a more active, outdoors lifestyle is a strong draw. The rapid growth since the 1960s (at about 7% a year) of these 'amenity-seeking' southerly retirement migrations has been enabled by several technological, political and economic changes (WARNES 2001). The improved accessibility to Mediterranean regions brought about by the jet plane and frequent, charter and low-cost scheduled services has been a prerequisite. It has enabled mass tourism, which both prompted investment in modern services and infrastructure, and enabled hundreds of thousands of northern Europeans to gain experience of visits and stays in southern European countries. Other technological changes, as in telecommunications, high-speed roads, and retail banking have also been important factors.

Several ethnographic and social survey studies of northern European retirees in Spain provide a basis for a provisional assessment of the kin contacts of the group and their access to health and social care services (for reviews and sources see CASADO-DÍAZ et al. 2004, KING et al. 2000, O'REILLY 2000). Broadly it is partnered couples that engage in 'amenity-seeking, 'environmental preference' or 'heliotropic' retirement migrations unrelated to the locations of children and other relatives, and, almost by definition, their mundane daily activities are little entwined with those of close kin. They have 'middle class' social networks, with more non-kin contacts than in a 'working class' network, and close and mutually supportive contacts with close relatives – but not proximate residence, frequent visits or great amounts of time spent in shared activities. Some nonetheless have very close family relationships, with substantial exchanges of strategic advice and financial support: it is only the levels of day-to-day interchange and practical support that are low (HUBER/O'REILLY 2004). Sudden breaks in this pattern occur, as when a child's marital estrangement or a grandchild's illness leads the migrant in Spain to return to their home northern country to help.

The 'young' age, nuclear form and independent attitudes and behaviour of northern European retirement migrant households in the southern countries are consistent with the widespread view that most will return to their native countries if they become sick, if their income substantially declines, or if they are bereaved of spouse. In both north America and Europe, however, the few studies of 'returns' of retirement migrations suggest that the probability of its occurrence is much exaggerated, and that many migrants develop strong attachments to their new homes, environments and social contacts. They resolve never to return, even if they are widowed or become frail. How then are they supported and do they cope? Above all, most retired migrants have assets and relatively good incomes and can draw support from close relatives even if resident in other countries. Most have private health insurance that covers at least elective hospital treatments. They are most disadvantaged in respect of their eligibility for domiciliary health and social services and for long-term residential care, either because these services are less well developed in their adopted than in their home country, or because the entitlements that they would have in their northern home country are not 'portable' to the south. Voluntary community associations partly fill the gap.

The care resources of an international migrant without local kin are not simply a function of high income, even though in Spain and Malta a minority of frail northern European retirees employ domestic help. Only a very few, however, are not concerned about the possibility of having to enter a nursing home and about how to pay the fees – these concerns are not of course special to migrants or created by the move to the south. Citizens of European Union member states are entitled to emergency medical care in all member states. In Spain, many of the older retirees have registered as residents and *pensionistas*, and therefore are entitled to all of its National Health Service care. Many have some medical insurance, most often for elective hospital treatments. The service gap and a common concern in southern Europe is the scarcity of domiciliary social and nursing services.

If the above two groups of older migrants have been recognised as 'special needs' groups, other European older migrants have received less attention, e. g. the return labour migrants from northern Europe to Andalusia and southern Italy or from Great Britain to Ireland (RODRÍGUEZ/EGEA/NIETO 2002). Among the British (and most likely the Germans and Dutch) aged in the fifties or older who move across international borders, however, the majority are neither return labour migrants nor taking homes in the most visible sunbelt resorts or coastal strips. They move to live near (and some with) their close relatives, or partners or friends, in scattered destinations across Europe, the Americas, the Antipodes and south and east Africa, e.g. many Germans go to Brasil. Of the more than 820,000 UK state pensioners who receive their pensions overseas, nearly a quarter are in Australia and nearly two-thirds in that country and in the United States, the Irish Republic and Canada (WARNES 2001). Moreover, there are one-third more British pensioners in Germany than in Cyprus, Gibraltar, Greece, Malta and Portugal put together, while among German pensioners there are more in Switzerland and in Austria than in either Spain or in Italy, Portugal and Greece combined.

Within all the major groups of older migrants, there are of course many nationalities and religions as well as diverse educational, occupational, marital and fertility histories. These personal characteristics combine with facets of the economy, political and legal systems and social conditions of the country of residence to determine the migrant's resources or preparedness for old age. A person's migration and family histories, particularly the ages at which they moved and took up permanent residence, and where they married and had children, influence the locations and affinity of their close and extended kin, and therefore the availability of informal social and instrumental support. The migrant's personal history interacts with the national policy towards immigrants to determine their state welfare entitlements, as to pensions, income benefits, health and personal social services, and social or subsidised housing and long-term care. As in the general population, a migrant's educational and occupational background correlates with their lifetime earnings and income and assets in old age. The socio-economic background also strongly influences the migrant's knowledge of the host country's welfare institutions and their ability to make use of the available services, especially through their language skills. These capacities are modified by information received from their relatives and friends, and by whether the migrant can turn to a community or voluntary association for advice. Access to and the utilisation of services will also be strongly influenced by the receptiveness of the country's housing, health and personal social services agencies and their staff to foreigners and cultural minorities. In short, for both labour and amenity-seeking older migrants, there are complex relationships between their migration history, current social position, national policies, and their access to social security, housing privileges and informal and formal care. More studies of local communities and of migrant groups are required to inform local health and social service planners and practitioners.

5   Conclusions

An inconsistency between policies that promote the movement of labour and national governments' practice of withholding full citizenship rights from legal immigrants is evident throughout the European Union. As BOLZMAN et al. (2004) showed for Switzerland, governments and local authorities apply not only 'tax contribution record' but also nativity and local-connection tests that amount to a continuing distinction between the eligible (deserving) and ineligible (undeserving) older population. Very few challenge this apparently common sense and reasonable attitude, but it harbours a contradiction that should be exposed. If a state promotes the immigration of labour, or the sale of land and property to affluent retirees from other countries, then there is *de facto* recognition that the migrants play valued economic roles. Recognition should then follow that migrants will at times be sick, become old and have dependants, including children and older parents who may be frail. If a corporate employee is rewarded above the norm for undertaking a foreign 'tour', those who uproot their lives and face the challenge of making new lives in a foreign country deserve at least equal treatment with the host country citizen. Similarly, European national governments will increasingly find that their citizens who have moved abroad for retirement demand that the benefits and entitlements that they could receive in the home country should be exportable to their current country of residence, particularly within the European Union. Research is beginning to assemble new evidence on these new lives and on the impacts they are having on our societies and national governments, and it is hoped that by raising awareness the case for more equitable policies will be heard.

References

BOLZMAN, C.,/PONCIONI-DERIGO, R./ VIAL, M./FIBBI, R. (2004): Older labour migrants' well-being in Europe: the case of Switzerland. Ageing & Society, 24(3), 411-30.

CASADO-DÍAZ, M. A./KAISER, C./WARNES, A. M. (2004). Northern European retired residents in eight southern European areas: characteristics, motivations and adjustment. Ageing & Society, 24(3), 353-82.

CASTLES, S./MILLER, M. J. (2003): The Age of Migration. Guilford, New York.

FONSECA M. L./CALDEIRA, M. J./ESTERVES, A. (2002): New forms of migration into the European south: challenges for citizenship and governance – the Portuguese case. International Journal of Population Geography, 8(2), 135-52.

HAUG, W./COMPTON, P./COURBAGE, Y. (Eds.) (2002): The Demographic Characteristics of Immigrant Populations. Population Study 38, Council of Europe, Strasbourg.

Huber, A./O'Reilly, K. (2004). The construction of Heimat under conditions of individualised modernity: Swiss and British elderly migrants in Spain. Ageing & Society, 24(3), 327-52.

King, R. (2002): Towards a new map of European migration. International Journal of Population Geography, 8(2), 89-106.

King, R./Warnes, A. M./Williams, A. M. (2000): Sunset Lives: British Retirement Migration to the Mediterranean. Berg, Oxford.

O'Reilly, K. (2000): The British on the Costa del Sol: Trans-national Identities and Local Communities. London.

Poulain, M./Perrin, N. (2002): The demographic characteristics of immigrant populations in Belgium. In: Haug, W./Compton, P./Courbage, Y. (Eds.), 57-129.

Rodríguez, V. R./Egea, C./Nieto, J. A. (2002) Return migration in Andalusia, Spain. International Journal of Population Geography, 8(3), 233-54.

Warnes A. M. (2001): The international dispersal of pensioners from affluent countries. International Journal of Population Geography, 7(6), 373-88.

Warnes A. M. (ed.) (2004): Older Migrants in Europe: Essays, Projects and Sources. Sheffield Institute for Studies on Ageing, Sheffield.

Leitthema A – Europa ohne Grenzen?

Sitzung 3*: Neuorientierung des Tourismus in Europa/Tourismus zwischen Wachstum und Krise

Hans Hopfinger (Eichstätt)

Der Tourismus befindet sich nicht nur in Europa in einer Phase des rasanten Strukturwandels und des tiefgreifenden Umbruchs. Unter den Bedingungen der Globalisierung laufen Prozesse ab, die mit erheblichen Auswirkungen auf den Sektor verbunden sind und sowohl auf der Nachfrage- als auch auf der Angebotsseite zu grundlegend veränderten Bedingungen führen. Tourismus als neue Leitökonomie und vor dem Hintergrund des globalen und seit Jahren anhaltenden Booms generiert nicht nur internationale Kapital-, Menschen-, Informationsflüsse und *Knowhow*-Ströme, die aufgrund ihrer beachtlichen Größe und neuen Qualität Prozesse der technisch-ökonomischen Globalisierung vorantreiben. Der Tourismus sorgt gleichzeitig dafür, dass neue und sich immer wieder dynamisch verändernde Konsummuster, Bedürfnisstrukturen, Werte und Bedeutungen über ihre weltweite Verbreitung Prozesse der kulturellen Globalisierung beschleunigen.

Diesem dialektischen Charakter der zugrunde liegenden Vorgänge entsprechend ist ein Phänomen bemerkenswert, das vor allem im Tourismus besonders deutlich wird:

- Grenzen scheinen einerseits immer weniger eine determinierende Rolle zu spielen. Neue, von Europa immer weiter entfernte Destinationen lassen den Ferntourismus enorm anwachsen. Auch innerhalb Europas gibt es neue Ziele, die vom Tourismus profitieren – und seien es die künstlichen Ferien- und Freizeitparadiese oder Großeinrichtungen des Handels, die ihrerseits zu touristischen Magneten werden. Generell lässt sich beobachten, dass Städte- und Kulturtourismus zum positiven Wachstum beitragen.

- Andererseits werden aber auch neue Grenzen eingezogen oder es erfahren bestehende Grenzen eine Akzentuierung. Besonders wirkmächtig scheinen hierbei kriegerische Auseinandersetzungen, Terrorismus und Naturkatastrophen zu sein. Es ist aber auch der strukturelle Wandel, den Destinationen in einem Markt beachten müssen, der sich rasch verändert und zu neuen Nachfragestrukturen führt. Es gilt, diesem Wandel, der zudem durch härteren Wettbewerb zwischen den Destinationen verschärft wird, in geeigneter Weise zu begegnen. Inwieweit dabei auch ökotouristischen Gesichtspunkten eine wichtige Rolle zukommt, bleibt weitgehend unbestimmt.

---

* Unter den Rahmenthemen „Europa ohne Grenzen?" (Leitthema A) und „Grenzen von Wachsen und Schrumpfen" (Leitthema B) fanden beim 55. Deutschen Geographentag in Trier zwei Leitthemensitzungen zu den hier nur angerissenen tourismusspezifischen Fragekomplexen statt. Über beide Leitthemensitzungen wird hier zusammenfassend berichtet: Die Langfassungen der Beiträge von ROMEISS-STRACKE und von ALBERS/QUACK sind im vorliegenden Tagungsband publiziert. Ebenso publiziert sind im vorliegenden Tagungsband die Kurzfassungen der Beiträge von PECHLANER, SOYEZ UND STEINER/AL-HAMARNEH/MEYER. Die Langfassungen dieser Beiträge sind für die Publikation in Heft 2/2006 der Zeitschrift für Wirtschaftsgeographie vorgesehen.

Einleitung

Vor dem Hintergrund eines weiten Spektrums von Einflussfaktoren ist generell zu beobachten, dass touristische Zielgebiete oder Sektoren sowohl innerhalb und außerhalb der Grenzen Europas als Destinationen bzw. touristische Attraktionen neu entdeckt und entwickelt werden. Bestehende Zielgebiete oder auch touristische Sektoren durchlaufen eine Neu- bzw. Wiederbelebung, wenn sie es schaffen, sich im zunehmend härteren Wettbewerb neu zu positionieren, andere Kundenschichten zu erschließen oder durch geschicktes Marketing zu einem veränderten Image und einer erneuerten Markenbildung zu gelangen.

Europa als touristisches Ziel: Internationales, nationales und regionales Destinationsmanagement[*]

Harald Pechlaner (Eichstätt)

Tourismusdestinationen und Regionen stehen im Wettbewerb vor neuen Herausforderungen. Es herrscht Konkurrenz um (potenzielle) Gäste und Besucher (Nächtigungen, Ankünfte, Wiederholungsbesucher), Konkurrenz um Investitionen in Attraktionspunkte (Sehenswürdigkeiten, Erlebniswelten, Infrastruktur), Konkurrenz um strategische Allianzen (z. B. exklusive Vereinbarungen zu Co-Branding), aber auch Konkurrenz um Bewegungsräume für Gäste (z. B. Ausdehnung des Kompetenzbereiches von Tourismusorganisationen) und Konkurrenz um Budgets für Marketing- und Produktentwicklung. Regionen sind Räume, die als solche von bestimmten Zielgruppen wahrgenommen werden, weil sie Identität stiften, normativ geregelt sind, ähnliche sozioökonomische Systeme die Möglichkeit der „Regionalisierung" bieten oder bestimmte Verflechtungen neue Regionen bilden. Destinationen sind Räume, in denen der Gast oder eine Zielgruppe jene Produkte und Dienstleistungen vorfindet, welche für seinen Aufenthalt als wichtig eingeschätzt werden.

Destinationsmanagement bedeutet dabei die konsequente Ausrichtung von Regionen (und Tourismusorganisationen) auf die Bedürfnisse des Gastes. Das Ziel sind dabei wettbewerbsfähige Marken sowie als Grundlage derselben wettbewerbsfähige Produkte. Voraussetzung dafür ist ein Denken in (grenzüberschreitenden) Netzwerken. Der Tourismusorganisation kommt dabei die Koordination im Spannungsfeld von Leistungserstellungsnetzwerken und Kundennetzwerken zu. Netzwerke als Grundlage für die Bildung von touristischen Destinationen haben den großen Vorteil der Ent-Territorialisierungspotenziale. In Abhängigkeit von der Reisedistanz ändert sich die räumliche Ausdehnung bzw. der wahrgenommene Bewegungsraum des (potenziellen) Gastes. Einmal ist die Destination gleichbedeutend mit einem ganzen Kontinent, einmal kann eine Region, ein Ort, ein Resort oder gar ein Attraktionspunkt als Destination bezeichnet werden. Destinationen sind Bewegungsräume, in denen der Gast ein für ihn interessantes Dienstleistungsbündel findet. Das (kooperative) Management der Tourismusorganisation hat dafür Sorge zu tragen, dass Netzwerke die verschiedenen Wahrnehmungsebenen des Marktes je nach Bedürfnis erkennbar machen. Kooperatives Management stößt jedoch dann an seine Grenzen, wenn Nutzendefizite aus der Sicht der Leistungsträger sichtbar werden, die Verpolitisierung von Tourismusorganisationen zunimmt und wenig optimierte Dienstleistungsketten zu Unzufriedenheit beim Gast führen. Je umfangreicher die räumliche Ausdehnung der Hoheitsgebiete von Tourismusorganisationen, desto mehr nimmt die Heterogenität der Angebotsstruktur und somit der Leistungsträger zu. Je umfangreicher die räumliche Ausdehnung der Hoheitsgebiete von Tourismusorganisationen, desto höher wird der Grad der Leistungs-Standardisierung. Vielfach kann die Leistungs-Standardisie-

---

[*] Kurzfassung. Langfassung eingereicht bei Zeitschrift für Wirtschaftsgeographie

rung eine Möglichkeit zur Überwindung der Heterogenität auf Anbieterseite darstellen.

Das kooperative Destinationsmodell wird dann vom unternehmensspezifischen Resort-Modell abgelöst, wenn Effizienzverluste und Nutzendefizite letztlich zu Marktanteilsverlusten sowie letztlich zum Verlust der Wettbewerbsfähigkeit führen. Wenn die Kosten der Anbahnung, Durchführung und Kontrolle von Kooperation den wahrgenommenen Nutzen übersteigen, gewinnt das unternehmensdominierte Resort-Modell an Gewicht. Die theoretischen Grundlagen aus wirtschaftswissenschaftlicher Perspektive finden sich in der Property-Rights-Theorie (COASE 1937/1960), Principal-Agent-Theorie (ROSS 1973) und Transaktionskostentheorie (WILLIAMSON 1985).

Je geringer somit Transaktionskosten gehalten werden können, desto wahrscheinlicher ist der Erfolg einer Kooperation. Je größer die Zahl der Partner, je unklarer die Alternativen, je unsicherer die Entwicklung der Rahmenbedingungen und je weniger Vertrauen zwischen den potenziellen Partnern herrscht, desto mehr Transaktionskosten werden verursacht.

Internationales, nationales und regionales Destinationsmanagement sind miteinander eng verwoben. Lokale Tourismusorganisationen haben direkten Kontakt mit Leistungsträgern und bieten somit die Grundlage für eine wettbewerbsfähige Produkt- und Angebotsentwicklung. Diese Produkte fließen wiederum in die Vermarktungs- und Verkaufsaktivitäten von regionalen und überregionalen Tourismusorganisationen ein. Deren Hauptaufgabe liegt in der Bündelung und Koordination der lokalen Tourismusorganisationen sowie im Packaging mit dem Ziel, marktgerechte Angebote zu schaffen. Dieselbe Aufgabenstellung haben letztlich auch nationale und internationale Tourismusorganisationen.

Der Unterschied zwischen diesen verschiedenen Ebenen des Destinationsmanagements liegt darin, dass unterschiedliche Zielgruppen mit unterschiedlichen Produkten und Angeboten vernetzt werden. International agierende Tourismusorganisationen (z. B. ATC – Alpine Tourist Commission, ETC – European Tourist Commission) erfüllen eine Brokerfunktion im Spannungsfeld von internationaler Vermarktung einerseits und Vernetzung mit nationalen Tourismusorganisationen andererseits. Destination Governance hat die Aufgabe, Steuerungsmechanismen zu ermöglichen, die eine Abstimmung zwischen diesen Ebenen ermöglichen, mit dem Ziel, die Wettbewerbsfähigkeit der betreffenden Destination zu garantieren. Nur wenn die unterschiedlichen Ebenen des Destinationsmanagements sich der Aufgabe bewusst sind, letztlich Teil eines größeren Netzwerkes zu sein, welches in unterschiedlichen Produkt-Markt-Kombinationen agiert, kann Europa als touristisches Ziel stärker ins Bewusstsein weltweiter Zielgruppen gerückt werden.

Literatur

PECHLANER, H. (2003): Tourismus-Destinationen im Wettbewerb. Neue betriebswirtschaftliche Forschung, 312. Wiesbaden.

PECHLANER, H./WEIERMAIR, K./LAESSER, CH. (Hrsg.) (2002): Tourismuspolitik und Destinationsmanagement – Neue Herausforderungen und Konzepte. Bern.

PECHLANER, H. /TSCHURTSCHENTHALER, P./PETERS, M./PIKKEMAAT, B./FUCHS, M. (Hrsg.) (2005): Erfolg durch Innovation – Perspektiven für den Tourismus- und Dienstleistungssektor. Wiesbaden.

Pfade des europäischen Industrietourismus: Begrenzungen und Potenziale*

Dietrich Soyez (Köln)

In jüngster Zeit sind auf europäischer Ebene eine Reihe von Initiativen entstanden, historische Orte der Industriekultur grenzübergreifend für industrietouristische Zwecke zu entwickeln. Ein charakteristisches Beispiel ist die im Rahmen des Programms INTERREG II C geförderte *European Route of Industrial Heritage*, in der Stätten der Industriekultur in Belgien, Deutschland, Großbritannien, Luxemburg und den Niederlanden verknüpft und im Rahmen von stärker ausgearbeiteten transnationalen Themenrouten erläutert werden (DEUTSCHE GESELLSCHAFT FÜR INDUSTRIEKULTUR/ERIH, o. J.). Auch andere Initiativen werden finanziell unterstützt durch Institutionen und Programme des Europarats und der Europäischen Union, ebenfalls mit klaren Zielen von Identitätspolitik und Regionalförderung (z. B. *European Textile Network*/ETN, Wege in die europäische Industriekultur/WEIKU, *Paper Story/The European Route of Paper*; s. entsprechende Internetseiten).

Spezifisch *europäische Dimensionen* der ausgewählten Objekte und Stätten sind aber entweder nicht thematisiert oder nur sehr vage angesprochen. Es handelt sich folglich in der überwiegenden Mehrheit um Objekte der Industriekultur in Europa, nicht aber um Objekte der europäischen Industriekultur. Dies ist darin begründet, dass eine im Grunde nationale Verankerung nur auf eine höhere, nämlich die europäische Maßstabsebene gehoben wird. Aus europäischer Sicht wäre dagegen auf solche Strukturen und Prozesse abzuzielen, die durch transnational wirksame Entankerung entstanden und ständig weiter im Entstehen sind. Im konkreten wie auch im konzeptionellen Wortsinn sind somit *neue Pfade* für einen auf europäischer Industriekultur begründeten Industrietourismus zu entwerfen. Hier wie auch in anderen Kontexten sind verschiedene Begründungsmuster und damit Pfade möglich – das Entscheidende ist, dass auf eine nachvollziehbare Weise erklärt wird, worin ausgewählte Objekte oder Stätten spezifisch europäische Dimensionen aufweisen.

Im Bereich von Industriekultur und Industrietourismus werden zwei Merkmale aus europäischer Sicht für konstituierend gehalten, nämlich *Konnektivität* und *Konflikt*. Grenzüberschreitende Konnektivität hat seit jeher die Beziehungen zwischen jeweils bestehenden Ländern Europas ausgezeichnet, also Verbindungs- und Abhängigkeitsmuster der verschiedensten Art nicht nur aus politischer, sondern ebenso aus ökonomischer oder kultureller Sicht (etwa HEFFERNAN 1998, MCNEILL 2004). Grenzüberschreitende Konflikte haben solche Verknüpfungen immer wieder gestört oder unterbrochen, stellen aber selbst auch Konnektivität generierende Ereignisse und Prozesse dar (FREVERT 2004). Durch beide Merkmale lassen sich Geographien beleuchten, deren Spezifität durch die unterschiedlichsten Beziehungsmuster ausgemacht wird, eben *relational geogra-*

---

* Kurzfassung. Langfassung publiziert in Zeitschrift für Wirtschaftsgeographie 2/2006

phies (MASSEY 2004) – und diese Beziehungen können auch die im jeweiligen nationalstaatlichen Rahmen schmerzhaften, kontroversen oder verdrängten Ereignisse spiegeln (*dissonant heritage* nach TUNBRIDGE/ASHWORTH 1996).

Werden diese Merkmale an historische und zeitgenössische industrielle Produktionssysteme angelegt, können neue konzeptionelle und konkrete Pfade des Industrietourismus entworfen werden, an denen deutlicher als bisher europäische Dimensionen aufzuzeigen sind. Beispielbereiche europäischer Relevanz sind etwa:

- Europäische Unternehmensbiographien (etwa Rolls-Royce, Airbus)
- Konfliktbezogene nationale Standortpolitiken (deutsche Anlagen zur Kohleverflüssigung oder Produktionsstätten der Rüstungsindustrie mit Zwangsarbeitern aus ganz Europa im Zweiten Weltkrieg)
- Industrielle Systeme aus Zeiten von Okkupations- oder Annexionsregimes und Befehlswirtschaften (etwa im lothringisch-saarländischen Grenzraum seit 1871)
- Europäische Integration und dadurch verursachte unternehmenspolitische Gelegenheitsstrukturen (etwa für nordische Unternehmen der Holzindustrie)

In diesen und vielen anderen denkbaren Beispielbereichen würden nicht nur spezifisch europäische Dimensionen für neue nationale und internationale Formen des Industrietourismus deutlich. Zugleich können auch bestehende Potenziale für Bildung, Ausbildung und Regionalwirtschaft entwickelt werden, wenngleich erst in neuen Formen der Interpretation erprobt werden muss, wie Inwertsetzungen auf solchen Pfaden und mit alternativen Themen erfolgreich zu gestalten sind.

Literatur

DEUTSCHE GESELLSCHAFT FÜR INDUSTRIEKULTUR e. V./THE ERIH SECRETARIAT (Hrsg.)(o. J.): ERIH – European Route of Industrial Heritage: Executive Summary. Duisburg.

FREVERT, U. (2005): Europeanizing German history. In: Bulletin of the German Historical Institute, Washington, D.C., No. 36 (Spring 2005), 9-24.

HEFFERNAN, M. (1998): The Meaning of Europe. Geography and Geopolitics. London, New York, Sydney, Auckland.

MASSEY, D. (2004): Geographies of responsibility. In: Geografiska Annaler, (86)1, 5-18.

MCNEILL, D. (2004): New Europe: Imagined spaces. London.

TUNBRIDGE, J. E./ASHWORTH, G. J. (1996): Dissonant heritage: The management of the past as a resource in conflict. Chichester u. a.

Die europäische Stadt – touristische Attraktion im Wandel

Felizitas Romeiß-Stracke (München)

1 Einführung

Die historische europäische Stadt ist als siedlungsstruktureller Typus einmalig auf der Welt. Selbst die historischen Stadtkerne der heutigen Metropolen wie Paris, Wien oder London unterlagen bei ihrer Entstehung sehr ähnlichen städtebaulichen und architektonischen Gesetzmäßigkeiten. Die Flächenausdehnung der historischen Stadtkerne war in ganz Europa fast identisch, und die Anordnung von Toren, Plätzen, Kirchen u.s.w. unterlag erkennbaren städtebaulichen Ähnlichkeiten (vgl. GRUBER 1976, BENEVOLO 2000).

2 Städtetourismus im historischen Ambiente

„Was die Techniken der Stadtgründung angeht, zieht sich ein roter Faden von der Antike bis in die jüngste Vergangenheit. Die Römer gliederten den Gründungsakt nach etruskischen Riten in vier Phasen: inauguratio, limitatio, orientatio und consecratio oder wie von Vitruv überliefert: die Wahl gesunder Plätze, die Anlage der Mauern und Türme, die Verteilung und Lage der Gebäude innerhalb der Stadt und schließlich die Wahl der Plätze für die öffentlichen Anlagen. Den Alten gelang es mit ihren standardisierten Methoden und der geringen Palette an gestalterischen Mustern Städte zu gründen, deren Lebensfähigkeit in den meisten Fällen bis heute erhalten geblieben ist. Die ungleich verfeinerten und komplizierten Planungsansätze der neuzeitlichen Urbanistik sind dagegen oft genug gescheitert, obwohl scheinbar alles bis ins Kleinste durchdacht schien" (RUST 2005, 26).

Städtetourismus war bislang zu einem wesentlichen Teil der Besuch von Städten, die diese Planungsgeschichte atmen, wo Kirche, Fürsten und Bürgertum mit den epochetypischen Baustilen und Materialien von Mittelalter über Renaissance und Barock bis zu Gründerzeit und Jugendstil relativ homogene Ambientes geschaffen hatten. Die rigiden Vorgaben, an die sich die Bauherren zu halten hatten, erweisen sich heute als ausgesprochen tourismusfördernd (was heute in lokalen Gestaltungssatzungen z. T. mühsam wieder aufersteht). Ihr Ergebnis entspricht wohl einer tief verwurzelten Sehnsucht der Menschen nach ästhetischer Harmonie. Die „Unorte" der modernen Städte, „jene fade Mischung aus Eigenheimghettos, Einkaufszentren, Schallschutzwänden, Gewerbegebieten und anderem" (RUST 2005, 27) kann kaum touristische Attraktivität beanspruchen, es sei denn in der künstlerischen Überhöhung, z. B. im Pavillon „Deutschlandschaft", den die Bundesrepublik auf der Architektur-Biennale in Venedig 2004 errichtet hatte (vgl. FONDAZIONE LA BIENNALE DI VENEZIA 2004, 52-53).

Wo historisches Ambiente großflächig erlebbar, noch oder wieder hergestellt ist, floriert der Tourismus. Rothenburg ob der Tauber, Pienza in der Toskana, St. Paul de Vence, auch Venedig sind als Gesamtstädte zu touristischen Attraktionen mutiert. Dort findet jedoch kaum noch vielfältiges urbanes Leben statt, sondern es konzentriert sich alles auf den Tourismus. Diese Städte werden inzwischen selbst von den Touristen teilweise als Kulisse empfunden. Wohnbevölkerung und normaler Einzelhandel verlassen sie; rein auf Touristen ausgerichtete Nutzungen folgen (Gastronomie, Antiquitätenhändler, Galerien, Souvenir-Shops etc.). Das verstärkt die Gefahr der völligen ökonomischen Abhängigkeit vom Tourismus bei gleichzeitigem Verlust an Authentizität des öffentlichen urbanen Raumes.

Andererseits wurde solchen Städten mit dem Denkmalschutz in den vergangenen 30 Jahren vielfach der Entwicklungsspielraum genommen. Es blieb ihnen sozusagen kaum etwas anderes als die „Rothenburgisierung" übrig, wobei der Denkmalschutz, vor allem in Deutschland, die Touristen lange Zeit eigentlich eher ablehnte, weil sie das Kulturgut vermeintlich nur „vernutzten" und nicht zu schätzen wussten. Erst mit steigendem ökonomischem Druck wuchs die Einsicht, dass die vielen Baudenkmäler ohne die Einnahmen aus dem Tourismus gar nicht zu pflegen und zu erhalten sind. Nur langsam öffnet man sich professionellem Tourismus-Management (Marketing, Ticketing, Visitor-Management, Shops und Gastronomie).

Eine Sonderrolle in diesem Zusammenhang nehmen die kleinen historischen Innenstädte in Ostdeutschland ein. Hier war die Bevölkerung nicht wegen des Tourismus ausgezogen, sondern weil sie moderneren, komfortableren Wohnraum in Neubaugebieten wollte und nach der Sanierung nicht mehr zurückkehren mag. Der denkmalgeschützte Leerstand muss nun künstlich „bespielt" werden, um so etwas wie Stadt zu inszenieren: Gardinen und Beleuchtung in den leer stehenden Obergeschossen, Stadtfeste und Märkte etc. (z. B. Meißen, Mühlhausen).

Die Aufnahme in die Liste des UNESCO-Weltkulturerbes mit einzelnen Gebäuden oder geschlossenen Ensembles erscheint sozusagen als die Krönung der historischen Attraktivität für Touristen (als jüngstes Beispiel Regensburg). Auch wenn die Idee des UNESCO-Weltkulturerbes ursprünglich nicht so angelegt war, spielt der Erwerb dieses Labels für die touristische Attraktivität einer Stadt doch eine unverkennbare Rolle (ROMEISS-STRACKE/SCHELLER 2002). Nicht bewusst ist den Antragstellern auf Seiten der Städte vielfach, welchen Konfliktstoff für die Stadtentwicklung die Deklaration als Weltkulturerbe mit sich bringen kann, wie das Beispiel Kölner Dom/rechtsrheinische Hochhausbebauung in jüngster Zeit lehrt (SEIDEL 2005, 25 ff.).

2.1 Urbanität im Wandel: Chancen und Risiken für den Städtetourismus

Zur Attraktion der europäischen Stadt gehört im Verständnis der meisten Touristen nicht nur das bauliche Ambiente, sondern auch die funktionale und soziale Vielfalt – in einem Wort: Urbanität. Eine lebendige Urbanität beinhaltet aber auch soziale Überraschungen und funktionale Brüche. Die europäische Stadt konnte über Hunderte von Jahren soziale Widersprüche und wirtschaftliche Probleme absorbieren – ein vitales Gemeinwesen. Wo es in den Grenzen der alten historischen Stadt noch lebt, z. B. in manchen französischen oder italienischen Kleinstädten, hat der Tourist ein anderes, wenn man so will ein authentischeres Erlebnis als in Rothenburg ob der Tauber. In Siena auf dem Campo sieht man immerhin (noch) den Avvocato zur Mittagszeit seinen Caffé schlürfen und nicht nur Amerikaner und Japaner. Inzwischen fordern die Sienesen lautstark „Siena ai Sienesi ...". Das schlägt dem Touristen zunächst feindlich entgegen. In Wirklichkeit ist es jedoch nicht nur unter dem Gesichtspunkt der Erhaltung des autochtonen Lebensraumes, sondern durchaus auch wirtschaftlich richtig. Denn wer weiß, wie lange Touristen eine schön restaurierte, aber sterile Stadt-Kulisse attraktiv finden? Die Gefahr, dass die kleineren historischen Innenstädte irgendwann zu mehr oder weniger gut frequentierten Museen werden könnten, ist jedenfalls nicht von der Hand zu weisen.

Größere Städte scheinen es hier einfacher zu haben. Zwar gibt es auch in Wien und Paris, in Berlin und München Sektoren der Innenstadt, die von besonders vielen Touristen besucht werden; vor allem viele Geschäfte könnten dort ohne Tourismus nicht gut leben. Die Abhängigkeit ist jedoch nicht so stark. Verwaltungen und Wirtschaftsunternehmen, z. T. auch noch oder wieder Wohnungen und neue kulturelle Einrichtungen prägen bauliches Erscheinungsbild und Leben auf den Straßen und Plätzen, der Tourist hat das Gefühl, in einer „richtigen" Stadt zu sein.

Allerdings beinhaltet die „richtige" Stadt auch Baustellen, Leerstand, Brachen und Hässlichkeiten. Hier materialisiert sich der Wandel, den die europäische Stadt als siedlungsstruktureller Typus seit einiger Zeit durchläuft und mit dem umzugehen die Planung sich schwer tut. Wandel ist zwar nicht neu für die europäische Stadt, die sich gerade dadurch auszeichnet, dass sie in der Vergangenheit den Wandel höchst erfolgreich bewältigte und dabei neue urbane Lebensformen hervorbrachte, so z. B. um die Wende vom 19. zum 20. Jahrhundert, der sog. „Gründerzeit". Gegenwärtig erscheinen die Herausforderungen jedoch besonders heftig. Von ihnen seien nur zwei genannt:

- Globalisierung: So abgegriffen und pauschal dieser Begriff auch ist, für ein lokal verfasstes Gemeinwesen hat die Globalisierung schmerzliche Konsequenzen: Investitionen, Wirtschaftskreisläufe und Kommunikation erhalten ihre Entwicklungsimpulse vielfach von außerhalb; Investoren kommen aus Arabien, Banken aus Italien, Gesetze aus Brüssel und Kriminalität von überall her. International agierenden Investoren sind die lokalen Besonderheiten einer Stadt in der Regel relativ gleichgültig. Sie wollen in einer angemessenen Zeit ihre Rendite erwirtschaften – Stadt wird zum mehr oder weniger profitablen „Standort", und die kommunale Standortpolitik hilft ihnen dabei, indem sie Grundstücke erschließt und Baugenehmigungen erteilt. Je mehr Arbeitsplätze versprochen werden, desto eher ist die Kommunalpolitik zu genehmigungsrechtlichen Kompromissen bereit (Kubatur, Gestaltung, Öffnung für das Publikum etc.). So sehen denn viele der neuen Gebäude auch aus: gebaute Kompromisse, für Touristen nicht attraktiv.

  Auch die einst lokalen Unternehmen müssen sich, um bestehen zu können, internationalisieren. Sie behalten vielleicht noch aus Image-Gründen eine kleine Top-Verwaltungseinheit in der Stadt, verlagern aber Arbeitsplätze in billigere Regionen. Leerstände, die nicht immer sofort verwertet werden können, sind die Folge.

- Globalisierung und wirtschaftlich-technologischer Strukturwandel hängen eng zusammen: Die Ablösung der Industriegesellschaft durch die wie auch immer bezeichnete nachindustrielle Gesellschaft (Informations-, Dienstleistungs-, Wissensgesellschaft etc.) hinterlässt sog. „Konversionsflächen". In den industriell geprägten Städten sind es große Brachen, wo einst Fabriken standen; Industrie-Gleise wachsen langsam zu. Militärische Strategien ändern sich, Kasernen werden aufgegeben. Die Vernetzung europäischer Regionen und veränderte Logistik im Waren- und Informations-Transport erfordern neue Mobilitäts-Konzepte. Verkehrsstrassen werden effektiviert, mit der Folge riesiger innerstädtischer Baustellen (z. B. Leipzig). Bahnhöfe und Flughäfen werden zu eigenen Städten und ziehen der „alten" Stadt Kauf- und Wirtschaftskraft ab; Einkaufszentren „auf der grünen Wiese" verfolgen das gleiche Ziel. Die Kunden kommen aus dem Speckgürtel, durch den sich die Touristen erst mühsam hindurchquälen müssen, bevor sie in die Innenstadt und zu den historischen Highlights gelangen.

Auch im Städtetourismus selbst, der doch gerade mit den lokalen Qualitäten einer Stadt wirbt, sind Globalisierung und Strukturwandel allgegenwärtig. Internationale Hotel- und Gastronomie-Ketten und die Filialisierung des Handels in den Innenstädten vernichten lokales Flair. Accor löst das lokale Gasthaus ab und Zara das Traditions-Bekleidungsgeschäft – eine Entwicklung, die schon seit Jahrzehnten beklagt, jedoch nicht aufzuhalten sein wird.

2.2 Urbane Attraktivierungsstrategien im Spiegel städtetouristischer Akzeptanz

Europäische Städte werden für Touristen immer austauschbarer – und jede versucht, etwas dagegen zu tun, ihre sog. Unique Selling Proposition zu schärfen. Hier nur einige von vielen Strategien:

- Freizeit-Großeinrichtungen auf Brachflächen, mehr oder weniger vielfältig kombinierte Shopping-, Unterhaltungs-, Sport- und Kultur-Malls, Urban Entertainment Center, professionell gemanagt und privat betrieben, stellen eine neue Dimension des kommunalen Freizeitangebotes dar. Bis Mitte der 1990er Jahre war letzteres eher auf Daseinsvorsorge für Kultur und Erholung denn auf Kommerz und Erlebnis angelegt. Mit knapper werdenden kommunalen Mitteln, aber auch mit einer gewissen Euphorie dem Konzept der „Erlebnisgesellschaft" folgend bemühen sich viele Kommunen um die neuen Großeinrichtungen, wie Cinemaxx, Spaßbäder oder Musical-Theater.
- Spektakuläre neue Solitärbauten eines der gerade geläufigen Star-Architekten erfreuen sich großer Beliebtheit: Man will vom „Bilbao-Effekt" profitieren (das Guggenheim-Museum in Bilbao von Frank Gehry hatte die Stadt geradezu raketenartig auf die mind-map der Städtetouristen katapultiert). Ähnliches gilt für die zweite Generation der Freizeit-Großeinrichtungen wie den Science-Centern – architektonische Landmarken, die über die Kommunikation in den Medien zu einem neuen „Must" des Städtetourismus werden sollen, wie jüngst das „Phaeno" von Zaha Hadid in Wolfsburg.
- Events, besondere Ausstellungen oder Themenjahre, die sich gut kommunizieren lassen und damit die Stadt in die Medien bringen, gehören zu den ausgesprochen beliebten Attraktivierungsstrategien: Rhein in Flammen in Köln, MOMA in Berlin, Mozartjahr in Wien – und 2006 möglichst Austragungsort eines Spiels der Fußballweltmeisterschaft! Häufig werden die tatsächlichen Effekte solcher temporärer Großereignisse für den Tourismus allerdings bei der Planung überschätzt. Die EXPO 2000 in Hannover war dafür das eklatanteste Beispiel in den letzten Jahren.
- Mega-Kongresse und Messen sind ähnlich beliebt, weil mit ihnen die Hoffnung verknüpft wird, Multiplikatoren zu gewinnen. Der Konflikt um die Verlagerung der Frankfurter Buchmesse nach München demonstrierte den Stellenwert einer solchen Messe für das städtetouristisch wichtige Image Frankfurts als „Bücherstadt".

Das alles könnte man als "Feuerwerks-Strategien" gegen die Austauschbarkeit und die sich wandelnde Attraktivität der europäischen Stadt bezeichnen: Man zündet Raketen, weil man den zugrunde liegenden, durch Globalisierung und Strukturwandel verursachten Prozess der Austauschbarkeit der Städte von Seiten des Tourismus nicht wirklich ändern kann. Jahrzehntelang hatten zudem einerseits Planer und andererseits „Fremdenverkehrsämter" – wie sie gerade auf kommunaler Ebene lange hießen – miteinander erhebliche Kommunikationsprobleme. Eine wirkliche Integration professioneller Tourismusförderung in Stadtentwicklungs-Strategien bis hin zu Bebauungsplänen ist bis heute eher selten geblieben.

Mit der Erkenntnis, dass Tourismus ein wichtiger kommunaler Wirtschaftsfaktor sein kann, wächst jedoch die Bereitschaft dazu. Treiber sind hier eher private Unternehmen und Investoren, vor allem der Handel. Shopping ist eine der wichtigsten Aktivitäten der Städtetouristen. Die Revitalisierung innerstädtischer Einkaufspassagen erfolgt nach dem Vorbild der Mailänder Galleria oder der Leipziger Mädler-Passagen. In „Business Improvement Districts" ziehen kleinteilige Shops und Kneipen im antikisierenden Gewand neues urbanes Leben an (z. B. Birmingham). Masterpläne für Licht und Beleuchtung sollen durch das „Ins-richtige-Licht-Setzen" vorhandener Potenziale neue Attraktion schaffen – temporär, wie z. B. in Hamburg Speicherstadt, oder dauerhaft, wie in der Altstadt von Lyon. Das ist billiger als ein spektakulärer Neubau, lässt die Besucher staunen und schauen – und bringt nebenbei Handel und Gastronomie in der dunklen Jahreszeit zusätzliche Umsätze.

Auch die gezielte moderne Neugestaltung und z. T. Neuschaffung innerstädtischer Plätze, um ganze Quartiere aufzuwerten und die Fußgängerströme der Touristen von den Haupt-Rennstrecken weg zu locken, wie es Barcelona im Zuge des Stadtumbaus für die Olympiade versuchte, findet immer mehr Nachahmer. Gerade das Beispiel Barcelona zeigt, wie attraktiv für Touristen eine umgebaute, moderne Stadt sein kann, einfach, indem die Aufenthaltsqualität verbessert wird.

Die „echte" Urbanität, die funktionale und soziale Mischung wandert in touristisch stark frequentierten Städten immer mehr weg von der klassischen Innenstadt in die Innenstadtrandgebiete oder in umgewandelte Industriegebiete mit Lofts und Werkstätten. Aber die Touristen, vor allem die jüngeren, folgen! Was als „Geheimtipp" gehandelt gilt, wird nun doch touristisch vereinnahmt; Beispiele sind die Hackeschen Höfe in Berlin oder das Glockenbachviertel in München.

Extrapoliert man diese Entwicklung, so ergibt sich eine neue Form von Attraktivität der europäischen Stadt: Nicht mehr die anerkannte Sehenswürdigkeit, sondern letztlich neue Kommunikationsformen werden attraktiv. Die Art des Tourismus ändert sich damit: Das reine Sightseeing geht in die Suche nach neuen, ungewohnten persönlichen Erfahrungen über, der eher passive Unterhaltungsanspruch in aktive Teilnahme an einer urbanen Szene. Das bleiben vorerst Inseln, aber mit dem auch in anderen Tourismussektoren zu beobachtenden Wandel von der Erlebnis- und Spaßgesellschaft zur „Sinngesellschaft" mag sich hier eine ganz neue Form von Städtetourismus herausbilden (vgl. ROMEISS-STRACKE 2003).

3 Ausblick

Ob es jemals wieder die Ganzheitlichkeit der europäischen Stadt geben kann, wie wir sie als Europäer im kollektiven Gedächtnis haben? Die historische Innenstadt gilt in der Wahrnehmung der meisten Stadtbürger nach wie vor als das Herz; zu allem außerhalb hat man eher ein unterkühltes Verhältnis. „Wenn man die Leute fragt, träumen achtzig bis neunzig Prozent vom Siena- oder Mailand-Modell. Aber ihr eigener Lebensstil suggeriert etwas anderes; das driftet völlig auseinander" (OSWALD 2005, 81). Es sind ja nicht nur Zersiedelung, Brachen, Speckgürtel und Mobilitäts-Schneisen, die dieses

Bild zerstören, sondern es kommt ein ausgesprochen neues, in Europa bisher unbekanntes Phänomen hinzu: das Schrumpfen der Städte. Was sich zunächst in den Industrie-Städten Englands – 48 Prozent Einwohnerverlust in Liverpool seit 1930 –, dann in den neuen Bundesländern ereignete (Leipzig, Cottbus u. a.), kann man längst auch in Westdeutschland und ganz Europa beobachten. Daraus entsteht zunächst noch nichts Neues. Planer ringen um ein verändertes Paradigma von Stadt, ohne wirklich fündig zu werden. Denn Städte waren seit Jahrhunderten nur gewachsen. Können aus dem Schrumpfen auch neue städtetouristische Attraktionen entstehen, über Attraktivitätsinseln spektakulärer moderner Architektur hinaus? Diese Frage ist gegenwärtig nicht klar zu beantworten. Eines wird jedoch deutlich: Die touristische Attraktion der europäischen Stadt wandelt sich genauso rasant wie diese Stadt selbst. Deswegen müssen sich Tourismus-Experten mit dem Wandel rechtzeitig auseinandersetzen.

Literatur

BENEVOLO, L. (2000). Die Geschichte der Stadt. Frankfurt, New York.

FERGUSON, F./OSWALD ,PH. (2005): „Wo findet man das Bewusstsein, Bürger eines Ortes zu sein?" In: GDI-Impuls Herbst 2005, 74-83.

FONDAZIONE LA BIENNALE DI VENEZIA (Ed.) (2004): Metamorph 9. International Architecture Exhibition, Bd.1 Vectors, Deutschlandschaft/Deutschlandscape: Epicentres at the Periphery. Venezia, 52-53.

GRUBER, K. (1976). Die Gestalt der deutschen Stadt. München.

ROMEISS-STRACKE, F./SCHELLER, B. (2002): Marketingkonzept für die UNESCO-Welterbestätten Deutschland. München.

ROMEISS-STRACKE, F. (2003): Abschied von der Spaßgesellschaft – Freizeit und Tourismus im 21. Jahrhundert. Mit bissigen Bemerkungen von Karl Born. München, Amberg.

RUST, H. (2005): Lernen von Vitruv. In: Der Architekt, 7-8, 26-27.

SEIDEL, M. (2005): Wandel ohne Veränderung? In: Der Architekt, 3-4, 24-27.

Krisen, Kriege, Katastrophen und ihre Auswirkungen auf den Tourismusmarkt*

Christian Steiner, Ala Al-Hamarneh und Günter Meyer (Mainz)

Ereignisse wie Kriege oder Katastrophen beeinflussen negativ das Sicherheits- und Risikoempfinden potenzieller Touristen, die ihre Reisen umgehend zu vermeintlich sichereren Zielregionen umdisponieren (GU/MARTIN 1992). Die Rückgänge der Touristenankünfte in einem von solchen Ereignissen betroffenen Land lösen dann eine Krise im sozialen System der Tourismuswirtschaft aus. Dabei leiden außer den direkt von den Krisenereignissen betroffenen Destinationen auch benachbarte Regionen unter ähnlichen Einbrüchen des Tourismus – ein Effekt, den HOLLIER (1991) nahe liegend als „Nachbarschaftseffekt" bezeichnet hat.

Wie sich in einem Forschungsprojekt in der Arabischen Welt gezeigt hat, scheint die Sicherheitswahrnehmung von Touristen im Wesentlichen durch die Mediendarstellung geprägt zu sein. Mit zunehmender Berichterstattung über die jeweiligen Krisenereignisse steigert sich die Unsicherheitswahrnehmung potenzieller Touristen. Die erhöhte Risikowahrnehmung führt dann offenbar in Verbindung mit räumlichen Generalisierungen der Sicherheitsimages zu den beschriebenen „Nachbarschaftseffekten".

Allerdings reagieren nicht alle Touristen gleich. Ein Nachbarschaftseffekt lässt sich nur im inter-regionalen, jedoch kaum im intra-regionalen Tourismus nachweisen; im Gegenteil, intra-regional steigt oft sogar die absolute Anzahl von Touristen an. Die unterschiedlichen Reaktionsmuster der Touristen schlagen sich folglich in einer zunehmenden Regionalisierung der Nachfragestrukturen nieder. Gleichzeitig treten aber auch Regionalisierungstendenzen der Angebotsfokussierung innerhalb der von Krisen betroffenen Regionen auf, da sich die Unternehmen nicht nur mit ihren Sales & Marketing-Aktivitäten verstärkt auf intra-regionale Quellmärkte konzentrieren, sondern auch ihr Angebot den veränderten Kundenstrukturen anpassen müssen. Krisen, Kriege und Katastrophen können daher offenbar als Katalysator der Regionalisierung in einer globalen Tourismuswirtschaft verstanden werden.

Doch wie sind die unterschiedliche Risikowahrnehmung der Touristen und die Entstehung des daraus resultierenden Nachbarschaftseffektes zu erklären? Als Fundament eines Erklärungsmodells bietet sich ein modernisiertes Konzept von *sozialer Distanz* an. Diese wird hier nicht im klassischen Sinne der Chicagoer Schule, sondern vielmehr auf der Basis eines sozialkonstruktivistischen Individualkonzeptes verstanden. Persönliche Einstellungen und Erfahrungen sind demnach für ein bestimmtes Maß von Vertrautheit oder Fremdheit (WALDENFELS 1997) von Menschen zueinander verantwortlich. Die so verstandene *soziale Distanz* bildet dann die „Projektionsfläche" für die medial beeinflusste Risikowahrnehmung, die durch Destinationsimages verräumlicht und lokalisiert wird. In dem Modell begünstigt eine hohe *soziale Distanz* die Herausbildung stark gene-

---

* Kurzfassung. Langfassung publiziert in Zeitschrift für Wirtschaftsgeographie 2/2006

ralisierter, räumlicher Images und bildet damit die Basis zur Entstehung von Nachbarschaftseffekten, während eine geringe soziale Distanz mit detaillierteren Kenntnissen über lokale Lebenssituationen einhergeht und weniger Nährboden für Pauschalisierungen, d. h. für die Übertragung von Risiken in einzelnen Destinationen auf ganze Regionen, zu bieten scheint. Nachbarschaft muss daher nicht distanz-räumlich, sondern vielmehr als sozial konstruiert konzeptualisiert werden, will man die Entstehung der offenbar wirkungsmächtigen Raumabstraktionen und Regionalisierungen erklären.

Seit etwa 2004 zeichnet sich jedoch eine „Abstumpfung" vor allem „westlicher" Touristen in Bezug auf Sicherheitsrisiken ab. Ob diese sich andeutenden Veränderungen in der Lage sind, die Regionalisierungstendenzen im internationalen Tourismus aufzuhalten, bleibt ungewiss. Eine Folge könnte jedoch durchaus sein, dass sich die aktuellen Regionalisierungstendenzen wieder abschwächen. Der Tourismus würde sich damit seinen positiven Charakter als Möglichkeit transkultureller Begegnung zwischen Menschen mit hoher *sozialer Distanz* bewahren. Voraussetzungen dafür sind bessere Information und deren Wahrnehmung, der Abbau von Fremdheit und die Überwindung unserer abstrakten Angst.

Literatur

Gu, Z./Martin, T. L. (1992): Terrorism, Seasonality, and International Air Tourist Arrivals in Central Florida: An Empirical Analysis. In: Journal of Travel and Tourism Marketing, 1(1), 3-17.

Hollier, R. (1991): Conflict in the Gulf: Response of the Tourism Industry. In: Tourism Management, 12, 2-4.

Waldenfels, B. (1997): Topographie des Fremden. Frankfurt/Main.

Chancen und Grenzen ökotouristischer Entwicklung: Das Beispiel der nordfriesischen Insel Amrum

Aline Albers (Paderborn) und Heinz-Dieter Quack (Trier)

1 Einführung

„Zukünftig wird es nicht mehr darauf ankommen, dass wir überall hinfahren können, sondern ob es sich noch lohnt, dort anzukommen." Diese von Hermann LÖNS bereits 1908 erwähnte und 1975 von KRIPPENDORF mit seiner Abhandlung zum Thema „Die Landschaftsfresser" untermauerte Sorge um die Auswirkungen des Tourismus auf unsere Natur- und Kulturlandschaften ist seit geraumer Zeit in der öffentlichen Diskussion präsent. Der Wirtschafts- und Sozialrat der Vereinten Nationen (ECOSOC) erklärte das Jahr 2002 zum „International Year of Ecotourism". Eine Entscheidung, die neben Zustimmung auch Verwirrung und Widerstand hervorrief. Die Vereinten Nationen versäumten es, „Ökotourismus" genauer zu definieren, und verwendeten in ihrer Zielsetzung für dieses Jahr den Begriff des nachhaltigen Tourismus. Diese Begriffsvielfalt im Kontext von Natur und Tourismus existiert auch heute noch (vgl. Kap. 2).

Doch nicht nur auf politischer Ebene, sondern auch in der Bevölkerung scheint vieles für die These zu sprechen, dass das Natur- und Umweltbewusstsein in den letzten Jahren angestiegen ist. Der vorliegende Beitrag verfolgt vor diesem Hintergrund im Rahmen einer Fallstudie das Ziel, der Bedeutung von Natur im und für den eigenen Urlaub auf der Basis einer Gästebefragung genauer nachzugehen. Als Untersuchungsraum fungiert die touristisch hoch entwickelte Nordseeinsel Amrum, in deren Kommunikationspolitik und Werbestrategie Natur und Naturlandschaften eine wichtige Rolle spielen. Ein Schwerpunkt der Untersuchung ist der Bewertung ökotouristischer Maßnahmen durch die Touristen vor Ort gewidmet (Kap. 3). Kap. 4 enthält eine Analyse der wichtigsten empirischen Untersuchungsergebnisse, die an dieser Stelle auch in aktuelle Trends der Nachfrageentwicklung eingeordnet werden. Abschließend sollen die Implikationen der gewonnenen Ergebnisse für die weitere ökotouristische Entwicklung der Inseldestination dargestellt werden (Kap. 5).

2 Ökotourismus

Der Wunsch vieler Menschen nach Naturerlebnis im Urlaub – teilweise auch als Kontrastprogramm zum eigenen Wohnort – macht die enge Verknüpfung von Natur und Tourismus deutlich. Eine intakte Natur bzw. Naturlandschaft gehört deshalb zum wichtigsten Kapital touristischer Destinationen.

2.1 Abgrenzung und Begriffsbestimmung

Ökotourismus, Naturtourismus, Sanfter Tourismus und Nachhaltiger Tourismus sind nur einige der Begriffe, die für das Zusammenspiel von Natur und Tourismus verwendet werden. Doch nicht nur im Bereich der Werbung wird auf inhaltsleere Worthülsen zurückgegriffen; auch im wissenschaftlichen Kontext mangelt es bislang an einem allgemein akzeptierten Verständnis und einer klaren Abgrenzung der Begriffe. Bedingt durch Diskussionen, die auf globaler Ebene und disziplinübergreifend geführt werden, ist es zu einem Nebeneinander einer Vielzahl von Definitionen und Interpretationen gekommen. Eine ausführliche Diskussion der Problematik findet sich bei KURTE (2002).

2.2 Ökonomie und Ökologie

Lange Zeit galten die Begriffe „Ökonomie" und „Ökologie" als Gegensatzpaar, bei dem es nicht möglich schien, beide Seiten miteinander in Verbindung zu bringen. Auch die Auswirkungen des Tourismus auf die Natur wurden ausschließlich negativ bewertet. Dazu liegen zahlreiche wissenschaftliche Studien und Veröffentlichungen vor (vgl. u. a. KRIPPENDORF 1975; OPASCHOWSKI 1999; ZIENER 2003, 59 ff./87 f.).

Jenseits dieser einseitig negativen Betrachtung sind in den letzten Jahren jedoch Tendenzen zu erkennen, die Natur und insbesondere den Naturschutz nicht als Verlierer, sondern ebenfalls als Gewinner innerhalb einer Partnerschaft mit dem Tourismus zu sehen. Im Rahmen der Internationalen Naturschutzakademie auf der Insel Vilm bei Rügen fand im Mai 1996 eine Tagung zum Thema „Naturschutz durch Tourismus" statt. Sie stellte „Naturschutz durch Naturgenuß" (ELLENBERG/BEIER/SCHOLZ 1997, XV) und damit die positive Verbindung zwischen Naturschutz und Tourismus in den Mittelpunkt. Diese Sichtweise, Natur und Tourismus als Partner zu betrachten, spiegelt sich in den letzten Jahren auch in der Literatur deutlich wider (vgl. u. a. AGÖT 1995; ELLENBERG/BEIER/SCHOLZ 1997; KURTE 2002, 116 ff.; STRADAS 2001).

Nichtsdestotrotz besteht auch heute noch Konfliktpotenzial in der Verbindung von Naturtourismus und Naturschutz. Gründe hierfür sind insbesondere die unterschiedlichen Erwartungshaltungen sowie die primären Ziele der Akteure. Für den Touristiker stehen zunächst einmal der wirtschaftliche Nutzen und damit in der Regel auch die Zufriedenheit der Gäste im Mittelpunkt. Letztere erwarten nicht nur die Erfüllung der Basis- und Leistungsfaktoren, die sie an ihre Reise stellen, sondern sie erhoffen sich auch einen möglichst hohen immateriellen Zusatznutzen (Begeisterungsfaktoren).

Für Naturschützer galt der Tourismus lange Zeit als einer der zentralen Störfaktoren, weshalb auch heute noch viele Verantwortliche in diesem Bereich einer partnerschaftlichen Zusammenarbeit mit dem Tourismus kritisch gegenüber stehen. Ihnen widerstrebt das touristische Verständnis von der Natur als Standortfaktor. Eine Balance zwischen dem Schutz der Natur und der Nutzung durch den Tourismus zu finden stellt daher im Rahmen des Ökotourismus eine immer neue Herausforderung dar.

In Bezug auf die Gäste können eine schöne Natur bzw. ein beeindruckendes Naturerlebnis auf allen drei Ebenen der – in der Kundenzufriedenheitsforschung eingesetzten – Drei-Faktoren-Theorie (vgl. PECHLANER/MATZLER/SILLER 2002, 208 ff.) angesiedelt sein. In Analogie dazu setzen die Gäste ein Naturerlebnis entweder voraus oder sie erwarten, dass ein solches Erlebnis auch eintritt bzw. sie lassen sich positiv überraschen, wenn jenes dann tatsächlich eintritt. Vor diesem Hintergrund gilt generell der Grundsatz: Je größer hier die Erwartungshaltung der Gäste ist, desto eher sehen sich die touristischen Akteure veranlasst, sich aktiv für die Erhaltung der Natur und den Naturschutz in ihrer Region einzusetzen. Diese Erkenntnis gilt zunächst für die übergeordnete Ebene der lokalen/regionalen Tourismusverantwortlichen, aber auch für die lokale Politik. Denn nur durch übergeordnete Steuerung und Planung sind konkrete Wirkungen zu erzielen. Marktwirtschaftliche Mechanismen allein reichen in der Regel nicht aus.

Die Einbindung der lokalen Bevölkerung erfolgt zumeist erst in einem zweiten Schritt. Abhängig von der touristischen Bedeutung eines Standortes und dem Grad der wirtschaftlichen Abhängigkeit der Bevölkerung vom Gästeaufkommen kann es in dieser Gruppe zu stärkeren oder schwächeren Konflikten kommen.

Wirtschaftliche Profite aus ökotouristischen Maßnahmen, erzielbar beispielsweise auf dem Weg über die Ausweisung von Schutzgebieten und durch die Unterstützung der regionalen Wirtschaftsentwicklung, fördern die Akzeptanz der Maßnahmen und schaffen Anreize für weitere Projekte und Aktivitäten.

3 Ökotouristische Maßnahmen aus Sicht der Touristen: Das Beispiel Amrum

„*Endlich Amrum…*
Insel unter weitem Himmel"

„Amrum ist die Insel der Weite und Freiheit. Im Westen brandet die Nordsee an den über zehn Quadratkilometer großen „Kniepsand". Großartige Dünenlandschaften türmen sich bis zu 32 Meter auf und wollen durchwandert werden. Leuchtende Wanderdünen stoßen in der Inselmitte auf dunkle Wald- und Heideflächen. Ruhe und Beschaulichkeit findet man in den Dörfern der Friesen. Hier scheint die Zeit stillzustehen. Die Dörfer grenzen an das Wattenmeer, das sich im Wechsel der Gezeiten mit immer neuem Gesicht zeigt. Und überall die Rufe der Vögel, die den weiten Himmel Amrums prägen" (Amrum 2005).

Die Schön- und Besonderheiten der Natur bilden das touristische Kapital der nordfriesischen Insel. Zudem ist Amrum nur per (Auto-)Fähre erreichbar (Fahrzeit 1,5–2 Stunden), was eine gewisse Abgeschiedenheit zur Folge hat.

Amrum verzeichnet jährlich rund 150 000 Gästeankünfte und etwa 1,3 Mio. Übernachtungen in gewerblichen Betrieben. Die Gastgeberstruktur gliedert sich in 17 Hotels, 12 Pensionen, 295 Ferienwohnungen und 5 Privatvermieter. Die Beherbergungsstruktur ist ebenso wie die Struktur der Gastronomie durch mittelständische Betriebe geprägt; es finden sich vereinzelte Hotelkooperationen, aber keine Ketten.

Im Rahmen des Projekts wurden Amrumreisende in der ersten Augustwoche 2005 in Face-to-Face-Interviews mit standardisierten Fragebögen an unterschiedlichen Standorten auf der Insel befragt. Die Wahl des Untersuchungszeitraums fiel vor allem unter der Prämisse, dass alle Bundesländer Sommerferien hatten. Im Rahmen der Erhebung wurde neben einem Gästeprofil insbesondere die Akzeptanz der Touristen hinsichtlich ökotouristischer Maßnahmen abgefragt. Die Ergebnisse dieser Befragung sollen im Folgenden dargestellt und analysiert werden.

3.1 Das Gästeprofil Amrums

Amrum lebt – unter touristischem Blickwinkel – von seinen Stammgästen. Knapp 80 % der Befragten sind Wiederholungsbesucher, von denen 36 % die Insel im Durchschnitt bereits mehr als zehn Mal besucht haben. Die Spitzenwerte der Besuchshäufigkeit lagen bei vielen Befragten bei über 20 Besuchen; sie erreichten in einigen Fällen ein Maximum von einhundert Besuchen.

Vor diesem Hintergrund überrascht es nicht, dass sich 93 % aller Befragten vorstellen konnten, ihren Urlaub noch einmal auf Amrum zu verbringen. Tatsächlich gab ein Großteil der Befragten an, bereits für das nächste Jahr gebucht zu haben, um wieder dieselbe Unterkunft beziehen zu können.

Die meisten Befragten (48 %) reisten mit der Familie, wobei diese auch die Großeltern einschließen oder allein aus Großeltern und Enkeln bestehen konnte. Die zweitgrößte Gruppe bildeten mit 37 % Reisende, die mit ihrem Partner unterwegs waren, gefolgt von Alleinreisenden (9,7 %). Die Struktur der Mitreisenden spiegelt sich auch in der Anzahl der gemeinsam Reisenden wider. Die größte Gruppe bilden die Befragten, die zu zweit reisen. Sie übersteigt mit rund 48 % die Gruppe derjenigen, die mit ihrem Partner reisen, um rund 10 %. Daraus wird deutlich, dass einige Befragte, die mit Freunden oder der Familie reisten, ebenfalls zu zweit unterwegs waren. Bei dieser Gruppe handelt es sich sowohl um Teilnehmer an den so genannten „Mutter-Kind-Kuren" als auch um gemeinsam reisende, erwachsene Geschwister, Alleinerziehende oder um Familien, in denen nur ein Elternteil mit einem Kind den Urlaub auf Amrum verbrachte.

Die befragten Amrumreisenden sind im Durchschnitt 49 Jahre alt und verfügen über ein hohes Bildungsniveau. 50 % der Befragten nennen das (Fach-)Abitur (13 %) oder den (Fach-)Hochschulabschluss (37 %) als höchsten Bildungsabschluss. Rund 30 % verfügen über die mittlere Reife. Damit liegen die Amrumreisenden deutlich über dem vom Statistischen Bundesamt Deutschland (2005) erhobenen Bundesdurchschnitt, laut dem 22 % der Bundesbürger über die (Fach-) Hochschulreife verfügen und 26 % die Schule mit der mittleren Reife abgeschlossen haben.

Der Wohnort der Befragten Amrumreisenden lag zu 97 % in Deutschland. Die deutlich größte Gruppe der Befragten hatte ihren Wohnsitz in Nordrhein-Westfalen (28 %), gefolgt von Niedersachsen (15 %) und Baden-Württemberg (13 %). Schleswig-Holstein selbst spielt mit nur 10 % eine geringere Rolle. Die größeren Entfernungen zwischen Amrum und dem jeweiligen Wohnort werden bei der Aufenthaltsdauer sichtbar, die bei durchschnittlich 15,5 Tagen liegt. Bei den Erstbesuchern waren es 12,5 Tage, während Befragte, die Amrum bereits häufiger als zehn Mal besucht haben, im Durchschnitt 17,4 Tage blieben. Bereinigt man beide Gruppen allerdings um die Kurgäste, deren meist dreiwöchige Aufenthaltsdauer von den Krankenkassen festgelegt wird, so liegt die mittlere Aufenthaltsdauer der Erstbesucher nur noch bei 10,4 Tagen.

Auf die Frage nach einem Alternativziel zum diesjährigen Urlaub auf Amrum zeigt sich eine deutliche Tendenz: Für 74 % der Befragten gab es keine Alternative. Bei den genannten Alternativzielen handelte es sich vor allem um Destinationen am Meer, die von den Probanden nur selten genauer benannt wurden. Neben anderen nordfriesischen Inseln, Nord- und Ostsee wurden auch das Mittelmeer und Mittelmeerstaaten genannt. Insgesamt war jedoch bei den Befragten der Wunsch nach einem Urlaub in Deutschland stark ausgeprägt. Außereuropäische Ziele wurden von keinem der Probanden als Alternative gesehen.

Zu den wichtigsten Urlaubsaktivitäten zählte das Baden und Schwimmen im Meer bzw. aufgrund der Witterung in Schwimmbädern, das von 66 % der Befragten genannt wurde. Mit nur leichtem Abstand in der Häufigkeit der Nennungen folgten Fahrrad fahren (58 %), Sonnenbaden und Faulenzen (57 %), Spazierengehen und Bummeln (55 %) sowie Wandern und Wattwandern (42 %). Alle übrigen Nennungen spielen nur eine untergeordnete Rolle. Aufgrund dieser Ergebnisse ist es möglich, die Gäste mehrheitlich als Naturtouristen zu bezeichnen.

3.2 Verkehrsmittelwahlverhalten

Durch die Insellage Amrums endet die Anreise der Gäste in der Regel mit einer Fährüberfahrt. Die Verteilung der darüber hinaus zur Anreise genutzten Verkehrsmittel entspricht jedoch tendenziell der im Rahmen der Reiseanalyse 2005 (FUR 2005, 5) erhobenen Verteilung.

Die Wahl des Pkw zur Anreise nach Amrum überwiegt; 69 % der Befragten nutzen das Auto, wohingegen lediglich 25 % den Fähranleger mit der Bahn erreichen. Allerdings liegt damit der Anteil der Bahnanreisen rund 12 % höher als der im Rahmen der Reiseanalyse erhobene Anteil von 14 % am gesamten Reiseaufkommen im Inlandstourismus (vgl. FUR 2005, 5). Das hängt vermutlich auch damit zusammen, dass die Bahn direkt am Fähranleger hält und das Fährticket in Kombination mit dem Bahnticket gelöst werden kann.

In der Gruppe der Alleinreisenden dominiert die Anreise mit der Bahn. 72 % der Alleinreisenden nutzen diese Möglichkeit, um Amrum zu erreichen. In allen anderen Gruppen überwiegt die Zahl der Probanden, die mit dem Pkw anreisen, die Zahl der Bahnfahrer deutlich und beträgt jeweils mehr als ein Drittel. Außerdem ist zu beobachten, dass der Anteil der Pkw-Anreisen mit steigender Personenzahl und insbesondere bei Familien zunimmt.

Die Gruppe der Befragten, die mit dem Bus anreisen (4 %), beinhaltet vor allem Kurgäste, die an einer Mutter-Kind-Kur der AOK teilnehmen, da sie durch die Krankenkasse auf diese Anreiseform festgelegt sind. Die übrigen Kurgäste erreichen Amrum mit dem Auto oder der Bahn.

Die überwiegende Mehrheit der Befragten, die mit dem Auto anreisen, nimmt den Pkw auch mit auf die Insel. Nur 21 % parken das Auto auf dem Festland. Dieses Verhalten ist zum Teil auf die Kosten zurückzuführen, die für den Parkplatz anfallen. Ab einer Aufenthaltsdauer von 14 Tagen, die etwa der durchschnittlichen Aufenthaltsdauer entspricht, ist die Überfahrt mit einem Mittelklassewagen bereits günstiger als das Parken auf dem unbewachten, aber kostenpflichtigen „Inselparkplatz" auf dem Festland (Inselparkplatz Dagebüll GmbH 2005; Wyker Dampfschiffs-Reederei Föhr-Amrum GmbH 2005). Zusätzlich nutzen viele Befragte die Möglichkeit, eigene Fahrräder und vor allem Nahrungsmittel mit auf die Insel zu nehmen, um die Urlaubskasse zu entlasten. Auch aus diesem Grund korrelieren Aufenthaltsdauer und Standort des Autos hoch: Je länger der Aufenthalt dauert, desto seltener wird das Auto auf dem Festland geparkt.

Vergleicht man nun das Verkehrsmittelwahlverhalten der Befragten im Allgemeinen mit dem zur Anreise nach Amrum gewählten Verkehrsmittel, so wird überwiegend eine gewohnheitsmäßige Nutzung des auch für die Anreise nach Amrum gewählten Verkehrsmittels deutlich. Diese Kontinuität in ihrer Wahl ist insbesondere bei den Pkw-Nutzern auffällig, bei denen 102 der 149 Probanden den Pkw in der Regel für Urlaubsreisen nutzen. Bei den Bahnreisenden sind es immerhin 25 der 55 Probanden, die im Allgemeinen mit der Bahn anreisen. Insgesamt nutzen jedoch 25 % der Befragten – in Abhängigkeit vom gewählten Ziel – unterschiedliche Verkehrsmittel, um ihren Urlaubsort zu erreichen.

3.3 Natur und Naturschutz im Urlaub

„Naturlaub ist kein Nischenprodukt. Interesse an intakter ‚Natur' findet sich bei der Mehrheit der Deutschland-Reisenden und bei einem noch größeren Teil der Gäste von Schleswig-Holstein" (N.I.T. 2001, 127). So lautete ein Ergebnis der Marktanalyse Schleswig-Holstein-Tourismus, die das N.I.T. 2001 im Auftrag des Ministeriums für ländliche Räume, Landesplanung, Landwirtschaft und Tourismus durchführte. Für 80 % der im Rahmen der Reiseanalyse (vgl. FUR 2000) befragten Reisenden waren „Natur erleben, schöne Landschaften, reine Luft, sauberes Wasser" als Reisemotiv besonderes wichtig oder zumindest wichtig. Bei Schleswig-Holstein-Reisenden lag dieser Anteil sogar bei 82 %.

Dieses Bild bestätigt sich auch bei den befragten Amrum-Reisenden (vgl. Abb. 1). Für 97 % der Probanden spielt der Wunsch nach schöner Natur und Naturerlebnis eine sehr wichtige oder wichtige Rolle bei der Wahl ihres Urlaubsortes.

Schöne Natur und Naturerlebnis bilden damit für die große Mehrheit der Befragten die Basis für einen erholsamen Urlaub. Das Vorhandensein aktiver Naturschutzmaßnahmen spielt dagegen für die Wahl des Urlaubsortes eine nachrangige Rolle. Viele Gäste sehen diese zwar als mindestens wichtig an (80 %), holen allerdings diesbezüglich keine konkreten Informationen ein, auf deren Grundlage sie sich für ein Reiseziel entscheiden. Die Mehrheit

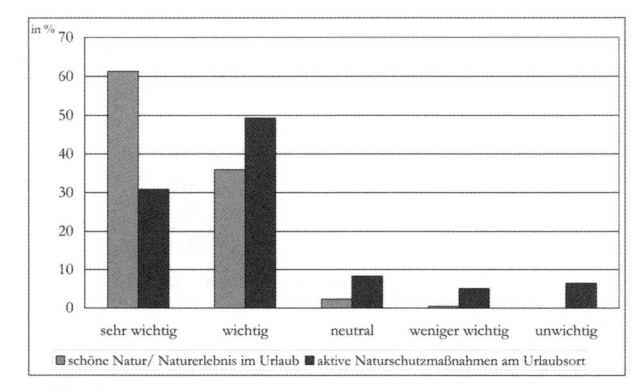

Abb. 1: Bedeutung von Natur und Naturschutzaktivitäten bei der Wahl des Urlaubsortes (Quelle: Eigene Erhebung 2005)

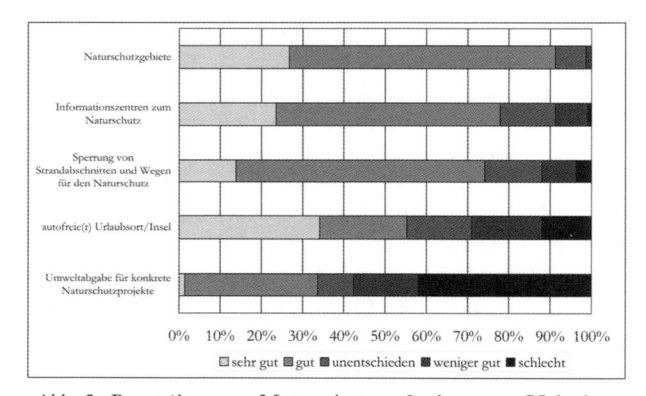

Abb. 2: Beurteilung von Naturschutzmaßnahmen am Urlaubsort (Quelle: Eigene Erhebung 2005)

der Befragten schlussfolgert lediglich aus vorhandener schöner Natur auf die Existenz aktiver Naturschutzmaßnahmen. Bei der konkreten Bewertung einiger ausgewählter Naturschutzmaßnahmen zeigten sich dementsprechend Unterschiede (vgl. Abb. 2).

Die positivste durchschnittliche Bewertung erhält das Vorhandensein von Naturschutzgebieten am Urlaubsort. 91 % der Befragten halten dies für mindestens gut. Dieses Ergebnis unterstreicht einmal mehr die Bedeutung der Natur und des Naturerlebnisses für die Mehrheit der Urlauber.

Etwas schlechter bewerteten die Probanden Informationszentren zum Naturschutz, aber immerhin noch 78 % empfanden sie als mindestens wichtig. Demgegenüber stehen jedoch auch 9 %, die derartige Einrichtungen als weniger gut oder schlecht einordnen. Die negativen Bewertungen kommen hier vor allem dadurch zustande, dass verschiedenen Befragten die Kommerzialisierungstendenzen in einigen Naturschutzzentren widerstreben und sie diese deshalb ablehnen.

Im Gegensatz zu den beiden erst genannten Maßnahmen sehen die Befragten in der Sperrung von Strandabschnitten und Wegen zugunsten des Naturschutzes einen Eingriff in ihre Entscheidungsfreiheit. Dennoch beurteilen die Befragten derartige Maß-

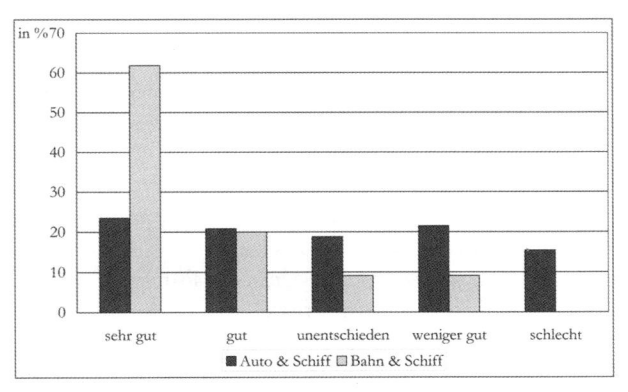

Abb. 3: Beurteilung eines autofreien Urlaubsortes vor dem Hintergrund der Verkehrsmittelwahl bei der Anreise nach Amrum (Quelle: Eigene Erhebung 2005)

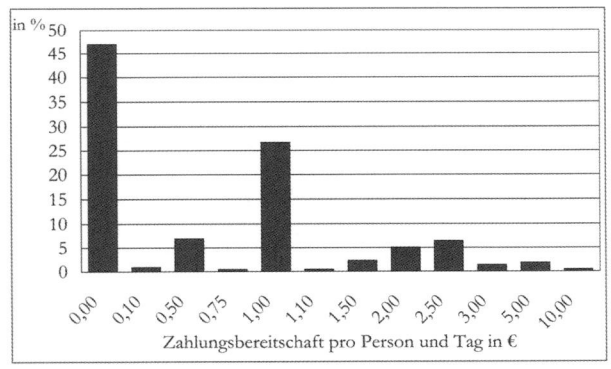

Abb. 4: Zahlungsbereitschaft in Bezug auf eine Umweltabgabe pro Person und Tag (Quelle: Eigene Erhebung 2005)

nahmen prinzipiell positiv (60 % gut, 14 % sehr gut), so lange damit keine allzu großen Einschränkungen verbunden werden. 12 % stehen derartigen Sperrungen jedoch kritisch gegenüber; dies kann damit erklärt werden, dass ein Teil der Gäste für sich in Anspruch nimmt, ohnehin in Einklang mit der Natur Urlaub zu machen.

Einen noch deutlicheren Einschnitt stellt die Einführung eines autofreien Urlaubsortes/einer autofreien Insel dar. Die Zahl der Befürworter liegt hier zwar immer noch bei 55 %; 29 % lehnen eine solche Maßnahme jedoch ab, während 16 % unentschieden sind.

Stellt man die Aussagen der Befragten bezüglich eines autofreien Urlaubsortes/einer autofreien Insel dem für die Anreise genutzten Verkehrsmittel gegenüber, so ergibt sich folgendes Bild (vgl. Abb. 3).

Erwartungsgemäß wird ein(e) autofreie(r) Urlaubsort/Insel insbesondere von den Bahnfahrern begrüßt. Diese bewerten einen solchen Urlaubsort mit 62 % als sehr gut und mit 20 % als gut. Allerdings zeigen sich auch 18 % der Bahnfahrer unentschieden bzw. sind eher abgeneigt. Das hängt vermutlich damit zusammen, dass etwa eben diese Zahl der Bahnanreisenden im Allgemeinen das Auto für ihre Urlaubsreise nutzt.

In der Gruppe der Autofahrer beurteilen immerhin noch rund 45 % der Befragten einen autofreien Urlaubsort als mindestens gut (24 % sehr gut). Dies erklärt sich durch die Nutzung des eigenen Autos als „rollenden Koffer", denn die Mehrheit der Befragten nutzt das Auto auf der Insel nicht. Insbesondere Familien, Rentner und Langzeiturlauber im Allgemeinen schätzen diese Möglichkeit, Gepäck, Lebensmittel, Fahrräder, Kinderwagen etc. zu transportieren. Bei einem umfassenden Autoverbot, wie dies auf einigen ostfriesischen Inseln der Fall ist, wäre die Ablehnung deutlich höher.

Allerdings bewerten 22 % der Befragten eine derartige Maßnahme als weniger gut bzw. schlecht (15 %). Für 5 % wirkt ein(e) autofreie(r) Urlaubsort/Insel abschreckend; sie würden sich veranlasst sehen, einen anderen Urlaubsortes zu wählen.

Die kritischste Bewertung äußern die Befragten gegenüber einer möglichen Umweltabgabe für konkrete Projekte. 34 % befürworten eine solche Abgabe, 58 % lehnen sie ab (vgl. Abb. 4). Die Mehrheit der Gäste empfindet die Kurtaxe (zwischen 2,30–2,50 Euro pro Person und Tag) bereits als sehr hoch und nimmt eine Umweltabgabe in erster Linie als weitere finanzielle Belastung wahr. Die Zahlungsbereitschaft in Bezug auf eine derartige Umweltabgabe war entsprechend gering (vgl. Abb. 4).

Viele Befragte zeigten sich jedoch bereit, eine Umweltabgabe für konkrete Projekte anstelle der Kurtaxe zu bezahlen; sie erhoffen sich so eine größere Transparenz bei der Mittelverwendung. So wurde unter anderem auch der Wunsch geäußert, im eigenen Urlaub etwas über die geförderten Projekte zu erfahren. Vor diesem Hintergrund überrascht es nicht, dass die Einführung einer zusätzlichen Umweltabgabe für 23 % der Befragten einen Grund für die Wahl eines anderen Urlaubszieles darstellt.

Als weitere Gründe für die Wahl eines anderen Urlaubsziels nannten die Befragten die Schaffung eines autofreien Urlaubsortes/einer autofreien Insel (5 %) und die Sperrung von Strandabschnitten und Wegen für den Naturschutz (2 %). 70 % der Befragten Amrumreisenden sehen jedoch bei keiner der abgefragten Maßnahmen die Notwendigkeit, ein anderes Urlaubsziel zu suchen. Neben der zweifelsohne vorhandenen Naturnähe der Befragten spielt in diesem Zusammenhang allerdings vermutlich auch die Identifikation der Stammgäste mit „ihrer Insel" Amrum eine Rolle.

4 Erfolgsfaktor Inszenierte Authentizität

Die kommunizierte Echtheit von Erfahrungen und Erlebnissen in und von unberührter Natur ist touristisch der zentrale Erfolgsfaktor von Amrum. Dies ist auf den ersten Blick insofern widersprüchlich, als eine touristisch hoch entwickelte und hoch frequentierte Region wie Amrum per se keine authentisch ursprünglichen Erlebnisse bieten kann.

Das Spannungsfeld zwischen Unberührtheit einerseits und Nachfrageerfolg andererseits kann durch das aus dem Kulturtourismus stammende Konzept der „inszenierten Authentizität" (vgl. WIEGAND 2004) gelöst werden, dessen grundlegende Konstruktionsprinzipien von GÜNTHER (1996, 7) wie folgt skizziert wurden: „Die Kunst des Reisens besteht nicht mehr darin, gesellschaftliche Fassaden, Kulissen und Inszenierungen zu durchdringen und zum ‚wirklichen Leben' vorzustoßen, sondern umgekehrt, das ‚wirkliche Leben' durch die Inszenierung einer in sich stimmigen, interessanten, originellen und möglichst fesselnden Erlebniswelt zu überhöhen."

Nachdem in den zurückliegenden Jahren touristischer Markterfolg überwiegend in künstlichen Erlebniswelten möglich schien, zeigt sich in der jüngeren Vergangenheit ein insgesamt noch geringer, aber zunehmender Nachfrageschub im Bereich solcher Angebote, die ausdrücklich Ruhe, Stille und innere Einkehr versprechen (ETI 2005).

Aufgrund der hohen Qualitätserwartung und Anspruchshaltung der Touristen in Verbindung mit steigendem Wettbewerbsdruck können sich in diesem Segment jedoch nur diejenigen Zielgebiete erfolgreich positionieren, die ihre natürlichen Ressourcen nicht nur bewahren (z. B. durch Zonierung), sondern diese auch erlebnisorientiert aufbereiten und einer touristischen Nutzung zuführen.

5 Natur und Touristen – ein Fazit

Auf dem Weg, Tourismus und Naturschutz nicht mehr als Gegensatzpaare zu betrachten, sind erste wichtige Schritte gemacht. Bis zu einem selbstverständlichen Zusammenspiel beider Bereiche bedarf es jedoch noch weiterer Anstrengungen und in vielen

Regionen noch engagierter Überzeugungsarbeit. Dabei kommt den Touristen eine zentrale Bedeutung zu. Insbesondere die Ansprüche und Erwartungshaltungen der Touristen verdeutlichen das Dilemma, dem sich viele Tourismusverantwortliche gegenüber sehen: Die Touristen erwarten inszenierte Natur und authentische Naturlandschaften ebenso als Basisqualität wie Ruhe, Stille und die Abwesenheit anderer Touristen. Eine Mitwirkungs- oder Zahlungsbereitschaft ihrerseits ist jedoch kaum erkennbar. Darüber hinaus sind sie in der Regel nicht bereit, Einschränkungen wie die Ausweisung von Schutzzonen oder die zeitweilige Sperrung von Strandabschnitten, Wegen oder Waldgebieten kritiklos zu akzeptieren.

Doch nur wenn die Touristen gemeinsame Maßnahmen von Tourismus und Naturschutz erkennen, verstehen und annehmen, kann ein ökonomischer Ertrag erzielt werden. Wirtschaftliche Profite aus ökotouristischen Maßnahmen wiederum sind die Grundvoraussetzung für eine kontinuierliche Zusammenarbeit. Zu den wesentlichen Herausforderungen nachhaltiger (Tourismus-)Entwicklungen in Zukunft gehört daher die Fähigkeit, die Folgenabschätzung gesellschaftlich-kollektiven wie individuellen Handelns so aufzubereiten, dass sowohl adäquate Bildungsziele wie eine notwendige Breitenwirkung erreicht werden.

Um eine optimale Ansprache der Touristen zu gewährleisten und langfristig erfolgreich zu sein, bedarf es zudem einer genauen Analyse der Gästeerwartungen und -bedürfnisse am jeweiligen Standort. Einen zentralen Faktor stellt in diesem Zusammenhang das Naturverständnis der Gäste dar. So teilen sich die exemplarisch befragten, nach Amrum gereisten Naturtouristen grob in drei Interessensgruppen (vgl. STRASDAS 2001, 119):

1) Natur als Kulisse – die Natur bildet als schöne Landschaft den Rahmen für einen angenehmen, schönen und erholsamen Urlaub.
2) Allgemeines Naturinteresse – insbesondere Familien mit Kindern, die z. B. über Naturschutzzentren ihre Kinder informieren bzw. ihnen Erklärungen und Wissen vermitteln möchten.
3) Nachhaltiges Naturerlebnis – überdurchschnittliches Interesse an Naturschutz, konkretem Naturerleben und -kennenlernen steht im Mittelpunkt.

Die Bedeutung eines schonenden Umgangs zur Erhaltung der Natur ist den Amrumreisenden mehrheitlich bewusst. Das Interesse an der Erhaltung der Natur und damit der Ermöglichung eines Naturerlebnisses bei späteren Besuchen ist groß. Verstärkt wurde diese Sensibilität für die Natur vermutlich noch durch die hohe Zahl der Stammgäste, die „ihre Insel" schützen wollen bzw. sich für sie verantwortlich fühlen. Allerdings fordern insbesondere die Stammgäste eine stärkere Transparenz der Mittelverwendung, beispielsweise der Kurtaxe, und genaue Informationen über die Aufwendungen für Maßnahmen und Projekte des Naturschutzes.

Anhand dieser Ergebnisse wird deutlich, dass es für die Umsetzung ökotouristischer Projekte keine allgemein gültigen Patentrezepte gibt. Für die Abschätzung der konkreten Chancen und Grenzen sind immer auch die regionalen Besonderheiten und insbesondere die Gästestruktur einzubeziehen.

Literatur

Amrum (2005): Insel unter weitem Himmel. http://www.amrum.de/html/insel/amrum/amrum_ text.html (Stand 19.08.2005)

AGÖT (= Arbeitsgruppe Ökotourismus; Hrsg.) (1995): Ökotourismus als Instrument des Naturschutzes? Möglichkeiten zur Erhöhung der Attraktivität von Naturschutzvorhaben. Forschungsberichte des Bundesministeriums für wirtschaftliche Zusammenarbeit und Entwicklung, 116. München, Köln, London.

BAUMGARTNER, C. (1998): Nachhaltigkeit im Tourismus: Umsetzungsperspektiven auf regionaler Ebene. Wien, Mainz.

BfN (= Bundesamt für Naturschutz) (2002a): Nachhaltiger Tourismus. http://www.bfn.de/03/031402_iyenachhaltig.htm (Stand 18.07.2005)

BfN (= Bundesamt für Naturschutz) (2002b): Ökologischer Tourismus, Naturtourismus. http://www.bfn.de/03/031402_iyeoeko.htm (Stand 18.07.2005)

COHEN, E. (1988): Authenticity and Commoditization in Tourism. In: Annals of Tourism Research, 15, 371-386.

ELLENBERGER, L./BEIER, B./SCHOLZ, M. (1997): Ökotourismus. Reisen zwischen Ökonomie und Ökologie. Heidelberg, Berlin, Oxford.

ETI (Hrsg., 2005): ETI-Sommerurlaubsanalyse. www.eti.de

FUR (= Forschungsgemeinschaft Urlaub und Reisen; Hrsg.) (2005): Die Reiseanalyse. Erste Ergebnisse ITB 2005, Berlin. Hamburg; Kiel.

FUR (= Forschungsgemeinschaft Urlaub und Reisen; Hrsg.) (2000): Die Reiseanalyse 2000. Hamburg, Kiel.

GÜNTHER (1996): Inselparkplatz Dagebüll GmbH (2005): Preisübersicht Inselparkplatz. http://www.inselparkplatz-dagebuell.de/preise.htm (Stand 19.08.2005)

KRIPPENDORF, J. (1975): Die Landschaftsfresser. Bern, Stuttgart.

KURTE, B. (2002): Der Ökotourismus-Begriff. Seine Interpretation im internationalen Bereich. Trier.

N.I.T. (= Institut für Tourismus- und Bäderforschung in Nordeuropa GmbH) (2001): Marktanalyse Schleswig-Holstein-Tourismus. Kiel.

OPASCHOWSKI, H. W. (1999): Umwelt. Freizeit. Mobilität. Konflikte und Konzepte. Opladen.

PECHLANER, H./MATZLER, K./SILLER, H. (2002): Kundenzufriedenheit bei Sport-Großveranstaltungen: Ergebnisse einer Primärerhebung anlässlich der alpinen Ski-WM 2001 in St. Anton/Arlberg. In: Dreyer, A. (Hrsg.): Tourismus und Sport. Wirtschaftliche, soziologische und gesundheitliche Aspekte des Sport-Tourismus. Wiesbaden, 207-222.

STATISTISCHES BUNDESAMT DEUTSCHLAND (2005): Bildungsabschluss. http://www.destatis.de/basis/d/biwiku/bildab1.php (Stand 23.08.2005)

STRASDAS, W. (2001): Ökotourismus in der Praxis. Zur Umsetzung der sozio-ökonomischen und naturschutzpolitischen Ziele eines anspruchsvollen Tourismuskonzeptes in Entwicklungsländern. Ammerland.

VESTER, H.-G. (1993): Authentizität. In: Hahn, H./Kagelmann, H. J. (Hrsg.): Tourismuspsychologie und Tourismussoziologie. München, 122-124.

WIEGAND, D. (2004): Inszenierung von Alltagskultur im Tourismus – untersucht am Beispiel Doolin in Co. Clare, Irland. Unveröff. Magisterarbeit Universität Paderborn.

WYKER Dampfschiffs-Reederei Föhr-Amrum GmbH (2005): Fahrpreise im Fährverkehr. http://www.faehre.de/preise/faehrpreise.htm

ZIENER, K. (2003): Das Konfliktfeld Erholungsnutzung – Naturschutz in Nationalparken und Biosphärenreservaten. Aachen.

Leitthema A – Europa ohne Grenzen?

Sitzung 4: Europa im Geographieunterricht

Michael Hemmer (Münster) und Michael Ernst (Saarbrücken-Riegelsberg)

Europa befindet sich immer noch oder bereits wieder in einer erneuten Umbruchphase. Die Frage der Erweiterung Europas nach Osten trennt in ihrer Zustimmung und Ablehnung die entsprechenden Gruppierungen durch starre Positionen. Gleichermaßen zeigt die Zustimmung und Ablehnung zu einer europäischen Verfassung ein uneinheitliches Bild. Ebenso sind im ökonomischen Bereich sowohl Integrations- als auch signifikante Globalisierungsprozesse festzustellen. Regionen und Städte sehen sich einem verschärften nationalen und internationalen Wettbewerb ausgesetzt. Zentren und Peripherien haben sowohl in der Fläche als auch in der Diskrepanz der sozioökomischen Gegensätze von „arm" und „reich" erheblich zugenommen. Und es bedarf keiner blühenden Phantasie, in einer politisch nachvollziehbaren und vielleicht auch wünschenswerten Erweiterung nach Osten hin eine gravierende Verschärfung der Peripherisierungstendenzen weiterer Teile des Kontinentes vorherzusagen.

So bleibt eine entscheidende Frage erlaubt: Welches Europa ist eigentlich gemeint? Dies ist die Frage nach Grenzen, nach Umfang und Inhalt Europas. Je nach Ziel und Absicht wird die Antwort auf diese Frage sehr unterschiedlich ausfallen. Aus geographischer Sicht schlug Louis 1954 das zusammenhängende Siedlungsgebiet als Gliederungskriterium vor. Sein Europabegriff reichte „in den mittleren Breiten Westeurasiens vom Atlantik bis zur mittleren Wolga", ja bis zum Jennisei. Für Leidlmair (1990) bilden das kontinentale Europa sowie die Polarität zwischen Nord und Süd den Rahmen für „eine in enger Nachbarschaft existierende natur- und kulturlandschaftliche Mannigfaltigkeit". Die so genannte „Einheit in der Vielfalt" wird als wesentliches Kennzeichen europäischer Raumstrukturen angesprochen, eine Vielfalt, die auf der Kultur der Antike, dem Christentum, dem Karolingischen Kaiserreich, dem Geist des Humanismus und der Rationalität der Aufklärung basiert und die unterschiedlichen Naturpotenziale zu einer Einheit verbindet.

Helmuth Köck (Landau) geht in seinem Beitrag „Wachstum ohne Grenzen? – Versuch einer geographiedidaktischen Positionsbestimmung zu(r) künftigen EU-Erweiterung (en)" der Frage nach, wie sich die Außengrenzen dieses Raumes bestimmen lassen. Für ihn bildet das so genannte Kerneuropa das ehemals lateinische Europa. Die Vernetzungsdichte nach Osten hin bildet die Wachstumsgrenze, wobei das integrative Element von entscheidender Bedeutung ist. Was die naturgeographische Komponente betrifft, so wird deutlich, dass ein Erreichen gleichwertiger räumlicher Lebensverhältnisse unmöglich sei.

Im zweiten Beitrag befassen sich Ingrid Hemmer (Eichstätt), Gabi Obermaier (Bayreuth) und Rainer Uphues (Münster) mit „Topographischen Europakenntnissen von Schülerinnen und Schülern zwischen Wunsch(-bild) und Wirklichkeit". Da es bislang keinen empirisch abgesicherten Grundkanon topographischen Wissens gibt, haben die Referenten im Rahmen eines mehrere Teilstudien umfassenden Forschungsprojektes zur Förderung der räumlichen Orientierungskompetenz von Schülern gesellschaftliche Spitzenrepräsentanten und Experten zur Relevanz einzelner topographischer Europakenntnisse befragt. Den Ergebnissen dieser Studie wurden die realen Topographiekenntnisse von Schülerinnen und Schülern, die ebenfalls empirisch erfasst wurden, gegenübergestellt.

Christiane MEYER (Trier) und Gundula SCHOLZ (Trier) setzen sich mit dem Thema „Europa in unseren Köpfen – Grenzregionen im Geographieunterricht am Beispiel des SaarLorLux-Raumes" auseinander. Zwar stellt der gegenwärtige Prozess der Globalisierung die Grenzen oft in Frage, doch sind Diskussionen um Grenzkonflikte, kulturelle Identität und Migration ein Beispiel dafür, wie schwer wir uns mit Grenzen tun. Grenzziehungen gehen häufig mit Staatsgründungen oder „Staatsveränderungen" bzw. Staatskonstruktionen einher, die nationale Lebenswelten entstehen lassen. So paust sich eine poltisch-geographische Situation in den Köpfen der Menschen und in ihrem Alltag ab. Im Jahr 1955, nach der Abstimmung über das so genannte „Saarstatut", gelangte das Saarland als jüngstes Bundesland zurück nach Deutschland, und seine Bewohner nahmen die neue Grenze in ihrer spezifischen Sichtbarkeit und Spürbarkeit in ihr Denken und Handeln auf. Diese Persistenz der Wahrnehmung drückt sich bis heute in einer unsichtbaren „Sichtbarkeit" in den Köpfen der Menschen aus.

Hartwig HAUBRICH (Freiburg) führt in seinem normativen Beitrag „Internationale Standards geographischer Europaerziehung" zehn Standards zur Erreichung der Kompetenz „für eine friedliche, sachgerechte und humane Zusammenarbeit in Europa fähig und bereit zu sein" auf. Auf unterschiedlichen Niveaus und Anforderungsbereichen entwickelte er spezifische Standards, die kognitive, affirmative und sozial- affektive Lernbereiche ansprechen.

Die Vorträge und Diskussionen zeigten signifikant die noch erheblichen Schwierigkeiten in der Frage der „Ausdehnung Europas nach Osten" und letztendlich des „Lerninhaltes für die Schule" bei einem eng begrenzten Zeitbudget. Insgesamt konnten die Vorträge jedoch einen erheblichen Beitrag zur Sichtbarmachung der Problemfelder geben und nachvollziehbare Zugangsweisen zu deren Lösung aufzeigen.

Literatur

LEIDLMAIR, A. (1990): Europa – Einheit in der Vielfalt. In: Oberöst. Heimatblätter, 3, 187 ff.
LOUIS, H. (1954): Über den geographischen Europabegriff. In: Mitt. Geogr. Ges. München, 39, 73 ff.
SAHR, W. D./WARDENGA, U. (2005): Grenzgänge – Ein Vorwort über Grenzen und Ihre (Be-)Deutungen in der Geographie. In: Berichte zur dt. Landeskunde, (79)2/3, 157-166.

Wachstum ohne Grenzen? Versuch einer geographi(edidakti)schen Positionsbestimmung zu(r) künftigen EU-Erweiterung(en)

Helmuth Köck (Landau)

1 Die interessierende Frage und bisherige Antworten

Wäre SAINT-EXUPÉRY Geograph geworden – die Geographie immerhin schätzte er sehr –, lebte er heute noch und hätte er die Entwicklung der Europäischen Union mitverfolgen können, so würde er in Fortsetzung seiner berühmten Zeichnungen Nr. 1 und Nr. 2 im Vorgriff auf die Zukunft als Zeichnung Nr. 3 vielleicht das Folgende skizziert haben (Abb. 1): die Schlange Europäische Union, die, wie die Königsschlange ihre Beute, zahlreiche Länder verschlungen hat bzw. im Begriff ist zu verschlingen, und, anders als die Königsschlange, mit sechs Monaten Verdauungszeit allerdings kaum auskommen wird.

Dass dieses Szenario mehr als nur Fiktion ist, belegt die europapolitische Planung und Diskussion: Denn schon 2007 werden laut Plan Rumänien und Bulgarien in die Europäische Union aufgenommen werden. Folgt man BAUDELLE/GUY (2004, 101), so wird die EU von dann 27 Mitgliedern möglicherweise bald auf 36 Mitgliedstaaten anwachsen. Doch muss auch dies noch nicht das Ende sein; denn BAUDELLE/GUY haben zwar die Türkei, die Balkanstaaten, die Schweiz sowie Norwegen und Island auf dem Plan, nicht jedoch die Ukraine, Weißrussland, Russland, Moldawien oder die kaukasi-

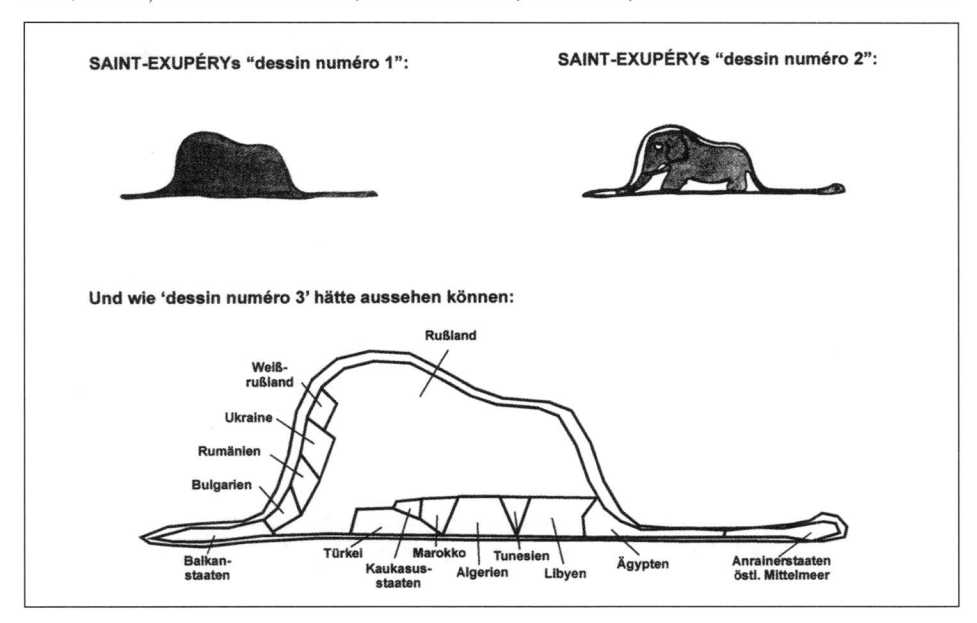

Abb. 1: Saint-Exupéry und das Wachstum der EU (Entwurf: Köck [nach Saint-Exupéry 1943]; Graphik: Reck)

schen Staaten, die allesamt wenngleich unterschiedlich weit entwickelte Vorstellungen von einer möglichen EU-Mitgliedschaft haben und an welchen die Europäische Union ihrerseits wenngleich unterschiedlich deutliches Interesse artikuliert. Und dass in einem weiteren Schritt schließlich die Anrainerstaaten des südlichen und östlichen Mittelmeeres Beitrittskandidaten und vielleicht sogar Mitglieder werden könnten, ist keineswegs auszuschließen.

Wie weit also soll die Europäische Union wachsen? Wo sollte ihre Grenze aus geographischer und geographiedidaktischer Sicht verlaufen? SPERLING hatte schon 1980 beim Thema Europäische Integration selbstverständlich auch die damaligen RGW-Länder mitbedacht, wenngleich als Integration anderen Typs. Nach KIRCHBERG (1990, 225) sollte die Europäische Union „das gesamte Europa" umfassen, wobei KIRCHBERG allerdings offen ließ, was unter dem gesamten Europa zu verstehen ist. Soll es vom Atlantik bis zum Ural reichen, wie es bereits DE GAULLE 1964 forderte (vgl. WEISENFELD 1990, 293)? Oder soll Europa mit HAUBRICH (1997, 2) „nicht am Ural, am Bosporus oder am Mittelmeer seine absolute Begrenzung finde[n], sondern wie beim Europarat und bei der OSZE bis an den Pazifik reichen"? Was sagt die Europäische Union selbst zu dieser Frage? Im Vertrag zur Gründung der Europäischen Wirtschaftsgemeinschaft von 1957 findet man im Paragraphen 237 dazu Folgendes (KOMMISSION 1987, 315; analog in Artikel 49 des „Vertrag[es] von Amsterdam" [HAUBRICH 2003, 2]): „Jeder europäische Staat kann beantragen, Mitglied der Gemeinschaft zu werden." Weiterhin spricht derselbe Paragraph, allerdings ohne nähere Spezifikation, von mit „dem antragstellenden Staat" zu regelnden „Aufnahmebedingungen", die ihrerseits zwischenzeitlich beim Europäischen Rat von 1993 (Kopenhagen), 1995 (Madrid), 1999 (Helsinki) und 2000 (Nizza) sowie im Konvententwurf von 2003 näher bestimmt wurden (vgl. FASSMANN/VORAUER 2003, 6; HAUBRICH 2003, 2/5; KAHL 2004, 133). In Stichworten aufgelistet sind dies vor allem: Demokratie, Rechtsstaatlichkeit, Menschenrechte, funktionierende Marktwirtschaft, Fähigkeit zur Übernahme der Verpflichtungen aus der Mitgliedschaft, Stabilität der Institutionen, EU-konforme Verwaltungsstrukturen und -praxis, Anerkennung und Übernahme der im Vertragswerk der Europäischen Union niedergelegten Werte und Ziele, insbesondere der Grundwerte.

2 Ein „europäischer" Staat – Was ist damit gemeint?

Eine Entscheidung über die möglichen Grenzen des Wachstums der Europäischen Gemeinschaft lässt sich hieraus jedoch gleichwohl nicht ableiten; denn im Prinzip könnten dann alle Staaten der Europäischen Union beitreten, die sich zu derartigen Werten bekennen und sie befolgen, wie beispielsweise die USA, Australien, Neuseeland, Japan (vgl. BÖCKENFÖRDE 2004). Das allerdings würde die Konstruktion „Europäische Union" ad absurdum führen. So wird man doch wieder auf die Eigenschaft, „europäischer Staat" zu sein, der dann aber eben diese Aufnahmebedingungen erfüllen müsste, als Aufnahmekriterium zurückgreifen müssen. Aber was ist dann ein „europäischer Staat", was Europa? Hierzu sagt die Europäische Union allerdings nichts. Folgt man LÉVY (2004, 23), so ist diese Unbestimmtheit jedoch keine Lücke; vielmehr ist sie seiner Ansicht nach Grundlage, Fundament: „Elle est cohérente avec la vision évolutive que les promoteurs de la construction européenne se faisaient et se font de l' Europe." Europa bzw. die Europäische Union also eher „als ein offenes System", wie HAUBRICH (1997, 2) es versteht und wie ihm zufolge (2003, 5) die europäischen Schulgeographen es sehen, so dass man Europa „je nach historischen Gegebenheiten" (HAUBRICH 2003,

5) erweitern kann? Dann aber müsste für mögliche beitrittswillige Länder gelten, dass sie EU-systemverträglich sind, da andernfalls das System EU selbst Schaden nimmt (vgl. Köck 1983, 353; 2000, 27). Dies sieht offensichtlich auch die Europäische Union so; entsprechend führt die Europäische Kommission mit beitrittswilligen Ländern, die noch nicht EU-systemverträglich sind, langwierige Beitrittsverhandlungen mit dem Ziel, mittels der dabei vereinbarten und veranlassten Anpassungsprozesse die Systemverträglichkeit bis zu einem definierten Zeitpunkt herbeizuführen. Letztlich geht es also um *die potenziell mögliche Verträglichkeit eines beitrittswilligen europäischen Landes mit dem System EU*.

Wenngleich beitrittswillige und potenziell EU-systemverträgliche Staaten m. E. nicht zwingend dem Europa im klassischen geographischen Verständnis (vgl. hierzu auch Lichtenberger 2005, 13 ff.) angehören müssen, so ist doch aber zu fordern, dass sie einen zumindest mittelbaren, wenn nicht gar unmittelbaren räumlichen Zusammenhang zum bestehenden System Europäische Union aufweisen. Angesichts der Funktionsweise der Europäischen Union in politischer, ökonomischer, juristischer etc. Sicht hätte es beispielsweise wenig Sinn, überseeische, jedoch systemverträgliche Staaten wie die USA, wie Australien, wie Neuseeland usw. in die Europäische Union aufzunehmen. Da sich die Europäische Union seit dem Maastricht-Vertrag von 1992 ja als „Union" versteht, und dies nicht nur im ökonomischen, sondern auch im politischen, funktionalen, sicherheitsstrategischen etc. Sinn (vgl. auch Böckenförde 2004), liegt die Notwendigkeit eines räumlichen Zusammenhangs beitrittswilliger Staaten zum bestehenden System EU auf der Hand. Auch das Verständnis eines Systems als einer Menge bzw. Gesamtheit von miteinander wie mit der Außenwelt interagierenden Elementen würde den räumlichen Zusammenhang fordern. Allerdings ist dies nur eine notwendige, jedoch keine hinreichende Bedingung. Hinreichend ist es vielmehr erst, *wenn ein beitrittswilliger und in räumlichem Zusammenhang mit der bestehenden EU stehender Staat auch EU-systemverträglich ist oder werden kann*.

Nehmen wir nun einmal an, beitrittswillige und in direktem oder indirektem räumlichen Zusammenhang mit der EU stehende Länder sind gleich schon oder nach gewissen Anpassungsphasen in der Lage, die einschlägigen Sollwerte des Systems EU zu erfüllen. Was spräche dann dagegen, sie in die Europäische Union aufzunehmen? Es könnte doch nur von Vorteil sein, wenn es der EU gelänge, ihre bereits im Gründungsvertrag von 1957 (vgl. Kommission 1987, 119) sowie im Vertrag von Maastricht von 1992 (vgl. Der Spiegel, Dokument 2/1992, 3 f.) fixierten Zielsetzungen in einem immer größer werdenden Raumsystem Europa zu verwirklichen, nämlich: den immer engeren Zusammenschluss der europäischen Völker; den wirtschaftlichen und sozialen Fortschritt der Länder; die stetige Besserung der Lebens- und Beschäftigungsbedingungen der Völker; die beständige Wirtschaftsausweitung, einen ausgewogenen Handelsverkehr und einen redlichen Wettbewerb; die Volkswirtschaften zu einigen und ihre harmonische Entwicklung zu fördern durch Verringerung des Abstandes zwischen einzelnen Gebieten und des Rückstandes weniger begünstigter Gebiete; die fortschreitende Beseitigung der Beschränkungen im zwischenstaatlichen Wirtschaftsverkehr; die Überwindung der Teilung des europäischen Kontinents; die Solidarität zwischen den Völkern; die Konvergenz der Volkswirtschaften; die Wirtschafts- und Währungsunion; die Stärkung des Zusammenhalts und des Umweltschutzes; die Freizügigkeit; die Schaffung einer immer engeren Union der Völker Europas; die Schaffung eines Raumes ohne Binnengrenzen; u. w. m.

Auch aus geographischer und geographiedidaktischer Sicht wäre es zu befürworten, wenn derartige Entwicklungen, zusätzlich zur Verifizierung der o. g. Aufnahmebedingungen, ein zunehmend größeres Raumsystem beträfen. Natürlich brächten weitere Beitritte oder schon die Anpassungsphasen auch negative Rückkoppelungen für das System EU mit sich. So führt beispielsweise der Abbau sozioökonomischer Disparitäten schon in der Anpassungsphase und ebenso nach erfolgtem Beitritt zu einer doppelten Belastung innerhalb der bestehenden Europäischen Union: Einerseits müssten die Finanzbeiträge der bisherigen Mitgliedsländer erhöht werden, um die Förderung in den Beitrittsländern bezahlen zu können. Andererseits würde die finanzielle Förderung in den bisherigen Mitgliedsländern reduziert und die dortige Entwicklung gehemmt. Was das bedeuten kann, wenn man eine Ausweitung nur schon bis zum Ararat oder Ural, erst recht aber bis zum Pazifik oder nördlichen Afrika anstrebt, kann man sich leicht vorstellen. Da aber gleichwertige raumbezogene Lebensbedingungen bei extremer Ausweitung der Europäischen Union, trotz üppiger finanzieller Förderung, auf lange Sicht oder überhaupt illusorisch sind – sie sind es ja in der bisherigen Union schon –, dürfte die dann bereits bestehende Freizügigkeit zu erheblichen Migrationsströmen in die hoch entwickelten Regionen der Europäischen Union führen mit entsprechenden Belastungen dort. Diese beispielhaft herausgegriffenen negativen Rückkoppelungen, zwei von zahlreichen möglichen, und ihrerseits eine Folge positiver Rückkoppelungen in Gestalt eines sich selbst verstärkenden überdehnten Wachstums, könnten zusammen mit weiteren Rückkoppelungen leicht systemunverträgliche bis systemzerstörende und ein neues, dann aber niveauniedrigeres Gleichgewicht herbeiführende Ausmaße annehmen. Sie würden die Verarbeitungs- bzw. Integrationskapazität (vgl. BÖCKENFÖRDE 2004) des Systems EU überbeanspruchen, sie würden durch ihre extremen Ausmaße das dynamische Fließgleichgewicht innerhalb des Systems EU zerstören. Interessant ist, dass die Europäische Union den Aspekt der begrenzten „Integrationskapazität" offensichtlich selbst sieht, jedoch eher verschweigt. So schreibt BÖCKENFÖRDE im Rahmen eines Beitrages zum beabsichtigten Beitritt der Türkei, dass sich „im Gesamttext der" „Beitrittskriterien von Kopenhagen" „ein heute eher verschwiegener Zusatz" befinde, „den eine französische Diplomatin wieder zutage gefördert hat". Dieser „hebt die Kapazität der EU, neue Mitglieder zu integrieren", als ein „wichtiges Element" vor der Aufnahme von Beitrittsverhandlungen hervor. BÖCKENFÖRDE selbst stellt dann fest, dass es an „ebendieser Integrationskapazität der EU, will sie eine politische Union bleiben", „heute und auf absehbare Zeit" fehlt. Wäre es angesichts dieser wie zahlreicher weiterer auf das System rückwirkenden Belastungen, die man neben den zu erwartenden Vorteilen allesamt im Voraus abschätzen kann, nicht klug, jeglicher Überdehnung vorzubeugen? Wäre es umgekehrt nicht töricht im Sinne von TUCHMAN (1984), das System EU sehenden Auges der Zerstörung von innen heraus auszusetzen – es sei denn, man will genau dies?

3 Europäische Identität – Identifikation mit Europa

Gehört zu einem störungsfreien Funktionieren des Systems EU, gerade auch aus geographiedidaktischer Sicht, nun aber nicht mehr als nur die Erfüllung seiner Sollwerte durch weitere Mitgliedstaaten und die Realisierung der überwiegend doch technokratischen Zielsetzungen in ihnen? Kann man die Sollwerte erfüllen, ohne sich mit der Idee Europas zu identifizieren? Kann es die Europäische Union ihrerseits vertreten, ihre Zielsetzungen in Ländern realisieren zu wollen, die mit der Idee Europas möglicherweise gar nichts im Sinn haben? Bedarf es der Identifikation mit der Idee Europas nicht auch, um ein konfliktfreies und von gegenseitigem Verständnis getragenes gemeinsames und dabei auch raumbezogenes Denken und Handeln der unterschiedlichen Staaten, Regionen, Ethnien usw. zu ermöglichen? Worin bestünde dann aber die europäische Identität? Und würde *sie* eine Begrenzung des Systems Europa begründen können? Folgt man STRASSER (2004, 886), so war Europa „schon immer mehr Idee als harte, kompakte Realität. Nach Osten hin sperrangelweit offen, nach Süden mit Leichtigkeit das Mittelmeer überspringend, war Europa von alters her vielen fremden Einflüssen ausgesetzt. Europa konnte sich gar nicht abgrenzen, ihm blieb nichts anderes übrig, als das Fremde in sich aufzunehmen und aus vielen verschiedenen Quellen seine eigene Kultur zu formen. Was am Ende dabei herauskam, die europäische Hochkultur […] ist heute 'globaler Menschheitsbesitz', nichts spezifisch Europäisches also, worauf man sich, wenn es um unsere Identität geht, berufen könnte." Auch das Christentum, auf das sich die Suche nach der europäischen Identität häufig beruft, stellt nach STRASSER „nicht mehr die große Klammer" dar, „von der her sich Europa als Einheit verstehen ließe". Für eine Vision von Europa ist nach STRASSER (892 f.) „zuallererst eine Lebensweise" kennzeichnend, „die Tradition und Moderne, Sicherheit und Freiheit, Markt und Staat, kleinräumige Vielfalt und Menschenrechtsuniversalismus, Demokratie und Sozialstaatlichkeit, das ökonomisch Nützliche mit dem Eigenwert des Ästhetischen und Ethischen verbindet".

Im Unterschied zu STRASSER sieht GEISS (2004) gerade in dem lateinisch statt orthodox geprägten Christentum dasjenige, was die Identität Europas ausmacht und somit eine Basis für eine theoretische Begrenzung Europas bzw. der Europäischen Union ergibt (1049 f.): „Aus der historischen Rekonstruktion der lateinischen Werte Europas", so GEISS, „drängen sich durch Definition seiner Identität auch seine sinnvollen Grenzen auf". „Europas gewachsene Werte und Strukturen legen zwanglos auch seine zivilisationshistorische Definition fest: Das eigentliche Kern-Europa war und ist das lateinische Europa. Seine säkularisierte Latinität zieht die Frage nach seinen Grenzen nach sich: Wer soll, kann und darf zu Europa gehören? […] Das orthodoxe, gar muslimische Europa hatte keinen oder von West nach Ost dramatisch abnehmenden Anteil an historischen Erfahrungen, die in 1500 Jahren die zivilgesellschaftliche Demokratie prägten, von der Trennung der geistlichen und weltlichen Sphäre über Aufklärung, Revolution und Industrialisierung zum souveränen Rechts- und Verfassungsstaat. Deshalb sind sie mit dem lateinischen Europa theoretisch nicht kompatibel." Wo dann im Sinne von GEISS diese theoretische räumliche Grenze des Systems EU verliefe, kann man dem Beitrag von LÉVY (2004, 17) entnehmen (ähnlich auch WINKLER 2004, 32). Darin ist eine Karte mit dem bezeichnenden Titel „Deux européanités" wiedergegeben, die neben anderem die Grenzlinie lateinisch/orthodox enthält (Abb. 2).

Doch sieht GEISS neben dieser kulturhistorisch und kulturräumlich sich ergebenden theoretischen Grenze Europas auch den praktischen Aspekt, wenn er in Fortsetzung seiner oben wiedergegebenen Position folgendes äußert: „Praktisch drängt sich aber ihre Aufnahme auf […] schon weil sie die Chance zur friedlich-konstruktiven Sanierung der Region eröffnet, im aufgeklärten Interesse aller, auch des lateinischen Europa" (GEISS 2004, 1050).

Mit dieser Position, Europa bzw. die europäische Identität nämlich kulturhistorisch und letztlich kulturräumlich mit dem lateinisch geprägten christlichen Europa und der daraus erwachsenen humanistisch-demokratischen Kultur gleichzusetzen, steht GEISS

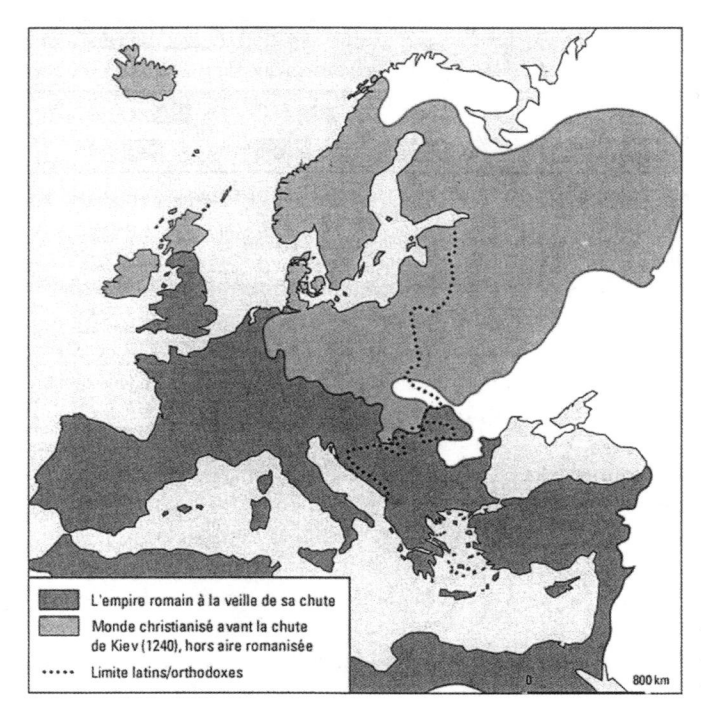

Abb. 2:
Deux européanités (Quelle: Lévy 2004, 17)

keineswegs allein. Im Kern gleichlautende Grundpositionen vertreten etwa BÖCKENFÖRDE (2004), HÜBNER (2005), WEIDENFELD (2000) oder WINKLER (2004). Auch der Verfassungsentwurf der Europäischen Union greift hierauf zurück, wenn es in seiner Präambel heißt: „Schöpfend aus dem kulturellen, religiösen und humanistischen Erbe Europas, aus dem sich die unverletzlichen und unveräußerlichen Rechte des Menschen, Demokratie, Gleichheit, Freiheit und Rechtsstaatlichkeit als universelle Werte entwickelt haben" (vgl. FAZ vom 24.06.2004). HÜBNER (2005) allerdings hält diese Position für zu schwach; ihm kommt die historische Wahrheit darin nicht hinreichend zum Tragen, weshalb er folgende Formulierung vorschlägt: „Schöpfend aus dem kulturellen Erbe Europas, der Antike und dem Humanismus des Christentums, der im Laufe der Geschichte zu den Grundsätzen von Freiheit, Demokratie, Gleichheit und Rechtsstaatlichkeit führte". Nun greift WEIDENFELD (2000) allerdings auch den Kern der Gegenargumentation auf, wonach Europa „nicht an die christliche Religion gebunden" sei. Dies gebe „das heutige Selbstverständnis sicherlich zutreffend wieder. Europa [werde] als eine offene, plurale, weltanschaulich neutrale Größe verstanden." Dennoch greife seiner Meinung nach „der Verweis auf den weltanschaulichen Pluralismus im Blick auf [...] die Identität Europas zu kurz". Denn „die Prägung des europäischen Selbstverständnisses" stamme „aus einer spezifischen Verbindung des rationalen Denkens der Antike mit der transzendenzorientierten Symbolwelt des Christentums". "Ganz eng waren geographische und normative Elemente in der Selbstwahrnehmung der Europäer miteinander verbunden." Und der „Abschied vom Versuch", eine so begründete „europäische Identität zu vertiefen und damit eine kulturelle Grundlage für politische Handlungsfähigkeit zu schaffen, [werde] sich historisch als Achillesverse Europas erweisen". Nun kann man, ganz im Sinne auch der interkulturellen Erziehung, mit BÖK-

KENFÖRDE (2004) natürlich auch fragen, ob nicht „aus der Anerkennung des jeweiligen anderen eine gemeinsame Grundlage für ein produktives Zusammenwirken entstehen" könne, gerade auch, wenn man Europa als säkularisierte Ordnung versteht. Doch verweist BÖCKENFÖRDE sogleich wiederum auf den Umstand, dass dieser säkularisierte Charakter „nicht durch Beiseitestellen, sondern in lebendiger Auseinandersetzung mit dem fortwährenden Christentum und in der Umsetzung gerade auch christlicher Gedanken" erwachsen sei.

Nun kann es mit dem lateinisch geprägten christlichen Humanismus und der darauf basierenden Identität, Einheit und Abgrenzung Europas soweit allerdings nicht her sein (vgl. auch BUSEK 2003, 152 f., LÉVY 2004, STRUCK 2005). Abgesehen davon, dass die Europäische Union diesbezüglich selbst inkonsistent verfährt, insofern das orthodoxe Griechenland ja lange schon Mitglied ist und Bulgarien 2007 Mitglied werden wird sowie die Serben eine Mitgliedsperspektive haben (vgl. hierzu MÜNKLER 2004, 900), stellt sich doch eine Reihe grundlegender Fragen:

- Wieso sind in einem so geprägten Europa dann im Laufe seiner Geschichte so viele Einigungsversuche fehlgeschlagen bzw. Reichsgründungen wiederum zerbrochen? „Es ist schon eine Crux mit Europa", schreibt GAULAND (2005). "Immer wenn es der Einheit nahe scheint, lassen die 'historischen Fliehkräfte' den Erfolg des Sisyphus zunichte werden". So erging es dem Römischen Reich, dem Frankenreich, dem Stauferreich, dem Reich Karls des V., schließlich Napoleon wie letztlich auch dem Europa des Zweiten Weltkrieges (vgl. GAULAND 2005).
- Wieso ist die Geschichte des christlich-humanistisch-lateinisch geprägten Europa eine Geschichte voller Kriege, wovon außer den beiden großen Weltkriegen nur der Dreißigjährige Krieg 1618–1648, die 'Napoleonischen Kriege' 1803–1815 sowie der Krieg Deutschland-Frankreich 1870/71 hervorgehoben seien und weshalb die historischen Einigungsbestrebungen etwa seit der Neuzeit nicht von ungefähr im wesentlichen friedensmotiviert waren (vgl. GRUNER/WOYKE 2004, 11 ff./56)?
- Ist es nicht eher so, dass gerade das säkularisierte Europa, ähnlich der von GAULAND angesprochenen friedenssichernden Pentarchie (die Herrschaft der damaligen fünf europäischen Großmächte Großbritannien, Frankreich, Russland, Österreich, Preußen), mit nun schon rund 50 Jahre anhaltendem und weiterhin wachsendem Erfolg auf Einigungskurs ist?
- Oder muss man selbst diese Erfolgsgeschichte ganz anders sehen, nämlich so: „Wieder einmal in der europäischen Geschichte schwingt das Pendel von den imperialen Entwürfen zurück zu den Nationen und Nationalstaaten, die sich noch jedem Einigungsversuch gegenüber als resistent erwiesen haben" (GAULAND 2005).
- Versperrt dieser kulturhistorisch angelegte Ansatz der Begrenzung Europas nicht mögliche Entwicklungen auf Europa hin, worauf STRUCK (2005, 32 f.) am Beispiel der Türkei und der dort schon 1923 und vor allem 1949 eingeleiteten Europäisierungsprozesse hinweist?
- Ist dieser Begründungsansatz überhaupt EU-spezifisch und darüber hinaus zeitgemäß? Ist er, wie man so schön sagt, zukunftsfähig? Schließt er nicht von vornherein jegliche Erweiterung der Europäischen Union über den so definierten Raum hinaus aus?
- Sind wir Europäer, wie LÉVY (2004, 21) sagt, in gewissem Sinne nicht ohnehin allesamt Christen, jedoch nicht ohne süffisant hinzuzufügen: „Mais certainement

pas dans le sens d'une allégeance exclusive, conservatoire et privée d'esprit critique".

Dass die ausschließlich kulturhistorisch ausgerichtete Argumentation letztlich inkonsistent ist, wird nicht nur mit Blick auf das orthodoxe Griechenland und Bulgarien (s. o.) deutlich, sondern auch daran, dass man, nimmt man sie ernst, ja ebenso gut behaupten könnte, der größte Teil der Welt ist europäisch, weil europäisch besiedelt, erschlossen, kolonisiert usw. Folglich müsste der gesamte europäisch erschlossene Raum der Welt, lässt man einmal das Argument des räumlichen Zusammenhangs beiseite, zur Europäischen Union gehören oder zumindest gehören können. Gegenläufig hierzu wäre beispielsweise aber auch zu fragen: Könnte dann ein Land wie Deutschland, das so fundamental gegen jene identitätsstiftenden christlich-humanistischen Grundsätze der europäischen Gesellschaft verstoßen hat, überhaupt Mitglied der Europäischen Union sein? Gewiss war die „Bändigung" Deutschlands durch seine Einbindung in die damalige EWG ja eines der zentralen, nämlich friedenssichernden Gründungsmotive der EWG (vgl. KNELANGEN/VARWICK 2004, 13; LOTH 2004, 24 f.). Dass andererseits Deutschland sich zwischenzeitlich zu einem der bedeutendsten Mitglieder im konstruktiven Sinne der Europäischen Union entwickelt hat, war angesichts seiner Entgleisungen vom christlich-humanistischen Ideal ebenso wenig vorstellbar. Diese wenngleich nur andeutungsweise aufgezeigte Problematik einer ausschließlich kulturhistorisch und kulturräumlich angelegten Definition von Identität und Grenze Europas zeigt, dass diese keine hinreichende Grundlage für eine geographiedidaktische Position zu künftigen EU-Erweiterungen darstellt. Dies auch deshalb nicht, weil sie jegliche Entwicklungsmöglichkeit auf Europa hin und seine auch guten säkularen Eigenschaften ausschließt, worauf es aus geographiedidaktischer Sicht doch seit den frühen 1960er Jahren ausdrücklich auch ankommt (vgl. KÖCK 2000, 22 ff.). Vor diesem Hintergrund kann man wohl STRASSER (2004, 887) zustimmen, wenn er sagt, dass Europa „eine Aufgabe" ist, „dass wir Europäer selbst, aufbauend auf den vielfältigen Traditionen und Institutionen der europäischen Völker, nach Maßgabe unserer historischen Erfahrungen entwickeln müssen, was Europa sein soll." Aus heutiger Sicht und mit Blick in die Zukunft bestehen Idee und Aufgabe Europas m. E. darin, *ein auf universelle säkulare Grundwerte verpflichtetes daseinsbezogenes Interessens- und Handlungssystem zu sein*, wobei die speziell die Geographie und Geographiedidaktik interessierende *räumliche* Dimension dann eine von zahlreichen Interessens- und Handlungsdimensionen ist. Entsprechend wäre mit LÉVY (2004, 23) „la géographie de l'Europe […] aussi ouverte que l'idée d'Europe, que l'être européen." Aber: „Qu est-ce qu'être européen? C'est vouloir l'être, pouvoir l'être et voir cette virtualité actualisée par l'accueil de ceux qui le sont déjà. Telle est, *aujourd'hui*, la géographie de l'Europe".

4 Raumsystemare Verträglichkeit

Nun kann natürlich auch ein im bisher besprochenen normativen Sinne offenes und dabei räumlich zusammenhängendes Europa nicht grenzenlos wachsen. Außer mit den Sollwerten des Systems Europa muss das Wachstum auch raumstrukturell, -funktional und -relational systemverträglich erfolgen. Denn was hilft ein System, das schöne Normen und Werte hat, aber nicht funktioniert, wenn seine Strukturen beeinträchtigend wirken, wenn seine Binnen- und Außenrelationen die kulturellen, ethnischen, ökonomischen, politischen, verkehrlichen usw. Inputs nicht systemverträglich verarbeiten können? Was aber kennzeichnet die räumlichen Strukturen, Funktionen und Relationen des Systems EU? Aus geographischer und geographiedidaktischer Sicht in Anlehnung an und Ergänzung von GRUNER/WOYKE (2004, 48/49, 53, 58) vor allem die sachräumliche Vielfalt, Differenziertheit, Komplexität, Heterogenität, Dichte, Kleinräumigkeit, Engmaschigkeit, Vernetzung, Verflechtung, Geschwindigkeit und weiteres mehr. „Einheit in der Vielheit", so GRUNER/WOYKE (58, auch 53), „ist mehr als eine griffige Formel". Vielmehr komme hierin die europatypische Verknüpfung von durch naturräumliche wie anthropogene Bedingungen und Entwicklungen entstandenen regionalen und nationalen Besonderheiten mit durch kulturellen Transfer, durch Austausch, durch Anpassungsprozesse, durch übergreifende europäische Einflüsse etc. bewirkten europäischen Gemeinsamkeiten zum Ausdruck. Mit speziellem Bezug auf die lebensräumlichen Verhältnisse charakterisiert STRASSER (2004, 893/894) denn auch „die Vielfalt kleinräumiger Lebensformen mit ihrer spezifischen kulturellen Produktivität, die kein hierarchisches Großgebilde je wird erreichen können", als „die eigentliche Stärke Europas". Weitere potenzielle EU-Mitglieder müssten also prinzipiell verträglich sein mit diesen sachräumlichen Struktur-, Funktions- und Vernetzungsmerkmalen des bisherigen Systems EU. Während die restlichen, noch nicht integrierten Staaten und Regionen zwischen heutiger EU-Ostgrenze und einer Linie etwa St. Petersburg – Kasan – Jekaterinburg – Orsk – Samara –Wolgograd – Odessa – Istanbul, also ein Teil des westlichen Russland, Weißrussland, die Ukraine, Moldawien, Rumänien, Bulgarien sowie die restlichen Balkanstaaten in diesem Sinne prinzipiell und potenziell europäisch strukturiert sind, kann dies für Europa bzw. Eurasien jenseits dieser Linie sowie dann auch für den Raum südlich und östlich des Mittelmeeres wohl kaum behauptet werden.

Vielmehr fällt jenseits dieser ungefähren Linie vor allem die anthropogene Struktur-, Funktions- und vor allem Vernetzungsdichte signifikant ab. Gleiches gilt für den Raum südlich und östlich des Mittelmeeres. Eine europäischen Verhältnissen entsprechende Vielfalt, Dichte, Strukturhöhe, Vernetzungsgeschwindigkeit, Funktionalität etc. hinsichtlich Siedlung, Versorgung der Bevölkerung, Infrastrukturausstattung, Produktionsabläufen, Güteraustausch, Verkehr usw. usw. lässt sich im einstigen Russland bis zum Ural und erst recht darüber hinaus, in der Türkei, in Algerien, Libyen oder Ägypten auch mit noch so hohen Investitionen nicht erreichen. Angesichts der schieren territorialen Größenordnungen von rund 17 Millionen Quadratkilometern Russlands (einschließlich Sibiriens), knapp 800 000 Quadratkilometern der Türkei, rund 2,4 Millionen Quadratkilometern Algeriens, knapp 1,8 Millionen Quadratkilometern Libyens oder rund 1 Million Quadratkilometern Ägyptens, von den überdimensionalen Außengrenzen ganz zu schweigen, würde sich die Europäische Union übernehmen, die Schaffung auch nur halbwegs gleichwertiger lebensräumlicher Verhältnisse wäre völlig ausgeschlossen. Zwar ist es m. E. unbegründet, wie GAULAND (2005) schon jetzt von einer Überdehnung EU-Europas zu sprechen. Bei Erweiterungsszenarien über diese, sicherlich äußersten Grenzen hinaus kann man aber getrost WINKLER (2005) zitieren mit seiner Feststellung: „Die Geschichte kennt viele Weltmächte, die durch Überdehnung zugrunde gegangen sind, aber keine, die durch Überdehnung entstanden sind." WEIDENFELD (2000) allerdings sieht diese Überdehnung schon für ein Europa der 28 (einschließlich Türkei) als gegeben an. „So wie frühere Imperien", so WEIDENFELD, „wird auch die Europäische Union durch Überdehnung ihrer Raumvorstellung erodieren und eines Tages untergehen." Nicht nur die nicht mehr zu bewältigende Raumgröße würde das System EU zerstören. Auch die bereits erwähnten negativen Rückkoppelungen als Folge der vorausgegangenen positiven Rückkoppelungen würden zum Niedergang EU-Europas bzw. zur Beschränkung auf ein neues überschaubares Europa führen. Denn wollte man im immer größer gewordenen EU-Europa mittels astronomischer Fördergelder europäische sozioökonomische Standards erreichen, so bedeutete dies zwangsläufig eine Reduzierung oder Einstellung der Entwicklungsförderung in strukturschwachen Räumen der bisherigen Europäischen Union, was ja bereits angesichts des Europa der 25, wenngleich in noch gedämpftem Maße, eintritt (vgl. DIZOLEIT et al. 2003, 222; MUSSLER 2005). Gegen die dann innerhalb einer überdehnten EU zu behebenden sozioökonomischen Disparitäten erschienen die immer noch gegebenen Disparitäten in der heutigen EU geradezu harmlos. Die Perspektive halbwegs gleichwertiger Lebensbedingungen hätte dann ausgedient, es sei denn in Gestalt eines sozioökonomischen Niedergangs und Stillstandes auf niedrigerem Niveau.

Sind schon aus Gründen der Weite des Raumes, der Weitmaschigkeit seiner bestehenden strukturell-funktionalen Erschließung, der kaum bewältigbaren Distanzen, der aberwitzigen Verkehrsinvestitionen und -lasten usw. europäische sozioökonomische Standards prinzipiell unerreichbar, so potenziert sich diese Unerreichbarkeit noch durch physiogene bzw. physischgeographische Hemmnisse, die auch durch Technologien der heutigen und künftigen Zeit kaum überwunden und schon gar nicht außer Kraft gesetzt werden können. Zu nennen sind in Richtung Osten beispielsweise Sumpfgebiete (in geringem Maße allerdings auch schon innerhalb des oben genannten maximalen Erweiterungsraumes), Permafrostboden, „sibirische" Temperaturen, jahreszeitlich weiträumige Überschwemmungen mit kaum lösbaren Verkehrsproblemen, ökologisch ruinöse Verhältnisse, u. w. m., in Richtung Süden dagegen Wüste, Trockenheit, extreme Hitze, Wassermangel usw. Auch wenn man die Südflanke des Mittelmeeres einmal außer Betracht lässt, kommt man angesichts all der hier nur stichwortartig angedeuteten Aspekte um die Feststellung auch GEISS´ (2004, 1051) nicht herum, wonach eine Ausdehnung Europas bis Kamtschatka und zum Euphrat „es unregierbar machen" würde, – „als sicherstes Mittel, es von innen selbst zu zerstören."

Aus der Systemtheorie kann man lernen, dass übermäßige positive Rückkoppelungen, hier also das extrem positiv rückgekoppelte Wachstum der Europäischen Union, letztlich systemzerstörend wirken, wenngleich es zunächst lange Zeit den gegenteiligen Anschein hat. Sicher ist Größe für sich betrachtet kein hinreichendes Merkmal. Denn immerhin ist schon die heutige Nord-Süd-Ausdehnung des Systems Europäische Union ungefähr so groß wie von Portugal bis in die zentrale Türkei oder von Irland bis nahe zum Ural oder von Schweden bis ins westliche Sibirien. Man muss also schon prüfen, was sich strukturell, funktional, relational hinter der Größe verbirgt. Und genau dazu dienten die wenigen erwähnten Stichworte. Statt bis zur Überdehnung und dadurch Zerstörung zu wachsen, sollte die Europäische Union in Übereinstimmung mit der Systemtheorie (vgl. KLUG/LANG 1983, 30 f.) ihre *Wachstumsgrenze aus raumstruktureller, raumfunktionaler und raumrelationaler Sicht dort sehen, wo die Vernetzungsdichte signifikant abnimmt*. Dort beginnt für das System EU dann die so genannte Außenwelt, bestehend aus anderen Systemen mit anderen funktionalen und Vernetzungsstrukturen. Bis zu dieser ungefähren, weiter vorn beschriebenen Grenzlinie und in diesem räumlichen Zuschnitt könnte die Europäische Union dann auch geopolitisch, global, weltwirtschaftlich als handlungsfähiger Akteur auftreten (vgl. auch FASSMANN/VORAUER 2003, 7 f., KNELANGEN/VARWICK 2004, 15 f.); andererseits wäre die Europäische Union in diesem Zuschnitt noch kompakt genug, um überhaupt als einheitlicher Akteur handeln zu können. Eine Ausweitung über den Mittelmeerraum hinaus nach Süden käme aus all den genannten Gründen gleichfalls nicht in Frage.

5 Ergebnis und Ausblick

Ergebnis dieser zwangsläufig nur skizzenhaften Analyse ist also: *Systemverträglich* könnte das offene System Europäische Union *bis zu der angesprochenen Linie des signifikanten Abfalls der raumfunktionalen Vernetzungsdichte wachsen* unter der *Voraussetzung*, dass die bis zu dieser Linie eingeschlossenen möglichen Beitrittskandidaten *die wenngleich weithin säkularen Sollwerte des Systems EU erfüllen oder erfüllen können werden*. Nun ist natürlich nicht zu übersehen, dass diese vorgeschlagene maximale Wachstumsgrenze der Europäischen Union eine Herauslösung des südwestlichen Dreiecks Russlands zur Voraussetzung hätte. Eine derartige Erwartung wäre jedoch absurd. Und da das übrige Russland aufgrund der vorhin genannten Argumente jedenfalls nicht verträglich wäre mit dem System EU, könnte Russland auch kein Mitglied der Europäischen Union werden. Aber selbst bei rein politischer Betrachtung, um die es hier allerdings nicht geht, wäre ein Szenario mit Russland als Mitglied der Europäischen Union reichlich weltfremd.

Welche Qualität eine bis dahin wachsende Europäische Union dann allerdings hätte, soll hier nicht weiter vertieft werden. Zumindest die Frage, ob der Vertiefungsgedanke dann noch eine entscheidende Rolle spielen kann, sollte zum Nachdenken Anlass geben (vgl. auch WEIDENFELD 2000). Auch wie die Basis, speziell die Regionen und Regionalbewegungen innerhalb des bisherigen EU-Europa, auf eine derartige Erweiterung reagieren würden, kann hier nicht weiter verfolgt werden. Würde eine Identifikation mit Europa dann überhaupt noch denkbar sein, wo doch die Regionen und Regionalbewegungen schon heute in Frontstellung zum alles reglementierenden und unifizierenden Obersystem EU sind (vgl. HÖLCKER 2004, KÖCK 2005, RUGE 2003)? Würden die Menschen angesichts ihrer evolutiv gewordenen Prägung auf und Identifikation mit Räume/n mittlerer Größenordnung nicht schlichtweg mental überfordert werden, sich mit Räumen derartiger Größe, Komplexität, Heterogenität usw. zu identifizieren? Ungeachtet dessen stimmen laut neuestem EUROBAROMETER (2005, 152) EU 25-weit allerdings 53 % für eine neuerliche Erweiterung der EU, bei 35 % Gegenstimmen und 12 % Unentschieden. Jedoch streuen die Werte erheblich, und zwar zwischen z. B. 28,/36/38/39 % für Österreich/Deutschland/Luxemburg/Frankreich und z. B. 69/75/76/78 % für Slowakei/Slowenien/Litauen/Polen, wobei *über* dem EU-Durchschnitt überwiegend in 2004 neu hinzugekommene Länder liegen, *unter* dem EU-Durchschnitt dagegen ausschließlich bisherige Mitglieder (153). Das sagt allerdings auch schon etwas!

Wie diese komplexe Thematik nun zeigt, dürfte es den Schülern nicht leicht fallen, zu einer begründeten Einstellung zum weiteren Wachstum der Europäischen Union zu gelangen. Sie *müssten* es aber, um für ihre schulische und vor allem nachschulische europapolitische Partizipation und eigene Zukunft begründete und gefestigte Einstellungen zu haben. Dass diese schwierige Thematik wohl überhaupt erst gegen Ende der Sekundarstufe I einigermaßen differenziert erschlossen werden kann, liegt aus entwicklungspsychologischer Sicht nahe. Entscheidungs-, Simulations- und Planspiele könnten dabei geeignete methodische Hilfen sein, ernsthaft und tief in die Problematik künftiger EU-Erweiterungen einzudringen.

Literatur

BAUDELLE, G./GUY, C. (2004): Quel devenir pour L'Union européenne? Scénarios pour 2020. In: Baudelle, G./Guy, C. (2004): Le Projet européen. Rennes, 99-109.

BÖCKENFÖRDE, E.-W. (2004): Nein zum Beitritt der Türkei. In: Frankfurter Allgemeine Zeitung, 10.12., 35 und 37.

BUSEK, E. (2003): Offenes Tor nach Osten. Europas große Chance. Wien.

DER SPIEGEL (1992): Der Vertrag von Maastricht, I-III = Dokument 2-4. Hamburg.

DIDZOLEIT, W./KOCH, D./MARTENS, H. et al. (2003): Die alte Welt erschafft sich neu. In: Aust, St./Schmidt-Klingenberg, M. (Hrsg.): Experiment Europa. Ein Kontinent macht Geschichte. Stuttgart/München, 207-223.

EUROBAROMETER 62 (2005): Die öffentliche Meinung in der Europäischen Union. Luxemburg.

FASSMANN, H./VORAUER, K. (2003): „One Europe". Die politische und geographische Dimension der Erweiterung. In: Forum politische Bildung (Hrsg. 2003): EU 25 – Die Erweiterung der Europäischen Union. Wien, 5-20.

FRANKFURTER ALLGEMEINE ZEITUNG (2004): Die Verfassung für Europa. 24.06., 4-5.

GAULAND, A. (2005): Europa zerfällt. In: Frankfurter Allgemeine Sonntagszeitung, Nr. 12, 27.03., 15.

GEISS, I. (2004): Europas Identität. In: Universitas, (59)9, 927-935/(59)10, 1045-1052.

GRUNER, W. D./WOYKE, W. (2004): Europa-Lexikon. Länder-Politik-Institutionen. München.

HAUBRICH, H. (1997): Europa der Regionen. In: Geographie heute, (18)153, 2-7.

HAUBRICH, H. (2003): EU-Erweiterung. Chancen und Probleme. In: Geographie heute, (24)214, 2-7.

HÖLCKER, N. (2004): Regionen in Europa - Gewinner oder Verlierer des europäischen Einigungsprozesses? Marburg.

HÜBNER, K. (2005): Der Unterschied des Abendlandes. Was die Präambel der Europäischen Verfassung verschweigt. In: Frankfurter Allgemeine Zeitung, 19.05.

KAHL, M. (2004): Welche Grenzen für Europa? In: Varwick, J./Knelangen, W. (Hrsg. 2004): Neues Europa - alte EU? Fragen an den europäischen Integrationsprozess. Opladen, 133-148.

KIRCHBERG, G. (1990): Europa im Geographieunterricht. In: Geographische Rundschau, (42)4, 225-228.

KLUG, H./LANG, R. (1983): Einführung in die Geosystemlehre. Darmstadt.

KNELANGEN, W./VARWICK, J. (2004): Einführung: Neues Europa - alte EU? In: Varwick, J./Knelangen, W. (Hrsg. 2004): Neues Europa - alte EU? Fragen an den europäischen Integrationsprozess. Opladen, 13-20.

KÖCK, H. (1983): Die Europaidee im Geographieunterricht - Entwurf eines Konzeptes zu ihrer curricularen Strukturierung. In: Leser, H. (Hrsg.): 18. Deutscher Schulgeographentag: Tagungsband. Basel, 348-359.

KÖCK, H. (2000): Der Europäische Integrationsprozess als Gegenstand der deutschen Geographiedidaktik. Eine Bilanz im Jahre 40 nach Rom. In: Fuchs, G. (Hrsg.): Unterricht „für" Europa: Konzepte und Bilanzen der Geographiedidaktik. Gotha/Stuttgart, 21-48.

KÖCK, H. (2005): Europa der Regionen. Konstruktiv oder kontraproduktiv für den Europäischen Integrationsprozess? In: Europa Regional, (13)1, 2-11.

KOMMISSION DER EUROPÄISCHEN GEMEINSCHAFTEN (Bearb. 1987): Verträge zur Gründung der Europäischen Gemeinschaften. Luxemburg.

LÉVY, J. (2004): Une géographie à cultiver pour une Europe à inventer. In: Baudelle, G./Guy, C. (2004): Le Projet européen. Rennes, 15-23.

LICHTENBERGER, E. (2005): Europa. Geographie, Geschichte, Wirtschaft, Politik. Darmstadt.

LOTH, W. (2004): Warum Europa? Antriebskräfte und Perspektiven europäischer Einigung. In: Varwick, J./Knelangen, W. (Hrsg.): Neues Europa - alte EU? Fragen an den europäischen

Integrationsprozess. Opladen, 23-37.

MÜNKLER, H. (2004): Warum der EU-Beitritt der Türkei für Europa wichtig ist. In: Universitas, (59) 9, 897-903.

MUSSLER, W. (2005): Nur vorsichtige Änderung der Leitlinien für Regionalhilfen. In: Frankfurter Allgemeine Zeitung, 23.08., 17.

RUGE, U. (2003): Die Erfindung des „Europa der Regionen". Kritische Ideengeschichte eines konservativen Konzepts. Frankfurt/New York.

SAINT-EXUPÉRY, A. DE (1943): Le Petit Prince. Bearb. von R. Strauch (o. J.). Mainz u. a.

SPERLING, W. (1980): Der Europa-Gedanke im Geographieunterricht. In: Geographie und Schule, (2) 5, 33-40.

STRASSER, J. (2004): Europa auf der Suche nach sich selbst. In: Universitas, (59) 9, 885-895.

STRUCK, E. (2005): Die Türkei in Europa? In: Standort, (29) 1, 31-36.

TUCHMANN, B. (1984): Die Torheit der Regierenden. Von Troja bis Vietnam. Frankfurt.

WEIDENFELD, W. (2000): Die Achillesverse Europas. In: Frankfurter Allgemeine Zeitung, 31.01., 11.

WEISENFELD, E. (1990): Europa vom Atlantik zum Ural. Eine magische Formel - Eine Vision - Eine Politik. In: Dokumente, H. 4. Bonn, 292-299.

WINKLER, H. A. (2004): Für Menschenrechte werben. In: Der Spiegel, 51, 30-34.

WINKLER, H. A. (2005): Europas Bonapartismus. In: Frankfurter Allgemeine Sonntagszeitung, Nr. 15, 17.04., 15.

Topographische Europakenntnisse von Schülerinnen und Schülern – zwischen Wunsch(-bild) und Wirklichkeit

Ingrid Hemmer (Eichstätt), Michael Hemmer (Münster), Gabi Obermaier (Bayreuth) und Rainer Uphues (Münster)

1 Vorbemerkung

Welche topographischen Kenntnisse sollen Schülerinnen und Schüler im Geographieunterricht vermittelt bekommen? Welches Orientierungs- und Ordnungsraster (z. B. über Europa) benötigen sie? Über welche topographischen Kenntnisse verfügen die Schülerinnen und Schüler tatsächlich am Ende der Jahrgangsstufen 7 und 10? Diese und weitere Fragen sind Teil eines größeren Forschungsprojektes zur Förderung der räumlichen Orientierungskompetenz von Schülerinnen und Schülern.

Im Rahmen des mehrere Teilstudien umfassenden Forschungsprojektes wurde in einer ersten Teilstudie u. a. ermittelt, welchen Stellenwert die Gesellschaft einzelnen topographischen Kenntnissen auf der nationalen, europäischen und globalen Maßstabsebene zumisst (vgl. HEMMER et al. 2004). Weitere Teilstudien befassen sich mit den vorhandenen topographischen Kenntnissen und Fähigkeiten von Schülern in unterschiedlichen Jahrgangsstufen. Die aus den verschiedenen Teilstudien gewonnenen Erkenntnisse sollen im Rahmen eines Forscher-Praktiker-Dialogs in die Entwicklung von Konzepten zur Optimierung der räumlichen Orientierungskompetenz eingehen. Daran schließen sich Interventionsstudien und eine Implementierungsphase an.

Die Untersuchungen lehnen sich dabei an die Klassifikation von KIRCHBERG (1980) und FUCHS (1985), erweitert durch KROSS (1995) an, welche die Orientierungskompetenz in vier Teilkompetenzen aufgliedert. Das topographische Orientierungswissen (wie z. B. die Kenntnis von Namen und Lage der Staaten in Europa) stellt in diesem Kontext lediglich eine Säule dar. Dass dieser Teilkompetenz von Seiten der Gesellschaft eine besonders hohe Bedeutung zugemessen wird, unterstreichen zahlreiche Studien. Gleichwohl gibt es bislang keinen allgemeingültig verbindlichen Kanon topographischer Wissensbestände. In der Geographiedidaktik entwickelte SCHLIMME 1983 (im Bereich der ehemaligen DDR) ein topographisches Grundgerüst für Europa (Abb. 1). Es konzentriert sich auf wenige topographische Fakten und dient als „Orientierungsgrundlage, die von den Schülern mit absoluter Sicherheit angeeignet werden kann" (SCHLIMME, 1983, 43 f.). Das Grundgerüst enthält die für den Bezugsraum besonders bedeutsamen Objekte (meist linien- oder flächenhaft). Es werden jedoch keine Kriterien für die Auswahl der bedeutsamen Objekte genannt. In dieses bewusst einfach gehaltene Grundgerüst soll der topographische Merkstoff (Staaten, Städte, Gewässer, Landschaften etc.) eingebunden werden. BÖHN/HAVERSATH (1994) plädieren ebenfalls für die Vermittlung räumlicher Orientierungsvorstellungen anstelle eines Begriffskanons. Auf den Maßstabsebenen des Grob-, Mittel- und Feinrasters sollen die Schülerinnen und Schüler ein räumliches Kontinuum aufbauen, in das geographische Fallbeispiele verankert werden können. Als Auswahlkriterien für die Inhalte dienen die Punkte „Naturräumliche Grobgliederung", „Orientierungs- und Bezugspunkte" sowie „Kulturgeographische Schwerpunkte". Das Ergebnis ist ein Grobraster Europas, das sich nur in wenigen Einzelheiten von dem von SCHLIMME (1984) erstellten Grundgerüst Europa unterscheidet. So enthält es z. B. neben den Städten Moskau und Berlin noch die Städte London, Paris, Rom und Istanbul.

Eine wesentlich detailreichere Karte für den Bereich Europa legte BIRKENHAUER 1996 vor. Sie enthält eine Auswahl der Staaten Europas und ihre Hauptstädte, wichtige Wirtschaftsmetropolen, die großen morphographischen Einheiten und Gebirgszüge sowie bedeutsame Flüsse, Nebenmeere und Ozeane. Diese geographischen Elemente sollte ein Schüler am Ende der Sekundarstufe I kennen. Seine Auswahl stützt der Autor (unter Bezugnahme auf SCHLIMME [1983] und FUCHS [1985]) auf acht Leitvorstellungen wie z. B. die lebenspraktische und funktionale Bedeutung der Individualbegriffe.

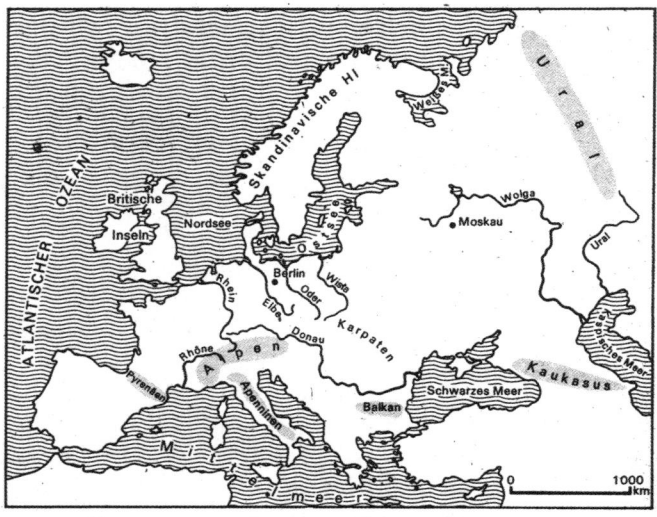

Abb. 1: Topographisches Grundgerüst Europa (Quelle: Schlimme 1983, 43)

2 Das Wunschbild – Eine empirische Untersuchung der Bedeutung topographischer Kenntnisse und Fähigkeiten

Im Rahmen des oben skizzierten umfassenden Forschungsprojekts zur Förderung der räumlichen Orientierungskompetenz von Schülerinnen und Schülern wurde in einer der Studien den Fragestellungen nachgegangen, a) welchen Stellenwert Geographie-Experten und die Gesellschaft ausgewählten topographischen Kenntnissen und Fähigkeiten zumessen und b) über welches topographische Orientierungswissen Schülerinnen und Schüler am Ende ihrer Schullaufbahn auf den unterschiedlichen Maßstabsebenen Deutschland, Europa und Welt verfügen sollten.

Zu diesem Zweck wurden im Dezember 2003 Fragebögen an 151 Experten aus Hochschule und Schule (Geographen, Geographiedidaktiker und Geographielehrer) sowie an weitere 337 gesellschaftliche Spitzenrepräsentanten aus den Bereichen Politik, Wirtschaft, Bildung und Wissenschaft, Verbände, Elternschaft, Medien und Kirchen versandt. Bei einer Rücklaufquote von 57,8 % basiert die Auswertung der Studie auf einer Grundgesamtheit von 282 Probanden (110 Experten und 172 Gesellschaftsvertreter).

Der Fragebogen, der zuvor mittels einer Pilotstudie und eines Expertenratings auf seine testtheoretische Brauchbarkeit hin überprüft wurde, umfasste zwei Bereiche: Den ersten Teil bildete ein Fragenkomplex aus 41 Items, welche die zuvor genannten vier Dimensionen der Orientierungskompetenz repräsentierten und zu denen die Befragten ihr Votum auf einer fünfstufigen Likert-Skala von 5 (= „halte ich für sehr wichtig") bis 1 (= „halte ich für nicht sehr wichtig") abgeben konnten. Der zweite Teil des Messinstruments bestand wahlweise aus einer Deutschland-, Europa- oder Weltkarte mit ausgewählten (Bundes-)Ländern, Städten, Meeren, Seen und Flüssen sowie Gebirgen und Landschaftsbezeichnungen. Die Probanden wurden aufgefordert im Sinne einer Positivauswahl diejenigen topographischen Aspekte mit einem Textmarker hervorzuheben, die Schülerinnen und Schüler am Ende ihrer Schullaufbahn kennen sollten. Darüber hinaus bestand für die Befragten ebenso die Möglichkeit, die Karte um weitere topographische Begriffe zu ergänzen.

3 Ausgewählte Ergebnisse

Der räumlichen Orientierungskompetenz wird sowohl von Seiten der Gesellschaft als auch durch die Geographie-Experten insgesamt ein hoher Stellenwert zugemessen; allein 36 der 41 Items aus dem ersten Abschnitt des Fragebogens liegen über dem theoretischen Mittelwert von 3,0. Die Gesamtskala aller 41 Items erreicht einen Mittelwert von 3,80, wobei die Experten (mean = 3,87) diese Kompetenz noch signifikant höher einschätzen als die gesellschaftlichen Spitzenrepräsentanten (mean = 3,76).

Im Hinblick auf die theoretischen Subskalen der räumlichen Orientierungskompetenz nach dem Modell von FUCHS, KIRCHBERG und KROß ergibt sich ein differenziertes Bild:

- Mit einem Mittelwert von 4,17 weist die Subskala *Topographisches Orientierungswissen* den mit Abstand höchsten Wert auf.
- Die *Räumlichen Ordnungsvorstellungen*, wie z. B. die Kenntnis von Rastern der Klima- oder Vegetationszonen, erreichen einen Mittelwert von 3,83.
- Die theoretische Subskala der *Räumlichen Wahrnehmungsmuster*, repräsentiert durch Items im Hinblick auf die unterrichtliche Bewusstmachung subjektiver und selektiver Betrachtung von Raum, liegt bei 3,70.
- Die topographischen Fähigkeiten, welche die vierte Säule im Modell darstellen, erweisen sich als inhomogen. Daher wurde eine faktoranalytisch abgesicherte und dem Kriterium der Reliabilität genügende Dreiteilung der Skala vorgenommen. In ihr erreicht die *Orientierung im Raum* mit einem Mittelwert von 3,95 deutlich höhere Werte gegenüber dem *Umgang mit Karten* (mean = 3,80) und der *Erstellung eigener Karten* (mean = 3,08).

Werden die Ergebnisse der nunmehr sechs Subskalen in Bezug auf die gesellschaftlichen Spitzenrepräsentanten und Experten getrennt betrachtet, so zeigt sich lediglich bei dem *Umgang mit Karten* (Experten 4,00/Gesellschaft 3,66) und bei der *Erstellung eigener Karten* (Experten 3,27/Gesellschaft 2,96) ein signifikanter Unterschied.

Die nachfolgend skizzierten Ergebnisse beschränken sich, gemäß der Zielsetzung dieses Beitrages, auf einen Abschnitt des zweiten Teils des o. g. Messinstruments, das Topographische Orientierungswissen beim Raumausschnitt Europa.

In der Abb. 2 ist das Ergebnis der Positivauswahl der topographischen Aspekte kartographisch umgesetzt, wie es sich für die Kategorie der europäischen Staaten darstellt. (Aus Gründen der Übersichtlichkeit wurden die Staaten im Messinstrument in Form einer Auflistung mit einer fünfstufigen Likert-Skala abgefragt).

Mittels einer Faktorenanalyse kristallisieren sich vier Ländergruppen heraus. Die höchsten Mittelwerte (> 4,52) erreichen überwiegend die Staaten, die im politischen Sinn Westeuropa bilden. Als Ausnahmen sind lediglich Skandinavien sowie einige weitere peripher gelegene Länder wie Irland oder Portugal zu nennen. Im ehemaligen Ostblock gehören dieser Spitzengruppen nur der Nachbar Polen sowie Russland an. Die

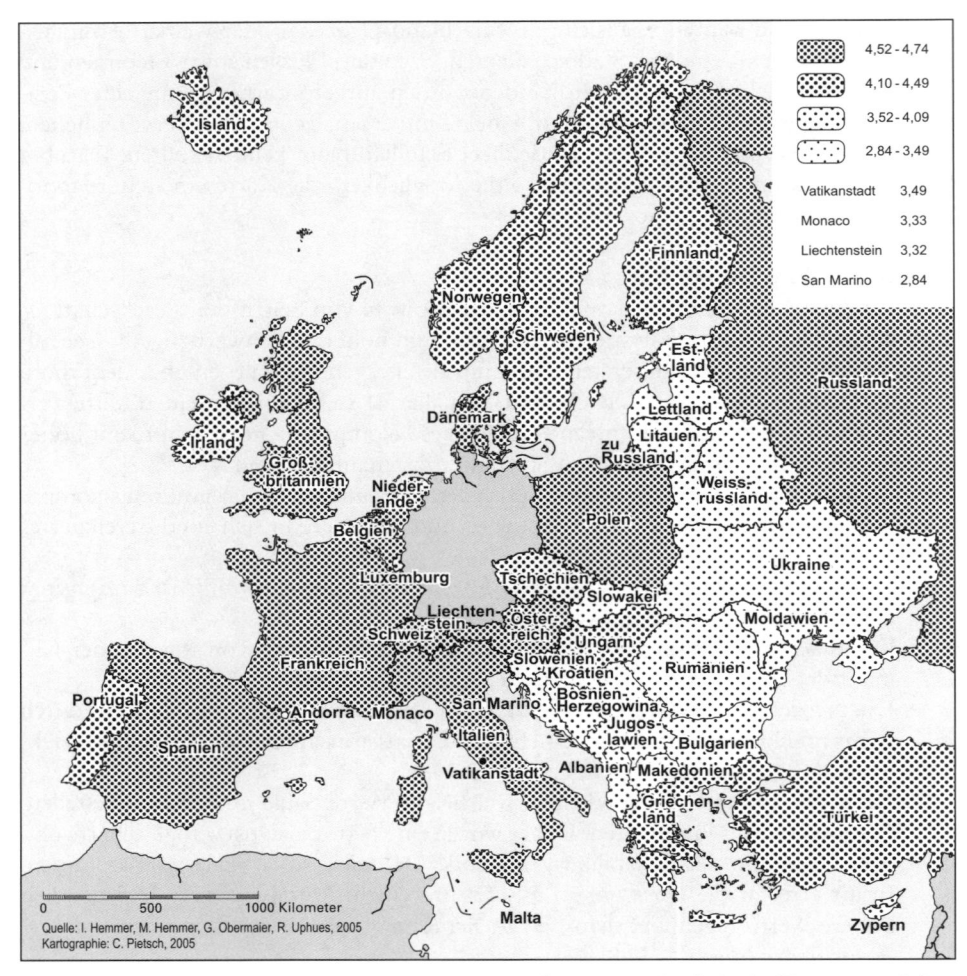

Abb. 2: Mittelwerte der Bedeutsamkeit der europäischen Staaten aus der Sicht der Experten und der Gesellschaft

zweite Staatengruppe mit ebenfalls noch sehr hohen Werten zwischen 4,10 und 4,49 vervollständigt zum größten Teil das politische Westeuropa. In Osteuropa erreichen noch Ungarn und Tschechien bei den Probanden diese Bedeutung. Der weitaus größte Teil der Staaten des ehemaligen Ostblocks findet sich in der dritten Gruppe (3,59–4,09) wieder, während die Klein- und Stadtstaaten die geringsten Werte erreichen. Zusammenfassend kann konstatiert werden, dass die Probanden den Staaten Westeuropas im Hinblick auf einen topographischen Wissenskanon für Schüler mit nur wenigen Ausnahmen (Russland, Polen, Tschechien, Ungarn) eine weitaus höhere Bedeutung beimessen.

Ein analoges Bild zeigt sich bei der Kategorie der Städte. Auch hier ist eine klare West-Ost-Unterteilung festzustellen, die wiederum durchbrochen wird von den Hauptstädten der oben angeführten Staaten (Moskau, Warschau, Prag, Budapest), die mit über 90 % ähnlich hohe Werte erreichen wie die meisten westeuropäischen Städte.

Abb. 3 verzeichnet alle topographischen Aspekte, die von mehr als der Hälfte der

Befragten als notwendiger Wissensbestand am Ende der Schullaufbahn eingestuft wurden.
- Bei den Gebirgen werden an erster Stelle die Alpen (92,8 %) genannt, gefolgt von den Pyrenäen (77,1 %), den Apenninen (68,7 %), den Karpaten (67,5 %) und dem Skandinavischen Gebirge (51,8 %).
- In der Rubrik Inseln entfallen auf Korsika und Sardinien mit jeweils 77,1 % die meisten Nennungen, gefolgt von Sizilien, Kreta und den Balearen.
- In Bezug auf die Gewässer werden insbesondere mit Rhein, Elbe, Donau, Oder und Weichsel die europäischen Flüsse von mehr als der Hälfte der Probanden angeführt, die ebenfalls durch Deutschland fließen respektive einmal die Grenze Deutschland darstellten. Darüber hinaus erreichen die wichtigsten Flüsse Frankreichs (Loire, Rhone und Seine) sowie die Wolga ebenfalls den Schwellenwert.
- Bei den Gewässern sollten aus der Sicht der Probanden die Schüler den Atlantik, die Nord- und Ostsee, den Kanal, das Mittelmeer, die Straße von Gibraltar sowie das Adriatische, das Ägäische und das Schwarze Meer kennen.

Betrachtet man die Anzahl der Nennungen pro Subskala, so bilden die Kategorie der Länder und der Städte die wichtigsten Gruppen topographischen Grundwissens. Insgesamt enthält diese Europakarte 107 topographische Begriffe, die von mehr als der Hälfte aller Befragten als basaler Grundschatz topographischen Orientierungswissens eingestuft werden. Auf eine Differenzierung im Hinblick auf die Repräsentanten der gesellschaftlichen Gruppierungen und den Experten aus Hochschule und Schule kann dabei verzichtet werden, da es kaum statistisch relevante Unterschiede zwischen den Untergruppen gibt.

4 Die Wirklichkeit – Ergebnisse zweier empirischer Studien zu topographischen Kenntnissen

Das eingangs skizzierte Forschungsprojekt zur Förderung der räumlichen Orientierungskompetenz umfasst ebenso mehrere Studien, in denen ermittelt wird, über welche topographischen Kenntnisse und Fähigkeiten Schüler und Schülerinnen wirklich verfügen. Im Rahmen dieses Beitrages sollen die Ergebnisse zweier Staatsexamensarbeiten vorgestellt werden, die das topographische Orientierungswissen über Europa empirisch untersucht haben. LINDERT (2004) befragte im Februar 2004 81 Probanden der 7. Jahrgangsstufe an einer bayerischen Realschule, PFISTER (2004) untersuchte im gleichen Zeitraum 147 Schülerinnen und Schüler der 10. Jahrgangsstufe mehrerer bayerischer Realschulen. Europa ist an bayerischen Realschulen Hauptgegenstand und Bezugsraum in der 6. Jahrgangsstufe. Messinstrument war jeweils ein Schülerfragebogen mit zwei stummen Karten, einer Staatenkarte mit arabischen Ziffern und einer physischen Karte mit Gebirgen und Gewässern, die mit römischen Ziffern oder Buchstaben versehen waren. Die Probanden hatten die Aufgabe, den Ziffern den richtigen Staatsnamen zuzuordnen sowie die jeweilige Hauptstadt dazuzuschreiben. Darüber hinaus sollten sie die auf der zweiten Karte mit römischen Ziffern bzw. Buchstaben versehenen Gebirge, Flüsse und Meere zuordnen. Daneben folgten einige Zusatzfragen sowie Fragen nach den unabhängigen Variablen, wie z. B. Geschlecht. Im Folgenden sollen ausgewählte Ergebnisse dargestellt und mit den Werten der Soll-Studie verglichen werden.

Im Durchschnitt wurden von den Schülerinnen und Schülern der 7. Jahrgangsstufe nur knapp 40 % der Aufgaben richtig beantwortet, in der 10. Jahrgangsstufe waren es ca. 50 %. Über die vergleichsweise besseren Kenntnisse verfügten die Probanden erwartungsgemäß in den Bereichen Staaten und Städte (vgl. Tab. 1 und 2). Es zeigten sich

Tab. 1: Anteile der Probanden, welche die Staaten auf der Karte richtig benennen und zuordnen konnten (in %)

Jahrgangsstufe 7		Jahrgangsstufe 10	
Frankreich	93,8	Frankreich	100
BRD	92,6	Russland	100
Großbrita.	92,6	Spanien	100
Spanien	92,6	Island	98,7
Italien	91,6	Österreich	96,0
		Italien	96,0
		Griechenland	94,7
Portugal	85,2	Irland	94,7
Österreich	82,7	Polen	94,7
Dänemark	80,2	Dänemark	93,3
Schweiz	80,2	Schweiz	93,3
		Luxemburg	90,7
		Großbrita.	90,7
Polen	79,0		
Niederla.	76,5		
Norwegen	76,5	Portugal	89,3
Irland	75,3	Tschechien	86,7
Schweden	70,4	Türkei	82,7
Belgien	66,7	Niederlande	72,0
Luxemburg	66,7		
Island	64,2		
Tschechien	64,2	Belgien	66,7
Griechenl.	61,7	Finnland	66,7
		Weißrussland	61,3
		Zypern	61,3
Finnland	56,8	Kroatien	60,0
Lichtenst.	51,9	Norwegen	60,0
Andorra	50,6		

Tab. 2: Anteile der Probanden, welche die jeweiligen Hauptstädte den Staaten richtig zuordnen konnten (in %)

Jahrgangsstufe 7		Jahrgangsstufe 10	
Berlin	91,4	Moskau	97,3
		London	96,0
		Paris	96,0
Paris	88,9	Wien	92,0
Rom	88,9		
London	80,2		
		Madrid	89,3
		Rom	88,0
Athen	61,7	Athen	85,3
Luxemburg	56,8	Warschau	85,3
Prag	55,6		
Brüssel	53,1	Bern	78,7
Warschau	53,1	Prag	74,7
		Ankara	74,7
		Luxemburg	73,7
		Dublin	72,0
		Budapest	61,3
		Stockholm	60,0
		Brüssel	57,3
		Oslo	57,3
		Lissabon	56,0
		Kopenh.	54,7
		Helsinki	53,3

hier jedoch sehr deutliche Ost-West-Diskrepanzen. In alle hier vorliegenden Tabellen wurden jeweils nur die Objekte aufgenommen, bei denen der Anteil der Probanden, die richtig benannt und zugeordnet haben, über 50 % lag. Ein recht hoher Prozentsatz der Schüler konnte die Meere richtig zuordnen und benennen (vgl. Tab. 3). Weniger erfreulich war das Bild bei den Flüssen und Gebirgen (vgl. Tab. 4 und 5). Auffällig ist, dass die Schülerinnen und Schüler in allen Kategorien, mit Ausnahme der Meere, bessere Werte erzielten als die Probanden der 7. Jahrgangsstufe, obwohl Europa in der 7. bis 9. Jahrgangsstufe im Geographieunterricht nicht mehr behandelt wird und in der 10. Jahr-

Tab. 3: *Anteil der Probanden, welche die Meere auf der Karte richtig benennen und zuordnen konnten (in %)*

Jahrgangsstufe 7	
Mittelmeer	86,4
Schw. Meer	72,8
Atlantik	71,6
Ostsee	61,7
Nordsee	59,3

Jahrgangsstufe 10	
Nordsee	90,0
Ostsee	90,0
Schw. Meer	84,0
Atlantik	73,3

Tab. 4: *Anteile der Probanden, welche die Flüsse auf der Karte richtig benennen und zuordnen konnten (in %)*

Jahrgangsstufe 7	
Donau	50,6

Jahrgangsstufe 10	
Donau	86,7
Po	82,7
Rhein	52,0

Tab. 5: *Anteile der Probanden, welche die Gebirge auf der Karte richtig benennen und zuordnen konnten (in %)*

Jahrgangsstufe 7	
Alpen	91,5
Pyrenäen	65,4

Jahrgangsstufe 10	
Alpen	94,7
Pyrenäen	60,0
Ural	50,7

gangsstufe kein geographischer Unterricht erteilt wird. Das verweist auf die Bedeutung der außerunterrichtlichen Aneignung von Topographiekenntnissen durch Medien und Reiseerfahrungen, ggf. auch auf eine potenzielle Thematisierung in anderen Fächern. Es gab Effekte bezüglich der unabhängigen Variablen Geschlecht, Interesse und Note, auf die hier jedoch nicht näher eingegangen werden kann.

Die Schülerinterviews geben Ansatzpunkte dafür, dass diese unterschiedlichen Ergebnisse v.a. auf die Schwerpunktsetzungen des Unterrichts (Schulbuchs, Lehrplans) zurückzuführen sind. Die beiden kleinen hier vorliegenden Untersuchungen reichen jedoch noch nicht für valide Aussagen aus. So zeigte sich z. B., dass die drei 7. Klassen bei gleicher Lehrperson deutliche Leistungsunterschiede zeigten, die mutmaßlich mit den unabhängigen Variablen Geschlecht und Interesse zusammenhingen.

5 Vergleich zwischen Wunsch und Wirklichkeit

Der Vergleich zeigt, wie erwartet, eine große Kluft zwischen Anspruch und Realität (vgl. Abb. 3 und 4). Bei Abb. 4 wurden die Werte der 10. Jahrgangsstufe zugrunde gelegt. Schülerinnen und Schüler verfügen, wenn sie die Realschule verlassen, gemessen am gesellschaftlichen Anspruch, nur über etwa die Hälfte des topographischen Orientierungswissens über Europa. Bei den Ergebnissen wird deutlich, dass die o. g. Ost-West-Diskrepanz, wenn auch auf anderem Niveau, sowohl bei den erwünschten als

Topographische Europakenntnisse von Schülerinnen und Schülern

Abb. 3:
Geographische Gegebenheiten in Europa, die von mehr als 50 % der Experten und der Gesellschaft als bedeutsam eingestuft wurden.

Abb. 4:
Geographische Gegebenheiten in Europa, die mehr als 50 % der Schülerinnen und Schüler der 10. Jahrgangsstufe richtig benennen und zuordnen konnten.

auch bei den tatsächlichen Kenntnissen auftritt.

Es ist natürlich auf der einen Seite abzuwägen, ob der gesellschaftliche Anspruch zu hoch gesetzt wird: Wer von den Experten und Repräsentanten wäre denn wirklich in der Lage, alle fast 50 europäischen Staaten richtig zuzuordnen und die Hauptstädte zu benennen? Auf der anderen Seite ist deutlich geworden, dass Handlungsbedarf bezüglich einer nachhaltigeren Vermittlung von topographischen Kenntnissen besteht. Hier können weitere „Ist-Studien" auch in verschiedenen Bundesländern und europäischen Nachbarländern weitere wichtige Aufschlüsse über Gründe für vorhandene Defizite geben. Vorschläge für eine effektivere Arbeit im Unterricht finden sich bereits bei Fuchs (1985) sowie Böhn und Haversath (1994). Es mangelt jedoch noch an einer empirischen Überprüfung der Wirksamkeit dieser Konzepte.

Literatur

Birkenhauer, J. (1996): Topographisches Mindestwissen. Orientierung als grundlegende Aufgabe des Erdkundeunterrichts. In: Praxis Geographie, (7)8, 38-42.

Böhn, D./Haversath, J.-B. (1994): Zum systematischen Aufbau topographischen Wissens. Ein Beitrag der Fachdidaktik Geographie zum Erlernen räumlicher Orientierungspunkte und Strukturen. In: Geographie und ihre Didaktik, 1, 1-20.

Fuchs, G. (1985): Topographie. Terra Tips. Stuttgart.

Hemmer, I. et al. (2004): Bedeutung topographischer Kenntnisse und Fähigkeiten aus Sicht der Gesellschaft. In: Praxis Geographie, 34, 44 f.

Kirchberg, G. (1980): Topographie als Gegenstand und Ziel des geographischen Unterrichts. In: Praxis Geographie, 8, 322-328.

Kroß, E. (1995): Global lernen. In: Geographie heute, 134, 4-9.

Lindert, M. (2004): Das topographische Wissen von Schülern der 7. Jahrgangsstufe der Realschule über Europa. Eichstätt (Staatsexamensarbeit).

Pfister, T. (2004): Topographische Kenntnisse zu Bayern, Deutschland und Europa von Schülerinnen und Schülern der 10. Jahrgangsstufe in der Realschule – eine empirische Studie. Eichstätt (Staatsexamensarbeit).

Schlimme, W. (1983): Topographisches Wissen und Können im Geographieunterricht. Berlin.

Europa in unseren Köpfen – Grenzregionen im Geographieunterricht am Beispiel des SaarLorLux-Raumes

Christiane Meyer und Gundula Scholz (Trier)

Ein Auszug aus einem Interview mit dem Vorsitzenden der Regionalkommission Saar-LorLux-Trier/Westpfalz und Beauftragten des Ministerpräsidenten von Rheinland-Pfalz für die grenzüberschreitende Zusammenarbeit, Clemens Nagel:

Frage: Von Juli 2003 bis Dezember 2004 hat Rheinland-Pfalz den Vorsitz in der Regionalkommission SaarLorLux-Trier/Westpfalz. Welche Ziele haben Sie sich für diese Präsidentschaft gesetzt?

C. Nagel: Für mich ist die Jugend der Hoffnungsträger in Europa. Deshalb habe ich für meine Präsidentschaft das Leitthema „Jugend im Grenzraum SaarLorLux-Trier/Westpfalz" ausgewählt. (...) Zu diesem Leitthema sind verschiedene Aktivitäten geplant. (...) Mit all diesen Aktivitäten wird Rheinland-Pfalz den grenzüberschreitenden und damit europäischen Gedanken im Bereich Jugend im Raum SaarLorLux-Trier/Westpfalz voranbringen, um noch bestehende Vorurteile und Barrieren abzubauen. (Bulletin der Regionalkommission Ausgabe 4/2004, 18).

1 Grenzregionen in Europa

Mit der Osterweiterung am 1. Mai 2004 haben sich in der Europäischen Union neue Grenzregionen gebildet. Gerade in diesen Konträumen bieten sich den Bewohnern vielfältige Möglichkeiten, die kulturelle Vielfalt, die Andersartigkeit der Nachbarländer sowie die Vor- und Nachteile der Grenznähe hautnah in Alltagssituationen zu erleben.

Überall in Europa existieren Grenzregionen an den Kontaktstellen von verschiedenen Staaten. Abb. 1 zeigt, dass die Bundesrepublik Deutschland an 22 Territorien grenzüberschreitender Zusammenarbeit beteiligt ist, die im Westen und Süden auf

Abb. 1:
Europäische Grenzregionen in Deutschland (Quelle: Brodengeier/Obermann 2002, 265)

lange Traditionen zurückblicken und im Osten jüngeren Datums sind.

Zur Ausgestaltung der grenzüberschreitenden Kooperation liegt ein reicher Erfahrungsschatz aus den „alten" Grenzregionen vor, der sowohl positive als auch viele negative Beispiele enthält. Das Zusammenleben und -arbeiten über nationale, kulturelle, politische und sprachliche Barrieren erfordert großen Einsatz der Initiatoren und ist mit viel Arbeit und Verständnis füreinander verbunden. Einen wichtigen Beitrag zu einer funktionierenden Zusammenarbeit leistet die regionale Identität, die dazu beiträgt, dass sich die Menschen über die Grenzen hinaus als Bewohner der gleichen Region definieren.

Abb. 2: Trennende Wirkung der Grenze (Quelle: Prevot 1981, 54)

Ausschlaggebend für das Entstehen dieses „Wir-Gefühls" ist ein klar abgegrenzter Raum mit einem Regionsnamen, einer individuellen Geschichte und eigener Sprache (BRUNOTTE et al. 2002, 127 f.). Menschen, die sich zueinandergehörig fühlen, empfinden die Grenze nicht als trennend, so wie es in der Karikatur dargestellt wird. Das Bild eignet sich gut zur Problematisierung, wie die Erfahrung in der durchgeführten Unterrichtseinheit zeigt.

2 Abgrenzungen des SaarLorLux-Raums und alltägliches grenzüberschreitendes Verhalten

Im Grenzgebiet von Deutschland, Frankreich, Luxemburg und Belgien liegt der SaarLorLux-Raum, der in den 1970er Jahren aus dem so genannten Montandreieck entstanden ist. Die Region ist trotz zahlreicher Gemeinsamkeiten in Natur, Kultur und Sprache sehr heterogen und blickt auf eine ereignisreiche Geschichte mit Kriegen und ständigen Grenzverschiebungen zurück. Erschwerend für die grenzüberschreitende Kooperation der vier Staaten wirkt sich die Tatsache aus, dass es keine einheitliche Abgrenzung für den SaarLorLux-Raum gibt. Je nach Institution oder Betrachtungsweise werden unterschiedlich große Gebiete der beteiligten Bundesländer bzw. Regionen zur Abgrenzung herangezogen, so dass kein allseits akzeptierter SaarLorLux-Raum existiert.

In Abb. 3 sind fünf verschiedene Abgrenzungsmöglichkeiten dargestellt, die deutlich machen, dass diese Region oftmals nur von politischer Seite konstruiert wurde. Hinzu kommt, dass der Raum nicht in den Köpfen der Bewohner verankert ist. Zu Beginn der Unterrichtseinheit kannten beispielsweise nur zwei von 24 Trierer Schülern (hierzu erfolgt keine Differenzierung; selbstverständlich sind auch Schülerinnen gemeint) den Begriff „SaarLorLux" – ein Ergebnis, das exemplarisch für die Bewohner im Randbereich dieser Region stehen kann.

In einer Studie an der Universität Trier (vgl. SCHOLZ 2005, 138) wurden im Sommersemester 2000 in Zusammenarbeit mit einer studentischen Arbeitsgruppe 3214 Schüler der 10. und 11. Klassenstufe an 22 Gymnasien zu ihren Vorstellungen vom SaarLorLux-Raum und zu ihrem aktionsräumlichen Verhalten befragt. Die Befragungen fanden in 20 Orten in allen vier Anrainerstaaten statt (auf Basis des Abgrenzungsvor-

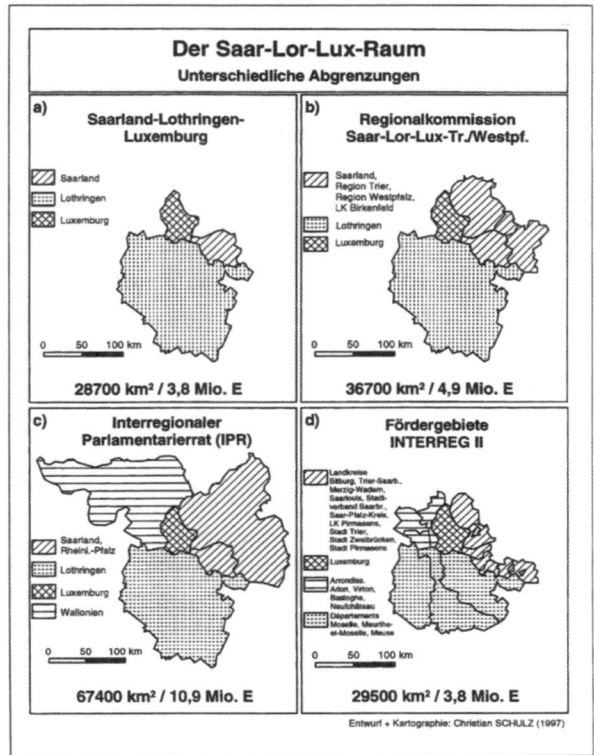

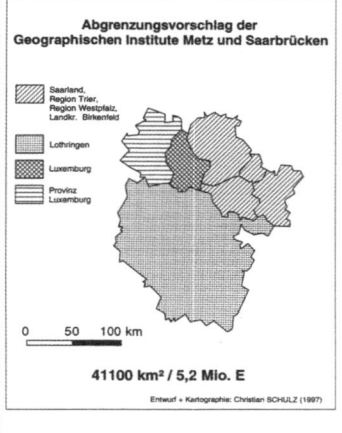

Abb. 3: Unterschiedliche Abgrenzungen des SaarLorLux-Raumes (Quelle: Schulz 1998, 53)

schlags in Abb. 3 rechts), wobei bewusst grenznahe und grenzferne Standorte ausgewählt wurden, um Unterschiede im Verhalten herauszuarbeiten. Die Schüler sollten die Häufigkeit und die Gründe für Fahrten in die Nachbarregionen angeben. Tab. 1 zeigt die Anteile derjenigen, die regelmäßig in ein Nachbarland fahren und dieses somit für ihre Alltagsaktivitäten nutzen.

Auffällig ist die Tatsache, dass sich auf dieser Großregionsebene die Befragten als wenig grenzüberschreitend mobil erweisen. Nur vereinzelt werden Werte über 25 % erreicht. Insgesamt fahren die Befragten vor allem in die direkt angrenzenden Gebiete. So begeben sich z. B. Rheinland-Pfälzer äußerst selten in die aus ihrer Sicht „hinter" Luxemburg liegende belgische Provinz Luxemburg und ebenso machen die Belgier kaum Ausflüge nach Rheinland-Pfalz oder in das Saarland. Lothringer zeichnen sich durch eine gewisse Reiseträgheit innerhalb der Großregion aus, da sie kaum ihre Region in Richtung Norden verlassen. Der einzige hohe Wert bei den Lothringer Schülern (25 % von LOR nach SAAR) begründet sich darin, dass sich vier teilnehmende

Tab. 1: Anteil der befragten Schüler, die mindestens einmal pro Monat in eine Nachbarregion fahren (in Prozent, n = 3214, eigene Befragung)

nach von	RPL	SAAR	LOR	LUX	B-LUX
RPL		28	31	9	1
SAAR	18		5	32	5
LOR	6	25		12	1
LUX	11	6	11		30
B-LUX	2	3	27	86	

Schulen in direkter Grenzlage befinden und dass die Menschen hier ihren Alltag eher auf die saarländischen Zentren ausgerichtet haben als auf diejenigen im eigenen Land. Eine Ausnahme bildet das Großherzogtum Luxemburg, das einerseits durch seine Lage im Zentrum der Großregion, aber auch durch seine niedrigen Benzinpreise mehr Nachbarn anzieht als alle anderen. Als Hauptgrund für die Fahrten in das Nachbarland wurde an erster Stelle der Einkauf genannt, an zweiter folgten Besuche bei Freunden und Verwandten (vgl. SCHOLZ 2005, 138).

Die Ergebnisse der Studie machen insgesamt deutlich, dass die Bewohner im SaarLorLux-Raum die Chancen der grenzüberschreitenden Region nicht umfassend nutzen, sondern zumeist nur von den wirtschaftlichen Vorteilen profitieren wollen. Eine regionale Identität existiert nicht. Allenfalls in Grenznähe des „Kernraums" haben die Bewohner eine Vorstellung von den Gemeinsamkeiten dieses Raumes bzw. fühlen sich diesem zugehörig und leben ihren Alltag grenzüberschreitend.

3   Der SaarLorLux-Raum im Geographieunterricht – eine Unterrichtseinheit mit Gruppenpuzzle

3.1 Didaktisch-methodische Überlegungen und geplanter Verlauf

In Hinblick auf eine Stärkung des Wir-Gefühls in Grenzregionen wurde von den Verfasserinnen die folgende Unterrichtseinheit konzipiert, die darauf abzielt, den Schülern die Chancen aber auch Probleme des SaarLorLux-Raums in das Bewusstsein zu rücken, um u. U. einen ersten Schritt in Richtung eines Regionalbewusstseins bzw. einer regionalen Identität einzuleiten. Regionalbewusstsein wird hier in Anlehnung an HAUBRICH et al. (1990) als Einstellungen zur Region und Kenntnisse über die Region verstanden: „Regionalbewusstsein ist ein subjektives Zugehörigkeitsgefühl zu einem (regionalen) Raum. Dieses Zugehörigkeitsgefühl [...] ist durch subjektive und emotionale Bedeutsamkeiten, Sinnbezüge und Wertungen gekennzeichnet, die sich durch objektive Gegebenheiten der sozialen und politischen Wirklichkeit und durch den Einfluss der sozialen und politischen Umgebung entwickelt haben" (ebd., 58). Regionalbewusstsein ist ein relationaler Begriff, der sich aus dem Verhältnis zu anderen Räumen, Gegenständen und Personengruppen definiert. „Dieses relationale Gefüge kennzeichnet die (‚raum'-bezogene) *Identität* eines Menschen" (ebd., 59).

Der „Strukturwandel im Wirtschaftsraum Europa" ist Thema in der Klassenstufe 10 im Lehrplan Rheinland-Pfalz (Gymnasium), wobei der SaarLorLux-Raum als mögliches Raumbeispiel vorgeschlagen wird (vgl. KULTUSMINISTERIUM RHEINLAND-PFALZ 1992, 76). Da die wirtschaftliche Zusammenarbeit in Europa zu den Themenbereichen gehört, die nicht auf großes Interesse vonseiten der Schüler stoßen (vgl. HEMMER/HEMMER 1996, 41), wird das Thema methodisch als Gruppenpuzzle umgesetzt. Hierbei müssen die Schüler für ein Themengebiet zum SaarLorLux-Raum Verantwortung übernehmen, indem sie sich in dieses intensiv einarbeiten und dadurch zu einem Experten werden, der sein Wissen an die Mitschüler weitergibt (siehe 3.2). Durch den regionalen Bezug kombiniert mit dieser methodischen Umsetzung soll ein regionales Bewusstsein der Schüler zumindest angestoßen werden.

Die Unterrichtseinheit gliedert sich in drei Stunden:
1. Einstieg in das Thema „SaarLorLux-Raum"
2. Stunde: Gruppenpuzzle
3. Abschlussdiskussion und Test bzw. Befragung

Der Einstieg erfolgt über eine stumme Karte, auf der die Staaten bzw. Teilregionen eingetragen werden. Zudem wird der politische Status der einzelnen Teilregionen im Gespräch geklärt. Eine weitere Umrisskarte dient anschließend zum Festhalten der Assoziationen der Schüler zum SaarLorLux-Raum. Hieran knüpft ein Gespräch über die Alltagserfahrungen an, indem die Gründe, in die einzelnen Teilregionen des SaarLorLux-Raums zu fahren, thematisiert werden. Diese werden anschließend mit Forschungsergebnissen (vgl. Scholz 2005, 138 ff.) verglichen. Die letzten zehn Minuten der Stunde umfassen die Informationen über den Ablauf und die Intention des Gruppenpuzzles (siehe 3.2), die Bildung der Gruppen sowie das Austeilen der Materialien (diese wurden auf Basis folgender Quellen erstellt: Brücher 2001, Schulz/Dörrenbächer o. J., Ramm 1999, Hengesch 1997, Verein Freunde des LPM 1996.).

Die Materialien zu den Themen des Gruppenpuzzles sind dabei so konzipiert, dass sie zur folgenden übergeordneten Fragestellung hinleiten: Gibt es ein „Wir-Gefühl" bzw. eine regionale Identität im SaarLorLux-Raum? In diese Abschlussdiskussion wird über eine Karikatur (vgl. Abb. 2) eingestiegen. Gründe, die für bzw. gegen eine regionale Identität sprechen, werden in einer Tabelle festgehalten. Abschließend wird das Gelernte in einem Test überprüft.

3.2 Gruppenpuzzle zum SaarLorLux-Raum

Im Folgenden wird zunächst der Ablauf eines Gruppenpuzzles dargestellt und anschließend auf die konkrete Konzeption der hier vorgestellten Unterrichtseinheit eingegangen. Das Gruppenpuzzle stellt eine besondere Form der Gruppenarbeit dar. Die wesentlichen Schritte sind wie folgt (in Anlehnung an Frey/Frey-Eiling 2005):

1) Die Lehrperson bereitet das Material vor: Ein Thema wird von der Lehrkraft in vier bis sechs Teilthemen gegliedert, für die schülergeeignete Materialien vorbereitet werden.
2) Die Schüler erarbeiten individuell ihr Thema: Jedes Gruppenmitglied einer so genannten Stammgruppe (vier bis sechs Personen – je nach Zahl der Themen) erhält eines der Themengebiete und arbeitet sich mit Hilfe der Materialien ein. Dabei können die Schüler kleine Fragen oder Tests als Selbstkontrolle erhalten, um zu überprüfen, ob sie das Thema beherrschen. Die Schüler werden somit zu Experten in ihrem Themengebiet.
3) Anschließend werden so genannte Expertengruppen gebildet, d. h. die Gruppenmitglieder aus allen Gruppen mit demselben Thema treffen sich in einer Expertenrunde und beantworten sich offene Fragen und helfen sich gegenseitig, zu Experten zu werden. In dieser Expertenrunde wird somit das Gelernte vertieft und gesichert. Zudem werden Überlegungen angestellt, wie dieses Wissen möglichst effektiv an die Mitschüler der Stammgruppe weitervermittelt werden kann.
4) Die Experten informieren ihre Stammgruppen über ihr Themengebiet, beantworten Fragen der Stammgruppenmitglieder und stellen eventuell selbst auch Fragen, um zu überprüfen, ob die anderen die Sachverhalte verstanden haben.
5) Das Gelernte wird in einer Lernkontrolle abgeprüft.

Als Wirkung des Gruppenpuzzles wird betont, dass es u. a. das Selbstvertrauen der Lernenden stärkt und eine höhere Wertschätzung der Schüler untereinander und vor allem gegenüber schwächeren Mitschülern hervorbringt (vgl. Frey/Frey-Eiling 2005).

Das Gruppenpuzzle zum SaarLorLux-Raum behandelt folgende Themen:
1) SaarLorLux – nur ein Begriff?
2) Berufspendler: Dort arbeiten – hier wohnen ...

3) Die Automobilindustrie überschreitet Grenzen?
4) Wohnungsmarkt: Hier wohnen – dort arbeiten ... (s. Anhang)
5) Kultur: Grenzsteine werden zu Steinen an der Grenze

Im ersten Teilthema beschäftigen sich die Schüler bzw. angehenden Experten, die in ihren Materialien als historisch interessierte Geographen an der Universität des Saarlandes ausgewiesen sind, mit der Frage: Was ist eigentlich der SaarLorLux-Raum? Die Materialien enthalten unterschiedliche Abgrenzungen des SaarLorLux-Raumes (vgl. Abb. 3), die gegenübergestellt und verglichen werden. Vor diesem Hintergrund diskutieren die Experten darüber, ob es sich bei der Grenzregion SaarLorLux um eine räumliche Einheit handelt, die den Namen „Region" „verdient".

Das zweite Teilthema behandelt die Pendlerbeziehungen im SaarLorLux-Raum und somit die Frage: Wie wirkt sich die Grenznähe auf die arbeitende Bevölkerung aus? Die Schüler, die als Experten des Wirtschaftsministeriums in Rheinland-Pfalz (MWVLW – Ministerium für Wirtschaft, Verkehr, Landwirtschaft und Weinbau) fungieren, beschreiben und erklären anhand der Materialien die Pendlerströme und diskutieren die Möglichkeiten und Probleme, die mit dem Pendeln verbunden sind.

Im dritten Teilthema geht es um die Frage: Wie funktioniert die grenzüberschreitende Zusammenarbeit am Beispiel der Automobilindustrie? Die (Schüler-)Experten des DGB (Deutscher Gewerkschaftsbund) Rheinland-Pfalz – Bezirk West charakterisieren die ökonomische und soziokulturelle Zusammenarbeit und diskutieren, inwieweit die Automobilindustrie Grenzen überschreitet.

Das vierte Teilthema fokussiert die Wohnmobilität in Grenznähe. Die Schüler als Experten des Bauamtes im Saarland beschäftigen sich mit Hauskäufen im saarländisch-lothringischen Grenzgebiet und den Problemen, die damit verbunden sind. Sie sollen sich zudem überlegen, wie die Grenzen in den Köpfen abgebaut werden können (s. Anhang).

Beim fünften Thema werden gemeinsame kulturelle Veranstaltungen im SaarLorLux-Raum beschrieben. Die Schüler als Staatssekretäre der Staatskanzlei Rheinland-Pfalz präsentieren u. a. ein Internationales Bildhauersymposium, das sich 1986 mit dem Motto „Steine an der Grenze" auseinandergesetzt hat. Ausgewählte Grenzvisionen der Künstler werden von den Experten beschrieben und in ihrer Aussagekraft mit der Wirklichkeit verglichen.

3.3 Durchführung

Im Juli 2005 wurde die Einheit von den beiden Verfasserinnen in einer 10. Klasse des Auguste-Viktoria-Gymnasiums in Trier durchgeführt. Der Klasse war die Methode des Gruppenpuzzles zuvor nicht bekannt. Die erste Stunde lief wie geplant. Auffällig war, dass nur wenigen Schülern der Begriff SaarLorLux bekannt war. Ein regionales Bewusstsein war offensichtlich nicht vorhanden. In der zweiten Stunde haben die Schüler intensiv in den Gruppen gearbeitet. Da sie schon fünf Minuten vor Stundenende fertig waren, wurde kurz thematisiert, welche Gründe/Aspekte für ein Wir-Gefühl sprechen könnten. Diese Frage bot sich an, da die meisten Schüler sich dem SaarLorLux-Raum nicht zugehörig fühlten. Auch in der dritten Stunde wurde deutlich, dass die Schüler sich allenthalben mit dem regionalen Nahraum identifizieren konnten. Ein Bewusstsein für die Notwendigkeit der Zusammenarbeit in grenzüberschreitenden Räumen war nicht vorhanden. Allerdings hatte die Unterrichtseinheit einige Schüler angeregt, das Thema „SaarLorLux" zu Hause zur Sprache zu bringen, was immerhin einen ersten Schritt zu einer gedanklichen Auseinandersetzung mit dieser Region darstellt. In der Diskussion wurde von den Verfasserinnen auch in Richtung eines europäischen Bewusstseins gefragt. Es stellte sich heraus, dass der „Europagedanke", d. h. dass die Menschen europäisch denken und handeln, ebenfalls nicht in den Köpfen der Schüler verankert war. Sie nehmen sich somit weder als SaarLorLux-Bürger noch als Europäer wahr.

Im zweiten Teil der dritten Stunde wurde (unangekündigt) der Test geschrieben. Hierbei mussten die Schüler zum einen die Staaten des SaarLorLux-Raumes in eine stumme Karte eintragen und zum anderen Aussagen auf ihre Richtigkeit hin überprüfen (s. Tab. 2). Die Schüler wurden zudem gefragt, wie sie die Methode des Gruppenpuzzles beurteilen.

Der Test war so konzipiert, dass er – im Sinne einer Pilotstudie – nur eine vordergründige Rückmeldung an die Verfasserinnen, aber auch an die Schüler sein konnte.

Tab. 2: Aussagen zum SaarLorLux-Raum (Auswahl)

	trifft zu	trifft nicht zu
Zum SaarLorLux-Raum gehören die Staaten Deutschland, Frankreich, Luxemburg und Belgien.	O	O
Der Begriff SaarLorLux bezog sich ursprünglich auf das so genannte Montandreieck.	O	O
Der größte Anteil der täglichen Pendlerströme der Beschäftigten fährt von Lothringen nach Luxemburg.	O	O
Nach dem Niedergang der Montanindustrie hat die Automobilindustrie heute im Saarland und in Lothringen eine führende Stellung.	O	O
Im Ford-Werk Saarlouis arbeiten ausschließlich Lothringer, so dass keine interkulturellen Kontakte stattfinden.	O	O
Es gibt finanzielle Vorteile, in Lothringen zu wohnen und im Saarland zu arbeiten.	O	O
Die Arbeiter haben sowohl am Arbeitsplatz als auch in der Nachbarschaft gute, enge persönliche Kontakte.	O	O

3.4 Auswertung

Der Test fiel sowohl in Hinsicht auf die Leistungen der Schüler als auch in Bezug auf die methodische Vorgehensweise in Form des Gruppenpuzzles gut aus. Es ist jedoch auch deutlich geworden, dass einige Materialien nicht intensiv genug behandelt bzw. präsentiert wurden. Eine erneute Anwendung des Gruppenpuzzles mit dem Wissen einer abschließenden Lernkontrolle würde vermutlich eine intensivere Auseinandersetzung und Diskussion in der Expertengruppe und eine ausführlichere Präsentation mit sich bringen. Die Methode des Gruppenpuzzles wurde insgesamt gesehen positiv bewertet (s. Tab. 3).

4 Fazit

Die inhaltliche Gestaltung und methodische Umsetzung dieser Unterrichtseinheit scheint nach Ansicht der Verfasserinnen auch auf andere Grenzregionen übertragbar und geeignet zu sein, um unterschiedliche Aspekte einer Grenzregion im Unterricht zu behandeln und durch die schülerorientierte Vorgehensweise ein Regionalbewusstsein zumin-

Tab. 3: Bewertung des Gruppenpuzzles

	trifft voll zu	trifft eher zu	trifft eher nicht zu	trifft nicht zu
Mir hat die Gruppenarbeit Spaß gemacht.	4	15	1	1
Ich fand es toll, als Experte mein Thema zu erarbeiten und zu präsentieren.	6	8	5	3
Ich habe genug von den anderen erklärt bekommen, um einen Einblick ins Thema zu haben.	5	11	4	2
Ich finde es besser, wenn der Lehrer den Unterricht lenkt.	2	9	10	2
Ich finde es gut, wenn die Schüler Verantwortung im Unterricht übernehmen.	11	8	3	0
Ich fühlte mich für den Test durch die Gruppenarbeit genug vorbereitet.	2	5	12	3
Wir machen oft Gruppenarbeit in unserem Unterricht.	5	13	1	4

dest anzustoßen. Es wäre aber notwendig, die Unterrichtseinheit an weiteren Schulen von Rheinland-Pfalz sowie an Schulen im Saarland durchzuführen und die Ergebnisse miteinander zu vergleichen. Da Trier im Randbereich des SaarLorLux-Raumes verortet ist, ist das Regionalbewusstsein der Schüler auf diese Grenzregion bezogen möglicherweise nicht so ausgeprägt wie beispielsweise im Saarland. Zudem wäre es sinnvoll, in einem nächsten Schritt der Unterrichtseinheit einen außerschulischen Lernort aufzusuchen, um zum einen die Bedeutung und Notwendigkeit der grenzüberschreitenden Zusammenarbeit bewusst zu machen und zum anderen konkrete grenzüberschreitende Aktionen zu demonstrieren.

Insgesamt hat sich exemplarisch gezeigt, dass noch viele Schritte unternommen werden müssen, um „den grenzüberschreitenden und damit europäischen Gedanken im Bereich Jugend im Raum SaarLorLux–Trier/Westpfalz voranbringen" (siehe Auszug aus dem Interview zu Beginn dieses Beitrags). Zudem ist deutlich geworden, dass die Thematisierung von Grenzregionen im Geographieunterricht unter Berücksichtigung der affektiven Ebene in Hinsicht auf die Entwicklung von Regionalbewusstsein notwendig ist.

Anhang

Expertengruppe 4: Wie wirkt sich die Grenznähe auf die Wohnmobilität aus?
Als Experte des Bauamtes im Saarland sollst du in einer kurzen Präsentation auf diese Frage eingehen. Die folgenden Materialien hast du von einem lothringischen Kollegen erhalten.
   In der jüngsten Vergangenheit haben insbesondere in dem grenznahen Teil Lothringens die Investitionen deutscher Unternehmen besonders stark zugenommen. Wegen der niedrigeren Grundstücks- und Baupreise erwarben darüber hinaus immer mehr Saarländer v. a. aus dem Großraum Saarbrücken in den grenznahen Gemeinden Lothringens Grund und Boden und ließen sich dort als Bewohner nieder. So stieg die Zahl der von Deutschen genutzten Wohnhäuser im lothringischen Grenzgebiet allein in der Zeit von 1990 bis 1999 von 6000 auf 12500.
Gib die Auffälligkeiten der Karte wieder!

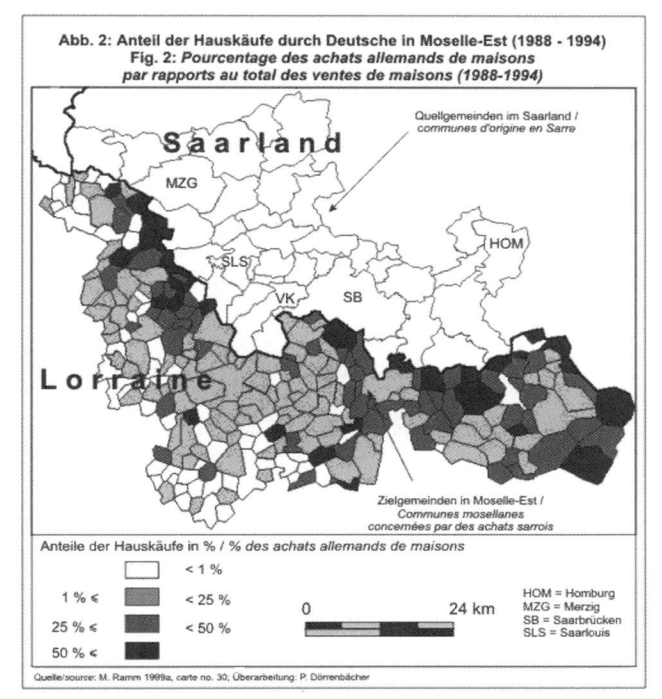

Abb. 2: Anteil der Hauskäufe durch Deutsche in Moselle-Est (1988 - 1994)
Fig. 2: Pourcentage des achats allemands de maisons par rapports au total des ventes de maisons (1988-1994)

Quelle/source: M. Ramm 1999a, carte no. 30; Überarbeitung: P. Dörrenbächer

Die wachsende Wohnmobilität im östlichen Département Moselle beruht somit auf dem Erwerb von Immobilien durch Saarländer, die als Hauptwohnsitze jenseits der Landesgrenze genutzt werden. In Moselle-Est lagen die Immobilienpreise lange Zeit sehr niedrig und sind nach wie vor niedriger als im nahe gelegenen Saarland. Zudem haben die (ursprünglichen) Saarländer steuerliche Vorteile (Ersparnisse von 20-30 %), da die Einkommenssteuer in Frankreich entrichtet werden kann (durch eine deutsch-französische Sondervereinbarung).

Angesichts der großen Zahl saarländischer Anfragen wünschten viele Bürgermeister im Département Moselle, dass auch ihre Gemeinde von diesem Phänomen profitiert. Um das zu erreichen, wurden kommunale „lotissements" mit großzügigen Wohnhäusern auf großen Grundstücken errichtet. Der Preis dieser Objekte war für fast alle moselanischen Interessenten abschreckend, so dass sie nahezu ausschließlich an Saarländer verkauft wurden. Der Erhalt der Bevölkerung in Moselle-Est wird so mehr und mehr durch den Zuzug junger Saarländer gesichert, deren Einkommen ausreicht, um sich dort eine Wohnung zu kaufen. Diese Situation erzeugt zuweilen Missgunst gegenüber den Zuzüglern.

Das zentrale Problem des Wanderungsphänomens betrifft jedoch die Integration. Es ist eine besondere Herausforderung, einen grenzüberschreitenden Raum zu ordnen, in dem Spannungen zwischen Deutschen und Franzosen fortbestehen. Die Grenze ist noch sehr gut in den Mentalitäten wiederzufinden. Während die meisten der in Moselle-Est lebenden Saarländer der Auffassung sind, in das Leben ihrer neuen Gemeinde integriert zu sein, da ihre Ansiedlung ohne größere Probleme vonstatten ging, fällt die Meinung der Einheimischen oft ganz anders aus. In der Tat ist der Kontakt zwischen saarländischer und moselanischer Bevölkerung sehr begrenzt, vor allem wenn erstere in vom Ortskern abgelegenen „lotissements" leben und einengende Arbeitszeiten haben. Manche Saarländer haben sogar mehr Kontakt zu Lothringern an ihrem Arbeitsplatz im Saarland als an ihrem Wohnort in Moselle-Est!

Den Hauptvorwurf, den die Moselaner den Neuankömmlingen in ihrer Gemeinde machen, sind deren mangelnde Sprachkenntnisse. In der Tat können nur wenige umzugswillige Saarländer die französische Sprache korrekt sprechen oder verstehen. Daher sprechen sie an ihrem Wohnort überwiegend Deutsch, was die Einheimischen irritiert, da sie dies als Gefährdung ihrer Kultur empfinden. Das Erlernen der Sprache des Nachbarlandes ist in einem Grenzraum von fundamentaler Bedeutung, weshalb jede diesbezügliche Initiative in diesem Gebiet unterstützt werden sollte.

Erläutert die beschriebenen Probleme der Wohnbevölkerung im saarländisch-lothringischen Grenzraum!
Überlegt euch in eurer Expertengruppe Möglichkeiten zum Abbau der Grenzen in den Köpfen!

Literatur

BRODENGEIER, E./OBERMANN, H. (Hrsg.) (2002): TERRA Erdkunde 6, Gymnasium Baden-Württemberg. Gotha.

BRUNOTTE, E. et al. (2002): Lexikon der Geographie, Bd. 3. Darmstadt.

BRÜCHER, W. (2001): Grenzraum Saar-Lor-Lux – eine Modellregion für Europa? In: Deuframat (= Deutsch-französische Materialien für den Geschichts- und Geographieunterricht: http://www.geographie.uni-marburg.de/parser/parser.php?file=/deuframat/deutsch/5/5_2/bruecher/start.htm)

FREY, K./FREY-EILING, P. (2005): Was ist Unterricht nach der Puzzle-Methode? In: http://www.educeth.ch/didaktik/puzzle/index.html

HAUBRICH, H./SCHILLER, U./WETZLER, H. (1990): Regionalbewusstsein Jugendlicher am Hoch- und Oberrhein. Eine empirische Untersuchung in der trinationalen Regio. Freiburg.

HEMMER, I./HEMMER, M. (1996): Welche Themen interessieren Jungen und Mädchen im Geographieunterricht? Ergebnisse einer empirischen Untersuchung. In: Praxis Geographie, 12, 41-43.

HENGESCH, G. (1997): Der Saar-Lor-Lux-Raum. Modellregion für grenzüberschreitende Zusammenarbeit? In: Geographie heute, 153, 20-23.

KULTUSMINISTERIUM RHEINLAND-PFALZ (Hrsg.) (1992): Lehrpläne – Lernbereich Gesellschaftswissenschaften. Erdkunde – Geschichte – Sozialkunde. Hauptschule, Realschule, Gymnasium, Regionale Schule. Klassen 7-9/10. In: http://bildung-rp.de/lehrplaene/alleplaene/Erdkunde7-10.pdf

PREVOT, V. (1981): A quoi sert la géographie? Paris.

RAMM, M. (1999): Saarländer im grenznahen Lothringen. „Invasion" oder Integration? In: Geographische Rundschau, 2, 110-115.

SCHOLZ, G. (2005): Leben im Grenzraum. Alltägliche grenzüberschreitende Verflechtungen im SaarLorLux-Raum. In: Standort. Zeitschrift für Angewandte Geographie, 3, 138-140.

SCHULZ, C. (1998): Interkommunale Zusammenarbeit im Saar-Lor-Lux-Raum. Lokale grenzüberschreitende Integrationsprozesse. Saarbrücken. (= Saarbrücker Geographische Arbeiten, 45).

SCHULZ, C./DÖRRENBÄCHER, P. (o. J.): Wirtschaftsbeziehungen im saarländisch-lothringischen Grenzraum. In: Deuframat (= Deutsch-französische Materialien für den Geschichts- und Geographieunterricht: http://www.geographie.uni-marburg.de/parser/parser.php?file=/deuframat/deutsch/5/5_2/schdoerr/start.htm)

VEREIN FREUNDE DES LPM (Landesinstitut für Pädagogik und Medien) in Zusammenarbeit mit dem Verein „Steine an der Grenze" (Hrsg.) (1996): Steine an der Grenze: Katalog zum gleichnamigen Bildhauersymposium. Saarbrücken.

Standards geographischer Europa-Erziehung – ein normativer Diskussionsbeitrag

Hartwig Haubrich (Freiburg)

„Europa existiert nicht mehr!", so lautete nach den Referenden in Frankreich und den Niederlanden eine Schlagzeile in der Badischen Zeitung. Entspräche diese Behauptung der Wirklichkeit, so könnte man auf diesen Beitrag verzichten. Richtig ist wohl, dass sich Europa in einer Krise befindet, die unter anderem ohne pädagogisches Engagement nicht in eine weitere Integration übergeleitet werden kann. Diesem Ziel dienen die folgenden normativen Überlegungen über „Standards geographischer Europa-Erziehung".

1 Merkmale und Funktionen von Bildungsstandards

Obwohl der Begriff „Standard" zu einem Modewort geworden ist, muss er kurz beleuchtet werden. Unter Bildungsstandards versteht man oft Unterschiedliches. Sie können als Input, d. h. als Vorgabe zur Steuerung der Bildungsprozesse angesehen werden, die vor allem die Bildungsinhalte beschreiben. Deshalb bezeichnet man sie auch als „Content-Standards".

Neben den Content-Standards unterscheidet man die Process-Standards, die den „throughput", d. h. die Formen des Lehrens und Lernens steuern sollen.

Außerdem unterscheidet man die „performance" oder „Output-Standards", die das erreichte Bildungsniveau am Ende eines Bildungsprozesses beschreiben. Da man in der deutschen Kultusministerkonferenz (KMK) der Meinung war, das Ergebnis von Bildungsprozessen sei entscheidend, hat man beschlossen, sich mit der Vorgabe von Bildungsstandards auf den Bildungserfolg zu konzentrieren und den vorausgehenden Unterricht in der Freiheit der Schule zu belassen. In Deutschland sollen also Bildungsstandards „Output-Standards" sein.

Bildungsstandards werden auf verschiedenen Niveaus formuliert. Ziel der KMK ist es, nach mehrjährigen Erprobungen Mindeststandards zu erarbeiten, die für alle Schüler aller Schularten gelten und prinzipiell von niemandem unterschritten werden sollten. Vorerst will man sich aber auf Regelstandards mit mittlerem Leistungsniveau konzentrieren, um Unter- und Überforderungen empirisch zu erfassen und daraus später Mindest-Standards abzuleiten.

Maximal- bzw. Exzellenzstandards sind zwar leichter zu finden, haben aber keine Priorität.

Nach dem bisher Gesagten unterscheiden sich Lehrpläne und Standards. Lehrpläne machen Angaben über was, wann, wie und wo, d. h. in welcher Schulart, unterrichtet werden soll. Standards sind nur ein Ausschnitt aus Lehrplänen und beschreiben Kompetenzen, die am Ende einer Bildungsstufe erreicht sein sollen. Alles, was vorausgeht, bleibt der Schule überlassen.

Lehrpläne und Standards unterscheiden sich zwar, sie stehen aber in einem engen Zusammenhang. Eine regelmäßige Erfassung des Outputs hat Konsequenzen für die

Steuerung des Inputs also der Aktualisierung des Lehrplans. Motor des ganzen Systems ist also das Lernergebnis in Form der Bildungsstandards bzw. der erreichten Kompetenzen.

Was sind aber Kompetenzen? Kompetenzen enthalten Dimensionen wie Wissen, Fähigkeiten und Haltungen. Zusammen führen sie zu einer Disposition, d. h. einer Bereitschaft, einem Wissen und einer Fähigkeit, konkrete Probleme zu lösen. Kompetenzen enthalten verschiedene Facetten. Nach Klieme (2004, 74 f.) (s. Abb. 1) kann von Kompetenzen gesprochen werden,

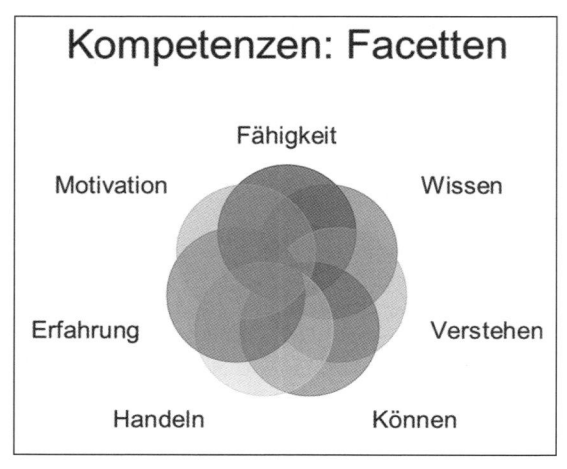

Abb. 1: Kompetenzen – Facetten und Stufen (Quelle: Kieme 2004)

1. wenn verschiedene Fähigkeiten genutzt werden,
2. wenn Wissen beschafft und angewandt wird,
3. wenn fachliche Zusammenhänge verstanden werden,
4. wenn sachgemäße Handlungsentscheidungen getroffen werden,
5. wenn sachgemäße Handlungen durchgeführt werden,
6. wenn damit Erfahrungen gesammelt werden,
7. wenn genügend Motivation zum angemessenen Handeln vorhanden ist.

2 Standards geographischer Europa-Erziehung

Im Folgenden wird versucht, zu einer Kompetenz exemplarisch zehn Regel-Standards geographischer Europa-Erziehung zu formulieren, um sie dem fachlichen Diskurs anzubieten. Bei jedem Standard wird die jeweilige Facette angegeben. Das Ziel ist aber nicht, das gesamte Lernfeld „Europa" abzudecken.

Alle Bewohner der Europäischen Union sind mittlerweile nicht nur Bürger ihres Staates, sondern auch Europabürger mit den vier Freiheiten der freien Mobilität von Personen, Gütern, Kapital und Dienstleistungen. Die Europabürger leben nun in einem gemeinsamen Haus und müssen sich so einrichten und verhalten, dass das Wohl aller befördert wird. Die Kompetenz lautet deshalb: *Für eine friedliche, sachgerechte und humane Zusammenarbeit in Europa fähig und bereit sein.* Diese Formulierung, die an die Lernzieldiskussion der 1970er Jahre erinnert, hat natürlich ein viel zu hohes Abstraktionsniveau. Deshalb wird nun versucht, ein mittleres Niveau von Standards anzustreben, die allerdings erst bei einer weiteren Ausdifferenzierung überprüfbar würden.

Zweifellos gehört neben die fachliche Qualifikation des Europabürgers auch die Verbundenheit mit den Bewohnern des gemeinsamen Hauses Europa, die die Verbundenheit mit den Bewohnern des eigenen Landes, aber auch die Solidarität mit der ganzen Menschheit nicht ausschließt. Deshalb lautet der erste Standard: *die Balance zwischen regionaler, nationaler und europäischer Verbundenheit sowie globaler Solidarität anstreben.* Dieser Standard entspricht der Kompetenzfacette „Motivation".

Eines meiner Forschungsprojekte aus dem Jahr 1997 hatte die Befragung von ca. 3000 18- bis 20-jährigen Studierenden der Erstsemester aus 21 Ländern zum Gegenstand (HAUBRICH/SCHILLER 1997), also jungen Menschen, die die zukünftigen Eliten Europas werden sollten. In allen befragten Ländern zeigten die Einstellungen ähnliche Werte. Am höchsten lag die Verbundenheit mit der eigenen Region, gefolgt von einer globalen an zweiter und einer nationalen Verbundenheit an dritter Stelle. Das absolute Schlusslicht bildete Europa. Weder die Massenmedien noch die schulische Arbeit hatten demnach junge Studierende, die gerade ihr Abitur gemacht hatten, veranlasst, sich mit Europa spürbar verbunden zu fühlen.

Der nächste Standard lautet: *Vernetzungen und Abhängigkeiten in Europa aufzeigen* und kann mit der Kompetenzfacette „Wissen" charakterisiert werden.

Vernetzungen und Abhängigkeiten können in vielfältiger Weise aufgezeigt bzw. erfahren werden, z. B. auf den Gebieten des Verkehrs, der Ökologie, der raumwirksamen Gesetzgebung usw. Die Entwicklung des Warenwerts aller Ausfuhren aus Deutschland in die alten und neuen EU-Staaten zeigt folgendes Bild: Das größte Handelsvolumen mit Deutschland weisen die EU-Nachbarstaaten auf, die größten Steigerungsraten weisen hingegen die neuen EU-Staaten auf. Zwar ist das Ausgangsniveau dieser Länder mit hohen Steigerungsraten meist relativ niedrig, doch haben die großen EU-Beitrittsstaaten in ihrer Bedeutung als Handelspartner Deutschlands einige der alten EU-Mitgliedstaaten bereits erreicht oder sogar überholt.

Betrachtet man die Ausfuhr der neuen EU-Länder, so sieht man, dass zwar Deutschland für sie als Importland dominiert, dass sie aber im Durchschnitt schon heute um 60 % in die EU importieren und den Rest in die Welt. Sollten diese statistischen Angaben für jüngere Schüler zu abstrakt sein, so bietet sich ein Projekt an, bei dem im Heimatraum die Herkunft von Waren aus Europa bzw. der Export von Waren nach Europa untersucht wird. Allein die Tatsache, dass 2700 deutsche Unternehmen in Frankreich Niederlassungen haben und 1400 französische in Deutschland, kann schon unsere starke Vernetzung verdeutlichen.

Der nächste Standard lautet: *Regionale Disparitäten in Europa analysieren.* Er entspricht der Kompetenzfacette „Verstehen".

Die Abb. 2 zeigt die großen Unterschiede in der Wirtschaftskraft innerhalb der Europäischen Union. Auf der linken Seite befinden sich die alten EU-Länder und auf der rechten Seite die neuen. Das Schlusslicht bildet der EU-Kandidat Türkei. Wir sind es gewohnt, Disparitäten auch mit Hilfe anderer Daten wie Arbeitslosigkeit, Telefonanschluss, Pkw-Besitz usw. aufzuzeigen. Schülergemäßer sind originale Berichte aus anderen Regionen Europas über dortige Lebensverhältnisse. Ziel dieses Standards ist es, Ungleichheiten von Lebensbedingungen zu erkennen und daraus die Berechtigung der europäischen Solidarität zu begründen.

Der nächste Standard lautet: *Europäische Solidarität unterstützen.* „Handeln" kennzeichnet diese Kompetenzfacette.

Die Regionen mit Entwicklungsrückstand, d. h. mit einem BSP unter 75 % des EU-Durchschnitts zählen zu den Ziel 1-Regionen. Sie erhalten z. B. eine Förderung für den Ausbau ihrer Infrastrukturen. Diese Regionen liegen in der Regel in der Peripherie. Die Regionen, die die Last veralteter Industrien und Agrarstrukturen zu tragen haben, zählen zu den Ziel 2-Regionen. Diese erhalten Unterstützung für den notwendigen Strukturwandel usw. Hinter der Unterstützung der Ziel-Regionen steht das Streben nach Konvergenz, d. h. nicht nach Egalität, sondern nach Annäherung der Lebenschancen. Dieses Solidarsystem sollte geeignet sein, Jugendliche für eine europäische Kooperation zu gewinnen.

Der nächste Standard lautet: *Sich an europäischen Werten orientieren.* Dieser Standard entspricht der Kompetenzfacette „Motivation".

Ein problemorientierter Unterricht hat es immer mit Wertentscheidungen zu tun. Wenigstens ein Anker der Entscheidung könnte, ja sollte die Grundrechtscharta der europäischen Union sein, die übrigens für die Schule aufbereitet leicht im Internet zu finden ist. Hier wird als Beispiel eine Entscheidungsmatrix gezeigt (Abb. 3), deren Kriterien von den Schülerinnen und Schülern selbst gefunden werden, die sie einerseits aus den Medien und andererseits z. B. aus dem europäischen Wertekanon entnehmen können. Damit soll das Bewusstsein gestärkt werden, dass wir in einer – wenn auch oft gefährdeten – europäischen Wertegemeinschaft leben.

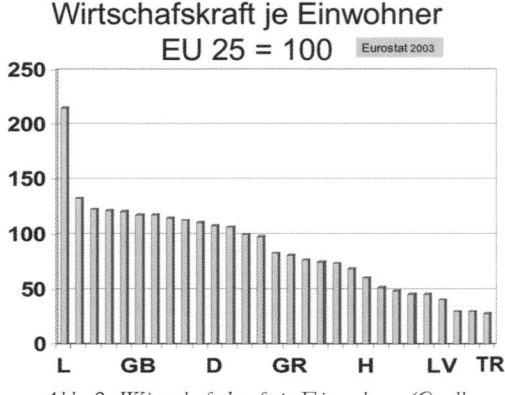

Abb. 2: Wirtschaftskraft je Einwohner (Quelle: Eurostat 2003)

Der nächste Standard lautet: *Ein Beispiel grenzüberschreitender Zusammenarbeit aufzeigen.* „Wissen" und „Fähigkeit" sind die beiden Kompetenzfacetten.

Für ein zusammenwachsendes Europa spielen die Grenzregionen (Abb. 4) eine wichtige Rolle. Hier treffen die Menschen aus verschiedenen Ländern direkt in ihrem Alltagsleben aufeinander, hier zeigen sich die Vorteile der Abschaffung der Grenzen, aber auch die damit verbundenen Übergangsprobleme wie z. B. das Einkommens- und Kaufkraftgefälle und neue Konkurrenzen im Arbeitsmarkt. Die Karte verdeutlicht durch einen 100-km-Streifen an den Staatsgrenzen die besondere Bedeutung der Grenzregionen in den neuen EU-Staaten. Waren in den bisherigen Staaten der EU-15 die Grenzregionen eher die Ausnahme, verkehrt sich dieses Verhältnis in den neuen EU-Mitgliedstaaten. Bis auf die großen Flächenstaaten Polen und Rumänien ist hier häufig die Grenzregion der Normalfall; es gibt kaum Regionen, die nicht grenznah liegen. Die meisten der ostmitteleuropäischen EU-Staaten haben ihre Staatlichkeit erst im letzten Jahrzehnt erworben – so die Tschechische und Slowakische Republik, die Baltischen Staaten und Slowenien. Die Grenzen zwischen ihnen, die durch den EU-Beitritt nun schrittweise wieder abgebaut werden, sind also größtenteils neu. Mit dem Beitrittsantrag Kroatiens wird nun eine ähnliche Entwicklung auf dem Balkan eingeleitet. Andererseits entstehen neue EU-Außengrenzen, Grenzen, die undurchlässiger werden, die bislang teilweise einen hohen Austausch aufwiesen und auf beiden Seiten von gleichen Volksgruppen besiedelt sind. Diese

Abb. 3: Entscheidungsmatrix Pro und Contra EU-Erweiterung

Karte signalisiert die Chancen, aber auch Risiken einer grenzüberschreitenden Zusammenarbeit.

INTERREG und andere Programme unterstützen die grenzüberschreitende Zusammenarbeit. Am südlichen Oberrhein ist man z. B. dabei, einen Eurodistrikt mit ehrgeizigen Zielen zu schaffen wie grenzüberschreitendes Rettungswesen, freie Wahl der medizinischen Versorgung, gemeinsame Umweltaufsicht, einheitliche Telefontarife, gemeinsame Tourismusagenturen, grenzüberschreitende Raumplanung (Bad. Zeitung, 17.01.2005, S. 9) usw. Die Untersuchung der Zusammenarbeit über nationale Grenzen hinweg birgt die pädagogische Potenz, Verständnis für verschiedene Interessen, Empathie für andere Kulturen und Bereitschaft für eine grenzüberschreitende Zusammenarbeit anzubahnen. Die oft auftretenden Schwierigkeiten sollte man mit den kriegerischen Zeiten, als Grenzen Fronten waren, vergleichen, um sich in Geduld und Beharrlichkeit zu üben.

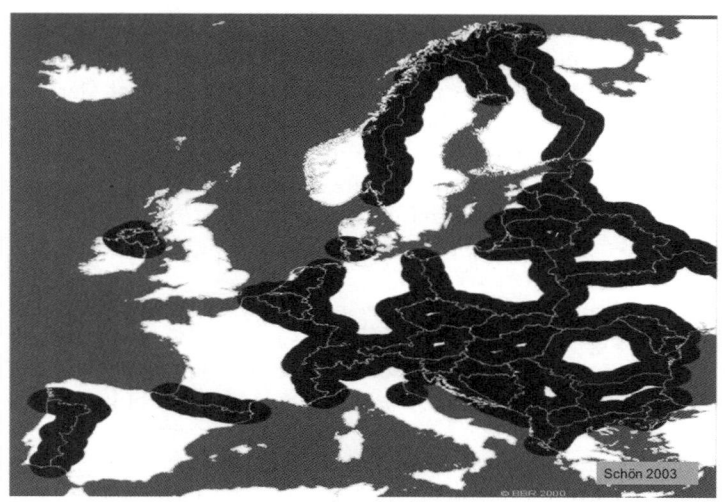

Abb. 4: Land borders in Europe (Quelle: Schön 2003)

Der nächste Standard lautet: *Subsidiarität in Europa fordern und praktizieren*. Er entspricht den Kompetenzfacetten „Verstehen" und „Handeln".

Europa ist ein sehr kompliziertes Gebilde. Es umfasst 300 Regionen, die in der Versammlung der Regionen Europas vereint sind, die alle bei der Entwicklung Europas mitwirken wollen. Neben der Versammlung von 300 Regionen und dem Regionalausschuss der EU mit 200 Regionen gibt es noch über 50 grenzüberschreitende Euro-Regionen und weitere internationale Gemeinschaften, die die Integration Europas fördern. Nur wenn das Subsidiaritätsprinzip angemessen umgesetzt wird, d. h. wenn die Regionen den Eindruck haben, dass sie nicht fremdbestimmt sind, sondern vom gemeinsamen Europa profitieren, wird die Integration Europas gelingen. Die Ablehnung der manchmal zu großen Regelungswut Brüssels sollte allerdings auch mit einem Engagement für die eigene Region gepaart sein.

Der nächste Standard lautet: *die europäische Integration als Prozess verstehen*. „Verstehen" ist hier die Kompetenzfacette.

Der in der ersten Hälfte des 20. Jahrhunderts dominierenden Separation Europas folgt in jüngster Zeit das Bestreben nach mehr Integration. So erlebten wir das Europa der Sechs im Jahr 1952, das der Neun 1973, der Zehn 1981, der Zwölf 1986, die Integration Ostdeutschlands 1990 und das Europa der Fünfzehn 1995. Die Europäische Union hatte also schon 2004 eine Nord- und eine Süderweiterung gemeistert.

Am 1. Mai 2004 haben wir die Erweiterung der Europäischen Union auf 25 Mitglieder erlebt und werden wahrscheinlich im Jahre 2007 die Erweiterung auf 27 Länder erhalten. Der Beitritt weiterer Länder wie z. B. der Türkei und Kroatiens wird unter anderem von deren Harmonisierungsergebnissen abhängen.

Ziel dieser Ausführungen war es, zu zeigen, dass Europa ein Prozess ist, der von Menschen gestaltet wurde und wird, und dass dieser Prozess in einer Demokratie nicht allein von Funktionären, sondern vor allem von den Bürgerinnen und Bürgern Europas bestimmt werden sollte. Um dieser Aufgabe gerecht werden zu können, benötigen sie allerdings eine entsprechende geographische Bildung.

Der nächste Standard lautet: *Europa als offenes System ansehen.* „Motivation" und „Bewertung" sind hier die beiden Kompetenzfacetten.

Einerseits gibt es neue Außengrenzen und anderseits werden die nationalen Grenzen in einem fortwährenden Prozess ständig für bestimmte Funktionen überwunden. So erhalten wir viele Europas – große und kleine Europas. Der Europarat, der bis zum Pazifik reicht, betreibt z. B. seit 1949 die europäische Zusammenarbeit und Integration. Von Anfang an hat er sich für Demokratie, Menschenrechte, Rechtsstaatlichkeit, Bildung und Kultur eingesetzt. Der Europarat war und ist der Vorreiter bei der Annäherung der mittel- und osteuropäischen Länder an die „westeuropäischen" Demokratien. Die Mitgliederzahl ist seit dem Fall des „Eisernen Vorhanges" auf 46 Länder angestiegen.

Die European Broadcast Union veranstaltet Eurovisions-Sendungen, die z. B. ganz Nordafrika einschließen. Die Organisation für Sicherheit und Zusammenarbeit in Europa (OSZE) umfasst heute mit Kanada, USA und allen Staaten der ehemaligen Sowjetunion 55 Mitglieder. Sie gilt als Frühwarnsystem zur Konfliktvermeidung und zum Management internationaler Konflikte. Dazu dienen z. B. Rüstungskontrollen und vertrauensbildende Maßnahmen.

Neben diesen großen Europas gibt es die kleinen Europas. Dazu zählen z. B. das „Schengen-Land". 1985 vereinbarten sechs Länder (Frankreich, Belgien, Niederlande, Luxemburg und Deutschland) in Schengen, ihre Binnengrenzen ohne Personenkontrollen überschreiten zu lassen. Später schlossen sich weitere Länder dieser Vereinbarung an. Besucher aus Drittländern benötigen nur ein Visum für das ganze „Schengen-Land". Zur inneren Sicherheit in diesem „grenzenlosen Europa" dienen die Zusammenarbeit der Polizei z. B. bei der Absicherung der neuen Außengrenzen, die Zusammenarbeit bei Asylverfahren usw.

Das nur zwölf Länder umfassende „Euro-Land" ist ein Zusammenschluss europäischer Staaten zu einem gemeinsamen Währungsraum. Die Währungsunion bringt Wachstumsimpulse für die Wirtschaft und Vorteile für den Verbraucher. Der Handel zwischen Mitgliedstaaten macht rund 60 % des gesamten Außenhandels der EU-Staaten aus. Deshalb ist eine gemeinsame Währungsunion die logische Konsequenz einer gemeinsamen Wirt-

Didaktische Bewertung der Standards: Europa-Erziehung

Dimension:	Wissen			
Wissensverarbeitung	Fakten=wissen	Konzept=wissen	Prozess=wissen	Metakognitives Wissen
Wiedergeben			VI	
Erklären	II	VIII		
Anwenden		VII		
Analysieren		III		
Bewerten	IX	V		I
Herstellen			IV	X

Abb. 5: Didaktische Bewertung der Standards: Europa-Erziehung

schaftsunion. Allein diese Hinweise belegen, dass Europa in Wirklichkeit ein offenes System darstellt.

Der letzte Standard lautet: *Kommunikation und Kooperation in Europa praktizieren.*

Er kann mit den Kompetenzfacetten „Handeln" und „Erfahrung" bezeichnet werden.

Europa wird technisch zusammenwachsen, wie es die Schrumpfung der Reisezeiten und andere elektronische Kommunikationsmöglichkeiten zeigen. Europa muss aber auch geistig zusammenwachsen, und das geht am besten durch direkte oder personale Kommunikation. Hinweis auf Webseiten:

- *Myeurope* mit vielen Anregungen für die Schule – insbesondere für citizenship education,
- *futurum* mit sog. „Werte"-Aktivitäten, Rollenspielen und Quiz über Europa,
- *kmk* mit Hinweisen auf e-twinning, e-learning und Europago-Aktivitäten,
- *eurostat* mit den aktuellen statistischen Daten,
- *herodot* mit Kooperationsmöglichkeiten für Geographische Institute in Europa und
- *Eurogeo*, der Homepage der Vereinigung der Europäischen Geographielehrerverbände.

(Adressen s. Literaturverzeichnis)

3 Bewertung der Standards

Ich komme nun zu einer didaktischen und inhaltlichen Bewertung der von mir exemplarisch und normativ gesetzten, potenziellen Standards. Die angestrebte Kompetenz lautete: Für eine friedliche, sachgerechte und humane Zusammenarbeit in Europa fähig und bereit sein.

Dazu wurden die folgenden Standards ausdifferenziert:

Standard I: *die Balance zwischen regionaler, nationaler und europäischer Verbundenheit sowie globaler Solidarität anstreben*
- Standard II: *Vernetzungen und Abhängigkeiten in Europa aufzeigen*
- Standard III: *Regionale Disparitäten in Europa analysieren*
- Standard IV: *Europäische Solidarität unterstützen*
- Standard V: *Sich an europäischen Werten orientieren*
- Standard VI: *Ein Beispiel grenzüberschreitender Zusammenarbeit aufzeigen*
- Standard VII: *Subsidiarität in Europa fordern und praktizieren*
- Standard VIII: *Die europäische Integration als Prozess verstehen*
- Standard IX: *Europa als offenes System ansehen*
- Standard X: *Kommunikation und Kooperation in Europa praktizieren*

3.1 Didaktische Bewertung

Zur didaktischen Bewertung der Standards eignet sich die Taxonomie-Matrix von ANDERSON et al (2003; s. Abb. 5). In dieser wird die Wissensdimension mit der Wissensverarbeitungsdimension gekreuzt.

Die Wissensdimension besteht in aufsteigender Komplexität aus Faktenwissen, d. h. Wissen von Details und Namen; aus Konzeptwissen, d. h. Wissen von Kategorien, Klassifikationen, Prinzipien, Theorien und Modellen; aus Prozesswissen, d. h. Wissen fachspezifischer Methoden und Betrachtungsweisen; aus meta-kognitivem Wissen, d. h. Wissen über allgemeine Erkenntnisgewinnung, Informationskontexte und Wissen über eigene Kenntnisse, Fähigkeiten und Einstellungen, d. h. Wissen über sich selbst.

Die Wissensverarbeitungsdimension wird wiederum in einer aufsteigenden Komplexität eingeteilt in „wiedergeben" oder erinnern; „verstehen" wie interpretieren, exemplifizieren, klassifizieren, zusammenfassen, vergleichen, erklären; „anwenden" oder ausführen; „analysieren" wie unterscheiden, strukturieren, charakterisieren; „bewerten" oder beurteilen; „herstellen" wie schaffen, handeln, planen, und produzieren.

Diese Matrix kann dazu dienen, das kognitive Niveau eines Standards zu bestimmen. Der Standard I „die Balance zwischen regionaler, nationaler und europäischer Verbundenheit sowie globaler Solidarität anstreben" kann z. B. bei „Bewerten" und „meta-kognitivem Wissen" eingeordnet werden (siehe Abb. 5), der Standard II „Vernetzungen und Abhängigkeiten in Europa aufzeigen" bei „Faktenwissen" und „Verstehen", der Standard IV „Europäische Solidarität unterstützen" bei „Konzeptwissen und Handeln" usw. Die Abbildung zeigt eine relativ breite Streuung der kognitiven Niveaus der zehn Standards, die auf eine breite Entwicklung der intendierten Kompetenz hinweist.

3.2 Inhaltliche Bewertung

Der Prozess der europäischen Integration wird nie völlig abgeschlossen sein. Europa wird eine Baustelle bleiben – hoffentlich eine friedliche und kooperative! Diese Hoffnung wird eher in Erfüllung gehen, wenn uns die Bildungspolitik die Möglichkeit gibt, nicht nur einige europäische Regionen und Themen in unteren Schulklassen zu unterrichten, sondern das sehr komplexe Thema „Europa" auch auf höherem Niveau in oberen Klassen angemessen zu betrachten. Dann können wir eher erwarten, dass die zukünftige Generation Europa als eine Wertegemeinschaft versteht, die vielfältigen Kulturen und Lebensformen in Europa als Bereicherung schätzt, Eurozentrismus meidet, stattdessen globale Verantwortung zu übernehmen bereit ist, die Konvergenz der Regionen durch europäische Solidarsysteme bejaht und schließlich durch eigene Kommunikation und Kooperation zu einem Europa der Bürgerinnen und Bürger beiträgt.

4 Schlusswort

Standards zählen aktuell zu den didaktischen Herausforderungen mit hoher bildungspolitischer Priorität. Einerseits ist ihre Dringlichkeit den Ergebnissen der Pisa-Studie geschuldet, andererseits basieren sie aber auch grundsätzlich auf dem Menschenrecht auf Bildung im Sinne von „Education for all!". „Bildung für alle" kann natürlich nur Grundbildung bedeuten, die auf nationaler Ebene von Experten definiert und von den involvierten Gruppen demokratisch entschieden werden muss. Die deutschen Geographen sind gut beraten, wenn sie ihre Bildungsstandards auf ein solides theoretisches Fundament gründen. Dieser Weg würde ein „filtering down" bis hin zu eindeutigen Standards im Sinne von operationalisiert formulierten Lernzielen bedeuten. Flankierend dazu wären allerdings Bemühungen der Schulpraktiker wünschenswert, die die Möglichkeiten der Schule artikulieren, um sich in einer ausbalancierten und realistischen Mitte zu treffen. Die Schulgeographen und Geographiedidaktiker stehen also vor der Herausforderung, nicht nur Kompetenzen und Standards, sondern auch Aufgaben und Tests zu formulieren, die sowohl elementare Inhalte als auch existentiell bedeutsame Fach- und Methodenkompetenzen abrufen.

Darüber hinaus sollte man aber nicht vergessen, auch Exzellenz-Standards zu beschreiben, um die Bildungsbedeutsamkeit des Faches Geographie immer wieder und noch deutlicher zu dokumentieren. Substantiell bedeutsame Standards sind die beste Vorraussetzung, um das Schulfach Geographie im föderalen System Deutschlands zu stabilisieren.

Literatur

ANDERSON, M. (2000): States and nationalism in Europe. London.
ARTELT, C./RIECKE-BAULECKE, T. (2004): Bildungsstandards. In: Schulmanagement-Handbuch, (23)111. Oldenbourg.
BUNDESMINISTERIUM FÜR BILDUNG UND FORSCHUNG (Hrsg.) (2003): Expertise: Zur Entwicklung nationaler Bildungsstandards. Bonn.
COUNCIL OF EUROPE (Hrsg.) (1989): Report: Symposium on Geographical Information and Documentation on European Countries. Conclusions and Recommendations in Utrecht Sept. 1989. Strasbourg.
EUROPÄISCHE KOMMISSION (2001): Agenda 2000. Stärkung und Erweiterung der Europäischen Union. Brüssel.
EUROPÄISCHES PARLAMENT. Informationsbüro Deutschland (2002): Europa 2002. Berlin.
EUROPÄISCHE UNION (2001): Im Dienst der Regionen. Brüssel.
EUROPÄISCHE KOMMISSION (2002): Die Europäische Union – Erweiterung. Eine historische Gelegenheit. Brüssel.
EUROPÄISCHE KOMMISSION (2001): Einheit Europas. Solidarität der Völker. Vielfalt der Regionen. Zweiter Bericht über den wirtschaftlichen und sozialen Zusammenhalt. Bd. 1 u. 2. Luxemburg.
FASSMANN, H. (2002): Wo endet Europa? Anmerkungen zur Territorialität Europas und der EU. In: Mitt. d. Österr. Geogr. Gesellschaft, 144, 27-36.
FUCHS, G. (2000): Fachdidaktische Perspektiven auf „Europa". In: Fuchs, G. (Hrsg.): Unterricht „für" Europa. Gotha, 9-21.
GESELLSCHAFT FÜR POLITIK, DIDAKTIK UND POLITISCHE JUGEND- UND ERWACHSENENBILDUNG (GPJE) (2004): Nationale Bildungsstandards für den Fachunterricht in der Politischen Bildung an Schulen. Schwalbach/Taunus.
GIOLOTTO, P. (1993): Construire L'Europe. Paris.
HAUBRICH, H./SCHILLER, H./WETZTLER, H. (1990): Regionalbewusstsein Jugendlicher am Hoch- und Oberrhein. Freiburg.
HAUBRICH, H./Schiller, H. (1997): Europawahrnehmung Jugendlicher. Nürnberg.
HAUBRICH, H. (1996): Standards geographischer Bildung. In: Geographie heute, 142.
HAUBRICH, H. (Hrsg.) (1998): Europa der Regionen. In: Geographie heute, 153.
HAUBRICH, H. (Hrsg.) (2003): EU-Erweiterung. In: Geographie heute, 214.
HEMMER, I. et al./ARBEITSGRUPPE DER DEUTSCHEN GESELLSCHAFT FÜR GEOGRAPHIE (2005): Nationale Bildungsstandards für den Geographieunterricht. Unveröffentlichte Arbeitspapiere.
HERMET, G. (1998): A history of nations and nationalism in Europe. London.
KEME, I. (Hrsg.) (2001): Beyond EU Enlargment. London.
KÖCK, H. (2000): Der europäische Integrationsprozess als Gegenstand der deutschen Geographiedidaktik. Eine Bilanz 40 Jahre nach Rom. In: Fuchs, G. (Hrsg.): Fachdidaktische Perspektiven auf „Europa". Gotha, 21-49.
LICHTENBERGER, E. (2005): Europa. Darmstadt.
LOTH, W. (Hrsg.) (2001): Das europäische Projekt zu Beginn des 21. Jahrhunderts. Opladen.

Loth, W./Wessels, W. (Hrsg.) (2001): Theorien europäischer Integration. Opladen.

Lückert, B. (2003): Europa-Projekte. Das Konzept projet éducatif und seine Realisierung an einer Schule mit europäischer Ausrichtung. Frankfurt.

Mentz, O. (2004): Les Allemands…! Die Franzosen…! Fremd- und Selbstbilder in deutsch-französischen Schülerbegegnungen. In: Geographie heute, 223.

Presse- und Informationsamt der Bundesregierung (2002): Europa 2002. Berlin.

Presse- und Informationsamt der Bundesregierung (2000): Europa in 100 Stichworten. Berlin.

Presse- und Informationsamt der Bundesregierung (2001): Die Europäische Union. Politik und Organisation. Berlin.

Reinfried, S. (2004): Geographie Curriculum International – Standardisierte Geographiecurricula in England und den USA – Erfolgsgeschichten oder Büchse der Pandora? In: Geographie und Schule, 156, 33-43.

Ringel, G. (2005): Nationale Bildungsstandards für den Geographieunterricht – Möglichkeiten und Grenzen. In: Geographie und Schule, 156, 23-32

Riketta, M./Wakenhut, R. (2002): Europabild und Europabewusstsein. Frankfurt.

Schön, K. P. (2003): Die Wirtschaft in der EU. In: Geographie heute, 214, 27-32.

UNESCO (1974): Empfehlungen über die Erziehung zu internationaler Verständigung und Zusammenarbeit und zum Weltfrieden sowie Erziehung im Hinblick auf die Menschenrechte und Grundfreiheiten. Bonn.

Vorauer, K. (2000): Europäische Regionalpolitik zwischen Innovation und politischer Notwendigkeit. In: Geographische Rundschau, (53)3, 38 ff.

Varwick, J./Knelangen, W. (Hrsg.) (2004): Neues Europa – alte EU? Opladen.

Weinbrenner, U. (1998): Erziehung zu europäischer Solidarität durch geographische Schulbücher der Sekundarstufe I. Nürnberg.

Internetadressen

http://www.myeurope.eun.org

http://www.eurogeo.org (Netzwerk der europäischen Schulgeographen)

http://www.eun.org (European Schoolnet – Unterrichtsmaterialien und Kommunikationsmöglichkeiten)

http://www.europarl.de/zukunftsdebatte (Zukunftsdebatte auf der deutschen Homepage)

http://www.europarl.eu.int/europe2004/default.htm (Forum mit aktuellen Informationen und Stellungnahmen)

http://www.europa.eu.int/futurum/index_de.htm (zum Mitdiskutieren mit Beiträgen aus Politik und Wirtschaft)

http://www.european-convention.eu.int/default.asp?lang=DE (Webseite des Europäischen Konvents)

http://www.europa.eu.int/comm/eurostat

http://eduspace.esa.int

http://kids.esa.int

http://www.coe.int (Naturopa)

http://www.partbase.eupro.se

Leitthema B – Grenzen von Wachsen und Schrumpfen

Sitzung 1: Schrumpfung und Entgrenzung in der Stadtentwicklung

Frauke Kraas (Köln) und Ulrike Sailer (Trier)

Die Erde ist inzwischen ein Stadtplanet. Im Jahr 2005 lebt erstmals mehr als die Hälfte der Menschen in Städten, um 1900 waren es nur rund zehn Prozent. Und nach Schätzungen der Vereinten Nationen nimmt die städtische Bevölkerung um 200 000 pro Tag weiter zu. Die Stadt als spezifische Raumorganisation ist damit der klare Sieger im zivilisatorischen Ausleseprozess.

Besonders markant ist die Urbanisierung in Entwicklungsländern. Mit hoher Dynamik breiten sich Megastädte in ihr Umland aus. Gravierende Folgen sind Arbeitslosigkeit, Unterbeschäftigung, Informalisierung, soziale Desorganisation und wachsende Kriminalität, menschenunwürdige hygienische Verhältnisse, hohe Sterblichkeit und Umweltzerstörung. Millionen von Menschen leben in Entwicklungsländern in informellen Siedlungen. Der scheinbar grenzenlose Verstädterungsprozess hat in Entwicklungsländern inzwischen auch ehemalige Kleinstädte erreicht. Der amerikanische Stadtforscher Mike Davis hat angesichts der dynamischen Urbanisierung und ihrer Folgen 2004 die Erde als „planet of slums" bezeichnet, und die UN Habitat stuft in ihrem Bericht über die Lage der Städte in der Welt 2004/05 die Verstädterung des Südens als „Wettlauf in den Abgrund" ein. Zentrale Ursache für diese Bewertung ist, dass Verstädterung und Wirtschaftswachstum heute in Entwicklungsländern weitgehend entkoppelt sind, im Gegensatz zur Urbanisierungsphase während der Industrialisierung im 19. und 20. Jahrhundert in Europa und den USA. Wirtschaftliches Wachstum aber ist die grundlegende Voraussetzung für den Rückbau der immensen Probleme im Zusammenhang mit der dynamischen Urbanisierung in Entwicklungsländern.

Im Gegensatz zur Wachstumsproblematik in den meisten Teilen der Welt bestimmt in Europa die Debatte um schrumpfende Städte die wissenschaftliche und planerische Diskussion. Bisher sind schrumpfende Städte auf Altindustrieregionen beschränkt, mit wegbrechender industrieller Basis und ohne ausreichende Arbeitsplatzkompensation über den Dienstleistungssektor. Wegen des demographischen Wandels und seiner Rückkoppelungseffekte wird die schrumpfende Stadt in Europa aber bald der Normalfall sein. Nur wenige wirtschaftlich besonders starke Städte werden mittelfristig noch auf dem Wachstumspfad sein. Mit der Stadtschrumpfung sind massive Problemlagen verbunden. Sie zeigen sich bereits heute nahezu flächendeckend in Ostdeutschland und gehen weit über die bauliche Ebene hinaus. Negative Effekte betreffen den Wohnungs- und Arbeitsmarkt, die kommunale Finanzsituation, der Sog der Abwärtsspirale betrifft aber auch die Infrastruktur. Hierdurch und über sozialräumliche Polarisierungsprozesse wird die Lebensqualität in schrumpfenden Städten erheblich eingeschränkt.

Damit ist die Lebens- und Überlebensfähigkeit des Systems Stadt in der heutigen Funktion in Frage gestellt, in Entwicklungsländern und in Industrieländern – trotz der Gegenläufigkeit von scheinbar unbegrenzter Verstädterung im Süden sowie Schrumpfung und Stadtumbau im Norden. Aus ökonomischen und ökologischen Gründen ist die Urbanisierung aber nicht umkehrbar. Daher sind sozialverträgliche Lösungsansätze, neue Formen kommunikativer Steuerung und vor allem lokal angepasste *urban governance* erforderlich.

Vor diesem Problemhintergrund wurde die Leitthemensitzung in zwei Blöcken konzipiert. Im Beitrag von Jürgen BÄHR und Ulrich JÜRGENS wird die Verstädterung in den Metropolen des Südens bilanziert, mit speziellem Fokus auf Lateinamerika und das subsaharische Afrika. Der Beitrag von Thomas KRAFFT problematisiert am Beispiel des Gesundheitssektors die grundlegenden Fragen von *urban governance* und Steuerbarkeit in Megastädten.

Der zweite Block ist dem Problemfeld der schrumpfenden Stadt gewidmet. Der Fokus liegt speziell auf Ostdeutschland, da schrumpfende Städte dort bereits heute der Normalfall sind. Der Beitrag von Sigrun KABISCH diskutiert den Stadtumbau in Ostdeutschland und die Möglichkeiten und Grenzen eines geordneten Schrumpfungs- und Rückzugsprozesses. Monika ALISCH greift mit ihrem Beitrag das Problemfeld der sozialen Stadtentwicklung auf und diskutiert Möglichkeiten und Grenzen von Entwicklungsstrategien zum Abbau von sozialer Ausgrenzung und Polarisierung.

Grenzenloses Wachstum in den Metropolen des Südens? Sozialräumliche und planerische Konsequenzen im Vergleich zwischen Lateinamerika und dem subsaharischen Afrika

Jürgen Bähr (Kiel) und Ulrich Jürgens (Siegen)

1 Einleitung und Fragestellung

Ausgangspunkt der weiteren Überlegungen ist der im Titel genannte Begriff des „Wachstums". Dieser wird nicht nur auf das Wachstum der Bevölkerung bezogen, sondern umfasst auch wirtschaftliches Wachstum und (wirtschaftliche) Entwicklung. Das Fragezeichen deutet daraufhin, dass die Antwort auf die Themenfrage differenziert ausfallen wird: sowohl im Hinblick auf die unterschiedlichen Elemente des Wachstumsbegriffes als auch im Vergleich der beiden Großregionen.

Aus den empirischen Befunden zu den so definierten Rahmenbedingungen der Stadtentwicklung werden verschiedene sozialräumliche und planerische Konsequenzen abgeleitet, die sich mit den Stichworten Informalisierung, Fragmentierung und *urban governance* umschreiben lassen. Letztlich geht es darum, das auf KOOLHAAS zurückgehende Konzept der „Generic City" als Zukunftsvision kritisch zu hinterfragen. In mehreren umfangreichen Büchern und vielen Aufsätzen hat KOOLHAAS (z. B. 1996, 1997) Strukturmuster und Organisationsformen der zukünftigen Stadt entworfen. Dabei dient ihm neuerdings Lagos als Musterbeispiel und „faszinierender Vorläufer für eine neue Art robuster städtischer Überlebensstrategie" (GANDY 2004, 22). Wachstum und Wandel der Stadt werden „als ein sich selbst regulierendes System begriffen" (ebd.). Was auf den ersten Blick als Chaos erscheinen mag, wird von der Schule um Koolhaas „als ein höchst komplexes Netzwerk sozialer und ökonomischer Beziehungen [gesehen], das aus den beschränkten Ressourcen das Bestmögliche herausholt" (ebd.). Eine exakte Definition von Generic City wird nirgendwo gegeben, so dass hier nur einige Stichworte zusammengestellt sind, mit denen das Generische, Chaotische und Identitätslose dem Geplanten, Geordneten und Identitätsstiftenden gegenübergestellt wird (AMHOFF 2003, 128):

- multikulturelle und multiethnische Bevölkerung
- weitreichende Homogenisierung städtischer Strukturen (endlose Wiederholung der gleichen Muster)
- Verlust des Zentrums, Auseinanderfließen der Städte („density on the decrease")
- Fraktale Stadtstrukturen („Stadt der Inseln")
- Ende des „public space" (Umnutzung, Abschottung)
- Architektur ohne Urbanität (pragmatische, austauschbare Architektur)
- neue Formen von „flexible governance" („death of planning")

2 Empirische Befunde

Folgende charakteristische Unterschiede bzw. Gemeinsamkeiten kennzeichnen die Fallstudienregionen in Afrika und Lateinamerika:

Bevölkerung und Fläche
- Die Wachstumsraten der städtischen Bevölkerung sind in den beiden Großräu-

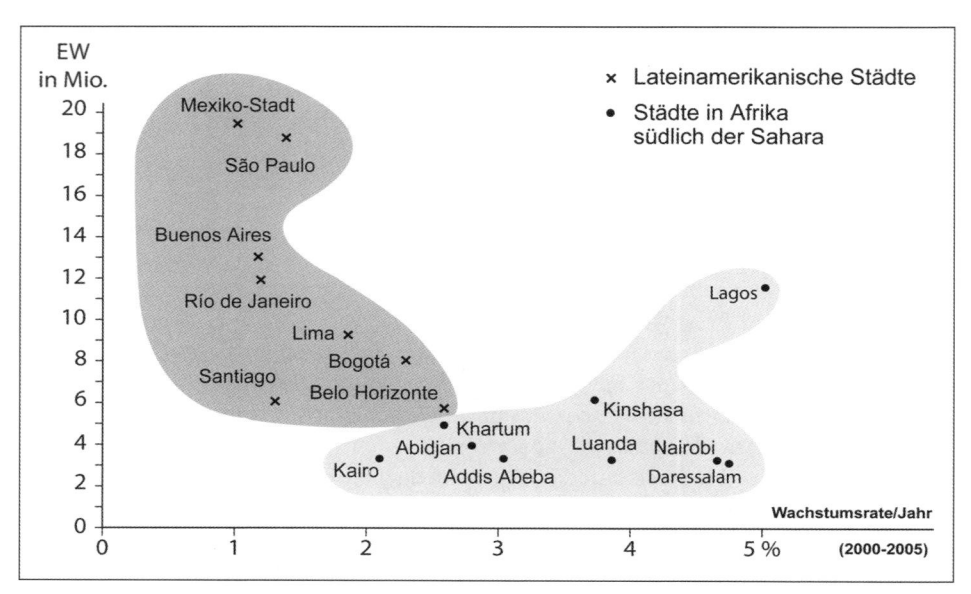

Abb. 1: Einwohnerzahlen und Wachstumsraten der größten Städte in Lateinamerika und Afrika südlich der Sahara (Quelle: UN 2004)

men höchst unterschiedlich; sie betragen in Afrika südlich der Sahara ca. 4 %, in Lateinamerika knapp 2 % pro Jahr (2000–2005; nach UN 2004).
- Die bedeutendsten Städte Lateinamerikas sind sehr viel größer als diejenigen Afrikas, wachsen aber nur noch vergleichsweise langsam, während in vielen Städten Afrikas Wachstumsraten von 5 % erreicht werden (Abb. 1).
- In Lateinamerika gibt es erste Anzeichen für ein *polarization reversal* im demographischen Sinne, d. h. umgebende Städte wachsen schneller als die Zentren. Dies zeigt sich schon länger in São Paulo und Mexiko-Stadt, neuerdings auch in anderen Metropolen wie beispielsweise Santiago, wo die Binnenwanderungsbilanz im Zeitraum 1997–2002 erstmals negativ geworden ist (BÄHR 2004, 41 ff.).
- Mit dem Bevölkerungswachstum geht ein (häufig ungeplantes) Wachstum der städtischen Fläche einher: In Nairobi hat z. B. die Bevölkerung zwischen 1975 und 2000 nach UN (2004) um mehr als das Zweieinhalbfache zugenommen; aus Satellitenbildauswertungen ist zu entnehmen, dass sich die Fläche zwar stark, aber nicht im gleichen Maß ausgedehnt hat. Abgeschwächt gilt dies auch für Mexiko-Stadt mit einem Bevölkerungswachstum von 69 %, d. h. räumliches Wachstum (*urban sprawl*) und Verdichtung gehen miteinander einher.
- In vielen afrikanischen Städten ist die Verdichtung seit langem weit fortgeschritten, so dass man von *crowding* sprechen kann. Die durchschnittliche Wohnfläche pro Person beträgt vielfach weniger als 5 m^2 (WORLD BANK 2005). In Lateinamerika hat die *squatter suburbanisation* teilweise dazu geführt, dass einzelne Städte vorübergehend schneller an Fläche als an Bevölkerung zugenommen haben.

Wirtschaft und Arbeitsplätze
- In keinem anderen Großraum als Afrika südlich der Sahara gab es eine so lange Zeit der negativen Korrelation zwischen Bevölkerungswachstum und wirtschaftlichem Wachstum pro Kopf; es belief sich 1980–90 auf -1,2 % und 1990–2003

im Jahresdurchschnitt auf 0,3 % (WORLD BANK 2005); erst in jüngster Zeit sind bescheidene Fortschritte zu verzeichnen. Im Vergleich zu Ostasien/Pazifik mit 6,5 %/Jahr (1990–2003) steht aber auch Lateinamerika (1,2 %) nicht besonders günstig da.
- Für die Schaffung von Arbeitsplätzen spielt nicht nur das Wirtschaftswachstum, sondern auch die Wirtschaftspolitik eine bedeutsame Rolle. Überall wird ein neoliberaler Kurs verfolgt, verbunden mit Strukturanpassungsprozessen. Das bedeutete u. a. eine Freisetzung von Arbeitskräften. Nicht zuletzt im Staatsdienst sind fast überall Arbeitsplätze verloren gegangen. Dies wiegt umso schwerer, als zumindest in Afrika der Staatsdienst die „engine of employment growth" (ROGERSON 1997) war.
- Die Unterschiede zwischen beiden Großräumen sind allerdings erheblich: Lagos wird z. B. von GANDY (2004, 30) als „postproduktive Stadt" bezeichnet, während São Paulo noch immer eine große Industriestadt mit „Ablegern" fast aller großen europäischen und nordamerikanischen Konzerne ist.

Wirtschaftliche Entwicklung
- In Afrika südlich der Sahara ist der Anteil der Armutsbevölkerung sehr hoch und beläuft sich je nach Definition auf die Hälfte bis Dreiviertel der Bewohner; im Gegensatz zu anderen Großräumen und auch zu Lateinamerika hat die Armutsbevölkerung zwischen 1981 und 2001 sogar noch zugenommen (WORLD BANK 2005). Von wenigen Ausnahmen abgesehen gilt dies auch für die städtische Bevölkerung (Abb. 2).
- Dass sich die „Schere zwischen Arm und Reich" im Zuge von Strukturanpassung und neoliberalen Reformen weiter geöffnet hat, kann man daran ablesen, dass der Anteil der ärmsten 20 % der Bevölkerung am Gesamteinkommen im zeitlichen Verlauf fast überall abgenommen hat (z. B. in der Elfenbeinküste von 7,1 % in

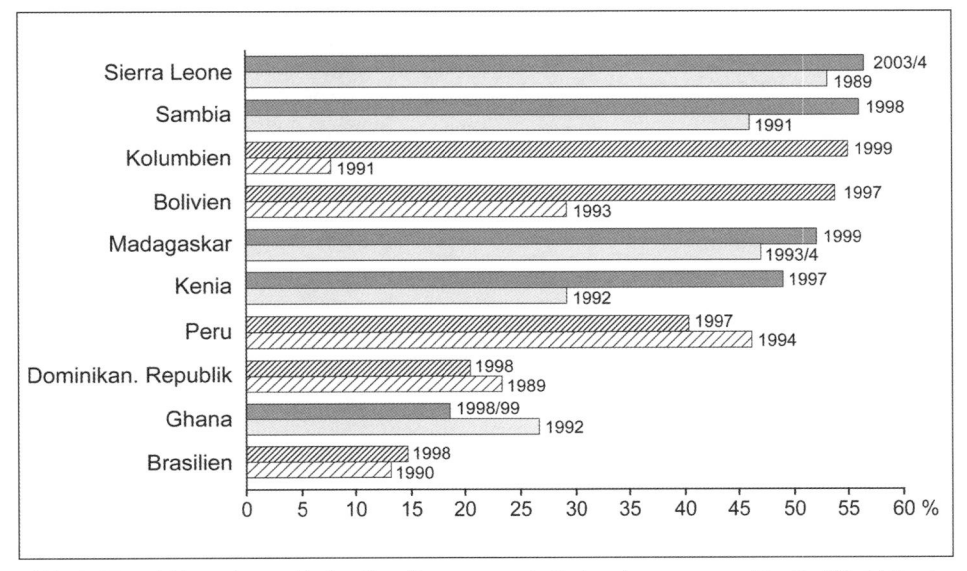

Abb. 2: Entwicklung der städtischen Bevölkerung unterhalb der Armutsgrenze (Quelle: World Bank 2000 u. 2005)

1998 auf 5,2 % in 2002 oder in Mexiko von 3,6 % in 1995 auf 3,1 % im Jahr 2000; nach WORLD BANK 2000; 2005). Insgesamt sind die sozialen Gegensätze in Lateinamerika sogar noch größer als in Afrika.

3 Konsequenzen
3.1 Informalisierung

Zunehmende städtische Bevölkerung – aufgrund selektiver Wanderungsprozesse insbesondere in bestimmten Altersgruppen – bei gleichzeitiger Freisetzung von Arbeitskräften vor allem im Staatsdienst bedingen einen Druck auf den informellen Sektor, der in Afrika Ende der 1990er Jahre 72 %, in Lateinamerika 51 % der städtischen Beschäftigung und 41 bzw. 29 % des nicht-landwirtschaftlichen BIP ausmacht (ILO 2002). Die Unterschiede zwischen einzelnen Ländern sind allerdings erheblich und schwanken bei der Beschäftigung zwischen 20 % und 80 %. Aus den wenigen vorliegenden Zeitreihen für einzelne Staaten ergibt sich, dass der Anteil des informellen Sektors überall im Wachsen begriffen ist (Abb. 3).

Die Bewertung des informellen Sektors in seiner Rolle als „Jobmaschine" ist sehr unterschiedlich. Um die Frage nach den vom informellen Sektor ausgehenden wirtschaftlichen Impulsen beantworten zu können, ist es notwendig, ihn zumindest in zwei große Gruppen zu unterteilen, die *micro-and-small-enterprises*, die eine wenn auch geringe Zahl von Arbeitskräften beschäftigen, und die *survivalists*, die meist auf eigene Rechnung arbeiten oder als abhängig Beschäftigte tätig sind. Große Hoffnungen haben internationale Organisationen, allen voran die ILO, auf die erste Gruppe gesetzt. Empirische Untersuchungen, wie z. B. von PRANGER (2005) für die beiden Städte Maputo und Durban, sind jedoch wenig ermutigend. Sie zeigen, dass die *survivalists* den informellen Sektor dominieren (in Durban 86 %, in Maputo 92 %) und er vor allem durch den „Neueintritt" weiterer *survivalists* wächst, wodurch sich die Lebensbedingungen aller davon Abhängigen tendenziell verschlechtern. Die von der ILO vorgelegten Zahlen unterstreichen dies: *self employment* macht 70 % aller nicht-landwirtschaftlichen informellen Beschäftigung aus. In Lateinamerika ist der Prozentsatz mit 60 % nicht wesentlich geringer (ILO 2002).

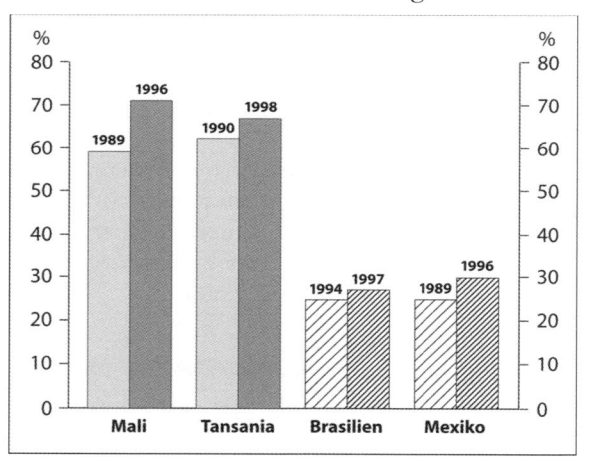

Abb. 3: Wachstum des informellen Sektors (Anteil an der städtischen Bevölkerung) (Quelle: ILO, versch. Jahre)

Zur Informalisierung der städtischen Wirtschaft tritt die Informalisierung des städtischen Wohnens (BÄHR 2005, JÜRGENS 2005). Informelle Siedlungen, die aus Landbesetzungen oder nicht genehmigten Parzellierungen hervorgegangen und meist mit unzureichender Infrastruktur ausgestattet sind, nehmen weite Flächen der Peripherie ein. Nach Schätzungen von UN-Habitat (2003) leben in Afrika südlich der Sahara 72 % der städtischen Bevölkerung unter unzureichenden Wohnbedingungen in größtenteils informell entstandenen Siedlungen; in Lateinamerika sind es mit 32 % wesentlich weniger. Auf der Ebene einzelner Städte sind die Unterschiede noch ungleich größer und schwanken auch innerhalb der beiden Großräume, ohne dass sich allerdings der ausgeprägte Gegensatz zwischen Lateinamerika und Afrika auflöst. Extrembeispiele sind das von Zuwanderungs- und Flüchtlingswellen regelrecht überrollte Luanda, von dem es heißt „the city is no longer urban, the city has become a musseque [Hüttenviertel; Anm. d. Autors]" (AMADO/CRUZ/HAKKERT 1994, 114) und Santiago de Chile, wo man kaum noch Hüttenviertel – und sei es in konsolidierter Form - sieht.

3.2 Fragmentierung

Die Öffnung der „sozialen Schere" als Folge von Strukturanpassung und weltweitem Wettbewerb hat auch räumliche Konsequenzen. In seinem „Modell der globalen Fragmentierung" unterscheidet SCHOLZ (2000) drei Raumkategorien, die sich auch auf die Städte übertragen lassen: globale Orte, globalisierte Orte und die von Marginalisierung und Massenarmut bestimmte und ausgegrenzte Restwelt. Die Zunahme der Kriminalität oder auch ein größeres Unsicherheitsempfinden führt dazu, dass sich die „Gewinner" immer stärker abschotten und sich in *gated communities*, d. h. bewachte und zugangskontrollierte Wohnkomplexe, zurückziehen. Sie leisten damit einer Privatisierung von Räumen Vorschub, die aber nicht auf den Wohnbereich beschränkt bleibt, sondern ebenso für die neuen Büro- und Gewerbeparks, großflächige Malls etc. gilt. Ergebnis ist eine Fragmentierung der Stadtstruktur in funktionaler und sozialräumlicher Hinsicht. Damit ist eine neue Form der Entmischung von Funktionen und sozialräumlichen Elementen gemeint. Großräumige Gegensätze, z. B. zwischen den Wohngebieten der Reichen und der Armen, lösen sich mehr und mehr zu Gunsten kleinräumiger Gegensätze und Inselstrukturen auf.

Offenbar ist die Entwicklung in Lateinamerika sehr viel weiter vorangeschritten als in Afrika südlich der Sahara, worüber es – abgesehen von Südafrika – aber kaum empirische Untersuchungen gibt. Für die großen lateinamerikanischen Städte ist der „Siegeszug" der *gated communities* gut dokumentiert (JANOSCHKA/BORSDORF 2006). In Santiago de Chile sind allein im Jahrzehnt 1990–2000 über 2300 *gated communities* (ca. ein Drittel als Komplexe von Eigenheimen, zwei Drittel als Apartmentkomplexe) entstanden (HIDALGO 2004). Diese konzentrieren sich nicht länger ausschließlich auf die traditionellen Oberschichtviertel, sondern finden sich in gut erreichbarer Lage in der Nähe von Stadtautobahnen und Metrostationen überall im Stadtgebiet (MEYER-KRIESTEN/BÄHR 2004). Über die Gründe für die Bevorzugung von *gated communities* gehen die Auffassungen auseinander, und es ist anzunehmen, dass es auch Unterschiede zwischen einzelnen Städten gibt. Die schon im Standardwerk von BLAKELY/SNYDER (1997) bezogen auf die USA geführte Diskussion „security versus lifestyle" lässt sich auf Lateinamerika übertragen. Während JANOSCHKA (2002) in Bezug auf Nordelta in Buenos Aires von der „Mär der Flucht vor Gewalt" spricht und damit eher Lebensstilfaktoren wie homogene Nachbarschaft als Erklärungsansatz heranzieht, macht PLÖGER (2005) im Falle von Lima stärker die Furcht vor Kriminalität bzw. ein größeres Unsicherheitsempfinden für die zunehmende Abschottung verantwortlich. Die Inselstruktur der Wohngebiete wird noch dadurch verstärkt, dass sich ursprünglich frei zugängliche Stadtviertel informell – vielfach gegen gesetzliche Regelungen verstoßend – abschotten. Lima ist ein Beispiel dafür, dass dieser Prozess von den Wohnbereichen der wohlhabenderen Bevölkerungsgruppen ausgegangen ist und sich mittlerweile selbst innerhalb von *bar-*

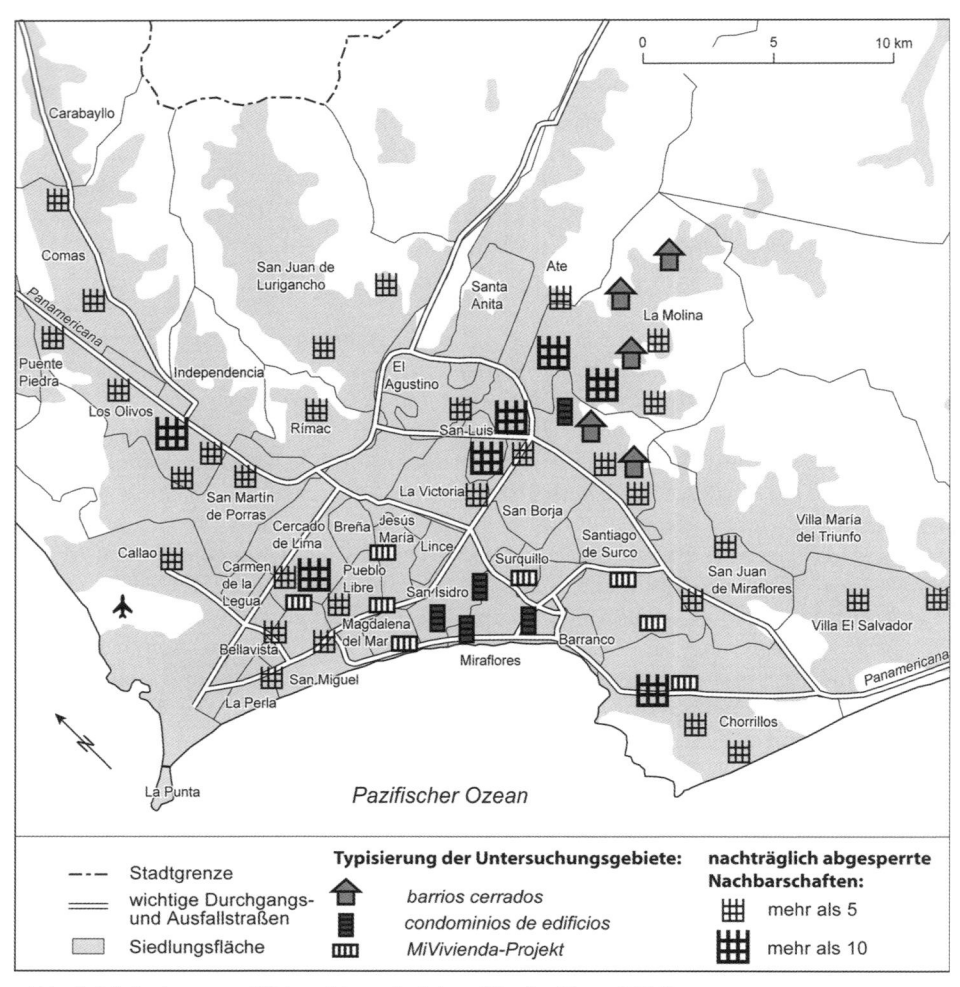

Abb. 4: Verbreitung von Wohnenklaven in Lima (Quelle: Plöger 2005)

riadas Nachbarschaften mittels Zugangssperren (Schranken, Wächter) abgrenzen. PLÖ-GER (2005) spricht von einer „Condominisierung", die innerhalb weniger Jahre die gesamte Stadt erfasst hat (Abb. 4).

In Afrika südlich der Sahara haben – abgesehen von südafrikanischen Metropolen – sowohl *gated communities* als auch neue *shopping center* oder gar *edge city*-artige Strukturen eine (noch) sehr viel geringere Bedeutung. Das liegt im ersten Fall daran, dass der „Markt" für den Absatz dieser neuen Wohnformen sehr viel kleiner ist. Die funktionale Fragmentierung, die sich bislang auf eine Aufspaltung des CBD beschränkt (vgl. Abb. 5 für Accra), wird vor allem deshalb gebremst, weil der Motorisierungsgrad um ein Vielfaches geringer als in Lateinamerika ist (z. B. Brasilien 135, Ecuador 27, aber Nigeria 2, Tansania 1 Pkw/10 000 Ew.; nach STATIST. BUNDESAMT) und so die Erreichbarkeit neuer *shopping center* und anderer Einrichtungen am Stadtrand für die Masse der Bevölkerung nicht gegeben ist. Ebenso ist die internationale Vernetzung sehr viel geringer und damit fehlen größere ausländische Investitionen, wie man am Vergleich des Engage-

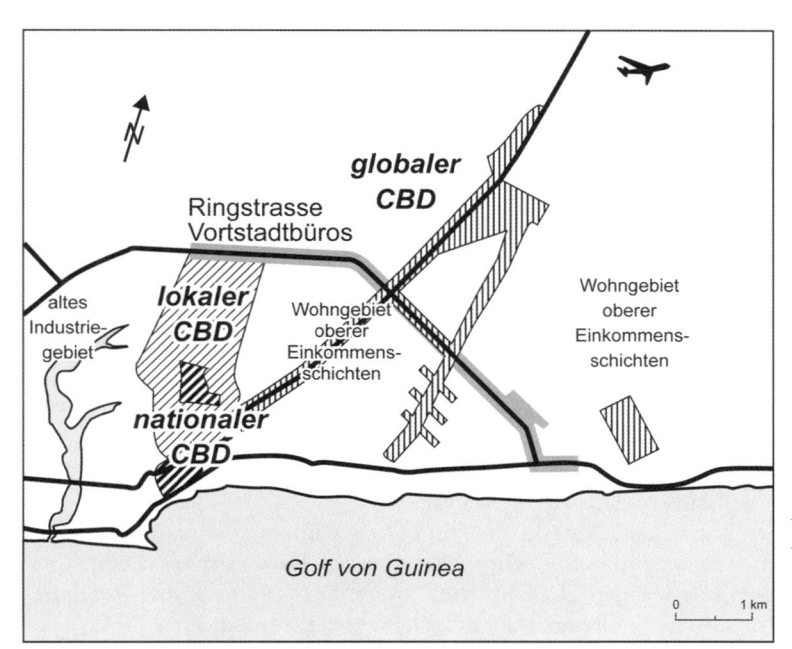

Abb. 5: Aufspaltung des CBD in Accra (Quelle: Grant/Nijman 2002)

ments der Intercontinental/Holiday-Inn-Hotelgruppe in Lateinamerika und Afrika unschwer sehen kann (Lateinamerika 144, Afrika südlich der Sahara 42 Hotels).

3.3 Urban governance

Es stellt sich die Frage, wie diese Städte beplant, ja beplanbar und regierbar sind. Das Konzept der *urban governance* fragt nach den rechtlichen, administrativen und finanziellen Rahmenbedingungen, nach Handlungsspielräumen unterschiedlichster Akteursgruppen innerhalb der Stadt, nach Formen der Kontrolle und Steuerung einer Stadt, nach Möglichkeiten formeller oder informeller Partizipation städtischer Akteure an Entscheidungsprozessen. Dabei ergeben sich für Lateinamerika und Afrika einerseits Gemeinsamkeiten, andererseits deutliche Unterschiede:

- Gemeinsam ist der Bedeutungsverlust des Staates. Ist er in Lateinamerika jedoch eher im Zuge neoliberaler Reformierung „geplant", um auch die Zivilgesellschaft und damit die kommunale Bürgerbeteiligung zu stärken, sind weite Teile Afrikas noch immer entweder von politischer Ohnmacht oder Repression geprägt. Noch viel stärker als in Lateinamerika ist informelle Selbsthilfe notwendig, um in den großen Städten nicht nur zu leben, sondern auch zu „überleben".
- Gemeinsam ist auch die zunehmende Privatisierung des ursprünglich öffentlichen Raumes: In Lateinamerika ist es paradoxerweise das („gewollte"?) Ergebnis von Dezentralisierung, Entstaatlichung und Partizipation, in Städten wie Lagos einer laissez faire-„Strategie" (?), die zur zigtausendfachen individuellen Aneignung von Land führt, wo es keinen privaten Bodenmarkt gibt und selbst die verwaltungsmäßige Demarkierung der Metropole unklar bleibt.
- Städtische Verwaltung, Stadtplanung, Grundbuchämter und ein funktionierender (formeller) Bodenmarkt sind im Vergleich zu Teilen Afrikas weitestgehend existent in Lateinamerika. Der Zufluss an Steuern kann hier eine Grundinfrastruk-

- tur gewährleisten, die in Städten wie Kinshasa nur rudimentär ist.
- Die lateinamerikanischen Gesellschaften sind von einer deutlich größeren Mittelschicht geprägt als die afrikanischen, die als machtvolles politisches, soziales und wirtschaftliches Regulativ gegenüber dem Staat wirken kann. Die Demokratisierung Lateinamerikas hat zudem zu größerer Transparenz bei staatlichen und kommunalen Entscheidungen geführt.
- Vornehmlich in Afrika südlich der Sahara wird die Bedeutung des Staates durch Familie, Clan, religiöse und ethnische Zugehörigkeiten ersetzt. Sie sind die entscheidenden Träger letztendlich informeller *governance*.

4 Fazit

Greift man die Überlegungen von KOOLHAAS, der kulturelle und historische Besonderheiten unberücksichtigt lässt, abschließend auf, zeigt sich folgendes Bild:

- Der Urbanisierungsgrad ist in Lateinamerika deutlich höher als in Afrika südlich der Sahara. Entsprechend groß ist in Afrika das „aufholende" Potenzial einer Verstädterung über die nächsten Jahrzehnte.
- Städtische Strukturen und Funktionen sind in Lateinamerika formalisierter als in weiten Teilen Afrikas und damit sehr viel stärker in globale Prozesse eingebunden. Mit Ausnahme weniger „Leuchttürme" wie Dakar, Nairobi oder Johannesburg sind afrikanische Städte nicht in globale Netzwerke integriert.
- *Urban sprawl* ist infolge der geringen Motorisierung in Afrika nur gering ausgeprägt. „Entdichtung" ist hier eher einer baulichen (Nach-)Verdichtung gegenüberzustellen.
- Die soziale Fragmentierung spiegelt sich in den städtischen Strukturen Lateinamerikas sehr viel deutlicher wider als in Afrika, wo eine raumprägende Mittelschicht weitestgehend fehlt. Fehlende Fragmentierung ist hier eher das Zeichen einer noch umfassenderen gesellschaftlichen Armut.
- *Public space* ist auf dem Rückzug: in Lateinamerika als Ergebnis neoliberaler Politik und demokratisierter „Planung", in Afrika in der Regel als Aneignungs- und Überlebensstrategie, um Platz zum Wohnen oder Arbeiten zu finden.
- „Planung ist tot": Flexible Anpassung an die Lebenswirklichkeit sowie Duldung oder Ignoranz seitens des Staates führen zu funktionierenden, aber unkoordinierten Bauinseln einerseits und zu chaotisch funktionierenden Gemeinwesen andererseits.

Existiert deshalb eine „Generic City"? Zumindest phänomenologisch, jedoch nicht homologisch, denn die Rahmenbedingungen klaffen in Lateinamerika und Afrika südlich der Sahara noch zu weit auseinander. Zu bedenken ist abschließend, dass es sich bei dem Vergleich um eine sehr weitgehende Vereinfachung handelt, die die innerkontinentalen Ausdifferenzierungen unberücksichtigt lässt.

Literatur

AMADO, F. R./CRUZ, F./HAKKERT, R. (1994): Angola. In: Tarver, J. D. (Hrsg.): Urbanization in Africa: a handbook. Westport/Conn., 105-124.

AMHOFF, T. (2003): Reisen in „The Generic City". In: Thesis, (49)1, 127-136.

BÄHR, J. (2004): Demographischer Wandel und regionale Entwicklungspotentiale. In: Imbusch, P./Messner, D./Nolte, D. (Hrsg.): Chile heute: Politik – Wirtschaft – Kultur. Frankfurt/M. (= Bibliotheca Ibero-Americana, 90), 21-48.

BÄHR, J. (2005): Informalisierung der Städte im subsaharischen Afrika. In: Geogr. Rundschau, (57)10, 4-11.

BLAKELY, E. J./SNYDER, M. G. (1997): Fortress America: gated communities in the United States. Washington, D.C.

GANDY, M. (2004): Lagos trotz Koolhaas. In: Stadtbauwelt, (48)95, 20-31.

GRANT, R./NIJMAN, J. (2002): Globalization and the corporate geography of cities in the less-developed world. In: Annals Assoc. Amer. Geographer, (92)2, 320-340.

GRÖNLUND, B. (1999): Rem Koolhaas and the Generic City. In: http://hjem.getznet.dk/gronlund/koolhaas.html.

HIDALGO, R. (2004): De los pequeños condominios a la ciudad vallada: las urbanizaciones cerradas y la nueva geografía social en Santiago de Chile (1990-2000). In: Revista EURE, (30)91, 29-52.

INTERNATIONAL LABOUR OFFICE (ILO) (2002): Women and men in the informal economy: a statistical picture. Genf.

INTERNATIONAL LABOUR OFFICE (ILO) (versch. Jahre): World employment report. Genf.

JANOSCHKA, M./BORSDORF, A. (2006): Condomínios fechados and barrios privados: the rise of private residential neighborhoods in Latin America. In: Glasze, G./Webster, C./Frantz, K. (Hrsg.): Private neighborhoods: global and local perspectives. London, 92-108.

JANOSCHKA, M. (2002): Wohlstand hinter Mauern: private Urbanisierungen in Buenos Aires. Wien (= ISR-Forschungsberichte, 28).

JÜRGENS, U. (2005): Informelles Wohnen in Johannesburg. In: Geographie und Schule, (27)157, 20-25.

KOOLHAAS, R. (1996): Die wichtigsten Texte aus S, M, L, XL und die Projekte 1993-1996. Aachen (= Archplus, 132).

KOOLHAAS, R. (1997): La città generica – The Generic City. In: Rev. di Architectura, arredamento, arte, 791, 3-12.

KOOLHAAS, R./MAU, B. (1995): Small, medium, large, extra large. New York.

MEYER-KRIESTEN, K./BÄHR, J. (2004): La difusión de condominios en las metrópolis latinoamericanas: el ejemplo de Santiago de Chile. In: Revista de Geografía Norte Grande, 32, 39-53.

PLÖGER, J. (2005): Nachträglich und informell abgeschottete Nachbarschaften in Lima Metropolitana: die Verbreitung sozialräumlicher Kontrollmaßnahmen im Zuge zunehmender Unsicherheiten. Manuskript. Kiel.

PRANGER, I. (2005): The informal economy in Southern Africa. Diss. Innsbruck.

ROGERSON, M. (1997): Globalization or informalization? African urban economies in the 1990s. In: Rakodi, C. (Hrsg.): The urban challenge in Africa: growth and management of its large cities. Tokyo, 337-370.

SCHOLZ, F. (2000): Perspektiven des „Südens" im Zeitalter der Globalisierung. In: Geographische Zeitschrift, (88)1, 1-20.

UNITED NATIONS (UN): World urbanization prospects: the 2003 revision. New York.

UN-HABITAT (2003): Slums of the world: the face of urban poverty in the new millenium? Nairobi.

WORLD BANK (versch. Jahre): World development indicators. Washington, D.C.

Entgrenzung und Steuerbarkeit: Herausforderung für die Gesundheitsversorgung in den Megastädten Asiens

Thomas Krafft (München)

1 Einführung

Die enorme Dynamik des Bevölkerungs- und Flächenwachstums sowie der sozioökonomischen und ökologischen Veränderungen in megaurbanen Stadträumen bewirkt für einen hohen Anteil der Bevölkerung eine neue Qualität von Gesundheitsgefährdung bzw. -beeinträchtigung, die als „new urban penalty" bezeichnet werden kann. Herkömmliche Public Health-Strategien werden weder der Dynamik noch der Komplexität der Veränderungsprozesse gerecht, die in den Agglomerationsräumen die bestehenden Grenzen administrativer Zuständigkeiten überschreiten. Die Entwicklung der Infrastruktur der Gesundheitsversorgungssysteme kann in der Regel mit dem wachsenden Bedarf nicht Schritt halten, und die verschiedenen Reformansätze zur Stärkung der Leistungsfähigkeit und Wirtschaftlichkeit der Gesundheitssysteme scheitern nicht zuletzt an den unzureichenden oder ungeeigneten Steuerungsprozessen. In diesem Beitrag wird am Beispiel der Megaurbanisierung in Südasien und China die Entwicklung der verschiedenen Einflussfaktoren nachgezeichnet und deren Auswirkung auf die Vulnerabilität urbaner Bevölkerungsgruppen sowie urbaner Gesundheitssysteme diskutiert.

2 Umweltdegradation und urbane Gesundheit

Der rasche und anhaltende Urbanisierungsprozess in Indien und China bewirkt eine weitgehende Veränderung der physischen Umwelt und der städtischen Sozialstrukturen. Obwohl diese Prozesse grundsätzlich alle Städte erfassen, führen sie bei hoher Wachstumsdynamik insbesondere in den Megastädten zur Überlastung der städtischen Infrastruktur und Dienstleistungen sowie zur Überforderung der Stadtverwaltungen. Ein zunehmender Anteil der Bevölkerung in den Megastädten lebt marginalisiert, ohne Zugang zu angemessenen Wohnungen, ohne sichere Wasserversorgung, soziale Absicherung und ausreichende Gesundheitsversorgung. Schadstoffemissionen in die Luft führen zu einer hohen Prävalenz von Atemwegserkrankungen. Dabei bleiben die Auswirkungen nicht auf die Stadtbewohner und ihr unmittelbares Umfeld beschränkt. Vielmehr haben die Schadstoffemissionen der Megastädte ein Ausmaß erreicht, das dem kleinerer Industriestaaten vergleichbar ist und damit erheblich zum Globalen Umweltwandel beiträgt (vgl. GURJAR et al. 2004, GURJAR/LELIEVELD 2005, MOLINA/MOLINA 2004, WANG/YANG 2005). Die urbane Wasserkrise, d. h. die nicht ausreichende Verfügbarkeit hygienisch sicheren Trinkwassers für alle Stadtbewohner sowie die nicht hinreichende Abwasserentsorgung, ist eine weitere Ursache für hohe Gesundheitsbelastungen insbesondere der Bevölkerung in Marginalsiedlungen (vgl. u. a. RUET et al. 2002). Aber auch Steuerungsdefizite beim Abfallmanagement sind ein Faktor, der ebenso wie die steigenden Unfallzahlen im Straßenverkehr und am Arbeitsplatz die Gesundheit der Stadtbewohner negativ beeinflusst (vgl. u. a. KÖBERLEIN 2005, KRAFFT/WOLF/AGGARWAL 2003).

3 Wiederkehrende und neu auftretende Infektionskrankheiten

Neue und wiederkehrende Infektionskrankheiten halten weltweit eine prominente Position bei den Haupttodesursachen (vgl. Abb. 1) und können erhebliche ökonomische Folgewirkungen für die betroffenen Regionen und darüber hinaus auslösen (vgl. Abb. 2). Der anthropogen beeinflusste Globale Wandel trägt wesentlich zum Auftreten neuer Infektionskrankheiten bei, und eine Bandbreite von sozialen, ökonomischen, politischen, technischen, klimatischen und ökologischen Faktoren beeinflussen das Ausbreitungsmuster und die Auswirkungen von Infektionskrankheiten auf die betroffenen Populationen (PATZ et al. 2000, EPSTEIN/MILLS 2005).

Metropolen als Knotenpunkte der globalen Verkehrsnetze spielen eine entscheidende Rolle bei der Verbreitung neuer Krankheitserreger (HUFNAGEL et al. 2004). Urbanisierung und Landnutzungswandel tragen zur Veränderung von Umweltbedingungen bei, die u. a. den Ausbruch von Infektionskrankheiten durch Offenlegung neuer Übertragungswege auslösen können. Ungeplante und unkontrollierte Urbanisierungsprozesse sowie die aus der urbanen Wasserkrise resultierende Notwendigkeit für Millionen urbaner Haushalte, Trink- und Brauchwasser zwischenzuspeichern, spielen z. B. eine entscheidende Rolle bei der Wiederkehr und raschen Verbreitung des „Dengue Hemorrhagic Fever" und seiner Entwicklung zu einer inzwischen weitgehend urbanen Krankheit (STEPHENSON 2005). Der Pestausbruch in der indischen Millionenstadt Surat in den 1990er Jahren sowie der SARS-Ausbruch in Chinas Pearl River Delta weisen auf die ökonomische Verwundbarkeit von Groß- und Megastädten sowie der sie umgebenen Wirtschaftsregionen beim Auftreten von Gesundheitskrisen hin. Ein Vergleich der in den Abbildungen 1 und 2 auf der Grundlage von Schätzungen dargestellten Größenordnungen der Folgen von Infektionskrankheiten verdeutlicht, dass medizinische (Abb. 1) und ökonomische Relevanz (Abb. 2) nicht zwingend deckungsgleich sein müssen.

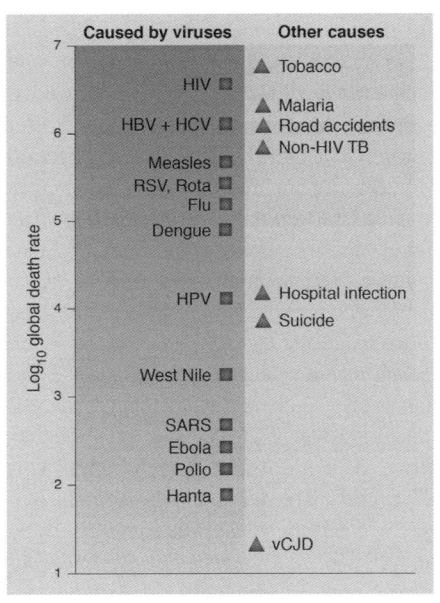

Die nebenstehende logarithmische Skala, die von WEISS/MCMICHAEL (2004, 72) unter dem Titel „Natural Weapons of Mass Destruction placed on a ‚Richter Scale'" veröffentlicht wurde, stellt einen Versuch dar, plakativ angenäherte globale Mortalitätsraten bezogen auf das Jahr 2003, gelistet nach ausgewählten Todesursachen, zu visualisieren.

An der Spitze liegen HIV und Tabakkonsum. Trauma als Folge von Straßenverkehrsunfällen hat weiterhin die höchste Steigerungsrate mit über 90 % in den Entwicklungsländern. Im Vergleich zu den enormen ökonomischen (vgl. Abb. 2) und psychologischen Folgen insbesondere für die großen global vernetzten Agglomerationsräume hat SARS mit weniger als eintausend Todesfällen nur geringe Gesundheitsfolgen entwickelt.

(HBV, HCV = hepatitis B, C; RSV = respiratory syncytial virus; HPV = human papilloma viruses; vCLD = variant Creutzfeldt-Jacob diseases)

Abb. 1: „Natürliche Massenvernichtungswaffen" auf einer Richterskala nach Weiss/McMichael (2004, 72)

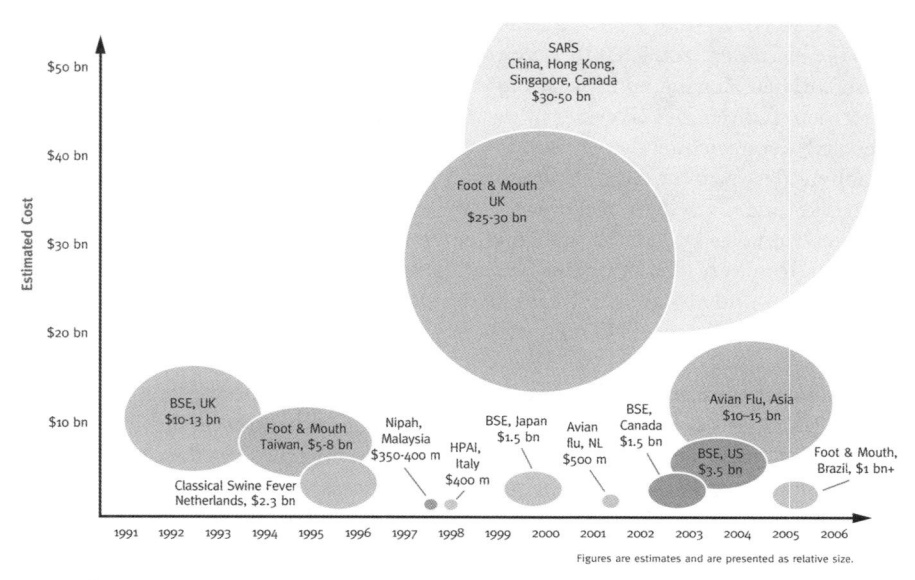

Abb. 2: Ökonomische Auswirkungen ausgewählter Infektionskrankheiten (Quelle: Newcomb 2005, 3)

Für die Steuerbarkeit der wirtschaftlichen Entwicklung und einer umfassenden Public Health-Strategie in Megastädten stellt die Entwicklung neuer und wiederkehrender Infektionskrankheiten eine bisher ungelöste Herausforderung dar.

4 Die neue Epidemie chronischer Erkrankungen

Neben den gesundheitlichen Folgen der erheblichen Umweltprobleme in Megastädten Südostasiens und Chinas belastet der rasche Anstieg der Inzidenzraten chronischer Erkrankungen zunehmend die Gesundheitssysteme. In Südasien steigen die Raten für Übergewicht, Adipositas, Bluthochdruck, koronare Herzerkrankungen, Apoplex und Diabetes insgesamt drastisch an. Die Weltgesundheitsorganisation prognostiziert für die kommende Dekade 89 Mio. vorzeitige Todesfälle, davon allein 60 Mio. in Indien, die durch chronische Erkrankungen verursacht werden (WHO 2005). Dabei ist der Anstieg in städtischen Gebieten und hier insbesondere in den Großstädten erheblich höher (GHAFFAR et al. 2004, REDDY et al. 2005). Die Prävalenz für Diabetes Mellitus steigt in Südasien schneller als in irgendeiner anderen Region der Welt, mit deutlichem Schwerpunkt in Städten. Indien weist die höchste absolute Zahl an Diabetes Mellitus-Fällen weltweit auf. In Bangladesh ist die Prävalenz in städtischen Regionen doppelt so hoch wie in ländlichen Gebieten. In Sri Lanka lag die Prävalenz 1999 bei 12 % in städtischen und 8 % in ländlichen Regionen und in Nepal bei 15 % bzw. 3 % (GHAFFAR et al. 2004, 808). Untersuchungen in China bestätigen – neben regionalen Unterschieden zwischen Nord- und Südchina – ebenfalls eine deutlich höhere Ausprägung von Risikofaktoren für cardiovaskulare Erkrankungen bei der städtischen Bevölkerung (GU et al. 2005). Der National Nutrition and Health Survey of China 2002, der mehr als 243 000 Personen in über 70 000 Haushalten landesweit erfasste, wies eine dreifach höhere Prävalenz von Diabetes Mellitus in Großstädten gegenüber ländlichen Siedlungen auf (YANG et al. 2005).

Zuerst und vor allem in den Megastädten vollzieht sich damit eine Entwicklung, bei der sich die in Städten zunächst besseren Rahmenbedingungen für gesunde Lebensverhältnisse und den Zugang zu Einrichtungen der Gesundheitsversorgung zumindest für einen großen Teil der Bevölkerung in das Gegenteil umkehren. Der Begriff „new urban penalty" kennzeichnet diese gesundheitliche und soziale Benachteiligung einer großen Zahl zumeist armer Stadtbewohner im Vergleich zu den Gesundheitsprofilen der Landbevölkerung. Aus dem Nebeneinander von klassischen bzw. neuen Infektionskrankheiten und Mangel-/Fehlernährung einerseits sowie chronischen Erkrankungen andererseits resultiert eine doppelte Gesundheitslast für die Bevölkerung. Dabei werden Infektions- und chronische Krankheiten durch die erheblichen Umweltbelastungen noch verstärkt (VLAHOV/GALEA 2002, KRAFFT/WOLF/AGGARWAL 2003).

5 Wirtschaftsboom und Krise des öffentlichen Gesundheitswesens

Der wirtschaftliche Boom, eine auf Dezentralisierung und Stärkung des Privatsektors ausgerichtete Gesundheitsreform sowie das Aufbrechen traditioneller sozialer Sicherungssysteme führen in den Städten Indiens und Chinas zu wachsenden Gegensätzen beim Zugang zur Gesundheitsversorgung. Obwohl der Erfolg der Wirtschaftsreformen und das rapide wirtschaftliche Wachstum in China wesentlich von der Zuwanderung billiger Arbeitskräfte aus den ländlichen Regionen in die städtischen Wirtschaftszentren abhängig war und ist, bleibt dem überwiegenden Teil der Migranten eine rechtliche Anerkennung mit Status als Stadtbewohner verwehrt. Zugewanderte Arbeitskräfte ohne formale Qualifikation sowie angelernte Arbeitskräfte können sich in der Regel nicht offiziell als Stadtbewohner registrieren lassen. Sie gehören damit zu dem großen Heer der Wanderarbeiter bzw. „floating population" (liudong renkou), die keinen oder einen nur eingeschränkten Anspruch auf städtische Sozial- und Gesundheitsdienstleistungen haben (ZHU 2003).

Ein stetig wachsender Teil der Stadtbevölkerung muss deshalb außerhalb geplanter und von der Regierung steuerbarer Strukturen leben und überleben: „Entire squatter settlements and transient villages are emerging, as newcomers float into the city unnoticed and unheralded. [...] from the perspective of health and health care, this situation represents a major concern. The huge increase in demand is likely to stretch the capacity of an already overburdened health care system in addition to which the presence of the 'floating population' represents a serious threat to local standards of public health" (SMITH/FAN 1995, 175). Die Benachteiligung der „floating population" resultiert aus einer Reihe von Faktoren: Zugangshürden zu einer angemessenen Gesundheitsversorgung entstehen demnach aus dem fehlenden Rechtsanspruch und aus dem niedrigen Sozialstatus, verbunden mit fehlenden finanziellen Mitteln, aus dem in der Regel niedrigeren Bildungsniveau und den ungenügenden gesundheitsrelevanten Grundkenntnissen sowie dem Fehlen eines adäquaten Versicherungsschutzes (ZHAN et al. 2002).

Die (gesundheits-)politische Tragweite des Problems wird daraus deutlich, dass weit mehr als einhundert Millionen Stadtbewohner, die der „floating population" zuzurechnen sind, keinen Zugang zu einer kontinuierlichen Gesundheitsversorgung haben. Der Ausbruch des Severe Acute Respiratory Syndrome (SARS) hat die Schwierigkeiten der chinesischen Gesundheitsbehörden deutlich gemacht, vor dem Hintergrund eines Millionenheeres von Arbeitsmigranten in den Städten auf unerwartete Gesundheitskrisen angemessen reagieren zu können. Die Asia Times (17.05.2003) bezeichnete unter Bezugnahme auf den SARS-Ausbruch die „floating population" als Chinas Achillesferse.

Ohne relevante Bindung an den Arbeitsort (Stadt), sei es in Form einer eigenen Wohnung, eines gesicherten Sozialstatus, des Zugangs zu Sozialleistungen oder eines zumindest mittelfristig sicheren Arbeitsplatzes tendieren Angehörige der „floating population" zum Verlassen der Stadt bei Ausbruch einer großen Krise, wie sie es im Falle von SARS getan haben. Damit trugen die Arbeitsmigranten zum Risiko der raschen Verbreitung des Virus erheblich bei. Auch Routineprogramme, wie etwa zur Kontrolle der Tuberkulose, haben nur einen eingeschränkten Erfolg, weil eine der Bevölkerungsgruppen mit dem höchsten Risiko (= „floating population") nicht ausreichend erfasst werden kann (TANG/SQUIRE 2005).

Die marktwirtschaftlich orientierte Reform des Gesundheitssystems in China, die auf eine Reduzierung der Aufwendungen der öffentlichen Hand und eine stärkere finanzielle Autonomie der Leistungserbringer abzielt, bewirkt eine erhebliche Kostensteigerung für die Patienten, bei gleichzeitiger Reduzierung von Vorbeugemaßnahmen und -untersuchungen. Daraus resultieren hohe Zugangshürden für die sozial schwachen Bevölkerungsschichten (ZHAN et al. 2002, 48). Die Dezentralisierung im Gesundheitswesen hat ähnlich wie in Indien (zur Zielsetzung vgl. u. a. MINISTRY OF HEALTH AND FAMILY WELFARE 2002) zu einem fragmentierten Gesundheitssystem geführt, dessen Qualität und Leistungsfähigkeit von der Wirtschaftskraft der Provinzen, Regionen und/oder Städten abhängig sind. Die meisten Beobachter stimmen darin überein, dass die Reform des Gesundheitswesens in China weitgehend Stückwerk geblieben ist und jeweils nur kurzfristig auf akute Probleme reagiert wurde (vgl. z. B. Beiträge in BLOOM/TANG 2005). Obwohl regionale Gesundheitsbehörden zwischenzeitlich durch die Bereitstellung von Finanzmitteln eine Mindestversorgung für sozial schwache Bevölkerungsteile zu ermöglichen versuchen (GAO 2001), weisen Studien auf die zunehmende Marginalisierung der Arbeitsmigranten und auf ein Anwachsen des daraus resultierenden Problems für die öffentliche Gesundheit hin. Parallel dazu entwickelt sich in den indischen und chinesischen Metropolen ein boomender Gesundheitsmarkt privater Leistungserbringer, die mit modernster Medizintechnik und Luxusunterbringung nicht nur auf die Versorgung der Gewinner des Wirtschaftsbooms, sondern auch auf den Wachstumssektor des weltweiten „Gesundheitstourismus" setzen (REDDY et al. 2005, CHAPELET/LEFEBVRE 2005).

6 Fazit: Zukunftsthema „Urbane Gesundheit"

Die „Megapolisierung von Krankheit" (BOHLE 2005, 57) betrifft die Entwicklung indischer und chinesischer Millionen- und Megastädte, die hier beispielhaft für vergleichbare Entwicklungen in Lateinamerika und Afrika betrachtet wurden, gleichermaßen und hat weitreichende Konsequenzen für die Regier- und Steuerbarkeit dieser Städte. Bei anhaltender Urbanisierungsdynamik und erheblichem Druck auf die natürlichen Ressourcen und die Infrastruktur der Städte gewinnt das Forschungsthema „Urbane Gesundheit" zunehmend an Bedeutung, stößt immer wieder aber auch an disziplinäre und methodische Grenzen: „There are several barriers to the study of urban health as a cogent discipline. [...] urban health is currently the domain of multiple disciplines. [...] Unfortunately, these disciplines seldom speak the same academic language and tremendous barriers exist to true cross-disciplinary work. There is no common vocabulary for urban health" (VLAHOV/GALEA 2003, 1091). Die Erforschung der komplexen Zusammenhänge und Wechselwirkungen urbaner Gesundheit erfordern deshalb neue Ansätze für eine disziplinübergreifende Zusammenarbeit und langfristige Forschungsperspektiven (HORTEN 1996).

Literatur

Bloom, G./Tang, S. (Eds.) (2005): Health care transition in urban China. Aldershot.

Bohle, H.-G. (2005): Umwelt und Gesundheit als geographisches Integrationsthema. In: Müller-Mahn, D./Wardenga, U. (Hrsg.): Möglichkeiten und Grenzen integrativer Forschungsansätze in Physischer Geographie und Humangeographie. Leipzig, 55-67 (= forum ifl 2).

Chapelet, P./Lefebvre, B. (2005): Contextualizing the Urban Healthcare System. New Delhi.

Epstein, P. R./Mills, E. (Eds.) (2005): Climate Change Futures. Health, Ecological and Economic Dimensions. Boston.

Gao, J. et al. (2001): Changing access to health care in urban China: implications for equity. In: Health Policy and Planning, 16, 302-312.

Ghaffar, A. et al. (2004): Burden of non-communicable diseases in South Asia. In: British Medical Journal, 328, 807-810.

Gu, D. et al. (2005): Prevalence of the metabolic syndrome and overweight among adults in China. In: The Lancet, 365, 1398-1405.

Gurjar, B. R. et al. (2004): Emission estimates and trends (1990-2000) for megacity Delhi and implications. In: Atmospheric Environment, 38, 5663-5681.

Gurjar, B.R./Lelieveld, J. (2005): New directions: Megacities and global change. In: Atmospheric Environment, 39, 391-393.

Horten, R. (1996): The infected metropolis. In: The Lancet, 347, 134-135.

Hufnagel, L./Brockmann, D./Geisel, T. (2004): Forecast and control of epidemics in a globalized world. In: Proceedings of the National Academy of Sciences of the United States of America (PNAS), (101)42, 15124-15129.

Köberlein, M. (2005): Waste and the city: public responses to the problems of municipal solid waste management in Indian metropolitan cities. In: Hust, E./Mann, M. (Eds.): Urbanization and Governance in India. New Delhi, 177-199.

Krafft, T./Wolf, T./Aggarwal, S. (2003): A new urban penalty? Environmental and health risks in Delhi. In: Petermanns Geographische Mitteilungen, 147, 20-27.

Ministry of Health and Family Welfare (Ed.) (2002): National Health Policy 2002. New Delhi.

Molina, M. J./Molina, L. T. (2004): Megacities and Atmospheric Pollution. In: Journal of Air and Waste Management Association, 54, 654-680.

Newcomb, J. (2005): Economic Risks Associated with an Influenza Pandemic. Prepared Testimony of James Newcomb Managing Director for Research, Bio Economic Research Associates before the United States Senate Committee on Foreign Relations November 9, 2005. Download am 11.11.2005: http://bio-era.net/Asset/iu_files/Bio-era%20Research%20Reports/Final_testimony_1108_clean.pdf.

Patz, J. et al. (2000): Effects of environmental change on emerging parasitic diseases. In: International Journal of Parasitology, 30, 1395-1405.

Reddy, K. S. et al. (2005): Responding to the threat of chronic diseases in India. In: The Lancet. Published online 05.10.2005. Download am 03.11.2005: http://www.uoguelph.ca/hbns/HBNS6710/HBNS6710W06Preventing3.pdf.

Ruet, J. et al. (2002): The water and sanitation scenario in Indian metropolitan cities: resources and management in Delhi, Calcutta, Chennai, Mumbai. New Delhi.

Smith, C. J./Fan, D. (1995): Health, wealth, and inequality in the Chinese city. In: Health and Place, 1, 167-177.

Stephenson, J. R. (2005): The problem with Dengue. In: Transactions of the Royal Society of Tropical Medicine and Hygiene, 99, 643-646.

Tang, S./Squire, S. B. (2005): What lessons can be drawn from tuberculosis (TB) Control in China in the 1990s? An analysis from a health system perspective. In: Health

Policy, 72, 93-104.

WANG, W./YANG, L. (2005): Global Environmental Changes and Human Health of China. In: Liu, Y. et al. (Eds.): Research on Human Dimensions of Global Environmental Change in China. Beijing, 94-112. (= CNC-IHDP National Report No. 1).

WEISS, R. A./MCMICHAEL, A. J. (2004): Social and environmental risk factors in the emergence of infectious diseases. In: Nature Medicine, (10)12 Supplement, 70-76.

WORLD HEALTH ORGANIZATION (WHO) (Ed.) (2005): Preventing chronic diseases: a vital investment: WHO global report. Geneva.

VLAHOV, D./GALEA, S. (2002): Urbanization, Urbanicity, and Health. In: Journal of Urban Health, (79)4 Supplement 1, 1-12.

VLAHOV, D./GALEA, S. (2003): Urban Health: a new discipline. In: The Lancet, 362, 1091-1092.

YANG, X. et al. (2005): National Nutrition and Health Survey of China 2002. Vortrag auf dem Sino-German Workshop on Global Change, Urbanization and Health am 12.11.2005 in Beijing.

ZHAN, S. et al. (2002): Economic transition and maternal health care for internal migrants in Shanghai, China. In: Health Policy and Planning, (17) Supplement 1, 47-55.

ZHU, Y. (2003): The Floating Population's Household Strategies and the Role of Migration in China's Regional Development and Integration. In: International Journal of Population Geography, 9, 485-502.

Stadtumbau Ost und West: Chancen und Grenzen von Schrumpfung

Sigrun Kabisch (Leipzig)

1 Einleitung

Unter dem Slogan des Stadtumbaus wird aus sozialwissenschaftlicher Perspektive der Umgang mit Schrumpfung untersucht, der weit über bauliche Prozesse zwecks Wohnungsmarktbereinigung hinausreicht. Der Fokus der Schrumpfung richtet sich auf den abnehmenden Umfang der Stadtbevölkerung, des Arbeitsplatzangebots, der Infrastrukturausstattung und der Kommunalfinanzen. Diese Ausgangspositionen schlagen sich in dramatischer Weise auf die Lebensbedingungen der Stadtgesellschaft in schrumpfenden Städten nieder. Ein spür- und erlebbarer Verlust von Lebensqualität ist für große Einwohnergruppen augenfällig. Die Bewältigung der neuen Alltagsherausforderungen verbunden mit Ängsten und Zwängen, aber auch mit dem Aufzeigen von Chancen für Lebens- und Überlebensfähigkeit im städtischen Umfeld ist eine zentrale Herausforderung. Für das Entdecken und Stärken von Potenzialen sowie die Erarbeitung von Steuerungskonzepten sind Wissensgenerierung und daraus abgeleitete, fundierte Handlungsempfehlungen erforderlich (BERNT/KABISCH 2003). Darüber hinaus widmen sich künstlerische Aktionen wie die von der Kulturstiftung des Bundes initiierte Veranstaltungsreihe „Schrumpfende Städte" (OSWALT 2004) oder aus der architekturkritischen Sicht angeregte Diskurse zum „Luxus der Leere" (KIL 2004) dieser Thematik. Damit wird ein Umdenken von Stadtentwicklung unterstützt, welches offensiv mit dem bisher einmaligen Bruch in der Geschichte von Stadtentwicklung umgeht und Schrumpfen nicht als Schande (MÄDING 2005), sondern als neue und zu akzeptierende Form raumstruktureller Entwicklungspfade begreift.

In den nachfolgenden Ausführungen werden anhand ausgewählter empirischer Untersuchungsergebnisse Belege dafür geliefert, wie die in ostdeutschen Städten existierende Überlagerung und Wechselwirkung von Deindustrialisierung, Einwohnerverlust, Leerstand und Alterung zu einer Reduzierung der Funktionsfähigkeit des städtischen Gesamtkörpers in einem historisch außerordentlich kurzen Zeitraum führt. Es wird aufgezeigt, dass unter Schrumpfungsbedingungen gerade in kleineren Städten mit erheblichem wirtschaftlichen Bedeutungsverlust und ungünstigen Lagevoraussetzungen ein neuer Typ von Stadtentwicklung entsteht. In der Diskussion wird der Blick über die ostdeutschen Bundesländer hinaus auf westdeutsche Schrumpfungsräume erweitert.

2 Ausgangsbedingungen und Restriktionen in den neuen Ländern

„Das einzig beständige Merkmal der Städte ist ihr permanenter Wandel" – diese Peter HALL zugeschriebene Feststellung (IfL 2002, 13) verweist auf die Tatsache, dass Städte im Verlauf der Geschichte einem anhaltenden Veränderungsprozess unterliegen. Sie gewinnen und verlieren an Bedeutung, wachsen und schrumpfen, und dadurch variieren sie ihr Erscheinungsbild. Hans-Paul BAHRDT zeigte am Beispiel der Stadt Trier auf, wie am Ende einer Verfallsperiode aus einer im Mittelalter großzügig angelegten Stadtanlage eine viel kleinere Stadt entstand, „der das alte Gewand offenbar zu groß geworden war" (BAHRDT 1998, 113; erstmals 1961). Er führte weiter aus: „In diesem Schrumpfungsprozess verlor die Stadt ihre Fasson" (ebd.). Dieser Befund muss auch für viele schrumpfende Städte in den neuen Ländern konstatiert werden, wenn durch den flächenhaften Abriss ganze Stadtgebiete verschwinden. Die besondere Dramatik besteht allerdings im Unterschied zu der Beobachtung von BAHRDT darin, dass der gegenwärtige Prozess in einem viel rasanteren Tempo vonstatten geht und tief greifende Auswirkungen auf den gesamtgesellschaftlichen Stabilisierungskontext hat. Denn innerhalb der Transformation des gesellschaftlichen Systems in Ostdeutschland entstand für die hiesigen Städte ein Veränderungsdruck, dessen Dimensionen, Ausmaße und Wirkungen in keinerlei Hinsicht abzuschätzen waren. Weder verfügten die verantwortlichen Akteure über ausreichendes Handlungswissen, um auf die Herausforderungen erfolgreich reagieren zu können, noch existierten adäquate Instrumente und Strategien, um die in kürzester Zeit sich weiter auftürmenden Probleme auch nur in Ansätzen lösen zu können. Damit entstand eine Problemkumulation, die in ihrer Tragweite und ihrer Wirkmächtigkeit zu völlig veränderten Existenzbedingungen kommunaler Gemeinwesen führte.

Ursprünglich zielten die Anstrengungen darauf, städtebauliche, stadtökologische und wohnungswirtschaftliche Fehlentwicklungen und Defizite aus der DDR-Zeit umgehend zu korrigieren. Doch parallel dazu entstanden zusätzliche Fragen, die mit der Etablierung von städtischem Privateigentum anstelle von Volkseigentum, demokratischen und verwaltungsseitigen Institutionen und marktwirtschaftlichen Wirtschaftsstrukturen begründet waren. Der Weg von der sozialistischen zur kapitalistischen Stadt (HÄUSSERMANN 1997) wurde in den 90er Jahren des letzten Jahrhunderts vorrangig durch die Notwendigkeit einer wirtschaftlichen Neuorientierung und des Institutionentransfers bestimmt. Die gravierendsten Einbrüche im Alltag der Menschen wurden auf dem Arbeitsmarkt registriert. Der Arbeitsplatzverlust für einen Großteil der Bevölkerung und die damit verbundene plötzliche Unsicherheit bezüglich des Einkommens sowie der Lebensperspektive am Wohnort waren schwer zu verkraftende Erfahrungen. Seit 1997 verharrt die Arbeitslosenquote in Ostdeutschland bei 19–20 % (BA 2005, 53). Sie blieb damit mehr als doppelt so hoch wie in Westdeutschland. In der Folge wurden in zahlreichen ostdeutschen Städten massive Bevölkerungsverluste registriert. Der Weggang großer Teile der Bevölkerung mit dem Ziel, andernorts einen Arbeitsplatz zu finden, war dafür eine Ursache. Der Einbruch der Geburtenrate auf ein selbst nach dem Zweiten Weltkrieg nicht erreichten Tiefstwert (1994 lag dieser bei 0,77; STATISTISCHES BUNDESAMT 2005, 12) und massive Abwanderungsströme in das suburbane Umland verstärkten den Einwohnerrückgang vieler Städte und Gemeinden. Die augenscheinlichsten Folgeerscheinungen waren und sind bis heute drastische Wohnungsleerstände, die aktuell mit einer Größenordnung von 1,3 Millionen beziffert werden. Die aktuellen Herausforderungen an die Stadtentwicklung werden dabei zunehmend als Paradigmenwechsel vom „gesteuerten Wachstum" zum „geordneten Rückzug" beschrieben. Dazu ist eine wesentlich differenzierte Betrachtung regionalwirtschaftlicher Entwicklung erforderlich. Denn die wenigen prosperierenden Regionen liegen als Wachstumsinseln in einem Flächenmeer des wirtschaftlichen Bedeutungsverlustes. Deindustrialisierung bis hin zu Deökonomisierung sind hier kennzeichnende Prozesse. Nach dem Kollaps des Industriesektors sind wirtschaftliche Alternativen, beispielsweise im

Dienstleistungsbereich, nicht realistisch. Somit verlieren gesamte Regionen ihre ökonomische Basis und damit ihre Handlungsfähigkeit (HANNEMANN 2004, 200-204).

Eine neue gesellschaftliche Aufmerksamkeit erreichte die Wahrnehmung und Befassung mit dem Schrumpfungsphänomen durch den Bericht der Expertenkommission „Wohnungswirtschaftlicher Strukturwandel in den neuen Ländern" (BMVBW 2000). Die hier formulierten Aufforderungen zum engagierten Umgang mit Schrumpfung einschließlich des erforderlichen Abrisses aufgrund wachsenden Wohnungsleerstandes führten zum Beschluss des Bund-Länder-Programms „Stadtumbau Ost". Damit hat die Bundesregierung erstmals einen finanziell untersetzten Maßnahmeplan für den ersatzlosen Abriss von Wohnbausubstanz beschlossen. Nach einer Wettbewerbsphase konnten ca. 260 Kommunen an dem Programm teilnehmen. Das Programm ist für den Zeitraum von 2002 bis 2009 mit einem Volumen von 2,5 Mrd. Euro ausgestattet worden. Das Ziel besteht in der möglichst parallelen Umsetzung von Abriss und Aufwertung. Es ist der Abbruch von 350 000 Wohnungen in den neuen Ländern vorgesehen.

Durch die Einbindung in dieses Programm erhielten viele Kommunen in Ostdeutschland Handlungsmöglichkeiten, für deren Umsetzung Unterstützungswissen erforderlich war. Aufgrund der Neuheit und der Komplexität der Fragestellung lag dieses zum Zeitpunkt der Programmimplementierung nicht vor. Aus der Überzeugung heraus, dass die in der Vergangenheit gewonnenen Erfahrungen und Erkenntnisse im Zusammenhang mit zahlreichen Stadtentwicklungs- und Stadterneuerungsaktivitäten in den 1960er, 1970er und 1980er Jahren in der früheren Bundesrepublik nicht ausreichten (zur Übersicht siehe SAILER 2002, 17-36; KABISCH et al. 2004, 24-37), wurde in der Stadtforschungslandschaft eine Perspektive auf aktuelle urbane Forschungsfragen entwickelt, die primär aus den Erfahrungen ostdeutscher Stadtforschung schöpfte. Die Spezifik bestand dabei in der Forderung nach Forschungsergebnissen, die Wissenschaftler *aus* den neuen Ländern *in* den neuen Ländern erarbeiteten. Damit konnte die Blickrichtung hinsichtlich wissenschaftlicher Fragestellungen und Konzepte für die Erklärung komplexer sozialer und raumbezogener Zusammenhänge, die die unter den Transformationsbedingungen in den neuen Ländern aktuell ablaufenden Prozesse beschreiben, geschärft werden. Ähnliche Notwendigkeiten begründeten Architekten, die „die lokale Kompetenz" im angemessenen Umgang mit Schrumpfung und Rückbau als „längst noch nicht überall geschätzte Berufsvoraussetzung wieder an Bedeutung gewinnen" sahen (KIL 2004, 72). Beispielsweise wurden unter der Metapher „Neue Länder – Neue Sitten?" Facetten diskutiert, die das Vielperspektivenspektrum Stadt aus subjektorientierter soziologischer Perspektive beschrieben und durch akteursbezogene Ansätze die Handlungsräume erklärten (HANNEMANN et al. 2002). Darüber hinaus konnten mehr- und interdisziplinäre Herangehensweisen an komplexe Sachverhalte entwickelt werden. Dadurch wurden Positionsbestimmungen vorgenommen, die die Spezifik ostdeutscher Stadt- und Regionalentwicklung heraushoben. Dazu zählten Diskussionen zu den Überlebenschancen unterschiedlicher Stadttypen unter Schrumpfungsdruck, die Effektivität raumwirksamer Entscheidungen hinsichtlich der umgedeuteten Aktionsräume zwischen Nähe und Distanz oder Begleitphänomene eines „Mietermarktes" als Konsequenz von Wohnungsüberhang und dadurch verursachtem Entscheidungsspielraum. Es wurden damit sog. „Vorausphänomene" in den Blick genommen, die die weitere Stadtentwicklung und die darauf bezogene wissenschaftliche Debatte bestimmen sollten. Obwohl zunächst auf die Problemlagen der schrumpfenden Städte in den neuen Ländern konzentriert, wenden sich die aufgeworfenen Fragestellungen schrittweise auch an kommunale Entscheidungsträger in den alten Ländern. Denn auch hier werden Schrumpfungsregionen sukzessive zu einer nicht mehr weg zu diskutierenden Erscheinung.

Um die unmittelbaren Zusammenhänge und Interdependenzen akteursbezogener Konfliktlinien aufzuzeigen, zu sortieren und zu systematisieren, wurde eine Studie in einer stark schrumpfenden Kommune durchgeführt, deren Ergebnisse exemplarisch im folgenden Kapitel vorgestellt werden.

3 Forschungsfeld Stadtumbau: das Fallbeispiel Weißwasser

Am konkreten Beispiel von Weißwasser wird deutlich, dass sich in den besonders hart von ökonomischem Bedeutungsverlust betroffenen ostdeutschen Klein- und Mittelstädten eine Eigendynamik von Schrumpfung herausbildet, die Stadtumbau zu einer durch Komplexität gekennzeichneten Daueraufgabe macht (KABISCH et al. 2004). Verschiedene Momente dieser Dynamik (Altersaufbau, Arbeitsmarkt, Infrastruktur, Wohnungsangebot, Sozialstruktur, ethnische Struktur) verstärken sich dabei gegenseitig und bewirken einen kumulativen Abwärtstrend. Die Schrumpfung wird dadurch zum bestimmenden Thema der Stadtentwicklung, vor dessen Hintergrund auch altbekannte Gegenstände (z. B. Stadterneuerung, Ausländerintegration) vor völlig neuen Herausforderungen stehen.

Die sächsische Stadt Weißwasser liegt in der Oberlausitz, ca. zehn Kilometer von der Grenze zur Republik Polen entfernt. Die Stadt befindet sich verkehrstechnisch gesehen in einer Randlage, die einen Standortnachteil bedeutet (DANIELCZYK/ZETTWITZ 2001). Die wirtschaftliche Entwicklung Weißwassers wurde durch mehrere Industrialisierungswellen geprägt. Anfang des 20. Jahrhunderts ergriff ein erster Industrialisierungsschub das kleine Heidedorf, und Weißwasser wurde zu einem Zentrum der Glaserzeugung. Von deutlich stärkerer Relevanz war ab Mitte der 1960er Jahre der im Zuge der stärker auf Eigenversorgung mit Braunkohle als Energieträger setzenden DDR-Wirtschaftspolitik erfolgende Ausbau zum Energiezentrum. Infolge der damit verbundenen industriellen Expansion erlebte die Stadt eine Phase rapiden Bevölkerungswachstums. Mit der Ausweitung des Braunkohletagebaus nahm ab 1963 die Bevölkerungszahl von damals ca. 15 000 stetig zu. Der Höhepunkt wurde 1987 erreicht, als Weißwasser 37 400 Einwohner zählte (STADTVERWALTUNG WEISSWASSER 2001, 6). Im Zuge des wirtschaftlichen Aufschwungs wurde Weißwasser als Wohnstandort für die anzusiedelnden Industriearbeiter und ihre Familien ausgebaut. Die Belegung der neuen Wohnblöcke erfolgte weitgehend altershomogen mit jungen Zwei-Generationen-Kernfamilien, die als Facharbeiter für die orts- bzw. regionsansässige Industrie gebraucht wurden. In Folge dessen dominiert auch in der Entwicklung Weißwassers das aus allen DDR-Neubauvierteln bekannte Phänomen der „demographischen Wellen": Die Wohngebiete altern mit ihren Bewohnern, so dass abhängig vom Erbauungszeitraum nacheinander bestimmte Altersgruppen und Haushaltstypen die Bewohnerschaft charakterisieren.

Nach der Wiedervereinigung musste die Stadt einen erheblichen wirtschaftlichen Bedeutungsverlust ertragen. Die Schließung von Industrieunternehmen bzw. deren dramatische Verkleinerung führte zum Verlust tausender Arbeitsplätze. Im Jahr 2001 lag die Arbeitslosenquote bei rund 23 Prozent (ebd., 26), im März 2004 sogar bei über 26 Prozent (BA 2004), obwohl bislang schon ein großer Teil der Bewohner im arbeitsfähigen Alter abgewandert ist. Ohne Vorverrentung, Arbeitsbeschaffungs- und Umschulungsmaßnahmen würde diese Quote weit jenseits der 30-Prozent-Marke liegen. Weißwasser ist ein prägnantes Beispiel einer ostdeutschen Mittelstadt, für die nicht die Transformation der wirtschaftlichen Basis, sondern deren Erosion zutreffend ist. Die Stadt ist nicht nur deindustrialisiert, sondern weitgehend deökonomisiert.

Angesichts des Mangels an Arbeitsplätzen und der erkannten Alternativlosigkeit kehrten zahlreiche Bewohner ihrer Stadt den Rücken. Dem raschen Bevölkerungsanstieg der Jahre zwischen 1965 und 1987 folgte nun der umgekehrte Prozess in einer nicht weniger rasanten Art und Weise. Allein in den drei Nachwendejahren verlor Weißwasser mehr als 1000 Einwohner jährlich. Der Bevölkerungsrückgang blieb jedoch nicht auf diese Zeit beschränkt, sondern erreichte nach kurzzeitiger Abschwächung einen Höchststand von knapp 1700 Personen im Jahre 1998 (STADTVERWALTUNG WEI=SSWASSER 2001, 7).

Verglichen mit 1987, dem Jahr der höchsten Einwohnerzahl, hat die Stadt über ein Drittel ihrer Bevölkerung verloren. Mit dieser Entwicklung gehört Weißwasser zu den zehn am stärksten von Einwohnerverlusten betroffenen Städten Deutschlands (www.bbr.bund.de). Dieser Prozess hält an. Er gewann in den letzten Jahren sogar an Dynamik. Weißwasser verliert jährlich etwa vier Prozent seiner Einwohner. Die Abwanderung hat mit neun Zehnteln den größten Anteil am Bevölkerungsrückgang, ein Zehntel verursachte das Geburtendefizit. Aufgrund fehlender Zukunftschancen stellen die jungen Einwohner im Alter von 18 bis 30 mit 50 Prozent den größten Teil der aus Weißwasser Wegziehenden. Dies wirkt sich wiederum negativ auf die natürliche Bevölkerungsbewegung aus. Die Abwanderung der Personen, die sich in der Familiengründungsphase befinden, führt zu dauerhaft niedrigen Geburtenraten. Im Jahr 2001 wurden in Weißwasser 5,8 Lebendgeborene je 1000 Einwohner gezählt. Damit wurden nur knapp 50 Prozent des Wertes von 1987 erreicht. Auch im Vergleich zur Bundesrepublik (2001: 8,9) und zum Freistaat Sachsen (2001: 7,3) ist die Geburtenrate stark unterdurchschnittlich. Damit ist Weißwasser langfristig nicht mehr aus sich selbst heraus reproduktionsfähig. Die demographischen Zäsuren der letzten Jahre sind irreversibel. Der Anteil des natürlichen Bevölkerungsrückgangs am gesamten Einwohnerschwund wird wachsen, und die Alterung der Bevölkerung wird weiter zunehmen.

Bisher gibt es keine Anhaltspunkte für eine Abschwächung dieser Gesamtentwicklung. Die Schrumpfung beschränkt sich damit nicht auf eine Anpassung der Einwohnerzahl an die lokale Arbeitsmarktlage. Vielmehr entwickelt sie eine eigene Dynamik in der sich demographische Wellen und Abwanderung überlagern, zu demographischen Verwerfungen führen und weitere Schrumpfungswellen vorbereiten (BERNT/PETER 2005).

Der hohe Bevölkerungsrückgang wird damit auf absehbare Zeit die Stadtentwicklung beeinflussen, wodurch eine Reihe von Folgeproblemen entsteht. So verursacht beispielsweise der starke Rückgang des Verbrauchs an Trinkwasser, Brauchwasser, Energie und Fernwärme wachsende betriebswirtschaftliche und technische Probleme für die Betreiber, deren technische Netze nur schwer dem gesunkenen Verbrauch angepasst werden können. Erhebliche Folgen hat die Schrumpfung auch für die soziale Infrastruktur der Stadt, die sich einem drastischen Rückgang der Schülerzahlen und des Umfangs der Auszubildenden gegenüber sieht. Schulen, Kindertagesstätten und Lehrlingswohnheime mussten bereits geschlossen werden. Gleichzeitig wuchs der Bedarf an Senioreneinrichtungen wie z. B. Versorgungsstätten, spezialärztliche Praxen und Freizeittreffs. Auch die Nachfrage nach altengerechten Wohnungen mit einem entsprechenden Umfeld nahm zu.

Mit dem Rückgang der Bevölkerung schrumpfen die Einnahmen des Kommunalhaushaltes und damit das Vermögen der Kommune, die anstehenden Aufgaben aus eigener Kraft zu bewältigen. Der Rückgang von Bevölkerung und Gewerbe sowie der demographische Wandel führen hier sowohl auf der Einnahmen- als auch auf der Ausgabenseite zu einem erheblichen Druck auf die öffentlichen Budgets. Zwar werden die Einnahmeausfälle durch Zuweisungen und Zuschüsse von Bund und Europäischer Union teilkompensiert, allerdings sind diese Zuweisungen an entsprechende Bevölkerungszahlen gekoppelt. Verarmung und Alterung verstärken diese Effekte noch zusätzlich, da einerseits immer weniger Personen am Erwerbsleben teilnehmen und andererseits vor Ort immer weniger zahlungskräftige Nachfrage zur Verfügung steht, um gewerbesteuerpflichtige Kleinbetriebe zu tragen. Selbst ein schonungsloser Sparkurs könnte das Missverhältnis zwischen Einnahmen und Ausgaben im Stadthaushalt nur schmälern, aber nicht auflösen[1]. Aufgrund dieser Situation ist die Stadt gezwungen, fortlaufend ihre Ausgaben zurückzufahren, städtische Angebote zu reduzieren und soziale Infrastrukturen auszudünnen. In der Folge besteht allerdings die Gefahr, dass Weißwasser noch weniger attraktiv für seine Bewohner wird. Weitere Wegzüge werden dadurch ausgelöst, und es fallen weiter Einnahmen aus. Werden die beschriebenen Entwicklungshemmnisse zusammengefasst, dann ist festzustellen, dass sich die Problematik nicht allein auf den Abbau von im Zuge der DDR-Industriepolitik entstandenen Überkapazitäten auf dem Wohnungsmarkt beschränken lässt. Die Gleichzeitigkeit von wirtschaftlicher Perspektivlosigkeit, Wegzug junger Bewohner, Alterung und Verarmung der in Weißwasser verbleibenden Bewohner führt zu einer kumulativen Abwärtsspirale, die die weitere Schrumpfung der Stadt vorantreibt. Es muss davon ausgegangen werden, dass auch langfristig nicht mit einem Ende des Abwärtstrends und einer Stabilisierung der Lage zu rechnen ist.

Die bisherige fachpolitische und wissenschaftliche Diskussion wird dieser Situation kaum gerecht. Die zu beobachtende Schrumpfung ist weder ein Problem mangelnder Wohnungsmarktgleichgewichte, das durch eine simple Beseitigung der Überhänge zu lösen wäre, noch allein ein „Abschied vom Wachstumsparadigma".

4 Stadtumbau Ost und West: Pioniere und Lerneffekte

Der Stadtumbau gehört in den neuen Ländern zum Alltag. Dabei wird Stadtumbau in seiner inhaltlichen Bestimmung mehrheitlich auf Abriss verkürzt, um damit den Wohnungsmarkt allmählich wieder in eine Balance zu bringen und dadurch seitens der Wohnungsunternehmen wachsende Kreditwürdigkeit gegenüber den Banken zu signalisieren. Nach der anfänglichen Orientierung auf eine gleichrangige Umsetzung von Abriss und Aufwertung ist in jüngster Zeit insbesondere in den Ländern Sachsen und Sachsen-Anhalt und damit in den Regionen mit dem höchsten Anteil an leer stehenden Wohnungen diese Balance auf Druck der Banken zu Gunsten eines übergewichtigen Abrissanteils verschoben worden. Daraus erwachsen allerdings neue Probleme. Zum Beispiel setzt der großmaßstäbliche Abriss vollständig leer gezogene Blöcke voraus. Dies ist nur zu realisieren, wenn akzeptable Wohnalternativen für die noch verbliebenen Einwohner geboten werden können. Diese müssen in ihren Merkmalen auf deren Bedürfnisse abgestimmt sein. Es ragen dabei Miethöhe, Ausstattungs- und Sanierungsqualität sowie Bestandsgarantie für den neuen Wohnblock heraus. Diesbezüglich werden bereits

---

[1] So stellt sich zum Beispiel auf der Ausgabenseite das aus der Verwaltungswissenschaft hinlänglich bekannte Problem der Kostenremanenzen (SEITZ 2002). Dies besagt, dass bei einem Rückgang der Bevölkerung die Ausgaben für Infrastruktur und Verwaltung nicht in gleichem Verhältnis reduziert werden können. Geht z. B. die Schülerzahl einer Schule zurück, muss weiterhin das gesamte Gebäude betrieben werden. Die Kosten für Heizung, Strom und Hausverwaltung sind nur in geringem Maße zu schmälern.

gegenwärtig Engpässe registriert, da bauliche Aufwertungs- und Umbaumaßnahmen aufgrund der Kreditzurückhaltung durch die Banken nur verhalten durchgeführt werden können. Letztlich wird damit ein zügiger Abriss in großem Umfang nicht möglich. Somit ist zu schlussfolgern, dass der Stadtumbau in Form des Abrisses zwangsläufig eine längerfristige Aufgabe bleiben wird, die ohne parallel ablaufende Aufwertungs- einschließlich Sanierungsarbeiten nicht umgesetzt werden kann.

Wie die jüngste Geschichte zeigt, hat die Suche nach Wegen für ein „intelligentes Schrumpfen" (MSWKS 2004) mittlerweile die geographische Begrenzung auf Ostdeutschland überschritten. Insbesondere in den altindustriellen Regionen Westdeutschlands sind Schrumpfungsphänomene verbunden mit wahrnehmbaren Wohnungs- und Geschäftsflächenleerstand an der Tagesordnung. Der Raumordnungsbericht 2005 (BBR 2005, 85 ff.) macht auf die regional differenzierten Entwicklungslinien aufmerksam. Er verweist auf deutlich erkennbare Schrumpfungsregionen, die bereits heute mit allen problematischen Folgewirkungen der öffentlichen Daseinsvorsorge gekennzeichnet sind. Dazu gehören das Ruhrgebiet und das Saarland, aber auch ländliche Regionen im äußersten Norden und Osten der alten Länder sowie in einigen süddeutschen Mittelgebirgslagen. Auf die mit Schrumpfungen einhergehenden Verwerfungen macht KLEMMER (2001, 58) aufmerksam, indem er für das Ruhrgebiet sozialstrukturelle Verschiebungen und demographische Erosion vorhersagt. Seiner Meinung nach geht dort „der Trend von der Parallelgesellschaft zur Konfliktgesellschaft". In diesen Orten hat die Wohnzufriedenheit der Deutschen trotz emotionaler Bindung an ihren Herkunftsort dramatisch abgenommen und die Abwanderungsbereitschaft ist gestiegen. Dies ist u. a. durch das Ansteigen der Migrationsprobleme verursacht, da Sprachlosigkeit und Arbeitslosigkeit für Spannungen sorgen. Ein Vordringen von Leerständen im Wohnungsbereich und das Nachlassen der Sanierungsbereitschaft werden registriert (ebd.). Mit diesen Entwicklungen sind Wirkungen auf die kommunale Daseinsvorsorge und ihrer fiskalischen Konsequenzen einschließlich der Remanenzeffekte zu beachten. Denn nicht nur eine Verringerung der Einwohnerzahl und deren sozialstrukturelle und ethnische Veränderungen sind folgenschwer, sondern auch Alterungseffekte, die einen erhöhten Aufwand der öffentlichen Daseinsvorsorge verlangen (RVR 2005). Eine jüngste Kurzbefragung in westdeutschen Kommunen belegt, dass bei den einbezogenen Bürgermeistern das Thema demographischer Wandel angekommen ist. Gleichwohl herrscht große Unsicherheit darüber, wie mit diesem Phänomen schon vorbeugend umzugehen ist (LANGENHAGEN-ROHRBACH/GRETSCHEL 2005, 230). Erste empirische Studien zu konkreten Stadtumbauvorhaben liegen aus Nordrhein-Westfalen und Salzgitter vor. Diese beschreiben erstaunlich ähnliche Abläufe und Interessenkonstellationen und lassen einen Vergleich mit Stadtumbauvorhaben in den neuen Ländern als wertvolles Erfahrungsfeld gelten (SUCATO/ZIMMER-HEGMANN 2005, FARKE 2005.) Hierbei ist insbesondere die Vielfalt der Akteurskulisse hervorzuheben. Es mangelt an Handlungs- und Erfahrungswissen, an Unübersichtlichkeit und am Mut zur ehrlichen Bestandsaufnahme, die auch kommuniziert wird. Darüber hinaus besteht wenig Klarheit über die Positionen und Machtbefugnisse der verschiedenen Entscheidungsträger. Eine Strategie, sich diesem Thema anzunehmen, wird mit dem „Pilotvorhaben Stadtumbau West" verbunden, in das mittlerweile 16 Kommunen aus den alten Ländern eingebunden sind. Obwohl die flächendeckende Problemdimension gegenwärtig nicht vergleichbar ist und eher punktuelle Modellmaßnahmen umgesetzt werden, rückt allmählich der Umgang mit Schrumpfung in das Blickfeld der Entscheidungsträger. Möglicherweise ist diese Gemächlichkeit schon jetzt nicht mehr angemessen, denn in vielen Kommunen sind Bevölkerungsrückgang und wirtschaftliche Ertragseinbußen aktuelle Entwicklungen. Tatsache ist, dass in den alten Ländern der Anteil der Regionen mit Schrumpfungstendenzen deutlich zunehmen wird. Die Ergebnisse der BBR-Bevölkerungsprognose (BBR 2005, 32) belegen, dass der Anteil der Gemeinden mit sich verringernder Bevölkerungszahl ansteigen wird. Künftig wird der Ost-West-Gegensatz wesentlich schwächer ausgeprägt sein, da die alten Länder an Dynamik verlieren werden.

5 Schlusswort

Zusammenfassend lassen sich aus den skizzierten Problemanalysen folgende Schlussfolgerungen ableiten:
1. Der Umgang mit Schrumpfung als neuem Phänomen von Stadtentwicklung verweist auf ein hochkomplexes Themenfeld, dessen wissenschaftliche Durchdringung mit dem Ziel, Handlungswissen zu generieren, erst am Anfang steht.
2. Hiermit entfaltet sich ein neues Forschungsfeld, das sich mit tiefgehenden Brüchen und Verwerfungen bezogen auf die Stadtgesellschaft und deren bauliche Hülle beschäftigt.
3. Der Stadtumbau als Strategie, schrumpfende Stadtentwicklung anzunehmen und damit umzugehen, ist als Daueraufgabe zu begreifen.
4. Um Erfahrungswissen auszunutzen, sind komparative Studien im nationalen und internationalen Rahmen erforderlich. Schrumpfungsregionen werden zu einem bestimmenden Gebietstyp in Europa heranwachsen.

Literatur

BA – BUNDESAGENTUR FÜR ARBEIT (2005): Arbeitsmarkt 2004. Amtliche Nachrichten der Bundesagentur für Arbeit, 53 (Sondernummer). Nürnberg, 30.8.2005.

BA – BUNDESAGENTUR FÜR ARBEIT (2004): Aktuelle Daten vom Arbeitsmarkt in Ostdeutschland – Stand April 2004. Nürnberg, IAB-Werkstattbericht, Nr. 0.4.

BAHRDT, H.-P. (1998; erstmals 1961): Die moderne Großstadt. Soziologische Überlegungen zum Städtebau. Hrsg. v. Herlyn, U./Opladen.

BBR – BUNDESAMT FÜR BAUWESEN UND RAUMORDNUNG (2005): Raumordnungsbericht 2005. Berichte, Band 21. Bonn.

BERNT, M./KABISCH, S. (2003): Praxis ohne Theorie. Thesen zu Wissensdefiziten in der Stadtumbau-Debatte. In: Planerin, 1/03, 42-44.

BERNT, M./PETER, A. (2005): Bevölkerungsrückgang und Alterung als maßgebliche Entwicklungsdeterminanten: der Fall Weißwasser. In: Raumforschung und Raumordnung, (63)2, 216-222.

BUNDESMINISTERIUM FÜR VERKEHR, BAU- UND WOHNUNGSWESEN (2002): Wohnungswirtschaftlicher Strukturwandel in den neuen Ländern. Bericht der Expertenkommission. Berlin.

DANIELZYK, R./ZETTWITZ, H. (2001): Aktuelle und künftige Entwicklungen in der Planungsregion Oberlausitz-Niederschlesien. In: Europa Regional, 3, 152-160.

FARKE, A. (2005): „Salzgitter will und wird nicht schrumpfen" – Wahrnehmungs- und Akzeptanzprobleme im Umgang mit Schrumpfung exemplarisch erläutert an einer Pilotstudie des Stadtumbaus West. In: Hannemann, Ch./Kabisch, S./Weiske, Ch. (Hrsg.) (2002): Neue Länder – Neue Sitten? Transformationsprozesse in Städten und Regionen Ostdeutschlands. Berlin, 185-205.

Hannemann, Ch./Kabisch, S./Weiske, Ch. (Hrsg.) (2002): Neue Länder – Neue Sitten? Transformationsprozesse in Städten und Regionen Ostdeutschlands. Berlin.

Hannemann, Ch. (2004): Die Transformation der sozialistischen Stadt. In: Siebel, W. (Hrsg.): Die europäische Stadt. Frankfurt a. M., 197-207.

Häussermann, H. (1997): Von der sozialistischen zur kapitalistischen Stadt. In: Kovács, Z./Wießner, R. (Hrsg.): Prozesse und Perspektiven der Stadtentwicklung in Ostmitteleuropa. Passau, 21-32.

IfL – Leibniz-Institut für Länderkunde (Hrsg.) (2002): Nationalatlas Bundesrepublik Deutschland. Bd. 5 Dörfer und Städte. Heidelberg, Berlin.

Kabisch, S./Bernt, M./Peter, A. (2004): Stadtumbau unter Schrumpfungsbedingungen. Eine sozialwissenschaftliche Fallstudie. Wiesbaden.

Kil, W. (2004): Luxus der Leere. Vom schwierigen Rückzug aus der Wachstumswelt. Wuppertal.

Klemmer, P. (2001): Steht das Ruhrgebiet vor einer demographischen Herausforderung? Rheinisch-Westfälisches Institut für Wirtschaftsforschung, Schriften und Materialien zur Regionalforschung, 7. Essen.

Langenhagen-Rohrbach, Ch./Gretschel, S. (2005): Westdeutsche Kommunen und der demographische Wandel. In: Raumforschung und Raumordnung, (63)3, 223-231.

Mäding, H. (2005): Schrumpfen ist keine Schande. In: Frankfurter Rundschau vom 10.08.2005, 28.

MSWKS – Ministerium für Städtebau und Wohnen, Kultur und Sport des Landes Nordrhein-Westfalen (Hrsg.) (2004): Stadtumbau West. Intelligentes Schrumpfen. Tagungsband, Düsseldorf.

Oswalt, P. (2004): Schrumpfende Städte. Bd. 1. Ostfildern-Ruit.

RVR – Regionalverband Ruhr (Hrsg.) (2005): Kommunale Daseinsvorsorge im Ruhrgebiet bei rückläufiger Bevölkerung. Essen.

Seitz, H. (2002): Kommunalfinanzen bei schnell schrumpfender Bevölkerung in Ostdeutschland: Eine politikorientierte deskriptive Analyse. (www.makro.euv-frankfurt-o.de/declinefinale.pdf; 6.11.2003).

Sailer, U. (2002): Der westdeutsche Wohnungsmarkt: Grundzüge und aktuelle Entwicklungen. In: Odermatt, A./v. Wezemael, J. E. (Hrsg.): Geographische Wohnungsmarktforschung. Schriftenreihe Wirtschaftsgeographie und Raumplanung, 32, 5-39.

Stadtverwaltung Weisswasser (2001): Integriertes Stadtentwicklungkonzept Stadt Weißwasser. Erstellt vom Architekten- und Ingenieurbüro Rauh und Petrick GmbH, Weißwasser.

Statistisches Bundesamt (2005): Bevölkerung Deutschlands bis 2050. 10. Koordinierte Bevölkerungsvorausberechnung. (www.destatis.de/presse/deutsch/pk/2003/Bevoelkerung_2050.pdf; letzter Zugriff: 1.11.2005)

Sucato, E./Zimmer-Hegmann, R. (2005): Stadtumbau in Nordrhein-Westfalen. In: Altrock, U./Kunze, R./v. Petz, U./Schubert, D. (Hrsg.): Jahrbuch Stadterneuerung 2004/2005, Stadtumbau. Berlin, 171-190.

www.bbr.bund.de

Steuerung in der Sozialen Stadt – Anmerkungen zur Sozialverträglichkeit von Wachsen und Schrumpfen

Monika Alisch (Fulda)

1 Einleitung

In den wissenschaftlichen Diskursen raumbezogener Fachdisziplinen nimmt die Problematik der schrumpfenden Städte derzeit breiten Raum ein – orientiert man sich an Projektausschreibungen, Ausstellungen, Tagungsprogrammen und Forschungsschwerpunkten. Die Brisanz der Problematik von Schrumpfungsprozessen ergibt sich ebenso aus der Aussichtslosigkeit der von positiven wirtschaftlichen Entwicklungsprozessen nahezu abgekoppelten Städte und Regionen im Osten Deutschlands (vgl. zu dieser „Peripherisierung" SCHMIDT 2004) wie aus der Gleichzeitigkeit und räumlichen Nähe von Wachstum und Schrumpfen in Städten, die sozial-räumliche Probleme allenfalls als weichen Standortfaktor berücksichtigen. Insgesamt können gegenwärtig nur wenige Großstädte in Deutschland als wachsend bezeichnet werden. Die Wanderungssalden deuten weiter auf einen ungebrochenen Trend des Schrumpfens und der Suburbanisierung. KRUMMACHER et al. (2003, 34) haben München, Stuttgart, Frankfurt a. M. und Hamburg zu den noch prosperierenden Großstädten (West-)Deutschlands gezählt. Arbeitsplatzzuwächse, hohe Beschäftigungsanteile in Wachstumsbranchen und hoch qualifiziertes Personal kennzeichnen die Standortvorteile, gepaart mit einer stagnierenden Wohnbevölkerung im Kern und deutlichen Zuwächsen im Umland, überdurchschnittlichen Lebenshaltungskosten, extremen Einkommensunterschieden und polarisierten Wohnungs- und Teilarbeitsmärkten sowie Prozessen von sozial-räumlicher Ausgrenzung und Verdrängung.

Die Schrumpfungsprozesse sind ein Synonym für die massive Deindustrialisierung. „Die ostdeutsche Transformationsökonomie ist nach wie vor durch Strukturdefizite und durch einen insgesamt peripheren Status gekennzeichnet" (SCHMIDT 2004, 59). Solche Zonen weisen auch jene (Groß-)Städte auf, die im europäischen Vergleich als wohlhabend gelten und dem demographischen Schrumpfen offensive Wachstumsstrategien entgegensetzen. Die Argumentation der „Wachsenden Stadt Hamburg" stellt zum Beispiel fest: „Heute konkurrieren nicht nur Nationen im Standortwettbewerb miteinander. Auch Regionen und Metropolen müssen ihre Stärken entwickeln und überzeugend präsentieren. Dazu gehören neben Wirtschaft und Handel auch weiche Faktoren wie Lebensqualität, Schönheit, Kultur und Natur. Hamburg will in all diesen Kategorien punkten können" (www.wachsende-Stadt.hamburg.de, 13.09.05). Dazu setzt die Stadt „auf wirtschaftliche Schwerpunkte und konzentriert sich auf besonders innovative Zukunftsfelder".

Das Ziel solcher Wachstumssteuerung gehorcht dem betriebswirtschaftlichen Kriterium der Effizienz. Die Formel „Das Beste zu den günstigsten Preisen" nimmt jedoch in Kauf, dass in der Konkurrenz der Städte und Regionen bedeutende externe Kosten nicht berücksichtigt werden: „Diese müssen von der Gesellschaft in Form von Arbeitslosengeld, Umschulungs-, Qualifizierungs- und Eingliederungsprogrammen, von den Kommunen in Form erhöhter Ausgaben für Sozialhilfe und von den Individuen in Form drastisch verringerter Handlungsoptionen und psychischen Leids getragen bzw. wettgemacht werden" (FRIEDRICHS 1997, 11). In der soziologischen Stadt- und Regionalforschung ist daher seit Jahren die Zunahme sozio-ökonomischer Polarisierung von Armutsgefährdungen in den Großstädten und zwischen Städten und Regionen als Folge der Globalisierung thematisiert und untersucht worden (vgl. u. a. SÜSS/TROJAN 1992, ALISCH/DANGSCHAT 1993, 1998). Angesichts der Krise des Arbeitsmarktes, des Sozialstaates und des sozialen Wandels kommen die politikberatenden Empfehlungen zu dem Schluss, dass soziale und kollektive Integrationsformen etabliert werden müssen, um die sozialen, aber vor allem sozial-räumlichen Folgen auszugleichen.

Vor diesem Hintergrund sind in Westeuropa seit den 1980er Jahren Programme zur sozialen Regulierung der Städte aufgelegt worden (insbesondere in Großbritannien, Frankreich und den Niederlanden). Sie sollten auf die sozialräumlichen Polarisierungstendenzen reagieren, die ganze Städte – und seit Beginn der 1990er Jahre in Deutschland mit dem Ruhrgebiet ganze Regionen – betrafen (vgl. ausführlich FROESSLER et al. 1994).

Dieser Beitrag fasst die wesentlichen Ergebnisse einer Policy-Analyse (vgl. HERITIER 1993) „Soziale Stadtentwicklung" zusammen, die verschiedene lokale und regionale Handlungskonzepte vergleichend untersucht. Im Zentrum stehen die formulierten Zielsetzungen, Ansprüche und Programmelemente dieser Ansätze, die 1998 zu einem Bund-Länder-Förderprogramm „Soziale Stadt" aufgewachsen sind. Ziel der Untersuchung ist weniger eine Evaluierung dieses Politikfeldes als der Versuch, aus den bisherigen Erfahrungen solche Strategieelemente abzuleiten, die sozialverträgliche Entwicklungsprozesse sowohl für schrumpfende als auch für wachsende Städte und Regionen eröffnen (vgl. ausführlich ALISCH 2002).

2 Das Politikfeld Soziale Stadtentwicklung als Governance-Projekt

Das Politikfeld „Soziale Stadtentwicklung" ist somit die Reaktion auf massive Schrumpfungsprozesse (zunächst der Deindustrialisierungsprozesse der alten Schwerindustrieregionen im Westen) und auf die sozial-räumlichen Folgen einseitig gesteuerter Wachstumsprozesse (Unternehmen Stadt, Standortpolitik). Sie ist das Produkt des ökonomischen Umstrukturierungsprozesses seit den 1970er Jahren vor der erweiterten Kulisse der schrumpfenden ostdeutschen Städte seit Beginn der 1990er Jahre. Die Programmatik richtet sich auf städtische Teilräume, die einerseits für die Wirtschaftsentwicklung nicht mehr oder noch nicht gebraucht werden und denen keine eindeutige Funktion in der Stadtentwicklung zugewiesen ist, sowie auf soziale Räume, in denen die Verlierer der Modernisierung bedingt durch Zuwanderung und Fortzüge der wirtschaftsstärkeren Haushalte unter sich geblieben sind. Im Zentrum stehen also die parallel und als unmittelbare Folge der ökonomischen Umstrukturierungen gewachsenen Unterschiede innerhalb der Gesellschaft, insbesondere in den größeren und großen Städten. Markiert sind diese Unterschiede durch folgende Aspekte:
- Einkommen, Einkommens- und Arbeitsplatzsicherheit entwickeln sich seit Beginn der 1990er Jahre auseinander (sozio-ökonomische Polarisierung).
- Gleichzeitig und als Folge einer generellen Wohlstandsentwicklung differenzieren sich Lebens- und Wohnformen aus, was sich in starken Veränderungen der Haushaltsstrukturen zeigt (sozio-demographische Ungleichheit).
- Einen zweiten Aspekt der veränderten demographischen Struktur bilden die Wanderungen, die ihrerseits sozial höchst selektiv sind. Hinter dieser strukturellen

Ausdifferenzierung stehen erhebliche sozio-kulturelle Heterogenisierungen (Lebensstile, multikulturelle Ausdifferenzierung), die sich wiederum auf die Nachfrage nach Wohnraum auswirken (vgl. ALISCH/DANGSCHAT 1998).

Mit dem Bund-Länder-Programm „Stadtteile mit besonderem Entwicklungsbedarf – Soziale Stadt" existiert eine nationale Politik, die sich der Entwicklung von solchen benachteiligten Quartieren annimmt. Dieses Programm speist sich inhaltlich aus den Erfahrungen, die zuvor bei der Realisierung verschiedener Landesprogramme gesammelt wurden (NRW, Hamburg, Hessen). Mit diesem „auf Partizipation, Integration und Kooperation angelegten Programm wird gegenwärtig in 363 Programmgebieten ein neuer Politikansatz der Stadtteilentwicklung gefördert" (DIFU 2005, 4). Neben dieser beachtlichen *Quantität* an Fördergebieten und Projekten entwickelt sich inzwischen eine spezifische *Qualität* der Arbeit, die sich anhand folgender Merkmale umreißen lässt:

- sozialraumbezogene Vorgehensweise (entgegen allein zielgruppen- und klientenorientierter Hilfen),
- horizontale und vertikale Kooperation (zwischen unterschiedlichen Entscheidungsebenen und zwischen verschiedenen Fachressorts und Institutionen),
- Bürgeraktivierung und Vernetzung durch starke Präsenz des intermediären Sektors.

Kein Handlungsfeld war bisher derart explizit darauf ausgerichtet, Staat, Markt und selbstinitiierte Gruppen als entscheidende Akteure einzubeziehen und gleichzeitig Sozial- und Beschäftigungspolitik, Wohnungswesen, Wirtschafts-, Bildungs- und Stadterneuerungspolitik zu einer auf den sozialen Ausgleich ausgerichteten Stadtpolitik aufeinander zu beziehen. Entscheidend an den Handlungsansätzen ist deshalb nicht, *dass* die sozial-räumliche Folgeproblematik wirtschaftlicher Umstrukturierungen thematisiert wurde, sondern *wie* die Strategien dazu formuliert wurden. Es geht um den veränderten Umgang mit den spezifischen sozial-räumlichen Problemlagen und impliziert gleichzeitig sozialintegrative Aufgaben, die gesamtstädtisch von der Kommunalpolitik wahrgenommen werden müssen (vgl. WALTHER 2002, 23).

Die Handlungsansätze sozialer Stadtentwicklung müssen sich bis heute in einem schwierigen Spannungsverhältnis behaupten: Der Verdacht, mit den neuen institutionellen Arrangements (staatlich, intermediär, privat z. B. in Form eines Stadtteilmanagements) nicht mehr als den „sozialen Flankenschutz" für eine Politik zu bieten, die alle Kräfte für das Wachstum und die Attraktivität des Wirtschaftsstandorts Stadt einsetzt, hält sich bis heute. Auf der Seite der Akteure, die seit langem auf lokaler Ebene versuchen, gerade diese Folgen von Wachstum und Schrumpfung abzufedern, hat die Soziale Stadtentwicklung mit ihren Instrumenten des Quartiermanagements, der Projektentwicklung und der lokalen Ökonomie die Hoffnung genährt auf eine innovative, durch Integration, Kooperation und Partizipation gekennzeichnete Zukunftspolitik.

In der Praxis haben beide Perspektiven ihre Berechtigung. Das liegt auch daran, dass soziale Stadtentwicklung zwei Dimensionen in der Zielsetzung zu vereinen versucht: Die gebietsbezogenen Ziele streben eine neue *lokale Qualität* an. Stabilisierung der sozialen Verhältnisse, Aufwertung der baulichen Umgebung oder die Verbesserung der Lebensbedingungen werden in den Beschlusspapieren als Ziele benannt. Die *struktur*bezogenen Ziele haben eine ebenso wichtige Position. Hier geht es um grundsätzliche Handlungsprinzipien, die eine horizontale (ressortübergreifende) und eine vertikale (ebenenübergreifende) Koordination verlangen (Tab. 1).

Tab. 1: *Soziale Dimensionen der Stadtentwicklung*

Lokale Qualitäten	Governance
- Verhindern weiterer Segregationsprozesse - Stabilisierung der Lebenssituation - Nachhaltige Entwicklungsprozesse initiieren - Lebensbedingungen verbessern - Sozial- und Wirtschaftsstruktur verbessern - Städtebauliche Aufwertung	- Ressourcen bündeln - Ressortübergreifende Aktivität (Vernetzung) - Verknüpfung politisch-administrativer Handlungsebenen (Stadtteil, Bezirk, Stadtrat, Land) - Partizipation von Bewohnern - Aktivierung von Selbsthilfe

In diesen Zieldimensionen vermischen sich normative und strategische Elemente. Insbesondere die Liste der Ziele, die die angestrebte Qualität der lokalen Bezüge zeigen, verdeutlichen, dass die Latte des Erfolges zum einen sehr hoch hängt, zum anderen unverbindlich genug bleibt, um auch von außen als unspektakulär wahrgenommene Erfolge zu würdigen.

3 Grenzen des Möglichen in wachsenden und in schrumpfenden Städten

Die Idee, durch neue institutionelle Arrangements eine effektivere Handlungsweise zu erreichen bei gleichzeitig geringeren finanziellen Spielräumen, birgt größte Chancen, hier eine grundlegend *sozialverträgliche* urban policy zu entwickeln. Diese Politik muss vor allem Handlungsoptionen eröffnen und daher selbst offen sein. Damit ist auch die übliche Perspektive auf zusätzliche Fördertöpfe und administrativ abgrenzbare Fördergebiete hinfällig. Sie muss aufgehen in eine stadtpolitische Kultur, die die Wechselwirkung der Integrationsebenen „Quartier" als Sozialraum und der Gesamtstadt berücksichtigt. Erst der Bezug beider Integrationsebenen aufeinander bildet nämlich die Voraussetzung dafür, dass durch jeweils lokal begrenzte Einzelmaßnahmen einer Spaltung der Stadträume nicht weiter Vorschub geleistet wird. Die soziale Stadt(-entwicklung) ist bis heute nicht in eine stimmige gesamtstädtische Handlungsstrategie eingebettet. Somit laufen z. B. die Wachstumsstrategien als Politik für die einkommensstarken Bevölkerungsgruppen parallel zu den Aktivitäten in sozial und ökonomisch benachteiligten Quartieren. Dieses Vorgehen wird die bestehenden Spaltungstendenzen verstärken.

Die Gefahr, dass benachteiligte Stadtquartiere wieder aus dem Blick der Stadtpolitik geraten, ist groß. Die Steuerung von Schrumpfungsprozessen bietet den Ansprüchen und Handlungsprinzipien der sozialen Stadt(-entwicklung) kaum die Chance für die Etablierung dauerhafter Verfahrensabläufe und Arbeitsroutinen zwischen den verschiedenen Akteursgruppen der sozialen Stadtentwicklung. Zum einen fällt es noch immer schwer, im Schrumpfen überhaupt etwas Positives zu erkennen. Deshalb kann soziale Stadtentwicklung gerade dort nur als Krisenmanagement verstanden werden, zumal die Potenziale für eine Vernetzung von Ressourcen ungleich geringer sind als in prosperierenden Städten und Gemeinden. Zum anderen muss davon ausgegangen werden, dass jede schrumpfende Stadt, die die Aussicht auf einen Investor hat, der eine große Zahl von Arbeitsplätzen verspricht, jede Strategie partizipativer, sozialverträglicher Entwicklungsprozesse den neuen, viel versprechenden Verheißungen anpassen wird.

4 Prinzipien und Elemente einer aktiven sozialverträglichen Stadtpolitik

Wenngleich die sozialpolitische Motivation dieser Stadtentwicklungsprozesse, also die Verbesserung der Lebensqualität „der an den Rand Gedrängten" (vgl. Kronauer 1997) und die Entkopplung der doppelten, sozio-ökonomischen und sozial-räumlichen Benachteiligung im Vordergrund stehen sollte, sind es gerade die oben geschilderten innovativen Verfahren der Steuerung, die eine Chance bieten, ökonomische und soziale Zieldimensionen der Stadtentwicklung miteinander zu vereinbaren. Eine aktive sozialverträgliche Stadtpolitik – die aus der vorhandenen Programmlogik der Sozialen Stadt zu entwickeln ist – basiert letztlich auf klassischen Managementstrategien. Es waren Unternehmen, die für das „New Public Management" Pate standen, die in Teamorientierung, Partizipation, Evaluation und Monitoring hilfreiche Instrumente der Weiterentwicklung sahen. Die Sprache, die sich inzwischen in der policy community der sozialen Stadtentwicklung herausgebildet hat, wird in der Wirtschaft durchaus verstanden. Wie das Konzept einer aktiven, sozialverträglichen Stadtpolitik aussehen kann, soll im Folgenden skizziert werden.

Wie kann es gelingen, der komplexen Problem- und Themenstruktur der Stadt eine Handlungsstrategie entgegenzusetzen, die dieser Komplexität gerecht wird, somit ebenso komplex ist? Es geht hier um die soziale Nachhaltigkeit künftiger Stadtpolitik, definiert als die Fähigkeit des Systems Stadt, mit Krisen angemessen umzugehen. Die wesentlichen Elemente sind:

- *Gestaltend agieren* (ein Leitbild als Orientierung eröffnet Handlungsspielräume für alle Akteure und setzt Rahmen),
- *Prozesse der Entscheidungsfindung organisieren* (angepasst an die Situation in Form, Dauer, Beteiligtenstruktur),
- *Kommunikation herstellen* (Kompetenzen werden genutzt und Diskurse organisiert),
- *Kooperationen aufbauen* (für die Politikgestaltung werden die jeweils relevanten Akteure gesucht) und
- *antizipativ handeln* (sucht und stützt kontinuierlich nach Gestaltungsressourcen).

Die Komplexität stellt Anforderungen an die Fähigkeit der Akteure, Informationen zu sammeln, zu integrieren und Handlungen zu planen (s. Abb. 1). Sie setzt voraus, dass der Netzcharakter der Situation erkannt wird und damit auch die Verflechtungen städtischer Handlungen und Entscheidungen als System behandelt werden. Das „Netz" verdeutlicht, dass die unterschiedlichen Teile im System Stadt nicht wahllos nebeneinander liegen, sondern durch Kommunikation und Informationsaustausch interagieren (*gegenseitige* Beeinflussung).

Politische und gesellschaftliche Interventionen müssen in eine komplexe und ausdifferenzierte Gesellschaft hineinwirken, in der Steuerungseffekte kaum noch gradlinig verlaufen, sondern in nicht-linearen Wirkungsketten. Die Struktur, die dem komplexen System zu Stabilität verhelfen soll, muss die Stadt in ihrer Komplexität transparent machen, um so angemessene Lenkungs- oder Steuerungseingriffe bestimmen zu können, die zu angemessenen (frühzeitigen) Problemwahrnehmungen, sozialverträglichen Entscheidungen und einer eindeutigen (nicht widersprüchlichen) Instrumentenauswahl führen.

Die vier wesentlichen Gestaltungselemente dieser sozialverträglichen Stadtpolitik sind:
a) ein Leitbild als normatives Element: Grundorientierung, Definition der „Spielregeln" für verträgliches Handeln und Skizze der Perspektiven der Stadtpolitik;
b) das strategische Element: Steuerungsressourcen für sozialverträgliches Handeln (Ressourcensuche, Verankerung der Lern- und Innovationsfunktion, Wissensgenerierung und Folgenabschätzung);

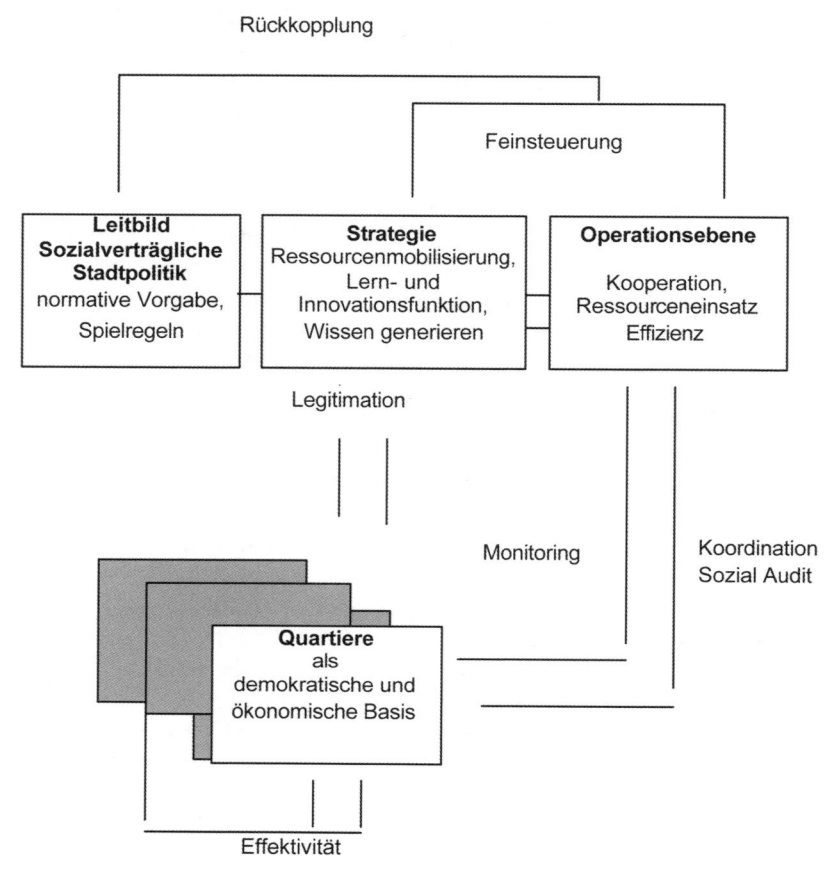

Abb. 1: Aktive sozialverträgliche Stadtpolitik

c) das operative Element: Feinsteuerung, Koordination der Handlungen der beteiligten Akteure, Ressourceneinsatz;
d) die Quartiere, welche die demokratische und ökonomische Basis der gestalteten Stadtentwicklung bilden.

a) Ein sozialverträgliches Leitbild muss verankert sein
Leitbilder werden derzeit vielfach diskutiert: Die Nachhaltigkeitsdebatte hat ebenso ein generelles Leitbild hervorgebracht wie die Kommunitarier mit der „Verantwortungsgesellschaft" (ETZIONI 1997), die Weltgesundheitsorganisation ebenso wie der Soziologe BECK (1998) mit der „Politik der Globalisierung" oder GIDDENS (1999) mit dem „dritten Weg". Über die verschiedenen discourse communities hinweg, in denen diese Leitbilder unabhängig voneinander entstehen, gibt es Übereinstimmungen der Handlungsrichtung:
- Prioritäten setzen zugunsten einer sozialen Kommunalpolitik (*Leitbild der Stadt als soziales Gefüge oder Gemeinwesen*);
- Bedeutungszuschreibung des Lokalen als zentrale Handlungsebene (*Stadt und Stadtteil als Orte des Politischen*);
- Partizipation der organisierten und vor allem der nicht-organisierten Bürgerinnen

und Bürger an der Gestaltung von Entwicklungsprozessen (*Selbstbestimmung und Bedürfnisorientierung*);
- Handeln in Netzwerken aus verschiedenen kollektiven Akteuren (*kooperatives Handeln*);
- Orientierung am Gestaltungsprozess, nicht am konkreten Ergebnis (*Prozessorientierung*);
- Überwinden versäulter, hierarchischer Strukturen (*intersektorale Kooperation*).

Die Stadt als soziales Gefüge oder Gemeinwesen setzt einen Prozess der Interessenaushandlung voraus. Sozialer Ausgleich entsteht nicht durch die Kompensation negativer Folgen bestimmter Entscheidungen (oder Nicht-Entscheidungen). Es geht um ein klares Bekenntnis zur sozialen Bedeutung der Stadt. Das heißt auch, eine sozialverträgliche Stadtpolitik im Sinne von Nachhaltigkeit gegenüber der ökonomischen Entwicklung als gleichwertig, nicht nachrangig zu positionieren.

b) Sozialverträglichkeit als Strategiekern
Sozialverträglichkeit stellt den Strategiekern dieser Stadtpolitik dar. Hiermit wird das abstrakte Leitbild genau so weit konkret, dass Ziele definiert werden können. Mit dem Auftrag, sozialverträgliche Entscheidungen und Entwicklungsprozesse sicherzustellen, ist die Annahme verbunden, dass mit dieser Orientierung die Stadt als sozialer Raum gegenüber dem Wirtschaftsstandort gestärkt werden kann. Als der Begriff „Sozialverträglichkeit" in den 1970er Jahren entstand, verband sich damit der Anspruch, soziale Ziele, Werte, Normen und Standards verbindlich definieren zu können, aber auch die Erwartung, diese Standards durch verbindliche Verfahren (Prüfungen) zu einem Teil der politischen Entscheidungsprozesse zu machen.

Neben dem Aspekt der *Partizipation* ist das strategische Element im hier dargestellten System Stadt verantwortlich dafür, *Wissen* und *Information zu generieren*, um Entscheidungsalternativen zu entwickeln und Interessen kennen zu lernen (z. B. durch Sozialplanung, Sozialraumanalyse, Monitoring, Benchmarking). Aufgabe ist es, die „Ressourcen räumlich und sozial so einzusetzen, dass die verschiedenen sozialen Gruppen der Stadtbevölkerung annähernd gleiche Lebenschancen haben und dabei besonders die Gruppen berücksichtigt werden, die von Armut und Ausgrenzung bedroht sind" (KRUMMACHER et al. 2003, 32).

c) Ressourceneinsatz und Koordination
Strategische Orientierungen sind wirkungslos, wenn geeignete operative Strukturen zu ihrer Umsetzung fehlen. Das „operative Geschäft" konkretisiert die strategischen Grundsatzentscheidungen durch Instrumente und Arbeitsformen, die das Verhältnis der beteiligten Akteure untereinander regeln (governance). Auf dieser operativen Ebene, die jeder städtische Akteur – öffentlich, privat oder intermediär – zu organisieren hat, wird der optimale Einsatz der Ressourcen gestaltet, gesteuert und kontrolliert. Dazu gehört vor allem, das Wissen und die Lösungskompetenz außerhalb der Verwaltung zu nutzen und Beteiligungsverfahren als *Qualitätsverbesserung* von Entscheidungen anzuerkennen. Wesentliche Ressourcendimensionen sind:
1) organisatorische, personelle, autoritäre und finanzielle Ressourcen der *öffentlichen Verwaltung;*
2) organisatorische, personelle und kompetente Ressourcen *intermediärer Organisationen;*
3) personelle, kreative, intellektuelle, kognitive Ressourcen der *Individuen.*

Auf der operativen Ebene muss deshalb eine *verlässliche Instanz* geschaffen werden, die die kooperative Vernetzung organisiert und klärt, welche Instrumente eine ähnliche Reichweite haben und trotzdem kaum gemeinsam genutzt werden (Existenzgründungsförderung und Angebote des Arbeitsamts), welche Instrumente überhaupt zusammenpassen *sollten* (z. B. Wirtschaftsförderung und Beschäftigungs- und Ausbildungsförderung), wo Verknüpfung möglich wäre, wenn Vorgaben geändert werden, und mit welchem Aufwand Reichweiten (Zielgruppen, Förderzeiträume- und -punkte etc.) angepasst werden könnten.

d) Das Quartier als Ort der „kleinen Demokratie"
Für die planende öffentliche Verwaltung ist das Quartier ein geographischer Ort, der immer dann besondere Bedeutung erlangt, wenn bestimmte Probleme oder sozialstrukturelle Merkmale gehäuft auftreten oder bestimmte städtische Funktionen Stadtraum brauchen (Unternehmensansiedlung, Freizeit- und Kultureinrichtungen, Infrastruktur mit gesamtstädtischer Bedeutung). Der politische Kommunitarismus versteht das Quartier als sozialräumliche Gemeinschaft und als Ort der Erziehung zur und der Praxis von Demokratie: „Nur wer in der Nachbarschaft, Gemeinde, Schule usw. demokratische Öffentlichkeit erfahren könne, ist auch in der Lage, den individualisierenden Tendenzen moderner Massengesellschaften [...] zu widerstehen" (KALLSCHEUER 1992, 141). An diese Definition lässt sich anknüpfen.

Dieses Element des Systems einer sozialverträglich agierenden Stadtpolitik meint das breite Feld der Aktivitäten von gesellschaftlichen Gruppen, die sich in den verschiedensten Lebensbereichen um die eigenen Belange kümmern (wollen und dürfen!). Damit ist eine Form der Kommunikation in Planungs- und Entscheidungsprozessen angesprochen, die jenseits (d. h. autonom) von staatlich initiierten Partizipationsprozessen Bestand hat. Hier gilt es, diese Form der Selbstorganisation zu unterstützen und ihre Ergebnisse und Problemlösungen als Ressource in der Sozialen Stadt anzuerkennen – selbst dann, wenn sie auf den ersten Blick im Widerspruch zu den Regelungen der Sozialgesetzgebung („Schwarzarbeit") oder dem durch Wahlen legitimierten Parlamentarismus („Quartiersvereine") zu stehen scheinen (vgl. SELLE 2000, 10).

Das normative, das strategische und auch das operative Element in diesem Modell einer sozialverträglichen Stadtpolitik sind stark geprägt von Lern- und Kommunikationsprozessen. Sie sollen ein wesentlicher Schlüssel dafür sein, dass Tendenzen sozialer und politischer Ausgrenzung nicht mehr durch stadtpolitische Entscheidungen und Strukturen forciert werden. Obwohl das Öffnen von „Möglichkeitsräumen" durch Kommunikation und den Abbau der Entmündigung durch (politische, pädagogische und administrative) Expertinnen und Experten ganz wesentlich die Grundsätze einer aktiven Stadtpolitik bestimmen sollten, darf die Frage nach einer tragfähigen oder sozialverträglichen Ökonomie nicht ausgelassen werden (s. ausführlich ALISCH 2002).

Die grundlegenden Bedingungen für eine nach HEINELT (1997, 15) *gute* Politik müssen auch hier gelten: Effektivität als Grad der Zielerreichung, Effizienz als optimaler Ressourceneinsatz und Legitimation als politische Vertret- und Durchsetzbarkeit:

- *Legitimation als Rückkopplung zwischen Lebenswelten und politischer Gestaltung* (Leitbild „die Stadt als soziales Gefüge" als Grundorientierung, Definition der Spielregeln und Perspektiven);
- *Effektivität als problemlösende Steuerungskapazität* (das strategische Element als „Radar" zum Abwägen von Ressourcen und Gefährdungen, Verankerung der Lern-

und Innovationsfunktion, Wissensgenerierung und Folgenabschätzung);
- *Effizienz als optimaler Einsatz der Ressourcen Wissen, Information, Bildung und Handlungsbereitschaft* (Koordination der Handlungen der beteiligten Akteure, Ressourceneinsatz, Instrumente im operativen Element und den Lebenswelten).

5 Fazit

Die bisherige Politik sozialer Stadtentwicklung, die heute vorwiegend an den Erfolgen des Bund-Länder-Programms „Stadtteile mit besonderem Entwicklungsbedarf – Die Soziale Stadt" festgemacht wird, findet in wachsenden wie schrumpfenden Städten und Regionen statt. Die Vorgehensweisen unterscheiden sich nicht. Sie hätten allerdings ein größeres Potenzial, wenn sie wie in dem skizzierten Politikmodell nicht allein als Kriseninterventionen eingesetzt werden würden, sondern zu grundsätzlichen Handlungsprinzipien in kommunalen Entscheidungsprozessen verankert wären. Eine Chance, dies zu tun, besteht durchaus. Denn die Ergebnisse der bundesweiten Zwischenevaluation zum Bund-Länder-Programm, die das DEUTSCHE INSTITUT FÜR URBANISTIK veröffentlicht hat, dokumentieren eine Erfolgsgeschichte – aber auch einen Lernprozess, der selbstkritisch genug auf die notwendigen Weiterentwicklungen verweist (vgl. DIFU 2005). Diese Erfolge bemessen sich weniger an quantifizierbaren Parametern wie Arbeitslosen- oder Beschäftigtenzahlen, Geschäftsgründungen oder verbauten Investitionsmitteln. Auf dem Prüfstand stehen Verfahrensabläufe, Handlungsprinzipien und erste Gehversuche mit den neuen institutionellen Arrangements. Die Empfehlungen betreffen „die stärkere Fokussierung einzelner Handlungsfelder [...], Erarbeitungshinweise für die integrierten Entwicklungskonzepte, stärkere Betonung von Evaluation und Monitoring sowie Forschungsbegleitung und Erfahrungsaustausch" (DIFU 2005, 5). Der nächste Schritt wäre daher die konsequente Einbettung sozialer Stadtentwicklungsprozesse in eine Gesamtstrategie zukunftsfähiger Entwicklung.

Literatur

ALISCH, M. (2002): Soziale Stadtentwicklung. Widersprüche, Kausalitäten und Lösungen, Opladen.

ALISCH, M. (2004): Wachsende Stadt und Soziale Stadt. In: Altrock, U./Schubert, D. (Hrsg.): Wachsende Stadt. Leitbild – Utopie – Vision? Opladen, 67-76.

ALISCH, M./DANGSCHAT, J. S. (1993): Die solidarische Stadt – Ursachen von Armut und Strategien für einen sozialen Ausgleich. Frankfurt a. M.

ALISCH, M./DANGSCHAT, J. S. (1998): Armut und soziale Integration. Strategien sozialer Stadtentwicklung und lokaler Nachhaltigkeit. Opladen.

BECK, U. (1998): Gegengifte. Die organisierte Unverantwortlichkeit. Frankfurt a. M.

DIFU – DEUTSCHES INSTITUT FÜR URBANISTIK (2005): Zweiter fachpolitischer Dialog zur Sozialen Stadt. Ergebnisse der bundesweiten Zwischenevaluation und Empfehlungen zum Ergebnistransfer. Berlin.

ETZIONI, A. (1997): Die Verantwortungsgesellschaft. Individualität und Moral in der heutigen Demokratie. Frankfurt a. M., New York.

FRIEDRICHS, J. (1997): Globalisierung – Begriff und grundlegende Annahmen. In: Aus Politik und Zeitgeschehen, Beilage zur Wochenzeitung Das Parlament, 33-34, 3-11.

FROESSLER, R./LANG, M./SELLE, K./STAUBACH, R. (Hrsg.) (1994): Lokale Partnerschaften – Die Erneuerung benachteiligter Quartiere in europäischen Städten. Stadtforschung aktuell, Bd. 45. Basel u. a.

GIDDENS, A. (1999): Der dritte Weg. Die Erneuerung der sozialen Demokratie. Franfurt a. M.

HERITIER, A. (Hrsg.) (1993): Policy-Analyse – Kritik und Neuorientierung. Opladen.

HEINELT, H. (1997): Die Debatten zur Modernisierung der Kommunalpolitik. Ein Überblick. In: Heinelt, H./Mayer, M. (Hrsg.): Modernisierung der Kommunalpolitik. Neue Wege der Ressourcenmobilisierung. Opladen, 12-28.

KALLSCHEUER, O. (1992): Gemeinsinn und Demokratie. Hinter dem Etikett „Kommunitarismus" verbirgt sich eine Debatte um das Selbstverständnis der USA. In: Zahlmann C. (Hrsg.): Kommunitarismus in der Diskussion. Eine streitbare Einführung. Berlin, 109-118.

KRONAUER, M. (1997): „Soziale Ausgrenzung" und „Underclass": Über neue Formen der gesellschaftlichen Spaltung. Leviathan, (25)1, 28-49.

KRUMMACHER, M./KULBACH, R./WALTZ, V./WOHLFAHRT, N. (2003): Soziale Stadt – Sozialraumentwicklung – Quartiersmanagement. Herausforderungen für Politik, Raumplanung und soziale Arbeit. Opladen.

SCHMIDT, R. (2004): Peripherisierung: Ostdeutschland. In: Schrumpfende Städte. Band 1: Internationale Untersuchung. Ostfildern-Ruit.

SELLE, K. (2000): Nachhaltige Kommunikation? Stadtentwicklung als Verständigungsarbeit. In: Bundesamt für Bauwesen und Raumordnung (Hrsg.): Nachhaltigkeit als sozialer Prozess. Informationen zur Raumentwicklung, 1/2000, 9-20.

SÜSS, W./TROJAN, A. (Hrsg.) (1992): Armut in Hamburg. Hamburg.

WALTHER, U. J. (2002): Soziale Stadt – Zwischenbilanzen. Ein Programm auf dem Weg zur Sozialen Stadt? Opladen.

WILSON, W. J. (1991): Politic Policy Research and The Truly Disadvantaged. In: Jencks, C./Peterson, P. E. (Eds.): The Urban Underclass. Washington, D.C., 460-481.

Leitthema B – Grenzen von Wachsen und Schrumpfen

Sitzung 2: Verkehrsentwicklung zwischen Marktliberalisierung und Nachhaltigkeit

Jürgen Deiters (Osnabrück) und Andreas Kagermeier (Trier)

Zum Leitthema „Grenzen von Wachsen und Schrumpfen" tragen die Beiträge dieser Sitzung nur zum Teil bei, geht es doch beim Verkehrssektor im Hinblick auf mehr Nachhaltigkeit in erster Linie um die *Grenzen des Wachstums*. Nach kritischen Grenzen der Schrumpfung (Rückentwicklung) würden wir allenfalls mit Blick auf die Verlierer im neuen Wettbewerb der Verkehrsträger fragen, wie teilweise ÖPNV, Eisenbahnen oder Binnenschifffahrt.

Dabei gilt die Frage, ob eine nachhaltige Entwicklung mit fortwährendem Wirtschaftswachstum vereinbar ist, in besonderer Weise für den Verkehrsbereich. Die Entkoppelung von Verkehrs- und Wirtschaftswachstum gilt als wesentliche Voraussetzung für eine nachhaltige Verkehrspolitik. Schon die Klassiker der Nationalökonomie bezweifelten die Möglichkeit andauernden Wirtschaftswachstums angesichts endlicher Naturressourcen. Die Umweltbelastungen wachsender Volkswirtschaften könnten nur dann konstant gehalten werden, wenn sie durch sinkende Bevölkerungszahlen oder steigende Ressourcenproduktivität kompensiert werden. Letzteres hängt bekanntlich vom umwelttechnischen Fortschritt ab, dessen Effekte im Verkehrssektor aber stets vom Mengenwachstum „aufgefressen" werden.

Darüber hinaus kann der sektorale Strukturwandel zur Entlastung der Umwelt beitragen, wenn Sektoren mit vergleichsweise geringem Ressourcenverbrauch und Schadstoffausstoß schneller wachsen als „schmutzige" Sektoren. Die Verschiebungen von der Schwer- zur Leichtindustrie sowie zum Dienstleistungssektor in den hoch entwickelten Industrieländern sind Beispiele dafür. Doch bewegt sich der Strukturwandel im Verkehrsbereich mit überproportionalem Anstieg des Straßen- und Luftverkehrs zu Lasten umweltverträglicherer Verkehrsträger wie Bahn und Binnenschiff in die falsche Richtung. Angetrieben werden diese Verschiebungen im Modal Split durch die konsequente Liberalisierung der Verkehrsmärkte in Europa im Rahmen der fortschreitenden Globalisierung von Produktion und Konsumtion.

Mangelnde Harmonisierung der national unterschiedlichen Rahmenbedingungen und die Vernachlässigung der Umweltkosten des Verkehrs tragen dazu bei, dass sich im verschärften Preiswettbewerb in Europa der Straßengüterverkehr weiter durchsetzt und der Luftverkehr mit dem Aufstieg der Low-Cost-Airlines exorbitante Zuwächse erzielt, was in Deutschland zu fragwürdigem Standortwettbewerb der Flughäfen geführt hat. Die Knotenpunkte des internationalen Luftfracht- und Seecontainerverkehrs wurden zu globalen Produktions-Netzwerken mit erheblichen Standortwirkungen verknüpft. Im Hinblick auf die weitere Entwicklung von Mobilität und Verkehr kommt dem bedarfsgerechten Ausbau der Verkehrsinfrastruktur eine Schlüsselrolle zu. Seit Jahren wird gefordert, durch einen grundlegenden Politikwechsel „Kostenwahrheit" für die Verkehrsteilnehmer herzustellen und „die derzeit dem Verkehrssystem auferlegten Steuern schrittweise durch Instrumente zu ersetzen, die die Infrastrukturkosten und die externen Kosten am wirksamsten internalisieren" (Die europäische Verkehrspolitik bis 2010. Weißbuch der EU-Kommission, 2001, 82 f.).

Cordula NEIBERGER zeigt in ihrem Beitrag die tief greifenden Wandlungen der international arbeitsteiligen Produktion und der Handelsverflechtungen unter dem Einfluss der Globalisierung und deren Auswirkungen auf die Organisations- und Unternehmensstrukturen von Transport und Logistik. Die weitgehende Öffnung nationaler Märkte und der enorme technische Fortschritt, vor allem im IT-Bereich, haben bewirkt, dass sich das weltweite Exportaufkommen seit 1980 nahezu vervierfachen konnte. Prozesse der Konzentration und Internationalisierung im Güterverkehrssektor haben sowohl zur Spezialisierung auf bestimmte Aufgabenbereiche (z. B. Konsumgüterlogistik) als auch zur Herausbildung globaler Netzwerke von Logistikdienstleistern mit breiter Leistungspalette geführt. Wie veränderlich solche Standortnetze des globalen Güterverkehrs sind, wird am Beispiel des Dubai International Airport verdeutlicht, der in nur zwei Jahrzehnten sozusagen aus dem Nichts auf Platz zwölf der Rangliste der weltweit größten Luftfrachtumschlagplätze aufgestiegen ist.

Mit seinem Beitrag über Aufstieg und Fall der „Newcomer Airports" in Deutschland zeigt Tobias BEHNEN die Grenzen des Wachstums in einem Marktsegment auf, das wie kein anderer Bereich durch einen geradezu entfesselten Wettbewerb als Folge des freien Marktzutritts und der freien Tarifgestaltung gekennzeichnet ist. Der Luftverkehr galt lange Zeit als Vorbild für die Liberalisierung der Verkehrsmärkte in Europa. Seit 1990 hat sich die Fluggastaufkommen in Deutschland nahezu verdoppelt, ebenso aber auch die Anzahl der Flughäfen (z. B. durch Ausbau bestehender oder Konversion militärischer Flugplätze). Im Wettbewerb der Bundesländer um Zugänge zum wachsenden Luftverkehr ist es zu beträchtlicher Fehlallokation von Infrastrukturinvestitionen gekommen, wie an der Gegenüberstellung der Gewinner und Verlierer im Standortwettbewerb der „Newcomer Airports" abzulesen ist. Es stellt sich daher die Frage, ob es nicht doch (wieder) der Kompetenz des Bundes bedarf, mit Hilfe eines Masterplans den Ausbau der Flughäfen in Deutschland zu koordinieren.

Der mit Abstand größte Anteil der Transportleistungen beim Personen- und Güterverkehr entfällt auch künftig auf den Straßenverkehr. Vertreter der Wirtschaft beklagen immer wieder, dass der Ausbau der Verkehrsinfrastruktur mit der Entwicklung des Verkehrsaufkommens nicht Schritt halte, solange die Einnahmen aus Steuern und Abgaben des Verkehrs (inkl. Mineralölsteuer) nicht vollständig zur Finanzierung der erforderlichen Neu- und Ersatzinvestitionen eingesetzt würden. Werner ROTHENGATTER stellt dazu die Grundsätze eines neuen Finanzierungsparadigmas vor, wonach Bau und Betrieb der Verkehrsinfrastruktur nicht mehr aus Haushaltsmitteln (des Bundes), sondern aus Beiträgen der Nutzer der Verkehrswege finanziert werden. Im Unterschied zur EU-Kommission vertritt er den Standpunkt, dass Nachhaltigkeitsziele im Verkehrsbereich besser durch neue ordnungspolitische Maßnahmen zu erreichen sind als durch eine weitgehende Internalisierung der externen Kosten des Verkehrs (vgl. obiges Zitat aus dem Weißbuch).

Martin LANZENDORF geht im abschließenden Beitrag der Frage nach, ob der Systemwechsel in Ostdeutschland und die dadurch ausgelösten Anpassungsprozesse an gesellschaftliche Leitbilder und Lebensstile Westdeutschlands dazu geführt haben, beim Umbau der Siedlungs- und Verkehrssysteme Fehlentwicklungen (wie im alten Bundesgebiet) zu vermeiden und mehr Nachhaltigkeit bei der Gestaltung von Mobilität und Verkehr zu erreichen. Das ernüchternde Fazit seiner Erhebungen lautet, dass die noch beobachtbare Tendenz zu einem weniger autoorientierten Verkehrsverhalten mit der weiteren ökonomischen Angleichung Ostdeutschlands verschwinden wird. Im Übrigen sei der durch Arbeitslosigkeit und Einwohnerrückgang beprägte Problemdruck in den Ländern und Kommunen so hoch, dass Programme und Maßnahmen zur Verkehrsentlastung deutlich geringere Priorität als im Altbundesgebiet besäßen.

Hieran anknüpfend lässt sich als Fazit und Ausblick dieser Sitzung festhalten, dass neben der – weiterhin notwendigen – Beschäftigung mit den (oberen) Grenzen des Wachstums künftig eine kritische Auseinandersetzung mit den (unteren) Grenzen der Tragfähigkeit von Auffanglösungen zur Sicherung der Grundmobilität und Mindestversorgung in Gebieten anhaltenden Bevölkerungsrückgangs zu den vorrangigen Aufgaben praxisorientierter geographischer Verkehrsforschung gehört. Das gilt für zentrenferne, dünn besiedelte ländliche Räume ebenso wie für innerstädtische Problemgebiete.

Globalisierung der Güterverkehrsbranche – Der Einfluss von Deregulierung, veränderten Kundenanforderungen und neuen Technologien auf den internationalen Güterverkehr

Cordula Neiberger (Marburg)

1 Einleitung

Seit den 1970er Jahren sind starke quantitative und qualitative Veränderungen im internationalen Handel zu beobachten. So stieg der Wert des weltweiten Exportaufkommens von 1980 bis 2003 um 287 % (UNCTAD 2003). Wie Abb. 1 verdeutlicht, verzeichnen die stärksten Zunahmen die westeuropäischen Länder, die USA und Asien, also die Länder der Triade. Dies deutet auf eine verstärkte wirtschaftliche Integration dieser Länder hin, die nicht mehr nur mit der seit den 1970er Jahren beobachteten „Neuen Internationalen Arbeitsteilung" (FRÖBEL/HEINRICHS/KREYE 1977) zu erklären ist. Denn „neu" war zu dieser Zeit die zunehmende Auslagerung von arbeitsintensiven Produktionsschritten durch Unternehmen der Hochlohnländer in Länder mit entsprechenden komparativen Vorteilen.

Die heutige Entwicklung, die allgemein als ökonomische Globalisierung bezeichnet wird, umfasst mehr als eine internationale Arbeitsteilung durch multinationale Unternehmen (MNU). Vielmehr ist eine funktionale Integration international verteilter Aktivitäten zu beobachten (SCHAMP 2000, 131 f.). Diese geht einher mit einer Entwicklung

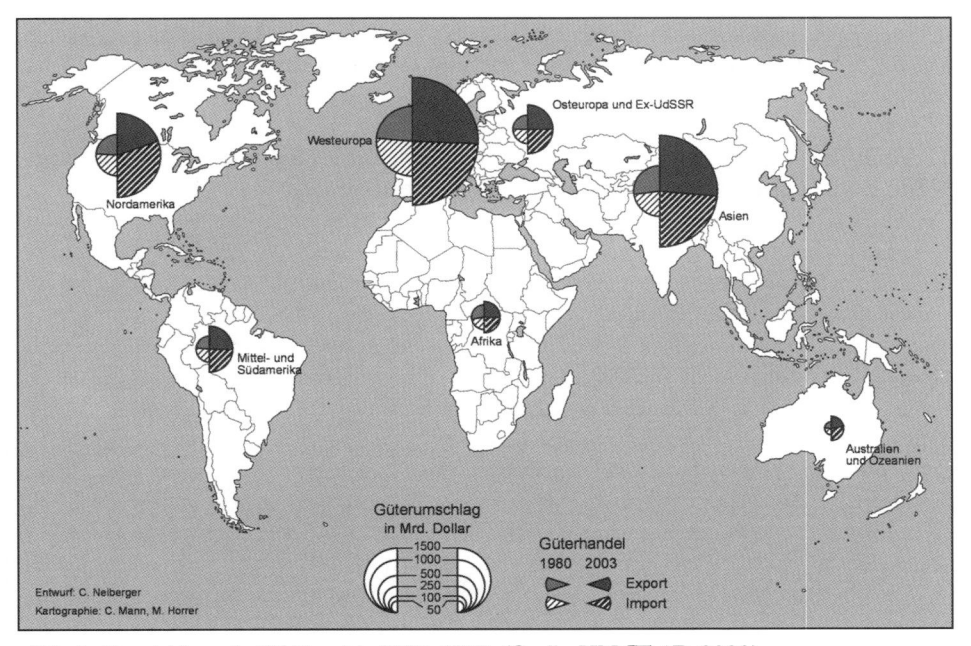

Abb. 1: Entwicklung des Welthandels 1980–2003 (Quelle: UNCTAD 2003)

hin zu modularen Organisationsstrukturen, die sich als steuerbarer erweisen als große, multifunktionale Einheiten wie MNU, welche rapide steigende Kosten der Komplexität aufweisen. Es kommt somit zu einer zunehmenden Fragmentierung von Produktionsprozessen (ARNDT/KIERZKOWSKI 2001), wo Stufen der Wertschöpfung aus bisher integrierten Ketten ausgelagert werden (Elektronikindustrie, Automobilindustrie, Textilindustrie). Dadurch entsteht eine Vernetzung von rechtlich selbstständigen Unternehmen über verschiedene Wertschöpfungsstufen und weltweite Standorte hinweg (vgl. BERTRAM 2005).

Während GEREFFI und KORZENIEWICZ (1994) mit dem Konzept der Global Commodity Chain diese zu beobachtenden Vernetzungen im Wesentlichen im Hinblick auf die „governance structure" innerhalb der Wertschöpfungsketten untersuchten, legen COE et al. (2004) mit dem Konzept der Global Production Networks ihr Augenmerk auf die Beziehung zwischen der Organisation globaler Netzwerke und einer Regionalentwicklung. Dabei definieren sie Global Production Networks als „the globally organized nexus of interconnected functions and operations by firms and non-firm institutions through which goods and services are produced and distributed" (COE et al. 2004, 471). Solche Netzwerke integrieren Unternehmen und Teile von Unternehmen durch verschiedene Formen von Beziehungen. Sie integrieren damit aber zugleich auch regionale und nationale Ökonomien, weil eine Regionalentwicklung durch Koppelungsmechanismen zwischen lokalisierten Wachstumsfaktoren und den strategischen Erfordernissen trans-lokaler Akteure angetrieben werden kann (COE et al. 2004, 469).

Im Folgenden soll das Konzept des Global Production Networks im Hinblick auf die zu analysierende Entwicklung im Logistik-Dienstleistungssektor aufgegriffen werden. Dabei soll aufgezeigt werden, wie und aus welchen Gründen sich das globale Transportsystem von Punkt-zu-Punkt-Verkehren zwischen verkehrsgünstig gelegenen Standorten einzelner Akteure zu Standorten innerhalb globaler Netzwerke fokaler Unternehmen der Logistikbranche gewandelt hat und weiterhin entwickelt. Zu fragen ist auch, welche Auswirkungen dies auf traditionelle und neue Logistik-Standorte weltweit haben kann.

2 Veränderte Kundenanforderungen, neue Technologien und Deregulierung: Neue Rahmenbedingungen für die Güterverkehrsbranche

Die aufgezeigten Veränderungen im globalen Wirtschaftssystem bedeuten für produzierende Unternehmen Chancen durch die Möglichkeit der Nutzung globaler Netzwerke, aber auch einen verstärkten Wettbewerb. So gelingt es immer weniger, Gewinne mit standardisierten Massenprodukten zu erzielen; vielmehr sind heute aufgrund neuer demographischer Strukturen und der Entwicklung hin zu einer postindustriellen Gesellschaft stärker individuelle Wirtschaftsgüter mit höherem Servicegrad gefragt, wobei die Prognostizierbarkeit der Nachfrage immer schwieriger wird. Damit hängt ein Unternehmenserfolg immer stärker von der Fähigkeit ab, auf sich schnell wandelnde Kundenbedürfnisse einzugehen. Zugleich werden Produktzyklen immer kürzer. Für Unternehmen ist es notwendig, möglichst schnell neue Technologien und Produkte am Markt zu realisieren. STALK diagnostizierte schon 1988 den Wandel von einem kosten- und preisbasierten Wettbewerb hin zu einem „zeitbasierten Wettbewerb" (vgl. STALK 1988).

Dies bedeutet neue Anforderungen an die Geschwindigkeit, mit der Produktentwicklung und Auftragsabwicklung erfolgen, sowie die Optimierung der gesamten logistischen Informations- und Güterströme – nicht nur innerhalb einzelner Unternehmen, sondern innerhalb des gesamten globalen Netzwerkes. Diese Konzepte müssen von einer modernen Logistik entwickelt werden, der damit heute ein extrem wichtiges Aufgabenfeld zuwächst, nämlich das der organisatorischen und technischen Vernetzung der globalen Wirtschaft.

Möglich wurde diese Entwicklung aber erst durch enorme technische Fortschritte. Dies sind zum einen die Entwicklungen im IT-Bereich, wie Datenfernübertragung zwischen Unternehmen und Unternehmensteilen (EDI), EAN-Code zur Identifikation der Ware bei Transport und Lagerung, das Internet als Kommunikations- und Datenübertragungsmedium sowie neue Software zur Disposition, Routenplanung, Sendungsverfolgung und Zollabwicklung. Zum anderen haben Entwicklungen im Bereich der technischen Standardisierung, wie die Einführung von genormten Paletten und Containern für die Seeschifffahrt, große Bedeutung. Erst hierdurch wird der kostengünstige Transport und Umschlag kleinteiliger, hochwertiger Güter ermöglicht (NUHN 2005, 113 f.).

Unterstützt wurde die Bedeutungszunahme der logistischen Dienstleistungsunternehmen durch weltweite Deregulierungs- und Privatisierungsmaßnahmen, da diese den Unternehmen erst eine Erweiterung und Neudefinition ihres Tätigkeitsfeldes ermöglichten.

Schon in den 1970er Jahren begann in den USA ein umfassender Deregulierungsprozess, der alle Verkehrsbereiche einbezog (Luftfahrt 1977 [Air Cargo Deregulation Act] und 1978 [Airline Deregulation Act], Eisenbahnen 1980 [Staggers Rail Act], Landverkehr 1980 [Motor Carrier Act]). Neben Preissenkungen, Leistungszuwächsen und der Veränderung der Marktstruktur in den betroffenen Verkehrsbereichen ist als Folge der Liberalisierung des amerikanischen Verkehrsmarktes in erster Linie die Entstehung der Kurier-, Express- und Paketdienste zu sehen (vgl. ABERLE 2003).

Eine Deregulierung des europäischen Verkehrsmarktes begann erst nach dem sog. Untätigkeitsurteil des EuGH 1985. Sowohl im Bereich des Luftverkehrs (drei Liberalisierungspakete seit 1987, Abschluss 1997 mit der Freigabe der Inlandskabotage, seither einheitliches Marktordnungssystem), der Binnenschifffahrt (Kabotagefreigabe ab 1995) und dem Eisenbahnverkehr (Eisenbahnrichtlinien seit 1991) als auch im Landverkehr (Wegfall der staatlichen Tarifbindung 1994, Liberalisierung des Marktzugangs, Kabotagefreiheit seit 1998) wurden innerstaatliche Regulierungsmaßnahmen zugunsten eines einheitlichen EU-Wirtschaftsmarktes aufgegeben (JUNG 1999, NUHN 1998, LAMMICH 1994).

3 Leistungszuwachs, Hierarchisierung, Konzentration und Internationalisierung: die Entstehung von globalen Netzwerken in der Güterverkehrsbranche

Mit der steigenden Komplexität der Aufgaben, der rasanten Entwicklung der Informations- und Kommunikationstechnologie und den Deregulierungsmaßnahmen hat die Branche in den letzten Jahren einen Umstrukturierungsprozess vollzogen, der durch eine Reorganisation logistischer Dienstleistungsunternehmen und ihrer Beziehungen untereinander gekennzeichnet ist. Dies ist verbunden mit

1. einem Leistungszuwachs der Unternehmen bei gleichzeitiger Hierarchisierung innerhalb der Branche und
2. einem dynamischen Konzentrationsprozess bei gleichzeitiger Internationalisierung.

Leistungszuwachs und Hierarchisierung
Mit der Deregulierung der Verkehrsmärkte entstand auch die Möglichkeit für die Logistikunternehmen, effizientere Organisationsstrukturen zu entwickeln und neue Leistungen zu vermarkten. Es erfolgte eine Entwicklung der Unternehmen vom einfachen, für die Transportabwicklung zuständigen Verkehrsunternehmen hin zu logistischen Dienstleistungsunternehmen mit einem komplexen Angebot für Organisation und Steuerung des zwischenbetrieblichen Material- und Informationsflusses. Logistische Dienstleister müssen heute „das Wissen und die Methoden optimaler Architekturen von Flüssen und Prozessen sowie deren markt- und kundengerechte Steuerung und Mobilisierung sammeln und anwenden können" (KLAUS 2003, 26).

Waren noch in den 1980er Jahren in erster Linie einfache Transporte zwischen verschiedenen Orten das Hauptbetätigungsfeld von Spediteuren, welche häufig eigene Lkw besaßen, so wächst seit den Deregulierungsmaßnahmen der Anteil von speziellen logistischen Leistungen, wie Konsumgüterdistribution und Konsumgüterkontraktlogistik, wie auch die industrielle Kontraktlogistik, welche die Dienstleistungen im Bereich der Heranführung und Bereitstellung industrieller Materialien für die Produktion in spezialisierten, kundenindividuell gestalteten Systemen beinhaltet (vgl. KLAUS 2003). In neuerer Zeit werden häufig so genannte „Value-added-Services" übernommen, zusätzliche Dienstleistungen wie Verpackung und Etikettierung, aber auch Montagearbeiten von Produktmodulen.

Durch die Konzentration logistischer Dienstleistungsunternehmen auf die Aufgaben der Organisation und Kontrolle logistischer Abläufe kommt es gleichzeitig zum Outsourcing von Leistungen innerhalb der Logistikbranche. So genannte „asset-based-Leistungen", also Dienstleistungen, welche an Ausstattung wie Lager oder Lkw gebunden sind, werden auf spezialisierte Dienstleister ausgelagert, diese wiederum vergeben einfache Leistungen wie Punkt-zu-Punkt-Verkehre an weitere Subunternehmer. Dadurch ergibt sich eine Hierarchisierung innerhalb der Branche.

Konzentration und Internationalisierung
Infolge der vielfältigen Anforderungen an logistische Dienstleister geht der Konzentrationsprozess mit der Auflösung der traditionellen modal- und produktmarktspezifischen Branchensegmentierung einher. Moderne Logistikunternehmen benötigen zur Bewältigung ihrer Aufgaben vielfältige Kompetenzen, die sie häufig durch Aufkauf entsprechender Wettbewerber erwerben. Fusionen und Akquisitionen werden jedoch nicht überwiegend im nationalen Rahmen vollzogen. Vielmehr ist ein Internationalisierungsprozess zu beobachten. Die bis in die 90er Jahre weitgehend nationalen Transportmärkte werden durch logistische Dienstleister zu transnationalen Verkehrsmärkten integriert. Hier sind große Speditionen tätig, die durch Direktinvestitionen und Ergänzungskäufe in der Leistungspalette eine Diversifikation ihrer Angebote vom verkehrsträgerspezifischen Anbieter hin zum Multi-Vernetzungsunternehmen mit der gesamten Palette logistischer Leistungen vollziehen.

Auch im Bereich der Carrier, d. h. der Airlines und Reedereien, sind starke internationale Konzentrationsprozesse zu beobachten. Während in den 90er Jahren besonders Allianzen eine große Rolle spielten, sind heute vermehrt Fusionen von Bedeutung wie die Übernahme von KLM (Niederlande) durch Air France 2004 und von Swiss (Schweiz) 2005 durch die deutsche Lufthansa (vgl. NEIBERGER 2003). Auch im Bereich der Reedereien kam es in den letzten Jahren zu Groß-Akquisitionen wie dem Aufkauf von Nedlloyd durch P&O und wenige Jahre später von P&O Nedlloyd durch den Marktführer Maersk Gruppe (Dänemark). Hier entstehen international wettbewerbsfähige Großunternehmen, die einen beträchtlichen Teil des Gesamtmarktvolumens auf sich vereinen, so beispielsweise die Maersk Gruppe, die mit 849 000 TEU über 12,8 % der gesamten Schiffskapazität verfügt (ISL 2005).

In Europa ist die Entwicklung einiger ehemals staatlicher Post- und Bahnunternehmen besonders auffallend (vgl. DÖRRENBÄCHER 2005). Angestoßen durch Deregulierungs- und Privatisierungsmaßnahmen, die den Verlust der Monopolstellung zur Folge hatten und gleichzeitig eine Kommerzialisierung erlaubten, haben sich diese Unternehmen insbesondere durch eine große Anzahl von Zukäufen zu Mega-Dienstleistern entwickelt. So wird 2003 die Liste der Top 15 Logistikunternehmen Europas angeführt von dem ehemaligen Postunternehmen Deutschlands (Deutsche Post World Net), auf Platz 3 gefolgt von der Deutschen Bahn, dem niederländischen Postunternehmen (TPG) auf Platz 4 und dem Bahnunternehmen Frankreichs (SNCF) auf Platz 6 (KLAUS 2004) (Tab. 1).

Unternehmen, die längst eine vollständige Integration der Funktionen der gesamten Transportkette vorgenommen haben, sind die sog. Integratoren. Diese KEP-Dienste (Kurier-, Express- und Paketdienste) entwickelten seit der Deregulierung des US-amerikanischen Verkehrsmarktes einen internationalen „Door-to-Door-Service." Die „integrated carrier" vereinigen für den Transport von Paketsendungen die gesamte Transportkette (Land- wie Lufttransporte) in einer Hand. Durch die Straffung der gesamten logistischen Kette und die Einführung verschiedener Prozessinnovationen, wie Hub-and-Spoke-Systeme, automatische Abfertigungsanlagen an den Flughäfen und Sendungsverfolgungssysteme (Tracking-and-Tracing) zur Koordination und Kontrolle

Tab. 1: Die TOP 15 der Europäischen Logistik 2003 (Quelle: ergänzt nach Klaus 2003/2004)

	Unternehmen	Land	Umsatz in Mrd. €	Briefbe-förderung	KEP	Land-transport	Luft-fracht	See-fracht	Kontrakt-logistik
1	Deutsche Post WN	D	21,597	28	41		16		
2	Maersk	DK	14,068					100	
3	Deutsche Bahn	D	10,804			54	27		19
4	TPG	NL	7,996	35	37				28
5	Exel	GB	7,022				38		60
6	SNCF	F	6,287		10	83			7
7	Kühne + Nagel	CH	6,124			14	23	53	10
8	Royal P&O Nedlloyd	UK	4,390					100	
9	P&O Group	UK	4,021					100	
10	Univar	NL	3,758						
11	Panalpina	CH	3,611			30	65		5
12	Bolloré	F	3,610			57			43
13	Hapag-Lloyd	D	3,380					100	
14	La Poste	F	3,251	77	22				1
15	CMA-CGM	F	3,020					100	

Kerngeschäft | Weitere Geschäftsbereiche | Kein oder zu vernachlässigendes Geschäft | Quelle: Klaus (2003), Klaus (2004)

des Warenstromes, können hohe Kosten- und Zeiteinsparungen realisiert werden. In Verbindung mit der Produktinnovation eines „Door-to-Door Services" mit einer schnellen Laufzeit (über Nacht) und einer hohen Zuverlässigkeit (garantierte Lieferzeit) sind Integratoren sehr erfolgreich (vgl. BACHMEIER 1999, HIRSCH 2001). Ihr Tätigkeitsfeld beschränkt sich bisher allerdings auf den scharf abgegrenzten Paketmarkt. Hier ist zukünftig eine Erweiterung und damit ein Eindringen in die traditionellen Märkte von Luftfrachtspeditionen und Airlines zu erwarten.

Der globale Logistikmarkt ist damit zunehmend von multinationalen Großunternehmen mit breiter Leistungspalette geprägt. Diese steuern als fokale Unternehmen den Informations- und Warenfluss innerhalb von globalen Netzwerken, in denen weltweit verteilt eigene Niederlassungen, wie auch Partner, eigenständige Unternehmen und vielfältige Subunternehmen in verschiedensten Funktionen tätig sind. Diese Netzwerke erweisen sich als dynamisch und flexibel in der Anpassung an neue Markterfordernisse.

4 Globale Netzwerke in der Güterverkehrsbranche: vom Punkt-zu-Punkt-Verkehr zu volatilen Netzwerken des Warentransports

Neue Anforderungen der Verlader, Deregulierung und neue Technologien haben jedoch nicht nur im Bereich der traditionellen Speditionen und Güterverkehrsunternehmen Veränderungen hervorgerufen, sondern auch bei den Betreibern logistischer Umschlagstandorte, in erster Linie See- und Flughäfen. Waren diese noch bis in die 1980er Jahre hinein Infrastrukturbereitsteller in öffentlicher Hand, ist seitdem eine verstärkte Privatisierung zu beobachten. Aufgrund der sich verschlechternden finanziellen Lage der öffentlichen Hand und der gleichzeitig steigenden Anforderungen an Investitionen in diese Einrichtungen, sowie dem Ziel, die Häfen effizienter und wettbewerbsfähiger zu gestalten, ziehen sich die öffentlichen Träger durch Anteilsverkauf zurück. Damit einher geht nun die Führung dieser Unternehmen nach privatwirtschaftlichen Kriterien, häufig verbunden mit einer internen Umorganisation und Ausrichtung auf neue Geschäftsfelder zur Ergänzung des Portfolios (vgl. HOLLENHORST 2005, NUHN 2005).

Verbunden mit den Deregulierungen in allen Verkehrsbereichen bedeutet dies einen steigenden Wettbewerb der Häfen um das weltweite Transportaufkommen. Dieses nimmt zwar rasant zu, wird aber auch immer stärker gebündelt. Das geschieht zum einen aufgrund der Konzentrationstendenzen im Bereich der logistischen Dienstleister. Zum anderen verfolgen Logistiker häufig ein „Hub-and-Spoke-Prinzip" bei Sammlung und Verteilung der Güter. Dies bedeutet beispielsweise im Flugverkehr, dass Airlines in der Regel über lediglich einen Hub-Flughafen je Kontinent interkontinentale Flüge abwickeln, an dem das gesamte Passagier- und Warenaufkommen des Kontinents per Flugzeug oder Lkw gesammelt bzw. verteilt wird. Auch im Seeschifffahrtsbereich wird ein ähnliches Prinzip verfolgt, indem nur ein Hafen angesteuert wird, von dem aus per „Short-Sea-Shipping" oder Hinterlandverkehr die Ware weiter verteilt wird. Damit ist auch im Bereich von Flug- und Seehäfen eine Hierarchisierung entstanden.

Unterstützt und gefördert wird diese Entwicklung durch technische Neuerungen und Weiterentwicklungen wie den schon erwähnten Größenzuwachs bei Containerschiffen. Ähnliche Entwicklungen sind im Luftverkehr zu beobachten, wo der neue A380F von Airbus mit einer Frachtkapazität von 150 t einen enormen Kapazitätszuwachs bedeutet. Gleichzeitig weist er eine Reichweite von rund 15 000 km auf, etwa 2000 km mehr als das bisher am meisten genutzte Frachtflugzeug, die Boeing 747-400F. Dies bedeutet neue Optionen der Fluggesellschaften für die Organisation des weltweiten Transportes, da aufgrund einer größeren Reichweite völlig neue Routen möglich werden.

Aufgrund dieser Entwicklungen ist davon auszugehen, dass sich künftig die Anzahl der internationalen Hub-Flughäfen verringern wird. Damit wird es zu einem Bedeutungsverlust bestehender Flughäfen kommen, möglicherweise werden neue Flughäfen die Rolle heutiger Drehkreuze einnehmen. Dies kann großräumig auch mit der Verschiebung der geographischen Schwerpunkte der Produktion begründet werden. Innerhalb von Großregionen werden sich jedoch diejenigen Flughäfen durchsetzen, die den Anforderungen der Logistikdienstleister an Geschwindigkeit, Pünktlichkeit, Zuverlässigkeit, Flächenverfügbarkeit und Leistungsfähigkeit der Dienstleister vor Ort entsprechen. Mit der flexiblen Organisationsstruktur von globalen Netzwerken ist es heute für fokale Logistikdienstleister möglich, schnell auf veränderte Rahmenbedingungen zu reagieren, dadurch werden Standortnetze volatiler, es wird für Flughäfen schwieriger, eine einmal erreichte Bedeutung zu erhalten.

Die Abb. 2 zeigt den Bedeutungswandel von Flughäfen als globale Luftfrachtdrehkreuze. Insbesondere Flughäfen in China bzw. in unmittelbarer räumlicher Nähe haben in den letzten Jahren aufgrund des Wirtschaftswachstums dieses Landes einen erheblichen Bedeutungszuwachs erlebt. Aber auch Flughäfen in den Golfstaaten wie Abu Dhabi und Dubai verzeichnen hohe Zuwächse. So wuchs das Frachtaufkommen am Dubai International Airport von 49 863 t im Jahr 1980 auf 1,1 Mio. t 2004. Alleine von 2000 bis 2004 hat sich das Frachtaufkommen verdoppelt (DUBAI INTERNATIONAL AIRPORT). Damit ist dieser Flughafen heute der zwölftgrößte Luftfrachtumschlagplatz der Welt.

Das Einklinken dieses Standortes in die globalen Netzwerke der Logistiker ist auf die gezielte Entwicklung des Standortes seitens der regierenden Familie Dubais zurückzuführen. Dubai hat nur noch für etwa 20 Jahre Ölvorräte, so dass heute versucht wird, eine eigenständige wirtschaftliche Entwicklung durch Großinvestitionen in verschiedenste Bereiche anzustoßen. Neben der Entwicklung des Tourismus und der Einrichtung verschiedener Wissenschaftszentren steht insbesondere die Entwicklung des Standortes zu einem globalen Güterumschlagpunkt im Zentrum des Interesses. Dabei werden nicht nur Flughäfen und Seehäfen ausgebaut, sondern eine „logistics and multi-modal transport platform" bis 2007 entwickelt, welche die „Dubai Logistics City", einen internationalen Hafen (Jebel Ali Port), eine Freihandelszone und einen weiteren internationalen Flughafen (Jebel Ali International Airport) umfasst. Hier sollen in einer „integrierten Pattform" die Verkehrsträger Seeschifffahrt und Luftfahrt sowie die Möglichkeit zu weiteren logistischen Services (Value-added-Sevices) und zur Fertigung (in erster Linie Montage), ohne eine Freihandelszone verlassen zu müssen, gegeben werden. Mit dem Ausbau dieser „Logistics City" wird versucht, den Standort Dubai als neuen Standort innerhalb globaler Warenketten zu stärken. Hier sind globale Logistikdienstleister angesprochen, welche neben technisch und organisatorisch auf dem neuesten Stand verfügbare Infrastruktur und Einrichtungen auch einen Standort für zusätzliche logistische Leistungen benötigen.

Unterstützt wird diese Standortentwicklung durch die Förderung eines eigenen „global player" der Logistikbranche. Die Fluglinie Emirates Airline ist eine der am schnellsten wachsenden Airlines der Welt, die mit 3,5 Mio. tkm pro Jahr 2004 auf Platz 13 des ACI-Rankings der größten Airlines weltweit stand und deren Wachstum bei weitem nicht abgeschlossen scheint, ist sie doch heute mit einer Bestellung von 45 A380 zum Jahr 2006 der größte Kunde von Airbus überhaupt (ACI 2005).

Ein massiver Ausbau von Flug- wie auch Seehäfen ist in den letzten Jahren auch in Asien, insbesondere China und Indien, zu beobachten. Neben massiven staatlichen In-

Globalisierung der Güterverkehrsbranche

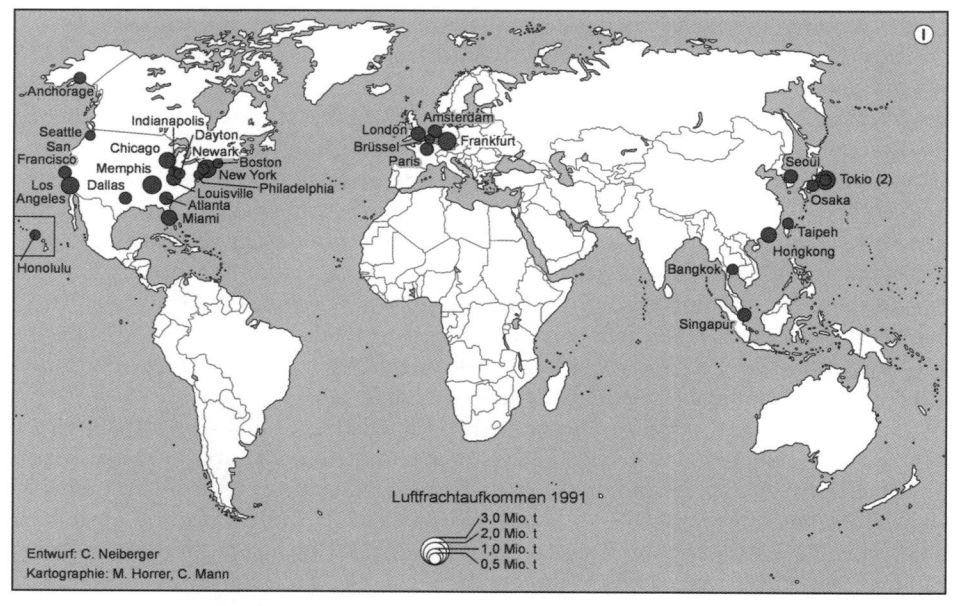

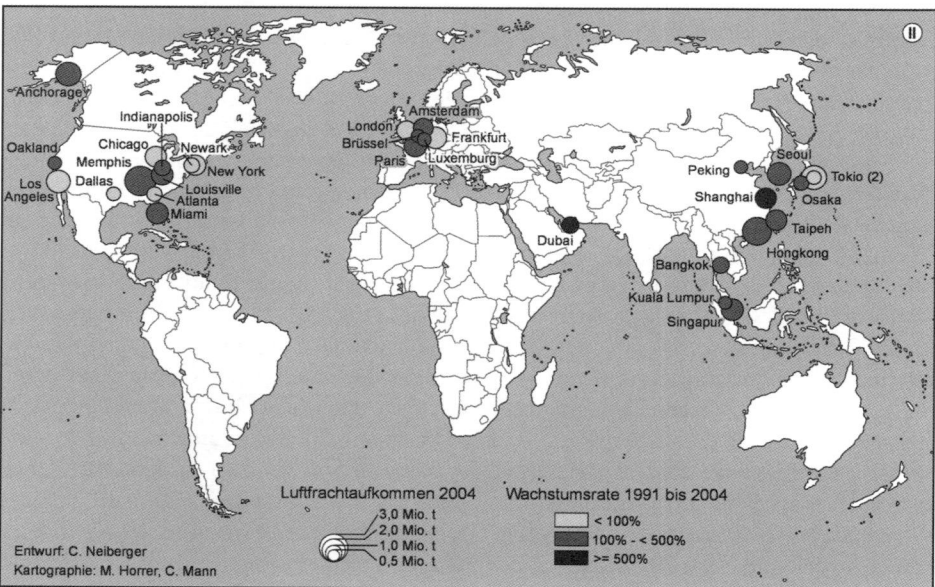

Abb. 2: Die TOP 30 Frachtflughäfen weltweit 1991 (I) und 2004 (II) (Quelle: ACI 2005)

vestitionen Chinas spielen bei der Entwicklung dieser Standorte nun auch zunehmend internationale Betreiber von Flug- und Seehäfen wie auch globale Logistikdienstleister (z. B. Airlines und Reedereien) eine Rolle. Diese erweitern ihr Tätigkeitsfeld räumlich, um an den Entwicklungen außerhalb ihrer angestammten Länder teilzuhaben. Denn im Gegensatz zur dynamischen Entwicklung in Asien und dem Nahen Osten kommt es heute im europäischen Raum wie auch in den USA zu Kapazitätsengpässen bei Flug-

und Seehäfen. So fehlen beispielsweise im Containerverkehr Hafenkapazitäten (HVB GROUP 2005). Im Flugbereich besteht die Notwendigkeit, die Infrastruktur an die Erfordernisse der neuen Generation von Großraumflugzeugen anzupassen. Demgegenüber stehen insbesondere in den europäischen Staaten vielfältige Beschränkungen durch Gesetzgebung und Erwartungen der Bürger an eine Umwelt ohne Beeinträchtigung durch Lärm und Luftverschmutzung.

In einer Weltwirtschaft, die durch globale Netzwerke geprägt ist, werden sich jedoch nur Häfen, die den heutigen und zukünftigen Anforderungen dieser Netzwerke noch genügen können, einen Platz im Weltverkehr sichern.

5 Fazit

Mit einer zunehmenden Globalisierung der Wirtschaft erhöht sich auch die Volatilität von Industrie- und Logistikstandorten. Insbesondere die Knotenpunkte des Weltverkehrs, See- wie auch Flughäfen, stehen heute in einem hochgradig unsicheren Wettbewerbsumfeld. Durch die Bildung globaler Netzwerke durch fokale Logistikdienstleister können diese flexibler auf veränderte Rahmenbedingungen reagieren. Dies ermöglicht einen schnellen Bedeutungswandel dieser Standorte.

Das Beispiel Dubai verdeutlicht, wie neben der geographischen Gunstlage für eine spezielle Konstellation der weltwirtschaftlichen Verknüpfung gezielte Investitionen und wirtschaftspolitische Maßnahmen einzelner Regionen bzw. Staaten eine Entwicklung anstoßen und fördern können. Nur solche Standorte, die die logistischen Voraussetzungen bieten, werden eine bedeutende Rolle in den globalen Netzwerken von Logistikdienstleistern halten bzw. ausbauen können. Ihre Entwicklung hängt davon ab, wie sie den heutigen Anforderungen gerecht werden können – letztlich also davon, wie sie sich im Spannungsfeld zwischen den Interessen lokaler Akteure und trans-lokaler Unternehmensnetzwerke behaupten werden.

Literatur

ABERLE, G. (2003): Transportwirtschaft: einzelwirtschaftliche und gesamtwirtschaftliche Grundlagen. München.

ACI (AIRPORT COUNCIL INTERNATIONALE) (2005): Annual Traffic Data. http://www.aci.aero

ARNDT, S./KIERZKOWSKI, H. (Hrsg.) (2001): Fragmentation. New Production Patterns in the World Economy. Oxford.

BACHMEIER, S. (1999): Integrators. Die Schnellen Dienste des Weltverkehrs. Nürnberg. (= Nürnberger Wirtschafts- und Sozialgeographische Arbeiten, Bd. 53).

BERTRAM, H. (2005): Neue Anforderungen an die Güterverkehrsbranche im Management globaler Warenketten. In: Neiberger, C./Bertram, H. (Hrsg.): Waren um die Welt bewegen. Strategien und Standorte im Management globaler Warenketten. Mannheim, 17-31. (= Studien zur Mobilitäts- und Verkehrsforschung, Bd. 11).

COE, N. M./HESS, M./YEUNG, H. W./DICKEN, P./HENDERSON, J. (2004): ´Globalizing´ regional development: a global production networks perspective. In: Transaction of the Institute of British Geographers, 29, 469-484.

DÖRRENBÄCHER, C. (2005): Kommerzielle Reorganisation und Public Policy Strategien europäischer Post- und Bahnunternehmen. In: Neiberger, C./Bertram, H. (Hrsg.): Waren um die Welt bewegen. Strategien und Standorte im Management globaler Warenketten. Mannheim, 57-72. (= Studien zur Mobilitäts- und Verkehrsforschung, Bd. 11).

FRÖBEL, F./HEINRICHS, J./KREYE, O. (1977): Die neue internationale Arbeitsteilung: Strukturelle Arbeitslosigkeit in den Industrieländern und die Industrialisierung der Entwicklungsländer. Hamburg.

GEREFFI, G./KORZENIEWICZ, M. (Eds.) (1994): Commodity chains and global capitalism. Westport.

HIRSCH, U. (2001): Expreßdienste und technologisches Paradigma. Genese und Diffusion einer technologischen und organisatorischen Innovation. Frankfurt.

HOLLENHORST, M. (2005): Internationalisierung von Flughafenbetreibern. Rahmenbedingungen und Motive. In: Neiberger, C./Bertram, H. (Hrsg.): Waren um die Welt bewegen. Strategien und Standorte im Management globaler Warenketten. Mannheim, 99-108. (= Studien zur Mobilitäts- und Verkehrsforschung, Bd. 11).

HVB GROUP (2005): Schifffahrtsmärkte. Globale Hafenengpässe – Keine schnelle Lösung in Sicht. Hamburg.

ISL (2005): ISL Market Analysis 2005: Container and General Cargo Fleet Development. SSMR June 2005.

JUNG, C. (1999): Luftverkehrsmärkte im Europäischen Wirtschaftsraum – Staatsverträge, Deregulierung und „open Skies". In: Imenga, U./Schwintowski, H.-P./Weitbrecht, A. (Hrsg.): Airlines und Flughäfen: Liberalisierung und Privatisierung im Luftverkehr. Baden-Baden, 11-61.

KLAUS, P. (2003): Die Top 100 der Logistik. Marktgrößen, Marktsegmente und Marktführer in der Logistik-Dienstleistungswirtschaft. Deutschland und Europa. Hamburg.

KLAUS, P. (2004): The Top 100 in European Transport and Logistics Services. Hamburg.

LAMMICH, K. (1994): Deutschland nach dem Tarifaufhebungsgesetz. Was bleibt übrig von der kontrollierten Verkehrsmarktordnung? In: Internationales Verkehrswesen, 46, 20-24.

MIDDLE EAST LOGISTICS (2005): Dubai launches world´s first integrated logistics and multimodal transport facility. In: Middle East Logistics vom 23. März 2005. http://www.middleastlogistics.com

NEIBERGER, C. (2003): Über den Wolken ... Zur Umstrukturierung in der Luftfrachtbranche und deren räumliche Auswirkungen. In: Europa Regional, 11(3), 199-209.

NUHN, H. (1998): Deregulierung der Verkehrsmärkte in Westeuropa und räumliche Konsequenzen. In: Europa im Globalisierungsprozess von Wirtschaft und Gesellschaft. Stuttgart, 158-170.

NUHN, H. (2005): Internationalisierung von Seehäfen. Vom Cityport und Gateway zum Interface globaler Transportketten. In: Neiberger, C./Bertram, C. (Hrsg.): Waren um die Welt bewegen. Strategien und Standorte im Management globaler Warenketten. Mannheim, 109-124. (= Studien zur Mobilitäts- und Verkehrsforschung, Bd. 11).

SCHAMP, E. W. (2000): Vernetzte Produktion: Industriegeographie aus institutioneller Perspektive. Darmstadt.

STALK, G. JR. (1988): Time – The Next Source of Competitive Advantage. In: Harvard Business Review. Juli-August, 1988, 41-49.

UNCTAD (2003): Handbook of Statistics 2003. http://www.unctad.org.

Die deutsche „Flughafenlandschaft" im Wandel: Etablierte Standorte und „Newcomer Airports" zwischen Krise und Wachstum

Tobias Behnen (Hannover)

1 Problemstellung

In der zweiten Hälfte des 20. Jahrhunderts hat sich in Deutschland eine über lange Zeit fast statische Standortverteilung von Flughäfen herausgebildet. Wegen der im Gegensatz zu Großbritannien oder Frankreich deutlich geringeren räumlichen Konzentration der Nachfrage kann diese Struktur als polyzentrisch bezeichnet werden. Das System ist gut entwickelt und beinhaltete bisher gewachsene Funktionszuweisungen (vgl. MAYR 2003). Die Rollen des Frankfurter Flughafens als primärer und des Münchener Flughafens als sekundärer Hub des Linienverkehrs dürften auch in Zukunft Bestand haben. Durch die Liberalisierung des EU-Luftverkehrsmarkts wurde jedoch ein alle Akteursgruppen betreffender Wandel in Gang gesetzt. Der parallele Prozess der Konversion militärischer Flughäfen und der prognostizierte starke Anstieg des Luftverkehrs (Abb. 1) haben in den letzten Jahren – in Ermangelung eines Masterplans – eine unkoordinierte bundesweite Entwicklung induziert. Die Zunahme der Zahl der Flughäfen, die durch Ausbau oder Konversion den Markteintritt versuchen („Newcomer Airports"), hat seit 1990 zu einer Verdoppelung der Zahl der Standorte geführt (Abb. 2). Anhand des wichtigsten Marktsegments Passagierverkehr soll dieser Prozess im Folgenden untersucht werden.

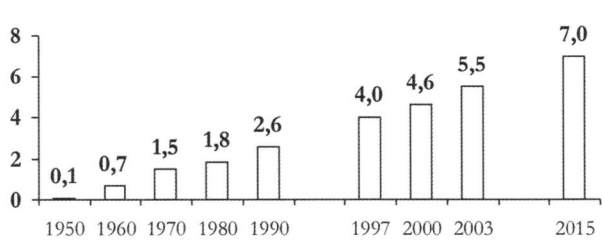

Abb. 1: Entwicklung des Passagierflugverkehrs in Deutschland (Modal Split in % nach Personenkilometern) (Quellen: Bundesverkehrswegeplan 2003; Deutsche Bahn AG; DIW, Bundesministerium für Verkehr, Bau- und Wohnungswesen [bis 1990: altes Bundesgebiet; 2015: 1998 aufgestellte Prognose])

2 Rahmenbedingungen

Für die Wandlungen im deutschen Luftverkehr waren eine Reihe grundsätzlicher Faktoren von Bedeutung. So hat die 1997 vollendete *Liberalisierung des Luftverkehrsmarktes* innerhalb der Europäischen Union Rahmenbedingungen geschaffen, die das Aufbrechen der monopolartigen Strukturen bei Fluggesellschaften und Flughäfen erst ermöglichten. Zwar hat die weitgehende Lockerung, die Erlaubnis zur Kabotage, also der Inlandsflugverkehr durch ausländische Fluggesellschaften, in Deutschland bisher wenig Wirkung gezeigt, die sonstigen neuen Möglichkeiten (freier Marktzugang, keine Kapazitätsbeschränkungen, freie Tarifgestaltung) sorgten aber für tief greifende Änderungen. Dazu ist in erster Linie der von den Britischen Inseln ausgegangene und zeit-

Die deutsche „Flughafenlandschaft" im Wandel

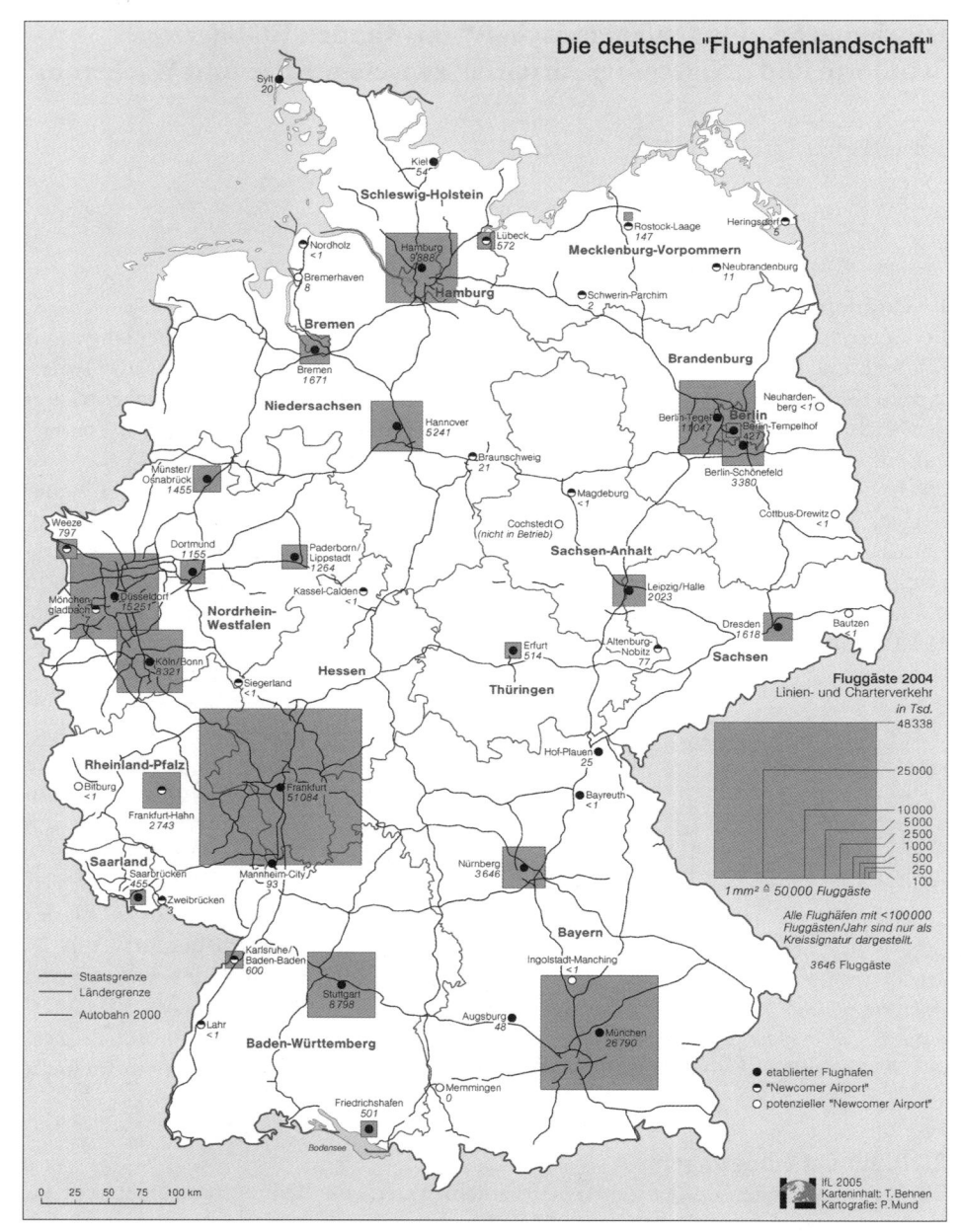

Abb. 2: Fluggastzahlen Deutschland 2004 (Quellen: ADV, Statistisches Bundesamt)

lich parallel abgelaufene *Aufstieg der Low Cost-Fluggesellschaften* zu zählen. Dem Erfolg der Vorreiter Ryanair und Easyjet in Deutschland begegneten der Lufthansa-Konzern mit der Gründung von Germanwings und der TUI-Konzern mit seiner Tochter HLX. Infolgedessen lag der Low Cost-Anteil im Europaverkehr von deutschen Flughäfen 2003 schon bei 15 % (REINHARDT-LEHMANN 2004, 140).

Eine wichtige und in Deutschland besonders ausgeprägte Entwicklungsvoraussetzung für „Newcomer Airports" war die ab 1990 begonnene *Konversion militärischer Flughäfen*. Die Notwendigkeit dazu ergab sich in besonderer Weise. Acht verschiedene militärische Betreiber hinterließen nach Beendigung des Kalten Kriegs Flughäfen, viele Standorte waren für eine Umwandlung in Zivilflughäfen wenig brauchbar und wurden nicht weiter für den Luftverkehr genutzt (HENN 2003, 192). Eine große Zahl war jedoch zumindest aus technischer Sicht gut geeignet. Mit der beiderseits des Eisernen Vorhangs üblichen militärischen Startbahnlänge von ca. 2500 m war eine wichtige Eigenschaft gegeben. Eine weitere Kategorie bildet die zunehmende Zahl von Flughäfen der Bundeswehr, die sich dem Zivilflugverkehr in Form einer ständigen Mitbenutzung geöffnet haben.

Die drängende Notwendigkeit, die problematische *Arbeitsmarktsituation* in Deutschland zu verbessern, kann als zusätzliche Triebfeder der Entwicklung angesehen werden. Die fehlerhafte Gleichsetzung jedes Flughafens mit dem Begriff „Job-Maschine" hat jedoch bei vielen „Newcomer Airports" zu einer unangemessenen Euphorie geführt. Ob die Erfahrungswerte von etwa 110 direkten und 130 bis 200 indirekten neuen Arbeitsplätzen pro 100 000 Passagiere auch dort gelten, ist mehr als fraglich (BEHNEN 2004, 284).

3 Flughäfen im Vergleich

Die Entwicklung der Passagierzahlen an deutschen Flughäfen ist in der Summe langfristig äußerst positiv. Neben grundsätzlichen konjunkturellen Schwankungen haben jedoch immer wieder besondere Einflussfaktoren den Anstieg gebremst (1990: Zweiter Golfkrieg; 2001: „11. September"; 2003: SARS). Bei einigen wenigen, aber großen Flughäfen begrenzten mangelnde Kapazitäten ein mögliches höheres Wachstum.

3.1 Entwicklung der Fluggastzahlen 1990–2004

Seit 1990 haben sich die Fluggastzahlen an deutschen Flughäfen fast verdoppelt (+92 %), was bis 2004 einem durchschnittlichen jährlichen Anstieg von 4,8 % entsprach (Tab. 1). Wenn man nur jene Flughäfen berücksichtigt, die 1990 zu den 15 größten zählten, lag der Wert mit 4,4 % leicht darunter. Zwar stiegen überall die Fluggastzahlen deutlich an, der Vergleich der einzelnen Flughäfen offenbart jedoch deutliche Unterschiede bei den durchschnittlichen jährlichen Wachstumsraten. Während große Flughäfen wie Frankfurt (4,0 %) und Düsseldorf (1,8 %) wegen der Slotknappheit weniger wachsen konnten und eher peripher gelegene Flughäfen wie Saarbrücken (4,4 %), Bremen (3,0 %) oder Dresden (2,9 %) ebenfalls unter 5 % lagen, konnten andere deutlicher zulegen. München konnte den Wert von 6,3 % besonders durch die Etablierung des zweiten Lufthansa-Hubs erzielen. Nürnberg erreichte als zeitweiliges Drehkreuz von Air Berlin 6,7 %. Köln/Bonn lag infolge seiner Low Cost-Offensive bei 7,3 %, während der Flughafen Münster/Osnabrück wegen seines besonders stark gewachsenen Chartersegments sogar 12,5 % erreichen konnte. Der noch stärkere Anstieg am Flughafen Leipzig/Halle (15,3 %) sollte wegen des sehr niedrigen absoluten Ausgangswerts im Wiedervereinigungsjahr 1990 nicht überwertet werden. Schon 1991 hatte er sich mehr als verdoppelt, 1992 fast vervierfacht. Bemerkenswert ist, dass die Passagierzahlen an den restlichen Flughäfen im betrachteten Zeitraum überproportional stark anstiegen (16,6 % pro Jahr). Ihr Anteil an der deutschen Gesamtsumme erhöhte sich dadurch von 1,2 % auf 5,8 %.

Tab. 1: *Entwicklung der Fluggastzahlen 1990–2004 (15 größte Flughäfen/1990, Linien- und Charterverkehr) (Quellen: ADV, Statistisches Bundesamt und eigene Berechnungen)*

Flughäfen		Fluggäste in 1000		Anstieg in %	Jährlicher Anstieg in %
		1990	2004		
Frankfurt		29368	51084	74	4,0
Düsseldorf		11912	15251	28	1,8
München*		11364	26790	136	6,3
Hamburg		6844	9888	44	2,6
Berlin-Tegel**		6709	11047	65	3,6
Stuttgart		4402	8798	100	5,1
Köln/Bonn		3087	8321	170	7,3
Hannover		2781	5241	88	4,6
Berlin-Schönefeld		1982	3380	71	3,9
Nürnberg		1477	3646	147	6,7
Bremen		1105	1671	51	3,0
Dresden		1079	1618	50	2,9
Münster/Osnabrück		284	1455	412	12,4
Leipzig/Halle		274	2023	638	15,3
Saarbrücken		249	455	83	4,4
Summe		**82033**	**150668**	**84**	**4,4**
Restliche Flughäfen	absolut	1079	9298	762	16,6
	Anteil	1,2%	5,8%		
DEUTSCHLAND		**83112**	**159966**	**92**	**4,8**

* 1990: noch am Standort Riem
** 1990: inkl. Berlin-Tempelhof (sehr geringer Wert)

3.2 Deutsche Flughäfen – Gewinner und Verlierer 2000–2004

3.2.1 Gewinner

Der Vergleich der Fluggastzahlen aller Flughäfen nur der letzten fünf Jahre zeigt noch deutlicher die uneinheitliche Entwicklung (Tab. 2). Trotz des kurzen Betrachtungszeitraums finden sich sowohl bei den etablierten Flughäfen, als auch bei den „Newcomer Airports" einerseits Flughäfen, die enorme Zuwächse erzielen konnten, und andererseits auch Standorte, die massive Verluste verzeichnen mussten. Bei den etablierten Flughäfen führen Dortmund und Berlin-Schönefeld mit zweistelligen durchschnittlichen jährlichen Zuwachsraten (14 %, bzw. 11 %), was nicht zuletzt auf ihre Funktion als Basen der britischen Low Cost-Fluggesellschaft Easyjet zurückzuführen ist. Mit jeweils durchschnittlich 7 % pro Jahr folgen mit Köln/Bonn und Friedrichshafen zwei sehr unterschiedliche Flughäfen. Während Köln/Bonn besonders als Basis der beiden deutschen Low Cost-Fluggesellschaften Germanwings und HLX wuchs, konnte Friedrichshafen von deutlich geringerem Niveau aus mit einem diversifizierten Angebot (Linie, Charter, Low Cost) wachsen. Bei den „Newcomer Airports" gab es von 2000 bis 2004 hingegen nur dort hohe Wachstumsraten zu verzeichnen, wo der Low Cost-Marktführer Ryanair landete. Die Flughäfen Frankfurt-Hahn, Weeze, Karlsruhe/Baden-Baden, Lübeck und Altenburg-Nobitz begaben sich dadurch aber auch in eine große Abhängigkeit vom dominanten Hauptkunden. Der Anstieg der Passagierzahlen am Flughafen Rostock-Laage ist hingegen fast ausschließlich dem Chartersegment zu verdanken. Die einzigen (und subventionierten) Linienverbindungen nach München und Köln/Bonn werden nur mit einer 33-sitzigen Saab 340 B abgewickelt, und dem Low Cost-Segment hat sich der Flughafen bisher aus finanziellen Gründen verweigert.

Tab. 2: Deutsche Flughäfen – Gewinner und Verlierer 2000–2004 (Linien- und Charterverkehr) (Quellen: ADV, Statistisches Bundesamt und eigene Berechnungen)

	Etablierte Flughäfen	Fluggäste			Newcomer Airports	Fluggäste		
		in %		in 1000		in %		in 1000
		2000-2004	pro Jahr*	2004		2000-2004	pro Jahr*	2004
Gewinner (Top 6)	Dortmund	+69	+14	1155	Altenburg-Nobitz	+916	+80	77
	Berlin-Schönefeld	+53	+11	3380	Frankfurt-Hahn	+684	+67	2743
	Köln/Bonn	+32	+7	8321	Lübeck	+337	+45	572
	Friedrichshafen	+30	+7	501	Karlsruhe/B.-B.	+270	+39	600
	München	+16	+4	26790	Rostock-Laage	+81	+16	147
	Nürnberg	+16	+4	3646	Weeze	**	+290	797
Verlierer (Flop 6)	Münster/Osnabrück	-17	-5	1455	Neubrandenburg	-42	-13	11
	Berlin-Tempelhof	-43	-13	427	Zweibrücken	-50	-15	3
	Kiel	-51	-16	54	Schwerin-Parchim	-74	-26	2
	Hof-Plauen	-57	-19	25	Mönchengladbach	-94	-52	7
	Augsburg	-79	-32	48	Kassel	-100	-92	<1
	Bayreuth	-100	-94	<1	Nordholz***	0	0	<1

* durchschnittliche jährliche Veränderung
** erst seit 2003 in Betrieb; „pro Jahr" bezieht sich auf 2003–2004
*** regelmäßiger Verkehr nur in 2002; Fluggäste (in 1000): 5

3.2.2 Verlierer

Die Gründe für den Passagierrückgang an etablierten Flughäfen sind vielfältig. In Kiel (durchschnittlicher jährlicher Rückgang: -16 %) war es die nachfragebedingte Einstellung der Cimber Air-Linien (mit Lufthansa-Flugnummer) nach München, Köln und Berlin. In Berlin-Tempelhof (-13 %) führte hingegen die drohende Schließung zur Abwanderung mehrerer Fluggesellschaften nach Berlin-Tegel. Noch stärkere Einbrüche mussten die Bayerischen Regionalflughäfen verzeichnen. So fand sich trotz hoher Subventionen keine Fluggesellschaft mehr, die bei der seit den 1970er Jahren bestehenden Oberfranken-Linie von Frankfurt nach Hof-Plauen (-19 %) die übliche Zwischenlandung in Bayreuth (-94 %) einlegen wollte. Der Niedergang des Linien-Flugverkehrs in Augsburg (-32 %) ist auf den Weggang des Homecarriers Augsburg Airways im Jahr 2002 und indirekt auch auf die nicht verlängerbare Runway zurückzuführen. Die deshalb von vielen Entscheidungsträgern angestrebte „Verlegung" des Flughafens durch eine zukünftige Mitbenutzung des nur 20 km südlich von Augsburg gelegenen Bundeswehrflughafens Lagerlechfeld scheiterte 2005 jedoch u. a. an den zu hohen finanziellen Forderungen des Bundesverteidigungsministeriums. Warum der Flughafen Münster/Osnabrück (-5 %) den u. a. wegen des „11. September" erfolgten Einbruch der Passagierzahlen in den Jahren 2001 und 2002 bis heute weniger gut als andere Flughäfen kompensieren konnte, ist unklar. Die verschärfte Konkurrenz im eigenen Bundesland durch die Low Cost-Angebote in Dortmund, Köln/Bonn und beim jüngsten deutschen Flughafen Weeze ist als Grund naheliegend.

Viele „Newcomer Airports" konnten nie wirklich den Markteintritt vollziehen (vgl.

BEHNEN 2003). Vielerorts sind fast alle Versuche, regelmäßigen Verkehr anzusiedeln, gescheitert. Das Desinteresse der Linien-, Low Cost- und Charter-Fluggesellschaften liegt an der peripheren Lage (z. B. Neubrandenburg oder Nordholz), nahe gelegener Konkurrenz (z. B. Zweibrücken oder Schwerin-Parchim) oder zu kurzen Startbahnen (z. B. Mönchengladbach oder Kassel). Auch beim Frachtverkehr wurden die Erwartungen fast völlig enttäuscht.

4 Konflikte

Ein Grund für die ungleiche Entwicklung der Flughäfen ist die mangelhafte langfristige Planung der Flughafenkapazitäten in Deutschland. Die Zuständigkeit der Bundesländer für die Flughafenplanung und die damit in der Regel verbundene mangelnde Kooperation hat nicht selten zur Eskalation von entsprechenden Streitfällen geführt, wie die folgenden drei Fälle beispielhaft belegen:

(1) Seit seiner Konversion vom Militärflugplatz der Sowjetischen Luftwaffe zum Zivilflugplatz im Jahr 1992 ist der „Newcomer Airport" Altenburg-Nobitz Objekt diverser Dispute (grenzüberschreitend, aber auch innerhalb des Bundeslandes). Der thüringische Verkehrslandeplatz liegt unmittelbar an der Landesgrenze zu Sachsen und steht potenziell in direkter Konkurrenz zum nur 53 km entfernten sächsischen Flughafen Leipzig/Halle. Auch mit den Flughäfen Dresden (90 km) und Erfurt (109 km) überschneidet sich das Einzugsgebiet theoretisch erheblich. Zwar hat Altenburg-Nobitz mit der Ryanair-Verbindung nach London-Stansted nur einen täglichen Flug im Angebot, der jedoch dem Flughafen Leipzig/Halle besonders missfällt, da er sich seit Jahren um eine dauerhafte London-Verbindung bemüht. Der neueste Versuch ist eine Air Berlin-Verbindung Leipzig/Halle - London-Stansted (3mal wöchentlich) seit Anfang 2005, die jedoch nur etwa ein Viertel der Passagierzahlen der Altenburger Linie aufweist. Dort wiederum konnten wegen der Nähe zu Leipzig/Halle bisher keine weiteren regelmäßigen Flüge angesiedelt werden. Der 2005 abgeschlossene Beratungsvertrag mit der Fraport AG soll dem abhelfen.

(2) Zwischen dem Flughafen Saarbrücken und dem nur 21 km entfernten „Newcomer Airport" Zweibrücken (Rheinland-Pfalz) schwelt ein Konflikt, bei dem die unterschiedlichen Runwaylängen (2000 m/2950 m) eine besondere Rolle spielen. Der Flughafen Zweibrücken hat keine regelmäßigen Verbindungen aufzuweisen, hofft aber zumindest bei Charterflügen an die Stelle des etablierten Nachbarn treten zu können. Die TUI-Fluggesellschaft Hapagfly entschied sich kürzlich für einen zumindest zeitweisen Rückzug aus Saarbrücken – jedoch auch gegen einen erwogenen Umzug nach Zweibrücken. Bei der Abkehr von Saarbrücken mag eine Rolle gespielt haben, dass es mehrfach vom Pilotenverband „Vereinigung Cockpit" mit Sorge beobachtete Probleme bei Landungen in Saarbrücken gegeben haben soll (vgl. MILDE 2004); u. a. war 2004 eine Boeing 737-800 erst unmittelbar vor dem Landebahnende zum Stehen gekommen. Die aktuellen strategischen Äußerungen der beiden Landesregierungen lassen eine konstruktive Lösung aber schwierig erscheinen. So möchte das Saarland die Wettbewerbsfähigkeit des Flughafens Saarbrücken durch Verbesserung der Infrastruktur und Einrichtung neuer Luftverkehrsverbindungen steigern. Rheinland-Pfalz will aber das Konversionsprojekt Zweibrücken unbedingt hin zur zivilen Nutzung entwickeln.

(3) Die mittlerweile weit gediehenen Ausbauplanungen des Flughafens Kassel-Calden (neue Runway mit 2500 m) werden nicht nur von den nahe gelegenen Konkurrenten Paderborn/Lippstadt (58 km) und Erfurt (120 km), sondern besonders vom Land

Niedersachsen sehr kritisch gesehen. Niedersachsen ist in doppelter Weise betroffen. Zum einen hält das Land 35 % der Anteile am Flughafen Hannover, der per Bahn in nur 90 Minuten von Kassel erreichbar ist, und zum anderen tritt es als Fürsprecher der voraussichtlich von Fluglärm betroffenen niedersächsischen Bürger (insbesondere in der Stadt Hann. Münden) auf. Mehrfach hat der niedersächsische Ministerpräsident aus beiden Gründen eindeutig gegen die Planungen Stellung bezogen und seinen hessischen Amts- und Parteikollegen dringend gebeten, auf den Ausbau zu verzichten (NIEDERSÄCHSISCHE STAATSKANZLEI 2004).

5 Lösungsmöglichkeiten

Der naheliegendste Weg, gegen die geschilderte Fehlentwicklung anzugehen, wäre, dass jedes Bundesland selbstständig eine vorausschauende Landesluftverkehrspolitik betreibt und seine entsprechenden Konzepte so aktualisiert, dass nicht nur eine ruinöse Konkurrenz im eigenen Land, sondern auch mit benachbarten Bundesländern vermieden wird. Die Erfahrung zeigt, dass dies wegen vielfältiger gegenläufiger Interessen in der Regel unrealistisch ist.

Ein erster Schritt hin zu mehr planerischer Abstimmung wäre eine grenzüberschreitende Kooperation von zwei oder mehr benachbarten Bundesländern. Auch hier besteht jedoch die in einem föderalen Staat typische Gefahr, dass sinnvolle Planungen und Absprachen auf lange Sicht an regionalen Egoismen scheitern. So waren beispielsweise die „Leitlinien für eine norddeutsche Luftverkehrspolitik" für die norddeutschen Küstenländer von 1995 nur eine unverbindliche Absichtserklärung und sind heute Makulatur. Deutlich besser sieht es bei der auch den Luftverkehr einbeziehenden „Gemeinsamen Landesplanung Berlin-Brandenburg" aus (seit 1995). Dies dürfte auch daran liegen, dass dort beide Bundesländer an der Flughafen Schönefeld GmbH, der wiederum die Berliner Flughafengesellschaft mbH vollständig gehört, beteiligt sind. Auch zwischen den Bundesländern Hessen und Rheinland-Pfalz gibt es durch die gemeinsame Beteiligung am Flughafen Frankfurt-Hahn (seit 2005) eine gewisse Kooperation und Abstimmung der Luftverkehrspolitik. Zwei aktuelle und weitergehende Ansätze sind zum einen die „Initiative Mitteldeutschland" der Bundesländer Sachsen, Sachsen-Anhalt und Thüringen, die 2004 begonnen wurde und ein gemeinsames „Luftverkehrskonzept für Mitteldeutschland" beinhaltet, das unnötige Konkurrenz unterbinden soll und 2006 verabschiedet wurde. Zum anderen erfolgte 2005 der Beschluss von Hamburg und Schleswig-Holstein, ein gemeinsames „Flughafenentwicklungs- und Luftverkehrskonzept" zu erarbeiten. Die langfristige Wirksamkeit dieser Kooperationen bleibt abzuwarten.

Effektiver dürften Maßnahmen auf Bundesebene sein. Beispielsweise könnten im Zuge einer radikalen Regulierung alle Flughäfen einem Betreiber unterstellt werden. Diese Idee einer gesamtdeutschen Flughafen-Holding wurde in den 1990er Jahren von der Fraport-Vorgängergesellschaft FAG und dem Bundesland Hessen formuliert (FRIEDRICH-EBERT-STIFTUNG 2001, 58). Sie ist wenig realistisch, da sie nicht nur die regionalen Entscheidungsträger entmachten würde, sondern besonders dem EU-Primat der Marktliberalisierung völlig entgegensteht. Sinnvoller wäre eine Aufhebung der 1961 festgelegten Länderzuständigkeit für die Luftverkehrsverwaltung. Diese Machtverschiebung zugunsten des Bundes würde jedoch so tief greifende Gesetzesänderungen erfordern, dass nur sehr langfristig mit einer Umsetzung zu rechnen wäre. Ein bundesweiter Plan unter freiwilliger Einbeziehung der Akteure dürfte weitaus früher Ergebnisse liefern, wobei eine gemeinsame Absichtserklärung des Bundes und der 16 Bundesländer wünschenswert wäre, aber wegen der vielen ungeklärten Streitfälle illusorisch ist.

Erst 2004 gab es einen ersten ernsthaften Lösungsansatz der Problematik auf Bundesebene, den „Masterplan" der INITIATIVE LUFTVERKEHR. Er ist stark wachstumsorientiert. Wegen der prognostizierten Nachfragesteigerungen werden zahlreiche kapazitätserweiternde Maßnahmen gefordert. Dabei sollen die Investitionen auf die größten acht Flughäfen konzentriert werden. Großer Wert wird auf die Verbesserung der landseitigen Verkehrsinfrastruktur gelegt. Regionale Ausbaumaßnahmen sollen mit dem Masterplan abgestimmt und die Siedlungspolitik an alle Ausbaumaßnahmen angepasst werden. An der Erstellung des Masterplans war aber nur eine Auswahl relevanter Akteure beteiligt. Er spiegelt in erster Linie die Meinung der vier Initiatoren DFS/Deutsche Flugsicherung GmbH, Fraport AG, Flughafen München GmbH und Deutsche Lufthansa AG wider. Da neben dem Schirmherrn, dem damaligen Bundesministerium für Verkehr, Bau- und Wohnungswesen noch drei weitere Bundesministerien und fünf Bundesländer (Bayern, Brandenburg, Hamburg, Hessen, Nordrhein-Westfalen) einbezogen wurden, scheint ein breiterer Konsens zu bestehen. Der Blick auf die Beteiligungsverhältnisse offenbart jedoch, dass bei der Formulierung des Masterplans wegen finanzieller Eigeninteressen völlig unabhängige Strategien eher unwahrscheinlich sind (Abb. 3). Unübersehbar ist, dass die Fraport AG mit ihren Anteilseignern, Beteiligungen und Kunden eine zentrale Rolle inne hat und vielfältig Einfluss auf die deutsche „Flughafenlandschaft" nehmen kann.

Die Konferenz der Landesverkehrsminister im April 2005 ergab zwar eine grundsätzliche Zustimmung zum Masterplan, eine klare Absage gab es aber nur für Flugha-

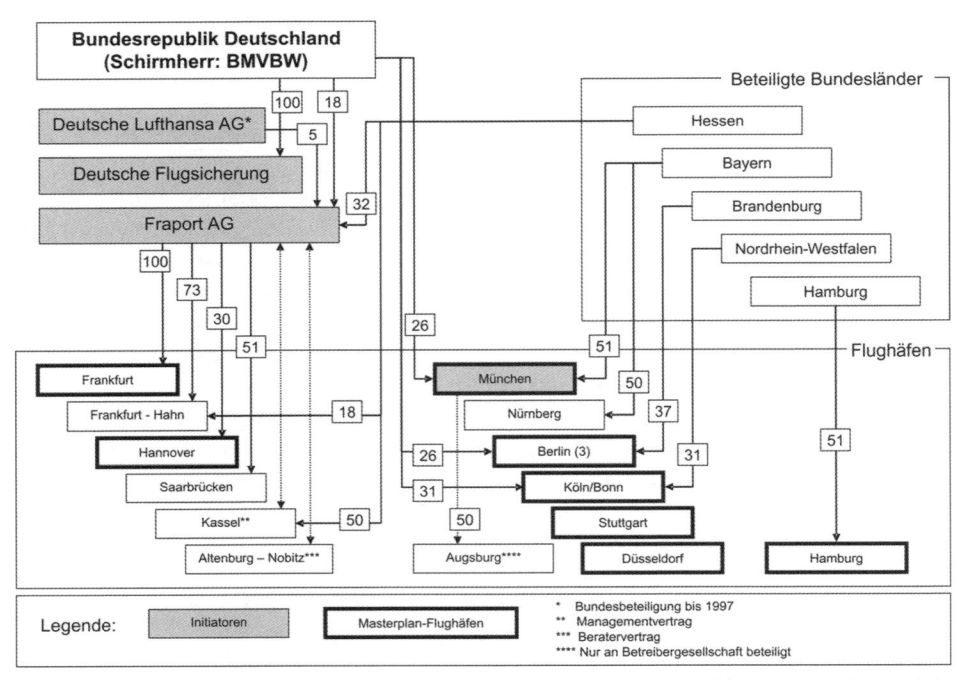

Abb. 3: Die „Initiative Luftverkehr" und relevante Beteiligungsverhältnisse (Quelle: eigene Recherche)

Tab. 3: Ausbauplanungen von kleineren Flughäfen (Quelle: eigene Recherche)

Flughäfen	Runway	Planung	Planfeststellungsverfahren
Münster/Osnabrück	2.170 m	Verlängerung auf 3.600 m	abgeschlossen
Frankfurt-Hahn	3.045 m	Verlängerung auf 3.800 m	abgeschlossen
Kassel	1.500 m	neue Runway von 2.500 m	laufend
Braunschweig-Wolfsburg	1.680 m	Verlängerung auf 2.300 m	laufend
Hof-Plauen	1.480 m	neue Runway von 2.480 m	Antrag eingereicht
Lübeck	2.102 m	Verlängerung auf 2.326 m	gerichtlich gestoppt (7/2005)
Kiel	1.260 m	Verlängerung auf 1.799 m	politisch gestoppt (1/2006)
Mönchengladbach	1.200 m	Verlängerung auf 2.400 m	politisch gestoppt (9/2005)

fenneubauten – mit Ausnahme von „Berlin Brandenburg International". Neue Konversionsvorhaben wurden hingegen nicht grundsätzlich abgelehnt (VERKEHRSMINISTERKONFERENZ 2005).

6 Ausblick

Dass die Zahl der deutschen Flughäfen noch weiter zunehmen wird, ist eher unwahrscheinlich. An vielen deutschen Standorten werden aber Kapazitätserhöhungen durch Ausbaumaßnahmen angestrebt. Während in den Fällen Frankfurt (neue Landebahn), München (neue Start- und Landebahn) und Berlin (teilweiser Neubau) eine Reihe von befürwortenden Argumenten angeführt werden kann, sind die umstrittenen Ausbauplanungen an kleineren Standorten kaum nachvollziehbar (Tab. 3). Durch das Überangebot an Flughafenkapazitäten werden Nachhaltigkeitsbelange (z. B. die Vermeidung unnötigen Verkehrs) vernachlässigt. Gerade wegen der luftseitigen Liberalisierung sollte die Planung der Flughafenkapazitäten deutlich stärker gesteuert werden. Dabei sollte auch bedacht werden, dass die prognostizierte Nachfrage zum Teil nur durch die niedriger gewordenen Ticketpreise induziert wurde. Sie könnte sich beim Wegfall der vielfachen Subventionierung von Flughäfen und Fluggesellschaften durch die öffentliche Hand oder etwa bei der Einführung einer Kerosinbesteuerung deutlich reduzieren. Unbedingt muss auch der finanzielle Erfolg der „Newcomer Airports" hinterfragt werden. So machte etwa der nach Passagierzahlen erfolgreichste Neueinsteiger Frankfurt-Hahn im Jahr 2004 immer noch einen Verlust von 4,3 Mio. Euro (FRAPORT 2005, 71).

Literatur

BEHNEN, T. (2003): „Newcomer Airports": ein aktuelles Phänomen im deutschen Luftverkehr und seine verkehrsgeographische Bedeutung. In: Europa Regional, (11)4, 177-186.

BEHNEN, T. (2004): Germany's changing airport infrastructure: the prospects for 'newcomer' airports attempting market entry. In: Journal of Transport Geography, (12)4 (Special issue: State Intervention in Contemporary Transport, edited by J. Shaw, J./Docherty, I./Gather, M.), 277-286.

FRAPORT AG (2005): Drehscheibe in die Zukunft – Geschäftsbericht 2004. Frankfurt.

FRIEDRICH-EBERT-STIFTUNG (2001): Zukunft der deutschen Verkehrsflughäfen im Spannungsfeld von Verkehrswachstum, Kapazitätsengpässen und Umweltbelastungen. Bonn. (= Wirtschaftspolitische Diskurse, Nr. 140).

HENN, S. (2003): Konversionsobjekt Flugplatz – Charakteristika, Typen und Folgenutzungsformen. In: Europa Regional, (11)4, 187-198.

INITIATIVE LUFTVERKEHR (2004): Masterplan zur Entwicklung der Flughafeninfrastruktur zur Stärkung des Luftverkehrsstandortes Deutschland im internationalen Wettbewerb. Berlin.

MAYR, A. (2003): Flughäfen in Deutschland – ein Überblick. In: Europa Regional, (11)4, 164-176.

MILDE, A. (2004): Münchener Landebahnen bei Regen bald griffiger. In: VC-Info, 11/12 2004.

NIEDERSÄCHSISCHE STAATSKANZLEI (2004): Regionalflughafen Kassel-Calden – Ministerpräsident Wulff weiter eindeutig gegen Ausbau des Regionalflughafens Kassel-Calden. Pressemitteilung, 11.05.2004.

REINHARDT-LEHMANN, A. (2004): Aktuelle Entwicklungen im deutschen und europäischen Billigflugmarkt. In: Internationales Verkehrswesen, (56)4, 140-143.

VERKEHRSMINISTERKONFERENZ (2005): Beschlüsse der Verkehrsministerkonferenz vom 6./7. April 2005.

WIRTSCHAFTSBEHÖRDE DER FREIEN HANSESTADT HAMBURG (1995): Leitlinien für eine norddeutsche Luftverkehrspolitik. Hamburg.

Planung und Finanzierung der Infrastruktur unter nachhaltigen Entwicklungsbedingungen

Werner Rothengatter (Karlsruhe)

1 Einführung

Zur nachhaltigen Entwicklung von Verkehrsinfrastrukturen gehört auch die Sicherung der Finanzierung für die Infrastrukturkapazität, die gesellschaftlich für notwendig gehalten wird. Dies soll in diesem Beitrag im Mittelpunkt stehen. In der Bundesrepublik Deutschland sind die öffentlichen Haushalte seit einiger Zeit nicht mehr in der Lage, die aus gesamtwirtschaftlicher Sicht erforderlichen Neu- und Ersatzinvestitionen im Verkehr zu finanzieren. Die Pällmann-Kommission hat diesen Tatbestand im Jahr 2000 festgestellt und eine zahlenmäßige Abschätzung des Investitionsrückstands gegeben. Sie kommt zu dem Ergebnis, dass eine fundamentale Änderung des Finanzierungsparadigmas in der Bundesrepublik erforderlich ist, und zwar in Form eines Übergangs von der Steuerfinanzierung in Richtung auf eine vom Nutzer direkt getragene Finanzierung der Verkehrswege. Wenn dieser Weg beschritten werden soll, so ist eine Reihe von Fragen zu beantworten:

1. Da aufgrund des Haushaltsrechts eine Zweckbindung von verkehrsspezifischen Steuern für die Infrastrukturfinanzierung wohl kaum möglich ist, wird es erforderlich sein, neue Gebührensysteme für die Benutzung der Verkehrsinfrastrukturen einzuführen.
2. Der Übergang zu dem neuen Paradigma kann nur gelingen, wenn die Gebühreneinnahmen außerhalb des allgemeinen Haushalts verwaltet und mit strikten Zweckbindungen versehen werden.
3. Mit einer Abtrennung des Finanz-Managements aus dem allgemeinen Haushalt ist gleichzeitig die Möglichkeit verbunden, einen Teil der Planung und des Managements aus dem Staatssystem auszulagern und Einrichtungen mit privater Beteiligung zuzuführen.
4. Mit einem verstärkten privaten Engagement bietet sich ferner die Chance, erhebliche Effizienzgewinne zu erzielen. Dies setzt aber eine geeignete Konstruktion von Regulierungsbedingungen und deren Durchsetzung („governance") voraus.
5. Die Rollen für die beteiligten privaten und öffentlichen Akteure sind in einer neuen Institutionenumgebung konkret zu beschreiben, wobei auch die Zuordnung der Risiken eine besondere Rolle spielt.
6. Von den Nachhaltigkeitszielen „Wirtschaftlichkeit", „Sozialer Ausgleich", „Umweltverträglichkeit" werden die privaten Akteure nur das Postulat der Wirtschaftlichkeit erfüllen. Aus diesem Grunde sind die sozialen und umweltbezogenen Anforderungen der Gesellschaft mit Hilfe von Steuern und Regulierungen umzusetzen.
7. Es ist nicht zielführend, die Bemessung von Benutzungsgebühren durch die öffentlichen Ziele zu überfrachten. Insofern bietet es sich an, diese Gebühren allein an den Zielen der Infrastrukturkostendeckung und der bestmöglichen Nutzung von Kapazitäten auszurichten. Soziale Ziele und Umweltziele lassen sich über

Besteuerung, Zertifikate-Handel und Regulierung besser erreichen als in einem vermischten System der sozialen Grenzkosten-Anlastung.

In diesem Beitrag geht es darum, neue Formen der Planung und Finanzierung von Verkehrsinfrastrukturen vorzustellen, die Rollen der privaten und öffentlichen Akteure zu beschreiben und Möglichkeiten zu untersuchen, wie soziale und umweltbezogene Ziele bei einem stärker privat ausgerichteten System der Planung und Finanzierung gesichert werden können.

2 Verkehrsinfrastrukturfinanzierung außerhalb des allgemeinen Budgets

Im Ausland hat die Abtrennung der Straßenbaufinanzierung aus dem allgemeinen Haushalt bereits eine längere Geschichte. Vor allem die Weltbank und der International Monetary Fund (IMF) haben in Entwicklungsländern institutionelle Einrichtungen (Road Funds, Road Agencies) geschaffen, die mittlerweile in die zweite Generation übergehen und von der reinen Finanzierungsfunktion in die Managementfunktion hinein gewachsen sind. Im europäischen Ausland sind die Länder mit Gebührenautobahnen, wie Portugal, Spanien, Frankreich, Italien oder Slowenien bekannt, andere Länder haben Vignetten-Gebühren für die Autobahnbenutzung eingeführt. In Österreich ist die Autobahnen- und Schnellstraßen- Finanzierungs-Aktiengesellschaft (ASFINAG) 1982 mit dem Ziel der Planung, der Verwaltung und des Betriebs für die österreichischen Schnellstraßennetze eingerichtet worden. Nachdem im Jahr 1997 Autobahnbenutzungsgebühren in Österreich eingeführt wurden, die im Jahre 2004 um eine kilometerabhängige Lkw-Maut ergänzt worden sind, ist die ASFINAG auch für die Einnahmenseite voll verantwortlich. In Japan wurden zum 1. Oktober 2005 die vier großen Staatsgesellschaften für den Betrieb des japanischen Autobahnsystems aufgelöst und sechs privatrechtliche Gesellschaften an deren Stelle gesetzt. Die größte Gesellschaft (Japan Highway Public Corporation, das größte gebührenfinanzierte Straßenunternehmen der Welt) wird durch drei regionale gebührenfinanzierte Gesellschaften ersetzt (East Japan Highway Company, Central Japan Highway Company, West Japan Highway Company); dies geschieht analog zur Reorganisation des japanischen Eisenbahnwesens, die bereits auf das Jahr 1987 zurückgeht. Die Verwaltungsreform in Neuseeland gilt vielfach als Vorbild für die Reorganisation der Netzinfrastrukturen in den Industrieländern. Eisenbahnen und Straßennetze werden privat gemanagt, wobei öffentliche Stellen Vermittlerrollen, auch im Bereich der finanziellen Ströme (zwischen aufkommensstarken und aufkommensschwachen Netzteilen) übernehmen.

Insgesamt werden die folgenden positiven Effekte aus einem verstärkten Privatmanagement bei der Bereitstellung von Verkehrsinfrastrukturen berichtet:
- verbessertes Management bei Bau und Betrieb;
- verbesserte Nutzung der knappen Wegekapazitäten;
- Anreize, Investitionen bedarfsgerecht zu regeln;
- höhere Transparenz der Kosten und Risiken;
- Erzielung von stabileren Einnahmen für die Finanzierung von Ausbau und Erhaltung der Wege.

Kritisch wurden immer die möglichen Nachteile einer solchen Konstruktion diskutiert:
- Verlust an parlamentarischer Kontrolle;
- Streben nach partiellen, finanziell günstigen Lösungen anstelle von gesamtgesellschaftlichen Optima;

- Gefahr der Beeinflussung von Politikern und öffentlichen Gremien durch große Netzgesellschaften („captivity");
- Gefahr von Monopolgewinnen, „Rent Seeking" und Korruption.

Es hat sich gezeigt, dass die letztgenannten Risiken durch eine geeignete Konstruktion der Regulierungsumgebung beherrscht werden können. Auf der anderen Seite gibt es eine Fülle von Beispielen dafür, dass die aufgezählten negativen Phänomene in einer rein öffentlichen Entscheidungsumgebung ebenfalls auftreten können (vgl. FLYVBJERG et al. 2003).

3 Konzessionsfinanzierung

In einer stärker privatwirtschaftlich gestalteten Entscheidungsumgebung lassen sich leichter Arrangements für einzelne Großprojekte oder „Megaprojekte" finden, wobei die Rollenverteilung zwischen den beteiligten Akteuren über Verträge bestimmt wird. Dabei gibt es folgende Möglichkeiten:
- BOO: Build Own Operate
- BOT: Build Operate Transfer
- DBFO: Design Build Finance Operate
- BTO: Build Transfer Operate
- LIO: Lease Improve Operate.

Nach diesen Mustern sind im Ausland eine Reihe von Großprojekten geplant, durchgeführt und finanziert worden, z. B. das Öresund-Projekt nach dem DBFO-Modell.

In Deutschland gibt es für den Bereich der Straßenfinanzierung die so genannten A- und F-Modelle. Beim A-Modell geht es um Erweiterungen vorhandener Autobahnabschnitte. Das private Betreiberkonsortium bietet an, einen Autobahnabschnitt zu erweitern (z. B. von zwei auf drei Fahrstreifen in eine Richtung), die bestehenden Einrichtungen zu modernisieren, die Strecken zu erhalten und zu betreiben, wobei eine bestimmte Konzessionsdauer vereinbart wird. Als Einnahmen stehen die anteiligen Gebühren aus der Lkw-Maut zur Verfügung, die durch eine Anschubfinanzierung des Bundes ergänzt werden.

Grundlage für das F-Modell ist das Fernstraßenbau-Privatfinanzierungsänderungsgesetz, das für abgegrenzte Vorhaben wie Brücken, Tunnel und Gebirgspässe anwendbar ist. Der Betreiber kann von allen Nutzern, also auch von Pkw und leichten Lkw, Gebühren erheben, die laut Gesetz an den Durchschnittskosten auszurichten sind. Prominente Beispiele für F-Modelle sind die Warnow-Querung und der Albaufstieg im Zuge der A 8 zwischen Mühlhausen und Merklingen.[1]

4 Rollenverteilung

Eine erfolgreiche Einbeziehung von Privatkapital setzt eine klare Trennung der öffentlichen und privaten Aufgabenbereiche voraus (siehe FLYVBJERG et al. 2003). Staatsaufgaben sind:
- Übergeordnete Planung (Bundesverkehrswegeplanung);
- Garantie für die Vorhaltung der Infrastrukturen und ihrer Vernetzung;
- Technische Standardisierung und Interoperabilität;

---

[1] Dieser Autobahnabschnitt ist als Gebirgspass definiert worden, um die rechtlichen Voraussetzungen für eine F-Finanzierung herzustellen.

- Sicherung von Schnittstellen und technischer Kompatibilität;
- Behandlung von Externalitäten (Umwelt, Sicherheit).

Mit Hilfe angemessen formulierter Kontrakte lassen sich private Akteure u. a. in folgende Leistungsbereiche verantwortlich einbeziehen:
- Detailplanung und Dimensionierung der Anlagen;
- Bau;
- Betrieb und Management;
- Finanzierung.

Im Rahmen der Aufstellung von Kontrakten spielen Regulierungsbedingungen eine besondere Rolle, z. B:
- Preisvorschriften oder Preisgrenzen („Price Caps");
- Leistungsvorgaben (etwa: Verkehrsbedingung, Gleichwertigkeit des Angebotes im Raum);
- Qualitätsvorgaben (Erhaltung, Zustand bei Rückgabe);
- Zulassung des Zutritts anderer Wettbewerber zu Engpasskapazitäten („Essential Facilities") bzw. Zuordnung von weiteren Nutzungsrechten;
- Mittelverwendung (Überschussverwendung).

Hier ist auch zu bedenken, dass bedeutende Risiken in der Zukunft auftreten können:
- Marktrisiken (Zutreffen der Nachfrageerwartung);
- Baurisiken (Grunderwerb, Erdbau, Ingenieurbauwerke, Oberbau und Leiteinrichtungen);
- Betriebskostenrisiken (Personal, Unterhalt, außergewöhnlicher Verschleiß):
- Finanzmarktrisiken (Zinsen, Wechselkurse);
- Politische Risiken (erfolgreiche Planfeststellung, Genehmigungsverfahren);
- Force Majeure-Risiken.

Jede der genannten Risikoarten bedarf einer besonderen Behandlung. Zum Beispiel ist es möglich, im Falle von Marktrisiken im Vertrag Bandbreiten vorzugeben, innerhalb derer die Risiken bei der Konzessionsgesellschaft liegen. Sinkt die Nachfrage unter den erwarteten Wert, so können Zuschusspflichten des Staates oder Veränderungen der Konzessionsdauer erwogen werden, steigt die Nachfrage über die erwartete Bandbreite, so können zusätzliche Konzessionsabgaben vereinbart werden (siehe BEL et al. 2005).

5 Behandlung von Umwelt und Sicherheit

Vielfach wird – auch von Seiten der Umweltschützer – gefordert, die externen Effekte der Umwelt und der Sicherheit in ein Gebührensystem für die Straßenbenutzung zu integrieren. Die ökonomische Theorie hat hierzu das Konzept der sozialen Grenzkosten entwickelt, das auch unter der Bezeichnung der Pigou-Steuern bekannt ist (PIGOU 1952). Danach sollen jedem Benutzer die von ihm verursachten zusätzlichen Kosten, einschließlich der Kosten des Staus, der Umwelt und der Verkehrsunfälle, in voller Höhe angelastet werden. Dieses Prinzip erscheint auf den ersten Blick einsichtig, enthält aber bei näherer Betrachtung eine Reihe von unerwünschten Nebenwirkungen, abgesehen von der Tatsache, dass die sozialen Grenzkosten sehr schwer zu quantifizieren sind.

Aus diesem Grunde haben namhafte Gremien, wie zum Beispiel der Wissenschaftliche Beirat des Bundesministers für Verkehr, Bau- und Wohnungswesen (2000), vor einer Einführung dieses Konzepts gewarnt, obwohl die EU-Kommission sich in ihrem

Weißbuch von 1998 eindeutig für dieses Preisprinzip ausgesprochen hatte. Abseits der Diskussion über die theoretische Konsistenz und die praktische Umsetzbarkeit dürfte eines klar sein: Das Prinzip der sozialen Grenzkosten passt nicht mit den Zielen privater Betreiber von Netzen zusammen, denn es kann nur mit Hilfe von Einrichtungen eines wohlfahrtsmaximiererenden Staatsgebildes umgesetzt werden („benevolent dictatorship"). Die Frage ist nun, ob damit eine ökonomische Behandlung von Umwelt- und Sicherheitseffekten in einem dezentralen System privat-öffentlicher Partnerschaften ausgeschlossen ist. Diese Frage kann eindeutig mit „Nein" beantwortet werden.

Denn die genannten Effekte lassen sich „vor die Klammer" ziehen und damit letztlich effektiver internalisieren als dies mit dem System der sozialen Grenzkosten möglich ist (WISSENSCHAFTLICHER BEIRAT 2000, KNIEPS 2005). Die Grundidee besteht darin, dass die externen Effekte öffentliche Güter darstellen und daher mit den Mitteln des Staates zu behandeln sind. Diese bestehen aus Steuern und Regulierungen, gegebenenfalls ergänzt durch marktähnliche öffentliche Instrumente wie Zertifikate. Die Verkehrsinfrastruktur ist dagegen ein „Club-Gut", das nicht die Eigenschaften eines öffentlichen Gutes (Nicht-Exklusion, Nicht-Rivalität) aufweist. Club-Güter können marktähnlich verkauft und insgesamt kostendeckend produziert werden (zum Club-Prinzip vgl. BUCHANAN 1965). Die Produktion von Club-Gütern lässt sich regulierten privaten Unternehmen zuordnen, so dass Effizienzgewinne durch privates Management erzielt werden können (vgl. LAFFONT/MARTIMORT 2002).

6 Zusammenwirken von Gebühren, Steuern, Zertifikaten und Regulierungen

Gebühren dienen ausschließlich dazu, die Verkehrsinfrastruktur (Bau, Erhaltung, Unterhalt) zu finanzieren und die Kapazität bestmöglich zu nutzen. Trotz dieser nunmehr stark eingeschränkten Aufgabe gibt es erhebliche Konflikte zwischen den Zielen der Nutzungsoptimierung und der Finanzierung. Bei den Autobahnkonzessionsgesellschaften dominiert das Ziel der Finanzierung, so dass die Gebühren in der Regel an den Durchschnittskosten einer Nutzerkategorie orientiert sind. Dies gilt auch für die Lkw-Benutzungsgebühren auf Autobahnen, die gemäß einer EU-Richtlinie bestimmt werden (1999/62 EG), die eine Beschränkung der Gesamteinnahmen auf die anteiligen Kosten festlegt und dabei Variationen nach Maßgabe der Engpasslage (Stauwahrscheinlichkeit) und der Umweltbeeinflussung vorsieht. In Deutschland und Österreich sind die Lkw-Gebühren auf dieser Grundlage festgelegt worden, wobei auf eine Einbeziehung von Engpasspreisen verzichtet wurde.

Die Durchschnittskosten werden bei diesem Schema so variiert, dass die maximale Differenz zwischen der Gebühr für ein wenig umweltverträgliches Fahrzeug (EURO 0) und derjenigen für ein Fahrzeug mit dem höchsten Umweltstandard (derzeit EURO IV/V) 50 % beträgt. Die Revision dieser Richtlinie vom April 2005[2] erlaubt eine weitere Spreizung auf bis zu 100 % und Aufschläge in besonders umweltsensitiven Regionen (Alpen-, Pyrenäenpässe) bis zu 25 % der Basisgebühren. Es lässt sich zeigen, dass eine solche Spreizung erhebliche Anreize zur Beschaffung neuer Technik ausübt. Dies gilt auch für ausländische Lkw-Unternehmen, man bedenke, dass der Anteil ausländischer Lkw auf deutschen Autobahnen derzeit rund 35 % beträgt.

---

[2] Die revidierte Richtlinie hat zum genannten Zeitpunkt den Rat passiert, aber noch nicht das Europäische Parlament, das insbesondere die Einbeziehung von externen Kosten in die Gebührenregelungen anstrebt.

Die Heranziehung der EURO-Standards für Zwecke der Gebührenfinanzierung macht den engen Zusammenhang zwischen Gebühren und Regulierungen klar. Gebühren sind meist die flexiblere Lösung gegenüber direkten Beschränkungen, können aber durch begleitende Regulierungen so in Richtung auf Umweltziele ausgerichtet werden, dass sie starke Anreizwirkungen ausüben, ohne die gesamte Kostenbelastung der Verkehrsteilnehmer zu verändern. Ein anderes Beispiel für zielgerichtete Regulierungen ist die Feinstaubrichtlinie 1999/30 EG. Sie hat die Diskussion über City-Mauten wieder belebt.

Externe Effekte der Umwelt lassen sich mit Hilfe von steuerlichen Maßnahmen internalisieren. Ein Beispiel ist die Mineralölsteuer, die man als Kompensation für Klimaeffekte und Luftverschmutzung betrachten kann. Im Unfallbereich bietet sich die Erhöhung der Versicherungssteuer an, um Anreize für den Kauf sicherer Fahrzeuge auszuüben und die Verkehrsteilnehmer für unfallfreies Fahren zusätzlich zu belohnen (Bonus-Malus-Regelungen).

Die im Anschluss an die Kyoto-Vereinbarungen eingeführten Zertifikate für CO_2-Emissionen beziehen sich bislang auf Kraftwerke und Industrieunternehmen (mit vielen Ausnahmen). Es ist vorstellbar, Bereiche des Verkehrs in Zertifikate-Lösungen einzubeziehen, die sich bislang der Mineralöl- oder Ökobesteuerung entzogen. Hier ist vor allem der Luftverkehr gemeint, bei dem die Zertifikate im Zusammenhang mit Start- und Landevorgängen abgerechnet werden könnten, so dass sich die für den Fall einer Kerosin-Besteuerung befürchteten Ausweichbewegungen vermeiden ließen.

7 Finanzierung von Bahn und Binnenschifffahrt

Die negativen externen Effekte von Bahn und Binnenschiff sind weit geringer als die des Straßenverkehrs. Solange der Straßenverkehr die von ihm verursachten Externalitäten nicht voll trägt, ist es gerechtfertigt, die umweltfreundlicheren Verkehrsträger öffentlich zu stützen. Derzeit wird dies dadurch geleistet, dass die Investitionen von Bahn und Binnenschiff weitgehend öffentlich getragen werden (etwa: Baukostenzuschüsse nach dem Bundesschienenwegeausbaugesetz). Die Mittelzuweisung von Seiten des Bundes kann dadurch verstärkt werden, dass ein Teil der Einnahmen aus der Straßenmaut in die Verstärkung der Investitionen für Bahn und Binnenschifffahrt fließt („Querfinanzierung").

Zurzeit wird dies dadurch realisiert, dass die Lkw-Maut in voller Höhe einer neu gegründeten Verkehrinfrastruktur-Finanzierungsgesellschaft (VIFG) zugeführt wird. Diese verausgabt die Mittel für Investitionen der drei Verkehrsträger Straße, Bahn und Binnenschifffahrt nach dem Schlüssel 50:38:12. In der Schweiz wird die Umverteilung der Mauteinnahmen noch deutlicher betrieben: Rund zwei Drittel der Lkw-Maut werden in der Schweiz zur Finanzierung der neuen Alpen-Transversalen („NEAT"-Projekte: Lötschberg und Gotthard-Tunnel mit Bahn-Zulaufstrecken) verwendet.

Die Gründung der VIFG wird überwiegend als ein Schritt in die richtige Richtung gewertet. Allerdings plädiert der Wissenschaftliche Beirat (2005) dafür, die Kompetenz der VIFG deutlich zu erhöhen, indem der Gesellschaft die Möglichkeiten der Kreditaufnahme, der Planungsdurchführung und der Organisation privater Beteiligungen an Projekten zugeordnet werden.

8 Fazit

Mit einem flexiblen Konzept, bestehend aus Gebühren, Steuern, Zertifikaten und Regulierungen, lassen sich Nachhaltigkeits-Ziele am besten erreichen. Denn jedes bedeutende Unterziel der Nachhaltigkeit wird damit mit Hilfe eines wirksamen Instruments angesteuert, so dass man die Überfrachtung eines Instruments (seien es Steuern oder Gebühren) mit zu vielen gleichzeitig anzusteuernden Zielen vermeidet. Auch dürfte sich die Akzeptanz gegenüber Gebührenlösungen verbessern, wenn gleichzeitig als belastend empfundene Steuern reduziert würden. Dies gilt primär für die Mineralölsteuer, die im Gegenzug zur Einführung von Straßenbenutzungsgebühren auf das Niveau der Nachbarländer herabgesetzt werden könnte. Für die Finanzierungsseite würde dies eine doppelte Dividende bedeuten. Einerseits würde die Straßenfinanzierung – eventuell gekoppelt mit Abführungen an Bahn und Binnenschiff – verstetigt und mit ihr die Erhaltungs- und Ausbaumaßnahmen. Zweitens würden der Tanktourismus reduziert und die Anreize für die Betankung von Lkw im Ausland vermindert (z.B.: Luxemburg, Polen). Letzteres kann bewirken, dass die Einnahmeverluste aus der Senkung der Mineralölsteuer erheblich niedriger ausfallen als bei linearer Umrechnung der Steuerminderung auf den derzeitigen Kraftstoffverbrauch. Der Ersatz von Steuern durch Gebühren wäre somit finanziell kein Nullsummenspiel, sondern würde zu einem fiskalischen Überschuss führen. Da nach derzeitiger Schätzung der Verlust an Mineralöl- und Mehrwertsteuereinnahmen durch Tanken im Ausland bei ca 2 Mrd. Euro p.a. geschätzt wird, kann der finanzielle Nettoeffekt eine durchaus interessante Größenordnung erreichen.

Literatur

BEL, G./FAGEDA, X. (2005): Is a Mixed Funding Model for the Highway Network Sustainable over Time? The Spanish Case. In: Ragazzi, G./Rothengatter, W.: Procurement and Financing of Motorways. Amsterdam, 187-204.

BUCHANAN, J. M. (1965): An Economic Theory of Clubs. Economica, 32, 1-14.

EU-KOMMISSION (2001): Weißbuch zur europäischen Verkehrspolitik bis 2010. Brüssel.

EU-KOMMISSION (1998): Weißbuch Faire und effiziente Preise für die Infrastrukturbenutzung im Verkehr. Brüssel.

FLYVBJERG, B./BRUZELIUS, N./ROTHENGATTER, W. (2003): Megaprojects and Risk. An Anatomy of Ambition. Cambridge.

KNIEPS, G. (2005): Wettbewerbsökonomie. Berlin.

LAFFONT, J.-J./MARTIMORT, D. (2002): The Theory of Incentives. The Principal-Agent Model. Princeton.

PIGOU, A. C. (1952): The Economics of Welfare. London.

WISSENSCHAFTLICHER BEIRAT beim BMVBW (2005): Privatfinanzierung der Verkehrsinfrastruktur. In: Internationales Verkehrswesen, (57)7/8, 303-310.

WISSENSCHAFTLICHER BEIRAT beim BMVBW (2000): Faire und effiziente Preise für die Benutzung der Verkehrsinfrastruktur. Stellungnahme zum Weißbuch der EU-Kommission. Berlin.

Im Osten auf der Überholspur? – Zur Transformation von Verkehr und Mobilität in den neuen Bundesländern

Martin Lanzendorf (Leipzig)

1 Einleitung

„Überholen ohne Einzuholen" war ein Ziel für den Transformationsprozess in Ostdeutschland in den 1990er Jahren. Eine nachhaltigere Siedlungs- und Verkehrsentwicklung sollte demnach angestrebt und Fehlentwicklungen einer allein am Auto orientierten Stadt- und Verkehrsplanung vermieden werden (HOLZAPFEL 2001).

Nach 15 Jahren Praxiserfahrungen fällt eine Bilanz des Erreichten ernüchternd aus: Der zu Beginn der 1990er Jahre sehr schnell einsetzende Motorisierungsprozess in Ostdeutschland setzt sich weiter fort, und die Nutzung von privaten Pkw steigt immer weiter an. Dagegen werden Öffentliche und nicht motorisierte Verkehrsmittel immer seltener genutzt. Zudem erschweren Suburbanisierungs-, Abwanderungs- und Schrumpfungsprozesse ebenso wie ein überdimensionierter Ausbau der Straßeninfrastruktur eine Trendwende.

Die Ursachen für die verkehrlichen Entwicklungen wurden bisher nur relativ selten aus individueller Sicht erklärt, was zum Verständnis zukünftiger Entwicklungen jedoch notwendig ist. Im vorliegenden Beitrag werden die Änderungen des Verkehrshandelns im Transformationsprozess aus einer mobilitätsbiographischen Perspektive betrachtet (LANZENDORF 2003), d. h. das Verkehrshandeln wird zum einen als stark routinisiertes Alltagshandeln aus seiner Kontinuität im individuellen Lebenslauf erklärt, und zum anderen aus dem Einwirken externer Ereignisse darauf, und das heißt hier: aus dem politischen Ereignis „Wende" mit seinen weitreichenden Folgen.

Dazu werden zum einen Hypothesen zur Bedeutung von Generation, sozialer Integration sowie Raumstruktur für das Verkehrshandeln mittels einer Sekundärauswertung der Erhebung MiD – Mobilität in Deutschland 2002 überprüft (Abschnitt 3). Zum anderen werden die Ergebnisse qualitativer, leitfadengestützter Interviews präsentiert, um auf die individuellen Interpretationen von Änderungen des Verkehrshandelns als Folge der Wende 1989 zurück zu greifen (Abschnitt 4). Abschließend wird kurz auf die sich daraus ergebenden Möglichkeiten einer nachhaltigeren Mobilitätsgestaltung in Ostdeutschland eingegangen.

2 Transformationsprozesse und Verkehrsentwicklung in Deutschland

Nach der Wende 1989 begann in den neuen Bundesländern ein umfassender Transformationsprozess als Folge der plötzlichen Veränderung des politisch-ökonomischen Systems. Die Konsumgewohnheiten der privaten Haushalte im Osten passten sich sehr schnell an die der Westdeutschen an. Die zuvor bereits latent vorhandene Nachfrage nach mehr Pkw-Besitz der privaten Haushalte wurde schnell befriedigt (vgl. FLIEGNER 1998, GATHER 2001). Weitere Veränderungen mit erheblichen Auswirkungen auf das Alltags- und Verkehrshandeln setzten jedoch bald ein: der Umbau und die Deindustrialisierung der Produktionsstrukturen, die Suburbanisierung zunächst des Einzelhandels, dann auch der Wohnungen und des Gewerbes (HERFERT 2002), der Ausbau und die Modernisierung verkehrlicher und anderer Infrastrukturen (vgl. DEITERS 2000, ECKEY/ HORN 2000) sowie schließlich demographische Veränderungen (WISSENSCHAFTLICHER BEIRAT BEIM BUNDESMINISTER FÜR VERKEHR, BAU- UND WOHNUNGSWESEN 2004).

Schon relativ frühzeitig stellte die Mobilitätsforschung einen schnellen Anpassungsprozess des Verkehrshandelns von Ost- und Westdeutschen fest. So beobachteten HAUTZINGER/TASSAUX-BECKER (1996) bereits zu Beginn der 1990er Jahre in wesentlichen Kenndaten des Mobilitätshandelns keine Unterschiede mehr zwischen Ost- und Westdeutschen, die über die gleichen Ausgangsbedingungen – Erwerbstätigkeit sowie Pkw-Besitz – verfügten. Zur Jahrtausendwende – und trotz nach wie vor bestehender Unterschiede bei der Pkw-Verfügbarkeit – sind die Verkehrsbeteiligung und die zurückgelegten Entfernungen mit dem motorisierten Individualverkehr pro Person und Tag zwischen alten und neuen Bundesländern fast identisch. Allerdings liegen die Reisezeiten in den neuen Bundesländern etwa um 10 % höher (CHLOND et al. 2002). Wurden die privaten Pkw vor der Wende überwiegend für Freizeitfahrten genutzt, so änderte sich das in der Folgezeit, so dass die Pkw-Nutzung auch für Arbeitswege oder Einkäufe häufiger wurde (BADROW 2000, BECKER 2001). Die wechselseitige Dynamik von Suburbanisierungsprozessen und verstärkter Pkw-Nutzung lässt sich am Beispiel der ostdeutschen Stadtregionen in den 1990er Jahren gut nachvollziehen (vgl. JANELLE 1969, PETERSEN/SCHALLABÖCK 1995, HESSE/TROSTORFF 2000). Auch die hohe Bedeutung des Wochenendpendelns – verursacht durch das Arbeiten in westdeutschen, häufig direkt an die ostdeutschen angrenzenden Bundesländern unter Beibehaltung des Lebensmittelpunktes und Wohnsitzes im Osten – hat zu einem starken Anstieg der Verkehrsdistanzen seitens der ostdeutschen Bevölkerung beigetragen.

3 Zwischen Integration und Differenz: Transformation des Verkehrshandelns in den neuen Bundesländern

Nachfolgend werden drei Hypothesen zur Bedeutung von Generation, sozialer Integration sowie Raumstruktur für das Verkehrshandeln anhand der Befragung „Mobilität in Deutschland 2002" diskutiert (zu Details des Datensatzes vgl. INFAS/DIW 2003).

3.1 Generation und Verkehrshandeln

Für das individuelle Verkehrshandeln sind sowohl die Generationen- bzw. Kohortenzugehörigkeit wie auch das Lebensalter bedeutsam (vgl. DARGAY 2001, 2002). Mit der Generationszugehörigkeit werden im Wesentlichen Unterschiede bei strukturellen (z. B. politischen, ökonomischen, sozialen oder räumlichen) und sozialisatorischen Rahmenbedingungen beschrieben, die für die Entwicklung individuellen Verkehrshandelns bedeutsam sind und sich von Generation zu Generation unterscheiden können. Das Lebensalter beschreibt demgegenüber die mit zunehmendem Alter unterschiedlichen Möglichkeiten und Grenzen für Mobilität, z. B. durch den Erwerb einer Pkw-Fahrerlaubnis, das Zusammenleben mit Kindern im Haushalt, sich veränderndes Einkommen oder neue Freizeitinteressen.

Mit der politischen Wende 1989 haben sich die gesellschaftlichen Rahmenbedingungen für Mobilität auf dem Gebiet der ehemaligen DDR plötzlich stark verändert. Generationen, die bereits im Erwerbsleben aktiv waren, standen vor der plötzlichen Notwendigkeit, ihren Alltag den neuen Möglichkeiten und Rahmenbedingungen anzupassen. Die Erfahrung des Aufwachsens, Lebens und Arbeitens in einem anderen politisch-ökonomischen System teilen jedoch die jüngeren Generationen im Osten heute nicht mehr vollständig. Insofern ist zu vermuten, dass die älteren Jahrgänge im Osten stärker als die Jüngeren noch von den Erfahrungen in der ehemaligen DDR geprägt sind. Insbesondere sollte die häufigere Nutzung nicht motorisierter und Öffentlicher Verkehrsmittel in der DDR die älteren Generationen auch heute offener für die Nutzung derselben machen. Dies wird auf Grund der Bedeutung biographischer Erfahrungen und Gewohnheiten vermutet, auch wenn negative Erfahrungen mit qualitativ sehr schlechten Öffentlichen Verkehrsmitteln in der DDR diesem entgegenstehen könnten. Sollte ein solcher Generationeneffekt tatsächlich wichtig sein, so müssten die Unterschiede zwischen den älteren Generationen in Ost und West größer sein als die Unterschiede zwischen den jüngeren Generationen ohne solche unterschiedlichen Erfahrungen.

Die Betrachtung der altersspezifischen Mobilitätscharakteristika für Ost- und Westdeutsche nach MiD 2002 bestätigt den erwarteten Generationeneffekt: Die älteren Generationen unterscheiden sich hinsichtlich Führerschein- und Pkw-Besitz sowie Verkehrsmittelnutzung deutlich zwischen Ost und West mit einer stärkeren Pkw-Dominanz im Westen, während diese Unterschiede bei den jüngeren Generationen mehr und mehr verschwinden (vgl. Tab. 1). So sind auch die Fußwege bei den Ostdeutschen ab 60 Jahre häufiger als bei den Westdeutschen, während es bei der Fahrrad- und ÖV-Nutzung kaum wesentliche Unterschiede gibt. Erstaunlicherweise werden die Unterschiede in der Nutzungshäufigkeit motorisierter Verkehrsmittel jedoch nicht von größeren Distanzunterschieden zwischen Ost- und Westdeutschen begleitet.

3.2 Soziale Integration und Verkehrshandeln

Die Erkenntnisse zur schnellen Anpassung des Verkehrshandelns von Erwerbstätigen zwischen Ost und West (vgl. Abschnitt 2) sowie zum Einfluss unterschiedlicher Generationserfahrungen (vgl. Abschnitt 3.1) legen die Frage nach der Bedeutung sozialer Integration für das Verschwinden der Unterschiede im Verkehrshandeln nahe. Zu erwarten wäre demnach, dass Personen und Haushalte, die erfolgreich den Transformationsprozess von der sozialistischen zur westdeutschen Gesellschaftsordnung überstanden haben, sich auch hinsichtlich ihres Verkehrshandelns nur noch wenig von den Westdeutschen unterscheiden. Demgegenüber könnte vermutet werden, dass gerade diejenigen, die Schwierigkeiten mit der Integration hatten, also z. B. keinen geeigneten Arbeitsplatz gefunden haben, sich auch weniger stark dem westdeutschen Verkehrshandeln angeglichen haben. Im Speziellen können wir vermuten, dass sie weniger Auto-orientiert sind. Für die Betrachtung der sozialen Integration wird nachfolgend zunächst auf das Haushaltseinkommen Bezug genommen, womit die ökonomischen Möglichkeiten und Grenzen eines Haushaltes zur Integration beschrieben werden. Anschließend wird auf den Erwerbsstatus als äußeres Merkmal der Integration in das Berufsleben sowie in engem Zusammenhang damit auch auf die unterschiedlichen geschlechtsspezifischen Chancen beim Übergang in die post-sozialistische Gesellschaftsordnung eingegangen (vgl. auch PFAFFENBACH 2002).

Haushalts-Einkommen
Der Vergleich zwischen Ost und West nach Haushaltseinkommen bestätigt die Erwartungen hinsichtlich eines bereits erfolgten Anpassungsprozesses. Demnach gibt es keine nennenswerten Unterschiede in der Verkehrsmittelnutzung bei gleichem Ein-

Tab. 1: Mobilitätskennwerte in Ost- und Westdeutschland 2002 (Quelle: MiD 2002)

	km je Person		Verkehrsmittel (%)							
			zu Fuß		Fahrrad		MIV		ÖPNV	
	West	Ost	West	Ost	West	Ost	West	Ost	West	Ost
Alter (Jahre)										
18-24	47	50	15	17	7	9	66	62	12	10
25-44	49	52	17	18	6	8	71	68	6	5
45-59	44	44	18	21	8	9	68	62	6	8
60-64	33	28	27	31	10	11	57	52	6	6
ab 65	19	20	33	44	9	9	49	39	9	8
Geschlecht										
männlich	45	48	19	21	8	10	65	63	7	7
weiblich	29	29	25	30	8	11	58	50	8	9
Erwerbsstatus										
Vollzeit erwerbstätig	57	58	14	15	6	7	74	71	6	6
Teilzeit erwerbstätig (18-34h)	38	35	17	21	8	11	69	62	5	6
Geringfügig erwerbst.(11-u.18h)	33	45	22	26	8	17	65	50	5	8
Auszubildende(r)	47	50	15	18	7	5	66	63	13	15
Kind, Schüler(in)	22	27	29	34	12	17	47	38	11	12
Student(in)	42	48	20	22	12	19	48	43	21	18
z. Zt. arbeitslos	29	24	27	31	10	13	54	53	9	4
Erziehungsurlaub	27	26	29	36	4	4	65	56	1	4
Hausfrau/-mann	25	23	25	32	9	15	62	49	3	4
Rentner(in), Pensionär(in)	21	21	33	41	9	10	50	41	8	7
Wehr-/Zivildienstleistender	41	37	15	21	10	5	66	69	8	6
Anderes	33	28	24	24	8	6	56	53	11	18
Einkommen (Monat)										
Bis unter 500 €	20	19	31	33	13	15	37	38	18	14
500 € bis unter 900 €	24	23	32	34	12	16	40	40	16	9
900 € bis unter 1.500 €	28	31	26	32	9	11	55	48	9	8
1.500 € bis unter 2.000 €	33	32	24	28	8	10	59	56	8	6
2.000 € bis unter 2.600 €	36	40	22	23	8	9	63	60	7	8
2.600 € bis unter 3.000 €	40	46	20	22	9	9	66	62	7	7
3.000 € bis unter 3.600 €	43	54	19	19	7	9	67	64	7	8
3.600 € und mehr	47	61	18	17	8	10	68	68	7	6
BBR-Kreistypen										
Agglomerationsraum, Kernstadt	33	35	26	27	8	9	51	46	15	18
Aggl., hochverdichteter Kreis	39	37	21	27	7	6	67	63	5	3
Aggl., verdichteter Kreis	40	34	20	28	8	7	66	59	6	5
Aggl., ländlicher Kreis	44	40	18	20	11	15	66	58	6	6
Verstädteter Raum, Kernstadt	35	41	26	27	12	8	53	52	8	12
Verst. Raum, verdichteter Kreis	36	35	21	25	9	6	65	65	4	5
Verst. Raum, ländlicher Kreis	38	42	19	27	7	12	69	57	4	4
Ländlicher Raum, höhere Dichte	35	37	21	26	10	9	63	61	5	3
Ländl. Raum, geringere Dichte	40	43	21	24	6	14	68	56	6	5

kommen, obwohl es zwischen den Einkommensgruppen erhebliche Unterschiede gibt. So steigen etwa die MIV-Nutzung, der Führerscheinbesitz, der Anteil von Haushalten mit mindestens zwei Pkw oder die zurückgelegten Distanzen mit wachsendem Einkommen stark an (Tab. 1). Allerdings sind bei den wohlhabenderen Haushalten – hier solche ab 2000 Euro Einkommen je Monat – die zurückgelegten Distanzen bei den Ostdeutschen überraschenderweise größer als bei den Westdeutschen, obwohl es kaum Unterschiede bei Verkehrsmittelnutzung, Führerschein- oder Pkw-Besitz gibt.

Erwerbsstatus und Geschlecht

Die im Sinne des westdeutschen Wirtschaftssystems „erfolgreich" Integrierten im Osten, d. h. hier die Vollzeit-Erwerbstätigen sowie die Studierenden, unterscheiden sich auch beim Verkehrshandeln kaum von den Westdeutschen. Der Blick auf die Nicht-Erwerbstätigen zeigt dagegen den Erwartungen entsprechend weiterhin Unterschiede zwischen Ost und West. Besonders Hausfrauen und Hausmänner, Rentnerinnen und Rentner sowie Teilzeit- und geringfügig Beschäftigte – zum Teil auch Arbeitslose – sind im Osten weniger Pkw-orientiert als im Westen (Tab. 1). Auch zwischen ost- und westdeutschen Frauen zeigen sich diese Unterschiede, während sie für Männer kaum noch fortbestehen.

Damit wird die Annahme gestützt, dass mit fehlender Integration in das Erwerbsleben der post-sozialistischen Gesellschaft auch eine geringere Angleichung an das westdeutsche Verkehrshandeln erfolgte. Bei den genannten Personengruppen handelt es sich um jene, die auch in der westdeutschen Gesellschaft relativ wenig Pkw-orientiert sind. Gleichwohl sind die ostdeutschen Vergleichsgruppen noch weniger Pkw- und stärker auf nicht motorisierte Verkehrsmittel hin orientiert. Die biographischen Vorerfahrungen scheinen damit bedeutsamer zu sein, wenn keine erfolgreiche Integration in das Berufs- und Erwerbsleben erfolgt. Dies wird besonders deutlich bei dem Verkehrshandeln der Frauen, die vor der Wende zum großen Teil berufstätig waren. Schlechtere Chancen auf dem post-sozialistischen Arbeitsmarkt führten jedoch häufig in schlecht bezahlte Tätigkeiten oder Arbeitslosigkeit, so dass auch die Anpassung an die westdeutschen Mobilitätsmuster geringer war als bei Männern.

3.3 Raumstruktureffekt

Räumliche Voraussetzungen, wie z. B. die Verteilung von Wohnungen, Arbeitsplätzen oder Einkaufsgelegenheiten, beeinflussen die Entstehung von Verkehr in bedeutendem Maß. Neben Generation und sozialer Interaktion sind damit auch Raumstrukturen ein wesentlicher Einflussfaktor zur Erklärung von Unterschieden im Verkehrshandeln zwischen Ost- und Westdeutschen. Beim Vergleich zwischen den west- und ostdeutschen Bundesländern zeigen sich zum Teil erhebliche Unterschiede hinsichtlich des Zeitpunktes und des Verlaufs der Suburbanisierungsprozesse für Wohnen, Einzelhandel und sonstiges Gewerbe sowie hinsichtlich der Dynamik von Bevölkerungs- und Beschäftigungsentwicklungen. Insbesondere sind ostdeutsche Regionen von erheblichen Schrumpfungsprozessen betroffen, die in diesem Umfang in einigen westdeutschen Regionen erst für die Zukunft erwartet werden und für die Planungspraxis neue Herausforderungen zur Gestaltung darstellen.

Mit dem MiD-Datensatz können die Wohnorte der Befragten nach BBR-Kreistypen unterschieden werden. Demnach ist für fast jeden BBR-Kreistyp die MIV-Nutzung von Westdeutschen höher als diejenige von Ostdeutschen. Besonders deutlich ist der Unterschied in den eher ländlichen Kreisen. Auch sind in fast jedem BBR-Kreistyp die Anteile der Ostdeutschen aus Haushalten ohne Pkw höher als die der Westdeutschen. Zudem leben weniger Personen im Osten in Haushalten mit mindestens zwei Pkw. Umgekehrt verhält es sich mit dem Anteil des Fußverkehrs, der für jeden Kreistyp im Osten durchgängig höhere Anteile hat. Der ÖPNV-Anteil unterscheidet sich lediglich in den Kernstädten der Agglomerationen und der verstädterten Räume wesentlich zwischen Ost und West: Der ÖPNV-Anteil ist jeweils in ostdeutschen Kreisen höher. Somit hat sich noch eine gewisse Bedeutung des ÖPNV in ostdeutschen Kernstädten gehalten, auch wenn diese Bedeutung seit Beginn der 1990er Jahre gesunken ist. In den anderen Raumkategorien ist die ÖPNV-Bedeutung in Ostdeutschland dagegen weitgehend auf das West-Niveau abgesunken. Somit gibt es also Hinweise auf ein Fortbestehen unterschiedlicher für das Verkehrshandeln bedeutsamer raumstruktureller Bedingungen. Inwiefern sich diese jedoch mit Generations- oder sozialen Interaktionseffekten überlagern, konnte an dieser Stelle nicht weiter geklärt werden.

4 Bedeutung des Ereignisses „Wende" in der Mobilitätsbiographie

Um die Auswirkungen der Wende auf das individuelle Verkehrshandeln besser zu verstehen, wurden 20 qualitative, retrospektive Interviews mit 36-63-jährigen Leipzigerinnen und Leipzigern im Jahr 2004 geführt. Die Befragten waren zum Zeitpunkt der Wende zwischen 21 und 48 Jahre alt, wodurch garantiert werden sollte, dass sie zur Wendezeit bereits im Berufsleben standen und sich ihr Verkehrshandeln bereits stärker routinisiert hatte, als dies in der Zeit unmittelbar nach dem Ende der Schulzeit der Fall ist. Auch sollten die Befragten 2004 noch nicht in Rente gegangen, sondern noch im erwerbsfähigen Alter sein. Die mit dem Eintritt ins Rentenalter zu erwartenden Umbrüche in verschiedenen Lebensbereichen sollten damit ausgeblendet werden. Weiterhin wurden die Befragten aus zwei verschiedenen Leipziger Stadtteilen – Gohlis und Grünau – und jeweils zur Hälfte Männer und Frauen ausgewählt. Zentrale Fragestellung der Untersuchung war, wie sich das alltägliche Verkehrshandeln der Befragten nach der Wende verändert hatte, was dafür der Grund war und ob sich hierfür typische Handlungsmuster herausfinden lassen. Hierfür wurden die Interviews transkribiert und paraphrasiert sowie die Lebensverläufe um das Ereignis „Wende" graphisch visualisiert (vgl. ausführlich dazu BORRMANN et al. 2005).

Zur Veränderung der individuellen Mobilitätsbiographien wurden drei typische Muster bei den Befragten gefunden: erstens wenig Veränderungen („Die Kontinuierlichen"), zweitens ein Wechsel der Verkehrsmittel nur für einzelne Aktivitäten, wobei wichtige Teile des Verkehrshandelns unverändert bleiben („Die Teil-Umsteiger"), sowie drittens diejenigen mit einem wesentlichen Wandel des Verkehrshandelns („Die Umsteiger"). Als „Kontinuierliche" wurden acht der Befragten, drei Männer und fünf Frauen, identifiziert. Typisch ist zum Beispiel die Äußerung von Herrn G., 60 Jahre alt und Ladenbesitzer in Gohlis: „[...] ich bin seit '77 mit dem Auto unterwegs, [...] habe mich eigentlich immer mit dem Auto bewegt. Es sei denn es war kaputt oder [es gab, A. d. A.] irgendwann 'nen anderen Grund". Ähnlich auch Frau H., 57 Jahre und arbeitslos zur Zeit vor der Wende: „Mein Mann hatte glücklicherweise ein Dienstfahrzeug, so dass ich denn in der Hauptsache gefahren bin zur Arbeit, zum Kinder wegbringen, zum Einkaufen", was sich auch nach der Wende fortsetzte. Typisch auch Frau I., 53 Jahre, die bei einem großen Versandhaus arbeitet, und „[...] auf Arbeit immer Straßenbahn, Bus, S-Bahn – immer" nutzt, während für die Freizeit der Pkw schon vor der Wende – und auch heute noch – das bevorzugte Verkehrsmittel war.

Zur den „Teil-Umsteigern" zählten fünf Befragte, drei Männer und zwei Frauen. Zum Beispiel legte sich Herr A., 51 Jahre alt und Hausmeister, 1989 unmittelbar nach der Wende einen Pkw zu. Trotzdem nutzte er weiterhin häufig Öffentliche Verkehrsmittel, zum Beispiel um zur Arbeit zu kommen, denn „die Benzinpreise sind zu teuer". Herr M., 63 Jahre alt, besaß bereits vor der Wende einen Pkw, nutzte den jedoch nur für Freizeitaktivitäten. Zur Arbeit kam er vor der Wende mit dem ÖPNV und häufig auch zu Fuß. Nach der Wende musste er durch die größere Entfernung zum Arbeitsplatz vollständig auf den ÖPNV umsteigen. Neben Freizeitzwecken wird auch für Einkäufe nach der Wende fast nur noch der Pkw genutzt.

„Umsteiger" waren sieben Befragte, vier Männer und drei Frauen. Alle nutzten nach der Wende fast nur noch einen Pkw, überwiegend haben sie diesen dann auch erst angeschafft. Die Umsteiger sind sich weitgehend darin einig, dass sich die Straßenqualitäten und das Straßennetz in Leipzig sehr verbessert haben, während die Öffentlichen Verkehrsmittel kaum noch genutzt werden, weil andere Verkehrsmittel als der eigene Pkw „zu umständlich" (Frau D., 46 Jahre) sind. Zum Teil wird das auch mit beruflichen Zwängen begründet: „Ja ohne Auto geht heutzutage nichts mehr ... na gut, das hängt auch [damit] zusammen, dass du selbstständig bist [...]" (Frau O., 36 Jahre).

Auffällig ist, dass die Gründe für das jeweilige Verkehrshandeln sehr stark mit beruflichen Aspekten im Zusammenhang zu stehen scheinen. Die „Kontinuierlichen" sind eher ohne Arbeit, in einer niedrig bezahlten Tätigkeit oder schon im Vorruhestand. Die „Teil-Umsteiger" sind überwiegend als Angestellte oder Arbeiter tätig und die „Umsteiger" häufig leitende Angestellte oder Selbstständige. Insofern scheinen die Veränderungen sehr stark in unterschiedlichen beruflichen Zwängen – z. B. räumliche Flexibilität bei einer Immobilienmaklerin oder einer selbstständigen Malerin – oder, eng damit zusammenhängend, in unterschiedlichen finanziellen Möglichkeiten zu wurzeln. Der Aspekt der Mobilitätskosten wird in verschiedenen Interviews, besonders bei den „Kontinuierlichen" und den „Teil-Umsteigern", angesprochen. Während die „Teil-Umsteiger" ein intermodales Verkehrshandeln zeigen, sind die Umsteiger stärker Pkw-fixiert.

Die Ausführungen haben gezeigt, dass bei den Generationen, die den Transformationsprozess hin zur post-sozialistischen Gesellschaft aktiv im Erwerbsleben miterlebt haben, verschiedenartige Einflüsse auf das Verkehrshandeln auftraten. Es scheint sich der bereits bei den quantitativen Analysen festgestellte Zusammenhang zwischen beruflichem Erfolg und verstärkter Pkw-Nutzung zu bestätigen, während die Nicht- oder weniger „Erfolgreichen" häufiger ein variables oder nicht Pkw-orientiertes Verkehrshandeln zeigen. Insofern liegt die Vermutung nahe, dass in Ostdeutschland die Rolle des Pkw und der Pkw-Nutzung wesentlich stärker ein Statusmerkmal für die „Erfolgreichen" – und damit auch Symbol für ein „erfolgreiches" Bewältigen des Transformationsprozesses – ist, als dies im Westen noch der Fall ist. Dies könnte auch – neben der stärkeren räumlichen Dekonzentration von Arbeitsplätzen und Einzelhandel – eine weitere Begründung für die größeren Distanzen der Ostdeutschen sein (vgl. Abschnitt oben). Wahrscheinlich ist es gerade für die hier betrachteten Generationen sehr wesentlich, ob die Wende individuell „erfolgreich" bewältigt werden konnte und ob die berufliche Integration auch in der post-sozialistischen Gesellschaft gelungen ist. Insofern wird die Unterscheidung zwischen Wende-„Gewinnern" und -„Verlierern" sehr deutlich – und zwar eben nicht nur bezüglich des beruflichen Erfolgs, sondern auch bezüglich des Verkehrshandelns.

5 Zusammenfassung und Ausblick

Mit den Ausführungen sollte der Frage nachgegangen werden, inwiefern der bisherige Transformationsprozess in den neuen Ländern zu einer Angleichung des Verkehrshandelns zwischen Ost und West geführt hat. Zunächst konnte festgestellt werden, dass eine latente Nachfrage nach erhöhter Motorisierung und Fahrten mit dem Pkw bereits Ende der 1980er Jahre bestand und sehr schnell nach der Wiedervereinigung realisiert wurde. Insofern konnten schnell Anpassungen beim Verkehrshandeln von Erwerbstätigen mit Pkw-Besitz beobachtet werden.

Dieser Anpassungsprozess wurde jedoch überlagert von einem Generationen- und einem sozialen Integrationseffekt. Ersteres bezeichnet die Tatsache, dass sich individuelles Handeln aufgrund eingeübter, d. h. sozialisierter Handlungsweisen immer auch aus bereits gemachten Erfahrungen speist und insofern einer gewissen Kontinuität unterliegt. In den neuen Bundesländern ist dies am offensichtlichsten durch die bei den älteren Generationen noch deutlich geringere Verbreitung eines Pkw-Führerscheins sowie durch das häufige Unterwegssein zu Fuß. Gleichwohl ist dieser Generationeneffekt bei den Erwerbstätigen nicht in der erwarteten Form ersichtlich.

Soziale Integration spielt gerade im Zusammenhang mit dem Generationeneffekt eine entscheidende Voraussetzung für die Entwicklung des individuellen Verkehrshandelns. Während bei Erwerbstätigen, d. h. beruflich in die transformierte Gesellschaft Integrierten, kaum Unterschiede im Verkehrshandeln zwischen Ost und West erkennbar sind, sind bei nicht oder nicht voll Erwerbstätigen – z. B. Teilzeitbeschäftigten, Arbeitslosen oder Hausfrauen und -männern – zum Teil erhebliche Unterschiede erkennbar, insbesondere hinsichtlich einer geringeren Nutzung von motorisiertem Individualverkehr und einer stärkeren Orientierung zum Fußverkehr. Berufliche Desintegration scheint insofern häufig auch von einer weitergehenden Desintegration in die westdeutsche Gesellschaft begleitet zu sein. In Zukunft wird also eine weitere Anpassung des Verkehrshandelns der Ostdeutschen an die Westdeutschen zu erwarten sein, wenn die ökonomischen Rahmenbedingungen dies erlauben.

Die Frage, inwiefern die raumstrukturellen Begebenheiten einen Einfluss auf die zukünftige Verkehrsentwicklung in den neuen Ländern haben werden, war nur am Rande Gegenstand dieses Beitrags. Sozial-kulturell bedingte Anpassungsprozesse bedingen nach dem Gezeigten die Entstehung von Verkehr sehr stark. Gleichwohl sind unter ähnlichen sozio-ökonomischen Rahmenbedingungen weiterhin verschiedene Richtungen der zukünftigen Siedlungs- und Verkehrsentwicklung denkbar. Viele der zu Beginn der 1990er Jahre noch günstigen Optionen und Möglichkeiten einer nachhaltigen Siedlungs- und Verkehrsentwicklung in Ostdeutschland, z. B. durch die noch kaum vorhandene Suburbanisierung, sind mittlerweile verspielt. Durch die demographische und ökonomische Entwicklung der vergangenen Jahre sehen sich viele ostdeutsche Regionen und Kommunen vor neuen, weitgehend mit finanziellen Zwängen einhergehenden Problemlagen konfrontiert, welche die Notwendigkeit einer nachhaltigen Stadt- und Regionalentwicklung häufig in den Hintergrund gedrängt haben. Die Entstehung, Verlagerung oder Vermeidung von Verkehr spielt im Planungsalltag ostdeutscher Politik und Planungspraxis allenfalls eine untergeordnete Rolle. Insofern verwundert es wenig, dass kaum Erfolge einer „nachhaltigeren" Gestaltung des Verkehrssystems sichtbar werden. Dabei liegen viele der Potenziale für eine solche Verkehrsentwicklung auf der Hand, etwa durch integrierte Stadt- und Verkehrsentwicklungskonzepte, die Stärkung nicht motorisierten und die Modernisierung des Öffentlichen Verkehrs. Diese Konzepte sind nicht neu. Es bleibt jedoch noch die dringende Frage unbeantwortet, ob und wie solche oder verwandte Konzepte in einer Planung für schrumpfende Regionen eine Renaissance erleben können. Wenn Städte in Ostdeutschland eine Aufwertung erfahren und den Schrumpfungstrend stoppen wollen, dann wird dies auch sehr stark davon abhängen, wie attraktiv ein Leben in diesen Städten und Regionen werden kann. Eine einseitige Orientierung an Investitions- und Arbeitsmarktzielen mag zwar Betriebe zur

Standortverlagerung in den Osten bewegen; ob dies alleine für eine nachhaltige Entwicklung reicht, bleibt jedoch mehr als zweifelhaft.

Literatur

BADROW, A. (2001): Verkehrsentwicklung deutscher Städte im Spiegel des Systems repräsentativer Verkehrsbefragungen unter besonderer Berücksichtigung des Freizeitverkehrs. Online Dissertation TU Dresden. (http://hsss.slub-dresden.de/hsss/servlet/hsss.urlmapping.MappingServlet?id=994341810515-0994).

BECKER, U. (2001): Perspektiven einer nachhaltigen Verkehrsentwicklung in Ostdeutschland. In: Gather, M./Kagermeier, A./Lanzendorf, M. (Hrsg.): Verkehrsentwicklung in den neuen Bundesländern. Erfurt, 143-154. (= Erfurter Geographische Studien, 10).

BORRMANN, T. et al. (2005): Politische Transformation und individuelle Mobilität. Geschlechtsspezifische Mobilitätsentwicklung vor dem Hintergrund der Wende 1989. Ergebnisbericht Projektseminar „Mobilität und Verkehr im Lebenslauf" WS 2003/2004 und SoSe 2004 am Institut für Geographie der Universität Leipzig (unveröffentlicht).

CHLOND, B./LIPPS, O./ZUMKELLER, D. (2002): Der Anpassungsprozess von Ost an West – schnell, aber nicht homogen. Zweiter Teil der Serie: Entwicklung der Mobilität im vereinigten Deutschland. In: Internationales Verkehrswesen, (54)11, 523-528.

DARGAY, J. M. (2001): The effect of income on car ownership: evidence of asymmetry. In: Transportation Research A, 35, 807-821.

DARGAY, J. M. (2002): Determinants of car ownership in rural and urban areas: a pseudo-panel analysis. In: Transportation Research E, 38, 351-366.

DEITERS, J. (2000): Traffic infrastructure, car mobility and public transport. In: Mayr, A./Taubmann, W. (Hrsg.): Germany ten years after reunification. Leipzig, 117-137.

ECKEY, H./HORN, K. (2000): Die Angleichung der Verkehrsinfrastruktur im vereinigten Deutschland zwischen 1990 und 1999. In: Raumforschung und Raumordnung, 5, 373-381.

FLIEGENER, S. (1998): Wandel der Alltagsmobilität in Ostdeutschland unter der Perspektive autoreduzierter Mobilität am Beispiel des Paulusviertels in Halle (Saale). In: Hallesches Jahrbuch Geowissenschaften. Halle (Saale), 117-135.

GATHER, M. (2001): Verkehrsentwicklung in den neuen Bundesländern - ein Überblick. In: Gather, M./Kagermeier, A./Lanzendorf, M. (Hrsg.): Verkehrsentwicklung in den neuen Bundesländern. Erfurt, 3-18. (= Erfurter Geographische Studien 10).

HAUTZINGER, H./TASSAUX-BECKER, B. (1996): Mobilität der ostdeutschen Bevölkerung. Verkehrsmobilität in Deutschland zu Beginn der 90er Jahre, Band 1. Bergisch Gladbach. (= Berichte der Bundesanstalt für Straßenwesen Mensch und Sicherheit M 36).

HERFERT, G. (2002): Disurbanisierung und Reurbanisierung. Polarisierte Raumentwicklung in der ostdeutschen Schrumpfungslandschaft. In: Raumforschung und Raumordnung, 5-6, 334-344.

HESSE, M./TROSTORFF, B. (2000): Raumstrukturen, Siedlungsentwicklung und Verkehr – Interaktionen und Integrationsmöglichkeiten. Erkner. (= IRS Diskussionspapier, Nr. 2).

HOLZAPFEL, H. (2001): Erfahrungen aus der Planung in den „Neuen Bundesländern". In: Gather, M./Kagermeier, A./Lanzendorf, M. (Hrsg.): Verkehrsentwicklung in den neuen Bundesländern. Erfurt, 139-142. (= Erfurter Geographische Studien 10).

INFAS/DIW (2003): Mobilität in Deutschland 2002 – Kontinuierliche Erhebung zum Verkehrsverhalten. Endbericht. Gutachten im Auftrag des Bundesministers für Verkehr, Bau- und Wohnungswesen. Bonn, Berlin.

Janelle, D. G. (1969): Spatial reorganization: a model and concept. In: Annals of the Association of American Geographers, 59, 348-364.

Lanzendorf, M. (2003): Mobility biographies. A new perspective for understanding travel behaviour. Paper presented at the 10th International Conference on Travel Behaviour Research, Lucerne/Switzerland, August 2003.

Petersen, R./Schallaböck, K. (1995): Mobilität für morgen. Chancen einer zukunftsfähigen Verkehrspolitik. Berlin, Basel, Boston.

Pfaffenbach, C. (2002): Die Transformation des Handelns. Erwerbsbiographien in Westpendlergemeinden Südthüringens. Stuttgart. (= Erdkundliches Wissen, Bd. 134).

Wissenschaftlicher Beirat beim Bundesminister für Verkehr, Bau- und Wohnungswesen (2004): Demographische Veränderungen – Konsequenzen für Verkehrsinfrastrukturen und Verkehrsangebote. In: Informationen zur Raumentwicklung, 401-417.

Leitthema B – Grenzen von Wachsen und Schrumpfen

Sitzung 4: Geographieunterricht zu Beginn des 21. Jahrhunderts

Helmuth Köck (Landau)

Sieht man die umfassendste Aufgabe schulischer Bildung mit ROBINSOHN („Bildungsreform als Revision des Curriculum" 1969, 13) weiterhin in der „Ausstattung [der Lerner] zum Verhalten in der Welt", und besteht die umfassendste Aufgabe des Geographieunterrichts demgemäß weiterhin in der Ausstattung der Lerner zu (kompetentem) raumbezogenem Verhalten in der Welt, so ist mit Blick auf das Thema dieser Leitthemensitzung zu fragen: Was kennzeichnet im frühen 21. Jahrhundert
- einerseits die Welt in geographisch relevanter Hinsicht,
- andererseits geographisches Lehren und Lernen über diese Welt?

Was die Welt selbst betrifft, so wird sie gegenwärtig und wohl auch in überschaubarer Zukunft gekennzeichnet
- durch eine dramatische Zunahme der Beanspruchung ihres natürlichen Haushalts im umfassendsten Sinn,
- durch weitere Beschleunigung und Ausweitung der Globalisierung,
- durch exzessive sozioökonomische Disparitäten und Ungleichgewichte auf allen räumlichen Größenstufen,
- durch Missbrauch kulturgebundener Weltsichten und Lebensformen zur Legitimation raumpolitischer Konflikte,
- durch neue Polarisierungen und Umgewichtungen der politischen und wirtschaftlichen Weltmächte,
- durch, nun eher kontinental, weiteres Wachstum der Europäischen Union,
- durch fortschreitende Ökonomisierung aller Lebensbereiche verbunden mit revolutionären wirtschaftlichen Umbrüchen und Transformationen.

Diesen sicher nicht vollständig aufgezählten großen Entwicklungen der Welt 1 (im POPPERschen Sinn) stehen auf der Ebene des geographischen Lehrens und Lernens über diese Welt, also auf der Ebene von Welt 2 oder auch 3, nur wenige beherrschende Entwicklungslinien gegenüber. Zu nennen sind vor allem:
- die Erkenntnisfortschritte in den Neurowissenschaften mit ihren auch geographieunterrichtlich relevanten Komponenten und Implikationen;
- die sich zunehmend verfeinernde und ausweitende Digitalisierung weltbezogener Kenntnis, Erkenntnis und Erkenntnisweise mit ihren geographieunterrichtlich nicht nur segensreichen Wirkungen;
- die zunehmende Standardisierung auch von geographischen Bildungszielen, Bildungsinhalten und Bildungswegen mit der Intention einer mittlerweile einem Totschlagargument gleich zitierten intra- wie internationalen Konkurrenzfähigkeit.

Wie man leicht sieht, könnte das Leitthema dieser Sitzung, aber auch schon jeder einzelne angesprochene Aspekt, ganze Tagungen füllen, und mancher Aspekt hat im Rahmen dieses Geographentages ohnedies auch seine eigene Sitzung. So war die Entscheidung, welche dieser aufgezeigten Entwicklungslinien des frühen 21. Jahrhunderts im Rahmen dieser Sitzung Berücksichtigung finden sollen, nicht leicht. Dem Programm konnten bzw. können Sie entnehmen, für welche Themen sich die Sitzungsleiter (außer dem Verfasser weiterhin Fritz-Gerd MITTELSTÄDT) entschieden haben:

Der erste Beitrag korrespondiert mit der dramatischen Beanspruchung natürlicher Geofaktoren und soll, auch im Gefolge der zahlreichen dementsprechenden fachpolitischen Bemühungen seit Mitte der 1990er Jahre, die geowissenschaftliche Kompetenz als Komponente kompetenten Weltverhaltens herausarbeiten. Hierfür konnten wir Wolfgang HASSENPFLUG vom Geographischen Institut der Universität Kiel gewinnen, unterstützt durch Sylke HLAWATSCH, die, da sie bereits in einer anderen geowissenschaftlichen Fachsitzung dieses Geographentages einen früher schon verabredeten Vortrag hält, im Rahmen dieser Sitzung allerdings nicht nochmals einen Vortrag halten darf.

Die Kulturraumdebatte, die die Geographiedidaktik vor allem in den 1980er Jahren so intensiv beschäftigt hat, wird sich zwischenzeitlich ganz neuen Dimensionen zuwenden und das Kulturraumkonstrukt zudem grundsätzlich kritisch prüfen müssen. Hierfür haben wir mit Jörg SCHEFFER vom Geographischen Institut der Universität Passau, der sich diesem Problem im Rahmen seiner vor dem Abschluss stehenden Dissertation gewidmet hat, gewiss den kompetenten Experten.

Globalisierung, Ökonomisierung allen Lebens, Umbrüche in der Wirtschaft usw. – all diese Entwicklungen fordern zu ihrem rechten Verständnis und demgemäßen Verhalten auch eine gehörige Portion wirtschaftlicher Kompetenz. Während die Geographen und Geographiedidaktiker lange Zeit davon ausgingen, dass der Geographieunterricht diese Kompetenz selbst mit vermitteln könne, dringen andererseits seit den 1990er Jahren immer nachdrücklichere Forderungen der Wirtschaft in die Bildungspolitik, ein eigenes Unterrichtsfach Wirtschaft einzurichten, was z. B. in Baden-Württemberg mittlerweile geschehen ist. Armin HÜTTERMANN, der an der Pädagogischen Hochschule Ludwigsburg ohnehin immer schon Bereiche der Wirtschaft mit zu vertreten hat, nimmt zu dieser Entwicklung grundsätzlich wie auch aus ersten Erfahrungen aus Baden-Württemberg heraus Stellung.

Als vierten Themenkreis haben wir die alles umfassende Standardisierung der Bildung berücksichtigt. Diese kann Fluch und Segen zugleich sein, und gelegentlich hat man den Eindruck, sie erfülle auch eine Alibifunktion. Sibylle REINFRIED, ebenfalls Pädagogische Hochschule Ludwigsburg, verfolgt länger schon, auch im internationalen Kontext, die Entwicklung von Bildungsstandards und berichtet über Erfahrungen und Erkenntnisse aus den USA.

Mit diesem Angebot hoffen die Sitzungsleiter, dem umfassenden Anspruch des ihnen gestellten Sitzungsthemas einigermaßen gerecht geworden zu sein!

Zum Erwerb geowissenschaftlicher Kompetenzen im geographischen Unterricht des 21. Jahrhunderts

Wolfgang Hassenpflug und Sylke Hlawatsch (Kiel)

1 Einleitung

Im Jahr 1996 wurde mit der Leipziger Erklärung von den 24 Trägergesellschaften der GeoUnion/Alfred Wegener Stiftung der Mangel geowissenschaftlicher Inhalte in Lehrerbildung und Schule beklagt. Zu den Trägergesellschaften gehören neben den geowissenschaftlichen Einrichtungen sechs geographische Verbände: Deutscher Verband für Angewandte Geographie (DVAG), Geographische Gesellschaften in Deutschland, Gesellschaft für Erdkunde zu Berlin (GfE), Hochschulverband für Geographie und ihre Didaktik (HGD), Verband der Geographen an Deutschen Hochschulen (VDGH), Verband Deutscher Schulgeographen (VDSG).

Die große gesellschaftliche Bedeutung der Geowissenschaften liegt darin begründet, dass sie sich in der Forschung mit Problemen beschäftigen, von deren Lösung die zukünftige Entwicklung des Planeten Erde mit abhängt. Geowissenschaftliche Kenntnisse stellen eine Grundlage für die Formulierung von Konzepten für eine nachhaltige Entwicklung im Sinne der Agenda 21 dar, die im Rahmen der Konferenz der Vereinten Nationen für Umwelt und Entwicklung im Juni 1992 in Rio de Janeiro beschlossen wurde.

Die Geowissenschaften sind interdisziplinär arbeitende Wissenschaften, die das komplexe System Erde – inklusive seiner vielfältigen Wechselwirkungen und Rückkopplungen – mit naturwissenschaftlichen und auch wirtschafts-/sozialwissenschaftlichen Methoden untersuchen. Daher hat die internationale Gruppe von Bildungsforscherinnen und Bildungsforschern, die die Vergleichsstudie „Program for International Student Assessment (PISA)" der Organisation für wirtschaftliche Zusammenarbeit und Entwicklung (OECD) konzipiert hat, geowissenschaftliche Kenntnisse als Bestandteil einer so genannten naturwissenschaftlichen Grundbildung (Scientific literacy) angesehen. Naturwissenschaftliche Grundbildung ist demnach die „Fähigkeit, naturwissenschaftliches Wissen anzuwenden, naturwissenschaftliche Fragen zu erkennen und aus Belegen Schlussfolgerungen zu ziehen, um Entscheidungen zu verstehen und zu treffen, welche die natürliche Welt und die durch menschliches Handeln an ihr vorgenommenen Änderungen betreffen" (OECD 2001).

Gegenstand der PISA-Studie sind die drei Bereiche Lesekompetenz, mathematische und naturwissenschaftliche Grundbildung. Im Bereich der naturwissenschaftlichen Grundbildung müssen Schülerinnen und Schüler die Konzepte aus Physik, Chemie, Biologie und den Geowissenschaften auf die Themenbereiche Leben und Gesundheit, Erde und Umwelt sowie Technologie anwenden.

Deutsche Schülerinnen und Schüler zeigten in diesem internationalen Vergleich mittelmäßige Leistungen. Nicht zuletzt die PISA-Studie führte dazu, dass Verantwortliche der deutschen Bildungspolitik, -verwaltung und -forschung heute eine grundsätzliche Wende im Bildungssystem für notwendig erachten, die wie folgt beschrieben wird (BUL-

MAHN et al. 2003): „Wurde unser Bildungssystem bislang ausschließlich durch den „Input" gesteuert, d. h. durch Haushaltspläne, Lehrpläne und Rahmenrichtlinien, Ausbildungsbestimmungen für Lehrpersonen, Prüfungsrichtlinien usw., so ist nun immer häufiger davon die Rede, die Bildungspolitik und die Schulentwicklung sollten sich am „Output" orientieren, d. h. an den Leistungen der Schule, vor allem an den Lernergebnissen der Schülerinnen und Schüler. Der „Output" von Bildungssystemen umfasst neben der Vergabe von Zertifikaten im Wesentlichen den Aufbau von Kompetenzen, Qualifikationen, Wissensstrukturen, Einstellungen, Überzeugungen, Werthaltungen – also von Persönlichkeitsmerkmalen bei den Schülerinnen und Schülern, mit denen die Basis für ein lebenslanges Lernen zur persönlichen Weiterentwicklung und gesellschaftlichen Beteiligung gelegt ist. Die Schulen und Bildungsadministrationen sollen – ungeachtet der Rolle, die die Schüler selbst und die Eltern spielen – Verantwortung dafür übernehmen, dass diese Ergebnisse tatsächlich erreicht werden".

Kompetenzen sind nach WEINERT (2001) „die bei Individuen verfügbaren oder von ihnen erlernbaren kognitiven Fähigkeiten und Fertigkeiten, bestimmte Probleme zu lösen, sowie die damit verbundenen motivationalen, volitionalen und sozialen Bereitschaften und Fähigkeiten, die Problemlösungen in variablen Situationen erfolgreich und verantwortungsvoll nutzen zu können".

Diese individuelle Kompetenz wird nach WEINERT von den Facetten Wissen, Fähigkeit, Verstehen, Können, Handeln, Erfahrung und Motivation bestimmt.

Bildungsstandards sollen zukünftig festlegen, welche Kompetenzen Kinder oder Jugendliche bis zu einer bestimmten Jahrgangsstufe mindestens erworben haben sollen. Für die Naturwissenschaften Biologie, Chemie und Physik wurden im Rahmen der Kultusministerkonferenz (KMK) bereits Bildungsstandards für den mittleren Schulabschluss[1] erarbeitet. Einheitlich wurden die Kompetenzbereiche Fachwissen, Erkenntnisgewinnung, Kommunikation und Bewertung definiert, denen Bildungsstandards zugeordnet wurden.

Während andere Länder das (naturwissenschaftliche) Schulfach Earth Sciences zur Sicherung des geowissenschaftlichen Kenntnisstandes in der Bevölkerung eingerichtet haben, ist in Deutschland der Geographieunterricht das Zentrierungsfach für die Geowissenschaften. Nun muss sich zeigen, welchen Beitrag der geographische Unterricht in Deutschland zukünftig auch zum Erwerb naturwissenschaftlicher Kompetenzen leisten kann. Unterstützung kommt durch das vom Bundesministerium für Forschung und Technik geförderte Projekt „Forschungsdialog: System Erde", durch das ein – speziell auf die deutschen Verhältnisse abgestimmtes – Konzept mit entsprechenden Materialien für einen fachübergreifenden bzw. fächerverbindenden geographisch-naturwissenschaftlichen Schulunterricht entwickelt wurde (s. HLAWATSCH et al. 2006, BAYRHUBER/HLAWATSCH 2005, BAYRHUBER 2005).

2 Die Situation des physisch-geographischen Unterrichts an der Wende zum 21. Jahrhundert

Geowissenschaften, angesiedelt zwischen Geographie und den Naturwissenschaften, können prinzipiell nicht nur im Geographieunterricht, sondern auch im Unterricht der naturwissenschaftlichen Fächern vertreten sein (s. Abb. 1).

---

[1] http://www.kmk.org/schul/Bildungsstandards/bildungsstandards-neu.htm

```
                Geographieunterricht              Naturwissenschaftlicher Unterricht
                        |                                      |
                Geographie-Didaktik              Didaktik der Naturwissenschaften
          \           /       \                    /
  Wirtschafts-   Geographie    Geowissenschaften      Naturwissenschaften
  und Sozialwissen-
  schaften
```

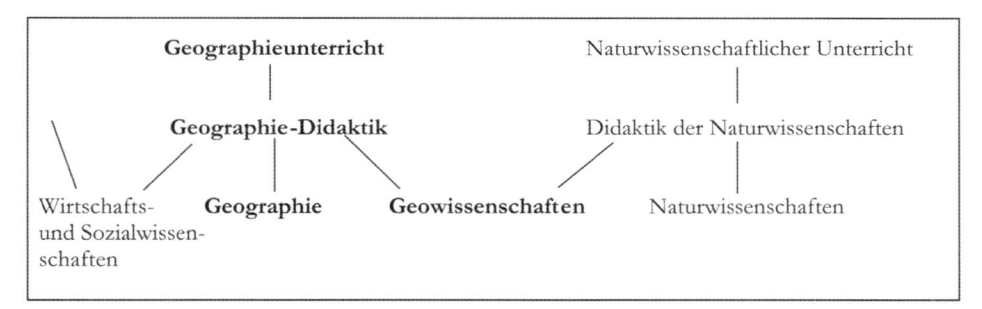

Abb. 1: Geowissenschaften und Geographieunterricht im Kontext benachbarter Disziplinen

Geographieunterricht in Deutschland zur Jahrhundertwende lässt sich so kennzeichnen:

1. Physische Geographie als Extrakt der Geowissenschaften. Geowissenschaftliche Themen waren – als Physische Geographie bezeichnet – seit der Gründung des Faches im Deutschen Reich um 1870 bis zur Mitte des 20. Jahrhunderts unbestrittener Bestandteil des Geographieunterrichts. Die universitäre Physische Geographie sollte der zukünftigen Geographielehrkraft eine Summe fast aller Geowissenschaften vermitteln (Geologie mit Geomorphologie, Klimatologie, Hydrologie, Geobotanik).

In den 1970er Jahren schrieb HARD (BARTELS/HARD 1975, 325): „Was die Funktion der physischen Geographie in der Schule betrifft, so war und ist sie praktisch die für die Schule vermittelte und konzentrierte Summe der Geowissenschaften – das auf die Schule orientierte naturwissenschaftliche Wissen von der Erde". Weiter sagt er bezüglich der Qualität der Universitätsdisziplin zu der Zeit: „Die physische Geographie verwaltet heute einige auf mehr oberflächlich-deskriptivem (um nicht zu sagen, populärwissenschaftlichem) Level abhandelbare Wissensbestände verschiedener Erdwissenschaften [...]. Sie hat auf große Strecken keinen Kontakt mehr mit den Forschungsfronten und der Theoriebildung der entsprechenden Geodisziplinen" (HARD 1973, 148 f.).

Diese Defizite wirkten sich auf die Qualität der Physischen Geographie an der Schule aus, nicht nur in Deutschland. Für Großbritannien konstatiert STEVENS (1972, 192): „it [physical geography] consists of little more than the aquisition of interesting ‚facts' and simplified explanations about natural phenomena". Er schreibt weiter, dass naturwissenschaftliche Ausbildungsanteile in der Lehramtsausbildung notwendige Voraussetzung für ein Verständnis physisch-geographischer Inhalte sind (STEVENS 1972, 197): „It will be increasingly difficult for the teacher without a basis in natural science to teach this aspects of geography".

2. Geographie in der sozialwissenschaftlichen Fächergruppe. Nach dem bildungspolitischen Umbruch in den 1970er Jahren wurde die Physische Geographie in der Schule stark zurückgedrängt, indem das Fach Geographie meist sozialwissenschaftlich orientierten Zentrierungsfächern bzw. Fächergruppen (z. B. Gesellschaftslehre) zugeschlagen wurde. Gleichzeitig verlor die naturwissenschaftliche Grundausbildung der Geographielehrkräfte zunehmend an Bedeutung (BARTELS/HARD 1975, 325; HOFFMANN 1978; SCHULTZE 1979; beide zitiert in HARD 1983).

3. Ökosystemforschung. Zu Beginn der 1980er Jahre gewann Physische Geographie als Universitätsdisziplin eine neue Bedeutung aufgrund der aufkeimenden „Umweltschutzbewegung" (insbesondere Luft- und Wasserverschmutzung, Müll, Bodenerosion). In diesem Zusammenhang wurde das so genannte systemische Denken, das Anfang der 1980er Jahre insbesondere von Frederic VESTER (1980) populär gemacht wurde, im Rahmen der Ökosystemforschung bedeutsam. Eigenständige ökosystemare grundständige geographische Forschung mit breiter empirischer Basis und umfassender Modellierung im Verbund eines Forscherteams unter Einschluss „benachbarter" Geowissenschaften blieb allerdings selten. Ein gutes Beispiel ist die „Ökosystemforschung im Bereich der Bornhöveder Seenkette" (FRÄNZLE 1998a/1998b).

Ökosystemare Betrachtungsweisen erwiesen sich auch für den Schulunterricht als überaus geeignet. KÖCK (1985) stellte das systemische Denken als geographiedidaktische Qualifikation und unterrichtliches Prinzip heraus. Ein gutes Beispiel für diese neu ausgerichtete Physische Geographie im Unterricht war das Thema „Saurer Regen und Waldschäden" (HASSENPFLUG 1983/1986). Es umfasste komplexe meteorologische, bodenkundliche und biologische Zusammenhänge, war mit Exkursionen auf den Nahraum beziehbar, ermöglichte projektorientierte Lernformen und schloss zudem den Menschen als Verursacher und Betroffenen ein.

4. Unterrepräsentanz der globalen Dimension. Die Betrachtungsdimensionen im Unterricht blieben auf der lokalen und regionalen Ebene, da nur so Schülernähe, Anschauung, lebenswirklicher Kontext und Projektorientierung möglich waren. Naturkatastrophen der verschiedensten Arten waren für entferntere Räume aber als Impuls und Beispiel willkommen. Die globale Ebene war im Blick, wenn es etwa um die Klimazonen und Landschaftsgürtel ging, und natürlich beim umfassenden Konzept der Plattentektonik, einem durch rein geowissenschaftliche Forschung vorangebrachten Paradigma, das als wichtiges „naturwissenschaftliches Basiswissen von der Erde" in den Kanon des Vermittlungswerten aufgenommen wurde und hier die vorherigen, sehr abstrakten Modelle der Gebirgsbildung ersetzte.

5. Terrestrische Ausrichtung. Die Physische Geographie blieb aber ausgesprochen terrestrisch orientiert. Geowissenschaftliche Forschung in den Zweidritteln des Erdballes, die vom Wasser bedeckt sind, war von Geographen allein gar nicht zu leisten. Und auch in der Schule spielte das Meer allenfalls als wirtschaftsgeographisches Phänomen mit Handelsverkehr und Fischfang eine Rolle. Selbst im Bundesland zwischen den Meeren, Schleswig-Holstein, wurde das Weltmeer erst bei der Lehrplanrevision von 1993 als Unterrichtsthema eingeführt.

6. Lehrerbildung nur innerhalb Geographischer Institute. Die Geowissenschaften werden als „Physische Geographie" ganz überwiegend durch Geographen vermittelt. Dies ist nur eingeschränkt möglich, da die Universitätsgeographie schon seit den 1970er Jahren (HARD 1973) den Kontakt zu den geowissenschaftlichen Forschungsfronten und der Theoriebildungen verloren hat. Zudem weisen die wenigsten Geographen heute eine fundierte naturwissenschaftliche Grundbildung auf.

Das Verhältnis von Geowissenschaften und Geographieunterricht ist Gegenstand einer Vielzahl fachspezifischer und fachübergreifender Beschlüsse und Empfehlungen (vgl. Tab. 1).

3 Potenziale der modernen Geowissenschaften für den Geographieunterricht

Ein Beispiel aus der Presse soll die Bedeutung, die geowissenschaftliches Wissen für den einzelnen Menschen haben kann, verdeutlichen:

„Weihnachten 2004: ein Mädchen und seine Mutter stehen an einem Strand des östlichen Indischen Ozeans. Plötzlich sinkt der Wasserspiegel und das Meer weicht

Tab. 1: Beschlüsse und Empfehlungen (Auswahl)

Name und Verfasser	Kurzbeschreibung der Inhalte
Leipziger Erklärung 1996 GeoUnion/Alfred Wegener Stiftung – Dachverband der Geowissenschaftlichen Vereinigungen einschließlich der Geographie und Geographiedidaktik	Einvernehmlich wurde darin *„das Defizit der geowissenschaftlichen und geographischen Bildung in unserer Gesellschaft"* beklagt und *„die unzureichenden Entfaltungsmöglichkeiten der Geowissenschaften im Geographieunterricht der Schule sowie in der Ausbildung der Geographielehrerinnen und -lehrer an der Hochschule"*.
Grundlehrplan Geographie 1999 Verband Deutscher Schulgeographen e.V.	Fortschreibung des Basislehrplans von 1980. Schlägt ein Lehrplankonzept vor, das Bezugsrahmen für die Länderlehrpläne sein kann. Auswahl der Inhalte: • Schulgeographie soll eine Brückenfunktion zwischen Natur- und Geisteswissenschaften erfüllen und Verständnis wecken für physisch-geographische Strukturen und Prozesse sowie für das Zusammenwirken von Natur- und Humanfaktoren. • Schülerinnen und Schüler sollen von weltweiten geographischen Kenntnissen ausgehend Mitverantwortung erkennen und übernehmen lernen („Nachhaltigkeit", „Be-wahrung der Erde", „lernen, in globalen Zusammenhängen zu denken"). Inhalte physisch-geographischen Unterrichts: „Physiognomie und Genese natürlicher Landschaften und Landschaftszonen, Dynamik der Erde, die Plattentektonik und daraus erwachsende Naturgefahren, Stoffkreisläufe auf der Erde und ihre Bedeutung für den Menschen, Lagerstätten und Ressourcen, Planetarische Zirkulation der Atmosphäre und das Klima, Strömungsdynamik der Weltmeere und ihre Einflüsse auf die Festländer, Wasserhaushalt der Erde und ihrer Regionen, Böden als Grundlage für die Ernährung der wachsenden Weltbevölkerung, Aktuelle Wechselwirkungen zwischen Geosphäre und Biosphäre, Geoökologische Auswirkungen auf regionale Lebensbedingungen".
Curriculum+ 2003 Arbeitsgruppe Curriculum 2000+ der Deutschen Gesellschaft für Geographie (Bezug über vgdh@guib.uni-bonn.de)	Grundsätze und Empfehlungen für die Lehrplanarbeit im Schulfach Geographie. Dieses Papier soll den Bildungsbeitrag eines modernen Geographieunterrichts bestimmen und gibt mit Such- und Prüfinstrumenten konzentrierte Orientierungen für Lehrplanentscheidungen. Es wird ausdrücklich festgestellt, dass für den Geographieunterricht nicht nur die Wissenschaftsdisziplin Geographie Grundlage ist, sondern auch Erkenntnisse anderer Geo- und Raumwissenschaften. Unter den 12 genannten Lernfeldern des Geographieunterrichts wird als zweites ausdrücklich „System Erde: naturbezogene Strukturen und Prozesse" genannt.
Geowissenschaften und Globalisierung 2003 Verband Deutscher Schulgeographen	Memorandum zur geographischen Erziehung in Deutschland. Es wird noch einmal betont, dass die Inhalte des Geographieunterrichts lebens- und zukunftsbedeutsam sind. Zur Physischen Geographie heißt es (S. 9): *„Raumbezogene Verhaltenskompetenz ist nicht denkbar ohne Einblick in naturgeographische Erscheinungen und Zusammenhänge. Diese werden im Geographieunterricht durch Inhalte der Physischen Geographie und der anderen Geowissenschaften vermittelt. Die Schüler erfahren dabei fach- und sachgerecht die naturgeographischen Prozesse, deren Zusammenwirken die Grundlagen menschlicher Existenz ausmacht. Darüber hinaus ist die Kenntnis naturgeographischer Gegebenheiten Voraussetzung für das Verständnis ökologischer Prozesse. Als solche stellt die physische Geographie auch eine maßgebliche Basis für sachgerechtes politisches Handeln dar"*. Aufforderung an die Verantwortlichen, den Geowissenschaften eine angemessene Stellung im deutschen Bildungssystem zu sichern und die Geographie in der Schule zu stärken.
UNESCO	Die UNESCO hat die Dekade der Bildung für nachhaltige Entwicklung (2005–2015) beschlossen.

zurück. Die natürliche Reaktion ist Verwunderung, Unschlüssigkeit und Nachschauen. Das Mädchen bringt das unerwartete Phänomen in den Zusammenhang mit einem früheren Unterricht über die Erscheinungsformen eines Tsunami und rät dazu zu fliehen und höhere, sicherere Orte aufzusuchen; so rettet es sich, seine Mutter und wohl manchen in seiner Umgebung vor dem wahrscheinlichen Tod durch die wenige Minuten später anbrandende Tsunamiwelle."

Das Mädchen bewies etwas, das wir als geowissenschaftliche Kompetenz bezeichnen können.

Eine wichtige Grundlage für die Motivation zu geowissenschaftlichen Wissenserwerb ist sicherlich die Einsicht in die Endlichkeit der Erde, wie sie erstmals durch die Bilder der Appollo-Missionen der 1960er/70er-Jahre in das öffentliche Bewusstsein trat: So sagte Willy BRANDT 1973 in einer Rede vor den Vereinten Nationen (UN) unter dem Eindruck dieser Fotos: „Mehr und mehr wird man sich der Begrenzungen unseres Weltkreises bewusst. Wir dürfen seine Vorräte [...] nicht hemmungslos erschöpfen; wir dürfen seine biologischen Zyklen nicht weiter vergiften lassen" (zitiert nach Die ZEIT 32, 04.08.2005, 76). An diese Gedankengänge schließt dann ab 1982 die Brundtland-Kommission mit dem Ansatz des „Sustainable Development" an, der auf der United Nations Conference on Environment and Development (UNCED) in der Agenda 21, dem Aktionsprogramm für das 21. Jahrhundert, mündete. Das Kapitel 35 „Wissenschaft im Dienst einer Nachhaltigen Entwicklung" erläutert die herausragende Bedeutung der geowissenschaftlichen Forschung für die Erarbeitung langfristiger Entwicklungsstrategien.

Die Geowissenschaften haben als spezialisierte Einzeldisziplinen in den letzten Jahrzehnten erhebliche Fortschritte bei der Erforschung der Funktionsweise des Planeten Erde gemacht (MEISSNER 1996). Sie sehen die Erde heute als dynamisches System mit den übergeordneten Teilsystemen Lithosphäre, Atmosphäre, Hydrosphäre und Biosphäre, das durch Energie aus dem Erdinnern (endogene Energie) und durch die Sonneneinstrahlung (exogene Energie) angetrieben wird. Man erkannte, dass sehr viele Einzelphänomene wie Vulkanausbrüche, Erdbeben und die Entstehung von Gebirgen und Ozeanen aneinander gekoppelt sind und durch endogene Energie angetrieben werden: Die Plattentektonik-Theorie ermöglichte eine stichhaltige Erklärung dieser Prozesse. Zudem zeigte sich, dass biogeochemische Vorgänge an der Erdoberfläche, die letztlich durch die Sonnenenergie (exogene Energie) angetrieben werden, weltumspannend Atmosphäre, Hydrosphäre und Biosphäre miteinander verbinden. Diese Erkenntnisse stammen insbesondere aus der Untersuchung von Gesteinen, die die Archive der Erdgeschichte darstellen. Fortlaufend tragen die Geowissenschaften neue Kenntnisse zum besseren Verständnis der komplexen Wechselbeziehungen im System Erde zusammen.

Damit weisen die Geowissenschaften heute Merkmale auf, die auch seitens der Geographiedidaktik an einen modernen Geographieunterricht gestellt werden (s. Tab. 2).

Im Rahmen des Projektes „Forschungsdialog: System Erde" wurde ein modernes Unterrichtskonzept auf Basis des aktuellen geowissenschaftlichen Kenntnisstandes ausgearbeitet. So sieht es einen fachübergreifenden und/oder fächerverbindenden Unterricht vor, der die Schülerinnen und Schüler dabei unterstützt, ihr in einzelfachlicher Perspektive erworbenes Wissen selbstständig und kumulativ zu vernetzen. Den Geographielehrkräften kommt dabei eine tragende und vor allem auch koordinierende Rolle zu. An zunehmend komplexer werdenden geowissenschaftlichen Beispielen (Wasserkreislauf, Gesteinskreislauf, Kohlenstoffkreislauf, Klimasystem) lernen die Schülerinnen und Schüler insbesondere im Geographieunterricht Systeme zu analysieren und darzustellen. Im Naturwissenschaftsunterricht wird notwendiges Grundlagenwissen erworben, dass für ein umfassendes Verständnis der geowissenschaftlichen Themen unerlässlich ist (s. HLAWATSCH et al. 2006).

Tab. 2: Geowissenschaftliche Merkmale, die den Anforderungen entsprechen, die seitens der Geographiedidaktik an einen modernen Geographieunterricht gestellt werden.

Geowissenschaftliche Merkmale	Anforderungen an Geographieunterricht
Globalisierung Geowissenschaften haben die Erde als Ganzes im Blick. So können z. B. Ozeanentstehung und Gebirgsbildung und die daran gekoppelten Phänomene Vulkanismus und Erdbeben nur mittels der Plattentektonik-Theorie verstanden werden. Einzelphänomene des Klimawandels sind Ursachen von Elementen weltumspannender biogeochemischer Stoffkreisläufe. Sowohl die Plattentektonik als auch biogeochemische Stoffkreisläufe werden von den Geowissenschaften interdisziplinär in internationalen Teams als Teil des Systems Erde erforscht. Für eine Vielzahl oberflächlich fassbarer Parameter sind dank zahlreicher Fernerkundungssysteme flächendeckend globale Datensätze vorhanden. Kenntnisse über Veränderungen des dynamischen Systems Erde in der Vergangenheit werden von Geologen erforscht und genutzt um die Entwicklung des Planeten Erde in der Zukunft abzuschätzen. Hierfür fließen alle gesammelten Daten in computergestützte Modelle.	Die globale Perspektive der Geowissenschaften kann ein Ansporn sein, Ansätze globaler Betrachtung, die es etwa bei der Betrachtung der Klimate der Erde gibt, auszubauen. Zur Zeit ist Geographieunterricht überwiegend nur auf das eine Drittel der Erdoberfläche ausgerichtet, das von festem Land gebildet wird. Selbst im Bundesland Schleswig-Holstein, das sich gerne als „Land zwischen den Meeren" versteht, war bis zur letzten Lehrplanrevision 1993 das Weltmeer kein geographisches Unterrichtsthema. Durch die im Geographieunterricht bereits übliche soziokulturell und ökonomisch ausgerichtete Betrachtungsweise von der einen, zusammenwachsenden Welt bieten sich in keinem anderen Fach so gute Chancen für eine ganzheitliche Betrachtung des Systems Erde einschließlich der naturwissenschaftlichen, ökonomischen, politischen und sozialwissenschaftlichen Aspekte. Geographieunterricht kann und sollte die Schülerinnen und Schüler dabei unterstützen. Dies entspricht den Anforderung, die sowohl an die Universitätsdisziplin als auch an das Schulfach bei der Gründung gestellt wurden.
systemischer Ansatz Zunehmend verstehen und erforschen die Geowissenschaften die Erde als ein System. Computergestützte Modelle, die für einzelne Regionen oder für einzelne Sphären entwickelt worden sind, werden „gekoppelt" und immer mehr verfeinert, so etwa ein Klimamodell mit einem Ozeanmodell. In der innergeographischen Forschung finden sich solche Ansätze am ehesten im geoökologischen Bereich, sind dort aber in einem den Geowissenschaften vergleichbaren Anspruchsniveau nicht gerade häufig. Das Ökosystemforschungsprojekt Bornhöveder Seenkette ist dafür ein gutes Beispiel (FRÄNZLE 1998 a und b).	Es ist eine Bereicherung des Geographieunterrichts, wenn der systemare Ansatz nicht nur auf der Maßstabsebene lokaler Geoökosysteme behandelt wird, sondern auch auf der globalen des Systems Erde. Dies wird noch gestützt dadurch, dass dazu ein umfangreiches und aktuelles, geowissenschaftlich gechecktes Unterrichtsmaterial aus dem Projekt „Forschungsdialog: System Erde" neu vorhanden ist. Allerdings kann es aufgrund der unterrichtlichen Erfahrungen der vergangenen Jahrzehnte auch keinen Zweifel daran geben, dass systemisches Denken ein Lernziel ist, das um so schwerer zu erreichen ist, je anspruchsvoller es definiert wird. Dies gilt insbesondere dann, wenn in die ohnehin schon komplexen natürlichen Systeme noch die Anthroposphäre mit dem Menschen als Verursacher und Betroffenen hinzugenommen wird, wie es dem Verständnis des Geographieunterrichts als Integrations- und Brückenfach entspricht.
Aktualität Basis aller Modellierungen von Teilsystemen des Systems Erde sind umfangreiche Sätze von Messdaten. Und diese werden inzwischen dank moderner Technik nicht nur weltweit in großem Umfang erhoben, sondern können durch moderner Informations- und Kommunikationstechnologien auch vielfach schon nahezu in Echtzeit weltweit verfügbar gemacht. Im Internet abrufbare Erdbebendaten sind dafür nur ein Beispiel, Wetterdaten ein anderes.	Aktualität hat motivierende Bedeutung im Unterricht. Ihren Wert gewinnt sie aber durch die heutigen Verbindungsmöglichkeiten mit weiteren verfügbaren Daten. So kann ein aktueller Vulkanausbruch oder ein Erdbeben einen guten Einstieg in die Betrachtung entsprechender globalen Zusammenhänge von Vulkanismus, Erdbeben und den plattentektonischen Zusammenhängen sein.
Anschaulichkeit Vielfach stehen heute sehr anschauliche aktuelle digitale geowissenschaftliche Daten zur Verfügung Hierzu gehören Satellitendaten zu Niederschlag (TRIMM), Wassertemperaturen (SST) oder Vegetationsdaten (NDVI). Auch einzelne Phänomene wie die Rauchfahnen von Vulkanausbrüchen oder selbst die auf die Küste brandenden Tsunami-Wellen, Hochwassersituationen an Flüssen u.a. sind vielfach in Satellitenbildern abgebildet worden. Oftmals gibt es auch animierte Zeitsequenzen mit Tages- und Jahresgängen (Dynamik von Prozessen). Darüber hinaus erstellen viele Geowissenschaftler Animationen aus den Ergebnissen ihrer computergestützten Modelle, die sie auf den Internetseiten bereitstellen (z. B. der für die Zukunft zu erwartenden globalen Temperaturen oder zur Ausbreitung eines Tsunamis).	Geographiedidaktik hat eine lange Erfahrung damit, ihre Objekte auf vielfältigste Weise von der Erkundung vor Ort (englisch fieldwork) über bildhafte und filmische Information bis hin zu Modellen dem Schüler anschaulich vor Augen und Ohren zu führen, um seine Lernprozesse zu fördern. Mit den neuen, von den Geowissenschaften gelieferten visuell aufbereiteten Informationen können nunmehr auch globale Phänomene sehr viel besser als früher anschaulich und damit verstehbar gemacht werden (HASSENPFLUG 1999). Auch die Dynamik von Prozessen von der Zeitskala von Tagen bis zu der von Jahren und – in der Simulation – von Jahrhunderten bis Jahrmillionen (z. B. Bewegungen von Gletschern, Wanderung der Kontinente) kann vielfach visualisiert werden. Beispiele finden sich auf der CD-ROM „System Erde" des Projektes „Forschungsdialog: System Erde".

4 Fachpolitische Überlegungen

Für eine langfristige Verankerung der Geowissenschaften in der Schule sind didaktische und bildungspolitische Anstrengungen erforderlich. Hierfür müssen vielfältige Akteure in die Planung und Umsetzung einbezogen werden. Seitens der Schulgeographie sind folgende Aktivitäten bzw. Klärungen notwendig:

- Geographische Bildungsstandards für den mittleren Bildungsabschluss, die auch dem naturwissenschaftlichen Charakter des Faches Rechnung tragen, müssen formuliert und verabschiedet werden.
- Gemeinsam mit den Naturwissenschaften müssen interdisziplinäre Bildungsstandards (z. B. zur Erlangung von Systemkompetenz [s. HLAWATSCH/LÜCKEN 2005, LÜCKEN et al. 2005]) formuliert und explizite Anknüpfungspunkte für den fachübergreifenden und fächerverbindenden Unterricht aufgezeigt werden.
- Die Geographielehramtsausbildung muss geowissenschaftliche Anteile enthalten, die dem aktuellen naturwissenschaftsdidaktischen Standard entsprechen.
- Geographie- und Naturwissenschaftslehramtstudenten sollten sich bereits gemeinsam in geowissenschaftliche Fragestellungen einarbeiten und Szenarien für einen fächerverbindenden Schulunterricht entwickeln (s. HANSEN/HLAWATSCH; in Vorber.).
- Der Überschneidungsbereich zwischen Integrationsfächern wie „Naturwissenschaften" bzw. „Naturwissenschaften und Technik" und Geographie muss abgeklärt werden.
- Die einfache Zuordnung von Geographiedidaktik zur Fachwissenschaft Geographie greift zu kurz (s. Abb. 1). Geographiedidaktik ist nicht einfach eine Abteilung der Geographie, so wie es die Organisationsstruktur vieler Geographischer Institute heute zeigt. Eine Geographiedidaktik, die ihre Funktion für den Geographieunterricht ernst nimmt, muss immer auch die anderen Wissenschaften im Blick haben, in unserem Zusammenhang also etwa die Geologie oder Meereskunde usw. Dies ist schon deshalb notwendig, weil viele der unterrichtsrelevanten geowissenschaftlichen Themen heutzutage gar nicht mehr innerhalb der Geographie erforscht werden (vgl. KÖCK 1992).

Diese Herausforderungen richten sich sowohl an die Fachwissenschaften als auch an die Fachdidaktiken, aber auch an die Bildungspolitik und -verwaltung. Sie sind aufgrund ihrer Interdisziplinarität nicht disziplinär zu lösen. Ein Erfolg versprechender Ansatz für eine interdisziplinäre Zusammenarbeit ist die Gründung der Fachsektion Geodidaktik und Öffentlichkeitsarbeit der GeoUnion/Alfred-Wegener-Stiftung im Jahr 2004 gewesen.

Literatur

BRANDT, W. (2005): Rede vor den Vereinten Nationen. Die Zeit (32), 04.08.2005, 76.

BARTELS, D./HARD, G. (1975): Lotsenbuch für das Studium der Geographie als Lehrfach. Bonn, Kiel.

BAYRHUBER, H. (Hrsg.) (2005): Unsere Erde für Kinder, die die Welt verstehen wollen. Sachbuch mit CD-ROM „System Erde – Lernspiele für Grundschulkinder". Seelze/Velber.

BAYRHUBER, H./HLAWATSCH, S. (Hrsg.) (2005): System Erde – Unterrichtsmaterialien für die Sekundarstufe II. CD-ROM. Leibniz-Institut für die Pädagogik der Naturwissenschaften.

BUHLMAHN, E./WOLFF, K./KIEME, E. (2003): Zur Entwicklung nationaler Bildungsstandards – Eine Expertise. Koordination: Deutsches Institut für Internationale Pädagogische Forschung, Frankfurt a. M. Gefördert durch das Bundesministerium für Bildung und Forschung (BMBF).

FRÄNZLE, O. (1998a): Grundlagen und Entwicklung der Ökosystemforschung. In: Fränzle, O./Müller, F./Schröder, W. (Hrsg.): Handbuch der Umweltwissenschaften. Landsberg am Lech.

FRÄNZLE, O. (1998b): Ökosystemforschung im Bereich der Bornhöveder Seenkette. In: Fränzle, O./Müller, F./Schröder, W. (Hrsg.): Handbuch der Umweltwissenschaften. Landsberg am Lech.

HANSEN, K.-H./HLAWATSCH, S. (2005): Teacher In-service and the Enactment of Innovative Curriculum Material for Earth System Education. An Exploratory Study. In Vorber.

HARD, G. (1973): Die Geographie – eine wissenschaftstheoretische Einführung. Berlin.

HARD, G. (1983): Enzyklopädie Erziehungswissenschaft, 92. Stuttgart, 553-559.

HASSENPFLUG, W. (1983a): Saurer Regen auf Schleswig-Holstein. In: Die Heimat, 90(2), 42-53.

HASSENPFLUG, W. (1986): Daten zum sauren Regen in Schleswig-Holstein. In: Schr. Naturwiss. Ver. Schleswig-Holstein, 56, 1-16.

HASSENPFLUG, W. (1999): Geographieunterricht mit Neuen Technologien – die schulische Entsprechung zur Informationsgesellschaft. In: Köck, H. (Hrsg. 1999): Geographieunterricht und Gesellschaft. Nürnberg, 182-193 (= Geographiedidaktische Forschungen, 32).

HLAWATSCH, S./ LÜCKEN, M. (2005). Systemkompetenz als interdisziplinärer Bildungsstandard? Ergebnisse einer Fallstudie zur Förderung von Systemkompetenz durch einen Fächer verbindenden geographisch-naturwissenschaftlichen Unterricht in der gymnasialen Oberstufe. In: Bayrhuber et al. (Hrsg.) (2005): Bildungsstandards Biologie. Tagungsband der Internationale Tagung der Sektion Biologiedidaktik im VDBiol, 27.02.– 04.03.2005 in Bielefeld, 186.

HLAWATSCH, S./HANSEN, K.H./LÜCKEN, M./BAYRHUBER, H. (2006): Geowissenschaftlicher Unterricht in der Schule – Erfahrungen aus dem Projekt Forschungsdialog: System Erde. Geologie macht Schule. Sonderveröffentlichung des Geologischen Dienstes Nordrhein-Westfalen.

KÖCK, H. (1985): Systemdenken – geographiedidaktische Qualifikation und unterrichtliches Prinzip. In: Geographie und Schule, 18(33), 15-19.

KÖCK, H. (1992): Der Geographieunterricht – ein Schlüsselfach. In: Geogr. Rundschau, (44)3, 183-185.

LÜCKEN, M./HLAWATSCH, S./RAACK, N. (2005). Kompetenzentwicklung im fachübergreifenden Unterricht im Kontext der Geowissenschaften: die Entwicklung einer Methode zur Erhebung von Systemkompetenz. In: Bayrhuber et al. (Hrsg.) (2005): Bildungsstandards Biologie. Tagungsband der Internationale Tagung der Sektion Biologiedidaktik im VDBiol, 27.02.–04.03.2005 in Bielefeld, 17-20.

MEISSNER, Rolf (1996): Geowissenschaften – Gesellschaft – Schule. Geographie und Schule, 100, 3-6.

OECD (2001): Schülerleistungen im internationalen Vergleich – Eine neue Rahmenkonzeption für die Erfassung von Wissen und Fähigkeiten. Hrsg. der deutschen Fassung: Deutsches PISA-Konsortium. Max-Planck-Institut für Bildungsforschung, Berlin.

STEVENS, G. (1972): Physical geography. In: Graves, N. (Ed.): New Movements in the Study and Teaching of Geography. London, 191-198.

VESTER, F. (1980): Neuland des Denkens. Stuttgart.

WEINERT (2001): Leistungsmessungen in Schulen. Weinheim.

Das Kulturraumkonstrukt im Zeichen von Globalisierung und Interkulturalität und seine Bedeutung für einen zeitgemäßen Geographieunterricht

Jörg Scheffer (Passau)

1 Einleitung

Kultur erfährt in der Geographie seit einigen Jahren wieder besondere Aufmerksamkeit. Aus der Verbindung der beiden weiten Begriffe „Raum" und „Kultur" gehen im Fach eine Vielzahl unterschiedlichster Konzepte hervor, die Kultur als Kategorie zur Strukturierung des Raumes ebenso begreifen wie als Mittel zur Analyse und Erklärung räumlicher Zusammenhänge. Auch die Annahmen, die diesen Konzepten zugrunde liegen, gehen teilweise weit auseinander. Als ein Hauptgegensatz zwischen Vertretern der Fachwissenschaft und der Geographie-Didaktik wurde die Möglichkeit einer (großräumigen) Regionalisierbarkeit von Kultur immer wieder kontrovers diskutiert. Während die Fachwissenschaft im Rahmen einer „Neuen Kulturgeographie" sich von einer Verortung immaterieller Kultur distanziert und Kultur dynamisch und abstrakt begreift, wird von vielen Didaktikern weiterhin der Nutzen einer dauerhaften Verortung, Eingrenzung und Abbildung von Kulturen betont. Mit dem Fortschreiten der Globalisierung könnte sich diese Kluft zwischen den Befürwortern und Kritikern von Kulturregionalisierungen weiter vertiefen. Stärkt die zunehmende Komplexität globaler Bedingungen den Bedarf an klaren Orientierungsangeboten, fordern die Kritiker gerade im Globalisierungskontext dazu auf, traditionelle Vorstellungen einer Regionalisierbarkeit von Kultur verstärkt zu hinterfragen.

In diesem Beitrag soll auf der Grundlage eines allgemeinen Kulturbegriffs gefragt werden, welche Optionen „Kulturräume" für den Schulunterricht grundsätzlich stellen, und wie sich diese aus einem traditionellen (Kulturerdteile) und einem modernen (Neue Kulturgeographie) Verständnis heraus konzeptionalisieren lassen.

Angesichts der Ausschließlichkeit beider Positionen bietet der Beitrag einen alternativen, vermittelnden Ansatz einer Kulturregionalisierung an. Dabei soll nicht nur den Implikationen der Globalisierung Rechnung getragen werden, sondern weitmöglichst auch dem großen Erklärungspotenzial von Kultur sowie dem Orientierungsbedarf des Schülers in einer globalisierten Welt.

2 Allgemeine Merkmale von Kultur und Kulturräumen und ihr potenzieller Nutzen im Geographieunterricht

Die gegenwärtige Vielfalt unterschiedlichster, teils konkurrierender Kulturbegriffe gestaltet eine einleitende Festlegung auf eine Begriffsvariante in der Geographie umfassend, zumal damit bereits weitere Aspekte der Konstitutionspraxis von Kultur, ihrer „Essenz" oder des empirischen Zugangs verbunden sind und zusätzlicher Ausführungen bedürfen.

In unserem Fall stellt sich diese Aufgabe unkomplizierter. Es geht vorab darum, Kultur in ganz allgemeiner Form zu beschreiben und als Ausgangspunkt den weiteren Erörterungen voranzustellen. Auf dieser Ebene soll zunächst nach den grundsätzlichen Funktionen gefragt werden, die Kultur und Kulturräume im Geographieunterricht übernehmen können. Unter welchen konzeptionellen Voraussetzungen dies schließlich getan wird, ist auf einer zweiten Ebene erst im Anschluss zu prüfen.

Weit gefasst beinhaltet Kultur „die erlernten, sozial angeeigneten Traditionen und Lebensformen einer Gesellschaft einschließlich ihrer strukturierten, gleich bleibenden Weisen des Denkens, Empfindens und Handelns" (HARRIS 1989, 20). Harris klassische Kulturbestimmung, hier stellvertretend für andere als definitorischer Minimalkonsens gewählt, beinhaltet drei zentrale Aspekte, die Kultur für räumliche Bezüge und speziell für didaktische Aneignungen im Geographieunterricht interessant machen. *Erstens* wird darauf verwiesen, dass Kultur eine Gesellschaft (oder Gemeinschaft) voraussetzt, die bestimmte Eigenschaften eint. Neben individuellen, einmaligen Merkmalen verfügt also der Kulturträger Mensch über ein Set an Gemeinsamkeiten in den von HARRIS genannten Kategorien. Mit HANSEN (2000) soll im Folgenden verkürzt von Standardisierungen (des Denkens, Fühlens und Handelns) gesprochen werden, die gemeinschaftlich geteilt werden.

Kollektivität wird *zweitens* durch das Merkmal einer relativen Stabilität von Kultur ergänzt. Obwohl Standardisierungen keineswegs dauerhaft „gleich bleiben" oder vollkommen statisch sind (wie HARRIS' Definition wohl auch verstanden werden könnte), kennzeichnet sie zumindest eine gewisse Konstanz. Erscheinen manche kollektiv geteilte Eigenschaften wie Essgewohnheiten, traditionelle Bräuche oder Kleidungsweisen noch relativ leicht austauschbar, gilt dies für kultureigene Denkweisen, bestimmte Gefühle oder Sprachbeherrschung – selbst bei einer hohen Intensität fremdkultureller Einflüsse – nur noch bedingt.

Verbunden mit der Konstanz internalisierter Eigenschaften ist *drittens* deren Wirkung auf die alltäglichen Verhaltensweisen. Kultur gibt kollektive Verhaltens- und Orientierungsangebote vor, die das menschliche Dasein „strukturieren", anleiten und bestimmen. Sie liefert aus der unendlichen Vielfalt möglicher Verhaltensweisen dem Individuum Optionen, mit denen es letztlich in die Lage versetzt wird, mit anderen Menschen verbindlich in Kontakt zu treten.

Mit diesen drei hervorgehobenen Aspekten der Kollektivität, Stabilität und Verhaltenswirksamkeit von Kultur lassen sich grundlegende Anliegen geographischer Forschung und Wissensvermittlung vordergründig leicht in Einklang bringen (Tab. 1): Kollektivität bietet die Voraussetzung dafür, dass kulturelle Phänomene generalisierend beschrieben werden können. Sie ermöglicht es, (kulturelle) Informationsbestände zusammenzufassen, Individuen durch gemeinsame Attributionen sachlich zu gruppieren und damit überhaupt erst gängige Beschreibungskategorien zu etablieren (französisches Essen, bayerische Kultur). Insofern korrespondiert Kollektivität mit dem Prinzip der Verallgemeinerung, ohne die eine Beschreibung von Sachverhalten und eine generelle Verständigung im Schulunterricht (und anderswo) nicht möglich wären.

Übertragen wir den Aspekt der Kollektivität nun auf räumliche Kategorien, scheint dies die Beschreibung der Welt und ihrer Bewohner zusätzlich zu erleichtern. Unter der Annahme, dass Kollektive in räumlicher Kontingenz existieren, können Menschen der Erde zusammenfassend angesprochen und charakterisiert werden. Umgekehrt lässt sich die Komplexität der Welt über eine generalisierende Kennzeichnung von Kulturräumen vermindern. In beiden Fällen werden Kultur und Raum miteinander verkoppelt.

Kommt nun der zweite Aspekt der relativen Stabilität von Kultur hinzu, wird eine

Tab. 1: Potenzielle Funktionen von Kultur im Geographieunterricht

Kultur im Geographieunterricht	Beschreibung	Orientierung	Analyse / Erklärung
Eigenschaften von Kultur	kollektiv	+ (rel.) stabil	
			+ verhaltenswirksam
- sachlich	Prinzip der Verallgemeinerung und Systembildung	Kultur als Merkmal zur Unterscheidung von Kollektiven	Kultur als Explanans für soziale, politische oder wirtschaftliche Gegebenheiten
- räumlich	Generalisierende Kennzeichnung von Räumen	Kulturregionen zur Gliederung einer komplexen Welt	Korrelationen zwischen Kulturregionen und anthropogeograph. Phänomenen

längerfristige Kennzeichnung von Kollektiven erreicht. In räumlicher Perspektive erhalten wir dann Kulturregionen, die aufgrund ihrer beständigen Unterschiedlichkeit die Welt über längere Zeiträume gliedern. Für den Schulunterricht böte sich somit die Möglichkeit, über Kultur Orientierung zu vermitteln. Während wirtschaftliche, soziale oder auch politische Gegebenheiten vielfach raschen Wandlungen und hoher Heterogenität unterliegen, vermag Kultur den Kontinuitätsanforderungen an (räumliche) Orientierung im Unterricht in besonderer Weise zu genügen.

In Kombination mit der dritten Eigenschaft kann darüber hinaus von einem erheblichen Erklärungspotenzial von Kultur ausgegangen werden. Wenn Standardisierungen menschliches Verhalten (mit)prägen, dann lässt sich dieses über Kultur auch partiell erklären. Dass ein solcher Erklärungsansatz, der den kulturellen Einflüssen menschlichen Handelns sowie der Kulturbedingtheit bestimmter Sachverhalte nachgeht, – auch im Geographieunterricht – mitunter weiter tragen kann als ökonomische, politische oder gesellschaftliche Zugänge, belegt eine Vielzahl jüngerer Publikationen. Als deren Themen seinen nur stichwortartig der kulturelle Einfluss auf das Wirtschaftswachstum, auf Armut und Entwicklungshemmnisse, Traditionalität, Gemeinschaftssinn oder politische Stabilität angeführt (z. B. FASCHINGEDER 2004, HARRISON/HUNTINGTON 2002).

Eine Übertragung auf den Raum liegt bei diesen Beispielen bereits nahe. Neben der im Unterricht gebräuchlichen traditionellen Regionalisierung materieller Ausdrucksweisen von Kultur (z. B. Haus- und Flurformen, kulturgenetische Stadttypen), informiert die regionale Ausprägung der Standardisierungen über Chancen, Probleme, Potenziale und Wirkungszusammenhänge in Hinblick auf die genannten politischen oder wirtschaftlichen Sachverhalte. Schließlich stellt sich auch in der Schule die Beschreibung und Erfassung von kollektiven Unterschieden für den kulturübergreifenden Dialog und die Verständigung als wichtige Aufgabe. Ansätze der Interkulturellen Kommunikation greifen dazu ebenfalls auf Kulturräume zurück, die eine Abgrenzbarkeit und Stabilität (zumindest implizit) voraussetzen (z. B. THOMAS/KAMMHUBER/SCHROLL-MACHL 2005). Beschreibung, Orientierung und Erklärung werden somit auch hier durch die genannten Eigenschaften von Kultur in vermeintlich idealer Weise gewährleistet.

3 Geographische Kulturaneignungen im Zeichen der Globalisierung

Die aufgeführten Aspekte, die in der dargelegten Form eine verstärkte Berücksichtigung von Kultur und Kulturräumen im Geographieunterricht empfehlen, ziehen die Frage nach einer entsprechenden didaktischen Konzeptionalisierung nach sich. Dazu ist zu klären, ob und wie sich die drei aufgeführten Potenziale von Kultur in einer globalisierten Gegenwart einlösen lassen. Selbstverständlich bedeutet dies auch, dass die Implikationen des Globalisierungsprozesses für eine Regionalisierung von Kultur selbst zu prüfen sind.

Wurde Kultur gegenüber anderen menschlichen Merkmalen und Eigenschaften bislang eine relative hohe Stabilität zugesprochen, so sollte dies nicht darüber hinwegtäuschen, dass globale Vernetzungs- und Austauschprozesse auch die Standardisierungen von Gemeinschaften in hohem Maße beeinflussen. Dabei gilt es, die wachsende Mobilität der Kulturträger einer Gemeinschaft ebenso zu berücksichtigen (z. B. Urlaubsreisen, Flüchtlingsbewegungen, Geschäftsreisen) wie die personenunabhängige Dynamik einzelner Standardisierungen. Mit Letzterem ist die grenzüberschreitende Ausbreitung und Wirkung von Konsumartikeln, Medienbotschaften, Ernährungsvarianten, Lebensstilen oder Kommunikationsformen angesprochen. Freilich darf die gesellschaftliche Annahme derartiger Einflüsse, wie sie vereinfachend oft in der Variante einer Homogenisierung als Amerikanisierung, McDonaldisierung oder Verwestlichung beschrieben wird, nicht mit einer tatsächlichen Internalisierung fremdkultureller Eigenschaften verwechselt werden. (Schließlich führt selbst der exzessive Konsum von Hamburgern noch nicht zu den Standardisierungen amerikanischer Kollektive) (vgl. dazu auch BECK/SZNAIDER/WINTER 2003). Dennoch können beständige fremdkulturelle Einflüsse die Sozialisation und Enkulturation auch räumlich entfernter Bevölkerungen mitbestimmen.

Dass dies aber keineswegs zwangsläufig auf eine Angleichung von Kulturen hinauslaufen muss, sondern sich vielmehr auch neue, hybride oder kreolisierte Kulturen herausbilden können (oder seit Jahrhunderten bereits ausgebildet haben), wird u. a. durch Text-, Kunst- oder Sprachanalysen überzeugend belegt (dazu u. a. BHABHA 1994, SIMON 1999). Zugleich scheinen sich kulturelle Besonderheiten und lokale Lebensweisen in Form einer Rückbesinnung auf das spezifisch Eigene erst und gerade vor dem Hintergrund der Globalisierung zu konturieren (regionale Identität, Fundamentalismus, Lokalpatriotismus).

Ungeachtet dieser widersprüchlichen Tendenzen kultureller Globalisierung greift nun das in vielen Lehrplänen etablierte Konzept von KOLB/NEWIG (1997) auf eine radikale Auslegung der oben beschriebenen Merkmale von Kultur zurück (vgl. auch NEWIG 1986): Kulturen werden als stabile, homogene und in sich geschlossene Einheiten präsentiert, die sich klar voneinander abgrenzen lassen. Eine räumliche Kontingenz der zugrunde liegenden Kultureigenschaften wird nicht nur vorausgesetzt, sondern bekanntlich gar auf einen kontinentalen Maßstab projiziert. Auf die problematischen Konsequenzen dieser Vorgehensweise ist häufig hingewiesen worden (u. a. DÜRR 1986, KREUTZMANN 1997, STÖBER 2001). Sie bedingt eine Ausblendung innerkultureller Varianzen und eine gleichzeitige Betonung interkultureller Differenzen. Folglich können die gesetzten Ziele, Kultur als Beschreibungs- und Erklärungskategorie einzusetzen, nur sehr eingeschränkt erreicht werden: Unterschiedliche, mitunter auch für die Analyse bestimmter Sachverhalte wichtige Kulturmerkmale müssen unter der Auswahl jener Regionalisierungsmerkmale unberücksichtigt bleiben, welche die kulturellen Großräume (homogen) konstituieren.

Weil die Auswahl und die Erhebung (Dichte, Verbreitung, Erfassung) der Regionalisierungsmerkmale letztlich der Beliebigkeit des Autors unterliegen, ist ihr Ergebnis nur eines unter anderen denkbaren (SCHEFFER 2003). Als Konstrukt kann dieses Weltbild im Schulunterricht daher auch nur sehr einseitig Orientierung vermitteln, auch wenn es in seiner Eingängigkeit durch häufige Reproduktion und die assoziative Nähe zu den physischen Erdteilen noch so eingängig erscheint. Zu subjektiv ist sein Fokus, zu statisch legt es sich auf den einen Weltblick fest.

Besonders problematisch kann diese großräumige Ausdeutung von kultureller Kollektivität und Stabilität in Kombination mit der dritten genannten Kultureigenschaft werden. Indem auch die Wirksamkeit der „Kulturen" eigenwillig und verallgemeinert interpretiert wird, lassen sich Gegensätzlichkeiten als Bedrohungspotenziale wirkungsvoll herausstellen, wie es uns HUNTINGTON (1997) in seinem mobilisierenden Weltbestseller vom Kulturkampfszenario vorführt hat.

Die genannten Probleme einer (großräumig) regionalisierenden Kulturaneignung (vgl. Überblick Tab. 2) liefern alternativen Ansätzen Material, sich kritischer mit dem Verhältnis von Raum und Kultur auseinanderzusetzen.

Tab. 2: Traditionelle Konzeptionalisierung von Kultur und Raum: Problemfelder für den Geographieunterricht

Funktionen und Umsetzung	Beschreibung	Orientierung	Analyse / Erklärung
Konzept der Kulturerdteile (oder „Civilizations")	Großräumige Generalisierung, Homogenisierung und Reifizierung von Kultur, bei der die Konstruktionsmechanismen weitgehend verdeckt bleiben		
dadurch:	„Kulturinformationen" aufgrund des hohen Generalisierungsniveaus fraglich Beschreibungen nur pauschal geringer Informationsgehalt auch maßstabsbedingt	Grenzziehungen (Einschluss, Ausschluss) einseitige Repräsentationen Festigung eines dauerhaften spezifischen Weltbildes	Erklärung nur sehr eingeschränkt möglich kleinräumige Eigenschaften nicht erfassbar Gefahr der Instrumentalisierung von „Kulturräumen"

Im Rahmen einer Neuen Kulturgeographie stößt eine feste Verkopplung von Kultur und Physischem Raum – wie sie KOLB und NEWIG betreiben, auf kategorische Ablehnung. Eine solche Verbindung stellt eine Verräumlichung (Reifikation) nicht räumlicher Gegebenheiten (Kultur) dar, die insbesondere im Kontext der Entankerung menschlicher Lebensformen nicht mehr akzeptiert werden kann (WERLEN 1997, 2003). Da Gemeinschaften geteilter Kultureigenschaften vom Prinzip räumlicher Nähe befreit sind, ist Kultur konsequenterweise nicht einmal mehr in „flächenhafter" Kontingenz denkbar. Insofern kann schematisch dem Kulturcontainerbild von KOLB/NEWIG das Bild eines Netzwerkes gegenübergestellt werden (Abb. 1a-b).

Kulturräume werden also nicht als gegeben betrachtet, sondern vielmehr als Konstruktionen, deren Entstehungsbedingungen und Wirkungen zu analysieren sind. An die Stelle eines holistischen Kulturkonzeptes setzt die Neue Kulturgeographie ein diskursives, konstruktivistisches Kulturverständnis, bei dem Kultur als Bedingung, Voll-

Tab. 3: *Moderne Konzeptionalisierung von Kultur und Raum: Problemfelder für den Geographieunterricht*

Funktionen und Umsetzung	Beschreibung	Orientierung	Analyse/ Erklärung
Kultur und Raum in der Neuen Kulturgeographie	Kulturräume werden nicht als objektive Gegebenheiten sondern als gesellschaftliche Konstrukte thematisiert, die sich einer kartographischen Darstellung entziehen.		
dadurch:	Vermeidung räumlicher Generalisierungen Trennung von Realraum und immaterieller Kultur räumliche Konstrukte werden analysiert und dekonstruiert	räumliche Orientierung über Regionalisierung nicht möglich Kulturen nicht mehr abbildbar Dekonstruktion und Pluralisierung von bestehenden Weltbildern	Analyse ohne Rückgriff auf homogen gedachte Kulturräume Räumliche Kulturvergleiche werden obsolet „Kulturinformationen" können nicht mehr abgebildet werden

zug oder Folge menschlichen Handelns thematisiert wird (im Überblick GEBHARDT/ REUBER/WOLKERSDORFER 2003).

Dem Geographieunterricht gibt die Neue Kulturgeographie damit einen wichtigen Anstoß, kulturelle Repräsentation neu zu lesen, Stereotypisierungen zu erkennen und Manipulationen zu hinterfragen. Doch zwangsläufig setzt dies zugleich den Verzicht auf die eingangs beschriebenen Möglichkeiten voraus. Weder als räumliches Beschreibungsprinzip noch als Ordnungskategorie ist Kultur einsetzbar. Ebenso wenig können räumliche Kulturinformationen für Vergleiche oder erklärend für spezifische Sachverhalte im obigen Sinne herangezogen werden (vgl. Überblick Tab. 3). Dass eine Dekonstruktion von Kultur im Zuge der konsequenten Berücksichtigung von Globalität im Schulunterricht alsbald an ihre Grenzen stößt, wird deutlich, wenn wir auch kulturelle Bezeichnungen und Begriffe (Deutsche, Niedersachsen etc.) hinterfragen. Länder- und Regionsbegriffe werden dann für Bezeichnungen jenseits Physischer Gegebenheiten obsolet.

4 Der Ansatz einer Selektiven Kulturregionalisierung

Für die Geographiedidaktik präsentieren sich die beiden aufgeführten Positionen zum Verhältnis von Kultur und Raum scheinbar kompromisslos: Im Spannungsfeld von notwendiger Orientierung sowie eingängiger Beschreibung in regionalen Perspektiven und der konsequenten Berücksichtigung entankerter Lebensbedingungen werden die eingangs genannten Merkmale von Kultur konzeptionell zugespitzt oder vollkommen verworfen. Ein Ausweg, diesen Dualismus zu überwinden, liegt darin, die unterschiedliche Wirksamkeit der kulturellen Globalisierung anzuerkennen.

Kultur (als Ganzheit aller Standardisierungen) ist im Zeichen der Globalisierung nicht mehr territorial gebunden. Doch gleichsam ist der Fortbestand einer regionalen Konzentration einzelner Standardisierungen unverkennbar. Ziel einer Regionalisierung soll es daher sein, allein diese vorherrschenden Kulturmerkmale zu berücksichtigen, nicht hingegen die Verteilung der vielfach entankerten Gemeinschaften. Die Erfassung von Kultur (als Ganzheit) wird somit aufgegeben und durch die Erfassung von Räumen einzelner, konzentrierter Standardisierungen ersetzt. Gelöst von traditionellen Kulturregionalisierungen („Civilizations", „Kulturerdteilen" oder „nationalen Kulturen") und deren Verabsolutierung von kulturellen Gegebenheiten in räumlicher und zeitlicher Hinsicht, geht es nun allein um eine (zeitlich gebundene) Bestandsaufnahme isolierter Kulturmerkmale, die in ihrer jeweiligen spezifischen Verbreitung vollkommen neue räumliche Einheiten ausweisen können. Diese selektiven Kulturräume lassen sich, je nach betrachtetem Merkmal, variabel, auf unterschiedlichen Maßstabsebenen und in verschiedenen räumlichen Zusammenhängen identifizieren (Abb. 1c). Sie sind prinzipiell unabhängig von politischen, administrativen oder naturgeographischen Grenzziehungen, können regions- und länderübergreifend ausgeprägt sein oder auch eine globale Verbreitung bestimmter Kulturmerkmale beschreiben (kulturelle Universalien). Streng genommen handelt es sich bei solchen Kulturräumen stets um eine Erfassung der räumlichen Verteilung von Menschen mit bestimmten Eigenschaften; Letztere sind dem Raum nicht eingeschrieben, sondern diesem nur vermittelnd zugewiesen.

Für einen zeitgemäßen Geographieunterricht bieten sich auf dieser Grundlage neue Optionen, auf die eingangs beschriebenen Funktionen von Kultur zurückzugreifen. Erst durch den Verzicht auf eine allumfassende Repräsentation von Kultur ist eine angemessene Beschreibung von kulturellen Gegebenheiten noch möglich. Zwar homogenisiert zwangsläufig auch eine selektive Kulturregionalisierung, da selbst bei der Auswahl konzentrierter Standardisierungen keine Einheitlichkeit vorausgesetzt werden kann, doch das jeweilige Regionalisierungsmerkmal liegt jetzt offen, kann nachvollzogen und gezielt zur Diskussion gestellt werden.

Zugleich mindert die vorgenommene Zergliederung von Kultur die Gefahr von Stereotypisierungen und Vorurteilen; Aussagen über „Kultur" relativieren sich auf Einzelaspekte.

Unter diesen Voraussetzungen ist Kultur auch als Orientierungskategorie einsetzbar, die dem Schüler jetzt allerdings diverse Gliederungen der Welt zur Seite stellt und somit das einstige Weltbild von Kultur und Kulturen vervielfältigt. Eine partielle Stabilität des Regionalisierungsmerkmales Kultur kann dabei selektiv angezeigt werden, ohne die globalisierungsinduzierte Dynamik von Kultur grundsätzlich in Frage zu stellen.

Richten wir unser Interesse schließlich an jenen Kultureigenschaften aus, die in ökonomischen, politischen oder sozialen Zusammenhängen potenziell eine Rolle spielen, dann lässt sich Kultur gleichsam als Analysekategorie heranziehen. Die (über)regionale Verbreitung spezifischer Traditionen, einer Religion, eines bestimmten Zeitverständ-

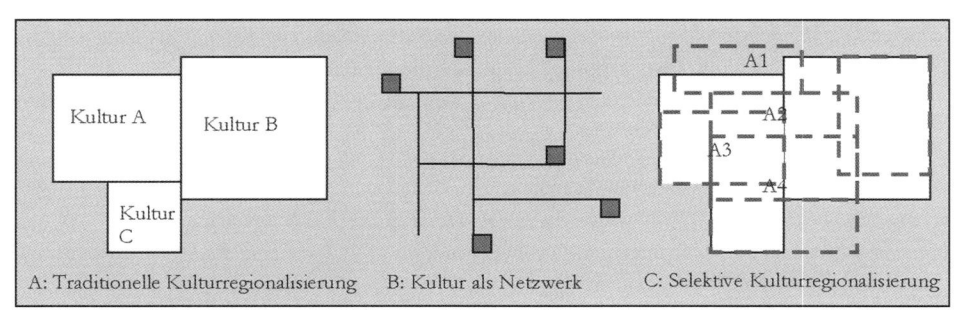

Abb. 1a-c: Darstellungsformen von „Kulturräumen"

nisses, sozialer Distanzverhältnisse, der spezifischen Resistenz von Globalisierungseinflüssen, der Bedeutung von Kollektivismus oder von spezifischen Ernährungsweisen seien nur exemplarisch als Standardisierungen angeführt, die als Informationen zur Klärung unterrichtsrelevanter Sachverhalte wesentlich beitragen können. Mit der Erforschung und Darstellung derartiger Zusammenhänge erschließt sich der Geographie und der Geographie-Didaktik ein neuer Aufgabenbereich, der in der Fachwissenschaft bislang unter dem Postulat einer vollständigen Entankerung von Kultur verständlicherweise nicht verfolgt werden konnte.

5 Schluss: Selektive Kulturräume im Geographieunterricht

Um die Ziele einer (systematischen) Beschreibung und Orientierung im Geographieunterricht zu erreichen, bedarf es letztendlich immer der Grenzziehungen. Der Rückgriff auf kulturbegründete Grenzziehungen in der Geographie war und ist unter diesen Aspekten stets besonders problematisch. Nicht nur, dass die Konstruktionsmechanismen von Kulturgrenzen durch holistische Kulturkonzepte häufig verdeckt werden; ihre Ergebnisse verbinden sich stets mit Zuordnungen, denen sich der Mensch als „Kulturwesen" nicht entziehen kann. Kulturgrenzen bestimmen Innen und Außen, sie unterscheiden das Eigene und das Fremde, sie schaffen Nähe und Distanz, Homogenität und Differenz. Bietet Kultur in einer globalisierten Welt noch einen Rest an orientierender Stabilität, so scheinbar doch nur um den Preis eines Denkens in verabsolutierten Zuweisungen. Das vorgestellte Konzept einer selektiven Kulturregionalisierung impliziert dagegen eine globale kulturelle Zusammengehörigkeit in mannigfachen, jeweils unterschiedlichen Standardisierungen. Das Eigene muss nicht aufgehoben werden, um Teil des Fremden zu sein.

Literatur

BECK, U./SZNAIDER, N./WINTER, R. (Hrsg.) (2003): Globales Amerika? Die kulturellen Folgen der Globalisierung. Bielefeld. (= transcript cultural studies, Bd. 4).

BHABHA, H. (1995): The Location of Culture. London.

DÜRR, H. (1987): Kulturerdteile: Eine „neue" Zehnweltenlehre als Grundlage des Geographieunterrichts? In: Geographische Rundschau, (39)4, 229-232.

FASCHINGEDER, G. (2004): Kultur und Entwicklung. Zur Relevanz soziokultureller Faktoren in hundert Jahren Entwicklungstheorie. Frankfurt a. M.

GEBHARDT, H./REUBER, P./WOLKERSDORFER, G. (Hrsg.) (2003): Kulturgeographie. Aktuelle Ansätze und Entwicklungen. Heidelberg.

HANSEN, K. P. (2000): Kultur und Kulturwissenschaft. Tübingen.

HARRIS, M. (1989): Kulturanthropologie. Ein Lehrbuch. Frankfurt, New York.

HARRISON, L. E./HUNTINGTON, S. (Hrsg.) (2002): Streit um Werte. Wie Kulturen den Fortschritt prägen. Hamburg.

HUNTINGTON, S. (1997): Der Kampf der Kulturen. Die Neugestaltung der Weltpolitik im 21. Jahrhundert. München, Wien.

KOLB, A./NEWIG, J. (1997): Kulturerdteile (Karte 1:25 000 000). Gotha.

KREUTZMANN, H. (1997): Kulturelle Plattentektonik im globalen Dickicht. In: Internationale Schulbuchforschung, (19)4, 413-423.

NEWIG, J. (1986): Drei Welten oder eine Welt: Die Kulturerdteile. In: Geographische Rundschau, (38)5, 262-267.

SCHEFFER, J. (2003): Kulturerdteil Lateinamerika? Zur Konstruktion und Dekonstruktion eines verbreiteten Weltbildes. In: Struck, E. (Hrsg.): Ökologische und sozio-ökonomische Probleme in Lateinamerika. Passau, 9-18. (= Passauer Kontaktstudium Erdkunde, Bd. 7).

SIMON, S. (1999): Hybridité culturelle. Montréal.

STÖBER, G. (2001): „Kulturerdteile", „Kulturräume" und die Problematik eines „räumlichen" Zugangs zum kulturellen Bereich. In: Ders. (Hrsg.): „Fremde Kulturen" im Geographieunterricht. Analysen – Konzeptionen – Erfahrungen. Hannover, 138-155.

THOMAS, A./KAMMHUBER, S./SCHROLL-MACHL, S. (Hrsg.) (2005): Handbuch Interkulturelle Kommunikation und Kooperation. Band 2. Länder, Kulturen und Interkulturelle Berufstätigkeit. Göttingen.

WERLEN, B. (1997): Sozialgeographie alltäglicher Regionalisierungen Bd. 2: Globalisierung, Region und Regionalisierung. (= Erdkundliches Wissen, Bd. 119).

WERLEN, B. (2003): Cultural Turn in Humanwissenschaften und Geographie. In: Berichte zur deutschen Landeskunde, (77)1, 35-52.

Geographie und Wirtschaft – Synergien oder Konkurrenz im Unterricht?

Armin Hüttermann (Ludwigsburg)

1 Einleitung

Unter dem ständigen und in den letzten Jahren stärker werdenden Druck von Verbänden und Opinionleadern der Wirtschaft drängt das Thema „Wirtschaft" verstärkt in die Lehrpläne. Zuletzt geschah dies in Baden-Württemberg, wo einige Fächer in Fächerverbünden zusammengeschlossen und dort um das Fach Wirtschaft ergänzt wurden. Bereits 1962 geschah dies unter ähnlichen Bedingungen in Österreich (SITTE 2001, 157). Der Druck zielt dabei bekanntlich nicht nur auf ökonomische Inhalte und Kompetenzen, sondern ebenso auf andere Kernkompetenzen (PISA ist eine Vergleichsstudie der OECD = Organisation für *wirtschaftliche* Kooperation und Entwicklung), aber auch durch weitere Klagen aus der „Arbeitswelt" auf das gesamte Schulwesen, insbesondere auf persönliche und soziale Kompetenzen (Stichworte wie Lern- und Leistungsbereitschaft, Zuverlässigkeit und Teamfähigkeit) sowie auf methodische Aspekte (Stichwort Präsentationskompetenz) (vgl. ENGELMANN 1999, 87-89).

Hier soll im Folgenden auf den Einfluss dieser Entwicklungen auf den Fächerkanon und auf wirtschaftliche Kompetenzen und Inhalte, speziell in Bezug auf die Geographie in der Schule, eingegangen werden.

2 Einbindung von Wirtschaftsthemen in den Geographieunterricht

Die klassischen Abwehrmechanismen in den tradierten Fächern sind bekannt: Das brauchen wir nicht, haben wir immer schon gemacht usw., und es kommt in der Geographie der Verweis auf wirtschaftsgeographische Themen, die das bereits abdecken – allenfalls ist man bereit, dort noch etwas nachzulegen. Einer der wenigen ernstzunehmenden Versuche, nämlich GEIPELs „Industriegeographie als Einführung in die Arbeitswelt" (²1975), hat allerdings weder nachhaltigen Einfluss auf die Schulgeographie gehabt noch den Druck aus der Wirtschaft auffangen können. Es sieht so aus, als ob wir – durch den äußeren Druck, auch aus den Kultusbürokratien – heute den Wunsch nach wirtschaftlicher Kompetenz als Unterrichtsziel ernst nehmen müssen. Daraus ergeben sich zunächst zwei Fragen:

1. Sollen wirtschaftliche Themen in einem eigenen Fach „Wirtschaft" (o. ä.) unterrichtet werden oder als Teile in anderen Fächern (z. B. Geographie, Gemeinschaftskunde u. a.)?
2. Sollen wirtschaftliche Themen (bzw. Kompetenzen und Standards) aus der fachlichen Systematik der Wirtschaftswissenschaften abgeleitet werden oder aus didaktischen Anforderungen der Schule?

Die Forderung nach einem eigenständigen Fach „Wirtschaft" wird nur noch selten erhoben. Wie zu erwarten, kommen solche Forderungen eher aus der Wirtschaft. Aus Sicht des Deutschen Industrie- und Handelstages (DIHT) fordert ENGELMANN (1999, 91) ein eigenes Fach Wirtschaftskunde mit u. a. folgenden Argumenten: Wirtschaft sei kein Randthema, sondern bestimme unser Leben, und zwar durchgängig im privaten und weit verbreitet im beruflichen Leben; sie sei Teil der Allgemeinbildung; ohne wirtschaftliche Kenntnisse könne man die Prozesse, die in der Wirtschaft ablaufen, nicht verstehen; weder die Geographie noch eine Kombination von Fächern könnten wirtschaftskundliche Inhalte ausgewogen und umfassend vermitteln – vielmehr liefe dies stets auf einseitige, vielfach lehrerabhängige Schwerpunktsetzungen hinaus.

Die Deutsche Gesellschaft für Ökonomische Bildung (DEGÖB) fordert dagegen lediglich eine „adäquate Verankerung der ökonomischen Bildung in der Fächertafel" (2004, 11), die „Gewährleistung der notwendigen Unterrichtsqualität in der ökonomischen Bildung kann (...) in unterschiedlichen Organisationsformen erfolgen" (2004, 11).

Diese eher pragmatische Haltung führte auch in Österreich 1962, als es um die Aufnahme der „Bereiche Wirtschaft und Gesellschaft in die Allgemeinbildung" (SITTE 2001, 157) ging, zu den neuen Fächern GW (Geographie und Wirtschaftskunde) und GS (Geschichte und Sozialkunde). „Man wollte aus verschiedenen Motiven sowohl eine Vermehrung der Gegenstände und Wochenstunden (durch Einführung eines völlig neuen Faches) als auch die Reduzierung bzw. Beseitigung eines traditionellen Gegenstandes vermeiden" (SITTE 2001, 157).

Der Politikwissenschaftler H.-H. HARTWICH wendet sich nicht nur aus pragmatischen Gründen gegen ein eigenständiges Fach Wirtschaft: „Das der Allgemeinbildung zugrunde liegende Gesellschaftsverständnis ist nicht die Vorstellung von einem sozial isolierten Homo oeconomicus" (HARTWICH 2004, 101). „Das ökonomische Prinzip (ist) nur Teil des gesamten Wertehorizonts in der Gesellschaft" (103), „Deshalb muss Wirtschaftswissen erworben werden im Bewußtsein der gesellschaftlichen Einbettung in freiheitlich-rechtsstaatliche Lebensverhältnisse, die geprägt sind durch Raum und Zeit. Hier leisten Geschichte und Geographie längst Grundlegendes – und die Sozialkunde in Deutschland vervollständigt das Bild durch die Lehre von Prozessen, von Macht, Interessen und Werten. Historische Bildung ist stets unerlässlich. Aber dem Phänomen der Wirtschaft kommen Geographie und Sozialkunde mit ihren systematischen, an Bedingungskontexten und Handeln orientierten Fragestellungen näher" (101-102). HARTWICH entwirft so Inhalte ökonomischer Bildung, die die jeweiligen größeren Zusammenhänge berücksichtigt (104-108).

Aus Sicht der Geographie wird immer wieder darauf hingewiesen, dass in solchen Bedingungskontexten dann auch die natürliche Umwelt berücksichtigt werden muss: Nicht nur bei NOLZEN findet sich im Zusammenhang des "Globalen Systems Mensch-Erde" ein wirtschaftliches Teilsystem (NOLZEN 1999, 134; Abb. 1).

Die Befürchtungen, die mit einem eigenständigen Fach „Wirtschaft" in der Schule verbunden waren (und sind?), bezogen sich unter anderem auch darauf, dass mit dem Fach die Wirtschaft in ihrer wissenschaftlichen Systematik abgebildet werden könnte. ENGELMANNS Forderung nach wirtschaftskundlichen Inhalten (1999, 89/91) konnte noch so verstanden werden.

Die DEGÖB, die zwar nicht auf einem eigenständigen Fach besteht, geht gleichwohl davon aus, dass die von ihr erarbeiteten Bildungsstandards für die ökonomische Bildung in einer „gemeinsamen Entwicklungsarbeit auf der Basis der Bildungsstandards der einzelnen fachdidaktischen Disziplinen" Eingang finden. „Ohne Preisgabe ihrer wissenschaftlichen Redlichkeit (kann) keine fachdidaktische Disziplin das alleinige Gestaltungsrecht für einen fächerübergreifenden Lernbereich oder ein Integrationsfach beanspruchen" (DEGÖB 2004, 11-12).

Globales Ökosystem „Mensch - Erde"

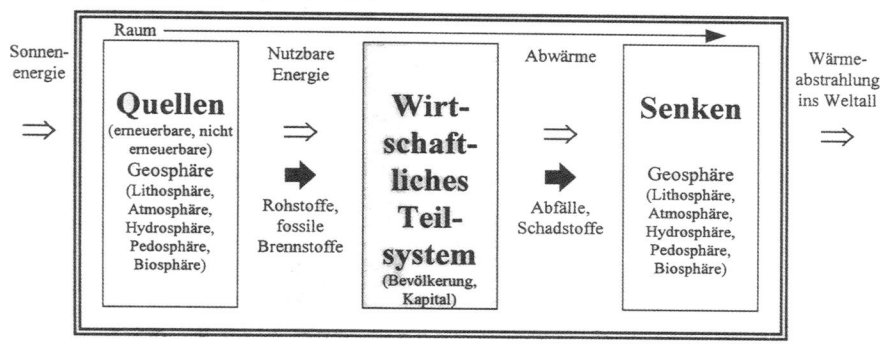

```
Sonnen-        Raum                                                                              Wärme-
energie        Nutzbare                        Abwärme                                           abstrahlung
               Energie                                                                           ins Weltall
⇒    Quellen    ⇒    Wirt-        ⇒    Senken              ⇒
     (erneuerbare, nicht  schaft-        Geosphäre
     erneuerbare)         liches         (Lithosphäre,
     Geosphäre            Teil-          Atmosphäre,
     (Lithosphäre,        system         Hydrosphäre,
     Atmosphäre,   Rohstoffe,  (Bevölkerung,  Abfälle,    Pedosphäre,
     Hydrosphäre,  fossile     Kapital)       Schadstoffe  Biosphäre)
     Pedosphäre,   Brennstoffe
     Biosphäre)
```

Alle Rohstoffe und viele Energiearten werden der Geosphäre entnommen und ihr nach Gebrauch wieder als Abfall und Abwärme zurückgegeben. Ständig fließt also ein Strom von Materie und Energie von den Quellen als Durchsatz durch das Wirtschafts- und Sozialsystem zu den Senken. Die dabei ablaufenden räumlichen Prozesse können in der Größenordnung bis zur geosphärischen Dimension reichen.
(Quelle: GOODLAND u. a., nach MEADOWS u. a. 1992, S 69, verändert)

Abb. 1: Ressourcennutzung als Anwendungsbereich von Physischer Geographie sowie von Wirtschafts- und Sozialgeographie (Nolzen 1999, 134)

Dabei gehen die Kompetenzbereiche, die die DEGÖB entwickelt, davon aus, dass sie Schüler befähigen, „sich in ökonomischen Lebenssituationen sicher zu orientieren, gesellschaftliche und ökonomische Entwicklungen angemessen zu beurteilen und sie verantwortlich im Bewußtsein der Konsequenzen mitzugestalten" (DEGÖB 2004, 2). Die sich so ergebenden fünf Kompetenzbereiche bilden daher keine wirtschaftswissenschaftliche Systematik ab, sondern gehen von schulischen Bedürfnissen aus. Schule muss vom Schüler ausgehen und nicht von Fachsystematiken.

Die Antworten auf die beiden oben gestellten Fragen können also lauten:

1. In der Regel erscheint es aus pragmatischen, aber auch aus grundsätzlichen Überlegungen sinnvoller, Wirtschaft in sozialwissenschaftliche Zusammenhänge einzubauen. Das kann offensichtlich in einem Integrationsfach (Österreich) oder im Fächerverbund (Baden-Württemberg) geschehen.
2. Inhalte und Kompetenzen sollten kein fachwissenschaftliches Abbild der Bezugswissenschaft darstellen, sondern aus den schulischen Bedürfnissen abgeleitet werden. Im Übrigen gilt das nicht nur für den Bereich Wirtschaft, sondern für alle anderen ebenso.

In diesem Sinne hat in Österreich die Entwicklung bereits dazu geführt, dass „Geographie und Wirtschaftskunde (...) als ein doppelpoliges **Zentrierfach** unter dem Gesichtspunkt der *Politischen Bildung* aufgefaßt" wird (SITTE 2001, 162; Hervorhebungen im Original). „Das Schulfach soll Motive und Auswirkungen, Regelhaftigkeiten und Probleme menschlichen Handelns in den beiden zum Teil eng miteinander verflochtenen *Aktionsbereichen* „**Raum**" und „**Wirtschaft**" sichtbar und verständlich machen. Der junge Mensch soll aktiv erfahren, dass die agierenden Gruppen und Individuen teils von gleichartigen, teils aber oft auch von sehr unterschiedlichen Interessen geleitet werden sowie stets unter dem Einfluss bestimmter, nicht immer unveränderbarer Human- und Naturbedingungen stehen" (SITTE 162-163, Hervorhebungen im Original). Dabei gibt es eigene Aktionsbereiche Raum und Wirtschaft und gemeinsame, sich überlagernde Bereiche (s. Abb. 2)

Ganz so weit ist die Diskussion in Deutschland noch nicht. Zu vergleichbaren Ergebnissen kann man aber auch kommen, ohne die Fachdidaktiken Geographie und Wirtschaft zu vereinen.

3 Kompetenzen und Bildungsstandards

Kompetenzen sind also nicht direkt aus der Bezugswissenschaft, sondern aus didaktischen Überlegungen abzuleiten. Wie sollen sie nun aussehen? Hier ist in erster Linie auf das für „uns" „Neue", nämlich die Wirtschaftskompetenz, einzugehen und dabei zu reflektieren, inwieweit diese Kompetenzen die Diskussionen im Fach Geographie bei einem Verbund der beiden Fächer beeinflussen. Die Forderungen aus der Wirtschaftsdidaktik sollen an zwei Beispielen aufgezeigt werden: einerseits die Vorstellungen von HARTWICH (2004) und andererseits der Kompetenz-Katalog der DEGÖB (2004). Kontrastierend dazu werden die Kompetenzen und Standards in GWG (Geographie, Wirtschaft, Gemeinschaftskunde/Gymnasium) in Baden-Württemberg vorgestellt.

HARTWICH (2004, 104-108) nennt sechs „Inhalte schulischer ökonomischer Bildung":
1. „Die mediale Umwelt, Fernsehen und Internet, prägen die Sozialisation heute wohl insgesamt mindestens genau so stark wie die Schule." Um das aufnehmen zu

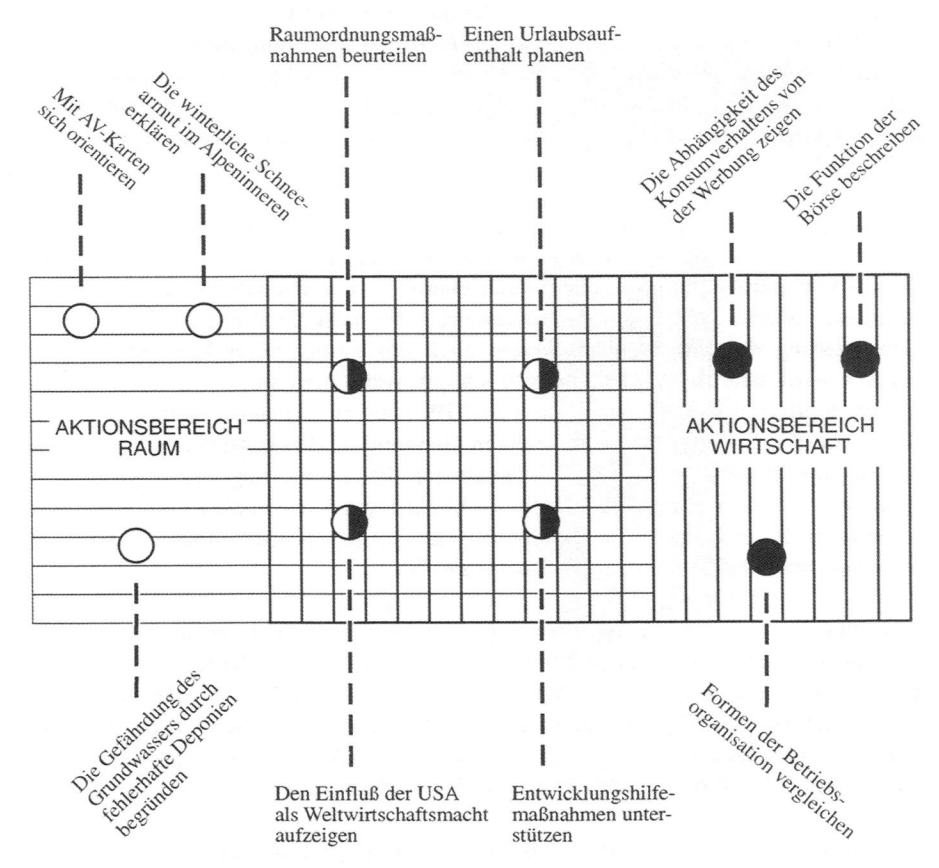

Abb. 2: Die Aktionsbereiche Raum und Wirtschaft, ihre starke Überlagerung sowie die beispielhafte Zuordnung von ausgewählten Zielen des Fachs GW (Sitte 2001, 165)

können, braucht der Lehrer ein Netz ökonomischer Vorstellungen und Zuordnungsmöglichkeiten.
2. Aufgabe einer pluralistischen ökonomischen Bildung ist es, unterschiedliche Paradigmen, Perspektiven und Interessen zu verdeutlichen. Es geht nicht um den „Aufbau eines ökonomischen Systemverständnisses".
3. „Es sollte schließlich überprüft werden, welche Rolle die *Industrie* noch spielt." Die Revolutionen im Dienstleistungssektor und die New Economy haben gezeigt, wie wenig sinnvoll die systematische Beschäftigung mit „tradierten ökonomischen Grundgesetzen" ist. Wichtiger ist es, „die Triebkräfte des wirtschaftlichen Wandels zu erforschen".
4. Die „sicher geglaubte Einteilung in Wirtschaftssektoren wie primär, sekundär und tertiär" ist durch die „noch industrielle" Welt gesprengt worden. Er nennt sechs mögliche Module für den Unterricht: Historische Phasen der Wirtschaftsentwicklung; Haushalte; Unternehmen; Staat als Fiskus, Wirtschaftsfaktor und Umverteiler; Märkte und wirtschaftliche Kreisläufe in nationalen und internationalen Verflechtungen; Regulierende Instanzen und Regime.
5. Elemente, Charakteristika und Zusammenhänge der „New Economy".
6. „Neue Dimensionen der Wirtschaftssteuerung".

Die Ausführungen zeigen dreierlei:
1. Die hier vorgeschlagenen Inhalte gehen nicht von einer Systematik der Wirtschaftswissenschaften aus, sondern eher von einem Aktualitätsprinzip, das der Schüler alltäglich erlebt und erwartet.
2. Viele dieser Inhalte berühren geographische Fragestellungen und stellen auch hier manches lieb gewonnene in Frage, z. B. die Kritik am Konzept der Wirtschaftssektoren als Strukturprinzip für wirtschaftliche Fragen oder speziell die Rolle, die Industrie (und Industriestandortlehre) in der Behandlung von wirtschaftlichen Themen in der Geographie nach wie vor spielen.
3. Während in der Geographie unterschiedliche Dimensionen der Betrachtung als Maßstabswechsel (lokal bis global) verstanden werden, werden hier (nach wie vor?) die Dimensionen Haushalt, Unternehmen, Staat, internationale Verflechtungen betont. Auch hier ergeben sich – neben konkurrierenden Ansätzen – durchaus Gemeinsamkeiten (oder vielleicht schon Ansätze zu möglichen Synergien?).

Geographie und Wirtschaft zeigen auch hier zahlreiche Überschneidungsbereiche, durchaus mit kritischen Ansätzen für unsere alltägliche Praxis bei der Behandlung solcher Themen.

Stärker in die Richtung der heute üblichen Diskussion um Bildungsstandards gehen die Ausführungen der DEGÖB (2004). „Die von der ökonomischen Bildung zu fördernden Kompetenzbereiche der Orientierungs-, Urteils-, Entscheidungs- und Handlungsfähigkeit als Konsumenten, Berufswähler, Erwerbstätige und Wirtschaftsbürger lassen sich wie folgt als domänenspezifische Kompetenzen ökonomischer Bildung konkretisieren" (2004, 6; im Folgenden 6 f.):
1. „Entscheidungen ökonomisch begründen". Es geht um Entscheidungen als Verbraucher, Berufswähler, Erwerbstätige und Wirtschaftsbürger in Bezug auf die Nachfrage nach Gütern, das Arbeitsangebot und die Einkommensverteilung, und zwar auf den Ebenen privater Haushalt, Betrieb, Politik.
2. „Handlungssituationen ökonomisch analysieren". Aus ökonomischer Sicht können Handlungsspielräume wahrgenommen werden, wenn sie aus dem Zusam-

menwirken von Anreizen und Restriktionen analysiert werden. Diese Analyse hilft auch bei der Erklärung von Verhaltensmustern anderer.
3. „Ökonomische Systemzusammenhänge erklären". Es geht um wechselseitige Abhängigkeiten, die aus Arbeitsteilung, Spezialisierung und Austausch entstehen, die zum Austausch von Leistungen führen und die eine Koordination erfordern.
4. „Rahmenbedingungen der Wirtschaft verstehen und mitgestalten". Der marktförmige Austausch von Gütern ist auf bestimmte Rahmenbedingungen angewiesen, selbst wenn Märkte spontan entstehen (können) oder auch Neigungen zur Aufhebung von Marktmechanismen bestehen. Der Nutzen solcher Regeln muss verstanden werden, die Ausgestaltung muss beurteilt und ggf. beeinflusst werden können.
5. „Konflikte perspektivisch und ethisch beurteilen". „Der Anspruch der Gerechtigkeit und Solidarität ist im Wirtschaftlichen vor allem bezüglich der Verteilung von Gütern und Lasten, von Lebenschancen und Lebensrisiken, auch im Hinblick auf die Zukunft, bedeutsam".

Diesen Kompetenzbereichen werden konkrete Standards für den mittleren Schulabschluss angefügt. Obwohl aus Sicht der Geographie zahlreiche Beispiele und Standards zu den Kompetenzbereichen vorstellbar wären, tauchen hier allerdings keinerlei Standards auf, die einen Bezug zu geographischen Aspekten haben. Offensichtlich ist die Wahrnehmung Wirtschaft-Geographie sehr eingeschränkt, die Wirtschaftsdidaktiker orientieren sich eher an Standards aus den Fächern Sachunterricht (Primarstufe), Arbeitslehre (nicht-gymnasiale Schulformen Sekundarstufe) sowie Sozialkunde (Gymnasium) (2004, 10 f.).

Wie sieht nun die Realität der Kompetenzbereiche in verbindlichen Lehrplänen aus? Dazu wird das Beispiel Baden-Württemberg herangezogen (Fächerverbund „GWG", Gymnasium). Zunächst werden „Leitgedanken zum Kompetenzerwerb" mit grundlegenden gemeinsamen Zielen aufgeführt (Kenntnisse, Fertigkeiten und Fähigkeiten), bei denen es im Bereich der Fähigkeiten um individuelle und gesellschaftliche Entscheidungen geht. Im dritten Spiegelstrich geht es um „Fähigkeiten, gesellschaftliche, politische, geographische und wirtschaftliche Sachverhalte in ihren wechselseitigen Abhängigkeiten verstehen und beurteilen zu können" (Baden-Württemberg Bildungsplan 2004, 225). Der Wirtschaft wird allerdings nur eine randliche Rolle zugestanden: „Dabei vermittelt die Geographie raumbezogene Handlungskompetenzen im Sinne eines ganzheitlichen Verständnisses von Lebensräumen, die Gemeinschaftskunde politische und soziale Handlungskompetenz mit dem Ziel des politisch mündigen Bürgers in der Demokratie. Geographie und Gemeinschaftskunde vermitteln gemeinsam ökonomische Handlungskompetenz mit dem Ziel des mündigen Wirtschaftsbürgers, der in der Lage ist, ökonomische Situationen und Problemstellungen zu bewältigen. Die beiden Fächer des Verbundes ermöglichen jeweils den Erwerb fachbezogener Kompetenzen" (ebenda).

In den Bildungsstandards für Wirtschaft (Gymnasium) wird dann betont: „Zur Strukturierung und Systematisierung wirtschaftlicher Bildung bietet sich die Einteilung in Sektoren an (Haushalte, Unternehmen, Staat, Ausland). Im Sinne der Lernprogression ist vom Sektor Haushalt in Klasse 6 auszugehen, in welchem der Konsument im Mittelpunkt steht; in Klasse 8 liegt der Akzent auf dem Sektor Unternehmen, und am Ende der Klasse 10 liegt der Schwerpunkt auf der Behandlung der Sektoren Staat und Ausland" („Leitgedanken zum Kompetenzerwerb" 2004, 250). „Da wirtschaftliches Handeln häufig einen direkten Bezug zum Alltag hat, orientiert sich der Wirtschaftsunterricht an den Lebensfragen der Schüler und Schülerinnen. Auf allen Klassenstufen soll von Alltagserfahrungen der Schülerinnen und Schüler ausgegangen werden und es sollen die wirtschaftlichen Zusammenhänge ihres Handelns im Alltag bewusst gemacht werden" (ebenda).

In den Bildungsstandards für Geographie (Gymnasium) tauchen an verschiedenen Stellen Verbindungen zur Wirtschaft auf, allerdings eher in geographisch-fachbezogener Sicht: „Zum Verständnis unserer komplexen Welt ist eine ganzheitliche Betrachtungsweise notwendig, um die Vernetzung von Natur, Ökologie, Ökonomie, von sozialen, politischen und kulturellen Bedingungen aufzuzeigen und das Zusammenwirken Raum prägender Faktoren und Prozesse zu erkennen". „Zu den weiteren Zielen des Geographieunterrichts zählen Grundkenntnisse von sozioökonomischen Systemen wie Landwirtschaft, Industrie, Dienstleistungswirtschaft, Energiewirtschaft, Kommunikationswirtschaft, Freizeit und Tourismus, Wasserwirtschaft und Verkehrssystem. Um ein Grundverständnis für die Wirtschaft zu fördern, werden ökonomische Fragestellungen und Problemkreise einbezogen. Schülerinnen und Schüler kennen und reflektieren zudem grundlegende Wirtschaftsstrukturen und -prozesse und die sich daraus ergebenden Raumstrukturen und raumwirksamen Prozesse unter Berücksichtigung von Interessenkonflikten und ungleicher Entwicklung" („Leitgedanken zum Kompetenzerwerb" 2004, 22).

Auffällig ist das Festhalten an Wirtschaftssektoren und das völlige Ignorieren neuerer Ansätze in der Wirtschaftsdidaktik – auch die Leitgedanken zum Kompetenzerwerb in Bezug auf Wirtschaft haben keinen Eindruck hinterlassen. Im Grunde steht dahinter die alte Abwehrhaltung: Das haben wir ja eh schon immer gemacht. Wirtschaft wird ausschließlich unter (traditionellen) wirtschaftsgeographischen Gesichtspunkten gesehen. Dementsprechend werden bei den „Kompetenzen und Inhalten" für die einzelnen Schulstufen (6, 8, 10, Kursstufe) Themenfelder ausgewiesen, die in durchaus traditioneller Weise wirtschaftliche Themen „integrieren". Lediglich an einer Stelle werden explizit unter der Überschrift „Bezüge" die Bildungsstandards Wirtschaft erwähnt (Klasse 6, Themenfeld Natur-, Lebens- und Wirtschaftsräume in Europa). Dabei gibt es an verschiedenen anderen Stellen unter den Spiegelstrichen zu einzelnen Themenfeldern Bezüge zum Thema Wirtschaft, z. B. Klasse 8: Themenfeld „Eine Erde – Eine Welt": „Chancen und Risiken eines liberalisierten Weltmarktes für unterschiedlich entwickelte Staaten erläutern" (2004, 233). Unter „Bezüge" wird hier allerdings nur genannt: „Gemeinschaftskunde – Das Problem der Nachhaltigkeit in einer globalisierten Welt".

Es drängt sich der Eindruck auf:
1. Die weiter oben aufgezeigte Diskussion um Ziele und Kompetenzen in den jeweiligen Fachdidaktiken, speziell zum Thema Wirtschaft, haben nur dort (begrenzt) Wirkung gezeigt, bei der Geographie aber bei der Formulierung von Kompetenzen und Standards im konkreten Fall nicht.
2. Die nebengeordnete Rolle, die der Wirtschaft schon in den Leitgedanken zum Kompetenzerwerb zugebilligt wird, verhindert eine Neubesinnung, die auch in der Geographie zur Bereicherung führen würde: Es wird weitgehend „Wirtschaftsgeographie" alten Stils betrieben – was bei der Konstruktion zweier Fächer (Geographie, Gemeinschaftskunde) und der Wirtschaft als nebengeordnetem Aspekt im Bildungsplan aber auch nicht anders zu erwarten ist.

4 Synergien zwischen Fächern

Im realen Fall Bildungsstandards Baden-Württemberg hat sich gezeigt, dass das Potenzial der Aufnahme wirtschaftlicher Themen auf den Geographie-Teil der Bildungsstandards nur sehr wenig Einfluss hatte. Dabei gäbe es die Chance, in Anlehnung an wirtschaftsdidaktische Vorstellungen Synergieeffekte auch für die Behandlung wirtschaftsgeographischer Themen zu erlangen. In nur sehr seltenen Fällen erscheint es im konkreten Fall möglich, wie folgende Auszüge zeigen. Unter „Kompetenzen und Inhalte" für Klasse 6 heißt es bei der Wirtschaft unter anderem: „Die Schülerinnen und Schüler können

- aus ihrem Erfahrungsbereich die Beeinträchtigung ihrer Umwelt durch Produktion und Konsum erläutern;
- wirtschaftliche Vorgänge im Rahmen von Erkundungen (Wochenmarkt oder Bauernhof) genau beobachten und sachgerecht beschreiben" (2004, 52).
  Ausdrücklich wird der Bezug zur Geographie (Themenfeld Natur, Lebens- und Wirtschaftsräume in Europa) angegeben. Dort heißen vergleichbare Kompetenzen und Inhalte: „Die Schülerinnen und Schüler können
- anhand von Betriebsbeispielen Zusammenhänge der landwirtschaftlichen Produktion in ihrer Abhängigkeit von Naturfaktoren, Produktionsfaktoren und Märkten erklären sowie mögliche Umweltgefährdungen durch die Nutzungen und zukunftsfähige Lösungswege darstellen;
- exemplarisch die Grundzüge von Produktionsketten und einer damit verbundenen Arbeitsteilung zwischen Erzeugung, Verarbeitung, Vermarktung und Konsum (Nutzung) beschreiben;
- am Beispiel eines ausgewählten Wirtschaftsraumes die Grundvoraussetzungen und den Wandel wirtschaftlicher Produktion aufzeigen" (2004, 240).

Hier wären Verzahnungen vorstellbar, es gilt, sie zu nutzen. Offen bleibt aber noch, wer den Fächerverbund unterrichten soll, da die Lehrerausbildung in Wirtschaft noch in den Anfängen steht und auch die Kombination Geographie-Gemeinschaftskunde eher die Ausnahme ist. Die Fächerverbünde führen zu einem institutionalisierten fachfremden Unterricht, die Schulbücher werden noch stärker als früher zu den „heimlichen Lehrplänen" (was im Übrigen noch durch die offenen Formulierungen der Kompetenzen und Inhalte verstärkt wird). Baden-Württemberg löst das Problem ganz pragmatisch: Das Referendariat (Gymnasium) wird einfach um 14 Fachsitzungen Wirtschaft (für alle Geographen verpflichtend) aufgestockt (RENZ 2005, 4). So einfach kann man es sich doch wohl nicht machen. Und: Wie steht es um die wirtschaftsdidaktischen Kompetenz der Referendars-Ausbilder?

HARTWICH (2004, 109 f.) betont in Anlehnung an den Gedanken, dass schulischer Unterricht nicht Fachwissenschaften spiegeln kann und soll: „Ein zukünftiger Lehrer muss, um die gewünschte theoretische Fundierung zu erlangen, nicht sowohl Volkswirtschaftslehre als auch Betriebswirtschaftslehre studieren und abschließen. Es müssen im Studium, also auch im Geographiestudium, Schwerpunktbildungen erarbeitet werden". Konsequenterweise folgt daraus ein Lehramtsstudium, das unter geographiedidaktischen und wirtschaftsdidaktischen Gesichtspunkten aufgebaut ist, wenn Geographie und Wirtschaft gemeinsam unterrichtet werden sollen. In Innsbruck gibt es in der Lehrerbildung bereits – ebenso wie in der Schule – das Fach „GW" (Geographie und Wirtschaftskunde). (vgl. ERHARD 2002, 8).

Aus schulischer Sicht schreibt SITTE (2001, 164) dazu: „Das dem Fach [hier: GW; Anm. d. Autors] zugrunde liegende Konzept ist daher ein gesellschaftsorientiertes Handlungskonzept. In ihm werden das Sichtbarmachen und Erklären der erdräumlichen und ökonomischen Aktivitäten des Menschen, das Hinterfragen ihrer Bedingungen und Motive sowie das Aufzeigen ihrer Folgen zur neuen zentralen Aufgabe des GW-Unterrichts. Wie, warum und unter welchen subjektiven, sozio-kulturellen und physisch-materiellen Gegebenheiten raum- und wirtschaftsbezogene Handlungen zustande kommen, sollen Heranwachsende an lokalen, regionalen und globalen Lebenswirklichkeiten kennen lernen, um daraus Anregungen für das eigene Tun zu gewinnen".

5 Schluss

Wirtschaft soll in die Schule, die Geographie soll dabei eine bestimmte Rolle spielen. So sind die Vorgaben, die auch didaktisch begründet werden können. Das kann andererseits aber nicht mit der Haltung „Wirtschaftsgeographie haben wir immer schon gemacht" abgedeckt werden, ebenso wenig wie wirtschaftliche Inhalte in der Schule einfach die wirtschaftswissenschaftliche Fachstruktur abbilden können.

Optimal wäre es aus fachpolitischer Sicht der Geographie, wenn es gelänge, wirtschaftliche Inhalte, die aus der wirtschaftsdidaktischen Diskussion stammen, in das Fach Geographie zu integrieren. Die Organisation der Fachstrukturen geht allerdings zurzeit in eine andere Richtung: gemeinsames Fach oder Fächerverbund.

Rückwirkungen hat dies alles auch auf die Lehrerbildung. Vielleicht bietet sich ein modularer Charakter mit Geographie-Modulen, Wirtschafts-Modulen und verbindenden Module an, wie sie ansatzweise in Baden-Württemberg und Österreich sichtbar werden (vgl. Abb. 2). Das immer wieder geforderte „vernetzte Denken", die Herstellung fächerübergreifender Bezüge und das ganzheitliche Denken könnten hiervon nur profitieren.

In einem Fächerverbund (oder in einem gemeinsamen Fach) mit der Wirtschaft kann die Geographie den Anspruch erheben, eine führende Rolle zu spielen, da sie eine umfassendere Thematik repräsentiert: Ökologie und Ökonomie mit einem auf den Raum gerichteten Bezug stellt eine komplexere Thematik dar als sie allein die Wirtschaft zu bieten hat (vgl. Abb. 1). Dabei sollte sich dieser Fächerverbund aber der Kompetenz der Wirtschaft bewusst sein, d. h. die Standards und Kompetenzen, die von der Wirtschaftsdidaktik angeboten werden, müssen genutzt werden.

Im Endeffekt braucht die Geographie keine Angst vor den wirtschaftlichen Inhalten im Bildungsplan zu haben: Alle Umfragen unter Schülern zeigen, dass das Interesse an wirtschaftlichen Fragen gering ist. Hier kann die Wirtschaft ihrerseits von dem Interesse an geographischen Fragen profitieren, wenn es gelingt, Wirtschaft und Geographie unter dem Aspekt Ökologie und Ökonomie zu verbinden.

Vielleicht darf zum Schluss noch ein pragmatischer Hinweis folgen: In Österreich wird darauf hingewiesen, dass das Zusammengehen von Geographie und Wirtschaft dazu beigetragen hat, die Position dieses Fachs in einer immer schwieriger werdenden Schullandschaft zu erhalten (SITTE 2001, 167).

Literatur

BADEN-WÜRTTEMBERG Bildungsplan 2004. Bildungsstandards für den Fächerverbund Geographie – Wirtschaft – Gemeinschaftskunde. Gymnasium – Klassen 6, 8, 10. (www.bildungsstandards-bw.de. Dort auch: Bildungsstandards für Geographie [Gymnasium], Hauptschule [Welt – Zeit – Gesellschaft] und Realschule [Erdkunde – Wirtschaft – Gemeinschaftskunde]).

BÄHR, M. (2004): Fächerübergreifender Unterricht. Pädagogisches Zauberwort oder Chance und Notwendigkeit für den Geographieunterricht? In: Praxis Geographie, 4-7.

BRAUN, V./HOLZBACH, W./KAMINSKE, V. (2005): Erfahrungen mit der neuen Oberstufe in Baden-Württemberg. In: Geographie und Schule 155, 34-37.

BULLINGER, R./STINGL, T. (2004): Der Fächerverbund EWG – neue Perspektiven für den gesellschaftswissenschaftlichen Unterricht an der Realschule. In: Förderverein Realschule Baden-Württemberg (Hrsg.): Handreichungen zum Fächerverbund EWG. Güglingen, 7-12.

DEUTSCHE GESELLSCHAFT FÜR ÖKONOMISCHE BILDUNG (DEGÖB) (2004): Kompetenzen der ökonomischen Bildung für allgemein bildende Schulen und Bildungsstandards für den mittleren Schulabschluss. (www.degoeb.de)

DUNCKER, L./POPP, W. (1998): Formen fächerübergreifenden Unterrichts auf der Sekundarstufe – eine Einleitung. In: Dies. (Hrsg.): Fächerübergreifender Unterricht in der Sekundarstufe I und II. Prinzipien, Perspektiven, Beispiele. Bad Heilbrunn, 7-17.

ENGELMANN, J. (1999): Geographieunterricht und Gesellschaft aus der Sicht der Wirtschaft. In: Köck, H. (Hrsg.): Geographieunterricht und Gesellschaft. Nürnberg. (=Geographiedidaktische Forschungen, Bd. 32) 87-92.

ERHARD, A. (2002): Die Bedingungen für die Fachdidaktik des GW-Unterrichts in Österreichs Universitäten. In: GW-Unterricht, 85, 8-14.

GEIPEL, R. (1975): Industriegeographie als Einführung in die Arbeitswelt. Braunschweig.

HARTWICH, H.-H. (2004): Geographie – ein Fach für Wirtschaftslehre und Wirtschaftserziehung. In: Schallhorn, E. (Hrsg.): Erdkunde-Didaktik. Berlin, 100-110.

MÜNNIX, N./WORTHMANN, D. (Hrsg.) (1999): Fächer und fächerübergreifender Unterricht des Gymnasiums in der Sekundarstufe I. Bd. 1: Naturwissenschaften. Heinsberg.

NOLZEN, H. (1999): Physische Geographie – Potentiale, Angebote, Leistungen. In: Köck, H. (Hrsg.): Geographieunterricht und Gesellschaft. Nürnberg. (= Geographiedidaktische Forschungen, Bd. 32) 131-147.

RENZ, K. (2005): Das neue Referendariat. In: Schulgeographie in Baden-Württemberg, 42, 4-6.

SITTE, CH. (2004): Wie „politisch" ist Geographie und Wirtschaftskunde (Teil 1)? Eine Analyse im Zusammenhang mit neuen Oberstufen-Lehrplänen. In: GW-Unterricht 93, 40-48.

SITTE, CH. (2003): Zur Fertigstellung des Lehrplanentwurfs für die AHS (Gymnasium)-Oberstufe. In: GW-Unterricht, 90, 94-100.

SITTE, W. (2001): Geographie und Wirtschaftskunde (GW) – Entwicklung und Konzept eines Unterrichtsfachs. In: Sitte, W./Wohlschlägl, H. (Hrsg.): Beiträge zur Didaktik des „Geographie und Wirtschaftskunde"-Unterrichts. Wien, 157-169 (= Materialien zur Didaktik der Geographie und Wirtschaftskunde, Bd. 16).

Effektiverer Geographieunterricht durch Bildungsstandards?
Folgen der Standardisierung für die Schulgeographie in den USA

Sibylle Reinfried (Ludwigsburg)

1 Einleitung

Der folgende Beitrag rekonstruiert den Weg der USA zu nationalen Bildungsstandards im Allgemeinen und im Fach Geographie im Speziellen auf nationaler und staatlicher Ebene. Die nationalen Standards sind nun seit mehr als zehn Jahren in Kraft, so dass analysiert werden kann, ob die mit der Standardisierung intendierten Ziele in der Geographie erreicht wurden, wie die Lehrerkräfte die Standardisierung umgesetzt haben und welche Konsequenzen sich daraus bis heute ergeben haben.

2 Der Weg zur Standardisierung in den USA

Die heutige Standardisierungs-Debatte begann 1983 mit der durch die Reagan-Administration publizierten Studie „A Nation at Risk", die auf die schulischen Defizite amerikanischer Schüler aufmerksam machte und den ökonomischen Niedergang der USA als Folge einer unqualifizierten Arbeitnehmerschaft prognostizierte. Anfang der 1980er Jahre steckten die USA in einer tiefen Rezession, verbunden mit 9,7 % Arbeitslosigkeit (BUREAU OF LABOR STATISTICS 2004). Europäische und japanische Firmen machten den USA ihre wirtschaftliche Führungsrolle in der Welt streitig. BERLINER/BIDDLE wiesen zwar 1995 nach, dass die Studie voller methodischer Fehler steckte und die heraufbeschworene Krise „gemacht" (manufactured) worden sei; aber sie hatte ihre Wirkung, indem die Wirtschaftsführer des Landes Lehrplan- und pädagogische Reformen forderten und nach einer drastischen Heraufsetzung der schulischen Anforderungen riefen (HINDE 2003). Die Antwort der Reagan- und später der Bush-Aministration darauf war die Ingangsetzung einer der folgenreichsten Bildungsreformen in den USA. Man schaute nach Übersee zu den Ländern (in Europa: z. B. Frankreich, in Asien: z. B. Japan), die in verschiedenen internationalen Tests erfolgreich abgeschnitten hatten, und stellte fest, dass die dortigen Bildungssysteme auf nationalen oder national koordinierten Curricula, die das im Unterricht zu erreichende Wissen und Können beschrieben, fußten. Die Lehrerausbildung, die Lehrmittel und auch die Übertrittsprüfungen von einer Schulart zur nächsten bezogen sich auf die Curricula, die oftmals problemlos erhältlich waren (RESNICK/ZURAWSKY 2005, 3). Im Gegensatz zum amerikanischen Bildungssystem waren diese Systeme transparent. Schüler, Eltern und Lehrer wussten, was von ihnen erwartet wird. Man zog daraus den Schluss, dass eine Kombination aus einem Standard-basierten, zentralen staatlichen Curriculum unter lokaler Kontrolle durch die Schuldistrikte und einem nationalen Instrument, das die Verantwortlichkeiten regelt, zu den notwendigen Veränderungen im Bildungswesen führen würde. Ein weiteres, sehr zentrales Argument war auch, dass durch die Standardisierung die soziale Selektivität des US-Bildungswesens gemildert werden sollte. Die Standardisierung begann 1989 mit der Gründung des National Educational Goals Panel (NEGP) unter Präsident G. H. Bush. Das Ziel des NEGP war es, nationale und staatliche Standards, deren Wirksamkeit auch überprüft werden sollte, zu realisieren. Die Entwicklung von nationalen und staatlichen Standards in den Fachdisziplinen wurde auf breiter Front vorangetrieben, indem den nationalen und staatlichen Lehrerverbänden finanzielle Mittel für diese Arbeit gewährt wurde. Die Standardisierung wurde von den Lehrern und ihren Verbänden positiv aufgenommen, da man Standards als Leitplanken und damit als Unterstützung für die schulische Arbeit betrachtete (HINDE 2003).

Bis zu diesem Zeitpunkt war das Bildungswesen der USA ausschließlich Sache der einzelnen Bundesstaaten. Ausnahmen bildeten wenige Anliegen, wie z. B. Minoritätenfragen, die föderalem Recht unterstellt sind. Dies änderte sich mit den von Washington initiierten Standardisierungsbestrebungen, die den Bildungsauftrag von sog. Kernfächern konkretisierten und die Kompetenzen benannten, die die Schulen zu vermitteln haben und über die die Lernenden zu bestimmten Zeitpunkten verfügen müssen (STOLTMAN 2002, 292). 1996 beschlossen wichtige amerikanische Wirtschaftsführer (die CEOs von IBM, Boing Corporation, Bell South, Eastman Kodak u. a.), in Absprache mit den US-Gouverneuren innerhalb von zwei Jahren in den Bundesstaaten Standards zu etablieren. 1999 verschob sich anlässlich eines Gipfeltreffens der Wirtschaftsführer, Politiker und nur ganz weniger Persönlichkeiten aus dem Bildungswesen mit Präsident Clinton der Standardisierungsfokus weg von den Inhalten hin zum Testen der erzielten Leistungen (MERROW 2001). Damit überholte der Testgedanke die Standard-basierte Unterrichtsentwicklung. 2001 wurde das No-Child-Left-Behind Gesetz (US CONGRESS 2001) verabschiedet, das als Rechenschaftsinstrument zu verstehen ist und die Schulen radikaler nationaler Kontrolle in Form von jährlichen, anspruchsvollen Tests unterwarf. Dies bedeutete in der Praxis, dass die Humankapital-Theorie nun auch auf den Bildungssektor übertragen worden war. Bildungsmanagement wurde gleichgesetzt mit institutionellem Management. Bildungsqualität wurde nicht mehr in Jahren formaler Bildung und dem Level des erreichten Bildungsstands gesehen, sondern beruhte fortan auf einem eher ökonomistisch-technizistischen Verständnis, das Elemente neo-liberaler Konzepte wie z. B. Wettbewerb, Autonomie und Eigenverantwortung enthält (REINFRIED 2005).

3 Die Entwicklung nationaler Geographie-Standards

Wie verlief vor diesem Hintergrund der Prozess der Standardisierung in der Schulgeographie? Tests des geographischen Wissens von Zwölfjährigen förderten 1983 enorme Defizite der Schülerinnen und Schüler zu Tage (JOINT COMMITTEE ON GEOGRAPHIC EDUCATION 1984, 1). In der Folge entwickelten die amerikanischen Geographen vielfältige Aktivitäten, um das Fach zu erneuern und seinen Status zu verbessern. Den Ausgangspunkt bildete das Dokument „Guidelines for Geographic Education" (JOINT COMMITTEE ON GEOGRAPHIC EDUCATION 1984), in dem für die Geographie vom Kindergarten bis zur 12. Klasse (in den USA K-12 genannt) eine Art Kerncurriculum, bestehend aus fünf fundamentalen Themenbereichen (Location, Place, Human-Environment Interaction, Movement, Regions), umrissen wird. Die Guidelines bildeten auch die Basis für die nationalen Geographiestandards „Geography for Life", die 1994 publiziert wurden (GEOGRAPHY EDUCATION STANDARDS PROJECT 2004). Obwohl das Dokument landesweite Verbreitung fand, wurde es von den Lehrern nur zögernd zur Kenntnis genommen, einerseits, weil es mit 272 Seiten sehr umfangreich ist, andererseits, weil die Standards nicht einfach zu interpretieren sind und „Geography for Life" keine Umsetzungshilfen für den Unterricht enthält. Die Lehrer konnten aus den Standards nicht schließen, welche Inhalte sie auf welcher Stufe unterrichten sollten. Daran änderte auch ein 1998 publizierter Schlüssel zum besseren Verständnis von „Geography for Life" nichts (SALTER/HOBBS/SALTER 1998). Eine Evaluation im Jahr 2000 ergab, dass nur sieben Staaten die nationalen Standards vollumfänglich in staatliche Standards umgesetzt hatten (FINN/PETRILLI 2000).

Die Wichtigkeit und Bedeutung von Geographie als Schulfach wurde von den Politikern schon 1994 anerkannt, als sie in „Goals 2000: The Educate American Act" (US CONGRESS 2000) Geographie neben Englisch, Mathematik, Naturwissenschaften, Geschichte, Staatskunde, Wirtschaftskunde und einer Fremdsprache auf Bundesebene zu einem Pflichtfach (core subject K-12) erklärten (BOEHM/RUTHERFORD 2004, 228). Auf der Ebene der Staaten gehört Geographie jedoch zusammen mit Geschichte, Wirtschaft und Staatskunde nach wie vor zum Fächerverbund „Sozialkunde" (Social Studies). Das Bildungsziel dieses Fächerverbundes ist es, Schülerinnen und Schüler zu verantwortungsvollen Staatsbürgern heranzubilden. Durch diese Zuordnung auf Staatenebene liegt der inhaltliche Schwerpunkt des Faches denn auch auf dem anthropogeographischen Zweig des Faches mit Bevölkerungs-, Siedlungs-, Verkehrs-, Wirtschafts- und Politischer Geographie. Die meisten Fachbereiche, die in Geographie traditionell der Physischen Geographie zugeordnet werden, gehören in den US-Schulen zum Fach Earth and Space Science (NATIONAL SCIENCE RESEARCH COUNCIL 1996).

Obwohl die Intention von Fächerverbünden darin besteht, dem Fachwissen durch seine interdisziplinäre Behandlung im Unterricht größere Bedeutung zu verleihen, zeigt sich jedoch im Falle der Geographie, dass ihre Stellung im Fächerverbund ihr schadet. Die Platzierung in den Social Studies trivialisiert die Rolle der Geographie oder schließt sie sogar ganz aus, je nachdem, welcher Rahmen für die Konstruktion des Social Studies Curriculum verwendet wurde. Im sog. „Expanding Horizon Model" wird Geographie in ihrer räumlichen Dimension vom Nahen zum Fernen vermittelt und ist deshalb noch als eigene Disziplin erkennbar (HUME/BOEHM 2001, 16f). Im sog. „Chronology Model" ist Geschichte die wichtigste Disziplin, während Geographie nur dazu dient, Orte und Regionen zu lokalisieren (MORRILL 2004). Angesichts dieser Rahmenbedingungen für die Curriculumskonstruktion und der knappen zur Verfügung stehenden Unterrichtszeit, hat sich die Stellung der Geographie in den Social Studies trotz der Standardisierung nicht signifikant verbessert (HUME/BOEHM 2001, 17f).

4 Der Aufbau des Geographiecurriculums

Mit Unterstützung des US-Bildungsministeriums wurde 1994 damit begonnen, die National Geography Standards – Geography for Life (GEOGRAPHY EDUCATION STANDARDS PROJECT 1994) für alle Stufen von K-12 zu entwickeln. Mit Geography for Life erhielt die US-Schulgeographie zum ersten Mal in ihrer Bildungsgeschichte ein Dokument, das in Form von inhaltsbezogenen Standards begründet, was Schülerinnen und Schüler nach drei Testphasen (benchmark years in der 4., 8. und 12. Klasse) während ihrer Schulzeit wissen und können sollen und warum es so wichtig ist, dass alle Lernenden die Anforderungen in diesen zentralen Bereichen erreichen. Übergeordnetes Bildungsziel ist es, das Wissen und die Fähigkeiten zu garantieren, die verantwortungsbewusste Staatsbürger heute und in Zukunft benötigen. Mit Geography for Life, das Vorbildcharakter für die Lehrpläne der einzelnen Staaten haben sollte, war die Geographie nach 50 Jahren Bedeutungslosigkeit im Bildungssystem der USA wieder deutlicher sichtbar (BEDNARZ/BEDNARZ 2004.1).

Geography for Life liefert eine umfassende Beschreibung der Rolle der Geographie im K-12 Curriculum. Basierend auf fünf Bildungsstandards, gruppieren sich achtzehn Standards um sechs fachbezogene Themenbereiche (Abb. 1). Das mit jedem Standard angestrebte Wissen, Können und die epistemologische Perspektive, die man braucht, um eine geographisch informierte Person zu werden, sind ausführlich erläutert (vgl. REINFRIED 2005). Geography for Life besteht aus Inhaltsstandards (content standards; Wissen), Leistungsstandards (genannt „skills"; Verstehen und Anwendung) und den daraus abgeleiteten evaluierbaren Kompetenzen (benchmarks). Alle drei Teile beziehen sich aufeinander und sind kombinierbar. In Anlehnung an die Gliederung des amerikanischen Schulsystems K-12 in drei Bildungsabschnitte (Stufe I: Kindergarten bis Klasse 4, Stufe II: Klassen 5-8, Stufe III: Klassen 9-12) wurden die achtzehn Inhaltsstandards für jede der drei Stufen separat ausgearbeitet. Die zu erreichenden Leistungsstandards ziehen sich vom Kindergarten bis zur 12. Klasse durch, werden jedoch von Stufe zu Stufe umfassender und komplexer. Sie beziehen sich auf fünf Kompetenzbereiche (benchmarks), die am Ende der drei Schulstufen, d. h. in der 4., 8. und 12. Klasse zu beherrschen sind. Ganz nach dem Prinzip des Spiralcurriculums kommen die 18 Inhaltsstandards dreimal während der Schulzeit vor. Die Standards sind somit mehr als

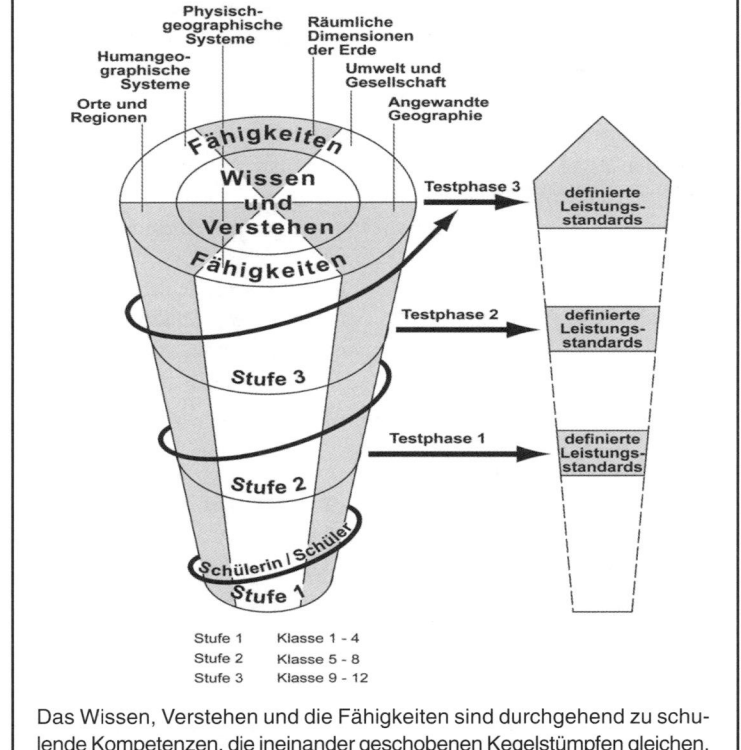

Das Wissen, Verstehen und die Fähigkeiten sind durchgehend zu schulende Kompetenzen, die ineinander geschobenen Kegelstümpfen gleichen, die miteinander verzahnt sind. Die Inhaltsdimensionen entsprechen den Kreissegmenten, die ebenfalls miteinander verzahnt sind. Die Kompetenzen sind an diesen Inhalten zu vermitteln, weshalb sich die Kegelstümpfe und Kreissegmente durchdringen.

Abb. 1: Das Modell des Spiralcurriculums für die Schulgeographie in den USA (Quelle: Reinfried 2005, 35)

reine Leistungsbeschreibungen, sondern Teil eines kohärenten Curriculumskonzepts, mit dem systematisch über Jahre hinweg Fähigkeiten aufgebaut werden. Im Zentrum steht die Vermittlung von geographischen Kompetenzen; die Raumbeispiele, die dafür herangezogen werden, sind sekundär und austauschbar.

5 Die Umsetzung der nationalen Standards in den Bundesstaaten

In den vergangenen zehn Jahren ging es nun darum, die nationalen Standards in staatliche Bildungsstandards umzusetzen und zu überprüfen, ob sie zu einer Leistungsverbesserung der Lernenden führen. Da die nationalen Standards keine Gesetzeskraft, sondern nur den Charakter von Empfehlungen haben, wurde diese Aufgabe von jedem Bundesstaat anders angegangen, was zu enormen Unterschieden bei den staatlichen Geographiestandards führte. Der Umsetzungsprozess war gekennzeichnet von Vorsicht und Misstrauen der Schuladministration, der Lehrer und der Eltern. Man betrachtete das nationale Dokument als einen Versuch Washingtons, das Schulcurriculum auf lokaler Ebene zu kontrollieren. Außerdem hatten sich in den vergangenen Jahren konstruktivistische Ansätze des Lernens, die die Lernenden ins Zentrum stellten, durchgesetzt. Die inhaltsbasierten Standards verlangten jedoch wieder eher lehrerzentrierte Unterrichtsformen (BOEHM/RUTHERFORD 2004, 229). Dazu kam die Fülle und Unverständlichkeit der Geographiestandards in Geography for Life, die angesichts der zur Verfügung stehenden Unterrichtszeit nicht umgesetzt werden konnten. Zusammen mit der Lokalpolitik und Uneinigkeiten über die notwendigen schulischen Inhalte konnte es zu keiner erfolgreichen Implementierung auf Staatenebene kommen. Aus diesen und vielen weiteren Gründen sind die Qualität der staatlichen Standards und ihr Bezug zu den nationalen Standards sehr verschieden (BEDNARZ 1997, 3ff). Dies hat große Unterschiede in der geographischen Bildung zur Folge und stellt das ursprüngliche Ziel der nationalen Standardisierung, nämlich den Geographieunterricht landesweit zu harmonisieren, sein Niveau zu heben und mit dem Fach zur Bildung mündiger Staatsbürger beizutragen, in Frage.

6 Bilanz der Curriculumsreform in der Geographie

Zieht man nach zehn Jahren „Geography for Life" Bilanz und überprüft, welche Auswirkungen die Bildungsstandards auf das Fach hatten, so lassen sich trotz uneinheitlicher Umsetzung der nationalen Standards in den Staaten doch Erfolge nachweisen (CLARK/STOLTMAN 2000, 250 f., BEDNARZ/BEDNARZ 2004.1, 23):

- Die nationalen Standards gelten in allen Bundesstaaten als Rahmenrichtlinien für die lokalen Standards. Alle Staaten haben heute staatliche Standards in Social Studies. Durch die vollständige bzw. teilweise Übernahme von Geography for Life wurde die Geographie im Social Studies-Curriculum sichtbar.
- Geographie wurde 2001 ein Advanced Placement-Fach. Es handelt sich hierbei um Kurse auf College-Niveau, mit denen schon in der High School Credits für das spätere College-Studium erworben werden können. Die Geographie hat dadurch einen erheblichen Prestigegewinn erfahren.
- Die National Geography Standards bilden die Grundlage für vielfältiges neues Unterrichtsmaterial. Auch GIS und andere geographische Technologien haben vereinzelt Einzug in den Geographieunterricht gehalten.
- In der Geographielehrerausbildung wurden die Standards zu einem zentralen Bestandteil im Social Studies-Test, der für das Abschlusszertifikat abgelegt wer-

den muss. Die Standards dienen auch der Qualitätskontrolle bei der Evaluation der Inhalte von Ausbildungsprogrammen für das Lehramt.

Die National Geography Standards haben offensichtlich einiges bewirkt und das Fach Geographie gestärkt. Haben sie aber auch zu besserem Wissen und Können in Geographie beigetragen? Erste bescheidene Erfolge sind zu erkennen: Die Resultate des 2. National Assessment and Evaluation Program (NEAP) im Jahr 2001 für die Geographie ergaben im Vergleich mit dem Stand von 1992 eine statistsch signifikante Verbesserung der Leistungen von Schülerinnen und Schülern in der 4. und 8. Klasse (WEISS/LUTKUS/HILDEBRANT/JOHNSON 2002, 142).

7 Auswirkungen der Standardisierung auf den Unterricht und die Lehrkräfte

In Befragungen gaben viele Lehrkräfte an, dass sie den Standards positiv gegenüberstehen und Standard-basierte Ideen und Unterrichtsstrategien von Geography for Life nutzen, um z. B. ihre eigenen Unterrichtseinheiten und Stunden zu planen (BEDNARZ 2003, HINDE 2003, MARRAN 2003). Es stellte sich jedoch heraus, dass sie die Standards sehr unterschiedlich interpretierten. Aus der Konstruktivismus-Diskussion ist bekannt, dass bestehendes Wissen, Vorstellungen und Erfahrungen von Menschen eine Schlüsselrolle bei der Interpretation und dem Verständnis von Neuerungen spielen, besonders wenn es sich um einen so komplexen und facettenreichen Bereich wie die National Geography Standards handelt. Dazu kommt die Einstellung der Akteure zu Bildungsreformen und deren politischen Zielen. Die zu implementierenden Standards müssen durch die Lehrkräfte in verschiedener Hinsicht interpretiert werden. Sie entnehmen daraus nicht nur Vorstellungen über Ziele, Inhalte und zu vermittelnde Fähigkeiten eines Fachs, sondern wollen auch herausfinden, was eine bestimmte Politik für sie und ihr Umfeld bedeutet, um dann zu entscheiden, ob und wie weit sie die Standards annehmen oder ignorieren wollen.

Unterrichtsbeobachtungen in Texas ergaben, dass kein einziger der benchmarks in den Geographiestunden erreicht wurde, weil die Lehrkräfte die Geographiestandards nicht verstehen (BEDNARZ 2003). Dies hat einerseits damit zu tun, dass Lehrkräfte Geographie wegen des gravierenden Lehrermangels immer häufiger fachfremd unterrichten müssen und weil Lehrkräfte, die den Fächerverbund Social Studies unterrichten, nicht alle darin enthaltenen Fächer studiert haben (BEDNARZ/BEDNARZ 2004.2, 211). Andererseits war der Anspruch, mit den Standards eine neue und bessere Geographie zu unterrichten und die Schulgeographie radikal zu reformieren, zu hoch gegriffen und zu schwierig, um von den Lehrerinnen und Lehrern umgesetzt zu werden. Die meisten Aspekte der Standards, besonders solche, die sich auf fundamentale Änderungen in der Frage, was in Geographie wie zu unterrichten ist, beziehen, sind komplex und bedürfen einer intensiven kognitiven Restrukturierung der bisherigen Lehrer-Vorstellungen von Geographieunterricht, um verstanden zu werden (BEDNARZ 2003).

Besonders das Testfieber, das die staatlichen Institutionen erfasst hat, schwebt wie ein Damoklesschwert über den Köpfen der Lehrer. Mittels qualitativen Interviews mit Fokusgruppen erforschte HINDE (2003) den Einfluss der Standardisierung und der „Tyrannei der Tests", wie sie es nennt, auf die Praxis der Lehrkräfte. Die Tatsache, dass der Erfolg von Lehrkräften im Unterricht an Testresultaten gemessen wird, wurde als absurd beurteilt. Lehrkräfte brauchen Zeit und professionelle Unterstützung, um Standards zu internalisieren, ihr Lehrerhandeln daran anzupassen und die Standards im Kontext ihrer akademischen Disziplin zu analysieren, zu diskutieren und zu reflektieren. Erst durch diesen Prozess erwerben sie das für die Umsetzung Standard-basierter Reformen notwendige fachspezifische pädagogisch-psychologische Wissen, das mit wirksamen Unterrichtsstrategien verknüpft ist. Diese Zeit und weitere Ressourcen wurden jedoch von den Behörden nicht zur Verfügung gestellt. Ganz im Gegenteil – den Lehrern wurde mittels der häufigen Tests buchstäblich „das Messer an den Hals gesetzt" (HINDE 2003). Der Druck, die Ziele der Schule zu erreichen, ist riesig, und niemand will verantwortlich dafür gemacht werden, wenn seine Schule schlecht abschneidet. Da die finanzielle Gratifikation, die eine Schule für ein erreichtes Ziel-Niveau erhält, auf alle Lehrer (auch auf solche, deren Fächer nicht getestet werden, wie Sport, Musik und Medienkunde) verteilt wird, ist die Stimmung in den Kollegien schlecht. Große Probleme verursacht der „one-size-fits-all"-Ansatz, der den Realitäten in den Klassen (individuelle Unterschiede und Interessen der Schüler) nicht gerecht wird. Viele Lehrer gaben zu, dass sie Druck auf die Schüler ausüben, indem sie mit den Tests drohen. Die Testresultate müssen unabhängig von den Voraussetzungen der Kinder in einer Klasse von Jahr zu Jahr gesteigert werden. Wie sich das Verfahren auf schlechtere Schüler und Jugendliche, die aus armen Bevölkerungskreisen oder Minoritätengruppen stammen, auswirkt, ist umstritten. AMREIN/BERLINER (2002) kamen zu dem Schluss, dass anspruchsvolle Tests („high-stakes test", wobei „high-stakes" hier bedeutet „an einen Test geknüpfte Konsequenzen, die über die abzulegende Rechenschaft, die zuvor jahrelang üblich war, hinausgehen") eine Anzahl von negativen Auswirkungen auf diese Schülergruppierungen haben. RESNICK/ZURWASKY (2005, 2) berichten dagegen von Leistungssteigerungen dieser Kinder, vor allem im Grundschulalter im Lesen und der Mathematik.

HOWARTH/MOUNTAIN (2004) erläutern am Beispiel des Staates Kentucky, wie der Lernfortschritt gemessen wird (Abb. 2). Rechenschaft ablegen müssen die Schulen, nicht das einzelne Individuum, obwohl es die Individuen sind, die geprüft werden. Bis zum Jahr 2014 müssen alle Schulen das höchste Qualifikationsniveau (Proficiency) erreichen. Auf der Basis der Testergebnisse der Schülerinnen und Schüler werden die Schulen einer von vier Qualifikationsstufen zugeordnet. Um das höchste Qualifikationsniveau zu erreichen, muss eine Schule 100 auf einer 140 Punkte umfassenden Skala erzielen. Für jede Schule wurde eine „Zielgerade" (Goal Line) und eine „Hilfsgerade" (Assistence Line), die das Minimum der Leistungssteigerung festlegt, berechnet. Wenn eine Schule zwischen der Ziel- und Hilfsgerade liegt, macht sie Fortschritte. Wenn sie über der Zielgeraden liegt, erhält sie finanzielle Belohnung und Anerkennung. Bei Nichterreichen der Hilfsgeraden nehmen sich speziell ausgebildete Pädagogen dieser Schule an, und sie erhält zielgerichtete Unterstützung. Falls die Hilfsgerade permanent unterschritten wird, wird die Schulleitung ausgewechselt oder es sind Sanktionen zu gewärtigen. Bedenkt man, dass allein im Staat Kentucky 1271 Schulen vom 3. bis 12. Schuljahr jedes Jahr eines bis vier Fächer testen müssen (HOWARTH/MOUNTAIN 2004, 264), dann kann man sich vorstellen, was Standard-basiertes Assessment für die Lehrer, die Schule, die Schüler und ihre Eltern bedeutet.

8 Die Geographie – Verliererin der US-Bildungsreform?

Mit dem Wechsel der Clinton-Administration zur Bush-Administration im Jahr 2000 wurden die sichtbaren Erfolge der Schulgeographie wieder in Frage gestellt. Der Platz des Faches im Fächerkanon ist nicht mehr gesichert. Ursache sind neue föderale Bildungsgesetze, denen die Staaten nachkommen müssen. Besondere Auswirkungen hat

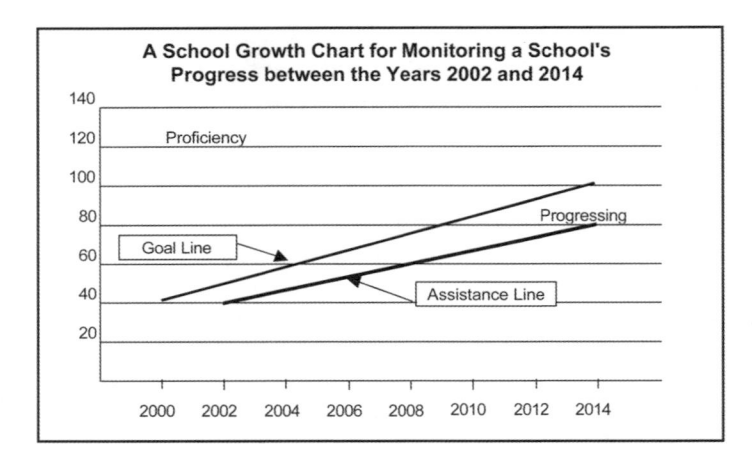

Abb. 2: Beispiel von Lernfortschrittsgeraden für eine Schule (Howarth/Mountain 2004, 265)

das Gesetz „Elementary and Secondary Education Act" (ESEA), auch No Child Left Behind Act (NCLB) genannt (US CONGRESS 2001). Mit dem NCLB wurde es möglich, die Staaten, die sich bisher gegenüber der Standardisierung zögernd verhalten hatten, dazu zu zwingen, bis zum Jahr 2005 ihre Standardisierung durchzuführen. Das NCLB sieht in den Fächern Englisch (Lesen), Mathematik und Naturwissenschaften jährlich anspruchsvolle Tests (high-stakes assessments) nach Vorgaben des Bildungsministeriums in Washington vor. Die Social Studies sind nicht dabei. Da die genannten Tests oftmals mit der Versetzung und/oder dem Stufen- bzw. Schulabschluss der Schüler zusammenfallen, haben sie zur Erosion des guten, abwechslungsreichen Unterrichts und zur Einengung des Fächerkanons auf die Fächer geführt, die getestet werden. Befürchtet wird, dass Geographie in Kürze das „subject left behind" wird, weil in der zur Zeit betont konservativen Atmosphäre zusätzlich zu den genannten Problemen heute das Fach Geschichte innerhalb der Social Studies zunehmend privilegiert wird (FEDERAL REGISTER 2005).

Was geschieht, wenn die Schüler einer Schule nicht die geforderten Resultate erzielen? Der Staat und der Bund entziehen der Schule die Zuschüsse, was bei großen Schuldistrikten Verluste in Millionenhöhe ausmacht. Im Staat Kentucky betragen die nationalen Zuschüsse aus Washington beispielsweise 300 Millionen Dollar im Jahr (HOWARTH/MOUNTAIN 2004, 264). Das NCLB ist somit ein sehr einflussreiches Gesetz, weil es an die Verteilung finanzieller Mittel aus Washington geknüpft ist. Es ermöglicht der US-Regierung, wirkungsvoll in das Bildungswesen der Staaten einzugreifen. Die Folgen liegen auf der Hand: Was geprüft wird, wird unterrichtet; was nicht getestet wird, kann vernachlässigt werden. In der Grundschule und auf der Sekundarstufe I sind deshalb die Social Studies heute stark reduziert worden, um zusätzliche Zeit und Ressourcen für Mathematik, Englisch und die Naturwissenschaften zu gewinnen. Was in Geographie noch gelernt wird, geschieht indirekt über geographische Texte im Lesen oder Aufgaben mit geographischem Inhalt in der Mathematik (mündliche Mitteilung von Sarah BEDNARZ vom 3.1.05). Geography for Life konnte seine intendierte Wirkung nicht entfalten und wird heute, nach zwei Jahrzehnten Entwicklungsarbeit, einfach umgangen (MARRAN 2004). Die Ressourcen werden vor allem an Fächer, denen aus politischen, wirtschaftlichen oder ideologischen Gründen landesweit Priorität eingeräumt wird (wie beispielsweise der „National History"), vergeben (FEDERAL REGISTER 2005).

9 Schlussbetrachtung

Ob die zentralen Vorgaben und die Überprüfungen, die von einer strikten Kosten-Nutzen-Arithmetik bestimmt werden, mittelfristig tatsächlich zu einer deutlichen Qualitätssteigerung des Geographieunterrichts führen, bleibt angesichts der neu geschaffenen Probleme fraglich. Bei der Standardisierung in den USA wurde übersehen, dass der Input genauso wichtig wie der Output ist. Dass Input in Form von reformorientierten didaktischen und fachdidaktischen Ansätzen auch im Geographieunterricht wirksam und damit qualitätssteigernd ist, wurde vielfach empirisch nachgewiesen (REINFRIED 2001). Input ist jedoch geknüpft an Fragen der Lehreraus- und -weiterbildung, an die Ausstattung der Schulen, an Lehr- und Lernmaterial – also an finanzielle Mittel, die jetzt von einem riesigen Testapparat verschlungen werden. Standardisierungsfachleute in den USA gestehen heute ein, dass die bisherigen Bemühungen zur Qualitätssteigerung im Bildungswesen zu kurz greifen, da die in den USA angewendeten Assessment-Verfahren, die didaktische Qualität des Unterrichts und die Aus- und Weiterbildungsmöglichkeiten für Lehrkräfte nach wie vor unzureichend sind, um die ursprünglichen beabsichtigten Ziele der Standardisierung zu erreichen (RESNICK/ZURAWSKY 2005, 12).

Literatur

AMREIN, A. L./BERLINER, D. C. (2002): The Impact of High-Stakes Tests on Student Academic Performance: An Analysis of NEAP Results in States with High-Stakes Tests and ACT, SAT, and AP Test Results in States with High School Graduation Exams. http://www.asu.edu/educ/epsl/EPRU/documents/EPSL-0211-126-EPRU.pdf.

BEDNARZ, S. W. (1997): State Standards and the Faring of Geography. A Critique of State-Standard Setting. In: Ubique, (17)3, 6.

BEDNARZ, S. W. (2003): Nine years on: Implementation of the National Geography Standards. In: Journal of Geography, (102)3, 99-109.

BEDNARZ, R. S./BEDNARZ, S. W. (2004.1): Geography Education: The Glas is Half Full. It's Getting Fuller. In: Hartshorn, T. A. (Hrsg.): The Professional Geographer, (56)1, 22-27. Washington, D. C. (Association of American Geographers).

BEDNARZ, R. S./BEDNARZ, S. W. (2004.2): School Geography in the United States. In: Kent, A. W./Rawling, E./Robinson, A. (Hrsg.): Geographical Education – Expanding Horizons in a Shrinking World. Geographical Communications SAG Journal, Scottish Association of Geography Teachers Journal, 33, Glasgow, 209-212.

BERLINER, D. C./BIDDLE, B. J. (1995): The Manufactured Crisis. Menlo Park, CA.

BOEHM, R. G./RUTHERFORD, D. J. (2004): Implementation of National Geography Standards in the Social Studies: A Ten-Year Retrospective. In: The Social Studies: November/December, 228-230.

BUREAU OF LABOR STATISTICS (2004): Employment Status of the Civilian Noninstitutional Population, 1940 to date. US Department of Labor. Washington, D. C.

CLARK, J./STOLTMAN, J. P. (2000): The Renaissance of Geography Education in the USA. In: Kent, A. (Hrsg.): Reflective Practice in Geography Teaching. London: 238-252.

FEDERAL REGISTER (2005): Teaching American History. Department of Education, Notices, (70)10. Washington, D. C., 2625-2627.

FINN, C. E. JR./PETRILLI, M. J. (Hrsg. 2000): The State of the State Standards. The Thomas B. Fordham Foundation. Washington, D. C.

GEOGRAPHY EDUCATION STANDARDS PROJECT (1994): Geography for Life: National Geography

Standards. National Geographic Society – Committee on Research and Exploration. Washington, D. C.

HINDE, E. R. (2003): The Tyranny of the Test: Elementary Teachers' Conceptualization of the Effects of State Standards and Mandated Tests on their Practice. Current Issues in Education, (6)10. Journal on-line: http://cie.ed.asu.edu/volume6/number10/; angesehen am 20.8.05.

HOWARTH, D. A. & MOUNTAIN, K. R. (2004): Geography for Life and Standard-Based Education in the Commonwealth of Kentucky. In: The Social Studies, November/December, 261-265.

HUME, S./BOEHM, R. G. (2001): A Rational and Model for a Scope and Sequence in Geographic Education, Grades K-12. In: The Social Studies, (91)1, 16-21.

JOINT COMMITTEE ON GEOGRAPHIC EDUCATION (1984): Guidelines for Geographic Education. Association of American Geographers and National Council for Geographic Education. Washington, D. C.

MARRAN, J. (2003): Assessing Geography for Life: National Geography Standards 1994. Analysis of a Survey Conducted by the Geography Education National Implementation Project (GENIP). http://genip.tamu.edu; angesehen am 20.1.05.

MARRAN, J. (2004): No Child Left behind Act – A Tale of Ten Unintended Consequences. In: The Geography Teacher. Fall 2004

MERROW, J. (2001): Undermining Standards. Phi Delta Kappan, (82)9, 652-659.

MORRILL, R. (2004): The Virginia Standards of Learning: Where is Geography for Life. In: The Social Studies. November/December, 255-260.

NATIONAL SCIENCE RESEARCH COUNCIL (1996): National Science Education Standards. Washington, D. C.

REINFRIED S. (2001): Curricular Changes in the Teaching of Geography in Swiss Upper Secondary Schools. An Attempt to Develop Skills for Lifelong Learning. In: Journal of Geography, (100)6, 251-260.

REINFRIED, S. (2005): Standardisierte Geographiecurricula in England und den USA – Erfolgsgeschichten oder Büchse der Pandora? Geographie und Schule, (156)14, 33-43.

RESNICK, L./ZURAWSKY, C. (2005): Getting Back on Course. Standard-Based Reform and Accountability. In: American Federation of Teachers, Spring, 1-13.

SALTER, C./HOBBS, G. L./SALTER, C. L. (1998): Key to the National Geography Standards: Geography for Life, National Geography Standards, 1994. National Geographic Society. Washington, D. C.

STOLTMAN, J. P. (2002): A Scope and Sequence for Geographical Education Based on the National Content Standards in the United States. In: International Research in Geographical and Environmental Education, (11)3, 292-294.

US CONGRESS (2000): Goals 2000: The Educate America Act. Title 3, §5801. http://www.ed.gov/legislation/GOALS2000/TheAct/index.html; angesehen am 27.01.2005.

US CONGRESS (2001): No Child Left Behind Act of 2001. Title 1, §1111. http://www.ed.gov/policy/elsec/leg/esea02/index.html; angesehen am 27.01.2005.

WEISS, A. R./LUTKUS, A. D./HILDEBRANT, B. S./JOHNSON, M. S. (2002): The Nation's Report Card: Geography 2001. National Center for Education Statistics. Washington, D. C.

Leitthema C – Relativität von Grenzen und Raumeinheiten

Sitzung 1: Luft-, Wasser-, Stofftransporte grenzenlos: Raumeinheiten auf unterschiedlichen Skalenniveaus

Thomas Mosimann (Hannover) und Harald Zepp (Bochum)

Die Beiträge der Sitzung decken ein weites Spektrum an Problemen ab, die bei der raumbezogenen Modellierung von Wasser- und Stofftransporten zu lösen sind. Um die Sitzung nicht zu überfrachten, waren im Vorfeld Aspekte der Luftmassentransporte ausgeklammert worden. Die räumliche Skala erstreckt sich von großmaßstäblichen, auf einen Ackerschlag bezogenen Fragen der Bereitstellung von Modelleingangsinformationen bis hin zur hydrologischen Modellierung mesoskaliger Wassereinzugsgebiete. Dabei wird einmal mehr deutlich, wie heterogen der Modellbegriff verwendet wird. Im Mittelpunkt stehen einerseits die räumliche, geostatistische Datenmodellierung auf der Grundlage von Fernerkundungsdaten und Geländebeprobung (Rainer DUTTMANN, Karsten KRÜGER und Kay SUMFLETH), andererseits die hydrologische Prozessmodellierung (Ralf LUDWIG UND Wolfram MAUSER). Die kleinsten räumlichen Analyseeinheiten, seien es Tope, Rasterzellen oder Pixel der Bildverarbeitung sind in den vorgestellten Beispielen zwar verschieden definiert worden. Es bestätigt sich aber der Trend, in der Modellierung von so genannten homogenen Raumeinheiten abzurücken. Die Frage nach der Sicherheit der räumlich zu verortenden Aussagen, der Zuverlässigkeit und der Repräsentanz von Daten bleibt dabei bestehen.

In den Beiträgen von Benjamin BURKHARD/Felix MÜLLER und Ralf LUDWIG/Wolfram MAUSER bilden naturwissenschaftliche Modellkomponenten Kernbausteine, die im Modellverbund eingesetzt werden, um Auswirkungen von Landnutzungsänderungen auf den Wasserhaushalt und den Stoffaustrag (LUDWIG/MAUSER) sowie auf die ökologische Integrität von Ökosystemen und Landschaften (BURKHARD/MÜLLER) abzuschätzen. Die Autoren betonen, dass – aus unterschiedlichen Gründen – die Einbindung sozioökonomischer Aspekte eine besondere Herausforderung darstellt. Zum einen existieren fachspezifische Anforderungen an die Modellierung, zum anderen spielt die Formulierung von Schnittstellen eine entscheidende Rolle. Das relative Gewicht, mit dem naturwissenschaftliche und sozioökonomische Einflüsse in der Modellierung berücksichtigt werden, spiegelt auch einen Aushandlungsprozess innerhalb der an den Modellierungen und an der Diskussion der Modellergebnisse beteiligten Wissenschaftler und Stakeholder wider. Im Beitrag LUDWIG/MAUSER ist eine Methodik skizziert, wie durch eine gemeinsame Programmiersprache sektoral heterogene Sachverhalte in ein lauffähiges Computermodell integriert werden können.

Die Diskussion in Trier streifte auch grundsätzliche Probleme der Modellierung. Hierzu gehören das in Teilen noch immer mangelnde Prozessverständnis, also das Defizit an Theoriebildung, sowie das Problem der mangelnden Prognostizierbarkeit von Entwicklungsprozessen in dynamischen Systemen. Beobachtungen in Natursystemen haben zu der Erkenntnis geführt, dass Bifurkationen auftreten können, deren Eintritt nicht vorhergesagt werden können. Für die Grundlagenforschung mit wissenschaftlichem Erkenntnisinteresse sind dies vorrangig zu lösende Aufgaben. Davon unberührt bleibt die Forderung nach einer Verbesserung der Datenlage, um Modelle besser und umfangreicher zu kalibrieren und damit zu validen Aussagen zu gelangen.

Die Diskussion machte auch klar, dass eine vorausgehende, hinreichend präzise Definition des Einsatzzweckes von Modellen einen ganz entscheidenden Einfluss auf die Modellkonzeption und später auf die Modellarchitektur besitzt. Bei aller grundsätzlichen Modellkritik bleibt festzuhalten: Es werden für die Lösung von Praxisproblemen bereits eine Vielzahl zielführender Modelle angeboten. Diese angewandten Aspekte standen in der Leitthemensitzung allerdings nicht im Mittelpunkt der Betrachtung. Das Spektrum der in den Vorträgen gebotenen Modellierungsbeispiele war so breit gefächert, dass keine allgemein gültigen Schlüsse gezogen werden konnten.

No data als Problem – Wo die Landschaftsmodellierung an ihre Grenze stößt

Rainer Duttmann, Karsten Krüger und Kay Sumfleth (Kiel)

1 Einleitung

Zur Quantifizierung von Landschaftsprozessen steht heute eine große Anzahl an Modellen zur Verfügung. Mit diesen lassen sich die Prozesse des Landschaftswasser-, Landschaftsstoff- und -energiehaushaltes von der Feldskala bis zur regionalen Skala räumlich und zeitlich differenziert abbilden. Mit der zunehmenden Anwendung von Computermodellen in Forschung und Praxis rücken vermehrt Fragen nach der erreichbaren Güte flächenhafter Modellierungen und nach der Qualität der verfügbaren Modelleingangsdaten in den Fokus geowissenschaftlichen Interesses. Die Gründe hierfür sind u. a.:

- die mangelnde Verfügbarkeit skalenadäquater Flächendaten mit einer entsprechenden räumlichen, zeitlichen und inhaltlichen Auflösung,
- das Fehlen aufeinander abgestimmter, kompartimentübergreifender Flächendatensätze zur Modellierung von Landschaftsprozessen auf verschiedenen Raumskalen,
- unzureichende Kenntnisse über die flächenhafte Variabilität der Modelleingangsgrößen,
- fehlende Informationen zur Erfassungsgenauigkeit der verfügbaren Daten sowie
- das Fehlen standardisierter Verfahren zur Erzeugung räumlicher Verteilungsmuster der jeweiligen Modelleingangsgrößen.

Viele der genannten Defizite treffen auch auf die heute von Behörden bereitgestellten Bodendaten zu. Obwohl die Kenntnis der räumlichen Variabilität zahlreicher bodenphysikalischer und -chemischer Parameter die zentrale Voraussetzung für einen verlässlichen Einsatz von Simulationsmodellen ist, sind hoch auflösende Bodeninformationen nur in geringem Umfang verfügbar (SCHOLTEN/BEHRENS 2005). So kamen bereits PETERSEN (1991) und MOORE et al. (1993; 1996) zu der Erkenntnis, dass konventionelle Bodenkarten den Anforderungen räumlich höher auflösender Prozessmodelle nicht genügen. In die gleiche Richtung weisen die Arbeiten von WENKEL/SCHULZ (1998), die deutlich machen, dass zwischen der inhaltlichen, räumlichen und zeitlichen Auflösung der einsetzbaren Modelle und den zur Verfügung stehenden Daten nach wie vor eine starke Diskrepanz besteht.

Da in absehbarer Zeit keine landesweite bodenkundliche Aufnahme mit hoher räumlicher Erfassungsdichte zu erwarten ist (s. SCHOLTEN/BEHRENS 2005), sind Regionalisierungsmethoden erforderlich, die es ausgehend von den verfügbaren und gegebenenfalls durch Nachkartierung verdichteten Profilbeschreibungen ermöglichen, räumliche Verteilungen zentraler Bodeneigenschaften (z. B. Korngrößenverteilung, Horizontmächtigkeiten, Schichtungsverhältnisse, Humusgehalt) und Bodenkennwerten wissensbasiert zu generieren. Zu diesem Zwecke wurden in der Vergangenheit zahlreiche Ansätze entwickelt. Beispiele hierfür finden sich u. a. bei MOORE et al. (1993), BÖHNER et al. (2002), BÖHNER/KÖTHE (2003), McBRATNEY et al. (2000, 2003) und MÖLLER/HELBIG (2005).

2 Räumlich differenzierte Abbildung von Bodeneigenschaften mittels Regressions-Kriging

Mit dem Ziel, die räumliche Verteilung der für Landschaftsmodellierungen benötigten Bodeneigenschaften vorherzusagen und als Kontinua abzubilden, soll im Folgenden die Anwendung des von ODEH et al. (1995) beschriebenen „regression-kriging"-Verfahrens vorgestellt werden (Abb. 1). Diesem liegt die Annahme zugrunde, dass die Ausprägung der deterministischen Komponente der Zielvariablen (d. h. einer spezifischen Bodeneigenschaft) durch ein Regressionsmodell beschrieben wird, während die räumlich variable Komponente durch die Modellresiduen erfasst wird (s. McBRATNEY et al. 2000). Durch den Einbezug der Residuen kann der Schätzfehler bei der Vorhersage der räumlichen Ausprägung der betreffenden Bodeneigenschaft minimiert werden. Zur Abschätzung der räumlichen Verteilungen von Bodenparametern lassen sich als „Hilfsgrößen" (Sekundärinformation) die aus Geländemodellen ableitbaren Reliefparameter und/oder -indizes wie der Topographische Index (n. MOORE et al. 1993) und der Divergenz-Konvergenz-Index (n. KÖTHE/LEHMEIER 1994) sowie die aus Luft- und Satellitenbilddaten extrahierbaren Pflanzenwuchs- und Ertragseigenschaften heranziehen.

So zeigen zahlreiche Untersuchungen, dass für Zwecke der Bodenregionalisierung besonders solche Ansätze geeignet sind, die die räumliche Verteilung der entsprechenden Bodeneigenschaften mit morphometrischen Parametern oder Indizes in Beziehung setzen (s. BÖHNER/ KÖTHE 2003). Diese Regionalisierungsansätze gehen von der Überlegung aus, dass die Geländeoberfläche als Steuergröße für oberirdische Wasser- und Stofftransporte fungiert, die ihrerseits vor allem in reliefierten Landschaften zur Ausbildung typischer catenarer Bodenabfolgen und zur Ausprägung charakteristischer Verteilungsmuster mit unterschiedlichen Boden- und Standorteigenschaften führen (vgl. JENNY 1941, MOORE et al. 1994/1996, WALKER et al., 1968, CARTER/CHIOLKOSZ 1991).

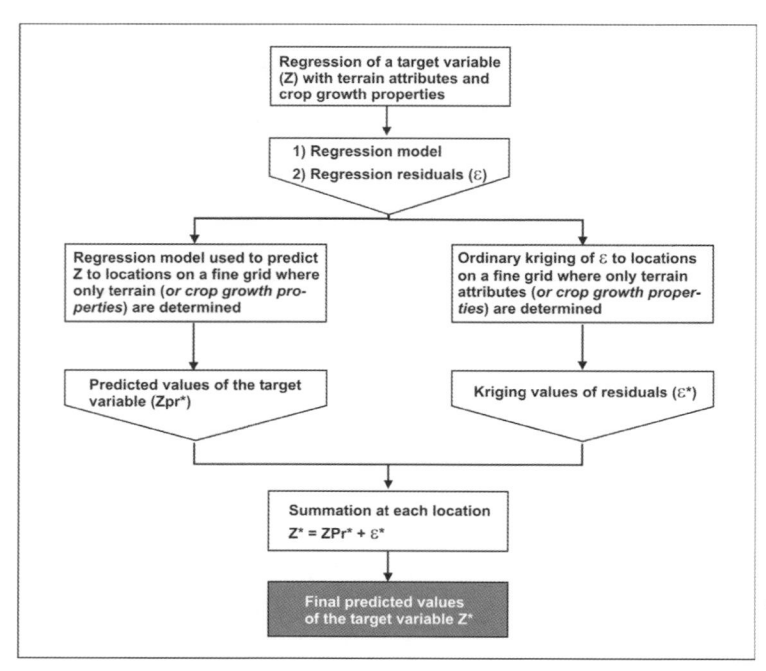

Abb. 1:
Schema des Regressions-Kriging-Verfahrens nach Odeh et al. (1995), leicht verändert

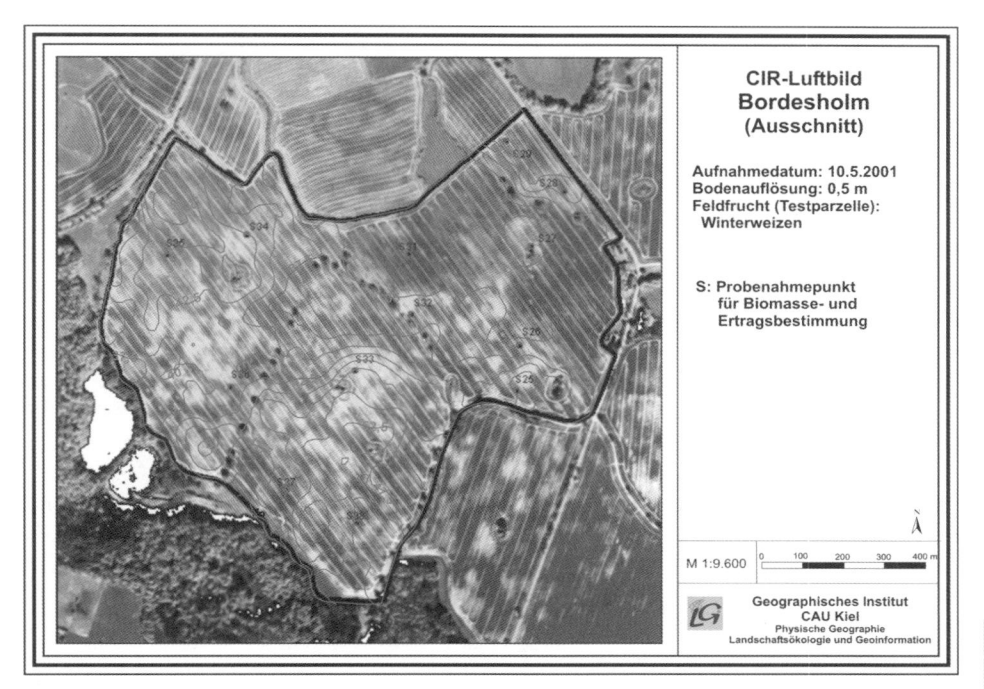

Abb. 2: CIR-Luftbild mit Bestandesheterogenitäten in einem Winterweizenschlag (Mai 2001)

Unterschiede im Bodenaufbau und in der Bodenfruchtbarkeit äußern sich darüber hinaus auch in unterschiedlichen Ertrags- und Wuchsleistungen von Kulturpflanzenbeständen (vgl. BISHOP/MCBRATNEY 2001, DOBOS et al. 2000). Es ist deshalb naheliegend, diese in ein Regionalisierungsmodell zur Vorhersage von Bodenparametern zu integrieren. Als Indikatoren für Pflanzenwuchs- und Ertragseigenschaften lässt sich beispielsweise der Normalized Difference Vegetation Index (NDVI) heranziehen, da er eng mit der Bestandesvitalität und dem bodenbürtigen Ertragspotenzial korreliert ist (s. WERNER/JARFE, 2002, SOMMER et al. 2002, COLBURN 1999, MCBRATNEY/PRINGLE 1997).

Der vorliegende Beitrag untersucht, ob und inwieweit die Verknüpfung von Reliefparametern und dem aus Fernerkundungsdaten abgeleiteten NDVI zu einer verbesserten Abbildung der räumlichen Differenzierung von Bodeneigenschaften beitragen kann. Dies soll am Beispiel einer ca. 80 ha großen, mit Winterweizen bedeckten Testparzelle (s. Abb. 2) im Raum Bordesholm (ostholsteinisches Hügelland) dargestellt werden.

3 Datengrundlagen

Zur Gewinnung der für das Regressions-Kriging erforderlichen Datengrundlage wurden 76 zufällig über das Testgebiet verteilte Standorte in den Tiefenintervallen 0–30, 30–60 und 60–90 cm beprobt und die Korngrößenverteilung, die Humus- und Carbonatgehalte und die Lagerungsdichte untersucht. Der flächenhaften Erfassung von Bestandesunterschieden liegt eine CIR-Aufnahme aus dem Mai 2001 (Abb. 2) und eine LANDSAT-TM-Szene vom gleichen Aufnahmezeitraum zugrunde. Aus diesen wurde der NDVI (= NIR-R/NIR+R) berechnet, der mit den zeitgleich an 13 repräsentativen Monitorpedozellen erfassten Bestandesmerkmalen Vegetationsdichte (Anzahl Ähren tragender Halme/m^2), oberirdische Biomasse (g/m^2) und Bedeckungsgrad (%) korreliert wurde. Grundlage für die Berechnung des topgraphischen Indexes und des Divergenz-Konvergenz-Indexes bildete ein DGM 5 des Schleswig-Holsteinischen Landesvermessungsamtes.

4   Zur Genauigkeit von Bodenkarten – Ein Fallbeispiel

Abb. 3 stellt einen Ausschnitt aus der Bodenkarte BK 25 „Bordesholm" dar. Vergleicht man die dort ausgewiesenen Bodeneinheiten, so lässt sich zwar eine vergleichsweise feine bodentypologische Differenzierung beobachten, nicht jedoch die für die Modellierung des Bodenwasser- und Stoffhaushaltes wichtigere Differenzierung metrisierbarer Bodeneigenschaften wie Bodentextur und Humusgehalt. Dies macht die Gegenüberstellung zwischen den in der Karte beschriebenen und den auf der Grundlage einer engmaschigen Beprobung ermittelten Werten deutlich. Weist die Bodenkarte als flächenhaft dominante Bodenart „lehmigen Sand (Sl4)" mit Tonanteilen zwischen 12 und 17 Masse-% aus, so zeigen die Messergebnisse für die 76 über das Gebiet verteilten Probenahmestandorte nicht nur eine sehr viel breitere Streuung des Tongehaltes mit Werten zwischen 15 und 50 Masse-% (Abb. 4). Auch die aus der räumlichen Interpolation der Einzelfraktionen (Sand, Schluff, Ton) und der anschließenden rasterzellenweisen Berechnung der Korngrößenverteilung resultierenden Bodenarten weichen deutlich von den in der BK 25 beschriebenen ab. Treten dort Bodenarten Sl4, Sl2-Sl3 und Su3-4 auf, so sind nach den Ergebnissen der hier beschriebenen Untersuchungen tatsächlich Bodenarten wie Ls3, Ls4, Tu2, Lt2 und Lt3 zu erwarten (Abb. 5). Die zumeist unzureichende Qualität der in konventionellen Bodenkarten bereitgestellten Daten ist mit erheblichen Limitierungen für die Modellierung von Landschaftsprozessen ver-

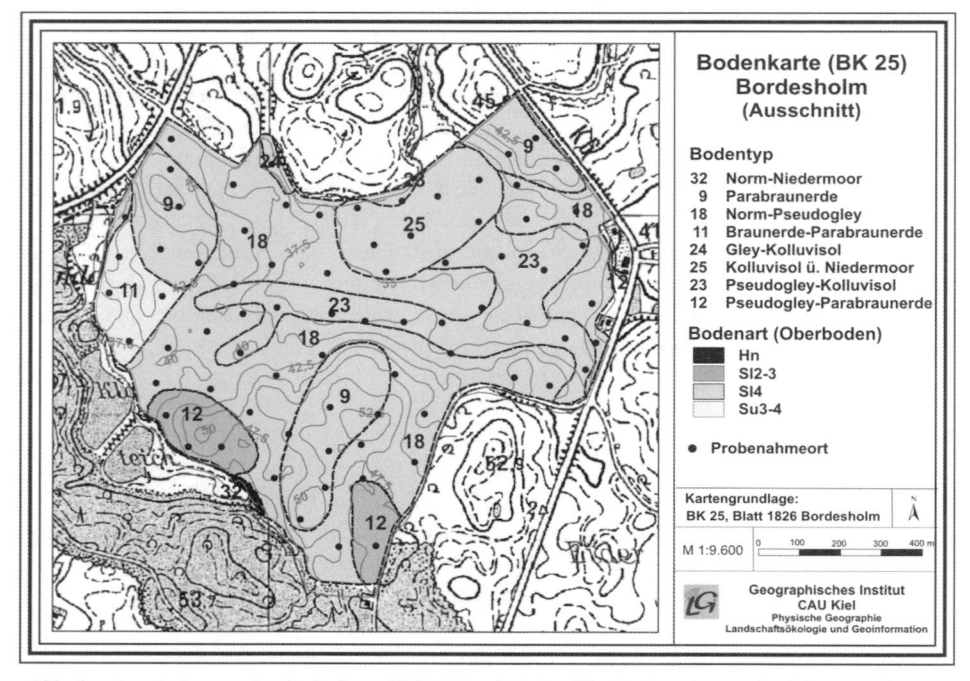

Abb. 3: Ausschnitt aus der Bodenkarte BK25 Bordesholm (Quelle: Landesamt für Natur und Umwelt des Landes Schleswig-Holstein)

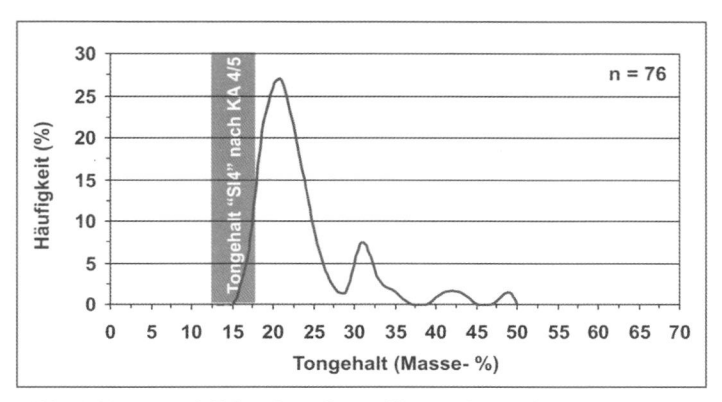

Abb. 4: Prozentuale Verteilung der im Untersuchungsgebiet gemessenen Tongehalte (Oberboden) im Vergleich mit der nach der BK 25 zu erwartenden Tongehaltsverteilung

bunden. Als Beispiel hierfür soll die in Abb. 6 dargestellte Simulation des Bodenfeuchteganges für die Bodenarten Sl4 (als vorherrschende Bodenart der BK 25) und die Bodenarten Ls3 sowie Lt3 (als real im Testgebiet auftretende Bodenarten) dienen. Wie die Ergebnisse der für denselben Simulationszeitraum und gleiche Nutzungsbedingungen durchgeführten Modellrechnungen belegen, treten im Vergleich mit der in der Bodenkarte angegebenen Bodenart im Mittel Wassergehaltsabweichungen zwischen 5 Vol.-% (Sl4-Ls3) und 15 Vol.-% (Sl4-Lt3) auf.

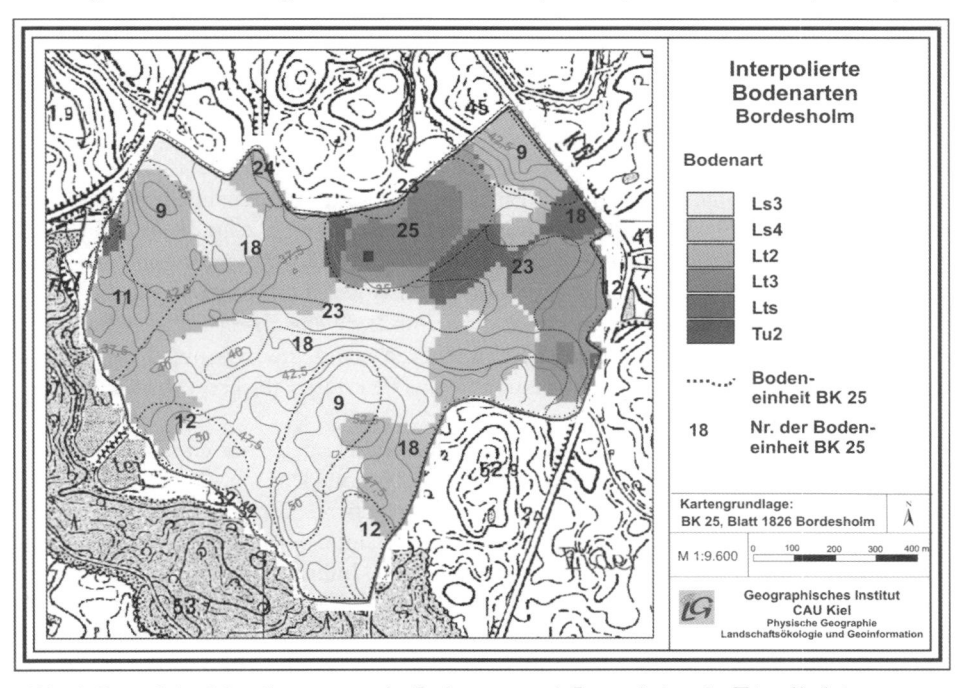

Abb. 5: Räumliches Verteilungsmuster der Bodenarten nach Interpolation der Einzelfraktionen

5 Die räumlichen Verteilungsmuster von Bodeneigenschaften und ihre Beziehungen zu Relief- und Bestandesparametern

Dem hier vorgestellten Regionalisierungsverfahren liegt die Annahme zugrunde, dass die räumlichen Muster der Bodenverbreitung in Landschaften mit gleichen Entstehungs-

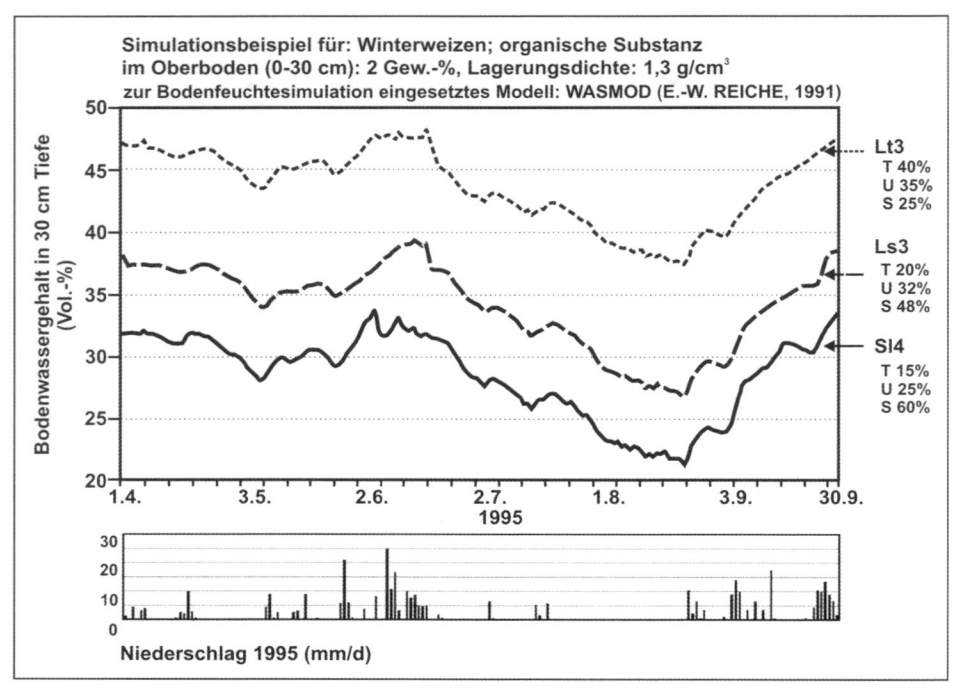

Abb. 6: Einfluss der Bodenart auf die Simulation der Bodenfeuchte

bedingungen und ähnlichen Ausgangssubstrat wesentlich durch das Relief beeinflusst sind. Diese Anordnungsmuster spiegeln sich vor allem unter ackerbaulicher Nutzung in unterschiedlichen Wuchs- und Produktionsleistungen wider. So zeigt die in Abb. 2 dargestellte CIR-Aufnahme deutliche Bestandesheterogenitäten mit einer zumeist hohen Pflanzendichte in den Senkenbereichen und abflusslosen Hohlformen, die sich auch durch höhere Anteile an mineralischer und organischer Feinsubstanz auszeichnen. Im Unterschied dazu finden sich die wuchsschwächeren Standorte sowohl auf den für das ostholsteinische Hügelland typischen Kuppen und den durch stärkere Abspülungsprozesse beeinflussten steileren Hanglagen.

Den engen Zusammenhang zwischen den Bestandeseigenschaften wie Bestandesdichte, Bedeckungsgrad und oberirdische Biomasse und dem aus dem CIR-Luftbild abgeleiteten NDVI stellt Tab. 1 dar. Die höchsten Korrelationskoeffizienten zeigten sich dabei für die Beziehungen zwischen dem NDVI einerseits und der Bestandesdichte (0,94) sowie der Biomasse (r = 0,84) andererseits. Ähnliche Ergebnisse beschreiben die Arbeiten von BASSO (2002), SCHMIDTHALTER/SELIGE (2002) und SOMMER et al. (2002). Durch die rasterzellenweise Verknüpfung der Regressionsfunktionen mit dem NDVI lassen sich die entsprechenden Bestandeseigenschaften flächendifferenziert abbilden.

Um festzustellen, inwieweit die im Gelände beobachtbaren Zusammenhänge zwischen der räumlichen Verteilung der Vegetationsparameter und den Oberflächeneigenschaften auch statistisch signifikant nachweisbar sind, wurden eine Reliefanalyse durchgeführt und sowohl der Topographie-Index als auch der Divergenz-Konvergenz-Index flächenhaft berechnet. Beide Indizes wurden anschließend mit den zuvor ermittelten und den ebenfalls in einer Grid-Datei abgelegten Bestandeseigenschaften korreliert (s. o.).

Tab.1: Korrelationskoeffizienten (Pearson) für die Beziehungen zwischen ausgewählten Vegetationsparametern und dem NDVI

Bestandesparameter (n=13)	Bestandesdichte (Halme/m²)	Biomasse, trocken (g/m²)	Bestandeshöhe (cm)	Bedeckungsgrad (%)
Bestandesdichte (Halme/m²)	-	0,877**	0,672*	0,926**
Biomasse, trocken (g/m²)	0,877**	-	0,845**	0,982**
Bestandeshöhe (cm)	0,672*	0,845**	-	0,799**
Bedeckungsgrad (%)	0,926**	0,982**	0,799**	-
NDVI	**0,937****	**0,837****	**0,717****	**0,875****

** Signifikanzniveau 99 % (zweiseitig), * 95 % (zweiseitig)

Aufgrund der vergleichsweise hohen Streuung von Bestandesmerkmalen und Reliefindizes um eine Rasterzelle, wurde eine Aggregierung der entsprechenden Merkmale und Indizes vorgenommen, indem für die Vegetationsmerkmale wie auch für die Reliefindizes jeweils ein arithmetischer Mittelwert aus den acht Nachbarzellen einer Mittelpunktzelle (3*3 Matrix) gebildet wurde. Insgesamt ergab die Korrelationsanalyse den erwartet hohen Zusammenhang zwischen der oberirdischen Biomasse auf der einen Seite und dem Topographie-Index ($r = 0,85$) sowie dem Divergenz-Konvergenz-Index ($r = -0,75$) auf der anderen Seite. Zwischen der Bestandesdichte und den o. g. Reliefindizes wurden ähnlich hohe Zusammenhänge ermittelt.

6 Regionalisierung von Bodeneigenschaften mittels Regressions-Kriging

Da reliefbedingte Transportprozesse maßgeblichen Einfluss auf die Bodendifferenzierung nehmen, die ihrerseits – wie das CIR-Luftbild (Abb. 2) zeigt – in deutlichen Bestandesunterschieden zum Ausdruck kommt, war mit Blick auf die hier angestrebte Bodenregionalisierung zu untersuchen, inwieweit die Integration der o. g. Reliefeigenschaften und des NDVI in ein Regressions-Kriging-Verfahren zu einer verbesserten räumlichen Abschätzung von Bodeneigenschaften beitragen kann. Die Ergebnisse der Korrelationsanalysen zwischen den Bodenkennwerten des obersten Bodenhorizontes, den aus den CIR-Luftbild- und Landsat-TM-Daten extrahierten NDVI-Werten sowie den Reliefindizes sind in Tab. 2 dargestellt. Vergleichsweise hohe Zusammenhänge lassen sich dabei zwischen den Bodeneigenschaften (Ton-, Humus- und Sandgehalte) und dem Topographie-Index nachweisen. Dagegen sind die berechneten NDVI-Werte deutlich schwächer mit den untersuchten Bodeneigenschaften korreliert. Dies ist u. a. darauf zurückzuführen, dass hier lediglich der Oberboden berücksichtigt wurde, nicht aber die für Pflanzenwachstum und -ertrag bedeutsamen Eigenschaften des gesamten Wurzelraumes (z. B. nutzbare Feldkapazität im effektiven Wurzelraum, Einflüsse von Grund- und Stauwasser, Nährstoffverfügbarkeit. Der NDVI bzw. die daraus abgeleiteten Bestandeseigenschaften wären dementsprechend eher als Indikatoren für das gesamte Wuchspotenzial an einem Standort aufzufassen denn als Hilfsgröße für die Regionalisierung horizontbezogener Einzelfaktoren des Bodens.

Die Ergebnisse der unter Einbezug des Topographie-Indexes und des NDVI für das Testgebiet Bordesholm berechneten räumlichen Tongehaltsverteilung sind in Abb. 7 dargestellt. Ihrer Berechnung liegt folgende Gleichung zugrunde:

$$y (\text{Masse-\% Ton}) = TI * 0,26 + NDVI * 2,228 - 0,853$$

Tab. 2: *Korrelationskoeffizienten (Pearson) für die Beziehungen zwischen ausgewählten Oberbodeneigenschaften, Reliefindices und dem NDVI*

Bodeneigenschaft n = 76	Topographie-Index	Divergenz-Konvergenz-Index	NDVI CIR KW 19/2001 Landsat-TM 290401
Org. C-Gehalt (%)	0,573**	-0,380*	0,273*
			0,421**
Tongehalt (%)	0,599**	-0,296*	0,234*
			0,273
Schluffgehalt (%)	0,344**	-0,319**	0,229*
			0,359**
Sandgehalt (%)	-0,590**	0,353**	-0,269*
			-0,353**

Abb. 7 zeigt die erwartete deutliche Anreicherung der Tongehalte in den Depositions- und Senkenbereichen sowie in den abflusslosen Hohlformen. Ebenfalls gut nachgezeichnet werden die Bereiche mit häufiger auftretenden Abspülungen und Bodenumlagerungen. Wie die Überprüfung der vorhergesagten Ergebnisse anhand von 50 unregelmäßig über das Testgebiet verteilten Validierungsstandorten zeigt, lassen sich ca. 60 % der auftretenden Tongehaltsvarianz mit dem vorgestellten Regressionsmodell erklären. Ähnliche Ergebnisse ergeben sich auch für die vorhergesagten Sand- und Humusgehalte.

Zukünftige Arbeiten werden zu klären haben, ob der beschriebene Ansatz auf die Landschaftsskala übertragen werden kann. So soll in der Folge überprüft werden, in-

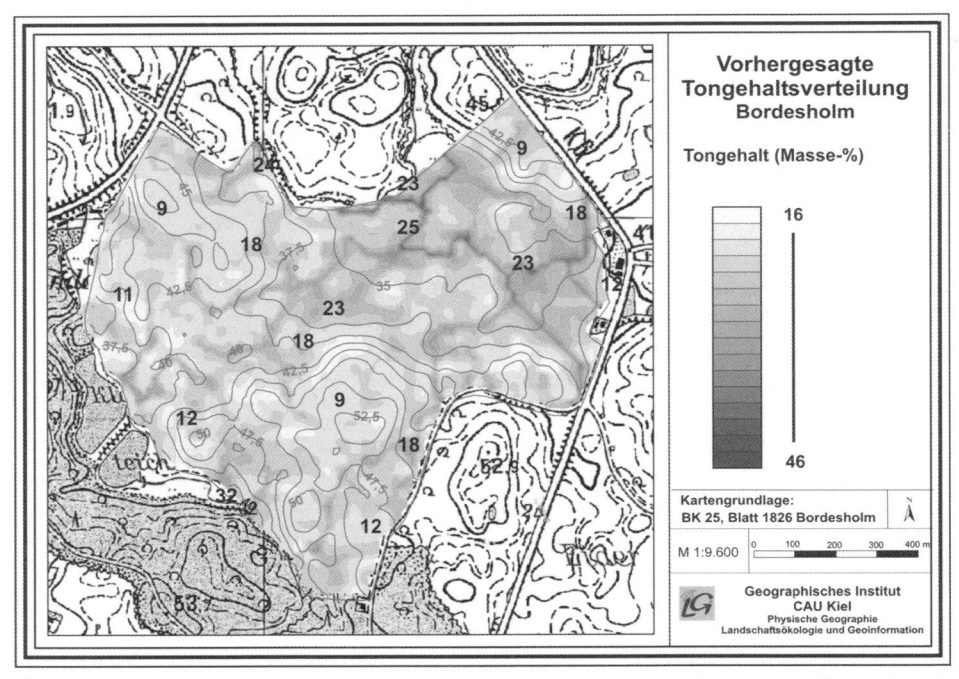

Abb. 7: Mittels Regressions-Kriging erzeugte räumliche Verteilungen der Tonanteile im Oberboden

wieweit kontinuierliche Verteilungen von Bodeneigenschaften in landwirtschaftlich genutzten Flächen unter Einsatz des Regressions-Kriging Ansatzes und der Verwendung von übersetzten Bohrlochbeschreibungen der Reichsbodenschätzung generiert werden können, um räumlich hoch auflösende Datengrundlagen für Modellierungen bereitzustellen.

7 Ausblick

Vor dem Hintergrund einer für räumliche Modellierungen derzeit oftmals noch unbefriedigenden Qualität von Flächendaten erscheint die Bewältigung folgender Aufgaben von vorrangiger Bedeutung:
- Verbesserung der Qualität (und Aktualität) der für Modellierungen auf der Feld- und Landschaftsskala erforderlichen Basisdaten (u. a. verbesserte Übersetzung der Reichsbodenschätzung);
- Übergang von der in Bodenkarten üblichen Darstellung „quasi-homogener" Flächen mit hoher Aggregierung zur Abbildung räumlich kontinuierlicher Parameterfelder und -verteilungen;
- Verknüpfung der Sachinformation mit Angaben über Datenqualität und Schätzfehler (u. a. Optimierung der Metadaten);
- Entwicklung von Regionalisierungsmodellen für den Transfer von Punktdaten in Flächeninformation;
- Aufbau von 3D-(Boden-)Landschaftsmodellen.

Literatur

Bishop, T. F. / McBratney, A. B. (2001): A comparison of prediction methods for the creation of field-extent soil property maps. In: Geoderma, 103, 149-160.

Böhner, J. / Köthe, R. (2003): Regionalisierung und Prozessmodellierung: Instrumente für den Bodenschutz. In: Petermanns Geographische Mitteilungen, 147(3), 72-82.

Böhner, J. / Köthe, R. / Conrad, O. / Gross, J. / Ringeler, A. / Selige, T. (2002): Soil Regionalisation by means of terrain analyses and process parameterisation. In: Micheli, E. / Nachtergaele, F. / Jones, R. / Montanarella, L. (Eds.): Soil classification 2001. Publication of the European Union, EUR 20398 EN. Luxembourg, 213-222.

Carter, B. J. / Ciolkosz, E. J. (1991): Slope gradient and aspect effects on soil development from sandstone in Pennsylvania. In: Geoderma, 49, 199-213.

Colburn, J. W. (1999): Soil Doctor multi-parameter, real time soil sensor and concurrent input control system. In: Robert, P. C. / Rust, R. H. / Larson, W. (Eds.): Proceedings of the Fourth International Conference on Precision Agriculture. Madison, 1011-1022.

Dobos, E. / Micheli, E. / Baumgardner, M. F. / Biehl, L. / Helt, T. (2000): Use of combined digital elevation model and satellite radiometric data for regional soil mapping. In: Geoderma, 97, 367-391.

Jenny, H. (1941): Factors of soil formation: a system of quantitative pedology. New York.

Köthe, R. / Lehmeier, F. (1994): SARA-Benutzerhandbuch. Göttingen.

McBratney, A. B. / Mendonca, M. / Minasi, B. (2003): On digital soil mapping. In: Geoderma, 117, 3-52.

McBratney, A. B. / Odeh, I. O. / Bishop, T. F. / Dunbar, M. S. / Shatar, M. (2000): An overview of pedometric techniques for use in soil survey. In: Geoderma, 97, 293-328.

McBratney, A. B. / Pringle, M. J. (1997): Spatial variability in soil – Implications for precision agriculture. In: Stafford, J. V. (Ed.): Precision Agriculture. Oxford, 3-33.

Möller, M./Helbig, H. (Hrsg.) (2005): GIS-gestützte Bewertung von Bodenfunktionen. Datengrundlagen und Lösungsansätze. Heidelberg.

Moore, I. D. (1996): Hydrologic modelling and GIS. In: Goodchild, M. F./Steyaert, L. T./Parks, B. O. (Eds.): GIS and Environmental Modelling: Progress and Research Issues, 143-148.

Moore, I. D./Grayson, R. B./Ladson, A. R. (1994): Digital terrain modelling: a review of hydrological, geomorphological and biological applications. In: Beven, K. J./Moore, I. D. (Eds.): Terrain analysis and distributed modelling in hydrology. Advances in Hydrological Processes, 7-34.

Moore, I. D./Gessler, P. E., Nielsen, G. A./Peterson, G. A. (1993): Soil attribute prediction using terrain analyses. In: Soil Science Society of America Journal, 57, 443-452.

Moore, I. D./Grayson, R. B./Ladson, A. R. (1991): Digital terrain modelling: A review of hydrological, geomorphological and biological applications. In: Hydrological Processes, 5, 3-30.

Odeh, I. O./McBratney, A. B./Chittleborough, D. J. (1995): Further results on prediction of soil properties from terrain attributes: heterotopic cokriging and regression-kriging. In: Geoderma, 67, 215-226.

Petersen, C. (1991): Precision GPS navigation for improving agricultural productivity. In: GPS World, 2(1), 38-44.

Schmidthalter, U./Selige, T. (2002): Multispektrale Fernerkundung von Bodeneigenschaften und Aufwuchszuständen. In: Werner, A./Jarfe, A. (Hrsg.): Precision Agriculture: Herausforderung an integrative Forschung, Entwicklung und Anwendung in der Praxis. Darmstadt, 117-127.

Scholten, T./Behrens, T. (2005): Methoden der GIS-gestützten Erstellung von Bodenprognosekarten am Beispiel des Ostharzes und des Schwarzerdegebietes in Sachsen-Anhalt. In: Möller, M./Helbig, H. (Hrsg.): GIS-gestützte Bewertung von Bodenfunktionen. Heidelberg, 46-66.

Sommer, M./Wehrhan, M./Zipprich, M./Castell, W./Weller, U. (2002): Quantitative pedogenetic approach on soilscapes by relief analysis, geophysics and remote sensing. In: 17th World Congress of Soil Science, Thailand, 109, 1-12.

Walker, P. H./Hall, G. F./Protz, R. (1968): Relationship between landform parameters and soil properties. In: Soil Science Society of America Proceedings, 32, 101-104.

Wenkel, K.-O./Schultz, A. (1998): Vom Punkt zur Fläche – das Skalierungs- bzw. Regionalisierungsproblem aus Sicht der Landschaftsmodellierung. In: Steinhardt, U./Volk, M. (Hrsg.): Regionalisierung in der Landschaftsökologie. Stuttgart, 19-42.

Werner, A./Jarfe, A. (Hrsg.) (2002): Precision Agriculture: Herausforderung an integrative Forschung, Entwicklung und Anwendung in der Praxis. Darmstadt.

Realität im Modell ? – Integrative methodische Ansätze zur Modellierung von Wasser- und Stoffflüssen in mesoskaligen Flussgebieten

Ralf Ludwig (Kiel) und Wolfram Mauser (München)

1 Einführung

Der natürliche Kreislauf des Wassers ist mengenmäßig der größte globale Stoffkreislauf. In seiner räumlichen und zeitlichen Ausprägung ist er in wechselwirkender Weise an den Energiekreislauf gekoppelt. Das Verständnis dieses komplexen Ursache- und Wirkungsgefüges ist ein zentrales Forschungsthema zahlreicher naturwissenschaftlicher Fachdisziplinen. Da das Wasser alle sozio-ökonomischen, kulturellen und ökologischen Aspekte des alltäglichen Lebens auf der Erde beeinflusst und ggf. sogar steuert, hat es in einer wissenschaftlichen Betrachtung der Disparitäten in seiner Verteilung und Allokation einen großen transdisziplinären Stellenwert eingenommen. Die Verfügbarkeit der Wasserressourcen, die sich aus den Naturpotenzialen und dem ober- und unterirdischen Wasserdargebot einer Landschaft ergibt, ist von lebensessentieller Bedeutung für die belebte Umwelt. Die regional stark beeinträchtigte Ausgewogenheit zwischen Wasserverfügbarkeit und Wasserbedarf wird nach den derzeitigen Erkenntnissen in Zukunft durch den erwarteten Globalen Wandel in unterschiedlich starker regionaler Ausprägung unter stetig steigenden Druck geraten. Der Globale Wandel beschreibt und erfasst die sich beschleunigenden globalen Veränderungen der Umwelt, der Wirtschaft und der Gesellschaft durch die wachsende Erdbevölkerung und ihre Auswirkung auf die verschiedenen Stoffkreisläufe im System Erde. Der Untersuchung dieser Veränderungen widmen sich zahlreiche große internationale Forschungsprogramme, wie das World Climate Research Program (WRCP), das International Geosphere Biosphere Program (IGBP), das Internationale Programm zur Biodiversität (DIVERSITAS) oder das International Human Dimension Programm (IHDP). Darin spielt die räumliche Veränderung des natürlichen Dargebots und der Verfügbarkeit von Wasser jeweils eine maßgebliche Rolle. Die Ausrichtung dieser Programme betont die integrative Komponente der damit verbundenen Fragestellungen und macht die Notwendigkeit einer interdisziplinären Behandlung deutlich. Nur durch eine geeignete Kopplung von Expertenmodellen ist eine ausreichende Abbildung der Realität in Modellen der Hydrologie möglich.

2 Die Modellierung hydrologischer Prozesse
2.1 Modellierungsansätze in der Hydrologie

Aus hydrologischer Perspektive erfordert die Beurteilung und Vorhersage hydrologischer Prozesse im Spannungsfeld zwischen Wasserbedarf und Wasserverfügbarkeit die möglichst genaue Beschreibung des komplexen Prozessgefüges im Wasserkreislauf auf verschiedenen räumlichen und zeitlichen Skalen mit Hilfe von regionalisierbaren und prognosefähigen Modellen. Flusseinzugsgebiete sind die ideale Managementeinheit für derartige Fragestellungen, da sie eine für Wasserflüsse sinnvolle Abgrenzung darstellen. In diesen Einheiten kann sowohl eine Bilanzierung natürlicher Kreisläufe erfolgen, als auch die Bemessung von wasserwirtschaftlichen Eingriffen quantifiziert werden. Dabei dienen Flussgebietsmodelle der mathematischen Beschreibung der Wasser- und der damit gekoppelten Stoffflüsse (physikalische, chemische und biologische Prozesse) in hydrologischen Einzugsgebieten. Allerdings stellt die Erfassung der Heterogenität hydrologischer Prozesse in Raum und Zeit trotz erheblicher Fortschritte in der Datenhaltung und -verarbeitung und Rechenkapazität in den letzten Jahren weiterhin ein nicht gelöstes Problem dar. Gründe dafür sind häufig die mangelnde physikalische Grundlage des Modellansatzes und damit das Fehlen eines direkten Raum- und Flächenbezugs, wodurch auch die vertikalen und lateralen Austauschprozesse nur ungenügend abgebildet werden können. Die erwarteten hochdynamischen Veränderungen des Wasserkreislaufs erfordern eine Verbesserung und Flexibilisierung der bestehenden, mitunter bereits weit entwickelten Modellrealisierungen. Gängige Verfahren, die häufig auf empirischen Erfahrungen oder statistischen Methoden beruhen, verfügen zum Teil über einen hohen Automatisierungsgrad und sind damit effizient und mit guter Ergebnisqualität einsetzbar. Allerdings stellen diese Modelle häufig gebietsspezifische, kalibrierte Lösungen dar. Besonders unter dem Gesichtspunkt einer sich stetig wandelnden Umwelt ist hier in Zukunft mit verstärkten Unsicherheiten zu rechnen. Neben der nach wie vor sehr problematischen räumlichen Niederschlagserfassung, sind die Ursachen von Fehlvorhersagen in der oft nur unzureichenden flächenverteilten Beschreibung des Untersuchungsraumes zu suchen. Hier wird die Heterogenität der Landoberfläche mit ihren hochdynamischen Zustandsänderungen (z. B. Bodenfeuchte, Schneebedeckung) und ihrer hydrologischen Wirksamkeit auf die Prozesse der Evapotranspiration und der Abflussbildung oft nicht ausreichend berücksichtigt. Diese semi-empirischen oder empirisch-konzeptionellen Modellansätze sind damit ungeeignet, um das Verhalten von sich verändernden Systemen über Szenarien zu analysieren (SENATSKOMMISSION FÜR WASSERFORSCHUNG 2003). Diesem Anspruch können nur Modellansätze gerecht werden, die eine prozessnahe Beschreibung hydrologischer Vorgänge und ihrer Wechselwirkungen voraussetzen. Ziel muss dabei ein Minimum an Kalibrierung sein, damit diese Modelle zum verbesserten Verständnis der hydrologischen Kreisläufe in der Natur auch für die Untersuchung von Szenarien herangezogen werden können, für die bislang keine Erfahrungen vorliegen. Erst dadurch können geeignete, lokal angepasste und nachhaltige Bewirtschaftungsmaßnahmen für das Flussgebietsmanagement erkannt und implementiert werden.

Für die Bewältigung der Zukunftsaufgaben in der Hydrologie und Wasserwirtschaft reichen dabei fundierte Kenntnisse des Verdunstungsprozesses und der Abflussbildung auf der mikroskaligen Ebene nicht aus. Gemäß den Forderungen der Wasserrahmenrichtlinie der Europäischen Union liegt der Anspruch auf der Modellierung des Wasserhaushaltes meso- bis makroskaliger Flussgebiete, um die für Politik und Wirtschaft notwendigen Entscheidungsgrundlagen für ein integriertes Wassermanagement bereit zu stellen. Es muss gewährleistet sein, dass die hydrologischen Prozesse im regionalen Maßstab mit vergleichbarer Genauigkeit zur Mikroskala beschrieben und modelliert werden können.

Die physikalisch basierte und räumlich differenzierte Modellierung von Umweltprozessen ist wegen des hohen Parametrisierungsaufwandes an die Verfügbarkeit zeitlich und räumlich geeigneter Daten geknüpft, mit denen diese Prozesse adäquat beschrieben werden können.

Ein grundlegendes Problem bei der Parametrisierung numerischer Modelle der Landoberfläche stellt dabei die Diskrepanz zwischen der Prozessskala, also die räumliche und zeitliche Ausdehnung eines Umweltprozesses in seiner Umgebung, und der Modellskala dar, also die raum-zeitliche Dimensionierung, für die ein Modell valide ist. Das bedeutet, dass für die modelltechnische Erfassung der häufig kleinräumig gesteuerten Umweltprozesse entsprechende Eingangsdaten bereit gestellt werden müssen, die zum Einen die Inhomogenitäten der Landschaftsstruktur und zum Anderen die dynamischen Zustandsänderungen eines Einzugsgebietes beschreiben können.

2.2 Die Rolle der Fernerkundung als integratives Forschungsinstrument

Für die Umsetzung integrativer, methodischer Modellansätze werden sowohl stabile physikalische, physiologische, hydrologische und sozialwissenschaftliche Beziehungen als auch ein Satz möglichst genauer, detaillierter, räumlich verteilter Parametersätze und Validierungsdaten benötigt. Die Fernerkundung und die aus ihr abgeleiteten Landoberflächenparameter spielen deshalb für Entwicklung und Betrieb von integrativen Modellen eine entscheidende Rolle. Landoberflächenparameter wie Landbedeckung und -nutzung, Vegetationseigenschaften und Relief dienen zum Einen als detaillierte und räumlich verteilte, aktuelle Parametersätze. Darüber hinaus werden Messungen dynamischer Modellvariablen, wie der Bodenfeuchte der obersten Bodenschicht oder der Veränderung der Schneedecke, als integrierte Validierungsdatensätze genutzt, um die Genauigkeit der Modellkomponenten bei der Beschreibung hydrologischer Prozesse zu bestimmen. Mit Methoden der Satellitenfernerkundung konnten hier für hydrologische Fragestellungen auf unterschiedlichen Skalen erhebliche Fortschritte erzielt werden (z. B. OWE et al. 2001, SCHMUGGE et al. 2002). Dabei sind die eingeführten Methoden der Fernerkundung bereits vielfach soweit entwickelt, dass Initialisierungs-, Eingabe- und Validierungsdaten für Modelle quantitativ mit guter Genauigkeit bestimmbar sind (MAUSER et al. 2001). Von besonderem Vorteil ist dabei, dass Fernerkundungsdaten in methodisch homogener und damit auch regionalisierbarer Qualität vorliegen. Auf der Grundlage etablierter Sensorsysteme (z. B. NOAA-AVHRR, LANDSAT, SPOT) ermöglicht die Fernerkundung die operationelle Bereitstellung von Parametern der Landoberfläche mit geringer zeitlicher Dynamik (z. B. Landnutzung, Topographie). Problematisch ist der häufige Kompromiss zwischen räumlicher Auflösung der Bildelemente und der räumlichen und zeitlichen Abdeckung eines Untersuchungsraumes. Eine niedrigere Auflösung zwingt zu einer Mittelung der Einzelprozesse im betrachteten Bildelement. Diese Mittelung kann aber erst mit Kenntnis der in dem gemittelten Feld ablaufenden Einzelprozesse sauber durchgeführt werden. Aus diesem Grund müssen Untersuchungen angestellt werden, in welcher Weise die verschiedenen Teile des Wasserkreislaufs auf inhomogenen Flächen zusammenspielen, um die dabei gewonnenen Erkenntnisse zur Parametrisierung der kleinräumigen hydrologischen Vorgänge zu benutzen. Hat man diese Zusammenhänge verstanden, wird eine globale Betrachtung des Wasserkreislaufs und damit auch seiner Reaktion auf Veränderungen der Oberfläche möglich. Die operationelle Nutzung von Sensorsystemen der jüngsten Generation (z. B. AQUA/TERRA, ENVISAT) kann dabei durch Sensorvielfalt und multiskalige raum-zeitliche Abdeckung einen wesentlichen Beitrag leisten.

3 Integrative Modellierung im Einzugsgebiet der Oberen Donau
3.1 Untersuchungsraum

Das Einzugsgebiet der Oberen Donau (Pegel Achleiten nahe Passau [$A = 76\,653$ km^2]) bietet infolge seiner komplexen natur- und kulturräumlichen Strukturen, der Sensitivität gegenüber Klimaveränderungen und Globalem Wandel, und seiner guten Datenausstattung ideale Voraussetzungen für die Entwicklung integrativer, transdisziplinärer Forschungsansätze. Unter gegenwärtigen Bedingungen ist das Einzugsgebiet der Oberen Donau durch deutlichen Wasserüberschuss gekennzeichnet, der vor allem auf die hohen Niederschläge am nördlichen Alpenrand und die relativ geringen Verdunstungsmengen im großen Alpenanteil zurückzuführen ist. Dennoch zeigen Extremereignisse, wie der Trockensommer 2003 oder starke regionale Hochwasserereignisse 1999 und 2002, die Vulnerabilität dieses scheinbar stabilen Systems. Wegen der Größe des Gebietes und der starken Gradienten ist die Einzugsgebietshydrologie durch Einflüsse geprägt, die zu einer starken räumlichen und zeitlichen Differenzierung des Abflussverhaltens führen. Die Wasser- und Stoffflüsse im Einzugsgebiet der Oberen Donau sind stark anthropogen beeinflusst und hochdynamisch. Die Vielfalt in der Nutzung sowie die Fülle an menschlichen Regulierungsmaßnahmen führen hier zu einem nur scheinbaren Gleichgewicht, das aufgrund von Verlagerungs- und Konfliktvermeidungsstrategien (z. B. zwischen Landwirtschaft und Wasserwirtschaft/Wasserversorgern oder zwischen Naturschutz und Tourismus) nicht nachhaltig ist. Der Wasserhaushalt der Oberen Donau reagiert auf allen zeitlichen und räumlichen Skalen empfindlich auf Änderungen der klimatischen Verhältnisse, der Landnutzung und der Bewirtschaftung und macht es damit für die vorliegende Fragestellung zu einem idealen Forschungsraum im Bereich der hydrologischen Global Change Forschung.

3.2 Das Projekt GLOWA-Danube als Beispiel integrativer methodischer Forschungsansätze

3.2.1 Projektziel

Das Projekt GLOWA-Danube (www.GLOWA-Danube.de) behandelt als Teil von GLOWA (www.glowa.org) anhand der Oberen Donau (Pegel Achleiten) exemplarisch die mögliche zukünftige Entwicklung des Wasserhaushalts eines komplexen, mesoskaligen Einzugsgebiets einer Gebirgs-Vorland-Konstellation in den gemäßigten Mittelbreiten. Das Ziel von GLOWA-Danube ist die Entwicklung und Anwendung integrativer Techniken, Szenarien und Strategien für das zukünftige nachhaltige Management des Wassers im Einzugsgebiet der Oberen Donau

Dazu wird das Global Change Entscheidungs-Unterstützungssystem DANUBIA entwickelt (Ludwig et al. 2003a, Mauser 2003). In seinem Endausbau wird es DANUBIA erlauben, Entscheidungen und Entwicklungspfade vorab durch realitätsnahe Simulation auf ihre Auswirkungen und ihre Nachhaltigkeit hin zu überprüfen. Die Europäische Wasserrahmenrichtlinie spielt eine bedeutende Rolle bei der Formulierung der Szenarien und der Auswertung und Weiterverarbeitung der Ergebnisse.

Um abgesicherte und realitätsnahe Aussagen über zukünftige Alternativen machen zu können, muss DANUBIA „vorhersagefähig" sein. Dies bedeutet, dass es mit einem Minimum an Kalibrierung den Ist-Zustand abbildet und damit auf möglichst kausalen, deterministischen Modellansätzen und detaillierten Parametrisierungen basiert. Fernerkundung und GIS-Techniken bilden dabei die Basis des integrierten Beobachtungs-Konzepts in DANUBIA. GLOWA-Danube wird von einem intra-universitären Forschungsteam, bestehend aus 13 Forschungsgruppen an sechs Universitäten und Forschungseinrichtungen aus Bayern, Baden-Württemberg, Hessen und Österreich getragen.

3.2.2 Das Integrationskonzept in GLOWA-Danube

DANUBIA besteht aus einem Satz wechselwirkender thematischer Modell-Komponenten, für die die jeweiligen Projektpartner verantwortlich sind, und einem Szenario-Generator, der die Formulierung von zukünftigen Zuständen der Oberen Donau bzw. Entwicklungen dahin ermöglicht. DANUBIA ist raster-basiert mit einer Maschenweite von maximal 1 km. Die Modell-Komponenten wechselwirken sowohl auf jedem Rasterelement (Proxel) als auch zwischen den Rasterelementen. Sie laufen räumlich verteilt mit einer synchronisierten, parallelen Ausführungssteuerung und tauschen ihre Daten über definierte Schnittstellen aus. Diese Architektur macht DANUBIA leicht skalierbar, schafft leichten disziplinären Zugang und ermöglicht einen leichten Austausch der Modellkomponenten. Dem in GLOWA-Danube verfolgten Integrationsansatz liegt die Annahme zugrunde, dass für die Lösung sektoraler Fragestellungen jeweils Experten der beteiligten Wissenschaftsdisziplin benötigt werden. Die wesentlichen Prozesse im Bereich des Wasserhaushalts und der Wassernutzung werden mit numerischen Modellen abgebildet. Integration findet somit zwischen den Kernen der jeweiligen Wissenschaftsdisziplinen statt und wird durch geeignete Schnittstellen zum Austausch von Ergebnissen ermöglicht.

Üblicherweise wird ein multidisziplinäres hydrologisches Modell von einem Wissenschaftler (oder einer kleinen Gruppe) entwickelt. In diesem Modell sind je nach Interessen die verschiedenen Prozesse unterschiedlich detailliert ausformuliert, sie differieren somit sektoral in Güte und Tiefe. Integration im Sinne von GLOWA-Danube erlaubt es dagegen, seine spezifischen Kernkompetenzen in Form der bestmöglichen sektoralen Lösung in ein voll gekoppeltes Modellnetz modular einzubringen. Dieser Ansatz ähnelt in hohem Maß der Integration von Wissen im industriellen Bereich und führt bei entsprechender Umsetzung zu wesentlichen Verbesserungen im interdisziplinären wissenschaftlichen Austausch, da dadurch die eindeutige Identifikation und Abgrenzung der Kernkompetenzen der beteiligten Disziplinen ermöglicht wird. Zudem wird gewährleistet, dass jede Modellgröße im Verbund verschiedener disziplinärer Modelle nur an einer Stelle berechnet wird. Inkonsistenzen und Redundanzen werden dadurch vermieden.

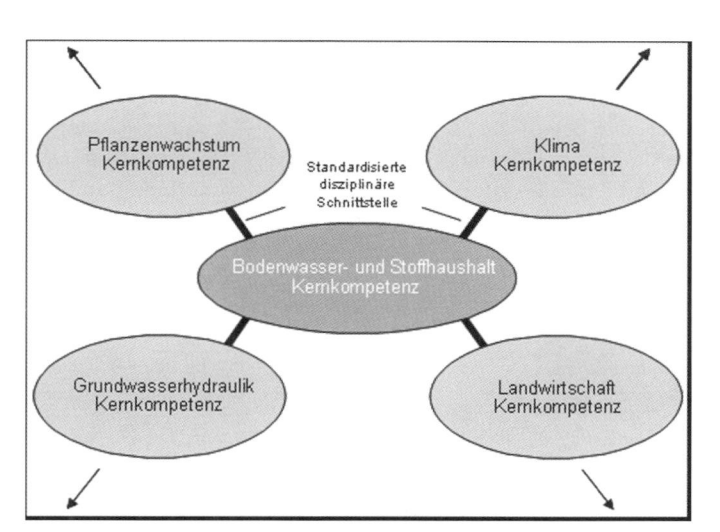

Abb. 1: Integrative Behandlung eines multidisziplinären Problems im Sinn von GLOWA-Danube am Beispiel der Bodenphysik

Für die Umsetzung dieses Ansatzes war die Nutzung zweier Entwicklungen der Informationstechnologie maßgebend: Die Unified Modeling Language (UML) (BOOCH et al. 1999) wurde in den letzten Jahren entwickelt, um über Disziplingrenzen hinweg gemeinsame Prozessformulierungen zu finden und damit Schnittstellen zwischen sektoralen Modellen zu finden. Sie ermöglicht die diagrammatische Darstellung von objekt-orientierten Modellansätzen und -abläufen in einer einfachen graphischen Notation und erlaubt die automatische Generierung von Quellcode echter objekt-orientierter Programmiersprachen. Die UML wird von allen Partnern in GLOWA-Danube zur gemeinsamen Formulierung aller Teile von DANUBIA und für die Definition der Schnittstellen zwischen den disziplinären Modellen benutzt. Über die zwischen den Disziplinen ausgehandelten und in der UML formulierten Schnittstellen werden die von den jeweiligen Modellen erzeugten Daten gegenseitig ausgetauscht. Die Objekt-Orientierung der Modellentwicklung kapselt jedes Teilmodell und erlaubt deshalb den problemlosen Austausch beliebiger Modellbausteine, um damit deren Einfluss auf das Ergebnis des Gesamtmodells zu vergleichen. Dieses Konzept des Datenaustausches zwischen verschiedenen Modellen wird durch Network-Computing effizient umgesetzt. Damit wird ein verteiltes paralleles Rechnen an verschiedenen Orten über das Worldwide Web ermöglicht. Abb. 2 zeigt ein simplifiziertes UML-Schema des Modellverbundes von DANUBIA mit den beteiligten Teilmodellen und den dazugehörigen Schnittstellen.

Neben diesen informationstechnologischen Säulen der Entwicklung von DANUBIA steht die Repräsentation sozio-ökonomischer Prozesse durch wechselwirkende, räumlich verteilte Akteure im Mittelpunkt der integrativen Modellierung in GLOWA-Danube. Akteure sind abgrenzbare Einheiten, die Informationen aus ihrer Umwelt wahrnehmen und auf der Basis dieser Informationen sowie von Präferenzen und Regeln Entscheidungen treffen. Die Entscheidungen der in DANUBIA vertretenen Akteure, also der Landwirte, der Touristen, der Wassernutzer, der Wasserversorger und der Ökonomen werden in Akteurmodellen simuliert, die von den Ergebnissen der naturwissenschaftlichen Teilmodelle beeinflusst werden und durch ihre Entscheidungen wiederum die Eingaben für die naturwissenschaftlichen Teilmodelle beeinflussen.

Des Weiteren spielt die Nutzung der satellitengestützten Fernerkundung zur Umweltbeobachtung an der Oberen Donau eine zentrale Rolle. Die Fernerkundung liefert

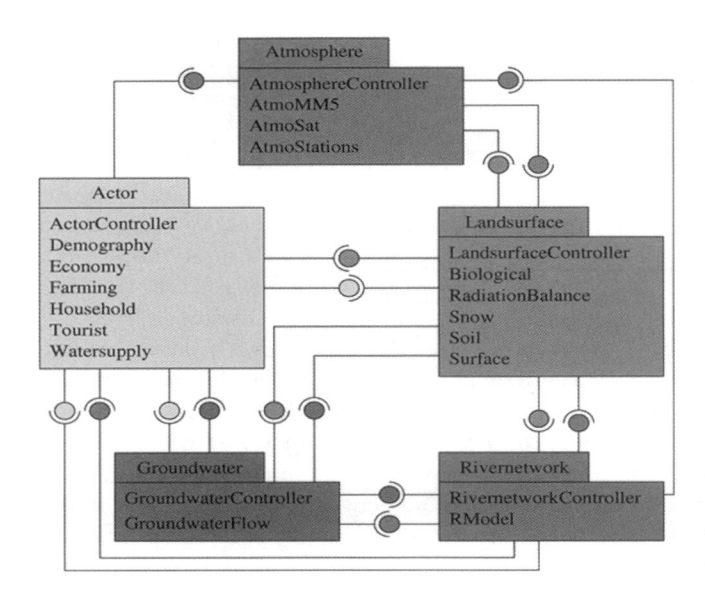

Abb. 2:
Vereinfachtes UML-Schema der Teilmodelle von DANUBIA mit ihren Schnittstellen

für GLOWA-Danube zentrale Initialisierungs- und Validierungsgrössen wie z. B.
- Art und Zustand der Vegetation für die Assimilierung in die landwirtschaftlichen Modelle (SCHNEIDER 1999)
- räumliche Verteilung der oberflächennahen Bodenfeuchte des Einzugsgebietes für das Monitoring der Wasser- und Energieflüsse an der Landoberfläche oder zur Beurteilung der Hochwassergefährdung (MAUSER et al. 2004)
- Monitoring der Entwicklung versiegelter Flächen (LUDWIG et al. 2003b)

Sowohl die natur- als auch die sozialwissenschaftlichen Partner in GLOWA-Danube benutzen Fernerkundungsdaten als Grundlage für ihre Modellentwicklung.

Durch die Einbeziehung der Stakeholder in die Entwicklung und Nutzung von DANUBIA sollen die Wassernutzungsinteressen möglichst vieler und unterschiedlicher Stakeholder identifiziert und in einer für sie transparenten und objektiv nachvollziehbaren Form in DANUBIA repräsentiert werden.

3.2.3 Erste Ergebnisse integrativer Modellierung in GLOWA-Danube

Die integrative Arbeitsweise von DANUBIA wird im Folgenden am Beispiel der Vernetzung der hydrologischen DANUBIA-Modellkomponenten *Landsurface*, *Groundwater* und *Rivernetwork* dargestellt. Diese drei wechselwirkenden Komponenten sind als physikalisch basierte Expertenmodelle vollständig in die JAVA-basierte Modellumgebung von DANUBIA integriert und für die Simulation der vertikalen und lateralen hydrologischen Flüsse zuständig. Dabei werden Wasser- und Energieumsatz für verschiedene Landoberflächen, Pflanzenwachstum, Schneedeckendynamik, Bodenwasserhaushalt und Abflussbildung, Grundwasser sowie Retentions- und Translationsprozesse im Fließgerinne physikalisch basiert beschrieben. Für die im Folgenden vorgestellte Berechnung des langjährigen Wasserhaushalts im Einzugsgebiet der Oberen Donau berechnet die Modellkomponente *Landsurface* demnach die verschiedenen Terme der Abflussbildung (Direktabfluss und Interflow werden an *Rivernetwork* weitergegeben, die Perkolation aus dem durchwurzelten Raum (hier *GroundwaterRecharge*) wird an *Groundwater* übergeben), die Komponente *Groundwater* setzt eine Realisierung des Modells MODFLOW zur 3-dimensionalen Berechnung der Grundwasserströmung ein und kommuniziert den zu jedem Berechnungszeitschritt gültigen Zustand des Systems über die In- und Exfiltration mit *Rivernetwork* und den Flurabstand mit der Komponente *Landsurface*. Die Komponente *Rivernetwork* nutzt die übermittelten Daten zur Abflussbildung und Grundwasserzu- bzw. -abstrom für die Strömungsberechnungen in den Fließgewässern. Dafür werden skalenspezifische Routing-Schemen für den Gerinneabfluss eingesetzt. Der Wasserstand in den Gerinnen stellt dann wiederum eine Randbedingung für den nächsten Berechnungszyklus der anderen Komponenten dar. Die Berechnungen erfolgen für alle beteiligten Modellkomponenten in stündlicher Auflösung. Entsprechend der oben genannten Anforderungen an ein prognosefähiges Modell wird hier darauf geachtet, dass auf die Kalibrierung von Modellbausteinen oder des Gesamtmodells weitestgehend verzichtet wird.

Bevor DANUBIA als Werkzeug zur Prognose von zukünftigen Veränderungen eingesetzt werden kann, muss eine Validierung der Modellergebnisse für den Ist-Zustand durchgeführt werden. Für das Einzugsgebiet der Oberen Donau stehen in hoher räumlicher Dichte langjährige Messreihen des meteorologischen Antriebs und der Abflüsse zur Verfügung. Als Validierungszeitraum wurde eine hydrologische Periode von 1971 bis 2000 ausgewählt.

In Abb. 3 ist die langjährige Wasserbilanz für das Einzugsgebiet der Oberen Donau

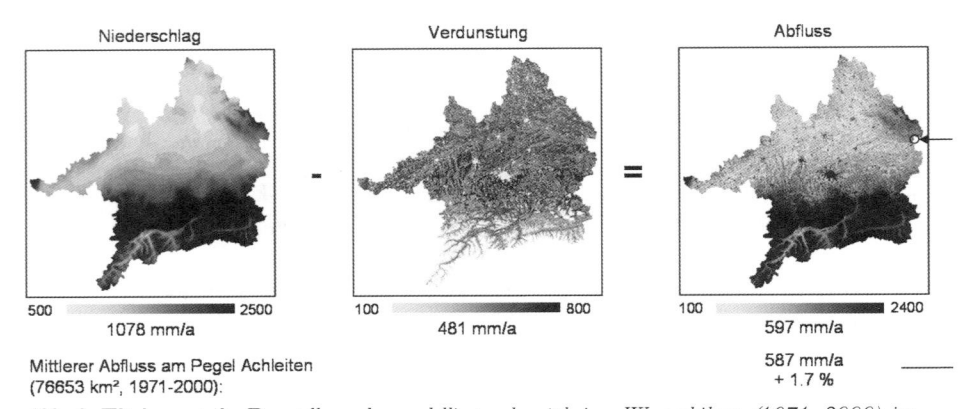

Abb. 3: Flächenverteilte Darstellung der modellierten langjährigen Wasserbilanz (1971–2000) im Einzugsgebiet der Oberen Donau

flächenverteilt dargestellt. Im direkten Vergleich zum gemessenen Abfluss am Pegel Achleiten zeigt sich eine sehr gute Übereinstimmung im Vergleichszeitraum. Abb. 4 zeigt die gute Genauigkeit bei der Modellierung der jährlichen Abflussvariabilität für die zufällig ausgewählten Pegelpunkte Dillingen (Obere Donau), Weilheim (Ammer) und Laufen (Salzach) im Einzugsgebiet. Aus dem jeweils hohen Bestimmtheitsmaß und der Geradensteigung zeigt sich, dass das Modellsystem in der Lage ist, die Einzugsgebietshydrologie auch bei stark unterschiedlichen physiogeographischen Gegebenheiten in guter Genauigkeit abzubilden.

Das Ergebnis der Simulation des Gerinneabflusses ist für den Einzugsgebietspegel Achleiten im Validierungszeitraum zufriedenstellend. Als Gütekriterium wird der *Nash-Sutcliffe*-Koeffizient verwendet, der mit 0.68 einen für ein unkalibriertes Modell sehr akzeptablen Wert erreicht. Es muss angemerkt werden, dass für einige Kopfeinzugsgebiete noch größere Abweichungen zwischen Messung und Simulation auftreten. Diese

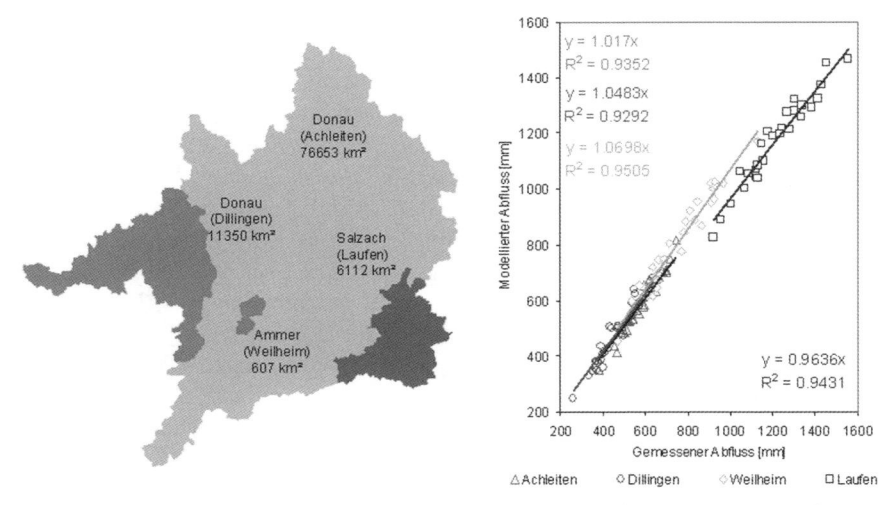

Abb. 4: Erfassung der Variabilität der jährlichen Wasserbilanz für Teileinzugsgebiete der Oberen Donau (Darstellung der Einzeljahre aus der Periode 1971–2000)

sind meist auf die Schwierigkeiten bei der Bestimmung der Randbedingungen für die Komponente *Groundwater* zurück zu führen.

4 Schlussbemerkung

Zentrale Ziele derzeitiger hydrologischer Forschung sind die Entwicklung und Anwendung neuer und verbesserter integrativer Methoden und Werkzeuge, die den Anforderungen der Kopplung zwischen Mikro- und Mesoskala gerecht werden und verlässliche Analysen der Auswirkungen von Global-Change für Flussgebiete liefern können. Damit tragen sie zu fachübergreifenden Problemlösungen wasserbezogener Fragestellungen mit Ausrichtung auf eine nachhaltige Entwicklung bei. Die Integration von natur- und sozialwissenschaftlichen Perspektiven ist für eine fundierte Behandlung der Wasser- und Stoffkreisläufe essentiell und erfordert eine Weiterentwicklung bestehender Ansätze. Von besonderem Interesse ist in diesem Zusammenhang das Verständnis und die sachlich richtige Abbildung der hydrologischen Vorgänge und Wechselwirkungen zwischen der Landoberfläche und der Atmosphäre sowie der Landoberfläche und dem darunter liegenden Grundwasserkörper, da Veränderungen an dem einen System wesentliche bidirektionale Auswirkungen auf das andere System haben können. Forschungsdefizite bestehen vor allen Dingen in den Bereichen integrativer prozessorientierter Modellkopplung, der räumlichen und zeitlichen Diskretisierung der verdunstungs- und abflussbildenden Prozesse auf unterschiedlichen Skalen, der räumlichen Parametrisierung der Modelle, der Beurteilung ihrer Vorhersagefähigkeit und die Darstellung hydrologischer Veränderungen in Zeit und Raum als Folge zukünftig veränderter Ausgangs- und Randbedingungen.

Das Projekt GLOWA-Danube widmet sich diesen Fragestellungen dezidiert und versucht durch den Weg der direkten Kopplung von Expertenmodellen die in dem objekt-orientierten Gesamtmodellverbund DANUBIA bestehenden Defizite abzubauen und ein Modellsystem zur Entscheidungsunterstützung für wasserbezogene Fragestellungen in mesoskaligen Einzugsgebieten zu etablieren. Erste Modellrechnungen stellen die Lauffähigkeit dieses Ansatzes unter Beweis. In Anbetracht der Komplexität des integrativen Systems und der derzeitigen Entwicklungsstufe können diese Resultate positiv bewertet und als Ausgangspunkt für weitere Modellverbesserungen verwendet werden. Dabei wird der Fernerkundung vor allem im Bereich der Parametrisierung einzelner Modellbausteine und der Validierung integrativer, flächenverteilter Modellausgaben eine tragende Rolle zuteil werden.

Literatur

BOOCH, G./RUMBAUGH, J./JACOBSON, I. (1999): The Unified Modeling Language User Guide. Addison-Wesley.

LUDWIG, R./MAUSER, W./NIEMEYER, S./COLGAN, A./STOLZ, R./ESCHER-VETTER, H./KUHN, M./REICHSTEIN, M./TENHUNEN, J./KRAUS, A./LUDWIG, M./BARTH, M./HENNICKER, R. (2003a): Web-based modeling of water, energy and matter fluxes to support decision making in mesoscale catchments – the integrative perspective of GLOWA-Danube. In: Physics and Chemistry of the Earth, 28, 621-634.

LUDWIG, R./PROBECK, M./MAUSER, W. (2003b): Mesoscale water balance modelling in the Upper Danube watershed using sub-scale land cover information derived from NOAA-AVHRR imagery and GIS-techniques. In: Physics and Chemistry of the Earth, 28, 1351-1364.

MAUSER, W./TENHUNEN, J. D./SCHNEIDER, K./LUDWIG, R./STOLZ, R./GEYER, R./FALGE, E. (2001): Assessing Spatially Distributed Water, Carbon, and Nutrient Balances at Different Scales in Southern Bavaria. In: Tenhunen, J. D. et al. (Eds.): Ecosystem Approaches to Landscape Management in Central Europe. Ecological Studies, 147, 583-619.

MAUSER, W. (2003): GLOWA-Danube: Integrative hydrologische Modellentwicklung zur Entscheidungsunterstützung beim Einzugsgebietsmanagement. In: Petermanns Geographische Mitteilungen, 147(6), 68-75.

MAUSER, W./LUDWIG, R./LÖW, A./WILLEMS, W.(2004): Ein multiskaliger Validierungsansatz zur Simulation nachhaltigen Wasserhaushaltsmanagements in der Oberen Donau mit ENVISAT-Daten im Rahmen von GLOBA-Danube. In: Hydrologie und Wasserbewirtschaftung, 48(6).

OWE, M./BRUBAKER, K./RITCHIE, J./RANGO, A. (Eds.) (2001): Remote Sensing and Hydrology 2000. In: IAHS Publication No. 267, International Association of Hydrological Sciences Press. Wallingford (United Kingdom).

SCHMUGGE, T. J./KUSTAS, W. P./RITCHIE, J. C./JACKSON, T. J./RANGO, A. (2002): Remote Sensing in Hydrology. In: Adv. in Water Res., 25, 1367-1385.

SCHNEIDER, K. (1999): Spatial Modelling of Evapotranspiration and Plant Growth in a Heterogeneous Landscape with a coupled Hydrology-Plant Growth Model utilizing Remote Sensing. In: Proc. Conference Spatial Statistics for Production Ecology, 4. Wageningen.

SENATSKOMMISSION FÜR WASSERFORSCHUNG (Hrsg.) (2003):Wasserforschung im Spannungsfeld zwischen Gegenwartsbewältigung und Zukunftssicherung. Denkschrift der Deutschen Forschungsgemeinschaft (DFG).

Von der norddeutschen Kulturlandschaft zu den Grenzen der Ökumene – Modellierung des Wasser- und Stoffhaushaltes auf verschiedenen Skalen

Benjamin Burkhard und Felix Müller (Kiel)

1 Einleitung

Die hohe Komplexität von Ökosystemen stellt sowohl Wissenschaftler als auch Entscheidungsträger vor große Herausforderungen. Gilt es doch, nicht nur die einzelnen Teile der Funktionseinheiten zu verstehen, sondern vielmehr alle Komponenten und deren Wechselwirkungen als einen ganzheitlichen Systemkomplex zu betrachten. Infolgedessen ist die theoriebasierte Reduzierung der ökologischen Komplexität zu einem bedeutenden Gegenstand von Umweltforschung und Umweltpraxis geworden (MÜLLER/LI 2004). Ein diesen Anforderungen nachkommendes Konzept ist die Darstellung der wichtigsten Parameter eines vom Beobachter definierten Systems durch Indikatoren, durch quantifizierbare Variablen, die über bestimmte ökologische Phänomene synoptische Informationen liefern. Oft finden Indikatoren Anwendung, wenn das Indikandum sich als zu komplex für eine direkte Messung erweist oder wenn seine Eigenschaften nicht mit den verfügbaren Methoden erfasst werden können. Im folgenden Text soll gezeigt werden, wie den o. a. Anforderungen durch ein ökosystemares Indikationskonzept nachgekommen werden kann. Das Konzept der Ökosystem-Integrität wird vorgestellt und anhand von vier Fallstudien exemplarisch erläutert.

Die untersuchten Hauptfragen beziehen sich auf:
- die Indikation von Ökosystemzuständen in einem holistischen Rahmen,
- die Übertragbarkeit der Methoden und Ergebnisse auf verschiedene Skalen und
- die Anwendung des Konzeptes im Rahmen des Landschaftsmanagements.

2 Das Ökosystem-Konzept als wissenschaftlicher Ausgangspunkt

Die Ökosystem-Analyse hat in den letzten Jahrzehnten eine rasante Entwicklung genommen. Die reduktionistische Methodik wurde durch integrative Systemansätze ergänzt. Die Beziehungen zwischen den Elementen ökologischer und anthropogener Systeme wurden vermehrt untersucht; strukturelle, funktionale und organisatorische Einheiten konnten in zunehmendem Maße integriert werden. Anstelle isolierter Umweltsektoren werden heute häufig Ökosysteme als Forschungsobjekte angesehen, und folglich hat auch die interdisziplinäre Kooperation in den letzten Jahren zunehmend an Gewicht gewonnen (SCHÖNTHALER et al. 2003).

Der Ökosystem-Ansatz fand auch Eingang in politische Programme: Im Prinzip 7 der Rio Convention (1992) wurde beispielsweise als Ziel definiert: „States shall cooperate in a spirit of global partnership to conserve, protect and restore the health and *integrity* of the Earth's ecosystem." Ähnliches wurde im Ecosystem Approach der Biodiversitätskommission formuliert (Decision V/6 CBD, 2000; http://www.iucn.org/themes/cem/ea/): „the conservation of ecosystem structure and functioning, in order to maintain ecosystem services, should be a priority target". Allerdings fehlen derzeit noch praktisch anwendbare Konzepte und Methoden, die diesen modernen politischen

Anforderungen genügen würden. Deren Entwicklung stellt eine große Herausforderung für die System-Ökologie dar.

3 Ökosystem-Integrität als normativer Ausgangspunkt

Wichtige Komponenten für diese politischen Anforderungen wurden in den USA und in Kanada mit dem „Ecosystem Health"-Konzept und dem „Ecological Integrity"-Ansatz entwickelt (z. B. RAPPORT 1989, HASKELL et al. 1993, RAPPORT/MOLL 2000). Der Begriff „Integrität" wurde 1944 von LEOPOLD eingeführt, um die Stabilität biotischer Gemeinschaften zu charakterisieren. Integrität wurde im Zusammenhang mit dem „US Clean Water Act" durch KARR (1981) zur Charakterisierung aquatischer Ökosysteme genutzt. In den vergangenen Jahrzehnten wurde der Begriff durch WESTRA/LEMONS (1995), CRABBÉ et al. (2000) und BARKMANN (2002) weiterentwickelt. Während Integrität in einigen Interpretationen in erster Linie mit der ungestörten Naturlandschaft („wilderness") verbunden wird, interpretieren andere Autoren hiermit die ökologische Vernetzung mit sozialen Normen und Werten. Eine weitere Auslegung verbindet Integrität mit einer ökosystemaren Herangehensweise, die auf Variablen des Energie- und Stoffhaushaltes ganzer Ökosysteme Bezug nimmt (BARKMANN et al. 2001).

Die hier angewendete Interpretation von Integrität basiert auf dem Prinzip der Nachhaltigkeit, das für die ökologischen Komponenten als eine generationenübergreifende und großmaßstäbige Erhaltung der „Ökosystem-Dienstleistungen" (Ecosystem Services oder Functions of Nature) verstanden wird. Bei eingehender Betrachtung dieser anthropozentrischen Ökosystem-Funktionen wird deutlich, dass ein starker Zusammenhang zwischen diesen und dem Grad der Selbstorganisation der betroffenen Ökosysteme besteht. Zum Erhalt der Ecosystem Services muss demzufolge die Fähigkeit zukünftiger Selbstorganisationspotenziale erhalten werden. BARKMANN et al. (2001) haben Ökologische Integrität unter diesem Aspekt definiert als „eine politische Leitlinie zur Vorsorge vor unspezifischen ökologischen Gefährdungen im Rahmen nachhaltiger Entwicklung. Sie zielt darauf, die Leistungsfähigkeit des Naturhaushalts langfristig zu erhalten, indem jene ökosystemaren Prozesse und Strukturen geschützt werden, welche die Voraussetzungen für die Selbstorganisationsfähigkeit von Ökosystemen bilden."

4 Herleitung der Indikatoren zur ökologischen Integrität

Selbstorganisierte, energiedurchflossene Systeme besitzen die Fähigkeit, Strukturen und Gradienten aus scheinbarer Unordnung mittels spontan ablaufender Prozesse zu schaffen (BOSSEL 2000, MÜLLER/LEUPELT 1998). Die hierfür benötigte Energie, die als „Exergie" (Energie mit der Fähigkeit, mechanische Arbeit zu verrichten; JOERGENSEN 2000) in das System gelangt, wird durch verschiedene metabolische Reaktionen in nicht-konvertierbare Energiefraktionen („Entropie-Produktion") umgewandelt und aus dem System in dessen Umwelt exportiert. Infolge dieser Energieumwandlungsprozesse werden Strukturen und Gradienten aufgebaut und erhalten. Dies führt einerseits zu Exergiespeichern in Form von Biomasse, Detritus und Information, andererseits zum Abbau der eingangs zugeführten Gradienten, was für den energetischen Unterhalt des Systems notwendig ist (SCHNEIDER/KAY 1994). Infolgedessen kann eine weitere Entwicklung des Ökosystems, z. B. durch komplexer werdende Nahrungsnetze, zunehmende Heterogenität, gesteigerte Artenvielfalt oder andere Attribute (Orientoren, vgl. MÜLLER/LEUPELT 1998) stattfinden. Im vorliegenden Ansatz werden die für die Selbstorganisation wichtigsten Ökosystem-Strukturen (biotisch, abiotisch) und -Funktionen

Tab. 1: Indikatoren zur Darstellung des Organisationsgrades von Ökosystemen und Landschaften. Bei den genannten Schlüsselvariablen handelt es sich um den „optimalen Indikatorensatz".

	Indikator	potenzielle Schlüsselvariable
biotische Strukturen	Biodiversität	Anzahl ausgewählter Arten
abiotische Strukturen	Biotop-Heterogenität	Heterogenitätsindex
Energiehaushalt	Exergieaufnahme	Brutto- oder Nettoprimärproduktion
	Entropieproduktion	Entropiebilanz nach AOKI (1998)
		Entropieproduktion nach SVIREZHEV/STEINBORN (2001)
		Evapotranspiration pro Respiration
	metabolische Effizienz	Respiration pro Biomasse
Wasserhaushalt	biotischer Wasserfluss	Transpiration pro Evapotranspiration
Stoffhaushalt	Nährstoffverlust	Nitratauswaschung
	Speicherkapazität	intrabiotischer Stickstoff
		organischer Kohlenstoff im Boden

(Energiehaushalt, Wasserhaushalt, Stoffhaushalt) im Sinne des Orientoren-Konzepts erfasst bzw. modelliert (detaillierte Herleitung vgl. MÜLLER 2005). Basierend auf diesen Komponenten wurde ein allgemeiner Indikatorensatz zur Beschreibung des Zustandes von terrestrischen Ökosystemen abgeleitet (Tab. 1).

5 Das Modellsystem DILAMO/WASMOD

Für die modellbasierte Indikatoren-Quantifizierung wurde das Modellpaket DILAMO genutzt. Abb. 1 gibt einen Überblick über den DILAMO-Aufbau, die genutzten Informationsebenen, die entsprechenden Datenquellen und Auswertungsmethoden sowie deren Ergebnisse (nach REICHE 1996, REICHE et al. 2001). Das Modellsystem kann eingesetzt werden, um die Indikatoren zur ökologischen Integrität auf verschiedenen Skalen in Bezug auf unterschiedliche Problemstellungen zu quantifizieren. Hierfür stehen die einzelnen Teilmodelle zur gebietsbezogenen Beschreibung der Dynamik von Energie-, Wasser- und Stoffflüssen zur Verfügung. Genaue Angaben zur Funktionsweise des Wasser- und Stoffsimulationsmodell WASMOD befinden sich in REICHE (1996).

6 Indikatorenanwendung

In den vier folgenden Absätzen werden verschiedene Anwendungen dargestellt, bei denen Indikatoren- und Modellsystem gekoppelt und anhand empirischer Daten geprüft werden konnten. Die einzelnen Fallstudien zielen auf den Vergleich von Ökosystemen (6.1), auf Sukzessionsstadien in Feuchtgebieten (6.2), auf Landnutzungsszenarien (6.3) sowie auf die Anwendung im Rahmen der Rentierwirtschaft in Nordfinnland (6.4). In der letztgenannten Studie wurden die ökologischen Indikatoren um sozioökonomische Komponenten erweitert.

6.1 Ökosystemvergleich: Wald vs. Ackerland

Die erste Fallstudie beruht auf Untersuchungen des vom BMBF im Zeitraum 1988 bis 2001 geförderten Projektes „Ökosystemforschung im Bereich der Bornhöveder Seenkette". Eine ausführliche Beschreibung der hier verwendeten Methoden zur Datengewinnung finden sich u. a. in KUTSCH et al. (2001), BAUMANN (2001) und BARKMANN et al.

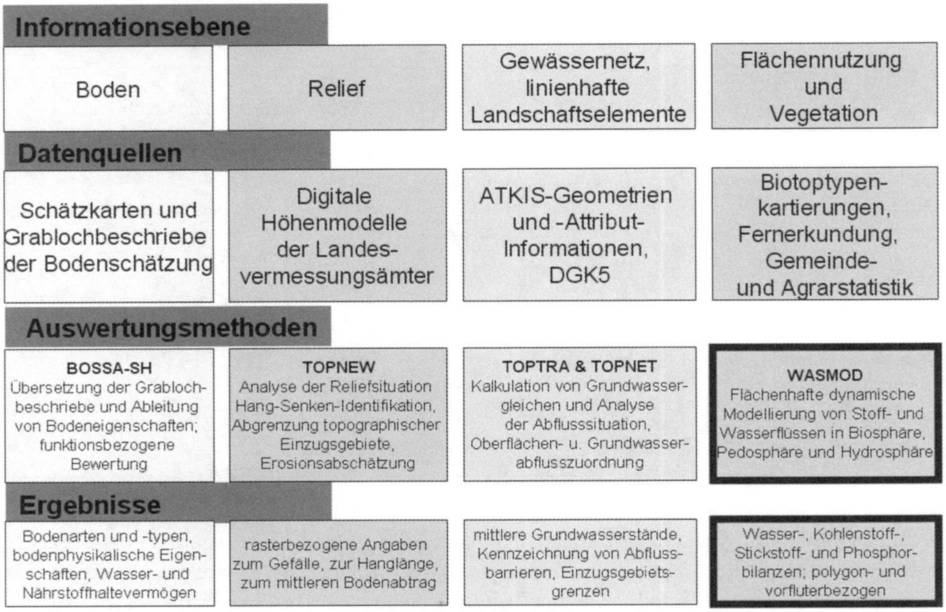

Informationsebene			
Boden	Relief	Gewässernetz, linienhafte Landschaftselemente	Flächennutzung und Vegetation
Datenquellen			
Schätzkarten und Grablochbeschriebe der Bodenschätzung	Digitale Höhenmodelle der Landesvermessungsämter	ATKIS-Geometrien und -Attribut-Informationen, DGK5	Biotoptypenkartierungen, Fernerkundung, Gemeinde- und Agrarstatistik
Auswertungsmethoden			
BOSSA-SH Übersetzung der Grablochbeschriebe und Ableitung von Bodeneigenschaften; funktionsbezogene Bewertung	**TOPNEW** Analyse der Reliefsituation Hang-Senken-Identifikation, Abgrenzung topographischer Einzugsgebiete, Erosionsabschätzung	**TOPTRA & TOPNET** Kalkulation von Grundwassergleichen und Analyse der Abflusssituation, Oberflächen- u. Grundwasserabflusszuordnung	**WASMOD** Flächenhafte dynamische Modellierung von Stoff- und Wasserflüssen in Biosphäre, Pedosphäre und Hydrosphäre
Ergebnisse			
Bodenarten und -typen, bodenphysikalische Eigenschaften, Wasser- und Nährstoffhaltevermögen	rasterbezogene Angaben zum Gefälle, zur Hanglänge, zum mittleren Bodenabtrag	mittlere Grundwasserstände, Kennzeichnung von Abflussbarrieren, Einzugsgebietsgrenzen	Wasser-, Kohlenstoff-, Stickstoff- und Phosphorbilanzen; polygon- und vorfluterbezogen

Abb. 1: Aufbau des Methoden- und Modellsystems DILAMO

(2001). Zusammengefasste Ergebnisse aus diesen Studien können u. a. in HÖRMANN et al. (1992), BRECKLING/ASSHOFF (1996) oder FRÄNZLE et al. (i. p.) gefunden werden. In der folgenden Fallstudie sollen die Charakteristika eines Buchenwaldes und eines direkt angrenzenden Ackerökosystems miteinander verglichen werden (siehe auch BAUMANN 2001, KUTSCH et al. 2001). Beide Systeme wurden identisch bewirtschaftet, bis vor 100 Jahren auf einer Teilfläche der Wald gepflanzt wurde.

Abb. 2 zeigt ein synoptisches Bild der Unterschiede zwischen den Systemen: Im Hinblick auf die biozönotischen Strukturen zeigen alle untersuchten Organismengruppen eine höhere *Artenanzahl* im Waldökosystem. Die *abiotische Heterogenität* wurde mittels einer GIS-basierten Nachbarschaftsanalyse nach Reiche (in BAUMANN 2001) berechnet. Im Waldökosystem ergab sich hierbei ein Index von 0,56, das Maisfeld hatte einen Wert von nur 0,08. Ein ähnliches Bild zeigte sich bei den bodenchemischen Bestandteilen H^+, Ca^{2+}, Mg^{2+}, K^+ und Phosphat. Zur Beschreibung der *Speicherkapazität* wurden in beiden Ökosystemen die Biomasse und die intrabiotisch gespeicherten Nährstoffe als Indikatoren genutzt. Die lebende Biomasse variierte von 131 t C/ha im Buchenwald bis zu 6,5 t C/ha im Maisfeld. Für den im Boden vorhandenen Kohlenstoff ergaben sich Mengen von 80 t C/ha (Wald) bzw. 56 t C/ha (Acker). Die intrabiotischen Nährstoffe (Stickstoff, Phosphor) zeigten ebenfalls jeweils höhere Werte im Waldökosystem. Beim Blick auf die *Nährstoffverluste* werden Unterschiede zwischen den beiden Ökosystemen deutlich, die auf verschiedene Import- und Exportregimes sowie der Störung von Nahrungsnetzen und Kreisläufen zurückgehen. Ähnliche Ergebnisse zeigten sich bei den *biotischen Wasserflüssen*: Der Anteil der Transpiration am totalen Evapotranspirationsverlust betrug 63 % im Waldökosystem und nur 34 % im Maisfeld. Auch die *metabolische Effizienz* (Respiration pro Biomasse) des Waldes war wesentlich höher als die Effizienz des Ackerökosystems. Die *Entropieproduktion*, berechnet nach AOKI (1998) und anhand der Exergie-Strahlungsbilanz zeigte, zumindest mit der zweitgenannten Methode, eine gute Unterscheidung beider Ökosysteme (in BAUMANN 2001).

Bei der Gesamtbetrachtung fällt auf, dass alle Werte des Waldökosystems höher sind als die entsprechenden Werte des Ackerlandes mit Ausnahme der Exergieaufnahme. Demnach war der hier arbeitende Bauer erfolgreich im Hinblick auf eine Pflanzenproduktionssteigerung. Die hiermit verbundenen Konsequenzen zeigen sich in den anderen Variablen, welche zusammengenommen eine wesentlich geringere Kapazität zur Selbstorganisation – und damit eine geringere ökologischer Integrität – aufweisen.

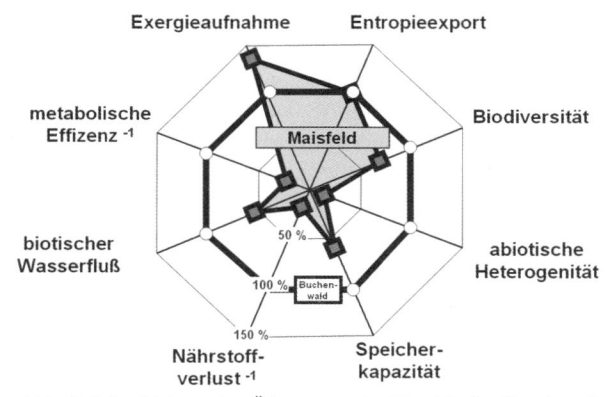

Abb. 2: Vergleich zweier Ökosysteme im Bereich der Bornhöveder Seenkette

6.2 Retrogressive Ökosystementwicklung: Feuchtgebietsdegradation

Diese Fallstudie beschreibt die Konsequenzen degradierender Landnutzungsaktivitäten in einem Komplex von Feuchtgebietsökosystemen des Belauer See-Einzugsgebietes. Hierbei sollte das Verhalten der Indikatoren im Bezug auf eine retrogressive Sukzession, bedingt durch zunehmende Drainage und Eutrophierung, getestet und die These, dass mit zunehmendem anthropogenem Nutzungsdruck der Grad der Selbstorganisation reduziert wird, überprüft werden. Zunächst wurde eine Ökosystemklassifizierung anhand der Boden- und Vegetationsstrukturen durchgeführt. Innerhalb der so regionalisierten System-Typen wurden die Wasser-, Kohlenstoff- und Stickstoffflüsse mit dem Modell WASMOD beschrieben. und durch Messungen im Hauptuntersuchungsgebiet Altekoppel überprüft (REICHE et al. 2001, SCHRAUTZER et al. [i p.], MÜLLER et al. [i.p.]).

Abb. 3 zeigt die Untersuchungsergebnisse für Feuchtgrünländer. Infolge der retrogressiven Sukzession nimmt die *Artenvielfalt* in allen untersuchten Feuchtgebietsökosystemen (Erlenbruchwälder, Feuchtgrünländer) ab. Auch verschiedene Entwicklungsstufen der *Nettoprimärproduktion* (NPP) können in der Abfolge ent-

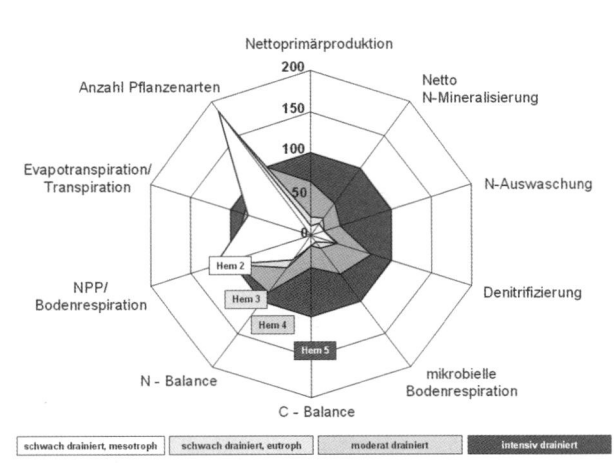

Abb. 3: Vergleich von vier Feuchtgrünlandtypen im Bereich der Bornhöveder Seenkette

deckt werden: die simulierte NPP ist in den wenig intensiv genutzten Ökosystemen hoch. Deren Drainage führt zu einer leichten Zunahme der NPP, wohingegen sie während des Übergangs von drainierten Erlenbruchwäldern zu mesotrophen Feuchtgrünländern sehr stark abnimmt. An stark drainierten und gedüngten Standorten nimmt die NPP aufgrund externer und interner Nährstoffanreicherungen zu. Die *mikrobielle Bodenrespiration* zeigt ähnliche Tendenzen wie die NPP. Die *Speicherkapazität* von Ökosystemen kann durch deren C-Balancen bewertet werden. Standorte mit hohem Grundwasserstand sind durch Torfwachstum ganzjährig C-Senken. Sowohl drainierte Erlenbrüche als auch Feuchtgrünländer besitzen negative C-Bilanzen, sie fungieren als C-Quellen.

Die *Stickstoff-Nettomineralisierung* (NNM) kann als Indikator für den Stickstoffüberschuss der Systeme genutzt werden. Hierbei wurden in feuchten Erlenbrüchen und schwach drainierten Feuchtgrünländern niedrige NNM-Werte simuliert und gemessen. Drainage verursacht eine kontinuierliche NNM-Zunahme. *N-Auswaschung* und *Denitrifizierung* indizieren die Nährstoffverluste des Systems. Die Ergebnisse zeigen, dass die N-Auswaschung bei zunehmender Landnutzungsintensität ansteigt. Dennoch ist die N-Auswaschung relativ gering, da der Großteil des Stickstoffs das System über die Denitrifikation verlässt.

Die simulierten *metabolischen Effizienzen* (Verhältnis NPP/Bodenrespiration) der Systeme steigen bei zunehmender Landnutzungsintensität an. Bei den Ökosystemen auf Histosolen basieren diese Entwicklungen im Wesentlichen auf den hohen C-Mineralisationsraten. Die Wasserhaushalte zeigen Tendenzen abnehmender *biotischer Wassernutzungen* mit zunehmender Landnutzungsintensität. Insgesamt führen die landwirtschaftlichen Maßnahmen also zu einem Verlust von Strukturen, zu einer Reduzierung der stofflichen Kreislaufführung und der metabolischen Effizienzen, zu einer Degradierung vorhandener Gradienten und zu einer Änderung der Landschaftsfunktionen von einer Energie- und Stoffsenke hin zu einer Energie- und Stoffquelle.

6.3 Landnutzungsszenarien: Landwirtschaft im Bereich der Bornhöveder Seenkette

Im Rahmen der dritten Fallstudie wurde ein modifizierter Indikatorensatz angewendet, um die funktionalen Konsequenzen verschiedener Landnutzungsmuster zu demonstrieren. MEYER (2000) hat die DILAMO-Modellierungsprozeduren genutzt, um die Folgen dreier Landnutzungsszenarien auf das gesamte Gebiet der Bornhöveder Seenkette abzuschätzen. Er konnte zeigen, dass insbesondere die Nährstoffhaushaltsindikatoren gewaltige Unterschiede als Folge unterschiedlicher Landnutzungsstrategien aufweisen. Die folgenden drei Szenarien wurden entwickelt: (a) business as usual, (b) industrielle Landwirtschaft und (c) ökologische Landwirtschaft. Die Haupteigenschaften dieser Szenarien wurden in die Landnutzungsschemata integriert, die sich aufgrund unterschiedlicher landwirtschaftlicher Praktiken enorm voneinander unterscheiden. Die Ergebnisse der 30-Jahresmodellierungen zeigen, dass die Unterschiede zwischen der industriellen Landwirtschaft und der aktuellen Landnutzung relativ gering sind. Aufgrund der höheren ökonomischen Beschränkungen im industriellen Szenario zeigen jedoch bei der industriellen Landnutzungsform alle auf den Stickstoffkreislauf bezogenen Indikatoren bessere Werte. Dieser Trend verstärkt sich bei der ökologischen Landwirtschaft: die Stickstoffverluste werden minimiert, die Pflanzenaufnahme und Speicherung werden gefördert. Die Biomasseproduktion allerdings ist geringer. Daher müssen die Umweltvorteile durch finanzielle Einbußen kompensiert werden (vgl. Abb. 4).

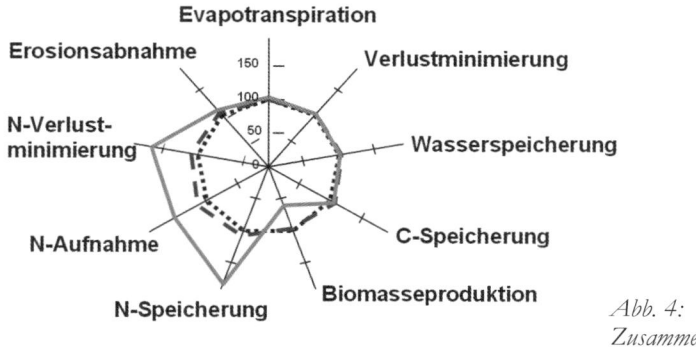

Abb. 4:
Zusammenfassende Beschreibung der Szenarienergebnisse, modelliert nach 30 Jahren

6.4 Integriertes Landschaftsmanagement: nachhaltige Rentierwirtschaft

Die vierte Fallstudie ist eine auf Integritäts- und Lebensqualitätsindikatoren basierende Anwendung im Umweltmanagement. Die Studie wurde im Rahmen des EU-Projektes RENMAN (http://www.ulapland.fi/home/renman/; FORBES 2004) durchgeführt. Zur integrativen Bewertung der Managementsysteme wurde ein Indikatorensatz entwickelt und angewendet, der sowohl ökologische als auch sozio-ökonomische Aspekte berücksichtigt (BURKHARD/MÜLLER 2006, BURKHARD 2004). Zur Bewertung möglicher Zukunftsentwicklungen wurden drei Szenarien für die nordfinnische Rentierwirtschaft im Jahre 2025 entwickelt. Die Indikatoren zur ökologischen Integrität sowie zum sozialen und ökonomischen Wohlergehen wurden zur Bewertung der drei Landnutzungsszenarien: a) mehr Rentierhaltung b) weniger Rentierhaltung und c) business as usual angewendet.

Die zur Bewertung benötigten Daten wurden fast vollständig während des RENMAN-Projektes erhoben (FORBES et al. 2006). Zur Bewertung der ökologischen Integrität konnten die Daten der Feldarbeiten in den Jahren 2002 und 2003 in den zwei Rentierhaltungsbezirken Näkkälä und Lappi in Nordfinnland, Modellierungen mit WASMOD (BURKHARD 2004) und Daten aus entsprechenden Literaturquellen verwendet werden. Die für die sozio-ökonomischen Komponenten benötigten Daten basieren auf Experteninterviews im Jahr 2003 (BURKHARD 2004).

Abb. 5 zeigt die Ergebnisse der drei Rentierwirtschaftsszenarien. Die sozialen und ökonomischen Werte unterliegen ähnlichen Entwicklungen: zunehmende Parameterwerte beim Szenario mit mehr Rentierhaltung und abnehmende Werte bei einer Reduzierung der Rentierhaltung. Mit Blick auf die ökologische Integrität ergeben sich die deutlichsten Veränderungen im Energiehaushalt und in der abiotischen Diversität. Dies zeigt an, dass eine Zunahme der Rentierhaltung, verbunden mit mehr weidenden und trampelnden Tierherden, das Potenzial hat, wichtige Ökosystemeigenschaften zu verändern. Es liegt in der Verantwortlichkeit der lokalen Entscheidungsträger zu verhindern, dass diese Änderungen Ausmaße erreichen, welche die Integrität der Ökosysteme und damit deren Funktionsfähigkeit nachhaltig beeinträchtigen. Der gezeigte Ansatz kann als wertvolles Instrument und als Basis nachhaltiger Entscheidungsfindung angewendet werden.

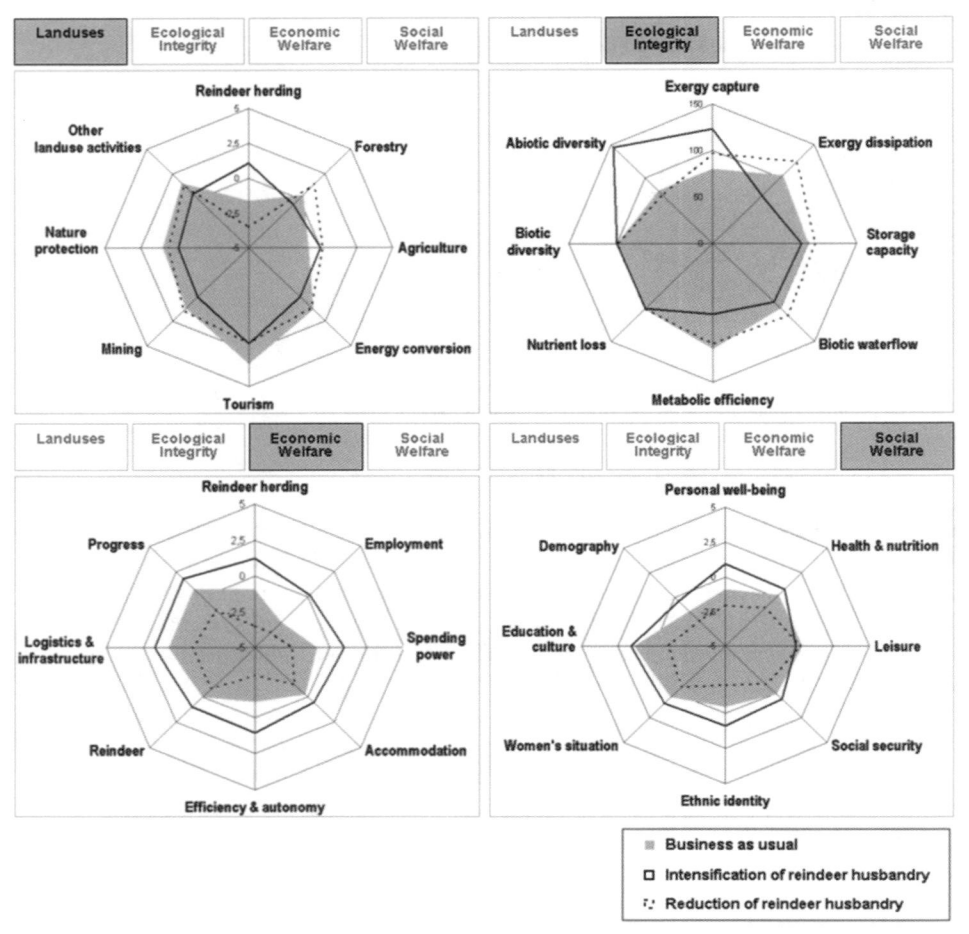

Abb. 5: Vergleich der drei Zukunftsszenarien für die finnische Rentierhaltung im Jahr 2025

7 Schlussfolgerungen

Mit der Herleitung eines ganzheitlichen Indikatorensatzes zur Bewertung der ökosystemaren Selbstorganisationsfähigkeit und in den vier Fallstudien wurde gezeigt, dass ökologische Integrität als ökosystemares Leitbild definiert werden kann. Die Integrität unterschiedlicher Systeme, von typischen norddeutschen Kulturlandschaften bis hin zu nordfinnischen Tundrengebieten, kann somit bewertet werden. Durch Kopplungen von Modellen mit Geographischen Informationssystemen können lokal gewonnene Daten mit variierenden Aussagegenauigkeiten regionalisiert werden. Die Erweiterung der ökologischen Indikatoren durch sozio-ökonomische Variablen, wie in der vierten Fallstudie gezeigt, erhöht deren Anwendbarkeit.

Danksagung

Unser Kollege Ernst-Walter REICHE, der das präsentierte Modellsystem mit großem Engagement leitend entwickelt hat, ist im vergangenen Frühjahr verstorben. Er hat sich äußerst große Verdienste um den beschriebenen Themenkomplex erworben. Wir sind ihm sehr dankbar für die Zusammenarbeit und wir sind noch immer bestürzt und traurig über seinen frühen Tod.

Literatur

AOKI, I. (1998): Entropy and exergy in the development of living systems: A case study of lake ecosystems. In: Journal of the Physical Society of Japan, 67, 2132-2139.

BARKMANN, J. (2002): Modellierung und Indikation nachhaltiger Landschaftsentwicklung – Beiträge zu den Grundlagen angewandter Ökosystemforschung. Diss. Universität Kiel.

BARKMANN, J./BAUMANN, R./MEYER, U./MÜLLER, F./WINDHORST, W. (2001): Ökologische Integrität: Risikovorsorge im Nachhaltigen Landschaftsmanagement. In: Gaia, (10)2, 97-108.

BAUMANN, R. (2001): Konzept zur Indikation der Selbstorganisationsfähigkeit terrestrischer Ökosysteme anhand von Daten des Ökosystemforschungsprojekts Bornhöveder Seenkette. Diss. Universität Kiel.

BOSSEL, H. (2000): Sustainability: Application of Systems Theoretical Aspects to Societal Development. In: Jørgensen, S. E./Müller, F. (Eds): Handbook of ecosystem theories and management. Boca Raton, London, New York, Washington D.C., 519-536.

BRECKLING, B./ASSHOFF, M. (1996): Modellbildung und Simulation im Projektzentrum Ökosystemforschung. Kiel. (= EcoSys, Bd. 5).

BURKHARD, B. (2004): Ecological assessment of the reindeer husbandry system in northern Finland. Kiel. (= EcoSys, Suppl. Bd. 43).

BURKHARD, B./MÜLLER, F. (2006): Systems Analysis of Finnish Reindeer Husbandry. In: Forbes, B. C./Bölter, M./Müller-Wille, L./Hukkinen, J./Müller, F./Gunslay, N./ Konstantinov, Y. (Eds): Reindeer Management in northernmost Europe. Heidelberg, 321-364. (= Springer Ecological Studies, Bd. 184).

CRABBÉ, P./HOLLAND, A./RYSZKOWSKI, L./WESTRA, L. (2000): Implementing ecological integrity. Dortrecht.

FORBES, B.C./BÖLTER, M./MÜLLER-WILLE, L./HUKKINEN, J./MÜLLER, F./GUNSLAY, N./ KONSTANTINOV, Y. (Eds): Reindeer Management in northernmost Europe. Heidelberg. (=Springer Ecological Studies, Bd. 184) (i.p.).

FRÄNZLE, O./KAPPEN, L./BLUME, H.P./DIERSSEN, K. (Eds.) (i.p.): Ecosystem organisation in a complex landscape. Heidelberg. (= Springer Ecological Studies).

HASKELL, B. D./NORTON, B.G./COSTANZA, R. (1993): Introduction: What is ecosystem health and why should we worry about it? In: Costanza, R./Norton, B.G./Haskell, B. D. (Eds.): Ecosystem health. Washington, 3-22.

HÖRMANN, G./IRMLER, U./ MÜLLER, F./PIOTROWSKI, J./PÖPPERL, R./REICHE, E. W./ SCHERNEWSKI, G./SCHIMMING, C. G./SCHRAUTZER, J./WINDHORST, W. (1992): Ökosystemforschung im Bereich der Bornhöveder Seenkette. Arbeitsbericht 1988-1991. Kiel. (= EcoSys, Bd. 1).

JOERGENSEN, S.E. (2000): The tentative fourths law of thermodynamics. In: Joergensen, S. E./Müller, F. (Eds.): Handbook of ecosystem theories and management. Boca Raton, 161-176.

KARR, J. R. (1981): Assessment of biotic integrity using fish communities. In: Fisheries, 6, 21-27.

KUTSCH, W.L./STEINBORN, W./HERBST, M./BAUMANN, R./BARKMANN, J./KAPPEN, L. (2001): Environmental indication: A field test of an ecosystem approach to quantify biological self-organization. In: Ecosystems, 4, 49-66.

LEOPOLD, A. (1944/1991): Conservation: In whole or in part? In: Flader, S./Callicott, J. B.

(Eds.): The river of the mother of God and other essays by Aldo Leopold. Madison, 310-319.

MEYER, M. (2000): Entwicklung und Formulierung von Planungsszenarien für die Landnutzung im Bereich der Bornhöveder Seenkette. Diss. Universität Kiel.

MÜLLER, F. (2005): Indicating ecosystem and landscape organisation. In: Ecological Indicators, 5, 280-294.

MÜLLER, F./LEUPELT, M. (1998): Eco targets, goal functions and orientors. Berlin, Heidelberg, New York.

MÜLLER, F./LI, B. L.(2004): Complex Systems Approaches to study human-environmental interactions-issues and Problems. In: Proceedings of the Intecol World Conference Seoul 2002. Dortrecht, 31-46.

MÜLLER, F./SCHRAUTZER, J./REICHE, E.W./RINKER, A. (i.p.): Ecosystem based indicators in retrogressive successions of an agricultural landscape. In: Ecological Indicators.

RAPPORT, D. J. (1989): What constitutes ecosystem health? In: Perspectives in Biology and Medicine, 33(1), 120-132.

RAPPORT, D. J./MOLL, R. (2000): Applications of ecosystem theory and modelling to assess ecosystem health. In: Joergensen, S. E./Müller, F. (Eds.): Handbook of ecosystem theories and management. Boca Raton, 487-496.

REICHE, E.W. (1996): WASMOD. Ein Modellsystem zur gebietsbezogenen Simulation von Wasser- und Stoffflüssen. In: EcoSys, 4, 143-163.

REICHE, E. W./MÜLLER, F./DIBBERN, I./KERRINES, A. (2001): Spatial heterogeneity in forest soils and understory communities of the Bornhöved Lakes District. In: Tenhunen, J./Lenz, R./Hantschel, R. (Eds.): Ecosystem approaches to landscape management in Central Europe. Heidelberg. (= Springer Ecological Studies, Bd. 147).

SCHNEIDER, E. D./KAY, J. J. (1994): Life as a manifestation of the second law of thermodynamics. In: Mathematical and computer modelling, 19, 6-8, 25-48.

SCHÖNTHALER, K./MÜLLER, F./BARKMANN, J. (2003): Synopsis of systems approaches to environmental research – German contribution to ecosystem management. Berlin. (= UBA-Texte 85/03).

SCHRAUTZER, J./BLUME, H. P./DIERSSEN, K./HEINRICH, U./MÜLLER, F./REICHE, E. W./ SCHLEUSS, U. (i.p.): An indicator-based characterization of the key ecosystems in the Bornhöved Lake District. In: Fränzle, O./Kappen, L./Blume, H. P./Dierssen, K. (Eds.) (i.p.): Ecosystem organisation in a complex landscape. Heidelberg. (= Springer Ecological Studies).

SVIREZHEV, Y. M./STEINBORN, W. (2001): Exergy of solar radiation: Thermodynamic approach. In: Ecological Modelling, 145, 101-110.

WESTRA, L./LEMONS, J. (Eds.) (1995): Ecological integrity and the management of ecosystems. Ottawa.

Leitthema C – Relativität von Grenzen und Raumeinheiten

Sitzung 2: Geovisualisierung zwischen statischer Präsentation und dynamischer Interaktion

Jürgen Bollmann (Trier) und Manfred F. Buchroithner (Dresden)

Für wissenschaftliche Nutzer von Geodaten und Geovisualisierungen herrscht zurzeit eine erhebliche Verunsicherung über den Stellenwert kartographischer Medien. Zur Klärung der entstandenen Fragen wurden im Rahmen eines Leitthemenbereichs des Geographentages theoretische Konzepte und technische Angebote der modernen kartographischen Geovisualisierung dargestellt und diskutiert. Fragen, die sich stellen, gehen etwa in die Richtung:

- Ist der Aufwand zur Bearbeitung von statischen Karten im Zeitalter von Geoinformationssystemen noch zeitgemäß bzw. wirkungsvoll?
- Welche Funktionen kommen neuen interaktiven und dynamischen Medienformen in Lehre, Forschung und praktischer Anwendung zu?
- Was ist in Zukunft an hochtechnologischen Arbeits-, Übertragungs- und Kommunikationsformen zu erwarten, sinnvoll und finanzierbar.

Die dazu gehaltenen Vorträge wurden vorab in den Kartographischen Nachrichten (55. Jg. 2005, Heft 5 u. Heft 6) veröffentlicht. Diese Veröffentlichungen entsprechen im Wesentlichen den hier vorliegenden Texten.

Bei der Visualisierung *statischer wissenschaftlicher* Karten sollen primär georäumliche Erkenntnisse bereitgestellt, übermittelt und weiter verarbeitet werden. Darüber hinaus bilden diese Karten aber im Rahmen des Herstellungsprozesses vor allem eine graphische „Arbeitsplattform", auf der u. a. Redaktionsskizzen, Statistiken sowie als zentraler Aspekt, mental verfügbare oder parallel entwickelte Wissenskonzepte der Kartenbearbeiter zusammen geführt werden. Diese Form der Kartenbearbeitung hat in Geographie, Geowissenschaften und Planung über Jahrzehnte die Erkenntnisgewinnung und damit auch den hohen Stellenwert der Kartographie in diesen Disziplinen mitbestimmt. Sebastian LENTZ, Leipzig, wird darüber in den nächsten Kartographischen Nachrichten ausführlich berichten. Auf der Grundlage umfangreicher Recherchen werden der Einsatz und die Methoden der Kartenbearbeitung im Zusammenhang mit der Entstehung des Nationalatlas Bundesrepublik Deutschland dargestellt.

Bei der Visualisierung *dynamischer kartographischer Medien* bilden dagegen Daten, Analyse- und graphische Methoden, die z. B. im Geoinformationssystem verwaltet und bereitgestellt werden, eine quasi latente „Vorkarte". Ausgerichtet auf spezifische Fragestellungen werden daraus digitale Karten zur räumlichen Analyse oder Bildschirmkarten zur visuellen Analyse abgeleitet. Unterstützt wird dieser Vorgang durch Interaktions- und Navigationsformen zur Modifizierung von Kartenelementen und -merkmalen bzw. zur Verbesserung des optischen Einblicks in die dreidimensionale Virtuelle Landschaft.

Für fast jede *wissenschaftliche Aufgabenstellung* gibt es inzwischen eine adäquate mediale Lösung. Dies reicht von der statischen Abbildung von georäumlichen Fachbasisdaten oder Forschungsergebnissen über den Einsatz von Karten als Analyseinstrument oder als Datenexplorationswerkzeug bis hin zur virtuellen Nutzung dynamisch-interaktiver 3D-Landschaften. Daneben werden Modellberechnungen visuell unterstützt und gesteuert, Szenarien und Simulationen konstruiert und in ihren Merkmalen oder unterschiedlichen Auswirkungen beurteilt sowie Kartierungen im Gelände vorgenommen, und dies mit Hilfe elektronischer Karten, die Satelliten gestützt auf wechselnden Standorten georeferenziert werden.

Der geographische *Systemnutzer* ist in diesen Prozessen häufig auch der Hersteller des Mediums. Er konzipiert das gesamte Prozessgeschehen hinsichtlich bestimmter fachlicher Ziele, hinsichtlich des Ablaufs, der Vernetzung und dem Einsatz von Medien im Rahmen der Systemarbeit, und er organisiert und führt den gesamten Vorgang der Informationsverarbeitung am Bildschirm durch. Dies alles sind Aufgaben, die von den verschiedenen Systemen zwar unterstützt, nicht aber unmittelbar geführt und geleitet werden. Sie funktionieren nur, wenn der Systemnutzer über entsprechende kartographische oder Geoinformatik orientierte Kenntnisse, Erfahrungen und Fertigkeiten verfügt.

Geodaten und die Methoden zur Herstellung und Nutzung von kartographischen Medien bilden für die moderne Geovisualisierung die grundlegenden Arbeitswerkzeuge. Basis des gezielten und grenzüberschreitenden Einsatzes dieser Werkzeuge sind Standardisierungen und Homogenisierungen, wie sie im Beitrag von Lars BERNARD UND Albrecht WIRTHMANN mit INSPIRE dargestellt sind. Dabei muss eine enge Verbindung zwischen Geodatenstruktur, Visualisierungsansätzen und der daraus resultierenden wissenschaftlichen Erkenntnisgewinnung bestehen. Ein hoher Stellenwert kommt auch der Zugänglichkeit von topographischen Geodaten zu. Die in der Vergangenheit analog und heute in Rasterform genutzten topographischen Karten sind dabei in keiner Weise mit den vektoriellen Grundriss- und Höhendaten des ATKIS-DLM zu vergleichen. Die Nutzung dieser Daten, beispielsweise für 3D-Visualisierungen, auch nach Transformation und Erweiterung der Datenstruktur, kann die Arbeit erheblich beschleunigen, immer unter Voraussetzung ihrer schnellen und finanzierbaren Bereitstellung für Lehre und Forschung.

Der Einsatz von modernen *Abbildungs- und Präsentationsformen* in der Geovisualisierung stützt sich einerseits, wie Andreas MÜLLER unter anderem in seinem Beitrag ausführt, vor allem auf variierbare projektive Raumsichten. So können interaktive 2D-Karten in eine zentralperspektivische Schrägsicht überführt, daraus eine 3D-Landschaft abgeleitet, diese animiert und schließlich als stereoskopische Präsentation generiert werden. Andererseits wird das *Detaillierungs- und Abstraktionsniveau* von Visualisierungen verändert. Dabei wird es in Zukunft von Interesse sein, beispielsweise in zeitlich begrenzten Arbeitssituationen, wie etwa bei der Fahrzeugnavigation oder in bestimmten Führungs- und Managementpositionen, möglichst in Echtzeit das Informationsangebot an der mentalen Verfügbarkeit von Wissenskonstrukten bei Systemnutzern auszurichten. Diese Ausrichtung von Karten- oder Medieninhalten orientiert sich also nicht nur an den Vorgaben der zu modellierenden Geodaten, sondern gleichfalls an den mentalen Möglichkeiten von Nutzern bzw. Nutzergruppen. Die Raumkognitionsforschung, die Empirische Kartographie bzw. das Usability Engineering haben dazu erste Erkenntnisse geliefert.

Das Angebot an *kartographischen Systemen* und *Medien* bildet für den Bereich der Geovisualisierung eine nicht zu umgehende Voraussetzung. Dabei sind die Eigenschaften der „Grundgeräte" wie Rechner, Drucker, Bildschirme oder Netze oft nur noch von untergeordneter Bedeutung. Von weit größerer Bedeutung ist das von Lorenz HURNI in seinem Beitrag dargestellte Verhältnis zwischen modernen kartographischen Modellierungstheorien und Anwendungsverfahren sowie den zur Umsetzung erforderlichen Technologiekonzepten bzw. deren Realisierungen als Systeme und Medien. Zwei Zusammenhänge schränken allerdings zurzeit noch den erkennbaren Fortschritt ein. Zum einen ist es zum Teil noch nicht gelungen, die Abhängigkeit zwischen zunehmender Systemkomplexität einerseits und wachsendem Herstellungs- und Nutzungsaufwand andererseits zu beschränken. Zum anderen fehlt häufig eine systematische Trennung von bestimmten Produktphilosophien und den aus ihnen resultierenden Fachsprachen sowie einem allgemeinen Produkt unabhängigem Wissen. Eine formalere Sicht auf diese Thematik würde sicherlich zu einer besseren und eigenständigeren Erkenntnisgewinnung in der Kartographie führen.

Insgesamt sind die Entwicklungsansätze für den erfolgreichen Einsatz von kartographischen Medien in Geographie und anderen georäumlich arbeitenden Wissenschaften durchaus positiv zu sehen. Der Einsatz der Medien wird allerdings nur dann wirkungsvoll sein, wenn er angemessen auf die jeweiligen wissenschaftlichen Aufgaben ausgerichtet ist.

INSPIRE – der Weg zu einer Europäischen Geodateninfrastruktur

Lars Bernard (Ispra, Italien) und Albrecht Wirthmann (Luxemburg)

1 Einleitung – Zum Begriff der Geodateninfrastruktur (GDI)

Geodateninfrastrukturen und deren Aufbau, Organisation, Betrieb und Weiterentwicklung gehören zu den aktuellen Kernthemen der Geoinformatik. Für den noch recht jungen Begriff der GDI bzw. das englischsprachige Synonym SDI (Spatial Data Infrastructure) findet sich derzeit noch keine weithin akzeptierte Definition (WYTZISK/SLIWINSKI 2004). Auf Basis der unterschiedlichen Beschreibungsversuche lassen sich jedoch einige grundlegende Komponenten und Eigenschaften einer GDI postulieren: Als Infrastrukturen bestehen Geodateninfrastrukturen aus verteilten Geoinformationsdiensten (GI-Dienste) zur Bereitstellung und Nutzung dezentraler Geodaten, aus Regeln und Standards, die Interoperabilität gewährleisten und Bedingungen für Angebot und Nutzung der Geodaten und GI-Dienste festlegen, sowie aus konsensgetriebenen Organisationsstrukturen für Entwicklung, Betrieb und Wartung der GDI und ihrer Regeln und Standards. Eine weiter gefasste Definition umfasst darüber hinaus die Nutzer und Anbieter von Geoinformationen in der GDI.

Ziel einer GDI ist es, die effiziente Nutzung von Geoinformationen für unterschiedliche Anwendungen zu ermöglichen und zu fördern. Kommerzielle Anstrengungen zum GDI-Aufbau zielen auf die Erschließung neuer Marktpotenziale für Geoinformationen. Eine GDI kann dabei innerbetrieblich oder betriebsübergreifend, kommerziell oder verwaltungsgetrieben, regional, national oder international organisiert sein; eine GDI kann eine thematische Domäne fokussieren oder aber themenübergreifend angelegt sein. Dabei können solche Geodateninfrastrukturen mit unterschiedlichem räumlichem oder thematischem Bezug, dem Interoperabilitätsparadigma folgend, übergreifend miteinander vernetzt werden.

Die GDI-Entwicklung hat durch die rasante Internetentwicklung des vergangenen Jahrzehnts einen enormen Schub erfahren, und so sind Web-Protokolle heute auch die wesentliche technologische Grundlage entstehender GDIs. Die maßgeblichen internationalen de-facto und de-jure Standards für den Aufbau von GDIs stammen daher einerseits vom *World Wide Web Consortium* (http://www.w3.org/), andererseits werden die für die interoperable Bereitstellung von Geoinformationen spezifischen Standards durch das *Open Geospatial Consortium* (OGC, http://www.opengeospatial.org) und das *ISO Technical Comittee 211 Geographic Information* (ISO/TC 211, http://www.isotc211.org) entwickelt und verabschiedet. Ein vertiefender Überblick über Aufbau, Anwendung und Technologie von Geodateninfrastrukturen findet sich bei BERNARD et al. (2004), GROOT/MCLAUGHIN (2000) und WILLIAMSON et al. (2003).

2 Europäische Geodateninfrastrukturen

In der Europäischen Union lassen sich zahlreiche, meist verwaltungsgetriebene Initiativen zum Aufbau regionaler oder nationaler Geodateninfrastrukturen beobachten, und es finden sich bereits erste operationelle GDI-Anwendungen. Dabei zeichnet sich auch eine zunehmende Konsolidierung und Koordination der bisher meist entkoppelt verlaufenden Bemühungen der unterschiedlichen Verwaltungsebenen ab. So organisieren sich im föderalen deutschen System die GDI-Initiativen der Bundesländer zwischenzeitlich gemeinsam mit der Initiative GDI-DE zum Aufbau einer nationalen GDI (BOCK et al. 2004).

Erste Europäische Ansätze zur grenzüberschreitenden Kooperation bei Entwicklung und Betrieb von Geodateninfrastrukturen haben derzeit zumeist den Charakter von Pilotierungen und Machbarkeitsstudien (CRAGLIA et al. 2003, RIECKEN et al. 2003). Eine interoperable Nutzung von Geoinformationen auf europäischer Ebene ist heute daher nur eingeschränkt, meist sehr kostenaufwändig oder gar nicht möglich. Insbesondere fehlt ein übergreifendes Rahmenwerk, das für den koordinierten Aufbau einer Europäischen GDI die notwendigen Standards und Regeln für den interoperablen Austausch von Geoinformation eindeutig festlegt sowie geeignete Organisationsstrukturen definiert und benennt.

Hier setzt die Initiative Infrastructure for Spatial Information in Europe (INSPIRE, http://inspire.jrc.it) an, die 2001 gemeinsam durch Vertreter aus den Umwelt- und Vermessungsverwaltungen der EU-Mitgliedstaaten (der so genannten INSPIRE-Expertengruppe), den EU-Generaldirektionen Umwelt, Eurostat und Gemeinsame Forschungsstelle sowie der Europäischen Umweltagentur gegründet wurde. Die INSPIRE-Prinzipien fassen die Kernideen dieser Initiative zusammen:

- Unterstützung verteilter Geodaten und Geodienste für effektive Geoinformationsverarbeitung
- Semantische und technische Interoperabilität für Integration verteilter Geoinformationen
- Wiederverwendbarkeit von Geoinformation, auch zwischen unterschiedlichen Institutionen
- Bereitstellung von Geoinformationen zur umfassenden Nutzung auf allen Ebenen
- Gute Recherchierbarkeit und Nutzbarkeit von Geoinformationen

Mit dem Schwerpunkt auf Umweltinformationen soll INSPIRE ein Rahmenwerk für den Aufbau einer Europäischen GDI schaffen. INSPIRE zielt darauf, die für die Aufstellung, Umsetzung, Überwachung und Bewertung der Umweltpolitik der Europäischen Union relevanten Geoinformationen Entscheidungsträgern und Bürgern in aufeinander abgestimmter und hochwertiger Form verfügbar zu machen. Der Fokus liegt dabei auf existierenden digitalen Geoinformationen und nicht auf der (Neu-)Erfassung von Geodaten.

Dem Entwurf einer INSPIRE-Direktive als Vorschlag eines EU-weiten gesetzlichen Rahmenwerks gingen Vorstudien zu geeigneten Architekturen und Standards, zu Finanzierungs- und Umsetzungsstrukturen, Referenz- und Metadaten, rechtlichen Aspekten und Datenpolitik sowie zu den behandelnden Umweltthemen voraus.

Im Rahmen einer Internetkonsultation wurde im Jahr 2003 die Öffentlichkeit in den Prozess einbezogen. Insgesamt rund eintausend europäische Institutionen haben sich auf diese Weise zu den Ideen von INSPIRE äußern können. Die Auswertung bestätigte eine breite Akzeptanz für das INSPIRE-Vorhaben zur Schaffung eines europaweit einheitlichen Rahmenwerks von Spezifikationen und Standards zum Aufbau einer GDI, das auf diesbezüglich existierenden Arbeiten aufsetzen soll. Zustimmung fanden auch die durch INSPIRE adressierten Themengebiete sowie die Forderung nach

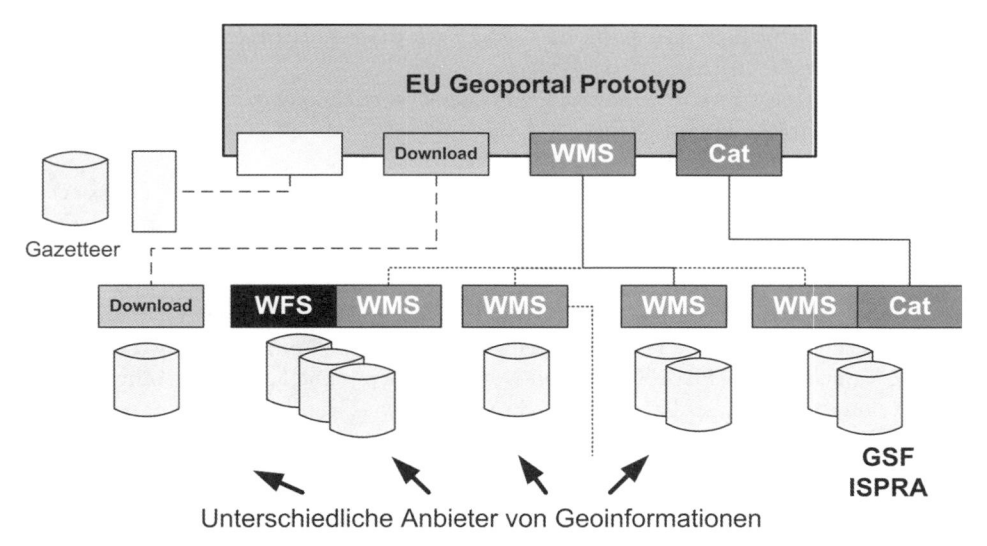

Abb. 1: Architektur des Prototyps eines Europäischen Geoportals, das auf Schnittstellenspezifikationen des OGC aufsetzt (WFS = Web Feature Service; WMS = Web Mapping Service; Cat = Catalogue Service)

EU-weit vereinheitlichten Datenlizenzierungsrichtlinien. Im Hinblick auf die technischen Anforderungen belegte die Konsultation grundsätzliches Einverständnis darüber, dass die Europäische GDI auf interoperablen GI-Diensten, die frei verfügbaren Standards folgen, aufsetzen soll.

Die parallel zu den oben genannten Aktivitäten durchgeführte prototypische Entwicklung eines Europäischen Geoportals (Abb. 1) an der Gemeinsamen Forschungsstelle dient dazu, Potenziale und Defizite der aktuell verfügbaren Standards und Technologien für die Implementierung einer Europäischen GDI zu untersuchen (BERNARD et al. 2005). Die bisherigen Erfahrungen bestätigen insbesondere, dass die derzeitig verfügbaren OGC Standards und ISO/TC 211 Normen sicherlich eine gute Ausgangsbasis für GDI-Entwicklungen liefern, gleichzeitig jedoch so generisch sind, dass sie erst im Zusammenspiel mit einheitlichen Interpretationsrichtlinien und ggf. auch spezifischen Ergänzungen (etwa zur Behandlung der Mehrsprachigkeit) wirklich das interoperable Zusammenwirken verteilter GI-Dienste in einer GDI erlauben.

3 Der Entwurf der INSPIRE-Direktive

Im Juli 2004 hat die Europäische Kommission den Entwurf der INSPIRE-Direktive akzeptiert und diesen zur Verhandlung in das Europäische Parlament eingebracht (EUROPÄISCHE KOMMISSION 2004). Bei einer Annahme des Entwurfs ist mit der endgültigen Verabschiedung der Direktive bis 2006 zu rechnen. Der Direktivenentwurf identifiziert für das durch INSPIRE intendierte Rahmenwerk die folgenden wesentlichen Komponenten:
- Metadaten zur Unterstützung der Recherche und Bewertung von Geodaten und Geodiensten
- Regeln zur Schaffung von Interoperabilität für die durch INSPIRE adressierten Geodaten und Dienste

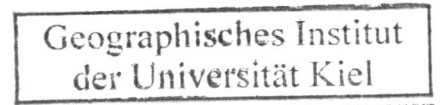

- Interoperable Netzdienste für die Geodatenrechereche, den Zugriff und die Nutzung von Geodaten
- Regeln zur Gemeinsame Nutzung und Wiederverwendung der in INSPIRE adressierten Geodaten und Dienste
- Regeln zur Koordinierung der INSPIRE-Umsetzung

In den aktuellen Vorschlägen der INSPIRE-Direktive werden für die adressierten Umweltthemen verschiedene Harmonisierungskategorien unterschieden. In der ersten Kategorie sollen die so genannten INSPIRE-Annex I-Daten insbesondere die INSPIRE-Referenzsysteme im engeren Sinne beschreiben (Koordinatenreferenzsysteme, Geogittersysteme, geographische Namen). Darüber hinaus soll Annex I auch Geodaten umfassen, die als gemeinsame Referenzdaten genutzt werden können (administrative Einheiten, Verkehrsnetze, Hydrographie und Schutzgebiete). Die Kategorie Annex II umfasst weitere, als Geobasisdaten zu bezeichnende Daten (Grundstück- und Besitzstandsdaten, Höhenangaben mit bathymetrischen Angaben sowie Küstenverläufen, Landbedeckung, Orthofotos). Die im Annex III genannten Themen umfassen ein breites, den Umweltschutz betreffendes Spektrum und reichen von Geologie, Boden und Klima bis zu menschlicher Gesundheit und Sicherheit.

Für die genannten Themen sollen die zugrunde liegenden Datenspezifikationen derart semantisch und geometrisch harmonisiert werden, dass ein nahtloser Informationsaustausch europaweit möglich wird. Es bleibt klarzustellen, dass INSPIRE hierbei *nicht* die Definition eines einheitlichen, EU-weit verpflichtenden Datenmodells vorsieht, sondern lediglich die Schaffung harmonisierter Schemata, die eine für die Annexe unterschiedlich weit reichende syntaktische, geometrische und semantische Integration von Geodaten unterschiedlicher Herkunft erlaubt. Entsprechend sollen die INSPIRE-Umsetzungsrichtlinien für alle Annexthemen harmonisierte Objektklassifikationsschemata und harmonisierte Georeferenzierungen festlegen. Für die unter Annex I und Annex II genannten Daten sollen weiterhin EU-weit einheitliche und eindeutige Identifizierer spezifiziert werden, so wie eine europaweite Harmonisierung der (auch grenzüberschreitenden) topologischen Beziehungen der modellierten Objekte, der verwendeten Attribute und ihrer zugrunde liegenden mehrsprachigen Thesauri. Außerdem sollen für diese Themen EU-weit gültige Regeln zur Modellierung der zeitlichen Dimension sowie zur Handhabung der Datenaktualisierung realisiert werden. In der zeitlichen Abfolge der INSPIRE-Umsetzung werden zunächst die Annex I Themen und dann die Annex II und III Themen behandelt.

INSPIRE adressiert auch die für den Aufbau einer Europäischen GDI notwendigen GI-Dienste (bezeichnet als *network services*). Hier werden als durch die Mitgliedstaaten auf nationaler Ebene bereitzustellende Dienste genannt:
- Dienste zur Recherche nach Geoinformationen (*discovery services*),
- Dienste zur Visualisierung von Geoinformationen (*view services*),
- Dienste zum Zugriff auf Geodaten (*download services*),
- Dienste zur Transformation von Geodaten (unterschiedliche Raumbezugssysteme; *transformation services*) sowie
- weitere Geoinformationsdienste, die auf den oben genannten Diensten aufsetzen (*services to invoke spatial data services*).

Diese nationalen Dienste sollen im Europäischen Geoportal verfügbar gemacht werden. Für die Recherche der genannten Daten und Dienste sollen durch die Mitgliedsstaaten entsprechende Metadaten bereitgestellt werden. Diese Aufgabe ist im vorgeschlagenen INSPIRE-Zeitplan prioritär behandelt, spätestens sechs Jahre nach Inkrafttreten der Direktive sollen alle geforderten Metadaten in den EU-Mitgliedstaaten zur Verfügung stehen.

Die entstehende Europäische GDI soll nicht nur den öffentlichen Einrichtungen, sondern auch Dritten offen stehen, entsprechende Nutzungsbedingungen und -richtlinien gilt es folglich ebenfalls abzustimmen. Der Direktivenentwurf fordert hier einen unbeschränkten Zugang zu umweltrelevanten Information für EU-Behörden und Mitgliedstaaten, der jedoch nicht zu einer Wettbewerbsverzerrung am Geoinformationsmarkt führen darf.

4 Entwicklung von Umsetzungsrichtlinien

Parallel zu den derzeitigen Verhandlungen des Direktivenentwurfs und seiner hoffentlich erfolgreich verlaufenden Verabschiedung durch das Europäische Parlament werden im Rahmen der derzeit beginnenden zweijährigen INSPIRE-Vorbereitungsphase die Umsetzungsrichtlinien für die spätere Implementierung von INSPIRE entwickelt. Diese Richtlinien detaillieren die Anforderungen der Direktive soweit, dass sie Mitgliedsstaaten in die Lage versetzen, auf europäischer Ebene interoperablen Zugriff auf existierende (Geo-)Informationssysteme zu ermöglichen und damit eine Europäische GDI zu realisieren. Der INSPIRE-Idee folgend, sollen die technischen Umsetzungsrichtlinien auf existierenden Standards und Spezifikationen basieren und konkret Rahmen und grundsätzliche Anforderungen in den einzelnen Bereichen festlegen. Sie sollten als eindeutige Auslegung existierender Standards die EU-weite Interoperabilität gewährleisten und durch Tests und Analysen auf ihre Anwendbarkeit und Angemessenheit geprüft werden. Weiterhin gilt es Strategien für die Implementierung bzw. Migration und den Betrieb der notwendigen Systeme sowie für eine möglicherweise notwendige Fortführung bzw. Aktualisierung der Richtlinien zu definieren. Diese Arbeiten sind auch Grundlage zukünftiger Kosten-Nutzen-Analysen der INSPIRE-Umsetzungen.

Dem Prinzip einer GDI folgend sollen Umsetzungsrichtlinien im konsensgetriebenen *bottom-up*-Prozess entwickelt werden. Da vermutlich ein großer Teil der INSPIRE-Umsetzung finanziell durch die Mitgliedsstaaten selbst getragen wird, soll dieser Konsensprozess auch helfen, einen für alle Beteiligten kosteneffizienten Ansatz zu finden. Das INSPIRE-Arbeitsprogramm für die Vorbereitungsphase (DUFOURMONT et al. 2005) beschreibt einen Vorschlag für das Organisations- und Prozessmodell für die Entwicklung der INSPIRE-Umsetzungsrichtlinien. Das Programm identifiziert dabei die folgenden Beteiligten und Rollen:

- *Spatial Data Interest Communities* organisieren sich auf Grundlage eines gemeinsamen, beispielsweise räumlichen oder thematischen Interesses, formulieren entsprechende Nutzerinteressen und stellen existierende Ressourcen als Ausgangsbasis für die Umsetzungsrichtlinien bereit.
- *Legally Mandated Organisations* repräsentieren die Organisationen auf Mitgliedstaat- und EU-Ebene, die für die spätere, eigentliche INSPIRE Implementierung verantwortlich sind, und stellen wie die Spatial Data Interest Communities Nutzerinteressen und Ressourcen.
- *Drafting Teams* rekrutieren sich aus den von den Spatial Data Interest Communities und Legally Mandated Organisations benannten Experten und entwickeln unter Zuhilfenahme der vorliegenden Referenzmaterialien die INSPIRE-Umsetzungsrichtlinien im Entwurf.

- Das *Consolidation Team* unterstützt und koordiniert die Arbeit der Drafting Teams.
- Einrichtungen der Europäischen Kommission begleiten, unterstützen und koordinieren den gesamten INSPIRE-Entwicklungsprozess.

Abb. 2 gibt einen Überblick über das Zusammenwirken der Akteure in der INSPIRE-Vorbereitungsphase. Es werden dabei drei mögliche Szenarien für die Entwicklung der Umsetzungsrichtlinien angenommen: Szenario 1 beschreibt den Fall, in dem das bereitgestellte Referenzmaterial direkt als Ausgangsmaterial für den Richtlinienentwurf dienen kann; in der Situation des Szenarios 2 wird davon ausgegangen, dass ausreichend Material vorhanden ist, dieses jedoch innerhalb einer Spatial Data Interest Community noch geeignet aufbereitet werden muss; Szenario 3 letztlich gilt für die Fälle, in denen weder ausreichend Referenzmaterial vorliegt, noch eine dezidierte Spatial Data Interest Community sich des Themas einer Umsetzungsrichtlinie annimmt, folglich entsprechende Projekte durch das Consolidation Team zur Entwicklung der benötigten Spezifikationen initiiert werden müssen.

Im Frühjahr 2005 wurde zur Teilnahme an der INSPIRE-Vorbereitungsphase aufgerufen. Bis dato haben sich mehr als 130 Spatial Data Interest Communities und 80 Legally Mandated Organisations registriert und mit Abschluss der Nominierungsphase für die Drafting Teams (Ende April 2005) mehr als 180 Experten für die Entwicklung der INSPIRE-Umsetzungsrichtlinien nominiert. Hier gilt es festzustellen, dass die Arbeit der Experten nicht durch die Europäische Kommission entlohnt werden kann, entsprechende Ressourcen also durch die nominierende Institution garantiert werden müssen. Die dennoch große Anzahl an Nominierungen lässt auf ein hohes Interesse an den INSPIRE-Entwicklungen schließen. Die Expertennominierungen sind durch die Europäische Kommission geprüft und die Drafting Teams besetzt worden. Anfang

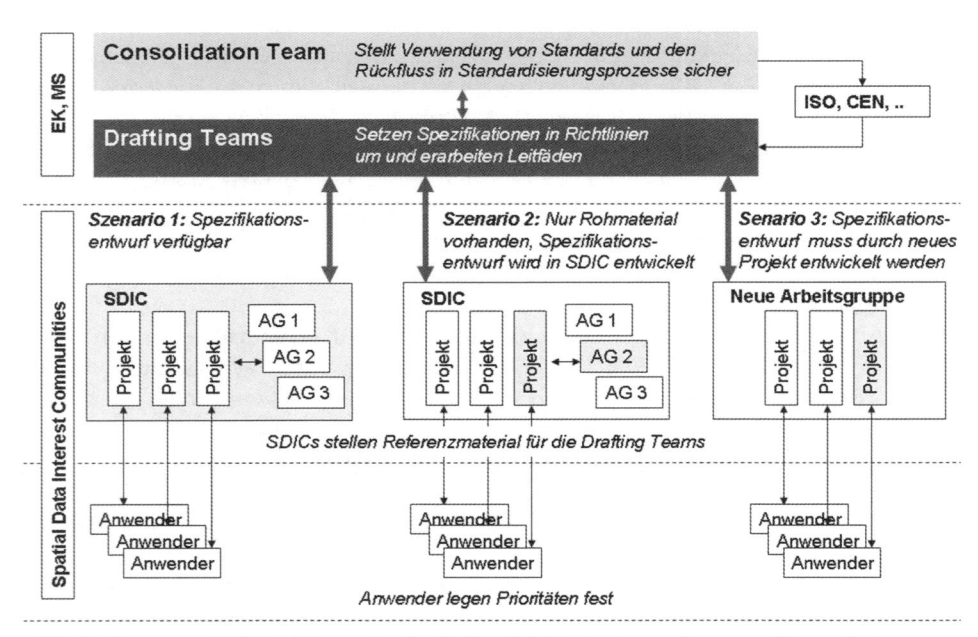

Abb. 2: Zusammenspiel der Akteure in der INSPIRE-Vorbereitungsphase zum Entwurf der INSPIRE-Umsetzungsrichtlinien

Oktober 2005 haben diese Drafting Teams ihre Arbeit an den Entwürfen der INSPIRE-Umsetzungsrichtlinien begonnen.

5 Ausblick

Der aktuelle INSPIRE-Zeitplan sieht den Beginn der Implementierung von INSPIRE in den Mitgliedsstaaten ab 2009 vor. Die Implementierung soll schrittweise erfolgen und wird in einigen Mitgliedsstaaten sicherlich auch schon deutlich früher beginnen. Die Implementierungsfortschritte in den Mitgliedsstaaten werden geeignet begleitet und evaluiert.

Aus dieser Agenda ist klar ableitbar, dass der Aufbau einer Europäischen GDI sicherlich noch mindestens die nächste Dekade in Anspruch nehmen wird. Mit Blick auf den aktuellen Entwicklungsstand nationaler GDI in den Mitgliedsstaaten, lässt sich aber auch vermuten, dass einige operationelle Komponenten der Europäischen GDI sicherlich schon vor 2013 existieren werden. Es ist offensichtlich, dass die Akzeptanz und damit der Erfolg von INSPIRE wesentlich sowohl durch eine gute Organisationsstruktur, die Interessen der Mitgliedsstaaten ausreichend berücksichtigt und dabei handlungsfähig bleibt, als auch durch überzeugende INSPIRE-Umsetzungsrichtlinien bestimmt werden wird. Diese Strukturen und Richtlinien können dann auch Modellcharakter für die Implementierungen der nationalen GDIs haben.

Kurz- und mittelfristig definieren sich aus den INSPIRE-Anforderungen Forschungsaufgaben beispielsweise zur weitestgehend automatisierten Erzeugung von Metainformationen für Geoinformationen, zur semantischen Interoperabilität für Geoinformationen oder auch zur Verkettung von GI-Diensten und geeigneten Software-Architekturen. Langfristig muss die Geoinformatikforschung helfen, Lösungen und Visionen zu entwickeln, die die Nachhaltigkeit der entstehenden (Europäischen) Geodateninfrastrukturen unterstützen.

Literatur

BERNARD, L./FITZKE, J./WAGNER, R. (Hrsg.) (2004): Geodateninfrastrukturen – Grundlagen und Anwendungen. Heidelberg.

BERNARD, L./KANELLOPOULOS, I./ANNONI, A./SMITS, P. (2005): The European Geoportal – One step towards the Establishment of a European Spatial Data Infrastructure. Computers, Environment and Urban Systems, 29, 15-31.

BOCK, M./GRÜNREICH, D./LENK, M. (2004): Der Weg zu einer nationalen Geodateninfrastruktur in Deutschland – die GDI-DE. In: Bernard, L./Fitzke, J./Wagner, R. (Hrsg.): Geodateninfrastrukturen – Grundlagen und Anwendungen. Heidelberg, 47-57.

CRAGLIA, M./ANNONI, A./KLOPFER, M./CORBIN, C./PICHLER, G./SMITS, P. (2003): Geographic Information in the Wider Europe. Online verfügbar unter http://www.ec-gis.org/ginie/documents.html.

DUFOURMONT, H./ANNONI, A./DE GROOF, H. (Eds.) (2005): INSPIRE Work Programme Preparatory Phase 2005–2006. Online verfügbar unter http://inspire.jrc.it.

EUROPÄISCHE KOMMISSION (2004): Proposal for a directive of the European Parliament and of the Council establishing an infrastructure for spatial information in the Community (INSPIRE). COM 516. Online verfügbar unter http://inspire.jrc.it.

GROOT, R./McLAUGHLIN, J. (Eds.) (2000): Geospatial data infrastructure – Concepts, cases, and good practice. Oxford.

Riecken, J./Bernard, L./Portele, C./Remke, A. (2003): North-Rhine Westphalia: Building a Regional SDI in a Cross-Border Environment/Ad-Hoc Integration of SDIs: Lessons learnt., 9th EC-GI & GIS Workshop ESDI, June 25-27 2003. Coruña, Spain.

Williamson, I./Rajabifard, A./Feeney, M. E. (Eds.) (2003): Developing spatial data infrastructures, from concepts to reality. London, New York.

Wytzisk, A./Sliwinski, A. (2004): Quo Vadis SDI? 7th AGILE Conference on Geographic Information Science 2004. Heraklion (Greece), AGILE, 43-49.

Geowissenschaftliche Karten und Kartenwerke oder Fachinformationssysteme – eine Analyse anhand des Nationalatlas Bundesrepublik Deutschland

Sebastian Lentz (Leipzig)

1 Vorbetrachtung

In dem Maße, in dem Datenbanksoftware leistungsfähiger geworden ist und interaktive Kartographieprogramme integriert hat, ist die Frage interessanter geworden, ob digitale Fachinformationssysteme (FIS) künftig nicht schlechthin die umfassenden Werkzeuge für die Konstruktion- und Präsentation von Geodaten darstellen werden. Dafür spricht eine Reihe von Gründen, insbesondere die komfortable Speicherung und Verarbeitung von Daten, die die Erstellung und die Aktualisierung von thematischen Karten einfacher und vor allem kostengünstiger werden lässt. Zudem geben die Fortschritte in der Visualisierungstechnologie, z. B. durch SVG und durch animierte Karten, Anlass zu vermuten, dass auch der traditionelle Vorsprung der per Grafiksoftware erzeugten Einzelkarte bezüglich des künstlerischen Anspruchs in der nächsten Zeit weiter schrumpfen wird, so dass man vorhersagen mag, dass aus FIS heraus künftig vermehrt qualitativ wie ästhetisch niveauvolle Kartenwerke oder Atlanten erstellt werden.

Für eine solche Entwicklung spricht beispielsweise ein kurzer Blick auf einige ausgewählte Konstruktionsprinzipien von vier „großen" Atlanten im deutschsprachigen Raum, sofern man unterstellt, dass die Herausgeber solch größerer Werke im allgemeinen anstreben, dass ihr Produkt bezüglich seiner Präsentation und Nutzung möglichst lange aktuell bleiben möge und dabei im Blick haben, dass auch die Entscheidung für eine bestimmte Technologie zu diesem Ziel beitragen kann: Ältester Atlas, was die Konzeption betrifft, in dieser Reihe ist der Atlas von Ost- und Südosteuropa des Österreichischen Ost- und Südosteuropa-Instituts in Wien. Er ist seiner Erscheinungsform nach primär analog, liegt als Printprodukt vor und wird mit einigem Aufwand derzeit als digitales, beschränkt interaktives Kartenwerk für das Internet aufbereitet (http://pentium7.gis.univie.ac.at/mapserver/atos/htdocs/prototyp/). In der Altersskala folgt der Nationalatlas Bundesrepublik Deutschland, dessen „Wurzeln" bis Anfang der 1990er Jahre zurückreichen. Er ist ebenfalls primär ein Printprodukt. Zu jedem der zwölf Bände gehört eine CD-Rom-Version, die zum einen die Volltextversion des gedruckten Bandes enthält, zum anderen aber zusätzlich Karten- und Graphikanimationen sowie ein interaktives Kartenmodul, mit dem der Nutzer sich aus mitgelieferten Datensätzen Karten auf Kreisebene selbst zusammenstellen und statistisch analysieren kann (siehe http://www.ifl-nationalatlas.de). Der Atlas der Schweiz von SwissTopo, mittlerweile in der Version 2 auf DVD vorliegend, ist als rein digitale Offline-Version konzipiert, die neben blattschnittfreien 2D- und 3D- topographischen Ansichten dem Benutzer die eigenständige Konstruktion von rund 1000 thematischen Karten anbietet (http://www.swisstopo.ch/de/products/digital/multimedia/ads2/), deren Ästhetik in mancher Hinsicht beispielgebend ist. Grundlage ist eine Datenbank, die mit Zulieferungen aus zahlreichen Fachinformationssystemen gespeist wurde. Von der Entstehung her das jüngste Produkt ist der Tirol-Atlas, von Beginn an als Online-Produkt konzipiert und damit für Nutzer, sofern sie einen Internetanschluss haben, offen. Seine Inhalte sind weitgehend fachtypisch (Statistik, Verwaltungsangaben, geographisch-landeskundliche Beschreibungen u. a. m.), aber darüber hinaus werden auch „Laienbeiträge", wie die Kommentare von Schulkindern und -klassen zu ihren Gemeinden (siehe: http://tirolatlas.uibk.ac.at/kids/modules/lexikon/index.pl?gemid=170354&lang=de) aufgenommen. Der Tirol-Atlas geht demnach gegenüber den anderen drei Beispielen bei der Partizipation von Nutzern einen Schritt weiter.

Bezüglich des Grades der Integration von digitalen Fachinformationen und ihrer digitalen Präsentation lässt sich also, in grober graphischer Abstraktion, aus der Charakterisierung der vier genannten Beispiele eine aufsteigende Linie ziehen, die mit dem umgekehrten Alter des Werks korreliert. Dass der Aspekt der Entstehungszeiträume allerdings nur sehr bedingt erklärungsfähig für die Integration von Fachinformationssystemen ist, zeigt das Beispiel des Atlas Ost- und Südosteuropa: Für das Darstellungsgebiet des Werkes existieren schlichtweg kaum national übergreifende FIS; die wenigen existenten FIS wiederum enthalten keine Daten in einer für den Atlas akzeptablen regionalen Auflösung, so dass eine ganz wesentliche Leistung des Atlas darin besteht, Daten aus den verschiedenen Quellen sachlich und räumlich zu harmonisieren und zu einem Gesamtbild zusammenzutragen. Dadurch wird der Atlas selbst zu einer Art visuellen Fachinformationssystems, auch wenn er seine statistischen Grundlagen nicht gesondert und zur interaktiven Verwendung anbietet.

Diese Vorbetrachtungen sollen deutlich machen, dass eine diametrale Gegenüberstellung der Endprodukte „Fachinformationssystem" und „Atlas" die Frage, welche Produktionsschritte auf dem Weg zu einem Kartenwerk Fachinformationssysteme heute bereits implizit enthalten, zu stark vereinfacht und keine differenzierte Beurteilung der gegenseitigen funktionalen Verzahnung erlaubt. Vielmehr ist davon auszugehen, dass Atlanten selbst immer (auch) Fachinformationssysteme sind bzw. umgekehrt es kaum noch denkbar ist, dass Atlanten heute noch ohne die Hilfe von Fachinformationssystemen zu erstellen sind. In dem vorliegenden Beitrag soll der Nationalatlas Bundesrepublik Deutschland deshalb empirisch von zwei Seiten beleuchtet werden: Einerseits inwieweit er als Informationsmedium Eigenschaften eines FIS in sich trägt und als solches zu nutzen ist, andererseits welchen Anteil Fachinformationssysteme am Zustandekommen der Atlasbände, insbesondere in Form von Informations- und Darstellungsquellen (Karten und Grafiken) haben. Daraus sollten dann im besten Falle Schlüsse über den oben angesprochenen Trend der zunehmenden Bedeutung von FIS im Bereich der Atlantenproduktion gezogen werden können. Die erkenntnisleitende Differenz der folgenden Betrachtungen sollen die Ansprüche und der Umgang der Nutzer des jeweiligen Produkts an das Produkt und mit dem Produkt sein.

2 Abgrenzungsprobleme und Erkenntnisbeschränkungen

Im Gegensatz zu Atlanten und Kartenwerken, die als sachlich-thematisch aufeinander bezogene Serien von Karten, die wiederum hinsichtlich Begrenzung und Maßstäben aufeinander abgestimmt sind, definiert sind (siehe Kasten), gibt es für Fachinformationssysteme eine Vielzahl von Beschreibungen, aus denen sich bislang zumindest nach Kenntnis des Autors noch keine einheitliche Definition herausentwickelt hat. Im Lexikon der Kartographie ist der Eintrag den Geographischen Informationssystemen untergeordnet, wo es unter anderem heißt: „Zu solchen Fachinformationssystemen gehören vor allem Landinformationssysteme (LIS), Netzinformationssysteme von Versorgungsunternehmen, Forstinformationssysteme oder kommunale Informationssysteme (KIS). Diese Systeme stellen zum einen eigenständige Entwicklungen dar und sind zum anderen als Fachschalen insbesondere von Basisinformationssystemen konzipiert" (MÜLLER 2001/Bd. 1, 304 ff.).

Häufig genannt werden in diversen Quellen außerdem die Merkmale:
- Es handelt sich um Informationsportale für ein bestimmtes Fachgebiet;
- FIS sind Spezialanwendungen, die fachbezogene Aufgaben unterstützen und konkrete Fachanforderungen bewältigen können;
- FIS dienen der rechnergestützten Erfassung, Speicherung, Verarbeitung, Pflege, Analyse, Benutzung, Weiterverbreitung und Anzeige von meist umfangreichen Informationen, die zum Zweck der Erfüllung fachlicher Aufgaben zur Verfügung gestellt werden;
- FIS bestehen aus Teilsystemen, die Informationen bereitstellen, und damit der technischen Kommunikation dienen.

> „Atlas, eine Zusammenstellung von Karten in Buchform oder eine Folge von Einzelkarten, die eine sachliche Einheit bilden und für eine gemeinsame Ablage (z. B. in einer Kassette) bestimmt sind, auch wenn sie in zeitlichem Abstand erscheinen. Wesentlich ist, dass die Karten hinsichtlich Format, Begrenzung, Maßstäben, Inhalt und Graphik aufeinander abgestimmt sind.
> Neben den gedruckten Ausgaben gibt es heute auch elektronische Atlanten, entweder als Atlanten zur Betrachtung am Bildschirm („View-Only-Atlanten") oder als interaktive Multimedia-Atlanten, die die Verknüpfung von Kartenelementen mit weiteren, z. B. in einer Datenbank abgelegten Informationen, erlauben. Zahlreiche Atlanten sind im Internet verfügbar." (LEXIKON DER GEOGRAPHIE, CD-Version)

Für die unten dargestellten empirischen Untersuchungen am Nationalatlas Bundesrepublik wurde dieses Merkmalsbündel zur Definition gewählt, um entscheiden zu können, ob beispielsweise Autoren eines Beitrags ein FIS genutzt haben.

Bezüglich der von Nutzer- und Produzenteninteressen ist die in den Definitionen wie in der Benennung zum Ausdruck kommende klare Fachorientierung der FIS wichtig. Man kann davon ausgehen, dass beide Gruppen Interessensüberschneidungen haben: Die Produzenten der Informationen sind zu Teilen auch die Nutzer bzw. sie gehören oft derselben Gruppe an wie die Nutzer. Das hat bezüglich der originären Bestimmung von Fachinformationssystemen, nämlich bei der Erledigung von fachlichen Aufgaben Hilfestellungen oder sogar Lösungen anzubieten, Vorteile, denn die Hersteller haben in der Regel sehr genaue Kenntnisse über die Anforderungen der Konsumenten an das Produkt. Außerdem können die Nutzer in der Regel sehr genau formulieren, für welche Zwecke sie das System brauchen und welche Verbesserungen ihren Ansprüchen am ehesten entsprechen würden. Nutzerforen, die die Betreiber von FIS häufig unterhalten, sind deshalb zur gezielten und effizienten Verbesserung der Inhalte wie auch der möglichen Nutzungsformen sinnvoll. Solchen sehr positiven Gebrauchs- und Entwicklungsbedingungen einerseits stehen auf der anderen Seite auch problematische Aspekte gegenüber. Die hohe Kongruenz von Erzeugern und Nutzern eines Informationssystems erhöht das Risiko des Entstehens kommunikativ geschlossener Fachzirkel, d. h. Außenstehende finden häufig nur schwer den Zugang zu Darstellungsformen der Inhalte in FIS.

Demgegenüber sind Atlanten zumindest klassischerweise ein Produkt von Kartographen und Geographen für einen breiteren Nutzerkreis, weswegen sie, selbst wenn es sich um thematische Atlanten handelt, in der Aufarbeitung einer bestimmten Fachaufgabe weniger zielgerichtet sind. Ausnahmen dürften tatsächlich reine Fachatlanten sein, die sich ganz bewusst nicht an die Öffentlichkeit richten. Die Öffnung verlangt nicht zuletzt der traditionelle „Vertriebsweg" von Atlanten über den Buchhandel. Da sie als Informationsmedium, z. B. auch im Schulunterricht, etabliert sind, bestehen auch für den Laien nur relativ geringe Zugangsbeschränkungen bei der Nutzung. Ihr allgemeiner Informationswert im Sinne von raumbezogener Bildung sollte deshalb höher, ihr spezifischer Beitrag zur Lösung fachlicher Fragen dagegen geringer sein.

Der Nationalatlas Bundesrepublik Deutschland eignet sich wegen verschiedener Eigenschaften als Untersuchungsobjekt zur Klärung des momentanen „Verhältnisses" von Atlanten und Fachinformationssystemen:

- rund 500 Autoren aus der Geographie und vielen Nachbarwissenschaften, aus Anwendungsfeldern wie der Planung und der öffentlichen Verwaltung, aus Universitäten und Forschungsinstituten schreiben die Beiträge des Atlas und stellen eine Gruppe von Fachleuten dar, deren Gepflogenheiten im Umgang mit Fachinformationssystemen sich in den Beiträgen und ihren Quellen niederschlagen;
- die langjährige Erfahrung des Atlas-Redaktionsteams in der Quellenarbeit bzw. in der Überprüfung und Verifizierung von Autorendaten erlaubt eine Einschätzung der Quellen-Sucharbeit bzw. der Verwendungsgewohnheiten der Autoren.
- der Atlas entsteht über einen Zeitraum von rund sieben Jahren, in denen, unterstellt man eine relativ schnelle Veränderung von Nutzergewohnheiten bzw. auch eine schnelle Veränderung von FIS-Angeboten, eventuell bereits Auswirkungen in der Intensität ihrer Verwendung zu registrieren sein könnten;
- die thematische Breite des Atlas, z. B. die Mischung aus zwei physisch-geographischen und ansonsten eher humangeographisch ausgerichteten Bänden lässt möglicherweise Hypothesen über unterschiedliche „Arbeitskulturen" in den Teilbereichen der Geographie oder über vorhandene Angebote auf der FIS-Seite zu.

Dennoch dürfen die unten vorgestellten Ergebnisse nicht als ein allgemeingültiges Bild der derzeitigen Nutzung von FIS in der Geographie und in ihren Nachbardisziplinen verstanden werden. Dazu ist vor allem die Stichprobe der Atlasautoren zu klein. Verzerrungen entstehen des Weiteren durch den Auswahlvorgang der Autoren, die ja bereits als Fachleute für ihr Thema zumindest in Fachkreisen bekannt sein sollen, weswegen jüngere Wissenschaftler, die eventuell in höherem Maße auf digitale Quellen wie FIS zurückgreifen, tendenziell unterrepräsentiert sein könnten. Ein ähnlicher Effekt dürfte durch die Einbettung der Bandkoordinatoren in persönliche Netzwerke entstehen.

3 Der Nationalatlas Bundesrepublik Deutschland als Fachinformationssystem

Eine systematische oder auch nur repräsentative Erhebung über die Verwendung des Nationalatlas bei seinen Nutzern existiert nicht, weswegen an diese Stelle grundsätzliche Überlegungen zur Konzeption und damit zur Verwendbarkeit des Atlas als FIS bzw. kursorische, eher zufällige Zitate aus Gesprächen mit Atlasnutzern treten müssen. Der Nationalatlas Bundesrepublik Deutschland ist, misst man die Einschätzung in Rezensionen, zweifellos ein Werk, das in den letzten Jahren in Fachkreisen eine sehr hohe Akzeptanz gefunden. Dazu tragen neben dem breiten Inhaltsspektrum und seiner ästhetisch ansprechenden Visualisierung in Karten und Grafiken ganz wesentlich die begleitenden Texte bei. Sie haben die Aufgabe, den Leser mit der Karte nicht „allein zu lassen" und ihm ein Interpretationsangebot des kartographisch Dargestellten zu liefern, das seinerseits durch die zusätzlichen Grafiken und Nebenkarten in seiner inhaltlichen Argumentation unterstützt wird. Die fachliche Qualität der Texte wird dadurch sichergestellt, dass nicht ein lokales Redaktionsteam sich für alle Bereiche kompetent fühlt und den Atlas „schreibt", sondern dass für jeden Artikel ein möglichst fachkundiger Autor oder auch ein Autorenteam, in der Regel von außerhalb des Leibniz-Instituts für Länderkunde gefunden wird. Nach den Leistungskriterien eines FIS kann man die so gestalteten Einzelbeiträge des Atlas als eine individuell gelenkte Informationsaufbereitung verstehen, die eine völlig freie, im Zweifelsfall auch nicht sinnvolle Interpretation des in der Karte dargestellten Sachverhalts durch den Nutzer verhindern soll. Dieses Autorenprinzip sichert einerseits die hohe fachliche Qualität des Atlas, ist aber gleichzeitig so aufwendig, dass eine laufende Aktualisierung aller Beiträge der Druckausgabe aus Kosten- und Aufwandsgründen nicht möglich ist.

Aktualisierungen bietet der Atlas in seiner digitalen Variante durch das i-kart-Modul, in dem statistische Daten auf Kreisebene bereitgehalten werden. Das Modul ermöglicht diverse Abfragen und stellt Analyse- sowie Darstellungswerkzeuge zur Verfügung, mit denen der Anwender selbst Karten erzeugen und gestalten kann (Abb. 1).

Die zugrundeliegenden Daten werden nach Möglichkeit von Ausgabe zu Ausgabe aktualisiert und ergänzt. Auch an dieser Stelle sind den Möglichkeiten der fortlaufenden Aktualisierung Grenzen gesetzt, denn der Herausgeber, das Leibniz-Institut für Länderkunde, ist nicht gleichzeitig auch Eigentümer der Daten, indem er sie als Primärdaten im staatlichen Auftrag erhebt, sondern erhält sie in der Regel von öffentlichen Stellen mit der Maßgabe, sie nur für die Publikation im Nationalatlas zu verwenden. Der Atlas steht also gelegentlich in Konkurrenz zu Veröffentlichungen aus den jeweiligen Fachinstitutionen, die ihrerseits häufig wachsenden Druck verspüren, ihre Datensammlungen zu rechtfertigen und selbst zu publizieren.

Die thematische Aufbereitung der Bände des Nationalatlas zielt unter anderem darauf ab, raumbezogene Daten so miteinander zu verbinden, dass sie bei statistischer und visueller Komplexitätsreduktion, für deren wissenschaftliche Vertretbarkeit Autor und Redaktionsteam „bürgen", möglichst gesellschaftlich relevante Themen aufgreifen. Je-

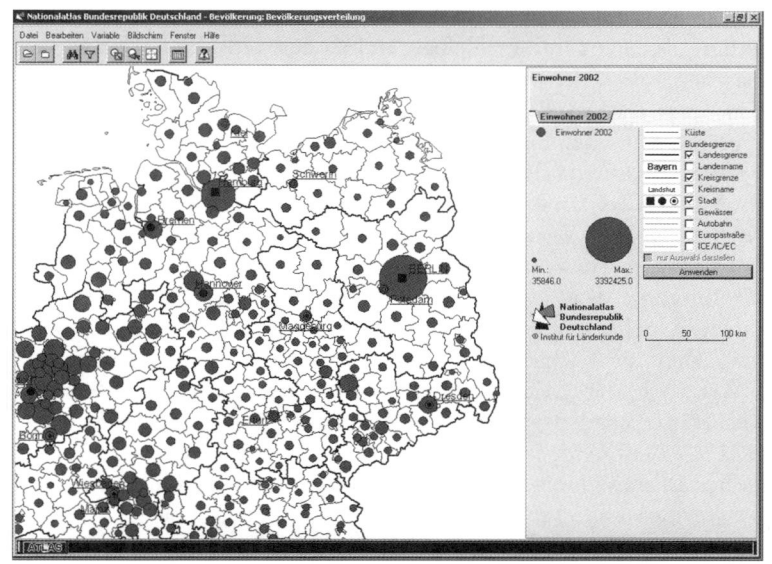

Abb. 1:
Screenshot des i-kart-Moduls des Nationalatlas Bundesrepublik Deutschland

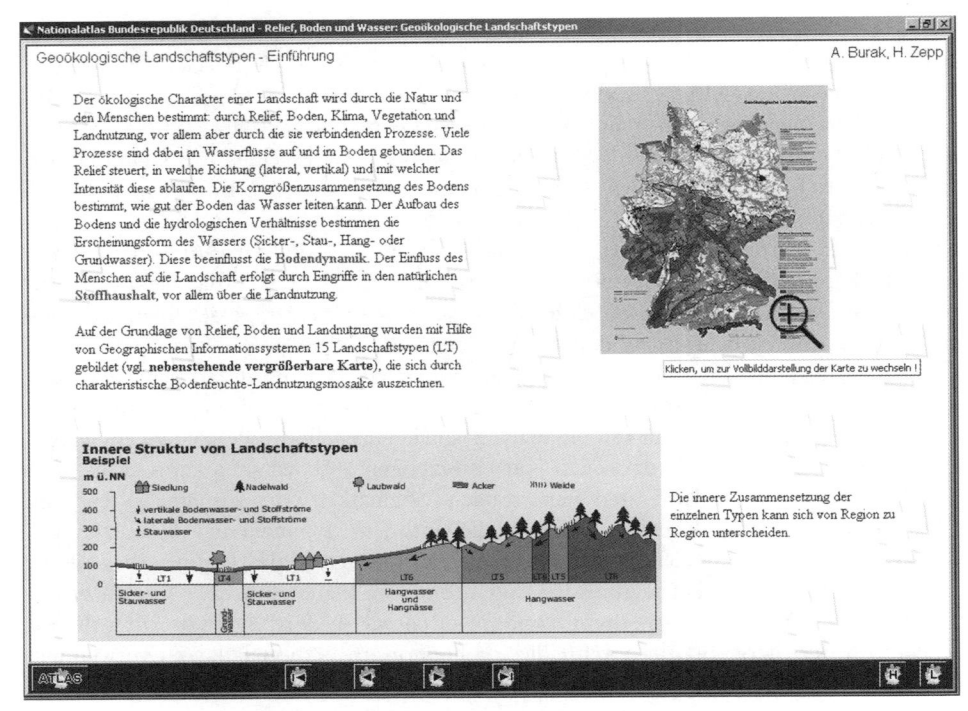

Abb. 2: Screenshot eines Textauszugs des Nationalatlas

denfalls sollen neben altbekannten auch immer wieder solche Korrelationen zwischen Sachdaten visuell hergestellt werden, die neue oder bislang noch nicht unbedingt bedachte räumliche Aspekte der „Wirklichkeit" in Deutschland beleuchten. Gegenüber diesem Gebrauchsaspekt tritt die unmittelbare Überprüfbarkeit der „Richtigkeit" von Daten durch den Nutzer, und damit ein wichtiges Kriterium von FIS, in den Hintergrund. In der Einschätzung von Verlagen, die sich mit dem Produkt „Nationalatlas" und seiner Vermarktung auseinandergesetzt haben, ist hier der Kern des Erklärungsanspruchs eines klassischen Atlas', der praktisch ausschließlich Karten enthält, in Richtung auf ein Sachbuch verschoben, das zwar primär von räumlichen Relationen ausgeht, aber mit mehreren graphischen Darstellungsformen nebeneinander (Karten, Grafiken, Bilder) die Multiperspektivität der Realität betont.

Diese Eigenschaft des Atlas kommt auch in verschiedenen Rückmeldungen von Atlaslesern an die Redaktion zum Ausdruck: Ein wesentlicher Gebrauchswert des Werkes liegt in seiner thematischen Breite und Vielfalt, weswegen Fachleute aus Forschung und Planungspraxis ihn gerne dazu nutzen, sich ein Thema zu erschließen bzw. sich über sehr verschiedene Aspekte der räumlichen Ausprägung eines Themas zu informieren. Neben die Qualität als Nachschlagewerk für exakte Sachdaten tritt damit ein quasi heuristischer Wert, d. h. der Atlas gibt nicht nur Antworten, sondern unterstützt das kombinatorisch-kreative Finden von Fragen oder die Hypothesenbildung (siehe z.B. MELTZER 2001, 276). Dies wird, sofern man den Lesern glaubt, durch die Eigenschaften des physischen Buches, durch seine Haptik und Ästhetik bzw. durch die einfache Möglichkeit der „reziproken Lesart" (KIRCHNER 2005, 152 f.; vgl. auch POTZ 2005, 103) unterstützt. Eine solche Wertschätzung mag allerdings von generationentypischen

Lese- und Arbeitsgewohnheiten, insbesondere auch im Umgang mit digitalen visuellen Darstellungen abhängen, denn sie verzichtet auf ähnliche Möglichkeiten, die die digitale Version mit ihren zahlreichen Querverweisen, die als Links zu anderen Textteilen und Karten, zum Glossar oder zur Hintergrundinformationen führen (Abb. 2). Selbst Autoren des Atlas kennen häufig nur die gedruckte Variante und geben an, die CD habe für sie eine deutlich höhere Eingangsschwelle bei der Verwendung als Arbeitsmittel.

4 Fachinformationssysteme im Nationalatlas

Da der Nationalatlas wissenschaftlichen Ansprüchen genügen soll, wird seit jeher größter Wert auf eine genaue Bibliographie und Quellendokumentation gelegt. Infolgedessen lässt sich gut nachvollziehen, welche Bezugsorte von Daten die Fachautoren für ihre Artikel bevorzugen und wie häufig sie diese verwenden. Für diesen Beitrag wurden dazu die Quellenverzeichnisse der Bände 2, 3, 4, 5, 6, 8, 9 und 10 (vgl. Tab. 1 und Abb. 3) ausgewertet.

Zählt man jede Quelle unabhängig von ihrer mehrfachen Verwendung (je Band oder im Gesamtwerk) nur als einzigen Datensatz[1], so wurden in den ausgewerteten acht Bänden insgesamt 1920 Quellen verwendet. Diese lassen sich in einer groben Annäherung zunächst in ca. 38 % amtliche Quellen (Behörden, Landesinstitutionen, Ressortforschung des Bundes u. ä.), 25 % privatwirtschaftliche Organisationen (Unternehmen, Verbände u. ä.), 28 % akademischer Einrichtungen (Universitäten, Forschungsinstitute u.ä.) und 9 % bis dato unpublizierte Eigenerhebungen der Autoren unterteilen. Von diesen Quellen lag die weit überwiegende Mehrheit (70 %) in gedruckter publizierter Form vor, d. h. als Texte, analoge Karten oder Statistiken. Rund ein Viertel der Daten wurde speziell auf Anfrage der Autoren oder der Redaktion als Spezialauswertung zur Verfügung gestellt. Digitale Quellen machen nur etwa 7 % aller Quellen aus, zu rund 5,5 % als Online-Daten bzw. ca. 1,5 % als Offline-Daten.

Rund 75 % aller im Nationalatlas verwendeten Daten (gemessen in Quellen) lagen nicht in Karten oder kartographischen Formen vor und rund 72 % aller Quellen stammen nicht aus einem FIS. Bei der Interpretation dieser Zahlen ist allerdings zu berücksichtigen, dass viele Atlaskarten aus mehreren Quellen entstehen, also Mischprodukte sind, und dass häufig aus einer Quelle mehrere Karten entstehen. Im Mittel werden je Atlasband etwa 250 Quellen genutzt. Die Hypothese, dass eventuell innerdisziplinäre Unterschiede, d. h. zwischen wirtschafts- und sozialgeographischen bzw. physisch-geographischen „Arbeitskulturen" in der Intensität der Nutzung bzw. in der Bevorzugung bestimmter Quellenformen sichtbar würden, hat sich dagegen nicht bestätigt: Die beiden physisch-geographischen Bände liegen bei etwa 250 bzw. 260 Quellen. Die sonstigen Abweichungen von diesem Wert sind allerdings nicht unerheblich. Sie sind durch die Thematik der Bände erklärbar: Ist das Thema „quer" zu klassischen Fachgebieten oder zu typischen Organisationseinheiten der Statistik konzipiert worden, dann steigt die Zahl der Quellen notwendigerweise. Beispiele sind „Dörfer und Städte" (327 Quellen) und „Unternehmen und Märkte" (342 Quellen), die aufgrund der Spannweite ihres Inhalts sehr disparates Quellenmaterial benötigten. Gegenbeispiel ist der Band „Bevöl-

---

[1] Auch serielle Quellen (wie z. B. das Statistische Jahrbuch) wurden nur einmal – unabhängig von der jeweils genutzten Ausgabe – erfasst. Wenn allerdings die herausgebende Körperschaft (z. B. von Statistischem Reichsamt zu Statistischem Bundesamt) gewechselt hat, wurde ein Neueintrag vorgenommen.

kerung", der mit vergleichsweise wenigen Quellen (110) auskam, die dafür aber sehr intensiv genutzt werden konnten, weil in den Fachstatistiken die Aspekte der Demographie meist schon sehr differenziert aufbereitet werden.

Dies leitet zu der Frage der „Nutzungsintensität" von Quellen. Aus den 1920 erfassten Quellen entstanden 2178 Darstellungen, davon 1097 kartographische Darstellungen und 1081 andere Darstellungsformen (Tabellen, Diagramme, Schaubilder etc.). Ein Maß für die Nutzungsintensität ist das Verhältnis von erstellten Darstellungen zu dafür benutzten Quellen. Der Wert 1 des Quotienten bedeutet die rechnerische Nutzung von einer Quelle je Darstellung. Liegt der Wert über 1, heißt dies, dass die Quellen intensiver genutzt wurden (mit wenigen Quellen wurden viele Abbildungen geschaffen). Liegt der Wert unter 1, dann wurden die Quellen extensiv genutzt (mit vielen Quellen wurden wenige Abb. geschaffen). Eine sehr intensive Quellennutzung erreichte der Band „Bevölkerung" mit einem Quotienten von 2,5; extensive Quellennutzung ist für „Dörfer und Städte" mit einem Quotienten von 0,86 kennzeichnend.

Um zu beurteilen, ob für die Beiträge Fachinformationssysteme genutzt wurden, wurde von einem sehr weiten FIS-Begriff ausgegangen, d. h. es wurden alle fachlichen Informationssammlungen, die periodisch bzw. episodisch aktualisiert oder neu erhoben werden und bei denen ein Anfallen von Massendaten wahrscheinlich ist, die in irgendeiner Form einer institutionellen bzw. körperschaftlichen Verwaltung unterliegen und dort auch digital publiziert werden (online und offline) bzw. sich selbst einer automatisierten Kartographie zur Darstellung bedienen, als FIS bewertet. Auf die Gesamtquellen bezogen „entstammen" demnach rd. 72 % aller kartographischen Darstellungen in den acht Atlasbänden wahrscheinlich keinem FIS. Diese Verhältnisse variieren bei der Betrachtung der Einzelbände allerdings deutlich (Tab. 1). Dabei wird deutlich, dass die kartographischen Darstellungen des Nationalatlas bezüglich der Komplexität von Daten regelmäßig deutlich über das hinausgehen, was mit Hilfe der Kartographiemodule in den FIS standardisiert erzeugt werden kann, insbesondere dann, wenn Daten aus mehreren FIS harmonisiert und in einer Abbildung kombiniert werden.

Bringt man den Anteil der Datennutzung aus FIS in den einzelnen Bänden in die

Tab. 1:
FIS-Nutzung in Bänden des Nationalatlas (Quelle: eigene Auswertungen)

Nationalatlas, Bandnummer Titel	Erscheinungs-jahr	Quellen insgesamt	Nutzungs-intensität der Quellen	FIS-Nutzung für Karten	FIS-Nutzung insgesamt
		absolut	Quotient Abbildungen/Quelle	relativ (in Prozent)	relativ (in Prozent)
2 – Relief, Boden und Wasser	2003	252	0,89	29,7	31,3
3 – Klima, Pflanzen und Tierwelt	2003	269	1,11	29,3	32,7
4 – Bevölkerung	2001	110	2,5	22,7	32,7
5 – Dörfer und Städte	2002	327	0,86	22,6	25,4
6 – Bildung und Kultur	2002	264	1,08	18,9	26,1
8 – Unternehmen und Märkte	2004	342	0,95	23,4	36,5
9 – Verkehr und Kommunikation	2001	219	1,17	16,9	22,8
10 – Freizeit und Tourismus	2000	243	0,97	20,6	25,5

zeitliche Folge ihres Erscheinens (Abb. 3), dann entsteht mit Ausnahme des Bands „Bevölkerung", der aus erwähnten Gründen einen überdurchschnittlich hohen Grad an FIS-Nutzung aufweist, eine aufsteigende Reihe, die man auf den ersten Blick als einen stetig zunehmenden Rückgriff der Autoren auf FIS interpretieren könnte. Dem steht allerdings die Erfahrung aus dem Redaktionsalltag entgegen: Ein wesentlicher Grund für die steigenden Anteile von FIS bei den jüngeren Bänden ist die ständig zunehmende Quellenkompetenz der Atlasredaktion selbst: Häufig liefern Autoren Beitragsvorschläge, die zunächst mit den von ihnen selbst benutzten statistischen Daten unterlegt sind. Mit der ständig wachsenden Erfahrung ahnen oder wissen die Redakteure allerdings immer schneller, aus welchen FIS diese Daten originär stammen. Konsequenterweise wird in solchen Fällen, in denen das FIS, die primäre Datenquelle ist, diese dann auch genutzt.

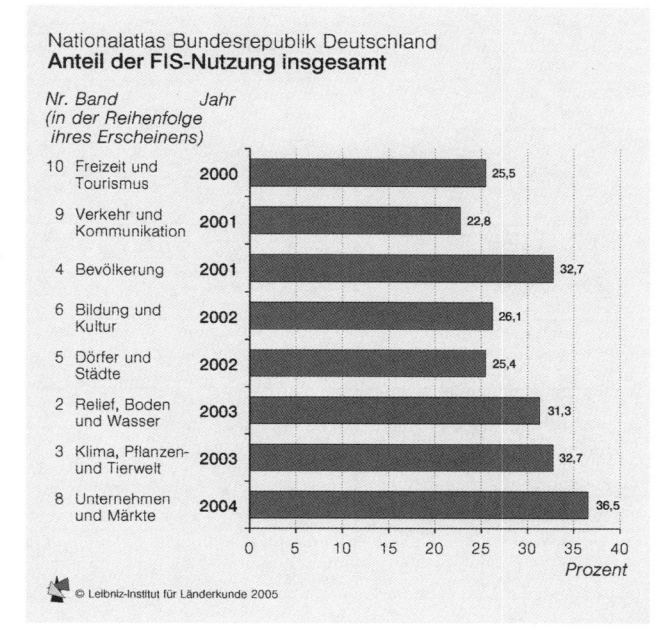

Abb. 3: FIS-Nutzungsgrad in Atlasbänden in Reihenfolge des Erscheinens

Eine Häufigkeitsrangfolge der genutzten Fachinformationssysteme zeigt, dass die Informationssysteme des Bundes und seiner nachgeordneten Behörden die wichtigsten Datenquellen sind, was angesichts des Anspruchs, flächendeckende Informationen für die Bundesrepublik zu pflegen, nicht überrascht. Zugleich wird deutlich, dass zumindest in regionalgeographischen Kontexten die Akzeptanz dieser Daten durch Fachwissenschaftler hoch ist und die Daten entsprechend intensiv genutzt werden.

5 Fazit

Ein Durchleuchten des Nationalatlas Bundesrepublik Deutschland bezüglich seiner Quellen erbringt zunächst das Ergebnis, dass die Bände selbst, und insbesondere ihr vielleicht manchmal unterschätztes Quellenverzeichnis, ein Informationssystem erster Güte und größten Umfangs sind. In dieser Hinsicht ist der Atlas ein klassisch wissenschaftliches Werk, das zunächst über seine Präsentation in Karte/Bild und Text wirkt und erst in einem zweiten Schritt, wenn der Leser sich über die Hintergründe und Quellen des Wissens informieren möchte, einen umfangreichen Belegteil anbietet, diesen aber nicht aufdrängt. Das erklärt, warum die Atlasbände weniger als unmittelbares Arbeitsmaterial zur Lösung von Fachproblemen bekannt sind, sondern vielmehr als heuristisches Instrument, das im besten Sinne horizonterweiternd wirkt.

Die Grenzen der Analyse zur Verwendung von Fachinformationssystemen im Nationalatlas sind durch die relativ kurze Zeit des Erscheinens und damit des Untersu-

Institution	1)	Datenquelle	2)
Bundesamt für Bauwesen und Raumordnung	76	Anfrage Daten zur Laufenden Raumbeobachtung	Band 4/43
Statistisches Bundesamt	75	Statistisches Jahrbuch der Bundesrepublik Deutschland	Band 4 und 8/je 18
Statistisches Bundesamt	68	Anfrage Daten des statistischen Bundesamtes	Band 4/36
Statistische Ämter der Länder	50	Anfrage Daten der Statistische Ämter der Länder	Band 6/22
Deutscher Wetterdienst	33	Anfrage Daten des Deutschen Wetterdienstes	Band 3/32
Statistische Ämter des Bundes und der Länder	31	Statistik Regional	Band 8/13
Bundesamt für Bauwesen und Raumordnung	29	Aktuelle Daten zur Entwicklung der Städte, Kreise und Gemeinden	Band 5/15
Bundesamt für Bauwesen und Raumordnung	28	Anfrage Daten des Bundesamtes für Bauwesen und Raumordnung	Band 4/24
Bundesministerium für Verkehr, Bau- und Wohnungswesen	26	Verkehr in Zahlen	Band 9/22
Statistische Ämter des Bundes und der Länder	22	Anfrage Daten der Statistischen Ämter des Bundes und der Länder	Band 10/11

Tab. 2:
Die zehn meistgenutzten Datenquellen in den ausgewerteten Bänden des Nationalatlas (Quelle: eigene Auswertungen)

1) Summe der Nennungen in allen Bänden
2) Band mit der höchsten Nutzung/Zahl der Nennungen dieser Quelle

chungszeitraums eng gesteckt. Unterschiede in der Nutzung von digitalen Quellen bei Human- und Physiogeographen, die man vermuten könnte, ließen sich nicht bestätigen. Ein kontinuierlich zunehmender Verwendungsgrad von Fachinformationssytemen im Laufe der Erscheinenszeit des Atlas ist wohl nicht auf sicher veränderndes Informationsverhalten der Autorenschaft zurückzuführen. Diese Variablen unterliegen vermutlich längerfristigen Wandlungen, so dass sie hier kaum erfassbar sind. Erklärungshintergrund für die stetige Zunahme von FIS in den Quellennachweisen ist die ständig wachsende Expertise des Redaktionsteams, die für die Qualität und Originalität der verwendeten Datenbestände verantwortlich sind.

Literatur

KIRCHNER, P. (2005): Rezension „Nationalatlas Bundesrepublik Deutschland – Unternehmen und Märkte". In: Geographie und Schule, (27)153, 52-153.

MELTZER, L (2001): Rezension „Nationalatlas, Band 10: Freizeit und Tourismus". In: RaumPlanung, 98, 275-276.

MÜLLER, A. (2001): Geographische Informationssysteme. In: Bollmann, J./Koch, W. G. (Hrsg.): Lexikon der Kartographie und Geomatik (2 Bde.). Heidelberg, Berlin, Bd. 1, 304 ff.

POTZ, P. (2005): Rezension „Leibniz-Institut für Länderkunde (Hg.) – Unternehmen und Märkte". In: RaumPlanung, 119, 102-103.

Datenexploration und Wissenskommunikation in der Geovisualisierung

Andreas Müller (Trier)

1 Einleitung

Neue, unter Einsatz elektronischer Techniken arbeitende Medien lösen in der Geographie und den Geowissenschaften die lange Zeit selbstverständlich genutzten traditionellen kartographischen Abbildungen ab. In diesem Beitrag werden die unter dem Begriff Geovisualisierung subsumierten Konzepte und Techniken visueller Werkzeuge dargestellt und die wissenschaftliche Visualisierung als Basis der Geovisualisierung beschrieben. Dabei werden insbesondere die Datenexploration, als visuelle Analyse der Eigenschaften von Daten, und die Wissenskommunikation, als Externalisierung und Austausch von Wissen, als Schwerpunkte der zukünftigen Entwicklung der Geovisualisierung behandelt.

2 Ansätze der Wissenschaftlichen Visualisierung
2.1 Funktion graphischer Abbildungen in der Visualisierung

Durch Visualisierungen sollen Menschen befähigt werden, sich Sachverhalte und Fragestellungen bildlich vorstellen zu können, die durch andere Werkzeuge des Denkens, wie etwa der Sprache, unvollständig, unscharf oder sogar unmöglich ausgedrückt werden können. Die Funktion einer Visualisierung ist demnach die Initiierung und Unterstützung mentaler Prozesse, die auf dem visuellen Leistungsvermögen zur Informationsaufnahme basieren. Zudem sind graphische Abbildungen in hohem Maße geeignet, auf ein Kommunikationsziel und das zu vermittelnde Wissen hin konfiguriert zu werden. Eine entsprechende Taxonomie graphischer Abbildungen ist an verschiedenen Stellen diskutiert worden (WEIDENMANN 1997, DRANSCH 1997, HEIDMANN 1999, MÜLLER 2000).

Bereits BERTIN (1974), quasi der Urvater der wissenschaftlichen Visualisierung, hat die Bedeutung der Funktion graphischer Abbildungen aufgezeigt und benennt drei Stufen des Erfassens in seiner Theorie des graphischen Bildes. In der höchsten Stufe wird die Informationsverarbeitung unter dem Ziel betrieben, eine verdichtete Aussage aus der Abbildung der Daten abzuleiten. Hierfür, so macht BERTIN deutlich, reichen einzelne Abbildungen nicht aus, vielmehr müssen in dem stattfindenden Analyseprozess Folgebilder erstellt werden, über welche sich die enthaltenen Informationen durch Vereinfachung und Zusammenfassung zu einer Aussage verdichten lassen. Die Aktualität dieser Vorstellungen wird heute deutlich, wenn sie auf die Möglichkeiten moderner Computergraphik übertragen werden. Schließlich lassen sich mit diesen Hilfsmitteln, anders als zu Zeiten von BERTINS Veröffentlichung, graphische Bilder ad hoc aus Datensätzen generieren. Zugleich wird aber auch deutlich, wie stark die Entwicklung der wissenschaftlichen Visualisierung von BERTINS Semiologie profitiert hat (SCHUMANN 2002).

2.2 Aufgaben der Wissenschaftlichen Visualisierung

Wissenschaftliche Visualisierung ist die bildliche Veranschaulichung im wissenschaftlich-technischen Umfeld und bezeichnet den Vorgang, bei dem abstrakte Daten in geometrische transformiert und relevante Charakteristika der Daten durch Graphik kodiert werden. Die wissenschaftliche Visualisierung nutzt hierzu die Visualisierungsleistung von Computersystemen, um die Ergebnisse von Messungen, Analysen oder Simulationen in visueller Form zu veranschaulichen (SCHUMANN/MÜLLER 2000). Zu den Aufgaben der wissenschaftlichen Visualisierung gehört es daher einerseits, Konzepte für die Visualisierung zu entwickeln, um sie in die Datenverarbeitung integrieren zu können. Andererseits ist es ihre Aufgabe, interaktive Techniken zu entwickeln, um die Nutzung von graphischen Bildern im BERTINschen Sinn zu ermöglichen. Ziel der interaktiven grafischen Werkzeuge ist die Unterstützung des Prozesses der Erkenntnisgewinnung, wobei die Visualisierung der Initiierung von Hypothesen dient, welche über entsprechende Datenerhebungen und Berechnungen wieder neue graphische Bildern ermöglichen und zur Bewertung der Hypothesen führen (BRODLIE et al. 1992). Ein wichtiges Ziel von Forschungsarbeiten zur wissenschaftlichen Visualisierung ist es daher, diese Phasen mit ihren zentralen Aufgaben zu definieren und zu deren Unterstützung visuell-interaktive Werkzeuge zu entwickeln.

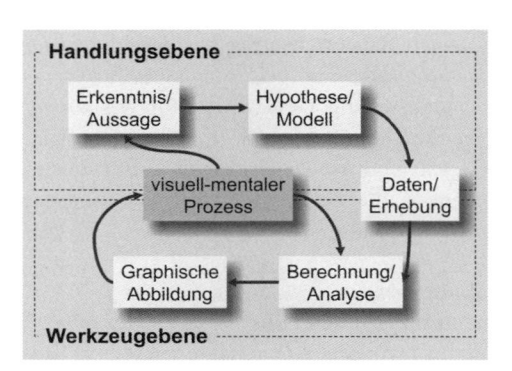

Abb. 1: Prozess der Erkenntnisgewinnung in der wissenschaftlichen Visualisierung (verändert nach Brodlie et al. 1992)

2.3 Visualisierungspipeline

In der wissenschaftlichen Visualisierung werden, wie auch in der Kartographie üblich, Daten über Zuordnungen von Graphik visuell veranschaulicht. Dabei werden Datenmerkmale in Zeichenmerkmale übersetzt (SCHUMANN 2002). In BERTINs Semiologie (BERTIN 1974) entspricht dies der Transkription der Komponenten (als Variablen in einem Datensatz) zum einen durch die beiden Dimensionen der Darstellungsfläche und zum anderen durch die Graphischen Variablen. Die Dimension der Darstellungsebene teilt Bertin zunächst in Diagramme, Netze und Karten ein, womit die grundsätzlichen Beziehungen zwischen den Komponenten ausgedrückt werden sollen. Hierüber werden Konstruktionstypen definiert, aus denen unterschiedliche Arten von Diagrammen und Netzen entwickelt werden können. Darüber hinaus können die Komponenten in ihren Eigenschaften beschrieben werden und in drei Stufen eingeteilt werden, die im Wesentlichen den Skalierungsniveaus der Daten entsprechen. Für jede Stufe können nun geeignete Graphische Variablen gefunden werden, die in ihrer Wahrnehmung visuell-kognitive Operationen ermöglichen, die auch auf den Daten durchgeführt werden können.

In der wissenschaftlichen Visualisierung wird dieser Ansatz aufgegriffen und mit den Methoden der graphischen Datenverarbeitung kombiniert. Hieraus entsteht ein Verarbeitungsprozess von den Daten zu dem sie repräsentierenden Bild, welcher als Visualisierungspipeline bezeichnet wird (SCHUMANN 2004). In diesem Prozess werden in einem ersten Schritt die Ausgangsdaten aufbereitet, in dem sie über Filter in eine für die Fragestellung passende Struktur gebracht werden. Die Struktur enthält die Fälle (z. B. Objekte im Raum) und ihre Variablen (Attribute der Objekte) sowie Beschreibungen (als Metadaten, z. B. Skalierungsniveau, inhaltliche Einordnung). In einem zweiten Schritt werden den aufbereiteten Daten visuelle Strukturen zugeordnet, d. h. es erfolgt eine Festlegung über die geometrische Struktur im Sinne eines Konstruktionstyps und die Festlegung der Graphischen Variablen. Im dritten Schritt werden dese Strukturen in ein graphisches Bild übertragen und in einer geeigneten Ansicht präsentiert.

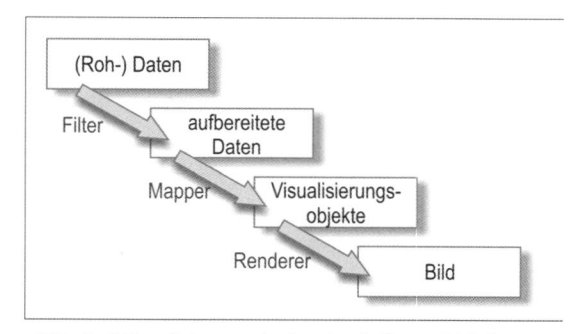

Abb. 2: Visualisierungspipeline (nach Streit 2005)

2.4 Interaktion und Automation in der Visualisierung

Wie im Vorausgegangenen bereits erwähnt, hat schon BERTIN (1974) erkannt, dass in einem Analyseprozess mehrere graphische Bilder zur Beantwortung einer Fragestellung benötigt werden. Um dies zu ermöglichen, werden in der wissenschaftlichen Visualisierung zwei Ansätze gewählt.

Zum ersten werden den Nutzern interaktive Steuermöglichkeiten angeboten, über die in die Visualisierungspipeline eingegriffen werden kann. Hierdurch entsteht ein iterativer Bearbeitungsvorgang, in dem immer wieder Einstellungen verändert und neue Bilder erzeugt werden. Das bedeutet, dass mit Werkzeugen der wissenschaftlichen Visualisierung über interaktive Funktionen die Datenaufbereitung verändert werden kann, alternative graphische Umsetzungen ausgewählt werden können und die Ansicht des jeweils konstruierten Bildes manipuliert werden kann. Einige übergeordnete Funktionsbereiche sind in der Tab. 1 aufgeführt.

Zum zweiten soll eine Automation der Visualisierung erfolgen, um den Nutzer von Aufgaben zu entlasten, die Fachkenntnisse erfordern, über die er nicht verfügt oder die anzuwenden ihn von seiner eigentlichen Aufgabe ablenken würden. SCHUMANN (2004) benennt mehrere Modelle, über die ein System Automatismen in der Visualisierung ableiten kann.

Tab. 1: Interaktive Funktionen zur Steuerung der Visualisierungspipeline (Card et al. 1999)

Datenaufbereitung (Filter)	Grafikzuordnung (Mapping)	Ansichtsänderung (Rendering)
• Aggregation • Sortierung • Klassifizierung • Kreuztabellierung	• Alternative geometrische Zuordnungen • Alternative graphische Zuordnungen	• Identifizierung • Auschnittsveränderung • Raumverzerrung • Schnitte

In unterschiedlichen Forschungsarbeiten wurden solche Automatisierungsansätze für einzelne Modelle bereits untersucht, so etwa durch MACKINLAY (1986) zur automatischen Diagrammkonstruktion oder durch ZHOU/FEINER (1998) zur Generierung von visuellen Diskursen. Die Arbeit von HEIDMANN (1999) belegt, dass diese Modelle in ganz ähnlicher Form für kartographische Visualisierungssysteme aufgestellt werden können. Zudem sind auch in der Kartographie eine Reihe von Arbeiten zur Automatisierung von Gestaltungsprozessen entstanden, u. a. von KOTTENSTEIN (1992). Alle diese Ansätze zur Automatisierung finden allerdings nur zögerlich Eingang in nutzbare Systeme.

3 Geovisualisierung als Wissenschaftliche Visualisierung

Der Begriff Geovisualisierung kann in zwei unterschiedliche Richtungen ausgelegt werden. Auf der einen Seite ist dies die Anwendung der wissenschaftlichen Visualisierung auf raumbezogene Fragestellungen und schließt auch alle nicht-räumlichen Darstellungsformen mit ein. Die Abbildung eines Datensatzes mit Messwerten einer Wetterstation in Form eines Diagramms wäre demnach Bestandteil der Geovisualisierung. Auf der anderen Seite sind dies die Beschränkung auf räumliche Darstellungsformen und der Verzicht auf explizit wissenschaftliche Anwendungen. Die Darstellung eines Panoramabildes aus DGM- und Satellitenbilddaten für den Tourismus wäre demnach Geovisualisierung.

Da mit der Einführung eines neuen Begriffs auch neue Inhalte verbunden sein sollten, wird an dieser Stelle von der folgenden Definition ausgegangen: Geovisualisierung ist die graphische Abbildung georäumlicher Daten mit interaktiven, elektronischen Medien und hat das Ziel, die Gewinnung von georäumlichen Erkenntnissen zu unterstützen. Damit ist die Geovisualisierung in unterschiedliche wissenschaftliche Ansätze der Raumbeschreibung, -simulation und -prognose eingebettet. Aus dieser Sicht ist es daher zunächst interessant, die unterschiedlichen Datenmodelle in den Disziplinen der Geographie und den Geowissenschaften zu untersuchen, mit denen die jeweiligen Phänomene beschrieben werden können. Darauf aufbauend können neue Formen ihrer graphischen Aufbereitung abgeleitet und untersucht werden.

3.1 Datenmodelle der Geovisualisierung

Moderne räumliche Fragestellungen erfordern immer häufiger speziellere Datenstrukturen als die in Geoinformationssystemen herkömmlich angebotenen Objektdefinitionen, die an die statisch-diskreten Dimensionen Punkt, Linie und Fläche gebunden sind oder an die feste Struktur von Rasterdaten.

In diesem Zusammenhang wird die dritte räumliche Dimension für aktuelle Forschungsfragen immer wichtiger. Hierbei müssen teilweise Ansätze gewählt werden, die über heute übliche Oberflächenmodellierung hinausgehen und eine echte Beschreibung des Volumens des Raumes ermöglichen. Hierzu gehören zunächst 3D-Flächennetze, wie sie u. a. in vielen 3D-Objektmodellen für Virtuelle Landschaften verwendet werden (MÜLLER 2005). Ein weiteres Beispiel hierfür sind Voxel-Modellierungen über dreidimensionale Raster, wie sie bspw. in dem Geoinformationssystem GRASS implementiert sind. Sie werden u. a. in der Geologie verwendet, um die innere Struktur von Gesteinen bzw. das Gesteinsgefüge zu modellieren (MARSCHALLINGER. 1996). Darüber hinaus werden teilweise umfangreiche Zeitreihen untersucht, die nicht nur als Variablen in den Spalten einer Tabelle vorgehalten werden können. Vielmehr müssen entsprechen-

Andreas Müller

de Modelle auch die Veränderung der Objektgeometrie im zeitlichen Verlauf berücksichtigen. Schließlich ist es vielfach erforderlich, die Unschärfe von Objekten zu modellieren, bspw. in Strömungsmodellen oder allgemeiner in der Meteorologie (MILLER et al. 2003). Aufgabe der Geovisualisierung muss es daher sein, solche Datenmodelle in die Werkzeuge zu integrieren und teilweise neue Darstellungsformen hierfür zu entwickeln.

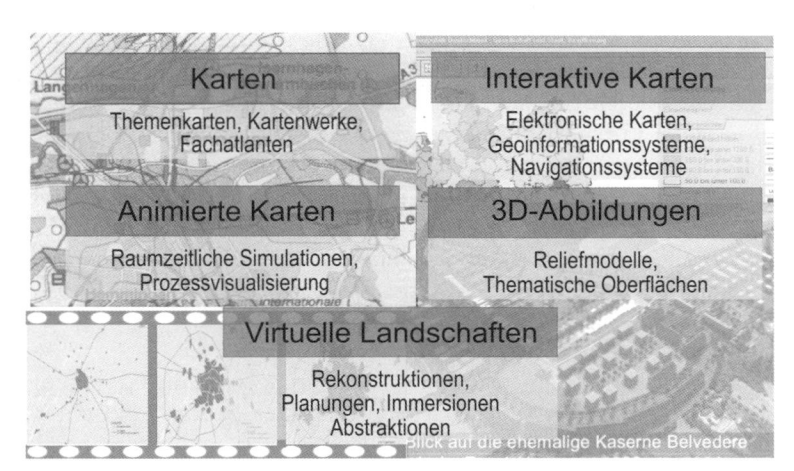

3.2 Kartographische Medien als Werkzeuge der Geovisualisierung

Die Karte als traditionelles Medium der Geographie und der Geowissenschaften hat noch immer eine überragende Bedeutung bei vielen Wissenschaftlern. Befragt, welche medialen Möglichkeiten sie bevorzugt einsetzen, gaben Probanden in einer Untersuchung an, dass sie die Analysemittel von interaktiven kartographischen Medien noch wenig einsetzen (BOLLMANN et al. 1999). Dies mag u. a. daran liegen, dass die zur Verfügung stehenden Werkzeuge teilweise zu schwer zu bedienen sind und fachfremde Konzepte zur Grundlage haben. Um diese Situation zu verbessern werden in der Abteilung Kartographie der Universität Trier eine Vielzahl von Visualisierungstechniken untersucht und angewandt, die eine möglichst große Spanne räumlicher Darstellungen abdecken und die durch empirische Untersuchungen überprüft werden. Die folgende Aufstellung (Abb. 3) soll einen Überblick über die betrachteten kartographischen Medien geben.

Zum ersten unterscheiden sich die aufgeführten kartographischen Medien hinsichtlich ihrer Dimensionalität. Ausgehend von statischen, zweidimensionalen Karten werden die Nutzungsmöglichkeiten von animierten Karten und 3D-Abbildungen untersucht. Zum zweiten werden die über die Interaktivität von kartographischen Medien gegebenen neuen Nutzungsmöglichkeiten untersucht, indem analysiert wird, inwiefern interaktive Funktionen in Karten, Animationen oder Virtuellen Landschaften den Nutzer bei der Arbeit unterstützen.

Hierbei stellen Virtuelle Landschaften die zurzeit aufwändigste Form der Visualisierung georäumlicher Daten dar und werden aktuell anhand eines empirisch-methodischen Forschungsansatzes untersucht (MÜLLER 2005, BOLLMANN,/MÜLLER 2003). In einer Reihe von experimentellen Untersuchungen sollen bspw. Erkenntnisse darüber gewonnen werden, welche graphisch-visuellen Elemente und welche interaktiven und navigatorischen Funktionen einer Virtuellen Landschaft das Orientieren in derselben

Abb. 3: Kartographische Medien

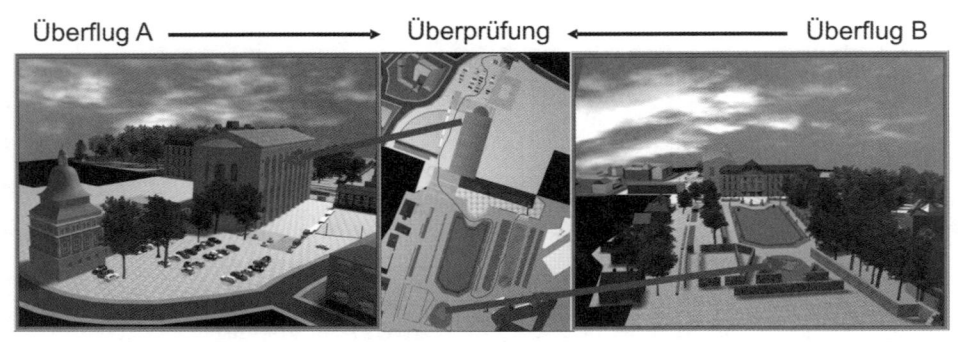

Abb. 4: Empirische Überprüfung Virtueller Landschaften (Quelle: Schüttauf/Steffens 2005)

bzw. das Identifizieren und Behalten von Objektinformationen aus derselben erleichtern können. Dies geschieht vor dem Hintergrund, dass eine hohe Unsicherheit darin besteht, inwiefern diese komplexen graphisch-interaktiven Abbildungen aus Sicht des Nutzers überhaupt funktionieren.

4 Die Zukunft der Geovisualisierung
4.1 Entwicklungen für Werkzeuge der Geovisualisierung

Die Zukunft der Geovisualisierung wird geprägt sein durch immer neue Technologien, die verbesserte Präsentations- und Kommunikationsmöglichkeiten zur Verfügung stellen. Dabei müssen die empirischen Erkenntnisse über die Nutzung von Medien den technologischen Schritt halten, um eine leichtere Nutzung und einen verbesserten Zugang zu georäumlichen Informationen auf Basis gesicherter Erkenntnisse zu erreichen.

BOLLMANN (1996) stellt fest, dass mit der Entwicklung DV-gestützter Verfahren der Geoinformationsverarbeitung eine Konvergenz von Kartenherstellung und Kartennutzung beobachtet werden kann. Vor allem durch den Einsatz von Geoinformationssystemen begann eine Entwicklung, bei der Hersteller und Nutzer in einer Person zusammenfallen. Zurzeit werden vor allem Internet-basierte kartographische Dienste von einem Massenpublikum genutzt, um sich mit und über Karten zu informieren und mit ihnen zu arbeiten. Diese Konvergenz erfordert aber, dass die Nutzer solcher Systeme von der reinen kartographischen Gestaltung entlastet werden, zum einen, weil sie eventuell nicht über das kartographische Wissen verfügen, um eine geeignete Darstellungsform zu entwickeln, zum anderen, weil Sie mit der Benutzung des Systems bereits eigene Ziele verfolgen und nicht durch Tätigkeiten zur Kartenherstellung abgelenkt werden sollten. In Zukunft ist zu erwarten, dass ein Einsatz der beschriebenen kartographischen Medien verstärkt in zweierlei Richtung erfolgen wird. Erstens, die visuelle Exploration von hoch komplexen georäumlichen Daten, um wissenschaftliche Erkenntnisse und Wissen aus der Analyse von Daten zu gewinnen, und zweitens der Einsatz von Medien zum kollaborativen Arbeiten, d. h. um Erkenntnisse und Wissen zwischen beteiligten Personen auszutauschen.

4.2 Datenexploration mit kartographischen Medien

Die Exploration von räumlichen Daten stellt hohe Anforderungen an die Gestaltung interaktiver Visualisierungswerkzeuge, die einerseits ein flexibles Arbeiten mit unterschiedlichen Visualisierungen erlauben müssen und anderseits leicht und intuitiv handhabbar sein müssen. Datenexploration wird zum Ersten im Zusammenhang mit raumbezogenen statistischen Analysen von erhobenen oder gemessenen Daten durchgeführt. Dabei kommen Statistikpakete und Geoinformationssysteme zum Einsatz, die thematische Karten mit anderen Visualisierungsformen kombinieren. Hierunter fallen u. a. Histogramme, Boxplots oder Scatterplots. Um die unterschiedlichen Funktionen von Karten und Diagrammen effizient nutzen zu können, arbeiten solche Systeme u. a. mit der Technik des „dynamic linking and brushing". Hierüber werden selektierte Objekte in allen Medien gleichzeitig markiert. Auf diese Weise kann bspw. leichter überprüft werden, ob diese Objekte in ihrer räumlichen Lage (in der Karte) oder in Kombination mit einer anderen Variablen (im Scatterplott) Auffälligkeiten zeigen. Ein Beispiel hierfür ist das System Geoda (ANSELIN 2003).

Datenexploration wird zum Zweiten zur Analyse von Modellberechnungen und Simulationen verwendet. Immer häufiger werden in diesem Zusammenhang in Geographie und Geowissenschaften räumliche Prozesse modellhaft beschrieben und durch geeignete Softwaresysteme in ihrem Ablauf simuliert. Die Aufgabe der Visualisierung ist es hierbei, sowohl den Ablauf der Simulation zu veranschaulichen, als auch den Einfluss der einzelnen Modellparameter zu analysieren. Auf einer hohen Stufe der Visualisierung kann die Simulation in ihrem Ablauf interaktiv verändert oder in alternativen Szenarien variiert werden.

Seit den Anfängen der Simulationstechnik auf der Basis von Weltmodellen, wie z. B. das World3 in den 1970er Jahren (MEADOWS 1972) werden mittlerweile einerseits Techniken der künstlichen Intelligenz eingesetzt, mit deren Hilfe weitaus komplexere Verhaltensweisen von Systemen modelliert werden können, andererseits Möglichkeiten zur 3D-Visualisierung unter Einsatz von Techniken Virtueller Realitäten genutzt. Ein Beispiel für den zweiten Bereich ist das Werkzeug SimVis, mit dessen Hilfe multivariate, zeitabhängige 3D-Simulationen durchgeführt werden (DOLEISCH 2004). Visuelle Techniken solcher Werkzeuge basieren auf der Exploration dreidimensionaler Abbildungen von Modellen. Hierzu gehören Funktionen zur Steuerung der zeitlichen Abfolge der Simulation, die Überblendung zwischen verschiedenen Parametern der Simulation verbunden mit der bereits erwähnten Technik des Linking & Brushing zwischen unterschiedlichen Medien.

4.3 Wissenskommunikation durch netzbasiertes kooperatives Arbeiten

Die Kommunikation von Wissen durch netzbasierte Techniken hat ein starkes Forschungsinteresse hervorgerufen (www.wissenskommunikation.de). Da hierdurch räumliche und zeitliche Distanzen überbrückbar werden und die Kommunikation in vielfältiger Form, z. B. auch über raumbezogene Inhalte und durch kartographische Medien durchgeführt werden kann, wird dies auch die Arbeitsweisen in Geographie und Geowissenschaften verändern. Zentraler Bestandteil zum Austausch von Wissen in Netzen sind die Möglichkeiten des kollaborativen und computerunterstützten Arbeitens mit raumbezogenen Medien. Untersucht wird in diesem Zusammenhang, welche Unterstützung der beteiligten Nutzer solcher kollaborativer Anwendungen über die Visualisierung erreicht werden kann.

Zunächst lassen sich kollaborative Systeme danach unterscheiden, ob die Kommunikation zeitlich synchron oder asynchron erfolgt, d. h. ob ein unmittelbarer oder ein zeitlich verzögerter Austausch zwischen den Beteiligten stattfindet. Dabei können die Teilnehmer am selben Ort oder räumlich verteilt sein. Ansätze zur Visualisierung in der

Geokollaboration greifen zur Überbrückung dieser netzbasierten Kommunikationsbedingungen vielfach auf Metaphern der realen Welt zurück (MACEACHREN 2003):

- Es wird eine Karte an einem virtuellen schwarzen Brett präsentiert, auf das die Teilnehmer Notizen und Skizzen eintragen können.
- Es wird ein dreidimensionales Bild eines Raumausschnitts auf einen virtuellen Tisch präsentiert und kann von den Teilnehmern gemeinsam betrachtet und verändert werden.
- In eine Bildschirmkarte werden, analog zu einer Leitstelle, die Positionen und die Aktionen der in einem Raumausschnitt tätigen Personen (z. B. im Rahmen von Geländearbeit) angezeigt, so dass diese untereinander Informationen austauschen und ein gemeinsames Vorgehen planen können.
- Mehrere Personen treffen sich in einer virtuellen Landschaft, welche die reale Landschaft vollständig ersetzt. Sie werden dort über einen virtuellen Stellvertreter (Avatar) angezeigt und können, ohne selbst vor Ort sein zu müssen, die präsentierte Landschaft gemeinsam erkunden.

Auch wenn dies in mancher Hinsicht spekulativ klingen mag, gibt es doch bereits erste Ergebnisse aus Forschungsarbeiten zu einzelnen relevanten Problembereichen des sog. GeoCollaboration. Drei Beispiele seien hier stellvertretend genannt:

In dem Projekt GeoCollaborative Crisis Management (GCCM) unter Leitung von A. MACEACHREN (2005) werden kollaborative Techniken erprobt, um Unterstützungsformen in umweltrelevanten Krisenereignissen zu entwickeln. Über die Microsoft Plattform VWorlds werden Online-Treffen in Virtuellen Umgebungen organisiert, in denen sich die beteiligten Personen, vertreten über Avatare, begegnen und austauschen können (Social Computing Group 2000). Die Software Toucan (INFOPATTERNS 2005) kombiniert GIS-typische Funktionen mit der Möglichkeit zum kollaborativen Arbeiten von im Gelände verteilten Personen. Die jeweiligen Teilnehmer teilen sich eine Kartenansicht, in der ihre aktuelle Position angegeben ist wodurch es ermöglicht wird, Geodaten gemeinsam zu bearbeiten.

5 Fazit

Die Ansätze der wissenschaftlichen Visualisierung werden in vielen unterschiedlichen Anwendungen in Geographie und Geowissenschaften genutzt, um die Vorteile visueller Medien zu Zwecken der Datenexploration und der Kommunikation von Wissen nutzen zu können. Zudem sind die Gemeinsamkeiten in den Konzepten der wissenschaftlichen Visualisierung und Kartographie groß. Aus Sicht der Kartographie sollte diese Entwicklung daher Anlass sein, eigene Forschungsansätze noch stärker als bisher mit aktuellen Arbeiten in der Geographie und den Geowissenschaften zu verzahnen. Dabei sind die Ziele der Disziplinen durchaus unterschiedlich. In der Kartographie wird stets die Nutzung von kartographischen Medien sowie die Methoden ihrer Erzeugung Gegenstand der Forschung sein, während es in der Geographie und in den Geowissenschaften die im Raum ablaufenden Prozesse und Phänomene sind. Allerdings bietet diese neue Schnittmenge an Methoden viele Möglichkeiten für interessante und gemeinsame Forschungsprojekte.

Literatur

ANSELIN, L. (2003): An Introduction to EDA with Geoda. Online-Dokument: https://geoda.uiuc.edu/default.php.

BERTIN, J. (1974): Graphische Semiologie. Diagramme, Netze, Karten. Berlin, New York.

BOLLMANN, J. (1996): Kartographische Modellierung – Integrierte Herstellung und Nutzung von Kartensystemen. In: Schweizerische Gesellschaft für Kartographie: Kartographie im Umbruch – neue Herausforderungen, neue Technologien. Beiträge zum Kartographiekongress Interlaken, 96. Bern, 35-55.

BOLLMANN, J. et al. (1999): Kartographische Bildschirmkommunikation. Beiträge zur kartographischen Informationsverarbeitung, Bd. 13.

BOLLMANN, J./MÜLLER, A. (2003): Empirisch-methodische Forschungsansätze zur kartographischen Modellierung Virtueller Landschaften. In: Kartographische Nachrichten, (53)6, 270-276.

BRODLIE, K. W./CARPENTER, L. A./EARNSHAW, R. A. et al. (1992): Scientific Visualization. Berlin, Heidelberg, New York.

CARD, S. K./MACKINLAY, J. D./SHNEIDERMAN, B. (1999): Readings in Information Visualization – Using Vision to think. San Francisco.

DEFANTI, T. A./MCCORMICK, B. H./BROWN, M. D. (1987): Visualization in Scientific Computing. In: Computer Graphics, 21, 6.

DETTLOFF, D. T. (2001): Mapping Time and Space. Online-Dokument: http://www.colorado.edu/geography/cartpro/cartography2/spring2001/dettloff/time/final.html

DOLEISCH, H. (2004): Interactive Visual Analysis of Hurricane Isabel with SimVis. Online-Dokument: http://www.vrvis.at/simvis/Isabel/

DRANSCH, D. (1997): Funktionen der Medien bei der Visualisierung georäumlicher Daten: Onlie-Dokument: Geoinformatik-Online, http://gio.uni-muenster.de/beitraege/ausg3_97/dransch/

HEIDMANN, F. (1999): Aufgaben und Nutzerorientierte Unterstützung kartographischer Kommunikationsprozesse durch Arbeitsgraphik. Trier.

INFOPATTERNS (2005): Toucan. Online-Dokument: http://www.infopatterns.net/Products/ToucanNavigate.html

KOTTENSTEIN, T. (1992): Prototyp eines Zeichenreferenzsystems zur Herstellung thematischer Karten. Beiträge zur kartographischen Informationsverarbeitung, 5. Trier.

MACEACHREN et al. (2003): Visually-Enabled Geocollaboration to Support Data Exploration and Decision-Making. In: International Cartographic Conference, Durban (South Africa), 394-400.

MACEACHREN, A. M. (2005): GeoCollaborative Crisis Management (GCCM). Online-Dokument: http://www.geovista.psu.edu/grants/GCCM/

MACKINLAY, J. D. (1986): Automating the Design of Graphical Representations of Relational Information. In: ACM Transactions on Graphics, (5)2, 110-141.

MARSCHALLINGER, R. (1996: A Voxel Visualization and Analysis System based on AutoCAD. Computers & Geosciences, (22)4, 379-386.

MEADOWS, D. H. (1972): Die Grenzen des Wachstums. Berichte des Club of Rome zur Lage der Menschheit. Stuttgart.

MILLER, J. R. et al. (2003): Modeling and visualizing uncertainty in a global water balance model. In: Proceedings of the 2003 ACM symposium on Applied computing, 972-978.

MÜLLER, A. (2002): Explorative räumliche Datenanalyse. In: Bollmann, J./Koch, W. G. (Hrsg.): Lexikon der Kartographie und Geomatik. Heidelberg, 213.

MÜLLER, A. (2005): Navigation und Interaktion in Virtuellen Landschaften. In Vorber.

SCHUMANN, H. (2002): Wissenschaftliche Visualisierung. In: Bollmann, J./Koch, W. (Hrsg.): Lexikon der Kartographie und Geomatik. Heidelberg, 433-434.

SCHUMANN, H. (2004): Konzepte und Methoden der wissenschaftlichen Visualisierung. In: Kartographische Bausteine, 26, 20-28.

SCHUMANN, H./MÜLLER, W. (2000): Visualisierung. Heidelberg.

SCHÜTTAUF, A./STEFFENS, D. (2005): Modellierung und Evaluierung kartographischer VR-Animationen. Dokumentation zur empirischen Untersuchung einer Virtuellen Stadtlandschaft. Unveröff. Bericht, Abteilung Kartographie, Universität Trier.

SOCIAL COMPUTING GROUP (2000): Virtual Worlds Platform. Online-Dokument: http://research.microsoft.com/scg/vworlds/vworlds.htm

STREIT, U. (2005): 3D-Geovisualisierung. Online-Dokument: http://ifgivor.uni-muenster.de/vorlesungen/3D_geovisualisierung/Beispiel1_7.htm

WEIDENMANN, B. (1997): Abbilder in Multimedia-Anwendungen. In: Issing, L. J./Klimsa, P. (Hrsg.): Information und Lernen mit Multimedia. Weinheim, 65-83.

ZHOU, M. X./FEINER, S. K. (1998): Visual Task characterization for automated visual discourse synthesis. In: CHI 89. Los Angeles, 392-399.

Anwendung kartographischer Medien im Rahmen aktueller I+K-Technologien

Lorenz Hurni (Zürich)

Die größte technologische Revolution in der Kartographie im 20. Jahrhundert ist zweifelsohne die Einführung computergestützter Techniken. Neue Medien wie DVD, Internet und mobile Geräte führen in den vergangenen Jahren zu einer Erweiterung des Kartenraums um die nun direkter erfahrbaren Dimensionen Zeit und Thema. Weiter ermöglichen neu entwickelte Navigations-, Abfrage-, Analyse- und Darstellungswerkzeuge die Exploration dieses virtuellen Raumes und die individualisierte Ausgabe der Karteninformation. In dieser Übersicht werden die neuen und erweiterten kartographischen Modelle, Konzepte und Werkzeuge systematisiert und anhand konkreter und aktueller Produktbeispiele erläutert.

1 Kartographische Theoriekonzepte und neue Medien
1.1 Karten als subjektiv beeinflusste Abstraktionen
Karten sind virtuelle, abstrahierte Abbilder von Objekten, Phänomenen und Eigenschaften der realen Welt. Kartographen bedienen sich auch unscharfer, „subjektiver" Methoden, um Karten zu erzeugen. Bei der Redaktion und Gestaltung einer Karte oder einer kartenverwandten Darstellung können die Informationen nie vollständig objektiv erfasst, ausgewählt, modelliert und dargestellt werden. Die Kunst macht sich diese subjektive, Wiedergabe von Eindrücken aus der Umwelt sogar als Grundprinzip zu Eigen; damit lässt sich die Individualität von Kunstwerken begründen. In der Kartographie hingegen ist man sich der Unzulänglichkeit der subjektiv gefärbten Methoden bewusst und versucht, diese durch möglichst objektive Regeln und Arbeitsabläufe zu mildern. Nichtsdestotrotz belegen beispielsweise die Zeichenschlüssel der topographischen Karten verschiedener Länder unterschiedliche inhaltliche und gestalterische Auffassungen und damit kulturelle Eigenheiten und Vorlieben. Diese Problematik ist jeder Karte eigen und unabhängig vom gewählten Kartenmedium.

1.2 Kartographische Ausdrucksformen
BERTIN (1967, 1982) definiert in seiner *Sémiologie graphique* als Erster einen Satz von sog. Graphischen Variablen, mit welchen die Eigenschaften sämtlicher graphischer Elemente einer Karte parametrisiert werden können (Tab. 1). HAKE/GRÜNREICH/MENG (2002) unterscheiden zwischen drei verschiedenen Elementgruppen (Zeichen, Zusammensetzungen und Gefüge), auf welche diese Variablen angewendet werden (Tab. 2).

MACEACHREN (1994, 1995) erweitert die Bertinschen Variablen um zwei weitere Typen, nämlich Klarheit (unterteilt in Schärfe [„crispness", „focus"], Auflösung und Transparenz) und Anordnung. BUZIEK (2002) analysiert in seiner Habilitationsschrift intensiv die verschiedenen graphischen Variablen und weist nach, dass die Vorschläge von MACEACHREN im Prinzip Spezialfälle oder Ausprägungen von Bertins Variablen sind.

SCHMIDT-FALKENBERG (1962) prägt bereits Anfang der 1960er Jahre den Begriff der Kartographischen Ausdrucksformen und schloss, dass kartographische Kommunikationsmittel nicht unbedingt nur graphikgebunden sein müssen. BUZIEK (2002) schließt in seiner erweiterten Definition auch die modernen kartographischen Medien ein: „Eine kartographische Ausdrucksform ist Bestandteil eines Kartographischen Informationssystems (KIS). Sie ist nach kartographischen Grundsätzen aufgebaut und erfüllt die Funktionen einer Karte. Für ihre Symbolisierung können neben visuellen auch akustische Zeichen verwendet werden. Als Zeichenträger dienen materielle und elektronische Medien, letztere ermöglichen auch zeitabhängige und virtuelle Darstellungen. Die kartographische Ausdrucksform ist ein Sekundärmodell der Umwelt. Ihre Kommunikationsfunktion wird durch Interaktion unterstützt". BUZIEK (2002) klassiert die nun erweiterten Merkmale kartographischer Ausdrucksformen wie in Tab. 3 wiedergegeben.

In seiner umfassenden Untersuchung erweitert BUZIEK (2002) die Kartendimensionen und führt zusätzlich raumbezogene, temporale und akustische Variablen ein. Für den Fall von topographischen 3D-Karten definiert HÄBERLING (2003) eine Anzahl von spezifisch abgestimmten „Gestaltungsaspekten" wie Art der Perspektive, Modellbetrachtung (Kameraposition, Richtung, Distanz, Winkel, Bewegung), Beleuchtung, Schattierung, Spezialeffekte (Atmosphäre etc.) und Animationsparameter. Abb. 1 zeigt die Veränderung des Gestaltungsaspekts „Kameraneigung" in einer 3D-Karte (nach HÄBER-

Tab. 1: Graphische Variablen nach Bertin (1967/1982)

Graphische Variable	Sub-Variablen
Verortung	zweidimensional (x, y)
Größe	
Helligkeit	
Farbe	Farbton, Sättigung
Orientierung	
Form	
Muster	Korngröße, Form, Orientierung, Frequenz, resp. Anordnung

Tab. 2: Kartographisches Zeichensystem nach Hake/Grünreich/Meng (2002)

Graphische Elementgruppen	Elementtypen
Graphische Einzelelemente	Punkt
	Linie
	Fläche
Zusammengesetzte Zeichen	Diagramm
	Halbton, Bild
	Schrift
Graphische Gefüge	Komplettes Kartenbild

Tab. 3: Merkmale kartographischer Ausdrucksformen, erweitert nach Buziek (2002)

Merkmale kartogr. Ausdrucksformen	Merkmalsgliederung
Wiedergabemedien	Print, Bildschirm, Projektion
Darstellungsdimension	2D, pseudo-3D, 3D
Dynamikgrad	statisch, kinematographisch, dynamisch
Interaktionsgrad	nicht-interaktiv, teil-interaktiv, interaktiv
Dastellungskanäle	visuell, akustisch, haptisch
Nutzer-Karte-Beziehung	trennend, integrierend, realitätsverstärkend

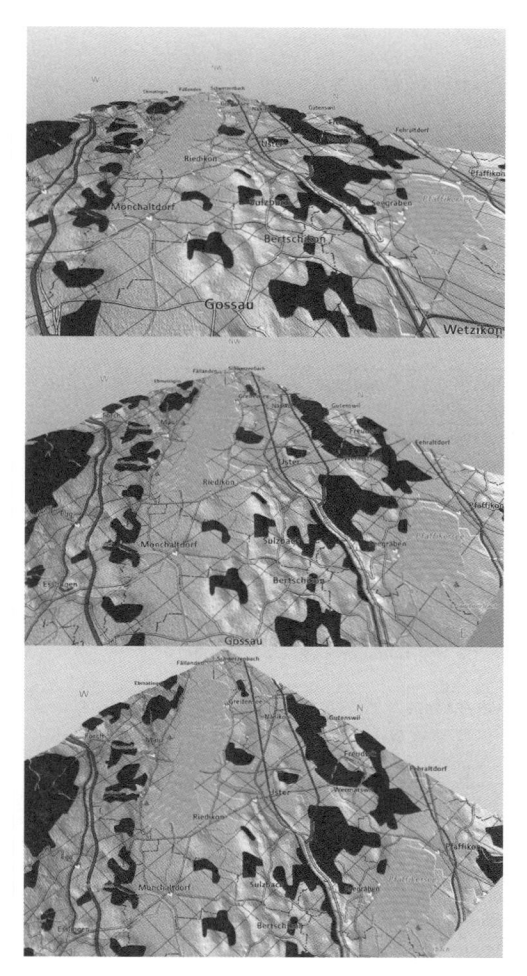

LING 2003). BUZIEK (2002) gibt folgende temporalen Variablen für Veränderungsprozesse an: Zeitpunkt, Dauer, Reihenfolge, Intensität, Frequenz, Synchronisation. Als akustische Variable definiert er Raumposition, Lautheit, Tonhöhe, Klang, Schärfe, Schwankungsstärke, Rhythmus und Wohlklang/Lästigkeit (!).

Abb. 1:
Veränderung des Gestaltungsaspekts „Kameraneigung" in einer 3D-Karte. Von oben nach unten: 30°, 45°, 60° (nach Häberling 2003)

1.3 Interaktive kartographische Funktionen

Eine wichtige kartographische Ausdrucksform, welche in den allermeisten, auf neuen Medien basierenden kartographischen Produkten zur Anwendung gelangt, ist die Interaktion. Sie begründet einen wichtigen Mehrwert gegenüber der gedruckten Karte. Der Grad der Interaktivität kann allerdings variieren von passivem Rezipieren bis (theoretisch) freiem, ungebundenem Dialog (BUZIEK 2002). Im Fall der interaktiven Atlasinformationssysteme (AIS) wird auch von „view only", interaktiven und von analytischen AIS gesprochen (ORMELING 1993). AIS gehören wohl zu den wichtigsten interaktiven kartographischen Anwendungen und enthalten eine Vielzahl von Funktionen. Sie stehen deshalb hier stellvertretend für andere, verwandte kartographische Anwendungen, wie sie auch als Fallbeispiele in Kapitel 3 aufgeführt werden.

Der Grad der Interaktivität (ein wichtiges Element der Nutzbarkeit einer kartographischen Anwendung) ist von der Reichhaltigkeit der Funktionalität abhängig. ORMELING (1997) unterteilt die Funktionen in neun Gruppen. Basierend auf seiner weiteren Spezifizierung und Publikationen von SIEBER/BÄR (1997), BORCHERT (1999),

Tab. 4: Funktionsgruppen in interaktiven kartographischen Anwendungen

Funktionsgruppen	Funktionsuntergruppen	Funktionen
Generelle Funktionen		Datei-Import/-Export, Drucken, Setzen von Bookmarks, Abspeichern/Laden von Einstellungen, Anzeige Systemstatus, Vorwärts/Rückwärts, Reset der Einstellungen Hilfe, Exit
Navigationsfunktionen	Geographische Navigation	Vergrößern (Zoom, Lupe), Verschieben (Scroll/Pan) Referenzkarte, Suche nach Namen, Suche nach Koordinaten, Suche nach Karten, Suche nach Regionen
	Thematische Navigation	Menü, Index, Suche
	Temporale Navigation	Positionierung auf Zeitachse, Wahl von Zeitperiode, Animation (Film): Start/Stop
Kartenfunktionen	Kartenmanipulation	Ein-/Ausblenden von Ebenen, Ein-/Ausblenden von Legendenkategorien, Aktive/gesperrte Ebene(n) Rotieren von Karten, Transparente Überlagerung Projektionswechsel, Kartenvergleich (mehrere Fenster), Übernahme von Fortführungen
	Explorative Datenanalyse	Daten-/Attributabfrage, Selektion von Daten, Direkte Visualisierung von Daten, z. B. Diagrammkarten, Arbeiten mit Modellen
Datenbank-Funktionen		Kombinierte Suchfunktionen nach Attributen
Atlas-Funktionen		Inhaltsverzeichnis, Ortsverzeichnis Themenverzeichnis, Generallegende Zeitzonenfunktion, Themenverlinkung von Karten, Analyse von Gemeinsamkeiten verschiedener Karten
Lern-Funktionen		Didaktische Abläufe Geführte Touren Steuerung/Überwachung durch Lehrperson Quizzes Spielfunktionen
Kartographische Funktionen		Positionsanzeige, Pin setzen, Lokalisierung und Anzeige von Einzelobjekten, Hotspot-Verlinkung Routenanzeige, Zeichenfunktionen, Veränderung Symbolisierung Zufügen eigener Kartenelemente
Kartenbenützungsfunktionen		Messen/Abfrage von Distanz, Fläche, Koordinaten, Höhe, Anzeige von Koordinatengitter, Berechnungs- und Analysefunktionen
Andere Funktionen	Multimediale Funktionen	Informationstexte, Bilder, Filme, Töne
	Spezialfunktionen	3D-Visualisierungen, GIS-Funktionen

SCHNEIDER (2002) und HURNI (2004) sind in Tab. 4 die wichtigsten Funktionen nach diesen Gruppen aufgeführt.

1.4 Kartographische Datenmodelle

Entscheidend für die Effizienz und damit für den Erfolg eines digitalen Kartenprodukts ist die Struktur der zu Grunde liegenden Daten. In den Anfängen der digitalen Kartenproduktion war die Dateistruktur praktisch durch die Kartengraphik vorgegeben. Die Gliederung in Ebenen entsprach den verschiedenen analogen Kopiervorlagen, und die Kartenzeichen wurden über Ihre graphischen Attribute (Farbe, Strichstärke, Form etc.) definiert. Heute strebt man die Ablage der Daten in einer Datenbank an. Dabei werden die Objekte mit thematischen Attributen (z. B. Alter, Nutzung, Besitzer etc.) versehen, nach welchen gezielt abgefragt werden kann. Die kartographische Visualisierung erfolgt direkt nach der Abfrage aufgrund vorgegebener Gestaltungs- und Symbolisierungsregeln. Spezielle kartographische Gestaltungsmaßnahmen werden als separate Präsentationsobjekte abgelegt. Dies gilt sowohl für die Produktion gedruckter Karten (offline) als auch für online-Applikationen.

2 Kartenanwendungen in ausgewählten, aktuellen I+K-Technologien

Im Folgenden sollen exemplarisch einige aktuelle kartographische Anwendungen vorgestellt werden, bei welchen die beschriebenen Funktionalitäten und Datenmodelle zur Anwendung gelangen.

Die meisten nationalen Kartenbehörden erstellen zurzeit landesweite Datenbanken für topographische Grundlagedaten. Das am weitesten fortgeschrittene Projekt ist wohl das Deutsche Amtliche Topographisch-kartographische Informationssystem (ATKIS) (www.atkis.de). Dabei werden für verschiedene Maßstäbe Digitale Landschaftsmodelle zur Verfügung gestellt und daraus Digitale Topographische Karten abgeleitet. Neuere Ansätze erlauben gar eine vertikale Verknüpfung der korrespondierenden Objekte durch die Maßstäbe hindurch (KREITER 2005). Damit kann jede Fortführungsmaßnahme im großen Maßstab automatisch an die kleineren Maßstäbe weitergeleitet werden. Abb. 2 zeigt eine topographische und eine geologische Karte, welche unter Beizug verschiedener thematischer Ebenen und Symbolisierungen aus derselben Datenbank erzeugt worden ist (nach HURNI 1995).

NEUMANN (2005) postuliert die Erweiterung des zwei- (oder drei-)dimensionalen Modellraumes um die Dimensionen Zeit und Thema. Die Datenbank seines Projekts umfasst neben der Geometrie (Basiskarte) auch thematische Datensätze mit Künstler-

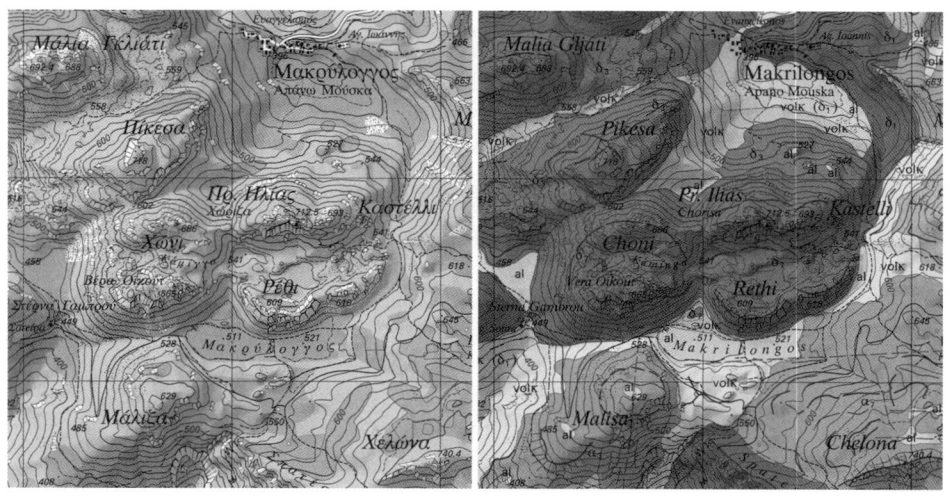

Abb. 2: Ableitung einer topographischen (links) und geologischen (rechts) Karte aus derselben Datenbank (nach Hurni 1995)

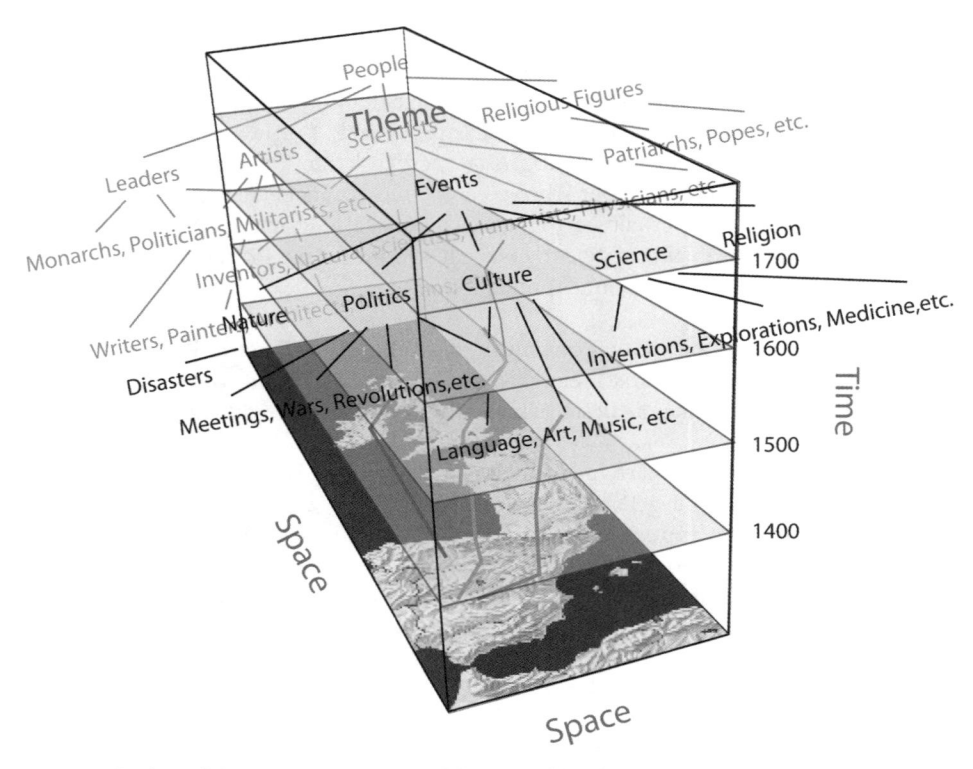

Abb. 3: Ort/Zeit/Thema-Modellraum nach Neumann (2005)

biographien. Diese Biographie-„Stränge" werden zeitlich und geographisch an Schlüsselstellen fixiert und erlauben die Selektion nach Ereignissen und Abläufen und deren Visualisierung. Auch Verknüpfungen zwischen Objekten (z. B. Treffen von Künstlern, Kunstschulen, Stilrichtungen etc.) können so verdeutlicht werden. Abb. 3 zeigt das Grundprinzip des erweiterten Modellraums.

Die Scalable Vector Graphics (http://www.adobe.com/svg) basierte Web-Applikation „Türlersee", programmiert von A. NEUMANN an der ETH Zürich (http://www.carto.net/papers/svg/tuerlersee/), zeigt exemplarisch einige der in Tab. 4 enthaltenen interaktiven kartographischen Funktionen (Abb. 4). Die Navigationsfunktionen (rechts oben) umfassen Zoom, Pan, Referenzkarte, Reset. Darunter sind die Kartenfunktionen Ebenenselektion und Attributabfrage angeordnet. Die Geländeschattierung sowie die Anzeige von Routen können als Spezialfunktionen angewählt werden. Die Profilberechnung ist eine Analysefunktion. Die Lokalisierung von Objekten gehört zu den kartographischen Funktionen.

3 Ausblick

Die Erweiterung der kartographischen Medien geht weiter. Bereits enthalten viele Webdienste integrierte Kartenmodule, so z. B. die rasterbasierten Google Maps (http://maps.google.com). Ähnliche Dienste werden auch auf mobilen Endgeräten dargestellt, welche die relevanten Informationen oft abhängig vom momentanen Standort des Benutzers und teilweise in Echtzeit anzeigen. Generell lässt sich eine Zunahme von Kar-

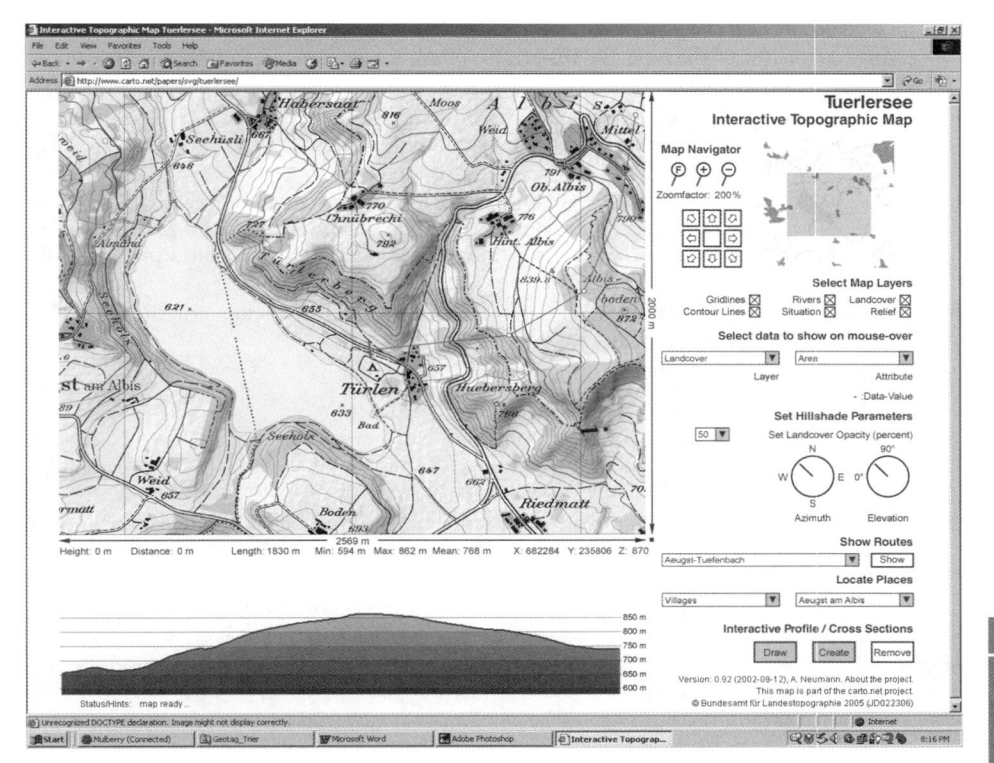

Abb. 4: Web-Applikation Türlersee von A. Neumann (http://www.carto.net/papers/svg/tuerlersee/)

ten und kartenverwandten Produkten in praktisch sämtlichen Medien beobachten. Visuell, aber z. B. auch akustisch aufbereitete Informationen aus kartographischen Datenbanken werden immer mehr zu einem selbstverständlichen Hilfsmittel für verschiedenste Anwendungen. Dies ist zu begrüßen, verpflichtet aber auch zu einer ständigen Anpassung und Verbesserung des kartographischen Knowhow und Regelwerks. Es ist zu hoffen, dass sich Kartographinnen und Kartographen auch in Zukunft in diesem spannenden und ständig sich verändernden Umfeld behaupten können.

Literatur

BERTIN J. (1967): Sémiologie graphique. Paris.

BERTIN J. (1982): Graphische Darstellungen – Graphische Verarbeitung von Informationen. Berlin.

BORCHERT, A. (1999): Multimedia Atlas Concepts. In: Cartwright, W./Peterson, M./Gartner, G. (Eds): Multimedia Cartography. Berlin, 75-86.

BUZIEK, G. (2002): Eine Konzeption der kartographischen Visualisierung. Habil.-Schrift Universität Hannover.

HÄBERLING, C. (2003): Topographische 3D-Karten – Thesen für kartographische Gestaltungsgrundsätze. Dissertation ETH Zürich Nr. 15379. http://e-collection.ethbib.ethz.ch/cgi-bin/show.pl?type=diss&nr=15379

HAKE, G./GRÜNREICH, D./MENG, L. (2002): Kartographie. Berlin.

HURNI, L. (1991): Hard- und Softwarelösungen für die integrierte digitale Kartenproduktion mit Raster- und Vektordaten. In: Nachrichten aus dem Karten- und Vermessungswesen, (108)1, 37-54.

HURNI, L. (2004): Vom analogen zum interaktiven Schulatlas: Geschichte, Konzepte, Umsetzungen. In: Wiener Schriften zur Geographie und Kartographie, 16, 222-232.

HURNI, L. (1995): Modellhafte Arbeitabläufe zur digitalen Erstellung von topographischen und geologischen Karten und dreidimensionalen Visualisierungen. Dissertation ETH Zürich Nr. 11066, http://e-collection.ethbib.ethz.ch/cgi-bin/show.pl?type=diss&nr=11066

KREITER, N. (2005): Redesign of Swiss National Map Series. Proceedings of the 22th ICC of the ICA, A Coruña. CD-ROM.

MACEACHREN, A. (1994): Some Truth with Maps. Washington.

MACEACHREN, A. (1995): How Maps Work. New York.

NEUMANN, A. (2005): Thematic Navigation in Space and Time, Interdependencies of Spatial, Temporal and Thematic Navigation for Cartographic Visualization. In: Proceedings of the 4th SVG.Open developers conference, Enschede NL. http://www.svgopen.org

ORMELING, F. (1993): Ariadne's thread – structure in multimedia atlases. Proceedings of the 16th ICC of the ICA, Cologne, 1093-1100.

ORMELING, F. (1997): Functionality of Electronic School Atlases. In: Proceedings of the Seminar on Electronic Atlases II, 1996, ICA Commission on National and Regional Atlases, 33-39.

SCHMIDT-FALKENBERG, H. (1962): Grundlinien einer Theorie der Kartographie. In: Nachrichten aus dem Karten und Vermessungswesen, (22)1.

SCHNEIDER, B. (2002): GIS-Funktionen in Atlas-Informationssystemen. Dissertation ETH Zürich Nr. 14605. http://e-collection.ethbib.ethz.ch/cgi-bin/show.pl?type=diss&nr=14605

SIEBER, R./BÄR, H. R. (1997): Atlas der Schweiz – Multimedia-Version. Adaptierte GIS-Techniken und qualitative Bildschirmgraphik. In: GIS und Kartographie im multimedialen Umfeld. Bonn, 67-77.

Leitthema C – Relativität von Grenzen und Raumeinheiten

Sitzung 3: Naturgefahren und die Probleme der Grenzziehung

Richard Dikau und Jürgen Pohl (Bonn)

Grenzen sind ein Kernkonzept der Geographie. Sie spielen seit Jahrhunderten eine zentrale Rolle im Fach, sei es als empirischer Gegenstand (wie insbesondere bei der Festlegung naturräumlicher Einheiten) oder als methodisches Werkzeug (wie vor allem in der Regionalisierung und in thematischen Karten). Häufig ist damit auch – gewollt oder ungewollt – ein Anwendungsbezug oder gar eine Einmischung in die Politik seitens des Faches verbunden. Am bekanntesten ist hier sicher die Frage nach den natürlichen Grenzen eines Volkes oder Staates, die seit 1800 bis weit in das 20. Jahrhundert hinein ein wichtiges gesellschaftliches Diskussionsthema darstellte.

Mit Blick auf das Thema Grenzen scheinen Naturrisiken demgegenüber zunächst ein eher unproblematischer Fall zu sein. Die Grenzen eines Gebietes, das von einer Lawine, einem Tsunami, einem Hurrikan oder einer Überschwemmung betroffen ist, liegen zunächst in dem Naturereignis selbst, wenn es auch durch topographische Gegebenheiten oder auch technische Umstände (wie z. B. die Standsicherheit von Gebäuden) modifiziert werden kann. Jenseits des Kartierens von Ausbreitungsgebieten werden die natürlichen Grenzen relativ: Aus den betroffenen Strukturen werden – beispielsweise im Falle von Überschwemmungen – Schlussfolgerungen gezogen und die Grenzen von überschwemmungsgefährdeten Gebieten bestimmt. So werden aus natürlichen Grenzen planerische Grenzen. Gilt in einem solchen Bereich ein grundsätzliches Bauverbot, so wird damit eine neue Art von Grenzziehung etabliert: Diejenigen, die im überschwemmungsgefährdeten Gebiet leben, werden mehr oder weniger enteignet. Dasselbe Überschwemmungsgebiet kann aber auch zur Maßnahme Deichbau führen; dann hätten die Eigentümer statt sumpfiger Wiesen nunmehr wertvolles Bauland gewonnen. Naturrisiken können also direkt und indirekt zur Umverteilung von Grenzen führen.

Häufig ist zu hören, dass sich Naturkatastrophen nicht um Grenzen „kümmern". Damit ist gemeint, dass Natur sich nicht an menschlichen Setzungen, zum Beispiel an politischen Grenzen, orientiert. Dies ist insofern richtig, als weder das Hochwasser noch der Wirbelsturm noch sonst ein Naturereignis vor Staatsgrenzen Halt machen. Der Titel der Sitzung: „Naturgefahren und die Probleme der Grenzziehung" dürfte am ehesten Assoziationen in diese Richtung auslösen. Dennoch sind Grenzen ein wichtiger Faktor, der beispielsweise für die Vorwarnung, die Schadensintensität oder die Logistik der Hilfsmaßnahmen große Bedeutung haben kann. Hier ist daran zu erinnern, welche hohe Bedeutung Staatsgrenzen – beispielsweise die deutsch-polnische Grenze, beim Oderhochwasser oder die tschechisch-deutsche Grenze beim Elbehochwasser – gelegentlich hatten. Insgesamt ist diese sicher eher eine negative, aber es ist auch daran zu erinnern, dass eine Grenze nach außen gleichzeitig einen homogenen Handlungsraum nach innen schafft, so dass innerhalb der Grenzen wiederum effektives Handeln möglich wird.

Einleitung

Das Motto des Geographentages in Trier lautet „GrenzWerte". Damit ist klargestellt, dass auch normative Aspekte von Grenzen hier ihren Platz haben. Die Grenze zwischen analysierender neutraler Wissenschaft und gesellschaftlichen Urteilen und Wertentscheidungen wird damit von vornherein in Frage gestellt. Gerade bei Naturrisiken geht es immer auch um mehr oder weniger willkürliche Normen. Die Bestimmung von Grenzwerten sind Entscheidungen der Verantwortlichen, die sich manchmal mehr und manchmal weniger auf wissenschaftliche Erkenntnisse stützen. Ob es die Festlegung des hundertjährigen Hochwassers als Bemessungsgrundlage für Sicherheitsmaßnahmen ist (wie zum Beispiel die Erhöhung eines Deiches) oder die Deklaration eines Standortes aufgrund von nicht mehr tolerierbarer Gefährdungswahrscheinlichkeit als lawinengefährdet (und der damit als Bauland wertlos wird) ist, stets sind mit Grenzwerten gesellschaftliche Konsequenzen verbunden.

Die Relativität von Grenzen und Raumeinheiten steht im Zentrum der Sitzungen des Leitthemenblocks C des Geographentages von Trier. Dieses Leitthema steht an der Schnittstelle von humangeographischen (A, B) und physisch-geographisch (D, E) geprägten Sitzungen, und die Relativität von Grenzen gilt für beide Teilgebiete der Geographie. Entsprechend diesem Schnittstellencharakter ist auch die Sitzung über Naturgefahren und Naturrisiken aufgebaut. Alle Beiträge greifen sowohl humangeographische wie auch physisch-geographische Aspekte der Grenzen von Risiken auf.

Der erste Beitrag von Karl-Heinz ROTHER geht in einem sehr wörtlichen Kontext auf das Thema „GrenzWerte" bei der Hochwasservorsorge in Europa ein. In Beispielen administrativer Zuständigkeiten deutscher Bundesländer und der Rheinanlieger Frankreich und Deutschland wird die Bedeutung von Grenzziehungen bei Problemlösungen von Hochwasserschutz und Hochwasservorsorge herausgearbeitet. Grenzen bilden Strukturen, die neben der räumlich-administrativen Ebene natürliche und sachlich-disziplinäre Inhalte aufweisen. Sie bergen die Gefahr geringer Effizienz der Hochwasservorsorge. Jedoch bildet die Strukturvereinfachung nicht unbedingt den „Königsweg" zur Problemreduktion. In fünf Thesen diskutiert Karl-Heinz ROTHER Wege zur Minderung von Grenzziehungsproblemen, die an Beispielen des Staustufenbaus und der Deichhöhen am Oberrhein, der Kompatibilität von nationalen Datenerhebungssystemen in Deutschland und Frankreich und des Hochwasseraktionsplans Rhein erläutert werden. Von hoher Bedeutung ist darüber hinaus das historische Wissen über unsere Flusssysteme, da „neues Wissen nicht das effizienteste Wissen sein muss".

Der Beitrag von Ortwin RENN, Christina BENIGHAUS und Andreas KLINKE befasst sich mit den Wechselwirkungen zwischen Naturgefahren und Risiken und der Bedeutung der anthropogenen Eingriffe in natürliche Prozesse. Auf Basis der Darstellung weltweit steigender Trends von Naturkatastrophen wird eine Erweiterung konventioneller Risikoabschätzungen vorgestellt, die auf acht Bewertungskriterien beruht und die von materiellen Schadenpotenzialen bis hin zu Verletzungen individueller, sozialer und kultureller Interessen und Werte reichen. Dieser Ansatz wird an unterschiedlichen Risikotypen (z. B. Überschwemmung, Tsunami, Klimawandel) angewendet. In einem weiteren Schritt wird ein gestuftes Modell des Risikomanagements vorgestellt, dessen zentrales Element die Risikokommunikation darstellt und das die Komponenten Komplexität, Unsicherheit und Ambiguität beinhaltet. Nur der Weg von einer „Sicherheitsgesellschaft" zu einer „Risikogesellschaft" bietet einen Ausweg aus der sich weltweit verschärfenden Schadensentwicklung.

Grenzziehungen sind klassische Verfahren der Gefahrenzonierung natürlicher Prozesse, deren Systematik und methodische Vielfalt im Beitrag von Thomas GLADE diskutiert werden. Auf Basis von Prozessindikatoren (z. B. Prozessdauer, -häufigkeit und Ausdehnung) werden die spezifischen methodischen Ansätze der naturwissenschaftlichen Gefahrenmodellierung hervorgehoben. Dabei wurden die hohe Datenabhängigkeit der Gefahrenszenarien und generelle Forschungslücken herausgearbeitet.

In der zusammenfassenden Diskussion der Leitthemensitzung wurde der Begriff „GrenzWerte" mit der Zielsetzung und Forderung aufgegriffen, dass nur die „Grenzüberschreitung" Lösungspotenziale für die tief greifenden Probleme von Naturkatastrophen liefern kann. Zugespitzt auf die Forderung nach grenzüberschreitenden Hauptzielen der Vorsorge und von Kommunikationsplattformen müssen Wege gefunden werden, die bei der Problemerkennung und -behandlung jeden wissenschaftlichen, operativen und gesellschaftlichen Bereich einschließen. Im Sinne der Themenstellung des 55. Deutschen Geographentages in Trier kann die „Zielsetzung jenseits der Grenze" für diese Perspektive eine geeignete Metapher bilden.

Räumliche und institutionelle Grenzen der Hochwasservorsorge in Europa

Karl-Heinz Rother (Oppenheim)

1 Einführung

Zur Einführung in das Thema werden einige Grenzziehungsprobleme im Bereich der Hochwasservorsorge aufgezeigt, die geeignet sind, Problembewusstsein zu vermitteln:

- Durch unterschiedliche administrative Zuständigkeit begünstigt, hatten die Länder Baden-Württemberg und Hessen rechts des Rheins die Deiche auf ein höheres Niveau ausgebaut als Rheinland-Pfalz auf der linken Rheinseite, mit der Folge, dass bei Überschreiten der rheinland-pfälzischen Bemessungshöhen die rheinland-pfälzische Oberrheinniederung komplett unter Wasser gegangen wäre, und in Folge dieser Entlastung die Deiche in Baden-Württemberg und Hessen gehalten hätten – eine aus der Sicht von Rheinland-Pfalz unschöne Konsequenz.
- Mit dem Versailler Vertrag hatte Frankreich das Recht zur Nutzung der Wasserkraft am Oberrhein erhalten. Insgesamt wurden in der Folge bis zum Jahr 1977 zehn Staustufen errichtet, ursprünglich ohne sich über die Folgen für die Veränderung des Hochwasserregimes bei den Unterliegern Rechenschaft abzulegen.
- Für die Hochwasservorhersage an der Mosel wurden Niederschlags- und Pegeldaten von der Obermosel in Frankreich benötigt, die von der französischen Administration nicht zur Verfügung gestellt werden konnten.
- Erst unter dem Eindruck des Hochwassers von 1995 an Maas, Mosel und Rhein bekannten sich die Umweltminister der EU zu einer grenzüberschreitenden Verantwortung bei der Abwehr von Hochwassergefahren und beschlossen die Implementierung und Umsetzung staatenübergreifender Hochwasseraktionspläne an Maas, Mosel und Rhein.

2 Strukturen von Grenzziehungsproblemen

Es wird deutlich, in welch vielfältiger Weise Grenzziehungen auf Problemlösungen bei Hochwasserschutz und Hochwasservorsorge Einfluss nehmen. Grenzziehungen sind dabei das Abbild von Organisationsstrukturen, wobei in Bezug auf das Hochwasserthema zwischen natürlichen Strukturen, raumbezogen administrativen Strukturen und Fachstrukturen zu differenzieren ist.

2.1 Natürliche Strukturen

Als natürliche Struktur drängt sich beim Hochwasser wie bei allen wasserwirtschaftlichen Problemen die Betrachtung in Einzugsgebieten auf. Einzugsgebiete sind in Bezug auf die Hochwasserentstehung nicht homogen, sondern folgen einer deutlichen Differenzierung, insbesondere nach den geologischen Gegebenheiten des Gebietes, die über die Durchlässigkeit des Untergrundes eine der wesentlichen Randbedingungen für den Wasserhaushalt darstellen. Aber auch über die Morphologie der Landschaft, die Eigenschaften des Verwitterungsproduktes Boden und die daraus resultierende Bodennutzung paust sich diese Differenzierung bis hin zu Siedlungsform und Sozialstruktur durch. Bezüglich der Hochwasserhäufigkeit ist beispielsweise zwischen dem Buntsandstein des Pfälzer Waldes und dem Devonschiefer der Ahrregion ein Faktor 10 zu konstatieren.

Bezüglich der Betroffenheit in Bezug auf die Hochwasserfolgen sind Oberlieger und Unterlieger zu unterscheiden, wobei jeder Unterlieger auch gleichzeitige Oberlieger des ihm nachfolgenden Einzugsgebietes ist, so dass sich aus dieser Struktur ganz überraschende Beziehungseffekte und Interessenlagen ergeben, getreu der Devise: „Was du nicht willst, was man dir tu, dass füg auch keinem anderen zu". Das bedeutet zum Beispiel, dass jeder, der von den Oberliegern Rückhaltung auf der Fläche fordert, auch selbst bereit sein muss, Überschwemmungen in seinem eigenen Lebens- und Verantwortungsbereich in einem bestimmten Umfang zu tolerieren.

Hochwasserlagen sind je nach Ereignistyp von unterschiedlicher räumlicher Ausdehnung: Auf der einen Seite gibt es kleinräumig begrenzte örtliche Hochwasserlagen in Folge von konvektiven Starkniederschlägen, zumeist im Sommer; weiterhin gibt es westliche Tiefdruck-Wetterlagen von mittel- bis großräumiger Ausdehnung zumeist im Winterhalbjahr, häufig mit Tauwetterlagen verbunden; und als dritte Ereignisgruppe sind für Hochwasser in Zentraleuropa ebenfalls als großräumige Ereignisse sogenannte V b-Wetterlagen verantwortlich, bei denen über dem Mittelmeer erwärmte und angefeuchtete Luft in weitem Bogen erst über Osteuropa und dann von Nordosten kommend am Kamm der östlichen Mittelgebirge oder am Alpenkamm abregnen. Das Oderhochwasser 1998, das Elbehochwasser 2002 und das Hochwasser vom August 2005 in Österreich, der Schweiz und Bayern waren solche V b-Wetterlagen, die sich, wenn sie sich herausgebildet haben, durch eine besondere Stabilität auszeichnen, so dass hohe Regenmengen auf einer Fläche zusammen kommen.

Durch die Vernachlässigung des räumlichen Bezuges und der räumlichen Ausdehnung von Hochwasserlagen ist zu erklären, warum in der Öffentlichkeit – und leider manchmal auch von wissenschaftlicher Seite leichtfertig bestätigt – die "Häufung hundertjährlicher Ereignisse in Europa in wenigen Jahren" als der Beweis für eine entscheidende Verschärfung in der Hochwassersituation gewertet wird, eine These, die sich aus den konkreten langjährigen Datenreihen der Hochwasserstände und Hochwasserabflüsse so eindeutig nicht zeigt.

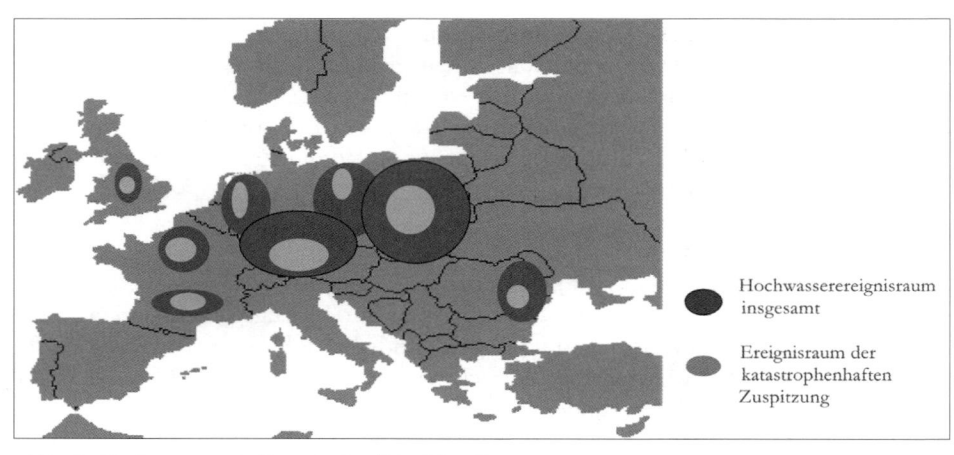

Abb. 1: Hochwasserstatistik und räumliche Verteilung

Dieser Fehlschluss wird dadurch induziert, dass vernachlässigt wird, dass die Aussage zur Hochwasserwahrscheinlichkeit immer an einen konkreten Ort gebunden ist. Rheinland-Pfalz beispielsweise hat eine Fläche von 20 000 km^2, könnte also alle fünf Jahre von einem jeweils hundertjährlichen Hochwasser mit 1000 km^2 Ausdehnung betroffen sein, ohne dass bezogen auf das jeweilige betroffene Gebiet die Eigenschaft als hundertjährliches Ereignis in Frage zu stellen wäre, wenn jeweils nur andere 1000^2 km betroffen sind. Oder bildhafter ausgedrückt: Zwei Buben stehen vor einem Gewächshaus und werfen mit Steinen. Dass das Gewächshaus getroffen wird, ist sicher, die Wahrscheinlichkeit, dass eine bestimmte Scheibe kaputt geht, errechnet sich aus der Zahl der Steinwürfe geteilt durch die Anzahl der Scheiben des Gewächshauses als Ganzes.

2.2 Raumbezogene administrative Strukturen

Raumbezogene administrative Strukturen sind uns allen geläufig: Gemeinde, Kreis, Bezirk, Land, Staat und supranationale Einrichtungen wie die Europäische Union gliedern die raumbezogene Verantwortung für unser Gemeinwesen, wobei die Problemwahrnehmung in dieser Reihenfolge vom Konkreten hin zum Abstrakten geht. Die Integration des örtlichen Interesses in überörtliche Verantwortung muss immer wieder neu erstritten werden. Die Raumordnung versucht sich daran seit geraumer Zeit mit wechselnden Erfolgen.

Im Wasserhaushaltsgesetz des Bundes (WHG) hat es zwar schon immer das Instrument der wasserwirtschaftlichen Rahmenpläne gegeben, ein Instrument, das von den Ländern mit unterschiedlicher Energie genutzt worden ist. In Rheinland-Pfalz sind flächendeckend wasserwirtschaftliche Rahmenpläne aufgestellt worden, die aber, der Länderhoheit sei es geschuldet, über die Landesgrenzen hinaus keine Festlegungen treffen.

Die Europäische Union hat nun in der Europäischen Wasserrahmenrichtlinie mit dem Primat der einzugsgebietsweisen Bewirtschaftung in über die administrativen Grenzen hinweg abzustimmenden Bewirtschaftungsplänen einen bedeutenden Markstein gegen die Überbewertung örtlicher Interessen bei der Wasserbewirtschaftung gesetzt, wobei die Hochwasserproblematik nicht eingeschlossen ist. Eine Ergänzung in Form einer europäischen Hochwasserschutzrichtlinie ist in Vorbereitung.

Ergänzend schreibt das neue Hochwasserschutzgesetz des Bundes vom Mai 2005 die Implementierung von einzugsgebietsweisen Hochwasserschutzplänen vor, zur Minderung der Hochwasserschäden bis in den Bereich hundertjährlicher Ereignisse. Die Pläne sollen für die hochwassergefährdeten Gewässerabschnitte in Deutschland bis zum Mai 2009 vorliegen.

In der konkreten Bewältigung von Hochwasserlagen machen die Katastrophenschutzgesetze des Bundes und der Länder eindeutige Vorgaben. Die Führungsaufgabe bei der Katastrophenbewältigung liegt beim Bürgermeister der betroffenen Gemeinde und geht auf die jeweils höhere administrative Ebene über, wenn die Auswirkungen der Katastrophen die Grenzen der jeweiligen Verwaltungseinheit überschreiten.

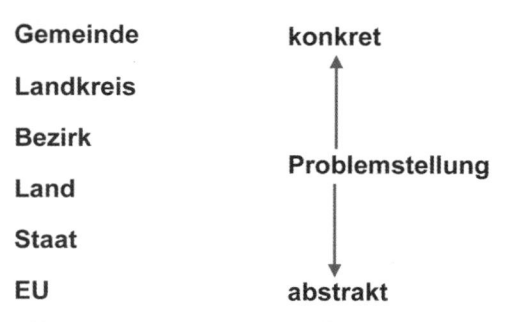

Gemeinde — konkret
Landkreis
Bezirk
Land — Problemstellung
Staat
EU — abstrakt

Abb. 2: Räumlich-adminstrative Strukturen

2.3 Fachliche Strukturen

Gottfried Wilhelm LEIBNIZ gilt als der letzte Universalgelehrte Ausgang des 17. Jahrhunderts. Die in der Folge einsetzende Spezialisierung von Wissen und Wissensvermittlung war einer der Gründe des Erfolges unserer westlich-abendländischen Kultur. Bis heute ist die Summe des Wissens und damit der Grad der Spezialisierung nicht nur immer weiter angestiegen, sondern auch der Gradient des Wissenszuwachses, so dass wir uns eher auf eine immer noch weiter gehende Spezialisierung von Wissen werden einlassen müssen.

Fachgebiete und Unterfachgebiete grenzen sich immer weiter voneinander ab und verfolgen als legitimer Motor des Wissenschaftsbetriebes eigene Optimierungsziele. Diese Differenzierung bildet sich konsequenterweise auch in den Fachadministrationen ab. Naturschützer verhindern in guter Absicht die technisch dringend gebotene Sanierung von Deichbauten, ebenso wie Wasserbauer bedenkenlos für den Naturhaushalt wertvolle Auengebiete trocken gelegt haben. Das Wissen und die Tatsache, dass die Summe der Teiloptima in komplexen Systemen nicht das Gesamtoptimum beschreibt, kommen dabei zunehmend unter die Räder.

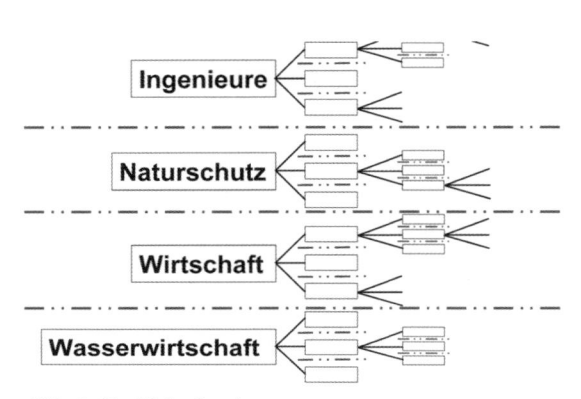

Abb. 3: Fachliche Strukturen

Es werden komplexe hydrologische Vorhersagemodelle entwickelt, ohne sich zu fragen, ob Daten im operativen Betrieb in ausreichender Qualität und vor allem zeitgerecht verfügbar sind. Und es wird in aller Regel auch nicht gefragt, welche Vorhersagezeiten Gewässeranrainer benötigen, um bestimmte Schadenminderungsmaßnahmen durchführen zu können. Wegen des systemimmanenten Zusammenhanges von der Länge der Vorhersageperiode und der damit verbundenen Unsicherheit ist nicht die längste Vorhersagezeit die beste, sondern die, die der Nutzer braucht, um seine Schadenminderungsmaßnahmen zu bewerkstelligen.

Aus der Erkenntnis, dass Akzeptanz und Glaubwürdigkeit für die Nutzer eher von der Sicherheit der Vorhersage abhängen, ist nicht die Maximierung von Vorhersagezeiten abzuleiten, sondern geradezu ihre Minimierung im Hinblick auf ein bestimmtes Schadenminderungsziel. Vorhersagesysteme sind also – nicht wie bisher häufig zu beobachten – allein von den technischen Möglichkeiten der Anbieterseite zu konzipieren, sondern vielmehr von den Bedürfnissen der Nachfragerseite: Die Bedeutung der letzten Meile ist die neue Zauberformel im internationalen Early-Warning-Geschäft. Die besten technischen und wissenschaftlichen Features nützen nichts, wenn die Vorhersageinformationen die Betroffenen nicht erreichen, oder wenn Sie aus der Warnung keine konkreten Abwehrmaßnahmen ableiten können.

So notwendig die wissenschaftliche und administrative Spezialisierung ist, um das verfügbare Wissen in die Lösung von komplexen Aufgaben in die Hochwasservorsorge einzubringen, ist für den Erfolg der gewählten Lösung entscheidend, inwieweit sich die einzelnen Fachbeiträge einem als sinnvoll erkannten Oberziel unterordnen.

3 Minderung von Grenzziehungsproblemen

Grenzziehungen bergen also immer die Gefahr von Effizienzverlusten in sich. Diese Verluste resultieren aus drei Quellen:
- der Nichtverfügbarkeit bzw. Fehlleitung von Informationen und Kenntnissen,
- der Fehlleitung von Ressourcen und
- daraus resultierend mangelnde Bewertungs- und Handlungskompetenz.

Als der auf den ersten Blick einfachste Weg erscheint der Weg zurück zu LEIBNIZ, das heißt der Versuch, Strukturen zu vereinfachen und damit Grenzen abzubauen. Das Schlagwort der flachen Hierarchien, wie Sie in den aktuellen Organisationshandbüchern gefordert werden, führt in diese Richtung.

Ein anderer Versuch ist, die Grenzen zwischen Strukturen durch eine Metastruktur besser zu beherrschen. Der Ruf nach einer gestärkten Bundeskompetenz zu Lasten der Länderkompetenz – gerade im Zusammenhang mit dem aktuellen Hochwasserschutzgesetz des Bundes ist dies vielfach gefordert und ausgiebig diskutiert worden – folgt diesem Rezept. Nach der persönlichen Bewertung des Autors werden mit dieser Strategie in der Regel zwar andere, aber doch wieder zusätzliche Grenzziehungen geschaffen.

In die Zukunft gerichtet ist ein dritter Weg zur Minderung von Grenzziehungsproblemen, der in fünf Thesen aufgezeigt wird:
(1) Grenzziehungen als Abbild von Strukturen sind zur Beherrschung komplexer Systeme notwendig. Die Akzeptanz der Notwendigkeit von Strukturen in komplexen Systemen ist Voraussetzung und Zugang zur Problemlösung.
(2) Grenzen dürfen nicht als Trennlinien, sondern müssen als Verbindungselemente begriffen werden. Türrahmen und Türblatt bekommen erst durch die verbindenden Scharniere die ihnen zugedachte Funktion.
(3) Zielsetzungen jenseits der eigenen Grenze sind als reale Randbedingungen für die eigene Zielhierarchie zu akzeptieren.
(4) Im Idealfall sind grenzüberschreitende Oberziele zu formulieren.
(5) Plattformen für die Organisation grenzüberschreitender Zusammenarbeit erleichtern den Austausch der notwendigen Informationen.

4 Beispiele zur Anwendung

Die Praktikabilität dieser Lösungsstrategie bei der Bewältigung von Grenzziehungsproblemen bestätigt sich in der erfolgreichen Lösung der zu Beginn angeführten Fallschilderungen:

Staustufenausbau am Oberrhein – Parallel zum Ausbau der vorerst letzten Staustufe am Oberrhein bei Iffezheim in der Höhe von Baden-Baden wurden in der Internationalen Hochwasserstudienkommission für den Rhein von Frankreich und Deutschland unter Beteiligung der Bundesländer Baden-Württemberg, Rheinland-Pfalz und Hessen die Hochwasserfolgen für die Unterlieger quantifiziert und im Jahr 1982 in einer Ergänzung zum Oberrheinvertrag ein Paket von Gegenmaßnahmen (Sonderbetrieb der Rheinkraftwerke, Ausbau von Rückhaltepoldern etc.) festgelegt, die in gemeinsamer Verantwortung Projekt für Projekt umgesetzt werden. [Lösungsmuster (1), (2), (3), (4), (5)]

Pegeldaten aus Frankreich – Die Nichtbereitstellung der für den Hochwassermeldedienst an der deutschen Moselstrecke benötigten Pegeldaten aus Frankreich war darin begründet, dass zum damaligen Zeitpunkt in Frankreich an der Obermosel keine mit den deutschen Datentransfersystemen technisch kompatiblen Messeinrichtungen verfügbar waren. In einem Vertrag auf der Grundlage der deutsch-französischen Regierungskommission aus dem Jahr 1987 wurde Deutschland gestattet, auf den Boden der Republik Frankreich – quasi exterritorial – eigene Messeinrichtungen zu errichten und zu betreiben. [Lösungsmuster (1), (2), (3), (5)]

Ungleiche Deichhöhen am Oberrhein – Mit einem Staatsvertrag haben sich die Länder Hessen, Baden-Württemberg und Rheinland-Pfalz im Jahr 1991 auf gleichwertige Deichhöhen zu beiden Seiten des Rheins geeinigt. Ob auf diese Deichhöhe ausgebaut wird, liegt in der Verantwortung des jeweiligen Landes. Höhere Ausbauhöhen benötigen die Zustimmung der anderen Vertragsparteien. [Lösungsmuster (1),(2), (3),(4)]

Hochwasseraktionsplan Rhein – Auf der Plattform der internationalen Kommission zum Schutz des Rheins (IKSR) wurden für den Hochwasseraktionsplan Rhein Leitsätze formuliert, diese Leitsätze in konkreten Zielen verdichtet und die für die Umsetzung dieser Ziele notwendigen Maßnahmenkategorien quantifiziert. Dafür mussten neun Rechtsysteme und drei technische Denkschulen (frankophil, anglophil und germanophil) zur Deckung gebracht werden. Der Hochwasseraktionsplan Rhein ist 1998 mit einer Laufzeit bis zum Jahr 2020 von den Rheinanliegerstaaten angenommen und verabschiedet worden mit einem Investitionsvolumen von insgesamt 12,5 Mrd. Euro. [Lösungsmuster (1),(2), (3), (4), (5)]

Literatur

HOCHWASSER-STUDIENKOMMISSION FÜR DEN RHEIN (1978): Schlussbericht, Bundesminister für Verkehr. Bonn.

LÄNDERARBEITSGEMEINSCHAFT WASSER – LAWA (1995): Leitlinien für einen zukunftsweisenden Hochwasserschutz in der Bundesrepublik Deutschland. Stuttgart.

INTERNATIONALE KOMMISSION ZUM SCHUTZ DES RHEINS – IKSR (1998): Aktionsplan Hochwasser Rhein. Koblenz.

WASSERHAUSHALTSGESETZ – WHG 1998, i. d. F. vom 19. August 2002, BGBl. I, 3245.

GESETZ ZUR VERBESSERUNG DES VORBEUGENDEN HOCHWASSERSCHUTZES vom 03. Mai 2005, BGBl. I, 1224.

EU-WASSERRAHMENRICHTLINIE vom 23. Oktober 2003, Richtlinie 2000/60/EG, ABl. L327 vom 22.12.2000.

Die Bedeutung anthropogener Eingriffe in natürliche Prozesse: die Wechselwirkungen zwischen Naturgefahren und Risiken

Ortwin Renn, Christina Benighaus (Stuttgart) und Andreas Klinke (London)

1 Die Herausforderung: Naturgefahren nehmen weltweit zu

New Orleans und der Bundesstaat Louisiana im August 2005: Der Hurrikan „Katrina" rast auf die Küste zu und hinterlässt eine Straße der Zerstörung in Louisiana und Mississippi. „Katrina" war vorhersehbar und vorhergesehen, die Krisenmanagement-Katastrophe vermeidbar. „Katrina" kam nicht unangemeldet. Das National Hurricane Center alarmierte schon Tage vor dem Eintreffen des Hurrikans auf das Festland in mehreren Konferenzen über die erwartbaren tödlichen Konsequenzen. Was ist wann falsch gelaufen?

Als der Hurrikan vorbeigezogen war, irrten Menschen ziellos durchs Chaos. Die Bergungs- und Rettungsarbeiten durch Hilfskräfte liefen unkoordiniert und schleppend. Zu langsam reagierten die Mammut-Behörden. Zu schlecht waren sie vorbereitet. Am Tag 20 nach der Katastrophe schliefen Menschen noch immer im Freien oder in zerstörten Häusern. Immer wieder schien es innerhalb der Behörden erhebliche Kommunikationspannen zu geben. Die rechte Hand wusste nicht, was die Linke tat. Es hat sich folglich nur wenig getan, was die Einwohner nicht selber organisieren konnten. Dieses Beispiel veranschaulicht eindringlich wie unverzichtbar Vorhersageinstrumente der Frühwarnung, Abschätzung, Notfallvorsorge und des Katastrophenmanagements sind, um mit drohenden natürlichen Gefahren fertig werden zu können (BENIGHAUS/RENN 2005).

In den letzten vier Jahrzehnten ist die Anzahl natürlicher Katastrophen weltweit exponential angewachsen. In den 60er Jahren wurden noch 27 großflächige Katastrophen gezählt. Bis zum Jahr 1987 traten im Durchschnitt etwa 130 Katastrophen pro Jahr ein. Seit dieser Zeit hat sich die Anzahl der Katastrophen auf ungefähr 250 pro Jahr erhöht (SWISS RE 2002). Gleichzeitig stiegen mit zunehmender Bevölkerungsdichte und steigenden Vermögenswerten auch die Schäden pro Katastrophe an. Für Versicherungen erhöhten sich die Schadensummen nochmals dadurch, dass der Anteil der versicherten Werte an den gesamten Vermögenswerten zugenommen hatte. Nach einer Analyse der Münchener Rück liegt der Zuwachs der volkswirtschaftlichen Schäden bei Faktor sieben, d. h. die volkswirtschaftlichen Schäden stiegen von rund 80 Milliarden US-Dollar in den 60er Jahren auf rund 560 Milliarden in den letzten zehn Jahren an. Gleichzeitig kletterten – mit zunehmender Bevölkerungsdichte und steigenden Vermögenswerten – auch die Schadensummen je Katastrophe an. Für Versicherungen erhöhten sich diese nochmals dadurch, dass der Anteil der versicherten Werte an den gesamten Schäden zunahm (Abb. 1).

Natur- und Technikkatastrophen werden mehr und mehr zu einem Kernproblem globaler Umweltveränderungen (WBGU 1999/2000/2002). Immer stärker beeinflusst der Mensch natürliche Abläufe und erhöht dadurch Umweltrisiken und natürliche Gefahren. Höhere Siedlungsdichte, die zunehmende Technisierung der Umwelt und die verstärkte Verwundbarkeit sozialer Systeme sind die zentralen Gründe dafür, dass immer mehr Menschen natürlichen und zivilisatorischen Gefahren und Risiken ausgesetzt sind.

Große Naturkatastrophen 1950 - 2004
Dekadenvergleich

	Dekade 1950-1959	Dekade 1960-1969	Dekade 1970-1979	Dekade 1980-1989	Dekade 1990-1999	letzte 10 1995-2004		Faktor letzte 10: 1960er
Anzahl	20	27	47	63	91	63	Vergleich der letzten 10 Jahre mit 1960ern zeigt dramatischen Anstieg	2,3
Volkswirt. Schäden	44,9	80,5	147,6	228,0	703,6	561,8		7,0
Versicherte Schäden	-	6,5	13,7	28,8	132,2	100,5		15,5

Schäden in Mrd. US$ in Werten von 2004

© 2005, NatCatSERVICE
GeoRisikoForschung, Münchner Rück

Abb. 1: Zunahme großer Naturkatastrophen und ihre volkswirtschaftlichen Schäden (Quelle: Münchner Rück 2005)

Trend ist auch in Europa und Deutschland spürbar
Auch in Europa und in Deutschland nehmen die Schäden, die durch Naturgefahren verursacht werden, ständig zu. Zwar erreichen sie bei weitem nicht die Ausmaße an Zerstörung, die wir in den Entwicklungsländern beobachten können, dennoch steigen die Zuwachsraten der versicherten Schäden stark. Was lässt sich gegen diese Tendenz unternehmen? Neben den technischen Maßnahmen zum Schutz gegen Naturgefahren kommt vor allem der Risikofrüherkennung und -abschätzung im Vorfeld der Ereignisse eine besondere Bedeutung zu. Ausmaß und Höhe von Elementarschäden, die durch Naturereignisse/-gewalten wie orkanartige Stürme, Hagel und Hochwasser etc. immer häufiger verursacht werden, sind nicht allein vom Schadenereignis abhängig, sondern auch davon, ob und wie rechtzeitig mögliche Vorsorgemaßnahmen veranlasst werden konnten.

2 Vorschlag zur Risikoabschätzung und zur Risikobewertung

Der erste Schritt zur Bewältigung natürlicher Gefahren ist die Quantifizierung des Risikos. Abschätzungsverfahren sind seit Jahren integraler Bestandteil beim Management von Naturkatastrophen. Risikoabschätzungen sind zu einem ausgeklügelten und zielgerechten Instrument herangereift, um potenzielle Schäden durch menschliche Aktivitäten oder natürliche Gefahren qualitativ oder besser noch quantitativ zu erfassen. Wenn es um die Beurteilung natürlicher Risiken geht, ist aber die Aussagekraft dieser Risikostudien mit Vorsicht zu betrachten. In den letzten Jahren sind Gültigkeit und Zuverlässigkeit von wissenschaftlichen Risikoabschätzungen sogar noch kritischer zu bewerten; die Beurteilung von Wahrscheinlichkeit und Schadenspotenzial ist mit folgenden, zunehmenden Ungewissheiten verbunden:

- Aufgrund der Bevölkerungsdichte und der zunehmenden Nutzungsdichte von riskanten Technologien lösen natürliche Gefahren sekundäre Wirkungen aus, die

durch Technologien oder technische Hilfsmittel, Anlagen oder Einrichtungen freigesetzt werden.
- Natürliche Katastrophen stehen häufig in einem komplexen Wechselverhältnis zu technologischen, sozialen und Lebensstilrisiken.
- Aufgrund der Einflüsse menschlicher Aktivitäten auf Klima und Biosphäre verändern sich die Rahmenbedingungen für extreme Wetterereignisse immer stärker.

2.1 Kriterien für Risikobewertung

Um Risiken umfassend bewerten zu können, müssen ihre relevanten Facetten charakterisiert werden. Zu diesem Zweck schlagen wir acht Bewertungskriterien vor:
1. *Schadenspotenzial*, d. h. der Umfang des Schadens, den eine natürliche Gefahr verursachen kann;
2. *Eintrittswahrscheinlichkeit*, d. h. die Wahrscheinlichkeitsfunktion von ereignisbedingten Schäden in Abhängigkeit von der Schwere des Ereignisses;
3. *Ungewissheit*, d. h. die verbleibende Unsicherheit in Bezug auf die statistische Streuung und die verbleibenden Unsicherheiten;
4. *Ubiquität*, d. h. die räumliche Reichweite potenzieller Schadensausmaße (sie bezieht sich auf die intragenerationale Gerechtigkeit);
5. *Persistenz*, d. h. die zeitliche Ausdehnung potenzieller Schäden (sie bezieht sich auf die intergenerationale Gerechtigkeit);
6. *Reversibilität*, d. h. die Möglichkeit der Wiederherstellung der Ausgangssituation;
7. *Verzögerungswirkung*, d. h. die Zeitspanne zwischen dem ursprünglichen Ereignis und den eigentlichen Konsequenzen. Die Verzögerung kann durch physikalische, chemische oder biologische Mechanismen verursacht werden;
8. *Mobilisierungspotenzial*, d. h. die Verletzung individueller, sozialer oder kultureller Interessen und Werte. Das Mobilisierungspotenzial wird durch soziale Konflikte und psychologische Reaktionen von Individuen oder Gruppen hervorgerufen, die sich durch die Risikokonsequenzen beeinträchtigt fühlen. Das Mobilisierungspotenzial kann auch von wahrgenommenen Ungerechtigkeiten in Bezug auf die Verteilung von Risiken und Nutzen herrühren.

Theoretisch könnte eine unübersichtliche Zahl von Risikoklassen aus diesen Kriterien resultieren. Eine solche Vielzahl würde dem Zweck der Klassenbildung und der Wirklichkeit nicht gerecht werden. In der Realität sind einige Kriterien eng gekoppelt; andere Kombinationen sind zwar theoretisch möglich, aber es gibt keine oder nur sehr wenige empirische Beispiele. Ähnliche Risikophänomene zu den herausragenden Kriterien werden deshalb in einer Risikoklasse zusammengefasst. Dabei sind die Risikopotenziale durch einen oder mehrere hohe Werte bei den Kriterien gekennzeichnet.

2.2 Risikoklassifikation

Aus den acht Bewertungskriterien lassen sich sechs Idealtypen von Risikoklassen ableiten (Abb. 2).

Risikotyp 1: Überschwemmungen, Kernenergie, Staudammbruch

Dieser Risikotyp ist durch die Möglichkeit einer verheerenden Katastrophe und eine sehr geringe Wahrscheinlichkeit des Eintritts gekennzeichnet. Neben technologischen Beispielen wie Kernenergie, großchemischen Anlagen und Staudämmen sind natürliche Gefahren wie seltene starke Überschwemmungen und Meteoriteneinschläge zu nennen.

Einer der bekanntesten Meteoriteneinschläge ereignete sich bei der mexikanischen

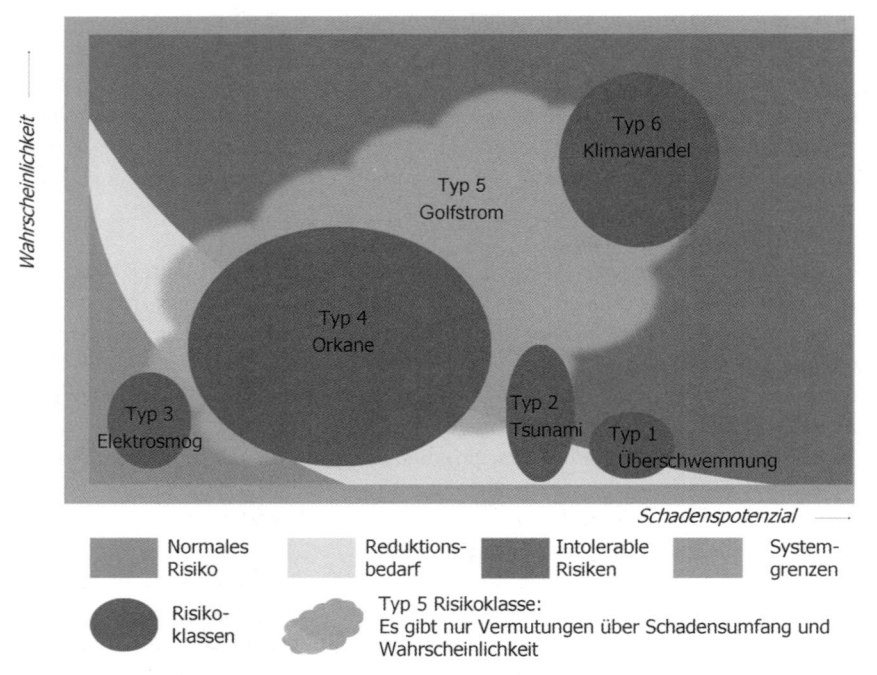

Abb. 2: Risikoklassen im Verhältnis Schadenspotenzial zu Eintrittswahrscheinlichkeit mit Beispielen

Halbinsel Yucatan am Übergang von der Kreidezeit zum Tertiär vor ungefähr 65 Millionen Jahren. Damals – so die plausibelste Hypothese – löste der Einschlag eines ungefähr zehn Kilometer großen Meteoriten die so genannte fünfte Auslöschung biologischer Vielfalt aus, bei der nicht nur die Dinosaurier ausgestorben sind, sondern auch etwa 75 % aller Tier- und Pflanzenarten auf der Erde. Auch in jüngerer Zeit wurden auf der Erde Meteoriteneinschläge verzeichnet, und Fast-Katastrophen zeugen von der Bedrohung. Am 30. Juni 1908 schlug in Mittelsibirien ein nach aktuellen Berechnungen etwa 160 Meter großer und über sieben Millionen Tonnen schwerer Kometenkern ein. Er zerstörte ungefähr 1600 Quadratkilometer Wald in der Taiga, eine Fläche so groß wie Berlin und Hamburg zusammen. Experten und Wissenschaftler können die Eintrittswahrscheinlichkeit derartiger Katastrophen relativ gut abschätzen.

Risikotyp 2: Tsunami, Vulkanausbruch
Bei den Risiken dieses Typs ist die Wahrscheinlichkeit des Eintritts einer Katastrophe ungewiss. Zugleich können die Experten das Ausmaß einer möglichen Katastrophe gut abschätzen. Eine Reihe von natürlichen Gefahren wie Erdbeben, Vulkanausbrüche, Tsunami, nicht-periodische Überflutungen und El Niño-Ereignisse sind hier als typische Beispiele zu nennen.

Für schnell wachsende Küstenstädte stellen Tsunami eine erhebliche Bedrohung dar. Sie entstehen, wenn Erdbeben oder Vulkanausbrüche den Meeresboden erschüttern. Tsunami können Geschwindigkeiten von bis zu 700 km/h erreichen und sich zu Wasserbergen von über 30 m auftürmen.

Durch ein Erdbeben im Indischen Ozean vor der Insel Sumatra, das eine Magnitude um 9,3 auf der Richterskala hatte – das viert- oder fünftstärkste, je gemessene Beben –, ereignete sich eine der bisher schlimmsten Tsunamikatastrophen der Geschichte. Mindestens 222 046 Menschen (Stand: Juni 2005) in zahlreichen Ländern (insbesondere Indonesien/Sumatra, Sri Lanka, Indien, Thailand, Myanmar, Malediven, Malaysia und Bangladesch) wurden getötet. Die Flutwelle drang mehrere tausend Kilometer bis nach Ost- und Südostafrika vor; Opfer wurden auch aus Somalia, Tansania, Kenia, Südafrika, Madagaskar und von den Seychellen gemeldet.

Aids und andere Infektionskrankheiten sowie das technologische Risiko von nuklearen Frühwarnsystemen fallen ebenfalls in diese Kategorie.

Risikotyp 3: Elektrosmog
Manche Phänomene lösen bei den Menschen durch ihre subjektive Wahrnehmung Schrecken aus. Einige Innovationen werden abgelehnt, obwohl sie wissenschaftlich kaum als Bedrohung eingeschätzt werden können. Sie haben aber spezielle Charakteristika, die Angst verursachen oder unwillkommen sind. Solche Phänomene haben ein hohes Mobilisierungspotenzial in der Öffentlichkeit. Diese Risikoklasse ist nur dann von Interesse, wenn zwischen der Risikowahrnehmung der Laien und der Risikoanalyse der Experten eine besonders große Lücke besteht. Elektromagnetische Felder sind ein typisches Beispiel dafür. Das Schadensausmaß elektromagnetischer Felder wird von den meisten Experten als gering eingeschätzt, weil weder epidemiologisch noch toxikologisch adverse Effekte nachweisbar sind. Die mit „Elektrosmog" verbundenen Risiken sind hauptsächlich auf die Intensitäten und Frequenzen elektromagnetischer Felder zurückzuführen, die von den menschlichen Sinnesorganen nicht wahrgenommen werden, weil sie unterhalb der Erregungsschwelle liegen. Es handelt sich dabei nicht um physische Störungen, denen objektiv nachprüfbare Daten zugrunde liegen, sondern um Angaben zu subjektiven Missempfindungen oder zur subjektiven Beeinträchtigung der Leistungsfähigkeit, die dann zu psychosomatischen Störungen führen können.

Risikotyp 4: Orkane, Waldbrände, Lawinen
Sowohl die Eintrittswahrscheinlichkeit als auch die Dimension eines möglichen Schadens bleiben in dieser Kategorie unsicher. Als Beispiele sind menschliche Eingriffe in Ökosysteme, gentechnologische Innovationen in der Landwirtschaft und in der Lebensmittelproduktion und ein möglicherweise galoppierender Treibhauseffekt zu nennen. Die Risiken sind derzeit nicht abschätzbar.

Natürliche Gefahren wie Zyklone bzw. Orkane, Lawinen und Waldbrände können ebenfalls zu dieser Kategorie gezählt werden. Ende Oktober und Anfang November 1999 suchte ein verheerender Orkan den ostindischen Subkontinent heim. In der Region Orissa starben 15 000 Menschen. Einige Millionen Menschen wurden obdachlos, und die komplette Ernte wurde zerstört, so dass die Bevölkerung durch Hunger und Krankheiten bedroht war. Bei den in der Regel über dem Meer entstehenden Zyklonen und Orkanen liegt die Ungewissheit darin, dass nicht prognostiziert werden kann, ob sie auf ihrer Route das Festland streifen und Verwüstungen anrichten. Würden sie sich auf dem Ozean austoben, wären wohl kaum Opfer zu beklagen.

Risikotyp 5: Golfstrom
Ähnlich wie beim Risikotyp 4 sind auch hier Eintrittswahrscheinlichkeit und möglicher Schaden ungewiss. Die Experten sind sich jedoch einig, dass die möglichen Risikoschäden dieses Typs meistens geographische Grenzen überschreiten und sogar globale Aus-

wirkungen haben können. Sie sind zeitlich sehr stabil, d. h. sie sind oftmals mehrere Generationen wirksam, und in der Regel sind die Folgen irreversibel.

Typische Vertreter sind als Folge des Klimawandels das Versiegen des atlantischen Golfstroms sowie das Auftreten des Ozonlochs durch die Erhöhung der FCKW-Konzentration. Bisher ist nicht klar, ob sich der Golfstrom überhaupt ändert und welche Effekte für die globale Wasserzirkulation bestehen würden. Es ist daher nicht festzustellen, wie hoch die Eintrittswahrscheinlich ist. Ebenso lassen sich derzeit die Konsequenzen auf Natur und Mensch und damit das Schadenspotenzial schwer abschätzen.

Auch die während der vergangenen Jahrzehnte auftretende Verringerung der stratosphärischen Ozonkonzentrationen war bisher in diese Kategorie einzuordnen. Mittlerweile wissen die Forscher jedoch sehr genau, was die Ursachen und Folgen sind, so dass die Zerstörung der Ozonschicht heute Risikotyp 6 zugeordnet werden kann.

Risikotyp 6: Klimawandel, Verlust biologischer Vielfalt
Bei den Risiken dieses Typs wird die Wahrscheinlichkeit katastrophaler Folgen von Experten als sehr hoch eingeschätzt. Es liegt eine lange zeitliche Verzögerung zwischen der Ursache des Risikos und dessen katastrophalen Konsequenzen vor. Daher werden solche Risiken oft ignoriert. Der anthropogen verursachte Klimawandel und der weltweite Verlust biologischer Vielfalt sind solche Risikophänomene. Diese katastrophalen Schäden werden sich mit hoher Wahrscheinlichkeit ereignen, aber die Verzögerungswirkung führt zu der Situation, dass wenige Menschen bereit sind, diese Bedrohung anzuerkennen. Natürlich sind Risiken des Typs nur dann relevant, wenn das Schadenspotenzial und die Eintrittswahrscheinlichkeit hoch sind.

Einige Experten bezeichnen den gegenwärtigen, überwiegend anthropogen bedingten Verlust biologischer Vielfalt als sechste Auslöschung (LEAKEY/LEWIN 1996) und vergleichen ihn in seinen Dimensionen mit der so genannten fünften Auslöschung biologischer Diversität vor ungefähr 65 Millionen Jahren (vgl. WBGU 2000). Bei der jetzigen Dynamik und Geschwindigkeit ist auch die Wahrscheinlichkeit des Eintritts der maximalen Schadensfolgen relativ gut abschätzbar. So wird es wahrscheinlich im Verlauf der nächsten hundert Jahre zu einem weiteren gravierenden Verlust an Biodiversität und zu großskaligen Veränderungen in der Biosphäre kommen.

3 Strategien zur Bewältigung natürlicher Gefahren

Der International Risk Governance Council (IRGC) hat ein Ablaufdiagramm für den umfassenden Umgang mit Risiken aufgestellt (RENN 2005). Darin werden vier Phasen unterschieden: Vor-Bewertung; Risikoeinschätzung (bestehend aus Abschätzung der Risiken und der sozialen Reaktionen), Akzeptanzbewertung, und Risiko-Management. Die Phasen sind mit ihren einzelnen Komponenten in Abb. 3 dargestellt.

Zum besseren Verständnis des Risk-Governance-Zyklus ist es wichtig, die drei wesentlichen Komponenten und Problembereiche beim Umgang mit Risiken zu verdeutlichen: Komplexität, Unsicherheit und Ambiguität (KLINKE/RENN 2002).

Komplexität bedeutet, dass zwischen Ursache und Wirkung viele intervenierende Größen wirksam sind, die diese Beziehung entweder verstärken oder abschwächen, so dass man aus der beobachteten Wirkung nicht ohne weiteres rückschließen kann, welche Ursache(n) dafür verantwortlich ist (sind). Komplexität verweist auf Kausalzusammenhänge, die nur schwer zu identifizieren und zu quantifizieren sind. Grund hierfür können interaktive Effekte zwischen einer Vielzahl an ursächlichen Faktoren sein, mehrfache Synergien etwa, oder lange Verzögerungszeiten zwischen Ursache(n) und Wirkung(en). Diese komplexen Zusammenhänge erfordern besonders anspruchsvolle wissenschaftliche Untersuchungen, da die Ursache-Wirkungs-Beziehungen weder evident noch direkt beobachtbar sind. Komplexe Verhältnisse sind vor allem bei Gesundheitsrisiken gegeben. Risikoabschätzer und -manager sind auf oftmals nicht unumstrittene Modellrechnungen angewiesen. Das Umstrittensein ist bereits ein Problem der Bewertung und erst recht der Risikokommunikation.

Das zweite wesentliche Element jeder wissenschaftlichen Risikoabschätzung betrifft den Grad der *Unsicherheit*. Die meisten Risikoabschätzungen beruhen darauf, dass es nur selten deterministische, d. h. festgelegte Ursache-Wirkungsketten in der Natur der Gefährdungen gibt. Gleiche oder ähnliche Expositionen können bei unterschiedlichen Individuen zu einer Vielzahl von höchst unterschiedlichen Reaktionen führen. Die Unsicherheit umfasst zum einen Messfehler (z. B. durch die Extrapolation von Daten aus Tierexperimenten auf den Menschen) und die Variation von individuellen Expositionsreaktionen. Zum anderen bezieht sie sich auf Unbestimmtheit und Nicht-Wissen, das daraus resultieren kann, dass Messungen nicht möglich sind oder Wirkungen gezielt nur in bestimmten Systemgrenzen analysiert und damit systemübergreifende, externe Einflüsse und Wirkungen außer Acht gelassen werden.

Es kommt eine dritte Komponente hinzu, die *Ambiguität*. Damit ist gemeint, dass die Ergebnisse einer Risikoabschätzung im Hinblick auf die Implikationen und deren Bewertung unterschiedlich interpretiert werden kann. Wir unterscheiden dabei die interpretative und die normative Ambiguität. Interpretative Ambiguität bezeichnet die Variabilität der Interpretationen von gegebenen Abschätzungsergebnissen (etwa ob eine Effekt als advers einzustufen ist). Normative Ambiguität fragt nach der weiter unten behandelten Akzeptabilität: „Ist das vorhandene Risiko den betroffenen Bevölkerungs-

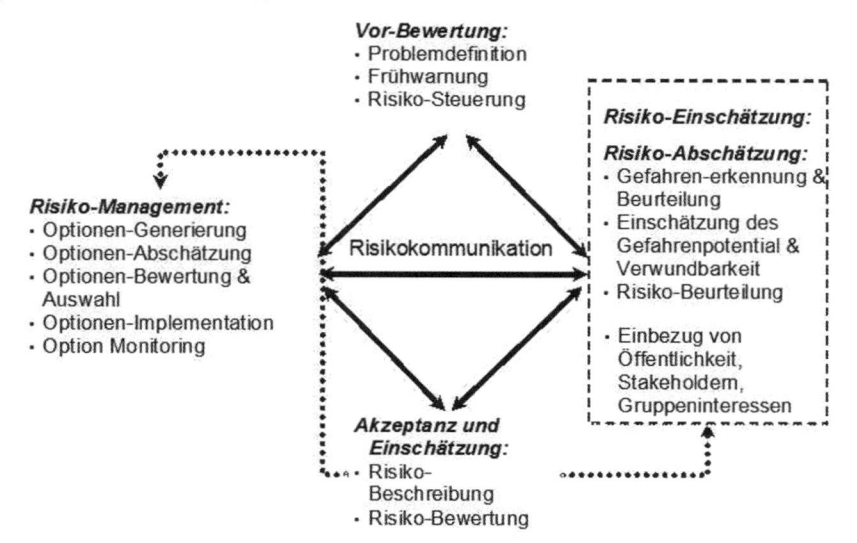

Abb. 3: Elemente des Risk-Governance Zyklus nach dem IRGC (Renn 2005)

gruppen zumutbar?" In ihrem Kern sind bei der Ambiguität zugleich politisch-moralische Debatten angesprochen, und zwar über die Fragen, was die entsprechenden Expositionen für die menschliche Gesundheit oder den Umweltschutz bedeuten und ob sie gesellschaftlich akzeptabel sind. Diese Debatten fußen auf pluralen Interessen- und Wertstrukturen. Komplexität und Ungewissheit begünstigen die Entstehung von Ambiguität, sie ist jedoch von diesen beiden Komponenten zu unterscheiden.

Die Problematik der Komplexität trifft vor allem auf die Risikotypen 1 und 2 zu, die Problematik der Unsicherheit auf die Risikotypen 4 und 5 und die Problematik der Ambiguität auf die Risikotypen 3 und 6 (Abb. 4). Für jeden der drei Typenpaare wurden spezifische Managementstrategien entwickelt. Sie untergliedern sich in: klassisches/ Risiko basiertes Management (Vermeidung und Reduzierung der Gefahr), Umgang mit Ungewissheit (Vorsorgemaßnahmen und Frühwarnsysteme) und Handhabung von Ambiguität (Verbesserung der gesellschaftlichen Konsensfähigkeit).

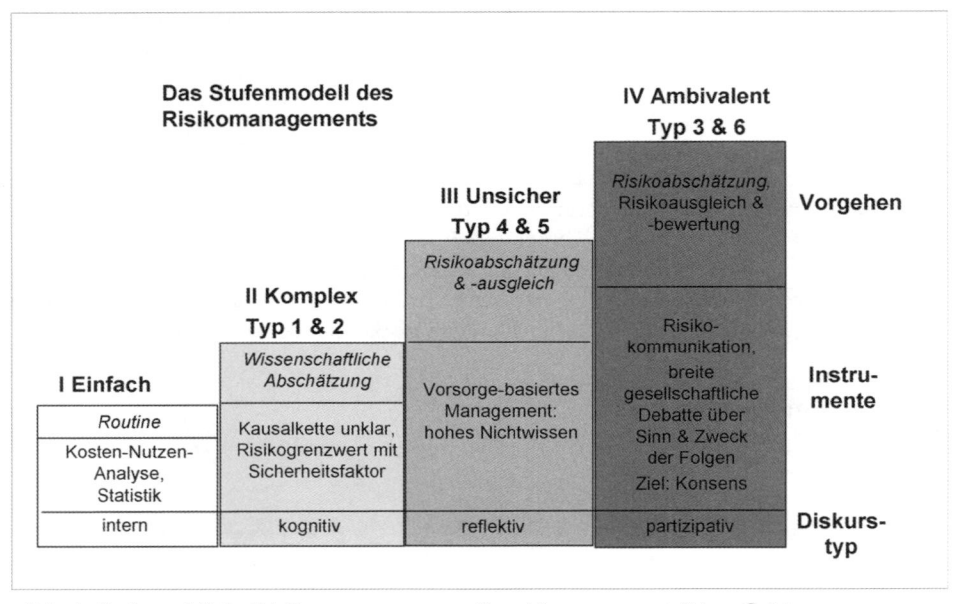

Abb. 4: Stufenmodell des Risikomanagements zur Bewältigung von natürlichen Gefahren

Unabhängig von der Strategie sind flankierende Maßnahmen notwendig, um mittel- und langfristig die exponentiell ansteigende Schadenskurve wieder abzuflachen. Darunter fallen:
- Die Entwicklung integrativer Risikomodelle (bzgl. natürlicher und technologischer Risiken);
- Die Verbesserung des Capacity building für effektives Risikomanagement;
- Unterstützung der exponierten Bevölkerung bei der vollständigen Informationsbeschaffung, bei Ausbildungsprogrammen und bei der Stärkung ihrer lokalen Fähigkeiten;
- Entwicklung „sanfter" Technologien, bei denen die Folgen natürlicher Katastrophen nicht verstärkt werden;
- Etablierung von selbstlernenden Organisationen (dezentralisierte Einheiten, die

flexibel, schnell und wirksam auf überraschende Ereignisse reagieren können);
- Verbindung ökonomischer Anreize mit Risikovermeidung und Risikominderung (durch Haftungsrecht, verbindliche Versicherungen, Steuererleichterung, Bonussysteme etc.);
- Ständiges Monitoring und Frühwarnsysteme auf globaler Ebene; und
- Einrichtung einer unabhängigen Institution zur Risikoabschätzung und -bewertung mit dem Ziel, die Früherkennung und Frühwarnung weltweit zu vernetzen und ein globales Frühwarnsystem zu installieren (vgl. WBGU 1999), mit den folgenden Funktionen:
    - Netzwerk aus bestehenden Organisationen
    - Weltweites Monitoring von natürlichen Risiken
    - Beratung mit Risikoexperten, um die beste Strategie auswählen zu können

4 Schlussfolgerungen

Die Risiken von Naturgefahren werden in Deutschland unterschätzt und als relativ unbedeutend gegenüber technischen und sozialen Risiken eingestuft, obwohl extreme Naturereignisse an Häufigkeit und Ausmaß zunehmen. Zu empfehlen sind folgende Aspekte:
- technische mit natur- und sozialwissenschaftlichen Risikoansätzen verbinden.
- Verfahren zur Charakterisierung und Bewertung von Risiken im Sinne einer Konsistenz vereinheitlichen.
- Kriterien, die zur Bewertung von Risiken herangezogen werden sollen, erweitern
- Risikoabschätzung und Management maßschneidern:
    - Bei Komplexität: Risiko-orientiertes Management bestehend aus wissenschaftlicher Modellierung und Expertendiskurs
    - Bei Unsicherheit: Vorsorge-orientiertes Management bestehend aus Maßnahmen zur Reduzierung der Verwundbarkeit und einem Stakeholder-Diskurs zur konsensualen Festlegung eines Kompromisslinie zwischen zu viel und zu wenig Vorsicht bei unsicherer Datenlage
    - Bei Ambiguität: Diskurs-orientiertes Management bestehend aus Maßnahmen zur Risikokommunikation, gegenseitige Vertrauensbildung und gesellschaftlicher Diskurs zur konsensualen Festlegung eines wünschbaren künftigen Entwicklungspfades

Literatur

KLINKE, A./RENN, O. (2002): A New Approach to Risk Evaluation and Management: Risk-Based, Precaution-Based and Discourse-Based Management. In: Risk Analysis, (22)6, 1071-1994.

LEAKEY, R./LEWIN, R. (1996): Die sechste Auslöschung. Lebensvielfalt und die Zukunft der Menschheit. Frankfurt/M.

MÜNCHENER RÜCK (2005): Große Naturkatastrophen 1950 bis 2004. Münchener Rückversicherungs-Gesellschaft. München.

RENN, O. (2005): Risk Governance towards an integrative approach. White Paper. IRGC, International Risk Governance Council. Geneva.

RENN, O./BENIGHAUS, C. (2005): Früh warnen und kooperativ handeln. In: Versicherungswirtschaft, 985-986.

Swiss Re – Schweizerische Rückversicherungs-Gesellschaft/Economic Research (Hrsg.) (2002): Sigma, Nr. 1, 6.

WBGU – Wissenschaftlicher Beirat der Bundesregierung Globale Umweltveränderungen (1999): Welt im Wandel. Strategien zur Bewältigung globaler Umweltrisiken. Jahresgutachten 1998. Berlin.

WBGU – Wissenschaftlicher Beirat der Bundesregierung Globale Umweltveränderungen (2000): Welt im Wandel. Erhaltung und nachhaltige Nutzung der Biosphäre. Jahresgutachten 1999. Berlin.

WBGU – Wissenschaftlicher Beirat der Bundesregierung Globale Umweltveränderungen (2002): Welt im Wandel. Neue Strukturen globaler Umweltpolitik. Jahresgutachten 2000. Berlin.

Herausforderungen bei der Abgrenzung von Gefährdungsstufen und der Festlegung gefährdeter Zonen von Naturgefahren

Thomas Glade (Bonn)

1 Grundlagen

Endogene und exogene natürliche Prozesse bildeten und formten die Erdoberfläche und prägen sie noch heute. Über Jahrtausende lebten die Menschen mit der Natur, kannten Regionen, die genutzt werden konnten, und Gebiete, die besser gemieden werden sollten. Im Laufe der Zeit fand eine Adaption an die lokalen Gegebenheiten statt. Der Naturraum wurde bewohnt und oft bewirtschaftet in einer Nutzung, die wir heute als nachhaltig bezeichnen. Mit verbesserten Kenntnissen und besonders aufgrund vorher nicht vorhandener technischer Möglichkeiten wurde es möglich, aktiv in den Naturhaushalt einzugreifen. Bereits vorhandene Nutzung konnte intensiviert werden, und neue Gebiete wurden erschlossen. Diese Erschließungen beinhalteten beispielsweise Rodungen weiter Gebiete und die Errichtung von Schutzbauten (z. B. Dämme an Flüssen gegen Überflutungen, Deiche an Küsten gegen Sturmfluten, Verbauungen im Hochgebirge gegen Schneelawinen etc.).

Mit erhöhten Mobilitäten und meist gleichzeitigem Kenntnisverlust der naturräumlichen lokalen Gegebenheiten geriet die grundlegende Disposition einer Region gegenüber den natürlichen Prozessen häufig in Vergessenheit. Trotz dieses Verlustes behält – und verändert – jeder Naturraum eine gewisse Empfindlichkeit oder Anfälligkeit gegenüber einem spezifischen Naturereignis oder einer Kombination von Ereignissen. Diese Dispositionen und die potenziellen Konsequenzen aus dem Auftreten von Naturereignissen erfordern eine Ausweisung der potenziellen gefährdeten Flächen. Untersuchungen des potenziellen räumlichen und zeitlichen Auftretens orientieren sich hierbei an folgenden Fragen, die von KIENHOLZ (1999) exemplarisch formuliert wurden:

1) Wo treten die Prozesse auf?
2) Wann treten sie auf?
3) Mit welcher Stärke sind sie anzutreffen?
4) Wo treten die Prozesse bei Änderungen auf?
5) Wann treten sie bei Änderungen auf?
6) Mit welcher Stärke sind sie bei Änderungen anzutreffen?

Die angesprochenen Änderungen in den Fragen vier bis sechs beziehen sich besonders auf veränderte Charakteristika des Einzugsgebietes (z. B. Entwaldung) und der Auslöser (z. B. Starkniederschlag, Erdbeben). Vor der weiteren Behandlung der daraus resultierenden Konsequenzen für die Abgrenzung gefährdeter Zonen wird kurz die zugrunde liegende Terminologie dieser Ausführung erläutert.

In diesem Beitrag werden die Naturereignisse definiert als der Ablauf eines natürlichen Prozesses ohne Betroffenheit des Menschen in seiner Umwelt. Sind aus dem Auftreten eines Naturereignisses Konsequenzen für die Gesellschaft oder generell für das soziale System zu erwarten, wird aus dem Naturereignis eine Naturgefahr. In den Naturwissenschaften ist die Naturgefahr definiert als die Wahrscheinlichkeit des Auftre-

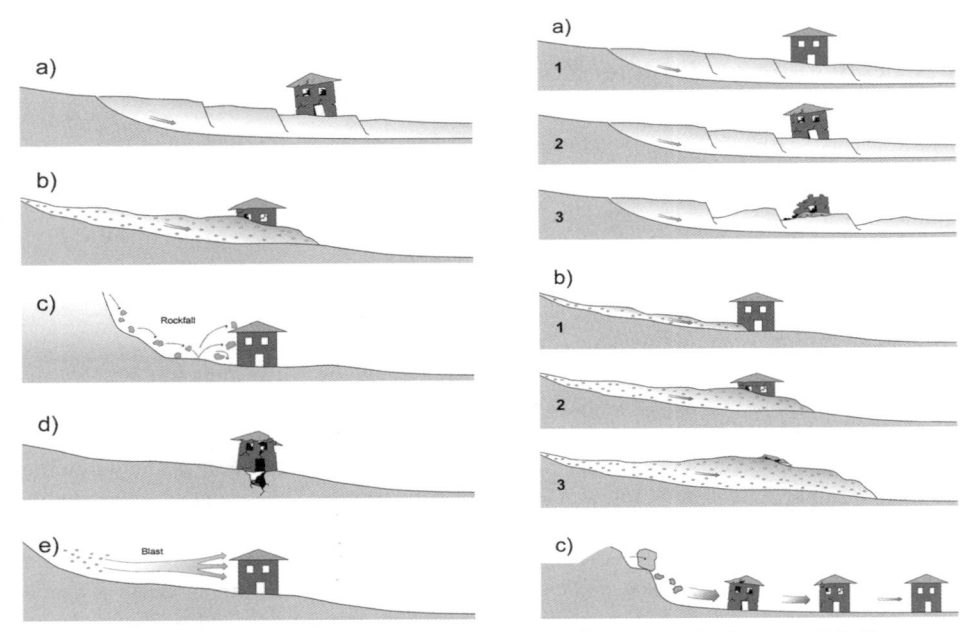

Abb. 1: (linke Seite) Gefährdung des Risikoelementes „Haus" durch verschiedene natürliche Prozesse (a: flachgründige Rutschung; b: Schneelawine; c: Steinschlag; d: Bodensenkung; e: Luftdruck). (Rechte Seite) Potenzielle Konsequenzen in Abhängigkeit von der Intensität der links dargestellten natürlichen Prozesse (1: geringe -, 2: mittlere -, 3: starke Intensität) (Glade/Crozier 2005b)

tens eines potenziell Schaden bringenden Ereignisses mit einer bestimmten Stärke/ Intensität innerhalb eines definierten Zeitintervalls und einer abgegrenzten Region. Hierbei ist der zu erwartende Schaden, bzw. noch allgemeiner formuliert, die zu erwartende Konsequenz nicht differenziert.

Versuche der Quantifizierung der potenziellen Konsequenzen aus dem Auftreten einer Naturgefahr sind in den Ingenieur- und Naturwissenschaften unter dem Begriff des Naturrisikos beschrieben. Das Naturrisiko ist hierbei eine Funktion aus der Naturgefahr und den Konsequenzen. Letztere werden bestimmt aus dem maximalen Schadenspotenzial eines Risikoelements und der Vulnerabilität dieses Elements gegenüber einer Naturgefahr mit bestimmter Stärke. Risikoelemente sind alle potenziell betroffenen Objekte und Akteure. Die Vulnerabilität ist in diesem Kontext direkt und indirekt bestimmt durch den Grad der Verletzbarkeit/Verwundbarkeit beim Auftreten einer bestimmten Naturgefahr (ALEXANDER 2000). Der Zusammenhang zwischen den verschiedenen Prozesstypen und den potenziellen Schäden nach der Stärke oder Intensität des Auftretens ist in Abb. 1 exemplarisch dargestellt.

2 Aspekte des natürlichen Prozesses

Die natürlichen Prozesse unterliegen vielfältigen Änderungen in Zeit und Raum. Grundsätzlich ist festzuhalten, dass die Zeit-Raum-Änderungen als ein Kontinuum anzusehen sind, d. h. eine Trennung in Teilaspekte ist nur bedingt möglich. Änderungen im Raum bedingen gleichzeitig immer auch einen zeitlichen Wandel, zeitliche Änderungen resultieren umgehend in räumlichem Wandel. Deshalb spricht MASSEY (1999/2001) auch von SpaceTime, also einer untrennbaren RaumZeit-Einheit. Trotzdem soll versucht werden, die Zeit und den Raum im Hinblick auf natürliche Prozesse exemplarisch getrennt zu erläutern.

Zeitliche Aspekte beinhalten sich ändernde Charakteristika in den Einzugsgebieten, z. B. Abholzung, Landnutzungsänderungen, Verwitterung des anstehenden Gesteins. In diesem Zusammenhang ist die Resistenz eines Einzugsgebietes gegenüber einem identischen auslösenden Ereignis zu sehen. Beispielsweise löste ein Extremniederschlag in einem Gebiet Hunderte von Muren aus. Das vorhandene Sediment wurde durch die Muren abtransportiert, d. h. eine identische Niederschlagsmenge würde keine Muren im darauf folgenden Ereignis auslösen – einfach aufgrund der Tatsache, dass kein verlagerbares Material mehr vorhanden ist. Ein vergleichbares Murereignis kann erst dann wieder auftreten, wenn genügend Sedimente über Steinschlag nachgeliefert oder über die Verwitterung des Festgesteins neu aufbereitet worden ist.

In den letzten Jahren wurde besonders der Klimawandel sehr intensiv thematisiert. Beispielsweise wird für bestimmte Regionen zwar weniger Jahresniederschlag berechnet, dafür aber eine Umverteilung der jährlichen Gesamtmenge in stärker ausgeprägte Extreme. Dies kann dazu führen, dass sich langjährige Bewegungsmuster kurzfristig verändern. Beispielsweise kann eine reduzierte kontinuierliche Feuchtigkeitszufuhr bei kriechenden Bergflanken eine Verlangsamung oder auch Stillstand bedingen. Andererseits könnten sich gerade diese kriechenden Bewegungen durch die kurzfristigen Starkniederschläge extrem beschleunigen.

Das räumliche Auftreten natürlicher Prozesse lässt sich in drei grobe Klassen einteilen. Einzelne Objekte treten distinkt an einem speziellen Ort auf. Beispiele beinhalten den Blitz, den Felssturz oder die Hangrutschung und die Schneelawine. Es können jedoch auch lineare Strukturen auftreten, z. B. eindeutige Verwerfungen bei Erdbeben. Andere natürliche Prozesse beeinflussen größere Regionen. Beispiele sind überschwemmte Gebiete, flächenhafter Sturm oder Hagel und Erdbeben. Natürlich existieren auch hierbei Überschneidungen. Beispielsweise können Zehntausende von eigentlich lokal begrenzten Hangrutschungen einen großen Raum betreffen.

Die Beispiele zeigen, dass die Reaktion des Geosystems extrem komplex ist und Aussagen über zukünftige Verhaltensmuster äußerst schwer über Szenarien berechnet werden können. Hinzu kommt, dass die Auswirkungen von identischen Auslösern (z. B. Niederschlagsmenge, Niederschlagsintensität, Erdbebenmagnitude) lokal und regional sehr unterschiedlich sein können. Beispielsweise wird als eine der Auswirkungen des Klimawandels für die Ostalpen die Abnahme der Niederschläge prognostiziert, während gleichzeitig die Westalpen erhöhte Niederschlagsmengen erhalten (BÖHM 2003).

Diese Aspekte der zeitlichen und räumlichen Variabilität der natürlichen Prozesse in ihrem Einzelauftreten aber auch in ihren Wechselwirkungen sind nur ansatzweise in bisherige Konzepte der Gefahrenklassifizierung und Zonierung eingebettet. Anhand dreier Prozesstypen soll beispielhaft der Stand der Gefährdungszonierung aufgezeigt werden.

3 Gefährdungszonierungen für unterschiedliche natürliche Prozesse
3.1 Erdbeben
In den letzten Monaten und Jahren traten starke Erdbeben mit extremen Konsequenzen in verschiedenen Regionen der Erde auf (z. B. Iran 2003, Pakistan 2004). Obwohl die Versicherungswirtschaft durch diese beiden Erdbeben nicht sehr stark betroffen war, sind die humanitären Folgen katastrophal. Dagegen verursachte das Erdbeben am

23. Oktober 2004 in der relativ dünn besiedelten Präfektur Niigata in Japan volkswirtschaftliche Schäden in Höhe von 30 Mrd. US-Dollar und ist damit eine der weltweit teuersten Naturkatastrophen (MUNICHRE 2005). Das Ereignis verdeutlicht, wie enorm groß die monetären Schadenpotenziale in hoch entwickelten Industrienationen sind.

Auch in Deutschland sind Erdbeben kontinuierlich anzutreffen. Das Beben vom 22. Juli 2002 war im Rheinland deutlich zu spüren und verunsicherte viele Menschen. Am 13. April 1992 führte ein Erdbeben zu starken Schäden an der Infrastruktur, und es wurden in der „Niederrheinischen Bucht" 40 Personen verletzt. Zwar waren Erdbeben, und hierbei besonders Starkbeben, in Deutschland in historischer Zeit recht selten und führten auch im Vergleich zu anderen Regionen durch die kleinen Magnituden nur zu geringen Schäden, jedoch zeigen die vielen Vulkane und die tektonischen Großstrukturen (z. B. Oberrheingraben, Niederrheinische Bucht) das Potenzial großer Erdbeben auch in unserer Region. Beispielsweise geht BORMANN vom GeoForschungsZentrum Potsdam bei einem Erdbeben im Kölner Raum der Stärke 6,4 auf der Richterskala von reinen Gebäudeschaden von 12,5 Mrd. Euro aus – ohne die öffentlichen Einrichtungen einzubeziehen (GENERAL-ANZEIGER BONN, 29.01.2001).

Auch deshalb ist die Erdbebensicherheit in Deutschland in der DIN 4149 geregelt. Zwar handelt es sich um eine bauaufsichtlich bindende Vorschrift, bindend bedeutet in diesem Falle aber nicht, dass bei jedem Haus auf alle Fälle und unbedingt gesonderte Maßnahmen für den Erdbebenschutz vorgenommen werden müssen. Die konventionellen Maßnahmen beispielsweise gegen Windbelastung oder andere Belastungen reichen bei einem Großteil der normalen Wohnhäuser vollkommen aus.

Die seismische Gefährdungskarte für die D-A-CH Staaten (Deutschland, Österreich, Schweiz) entwickelte GRÜNTHAL/BOSSE (1996) im Auftrag des Deutschen Instituts für Bautechnik (DIBt). Die ausgewiesenen erdbebengefährdeten Gebiete sind nach einer Analyse aller Erdbeben der vergangenen Jahrhunderte festgelegt. Sie beschränken sich u. a. auf die Regionen um Aachen und in Süddeutschland auf den Bereich des Kaiserstuhls und nördlich des Bodensees (Details s. GRÜNTHAL et al. 1998). Diese Informationen sind für die Öffentlichkeit auf der Webseite der Bundesanstalt für Geowissenschaften und Rohstoffe (www.bgr.de) direkt zugänglich.

Für Gefahrenhinweise und Zonierungen bei Erdbeben in Deutschland lässt sich zusammenfassen, dass die Erdbeben räumlich begrenzt (u. a. entlang tektonischer Störungslinien) auftreten. Es existieren hervorragende Inventare von langjährigen Messungen, in denen auch historische Daten integriert sind. Vor-Ort-Untersuchungen der Auswirkungen liegen detailliert vor, jedoch fokussieren sich die Modellierungen besonders auf die Starkbeben. Monetäre Risikoanalysen sind momentan beim Center for Disaster Management and Risk Reduction Technology (CEDIM, Karlsruhe) in Bearbeitung.

Grundsätzlich ist jedoch festzuhalten, dass Unsicherheiten und Fehler häufig nicht angegeben sind. Trotzdem lässt sich konstatieren, dass Gefährdungsstufen für Erdbeben bestimmt sind und Gefahrenzonierungen auf regionaler und nationaler Ebene bereits vorhanden sind oder momentan bearbeitet werden.

3.2 Hochwasser

Schaden bringende Hochwässer treten in Deutschland regelmäßig auf. Die Unwetter an Pfingsten 1999 forderten in Bayern fünf Todesopfer. Eintausend Personen mussten evakuiert werden. Rund 40 000 ha Land wurden überschwemmt, davon 2200 ha Siedlungsgebiet mit 5650 Gebäuden, was zu einer Schadensumme von annährend 250 Mio.

Euro führte. Im August 2002 führte das „Jahrhunderthochwasser" an der Elbe zu einem volkswirtschaftlichen Gesamtschaden von ca. 9,5 Mrd. Euro. Davon beliefen sich die versicherten Schäden auf ca. 1,74 Mrd. Euro, aufgeteilt in ca. 940 Mio. Euro bei der Industrie- u. Gewerbeversicherung und ca. 800 Mio. Euro bei Privatversicherungen (MÜNCHNER RÜCK 2002).

Das Versicherungswesen, vertreten durch den Gesamtverband der Deutschen Versicherungswirtschaft e.V. GdV, reagiert auf die Schaden bringenden Hochwässer mit dem Zonierungssystem für Überschwemmung, Hochwasser und Rückstau ZÜRS. In einem ersten Schritt wurden auf Basis eines flächendeckenden digitalen Höhenmodells die Überflutungsflächen in der ZÜRS Version von 2001 für die 10-jährlichen und 50-jährlichen Hochwasserereignisse berechnet. Aufgrund der Extremereignisse wurde in einer Überarbeitung 2004 zusätzlich das 200-jährige Hochwasser entlang von wichtigen Flüssen und Nebenflüssen in Deutschland aufgenommen. Die auf analoge Landkarten ausgedruckten Überflutungsflächen wurden mit 200 Wasserwirtschaftsämtern abgestimmt. Eine weitere Qualitätssteigerung erfolgte durch die Integration von Überschwemmungen, die tatsächlich stattgefunden haben. Die neu integrierte Gefährdungszone (GK2) wurde auf der Grundlage eines 50- bis 200-jährlichen Hochwasserereignisses ohne Berücksichtigung von Deichen berechnet. Dadurch bildet die Zone Bereiche ab, die durch Deichbruch, Deichüberströmung oder durch ein extremes Hochwasser gefährdet sind. Die Gebäude, die in dieser Zone liegen, lassen sich grundsätzlich bei einer Einzelrisikobetrachtung versichern, allerdings wird jeder Versicherer die so genannte Kumulgefahr innerhalb seines Bestandes kalkulieren und berücksichtigen müssen. In der neuen Zone 2 liegen etwa zehn bis zwölf Prozent der Gebäude. Zum größten Teil nicht versicherbar sind wie bisher diejenigen etwa drei Prozent der Gebäude, die in den Zonen 3 und 4 liegen.

Auch andere Institutionen entwickelten die Ausweisung der hochwassergefährdeten Gebiete weiter. Beispielsweise veröffentlichte das Ministerium für Umwelt und Naturschutz, Landwirtschaft und Verbraucherschutz des Landes Nordrhein-Westfalen (MUNLV) einen Leitfaden zur Erstellung von Hochwassergefahrenkarten (MUNLV 2003). Hierbei resultiert die Gefahr aus Hochwasser generell aus der Überflutungsfläche, der Wassertiefe und der Fließgeschwindigkeit. Nach MUNLV (2003) können als weitere Kenngrößen zur Beschreibung der Hochwassergefahr auch die Hochwasserhäufigkeit, die Überflutungsdauer, die Vorwarnzeit und die Wasserqualität herangezogen werden. Farbabstufungen auf den Gefahrenkarten stellen die Überflutungsflächen/-tiefen dar (vgl. bspw. Hochwasser-Gefahrenkarte Obere Lippe in MUNLV 2003). Ebenfalls sind für das untersuchte Gewässer potenzielle Überflutungsflächen, die beim Versagen von Hochwasserschutzeinrichtungen überfluten, extra ausgewiesen.

Wie für die Erdbeben sind auch für die Überschwemmungen und Hochwässer Web-basierte Informationen bereitgestellt (z. B. www.hochwasser.de). Neueste Entwicklungen präsentieren interaktive Web-Applikationen, auf denen man sich für einzelne Straßen und Hausnummern die Überschwemmungsgefährdung anzeigen lassen kann (z. B. www.hw-karten.de/Koeln).

Zusammenfassend lässt sich feststellen, dass die Überschwemmungsgebiete räumlich klar abgegrenzt und die Überschwemmungsgebiete bekannt sind. Es existieren lange Messreihen, und historische Daten sind teilweise vorhanden. Die hydraulischen Modellierungen sind weit fortgeschritten, und Risikokarten sind lokal vorhanden bzw. in Bearbeitung. Teilweise findet bereits eine Integration in vorsorgende Tätigkeiten z. B.

bei Versicherungen und in der Raumplanung statt. Die Gefährdungszonen sind bestimmt, und Gefahrenzonierungen sind auf lokaler bis nationaler Ebene vorhanden.

3.3 Gravitative Massenbewegungen

Die Bedeutung der gravitativen Massenbewegungen (u. a. Berg- und Felssturz, Rotations- und Translationsrutschung und -gleitung, Bodenfließung, Muren) für die Versicherungswirtschaft ist nach offiziellen Angaben untergeordnet. Ungeachtet der großen Schäden verursacht durch gravitative Massenbewegungen sind diese in den Statistiken der großen Versicherungsgesellschaften nicht gesondert aufgeführt. Da zu einem überwiegenden Teil Starkniederschläge und/oder Erdbeben die gravitativen Massenbewegungen auslösen, sind die entsprechenden Schäden bei den jeweiligen Auslösern wie beispielsweise Stürmen, Niederschlägen oder Erdbeben subsumiert.

Trotzdem zeigen viele Beispiele weltweit die große Bedeutung dieser Prozesstypen (z. B. flächenhaftes Auftreten nach Chi-Chi Erdbeben 1999 in Japan, Northridge Erdbeben 1994 in USA, Cyclone Bola 1988 in Neuseeland oder nach Typhoon 2001 in Zentral-Taiwan, Philippinen 2006). Sind die sich bewegenden Objekte bekannt, können sie mit entsprechenden Techniken und Methoden untersucht werden. Häufig interessieren für die Ausweisung von Gefahrenzonen jedoch gerade die Regionen, die bisher noch nicht betroffen wurden. Hierfür sind regionale Modellierungsansätze von besonderer Bedeutung. Neben den klassischen Inventaren sind statistische, physikalisch-basierte und numerische Ansätze für regionale Analysen wichtig (GLADE/CROZIER 2005a). Nationale Ansätze liegen für Deutschland nur in einer ersten Machbarkeitsstudie vor (DIKAU/GLADE 2003). Wie auch bei den Erdbeben und Überschwemmungen sind die historischen Daten bei allen regionalen Gefahrenhinweiskarten von besonderer Bedeutung (GLADE 2001). Regionale statistisch berechnete und physikalisch-basierte Gefahrenhinweiskarten gravitativer Massenbewegungen sind für einzelne Regionen in Deutschland bearbeitet worden, z. B. für Bonn, Rheinhessen und die Schwäbische Alb.

Leider existieren bisher noch keine ausgereiften Web-Applikationen für gravitative Massenbewegungen in Deutschland. Ein Beispiel einer interaktiven Karte aus Italien zeigt jedoch die potenziellen Anwendungsmöglichkeiten (www.irpi.cnr.it). Am Institut for Geological and Nuclear Sciences IGNS, Neuseeland, findet momentan ein Ausbau einer regionalen Web-Applikation für gravitative Massenbewegungen statt (data.gns.cri.nz/landslides). Analog zu den Möglichkeiten bei den Erdbeben und den Überschwemmung wird hier ein großes Entwicklungspotenzial gesehen.

Für den Prozesstyp der gravitativen Massenbewegungen lässt sich zusammenfassend feststellen, dass zwar einige distinkte Einzelereignisse auftreten, häufig jedoch auch mehrere Einzelbewegungen gleichzeitig durch ein Naturereignis ausgelöst werden und der Prozess damit regionale Dimensionen erreicht. Problematisch ist, dass keine langen Messreihen weder von Einzelobjekten noch von regionalen Verbreitungen verfügbar sind. Historische Daten sind nur spärlich vorhanden. Strukturierte und umfassende Inventare auch von einzelnen Ereignissen sind sehr selten und häufig nicht zugänglich. Aufgrund der komplexen und lokalitätsspezifischen Untergrundstruktur lassen sich die gravitativen Massenbewegungen nur extrem schwer mit numerischen Modellen berechnen. Eine Kopplung mit auslösenden Faktoren ist unbedingt erforderlich, wobei zwischen der Reaktivierung einer bereits früher bewegten Masse und einer Neuinitiierung unterschieden werden muss. Aus den bisher genannten Gründen ist eine

Gefahrenzonierung vergleichbar mit den Erdbeben oder den Überschwemmungen nach Magnitude/Intensität nur sehr eingeschränkt möglich. Erschwerend kommt bei den meisten der durchgeführten Untersuchungen hinzu, dass Angaben zu Unsicherheiten meist fehlen. Gefährdungsstufen sind folglich nicht einheitlich festgelegt. Es existieren Vorschläge für die Klassifizierung von Gefahrenzonen auf lokalen bis nationalen Maßstäben, diese sind jedoch weder flächig eingeführt noch rechtlich verbindlich.

4 Gefahrenzonierung und Gefährdungsstufen

In Deutschland findet eine intensive Raumnutzung statt. Extensive Nutzung beschränkt sich meist auf entsprechend ausgewiesene Gebiete. In den letzten Jahren ist zu beobachten, dass die Konzentration von bedrohten Gebieten besonders in bebauten Flußauen, an Küstensäumen und in Hanglagen der Mittelgebirge und der Alpen enorm zugenommen hat. Auswirkungen der Extremereignisse zeigen uns immer wieder die Grenzen der Gefahrenabwehr. Beispiele sind die große Sturmflut Februar 1962 in Norddeutschland, der Wintersturm Lothar 1999 in Süddeutschland oder die großen Überschwemmungen im August 2002 entlang der Elbe. Es stellt sich immer dringlicher die Frage nach der Akzeptanz und der Zumutbarkeit von Risiken durch Naturgefahren. Vor diesem Hintergrund muss überdacht werden, ob nicht auch in Deutschland Naturgefahren bei der Raumplanung stärker berücksichtigt werden müssten. Vorschläge hierzu existieren, besonders sei auf das bei GREMINGER (2003) für den Alpenraum vorgeschlagene Ablaufschema hingewiesen (Abb. 2).

In den letzten Dekaden sind in Deutschland viele Erfahrungen im Bereich der Integration der Überschwemmungsgefahr in die Raumplanung gesammelt worden. Diese Erfahrungen können helfen, auch andere Naturgefahren wie Erdbeben, Stürme oder gravitative Massenbewegungen verstärkt in die Raumplanung zu integrieren, auch wenn diese nicht so klar zu begrenzen sind wie die Überflutungsflächen. Entscheidende Arbeit ist besonders in der Ausweisung von einheitlichen Gefahrenklassen für die jeweiligen Prozessbereiche zu leisten.

Gefahrenzonierungen bieten weiterhin die Möglichkeit durch Simulationen und Modellierungen mögliche Auswirkungen entweder von Änderungen im Geosystem oder im sozialen System darzustellen. Solche Szenarien könnten folglich genutzt werden, um die Auswirkungen des globalen Wandels im Sinne einer Umweltveränderung, aber auch der Änderungen der sozial-ökonomischen Strukturen auf unterschiedlichste Naturgefahren zu bestimmen und in ihrer Raumwirkung zu veranschaulichen. Denn obwohl in neueren Studien die Auswirkungen des Umweltwandels adressiert sind, fehlen meist die entsprechenden Aussagen zu den Änderungen in der sozialen Umwelt.

5 Herausforderungen

Zentrale Herausforderungen zur Weiterentwicklung der Gefahrenzonierung und der Definition von Gefährdungsstufen beinhalten

- den Ausbau des Prozessverständnisses und den Wandel der Prozesse in Raum und Zeit,
- den Aufbau von Inventaren von Naturgefahren unter Einbezug historischer Daten für verbesserte Informationen zur Beurteilung und Berechnung der Magnituden/Stärken und deren Wiederkehrintervalle,
- die Entwicklung von Standards zur Vergleichbarkeit der vollkommen unterschiedlichen Prozessbereiche (z. B. Erdbeben, Überschwemmungen, Stürme, Sturmflu-

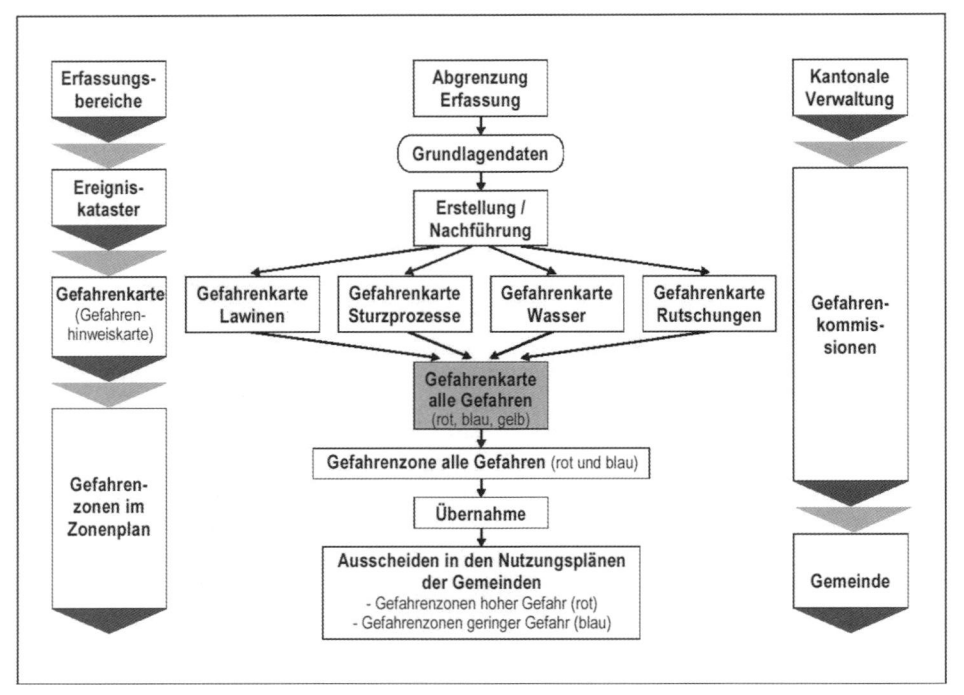

Abb. 2: Mögliches Ablaufschema zur Berücksichtigung der Naturgefahren bei der Raumnutzung (aus Greminger 2003)

ten, Schneelawinen, gravitativen Massenbewegungen etc.),
- die Integration der Validierung der Ergebnisse – entsprechende Angaben fehlen meist in den Gefahrenzonierungen.

Weiterhin stellt sich die Frage, ob eine Ausweisung von Gefahrenzonen nicht durch die Ausweisung von Risikozonen abgelöst werden sollte. Während die Gefahrenzonierung „nur" die potenziell gefährdeten Gebiete darstellt, wären bei einer Risikozonierung auch die exponierten Werte mit den jeweiligen Vulnerabilitäten gegenüber der spezifischen Naturgefahr berücksichtigt. Eine Risikozonierung würde folglich die tatsächliche Raumnutzung noch stärker berücksichtigen, was sicherlich ganz im Sinne eines wesentlichen Beitrages zu einer zukunftsorientierten Raumentwicklung zu sehen wäre.

Ebenso ist festzustellen, dass die meisten Gefahrenzonierungen statisch sind, d. h. sie sind für einen Zeitpunkt kalkuliert und werden dann als „gegeben" und unveränderbar hingenommen. Jedem ist jedoch bewusst, dass sich die Grundlagen der Kalkulationen kontinuierlich ändern. Beispielsweise verändern Flussläufe natürlich ihr Gerinnebett, werden Flussabschnitte begradigt und flächenhafte Rodungen in den Flusseinzugsgebieten durchgeführt. Schon diese Beispiele zeigen, dass somit die Annahmen der Kalkulationen nicht mehr gültig sind. Da die Rate der Veränderungen sehr unterschiedlich ist, von sehr klein bei natürlichen Flussverlagerung bis sehr groß bei Rodungen, wäre es äußerst interessant, von statischen Gefahrenkarten zu dynamischen Gefahrenkarten zu gelangen. Gerade die heutigen Möglichkeiten der schnellen Bereitstellung von Informationen, beispielsweise über Internet-Applikationen, eröffnen neue Wege einer schnellen Umsetzung innovativer Entwicklungen.

Eine weitere Herausforderung, die bereits im vorhergehenden Punkt der vergleichbaren Standards angeklungen ist, wäre die verstärkte Bearbeitung eines MultiHazard- oder MultiRisiko-Ansatzes. In einem solchen Ansatz steht nicht mehr ein Naturprozess (z. B. Sturm) im Vordergrund, sondern die Region ist Zentrum der Betrachtung. Beispielsweise ist eine Gemeinde in den Alpen im Winter und Frühjahr von Schneelawinen, im Frühjahr bis Herbst vom Steinschlag, im Sommer und Herbst von Muren und im Frühjahr und Herbst von Überschwemmungen betroffen. Für eine zukunftsfähige Raumplanung ist somit nicht nur die Kenntnis zum Einzelprozess wichtig, sondern ungleich wichtiger ist die Summe aller Gefahren. Diese Gesamtgefahren werden auch als MultiHazards bezeichnet. Im Falle einer Integration der Risikoelemente i. S. der eingangs gegebenen Definition spricht man von den MultiRisiken.

Ein sehr praxisorientierter Umgang mit der Berücksichtigung von Schutzbauten bei der Gefahrenzonierung ist bei der Ausweisung von Überschwemmungsflächen integriert. Hier werden die Überschwemmungsflächen unter Berücksichtigung der Schutzbauten berechnet und entsprechend ausgewiesen. In anderen Farben werden zusätzlich die Flächen ausgewiesen, die bei einem Versagen der Schutzbauten (z. B. Dammbruch) potenziell betroffen werden. Somit können die Schutzziele entsprechend angepasst werden, und die Funktion der Schutzbauten kann ausgezeichnet abgeschätzt werden. Vergleichbare Ansätze sind bei anderen natürlichen Prozessen nur marginal berücksichtigt.

6 Fazit

Grundsätzlich gilt es zu betonen, dass bei jeder Gefahrenzonierung, und sei sie mit noch einem so hoch entwickelten numerischen Model durchgeführt, ein Restrisiko verbleibt. Jede Zonierung bietet somit nur eine limitierte Sicherheit. Eine hundertprozentige Sicherheit ist unerreichbar. Viel eher muss noch stärker gelernt werden, das Restrisiko erstens grundsätzlich zu akzeptieren und zweitens damit umzugehen. Das Sicherheitsdenken muss in einer Risikokultur eingebettet sein.

Ein weiterer zentraler Aspekt bei der Kalkulation von Gefahrenzonen und der Definition der Gefahrenklassen ist die grenzüberschreitende Zusammenarbeit. Eine solche grenzüberschreitende Zusammenarbeit beinhaltet die Überwindung der politischen Grenzen, der administriellen Grenzen, der wissenschaftliche Grenzen – aber auch der persönlichen Grenzen. Der Wissenstransfer muss vorangetrieben werden, die heutigen Probleme und Herausforderung erfordern in allen Bereichen eine solche grenzüberschreitende Zusammenarbeit.

Danksagung

Der Autor möchte sich bei allen Mitarbeitern der Arbeitsgruppe für die vielen anregenden Gespräche bedanken. Besonders gedankt sei Timo HOHLWECK, der durch seine Analysen in Rheinhessen viele Aspekte der Gefahrenzonierung und deren Repräsentation beleuchtete. Ganz grundsätzlich sei Rainer BELL für die langjährige Unterstützung bei den Forschungsarbeiten gedankt. Die Finanzierung der Deutschen Forschungsgemeinschaft trug maßgeblich zu den Einzelergebnissen, aber auch zur Entwicklung übergeordneter Konzeptionen bei.

Literatur

ALEXANDER, D. E. (2000) Confronting catastrophe. New York, Oxford.

BÖHM, R. (2003): Systematische Rekonstruktion von zweieinhalb Jahrhunderten instrumentellem Klima in der größeren Alpenregion – ein Statusbericht. In: Gamerith, W./Messerli, P./Meusburger, P./Wanner, H. (Hrsg.): Alpenwelt – Gebirgswelten. Inseln, Brücken, Grenzen. Tagungsbericht und wissenschaftliche Abhandlungen des 54. Deutschen Geographentags Bern 2003, 28. September bis 4. Oktober 2003. Heidelberg/Bern, 123-131.

DIKAU, R./GLADE, T. (2003). Nationale Gefahrenhinweiskarte gravitativer Massenbewegungen. In: Liedtke, H./Mäusbacher, R./Schmidt, K.-H. (Hrsg.): Relief, Boden und Wasser. Heidelberg, 98-99.

GLADE, T. (2001): Landslide hazard assessment and historical landslide data – an inseparable couple? In: Glade, T./Frances, F./Albini, P. (Eds.): The use of historical data in natural hazard assessments, Vol 7. Dordrecht, 153-168.

GLADE, T./CROZIER, M. J. (2005a): A review of scale dependency in landslide hazard and risk analysis. In: Glade, T./Anderson, M. G./Crozier, M. J. (Eds.): Landslide hazard and risk. Chichester, 75-138.

GLADE, T./CROZIER, M. J. (2005b): The nature of landslide hazard impact. In: Glade, T./Anderson, M. G./Crozier, M. J. (Eds.): Landslide hazard and risk. Chichester, 43-74.

GREMINGER, P. (Hrsg.) (2003): Naturgefahren und Alpenkonvention – Ereignisanalyse und Empfehlungen. In: Bericht im Auftrag der Alpenkonvention durch das Bundesamt für Raumentwicklung & Eidg. Departement für Umwelt, Verkehr, Energie und Kommunikation (UVEK).

GRÜNTHAL, G./BOSSE, C. (1996): Probabilistische Karte der Erdbebengefährdung der Bundesrepublik Deutschland – Erdbebenzonierungskarte für das Nationale Anwendungsdokument zum Eurocode 8. In: Forschungsbericht, Scientific Technical Report STR 96/10, GeoForschungsZentrum Potsdam.

GRÜNTHAL, G., MAYER-ROSA, D./LENHARDT, W. A. (1998): Abschätzung der Erdbebengefährdung für die D-A-CH-Staaten – Deutschland, Österreich, Schweiz. In: Bautechnik, (75)10, 753-767.

KIENHOLZ, H. (1999): Anmerkungen zur Beurteilung von Naturgefahren in den Alpen. In: Fischer K. (Hrsg.): Massenbewegungen und Massentransporte in den Alpen als Gefahrenpotential. Relief, Boden, Paläoklima. Berlin, 165-184.

MASSEY, D. (1999): Space-time, 'science', and relationship between physical geography and human geography. In: Transactions of the Institute of British Geographers, 24, 261-276.

MASSEY, D. (2001): Talking of space-time. In: Transactions of the Institute of British Geographers, (26)2, 257-261.

MINISTERIUM FÜR UMWELT UND NATURSCHUTZ, LANDWIRTSCHAFT UND VERBRAUCHERSCHUTZ DES LANDES NORDRHEIN-WESTFALEN (MUNLV) (Hrsg.) (2003): Leitfaden Hochwasser-Gefahrenkarten. Düsseldorf.

MÜNCHNER RÜCK (2002): Topics Geo – Jahresrückblick Naturkatastrophen 2002. München.

MÜNCHNER RÜCK (2004): Topics Geo – Jahresrückblick Naturkatastrophen 2004. München.

Leitthema C – Relativität von Grenzen und Raumeinheiten

Sitzung 4: Biogeographie und die Relativität von Grenzen und Räumen

Paul Müller (Trier)

Ziel der Biogeographie ist die Aufschlüsselung des Informationsgehaltes von Arealsystemen und Biogeosystemen für ein tieferes Verständnis der Evolution der Taxa und räumlicher Prozesse. Es geht ihr schon längst nicht mehr um Deskription des Zusammenbestehenden im Raum, sondern um funktionale Begründung der Präsenz oder Absenz biotischer Informationen, um Bioindikation und Bioinformation, letztlich also um eine Biogeoanalyse. Naturgemäß ist die Beantwortung der Frage, warum eine bestimmte Bioinformation an einer Erdstelle, vorhanden ist oder fehlt von der Kenntnis historischer und rezent ökologischer Faktoren abhängig. Aber Leben ist nicht nur von begrenzenden Faktoren bestimmt; lebende Systeme evoluieren sich an Grenzen aber auch durch Grenzüberschreitungen. Jede Grenze ist eine Herausforderung, jeder auch lebensfeindliche Faktor eine neue Herausforderung, auf die lebende Systeme mit genetischen Veränderungen, mit Resistenzbildungen reagieren; und selbst uns extrem lebensfeindlich erscheinende Umwelten wurden von Exzentrikern des Lebens besiedelt, von Organismen, die kochendes Wasser ertragen, Schwefeldämpfe zum Existieren benötigen und selbst durch Salzsäure nicht zu eliminieren sind. Heute greift die Biotechnologie auf diese Extremisten zurück, auf Organismen, die jenseits der für höhere Pflanzen und Tiere im Allgemeinen bedeutsamen Grenzen erst zu leben beginnen.

Die Biogeographie hat verstanden, dass die Kenntnis der genetischen und biochemischen Prozesse, die diese Anpassungsfähigkeit lebender Systeme erklären, naturgemäß zu ihrem methodischen Handwerkszeug heute gehören muss. Biogeoanalyse ist selbst eine Wanderung auf der Grenze zwischen Biologie und Geowissenschaften. Nur dadurch können Entdeckungen gemacht werden, die für Wissenschaften auf beiden Seiten der Grenze sichtbar gemacht werden können. Methodisch bedeutet das, dass ein Biogeograph sowohl von der Biologie als auch von Geographie und Geowissenschaften als einer der ihren akzeptiert werden muss. Da heute weder Geographen noch Biologen im Allgemeinen über gut ausgeprägte Kenntnisse der vielen Arten verfügen, die unseren Erdball besiedeln, trotzdem beide gerne über „Biodiversität" oder „Ökosysteme" reden, fällt eine Grenzwanderung erst dann auf, wenn es um die Kenntnis molekularer Strukturen, genetischer Diversität und biochemischer Prozesse geht.

Jede Art besitzt ein Arealsystem, in dem Populationen keineswegs gleichmäßig verteilt auftreten, unterschiedliche Arealtypen oftmals Rückschlüsse auf vergangene Wanderwege, sichtbare und unsichtbare Isolationsbarrieren zulassen. Thomas SCHMITT beleuchtet in seinem Beitrag die Möglichkeiten, die durch die moderne *molekulargenetische Biogeographie* heute gegeben sind, nicht nur um die Wanderwege sichtbar zu machen, sondern auch um Rückschlüsse auf die Qualität der Lebensräume zu liefern, in denen diese Wanderungen abliefen. Zahlreiche Arten, die heute in mitteleuropäische Ökosysteme integriert sind, erreichten Deutschland überwiegend erst im Postglazial oft genug auf unterschiedlichen Wegen und lassen sich als Floren- und Faunenelemente unterschiedlichen würmglazialen Ausbreitungszentren zuordnen. Verstehen können wir ihre Integration nur, wenn wir vorurteilsfrei ihre *ökologische Valenz* analysieren. Dieser Spielraum der Lebensbedingungen, innerhalb dessen eine Art zu leben vermag, ist bekanntlich wesentlich größer als die von ihr heute in einem Ökosystem eingenommene ökologische Nische. Deshalb ist es auch meist falsch, wenn aus dem Vorkommen einer Art in einem naturnahen Ökosystem auch auf den für sie zwingend zum Überleben notwendigen Lebensraum geschlossen wird. Der Siegeszug vieler Arten in unseren Städten verdeutlicht das. Die Zusammenhänge zwischen Habitat und dem Vorkommen der Arten sind keineswegs so stringent wie sie u. a. von der FFH-Richtlinie der EU oder dem Bundesnaturschutz-Gesetz unterstellt werden. Viele Arten können in anthropogen veränderten Lebensräumen z. T. besser überleben als in den Lebensräumen, in denen ihre Evolution über Jahrtausende verlief, wo sie sich aber evoluierten im Zusammenwirken mit vielen Konkurrenten und Prädatoren.

Genau diese Frage untersuchen Peter NAGEL, Ralf PEVELING und Brice SINSIN am Beispiel von Teakplantagen in Süd-Benin. Natürlich sind Ökosysteme im Gegensatz zu Arealsystemen Vielartensysteme, Wirkungsgefüge aus biotischen und abiotischen Elementen mit der Fähigkeit zur Selbstregulation. An die an einer Erdstelle wirkenden Faktoren passen sich Organismen an, bilden Lebensgemeinschaften, die sich funktional aus Produzenten, Konsumenten und Destruenten zusammenfügen. Jede Faktorverschiebung oder unterschiedliche Wachstumskurven einzelner Populationen führen zu Veränderungen. Deshalb ist der sukzessive Wandel der Normalzustand von Ökosystemen – ohne den Evolution noch nicht einmal denkbar wäre – und nicht das oft beschworene „Gleichgewicht". Wie jedes System sind auch Ökosysteme nach außen dadurch abgrenzbar, dass ihre Elemente untereinander in einem engeren Zusammenhang stehen als zu ihrer Umgebung. Ökosysteme sind offene Systeme, die sowohl Masse als auch Energie nach außen abgeben. Die Stabilität der Element-Relationen bestimmt die Struktur des Systems, und sein Stabilitätsbereich lässt sich damit durch die Menge von Systemzuständen charakterisieren, in denen durch limitierte Inputs erzeugte Störungen ohne Strukturveränderungen kompensiert werden können.

Jede Bewertung oder gar Risikoanalyse von Tier- und Pflanzenpopulationen hängt von soliden Grundlagen über ihr Vorkommen, ihre Populationsdichten und Vitalität in unseren Landschaften ab. Von Modellvorstellungen oder vordergründigen Plausibilitäten abgeleitete Horrorszenarien über ein mögliches Artensterben oder aus einseitigen Nutzungsinteressen geborene Beschwichtigungen über den Populationsstatus einzelner Arten sind dabei kontraproduktiv für Schutz und nachhaltige Nutzungsstrategien. Die Kenntnis der Arealsystemdynamik der Arten ist nicht nur Voraussetzung für eine mögliche ökosystemare Interpretation, sondern auch Grundlage für eine nachprüfbare Indikation ihrer Gefährdungssituation.

Landschaftsstrukturen und molekulare Biogeographie

Thomas Schmitt (Trier)

1 Einleitung

Landschaftsstrukturen wirken sich auf unterschiedlichen zeitlichen und räumlichen Ebenen auf die Verbreitung von Arten aus und beeinflussen den Kontakt zwischen Individuen, Populationen und nah verwandten Taxa (REINIG 1937/1938, DE LATTIN 1967, MÜLLER 1980). Durch die rasante Entwicklung der modernen Genetik sind wir heute in der molekularen Biogeographie in der Lage, viele Fragestellungen anzugehen, die bisher nicht oder nur ungenügend bearbeitet werden konnten (HEWITT 1996/1999/2000/2001/2004, TABERLET et al. 1998).

Im Folgenden werden Beispiele vorgestellt, wie sich Landschaftsstrukturen im Wandel der Zeiten auf die genetische Struktur von Populationen auswirkten. Hierbei wird auf Arbeiten an Lepidopteren zurückgegriffen, für die zahlreiche diesbezügliche Aspekte an mehreren Arten gut untersucht sind. Der geographische Rahmen reicht von lokalen Studien mit Distanzen von weniger als 10 km bis hin zu kontinentalen Dimensionen. Die hierbei betrachteten Zeitfenster erstrecken sich von Strukturen, die in wenigen Jahrzehnten entstanden, bis zu Differenzierungen, deren Wurzeln über das Würm-Glazial hinaus reichen.

Von ganz besonderer Bedeutung für die biogeographische Strukturierung ist der Wechsel zwischen den Warm- und Kaltphasen des Pleistozäns, der zu einer gravierenden zyklischen Veränderung der Landschaftsstrukturen führte (WILLIAMS et al. 1998, ELENGA et al. 2000, TARASOV et al. 2000). Grob dargestellt gibt es zwei unterschiedliche Reaktionstypen auf diese klimatischen Zyklen, (i) Arten, deren Areale sich während der Kaltphasen auf Refugialbereiche reduzieren, und (ii) Arten, die diese Refugialphase während den warmen Interglazialen aufweisen (HEWITT 2004). In Europa gehören zur ersten Gruppe die arktischen und/oder alpinen Taxa, die zweite Gruppe setzt sich dagegen hauptsächlich aus mediterranen und den so genannten sibirischen Taxa zusammen (DE LATTIN 1967, VARGA 1977, MÜLLER 1980).

2 Alpine und arcto-alpine Arten und eiszeitliche Landschaftsstrukturen

Wenden wir uns zuerst der ersten Gruppe zu. Als Beispiele seien das Gebirgs-Widderchen *Zygaena exulans* und der Mohrenfalter *Erebia epiphron* vorgestellt. Die Analyse von fünf Populationen der erstgenannten Art aus den Alpen und Pyrenäen ergab eine relativ geringe genetische Differenzierung (F_{ST} 5,4 %), die jedoch eine gewisse Eigenständigkeit von Pyrenäen und Alpen aufzeigte (62 % der genetischen Varianz zwischen diesen Gebirgen). Auch zeigten die Pyrenäen-Populationen geringere genetische Diversitäten als die Alpen-Populationen. Hieraus kann geschlossen werden, dass diese Art in den glazialen Kältesteppen wärend des letzten Glazials weit verbreitet war, jedoch nur randlich die Pyrenäen erreichte. Die klimatische Erwärmung, die zu einer völligen Veränderung der Landschaftsstruktur Mitteleuropas führte, verursachte einen Rückzug in die Hochlagen der Gebirge, wo im Postglazial leichte genetische Differenzierung erfolgte, bedingt durch dieses allopatrische Verbreitungsmuster (SCHMITT/ HEWITT 2004a).

Völlig anders ist die genetische Struktur, die für *E. epiphron* festgestellt wurde. Sechzehn Populationen aus den Pyrenäen, Alpen und dem nordmährischen Jesenik-Gebirge zeigten eine starke genetische Strukturiertheit (F_{ST} 29,1%). Interessanterweise wiesen hierbei Populationen aus den Pyrenäen und den Westalpen sowie solche aus den Nordalpen und dem Jesenik-Gebirge große genetische Ähnlichkeiten auf, wobei sich jedoch deutliche genetische Unterschiede zwischen den Populationen innerhalb der Alpen und – eingeschränkt – der Pyrenäen ergaben. Dies lässt sich nur durch ein disjunktes glaziales Verbreitungsmuster erklären, bei dem die Art in mindestens zwei Fällen aus einem glazialen Teilareal in zwei postglaziale Refugialgebiete abgedrängt wurde sowie Alpen und Pyrenäen aus unterschiedlichen glazialen Teilarealen besiedelt wurden. Insgesamt muss von mindestens fünf glazialen Teilarealen ausgegangen werden, die sich zwischen Pyrenäen und Alpen und um diese Gebirge herum befunden haben müssen (SCHMITT et al. 2005a).

Wie dieses Beispiel zeigt, können Arten mit heute disjunkten alpinen bzw. arctoalpinen Verbreitungsmustern ganz unterschiedlich mit ihren eiszeitlichen Verbreitungsmustern auf die Landschaftsstrukturen des letzten Glazials reagiert haben, wie dies auch für zahlreiche andere Tier- und vor allem Pflanzenarten gezeigt werden konnte (z. B. DESPRES et al. 2002, KROPF et al. 2002/2003, MARTIN et al. 2002, SCHÖNSWETTER et al. 2003a/2003b/2003c/2004, STEHLIK et al. 2002a/2002b, COMES/KADEREIT 2003, STEHLIK 2003).

3 Mediterrane Arten und eiszeitliche Landschaftsstrukturen

Für die glazialen Verbreitungsmuster der mediterranen Arten konnten keine so stark divergierenden Muster festgestellt werden wie für die arktischen und/oder alpinen Taxa: Diese Arten waren weitgehend auf die unterschiedlichen Subzentren der Mediterraneis beschränkt, wobei sie in einem bis allen dieser Subzentren vorkommen konnten. Bezogen auf die drei großen Mittelmeerhalbinseln Europas konnte in den meisten untersuchten Fällen festgestellt werden, dass jede von diesen eigene genetische Linien aufweist, die in den jeweils anderen fehlen (TABERLET et al. 1998, HEWITT 1999/2000/2001). Dies konnte auch für Tagfalter belegt werden; erwähnt seien hier zwei Geschwisterartenpaare, die Bläulinge *Polyommatus coridon/ hispana* (SCHMITT/SEITZ 2001a, SCHMITT et al. 2005b) und die Schachbrettfalter *Melanargia galathea/ lachesis* (HABEL et al. 2005). Rezente genetische Untersuchungen legen jedoch eine weitere Differenzierung dieser Subzentren für zahlreiche Arten nahe (z. B. COMES/ABBOTT 1998, ALEXANDRINO et al. 2000/2002, GÓMEZ-ZURITA et al. 2000, PAULO et al. 2001, GÓMEZ-ZURITA/VOGLER 2003, SCHMITT/SEITZ 2004). Für das große Ochsenauge *Maniola jurtina* konnte jedoch gezeigt werden, dass der adriato- und der pontomediterrane Bereich ein einziges zentral-ostmediterranes glaziales Großdifferenzierungszentrum darstellte (SCHMITT et al. 2005c), und der Gemeine Bläuling *Polyommatus icarus* muss sogar ein nicht disjunktes Verbreitungsgebiet über die gesamte Mediterraneis im Würm-Glazial besessen haben (SCHMITT et al. 2003).

4 Einfluss von Landschaftsstrukturen auf die postglaziale Arealausdehnung mediterraner Arten

Für die postglaziale Arealexpansion aus dem Mittelmeergebiet in das nördliche Europa waren insbesondere die drei großen europäischen Mittelmeerhalbinseln, also der atlanto-, adriato- und pontomediterrane Bereich, von Bedeutung (DE LATTIN 1967, VARGA 1977, MÜLLER 1980, HEWITT 2000). Für diesen Besiedlungsprozess wurden drei Paradigmen gefunden: (i) Ausbreitung aus allen drei Differenzierungszentren, (ii) Ausbreitung nur aus dem pontomediterranen Bereich und Blockierung der Expansion der atlanto- und adriatomediterranen Linien durch Pyrenäen und Alpen und (iii) Ausbreitung aus dem atlanto- und pontomediterranen Bereich und Verhinderung der Expansion aus dem adriatomediterranen Raum durch die Barriere der Alpen (HEWITT 1999/2000). Für Tagfalter wurde ein weiteres Paradigma entdeckt, bei dem sich nur die adriato- und pontomediterranen Linien ausbreiten, die atlantomediterrane Linie jedoch durch die Pyrenäen an der Expansion gehindert wurde und überdies auch noch stärker differenziert ist als die beiden anderen Linien von einander; dies wurde für die Artenkomplexe *Melanargia galathea/lachesis* (HABEL et al. 2005) und *Polyommatus coridon/hispana* (SCHMITT et al. 2005b) gezeigt, und auch für *Polyommatus bellargus* deutet sich dieses Muster an (SCHMITT/SEITZ 2001b).

Neben der Bedeutung der europäischen Hochgebirge als Barrieren der postglazialen Arealexpansion können auch die Auswirkungen anderer Landschaftsstrukturen auf die Ausbreitungswege von Arten untersucht werden. Sehr intensiv wurde dies für den Silbergrünen Bläuling *Polyommatus coridon* durchgeführt (SCHMITT/SEITZ 2002a, SCHMITT et al. 2002, SCHMITT/KRAUSS 2004), einer auf Kalkmagerrasen spezialisierten Art (EBERT/RENNWALD 1991, ASHER et al. 2001). Über hierarchische Varianzanalysen und auch die Verbreitung von seltenen Allelen konnten z. B. drei postglaziale Ausbreitungswege nach und in Deutschland festgestellt werden: nach Nordexpansion entlang des Rhone- und Saonetals expandierte eine Gruppe über Lothringen und das Moseltal nach Westdeutschland, eine andere durch die Burgundische Pforte in den Oberrheingraben, wobei etwa 10% der Allele durch einen genetischen Flaschenhals verloren gingen. Im Oberrheingraben erfolgte eine weitere Aufspaltung, einmal entlang des Rheintals nach Norden durch Hessen nach Westthüringen und Südniedersachsen und zum anderen entlang der Schwäbischen Alb und des Frankenjuras bis nach Südthüringen (SCHMITT et al. 2002a, SCHMITT/KRAUSS 2004). Für die pontomediterrane Linie konnte nachgewiesen werden, dass sich diese wahrscheinlich in Westungarn in zwei Ausbreitungslinien aufspaltete, eine, die sich entlang der ungarischen Mittelgebirge bis in die östliche Slowakei ausbreitete, und eine weitere, die über die Porta Hungarica nach Tschechien und die Westslowakei sowie, dann dem Flusslauf der Weichsel sowie dem Thorn-Eberswalder Urstromtal folgend, weiter bis nach Ostbrandenburg expandierte (SCHMITT/SEITZ 2002a). Eine solche Feinstruktur der postglazialen Arealexpansion konnte jedoch nicht für Habitatgeneralisten wie das Große Ochsenauge *Maniola jurtina* (SCHMITT et al. 2005c) und den Gemeinen Bläuling *Polyommatus icarus* (SCHMITT et al. 2003) festgestellt werden, da sich diese Arten vermutlich in einer weiten Phalanx (vgl. IBRAHIM et al. 1996) ausbreiteten und hierbei wenig durch Landschaftsstrukturen in ihrer genetischen Konstitution beeinflusst wurden.

5 Auswirkungen regionaler Landschaftsstrukturen

Im Vergleich mit den Auswirkungen der klimatisch bedingten fundamentalen Änderungen der Landschaftsstruktur und den geographischen Großstrukturen wie den europäischen Hochgebirgen nehmen sich die Auswirkungen der Landschaftsstrukturen auf lokaler und regionaler Ebene eher bescheiden aus. Nichtsdestotrotz lassen sich auch auf diesen Ebenen die Einflüsse der unterschiedlichen Landschaftsstrukturen auf die genetische Struktur der Populationen nachweisen, was auch für Schmetterlinge zutreffend ist. Auf regionaler Ebene werden für diese Organismengruppe außer Strukturen, die durch unterschiedliche refugiale Herkunft oder unterschiedliche postglaziale Besiedlungswege entstanden, häufig keine auswertbaren Ergebnisse erhalten. Weit verbreitete Arten zeigen auf diesem Niveau oft nur marginale genetische Differenzierungen, die im Prinzip als Panmixie aufgefasst werden können, wie im Fall des Gemeinen Bläulings *Polyommatus icarus* (SCHMITT et al. 2003) und des Großen Ochsenauges *Maniola jurtina* (SCHMITT et al. 2005c), beide Untersuchungen in Rheinland-Pfalz und dem Saarland. Für den Silbergrünen Bläuling *Polyommatus coridon* konnte jedoch in dieser Region und in Südniedersachsen nachgewiesen werden, dass die Art in diesen Bereichen in Teilgebieten mit hohen Dichten von Populationen eine geringere genetische Differenzierung zwischen den Populationen aufweist als in Regionen mit weit voneinander entfernten Habitaten (SCHMITT/SEITZ 2002b, KRAUSS et al. 2004). Auch konnte gezeigt werden, dass der Heterozygotiegrad als Maß für die genetische Diversität mit zunehmender Distanz zwischen den Populationen abnimmt (KRAUSS et al. 2004) und dass große Populationen höhere genetische Diversitäten aufweisen als kleine (SCHMITT/SEITZ 2002b), ein auch für andere Tier- und Pflanzenarten häufig gezeigtes Phänomen (z. B. BILLINGTON 1991, BUZA et al. 2000, HUDSON et al. 2000, JÄGGI et al. 2000, MADSEN et al. 2000). Dies unterstreicht die Wichtigkeit des Erhalts speziell der großen und vernetzten Vorkommen, da ein ausreichendes jeweils artspezifisches genetisches Potenzial wichtig für das Überleben der Population ist (FRANKHAM et al. 2002, HANSSON/WESTERBERG 2002, REED/FRANKHAM 2003, SCHMITT/HEWITT 2004b).

6 Auswirkungen lokaler Landschaftsstrukturen

Auf lokaler Ebene spiegeln sich zum Teil vergleichsweise junge Landschaftsstrukturen in der Genetik der Populationen und erlauben Rückschlüsse auf die Einflüsse dieser auf Tiere und Pflanzen. So reduzieren Bereiche intensiver Landwirtschaft den Genfluss für Magerrasenarten, wie für die Berghexe *Chazara briseis* (JOHANNESEN et al. 1997) nachgewiesen, Offenlandbereiche den Genfluss bei Waldarten, wie für das Waldbrettspiel *Pararge aegeria* (BERWAERTS et al. 1998) und den Kleinen Frostspanner *Operophtera brumata* (VAN DONGEN et al. 1998) gezeigt, und Wälder besitzen diesen Einfluss auf Arten des Offenlandes und des Waldrandes wie für den amerikanischen Apollofalter *Parnassius smerintheus* (KEYGHOBADI et al. 1999), den Schwarzen Apollo *Parnassius mnemosyne* (MEGLÉCZ et al. 1998a/1998b/1999), den Rundaugen-Mohrenfalter *Erebia medusa* (SCHMITT et al. 2000) und den alpinen Mohrenfalter *Erebia epiphron* (SCHMITT et al. 2005d) bestätigt. Besonders interessant ist in diesem Zusammenhang die Untersuchung an *E. epiphron* in Tschechien. Im Jesenik-Gebirge besitzt diese Art ein sehr großes Vorkommen entlang des Hauptkammes und ein kleines auf einer Bergkuppe etwa 4 km westlich von diesem. Beide Bereiche sind durch Wald voneinander getrennt. Bemerkenswert ist, dass die kleine Population eine markante genetische Verarmung gegenüber der großen aufweist (SCHMITT et al. 2005d) und auch eine höhere Rate an partiellen Albinismen zeigt (KURAS et al. 2001/2003), ein Indiz für Degeneration. Außerdem wurden in den Jahren 1932/33 insgesamt fünfzig Weibchen der großen Jesenik-Population im östlichen Riesengebirge ausgesetzt, wo sich die Art etablieren konnte und anschließend stark ausbreitete. Die genetische Untersuchung ergab, dass bei dieser Ansiedlung fast die gesamte genetische Diversität der Ausgangspopulation transferiert werden konnte (SCHMITT et al. 2005d), was ein Grund für die hohe Vitalität der neu gegründeten Riesengebirgs-Population sein dürfte (vgl. FRANKHAM et al. 2002, HANSSON/WESTERBERG 2002, REED/FRANKHAM 2003, SCHMITT/HEWITT 2004b).

Literatur

ALEXANDRINO, J./ARNTZEN, J.W./FERRAND, N. (2002): Nested clade analysis and the genetic evidence for population expansion in the phylogeography on the golden-striped salamander, *Chioglossa lusitanica* (Amphibia: Urodela). In: Heredity, 88, 66-74.

ALEXANDRINO, J./FROUFE, E./ARNTZEN, J. W./FERRAND, N. (2000): Genetic subdivision, glacial refugia and postglacial recolonization in the golden-striped salamander, *Chioglossa lusitanica* (Amphibia: Urodela). In: Molecular Ecology, 9, 771-781.

ASHER, J./WARREN, M./FOX, R./HARDING, P./JEFFCOATE, G./JEFFCOATE, S. (2001): The millennium atlas of butterflies in Britain and Ireland. Oxford.

BERWAERTS, K./VAN DYCK, H./VAN DONGEN, S./MATTHYSEN, E. (1998): Morphological and genetical variation in the speckled wood butterfly (*Pararge aegeria*) among differently fragmented landscapes. In: Netherlands Journal of Zoology, 48, 241-253.

BILLINGTON, H. L. (1991): Effects of population size on genetic variation in a dioecious conifer *Halocarpus bidwillii*. In: Conservation Biology, 5, 115-119.

BUZA, L./YOUNG, A./THRALL, P. (2000): Genetic erosion, inbreeding and reduced fitness in fragmented populations of the endangered tetraploid pea *Swainsona recta*. In: Biological Conservation, 93, 177-186.

COMES, H. P./ABBOTT, R. J. (1998): The relative importance of historical events and gene flow on the population structure of a mediterranean ragwort, *Senecio gallicus* (Asteraceae). In: Evolution, 52, 355-367.

COMES, H. P./KADEREIT, J. W. (2003): Spatial and temporal patterns in the evolution of the flora of the European Alpine System. In: Taxon, 52, 451-462.

DESPRES, L./LORIOT, S./GAUDEUL, M. (2002): Geographic pattern of genetic variation in the European globeflower *Trollius europaeus* L. (Ranunculaceae) inferred from amplified fragment length polymorphism markers. In: Molecular Ecology, 11, 2337-2347.

EBERT, G./RENNWALD, E. (Hrsg.) (1991): Die Schmetterlinge Baden-Württembergs, Band 1 und 2. Stuttgart.

ELENGA, H./PEYRON, O./BONNEFILLE, R./JOLLY, D./CHEDDADI, R./GUIOT, J./ANDRIEU, V./BOTTEMA, S./BUCHET, G./DE BEAULIEU, J.-L./HAMILTON, A. C./MALEY, J./MARCHANT, R./PEREZ-OBIOL, R./REILLE, M./RIOLLET, G./SCOTT, L./STRAKA, H./TAYLOR, D./VAN CAMPO, E./VINCENS, A./LAARIF, F./JONSON, H. (2000): Pollen-based biome reconstruction for southern Europe and Africa 18,000 yr BP. In: Journal of Biogeography, 27, 621-634.

FRANKHAM, R./BALLOU, J. D./BRISCOE, D. A. (2002): Introduction to conservation genetics. Cambridge.

GÓMEZ-ZURITA, J./VOGLER, A. P. (2003): Incongruent nuclear and mitochondrial phylogeographic patterns in the *Timarcha goettingensis* species complex (Coleoptera, Chrysomelidae). In: Journal of Evolutionary Biology, 16, 833-843.

GÓMEZ-ZURITA, J./PETITPIERRE, E./JUAN, C. (2000): Nested cladistic analysis, phylogeography and speciation in the *Timarcha goettingensis* complex (Coleoptera, Chrysomelidae). In: Molecular Ecology, 9, 557-570.

HABEL, J.C./SCHMITT, T./MÜLLER, P. (2005): The fourth paradigm pattern of postglacial range expansion of European terrestrial species: the phylogeography of the Marbled White butterfly (Satyrinae, Lepidoptera). In: Journal of Biogeography, 32, 1489-1497.

HANSSON, B./WESTERBERG, L. (2002): On the correlation between heterozygosity and fitness in natural populations. In: Molecular Ecology, 11, 2467-2474.

HEWITT, G. M. (1996): Some genetic consequences of ice ages, and their role in divergence and speciation. In: Biological Journal of the Linnean Society, 58, 247-276.

Hewitt, G. M. (1999): Post-glacial re-colonization of European biota. In: Biological Journal of the Linnean Society, 68, 87-112.

Hewitt, G. M. (2000): The genetic legacy of the Quaternary ice ages. In: Nature, 405, 907-913.

Hewitt, G. M. (2001): Speciation, hybrid zones and phylogeography – or seeing genes in space and time. In: Molecular Ecology, 10, 537-549.

Hewitt, G. M. (2004): Genetic consequences of climatic oscillation in the Quaternary. In: Philosophical Transactions of the Royal Society of London B, 359, 183-195.

Hudson, Q. J./Wilkins, R. J./Waas, J. R./Hogg, I. D. (2000): Low genetic variability in small populations of New Zealand kokako *Callaeas cinerea wilsoni*. In: Biological Conservation, 96, 105-112.

Ibrahim, K. M./Nichols, R. A./Hewitt, G. M. (1996): Spatial patterns of genetic variation generated by different forms of dispersal during range expansion. In: Heredity, 77, 282-291.

Jäggi, C./Wirth, T./Baur, B. (2000): Genetic variability in subpopulations of the asp viper (*Vipera aspis*) in the Swiss Jura mountains: implications for a conservation strategy. In: Biological Conservation, 94, 69-77.

Johannesen, J./Schwing, U./Seufert, W./Seitz, A./Veith, M. (1997): Analysis of gene flow and habitat patch network for *Chazara briseis* (Lepidoptera: Satyridae) in an agricultural landscape. In: Biochemical Systematics and Ecology, 25, 419-427.

Keyghobadi N./Roland J./Strobeck C. (1999): Influence of landscape on the population genetic structure of the alpine butterfly *Parnassius smerintheus* (Papilionidae). In: Molecular Ecology, 8, 1481-1495.

Kropf, M./Kadereit, J. W./Comes, H. P. (2002): Late Quaternary distributional stasis in the submediterranean mountain plant *Anthyllis montana* L. (Fabaceae) inferred from ITS sequences and amplified fragment length polymorphism markers. In: Molecular Ecology, 11, 447-463.

Kropf, M./Kadereit, J. W./Comes, H. P. (2003): Differential cycles of range contraction and expansion in European high mountain plants during the Late Quaternary: insights from *Pritzelago alpina* (L.) O. Kuntze (Brassicaceae). In: Molecular Ecology, 12, 931-949.

Kuras, T./Benes, J./Fric, Z./Konvicka, M. (2003): Dispersal patterns of endemic alpine butterflies with contrasting population structures: *Erebia epiphron* and *E. sudetica*. In: Population Ecology, 45, 115-123.

Kuras, T./Konvicka, M./Benes, J. (2001): Different frequencies of partial albinism in populations of alpine butterflies of different size and connectivity (*Erebia*: Nymphalidae, Satyrinae). In: Biologia, 56, 503-512.

Lattin, G. de (1967): Grundriß der Zoogeographie. Jena.

Madsen, T./Olsson, M./Wittzell, H./Stille, B./Gullberg, A./Shine, R./Andersson, S./Tegelström, H. (2000): Population size and genetic diversity in sand lizards (*Lacerta agilis*) and adders (*Vipera berus*). In: Biological Conservation, 94, 257-262.

Martin, J.-F./Gilles, A./Lörtscher, M./Descimon, H. (2002): Phylogenetics and differentiation among the western taxa of the *Erebia tyndarus* group (Lepidoptera: Nymphalidae). In: Biological Journal of the Linnean Society, 75, 319-332.

Meglécz, E./Nève, G./Pecsenye, K./Varga, Z. (1999): Genetic variations in space and time in *Parnassius mnemosyne* (Lepidoptera) populations in northeast Hungary. In: Biological Conservation, 89, 251-259.

Meglécz, E./Pecsenye, K./Peregovits, L./Varga, Z. (1998a): Effects of population size and habitat fragmentation on the genetic variability of *Parnassius mnemosyne* (Linnaeus, 1758) populations in NE Hungary. In: Acta zoologica hungarica, 43, 183-190.

Meglécz, E./Pecsenye, K./Varga, Z./Solignac, M. (1998b): Comparison of differentiation pattern at allozyme and microsatellite loci in *Parnassius mnemosyne* (Lepidoptera). In: Hereditas, 128, 95-103.

MÜLLER, P. (1980): Biogeographie. Stuttgart.

PAULO, O. S./DIAS, C./BRUFORD, M. W./JORDAN, W. C./NICHOLS, R. A. (2001): The persistence of Pliocene populations though the Pleistocene climatic cycles: evidence from the phylogeography of an Iberian lizard. In: Proceedings of the Royal Society of London B, 268, 1625-1630.

REED, D. H./FRANKHAM, R. (2003): Correlation between fitness and genetic diversity. In: Conservation Biology, 17, 230-237.

REINIG, W. (1937): Die Holarktis. Jena.

REINIG, W. (1938): Elimination und Selektion. Jena.

SCHMITT, T./HEWITT, G. M. (2004a): Molecular Biogeography of the arctic-alpine disjunct burnet moth species *Zygaena exulans* (Zygaenidae, Lepidoptera) in the Pyrenees and Alps. In: Journal of Biogeography, 31, 885-893.

SCHMITT, T./HEWITT, G. (2004b): The genetic pattern of population threat and loss: a case study of butterflies. In: Molecular Ecology, 13, 21-31.

SCHMITT, T./KRAUSS, J. (2004): Reconstruction of the colonization route from glacial refugium to the northern distribution range of the European butterfly *Polyommatus coridon* (Lepidoptera: Lycaenidae). In: Diversity and Distributions, 10, 271-274.

SCHMITT, T./SEITZ, A. (2001a): Allozyme variation in *Polyommatus coridon* (Lepidoptera: Lycaenidae): identification of ice-age refugia and reconstruction of post-glacial expansion. In: Journal of Biogeography, 28, 1129-1136.

SCHMITT, T./SEITZ, A. (2001b): Influence of the ice-age on the genetics and intraspecific differentiation of butterflies. In: Proceedings of the International Colloquium of the European Invertebrate Survey (EIS), Macevol Priory, Arboussols (66-France), 30 August 1999–4 September 1999, 16-26.

SCHMITT, T./SEITZ, A. (2002a): Postglacial distribution area expansion of *Polyommatus coridon* (Lepidoptera: Lycaenidae) from its Ponto-Mediterranean glacial refugium. In: Heredity, 89, 20-26.

SCHMITT, T./SEITZ, A. (2002b): Influence of habitat fragmentation on the genetic structure of *Polyommatus coridon* (Lepidoptera: Lycaenidae): implications for conservation. In: Biological Conservation, 107, 291-297.

SCHMITT, T./SEITZ, A. (2004): Low diversity but high differentiation: the population genetics of *Aglaope infausta* (Zygaenidae: Lepidoptera). In: Journal of Biogeography, 31, 137-144.

SCHMITT, T./CIZEK, O./KONVICKA, M. (2005d): Genetics of a butterfly relocation: large, small and introduced populations of the mountain endemic *Erebia epiphron silesiana*. In: Biological Conservation, 123, 11-18.

SCHMITT, T./GIESSL, A./SEITZ, A. (2002): Postglacial colonisation of western Central Europe by *Polyommatus coridon* (Poda 1761) (Lepidoptera: Lycaenidae): evidence from population genetics. In: Heredity, 88, 26-34.

SCHMITT, T./GIESSL, A./SEITZ, A. (2003): Did *Polyommatus icarus* (Lepidoptera: Lycaenidae) have distinct glacial refugia in southern Europe? – Evidence from population genetics. In: Biological Journal of the Linnean Society, 80, 529-538.

SCHMITT, T./HEWITT, G. M./MÜLLER, P. (2005a): Disjunct distributions during glacial and interglacial periods in mountain butterflies: *Erebia epiphron* as an example. In: Journal of Evolutionary Biology. In print.

SCHMITT, T./RÖBER, S./SEITZ, A. (2005c): Is the last glaciation the only relevant event for the present genetic population structure of the Meadow Brown butterfly *Maniola jurtina* (Lepidoptera: Nymphalidae)? In: Biological Journal of the Linnean Society, 85, 419-431.

Schmitt, T./Varga, Z./Seitz, A. (2000): Forests as dispersal barriers for *Erebia medusa* (Nymphalidae, Lepidoptera). In: Basic and Applied Ecology, 1, 53-59.

Schmitt, T./Varga, Z./Seitz, A. (2005b): Are *Polyommatus hispana* and *Polyommatus slovacus* bivoltine *Polyommatus coridon* (Lepidoptera: Lycaenidae)? – The discriminatory value of genetics in the taxonomy. In: Organisms, Diversity & Evolution. In print.

Schönswetter, P./Paun, O./Tribsch A./Nikfeld, H. (2003a): Out of the Alps: colonization of Northern Europe by East Alpine populations of the glacier buttercup *Ranunculus glacialis* L. (Ranunculaceae). In: Molecular Ecology, 12, 3373-3381.

Schönswetter, P./Tribsch, A./Barfuss, M./Nikfeld, H. (2003b): Several Pleistocene refugia detected in the high alpine plant *Phyteuma globulariifolium* Sternb. & Hoppe (Campanulaceae) in the European Alps. In: Molecular Ecology, 11, 2637-2647.

Schönswetter, P./Tribsch, A./Schneeweiss, G. M./Niklfeld, H. (2003c): Disjunction in relict alpine plants: phylogeography of *Androsace brevis* and *A. wulfeniana* (Primulaceae). In: Botanical Journal of the Linnean Society, 141, 437-446.

Schönswetter, P./Tribsch, A./Stehlik, I./Niklfeld, H. (2004): Glacial history of high alpine *Ranunculus glacialis* (Ranunculaceae) in the european Alps in a comparative phylogeographical context. In: Biological Journal of the Linnean Society, 81, 183-195.

Stehlik, I. (2003): Resistance or emigration? Response of alpine plants to the ice ages. In: Taxon, 52, 499-510.

Stehlik, I./Blattne, F. R./Holderegger, R./Bachmann, K. (2002a): Nunatak survival of the high alpine plant *Eritrichium nanum* (L.) Gaudin in the central Alps during the ice age. In: Molecular Ecology, 11, 2027-2036.

Stehlik, I./Schnellerm J. J./Bachmann, K. (2002b): Immigration and *in situ* glacial survival of the low-alpine *Erinus alpinus* (Scrophulariaceae). In: Biological Journal of the Linnean Society, 77, 87-103.

Taberlet, P./Fumagalli, L./Wust-Saucy, A.-G./Cosson, J.-F. (1998): Comparative phylogeography and postglacial colonization routes in Europe. In: Molecular Ecology, 7, 453-464.

Tarasov, P. E./Volkova, V. S./Webb III, T./Guiot, J./Andreev, A. A./Bezusko, L. G./Bezusko, T. V./Bykova, G. V./Dorofeyuk, N. I./Kvavadze, E. V./Osipova, I. M./Panova, N. K./Sevastyanov, D. V. (2000): Last glacial maximum biomes reconstructed from pollen and plant macrofossil data from northern Eurasia. In: Journal of Biogeography, 27, 609-620.

van Dongen, S./Backeljau, T./Matthysen, E./Dhondt, A. A. (1998): Genetic population structure of the winter moth (*Operophtera brumata* L.) (Lepidoptera, Geometridae) in a fragmented landscape. In: Heredity, 80, 92-100.

Varga, Z. (1977): Das Prinzip der areal-analytischen Methode in der Zoogeographie und die Faunenelement-Einteilung der europäischen Tagschmetterlinge (Lepidoptera: Diurna). In: Acta Biologica Debrecina, 14, 223-285.

Williams, D./Dunkerley, D./DeDecker, P./Kershaw, P./Chappell, M. (1998): Quaternary Environments. London.

Biodiversitätsschutz durch Teakplantagen?

Peter Nagel, Ralf Peveling (Basel) und Brice Sinsin (Cotonou, Bénin)

1 Biodiversitätsschutz und die Relativität von Grenzen und Räumen

Trotz aller neuen Erkenntnisse der letzten zwei Jahrzehnte über das Funktionieren von Ökosystemen halten sich im praktischen Naturschutz weiterhin zwei klassische Vorstellungen, nämlich dass erstens nur naturnahe Gebiete für die Erhaltung der Biodiversität wirklich wichtig sind und dass zweitens eine rein zahlenmässig hohe Biodiversität bereits einen Wert an sich darstellt, unabhängig von der Qualität der Arten (d. h. autochthon – allochthon, standorttypisch – standortfremd). So erklärt sich auch das noch nicht allgemein aufgelöste Regenwald-Magerrasen-Paradoxon Mitteleuropas, d. h. die gleichzeitig hohe Wertschätzung der natürlich hohen Biodiversität (aus autochthonen und standorttypischen, meist auch stenöken und oft seltenen Arten) wie auch der rein anthropogenen, durch Zerstörung der natürlichen (Wald-)Landschaft bedingte hohe Artenzahl (aus überwiegend allochthonen und euryöken, oft auch standortfremden und weit verbreiteten Arten) sekundärer Magerrasen (NAGEL 1999). Anthropogen stark veränderte Landschaften dominieren in Europa – Biodiversitätsschutz findet daher hier wie selbstverständlich auch und vor allem in Sekundärlebensräumen statt (PIECHOCKI 2002).

In den Tropen schwinden die naturnahen Standorte heute mit immer größerer Geschwindigkeit, so dass auch hier Sekundärlebensräume verstärkt in die nachhaltige Sicherung der Biodiversität einbezogen werden müssen. Die Regenwälder mit ihrer im Vergleich zu den Savannen deutlich höheren Biodiversität sind heute an vielen natürlichen Standorten in ihrer Ausdehnung stark reduziert, fragmentiert und durch Plantagen (z. B. Kautschuk, Ölpalme, Teak, Banane) ersetzt worden. Besonders problematisch ist der Verlust naturnaher Waldflächen in Gebieten mit natürlicherweise geringem Regenwaldanteil, wie dem Dahomey Gap in Westafrika. Hier ist die Regenwald-Biodiversität auf eine kleine Fläche konzentriert und besonders deutlich von den umgebenden natürlichen Savannenstandorten separiert. Daher ist eine Untersuchung der Bedeutung von Plantagenwäldern für die Erhaltung der standortgerechten Biodiversität und der Durchlässigkeit oder Barrierewirkung der Grenze zwischen Natur- und Plantagenwald hier besonders gut durchzuführen. Die erste Arbeitshypothese lautet, dass für regenwaldtypische Indikatortaxa die Grenze zwischen Natur- und Plantagenwald undurchlässig ist, letzterer also räumlich-strukturell nicht zur Erhaltung der Biodiversität beitragen kann. Die zweite Arbeitshypothese lautet, dass zentrale ökologische Funktionen, wie der Streuabbau, diesseits und jenseits der Grenze so unterschiedlich verlaufen, dass Plantagenwälder keinen adäquaten Ersatz für die Aufrechterhaltung der ökologischen Funktionen naturnaher Wälder darstellen.

2 Das Untersuchungsgebiet in Westafrika
2.1 Der Dahomey Gap

Der „Dahomey Gap" ist eine Lücke in der Regenwaldzone West- und Zentralafrikas, bedingt durch eine Klima-Anomalie, einen niederschlagsärmeren Keil von 900 mm/a bis 1500 mm/a in der küstennahen Region von Takoradi, Ghana, bis Cotonou, Benin (L'HÔTE/MAHÉ 1996). Rekonstruktionen der aktuellen natürlichen Vegetation ergaben Hinweise auf flächenmäßig dominierenden halbimmergrünen Wald mit eingestreuten Vegetationsverdichtungen durch flussbegleitende Wälder und mit Flecken von Sumpf- und Tieflandsregenwald (SAYER 1992), so dass die heutige Dominanz offener, savannenähnlicher Vegetation als anthropogen angesehen werden muss. Für die holozäne Feuchtphase lässt sich ein immergrüner Tieflands-Regenwald rekonstruieren (ANHUF 1994). Es finden sich Beispiele für taxonomische Differenzierungen bei Pflanzen und Tieren zu beiden Seiten des Dahomey Gap wie auch Arealgrenzen westlicher wie östlicher Taxa im Bereich des Gap (KINGDON 1990, KNAPP 1973, Schiøtz 1999). Damit gibt es gute Gründe für die Annahme, dass die wenigen heutigen Waldreste Süd-Benins vor allem Relikte des durch den Menschen weitgehend zerstörten halbimmergrünen Feuchtwaldes darstellen, in denen sich jedoch auch noch Regenwaldtaxa als Relikte der holozän geschlossenen Tieflandsregenwaldzone finden könnten, ebenso wie Arten, die rezent diese Inseln als Trittsteine zwischen dem westlichen und östlichen Teil des westafrikanischen Regenwaldgürtels nutzen. Der Lama-Wald ist das flächenmässig größte Relikt der naturnahen Wälder in Süd-Benin.

Von wenigen Ausnahmen abgesehen (SAYER 1992), erfuhr der Lama-Wald noch wenig Aufmerksamkeit im internationalen Naturschutz-Kontext (IUCN 1987/1991). Trotz seiner geringen Größe wird der Lama-Wald von lokalen Institutionen als vordringlich zu schützendes Gebiet angesehen (ONAB 1992), was durch die Erstellung erster Inventare des Naturwaldes im Kerngebiet, dem „Noyau central", unterstützt wurde (EMRICH et al. 1999). Während die Bedeutung von Plantagenwäldern für den Artenschutz und die Regeneration naturnahen Waldes in mehreren tropischen Gebieten belegt werden konnte, fehlten bisher einschlägige Untersuchungen in Westafrika.

2.2 Der Lama-Wald in Süd-Benin

Der Lamawald liegt am Nordrand des mittleren Teils der Dépression médiane im Süden Benins auf einer Höhe von 40 bis 80 m ü. d. M. bei ca 7°N und 2°E. Der durchschnittliche Jahresniederschlag beträgt fast 1200 mm. Die große Regenzeit von April bis Juli wird gefolgt von der kleinen Trockenzeit von August bis September, der kleinen Regenzeit von Oktober bis November und schließlich der großen Trockenzeit von Dezember bis März. Während der Regenzeit ist der Boden vernässt, weshalb er landwirtschaftlich wenig interessant ist. Der Boden ist ein humusreicher, schwarzer Vertisol mit jungen Tonablagerungen. Der Lokalname „Kô" ist synonym zum Namen „Lama", einem Wort portugiesischen Ursprungs, mit dem Schlamm/Morast bezeichnet wird.

Zum Zeitpunkt der Unterschutzstellung des Lama-Waldes als „Forêt classée" im Jahr 1946 gab es noch 11 000 ha naturnahe Waldfläche. Insbesondere die ethnische Gruppe der Holli war in der Lage, den extrem schweren Boden ackerbaulich zu bearbeiten. Bis zu ihrer Umsiedlung 1988 nutzten ca. 1200 Familien den als Noyau central bezeichneten Kernbereich im Rahmen kleinflächigen Wanderfeldbaus. Daher besteht der heutige Noyau central aus einem Mosaik unterschiedlich alter „jachères", also Brachflächen unterschiedlicher Sukzessionsstadien bis Sekundärwäldern und einzelnen Flächen, die noch nie abgeholzt worden waren. Die aktuell verbliebene Fläche naturnahen Waldes beträgt lediglich noch 1900 ha, welche mosaikartig verteilt innerhalb des 4500 ha grossen Noyau central liegen (vgl. NAGEL et al. 2004).

Abgesehen von je einer alten, 1963–1965 angelegten Teakplantage im Norden und

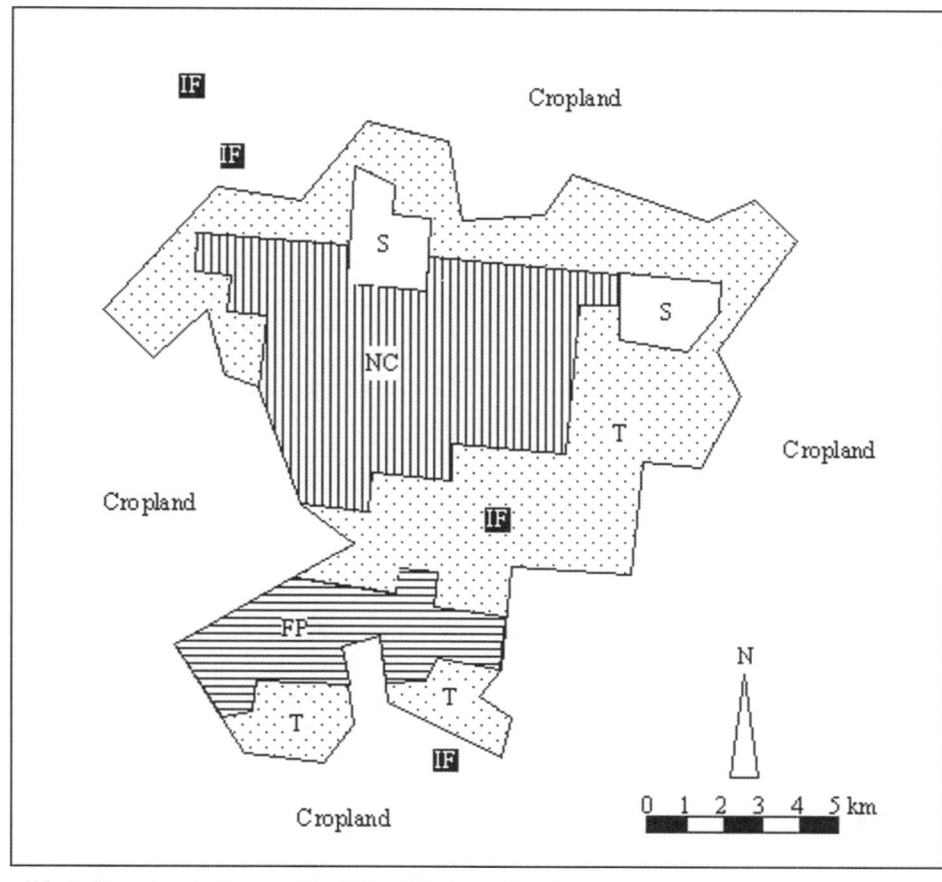

Abb. 1: Lageplan des Lamawaldes. IF = Waldinsel, S = Siedlung, NC = Noyau central, FP = Brennholzanpflanzung, TP = Teak-Plantage, Cropland = ackerbaulich genutzte Flächen (nach Lachat et al. 2006a)

Süden des Gebiets wurden die meisten Teakplantagen 1985 bis 1995 gegründet. Sie sind ringförmig um den Noyau central angeordnet und bedecken eine Fläche von 4200 ha (Abb. 1). Eine Brennholzanpflanzung (vor allem Kassodbaum, *Senna siamea*) von 2400 ha im Süden des Forêt classée versorgt die lokale Bevölkerung mit dieser wichtigen Ressource und nimmt damit ebenfalls Druck vom Noyau central. Junge Brachflächen sind oft vollständig mit Siamkraut *(Chromolaena odorata)* bedeckt, einem aus der Neotropis stammenden, gebietsfremden invasiven Korbblütler. Insbesondere auf solchen Flächen innerhalb des Noyau central führt die Forstbehörde intensive Aufforstungsmassnahmen mit einheimischen, standortgerechten Pionier-Baumarten durch.

3 Untersuchungsstrategien

Zur Überprüfung der oben genannten beiden Arbeitshypothesen und zur Abschätzung der Bedeutung der Teakplantagen für den Naturschutz wurden diese mit dem Naturwald verglichen und die Forschungsaktivitäten zunächst auf zwei Bereiche konzentriert: 1. Biodiversitätsuntersuchungen speziell zur strukturellen Zusammensetzung der

Arthropoden und Grad der Einnischung von ökologischen Schlüsseltaxa. 2. Als ökologischer Schlüsselprozess wird der Abbau der Streuauflage des Bodens in Verbindung mit zentralen abiotischen Bodenkenndaten wie auch der Destruentenfauna untersucht. Daten über die saproxylen Käfer können zusammen mit Studien über die Termiten für die Bewertung des Totholzabbaus verwendet werden.

Mit Hilfe eines Geographischen Informationssystems auf der Basis von Landsat-7-Daten wurden von SPECHT (2002) geoökologische Karten des Gebiets erstellt, die für alle Untersuchungen unentbehrliche Grundlagen darstellen.

Seit 1984 existieren West-Ost-verlaufende Schneisen („layons") innerhalb des Noyau central, die regelmäßig gewartet werden. Diese ermöglichen einen guten Zugang zum Gebiet. Je vier Untersuchungsstandorte wurden innerhalb des Noyau central für jeden der Standorttypen „dense humid forest" (Primärwald), „dry dense forest" (Sekundärwald), frühere temporäre Siedlungen und *Chromolaena*–bedeckte Flächen etabliert. Außerhalb des Noyau central wurden folgende Biotope untersucht: Alte Teakplantagen, junge Teakplantagen, Brennholz-Anpflanzungen und isolierte kleine Waldinseln. Details zu Material und Methoden finden sich in den angegebenen Primärquellen.

4 Ergebnisse
4.1 Biotische Struktur
4.1.1 Arthropoden-Diversität

Erste Ergebnisse deuten darauf hin, dass möglicherweise im Lamawald und eventuell in wenigen anderen Waldresten des Dahomey Gap endemische Käfer- und Schmetterlingsarten existieren (GOERGEN 2004).

Aufgrund des intensiven Einsatzes unterschiedlicher Fallentypen (Bodenfalle, Malaise-Falle, Fensterfalle, Lichtfalle) konnten sieben Arten der myrmekophilen Fühlerkäfer (Carabidae: Paussini) nachgewiesen werden, darunter fünf stenöke Waldarten (NAGEL 2004). Von besonderer Bedeutung ist, dass es sich um extrem seltene Arten handelt, von denen zwar die meisten Individuen im Noyau central gefangen wurden, dass jedoch ebenfalls Nachweise aus den alten Teakplantagen und den isolierten Waldinseln vorliegen.

Die Arthropodendiversität weist zwischen den bewaldeten Standorten des Noyau central kaum Unterschiede auf, wogegen die isolierten kleinen Waldinseln in der Agrarlandschaft sich am deutlichsten von allen anderen Waldtypen unterschieden. Während die geringste Artenzahl in den jungen Teak- und Brennholz-Anpflanzungen auftrat, zeigten die verschiedenen Waldtypen innerhalb des Noyau central eine mittlere Artenzahl und die alten Teakplantagen und Waldinseln die höchste. Eine extrem seltene Laufkäferart, *Hoplolenus obesus* (Murray) (Carabidae: Oodini), wurde als Indikatorart für die alten Teakplantagen identifiziert, was ein weiterer Beleg für die große Bedeutung dieses künstlichen Ökosystems für den Arten- und Naturschutz ist (LACHAT et al. 2006a).

In Neuseeland wurde ebenfalls eine seltene endemische Laufkäferart nur noch in ausgedehnten Anpflanzungen fremdländischer Kiefern nachgewiesen, nicht mehr jedoch in den spärlichen Resten ihres ursprünglichen Habitats aus einheimischen Gehölzen (BROCKERHOFF et al. 2005). Ähnliche Ergebnisse bezüglich der Nutzung von Forsten durch typische Arten der Naturwälder liegen auch aus der temperierten Zone vor (YU et al. 2004), während bei Untersuchungen in künstlichen und natürlichen *Eucalyptus*-Wäldern besonders die auch im Lamawald feststellbaren Unterschiede in der Artenzusammensetzung in den Vordergrund traten (CUNNINGHAM et al. 2005).

4.1.2 Wirbeltiere

An seltenen, meist gefährdeten, regenwaldgebundenen Arten wurden das Sitatunga *(Tragelaphus spekei)*, das Kleinstböckchen *(Neotragus pygmaeus)*, der Schwarzducker *(Cephalophus niger)* und der Gelbrückenducker *(C. silvicultor)* gemeldet (KASSA/SINSIN 2004). Eventuell kommt auch das für den Dahomey Gap endemische Togo-Streifenhörnchen (*Funisciurus substriatus*) vor (REFISCH 1998). Früher ebenfalls hier aufgetretene Stummelaffen (darunter *Colobus vellerosus*) scheinen aus dem Gebiet verschwunden zu sein (MATSUDA 1995).

Die Symbolart des Lamawaldes ist die Rotbauch-Meerkatze *(Cercopithecus erythrogaster erythrogaster)*. Diese für den Dahomey Gap und das Land Benin endemische Subspezies ist heute auf wenige „heilige Haine", ebenso kleinflächige Sumpfwälder wie den Lokoli-Wald und Feuchtwald-Relikte, von denen der Lamawald noch der größte ist, beschränkt (SINSIN/ASSOGBADJO 2002, SINSIN et al. 2002, NOBIME/SINSIN 2003). Es gibt Anzeichen dafür, dass eine Migration zwischen den Relikthabitaten stattfindet. Meist ist die Rotbauchmeerkatze mit der häufigeren und weiter verbreiteten Mona-Meerkatze vergesellschaftet. Erste Versuche wurden mit radiotelemetrischen Methoden durchgeführt, um die Ökologie und Verhaltensbiologie einschließlich Ausbreitung und Migration dieser Art besser kennen zu lernen. Aufgrund der ausgeprägten Scheu dieser Art ist die Anwendung dieser Methode schwierig und auch die Habituation gelingt bei der Mona-Meerkatze wesentlich einfacher (ALTHERR 2004).

Fünfzehn waldgebundene Vogelarten sind aus Benin bisher nur aus dem Lamawald bekannt, darunter der Perücken-Hornvogel *(Tropicranus albocristatus)*, das Kräuselhauben-Perlhuhn *(Guttera pucherani edouardi)*, die Glanzkopftaube *(Columba iriditorques)* und der Samtglanzstar *(Lamprotornis purpureiceps)*. Einige dieser Arten wie auch der Rotschwanz-Bleda *(Bleda syndactyla)* dürften sich an der untersten Grenze der Individuendichte einer überlebensfähigen Population befinden (WALTERT 1998).

Unter den Reptilien finden sich interessante Arten wie *Python regius* und *P. sebae* (DAOUDA 1998). Eine spätere Erfassung erbrachte den Nachweis von vierundvierzig Arten, darunter eine neue Chamäleon-Art und eventuell eine neue Gecko-Art (ULLENBRUCH 2004, ULLENBRUCH et al. 2006).

4.2 Funktionsökologische Untersuchungen
4.2.1 Streuabbau

Zur Untersuchung des Streuabbaus kamen Nylonnetzbeutel zum Einsatz (ATTIGNON et al. 2004). Die biologische Halbwertszeit der Zersetzung der Laubstreu der beiden exotischen, aus Asien stammenden Arten Teak *(Tectona grandis)* und Kassodbaum *(Senna siamea)* sowie der beiden standort- und naturraumtypischen Arten Afzelia *(Afzelia africana)* (einheimisch) und Kapok *(Ceiba pentandra)* (eingebürgert, vermutlich bereits in der Antike nach Afrika eingeführt) war im naturnahen halbimmergrünen Regenwald mit Werten zwischen 1,8 und 2,5 Monaten deutlich geringer als in den Plantagenbereichen. Während die Laubstreu der einheimischen Arten Afzelia und Kapok auch in den Plantagen eine Verlängerung der biologischen Halbwertszeit der Zersetzung um maximal das 1,8-fache aufweist, ist die Halbwertszeit der beiden exotischen Arten in den Plantagen teilweise mehr als doppelt so hoch wie im Naturwald.

Die streubewohnenden Invertebraten waren im Falllaub der einheimischen Baumarten und innerhalb des Naturwaldes in höherer Frequenz vertreten. Da die grosse Bedeutung der Invertebraten für den Laubabbau an diesen Standorten belegt werden konnte, müssen forstwirtschaftliche Maßnahmen speziell diesen Aspekt berücksichti-

Tab. 1: *Funktionsökologische Bedeutung der Termiten im Lama-Wald, basierend auf 4 Wiederholungen von 2 x 100 m Transekten und einer Personenstunde Handaufsammlung pro 2 x 5 m über alle Mikrohabitate (nach Attignon et al. 2005)*

		Anzahl Arten	
		Naturwald	**Teakplantage**
Nahrung	Trockenholz	6	0
	Feuchtholz	1	1
	Laub	8	7
	Oberboden	2	2
	Bodensubstrat	0	0
Diversität	Gesamtartenzahl	19	
	Artenzahl	17	10
	Ø Artenzahl pro Transekt	9.5 ± 0.6	6.5 ± 0.5
	Encounters pro Transekt	0.5 m^{-2}	1.1 m^{-2}

gen. Belegt ist bisher, dass im Naturwald die Regenwurmaktivität am höchsten ist (WEIBEL 2003). Auch fördert die höhere Bodenfeuchte im Naturwald im Vergleich zur trockeneren Teakplantage die für die Abbaugeschwindigkeit vor allem wichtige Streu-Makrofauna (JOOS 2004).

4.2.2 Termitenaktivität

Mit Hilfe eines modifizierten, ursprünglich von JONES/EGGLETON (2000) vorgeschlagenen „termite diversity assessment protocol" wurden nur bemerkenswert wenige Termitenarten nachgewiesen, was vor allem auch auf das Fehlen der Humus- und Bodensubstratverzehrer, wohl bedingt durch den Vertisol, zurückzuführen ist. Während die hochgerechnete Gesamtartenzahl im Naturwald etwa doppelt so hoch wie in den Teakplantagen war, war die geschätzte standardisierte mittlere Individuendichte in ersterem weniger als halb so groß wie in letzteren (Tab. 1). Der geringe Totholzanteil und das weitgehend termitenresistente Holz in den Teakplantagen bedingte die im Vergleich zum Naturwald hohe Abundanz der pilzzüchtenden Laubverzehrer. Letztlich konnte die entscheidende Bedeutung des Bodenwassergehalts und der Laub-Biomasse für die Zusammensetzung der Termitengemeinschaft belegt werden (ATTIGNON et al. 2005).

4.2.3 Totholzkäfergilde

Quantitative Aufsammlungen bestätigten die nutzungsbedingten wenigen und relativ gering verrotteten Totholzmengen in den Teak- und Brennholzplantagen. Mit Hilfe von Emergenzfallen über einer standardisierten Menge definierten Totholzes wurden die saproxylen Käfer erfasst. Es konnten sowohl Spezialisten für bestimmte Baumarten als auch für bestimmte Verrottungsstadien identifiziert werden. Die Totholzkäfer des Naturwald-Holzes wiesen sowohl eine höhere durchschnittliche Artenzahl als auch eine höhere durchschnittliche Individuendichte im Vergleich zu den saproxylen Käfern aus Teakholz auf. Auch unterschieden sich die Artenzusammensetzungen der Naturwald-Totholz- und der Teak-Totholz-Käfer signifikant und deutlich (LACHAT et al. 2006b).

5 Schlussfolgerungen

Sämtliche Untersuchungen zur Zusammensetzung und Verteilung der Biodiversität im Lamawald-Schutzgebiet belegen die herausragende biogeographisch-ökologische Bedeutung des Noyau central. In diesem größten zusammenhängenden Naturwaldrest Süd-Benins kommen zahlreiche Regenwald-adaptierte Arten vor, die in vielen Fällen in Benin nur in dieser Enklave existieren. Der Lamawald ist für das Land Benin der bedeutendste Rest der naturnahen halbimmergrünen Wälder mit ihrer charakteristischen Fauna.

Die erste Arbeitshypothese konnte nicht bestätigt werden. Die Grenze zwischen Natur- und Plantagenwald ist auch für eine Anzahl stenöker, seltener, regenwaldtypischer Indikatortaxa durchlässig. Insbesondere unterwuchsreiche alte Teakplantagen tragen somit räumlich-strukturell zur Erhaltung der Biodiversität bei. Die zweite Arbeitshypothese wurde zum Teil bestätigt. Zentrale ökologische Funktionen, wie der Streu- und Totholzabbau, verlaufen diesseits und jenseits der Grenze unterschiedlich. Plantagenwälder stellen diesbezüglich keinen vollständig adäquaten Ersatz für die Aufrechterhaltung der ökologischen Funktionen naturnaher Wälder dar. Dennoch ergaben sich teilweise weniger deutliche Unterschiede als ursprünglich erwartet und es fanden sich auch Hinweise auf eine weitere Verbesserung der Situation durch gezielte Management-Maßnahmen. Untersuchungen in zentraleuropäischen natürlichen Wäldern und bewirtschafteten Forsten führten ebenfalls zu dem Ergebnis, dass zwar bezüglich der Biodiversität letztere ebenfalls eine wichtige Rolle spielen können, dass sie jedoch nur ein begrenztes Potenzial bezüglich wichtiger Ökosystemfunktionen besitzen (CHUMAK et al. 2005).

Aufgrund fehlender permanenter Wassertümpel sind mehrere Arten gezwungen, jahreszeitlich bedingte Wanderungen bzw. Standortwechsel durchzuführen. Dies sind Risikofaktoren für die dauerhafte Erhaltung von überlebensfähigen Populationen. Dazu kommt als weiterer Faktor die Wilderei, auch wenn diese auf relativ niedrigem Niveau bleibt. Durch die ringförmige Anordnung um den Noyau central können die Plantagen auch die Funktion eines „Cordon sanitaire" übernehmen, also eines Schutzwaldes, der die Gefährdung durch illegalen Holzeinschlag auf den Rest-Naturwald mindert.

Die von Naturwald über Teakplantagen zu Brennholzanpflanzungen zunehmende Dauer des Laubabbaus und die geringere Anzahl von streubewohnenden Invertebraten in den Plantagen im Vergleich zum Naturwald machen deutlich, dass ein spezifisches Waldbewirtschaftungsprogramm angestrebt werden muss, das einer Verarmung der Destruentenfauna vorbeugt. Die unterschiedlichen Totholzgilden lassen den Schluss zu, dass eine Durchmischung der Teakplantagen mit standortgerechten Baumarten eine Management-Option mit positiven Auswirkungen auf den Erhalt standortgerechter ökologischer Schlüsselfunktionen sein kann.

Die Naturschutzstrategien für dieses Gebiet können bestimmte Typen von Plantagen als wertvollen Lebensraum in die Planung mit einbeziehen. Naturschutz und forstliche Nutzung selbst durch Monokulturen müssen sich nicht gegenseitig ausschließen, sondern können sinnvoll miteinander verzahnt werden.

6 Zusammenfassung

Die Relativität von Grenzen und Räumen wird anhand der Frage besprochen, inwieweit sich anthropogene Plantagenwälder bezüglich der biotischen Struktur und bezüglich ihrer funktionsökologischen Charakteristika von angrenzenden standorttypischen Regenwäldern unterscheiden. Die Barrierewirkung beziehungsweise die Durchlässigkeit der Grenze zwischen einem solchen anthropogenen und dem naturnahen System ist ein wichtiger

Indikator zur Entwicklung von Naturschutzstrategien in den inneren Tropen. Anders als die Kulturlandschaft Europas wird in den Tropen die potenzielle Bedeutung anthropogener Ökosysteme für den Naturschutz noch weitgehend ignoriert. Daher wurden Untersuchungen zur biotischen Struktur (vor allem Arthropoden) und zu funktionsökologischen Aspekten (wie Streuabbau, Termitenaktivität, Totholzbesiedlung) in einem naturnahen Waldrest und angrenzenden Teakplantagen in Süd-Benin, Westafrika, durchgeführt. Dabei zeigte sich, dass für eine Anzahl seltener Waldarten die Grenze zu Plantagenwäldern durchlässig ist, während sich ökologische Schlüsselfunktionen in Natur- und Plantagenwäldern stark unterscheiden können. Hieraus lassen sich Maßnahmen ableiten, die einen Einbezug von Plantagenwäldern in das Naturschutzmanagement ermöglichen.

Danksagung

Die Studien wurden vom Schweizerischen Nationalfonds (SNF 31-59767.99, 3120A0-101967) und der Schweizerischen Direktion für Entwicklung und Zusammenarbeit (DEZA) finanziell unterstützt. Wir sind ebenfalls dankbar für die Unterstützung, die wir im Rahmen unserer Zusammenarbeit mit dem Beninischen Office National du Bois (ONAB) und dem International Institute of Tropical Agriculture (IITA), Cotonou-Calavi, erhielten.

Literatur

ALTHERR, G. (2004): Observations directes ou indirectes pour le singe à ventre rouge? In: Opuscula biogeographica basileensia, 3, 20-21.

ANHUF, D. (1994): Zeitlicher Vegetations- und Klimawandel in Côte d'Ivoire. In: Lauer, W. (Hrsg.): Veränderungen der Vegetationsbedeckung in Côte d'Ivoire. (= Erdwissenschaftliche Forschung 30). Stuttgart, 7-299.

ATTIGNON, S./LACHAT, T./SINSIN, B./NAGEL, P./PEVELING, R. (2005). Termite assemblages in a West African Semi-deciduous Forest and Teak plantations. In: Agriculture, Ecosystems and Environment, 110, 318-326.

ATTIGNON, S./WEIBEL, D./LACHAT, T./SINSIN, B./NAGEL, P./PEVELING, R. (2004): Leaf litter breakdown in natural and plantation forests of the Lama forest reserve in Benin. In: Applied Soil Ecology, 27(2), 109-124.

BROCKERHOFF, E./BERNDT, L. A./JACTEL, H. (2005): Role of exotic pine forests in the conservation of the critically endangered New Zealand ground beetle *Holcaspis brevicula* (Coleoptera: Carabidae). In: New Zealand Journal of Ecology, 29(1), 37-43.

CHUMAK, V./DUELLI, P./RIZUN, V./OBRIST, M. K./WIRZ, P. (2005): Arthropod biodiversity in virgin and managed forests in Central Europe. In: Forest Snow and Landscape Research, 79(1/2), 101-109.

CUNNINGHAM, S. A./FLOYD, R. B./WEIR, T. A. (2005): Do *Eucalyptus* plantations host an insect community similar to remnant *Eucalyptus* forest?. In: Austral Ecology, 30, 103-117.

DAOUDA, I. (1998): Inventaire des Reptiles et Amphibiens. Evaluation écologique intégrée de la forêt naturelle de la Lama en République du Bénin. Volume annexe. Elaboré pour le compte du projet «Promotion de l'économie forestière et du bois», ONAB, KfW, GTZ. ECO Gesellschaft für sozialökologische Programmberatung. Cotonou, Bénin.

EMRICH, A./MÜHLENBERG, M./STEINHAUER-BURKART, I./STURM, H. J. (1999): Rapport du synthèse. Evaluation écologique intégrée de la forêt naturelle de la Lama en République du Bénin. Elaboré pour le compte du projet «Promotion de l'économie forestière et du bois», ONAB, KfW, GTZ. ECO Gesellschaft für sozialökologische Programmberatung. Cotonou, Bénin.

GOERGEN, G. (2004): Le rôle de la forêt de la Lama pour la biodiversité des insectes. In: Opuscula biogeographica basileensia, 3, 22.

IUCN (ed.) (1987): IUCN directory of Afrotropical protected areas. International Union for the Conservation of Nature (IUCN), Gland.

IUCN (ed.) (1991): Protected areas of the world. A review of national systems. Vol. 3: Afrotropical. International Union for the Conservation of Nature (IUCN), Gland.

JONES, D. J./EGGLETON, P. (2000): Sampling termite assemblages in tropical forests: Testing a rapid biodiversity assessment protocol. In: Journal of Applied Ecology, 37, 191-203.

JOOS, O. (2004): Laubstreuabbau in Naturwaldrelikten und Teakplantagen des Lama-Waldes (Benin). Diplomarbeit, Institut für Natur-, Landschafts- und Umweltschutz (NLU) / Biogeographie, Universität Basel.

KASSA, B./SINSIN, B. (2004): Détermination de l'abondance des mammifères de la forêt classée de la Lama. In: Opuscula biogeographica basileensia, 3, 24.

KINGDON, J. (1990): Island Africa. The Evolution of Africa's Rare Animals and Plants. London.

KNAPP, R. (1973): Die Vegetation von Afrika. Stuttgart.

LACHAT, T./ATTIGNON, S./DJEGO, J./GEORGEN, G./NAGEL, P./SINSIN, B./PEVELING, R. (2006a): Arthropod diversity in Lama forest reserve (South Benin), a mosaic of natural, degraded and plantation forests. In: Biodiversity and Conservation, 15(1), 3-23.

LACHAT, T./NAGEL, P./CAKPO, Y./ATTIGNON, S./GOERGEN, G./SINSIN, B./PEVELING, R. (2006b). Dead wood and saproxylic beetle assemblages in a semi-deciduous forest in Southern Benin. In: Forest Ecology and Management (in press).

L'HÔTE, Y./MAHÉ, G. (1996): Afrique de l'Ouest et Centrale, Précipitations moyennes annuelles (Période 1951–1989). ORSTOM éditions, Paris (carte).

MATSUDA, R. (1995): A preliminary study of the Lama forest guenons in the Republic of Benin. Supported by the People's Trust for Endangered Species (P.T.E.S.). City University of New York.

NAGEL, P. (1999): Biogeographie und Ressourcenschutz: Grundlagen, Zielvorstellungen und Strategien im Natur-, Landschafts- und Umweltschutz. In: Regio basiliensis, 40(2), 75-88.

NAGEL, P. (2004): Les Coléoptères Carabidae: Paussinae de la forêt de la Lama. In: Opuscula biogeographica basileensia, 3, 26-27.

NAGEL, P./SINSIN, B./PEVELING, R. (2004): Conservation of biodiversity in a relic forest in Benin. An overview. In: Regio basiliensis, 45(2), 125-137.

NOBIMÈ, G./SINSIN, B. (2003): Les stratégies de survie du singe à ventre rouge (*Cercopithecus erythrogaster erythrogaster*) dans la Forêt classée de la Lama au Benin. In: Biogeographica, 79(4), 153-166.

ONAB (ed.) (1992): La Lama – dernière forêt naturelle. Plaquette réalisée par MEHU, GTZ, MIFOR et l'ONAB, Cotonou.

PIECHOCKI, R. (2002): Biodiversitätskampagne 2002: Leben braucht Vielfalt. V. Biodiversität und Evolution. In: Natur und Landschaft, 77(5), 230-232.

REFISCH, J. (1998): Les singes et les autres mammifères. Evaluation écologique intégrée de la forêt naturelle de la Lama en République du Bénin. Volume annexe. Elaboré pour le compte du projet «Promotion de l'économie forestière et du bois», ONAB, KfW, GTZ. ECO Gesellschaft für sozialökologische Programmberatung, Cotonou, Bénin.

SAYER, J. A. (1992): Benin and Togo. In: Sayer, J. A./Harcourt, C. S./Collins, N. M. (Eds.): The Conservation Atlas of Tropical Forests. Africa. Gland, 97-101.

SCHIØTZ, A. (1999): Treefrogs of Africa. Frankfurt am Main.

SINSIN, B./ASSOGBADJO, A. E. (2002): Diversité, structure et comportement des primates de la foret marécageuse de Lokoli au Bénin. In: Biogeographica, 78(4), 129-140.

SINSIN, B./NOBIMÈ, G./TÉHOU, A./BEKHUIS, P./TCHIBOZO, S. (2002). Past and Present

Distribution of the Red-Bellied Monkey *Cercopithecus erythrogaster* in Benin. In: Folia Primatologica, 73, 116-123.

SPECHT, I. (2002). La forêt de la Lama, Bénin. SIG basé sur Landsat 7. In: Opuscula biogeographica basileensia, 2, 1-100, cartes.

ULLENBRUCH, K. (2004). La diversité de l'herpétofaune de la forêt de la Lama. Résultats d'un inventaire préliminaire. In: Opuscula biogeographica basileensia, 3, 28.

ULLENBRUCH, K./KRAUSE, P./BÖHME, W. (2006). A new species of the *Chamaeleo dilepis* species group from Togo and Benin, West Africa. In: Tropical Zoology, 19 (in press).

WALTERT, M. (1998): Inventaire des Oiseaux. Evaluation écologique intégrée de la forêt naturelle de la Lama en République du Bénin. Volume annexe. Elaboré pour le compte du projet «Promotion de l'économie forestière et du bois», ONAB, KfW, GTZ. ECO Gesellschaft für sozialökologische Programmberatung, Cotonou, Bénin.

WEIBEL, D. (2003): Abbau von Laubstreu in Naturwaldrelikten und Forstplantagen des Lama-Waldes (Süd-Benin). Diplomarbeit, Institut für Natur-, Landschafts- und Umweltschutz (NLU)/Biogeographie, Universität Basel.

YU, X. D./LUO, T. H./ZHOU, H. Z. (2004): *Carabus* (Coleoptera: Carabidae) assemblages of native forests and non-native plantations in Northern China. In: Entomologica Fennica, 15, 129-137.

Leitthema D – Indikatoren globaler Umweltveränderungen

Sitzung 2: Landschaftsveränderung und Umweltbelastung in Mittelgebirgsräumen

Jörg Völkel (Regensburg)*

Mittelgebirge nehmen weltweit erhebliche Flächenanteile ein und sind zentrale Bestandteile mitteleuropäischer Landschaften. Dennoch treten sie im Fokus geographischer und landschaftsökologischer Forschungen als natur- und kulturlandschaftliche Einheiten hinter Hochgebirge, Flusslandschaften, Tiefländer und Küstenregionen zurück. Die Leitthemensitzung schlägt einen Bogen unterschiedlicher Forschungsansätze über ausgewählte Mittelgebirgslandschaften, wobei sowohl deren landschaftsgenetische Erforschung als auch die Frage historischer und aktueller Umweltveränderungen im Fokus der Beiträge stehen. Neben der fachinhaltlichen Breite und der räumlichen Verteilung der referierten Forschungsprojekte – vom Erzgebirge über den Bayerischen Wald, die Fränkische Alb, den Schwarzwald, die Vogesen bis hin zu den Shuswap Highlands in British Columbia – liefern die Beiträge einen Einblick in die methodische Vielfalt und Aussagekraft physisch-geographisch basierter Mittelgebirgsforschung.

Der Beitrag von Jörg VÖLKEL und Thomas RAAB zur *„Paläoökosystemforschung in prähistorischen Siedlungskammern und Zentren historischen Bergbaus im ostbayerischen Mittelgebirgsraum"* berichtet von Erträgen des interdisziplinären Graduiertenkollegs 462 „Paläoökosystemforschung und Geschichte", das von der Deutschen Forschungsgemeinschaft (DFG) von 1998 bis 2005 an der Universität Regensburg gefördert wurde (Leitung P. SCHAUER, seit 2001 J. VÖLKEL). Aus dem Überschneidungsbereich von Fränkischer Alb, dem Oberpfälzer Bruchschollenland und dem Naabgebirge als dem südwestlichen Sporn des Oberpfälzer Waldes werden Formen, Hinterlassenschaften und Einflussnahme des prähistorischen sowie historischen Bergbaus auf die heutige Kulturlandschaft untersucht. Das erste Beispiel bezieht sich auf ein neolithisches Feuersteinbergwerk, welches über gut zwei Jahrtausende genutzt und bereits vor etwa 7500 Jahren geöffnet wurde. Die Auswirkungen auf die Landschaft sind bis heute fassbar. In einem zweiten Beispiel werden großräumigere Einwirkungen der Ackerbau und Bergbau betreibenden Kulturen der Eisenzeit anhand von Studien zum keltischen Oppidum von Manching und an einer keltischen Siedlungskammer im Donaubogen von Bad Abbach bei Regensburg vorgestellt. Das dritte Beispiel schildert direkte Auswirkungen des mittelalterlichen bis neuzeitlichen Eisen- und Bleierzbergbaus im Einzugsgebiet der Vils in der Oberpfalz auf die heutige Umwelt.

Aus dem Erzgebirge wird von Karsten GRUNEWALD und Jörg SCHEITHAUER mit dem Beitrag *„Landschaftsveränderung und Umweltbelastung im Erzgebirge"* eine Studie zu Huminstoffeinträgen in Oberflächengewässer infolge sich ändernder ökosystemarer Faktoren und Prozesse in den Liefergebieten vorgestellt. Ziel ist eine Prognose des weiteren

---

* In Vertretung der ursprgl. vorgesehenen Sitzungsleiter Rüdiger Mäckel (Freiburg) und Pjotr Migon (Wroclaw)

Verlaufs der die Trinkwasserversorgung gefährdenden Einträge natürlicher Huminstoffe. Neben den Humusauflagen der Wälder werden vor allem auch Moore als Austragsquellen erkannt. Die Autoren machen geltend, dass zur Differenzierung und Interpretation heutiger Strukturelemente der Landschaft und der darin ablaufenden Prozesse die Landschaftsgenese des jeweiligen Raumes verstanden und gegebenenfalls erarbeitet werden muss. Der Beitrag befasst sich mit einer Problematik, die grenzübergreifend in den deutschen und tschechischen Teilen des Erzgebirges anhängig ist und auch von den Behörden als solche erkannt wurde. Auf der Suche nach Ursachen erhöhter Huminstoffausträge der Gegenwart, die mit der Kulturlandschaftsgenese des Erzgebirges in Zusammenhang stehen, wird eine besonders umfassende Vorschädigung der Landschaft in Form von Säureeinträgen erkannt. Der immissionsbedingt zunehmenden Versauerung der Vergangenheit wird ein aktueller Anstieg der pH-Werte in Talsperrenwässern als Effekt verminderter Emissionen seit den 1980er Jahren gegenübergestellt. Zersetzung der Moortorfe u. a. infolge Drainmaßnahmen sowie pH-Wertanstiege in den Böden werden neben anderen Veränderungen der Waldökosysteme im Erzgebirge als Ursache für den Austrag von Huminstoffen angesprochen und mögliche Maßnahmen angeführt.

Mit dem Thema *„Sedimente und Moore in Mittelgebirgsräumen als Archive der Landschaftsgeschichte – Prospektion, Analyse, Fallbeispiele"* befasst sich der dritte Beitrag von Alexandra RAAB und Jörg VÖLKEL. Er stellt die Palynologie in Verbindung mit anderen sedimentologischen Analysen als quartärwissenschaftliche und physisch-geographische Methode in den Vordergrund. Ziel ist es, die insbesondere in Mittelgebirgsräumen häufig anzutreffenden Kombinationen aus Nieder- und/oder Hochmoorkomplexen mit natürlichen und/oder quasinatürlichen, das heißt anthropogen induzierten Einträgen von minerogenen Sedimenten unterschiedlichster Provenienz bzw. deren Verzahnungen mit Moortorfen als Geoarchive aufzuschlüsseln. Die Prozesse und Beweisketten können weit in die holozäne Vergangenheit bis in das Spätglazial zurückreichen und sind dennoch stets hoch auflösend. Es werden Beispiele aus British Columbia gegeben, wo in der Mittelgebirgslandschaft der Shuswap Highlands Fragen der *Deglaciation* nachgegangen wird, indem die Moore in Verbindung mit vulkanisch freigesetzten Tephren als wichtige Datierungshilfen für die Altersbestimmung der Gipfelvergletscherung im Rahmen der Diskussion um die kaltzeitliche bis frühholozäne Eisausdehnung herangezogen werden. In Mitteleuropa haben vergleichbare Ansätze zur Revision der Interpretation der morphodynamischen Bedeutung der Jüngeren Dryaszeit in Mittelgebirgsräumen geführt und den Verlauf der hochkaltzeitlichen Vereisung der Mittelgebirge erhellt. Ein weiteres wichtiges Geoarchiv erschließt sich aus der Verschneidung von Moortorfen mit Kolluvien als korrelaten Sedimenten aktueller, geschichtlicher und vorzeitiger Bodenerosion, die auch in den niederen Bereichen der Mittelgebirge bis in das Neolithikum zurückreicht. Schließlich werden Moore als geochemische Fallen für Schwermetalle analysiert, welche u. a. vom Verhüttungswesen in vor- und frühgeschichtlicher Zeit freigesetzt und über den atmosphärischen Pfad überregional verbreitet wurden.

An der Universität Freiburg etablierte Rüdiger MÄCKEL das Graduiertenkolleg 692 „Gegenwartsbezogene Landschaftsgenese", aus welchem der Beitrag von Thomas LUDEMANN zur „Gegenwartsbezogenen Landschaftsgenese des Schwarzwaldes und der Vogesen auf der Grundlage paläoökologischer Untersuchungsmethoden" erwachsen ist. Seit der Gründung des Arbeitskreises „Vergleichende Mittelgebirgsforschung in Zentraleuropa" (R. MÄCKEL, J. VÖLKEL) wird der Thematik über entsprechende Forschungsverbünde vertiefte Aufmerksamkeit zuteil. Der Beitrag stellt die dergestalt interdisziplinäre Ausrichtung des GRK 692 als Fallbeispiel vor und fokussiert im Weiteren die Anthrakologie als ein Instrument paläoökologischer Forschungsansätze unter Ausführungen zur Methodik. Analysiert werden Meilerplätze im Schwarzwald, im Schweizer Jura und in den Vogesen (Regio TriRhena). Der Forschungsansatz ist, mittels anthrakologischer Methodik zu untersuchen, inwieweit die vormalige Kulturlandschaft dieser Mittelgebirgsräume bereits in historischer Zeit hinsichtlich der Baumartenzusammensetzung umfassend vom Menschen umgestaltet wurde und ob sich früher als bislang bekannt Sekundärwälder einstellten. Die Arbeit des als Postdoktorand im Kolleg tätigen Autors will daher von Einzelbeispielen bis zur überregionalen Interpolation der Befunde die sukzessive Ausdehnung der Waldnutzung hinterlegen. So zeigt sie auf, dass im Rahmen der Vermeilerung der Holzbestände offensichtlich weitaus weniger selektiert wurde als angenommen und die komplette Palette einheimischer Baumgattungen verwendet wurde. Bezüglich einer Bewertung der historischen Einflussnahme der Holzvermeilerung auf die gattungsspezifische Zusammensetzung der Mittelgebirgswälder im Untersuchungsgebiet kommt sie zu dem Schluss, dass die Einflüsse des natürlichen Standortpotenzials überwogen.

Paläoökosystemforschung in prähistorischen Siedlungskammern und Zentren historischen Bergbaus im ostbayerischen Mittelgebirgsraum

Jörg Völkel und Thomas Raab (Regensburg)

1 Einleitung

Die holozäne Landschaftsentwicklung in Mitteleuropa ist das Ergebnis eines komplexen Wirkungsgefüges aus abiotischen und biotischen Faktoren unter besonderer Einwirkung des Menschen. Die Eigenschaften und Kennzeichen vieler, heute vermeintlich naturnaher Ökosysteme sind Folgen dieser mittel- oder unmittelbar anthropogenen Eingriffe. Zur landschaftsökologischen Bewertung von Naturräumen, die in (prä-)historischen Zeiten durch menschliches Handeln überprägt wurden (Kulturlandschaften), müssen daher grundlegend die paläoökosystemaren Zusammenhänge erkannt und soweit als möglich entschlüsselt werden. Diese Aufgabe übernimmt die Paläoökosystemforschung unter Einsatz verschiedenster interdisziplinärer Untersuchungsmethoden, die in den Bio-, Geo- und Geschichtswissenschaften verankert sind.

Im Rahmen des von der Deutschen Forschungsgemeinschaft über sieben Jahre geförderten Graduiertenkollegs 462 „Paläoökosystemforschung und Geschichte" sowie in diversen weiteren Einzelstudien und fächerübergreifenden Verbundprojekten wurden im Umfeld des Universitätsstandortes Regensburg zahlreiche Befunde über natürliche und vor allem anthropogen verursachte oder induzierte Landschaftsveränderungen erarbeitet (u. a. LEOPOLD et al. 2003, VÖLKEL 2005). Die nachfolgenden Beispiele zeigen eine Auswahl dieser Ergebnisse aus dem ostbayerischen Raum, der mit seiner archäologisch hervorragend erschlossenen und bis in das Neolithikum reichenden Besiedlungs- und Nutzungsgeschichte sowie seiner naturräumlichen Reichhaltigkeit und starken landschaftlichen Differenzierung für die Paläoökosystemforschung einen Modellraum par excellence darstellt (Abb. 1).

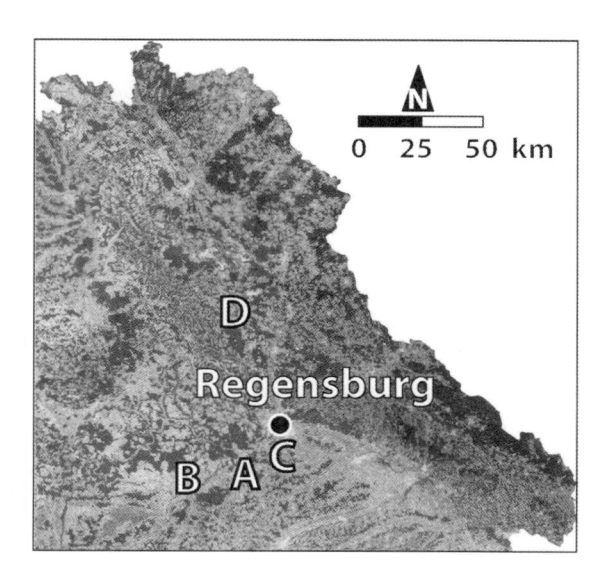

Abb. 1:
Ostbayern im Satellitenbild und Lage der ausgewählten Projekte im Umfeld des Universitätsstandortes Regensburg. (A) Arnhofen bei Abensberg, Ndb. (Neolithisches Silexbergwerk). (B) Manching bei Ingolstadt, Ndb. (Keltisches Oppidum). (C) Poign bei Regensburg, Opf. (Keltische Siedlungskammer). (D) Vilstal bei Amberg, Opf. (Mittelalterliches Montanwesen)

Abb. 2:
Verfüllte und im Zuge der archäologischen Ausgrabungen freipräparierte Schächte des neolithischen Silexbergwerkes von Arnhofen, Lkr. Kelheim, Ndb.

2 Neolithischer Silexbergbau bei Arnhofen, Lkr. Kelheim (Ndb.)

Neben dem Ackerbau, der sich im Zuge der Neolithisierung vor rund 7500 Jahren in Mitteleuropa ausbreitete, sind der Bergbau und die damit direkt oder indirekt verbundenen Tätigkeiten (Montanwesen) die entscheidenden Schritte in der Kulturentwicklung des frühgeschichtlichen Menschen. Sie prägten bis in die Neuzeit die soziale und die ökonomische Entwicklung der Gesellschaft sowie vor allem die Landnutzung und veränderten somit ursächlich die Landschaften umfassend und zumeist auch nachhaltig.

Ein Beispiel des prähistorischen Montanwesens von weit überregionaler Bedeutung in vorgeschichtlicher Zeit ist der Silexbergbau von Arnhofen im Lankreis Kelheim (Ndb.) nahe der Donau, wo zwischen ca. 5500 und 4000 v. Chr. die ansässigen Kulturen der Jungsteinzeit Horn- bzw. Feuerstein (Silex) als ihren essentiellen Rohstoff zur Herstellung von Werkzeugen und Waffen in einem weitläufigen Bergwerk abgebaut haben. Dieser „Stahl der Steinzeit" ist im Raum Arnhofen in den Plattenkalken des Malm entwickelt, die von tertiären Molassesanden und rißzeitlichen Schottern der Abens überlagert werden. Mittels der Duckelbautechnik haben die jungsteinzeitlichen Bergleute die bis zu sieben Meter mächtigen Decksedimente durchteuft, um in der über 1500 Jahre währenden Bergbaugeschichte wenigstens 8000 Schächte und höchstens 18 500 Schächte anzulegen (RIND 2000, 2003). Die vielfach nur 0,5 bis 0,7 m breiten Schächte wurden an der Sohle zur Ausbeutung der Rohstoffe etwas verbreitert und nach dem Abbau der Silexknollen zur Sicherung der Standfestigkeit mit den tauben Materialien der braun gefärbten Abensschotter und der weißlichen Molassesande verfüllt, so dass im Zuge archäologischen Ausgrabungen die allochthonen Schachtverfüllungen deutlich hervortreten (Abb. 2). Jeder Schacht lieferte etwa 6600 Silices, was einem Rohstoffgewicht von etwa 90 kg entspricht. Auf einer Fläche von 100 m^2 lagern etwa 9 t Hornstein (RIND 2000). Trotz intensiver Nutzung über eineinhalb Jahrtausende wurde nur etwa ein Drittel der Lagerstätte ausgebeutet, wobei aus Gründen der Silexqualität (Größe, Spaltbarkeit) nur knapp die Hälfte des Materials verwendbar war.

Die archäologischen Untersuchungen am neolithischen Silexbergwerk von Arnhofen haben bei den Prähistorikern eine Reihe von Fragen aufgeworfen, die sich vor allem auf den Charakter der prä-bergbauzeitlichen Landschaft beziehen, in der die jungsteinzeitlichen Menschen ihre Tätigkeiten entfaltet haben. Außerdem stellen archäologische Studien auf derart ausgedehnten Flächen ein großes Problem bei der Planung hinsichtlich der Auswahl der richtigen Grabungslokalitäten dar. In beiden Fällen konnten von Seiten der Physischen Geographie Antworten bzw. Hilfestellungen gegeben werden (Abb. 3). Sedimentologisch-bodenkundliche Aufnahmen belegen, dass die nativen Böden des Bergwerkareals weitflächig fehlen und dass durch den Bergbau Haldenmaterial aufgeworfen wurde. Die Einflüsse des neolithischen Bergbaus auf das Mesorelief und die Störung des oberflächennahen Untergrundes blieben über die Jahrtausende bis heute unverändert erhalten. Als wichtige Prospektionsmethode hat sich im Verbund mit der Luftbildauswertung der Einsatz des Bodenradars (Ground Penetrating Radar, GPR) sehr bewährt. Mit Hilfe des berührungs- und zerstörungsfreien Verfahrens lässt sich die Verbreitung und die Tiefe der Schachtanlagen darstellen, so dass nicht nur die räumlichen Dimensionen des Bergwerkes erfasst, sondern auch weitere archäologische Grabungen besser geplant werden können (LEOPOLD/VÖLKEL 2004).

Abb. 3: Geowissenschaftliche Verfahren im Einsatz bei der Erkundung des oberflächennahen Untergrundes im neolithischen Silexbergwerk von Arnhofen, Lkr. Kelheim, Ndb. Oben: Rammkernsondierung (Foto: RIND); unten: Ground Penetrating Radar (GPR)

3 Besiedlung, Landnutzung und Landschaftsveränderung während der Keltenzeit – Ausgewählte Befunde zu Studien im Umfeld von Regensburg

3.1 Das keltische Oppidum von Manching, Lkr. Pfaffenhofen a. d. Ilm (Ndb.)

Ein weiterer Schwerpunkt der Paläoökosystemforschung an der Universität Regensburg sind eisenzeitliche Besiedlungen. Vor allem die Rekonstruktion der Landnutzung und der Landschaftsveränderungen im Umfeld der Siedelareale während der gemeinhin als Keltenzeit bekannt gewordenen Latènezeit (500–15 v. Chr.) ist von besonderer Bedeutung für den gesamten süddeutschen Raum, da diese Periode die letzte Phase der prä-römischen Kulturen nördlich der Alpen darstellt. Mit dem Alpenfeldzug der Römer durch Drusus und Tiberius im Jahr 15 v. Chr. und der Einführung römischer Siedel- und Wirtschaftsweisen setzen tiefgreifende und lang anhaltende Umgestaltungen der Landschaften ein. In diese Zeit drastischer sozioökonomischer Umbrüche fällt die Besiedlung des in Donaunähe östlich von Ingolstadt gelegenen Oppidums von Manching. Bis heute ist nicht vollständig geklärt, unter welchen naturräumlichen Bedingungen die Menschen vor mehr als 2000 Jahren in dieser spätlatènezeitlichen Oppidazivilisation lebten und wie diese überregional bedeutsame stadtähnliche Siedlung der Kelten mit dem Eintreffen der Römer in Süddeutschland ihr Ende fand. In Zusammenarbeit mit der Römisch-Germanischen Kommission (RGK) des Deutschen Archäologischen Institutes (DAI), das seit mehreren Jahrzehnten archäologische Ausgrabungen im Bereich des ehemaligen Oppidums durchführt, hat die Physische Geographie/Bodenkunde der Universität Regensburg in den letzten Jahren wiederholt diverse geoarchäologische Fragestellungen untersucht. Neben jüngsten Arbeiten zum Aufbau des murus gallicus, bei denen wiederum geophysikalische Methoden wie das GPR zum Einsatz kamen (Abb. 4), sollte geklärt werden, in welcher Beziehung die Großsiedlung zur Paar als siedlungsnahen Fluss und zur Donau als Handelsweg stand. Insbesondere die Entwicklung des direkt an das Oppidum angrenzenden Donau-Altmäanders „Dürre Au" sollte untersucht werden, um zu zeigen, ob ehemals eine schiffbare Verbindung zur Donau bestanden hat.

Die sedimentologisch-bodenkundlichen Befunde der Rammkernsondierungen aus der Dürren Au belegen eindeutig, dass die keltische Großsiedlung während ihrer Errichtung in direktem Kontakt zur Paar und zum Donau-Altmäander „Dürre Au" gelegen hat (VÖLKEL/WEBER 2000, VÖLKEL et al. 2001). Die Ergebnisse widerlegen ältere Annahmen, wonach im Zuge der Mäandergenese ältere Teile des Oppidums erodiert worden seien. Der Altmäander ist zweifelsfrei älter. Er wurde allerdings bereits zur Keltenzeit durch die fortschreitende Sedimentation des Paarschwemmfächers von der Donau abgeschnürt (chute cut-off). In seinem unteren Teil stand der Altmäander während der gesamten Nutzungsphase des Oppidums mit der Donau in Verbindung, so dass sich eine ideale Nutzung als Schiffslände oder Hafen im Schutze der befestigten Siedlung angeboten hat. Erst nach dem Ende der keltischen Besiedlung wurde der noch einseitig offene Mäander im Mittelalter vollständig von der Donau getrennt (neck cut-off), und die Verfüllung des heutigen Altmäanders „Dürre Au" setzte mit sedimentologisch differenzierbaren und absolutchronologisch (^{14}C) fassbaren Stillwasserphasen ein.

Ab dem frühen Mittelalter änderte sich infolge einer Lauferhöhung der Donau das fluviale Geschehen. Mächtigere Ablagerungen von Auelehmpaketen belegen wiederholt Hochwässer von Paar und Donau. Mit dieser jungen Hochwasserdynamik ist auch der Verlust der keltischen Kulturschicht in den nördlichen Teilen des ehemaligen Oppidums erklärbar, was seitens der

Abb. 4: Messung der magnetischen Suszeptibilität an den verschiedenen Schüttungen im Wall des keltischen Oppidums von Manching bei Ingolstadt, Ndb. Links neben den beiden Bearbeitern sind im Planum die Reste der Blockschüttung des murus gallicus zu sehen (Foto: M. Leopold).

Archäologie bisher so nicht aufgefasst und als generelles Fehlen einer Kulturschicht interpretiert wurde.

3.2 Die keltische Siedlungskammer von Poign, Lkr. Regensburg (Opf.)

Neben den Oppida stellen die keltischen Viereckschanzen eine weitere wichtige Gruppe von Bau- bzw. Erdwerken der späten Latènezeit dar. Von den weit mehr als 200 bekannten Viereckschanzen des süddeutschen Raumes ist nur ein geringer Anteil über archäologische Grabungen untersucht. Im Rahmen jüngster Studien des DFG-GRK 462 an den keltischen Viereckschanzen von Sallach südöstlich von Straubing (Ndb.) werden unter Beteiligung der Vor- und Frühgeschichte, der Bodenkunde sowie der Paläobotanik Forschungsansätze zur Kennzeichnung der Mensch-Umwelt-Beziehung im Umfeld dieser Erdwerke fortgeführt, die von der Regensburger Paläoökosystemforschung bereits vor mehr als zehn Jahren begonnen wurden (Abb. 5; EHEIM/VÖLKEL 1994, VÖLKEL et al. 1998). Die aus diversen Einzelstudien vorliegenden Befunde zur vormaligen Landnutzung und den damit einhergehenden anthropogen induzierten Landschaftsveränderungen ergeben ein Bild der prähistorischen Besiedlung und Landschaftsstruktur, das nicht nur deutlich von der aktuellen Situation abweicht, sondern zu Teilen auch der Lehrmeinung über die Funktion der Viereckschanzen im Kulturgeschehen der Kelten widerspricht.

Abb. 5: Wall-Graben-Schnitt an der keltischen Viereckschanze von Sallach, Lkr. Straubing-Bogen, Ndb. Die archäologische Grabung wird gemeinsam von Vor- und Frühgeschichtlern, Geographen und Bodenkundlern durchgeführt. Deutlich zu erkennen ist der unter dem Wall begrabene, dunkel gefärbte Boden, der durch das Bauwerk vor der keltenzeitlichen Erosion geschützt wurde und erhalten geblieben ist.

Durch die Arbeiten Regensburger Geographen wurden weltweit erstmalig mehr als nur Abschätzungen zum Ausmaß der Bodenerosion während der Zeit des Spätlatène vorgelegt. In Form einer exakten Bilanzierung auf Basis eines hoch auflösenden Geländemodells und unter präziser Ermittlung der Parameter wie Volumina des Bodenabtrages und der kolluvialen Sedimentation sowie einer genauen Datierung lässt sich die Rate der Bodenerosion der Keltenzeit mit einem gemittelten Betrag von 20,4 t pro Hektar pro Jahr berechnen (VÖLKEL et al. 2001). Dieser Betrag ist identisch mit den Bodenerosionsraten, die für das Niederbayerische Lößhügelland als einer der ackerbaulich hoch produktiven Regionen Mitteleuropas aktuell ermittelt werden, was eindringlich aufzeigt, in welchem außerordentlich hohen Maß Bodenerosion in prähistorischer Zeit stattgefunden hat (LEOPOLD 2003).

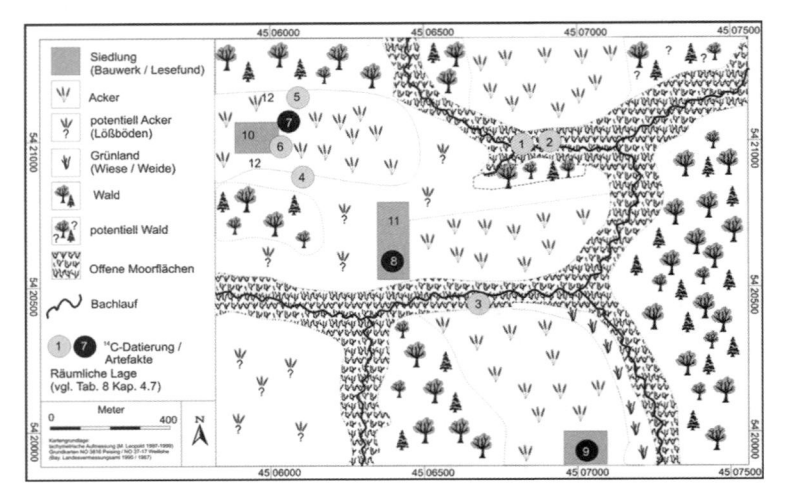

Abb. 6: Latènezeitliches-Landnutzungsmodell der keltischen Siedlungskammer Poign mit der Verteilung der rekonstruierten Wald-, Acker-, Grünland- und Moorareale (aus Leopold 2003)

Mit der Besiedlung und ackerbaulichen Nutzung einher ging eine gelenkte Trockenlegung der Moore bereits in vor- und frühgeschichtlicher Zeit. Das gilt zum Beispiel auch für die topogenen Niedermoore im Niederbayerischen Lößhügelland. Sie wurden von Kolluvien als den korrelaten Sedimenten der Bodenerosion regelrecht überfahren und bis zur Unkenntlichkeit zugedeckt. Die Moore erfuhren dadurch weit vor unserer Zeit einen kompletten Nutzungswandel, denn sie verschwanden unter der Sedimentdecke und dienen bis heute als Ackerflächen (A. RAAB et al. 2005 sowie A. RAAB/VÖLKEL in diesem Band). Im Beispiel der Siedlungskammer von Poign zeigen die vegetationsgeschichtlichen Untersuchungen, dass die Landschaft um Regensburg bereits während neolithischer Zeit und vor allem während der Metallzeiten den Wald betreffend weit geöffnet war (A. RAAB et al. 2005). Die vorzeitige Landschaft ist noch genauer charakterisierbar, wenn ein Landnutzungsmodell verwendet wird, das für diesen Zweck von LEOPOLD/VÖLKEL (2005) entwickelt wurde. Es zeigt, dass Waldfläche und Offenland zur Spätlatène und zur Römischen Kaiserzeit im Regensburger Raum nicht nur mit den heutigen Verhältnissen identisch waren (Abb. 6). Die Waldflächen dürften heute weitaus größere Bereiche gegenüber der Zeit vor 2000 Jahren einnehmen.

4 Mittelalterliches Montanwesen an der Vils in der Oberpfalz

Im letzten Beispiel zur Paläoökosystemforschung im ostbayerischen Mittelgebirgsraum seitens des DFG-GRK 462 rückt erneut das Montanwesen in den Mittelpunkt. Im ausgehenden Mittelalter etablierte sich in der Oberpfalz mit den Städten Amberg und Sulzbach sowie entlang der Flüsse Naab und Vils ein Eisenzentrum von überregionaler Bedeutung, welches als „Ruhrgebiet des Mittelalters" Eingang in die geschichtswissenschaftliche Literatur gefunden hat (GÖTSCHMANN 1985). Zur Hochzeit von Eisenbergbau und -verarbeitung im 15. Jh. waren an Naab und Vils über 200 Eisenhämmer in Betrieb, die insgesamt etwa 9000 t Eisen pro Jahr produzierten (LUTZ 1941). Die vielfältigen und bis heute anhaltenden Auswirkungen dieses Montanwesens auf die Landschaft und insbesondere auch auf aktuelle geoökologische und landschaftsplanerische Aspekte des Vilstales sind während der letzten vier Jahre intensiv untersucht worden (RAAB 2005). Räumlich und methodisch unterschiedlich ausgerichtete Fallstudien haben gezeigt, dass zahlreiche Elemente der modernen Kulturlandschaft grundlegend vom histori-

Jörg Völkel und Thomas Raab

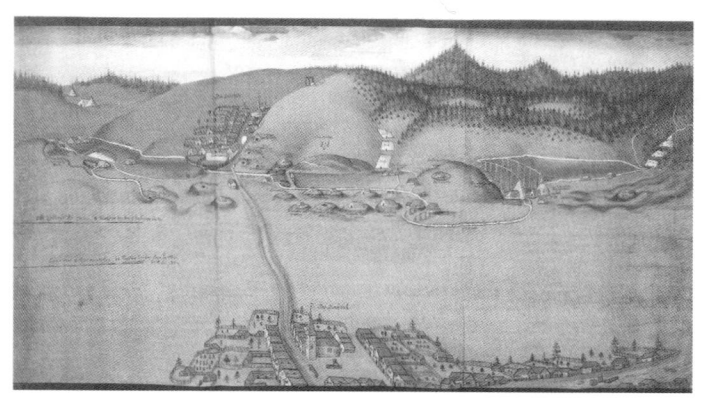

Abb. 7: Zeitgenössische Darstellung der Landschaftsumgestaltung in einer historischen Bergbauregion auf einer Bildstreitkarte aus dem Harz (aus Ernsting 1994)

schen Montanwesen geprägt oder überprägt worden sind (BECKMANN et al. 2003, HÜRKAMP et al. 2003, T. RAAB/VÖLKEL 2005, T. RAAB et al. 2005, RICHARD 2005).

Ein entscheidender Faktor der montanbedingten Landschaftsveränderung war der Holzverbrauch. Dieser hat spätestens in der Blütephase des Bergbaus infolge gestiegenen Bedarfs an Grubenholz und vor allem an Holzkohle enorme Ausmaße angenommen, was in den Oberpfälzer Wäldern im 16. Jh. zu defizitären Holzbilanzen von zehn Mio. Festmetern bzw. sieben Jahreszuwächsen führte (VAN-GEROW 1987, 346). Verstärkt durch die wachsende Beanspruchung von Flächen für die Landwirtschaft, die bei fehlendem Mineraldüngereinsatz die wachsende Bevölkerungszahl in den prosperierenden Bergbauregionen ernähren musste, führte die übermäßige und unangepasste Landnutzung zu regelrechten Devastierungen, die in zeitgenössischen Darstellungen historischer Montanregionen vielfach dokumentiert sind (Abb. 7). Im Vilstal südlich von Amberg lassen sich Relikte dieses Landnutzungsdruckes in Form von Erosionsformen noch heute finden.

Von den Wäldern auf den Hochflächen der Südlichen Frankenalb, in denen die in den Hammerwerken an der Vils benötigte Holzkohle produziert wurde, transportierten Karren auf unbefestigten Wegen Erz und Kohle an die Hammerstandorte im Vilstal. Als Folge entwickelte sich in jedem kleinen Seitental ein weit gestreutes, breit auffächerndes Hohlwegsystem, in welchem die linienhafte Erosion ihre Kräfte frei entfalten konnte und tiefe Runsensysteme hinterließ. Geomorphologisch-bodenkundliche Untersuchungen an einem dieser Runsensysteme belegen, dass es bereits vor der Zeit des mittelalterlichen Bergbaus zur erosiven Verkürzung der nativen Böden an den Hän-

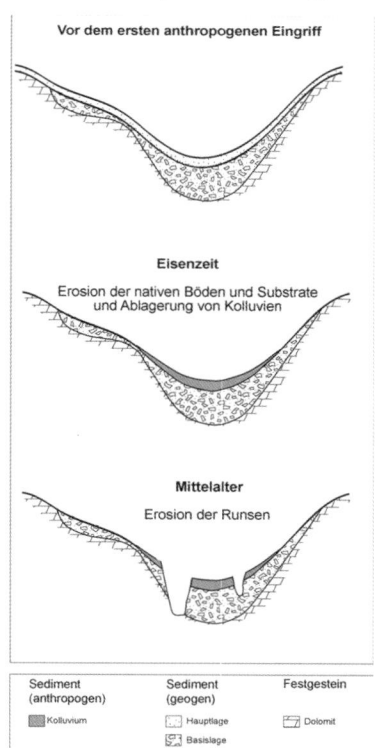

Abb. 8: Modell der Landschaftsentwicklung mit den Hauptphasen der anthropogenen Eingriffe und Bodenerosion im Hirschwald bei Leidersdorf an der Vils südlich von Amberg, Opf. (aus Raab 2005)

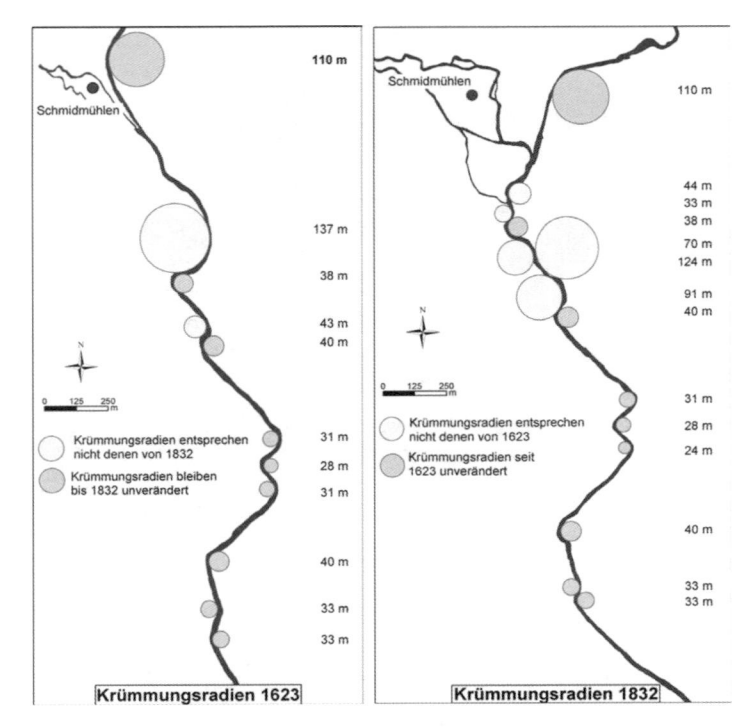

Abb. 9:
Vergleich der Krümmungsradien der Gerinnedarstellung der Vils südlich von Schmidmühlen, abgeleitet aus historischen Karten (aus Richard 2005)

gen und zur Ablagerung von Kolluvien in den Tiefenlinien gekommen ist. Erst nach dieser, sehr wahrscheinlich in die Eisenzeit zu datierenden Phase der Bodenerosion haben sich im Zuge der mittelalterlichen Bergbaunutzung die Runsen linear eingeschnitten, und zwar stellenweise sogar in die älteren Kolluvien. Somit lässt sich eine Mehrphasigkeit der Bodenerosion belegen, die auf mindestens einen prä-mittelalterlichen Eingriff in die Landschaft an den Talhängen und Hochflächen hinweist (Abb. 8; T. RAAB/VÖLKEL 2005).

Weitere montanbedingte Eingriffe finden sich vor allem in den Auen der Flüsse. Durch den Bau von Stauhaltungen, die für den Betrieb der Hammerwerke genutzt wurden, die aber auch erforderlich waren, um die Wasserführung für die Schifffahrt zu steuern, änderte sich die fluviale Morphodynamik grundlegend. Historisch-kartographische Untersuchungen, verknüpft mit geomorphologisch-sedimentologischen Studien, belegen für ausgewählte Flussabschnitte der Vils, dass diese Eingriffe nur teilweise reversibel waren (RICHARD 2005). Stellenweise hat sich durch Uferbefestigungen der Verlauf der Vils seit dem frühen 17. Jh. bis heute nicht verändert, während an anderen Stellen im Unterlauf von Stauhaltungen die Krümmungsradien der

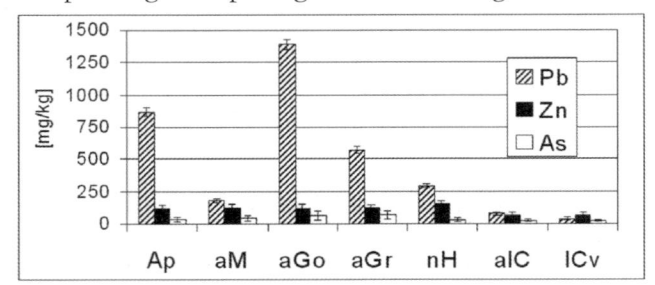

Abb. 10: Gehalte an Blei, Zink und Arsen in Auenböden des oberen Vilstales in Abhängigkeit der Bodenhorizonte. Dargestellt sind Mittelwerte und Standardabweichungen aus 1915 Einzelmessungen (aus Raab 2005).

Mäander deutlich vergrößert wurden (Abb. 9).

Eine nicht minder nachhaltige Wirkung hatte der historische Bleibergbau am Oberlauf der Vils. Hier wurde im Raum Freihung (Opf.) vom 16. Jh. bis Mitte des 20. Jh. Bleierz abgebaut und verarbeitet. Als Folge weisen noch heute viele Auenstandorte im Unterlauf des ehemaligen Bergbauareals bei Freihung deutlich erhöhte Gehalte an Schwermetallen auf, vor allem an Blei (T. RAAB et al. 2003, HÜRKAMP et al. 2003). Im Zuge moderner Renaturierungsmaßnahmen, die mit einer erneuten, anthropogenen Verlagerung des Flussbettes einhergehen, besteht die Gefahr, dass Schwermetalle freigesetzt werden, die teilweise über Jahrhunderte in dem Auensediment festgelegt waren. (Abb. 10). Somit belegt dieses letzte Beispiel einmal mehr, wie eng die Paläoökosystemforschung auch die angewandten Bereiche des Natur- und Umweltschutzes sowie der Landschaftsplanung nicht zuletzt in Mittelgebirgsräumen berührt.

Literatur

BECKMANN, S./RAAB, T./VÖLKEL, J. (2003): Untersuchung von Auensedimenten und Kolluvien als Geoarchive im Einflußbereich eines historischen Montanstandortes. In: Mitteilungen der Deutschen Bodenkundlichen Gesellschaft, 102, 425-426.

EHEIM, A./VÖLKEL, J. (1994): Vergleich des Tonmineralbestandes und ihrer pedogenen Transformation in Böden unterschiedlichen Alters anhand eines keltischen Bauwerkes. In: Berichte zur Deutschen Ton- und Tonmineralgruppe e.V., 55-65.

ERNSTING, B. (1994): Georgius Agricola. Bergwelten 1494-1994. Essen.

GÖTSCHMANN, D. (1985): Oberpfälzer Eisen – Bergbau- und Eisengewerbe im 16. und 17. Jahrhundert. Theuern. (= Schriftenreihe des Bergbau- und Industriemuseums Ostbayern, 5).

HÜRKAMP, K./RAAB, T./VÖLKEL, J. (2003): Retention und Mobilisierungspotential montanhistorischer Schwermetalleinträge in Auenböden am Oberlauf der Vils/Opf. In: Mitteilungen der Deutschen Bodenkundlichen Gesellschaft, 102, 183-184.

LEOPOLD, M. (2003): Multivariate Analyse von Geoarchiven zur Rekonstruktion eisenzeitlicher Landnutzung im Umfeld der spätlatènezeitlichen Viereckschanze von Poign, Lkr. Regensburg. (= Regensburger Beiträge zur Bodenkunde, Landschaftsökologie und Quartärforschung, 2. [http://www.opus-bayern.de/uni-regensburg/volltexte/2005/336/]).

LEOPOLD, M./VÖLKEL, J. (2004): Neolithic flint mines in Arnhofen, Southern Germany: a ground-penetrating radar survey. In: Archaeological Prospection, 11, 57-64.

LEOPOLD, M./VÖLKEL, J. (2005): Methodological approach and case study for the reconstruction of a (pre)historic land use model. In: Zeitschrift für Geomorphologie, N.F. Supplement, 139, 173-188.

LEOPOLD, M./RAAB, T./VÖLKEL, J. (2003): Kolluvien, Auensedimente und Landschaftsgeschichte – Tagungsband und Exkursionsführer zur Jahrestagung des Arbeitskreises für Bodengeographie in der Deutschen Gesellschaft für Geographie vom 1. bis 3. Mai 2003 in Regensburg. Regensburg. (= Regensburger Beiträge zur Bodenkunde, Landschaftsökologie und Quartärforschung, 3. [http://www.opus-bayern.de/uni-regensburg/volltexte/2005/337/]).

LUTZ, J. (1941): Die ehemaligen Eisenhämmer und Hüttenwerke und die Waldentwicklung im nordöstlichen Bayern. In: Mitteilungen Forstwirtschaft und Forstwissenschaft, 12, 277-294.

RAAB, A./VÖLKEL, J. (2006): Sedimente und Moore in Mittelgebirgsräumen als Archive der Landschaftsgeschichte – Prospektion, Analyse, Fallbeispiele. In: Kulke, E./Monheim, H./Wittmann, P. (Hrsg.): GrenzWerte. Tagungsbericht und wissenschaftliche Abhandlungen 55. Deutscher Geographentag Trier 2005.

Raab, A./Leopold, M./Völkel, J. (2005): Vegetation and land-use history in the surroundings of the Kirchenmoos (Central Bavaria, Germany) since the late Neolithic Period to the early Middle Ages. In: Zeitschrift für Geomorphologie, N.F. Supplement, 139, 35-61.

Raab, T. (2005): Erfassung und Bewertung von Landschaftswandel in (prä-)historischen Montangebieten am Beispiel Ostbayerns. Regensburg. (= Regensburger Beiträge zur Bodenkunde, Landschaftsökologie und Quartärforschung, 7. [http://www.opus-bayern.de/uni-regensburg/volltexte/2005/581/]).

Raab, T./Völkel, J. (2005): Soil geomorphological studies on the prehistoric to historic landscape change in the former mining area at the Vils River (Bavaria, Germany). In: Zeitschrift für Geomorphologie, N.F. Supplement, 139, 129-145.

Raab, T./Hürkamp, K./Völkel, J. (2003): Die Bewertung von Bodenfunktionen im Sinne des Bodenschutzes vor dem Hintergrund montanhistorischer Landschaftsveränderungen in der Oberpfalz. In: Marktredwitzer Bodenschutztage, Tagungsband 3, Bodenschutz im Spannungsfeld zwischen Wissenschaft und Vollzug, 80-86.

Raab, T./Beckmann, S./Richard, N./Völkel, J. (2005): Reconstruction of floodplain evolution in former mining areas – The Vils River case study. In: Die Erde, (136)1, 47-62.

Richard, N. (2005): Historischer Ausbau oder natürliche Entwicklung? Die fluviale Morphologie der Vils unter dem Einfluß des historischen Bergbaus. (= Regensburger Beiträge zur Bodenkunde, Landschaftsökologie und Quartärforschung, 6. [http://www.opus-bayern.de/uni-regensburg/volltexte/2005/564/]).

Rind, M. M. (Hrsg.) (2000): Geschichte ans Licht gebracht. Archäologie im Landkreis Kelheim, 3. Buechenbach.

Rind, M. M. (Hrsg.) (2003): Wer andern eine Grube gräbt... Archäologie im Landkreis Kelheim, 4. Buechenbach.

Vangerow, H.-H. (1987): Die Holzversorgung der Oberpfalz vor 1600. In: Schriftenreihe des Bergbau- und Industriemuseums Ostbayerns, 12, 325-351.

Völkel, J. (Ed.) (2005): Colluvial sediments, flood loams and peat bogs. Stuttgart. (= Annals of Geomorphology, Supplement-Volume, 139).

Völkel, J./Weber, B. (2000): Neue Befunde zur Funktion des Donaualtmäanders „Dürre Au" als Schiffslände und zum Verbleib der keltischen Kulturschicht auf den aktuellen Grabungsflächen. In: Sievers, S. (Hrsg.): Vorbericht über die Ausgrabungen 1998–1999 im Oppidum von Manching, Germania 78, 18-21.

Völkel, J./Raab, A./Raab, T./Leopold, M./Dirschedl, H. (1998): Methoden zur Bilanzierung spätlatènezeitlicher Bodenerosion am Beispiel der Viereckschanze von Poign, Lkr. Regensburg. (= Archäologische Forschungen in urgeschichtlichen Siedlungslandschaften. Regensburger Beiträge zur prähistorischen Archäologie, 5, 541-558).

Völkel, J./Leopold, M./Weber, B. (2001) Neue Befunde zur Landschaftsentwicklung im niederbayerischen Donauraum während der Zeitenwende (keltisches Oppidum von Manching, Viereckschanze von Poign bei Bad Abbach). In: Zeitschrift für Geomorphologie, N.F. Supplement, 128, 47-66.

Landschaftsveränderung und Umweltbelastung im Erzgebirge

Karsten Grunewald und Jörg Scheithauer (Dresden)

1 Einleitung

In der Region Erzgebirge, im Herzen Europas, vollziehen sich drastische Landschaftsveränderungen. Die Hochlagen des Mittelgebirges sind aus klimatisch-physischer, aber auch aus ökonomisch-politischer Sicht als Grenzgebiete einzustufen. Vor allem aufgrund beträchtlicher Luftbelastungen in den 70er und 80er Jahren des vergangenen Jahrhunderts nahm die Umweltbelastung Ausmaße an, die der Region den Namen „Schwarzes Dreieck" einbrachte (JAMS Arbeitsgruppe 1999). Im Erzgebirge starben 40 000 bis 50 000 Hektar Wald schwefeldioxidbedingt ab (HÜTTL in DIE ZEIT, 02/2004). Boden- und Gewässerversauerung sowie Waldsterben betrafen alle Gebietsnutzer von Forst- über Wasserwirtschaft, Naturschutz bis Tourismus. Die Ursachen und komplexen Wechselwirkungen zwischen Schadstoffdeposition und Reaktion der Öko- und Anthroposysteme wurden im natur- und gesellschaftswissenschaftlichen Kontext untersucht (z. B. REHFUESS 1989, NEBE et al. 1998). Die gezielte Quellenbeseitigung sowie effektive Gegenmaßnahmen konnten in der Großregion Erzgebirge jedoch erst nach der politischen Wende 1989/90 getroffen werden. Infolge der politischen und finanziellen Anstrengungen (v. a. Nachrüstung von Entschwefelungsanlagen in Braunkohlekraftwerken oder Stilllegung, Waldkalkung und Wiederaufforstung) vollzog sich der Wandel vom Schadensgebiet zu akzeptablen Umweltbedingungen. Die Ökosysteme haben enorme Anpassungsleistungen an die sich rasch ändernden Bedingungen zu erbringen.

Seit Anfang der 1990er Jahre ist in den Mittelgebirgsregionen Zentraleuropas, besonders im Erzgebirge, der Trend zu verstärkten Huminstoffeinträgen (synonym: NOM – Natural Organic Matter) in die Oberflächengewässer zu verzeichnen (GRUNEWALD et al. 2003). Indikatoren dafür sind die wachsenden Spektralen Absorptionskoeffizienten im UV-Bereich bei 254 nm (SAK_{254}), die Färbung bei 436 nm (SAK_{436}) und die erhöhten Konzentrationen des gelösten organischen Kohlenstoffs (DOC). Diese, den Huminstoffanteil des Wassers charakterisierenden Parameter, basieren auf den chemisch-strukturellen Eigenschaften dieser höhermolekularen Komponenten. Der Anstieg der Huminstoffkonzentrationen betrifft die Talsperrenzuflüsse, aber auch die Speicher, das Roh- und das aufbereitete Wasser. Am Beispiel des SAK_{254} des Wassers der Talsperre Eibenstock im Westerzgebirge (Abb. 1) wird darüber hinaus deutlich, dass selbst bei jahreszeitlich bedingten Rückgängen das Ausgangsniveau von Anfang der 90er Jahre nicht annähernd erreicht wird.

Hohe NOM-Konzentrationen in Trinkwassertalsperren können die Qualität des Wassers nachhaltig beeinträchtigen. Zu den wesentlichsten und am häufigsten bemerkten Folgen gehören:
- Erhöhung der Zehrung der Desinfektionsmittel
- Erhöhung der Desinfektionsnebenproduktbildung

- Störung der Flockungs- und Sedimentationsprozesse
- Verkürzung der Filterlaufzeiten
- Erhöhter Anfall von Aufbereitungsrückständen (Flockungsschlämme)
- Erhöhung des Wiederverkeimungspotenzials im Trinkwasserverteilungsnetz
- Beeinträchtigung von Färbung, Geschmack und Geruch des Trinkwassers

Im Erzgebirge werden über zwei Drittel der Bewohner durch Talsperrenwasser versorgt. Die Qualität der Rohwässer entscheidet über Aufwand und damit Kosten der Wasseraufbereitung.

Zur wissenschaftlichen Erkundung des Phänomens der NOM-Anstiege im Erzgebirge wurde das Forschungsprojekt „Bilaterale Untersuchungen und modellgestützte Prognosen von Huminstoffeinträgen in Oberflächengewässer aufgrund veränderter Ökosystemzustände in Mittelgebirgen und deren Relevanz für die Trinkwasserproduktion" installiert (BMBF-Förderkennzeichen 02WT0172, Laufzeit 2001–2005). Hauptziele waren die Erarbeitung mittelfristiger Prognosen für die Roh- und Trinkwasserbeschaffenheit unter dem Aspekt verstärkter NOM-Einträge in Oberflächengewässer sowie die Aufstellung eines Maßnahmenkatalogs für Einzugsgebiete, Speicher und die Trinkwasseraufbereitung (GRUNEWALD/SCHMIDT 2005).

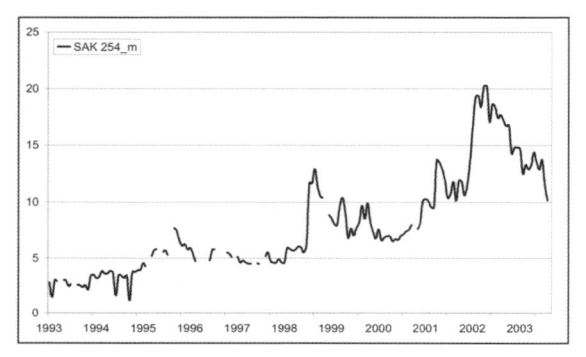

Abb. 1: SAK_{254}-Werte der Jahre 1993–2003 am Beispiel des Rohwassers der Talsperre Eibenstock (Quelle: Landestalsperrenverwaltung Sachsen, LTV)

2 Untersuchungsgebiet und -ansätze

Das ehemalige „Schwarze Dreieck" ist eine grenzüberschreitende Region zwischen Sachsen, Nordböhmen (Tschechien) und Niederschlesien (Polen). Verdichtungsräume von Bevölkerung, Industrie und Bergbau rahmen das Erzgebirge ein. Emissionen aus diesen Gebieten erreichen bei fast jeder Windrichtung das Mittelgebirge und Immissionen werden durch den orographischen Effekt verstärkt (JAMS Arbeitsgruppe 1999).

Der steigende anthropogene Einfluss auf Ökosysteme kann auf regionalem Level insbesondere anhand der Indikatoren Bevölkerungswandel in Wechselwirkung mit Änderungen auf den Sektoren Ökonomie und Politik sowie Energie, Landbewirtschaftung, Konsum und Kommunikation quantifiziert werden. Als Folgen sind anthropogene Belastungen und Umweltwandel v.a. hinsichtlich Atmosphäre, Klima, Landnutzung, Böden, Hydrosphäre und Geo-Bio-Chemosphäre auszumachen. Im Rahmen dieser Abhandlung kann nur auf ausgewählte Veränderungen diesbezüglich im Erzgebirge eingegangen werden (Kap. 3).

Wie einleitend dargelegt, soll der Schwerpunkt auf die veränderten Huminstoffeinträge in Oberflächengewässer gelegt werden (Kap. 4). Diese Untersuchungen wurden im Rahmen einer bilateralen Zusammenarbeit zwischen tschechischen und deutschen Forschungseinrichtungen im Erzgebirge durchgeführt. Als Untersuchungsobjekte dienten Einzugsgebiete von Trinkwassertalsperren mit unterschiedlicher geoökologischer Ausstattung. Es wurden die Speicher Muldenberg und Carlsfeld im Westerzgebirge sowie Rauschenbach und Flaje im Osterzgebirge (letzterer auf tschechischem Territorium) ausgewählt. Um die Situation und Dynamik von den Ursachen bis zu den Auswirkungen ganzheitlich beurteilen zu können, wurden die technischen Systeme der Wasseraufbereitung mit in die Betrachtung einbezogen. Tab. 1 gibt charakteristische Merkmale der untersuchten Einzugsgebiete im Erzgebirge wieder.

Tab. 1: Charakteristische Daten der Untersuchungsgebiete im Erzgebirge

Einzugsgebiet	Rauschenbach	Muldenberg	Flaje	Carlsfeld
Fläche	26,3 km²	18,4 km²	41,6 km²	5,3 km²
Mittlere Höhe NN	730 m	770 m	815 m	930 m
Potenzieller Waldanteil	78 %	98 %	89 %	99 %
Anteil Moorböden	10 %	31 %	25 %	50 %
Mittlere DOC-Konz. im Oberflächenwasser (1993-2001)	2,8 mg·L^{-1}	6,3 mg·L^{-1}	5,7 mg·L^{-1}	9,0 mg·L^{-1}
Mittlere SAK$_{254nm}$ im Oberflächenwasser (1993-2001)	7,3 E·m^{-1}	22,5 E·m^{-1}	20,4 E·m^{-1}	36,2 E·m^{-1}

Durch Untergliederung in Teileinzugsgebiete, die sich in Ausstattung, Bewirtschaftung und Stoffhaushalt deutlich unterscheiden und detailliert zu erfassen sind, sollten räumliche Differenzierungen der Huminstoffeinträge in Abhängigkeit der Ökosystemmerkmale bewertet werden. Für die ausgewählten Systeme wurde ein regelmäßiges Messprogramm ausgearbeitet. Im Mittelpunkt der Untersuchungen standen die Konzentration und die Zusammensetzung der im Wasser enthaltenen NOM in den Einzugsgebieten, im Speicher selbst sowie im Roh- und Reinwasser der jeweiligen Wasserwerke. Diese Parameter wurden zudem in ihrem jahreszeitlich variierenden Verlauf erfasst. Der Umstand, dass das sehr feuchte Jahr 2002 mit den Hochwasserereignissen in Sachsen und das sehr trockene Jahr 2003 in die Untersuchungsperiode fielen, ermöglichte zum Teil die Erfassung witterungsbedingter Extremsituationen.

Für die Einzugsgebiete wurden zunächst die für den Huminstoffeintrag bestimmenden Faktoren erhoben. Diese sind in Abb. 2 schematisch zusammengestellt.

Die Charakterisierung der NOM in der wässrigen Phase erfolgte nach Kriterien, die für die Trinkwasseraufbereitung entscheidend sind. Dazu gehören insbesondere die Aussagen der mittels gelchromatographischer Fraktionierung mit gekoppelter OC-Detektion erhaltenen Informationen bezüglich ihrer qualitativen und quantitativen Zusammensetzung (HUBER/FRIMMEL 1996) und das Reaktionsvermögen der NOM mit chlorhaltigen Desinfektionsmitteln (SCHMIDT et al. 1999).

Das Messprogramm wurde durch einen Komplex systematischer Laborversuche ergänzt. Die Laborversuche hatten zum Ziel, die existierenden Hypothesen in Bezug auf die Hauptquellen der NOM in den Einzugsgebieten zu prüfen und zu ergänzen sowie externe und interne Einflüsse auf die NOM-Dynamik zu studieren (GRUNEWALD/SCHMIDT 2005).

3 Umweltbelastung und Landschaftswandel im Erzgebirge
Für das Verständnis der aktuellen Landschaftsstrukturen und -prozesse ist zunächst die

Analyse des Landschaftswandels in der Vergangenheit erforderlich. Dieser ist eng an die historische Entwicklung des Erzgebirges als Bergbauregion geknüpft. Nach ersten Zinnerz- und Silberfunden strömten Bergleute seit dem 12. Jh. zu und das Gebirge erhielt seinen Namen. Die sukzessive Ausbeutung der Lagerstätten hatte einen hohen Holzbedarf zur Sicherung der Schächte zur Folge. Die Erzverhüttung erforderte zudem große Mengen Holzkohle (ZIMMERMANN et al. 1998). Der Bergbau beeinflusste nachhaltig die Kulturlandschaftsentwicklung, hinterließ Kunstteiche und -gräben, Schächte, Pingen, Halden u. a. Darüber hinaus begann bereits im Mittelalter die Entwässerung und Erschließung der erzgebirgischen Moore zum Abbau von Erzseifen und für die Gewinnung von Torf als Brennstoff (SLOBODDA 1998).

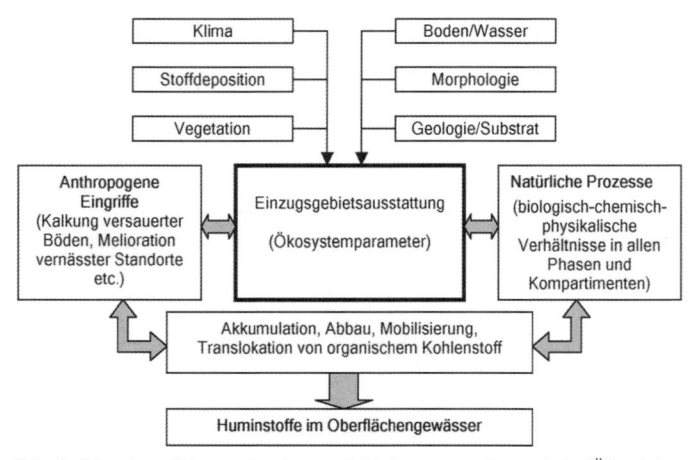

Abb. 2: Huminstoffeintrag bestimmende Faktoren – schematische Übersicht

Mit der Aufarbeitung der Erze gingen auch die ersten Rauchschäden einher, die bereits im Mittelalter nahe der Erzhütten beobachtet wurden (BITTER et al. 1998). Später setzte durch höhere Schornsteine und resultierendem Ferntransport der Schadstoffe die Schädigung des Waldes in weiter entfernt gelegenen Gebieten ein, beginnend auf Kuppen und an Waldrändern. Außerdem nahm die Rodung des Waldes für Bergbau und Verhüttung stark zu. Hierbei besaßen die Bergbaustandorte Freiberg und Brand-Erbisdorf eine erhebliche „Fernwirkung" bis in das obere Osterzgebirge, sowohl den Schadstoffausstoß als auch die Nachfrage nach Holz betreffend (BITTER et al. 1998, ZIMMERMANN et al. 1998). Um dem einsetzenden Holzmangel zu begegnen, wurde mit gezieltem Wiederaufbau der ausgeplünderten Bestände nach wissenschaftlichen Gesichtspunkten begonnen. Berghauptmann VON CARLOWITZ verfasste im Jahr 1713 in Freiberg das erste forstliche Lehrbuch, die „Sylvicultura oeconomica". 1811 bzw. 1816 begründete Heinrich COTTA in Tharandt eine Forsthochschule und legte somit den Grundstein für den wissenschaftlich begleiteten Wiederaufbau der Wälder mit Fichte. Von ursprünglich weniger als 60 % (um 1500) stieg der Flächenanteil der Fichte auf über 90 % (um 1900) beispielsweise im „Marienberger Forstbezirk" (SMUL 1994–2004).

Die Fichte stellte sich jedoch später als stark immissionsgefährdet heraus. Ab 1965 stiegen die SO_2-Emissionen durch den Ausbau der Ballungs- und Braunkohlegebiete im Böhmischen Becken, im Leipziger Raum und in der Lausitz enorm an. In den 70er und 80er Jahren war der Höhepunkt der Schadstoffeinträge erreicht. Aus Abb. 3 wird deutlich, dass besonders Mitteldeutschland von Schwefel-Emissionen betroffen war. Die Sulfationen-Einträge erreichten in den Kammlagen des Erzgebirges Spitzenwerte von 150 kg/ha in den 80er Jahren (SMUL 2002).

Flächenhaft starben die Fichtenbestände in den exponierten Hoch- und Kammlagen ab. Die Fichte ist zwar ein schnellwüchsiger und (holz-)ertragsreicher Baum, jedoch beeinflussen die oroklimatischen Extrembedingungen Wuchs und Vitalität nachteilig, speziell bei nicht standortgerechtem Anbau bzw. bei Verwendung ungeeigneten Saatgutes, wie in der Vergangenheit geschehen (BITTER et al. 1998). Eine besondere Eigenschaft der Fichte ist ihr Auskämmeffekt von Nebelniederschlägen, womit der Säureeintrag immens erhöht wird. Schadformen sind Nadelverluste, nachlassende Vitalität, Zuwachsrückgang und Wurzeldegenerierung. Neben dem Ausbleiben der natürlichen Verjüngung sterben Bäume und ganze Bestandesteile ab. Zudem vergrasen die Waldböden mit Reitgräsern (z. B. *Callamagrostis villosa*). In Teilen des oberen Osterzgebirges war die Entwaldung soweit fortgeschritten, dass sich nur allmählich ein neuer Wald entwickelte. So bestimmt bisweilen noch heute die natürliche Sukzession mit Birke und Eberesche das Erscheinungsbild (vgl. Abb. 4).

Seit Mitte oder Ende der 1980er Jahre geht die Stoffdeposition zurück, und zwar schneller, als sie sich aufgebaut hat. Der Protonenpool, der im Boden gespeichert wurde, wird allerdings nur sehr langsam freigesetzt. Dieser Prozess wird von veränderten Witterungsbedingungen wie höheren Temperaturen und der Zunahme der Bioproduktion überlagert. Teilweise sind die pH-Werte der Sickerwässer in den letzten Jahren wieder angestiegen, in einigen Talsperren sogar recht deutlich (Abb. 5). Ursachen sind im massiven Rückgang der Sulfationenkonzentration im Oberboden, aber auch in Kalkungen zu sehen. Darüber hinaus dürfte die Bodenmikrobiologie aufgrund des generellen Temperaturanstiegs und anhaltender N-Einträge angekurbelt worden sein. Zugleich stiegen durch die höheren Metabolismusraten der Bodenlebewesen (v. a. Mikroben) die Bildungsraten für Huminstoffe, die mit dem Sickerwasser ausgetragen werden können (FREEMAN et al. 2001, BRAGG 2002, SOULSBY et al. 2002, HEJZLAR et al. 2003, GRUNEWALD/SCHMIDT 2005).

Im sauren Milieu liegen die Humin- und Fulvinsäuren in der protonierten Form vor. Infolge der dadurch bedingten Abnahme der Polarität der Moleküle verringert sich ihre Löslichkeit in Wasser und damit die Dynamik des Stoffaustrages. Ein Anstieg des pH-Wertes bewirkt eine Verschiebung des Dissoziationsgleichgewichtes. Infolge der damit einhergehenden Deprotonierung des Säurerestes werden die Wasserlöslichkeit und Mobilität der Moleküle erhöht (FRIMMEL et al. 2002).

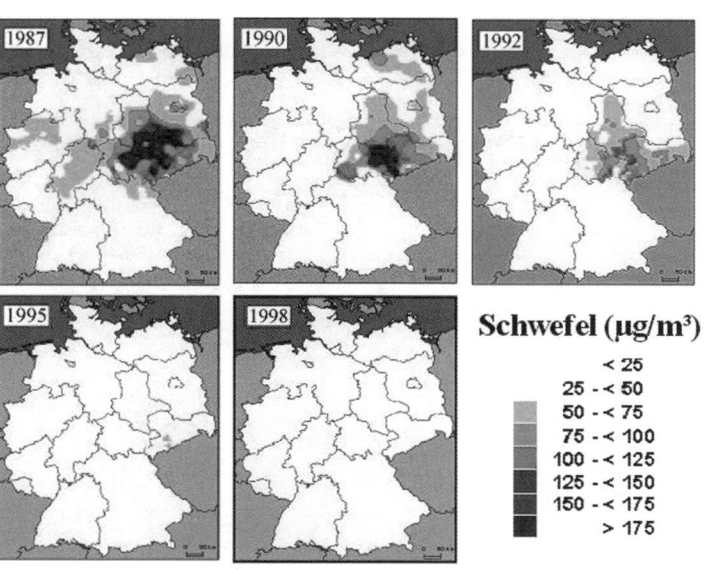

Abb. 3:
Schwefel-Emissionen in Deutschland (Quelle: UBA 2004)

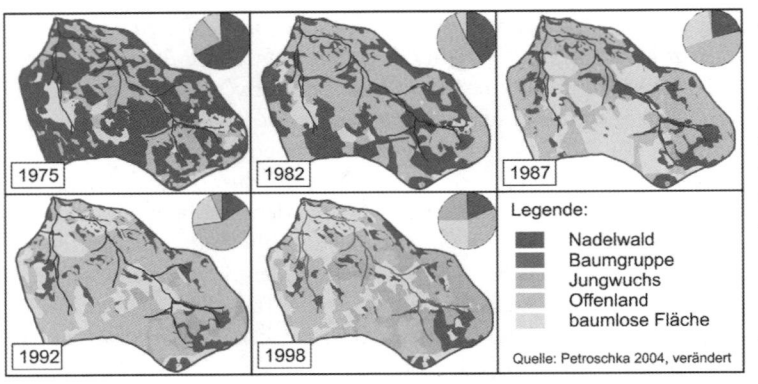

Abb. 4:
Veränderung der Waldbedeckung und -zusammensetzung im Einzugsgebiet des Radni Potok, Zulauf zur Talsperre Flaje, zwischen 1975 und 1998 (Jungwuchs entspricht Pionierwäldern aus Eberesche und Birke)

Legende:
- Nadelwald
- Baumgruppe
- Jungwuchs
- Offenland
- baumlose Fläche

Quelle: Petroschka 2004, verändert

4 Faktoren und Ursachen des Huminstoffanstiegs, Gegenmaßnahmen

Durch vergleichende Ökosystemanalysen (Felduntersuchungen, Laborexperimente, Analogieschlüsse und Literaturauswertung) konnte der Wirkungskomplex der Huminstoffeintrag bestimmenden Faktoren für die Einzugsgebiete im Erzgebirge näher beleuchtet werden. Die verantwortlichen Faktoren und Prozesse lassen sich wie folgt zusammenfassen (Tab. 2): Gebirgsmoore, Moor-, Anmoorstaugleye und Humusauflagen sind die Hauptlieferanten von verlagerbaren Huminstoffen. Intensität und Dynamik des Huminstofftransfers hängen vom Flächenanteil der Nassstandorte und der Vegetationsbedeckung im Einzugsgebiet ab (1: hoher Mooranteil = hohe NOM-Austräge; 2: hoher Mooranteil + geringe Bedeckung mit Wald = große Schwankungsbreite im Austrag).

Die Gebirgsmoore und Moorstaugleye werden seit Jahrzehnten, z. T. Jahrhunderten über Gräben entwässert und sind meist forstwirtschaftlich genutzt. Die langjährigen Eingriffe haben zur irreversiblen Degradation der Torfe geführt (Zersetzung, Abbau). Die Torfzersetzung ist neben den hydrologischen Bedingungen von der Temperatur und der mikrobiellen Aktivität abhängig (Phenoloxidation, Enzyme).

Aus den stark zersetzten Torfschichten sind generell große Mengen an DOC und Huminstoffen mobilisierbar (KOPPISCH 2001, SUCCOW/JOOSTEN 2001, GRUNEWALD/SCHMIDT 2005). Die Umweltbedingungen beeinflussen den Huminstoffaustrag aus den Torfen unmittelbar (ereignisbezogen) sowie zeitlich verzögert (Hysterese). Die Auswirkungen von exogenen Veränderungen auf die Torfe überlagern sich. Bei Starkregen und während

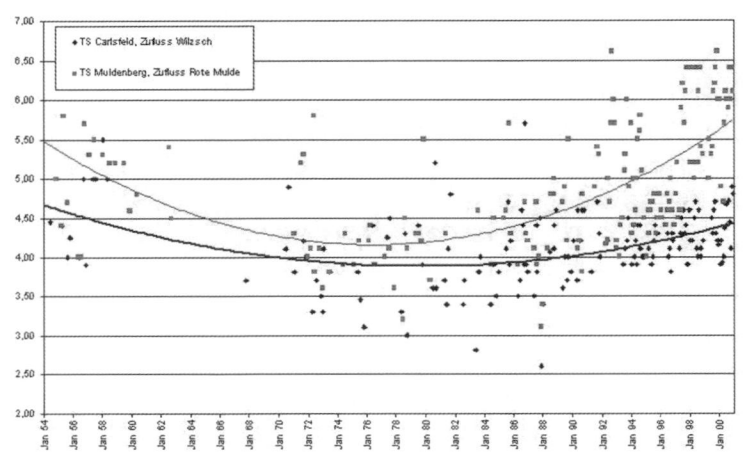

Abb. 5:
Entwicklung des pH-Wertes in Zuflüssen zu Trinkwasserspeichern im Erzgebirge zwischen 1954 und 2000 (Datenquelle: LTV Sachsen)

Tab. 2: *Quellen des potenziell mobilisierbaren DOC in den untersuchten Einzugsgebieten*

Quelle	C-Pool [t·ha^{-1}]	DOC$_{potmob}$ [kg·ha^{-1}]
Niederschlag	-	2,5
Moder	50	55
Rohhumus	125	220
Torf (d-SGo)	300	2000
Torf (d-HHn)	> 1300	10 000

der Schneeschmelze werden große Mengen an Huminstoffen ausgewaschen. In sommerlichen Dürreperioden fallen die Moorwasserstände auf ein niedriges Niveau. Sind in Folgezeiten die Wasserspiegel wieder nahe der Mooroberfläche, kann es zum verstärkten Huminstoffaustrag kommen. Steigen die Wasserspiegel in degradierten Mooren aufgrund des Zuwachsens bzw. Verfalls der Entwässerungsgräben wieder an, steigt auch die Huminstoffkonzentration im Moor- und Grabenwasser (SCHAUMANN 1998, ÅSTRÖM et al. 2001, KALBITZ et al. 2002, MEISSNER et al. 2003). Niedrige pH-Werte und hohe Schwefelionenkonzentrationen in Niederschlag und Bodenwasser unterdrücken die Desorption von (niedermolekulareren) Huminstoffen. Kehren sich die Milieubedingungen um, ist mit verstärkter Mobilisierung zu rechnen. Gelangt Stickstoff über den Niederschlag in die Moore, kommt es zu deren Eutrophierung und verstärkten mikrobiellen Umsätzen. Ferner nimmt mit steigenden CO_2-Konzentrationen in der Luft die Primärproduktion zu. Beide Prozesse können zu erhöhten NOM-Austrägen führen (EVANS/MONTHEITH 2001, KANG et al. 2001, HARRIMAN et al. 2003, MCCARTNEY et al. 2003).

In dem Bemühen, den Trend erhöhter Huminstoffeinträge im Erzgebirge zu stoppen, stehen die Moor-Anmoor-Komplexe als Hauptquelle der Huminstoffe in den Einzugsgebieten aber auch aus naturschutzfachlicher Sicht im Blickpunkt der Betrachtung. Trinkwasser ist ein hohes Schutzgut, so dass alle Maßnahmen in Einzugsgebieten von Trinkwasserspeichern mit den Betreibern und Wasserwerken abzustimmen sind (SächsWG).

Beeinträchtigen hohe Huminstoffkonzentrationen und -frachten die Qualität des Talsperren- und Rohwassers, müssen die Quellen und Pfade des Eintrages in den Einzugsgebieten analysiert und bewertet werden.

Da exzessive Maßnahmen zur Reduzierung von NOM-Quellen (Moorabbau, Streu- und Oberbodenbeseitigung) in den erzgebirgischen Ökosystemen einerseits abzulehnen, andererseits die Rehabilitierung des Wasserhaushaltes und weitere Boden- und Naturschutzziele ökologisch notwendig sind und gesellschaftlich zunehmend Beachtung finden, bleiben zum gegenwärtigen Kenntnisstand die Maßnahmemöglichkeiten zur Minderung des Huminstoffeintrags in den Einzugsgebieten relativ gering. Bei Eingriffen sollten sanfte Behandlungen den harten Maßnahmen vorgezogen werden. Dies betrifft alle Nutzer und Interessenten (GRUNEWALD et al. 2004).

Die stoffhaushaltlichen Folgen einer großflächigen, kurzzeitigen, durch Verbaumaßnahmen unterstützten Wiedervernässung von Moor-Anmoorkomplexen können noch nicht umfassend und abschließend bewertet werden. Ebenso ist eine nachhaltige Reduzierung der Huminstoffeinträge durch Pflege der meliorativen Systeme bisher nicht quantifizierbar. Dem Konflikt von Wasser-, Forstwirtschaft und Naturschutz ist vor dem Hintergrund steigender Huminstoffeinträge im Sinne eines integrierten Einzugsgebietsmanagements insofern verstärkte Aufmerksamkeit zu widmen. Weitere Aufklärung wird mittels des FuE-Projektes „Forst- und wasserwirtschaftliche Praxis unter Berücksichtigung naturschutzfachlicher Belange in Einzugsgebieten von Trinkwassertalsperren mit hohem Moor- und Fichtenforstanteil im oberen Erzgebirge (Beispiel Carlsfeld)" erwartet, welches für den Zeitraum 2005 bis 2007 zwischen Talsperrenverwaltung (LTV), Forstbehörde (LFP) und TU Dresden unter Einbeziehung der Naturschutz- und Kommunalvertreter initiiert worden ist.

5 Fazit und Ausblick

Der klimatisch und anthropogen gesteuerte wasser- und stoffhaushaltliche Wandel in Landschaftsökosystemen kann bisher wissenschaftlich nicht befriedigend erfasst und beschrieben werden. Für die Untersuchungsgebiete im Erzgebirge ist aufgrund von Szenarioanalysen (SMUL 2005) zu rechnen mit:

- einer Erwärmung, verbunden mit einer Niederschlagsabnahme in Nordsachsen sowie eine Zunahme im West-Erzgebirge,
- mehr CO_2 und veränderten Aerosolen in der Atmosphäre,
- veränderten Extrema: einer Zunahme von Hitze-/Dürreperioden und mit Niederschlagsdefiziten in der Vegetationsperiode,
- einer Verschiebung der Schneeschmelze (früher, häufiger) sowie einer Zunahme der Temperatur- und Niederschlagsvariabilität bzw. -intensität u. a.
- der Fortführung des Waldumbaus und der Kalkungsmaßnahmen
- einer Weiterführung der Programme zur Revitalisierung der (degradierten) erzgebirgischen Moore.

Die Ökosysteme müssen somit weiter enorme Anpassungsleistungen an die veränderten Bedingungen leisten. Im Zusammenhang mit der Waldschadensforschung sind die Phänomene der Versauerung gut untersucht und erklärt worden (z. B. REHFUESS 1989, SMUL 1994–2004), der seit einigen Jahren gegenläufige Prozess hingegen noch nicht. Rückkopplungseffekte zum Klimawandel und zu neuen Landnutzungs- und Naturschutzstrategien sind noch relativ unklar.

Für die Wasserwirtschaft sind Menge und Qualitätsmerkmale der Zuflüsse und des Rohwassers entscheidend für zukünftige Bewirtschaftungsstrategien. Die steigenden Konzentrationen organischer Substanzen wirken sich nachteilig auf die Rohwasserqualität und damit die Trinkwasseraufbereitung aus.

Die Untersuchungen haben gezeigt, dass die Maßnahmen zur Verringerung des NOM-Eintrages in die Trinkwassertalsperren sich auf die Einzugsgebiete konzentrieren müssen. Hier befinden sich mit den Mooren die Hauptquellen für huminstoffbürtigen DOC. Ungeachtet der kontrovers geführten Diskussion in Bezug auf das NOM-Rückhaltevermögen der Moore stellen diese Flächen ein schwer kalkulierbares Risiko für Trinkwasserspeicher dar. Im Einzugsgebiet von Trinkwassertalsperren sollte der NOM-Austrag aus Moorflächen begrenzt werden. Diesbezügliche Strategien sind noch nicht ausreichend geklärt.

Insgesamt beinhaltet die Thematik somit erhebliches Konfliktpotenzial in Einzugsgebieten von Trinkwassertalsperren, v.a. mit hohem Mooranteil (Wasserwirtschaft-Forst-Naturschutz-Tourismus). Eine Abwägung von Handlungsoptionen, Investitionen und Restriktionen auf Basis von Modellrechnungen, Kosten-Nutzen-Bilanzen sowie Risikobewertungen sind unbedingt notwendig (Wiedervernässung von Feuchtgebieten, Hochwasserschutz, Grabenberäumung, Huminstoff- und P-Eintragsminimierung, Technologien der Trinkwasseraufbereitung etc.). Mit dem BMBF-Forschungsprojekt „Huminstoffeinträge in Oberflächengewässer im Erzgebirge" (GRUNEWALD/SCHMIDT 2005) konnten Grundlagen geschaffen werden, auf die weiterführende Untersuchungen aufbauen können.

Danksagung

Die Autoren danken dem Labor der Landestalsperrenverwaltung Sachsens (LTV), das für die Untersuchung Daten zur Verfügung gestellt hat (Abb. 1, Abb. 5).

Literatur

ÅSTRÖM, M./AALTONEN, E. K./KOIVUSAARI, J. (2001): Effects of ditching operations on stream-water chemistry in a boreal forested catchment. The Science of the Total Environment, 297, 127-129.

BITTER, A.W./EILERMANN, F./GEROLD, D./KÜSSNER, R./RÖHLE, H./WIENHAUS, O./WICKEL, A./ZIMMERMANN, F. (1998): Waldentwicklung und Schadgeschehen. In: Nebe, W./Roloff, A./Vogel, M. (Hrsg.): Untersuchung von Waldökosystemen im Erzgebirge als Grundlage für einen ökologisch begründeten Waldumbau. Forstwissenschaftliche Beiträge Tharandt, 50-57.

BRAGG, O. M. (2002): Hydrology of peat-forming wetlands in Scotland. The Science of the Total Environment, 294, 111-129.

EVANS, C. D./MONTEITH, D. T. (2001): Chemical trends at lakes and streams in the UK Acid Waters Monitoring Network, 1988-2000: Evidence for recent recovery at a national scale. Hydrology and Earth System Science, 5, 351-366.

FREEMAN, C./EVANS, C. D./MONTEITH, D. T. (2001): Export of organic carbon from peat soils. Nature, 412, 785.

FRIMMEL, F. H./ABBT-BRAUN, G./HEUMANN, K.G./HOCK, B./LÜDEMANN, H. D./SPITELLER, M. (2002): Refractory Organic Substances in the Environment. Viley-VCH, Weinheim.

GRUNEWALD, K./KORTH, A./SCHEITHAUER, J./SCHMIDT, W. (2003): Verstärkte Huminstoffeinträge in Trinkwasserspeicher zentraleuropäischer Mittelgebirge. Wasser & Boden, 4, 47-51.

GRUNEWALD, K./SCHEITHAUER, J./BÖHM, A. K./PAVLIK, D. (2004): Einzugsgebietsbewirtschaftung von Trinkwassertalsperren im Erzgebirge unter dem Aspekt veränderter Huminstoffeinträge. In: Bronstert et al. (Hrsg.): Forum f. Hydrol. u. Wasserbewirt., H. 5 (Bd. 1). München, 265-272.

GRUNEWALD, K./SCHMIDT, W. (Hrsg.)(2005): Problematische Huminstoffeinträge in Oberflächengewässer im Erzgebirge. Ursachen, Trinkwasserrelevanz, Prognosen, Maßnahmen. Beiträge zur Landschaftsforschung, Bd. 2. Berlin.

HARRIMAN, R./WATT, A. W./CHRISTIE, A. E. G./MOORE, D. W./MCCARTNEY, A. G./ TAYLOR, E. M. (2003): Quantifying the effects of forestry practices on the recovery of upland streams and lochs from acidification. The Science of the Total Environment, 310, 101-111.

HEJZLAR, J./DUBROWSKY, M./BUCHTELE, M. J./RUŽIČKA, M. (2003): The apparent and potential effects of climate change on the inferred concentration of dissolved organic matter in a temperate stream (the Malše River, South Bohemia). The Science of the Total Environment, 310, 143-152.

HUBER, S. A./FRIMMEL F. H. (1996): Gelchromatographie mit Kohlenstoffdetektion (LC-OCD): Ein rasches und aussagekräftiges Verfahren zur Charakterisierung hydrophiler organischer Wasserinhaltsstoffe. Vom Wasser, 86, 277-290.

JAMS Arbeitsgruppe (1999): Gemeinsamer Bericht zur Luftqualität im „Schwarzen Dreieck" 1998. Ústí nad Labem.

Kalbitz, K./Rupp, H./Meissner, R. (2002): N-, P- and DOC-dynamics in soil and groundwater after restoration of intensively cultivated fens. In: Broll, G./Merbach, W./Pfeiffer, E. M. (Eds.): Wetlands in Central Europe: Soil organisms, soil ecological processes and trace gas emissions. Berlin, New York, Heidelberg, 99-116.

Kang, H./Freeman, C./Ashendon, T. W. (2001): Effects of elevated CO_2 on fen peat biogeochemistry. The Science of the Total Environment 279, 45-50.

Koppisch, D. (2001): Torfbildung. In: Succow, M./Joosten, H. (Hrsg.): Landschaftsökologische Moorkunde, Kap. 2.1. Stuttgart, 8-17.

McCartney, A. G./Harriman, R./Watt, A. W./Moore, D. W./Taylor, E. M./Collen, P./Keay, E. J. (2003): Long-term trends in pH, aluminium and dissolved organic carbon in Scottish fresh waters; implications for brown trout (Salmo trutta) survival. The Science of the Total Environment, 310, 133-141.

Meissner, R./Rupp, H./Leinweber, P. (2003): Re-wetting of fen soils and changes in water quality - experimental results and further research needs. Journal of Water and Land Development, 7, 75-91.

Nebe, W./Roloff, A./Vogel, M. (Hrsg.)(1998): Untersuchung von Waldökosystemen im Erzgebirge als Grundlage für einen ökologisch begründeten Waldumbau (gefördert durch BMBF, 0339464B). Forstwissenschaftliche Beiträge, 4. Tharandt.

Petroschka, M. (2004): Auswertung von Luftbildern zur Abschätzung der Änderung des Waldbestandes im TEG Radní Potok des Trinkwasserspeichers Flaje (CR). Belegarbeit, TU Dresden, Inst. f. Geographie.

Rehfuess, K. E. (1989): Waldböden – Entwicklung, Eigenschaften und Nutzung. 2. Auflage. Pareys Studientexte 29. Hamburg.

Schaumann, G. (1998): Kinetische Untersuchungen an Bodenmaterial am Beispiel der Freisetzung von organischen Substanzen und Ionen, Bodenökologie und Bodengenese, Bd. 31, Technische Universität Berlin, Selbstverlag.

Schmidt, W./Böhme, U./Brauch, H. J. (1999): The Impact of Natural Organic Matter on the Formation of Inorganic Disinfection By-Products. In: Fielding, M./Farrimond, M. (Eds.): Desinfection by-products in drinking water. The Royal Society of Chemistry. Cambridge, 31-45.

SMUL (1994–2004): Waldschadens- bzw. Waldzustandsberichte 1993 bis 2003. Hrsg. vom Sächsischen Staatsministerium für Umwelt und Landwirtschaft. Graupa.

SMUL (Hrsg.)(2005): Klimawandel in Sachsen. Sächsisches Staatsministerium für Umwelt und Landwirtschaft. Dresden.

Soulsby, C./Gibbins, C./Wade, A. J./Smart, R./Helliwell, R. (2002): Water quality in the Scottish uplands: a hydrological perspective on catchment hydrochemistry. The Science of the Total Environment, 294, 73-94.

Slobodda, S. (1998): Entstehung, Nutzungsgeschichte, Pflege- und Entwicklungsgrundsätze für erzgebirgische Hochmoore. In: Sächs. Akademie für Natur und Umwelt (Hrsg.): Ökologie und Schutz der Hochmoore im Erzgebirge. Dresden, 10-30.

Succow, M./Joosten, H. (Hrsg.) (2001): Landschaftsökologische Moorkunde. Stuttgart.

UBA (2004): www.umweltbundesamt.de/Immissionsdaten/k-SO2.htm

Zimmermann, F./Fiebig, J./Wienhaus, O. (1998): Immissionen und Depositionen. In: Nebe, W./Roloff, A./Vogel, M. (Hrsg.): Untersuchung von Waldökosystemen im Erzgebirge als Grundlage für einen ökologisch begründeten Waldumbau. Forstwissenschaftliche Beiträge Tharandt, 39-49.

Sedimente und Moore in Mittelgebirgsräumen als Archive der Landschaftsgeschichte – Prospektion, Analyse, Fallbeispiele

Alexandra Raab und Jörg Völkel (Regensburg)

1 Einleitung

In Mittelgebirgsräumen sind Sedimente und Moore hervorragende Geoarchive zur Rekonstruktion der Landschaftsgeschichte. Vor allem bei Verzahnung wechselnder Sedimenttypen und -fazies ist die Prospektion dieser Geoarchive im Gelände ein grundlegender Schritt, um diejenigen Bohrlokalitäten zu finden, welche hinsichtlich der Landschaftscharakteristik und der jeweiligen Fragestellung die besten Befunde erwarten lassen. Mit Hilfe verschiedener physikalischer, chemischer und mineralogischer Untersuchungsverfahren können die beprobten Sedimente und Torfe im Labor analysiert werden. Dabei nimmt die Palynologie in Kombination mit der Radiokarbondatierung in der Mehrzahl der Fälle eine zentrale Stellung ein. Anhand von vier Studien, welche die Autorin von Seiten der Pollenanalyse in der Arbeitsgruppe des Seniorautors mitbetreut hat, wird die Bedeutung dieser in der Physischen Geographie implementierten, quartärwissenschaftlichen Teildisziplin aufgezeigt.

2 Seesedimente und Moore des Kleinen Arbersees als Archive der postglazialen Landschaftsgeschichte des Bayerischen Waldes

Wie in allen Mittelgebirgen der gemäßigten Breiten mit entsprechenden Hochlagen hat sich auch im Bayerischen Wald während der Würm-Kaltzeit eine Eigenvergletscherung ausgebildet, die über eine Vielzahl von lokalen Kar- und Talgletschern einen mehr oder weniger gut erhaltenen Glazialformenschatz hinterlassen hat (Hauner 1980, T. Raab 1999). Die ausweislich der Literatur am detailliertesten untersuchte Glaziallandschaft innerhalb der deutschen Mittelgebirge befindet sich nördlich des Großen Arber (1456 m NN) im Seebachtal, Kleiner Arbersee (T. Raab 1999, T. Raab/Völkel 2002, 2003). Im Zuge der Rekonstruktion der jungpleistozänen Vergletscherung wurden dort neben der genetischen Klassifizierung periglazialer und glazigener Sedimente sowie der geomorphologischen Differenzierung der Glazialformen als weiterer Teilaspekt die Sedimente im Becken des Kleinen Arbersees untersucht. Ziel war es vor allem, mittels absoluter Altersdatierungen der basalen Seesedimente ein Minimalalter für das Niederschmelzen des Kleinen Arbersee-Gletschers zu erhalten.

Von der winterlichen Eisdecke des Kleinen Arbersees wurde eine fast 11 m mächtige, ungestörte Sedimentabfolge erbohrt (T. Raab 1999, 157 ff; Abb. 1). Im Zuge der Ansprache der Sedimentfazies ergab sich eine zunächst nicht erwartete Differenzierung in einen unteren minerogenen, überwiegend spätglazialen Teil und einen oberen organogenen, überwiegend holozänen Abschnitt. Die Auswertung von Archivalien und die Analyse historischer Karten ergaben, dass im Jahr 1885 der Kleine Arbersee künstlich aufgestaut und der Seespiegel damit um etwa 2 m angehoben wurde. Ein großflächig im Verlandungsbereich des Sees entwickeltes Moor wurde vom See überstaut. Auf dieses Moor gehen als dessen basale Teile die etwa 5 m mächtigen Torfe in den Bohrkernen zurück, welche heute zu Teilen den Seeboden des Kleinen Arbersees bilden. Im Rahmen der Fragestellung interessierte vor allem der spätglaziale Abschnitt des Bohrkerns. Er ist überwiegend aus konkordant lagernden Torfmudden, Schluffmudden sowie aus lakustrinen Sanden und Tonen aufgebaut. Mittels chemischer, mineralogischer und palynologischer Untersuchungen am Kernabschnitt im Bereich von 558 bis 1069 cm Sedimenttiefe konnte die spätglaziale Landschaft im Tal des Kleinen Arbersees und ihr Übergang in das Holozän rekonstruiert werden (T. RAAB 1999, 161 f.).

Abb. 1: Kernbohrung auf dem Kleinen Arbersee. Links: Abteufen des Russischen Moorbohrers von der winterlichen Eisdecke des Kleinen Arbersees. Rechts: Bohrgut aus dem unteren minerogenen, spätglazialen Abschnitt mit Wechsellagerungen von hellem Sand und dunklem Schluff

Insgesamt wurden sechs ^{14}C-AMS-Datierungen, sowohl an Gesamtsedimentproben (Bulk) als auch an Pollenextrakten (PE) durchgeführt. Diese liefern eine Chronostratigraphie, die außerordentlich gut mit der Palynostratigraphie korreliert (T. RAAB 1999, Beilage 1). Datierungen der Sedimentbasis geben ein gesichertes Minimalalter der letzten Vergletscherung des Kleinen Arbersee-Gebietes vor. Der Eisrückzug aus dem Becken des Kleinen Arbersees kann demnach mit 13 557–11 553 a cal BC (Pollenextrakt, 2 sigma, Erl-1132) bzw. mit 13 281–12 125 a cal BC (Bulk, 2 sigma, Erl-1134) angegeben werden. Die Pollenanalyse belegt, dass der Sedimentkern mit den *pollen assemblage zones* (PAZ) I bis III nach FIRBAS (1949) die vollständige Abfolge des Spätglazials und den Übergang zum Holozän mit den PAZ IV und V beinhaltet (SWIERZINA 1998, T. RAAB 1999, T. RAAB/VÖLKEL 2002). Ausweislich der Pollenstratigraphie und der begleitenden ^{14}C-Datierungen war das Seebecken zur Ältesten Dryas (PAZ I) bereits eisfrei. Bis zum Übergang Bölling/Älteste Dryas (PAZ-Komplex Ibc) werden in nur etwa 500 Jahren mehr als 300 cm minerogene Sedimente abgelagert. Dies belegt eine intensive spätglaziale Morphodynamik im Einzugsgebiet. Am Übergang vom Spätglazial zum Postglazial beginnt die Wiederbewaldung. Das würmzeitlich vergletscherte Arbergebiet nimmt den es heute noch prägenden Charakter einer dicht bewaldeten Mittelgebirgslandschaft an.

3 Moore des Bayerischen Waldes als Archive der atmosphärischen Umweltbelastung seit der Römerzeit

Der Eintrag von Schwermetallen in die Atmosphäre wird im Grunde seit vor- und frühgeschichtlicher Zeit nicht nur durch geogene Prozesse wie Vulkanausbrüche verursacht, sondern ist auch eine charakteristische Folge menschlichen Wirtschaftens wie der Verarbeitung von Erzen oder der Verbrennung fossiler Energieträger. Über die atmosphärischen Zirkulationssysteme verbreiten sich die in Ökosystemen persistenten Schwermetalle teils über große Entfernungen und können sogar in Gebieten nachgewiesen werden, die wie im Zentrum Grönlands fern der Ökumene liegen (ROSMAN et al. 1994). Der Gehalt an atmosphärischen Schwermetallen ist unmittelbar abhängig von der Intensität der Immissionen, die in der Vergangenheit durchaus unterschiedlich waren. Gletscher, Seen und Moore sind Archive dieser wechselhaften Geschichte der Atmosphäre, da die Oberflächendepositionen der Schwermetalle durch fortschreitenden Zuwachs von Eis, Sediment oder Torf überlagert werden. Soweit in den Geoarchiven keine postsedimentäre Remobilisierung und Verlagerung der Schwermetalle stattfindet, sind mit Hilfe von Schwermetallanalysen an Torfbohrkernen Phasen (prä-)historischer atmosphärischer Metallanreicherungen rekonstruierbar (u. a. HONG et al. 1994, KOBER et al. 1999, RENBERG et al. 2002). Besondere Aufmerksamkeit und Zeigerwirkung kommt dem Blei zu, das bereits seit den Metallzeiten und damit Jahrtausende vor der Industrialisierung über die Aufbereitung und Verhüttung bleihaltiger Erze atmosphärisch angereichert wurde (u. a. HEADLY 1996, WEST et al. 1997, SHOTYK et al. 2001).

Im Rahmen einer Studie zur Erfassung und Bewertung von Landschaftswandel in (prä-) historischen Montangebieten wurden Moore des Bayerischen Waldes als Geoarchive atmosphärischer Metallanreicherungen untersucht. Der Bayerische Wald ist ein relativ spät aufgesiedeltes Mittelgebirge. Montan bedingte Immissionen konnten erst im 15. und 16. Jh. durch den verstärkten Aufbau von lokalen Glashütten und durch den Betrieb lokaler Bergwerke verursacht werden. Damit stellt der Bayerische Wald einen hervorragenden Vergleichsstandort zu anderen Bergbauregionen wie z. B. dem Schwarzwald oder dem Harz dar, die eine über eintausendjährige Montangeschichte besitzen. Für die hier zugrunde liegenden Untersuchungen wurden zwei etwa 10 km voneinander entfernt liegende Moore im Hinteren Bayerischen Wald ausgewählt. Auf Basis der ^{14}C-Datierungen und des Verlaufs der Bleigehalte in beiden Bohrkernen ist eine vergleichende Rekonstruktion der Bleidepositionen der letzten 2000 Jahre möglich.

In beiden Mooren zeigen die Tiefenverläufe der Bleigehalte drei signifikante Peaks, die auf eine vergleichbare Depositionsgeschichte an beiden Standorten hinweisen (T. RAAB 2005, 132). Trotz der Unterschiede hinsichtlich Standort, Lage und vor allem Moortypus sind die Alter des ersten Bleianstiegs im 15. Jh. auffällig synchron. In keinem der beiden Moore ist eine ältere, prä-neuzeitliche Phase an Bleianreicherungen festzustellen. Das steht in deutlichem Gegensatz zur Mehrzahl an Befunden aus anderen europäischen Geoarchiven, welche Maxima zur Römerzeit (100 BC–AD 200) und während des Hochmittelalters (AD 1000–1200) belegen (RENBERG et al. 2001; Abb. 2). Demzufolge ist die Depositionsgeschichte im Hinteren Bayerischen Wald von atmosphärischen Blei-Immissionen regionalen Charakters geprägt und steht insofern vor allem in Zusammenhang mit dem Betrieb der spätmittelalterlichen und frühneuzeitlichen Glashütten und Bergwerke (T. RAAB 2005, 121 f.).

4 Moore und Kolluvien als Archive der Vegetations- und Landnutzungsgeschichte im Übergangsbereich von Fränkischer Alb zum südostbayerischen Tertiärhügelland

Die lössreiche Landschaft südlich und südöstlich von Regensburg zählt seit dem Neolithikum zu den ältesten und am kontinuierlichsten besiedelten Regionen nördlich der Alpen. Sie ist ein typischer Übergangsbereich einer Mittelgebirgslandschaft in Form der

BC 3000	2000	1000	0	1000	2000	AD
Neolithikum	Bronzezeit	Eisenzeit	Römer-zeit	Mittelalter	Neuzeit	

- ■ Römerzeitlich (100 BC - 200 AD)
- ▬ Mittelalterlich (1000 1200 AD)

Maxima in Europa nach Renberg et al. (2001)

- ≣ Frühneuzeitlich (1450 - 1650 AD)
- ≡ Spätneuzeitlich (ca. 1750 - 1950)

Maxima im Arbergebiet

- ☰ 1970

Maximum in Europa nach Renberg et al. (2001) **und** Maximum im Arbergebiet

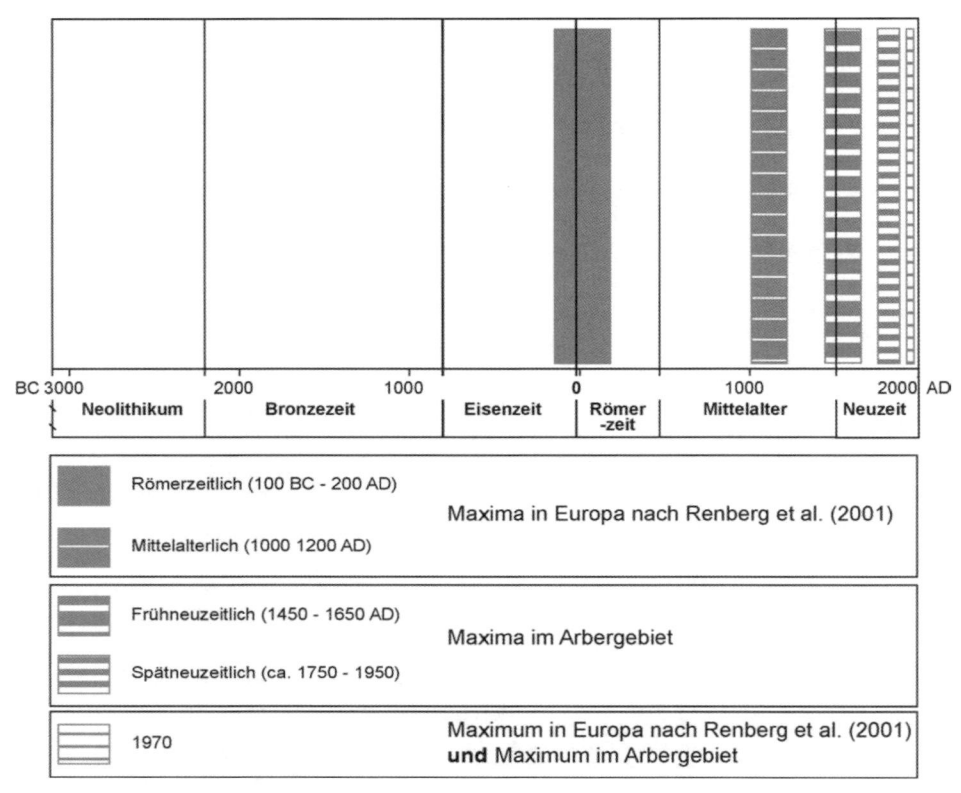

Abb. 2: Zusammenfassende Darstellung der Depositionsgeschichte für das atmosphärisch in Moore eingetragene Blei im Arbergebiet (Hinterer Bayerischer Wald) im Vergleich mit den Befunden zu Blei aus anderen Geoarchiven nach Renberg et al. (2001). Aus T. Raab (2005, 139)

südlichen Frankenalb in ihre Vorländer, hier dem Tertiärhügelland. Diese so genannte Altsiedellandschaft stellt eine hervorragende Modellregion für paläoökosystemar ausgerichtete Forschungen dar, wie sie seit mehr als zehn Jahren an der Universität Regensburg im interdisziplinären Verbund im Umfeld des Hochschulstandortes durchgeführt werden (u. a. DFG-Graduiertenkolleg 462 „Paläoökosystemforschung und Geschichte" unter Leitung von J. VÖLKEL (vgl. auch VÖLKEL/T. RAAB in diesem Band). Eingebunden in diese Forschungsrichtung und aufbauend auf frühere Befunde insbesondere zum Versauerungsgrad eisenzeitlich begrabener Böden (EHEIM/VÖLKEL 1994) und zur Bilanzierung der latènezeitlichen Bodenerosion (VÖLKEL et al. 1998, 2002a; LEOPOLD 2003) widmet sich die dritte Fallstudie dem Kirchenmoos. Dabei handelt es sich um ein kolluvial bedecktes Niedermoor, das ca. 10 km südlich von Regensburg eine Talniederung im nördlichen Tertiärhügelland einnimmt und rezent nur noch an wenigen Stellen oberflächlich in Erscheinung tritt (Abb. 3). Gemeinsam mit der im direkten Umfeld gelegenen spätlatènezeitlichen Viereckschanze von Poign und zwei römischen *villae rusticae* bildet das Kirchenmoos eine prähistorische Siedlungskammer, die seit dem Neolithikum durchgängig genutzt wurde. Mit Hilfe palynologischer und paläopedologisch-sedimentologischer Untersuchungen verbunden mit absoluten Altersdatierungen an einem sieben Meter langen Profil aus dem Kirchenmoos (7038-111)

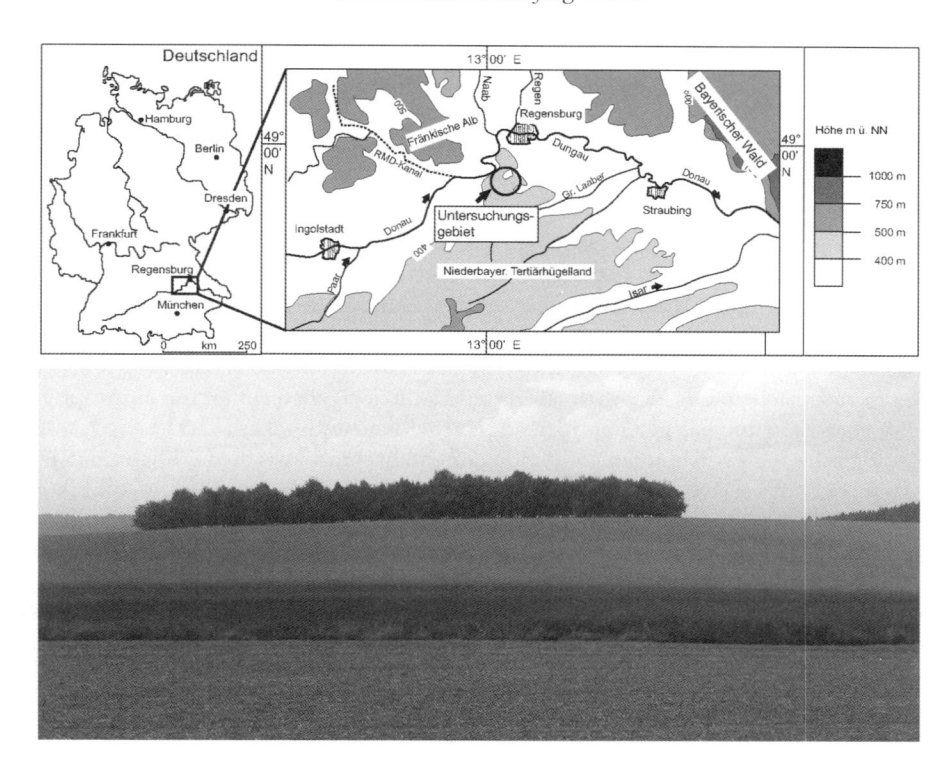

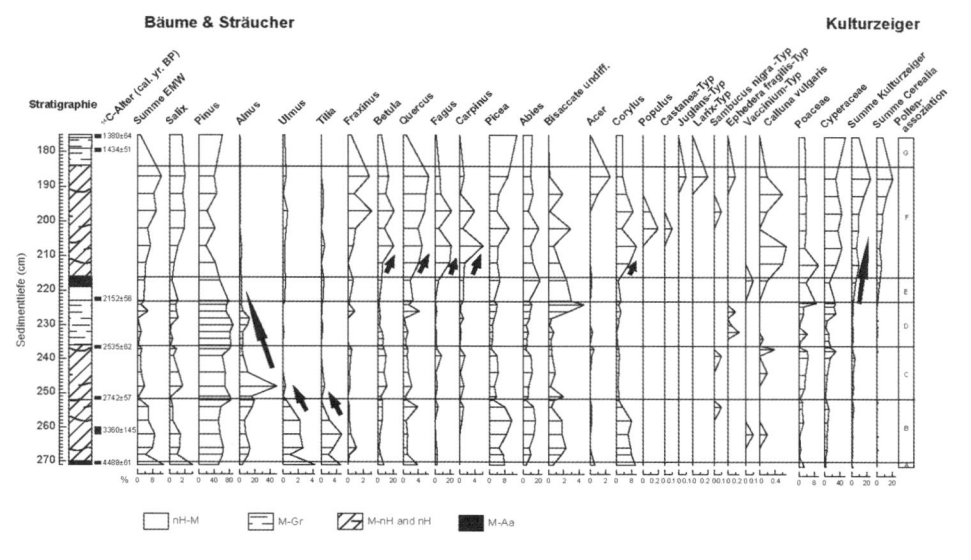

Abb. 3: Kirchenmoos bei Poign. Oben: Lage des Untersuchungsgebietes. Mitte: Durch modernen Ackerbau werden Teile des kolluvial bedeckten Niedermoor stellenweise wieder freigepflügt. Der dunkle Torf hebt sich am Unterhang deutlich von den hellen Lössböden des Mittel- und Oberhanges ab. Unten: Pedostratigraphie, ^{14}C-Alter und Ausschnitt aus dem Pollendiagramm des Bohrkerns 7038-111 (aus A. Raab et al. 2005)

konnte die wechselhafte Vegetations- und Landnutzungsgeschichte dieser Siedlungskammer exemplarisch und besonders hoch auflösend rekonstruiert werden (A. Raab et al. 2005).

Ausweislich ^{14}C-Datierungen an Moortorfen begann das Torfwachstum im Bereich des Kirchenmooses während des Übergangs Spätglazial/Postglazial (A. Raab et al. 2005, 40; Völkel et al. 2002a). Die Niedermoortorfe enthalten minerogene Zwischenlagen, welche für historische sowie prähistorische Zeitscheiben stehen, und werden von einem 170 cm mächtigen Kolluvium fossilisiert. Die Torflagen stehen für morphodynamische Stabilität und geringen Nutzungsdruck auf die Landschaft beziehungsweise auf die umliegenden Hänge im Sinne der Aufgabe der Ackertätigkeit. Zumindest war der menschliche Einfluss auf die Fläche zu gering, um eine kolluviale Ablagerung auf dem Moor zu verursachen. Die zwischengelagerten Kolluvien gehen einher mit anthropogener Bodenerosion und belegen Perioden mit Entwaldung und Ackerbau (Leopold 2003). Palynologische Untersuchungen an dem Sedimentabschnitt zwischen 277 cm und 170 cm Tiefe, der ausweislich der ^{14}C-Datierungen den Abschnitt vom späten Neolithikum bis ins frühe Mittelalter repräsentiert, belegen eine Veränderung der Waldzusammensetzung (Abb. 3). Die Kulturzeiger im Pollendiagramm verdeutlichen eine zunehmende Intensivierung der ackerbaulichen Nutzung im Umfeld des Kirchenmooses seit dem Neolithikum. Das Pollendiagramm belegt damit vor allem die Entwicklung einer Naturlandschaft in eine Kulturlandschaft. Gemeinsam mit einer Vielzahl weiterer Informationen zu Naturraum und Landnutzungspotential (v. a. Relief, Böden, Ausgangsgesteine) bilden diese Befunde einen wichtigen Baustein für das an diesem Fallbeispiel erarbeitete Landnutzungsmodell (Leopold 2003, Leopold/Völkel 2005).

5 Moore und Tephren als chronostratigraphische Indikatoren im Mittelgebirgsraum

Im Rahmen der vergleichenden Mittelgebirgsforschung sind aus der Sicht der landschaftsgenetischen Interpretation lokal entwickelte, teils durchaus großflächige Hochmoore von besonderer Bedeutung. Über die klassischen vegetationskundlichen Ansätze hinaus enthalten Moore vielfach weitere Informationen, indem sie Sedimenteinschlüsse konservieren, die auf vulkanische Aktivitäten in der näheren oder weiteren Umgebung zurückzuführen sind (Abb. 4). Einerseits können die Moortorfe über die Zuordnung der Tephren zu Pollenzonen (PAZ) und mittels ^{14}C-Datierung der unter- bzw. überlagernden Torfe das Alter der vulkanischen Aktivitäten klären helfen. Das ist insbesondere in Gebieten mit erhöhter vulkanischer Aktivität von Interesse, zum Beispiel in den weitläufigen Mittelgebirgslandschaften der Interior Plateaus and Highlands von British Columbia, Kanada. Dort finden sich in Mooren regelhaft Tephren als Zeugen überregionaler Eruptionsereignisse aus dem Bereich des sogenannten *fire belt* im Bereich der Küstenkordillere und den Cascades (Glacier Peak 12 000 a BP, Mazama 6600 a BP, St. Helens Y 3000–3500 a BP, Bridge River 2400 a BP; vgl. Westgate et al. 1970, Bobrowsky/Rutter 1992). Bereits im Gelände zeigen die Tephren hinsichtlich Körnung und Färbung markante Unterschiede und ermöglichen so in einem ersten wichtigen Schritt die zeitliche Ansprache des Alters der Moore (Abb. 5). Diese Befunde sind unter anderem im Zusammenhang mit Forschungen zu holozänen Gletscherständen und zum Austauen des Gletschereises im Bereich der Gipfellagen der Highlands in British Columbia von Bedeutung. Für die Shuswap Highlands konnte aufgezeigt werden, dass entgegen der gültigen Lehrmeinung (u. a. Fulton 1991, Clague 1989) eines sich von den Rocky Mountains bis zur Küstenkordillere erstreckenden, über 1000 m mächtigen Eisdomes die Mittelgebirge im zentralen British Columbia während der jüngsten Kaltzeit (Wisconsin bzw. Fraser) eine Eigenvergletscherung trugen, die bereits im Spätglazial wieder austaute (Berichte zu DFG-Az. Vo 585/9-1, 11-1).

In Mitteleuropa dient die Laacher See-Tephra (LST, 12 900 cal BP) als chronostratigraphischer Marker (BOGAARD 1995). Sie steht mit der letzten Eruption des Laacher See-Vulkanismus im Alleröd in Zusammenhang. Unter anderem ist die LST in den Mooren der Rhön enthalten, die – wie die Moore in den meisten zentraleuropäischen Mittelgebirgen – bereits im Spätglazial aufwuchsen (u. a. GROSSE-BRAUCKMANN et al. 1987). Auch in der Rhön fossilisieren die Moortorfe das Produkt der jüngsten periglazial-morphodynamischen Aktivitätsphase des Spätglazials, die sich in Form der so genannten Hauptlage (u. a. AG BODEN 2005) in allen zentraleuropäischen Mittelgebirgen und über diese hinaus ausdrückt. Die allerödzeitliche LST ist im Moor als äolisches Sedimentband enthalten und belegt damit bereits im Feldbefund ein Bildungsalter des Hauptlagensediments, das zeitlich deutlich vor diesem Ereignis liegt. Denn die das LST-Band unterlagernden Torfe wuchsen bereits vor dem Alleröd auf. Die Sedimentation des Hauptlagenmaterials im Liegenden der Moore benötigte gänzlich andere klimatische Bedingungen, nämlich eine arid-morphodynamische Aktivitätsphase, welche in der Lage war, die stark lößhaltigen Hauptlagensedimente bereitzustellen. Das muss ausweislich des in die Torfe eingeschalteten, alleröd-zeitlichen Tephra-Bandes deutlich früher im Spätglazial geschehen sein, zu einer Zeit, in der das Kaltklima ein Aufwachsen der Moore noch nicht erlaubte. Für die Rhön wurden entsprechende Datierungen an den liegenden und hangenden Moortorfen von GROSSE-BRAUCKMANN et al. (1987) und von VÖLKEL/LEOPOLD (2001) vorgelegt. In anderen Mittelgebirgen kann die Tephra fehlen, etwa im Harz, im Fichtelgebirge sowie im Oberpfälzer Wald und im Bayeri-

Abb. 4: Moor unterhalb des Raft Mt., British Columbia (Kanada). Links: Blick über das Moor auf den Raft Mt. Rechts oben: GPR-Prospektion auf dem Moor. Rechts unten: Abteufen einer Bohrung

Abb. 5: Ausschnitt aus einem Bohrkern aus einem Moor am Trophy Mt., British Columbia, Canada. Zwischen den dunklen Torfen sind zwei helle mineralische Tephren vorhanden, die als Relikte des holozänen Kaskadenvulkanismus zuverlässige chronostratigraphische Marken darstellen.

schen Wald. Dort sind die Hauptlagensedimente ebenfalls von den bereits im Spätglazial aufwachsenden Mooren fossilisiert, können jedoch hinsichtlich ihres Bildungsalters ausschließlich laboranalytisch datiert werden, über die Palynologie (PAZ's) sowie über ^{14}C-Datierungen an Torfen. Wo dieser Untersuchungsansatz gewählt wurde, ergab sich stets ein Alter der Hauptlagensedimente, welches nicht wie bisher angenommen in das junge, sondern in das frühe Spätglazial zurückgeht und ausweislich Befunden im Fichtelgebirge und im Bayerischen Wald sogar prä-böllingzeitlich ist (VÖLKEL et al. 2001, 2002b). Zur konträren Diskussion um das Bildungsalter der Hauptlagen, die hier nicht geführt werden kann, wird auch auf die Publikationen von A. SEMMEL verwiesen (u. a. SEMMEL 2002). Ein über Stechsondierungen leicht zu erarbeitender Feldbefund in Form der Tephrabänder in den Moortorfen jedoch, wie er im Falle der Mittelgebirgsmoore von British Columbia oder auch in der Rhön leicht zu erheben ist und das Alter der glazialen und periglazialen Formung klären hilft, fehlt in den meisten zentraleuropäischen Mittelgebirgsregionen.

Danksagung

Die hier vorgestellten Fallstudien sind das Ergebnis diverser Forschungsprojekte zur Paläoökosystemforschung und Landschaftsgeschichte, die der Seniorautor als Leiter der Arbeitsgruppe für Landschaftsökologie und Bodenkunde an der Universität Regensburg und Sprecher des Graduiertenkollegs „Paläoökosystemforschung und Geschichte" durchgeführt hat. Der Deutschen Forschungsgemeinschaft (DFG) wird für die Förderung diese Thematik unter Az. Vo 585/3-1 bis 3-3, 7-1, 9-1, 11-1 sowie GRK 462 sehr gedankt. Die Erstautorin und Leiterin des Sedimentologisch-Palynologischen Laboratoriums an der Universität Regensburg war von 2001 bis 2003 Postdoktorandin des Graduiertenkollegs.

Literatur

AG BODEN (2005): Bodenkundliche Kartieranleitung. Hannover.

BEUG, H.-J./HENRION, I./SCHMÜSER, A. (1999): Landschaftsgeschichte im Hochharz. Die Entwicklung der Wälder und Moore seit der letzten Eiszeit. Clausthal-Zellerfeld.

BOBROWSKY, P./RUTTER, N. W. (1992): The Quaternary geologic history of the Canadian Rocky Mountains. In: Géographie physique et Quaternaire, 46, 5-50.

BOOGARD, P. v. d. (1995): $^{40}Ar/^{39}Ar$ ages of sanidin phenocrysts from Laacher See Tephra (12.900 y BP): chronostratigraphic and petrological significance. In: Earth and Planetary Science Letters, 133, 163-174.

CLAGUE, J. J. (1989): Cordilleran ice sheet. In: Fulton, R. J. (Ed.): Quaternary Geology of Canada and Greenland. Geology of Canada, 1, 40-42.

EHEIM, A./VÖLKEL, J. (1994): Vergleich des Tonmineralbestandes und ihrer pedogenen Transformation in Böden unterschiedlichen Alters anhand eines keltischen Bauwerks. In: Berichte der Deutschen Ton- und Tonmineralgruppe e.V., 55-65.

FIRBAS, F. (1949): Spät- und nacheiszeitliche Waldgeschichte Mitteleuropas nördlich der Alpen. Jena.

FULTON, R. J. (1991): A conceptual model for growth and decay of the Cordilleran Ice Sheet. In: Géographie physique et Quaternaire, 45, 281-286.

GROSSE-BRAUCKMANN, G./STREITZ, B./SCHILD, G. (1987): Einige vegetationsgeschichtliche Befunde aus der Hohen Rhön. In: Beiträge Naturkunde Osthessen, 23, 31-65.

HAUNER, U. (1980): Untersuchungen zur klimagesteuerten tertiären und quartären Morphogenese des Inneren Bayerischen Waldes (Rachel-Lusen) unter besonderer Berücksichtigung pleistozän kaltzeitlicher Formen und Ablagerungen. Regensburg. (= Regensburger Geographische Schriften, H. 14).

HEADLY, A. D. (1996): Heavy metal concentrations in peat profiles from the high Arctic. In: The Science of the Total Environment, 177, 105-111.

HONG, S./CANDELONE, J.-P./PATTERSON, C. C./BOUTRON, C. F. (1994): Greenland ice evidence of hemispheric lead pollution two millennia ago by Greek and Roman civilizations. In: Science, 265, 1841-1843.

KOBER, B./WESSELS, M./BOLLHÖFER, A./MAGNINI, A. (1999): Pb isotopes in sediments of Lake Constance, Central Europe constrain the heavy metal pathways and the pollution history of the catchment, the lake and the regional atmosphere. In: Geochimica et Cosmochimica Acta, 63, 1293-1303.

LEOPOLD, M. (2003): Multivariate Analyse von Geoarchiven zur Rekonstruktion eisenzeitlicher Landnutzung im Umfeld der spätlatènezeitlichen Viereckschanze von Poign, Lkr. Regensburg. Regensburg. (= Regensburger Beiträge zur Bodenkunde, Landschaftsökologie und Quartärforschung, 2. [http://www.opus-bayern.de/uni-regensburg/volltexte/2005/336/).

LEOPOLD, M./VÖLKEL, J. (2005): Methodological approach and case study for the reconstruction of a (pre)historic land use model. In: Zeitschrift für Geomorphologie, N.F. Supplement, 139, 173-188.

RAAB, A./LEOPOLD, M./VÖLKEL, J. (2005): Vegetation and land-use history in the surroundings of the Kirchenmoos (Central Bavaria, Germany) since the late Neolithic Period to the early Middle Ages. In: Zeitschrift für Geomorphologie, N.F. Supplement, 139, 35-61.

RAAB, T. (1999): Würmzeitliche Vergletscherung des Bayerischen Waldes im Arbergebiet. Regensburg. (= Regensburger Geographische Schriften, Heft 32).

RAAB, T. (2005): Erfassung und Bewertung von Landschaftswandel in (prä-)historischen Montangebieten am Beispiel Ostbayerns. Regensburg. (= Regensburger Beiträge zur Bodenkunde, Landschaftsökologie und Quartärforschung, 7. [http://www.opus-bayern.de/uni-regensburg/volltexte/2005/581/).

RAAB, T./VÖLKEL, J. (2002): Verbreitung und Altersstellung polygenetischer Hangsediment-Komplexe am Kleinen Arbersee im Hinteren Bayerischen Wald. In: Berichte zur deutschen Landeskunde, 76, 131-149.

RAAB, T./VÖLKEL, J. (2003): Late Pleistocene glaciation of the Kleiner Arbersee area in the

Bavarian Forest, south Germany. In: Quaternary Science Reviews, 22, 581-593.

RENBERG, I./BINDLER, R./BRÄNNVALL, M.-L. (2001): Using the historical atmospheric lead-deposition record as a chronological marker in sediment deposits in Europe. In: The Holocene, 11, 511-516.

RENBERG, I./BRÄNNVALL, M.-L./BINDLER, R./EMTRYD, O. (2002): Stable lead isotopes and lake sediments – a useful combination for the study of atmospheric lead pollution history. In: The Science of the Total Environment, 292, 45-54.

ROSMAN, K. J. R./CHISHOLM, W./BOUTRON, C. F./CANDELONE, J.-P./HONG, S. (1994): Isotopic evidence to account for changes in the connection of lead in Greenland snow between 1960 and 1988. In: Geochimica et Cosmochimica Acta, 58, 3265-3269.

SEMMEL, A. (2002): Hauptlage und Oberlage als umweltgeschichtliche Indikatoren. In: Zeitschrift für Geomorphologie, N.F. Supplement, 46, 167-180.

SHOTYK, W./WEISS, D./KRAMERS, J. D./FREI, R./CHEBURKIN, A. K./GLOOR, M./REESE, S. (2001): Geochemistry of the peat bog at Etang de Gruère, Jura Mountains, Switzerland, and its record of atmospheric Pb and lithogenic trace metals (Sc, T, Y, Zr, and REE) since 12,370 ^{14}C yr BP. In: Geochimica et Cosmochimica Acta, 65, 2337-2360.

SWIERZINA, S. (1998): Palynologische und geochemische Untersuchungen an Mooren im ehemaligen Vergletscherungsgebiet des Kleinen Arbersees, Hinterer Bayerischer Wald. Regensburg. (= Unveröff. Diplomarbeit Inst. f. Geographie Univ. Regensburg).

VÖLKEL, J./LEOPOLD, M. (2001): Zur zeitlichen Einordnung der jüngsten periglazialen Aktivitätsphase im Hangrelief zentraleuropäischer Mittelgebirge. In: Zeitschrift für Geomorphologie, N.F. Supplement, 45, 273-294.

VÖLKEL, J./RAAB, A./RAAB, T./LEOPOLD, M./DIRSCHEDL, H. (1998): Methoden zur Bilanzierung spätlatènezeitlicher Bodenerosion am Beispiel der Viereckschanze von Poign, Lkr. Regensburg. Regensburg. (= Archäologische Forschungen in urgeschichtlichen Siedlungslandschaften, Regensburger Beiträge zur prähistorischen Archäologie, 5, 541-558).

VÖLKEL, J./LEOPOLD, M./ROBERTS, M. C. (2001): The radar signatures and age of periglacial slope deposits, Central Highlands of Germany. In: Permafrost and Periglacial Processes, 12, 379-387.

VÖLKEL, J./LEOPOLD, M./WEBER, B. (2002a): Neue Befunde zur Landschaftsentwicklung im niederbayerischen Donauraum während der Zeitenwende (keltisches Oppidum von Manching, Viereckschanze von Poign bei Bad Abbach). In: Zeitschrift für Geomorphologie, N.F. Supplement, 128, 47-66.

VÖLKEL, J./LEOPOLD, M./MAHR, A./RAAB, T. (2002b): Zur Bedeutung kaltzeitlicher Hangsedimente in zentraleuropäischen Mittelgebirgslandschaften und zu Fragen ihrer Terminologie. In: Petermanns Geographische Mitteilungen, 146, 50-59.

WEST, S./CHARMAN, D. J./GRATTAN, J. P./CHEBURKIN, A. K. (1997): Heavy metals in Holocene peats from South West England: detecting mining impacts and atmospheric pollution. In: Water, Air and Soil Pollution, 100, 434-445.

WESTGATE, J. A./SMITH, D. G. W./TOMLINSON, M. (1970): Late Quarternary tephra layers in south western Canada. In: Smith, R. A./Smith, J. W. (Eds.): Early Man and environments in northwest North America, 13-34.

Gegenwartsbezogene Landschaftsgenese des Schwarzwaldes und der Vogesen auf der Grundlage paläoökologischer Untersuchungsmethoden

Thomas Ludemann (Freiburg)

1 Einführung

Zunächst wird das Freiburger Graduiertenkolleg „Gegenwartsbezogene Landschaftsgenese" vorgestellt, bei dem der Landschaftswandel im mitteleuropäischen Mittelgebirgsraum einen wichtigen Forschungsschwerpunkt bildet. Anschließend wird mit der Anthrakologie, der Holzkohleanalyse und Holzkohlekunde, ein spezielles Forschungsfeld des Kollegs herausgegriffen, das für die Thematik der Landschaftsveränderung in Mittelgebirgsräumen, für die Historische Geographie und die Vegetationsgeographie von Bedeutung ist. Botanische Großreste in Form von historischer Holzkohle sind eine wertvolle Informationsquelle, die bisher erst zu einem kleinen Teil ausgeschöpft wurde und noch große Forschungspotenziale für verschiedene wissenschaftliche Fragestellungen birgt.

2 Das Graduiertenkolleg „Gegenwartsbezogene Landschaftsgenese"

Im DFG-Graduiertenkolleg „Gegenwartsbezogene Landschaftsgenese" (GRK 692) wird der Frage nachgegangen, welche Kennzeichen und Merkmale der heutigen Landschaft auf welche geschichtlichen Vorgänge zurückzuführen sind. Behandelt wird das Historische im Heutigen in der wechselseitigen Betrachtung: (a) historische Vorgänge als Ursachen für das heutige Erscheinungsbild der Landschaft und (b) das Heutige als Indikator für historische Gegebenheiten und Prozesse. Als eine Grundhypothese des Kollegs wurde formuliert, dass die Landschaft wesentlich stärker vom Menschen überprägt wurde als bisher angenommen (MÄCKEL/STEUER 2003, 5; MÄCKEL et al. 2004, 175). Diese Hypothese ist zu überprüfen
- für die verschiedenen Medien, Parameter und Elemente der Landschaft,
- für die verschiedenen Epochen und für die verschiedenen Landschaftsräume und
- aus den verschiedenen Blickwinkeln verschiedener Fachrichtungen.

So sind am Kolleg Forschungsgruppen der Geo-, Forst- und Geschichtswissenschaften sowie der Archäologie und der Biologie beteiligt, und diese wiederum mit einem breiten Spektrum an verschiedenen Fachdisziplinen:
- innerhalb der Geowissenschaften sind es Hydrologie, Kulturgeographie, Meteorologie und Physische Geographie mit Biogeographie, Geomorphologie und Klimatologie;
- innerhalb der Forstwissenschaften Bodenkunde, Forstpolitik mit der Forstgeschichte, Forstliche Standorts- und Vegetationskunde, Landespflege und Waldbau;
- von der Philosophischen Fakultät Landesgeschichte, Provinzialrömische Archäologie sowie Ur- und Frühgeschichte und Archäologie des Mittelalters;
- innerhalb der Biologie ist es die Geobotanik.

Die beteiligten Disziplinen behandeln methodisch und thematisch-inhaltlich sehr verschiedene landschaftsprägende Parameter. Dem Kolleg liegt ein „Sphären-Konzept"

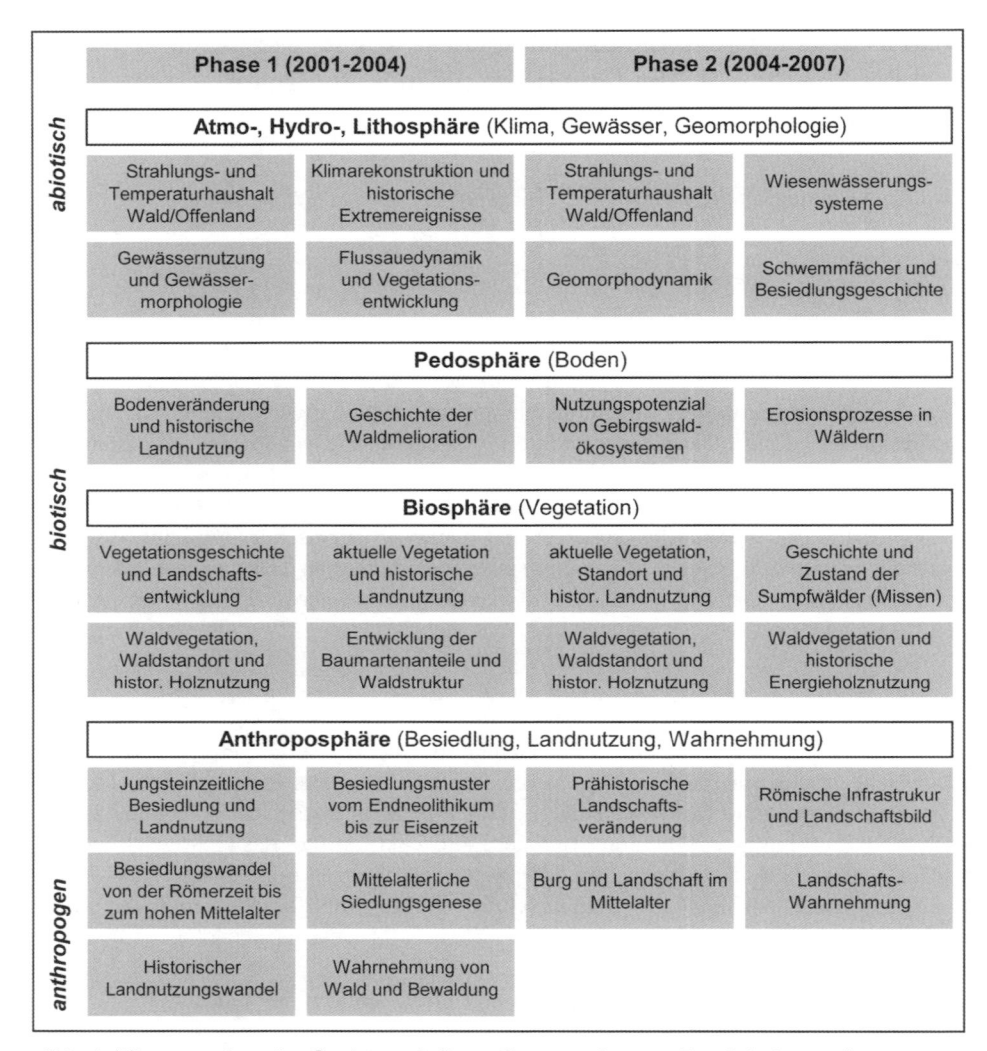

Phase 1 (2001-2004)		Phase 2 (2004-2007)	
Atmo-, Hydro-, Lithosphäre (Klima, Gewässer, Geomorphologie)			
Strahlungs- und Temperaturhaushalt Wald/Offenland	Klimarekonstruktion und historische Extremereignisse	Strahlungs- und Temperaturhaushalt Wald/Offenland	Wiesenwässerungssysteme
Gewässernutzung und Gewässermorphologie	Flussauedynamik und Vegetationsentwicklung	Geomorphodynamik	Schwemmfächer und Besiedlungsgeschichte
Pedosphäre (Boden)			
Bodenveränderung und historische Landnutzung	Geschichte der Waldmelioration	Nutzungspotenzial von Gebirgswaldökosystemen	Erosionsprozesse in Wäldern
Biosphäre (Vegetation)			
Vegetationsgeschichte und Landschaftsentwicklung	aktuelle Vegetation und historische Landnutzung	aktuelle Vegetation, Standort und histor. Landnutzung	Geschichte und Zustand der Sumpfwälder (Missen)
Waldvegetation, Waldstandort und histor. Holznutzung	Entwicklung der Baumartenanteile und Waldstruktur	Waldvegetation, Waldstandort und histor. Holznutzung	Waldvegetation und historische Energieholznutzung
Anthroposphäre (Besiedlung, Landnutzung, Wahrnehmung)			
Jungsteinzeitliche Besiedlung und Landnutzung	Besiedlungsmuster vom Endneolithikum bis zur Eisenzeit	Prähistorische Landschaftsveränderung	Römische Infrastruktur und Landschaftsbild
Besiedlungswandel von der Römerzeit bis zum hohen Mittelalter	Mittelalterliche Siedlungsgenese	Burg und Landschaft im Mittelalter	Landschafts-Wahrnehmung
Historischer Landnutzungswandel	Wahrnehmung von Wald und Bewaldung		

Abb. 1: Themenstruktur des Graduiertenkollegs „Gegenwartsbezogene Landschaftsgenese"

zugrunde, bei dem – aufgeschlüsselt auf Atmo-, Hydro-, Litho-, Pedo-, Bio- und Anthroposphäre – ein möglichst breites Spektrum der abiotischen, biotischen und anthropogenen Faktoren untersucht wird. Abb. 1 gibt – stichwortartig auf die thematischen Schwerpunkte der einzelnen Promotionsvorhaben fokussiert – einen Überblick über die behandelten Themenbereiche.

Bezugsraum des Kollegs ist die Regio TriRhena, das Gebiet um das Dreiländereck Deutschland-Frankreich-Schweiz am Rheinknie bei Basel mit den angrenzenden Mittelgebirgsräumen von Schwarzwald, Vogesen und Jura-Massiv. Dieser Raum gehört zu den vielfältigsten und gegensatzreichsten Gebieten Mitteleuropas außerhalb der Alpen, sowohl hinsichtlich der abiotischen und biotischen Umweltbedingungen als auch hinsichtlich der Siedlungs- und Landnutzungsgeschichte. Einerseits liegen dort mit der Colmarer Trockeninsel und dem Kaiserstuhl Gebiete, die zu den niederschlagsärmsten und wärmsten Mitteleuropas zählen und zum Teil submediterran getönt sind, andererseits mit den „subalpinen Inseln" in den Mittelgebirgen, wie Feldberg und Belchen im Südschwarzwald, besonders kühle und niederschlagsreiche Lebensräume. Gebiete mit einer großen Anzahl von steinzeitlichen Fundplätzen, wie der Oberrheingraben, stehen fast fundleeren Mittelgebirgsteilen gegenüber, die erst spät und auch nur teilweise urbar gemacht wurden, kontinuierlich hohe Waldanteile besaßen und noch bis in die Neuzeit hinein ausgedehnte, kaum genutzte Waldgebiete aufwiesen.

In diesem Raum betrachten wir die Landschaftsgenese gegenwartsbezogen. Dazu werden die verschiedenen Quellen herangezogen, (1) einerseits historische Schriftquellen i. w. S. (Schrift, Bild, Karte; echte Archive), andererseits als „Geländearchive" (2) die aktuelle Vegetation, die in Form des Vorkommens von Pflanzenarten und ihren Überdauerungsstadien sowie bestimmter Pflanzengesellschaften und Vegetationsstrukturen ein „lebendes Gedächtnis" hat, sowie (3) die „toten Sedimente" der Geschichte – archäologisch, biotisch, abiotisch –, in Form von geologisch-geomorphologischen wie auch archäologischen Schichten und Aufschlüssen (Siedlungsschichten, Bodenhorizonte, Kolluvien, Moore) mit ihren archäobotanischen Rückständen (Großreste/Holzkohle, Pollen).

Im Hinblick auf die gewünschte Herstellung eines möglichst genauen Raumbezuges spielen alte Karten und Landschaftsfotos (multitemporaler Bildvergleich) eine wichtige Rolle. Die Dokumentation des räumlich-zeitlichen Landnutzungs- und Bestockungswandels dient als Grundlage für weiter gehende landschaftsgeschichtliche Untersuchungen, so zum Beispiel zur Frage, inwieweit sich die historischen Landschaftszustände heute noch in den Böden, den Oberflächenformen oder der Vegetation widerspiegeln und indizieren lassen. In diesem Zusammenhang steht die Erfassung der aktuellen Vegetation mit ihren reliktischen Arten und Strukturen, die auf frühere Vegetationszustände und Nutzungen hinweisen. Umgekehrt werden auch diejenigen Arten erfasst, die auf eine Bewaldungskontinuität hinweisen (Arten historisch alter Wälder; WULF 1994). Auf biotische Sedimente wird im Folgenden mit der Analyse verkohlter Großreste von Gehölzen näher eingegangen.

3 Anthrakologie – Holzkohlekunde, Holzkohleanalyse

3.1 Untersuchungsgegenstand, Objekte, Rückstände

Im Rahmen der anthrakologisch-vegetationskundlichen Untersuchungen werden die folgenden Fragestellungen bearbeitet:
- Welches Holz wurde zu welchem Zweck, zu welcher Zeit und an welchem Ort verwendet?
- Wie sahen die genutzten Wälder aus und wie wurden sie verändert?
- Welches Holzangebot war von Natur aus vorhanden?

Von besonderem Interesse ist dabei der Zusammenhang zwischen den historischen Holznutzungen einerseits und dem natürlichen Holzangebot, der lokalen Waldvegetation und den ökologischen Wuchsbedingungen andererseits.

Die holzkohleanalytischen Arbeiten der Geobotanik stehen in engem Zusammenhang mit der Bergbau-Archäologie und der Archäometallurgie (STEUER 2004). Enge Verknüpfungen ergeben sich auch zu den Forstwissenschaften (Forstgeschichte, Forstliche Standorts- und Vegetationskunde) und zu den Geschichtswissenschaften (Landnutzungsgeschichte, Siedlungsgeschichte).

Untersucht werden vor allem Rückstände des historischen Bergbaus und der Köhlerei/Holzkohle-Herstellung. Die Analyse der Holzkohle-Herstellung bildet dabei ein spezielles Arbeitsfeld (kiln site anthracology; Abb. 2) mit besonderen Vorteilen für die Auswertung: Denn Kohlplätze liegen in sehr großer Anzahl im Gelände vor, sind in den Mittelgebirgen weit verbreitet und kommen zum Teil in hoher Dichte vor (Abb. 3). Ferner sind es Herstellungsorte der Holzkohle, nicht Verbrauchsorte, was weiter gehende Interpretationsmöglichkeiten eröffnet. So sind kleinräumliche, standortsbezogene Auswertungen möglich und es ist mit einem engen Raumbezug zu rechnen, was gerade für geobotanische und vegetationsgeographische Fragestellungen von besonderem Interesse ist.

Im Untersuchungsgebiet des Graduiertenkollegs sind uns bisher 2323 historische Kohlplätze bekannt sowie 80 Stätten des historischen Bergbaus und der Archäometallurgie, an denen analysierbare Holzkohle vorliegt. Im Südschwarzwald und seiner nahen Umgebung sind es über 2000, in den Vogesen 200 und im Nordschwarzwald und im Schweizer Jura zusammen über 100 solcher Fundplätze. Selbst im Südschwarzwald wird es sich dabei allenfalls um die Hälfte der dort tatsächlich vorhandenen Plätze handeln, in den übrigen Gebieten nur um einen Bruchteil davon. Im Nordschwarzwald und im Schweizer Jura wurde erst vor kurzem mit gezielten Prospektionsarbeiten begonnen. Höchste Dichten werden mit über 40 Kohlplätzen pro Quadratkilometer erzielt, so dass man im Gelände alle 150 bis 200 m auf einen derartigen Platz trifft.

Abb. 2: Kohlplatz-Anthrakologie. Rückstände der Holzkohle-Herstellung werden an Meilerplätzen aufgelesen und holzanatomisch analysiert. Sie liefern Informationen über die historischen Waldnutzungen und die genutzten Waldbestände.

3.2 Methoden und Merkmale

In der Holzkohle bleibt die zelluläre Struktur und damit quasi der gesamte holzanatomische Informationsgehalt über Jahrtausende erhalten. So erfolgt die Bestimmung der Holztaxa, von denen die Holzkohle stammt, mit Bestimmungsschlüsseln für unverkohltes Holz – zum Beispiel SCHWEINGRUBER 1982. Zudem werden Angaben zur Stärke (Durchmesser) des genutzten Holzes ermittelt (LUDEMANN 1996, LUDEMANN/NELLE 2002, NELLE 2002, NÖLKEN 2005). Der Auswertung weiterer Merkmale, wie Anzahl, Breite und Chronologie der Jahrringe, ist ein eigenes Dissertationsthema des Kollegs gewidmet. Von diesen Untersuchungen werden Aussagen zu den genutzten Holzteilen (Stamm, Ast, Stockausschläge etc.), zum Alter und zu den Wuchsbedingungen der verkohlten Bäume sowie zur zeitlichen Einordnung der erfassten Waldnutzungen erwartet.

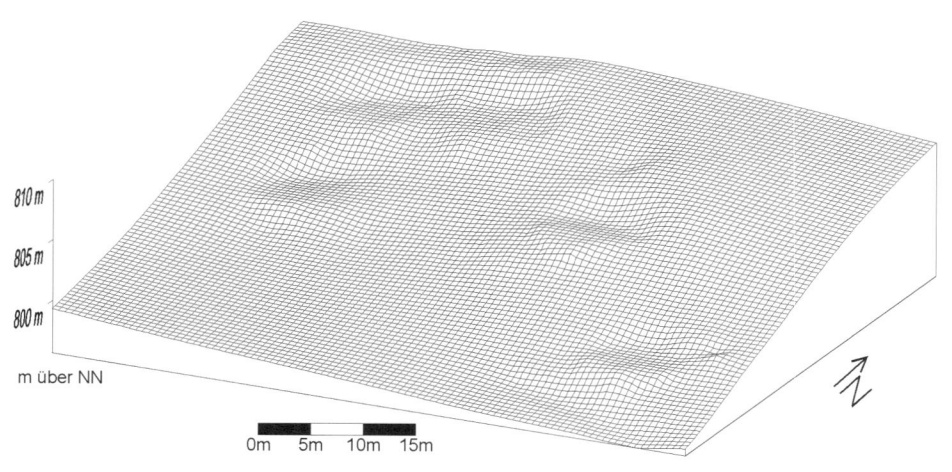

Abb. 3: Historische Kohlstätte in den Vogesen, bestehend aus fünf nah beieinanderliegenden Kohlplätzen (Kohlplatten, Meilerplätzen), in Form von runden Geländeverebnungen mit steiler, berg- und talseitiger Böschung (tachymetrische Vermessung; aus Nölken 2005)

Im Hinblick auf die weiter gehenden Fragen nach dem Bezug der Holznutzung zu Waldvegetation und Wuchsbedingungen werden an den Fundplätzen standorts- und vegetationskundliche Daten erhoben (Höhe, Exposition, Hangneigung, aktuelle Baumschicht, Waldgesellschaften).

Der Absicherung der Auswertung und Interpretation des historischen Materials dienen rezent-holzkohleanalytische und experimentell-anthrakologische Untersuchungen, bei denen entsprechende Prozesse untersucht werden, die heute noch nach den historischen Verfahren ablaufen bzw. experimentell nachgestellt werden. Dabei wird das verwendete Holz vor der Verkohlung vermessen; für dessen Volumenverteilung auf Holzarten und Durchmesserklassen werden Modellrechnungen durchgeführt und die errechneten Verteilungen mit den anthrakologischen Ergebnissen verglichen.

3.3 Ergebnisse des historischen Materials
Zur Energieholzversorgung wurde nicht nur Buche genutzt, sondern alle einheimischen Baumgattungen und einige Sträucher: Buche, Tanne, Fichte, Eiche, Ahorn, Kiefer, Hainbuche, Hasel, Esche, Pomoideae (Vogelbeere/Eberesche u. a.), Pappel, Weide, Erle, Birke, Kirsche, Linde, Ulme, Stechpalme, Eibe, Schneeball und Hartriegel. Große Unterschiede sind von Befund zu Befund und von Kohlplatz zu Kohlplatz feststellbar, so dass sich umfangreiche Möglichkeiten zur differenzierten Auswertung ergeben. Im Folgenden werden Beispiele für die zeitliche und räumliche Differenzierung dargestellt.

3.3.1 Zeitliche Differenzierung
Ziel der zeitlichen Differenzierung ist das Auffinden von Nutzungsunterschieden in den verschiedenen Nutzungsphasen und die Rekonstruktion des zeitlichen Wandels in der Pflanzendecke (Nutzungs-/Vegetations-Abfolge). Abb. 4 zeigt den Nutzungswandel in einem bedeutenden Silberbergbaurevier am Schwarzwald-Westrand, in dem eine Bergbausiedlung ausgegraben wurde, die bis in die Römerzeit zurückreicht und ihren Schwerpunkt im Mittelalter hatte. Am meisten Pionier- und sonstige Gehölze wurden

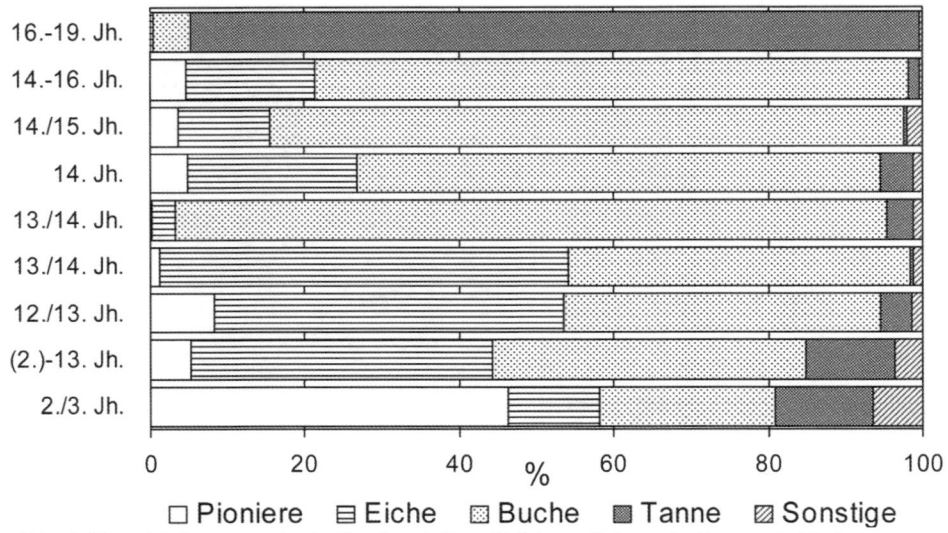

Abb. 4: Energieholznutzung in der Bergbausiedlung Sulzburg Gaismättle (Römerzeit bis frühe Neuzeit, 2.–16. Jh.) und bei der Holzkohle-Herstellung an einem benachbarten nachmittelalterlichen Kohlplatz (16.–19. Jh., oberster Balken). n = 3470 Analysen

in der Römerzeit genutzt, die Baumarten des regionalen Waldes, Buche, Tanne und Eiche, dagegen vermehrt in späteren Nutzungsphasen. Dabei wurde über das Hochmittelalter hinweg mehr Eiche verwendet, im späten Mittelalter und bis in die frühe Neuzeit hinein vor allem Buche, während die letzte historische Nutzungsphase vor dem großflächigen Einsetzen der modernen Forstwirtschaft durch umfangreiche Tannennutzungen gekennzeichnet ist.

Bemerkenswert an der nachgewiesenen Nutzungsabfolge von Pioniergehölzen über Eiche und Buche zu Tanne ist, dass sie einem Degradationsverlauf, wie er unter zunehmendem anthropogenem Einfluss zu erwarten wäre, quasi exakt entgegenläuft. Dabei wäre nämlich in einem Buchen-Tannen-Eichenwald-Ökosystem zunächst mit dem Rückgang bzw. Ausfall der Tanne als besonders empfindlicher Baumart zu rechnen. Demgegenüber würde die Eiche, die besser stockausschlagfähig und lichtbedürftiger ist als die Buche und eher vom Menschen geschont und gefördert wird, erst später ausfallen als die Buche. Schließlich würden die Pioniergehölze als Letzte übrig bleiben. Daher ist es unwahrscheinlich, dass sich in dieser Nutzungsabfolge zugleich der Wandel der umliegenden Waldbestände direkt widerspiegelt. Vielmehr wird die holzkohleanalytisch nachgewiesene Abfolge auf eine räumliche Ausweitung der Nutzung zurückzuführen sein, von bereits anthropogen aufgelichteten Gehölzbeständen in unmittelbarer Siedlungsnähe auf angrenzende noch wenig beeinflusste Waldbestände. Die umfangreiche nachmittelalterliche Tannennutzung weist schließlich auf eine Verknappung des Laubhartholzes (Buche, Eiche) und eine indirekte Anreicherung der Tanne in den Beständen hin – als Folge der vorangegangenen Energieholznutzung.

3.3.2 Räumliche Differenzierung

Bei der räumlichen Differenzierung werden auf verschiedenen räumlichen Ebenen – überregional, regional, lokal – entweder Landschaftsprofile oder aber flächige Landschaftsausschnitte betrachtet. Die Landschaftsprofile folgen bevorzugt ökologischen Gradienten der Wuchsbedingungen (Höhen-, Kontinentalitäts-, Luv-Lee-Gradienten). Als Beispiele werden ein lokales Profil sowie eine großflächige regionale Darstellung vorgestellt (Abb. 5 u. 6). Weitere Beispiele der räumlichen Differenzierung geben LUDEMANN/BRITSCH (1997), LUDEMANN (2001) und LUDEMANN/NELLE (2002) für den Schwarzwald sowie NÖLKEN (2005) für die Vogesen.

Das lokale Nutzungsprofil (Abb. 5) liegt zwischen Schluchsee und Wutachschlucht im Nadelwaldgebiet des Ostschwarzwaldes und erstreckt sich von einer vermoorten Muldenlage über die regionalen terrestrischen Waldstandorte der Hochfläche hinunter in einen markanten Taleinschnitt. Deutlich zeigen sich im Moorrandbereich, wo von Natur aus Fichtenmoorwälder (Bazzanio-Piceeten) gedeihen, entsprechend hohe Fichtenanteile im Kohlholz. Im Bereich der Normalstandorte wurde dagegen die Tanne häufiger genutzt; pflanzensoziologisch befinden wir uns dort im großflächigen Tannenwaldgebiet (Vaccinio-Abietetum, Galio-Abietetum; OBERDORFER 1992, LUDEMANN 1994). Die Laubholz-günstigsten Standorte, an den steilen Hängen und in Tälern, spiegeln sich deutlich in der häufigeren Nutzung der Buche wider.

Eine erste Synthese für die nachmittelalterliche Kohlholznutzung im Südschwarzwald ist in Abb. 6 dargestellt. Stark schematisiert sind dort die zentralen Gebiete des Südschwarzwaldes skizziert, fokussiert auf die höchste Erhebung, den Feldberg. Grundlage bilden 23 681 Analysen von 200 Kohlplätzen, von denen Plätze mit ähnlicher geographischer und standörtlicher Lage zu – im Ganzen 35 – Teilkollektiven zusammengefasst wurden. Für die sieben häufigsten Taxa ist jeweils der durchschnittliche Kohlholz-Anteil in den einzelnen Teilkollektiven angegeben.

In den markanten Raummustern zeigen sich die örtlich verschiedenen Nutzungspräferenzen für die genutzten Haupt- und Nebenbaumarten. Den in weiten Teilen vorherrschenden, die höchsten Lagen um den Feldberg und östliche Gebietsteile jedoch

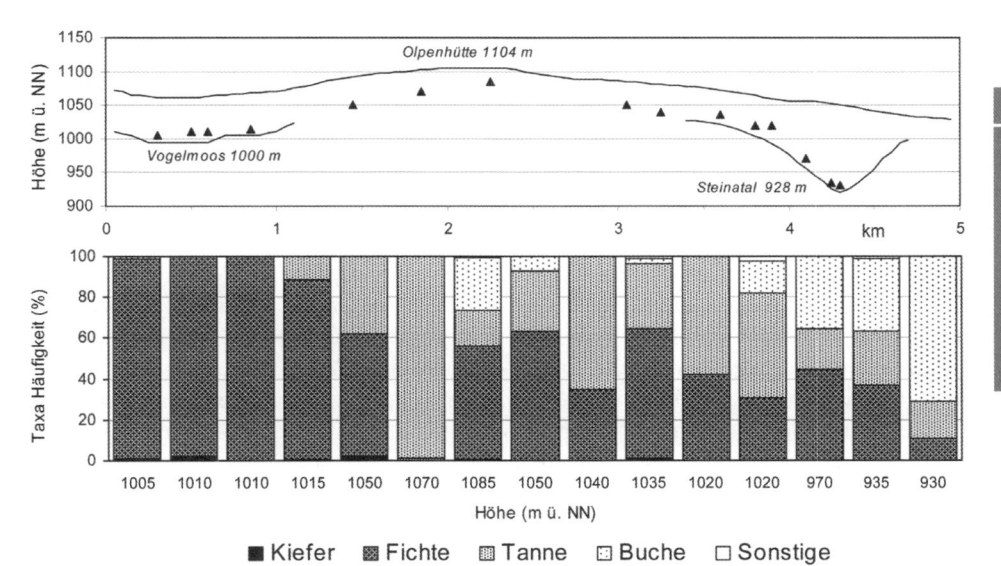

Abb. 5: Kohlholznutzung an 15 nachmittelalterlichen Kohlstätten auf einem Landschaftsprofil im Südost-Schwarzwald (Ludemann et al. 2004, verändert). n = 1936 Analysen

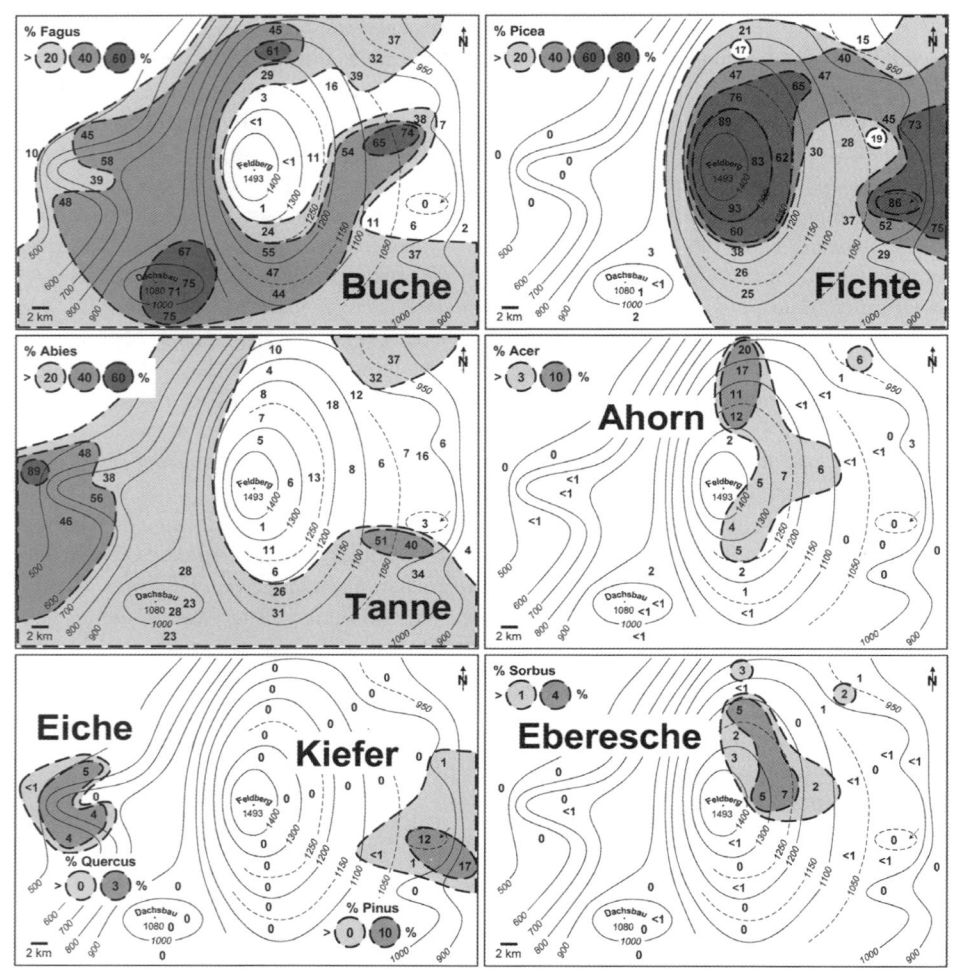

Abb. 6: Nachmittelalterliche Kohlholznutzung im Südschwarzwald (aus Ludemann 2003, verändert). Erläuterung im Text

meidenden Buchen und Tannen steht als „Gegenspieler" die Fichte gegenüber, die gerade in den höchsten Lagen um den Feldberggipfel sowie in vermoorten Gebieten im Osten höchste Anteile erzielt. Einen Vorkommensschwerpunkt in den höchsten Lagen zeigen auch Ahorn und Pomoideae (Eberesche). Aus vegetationskundlicher Sicht kommen darin (a) das Verbreitungszentrum des Bergahorn-Buchenwaldes (Aceri-Fagetum) in den höchsten, nährstoffreichen und nordexponierten Lagen des Südschwarzwaldes zum Ausdruck, (b) die lokalklimatisch extremen Wuchsbedingungen der höchsten, waldgrenznahen Gipfellagen, in denen hohe Windgeschwindigkeiten, niedrige Temperaturen und Schneereichtum die Waldbestände immer wieder in der Weise auflichten, dass es einer konkurrenzschwachen, lichtbedürftigen und kurzlebigen Baumart wie der Eberesche (Vogelbeere, Sorbus aucuparia) dort möglich ist, sich regelmäßig und dauerhaft am Aufbau der Bestände zu beteiligen (Piceo-Sorbetum). In der Nutzung der Eiche spiegeln sich die submontanen, wärmegetönten Standorte der tieferen West-Schwarzwaldlagen wider, in derjenigen von Kiefer die regionalen Nadelwälder des Ostschwarzwaldes, in denen sich die Waldkiefer (Pinus sylvestris) von Natur aus am Aufbau der Bestände beteiligt.

4 Schluss und Ausblick

Systematische anthrakologische Untersuchungen geben neue differenzierte Antworten auf Fragestellungen insbesondere der Historischen Geographie, der Vegetationsgeographie und der Geobotanik:

In der Regio TriRhena waren noch bis weit in die Neuzeit hinein ausgedehnte Waldbestände mit naturnaher Baumartenzusammensetzung vorhanden. Die Hypothese des Graduiertenkollegs, dass die Landschaft wesentlich stärker vom Menschen überprägt wurde als bisher angenommen, kann bislang für die Baumartenzusammensetzung der Wälder großer Mittelgebirgsteile der Regio TriRhena nicht bestätigt werden. Hinweise auf spezielle Holzselektion, auf ausgedehnte Sekundär- oder Pionierwälder sowie auf großflächige Walddegradation ließen sich bisher nur selten oder überhaupt nicht finden und müssen damit als Ausnahme gelten – bezogen auf die erfassten Nutzungen, Zeiträume und Gebiete.

Im Ganzen wurden alle Baumarten genutzt und dies in naturnahen Mengenverhältnissen. Selbst im Klimaxgebiet der Buche wurde bei Weitem nicht nur Buche als Energieholz genutzt, sondern insbesondere auch große Anteile starken Tannenholzes. Von Befund zu Befund und von Ort zu Ort bestehen erhebliche Unterschiede. Auf lokaler bis überregionaler Ebene wurden Raummuster der historischen Holznutzung gefunden, die sich sehr gut ökologisch-standortskundlich erklären lassen. Wir haben nach Holzselektion und Walddegradation gesucht und das Abbild des natürlichen Standortspotenzials gefunden. Die Fichte hat im Schwarzwald offensichtlich von Natur aus eine größere Bedeutung, als bislang angenommen wurde. Entgegen der bestehenden Lehrmeinung zeichnet sich deutlich ab, dass es in den höchsten Lagen eine natürliche Fichtenstufe gibt.

Literatur

LUDEMANN, T. (1994): Die Wälder im Feldberggebiet heute. Zur pflanzensoziologischen Typisierung der aktuellen Vegetation. In: Mitt. Verein forstl. Standortskunde u. Forstpflanzenzüchtung, 37, 23-47.

LUDEMANN, T. (1996): Die Wälder im Sulzbachtal (Südwest-Schwarzwald) und ihre Nutzung durch Bergbau und Köhlerei. In: Mitt. Verein forstl. Standortskunde u. Forstpflanzenzüchtung, 38, 87-118.

LUDEMANN, T. (2001): Das Waldbild des Hohen Schwarzwaldes im Mittelalter. Ergebnisse neuer holzkohleanalytischer und vegetationskundlicher Untersuchungen. In: Alemannisches Jahrbuch, 1999/2000. Freiburg i. Br., 43-64.

LUDEMANN, T. (2003): Large-scale reconstruction of ancient forest vegetation by anthracology – a contribution from the Black Forest. In: Phytocoenologia, 33(4), 645-666. DOI 10.1127/0340-269X/2003/0033-0645.

LUDEMANN, T./BRITSCH, T. (1997): Wald und Köhlerei im nördlichen Feldberggebiet/Südschwarzwald. In: Mitt. bad. Landesverein Naturkunde Naturschutz N.F., 16(3/4), 487-526

LUDEMANN, T./MICHIELS, H.-G./NÖLKEN, W. (2004): Spatial patterns of past wood exploitation, natural wood supply and growth conditions: indications of natural tree species distribution by anthracological studies of charcoal-burning remains. In: Eur. J. Forest Res., 123, 283-292. DOI 10.1007/s10342-004-0049-z.

LUDEMANN, T./NELLE, O. (2002): Die Wälder am Schauinsland und ihre Nutzung durch Bergbau und Köhlerei. (= Freiburger Forstl. Forschung 15).

MÄCKEL, R./STEUER, H. (2003): Gegenwartsbezogene Landschaftsgenese – Ziel, Struktur und Fortgang eines interdisziplinär ausgerichteten Graduiertenkollegs. In: Freiburger Universitätsblätter, 160(2), 5-17.

MÄCKEL, R./STEUER, H./UHLENDAHL, T. (2004): Gegenwartsbezogene Landschaftsgenese am Oberrhein. In: Ber. naturforsch. Ges. Freiburg i. Br., 94, 175-194.

NELLE, O. (2002): Zur holozänen Vegetations- und Waldnutzungsgeschichte des Vorderen Bayerischen Waldes anhand von Pollen- und Holzkohleanalysen. In: Hoppea (Denkschr. Regensb. bot. Ges.), 63, 161-361.

NÖLKEN, W. (2005): Holzkohleanalytische Untersuchungen zur Waldgeschichte der Vogesen. (Diss. Univ. Freiburg i. Br., Biologie/Geobotanik).

OBERDORFER, E. (Hrsg.; 1992): Süddeutsche Pflanzengesellschaften. Teil IV: Wälder und Gebüsche. Jena, Stuttgart, New York.

SCHWEINGRUBER, F. H. (1982): Mikroskopische Holzanatomie. Formenspektren mitteleuropäischer Stamm- und Zweighölzer zur Bestimmung von rezentem und subfossilem Material. Birmensdorf/Schweiz.

STEUER, H. (2004): Montanarchäologie im Südschwarzwald. Ergebnisse aus 15 Jahren interdisziplinärer Forschung. In: Zeitschrift für Archäologie des Mittelalters, 31(2003), 175-219.

WULF, M. (1994): Überblick zur Bedeutung des Alters von Lebensgemeinschaften, dargestellt am Beispiel „historisch alter Wälder". In: Norddt. Naturschutzakademie, NNA-Ber., 3/94, 3-14.

Leitthema D – Indikatoren globaler Umweltveränderungen

Sitzung 3: Klimatrends und Extremereignisse

Eberhard Parlow (Basel) und Jörg Bendix (Marburg)

Unser Klima sowie dessen anthropogene und natürliche Modifikation ist ein brandaktuelles Thema in weiten Bereichen unserer Gesellschaft. Daher wurde auch auf dem Geographentag 2005 in Trier eine Leitthemensitzung „Klimatrends und Extremereignisse" veranstaltet, an der eine große Zahl von Interessierten teilgenommen hat. Die Folgen der Klimaänderung sind äußerst gravierend und wirken auf die meisten unserer Lebensbereiche ein. Eine immer, auch manchmal kontrovers, diskutierte Frage ist die Trennung zwischen den natürlichen und den vom Menschen verursachten Modifikationen des Klimas. Beide Einflüsse sind zweifellos vorhanden, gleichzeitig wirksam und daher oft nicht eindeutig voneinander trennbar. Die Globalen Klimamodelle, mit denen zukünftige Klimaszenarien entwickelt werden, sagen neben einem Trend zur globalen Erwärmung um mehrere Grade auch die Zunahme von Extremereignissen voraus. Dieses lässt sich durchaus in den vergangenen Jahren an zahlreichen Beispielen aufzeigen. Der Hitzesommer 2003 in Europa war ein Witterungsereignis, das etwa 30 000 Menschenleben kostete und auch sehr große ökonomische Konsequenzen hatte. Der Schneewinter 2005/2006 in weiten Teilen Mitteleuropas reiht sich genauso in die Liste von Extremereignissen ein wie die Häufigkeit und Stärke von tropischen Wirbelstürmen in der Karibik im Herbst 2005.

Die Leitthemensitzung des Geographentages ist in vier hochkarätigen Beiträgen dokumentiert. Heinz WANNER (Bern) gibt einen Überblick über das Klimasystem und dessen Schwankungen in der Zeitspanne der letzten 10 000 Jahre und zeigt auf, wie natürliche Ursachen, insbesondere Änderungen der Solarkonstanten und Variationen in der Präzession der Erdrevolution, an diesen langfristigen Schwankungen maßgeblich beteiligt sind. Die starke Zunahme der globalen Lufttemperatur in den letzten 10 bis 15 Jahren lässt sich jedoch nicht auf diese natürlichen Ursachen zurückführen. Hierfür ist der anthropogene Einfluss eindeutig verantwortlich.

Der Beitrag von Christoph SCHNEIDER (Aachen) führt nach Südamerika in das Gebiet des Gran Campo Nevado, einem Plateaugletscher in den südamerikanischen Anden bei 53° südlicher Breite, und zeigt die Schwierigkeiten auf, die sich ergeben, wenn Gletscher und die zeitlichen Veränderungen ihrer Massenbilanz als Indikator für Klimaschwankungen genutzt werden. Die Schwankungen der Eismassenbilanz dieses Gletschers geht auf eine hoch komplexe Kombination von globalen Zirkulationseffekten wie El Niño, deren Auswirkungen auf die Westwindzirkulation der südhemisphärischen Mittelbreiten und die damit verbundenen Abnahmen der Niederschlagsmengen, den globalen Temperaturanstieg sowie lokale Besonderheiten zurück.

Jan ESPER (Birmensdorf) führt mit einem spannenden Beitrag in die Methodik und Problematik der Rekonstruktion langer Zeitreihen ein, welche als Proxy-Daten für die Rekonstruktion des Klimas vergangener Jahrhunderte Verwendung finden. Diese Proxy-Datenarchive umfassen Pollenfunde, Eisbohrkerne und Jahrringe bei Holzfunden. Wie problematisch die Interpretation der in der Dendrochronologie verwendeten Holzfunde ist, zeigte er am Beispiel des Lärchenwicklers auf. Schädlingsbefall während früherer Jahrhunderte hat die Wachstumsringe der Bäume ebenso beeinträchtigt wie die Modifikationen des Klimas. Eine eindeutige Trennung zwischen natürlichen und anthropogenen Ursachen ist daher nicht immer möglich.

Die Leitthemensitzung wird abgerundet durch einen Beitrag von Werner EUGSTER (Zürich), der sich mit Änderungen der Landnutzung im Schweizerischen Mittelland während der letzten Jahrhunderte und den damit verbundenen Änderungen des regionalen Klimas auseinandersetzt. Auch in diesem regionalen Maßstab würde das komplexe Zusammenwirken von Landnutzungsänderung, der Änderung der Bodenfeuchte und damit der Evapotranspiration sowie der Albedo deutlich. Letztlich kann man diesen vielseitigen Wechselwirkungen nur mit Hilfe numerischer Simulationsmodelle nachgehen.

Struktur und Dynamik spätholozäner Klimaschwankungen in Europa

Heinz Wanner (Bern)

1 Einleitung

Mit dem Begriff Holozän bezeichnen wir die gegenwärtige Warmzeit, welche nach allgemeiner Auffassung einem Interglazial entspricht. Sie begann mit dem Abschmelzen der großen kontinentalen Eisschilde der Nordhemisphäre vor zirka 15 000 Jahren. Damit verbunden war ein massiver Anstieg des Meeresspiegels, welcher pro Jahrhundert in den Jahren von 7000 bis 5000 v. Chr. 1,25 m, danach bis 1000 v. Chr. 0,14 m und anschließend 0,11 m pro Jahrhundert betrug (BEHRE 2003). Damit ist angedeutet, dass bis etwa 7000 Jahre vor heute im Klimasystem größere Reorganisationen erfolgten, welche vor allem durch plötzliche, katastrophenartige Ausbrüche aus den großen Süßwasserseen hinter den Endmoränen der Nordvergletscherung ausgelöst wurden (BROECKER 2003). Das ausfließende und weniger dichte Süßwasser regelte sich in die oberen Schichten des Ozeans ein und dämpfte insbesondere im Nordatlantikraum die thermohaline Zirkulation. Dies führte im Zuge der globalen postglazialen Klimaerwärmung noch einmal zu mehreren massiven Kälterückfällen. In Abb. 1 sind zwei solche Einbrüche in der Zeit um 12 000 Jahre vor heute (die so genannte Jüngere Dryas) und um 8200 Jahre vor heute zu erkennen.

Im folgenden Beitrag werden Struktur und Dynamik der Klimaschwankungen nach der Mitte des Holozäns beschrieben, d. h. nach diesen kollapsartigen Kälterückfällen, und zwar bezogen auf den Raum Atlantik – Europa. Auf dieser Zeitskala, welche in etwa die letzten 6000 Jahre umfasst, kann dieser Raum mit Einschränkungen als homogene Klimaregion bezeichnet werden. In einem ersten Abschnitt wird vom beobachte-

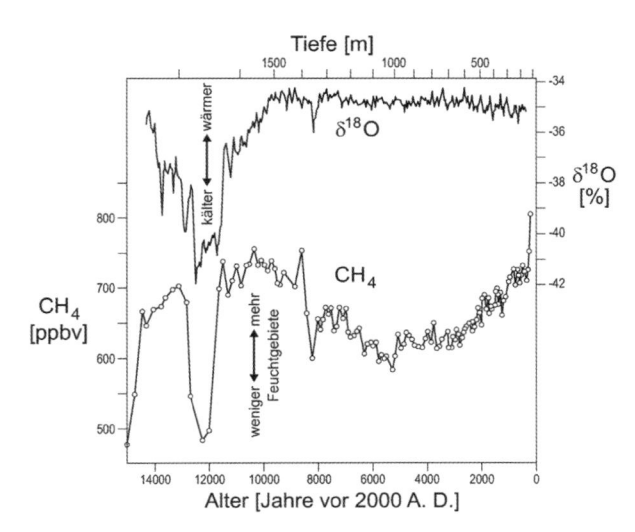

Abb. 1:
Isotopenzusammensetzung des Sauerstoffs ($\delta^{18}O$) und Methankonzentration (CH_4) während der letzten 15 000 Jahre aus Eisbohrkernen Zentralgrönlands. $\delta^{18}O$ ist ein Indikator der Temperaturentwicklung, Methan zeigt das Ausmaß der (vor allem nordhemisphärischen) Feuchtgebiete (nach Blunier et al. 1993, aus Lister et al. 1999; mit freundlicher Genehmigung von MIT Press, Cambridge MA; © 1999 MIT Press)

ten beziehungsweise rekonstruierten Klima dieses Raumes ausgegangen. In einem zweiten Schritt wird aufgrund bestehender Analysen und Modellrechnungen die Frage gestellt, welche Forcing- oder Antriebsfaktoren möglicherweise die wichtigen Klimaschwankungen der letzten 6000 Jahre beeinflusst haben und welche Rolle interne Systemschwankungen gespielt haben könnten.

2 Das beobachtete bzw. rekonstruierte Klima der letzten 6000 Jahre

Anhand eines Eisbohrkerns aus Grönland (GRIP) zeigt Abb. 1 sowohl die Zeitreihen einer Temperaturschätzung, welche auf Messungen des Sauerstoffisotops $\delta^{18}O$ beruhen, als auch die Konzentrationswerte von Methan (CH_4), welche grob als Zeiger für die Ausdehnung feuchter Vegetationszonen bezeichnet werden dürfen. Die beiden oben erwähnten Kälterückfälle um 12 000 und 8200 Jahre vor heute sind in beiden Kurven klar auszumachen. In der in diesem Beitrag betrachteten Periode der letzten 6000 Jahre haben die Methanwerte nur zu Beginn leicht abgenommen, dies möglicherweise wegen der Austrocknung von Feuchtgebieten im Tropen- und Subtropenraum, insbesondere Afrikas. Anschließend sind die Werte markant angestiegen, wobei insbesondere der anthropogen bedingte Anstieg in der Gegenwart auffällt. Die $\delta^{18}O$-Werte zeigen, dass vor und nach dem Kälterückfall um 8200 Jahre vor heute in Europa eine der wärmsten Phasen des Holozäns registriert wurde, welche möglicherweise erst im 20. Jahrhundert wiederum ähnliche Werte erreichte, dies jedoch in äußerst kurzer Zeit und auf globaler Skala.

Die allgemeine Temperaturdegression im Spätholozän wird überlagert von deutlichen Schwankungen zwischen wärmeren und kälteren Perioden. Verschiedene Autoren (eine Übersicht findet sich in ALVERSON et al. 2003) haben mit spektralanalytischen Verfahren unterschiedliche (Quasi-)Periodizitäten gefunden. Diese wurden dann mit unterschiedlichem Erfolg bestimmten Forcingfaktoren (Solaraktivität, Vulkane) oder auch internen Systemschwankungen (ENSO, NAO oder thermohaline Zirkulation) zugeordnet. Für den europäischen Raum stehen die Arbeiten von BOND et al. (1997/2001) im Vordergrund. Sie postulieren anhand von Schwankungen des Gehalts von petrologischen Rückständen in Sedimenten des Nordatlantiks (z. B. Hämatitkörner), dass Eisberge, die sich von der grönländischen Landmasse getrennt haben, in Kaltzeiten weit nach Süden gedriftet sind. Abb. 2 zeigt, dass über den Zeitraum der letzten 6000 Jahre etwa fünf solche Zyklen mit einer mittleren Periode von zirka 1500 Jahren unterschieden werden können. Diese Zyklen lassen sich in ähnlicher Form auch in Abb. 3 erkennen, welche eine Darstellung der alpinen Gletscherschwankungen zeigt. Die Abbildung wurde aufgrund verschiedener Arbeiten in den Ost- und Zentralalpen erstellt (siehe Figurenlegende). Klima-

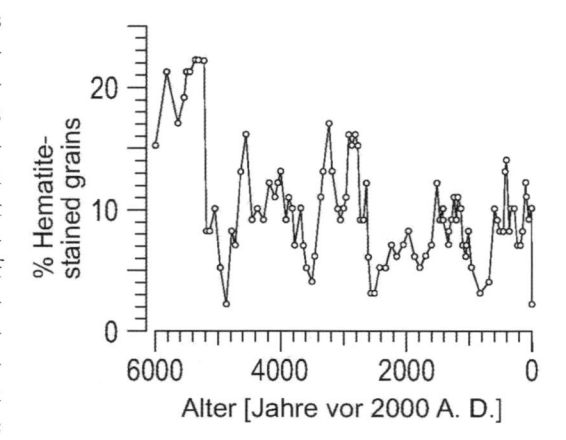

Abb. 2: Schwankungen der Konzentration von Hämatitkörnern in Sedimenten des Nordatlantiks als Proxy für die Drift von grönländischen Eisbergen infolge von Klimaschwankungen (nach Bond et al. 2001)

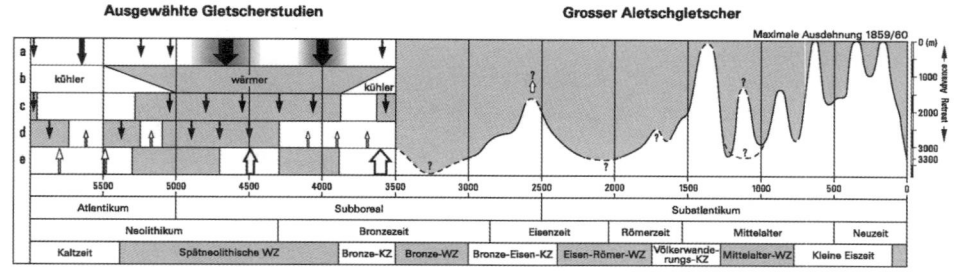

Abb. 3: Darstellung der Schwankungen alpiner Gletscherzungen in den Ost- und Zentralalpen während der letzten 6000 Jahre. Für den Zeitraum der letzten 3500 Jahre werden die Resultate von Holzhauser et al. (2005) übernommen. Die Rekonstruktionen der Periode von 6000 bis 3500 Jahre vor 2000 wurden den folgenden fünf Arbeiten entnommen: a) Jörin et al. 2006, b) Trachsel 2005, c) Hormes et al. 2001, d) Furrer 2001; e) Nicolussi/Patzelt 2000. Dargestellt wurden nur gesicherte Feldbefunde. Nach oben gerichtete Pfeile stellen Vorstöße, nach unten gerichtete Pfeile jedoch Rückzüge dar. Die Größe der Pfeile entspricht der Zahl der Befunde, die graue Farbe stellt Wärme- und Rückzugperioden dar.

tologen, Pollenanalytiker und Archäologen ordnen diesen Zyklen verschiedene Begriffe zu. Hier wird vorgeschlagen, dass nicht die oft verwendeten Begriffe wie Optimum oder Pessimum verwendet werden, da diese eine starke Wertung beinhalten. In Abb. 3 werden deshalb gängige klimatologische, archäologische oder historische Begriffe verwendet und mit dem Zusatz Warm- oder Kaltzeit versehen. Aus der Darstellung der Periode vor 3500 Jahren vor heute wird deutlich sichtbar, dass solche Warm- oder Kaltzeiten keineswegs homogen waren, dass also diese Begriffe nur einer groben Charakterisierung des mittleren Zustandes in seiner Wirkung für verschiedene Gletscher entsprechen.

3 Mögliche Gründe für spätholozäne Klimaschwankungen in Europa

Für die Interpretation der spätholozänen Klimaschwankungen in Europa stehen grundsätzlich zwei Arten von Prozessen im Vordergrund. Zum ersten betrifft es die Forcing- oder Antriebsfaktoren des Klimasystems. Diese können in die Gruppe der natürlichen (Schwankungen der Erdbahnelemente und der solaren Leuchtstärke, Einfluss von grossen tropischen Vulkaneruptionen) und der zunehmend durch den Menschen bedingten (Einfluss von Treibhausgasen und Aerosolen, Landnutzungsänderungen) Schwankungsursachen eingeteilt werden. Dabei ist entscheidend, wie sensitiv das Klimasystem auf diese die Energiebilanz beeinflussenden Schwankungen reagiert. Zum zweiten stellt sich die Frage, in welcher Form sich jene internen Systemschwankungen auswirken, welche ausgesprochen großräumig auftreten. Im Vordergrund stehen ENSO (El Niño Southern Oscillation), NAO (Nordatlantische Oszillation) und THC (thermohaline Zirkulation des Ozeans), aber auch Wechselwirkungen der Atmosphäre mit Vegetation und Meereis. Dabei darf nicht ausser Acht gelassen werden, dass diese internen Systemschwankungen ebenfalls durch die oben erwähnten Antriebsschwankungen moduliert werden. Zudem treten auch komplexe Wechselwirkungen zwischen ENSO, NAO, THC, Vegetation, Meereis usw. auf.

Auf der langen Zeitskala von Jahrtausenden steht primär die Frage nach dem Einfluss der Veränderung der Erdbahnelemente im Vordergrund. Bezogen auf die letzten 6000 Jahre betrifft dies vor allem die Schwankungen der Präzession, welche u. a. auch

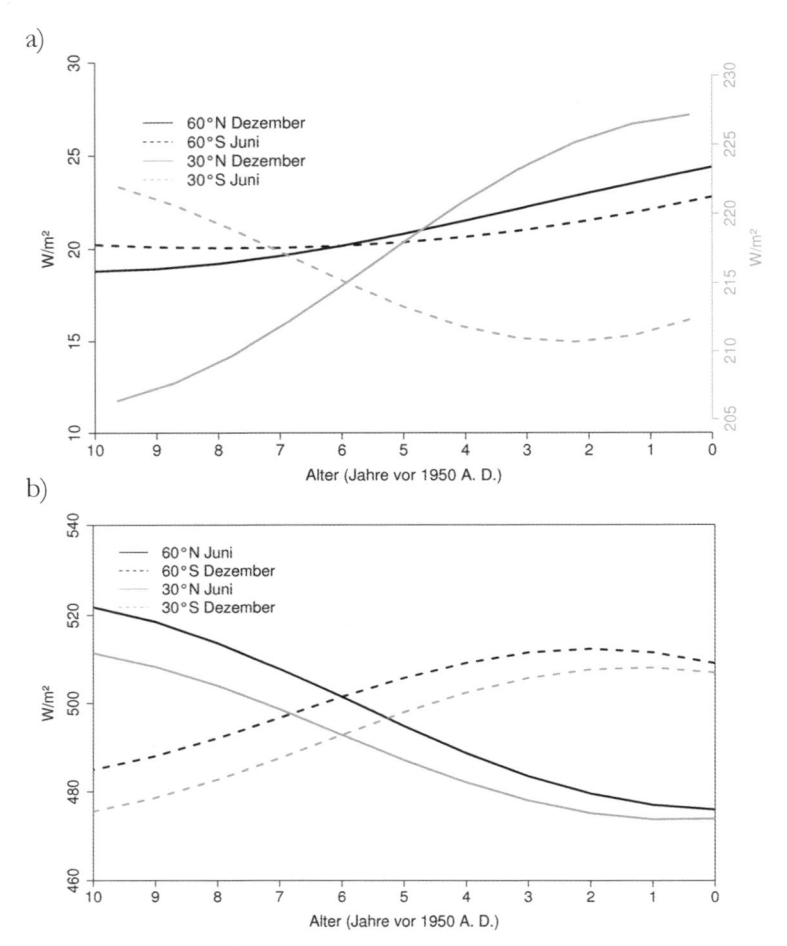

Abb. 4: Schwankungen des Energieantriebes der Erde (potenzielle Einstrahlung an der Obergrenze der Erdatmosphäre während der letzten 6000 Jahre aufgrund der Veränderung der Erdbahnelemente: a) Borealer Winter, b) Borealer Sommer

für die starken Monsunverschiebungen im Sahelraum verantwortlich gemacht werden (CLAUSSEN et al. 1999). Abb. 4 zeigt Schwankungen des Energieantriebes der Erde aufgrund der Veränderung der Erdbahnelemente, und zwar berechnet für die jeweiligen Sommer- und Winterhalbjahre der Nord- und Südhemisphäre (BERGER et al. 1992). Dabei wird deutlich sichtbar, dass in den Sommermonaten des Holozäns einem markanten Rückgang des Strahlungsangebots auf der Nordhemisphäre ein entsprechender Anstieg auf der Südhemisphäre gegenübersteht. Im Winter liegen die Verhältnisse umgekehrt, allerdings vor allem in niedrigeren Breiten, und dies bei deutlich geringeren Veränderungsbeträgen (siehe die Skalen). Simulationen mit einem Modell mittlerer Komplexität, welches nur die Orbitalschwankungen berücksichtigt, ergeben, dass die mittleren Sommertemperaturen Europas während der letzten 6000 Jahre um zirka 1,5 °C zurückgingen, dass dagegen die Wintertemperaturen nur gering schwankten (GOOSSE et al. 2006). Generell darf davon ausgegangen werden, dass der in Abb. 1 dokumentierte

Temperaturrückgang im Raum Grönland/Nordatlantik stark durch die Orbitalschwankungen bestimmt wurde.

Zusätzlich stellt sich nun die Frage nach der Begründung für die in den Abb. 2 und 3 dargestellten periodischen Wechsel zwischen Kalt- und Warmphasen im Raum Nordatlantik/Europa wie sie etwa von Bond et al. (1997 und 2001) oder Holzhauser et al. (2005) postuliert werden. Einen ersten möglichen Erklärungsansatz liefern möglicherweise die beiden natürlichen Antriebsfaktoren solare Leuchtstärke und Vulkanismus, welche Schwankungen aufweisen, die deutlich höhere Frequenzen zeigen als die Orbitalschwankungen (Abb. 5). Die beiden grauen Balken in Abb. 5 zeigen die beiden markantesten Phasen der letzten 500 Jahre an, während welchen die solare Leuchtstärke eingeschränkt war (Maunder Minimum, Dalton Minimum). Versuche, diese solaren Schwankungen präzise zu rekonstruieren, bereiten zwar nach wie vor Schwierigkeiten (Muscheler et al. 2005). Interessant ist jedoch, dass die beiden in Abb. 5 markierten Minima relativ sicher sind und zudem mit einer deutlich verstärkten Vulkanaktivität verbunden waren. Dabei wissen wir, dass starke Vulkanereignisse in Europa im Sommer zu deutlich negativen Temperaturanomalien führen, dies bei leichten Temperaturanstiegen über Nordeuropa im Winter (Fischer et al. 2006). Im Fall der dargestellten Mittelkurven von Temperatur und Niederschlag für Kontinentaleuropa und die Alpen in Abb. 5 treten nur phasenweise negative Anomalien auf. Wir können sogar feststellen, dass sich die Werte innerhalb der grauen Balken bei rein visueller Beurteilung kaum

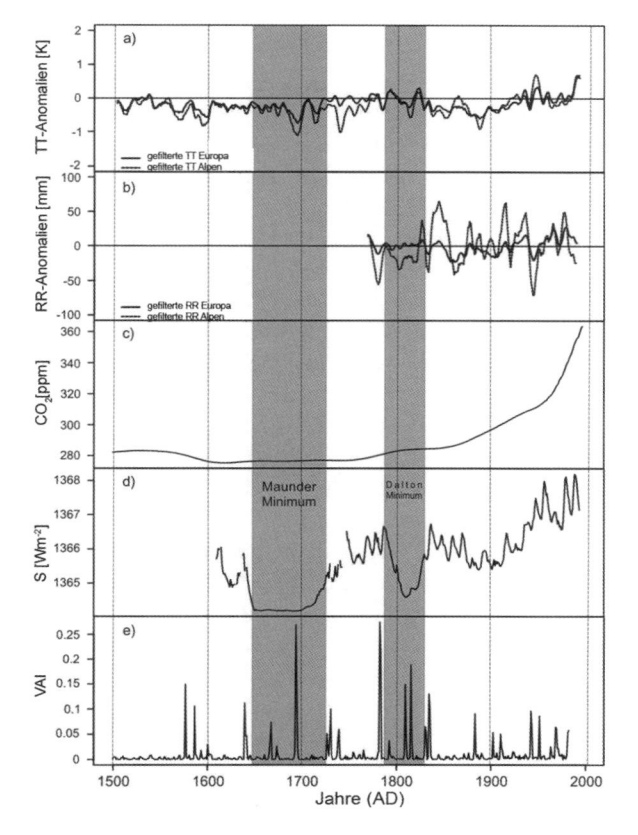

Abb. 5:
Rekonstruierte Temperatur- und Niederschlagsanomalien (Europa, Alpenraum) im Vergleich zu wichtigen Schwankungen von Antriebsfaktoren:
a) 500jährige Anomalien der Temperatur für das europäische Festland und den Alpenraum, bezogen auf die Mittelwerte des 20. Jahrhunderts;
b) dito für die Niederschläge;
c) – e) Darstellung der Schwankungen der drei wichtigen Antriebsfaktoren CO_2-Konzentration, solare Leuchtstärke und Vulkaneruptionen. Die absolute Skala der solaren Leuchtstärke ist stark umstritten. Die beiden grauen Balken markieren die zwei stärksten solaren Leuchtstärkeminima dieser Periode.

markant von jenen außerhalb unterscheiden. Auch dies erstaunt kaum, wissen wir doch aus Modellstudien (CLAUSSEN et al. 1999, GOOSSE et al. 2006), dass in regionalen Simulationen die interne Systemvariabilität, verbunden mit Rückkopplungen (z. B. via Vegetation und Meereis), das allgemeine Signal der Antriebsschwankungen stark maskieren kann (RAIBLE et al. 2005). Zudem beschreiben GOOSSE und RENSSEN (2004) eine positive Rückkopplung in der Form, dass infolge natürlicher Systemvariabilität der Wärmetransport in Richtung der Norwegensee eingeschränkt und dadurch die Bildung von Meereis gesteigert wird. Dies wiederum könnte möglicherweise via Rückkopplungen mit der Atmosphäre zu länger anhaltenden Kaltphasen ähnlich der Kleinen Eiszeit oder der Völkerwanderungs-Kaltphase führen. GOOSSE und RENSSEN (2004) haben zudem gezeigt, dass die Neigung zu solch internen Schwankungen aufgrund des Systemzustandes während der zweiten Hälfte des Holozäns größer war als vorher. Recht kontrovers wird auch die Frage nach dem Einfluss durch Landnutzungsveränderungen des Menschen diskutiert. Die Hypothese von RUDDIMAN (2003), wonach der menschgemachte Treibhauseffekt aufgrund der Landnahme bereits seit 8000 Jahre vor heute einsetzte, wird von verschiedenen Forschern bestritten.

Ein Blick auf Abb. 5 zeigt ebenfalls, dass die Temperatur- und Niederschlagswerte des Alpenraumes eindeutig höhere Schwankungen aufweisen als jene Gesamteuropas. Damit ist die Frage nach dem Einfluss von internen Systemschwankungen und Rückkopplungen erneut gestellt. Im Zusammenhang mit dem Maunder Minimum (1645–1715 A. D.) wird oft spekuliert, wie weit Veränderungen in der Wärmezufuhr durch die THC eine Rolle gespielt haben können. Dieses Problem ist vertieft zu studieren. Auf der dekadischen Zeitskala spielen auch Schwankungen der NAO mit (WANNER et al. 2001), wobei anzumerken ist, dass diese Schwankungen durch die Strahlungsantriebe beeinflusst werden können. Bekannt ist, dass der Übergang vom Maunder Minimum zu einer wärmeren Phase zwischen 1710 und 1730 mit einem Wechsel von negativen NAO-Indizes mit Blockierung der Westströmung und Kaltluftzufuhr aus Nordosten zu positiven NAO-Werten mit verstärkter Zufuhr warmfeuchter Atlantikluft verbunden war (LUTERBACHER et al. 2004).

Damit verbleibt die Frage nach der Bedeutung und Einordnung der Warmphase in der zweiten Hälfte des 20. Jahrhunderts und nach deren Wertung im Vergleich mit den andern Warmphasen in den Abb. 2 und 3. Als relativ sicher gilt, dass gewisse Gletscherstände vor allem im Früh-, möglicherweise auch im Mittelholozän weiter zurücklagen als heute. Entscheidend ist jedoch, wie es zu Hoch- oder Niedrigständen, vereinfacht gesagt, zu Warm- und Kaltphasen kam. Mit anderen Worten: Abzuschätzen ist, in welcher Weise die Antriebsfaktoren oder die internen Systemschwankungen und Wechselwirkungen des Klimasystems die Dynamik der atmosphärischen Zirkulation, die Wärme- und Feuchtezufuhr auf den europäischen Kontinent und somit auch die Reaktion von Gletschern usw. zu verschiedenen Zeitpunkten beeinflusst haben. Klar ist, dass der „Cocktail" dieser Faktoren zu jedem Zeitpunkt ein anderer war. Verbunden mit Gedächtniseffekten infolge noch vorhandener kontinentaler Eismassen sowie von Meereis, haben im Frühholozän und auf der längeren Zeitskala zweifellos die Schwankungen der Erdbahnelemente eine entscheidende Rolle gespielt. Die spätholozänen Schwankungen oder Zyklen zwischen warm und kalt waren wohl eher auf eine unterschiedliche Wärmezufuhr durch den Ozean (Schwankungen der THC im Bereich des Golfstroms) oder auf Veränderungen durch solare Aktivitätsschwankungen und gehäufte Vulkaneruptionen zurückzuführen. Kleinräumig dürften auch Zirkulationsänderungen oder Wechselwirkungen zwischen Bodenbedeckung (Albedo-Wirkung infolge flächenhafter Veränderung von Vegetation und Schneedecke) und Atmosphäre eine Rolle gespielt haben. An der global auftretenden Erwärmung der Gegenwart ist jedoch der anthropogen bedingte Treibhauseffekt unzweifelhaft massiv mitbeteiligt (GOOSSE et al. 2006).

Danksagung

Ich bedanke mich bei Herrn Andreas BRODBECK für die Mithilfe bei der Reinzeichnung der Figuren und bei Herrn Marcel KÜTTEL für die Unterstützung bei graphischen und Layoutarbeiten.

Literatur

ALVERSON, K. D./BRADLEY, R. S./PEDERSEN, T. F. (Eds.) (2002): Paleoclimate, global change and the future. Berlin.

BEHRE, K.-E. (2003): Eine neue Meeresspiegelkurve für die südliche Nordsee. (= Probleme der Küstenforschung, Bd. 28).

BERGER, A. (1992): Orbital Variations and Insolation Database. IGBP PAGES/World Data Center-A for Paleoclimatology Data Contribution Series # 92-007. NOAA/NGDC Paleoclimatology Program. Boulder CO, USA.

BOND, G./SHOWERS, W./CHESEBY, M./LOTTOI, R./ALMASI, P./DE MENOCAL, P./PRIORE, P./CULLEN, H./HAJDAS, I./BONANI, G. (1997): A pervasive millennial-scale cycle in the North Atlantic Holocene and glacial climates. In: Science, 278, 1257-1266.

BOND, G./KROMER, B./BEER, J./NUSCHELER, R./EVANS, M. N./SHOWERS, W./HOFFMANN, S./LOTTI-BOND, R./HAJDAS, I./BONANI, G. (2001): Persistent solar influence on North Atlantic climate during the Holocene. In: Science, 294, 2130-2136.

BROECKER, W. S. (2003): Does the trigger for abrupt climate change reside in the ocean or in the atmosphere? In: Science, 300, 1519-1522.

CLAUSSEN, M./KUBATZKI, C./BROVKIN, V./GANOPOLSKI, A./HOELZMANN, P./PACHUR, H.-J. (1999): Simulation of an abrupt change in Saharan vegetation in the mid-Holocene. In: Geophysical Research Letters, 24, 2037-2040.

FISCHER, E./LUTERBACHER, J./ZORITA, E./TETT, S./CASTY, C./WANNER, H. (2006): European climate response to tropical volcanic eruptions over the last half millennium. Eingereicht.

FURRER, G. (2001): Alpine Vergletscherung vom letzten Hochglazial bis heute. (= Abhandlungen der Math.-naturw. Klasse der Akademie der Wissenschaften und der Literatur Mainz, Nr. 3).

GOOSSE, H./ARZEL, O./LUTERBACHER, J./MANN, M. E./RENSSEN, H./RIEDWYL, N./TIMMERMANN, A./XOPLAKI, E./WANNER, H. (2006): Origins of seasonally-variable temperature changes in Europe over the past millennia. Eingereicht.

GOOSSE, H./RENSSEN, H. (2004): Exciting natural modes of variability by solar and volcanic forcing: idealized and realistic experiments. In: Climate Dynamics, 23, 153-163.

HOLZHAUSER, H./MAGNY, M./ZUMBÜHL, H. J. (2005): Glacier and lake-level variations in west-central Europe over the last 3500 years. In: The Holocene, 15, 789-801.

HORMES, A./MÜLLER, B. U./SCHLÜCHTER, C. (2001): The Alps with little ice: evidence for eight Holocene phases of reduced glacier extent in the Central Swiss Alps. In: The Holocene 11, 255-265.

JÖRIN, U. E./STOCKER, T. F./SCHLÜCHTER, C. (2006): Multi-century glacier fluctuations in the Swiss Alps during the Holocene. Accepted.

LISTER, G. S./LIVINGSTONE, D. M./AMMAN, B./ARIZTEGUI, W./HAEBERLI, W./LOTTER, A. F./ OHLENDORF, C./PFISTER, C./SCHWANDER, J./SSCHWEINGRUBER, F./STAUFFER, B./STURM, M. (1999): Alpine Paleoclimatology. In: Views from the Alps: Regional Perspectives on Climate Change. Cambridge.

LUTERBACHER, J./DIETRICH, D./XOPLAKI, E./GROSJEAN, M./WANNER, H. (2004): European seasonal and annual temperature variability, trends and extremes since 1500. In: Science, 303, 1499-1503.

MUSCHELER, R./JOOS, F./MÜLLER, S. A./SNOWBALL, I. (2005): How unusual is today's solar activity? In: Nature, 436, E3-E4.

NICOLUSSI, K./PATZELT, G. (2000): Untersuchungen zur holozänen Gletscherentwicklung von Pasterze und Gepatschferner (Ostalpen). In: Zeitschrift für Gletscherkunde und Glazialgeologie, 36, 1-87.

RAIBLE, C. C./CASTY, C./LUTERBACHER, J./PAULING, A./ESPER, J./FRANK, D. C./BÜNTGEN, U./ROESCH, A. C./TSCHUCK, P./WILD, M./VIDALE, P.-L./SCHÄR, C./WANNER, H. (2006): Climate variability – observations, reconstructions and model simulations for the Atlantic-European and Alpine region from 1500–2100 AD. In: Climatic Change, accepted.

RUDDIMAN, W. F. (2003): The anthropogenic greenhouse era began thousands of years ago. In: Climatic Change, 61, 261-293.

TRACHSEL, M. (2005): Das Klima der Alpen 4000 bis 1000 BC. Seminararbeit Geographisches Institut Bern.

WANNER, H./BRÖNNIMANN, S./CASTY, C./GYALISTRAS, D./LUTERBACHER, J./SCHMUTZ, C./ STEPHENSON, D. B./XOPLAKI, E. (2001): North Atlantic Oscillation – concepts and studies. In: Surveys in Geophysics, 22, 321-382.

Klimaindikatoren aus der Wetterküche der Südhemisphäre: zum Gletscherwandel in Patagonien und auf Feuerland

Christoph Schneider (Aachen)

1 Lage und klimatische Rahmenbedingungen des Raumes

Mit den Räumen Patagonien und Feuerland wird der stürmische und kühle Süden Südamerikas angesprochen (Abb. 1). Dieses dünn besiedelte und wenig erschlossene „*fin del mundo*" schiebt sich als nach Süden hin immer schmaler werdender Keil in sonst nur von Wassermassen eingenommene Breiten. Während Patagonien und Feuerland im Westen (Pazifik), im Süden (Drakestraße) und im Osten (Atlantik) durch die angrenzenden Ozeane klar begrenzt sind, gibt es nach Norden keine einheitliche räumliche Abgrenzung. In Argentinien rechnet man die vier Provinzen Santa Cruz, Chubut, Rio Negro und Neuquén zu Patagonien, was in etwa mit der physisch-geographischen Abgrenzung durch den Rio Colorado übereinstimmt, wie sie von SCHELLMANN (2003) vertreten wird. Auf chilenischer Seite werden die XII. Region (Magallanes) und die XI. Region (Aisén) sowie Teile der X. Region (De los Lagos) südlich von Puerto Montt zu Patagonien gezählt. Naturräumlich lässt sich Patagonien in drei Teileinheiten gliedern:
1. Ganz im Westen findet sich die westliche Küstenzone mit ihren Inseln, Kanälen und Fjorden im Vorfeld der Anden, welche die südliche Fortsetzung der Küstenkordillere Mittelchiles darstellt.
2. Das eigentliche Andenorogen beinhaltet die beiden großen Inlandeisfelder des Nördlichen (NPI) und des Südlichen (SPI) Patagonischen Inlandeises zwischen 40°S und 52°S. Südlich des Gran Campo Nevado und der Magellanstraße bei 53°S löst sich dieser Teil wiederum in eine Vielzahl von Inseln auf.
3. Im Osten schließen sich zumeist auf argentinischem Staatsgebiet weite Tafelländer an, die sich nach Osten zu einer flachen Küstenzone absenken und ein ausgesprochenes Trockengebiet mit teilweise wüstenhaftem Charakter darstellen.

Eine ausgezeichnete Darstellung der physischen Geographie Feuerlands enthält TUHKANEN et al. 1990.

Kein anderer Raum außerhalb der Antarktis reicht so weit nach Süden in die Zone permanenter Westwinde zwischen 40°S und 60°S. Aus diesem Grunde bergen vor allem das südliche Patagonien und Feuerland eine weltweite Sonderstellung im Hinblick auf die Untersuchung von Klima und Klimawandel der Südhemisphäre.

Da das Andenorogen zumindest in Patagonien ungefähr senkrecht zur Hauptwindrichtung West liegt, ergibt sich eine klare Differenzierung mit einer niederschlagsreichen Westseite, die zur Ausbildung des magellanischen Moorlandes führt und den extrem niederschlagsreichen und teilweise vergletscherten Gebirgskämmen mit einem Jahresniederschlag von z. T. deutlich über 10 000 mm (vgl. SCHNEIDER et al. 2003), den daran nach Osten im Lee des Gebirges anschließenden Waldgürteln und der sich daran nach Osten anschließenden patagonischen Steppe, die weitestgehend auf argentinischem Territorium liegt (vgl. SCHMIDTHÜSEN 1957).

Die klimatische Sonderstellung des südlichen Patagonien in der Allgemeinen Zirku-

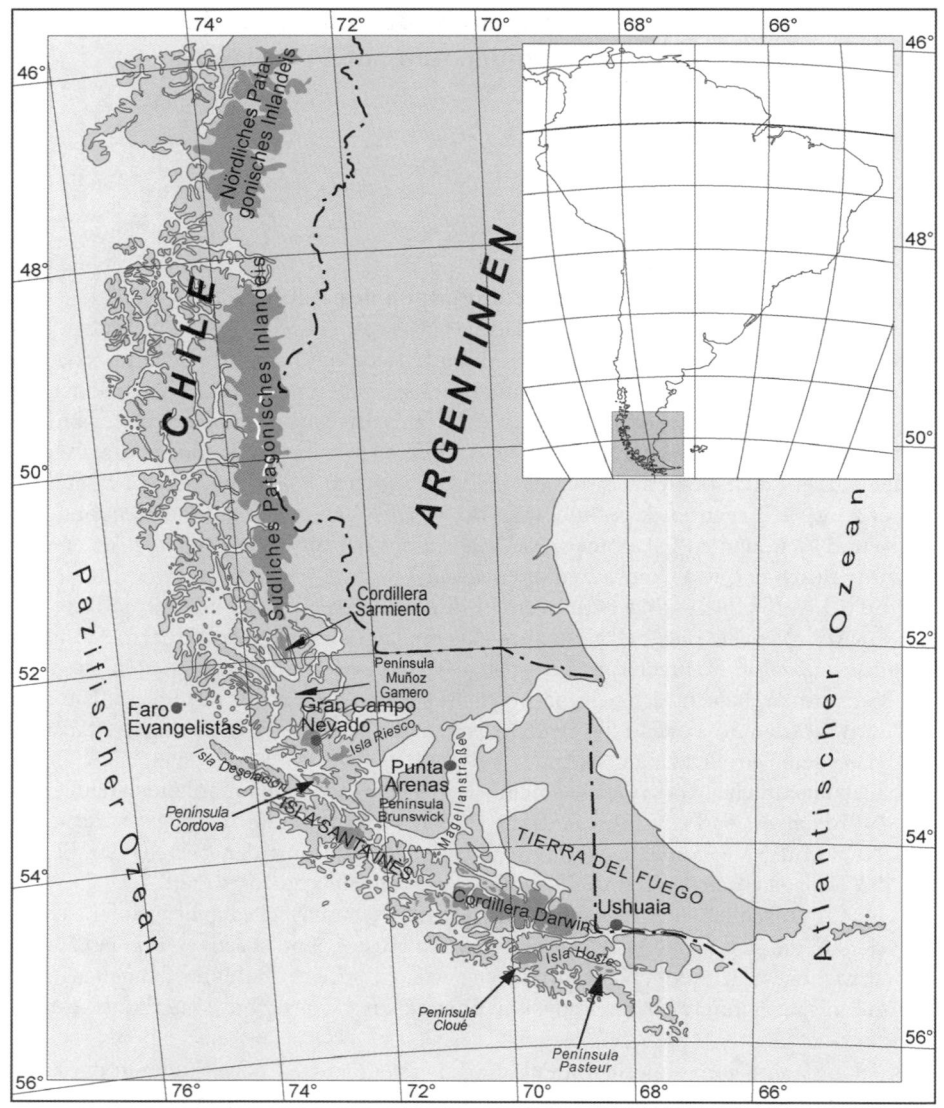

Abb. 1: Vergletscherung im südlichsten Südamerika

lation der Erde kann mit vier Kernaussagen (vgl. WEISCHET 1996) charakterisiert werden:

- Der eisbedeckte Kontinent Antarktis in Pollage stellt ganzjährig einen extremen Kältepol dar, wodurch vor allem im Sommer ein starkes Temperaturgefälle zwischen Polargebiet und Tropen entsteht. Dies drückt sich in einem hohen Druckgradienten aus, mit einer Drängung der Isobaren zwischen 40° und 60°S (antarktischer Akzent).
- Die zirkumpolare Westwinddrift ist deutlich stärker als auf der Nordhalbkugel ausgebildet. Hier kommt verstärkend das Fehlen großer Landflächen in den Ho-

hen Mittelbreiten der Südhalbkugel hinzu, was geringere Reibungswiderstände und einen zonaleren Verlauf des Jetstreams bedeutet (ozeanischer Akzent).
- Einzig die Südspitze Südamerikas und der äußerste Süden Neuseelands reichen so weit von Norden in diese ganzjährige Westwinddrift hinein und sind einer beständigen Abfolge von Zyklonen mit den dazugehörigen Fronten ausgesetzt.
- Jahreszeitliche Änderungen im Wettergeschehen werden in erster Linie durch die meridionale Verlagerung des Subtropenhochs über dem Ostpazifik sowie durch das sommerliche Hitzetief über Nordargentinien gesteuert. Der äußerste Süden bleibt davon aber weitestgehend unbeeinflusst und zeichnet sich durch ganzjährig relativ gleichbleibendes Klima unter permanentem Westwindregime aus.

Als weiterer Punkt zur Charakterisierung des Klimas von Patagonien müssen schließlich die extremen orographischen Effekte der Anden aufgeführt werden, die sich vor allem auf das Niederschlagsregime auswirken (vgl. ENDLICHER 1991, SCHNEIDER et al. 2003). Während in Faro Evangelistas an der pazifischen Westküste über 3000 mm Niederschlag pro Jahr fallen, sind es im Osten des Gebirges in Punta Arenas ebenfalls an der Magellanstraße unter 500 mm (vgl. Abb.1).

2 Klimavariabilität

Ein genereller Erwärmungstrend in Patagonien vor allem in der zweiten Hälfte des 20. Jahrhundert, der im Süden stärker ausfällt als im Norden, lässt sich an den meisten Wetterstationen erkennen (ROSENBLÜTH et al. 1997). In den vergangenen Jahrzehnten lagen die Temperaturtrends im Südwesten Patagoniens zwischen 0,1 und 0,3 K/Dekade (vgl. Abb. 2).

Patagonien und Feuerland liegen zentral in dem Abschnitt der Westwindzone, wo an der Drakestraße das ozeanische Signal der *El-Niño-Southern-Oscillation* (ENSO) mit der zirkumpolaren antarktischen Störung (*Antarctic Circumpolar Wave* – ACW; PETERSEN/WHITE 1998) in Wechselwirkung tritt (TURNER 2004). Zudem führt die Abschwä-

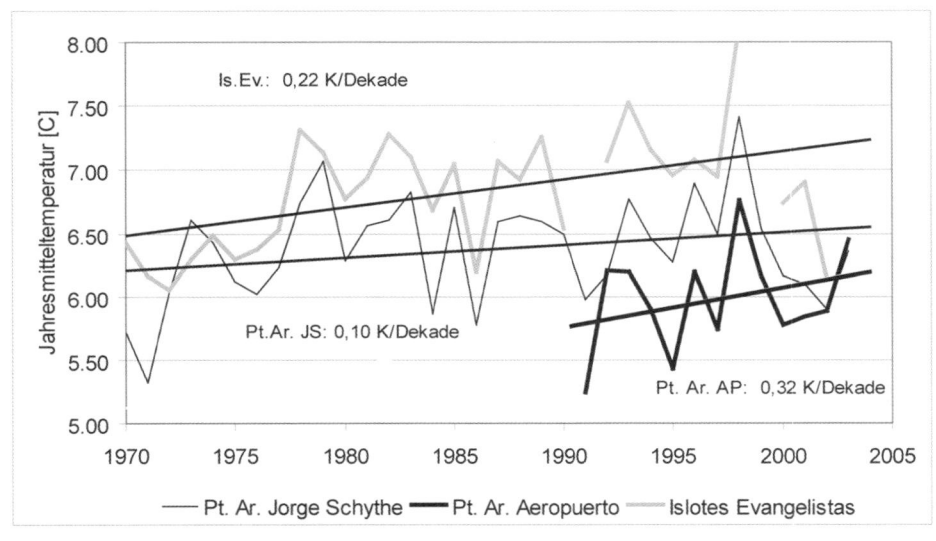

Abb. 2: Temperaturzeitreihen und lineare Trends der Stationen Faro Evangelistas, Punta Arenas Flughafen und Punta Arenas Jorge Schythe (Instituto Patagonia, Universidad de Magallanes)

chung sowohl der subpolaren Tiefdruckrinne über der Bellingshausensee als auch des subtropisch-randtropischen Hochdruckgürtels über dem Südostpazifik zu einer Abnahme des Zonalwindes und damit des Niederschlages an der Westseite des südlichen Patagonien während der ENSO Warmphase (negativer *Southern Oscillation Index* – SOI; SCHNEIDER/GIES 2004). Tatsächlich ergibt sich zwischen den Monatsmitteln des Niederschlages an der automatischen Wetterstation Gran Campo Nevado (53°S) und des SOI eine, auch unter Berücksichtigung der Autokorrelation in beiden Datenreihen, auf dem 95%-Niveau signifikante Korrelation von r = 0,45. Häufigere Blockierungen der Westwindströmung und Verlagerungen der Zugbahnen von Zyklonen nach Norden führen im nördlichsten Teil Westpatagoniens und im zentralen Chile gleichzeitig zum gegenteiligen Effekt, nämlich verstärkter Niederschläge bei negativem SOI (ACEITUNO 1988, RUTTLANT/FUENZALIDA 1991). Der mehrjährigen Variabilität durch ENSO überlagert ist eine generelle Verstärkung der südhemisphärischen Westwinddrift, was sich in einem positiven Trend des *Southern Hemisphere Annular Mode* (SAM), dem südhemisphärischen Pendant zur Arktischen Oszillation, in den vergangenen Dekaden ausdrückt (MARSHALL 2003).

3 Gletscher und Gletscherwandel in Patagonien und Feuerland

Zwischen 46°S und 51°S ragen weite Teile der Anden über die klimatische Schneegrenze auf, so dass sich dort die beiden Eisfelder SPI (13 300 km^2) und NPI (4000 km^2) ausbilden konnten, die zusammen die drittgrößte Eismasse der Welt bilden (CASASSA et al. 2002a; vgl. auch Abb. 1). Dabei handelt es sich trotz der gebräuchlichen Bezeichnung *hielo continental* um kein Inlandeis kontinentalen Ausmaßes. Allerdings ist die Vergletscherung in einigen Bereichen reliefübergeordnet, so dass sie sich deutlich von einer typischen Gebirgsvergletscherung unterscheidet. Die Plateaus, aus denen oft nur einzelne Nunatakker aufragen, speisen zahlreiche Auslassgletscher, die meist in proglaziale Seen, teilweise auch in pazifische Fjorde kalben (CASASSA et al. 2002b, RIVERA et al. 2002). Im Bereich der Magellanstraße liegt die klimatische Schneegrenze bei nur noch 700 m ü. d. M., so dass sich südlich des SPI mehrere kleinere Eiskappen auf niedrigeren Gebirgsstöcken finden, so in der Cordillera Sarmiento und auf der Península Muñoz Gamero am Monte Burney und am Gran Campo Nevado (250 km^2; SCHNEIDER et al. 2005a), auf Isla Riesco (ca. 215 km^2; CASASSA et al. 2002c), auf Isla Hoste (150 km^2 auf der Península Cloué und auf der Península Pasteur) und auf der Isla Santa Inés (CASASSA 1995). Ein großes zusammenhängendes Eisfeld von 2300 km^2 findet sich in der Cordillera Darwin auf Feuerland (LLIBOUTRY 1998). Darüber hinaus gibt es eine Vielzahl kleiner Kargletscher und permanenter Firnfelder, die weitestgehend unerforscht sind.

Seit ca. 1940 gibt es von der Region Luftbilder, die einen allgemeinen Rückgang der Vergletscherung seit den Maximalständen um 1850 bis 1890 zum Ende der so genannten Kleinen Eiszeit belegen (WENZENS 1999, HARRISON/WINCHESTER 2000). Seither ist das SPI im Einklang mit dem nach Süden hin verstärkten allgemeinen Erwärmungstrend (ROSENBLÜTH et al. 1997, WARREN/ANIYA 1999) deutlich stärker vom Gletscherrückgang betroffen als das NPI. Der Flächenverlust in den Ablationsgebieten des SPI betrug nach Schätzungen von ANIYA et al. (1997) im Zeitraum 1944 bis 1985 insgesamt ca. 140 km^2 bis 380 km^2. Trotz des übergeordneten Trends ist die Entwicklung von Gletscher zu Gletscher sehr unterschiedlich. Insbesondere bei kalbenden Gletschern wird die Veränderlichkeit maßgeblich von topographischen Faktoren bestimmt (WARREN/ANIYA 1999). RIGNOT et al. (2003) bestimmen den volumetrischen Verlust der 63 größten Gletscher von SPI und NPI aus dem Vergleich von digitalen Geländemodellen älterer kartographischer Aufnahmen und neuer Geländedaten der Shuttle Radar Topography Mission (SRTM) und kommen dabei zu dem Schluss, dass sich gegenüber vorangegangenen Jahrzehnten die Höhenabnahme der Gletscher von ca. 1 m/a um mehr als das Doppelte erhöht hat, was damit einem Beitrag zum Anstieg des Weltmeeresspiegels um 0,105 ± 0,011 mm/a entspricht. Dabei ist der beobachtete Gletscherwandel größer als Temperaturanstieg und Niederschlagsabnahme im Bereich der beiden Inlandeise erwarten lassen, was auf zusätzliche eisdynamische Effekte und verstärkte Kalbungsprozesse hinweist.

Insgesamt zeigen die Gletscherschwankungen der beiden Patagonischen Eisfelder eine deutliche Korrelation mit Niederschlagsdaten (WINCHESTER/HARRISON 1996). Für ihre zukünftige Entwicklung besonders wichtig sind daher die mittlere südliche Lage des Südostpazifikhochs und Lage und Stärke der Westwindzone, die das nordwärtige Ausgreifen und die Intensität der außertropischen Niederschläge steuern.

Eine Luftbildauswertung von Aufnahmen aus den Jahren 1943, 1984 und 1993 belegt, dass in der Cordillera Darwin südlich und westlich exponierte Gletscher kaum Veränderungen an der Gletscherzunge aufweisen, während nördlich und östlich exponierte Gletscher einen geringen Rückzug der Gletscherzungen erkennen lassen (HOLMLUND/FUENZALIDA 1995). Eine neuere Untersuchung am Ventisquero Marinelli, dem größten Auslassgletscher der Cordillera Darwin, dokumentiert allerdings einen erheblichen Rückzug der Gletscherzunge, der sich zum Ende des letzten Jahrhunderts auf ca. 790 m/a dramatisch beschleunigt hat (PORTER/SANTANA 2003). Die Autoren schreiben den beobachteten Gletscherwandel aber eher dem Zusammenspiel von Fjordgeometrie und Kalbungsprozessen als dem moderaten Temperaturtrend im Bereich der Cordillere Darwin zu. STRELIN/ITTURASPE (2005) weisen für eine Reihe von Kargletschern der Cordillera Fueguina Oriental nahe Ushuaia einen sich zum Ende des 20. Jahrhunderts beschleunigenden Gletscherrückgang nach, der in Übereinstimmung mit einem Erwärmungstrend und einer Abnahme der Niederschläge in Ushuaia steht. Durch die Lage im Lee der Cordillera Darwin steht die Niederschlagsabnahme in Übereinstimmung mit einer Verstärkung der zirkumpolaren Westwinde bzw. dem SAM (vgl. Kap. 2).

4 Klimasensitivität der Gletscher am Gran Campo Nevado

Das Gran Campo Nevado (GCN) bildet eine isolierte Eiskappe auf der Península Muñoz Gamero ca. 200 km südlich des SPI. Das Gletscherinventar auf der Grundlage von Orthofotos und digitalem Geländemodell des GCN ergibt eine Eisfläche bestehend aus 27 zusammenhängenden Einzugsgebieten mit einer Gesamtfläche von 200 km^2 und weiteren einzelnen Kar- und Talgletschern von zusammen 53 km^2. Das GCN wies in den 60 Jahren von 1942 bis 2002 einen Flächenverlust von im Mittel 2,4 % je Dekade auf (SCHNEIDER et al. 2005a). Der Vergleich des aus Luftbildern abgeleiteten Geländemodells von 1984 und des SRTM Geländemodells von 2000 ergibt eine Eiszunahme im Akkumulationsgebiet und eine starke Ausdünnung der Eiskappe im Ablationsgebiet (Abb. 3). Dies muss dahingehend interpretiert werden, dass neben dem positiven Temperaturtrend und trotz verstärkter ENSO in den letzten 20 Jahren eine Niederschlagszunahme aufgetreten ist, die in den oberen Lagen (über ca. 800 m ü. d. M.), wo die Ablation nur noch einen geringen Anteil an der Massenbilanz einnimmt, zu einem Massenzuwachs in der Höhe geführt hat.

Ein anhand von Ablationsmessungen an eingebohrten Stangen in den Jahren 2000–

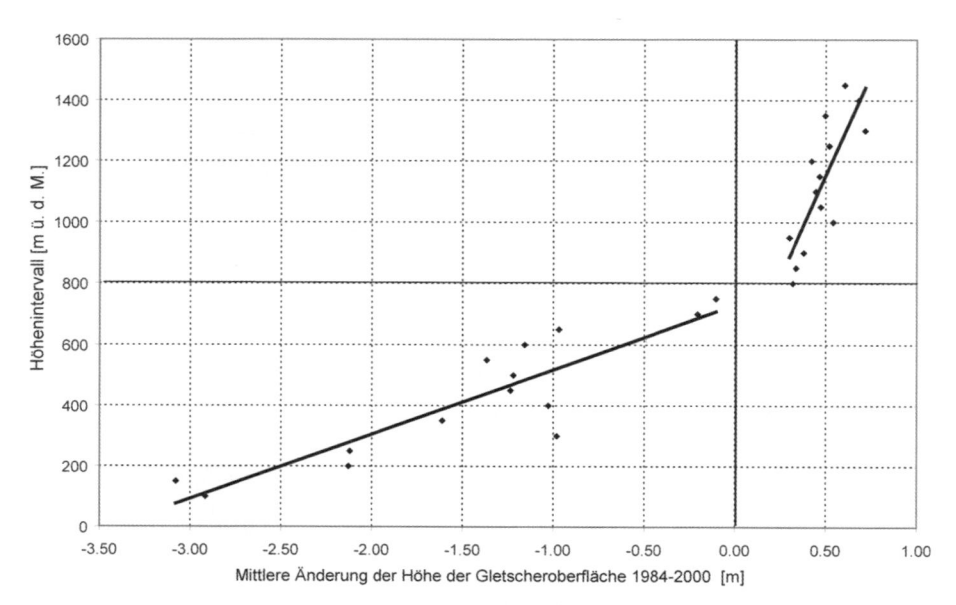

Abb. 3: Mittlere jährliche Höhenänderung der Gletscheroberfläche des GCN zwischen 1984 und 2000, abgeleitet aus dem Vergleich digitaler Geländemodelle (Bearbeitung: Marco Möller, RWTH Aachen)

2003 kalibriertes Gradtagmodell (vgl. OHUMRA 2001, Hock 2003) für den Auslassgletscher Glaciar Lengua des GCN mit einem Gradtagfaktor von 7,01 mm/(K·Tag) (SCHNEIDER et al. 2005b) wurde mit Hilfe der mittleren Abnahme der Temperatur (0,63 K/100 m) und der Zunahme des Niederschlages ($N_h = N_0(1+0,0005 \cdot h)$) mit der Höhe auf der Basis des Geländemodells zu einem Oberflächenmassenbilanzmodell erweitert (vgl. BRAITHWAITE/ZHANG 2000, JÓHANNESSON et al. 1995). Es ergibt sich für die Jahre 2000 bis 2003 eine im Mittel negative Massenbilanz von -1,0 m Wasseräquivalent (weq) pro Jahr. Das Massenbilanzmodell legt nahe, dass die Gletscherhöhenänderungen entsprechend Abb. 3 in erster Abschätzung eine Temperaturzunahme um 0,5-0,8 K und eine Niederschlagszunahme um ca. 5 % erfordern. Damit stehen Massenbilanzmodell und topographische Analyse des Gletscherwandels in guter Übereinstimmung mit dem positiven Temperaturtrend (vgl. Abb. 2) und einer Verstärkung des Zonalwindes entsprechend des positiven Trends der SAM (vgl. Kap. 2), da die Verstärkung des Zonalwindes zu höheren orographisch bedingten Niederschlägen im Bereich des Gebirgskammes führt.

Um die Sensitivität der Massenbilanz am Glaciar Lengua im Hinblick auf Schwankungen von Temperatur und Niederschlag näher zu untersuchen wurde ein Ansatz von OERLEMANS/Reichert (2000) sowie OERLEMANNS (2001) verfolgt. Dabei wird die Massenbilanz (B) eines Einzeljahres (m) als mittlere, ausgeglichene Massenbilanz (B_{ref}) und jährlicher Abweichung davon (ΔB_m) dargestellt:

$$\Delta B_m = B_m - B_{ref}$$

Der variable Term ΔB ergibt sich aus zwei Termen, die einmal den summierten Effekt der Abweichungen der Lufttemperatur (T_k) der zwölf Einzelmonate (k) vom Referenzjahresgang der Lufttemperatur ($T_{ref,k}$) und zum Zweiten den summierten Effekt der Abweichung des Monatsniederschlages (P_k) vom Jahresgang des Referenzjahres ($P_{ref,k}$) betrachten.

$$\Delta B_m = \sum_{k=01}^{12} \left[C_{T,k} \left(T_k - T_{ref,k} \right) + C_{P,k} \left(\frac{P_k}{P_{ref,k}} - 1 \right) \right] + H_m$$

Die zu bestimmenden Koeffizientenmatrizen $C_{T,k}$ und $C_{P,k}$ ergeben multipliziert mit der Abweichung des Klimaelements im betrachteten Monat die Abweichung der Massenbilanz vom Referenzjahresgang. Dabei wird nur der lineare Anteil also der erste Term einer theoretischen Taylorentwicklung betrachtet und alle nichtlinearen Anteile werden im Term H_m approximiert. H_m wird bei den weiteren Betrachtungen vernachlässigt. Entsprechend der Taylorentwicklung ergeben sich die Koeffizienten der Matrizen für Temperatur und Niederschlag aus den Gradienten der Änderung der Massenbilanz (B) bei entsprechender Änderung des Klimaelements im betrachteten Monat (k) zu

$$C_{T,k} = \frac{\partial B}{\partial T_k} \approx \frac{B_{k,T+1} - B_{k,T-1}}{2} \qquad \text{und} \qquad C_{P,k} = \frac{\partial B}{\partial \left(\frac{P_k}{P_{ref,k}} \right)} \approx 10 \cdot \frac{B_{k,P=1,1} - B_{k,P=0,9}}{2}$$

Der Jahresgang der Temperatur und des Niederschlages bei ausgeglichener Massenbilanz (B_{ref}) ergibt sich, in dem das Temperaturregime im Zeitraum so lange durch Addition eines konstanten Wertes verändert wird, bis die modellierte Massenbilanz im Referenzzeitraum ausgeglichen ist. Am Glaciar Lengua erhält man ausgehend vom Gradtagmodell eine ausgeglichene Massenbilanz für den Zeitraum 2000/01 bis 2002/03 bei einem Versatz von -0.446 K. Abb. 4 zeigt die Charakteristik der Koeffizientenmatrix $C_{P,k}$ und $C_{T,k}$ für die drei Gletscher Hintereisferner (Österreich), Nigardsbreen (Norwegen) und Franz-Josef-Glacier (Neuseeland) im Vergleich zum Glaciar Lengua. Zur bes-

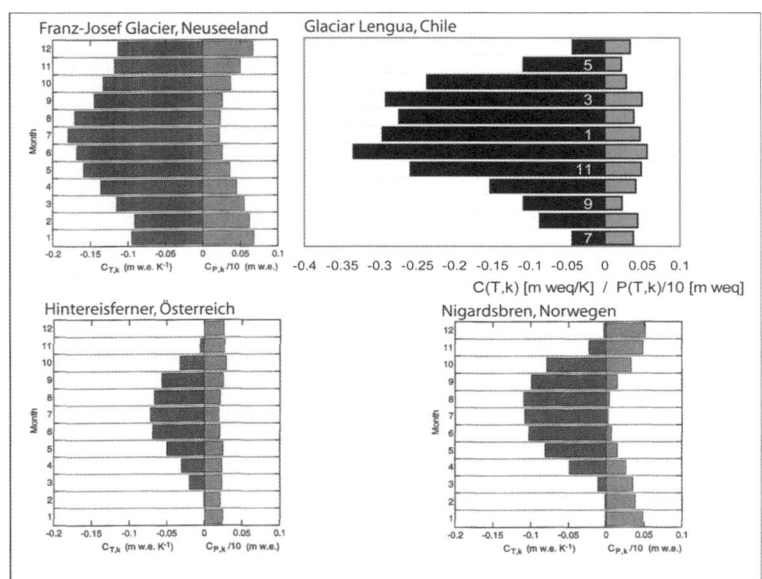

Abb. 4: Klimasensitivitätsmatrix von Franz-Josef-Gletscher, Glaciar Lengua, Nigardsbreen und Hintereisferner (verändert und ergänzt aus: Oerlemans/Reichert 2000)

seren Vergleichbarkeit sind Sommer- und Winterhalbjahr bei den beiden südhemisphärischen Gletschern Franz-Josef-Glacier und Glaciar Lengua um ein halbes Jahr verschoben.

Die Sensitivität bezüglich der Variationen der Temperatur am Glaciar Lengua weist einen ähnlichen Jahresgang auf wie am Franz Josef Glacier. Diese beiden Gletscher weisen eine hohe Sensitivität bezüglich Temperaturverschiebungen auch für die Wintermonate auf, was die hohe Maritimität an beiden Standorten belegt. Alle anderen von OERLEMANS/REICHERT (2000) untersuchten Gletscher sind in weniger humiden und weniger ozeanischen Klimaten gelegen und haben keine entsprechend ausgeprägte Sensitivität bezüglich der Wintertemperaturen. Am Glaciar Lengua ist die Temperatursensitivität in den Jahren 2000/01 bis 2002/03 etwas asymmetrisch mit hoher Sensitivität vor allem auch im Herbst (März und April). Darüber hinaus sind die Werte der Temperatursensitivität am Glaciar Lengua absolut fast doppelt so hoch wie am Franz Josef Glacier. Das Klimaregime in den südwestlichen patagonischen Anden ist also noch extremer als im Süden Neuseelands mit höherem mittlerem Niederschlag (vgl. Kap. 1) und daraus resultierend höherem Massenumsatz.

Danksagung

Die Arbeiten am Gran Campo Nevado wurden durch die Deutsche Forschungsgemeinschaft (Fördernummer Schn 680 1/1) finanziert. Der Autor dankt PD Dr. Rolf KILIAN, Trier, für die langjährige wissenschaftliche Zusammenarbeit und Koordination der Projektgruppe. Die verwendeten Klimadaten wurden von Ing. Ariel SANTANA, Punta Arneas, und Prof. Dr. Gino CASASSA, Valdivia, bereitgestellt.

Literatur

ACEITUNO, P. (1988): On the functioning of the southern ocillation in the South American Sector. Part I: Surface Climate. Monthly Weather Review, 116, 505-524.

ANIYA, M./SATO, H./NARUSE, R./SKVARCA, P./CASASSA, G. (1997): Recent Glacier Variations in the Southern Patagonia Icefield, South America. Arctic and Alpine Research, 29, 1-12.

BRAITHWAITE, R. J./ZHANG, Y. (2000): Sensitivity of mass balance of five Swiss glaciers to temperature changes assessed by tuning a degree-day model. Journal of Glaciology, 46, 7-14.

CASASSA, G. (1995): Glacier inventory in Chile: current status and recent glacier variations. Annals of Glaciology, 21, 317-322.

CASASSA, G./SPULVEDA, F./SINCLAIR, R. (2002a): The Patagonian Icefields: A unique natural laboratory for environmental and climate change studies. Series of the Centro de Estudios Científicos. New York.

CASASSA, G./RIVERA, A./ANIYA, M./NARUSE, R. (2002b): Current knowledge of the southern Patagonia icefield. In: Casassa, G./Sepulveda, F./Sinclair, R. (Eds.): The Patagonian icefields: A unique natural laboratory for environmental and climate change studies. New York, 67-83.

CASASSA, G./SMITH, K./RIVERA, A./ARAOS, J./SCHNIRCH, M./SCHNEIDER, C. (2002c): Inventory of glaciers in isla Riesco, Patagonia, Chile, based on aerial photography and satellite imagery. Anals of Glaciology, 34, 373-378.

ENDLICHER, W. (1991): Südpatagonien – klima- und agrarökologische Probleme an der Magallanstraße. Geographische Rundschau, 43, 143-151.

HARRISON, S./WINCHESTER, V. (2000): Nineteenth- and twentieth-century Glacier Fluctuations and Climatic Implications in the Acro and Colonia Valleys, Hielo Patagonico Norte, Chile. Arctic, Antarctic and Alpine Research, 32, 55-63.

HOCK, R. (2003): Temperature index melt modelling in mountain areas. Journal of Hydrology, 282, 104-115.

HOLMLUND, P/FUENZALIDA, H. (1995): Anomalous glacier responses to 20th century climatic changes in Darwin Cordillera, southern Chile. Journal of Glaciology, 41, 465-473.

JÓHANNESSON, T./SIGURDSSON, O./LAUMANN, T./KENNETT, M. (1995): Degree-day glacier mass-balance modelling with applications to glaciers in Iceland, Norway and Greenland. Journal of Glaciology, 41, 345-358.

LLIBOUTRY, L. (1998): Glaciers of the wet Andes. In: Williams, R. S./Ferrigno, J. (eds.): Glaciers of South America. U.S. Geological Survey Professional Paper, (1386)1. Washington, I148-I206.

MARSHALL, G. J. (2003): Trends in the Southern Annular Mode from observations and reanalyses. Journal of Climate, 16, 4134-4143.

OERLEMANS, J. (2001): Glaciers and climate change. Tokyo.

OERLEMANS, J./REICHERT, B. K. (2000): Relating glacier mass balance to meteorological data by using seasonal sensitivity characteristic. Journal of Glaciology, 46, 1-6.

OHMURA, A. (2001): Physical basis for the temperature-based melt-index method. Journal of Applied Meteorology, 40, 753-761.

PETERSON, R. G./WHITE, W. B. (1998): Slow oceanic teleconnections linking the Antarctic Circumpolar Wave with the tropical El Nino-Southern Oscillation. Journal of Geophysical Research, 103, 24573-24583.

PORTER, C./SANTANA, A. (2003): Rapid 20th Century retreat of Ventisquero Marinelli in the Cordillera Darwin Icefield. Anales Instituto Patagonia, 31, 17-16.

RIGNOT, E./RIVERA, A./CASASSA, G. (2003): Contribution of the Patagonia Icefields of South America to sea level rise. Science, 302, 434-437.

RIVERA, A./ACUNA, C./CASASSA, G./BROWN, F. (2002): Use of remotely sensed and field data to estimate the contribution of Chilean glaciers to eustatic sea-level rise. Annals of Glaciology, 34, 367-372.

ROSENBLÜTH, B./FUENZALIDA, H./ACEITUNO, P. (1997): Recent temperature variations in southern South America. International Journal of Climatology, 17, 67-85.

RUTLLANT, J./FUENZALIDA, H. (1991): Synoptic aspects of the central Chile rainfall variability associated with the southern oscillation. International Journal of Climatology, 11, 63-76.

SCHELLMANN, G. (2003): Südpatagonien. Gletschergeschichte in einem Trockengebiet der südhemisphärischen Mittelbreiten. Geographische Rundschau, 55, 22-27.

SCHMIDTHÜSEN, J. (1957): Probleme der Vegetationsgeographie. Deutscher Geographentag Würzburg, 29.07.–05.08.1957. Tagungsbericht und wissenschaftliche Abhandlungen. Wiesbaden, 72-84.

SCHNEIDER, C./GIES, D. (2004): Effects of El Nino-Southern Oscillation on southermost South America precipitation at 53°S revealed from NCEP-NCAR reanalyses and weather station data. International Journal of Climatology, 24, 1057-1076.

SCHNEIDER, C./GLASER, M./KILIAN, R./SANTANA, A./BUTOROVIC, N./CASASSA, G. (2003): Weather observations across the Southern Andes at 53°S. Physical Geography, 24, 97-119.

SCHNEIDER, C./SCHNIRCH, M./ACUÑA, C./CASASSA, G./KILIAN, R. (2005a): Glacier inventory of the Gran Campo Nevado Ice Cap in the Southern Andes and glacier changes observed during recent decades. Global and Planetary Change. Provisionally accepted.

SCHNEIDER, C./KILIAN, R./GLASER, M. (2005b): Energy balance in the ablation zone during the summer season at the Gran Campo Nevado Ice Cap in the Southern Andes. Global and Planetary Change. Provisionally accepted.

STRELIN, J./TURRASPE, R. (2005): Recent evolution and mass balance of Cordón Martial Glaciers, Cordillera Fueguina Oriental. Global and Planetary Change. Provisionally accepted.

TUHKANEN, S./HYVÖNEN/KUOKKA, J./STENROOS, S./NIEMELÄ, J. (1990): Tierra Del Fuego as a Taget for Biogeographical Research in the Past and Present. Anales Instituto Patagonia, Seria Ciencias Naturales, 19, 5-107.

TURNER, J. (2004): El Nino-Southern Oscillation and the Antarctic. International Journal of Climatology, 24, 1-31.

WARREN, C./ANIYA, M. (1999): The calving glaciers of southern South America. Global and Planetary Change, 22, 59-77.

WEISCHET, W. (1996): Regionale Klimatologie Teil 1 – Die Neue Welt. Stuttgart.

WENZENS, G. (1999): Fluctuations of outlet and valley glaciers in the Southern Andes (Argentina) during the Past 13,000 years. Quaternary Research, 51, 238-247.

WINCHESTER, V./HARRISON, S. (1996): Recent oscillations of the San Quitin and San Rafael glaciers, Patagonian Chile. Geografiska Annaler, 78, 35-49.

Strategies for Improving Large-Scale Temperature Reconstructions

Jan Esper (Birmensdorf), Robert J. S. Wilson (Edinburg), David C. Frank (Birmensdorf), Anders Moberg (Stockholm), Heinz Wanner und Jürg Luterbacher (Bern)

Persisting controversy (REGALADO 2005) surrounding a pioneering northern hemisphere temperature reconstruction (MANN et al. 1999) indicates the importance of such records to understand our changing climate. Such reconstructions, combining data from tree rings, documentary evidence and other proxy sources, are key to evaluate natural forcing mechanisms, such as the sun's irradiance or volcanic eruptions, along with those from the widespread release of anthropogenic greenhouse gases since about 1850 during the industrial (and instrumental) period. We here demonstrate that our understanding of the shape of long-term climate fluctuations is better than commonly perceived, but that the absolute amplitude of temperature variations is poorly understood. We argue that knowledge of this amplitude is critical for predicting future trends, and detail four research priorities to solve this incertitude: *(i)* reduce calibration uncertainty, *(ii)* preserve 'colour' in proxy data, *(iii)* utilize accurate instrumental data, and *(iv)* update old and develop new proxy data.

When matching existing temperature reconstructions (BRIFFA 2000, ESPER et al. 2002, JONES et al. 1999, MANN et al. 1999, MOBERG et al. 2005) over the past 1000 years, although substantial divergences exist during certain periods, the timeseries display a reasonably coherent picture of major climatic episodes: 'Medieval Warm Period', 'Little Ice Age', and 'Recent Warming' (Fig. 1). However, when calibrated against instrumental temperature records, these same reconstructions splay outwards with temperature amplitudes ranging from ~ 0.4 to 1.0°C for decadal means (MOBERG et al. 2005). Further, a comparison of commonly used regression and scaling approaches shows that the reconstructed absolute amplitudes easily vary by over 0.5°C depending on the method and instrumental target chosen (ESPER et al. 2005). Overall, amplitude discrepancies are in the order of the total variability estimated over the past millennium, and undoubtedly confuse future modelled temperature trends via parameterisation uncertainties related to inadequately simulated behaviour of past variability.

Solutions to reduce calibration uncertainty include the use of pseudo-proxy experiments (OSBORN/BRIFFA 2004, VON STORCH et al. 2004) derived from ensemble simulations of different models (KNUTTI et al. 2002, STAINFORTH et al. 2005) to test statistical calibration methods, e.g. principal component (COOK et al. 1994) and timescale-dependent (OSBORN/BRIFFA 2000) regression. Such analyses, however, should mimic the character of empirical proxy data, e.g. the decline of replication (numbers of sites, quality per site) back in time, and the addition of noise typical to empirical proxy data (i.e., not just white; MANN/RUTHERFORD 2002). Further, reconstructions from areas such as Europe (LUTERBACHER et al. 2004, XOPLAKI et al. 2005), where long instrumental series and high densities of proxy records exist, allow extended calibration periods and increased degrees of freedom enabling the assessment of robust relationships at all timescales (i.e., low and high frequency), both critical to reduce calibration uncertainty. Subse-

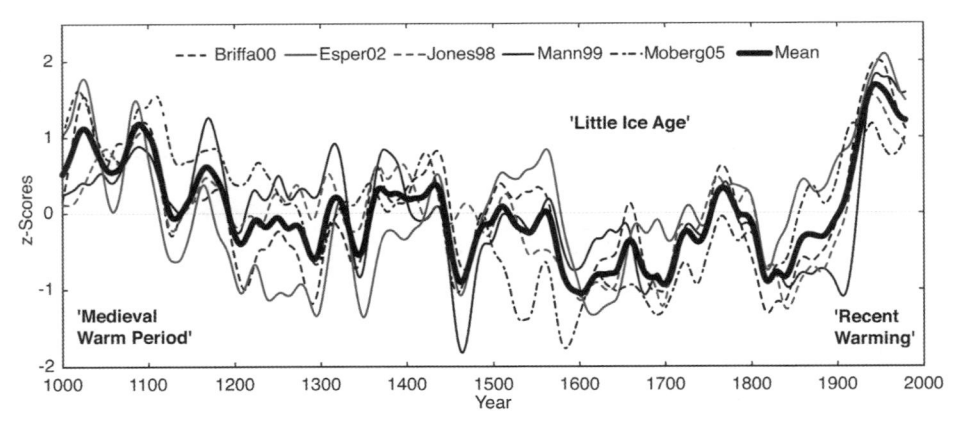

Fig. 1: Course of temperature variations. Large-scale temperature reconstructions scaled to the same mean and variance over the common period 1000 to 1979 AD, and their arithmetic mean. The normalization highlights the similarity between the records, but broadly ignores the differing calibration statistics with instrumental data, and their particular 'shapes' and distribution of variance, e.g. during the instrumental and pre-instrumental periods. The average correlation between the original reconstructions is 0.47, and 0.64 after smoothing (as done in the figure using a 40-year low-pass filter). Lag-1 autocorrelations range 0.52 (Jones98) to 0.93 (Moberg05; with no variability <4 years represented)

quent comparison of such regional records with hemispheric reconstructions that can be downscaled should provide greater understanding of reconstructed amplitudes at larger spatial scales.

Accurate preservation and assessment of low-to-high frequency variation ('colour') in proxy data, and a selected use of certain frequency bands that best fit those of instrumental data (MOBERG et al. 2005), are further desirable when compiling large-scale reconstructions that seek to yield the true absolute temperature amplitude. This approach, however, requires a comprehensive examination of regional proxy data including the seasonality of temperature signals, and a selection of only those records that effectively capture low frequency climate variation. Inclusion of regional tree ring records in which long-term trends are not preserved, should be avoided in efforts to reconstruct low frequency temperature variations (ESPER et al. 2004, MELVIN 2004). In these data, such limitations primarily occur when age-related biases from tree-ring series are individually estimated and removed ('the segment length curse'; COOK et al. 1995). Similar considerations apply to documentary evidence, long isotope records and other proxy sources that should, on a site-by-site basis, be examined for potential low frequency limitations.

The instrumental target data chosen (ESPER et al. 2005), and adjustments made to these data are also vital to the reconstructed amplitude. A recent analysis of a carefully homogenized instrumental network from the Alps and surrounding areas (BÖHM et al. 2001), for example, shows the annual temperature trend over the last ca 110 years to be 1.1°C – twice that observed over the same alpine gridboxes in the global dataset provided by the Climatic Research Unit (JONES et al. 1999). Such changes in the character of observational data, resulting from homogeneity adjustments and methodology differences (MOBERG et al. 2003), directly affect the temperature amplitude in proxy-based reconstructions, since instrumental calibration sets the pulse in these paleorecords (BÜNTGEN et al. 2005). Accurate instrumental data are therefore crucial to the reconstructed amplitude, and this again argues for regional studies where mutual verification between proxy and instrumental records is viable (FRANK/ESPER 2005, WILSON et al. 2005).

Finally, more proxy data covering the full millennium and representing the same spatial domain as the instrumental target data (e.g., hemisphere) are required to solve the amplitude puzzle. The current pool of 1000-year long annually resolved temperature proxies is limited to a handful of timeseries, with some of them also portraying differing seasonal (e.g., summer or annual) responses. Furthermore, the strength of many of these local records and literally all tree ring chronologies vary and almost always decline back in time (COOK et al. 2004). The reasons are manifold and include dating uncertainty, loss of signal fidelity in the recent period, assumptions about signal stationarity, reduction of sample replication, etc., and are generally not considered in the uncertainty estimates of combined large-scale reconstructions. Also, data from the most recent decades, absent in many regional proxy records, limits the calibration period length and hinders tests of the behaviour of the proxies under the present 'extreme' temperature conditions. Calibration including the exceptional conditions since the 1990s would, however, be necessary to estimate the robustness of a reconstruction during earlier warm episodes, such as the Medieval Warm Period, and would avoid the need to splice proxy and instrumental records together to derive conclusions about recent warmth.

So, what would it mean, if the reconstructions indicate a larger (ESPER et al. 2002, MOBERG et al. 2005, POLLACK/SMERDON 2004) or smaller (MANN et al. 1999, JONES et al. 1998) temperature amplitude? We suggest that the former situation, i.e. enhanced variability during pre-industrial times, would result in a redistribution of weight towards the role of natural factors in forcing temperature changes, thereby relatively devaluing the impact of anthropogenic emissions and affecting future predicted scenarios. If that turns out to be the case, agreements such as the Kyoto protocol that intend to reduce emissions of anthropogenic greenhouse gases, would be less effective than thought. This scenario, however, does not question the general mechanism established within the protocol, which we believe is a breakthrough.

Acknowledgements

This contribution is a reprint of a paper originally published in Quaternary Science Reviews 24, 2164-2166 (2005). Reproduced with permission from Elsevier. We thank Bernd KROMER, Jim ROSE, Thomas STOCKER and an anonymous reviewer for helpful comments. J. E., H. W. and J. L supported by the SNF (NCCR Climate), R. J .S. W. by the EC (Grant # EVK2-CT-2002-00160, SO&P), and D. C. F. by the SNF (Grant # 2100-066628).

References

BÖHM, R./AUER, I./BRUNETTI, M./MAUGERI, M./NANNI, T./SCHÖNER, W. (2001): Regional temperature variability in the European Alps 1760-1998 from homogenized instrumental time series. International Journal of Climatology, 21, 1779-1801.

BRIFFA, K. R. (2000): Annual climate variability in the Holocene – interpreting the message from ancient trees. Quaternary Science Reviews, 19, 87-105.

BÜNTGEN, U./ESPER, J./FRANK, D.C./NICOLUSSI, K./SCHMIDHALTER, M. (2005): A 1052-year alpine tree-ring proxy for Alpine summer temperatures. Climate Dynamics, doi: 10.1007/s00382-005-0028-1.

Cook, E. R./Briffa, K. R./Jones, P. D. (1994): Spatial regression methods in dendroclimatology – a review and comparison of two techniques. International Journal of Climatology, 14, 379-402.

Cook, E. R./Briffa, K. R./Meko, D. M./Graybill, D. A./Funkhouser, G. (1995): The 'segment length curse' in long tree-ring chronology development for palaeoclimatic studies. The Holocene, 5, 229-237.

Cook, E. R./Esper, J./D'Arrigo, R. (2004): Extra-tropical northern hemisphere temperature variability over the past 1000 years. Quaternary Science Reviews, 23, 2063-2074.

Esper, J./Cook, E. R./Schweingruber, F. H. (2002): Low-frequency signals in long tree-ring chronologies for reconstructing past temperature variability. Science, 295, 2250-2253.

Esper, J./Frank, D. C./Wilson, R. J. S. (2004): Temperature reconstructions – low frequency ambition and high frequency ratification. EOS 85, 113, 120.

Esper, J./Frank, D. C./Wilson, R. J. S./Briffa, K. R. (2005): Effect of scaling and regression on reconstructed temperature amplitude for the past millennium. Geophysical Research Letters, 32, doi: 10.1029/2004GL021236.

Frank, D./Esper, J. (2005): Temperature reconstructions and comparisons with instrumental data from a tree-ring network for the European Alps. International Journal of Climatology, 25, 1437-1454.

Jones, P. D./Briffa, K. R./Barnett, T. P./Tett, S. F. B. (1998): High-resolution palaeoclimatic records for the past millennium – interpretation, integration and comparison with general circulation model control-run temperatures. The Holocene, 8, 455-471.

Jones, P. D./New, M./Parker, D. E./Martin, S./Rigor, I. G. (1999): Surface air temperature and its changes over the past 150 years. Reviews of Geophysics, 37, 173-199.

Knutti, R./Stocker, T. F./Joos, F./Plattner, G. K. (2002): Constraints on radiative forcing and future climate change from observations and climate model ensembles. Nature, 416, 719-723.

Luterbacher, J./Dietrich, D./Xoplaki, E./Grosjean, M./Wanner, H. (2004): European seasonal and annual temperature variability, trends, and extremes since 1500. Science, 303, 1499-1503.

Mann, M. E./Bradley, R. S./Hughes, M. K. (1999): Northern Hemisphere temperatures during the past millennium – inferences, uncertainties, and limitations. Geophysical Research Letters, 26, 759-762.

Mann, M. E./Rutherford, S. (2002): Climate reconstruction using 'pseudoproxies'. Geophysical Research Letters, 29, doi: 10.1029/2001GL014554.

Melvin, T. M. (2004): Historical growth rates and changing climate sensitivity of boreal conifers. Ph.D. Thesis, University East Anglia, Norwich (available at http://www.cru.uea.ac.uk/cru/pubs/thesis/2004-melvin/).

Moberg, A./Alexandersson, H./Bergström, H./Jones, P. D. (2003): Were southern Swedish summer temperatures before 1860 as warm as measured? International Journal of Climatology, 23, 1495-1521.

Moberg, A./Sonechkin, D. M./Holmgren, K./Datsenko, N. M./Karlèn, W. (2005): Highly variable northern hemisphere temperatures from low- and high-resolution proxy data. Nature, 433, 613-617.

Osborn, T. J./Briffa, K. R. (2000): Revisiting timescale-dependent reconstruction of climate from tree-ring chronologies. Dendrochronologia, 18, 9-25.

Osborn, T. J./Briffa, K. R. (2004): The real color of climate change? Science, 306, 621-622.

Pollack, H. N./Smerdon, J. E. (2004): Borehole climate reconstructions – spatial structure and hemispheric averages. Journal of Geophysical Research, 109, doi: 10.1029/2003JD004163.

REGALADO, A. (2005): The 'hockey stick' leads to a face of. The Wall Street Journal, February 14.

STAINFORTH, D. A. et al. (2005): Uncertainty in predictions of the climate response to rising levels of greenhouse gases. Nature, 433, 403-406.

VON STORCH, H./ZORITA, E./JONES, J. M./DIMITRIEV, Y./GONZÁLEZ-ROUCO, F./TETT, S. F. B. (2004): Reconstructing past climate from noisy data. Science, 306, 679-682.

WILSON, R. J. S./LUCKMAN, B. H./ESPER, J. (2005): A 500-year dendroclimatic reconstruction of spring-summer precipitation from the lower Bavarian forest region, Germany. International Journal of Climatology, 25, 611-630.

XOPLAKI, E./LUTERBACHER, J./PAETH, H./DIETRICH, D./STEINER, N./GROSJEAN, M./WANNER, H. (2005): European spring and autumn land temperatures, variability and change of extremes over the last half millennium. Geophysical Research Letters, 32, L15713, DOI: 10.1029/2005GL023424.

Auswirkungen der Landnutzungsänderung auf das regionale Klima: das Typbeispiel Juragewässerkorrektion

Werner Eugster (Zürich/Bern) und Nicolas Schneider (Bern)

1 Einleitung

Wenn heute von Klimawandel gesprochen wird, verstehen Laien darunter gewöhnlich den globalen Anstieg der CO_2-Konzentration und setzen diesen direkt mit dem Treibhauseffekt in Verbindung, also mit einem Phänomen, das weit weg und außerhalb des täglich erfahrbaren Lebens liegt (siehe dazu STEHR/VON STORCH 1995). Oft wird auch nur von Klimaerwärmung gesprochen. Die Klimaerwärmung ist in ihrer reinen Form ebenfalls nicht direkt erfahrbar für gewöhnliche Menschen. Es können zwar Temperatur- und Niederschlagsveränderungen gemessen werden, die eigentliche Erwärmung ist aber für uns nicht direkt spürbar (BORD et al. 1998).

Obwohl bekannt ist, dass der größte Teil der globalen Klimaerwärmung von menschlichen Aktivitäten initiiert wird, sind viele trotzdem nicht bereit, etwas dagegen zu unternehmen. Sie unterstützen weder politische Aktionen noch betätigen sie sich auf freiwilliger Basis (O'CONNOR et al. 2002). Skeptiker äußern auch, dass es nicht genügend Sicherheit gäbe, dass eine Klimaerwärmung außerhalb der natürlichen Veränderung stattfindet (BULKELEY 2001). LANGFORD (2002) unterscheidet vier Typen von Strategien, nach denen die Befragten das Problem wahrnehmen und ihr Handeln ableiten: (1) der verneinende Typ, (2) der Desinteressierte, (3) der Zweifelnde und (4) der engagierte Typ. Während es keine weiteren Argumente braucht, um den engagierten Typ vom Klimawandel zu überzeugen, dürfte für die Typen 1–3 sicher auch der Umstand eine Rolle spielen, dass die akademische Diskussion zum Klimawandel nicht auf der Ebene des täglich erlebbaren Maßstabsbereichs spielt. Der mittlere Aktionsradius der Schweizer (ohne Auslandreisen) zum Beispiel beträgt täglich lediglich 37,1 km (Mikrozensus 2000; ARE 2002). Berücksichtigt man, dass diese Verkehrsleistung sowohl einen Hin- wie einen Rückweg beinhaltet, liegt also der Radius der täglichen Erfahrung deutlich unterhalb von 20 km, einem Bruchteil der räumlichen Auflösung, die heutige globale Klimamodelle in der Lage sind zu berechnen.

In unserer Studie haben wir uns deshalb zum Ziel gesetzt, auf der Maßstabsebene der täglichen Erfahrung einen speziellen und bisher wenig erforschten Aspekt des Klimawandels zu untersuchen, nämlich den Zusammenhang zwischen Landnutzungsänderung und lokalem bis regionalem Klima. Als Typlandschaft diente uns das Schweizer Dreiseenland mit Neuenburger-, Bieler- und Murtensee, das nordwestlich von Bern im Vorland des Juras liegt.

2 Die großen Flusskorrektionen der Schweiz

Mit dem Beginn des 19. Jahrhunderts begannen sich in der Schweiz (wie anderswo) die Kräfte zu bündeln, die einem jahrhundertealten Problem der Bevölkerung zu Leibe rücken sollten: der dauernden Überschwemmungsgefahr bei Hochwasser in den Talböden der großen Flusslandschaften (Abb. 1).

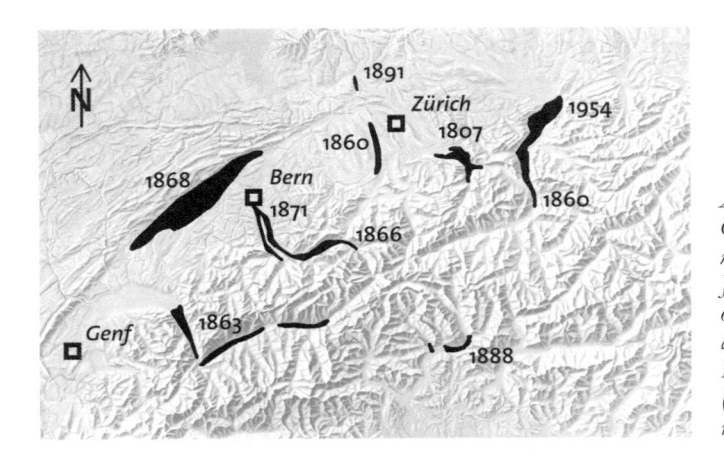

Abb. 1:
Gebiete der Schweiz, die maßgeblich durch die im 19. Jahrhundert durchgeführten oder begonnenen Korrekturen der Alpenflüsse geprägt sind. Die Jahreszahlen zeigen den (nicht immer exakt eruierbaren) Beginn der Arbeiten an.

Durch die beiden Juragewässerkorrektionen (1868–1891 und 1962–1973) wurden rund 400 km² Land umgestaltet und zunächst für die Landwirtschaft nutzbar gemacht. Später, im 20. Jh. mit dem beschleunigten Bevölkerungswachstum, dehnten sich auch alle Ortschaften in die früher durch häufige Überschwemmungen geprägten ehemaligen Auen- und Riedgebiete aus. Diese Entwicklung, die Entwässerung versumpfter Gebiete und ihre Nutzbarmachung, ist exemplarisch für die Landschaftsentwicklung in verschiedenen Gebieten Europas, nicht nur der Schweiz, weshalb wir unsere Untersuchung auch als Typbeispiel betrachten (SCHNEIDER/EUGSTER 2005).

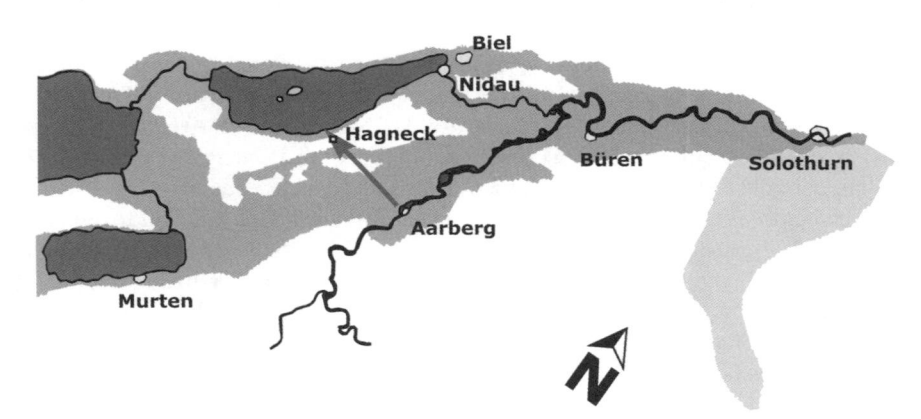

Abb. 2: Überschwemmungsgebiete im Drei-Seen-Gebiet vor den Juragewässerkorrektionen. Pfeil: Richtung der geplanten und ab 1868 realisierten Umleitung der Aare in den Bielersee

Kernstück der ersten Juragewässerkorrektion (1868–1891) war die Umleitung der hauptsächlich für die Überschwemmungen verantwortlichen Aare in den Bielersee, den zweitgrößten der drei Seen, die zudem alle um 2,10 bis 2,40 m abgesenkt wurden (EHRSAM 1974, 114). Einerseits wurde durch die Kanalisierung die Abflusskapazität erhöht, andererseits konnte mit der Umleitung in den See ein riesiges Puffervolumen für die Hochwasser genutzt werden. Durch die gleichzeitige Verbreiterung und Kanalisierung der Flüsse zwischen den anderen beiden Seen wurde zudem das Puffervolumen derart vergrößert, dass im Hochwasserfall große Wassermengen in beiden Richtungen zwischen allen drei Seen ausgetauscht werden können. Durch die Absenkung der Seen wurde Land gewonnen, das entweder für Verkehrswege, Siedlungen, Wald und Landwirtschaft genutzt wurde oder heute als Schilfried der Natur überlassen ist. Die ehemalige St. Peters-Insel wurde durch diese Absenkung zur Halbinsel. Weit bedeutender sind jedoch die Landnutzungsveränderungen zwischen den Seen: Wo früher ausgedehnte Flachmoore zur extensiven Streuenutzung dienten, wurden Drainagegräben angelegt, der Boden entwässert und der agrarischen Nutzung zugeführt.

3 Methodik

Um die Auswirkungen dieser Landschafts-Umgestaltung auf das lokale und regionale Klima im Computermodell simulieren zu können, war zunächst eine detaillierte Rekonstruktion der Landnutzung vor dem Beginn der ersten Juragewässerkorrektion nötig (siehe SCHICHLER 2002). Aus einer heterogenen Menge verfügbarer Landkarten aus den Jahren 1800 bis 1850 (Maßstäbe von 1:10 000 bis 1:100 000) wurde die in Abb. 3 dargestellte Landnutzungskarte kompiliert.

Als Computermodell wurde zunächst das am Geographischen Institut der Universität Bern entwickelte MetPhoMod (PEREGO 1999) mit einer Gittermaschenweite von 1,0 km verwendet (siehe SCHNEIDER et al. 2004). Später wurde auf das komplexere, aber in der täglichen Wettervorhersage in Deutschland, der Schweiz und weiterer Länder gut etablierte Lokal-Modell (LM) mit einer Gittermaschenweite von 1,5 km umgestiegen (für weitere Details zum Modell siehe SCHNEIDER/ EUGSTER 2005).

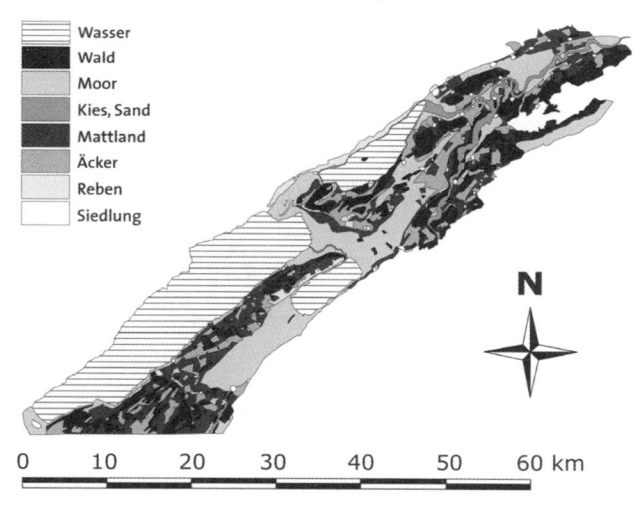

Abb. 3: Rekonstruierte Landnutzung im direkten Einflussbereich der beiden Juragewässerkorrektionen (aus Schichler 2002, verändert)

Da jedoch keine ausreichenden Informationen verfügbar sind, um ein heutiges Klimamodell im Jahr 1850 laufen zu lassen, wurde folgendes Vorgehen gewählt, das eigentlich einem Laborexperiment entspricht: Das LM simulierte zunächst die aktuellen Bedingungen wie sie im Monat Juli der Jahre 1998–2000 tatsächlich geherrscht haben. Danach wurden im Modell lediglich die Landnutzung gegen diejenige um 1850 ausgetauscht, und zwar nur im Gebiet der direkten Beeinflussung durch die Juragewässerkorrektionen. Damit konnten die gleichzeitig abgelaufenen Veränderungen der zunehmenden Besiedlung, des CO_2-Gehalts der Atmosphäre und dergleichen auf künstliche Weise unverändert gehalten werden, so dass die Differenzen der beiden Modellrechnungen tatsächlich mit den Landnutzungsänderungen der Juragewässerkorrektionen in Verbindung gebracht werden können.

Innerhalb des Modells wird jede Landnutzungsart durch Modellparameter repräsentiert. Dabei gibt es hauptsächlich zwei Gruppen von Parametern, die für die Landnutzung codieren, einerseits solche, welche die Eigenschaften der Vegetationsbedeckung beschreiben, andererseits solche, welche die Bodeneigenschaften beinhalten. Um besser verstehen zu können, welche Funktion Vegetation (bzw. die Oberfläche) und Boden bezüglich der Klimaänderung ausüben, wurden zwei weitere Computerexperimente durchgeführt, in denen der Juli 1998 einmal nur mit veränderter Oberfläche, aber den Bodeneigenschaften von heute simuliert wurde, und ein zweites Mal nur die Bodeneigenschaften geändert, jedoch die Oberfläche auf dem Ist-Zustand belassen wurde. In einem letzten Schritt wurden nicht nur die Sommerbedingungen, sondern je ein Monat aus allen vier Jahreszeiten simuliert.

4 Wie veränderten die Juragewässerkorrektionen das lokale und regionale Klima?

Die detaillierten Resultate zu den Sommerbedingungen wurden in SCHNEIDER et al. (2004) und SCHNEIDER/EUGSTER (2005) publiziert. Die Ergebnisse aus den vier Jahreszeiten sind zur Publikation eingereicht (SCHNEIDER/EUGSTER 2006). Wir stellen hier deshalb nur die für die lokale Bevölkerung am leichtesten greifbare Klimavariable, nämlich die auf der meteorologischen Standardhöhe von 2 m über Grund gemessene Lufttemperatur vor.

Abb. 4 zeigt die über die Modelldomäne gemittelten Veränderungen im Tagesgang dieser Temperatur. Durch den Eingriff in die Landschaft erhöhten sich die Nachttemperaturen in Bodennähe um rund 0,3 °C, während die Tagestemperaturen bei Sonnenhöchststand heute 0,3 °C tiefer liegen. Damit reduzierte sich die Tagesamplitude der Temperatur um 0,6 °C. Rein intuitiv hätte man nicht unbedingt dieses Ergebnis erwar-

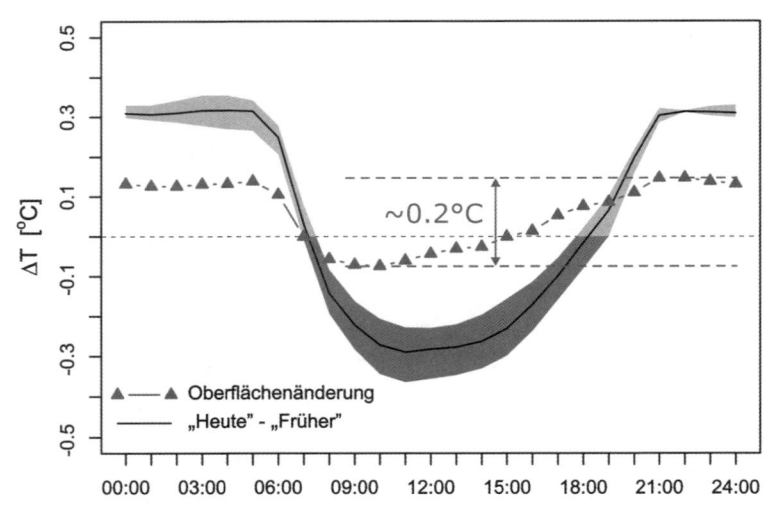

Abb. 4: Mittlerer Tagesgang der Temperaturdifferenz „Heute"–„Früher" auf 2 m über Grund. Ausgezogene Linie: Mittel aus drei Jahren (Monat Juli); graue Fläche: Spannbreite der drei simulierten Jahre. Dreiecke: die Veränderung der Oberfläche alleine ist für 0,2 °C der Tagesamplitudenveränderung verantwortlich, während der Hauptanteil v.a. tagsüber durch die Veränderung der Bodeneigenschaften bestimmt ist.

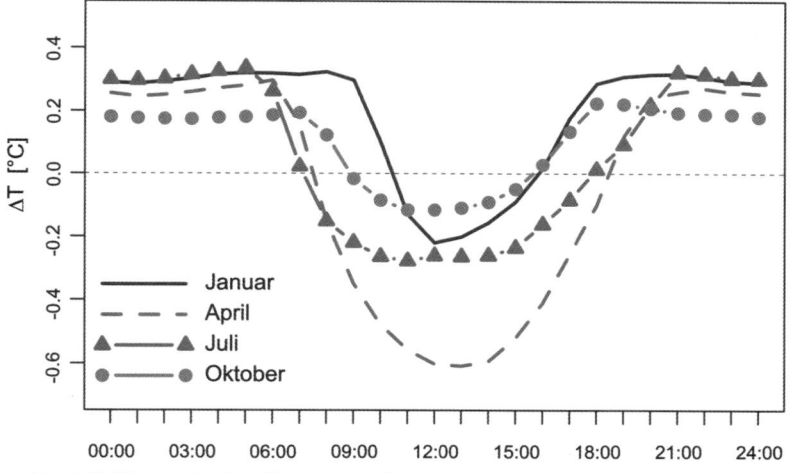

Abb. 5: Differenz der 2-m-Temperatur (heute–früher) im mittleren Tagesgang. Jede Kurve zeigt den räumlichen Mittelwert des Modellbereichs, in welchem die Landnutzung verändert wurde. Für jede Jahreszeit wurde ein Monat simuliert.

tet: Die Ausgangshypothese war, dass die Trockenlegung weiter Teile des untersuchten Gebietes zu einer Verminderung der Verdunstung und damit zu einer Erhöhung des fühlbaren Wärmestromes und damit zu einer höheren Lufttemperatur führen sollte. Es zeigt sich aber, dass die so genannte Albedo, das ist die Reflektivität der Erdoberfläche im sichtbaren Wellenlängenbereich, durch den Wechsel von extensivem Riedland zu mehrheitlich landwirtschaftlich genutztem Land leicht erhöht wurde. Damit steht insgesamt etwas weniger Netto-Energie (Rn) für die drei wesentlichen Wärmeströme der Energiebilanz der Erdoberfläche zur Verfügung:

$$Rn = H + LE + G , \qquad (1)$$

mit H fühlbarer Wärmestrom, LE Verdunstung (Evapotranspiration) und G Bodenwärmestrom.

Die für die Sommersituation (Juli) gerechneten Unterschiede treten auch in den anderen simulierten Jahreszeiten zu Tage (Abb. 5). Während der Nachtstunden ist unabhängig von der Jahreszeit eine leichte mittlere Erwärmung von 0,2 °C (Herbst) bis 0,3 °C (Sommer und Winter) feststellbar. Entsprechend der unterschiedlichen Tageslänge hält dieser Effekt im Winter länger, im Sommer kürzer an. Tagsüber ist mit einer leicht abgeschwächten Maximaltemperatur zu rechnen, die heute im April bis zu 0,6 °C tiefer liegt. Die Tagesamplitude verminderte sich um 0,3 °C (Herbst) bis 0,85 °C (Frühling), das Lokalklima dürfte also leicht gemäßigt worden sein durch den Eingriff während der beiden Juragewässerkorrektionen.

5 Genereller Zusammenhang zwischen Landnutzung und Klima

Die Zusammenhänge und Rückkopplungsmechanismen, die als wesentlich für das generelle Verständnis der hier modellierten Zusammenhänge zwischen Landnutzung und Klima betrachtet werden, sind in Abb. 6 schematisch dargestellt.

In Abb. 6 sind einige positive, sich aufschaukelnde Wirkungskreise feststellbar, die alle über die zentrale Größe der Nettostrahlung oder Strahlungs-Bilanz führen (siehe Abb. 7). Systeme, die ausschließlich positive Wirkungskreise enthalten, sind nicht stabil und reagieren selbst-verstärkend auf Veränderungen. Es sind die negativen Rückkopplungsmechanismen, die das System in den Schranken halten. In diesem Fall ist dies insbesondere die negative Beziehung zwischen Bewölkung und kurzwelliger Einstrahlung. Während Abb. 6 und 7 nur die qualitativen Beziehungen zeigt, ist es wichtig, zu wissen, dass die kurzwellige Einstrahlung tagsüber und auch im Tages- und Jahresmittel die mit Abstand größte Energieflussgröße darstellt. Alle drei positiven Wirkungskreise (Abb. 7) führen über die Bewölkung, die zwar die langwellige Gegenstrahlung erhöht, aber gleichzeitig die kurzwellige Strahlung viel stärker vermindert. Dieser Umstand stabilisiert das Klimasystem.

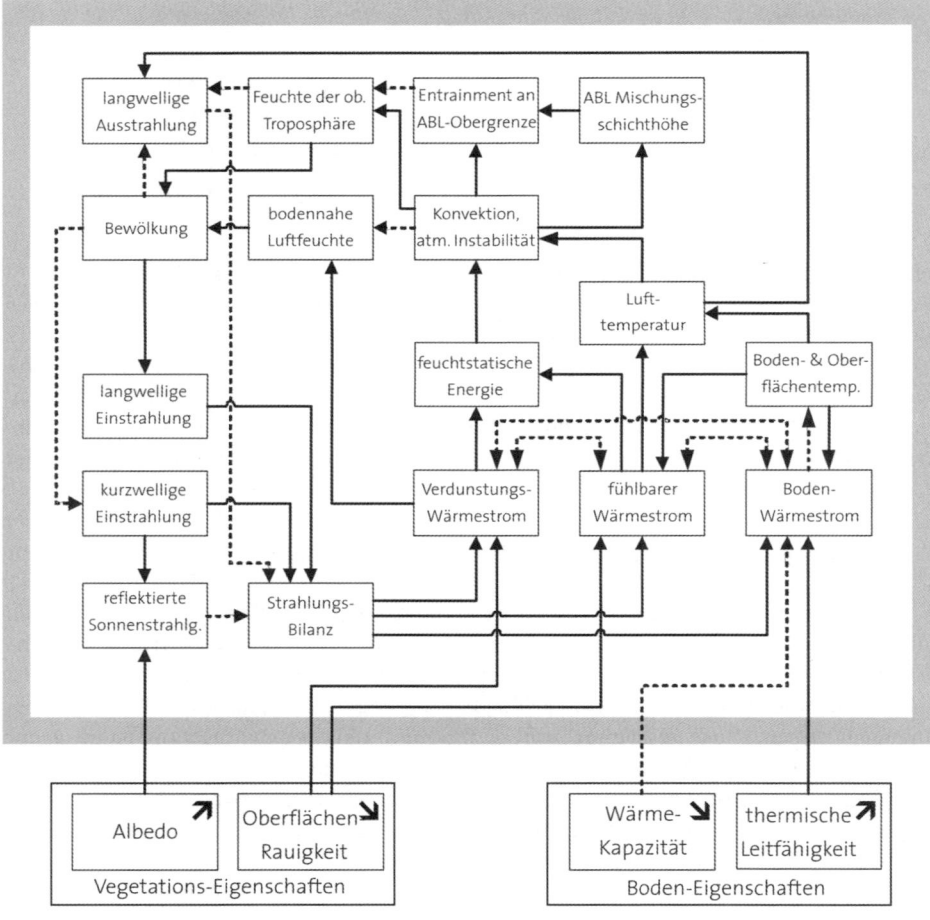

Abb. 6: Rückkopplungsmechanismen, die für die lokale und regionale Klimaveränderung als Funktion einer Landnutzungsänderung von Bedeutung sind (ohne Niederschlagsprozesse). Ausgezogene Pfeile zeigen eine positive (verstärkende), gestrichelte eine negative (dämpfende) Rückkopplung an. Die graue Umrandung zeigt die Modellgrenzen, die beiden Kasten darunter zeigen die externen Wirkungsfaktoren Vegetationseigenschaften (bestehend aus Albedo und Oberflächen-Rauigkeit) und Bodeneigenschaften (Wärmekapazität und thermische Leitfähigkeit), über die heutige und frühere Landnutzung dem Modell bekannt gemacht werden (Quelle: Schneider/Eugster 2005, verändert).

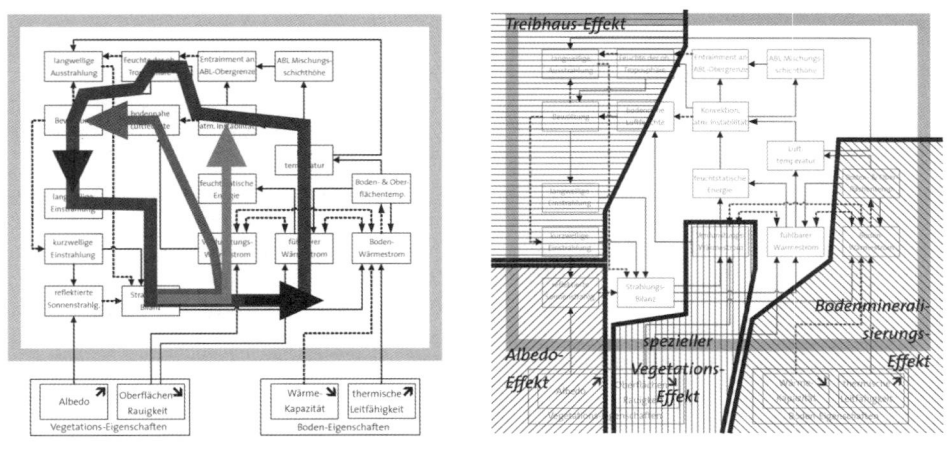

Abb. 7: Wie Abb. 6, aber mit eingezeichneten positiven Wirkungskreisen (links) und der Einteilung in Einflussbereiche (rechts): Albedo-Effekt, spezieller Vegetations-Effekt, Bodenmineralisierungs-Effekt, und der übergeordnete global wirkende Treibhaus-Effekt

Eigentlich war zu erwarten, dass vom trockengelegten Überschwemmungsland weniger Verdunstung generiert wird als dies früher der Fall war. In unseren Modellrechnungen fiel dieser Effekt aber eher bescheiden aus, einerseits weil auch heute der Grundwasserspiegel noch hoch genug ist, so dass Kulturpflanzen unter normalen Witterungsbedingungen nicht unter Wasserstress geraten (dazu trug auch die Landsenkung bei, die durch die langsame Mineralisierung des organischen Bodens großflächig einsetzte), andererseits weil im Modell wie in der Realität landwirtschaftliche Kulturpflanzen produktiver sind als die ursprüngliche Riedvegetation (heute zusätzlich begünstigt durch die gezielte Düngergabe). Die Reduktion der Strahlungs-Bilanz und die Erhöhung des Boden-Wärmestroms scheinen die Schlüsselgrößen für das Verständnis des Einflusses auf das Klima zu sein. Entsprechend Gleichung (1) steht für H, den fühlbaren Wärmestrom, der die Lufttemperatur erhöht, heute weniger Energie zur Verfügung, weshalb tagsüber ein schwacher Abkühlungseffekt modelliert wurde. Zum Boden-Wärmestrom ist zu erwähnen, dass zwar die Wärmekapazität des Bodens durch Entwässerung und Mineralisierung der organischen Substanz abgenommen hat, gleichzeitig hat aber die thermische Leitfähigkeit zugenommen. In Kombination ergibt sich daraus eine leichte Erhöhung des Boden-Wärmestroms tagsüber, der dann nachts in umgekehrter Richtung die Wärme an die Erdoberfläche wieder abgibt und zu den leicht erhöhten Nachttemperaturen führt.

Die erfolgten Landnutzungsänderungen wirken somit dem großräumigen Klimawandel mit dem globalen Anstieg der Lufttemperaturen entgegen. Es ist aber festzuhalten, dass dieser Landnutzungswandel einmalig war, und somit nur den größerräumigen Klimawandel einer Zeit maskieren, nicht aber umkehren oder längerfristig abschwächen kann.

Danksagung

Dieser Artikel basiert hauptsächlich auf drei Originalarbeiten, die vom Autor betreut wurden: der Dissertation von Nicolas SCHNEIDER (2004), der Diplomarbeit von Barbara SCHICHLER (2002) und der Semesterarbeit von Madeleine GUYER (2005). Die Untersuchungen wurden vom Schweizerischen Nationalfond gefördert (Projekt Nr. 21-66927.01) und durch die Hans-Sigrist-Stiftung der Universität Bern unterstützt.

Literatur

ARE (2002): Ergebnisse Mikrozensus 2000. Bundesamt für Raumentwicklung, Bern, Publikation No. 812.010.d.

BORD, R. J./FISCHER, A./O'CONNOR, R. E. (1998): Public perceptions of global warming: United States and international persepectives. In: Climate Research, 11, 75-84.

BULKELEY, H. (2001): Governing climate change: the politics of risk society? In: Transaction of the Institut of British Geographers, 26, 430-447.

EHRSAM, E. (1974): Zusammenfassende Darstellung der beiden Juragewässerkorrektionen. Nachdruck 1994. Wasser- und Energiewirtschaftsamt des Kanton Bern.

GUYER, M. (2005): Risikowahrnehmung der globalen Klimaerwärmung und Handlungsmuster: Erklärungsansätze und Fallbeispiele. Semesterarbeit am Geografischen Institut der Universität Bern. Unveröffentlicht.

O'CONNOR, R. E./BORD, R. J./YARNAL, B./WIEFEK, N. (2002): Who Wants to Reduce Greenhouse Gas Emissions? In: Social Science Quarterly, 83, 1-17.

PEREGO, S. (1999): MetPhoMod – a numerical mesoscale model for simulation of regional photosmog in complex terrain: model description and application during Pollumet 1993 (Switzerland). In: Meteorology and Atmospheric Physics, 70, 43-69.

SCHICHLER, B. (2002): Landnutzungsänderungen und ihre Auswirkung auf das Klima – Ein Fallbeispiel: Das Seeland im schweizerischen Mittelland. Diplomarbeit am Geografischen Institut der Universität Bern. Unveröffentlicht (verfügbar unter http://sinus.unibe.ch/klimet/pub_diploma.html).

SCHNEIDER, N. (2004): Impacts of historical land-use changes on the Swiss climate. Dissertation Universität Bern.

SCHNEIDER, N./EUGSTER, W. (2005): Historical land use changes and mesoscale summer climate on the Swiss Plateau. In: Journal of Geophysical Research – Atmospheres, 110, D191021, doi:10.1029/2004JD005215.

SCHNEIDER, N./EUGSTER, W. (2006): Climatic impacts of historical wetland drainage in Switzerland. In: Climatic Change. Im Druck.

SCHNEIDER, N./EUGSTER, W./SCHICHLER, B. (2004): The impact of historical land-use changes on the near-surface atmospheric conditions on the Swiss Plateau. In: Earth Interactions, 8, 1-27.

STEHR, N./VON STORCH, H. (1995): The social construct of climate and climate change. In: Climate Research, 5, 99-105.

Leitthema D – Indikatoren globaler Umweltveränderungen

Sitzung 4: Umweltwahrnehmung – Umweltbildung – Umwelthandeln

Marthina Flath (Vechta)

Umweltbildung ist eine aktuelle und zukunftsorientierte Aufgabe schulischer und außerschulischer Bildung im Allgemeinen und des Geographieunterrichts im Besonderen. Dabei stellt das Leitbild der nachhaltigen Entwicklung eine normative Größe dar. In Anbetracht der Umweltprobleme weltweit und der Anforderungen an das Verhalten und Handeln heutiger und zukünftiger Generationen wird in der Geographiedidaktik die Diskussion zu Inhalten und Vermittlungsstrategien einer Bildung für nachhaltige Entwicklung permanent geführt.

Am 1. Januar 2005 begann die UN-Dekade „Bildung für nachhaltige Entwicklung". In der Hamburger Erklärung der Deutschen UNESCO-Kommission (Nachhaltigkeit lernen, S. 3) wurden folgende Themen für die UN-Dekade „Bildung für nachhaltige Entwicklung" festgelegt:
- Konsumverhalten und nachhaltiges Wirtschaften
- Kulturelle Vielfalt
- Gesundheit und Lebensqualität
- Wasser- und Energieversorgung
- Biosphärenreservate als Lernorte
- Welterbestätten als Lernorte
- Nachhaltigkeitslernen in der Wissensgesellschaft
- Bürgerbeteiligung und „good governance"
- Armutsbekämpfung durch nachhaltige Entwicklungsprojekte
- Gerechtigkeit zwischen den Generationen: Menschenrechte und ethische Orientierung

Die Mehrheit dieser Themen weist enge Bezüge zu geographischen Inhalten auf. Die Geographie kann sich wirkungsvoll einbringen, wenn es um Tragfähigkeit, Ressourcennutzung, Klimawandel und andere Themen geht, wenn es darum geht, ökologische, ökonomische und soziale Vernetzungen erfahrbar und erkennbar zu machen.

Schülerinnen und Schüler sollen im Rahmen einer Bildung für nachhaltige Entwicklung Gestaltungskompetenzen erwerben. Dazu gehören zum Beispiel: vorausschauen, zukunftsorientiert denken zu können, weltoffen und neuen Perspektiven zugänglich zu sein, interdisziplinär denken und handeln zu können.

Welchen Beitrag kann der Geographieunterricht im Rahmen einer Bildung für nachhaltige Entwicklung leisten? Wie kann der Geographieunterricht mitarbeiten an der Ausbildung von Gestaltungskompetenz, an der Entwicklung von vorausschauendem Denken, an der Zugänglichkeit für neue Perspektiven und an anderen Komponenten einer Bildung für nachhaltige Entwicklung?

Die Leitthemensitzung hat versucht, dieser Frage aus der Perspektive verschiedener fachlicher und methodischer Ansätzen nachzugehen. Der Vortrag von Petra SCHWEIZER-RIES (Magdeburg) zu neueren Erkenntnissen der Umweltpsychologie bildete einen interdisziplinären Einstieg in das Thema Umweltwahrnehmung. Heidi MEGERLE (Tübingen) stellte Forschungsergebnisse zur Landschaftsinterpretation mit erlebnispädagogischen Elementen als neue Ansätze der Umweltbildung vor. Die Entwicklung von Gestaltungskompetenz und Möglichkeiten der aktiven Teilhabe an nachhaltiger Entwicklung wurden über den methodischen Ansatz der Szenario-Methode durch Johanna SCHOCKEMÖHLE (Vechta) aufgezeigt. Andreas KEIL (Dortmund) stellte ein Projekt zur Umweltwahrnehmung in Industriewäldern im Ruhrgebiet vor.

Neueste Erkenntnisse der Umweltpsychologie zur Umweltwahrnehmung

Petra Schweizer-Ries (Magdeburg)

1 Einführung

Die Umweltpsychologie beschäftigt sich mit generalisierten Wahrnehmungs- und Erlebnisdeskriptionen von menschlichen Umwelten. Sie ist ein recht junges Fach, wenn auch früheste Vertreter wie WLASSAK (1892) oder HELLPACH (1924) sich schon mit den Auswirkungen der Landschaft auf den Menschen und umgekehrt beschäftigten. Wie Menschen ihre Umwelten wahrnehmen, entscheidet wesentlich darüber, wie diese auf sie wirken bzw. wie sie diese beeinflussen. Vor allem im Umweltschutz spielen Wahrnehmungen und Bewertungen eine große Rolle. Die Vermittlung einer bestimmten Sicht auf die (meist natürliche) Umwelt an Menschen, soll zu einem schonenden Umgang mit ihr führen. Im Rahmen der UN-Dekade zur „Bildung für Nachhaltige Entwicklung" soll eine Vermittlung der Umwelt erarbeitet und durchgeführt werden, die effektiv zur Erhaltung der natürlichen Umwelt beiträgt.

2 Umweltpsychologie und Wahrnehmung

Wahrnehmung, ein Thema der Kognitiven Psychologie, spielt deshalb eine große Rolle in der Umweltpsychologie, weil sie handlungsleitend ist. Ökopsychologisch betrachtet ist das Individuum eingebunden in seine Welt, d. h. die Wahrnehmung und das Handeln können nicht isoliert betrachtet werden (siehe auch Transaktionalismus, ALTMAN/ROGOFF 1987). Im umweltschutzpsychologischen Bereich geht es um die Wahrnehmung und Bewertung von Umweltproblemen und damit zusammenhängendes umweltrelevantes Verhalten. Umweltprobleme sind als Probleme der Menschen zu sehen und nicht als Probleme der Umwelt. Sie sind davon beeinträchtigt, sie definieren und bewerten sie und bedingen sie zum großen Teil selbst.

2.1 Wahrnehmung und Realität – ein humanökologischer Ansatz

Bei der menschlichen Wahrnehmung werden die Dinge nicht eins zu eins abgebildet. Es handelt sich vielmehr um einen konstruktiven Prozess. Dieser ist stark beeinflusst durch Vorkenntnisse und Vorannahmen. Die Menschen schaffen sich, in ihrer jeweiligen Kultur, ein Modell der Wirklichkeit. Dieses Modell benutzen sie, um sich in der Realität zurechtzufinden. Das Modell wird durch Lernen und Erfahrungen verändert. Es ist immer ein vorläufiges Bild und ändert sich, wenn neue Informationen dazu kommen. Bei sehr gefestigten Annahmen bedarf es einer größeren Menge oder Intensität widersprechender Belege, um die „Sicht der Welt" zu ändern. „Wahrnehmungsshift", d. h. einen plötzlichen Umschwung der Sichtweise, wie wir es von den Klappbildern aus Labortests kennen, ist in der Wahrnehmung und Bewertung von Umwelten eher selten. Manche Wahrnehmung ist erst durch Erfahrung möglich (z. B. stereoskopes Sehen). Die kognitiven Theorien gehen davon aus, dass es immer einen Stimulus mit bestimmten Eigenschaften gibt. Systemtheoretische Ansätze sehen das Individuum, eingebunden in seine soziale Umwelt, mehr als Schöpfer der Realitäten. Im Konstruktivismus schafft sich das Individuum, eingebunden in seine Gesellschaft, die Umwelten selbst. D.h. der kreative Prozess der Wahrnehmung legt fest, wie wir die Welt sehen, bzw. wie wir uns ein Bild von der Welt erschaffen.

Obgleich es viele unterschiedliche Sinne gibt, wie z. B. Spüren durch Körperbewegung, Riechen, Schmecken, Tasten, Hören und Sehen, beziehen sich die Untersuchungen zur Umweltwahrnehmung überwiegend auf den visuellen Eindruck der Umgebung. Ausnahmen bilden z. B. Arbeiten zu Geruchs- oder Lärmbelästigung. Im Bereich der Umweltbildung wird auf eine ganzheitliche Umweltwahrnehmung geachtet; sie baut auf Emotionen und eigenen Erfahrungen auf.

Umweltwahrnehmung hängt vor allem im Umweltschutzbereich stark mit Bewertungen zusammen. Der Wahrnehmungsprozess ist gleichzeitig ein Bewertungsprozess. Je nach Vorkenntnis des Individuums kann dieser Prozess anders ausfallen. Wahrnehmungsverzerrungen und -umstellungen sind dabei keine Seltenheit. Hinzu kommt, dass die meiste Umweltwahrnehmung heute durch mediale Vermittlung erfolgt. Diese beinhaltet immer eine selektive Auswahl an Informationen und liefert häufig die Bewertung mit.

2.2 Wahrgenommene Umwelten

Die Umweltpsychologie unterscheidet zwischen drei Umwelten: Natur, Kultur und Gesellschaft. Der vorliegende Beitrag beschäftigt sich mit der „natürlichen Umwelt", d. h. er lässt die Wahrnehmung und Bewertung der gebauten und sozialen Umwelt außer Acht. Aber auch die „natürliche" Umwelt ist in unseren Breiten nicht unbeeinflusst vom Menschen. Im Gegenteil, gerade in den Städten werden neue naturnahe bzw. natürliche Umgebungen vom Menschen geschaffen. Mit der von Menschen unbeeinflussten Natur, wie einigen Teilen der Ozeane oder des Amazonas, kommen die meisten Menschen nicht direkt in Kontakt. Es wird daher alles als natürliche Umwelt bezeichnet, was naturnah ist, d. h. Bäume, Wasser und grüne Pflanzen. In diesem Sinne wird unterschieden zwischen „Wildnis" und Grünanlagen bzw. Gärten. Wildnis ist relativ naturbelassen, sie kann zur Rekreation dienen. Die positive Wirkung von Natur wurde nachgewiesen, trotzdem unterschätzen Menschen diesen Regenerationseffekt eindeutig (HARTIG/EVANS 1993). Die Nachhaltigkeitsdebatte betont, dass die Schützenswertigkeit der Natur nicht nur besteht, weil sie ein ausgezeichnetes Erholungsgebiet für Menschen darstellt, sondern aus sich selbst heraus; im Nachhaltigkeitsprozess sollen Menschen wieder lernen, die Natur als etwas Wertvolles wahrzunehmen.

Natürlichkeit wird auch Parklandschaften zugeschrieben, und dies nicht nur dem Wörlitzer Park, der so gestaltet ist, dass er sehr naturnah wirkt, sondern auch englischen Parklandschaften, die mit sehr künstlichen Formen arbeiten.

Desweiteren bezeichnen wir Gärten als natürlich und Grünzonen in der Stadt, wie die grüne Mitte. Psychologische Studien konnten nachweisen, dass der Blick auf Grünzonen eindeutig positive Effekte hat, z. B. wurden Insassen von Gefängnissen, die einen Blick „auf's Grüne" hatten, seltener krank und Krankenhauspatienten mit selbigem Blick schneller gesund (LEWIS 1979).

2.3 Landschaftswahrnehmung

Landschaftswahrnehmung als ein Beispiel der Wahrnehmung natürlicher Begebenheiten basiert auf drei Aspekten: Es liegt ein Gegenstand vor, der als Wahrnehmungsobjekt vom Individuum identifiziert wird. Menschen entwickeln ein Abbild von der Natur; mit diesem Abbild arbeiten z. B. die Medien. Zudem entsteht eine Vorstellung von Landschaft bzw. Umwelten, eine Imagination bzw. Abstraktion oder Konstruktion. Alle drei Aspekte hängen stark mit Bewertungsprozessen zusammen (STROHMEIER 1999).

Landschaften werden nach den folgenden Prinzipien wahrgenommen und bewertet:

Die Zuschreibung von *Natürlichkeit* hängt damit zusammen, wie viele natürliche Elemente in der Landschaft vorhanden sind. Häufig werden diese mit der Farbe grün verbunden. Zudem weisen natürliche Einheiten keine Ecken und Kanten auf, sie wirken gewachsen und aus sich heraus entwickelt.

Vielfältigkeit: Menschen suchen automatisch nach Informationen, je vielfältiger die Landschaft gestaltet ist, desto mehr Möglichkeiten ergeben sich zur Informationssuche. Diese Suche bietet Neuheit, Überraschung, aber auch Unsicherheit. Zu viel neue Information verunsichert. Deshalb bevorzugen Menschen Landschaften, die nicht monoton wirken, aber auch nicht vollkommen unüberschaubar sind. Vielfältigkeit entsteht durch eine mögliche Mehrfachnutzung und einen Wechsel in den Höhen.

Eigenart: Vor allem die Unverwechselbarkeit spielt eine große Rolle für die Bewertung von Landschaften. Diese Eigenart zeigt sich durch natürliche und kulturelle Elemente. Je ausgeprägter die Entwicklung der Landschaft erscheint, umso mehr wird sie bevorzugt. Diese Bewertung ist sehr stark durch Erfahrung geprägt. Charakteristische, visuell wertvolle Landschaftsbereiche mit einer klaren Gliederung werden hier vorgezogen.

Harmonie: Wenn die Teile des Ganzen in Übereinstimmung miteinander erscheinen, fördert dies die positive Bewertung, vor allem, wenn natürliche und menschliche Komponenten als zueinander passend empfunden werden. Formen und Farben sind bei dieser Bewertung ausschlaggebend.

Es können vier Zugänge zur Wahrnehmung unterschieden werden: Der *psychophysikalische Zugang* bestimmt Reizschwellen und geht der Frage nach, welche Intensität eine Empfindung haben wird in Abhängigkeit von der Reizstärke. Bei diesem Ansatz werden Kontextfaktoren, innerhalb derer Reiz-Empfindungsbeziehungen auftreten, stark vernachlässigt. Der *gestaltpsychologische Ansatz* geht darauf ein, das Wahrnehmungssystem des Menschen zweigeteilt zu betrachten: Auf der einen Seite steht der „Apparat", der nach den Gesetzen der Physik und den Funktionsprinzipien der Physiologie Eindrücke sammelt, und auf der anderen Seite der Geist, der aufgrund von Erfahrungen und über – meist unbewusste – Schlüsse bzw. schöpferische Synthesen die Welt erkennt. Dabei treten Empfindungen auf, die der reinen Wahrnehmung eine eigene Qualität vermitteln. Die *Adaptationsniveau-Theorie* geht davon aus, dass Wahrnehmungsurteile immer ein Bezugssystem brauchen, d. h. Bewertungen wie „sauber" oder „verschmutzt" werden durch das jeweilige Bezugssystem festgelegt und können sich je nach Kontext verändern. Diese Bezugssysteme sind individuell und kulturell geprägt. Je nach Anpassung an die Umwelt ergibt sich ein bestimmtes Adaptationsniveau, das als Moderatorvariable im Wahrnehmungsprozess eine entscheidende Rolle spielt. Psychologische Bezugsysteme im Alltag sind dabei von großer Bedeutung, z. B. schätzen Menschen, die aus einer Kleinstadt in eine Großstadt übersiedeln, die Großstadt häufig lauter, verschmutzter und enger ein als die langjährigen Großstadtbewohner. Kommen sie nach einer Zeit wieder zurück in die Kleinstadt, dann schätzen sie diese als ruhiger und sauberer ein als vor ihrem Umzug in die Großstadt (WOHLWILL/KOHN 1973). Ökologische Wahrnehmungstheorien, wie z. B. die von GIBSON, beziehen sich auf natürliche Umgebungen und Untersuchungen im Feld (nicht auf abstrakte Kippfiguren wie die Gestaltpsychologie).

GIBSON geht davon aus, dass die Wahrnehmung von außen determiniert ist. D. h., er lehnt alle Wahrnehmungstheorien ab, die den Schwerpunkt auf mentale Prozesse legen (GIBSON 1979). Die Umwelt bietet Aufforderungen (Affordanzen), also Verhaltensangebote. Diese werden – wenn überhaupt bewusst, dann doch stark nebensächlich – wahrgenommen und wirken sich direkt auf das Verhalten aus.

2.4 Wahrnehmungspräferenzen

Es gibt verschiedene Theorien über die Landschaftswahrnehmung. Die meisten gehen davon aus, dass natürliche Landschaften den künstlichen vorgezogen werden. Die Savannenhypothese besagt, dass Menschen (ganz besonders Kinder) savannenartige Landschaften und Parklandschaften bevorzugen gegenüber Wald und Städten. Die Theorie der phylogenetischen Biotop-Prägung von ORIANS/HEERWAGEN (1992) geht davon aus, dass die Menschwerdung in der afrikanischen Savanne stattfand. Parklandschaften, die der Savanne ähneln, üben daher auch heute noch eine besondere Wirkung auf Menschen aus. Diese Parklandschaften sind mit Bäumen durchsetzt, ermöglichen aber einen guten Ein- und Überblick und bieten Sichtschutz und Zuflucht. Sie werden von Menschen als freundlich und einladend empfunden. Davon geht auch die Prospect-Refuge-Theorie aus (APPLETON 1984), die besagt, dass Menschen das Bedürfnis haben, etwas zu sehen und gleichzeitig ge- bzw. verborgen zu sein. Nach dieser Theorie suchen wir auch heute noch z. B. im Restaurant einen Platz, der uns ein gutes offenes Sichtfeld bietet und zugleich Schutz und Privatheit. Das Prinzip dahinter bedeutet „sehen, ohne gesehen zu werden". ORIANS/HEERWAGEN (1992) beschreiben drei Stadien der ersten Begegnung von Menschen mit einer Landschaft: (1) sie reagieren (positiv oder negativ) auf die Landschaft, eher unwillkürlich, denn als bewusste Reaktion; (2) wenn die Reaktion positiv verläuft, beginnen die Menschen, Informationen zu sammeln. (3) In der dritten Phase steht die Entscheidung an, ob sich derjenige in der Landschaft noch länger aufhalten will oder nicht. (4) Anschließend sind es Vertrautheit und Neugier, die das weitere Verhalten steuern. Menschen suchen auf der einen Seite nach Vertrautem und Verstehbarem und haben auf der anderen Seite ein Explorationsbedürfnis. Treffen Menschen auf Unverständliches, wo sie keine Zusammenhänge erkennen, dann werden Sie verunsichert. Es gibt große individuelle Unterschiede in der Ausprägung dieser beiden Bedürfnisse. Diese Unterschiede hängen mit der Persönlichkeit und bereits gemachten Erfahrungen zusammen.

Informationen, welche die Umwelt bereithält, können unmittelbar in der Wahrnehmung gegeben sein oder auch durch Nachdenken erschlossen werden. Es besteht sowohl das Bedürfnis nach Sinnerschließung als auch nach Exploration und dies ebenso in der Gegenwart wie in der Zukunft (= 2 x 2-Matrix; KAPLAN/KAPLAN 1989).

Die *Kohärenz* einer Landschaft hängt davon ab, inwieweit die Einheiten einer Landschaftsszene erkennbar sind. Landschaft, die in wenige größere Einheiten organisiert ist, weist höhere Kohärenz auf, als eine, die in viele Einheiten zersplittert ist. Die größte Kohärenz kann einer Landschaft zugeschrieben werden, die ohne schlussfolgerndes Denken einen erkennbaren Sinn ergibt.

Die *Komplexität* einer Landschaft hängt damit zusammen, wie viele Reize sie bereitstellt. Je mehr Reize, desto komplexer und reichhaltiger ist sie. BERLYNE stellte schon 1972 fest, dass Menschen einen mittleren Grad an Komplexität bevorzugen. Es besteht ein umgekehrt U-förmiger Verlauf, d. h. geringe Komplexität wirkt langweilig, hohe Komplexität schreckt ab, da sie die Informationsverarbeitung überfordert (BERLYNE 1972).

Kohärenz und Komplexität beziehen sich auf die unmittelbar gegebene (zweidimensionale) „Oberfläche" einer Landschaft. Lesbarkeit und Rätselhaftigkeit gehen mehr in die Tiefe einer Landschaft (dreidimensionale Sicht). Letztere implizieren sogar Zukunftsaspekte, z. B. die Frage „Was erwartet mich hinter der Türe?".

Lesbarkeit einer Landschaft hängt mit Aspekten des Verstehens zusammen. Der Prozess des Verstehens impliziert Gedächtnisleistung und Schlussfolgerungskompetenzen. Die Strukturiertheit einer Landschaft erleichtert nicht nur das Verstehen einer räumlichen Gegebenheit, sondern auch deren Behalten im Gedächtnis. Identifizierbarkeit, Interpretierbarkeit und Bedeutsamkeit helfen, eine mentale Repräsentation aufzubauen. In „leichter lesbaren" Landschaften finden sich Individuen besser zurecht.

Ein weiteres Charakteristikum von Landschaften wird als *Rätselhaftigkeit* bezeichnet. Eine Landschaft, in der etwas „entdeckt" werden kann, wird besonders dann als lustvoll erlebt, wenn sie keine Angst erzeugt. Rätselhaftigkeit erhöht die erlebte Attraktivität.

Landschaften bilden ein Regenerationspotenzial für Menschen. Schon allein als solche sind sie schützenswert. Dies betrifft nicht nur die sog. Natur, sondern auch Gartenanlagen, Parks und Grünzonen in der Stadt. Was schützenswert ist, hängt von der Bewertung ab. Diese wiederum ist beeinflusst von der jeweiligen Kultur. Es geht um das Entwickeln von normativen Wertprinzipien. Diese müssen aus Übereinkommen von verschiedenen Interessensgruppen bestehen und auch die Interessen zukünftiger Generationen berücksichtigen.

3 Wahrnehmung und Bewertung von Umweltproblemen

Da die direkte Wahrnehmung von Umwelten und Umweltproblemen in vielen Fällen gar nicht mehr möglich ist, finden Bewertungsprozesse statt, die von einer „neutralen" Wahrnehmung nicht mehr zu unterscheiden sind.

3.1 Umweltbewusstsein in Deutschland

Studien zum Umweltbewusstsein beschäftigen sich mit diesem Thema. Eine deutschlandweite Studie wurde von KUCKARTZ (1998) durchgeführt und seither zweijährlich wiederholt. Neueste Erkenntnisse zeigen, dass die Deutschen die nähere Natur als intakter wahrnehmen als Umwelten, die weiter von Ihnen entfernt sind. Die alten Bundesländer werden als intakter bewertet als die neuen. Der Begriff „Nachhaltige Entwicklung" ist weder in Ost noch in West besonders bekannt. 2002 konnten 28 % etwas damit anfangen. Bei den Inhalten sieht es anders aus: Themen wie Ressourcenschutz für die nachfolgenden Generationen, Energieeinsparung und Fairer Handel werden von vielen anerkannt und für gut befunden. Dies sagt jedoch noch nicht viel darüber aus, wie Menschen in spezifischen Situationen handeln. Die berühmte Kluft zwischen Einstellung und Verhalten muss hier überwunden werden.

Wenn es um die Verbreitung der Nachhaltigkeitsidee geht, dann müssen Akteure mit Bezug auf ihre individuellen, gruppen- und kulturspezifischen Wahrnehmungsmuster, Überzeugungen, Verhaltenspräferenzen und speziellen Lebensstile einbezogen werden (DEUTSCHES MAB-NATIONALKOMITEE 2004). Nur so kann die Kluft zwischen der öffentlichen Wahrnehmung und dem wissenschaftlichen Konzept des Naturschutzes überwunden werden. Die Öffentlichkeit braucht eine nachvollziehbare Valorisierung der Naturgüter. Es besteht eine ortsbezogene Identifikation der Umweltwahrnehmung. Demnach sind Biosphärenreservate nicht nur ein geographischer Ort, sondern auch ein „Ort des Bewusstseins" (BRIDGEWATER/CRESSWELL 1998).

3.2 Energienachhaltige Gemeinschaften

Energienachhaltige Gemeinschaften sind Gemeinschaften, die sich selbst als energienachhaltig wahrnehmen und mit erneuerbaren Energien, wie Sonne, Wind, Biomasse und Wasser, sowie Energiesparmaßnahmen ihre Energieversorgung bestenfalls zu 100 % eigenständig decken. Bisher gibt es nur wenige wirkliche Energienachhaltige Gemeinschaften. Im Rahmen eines EU-Projektes konnten Gemeinden in Deutschland, Österreich und Großbritannien von der Universität Magdeburg untersucht werden, die sich in Richtung Energienachhaltigkeit bewegen. Keine der untersuchten Gemeinden konnte als wirkliche Energienachhaltige Gemeinde bezeichnet werden, wie im Projekt definiert (EREC 2005). Die meisten Gemeinden setzen stark auf technische Innovationen, nur in wenigen Fällen wurden die Menschen wirklich einbezogen. D. h. der Wahrnehmungs- und Bewusstseinsaspekt wurde vernachlässigt. Um auch in Zukunft eine Akzeptanz für erneuerbare Energien zu erhalten, ist es dringend erforderlich, die Betroffenen von Anfang an mit einzubeziehen. Dieses Konzept verfolgt der Ansatz „Bildung für Nachhaltige Entwicklung".

3.2.1 Wahrnehmung und Bewertung von Windkraftanlagen in Deutschland

Aufbauend auf einer Untersuchung in Wales zur Erhebung der Wahrnehmung und Bewertung von erneuerbaren Energien im Sommer 2003 (SCHWEIZER-RIES/LINNEWEBER 2004) konnte im Sommer 2004 eine Erhebung zur Bewertung der Nutzung von Windkraftanlagen in Deutschland durchgeführt werden (ZOELLNER 2005). Im Folgenden sind drei Items aus der Skala Landschaftsbewertung näher dargestellt.

Die Erhebung fand in zwei Landkreisen statt: Aurich in Niedersachsen und Ohrekreis in Sachsen-Anhalt. Von den je 200 verteilten Fragebögen kamen in Aurich 170 und im Ohrekreis 121 zurück. Die Antwortenden waren zu 50 % Frauen und zwischen 20 und 65 Jahre alt. Von den 170 Teilnehmenden im Landkreis Aurich kamen 32 aus Dornum, 29 aus Hage, 13 aus Hagermarsch und 96 aus Marienhafe/Upgant-Schott; die 121 Teilnehmenden im Landkreis Ohrekreis verteilten sich wie folgt: 13 aus Bebertal, 60 aus Haldensleben, 22 aus Irxleben und 26 aus Niederndodeleben.

Abb. 1 stellt die Antworten auf die Aussage „Die Landschaft wird durch Windkraftanlagen verschandelt" getrennt nach den beiden Landkreisen dar. 28,8 % der Befragten in Aurich bewerteten diese Aussage als „überhaupt nicht" bzw. „eher nicht" für sich zutreffend. D. h. ein Drittel der Befragten in Aurich empfinden die Windkraftanlagen nicht als Verschande-

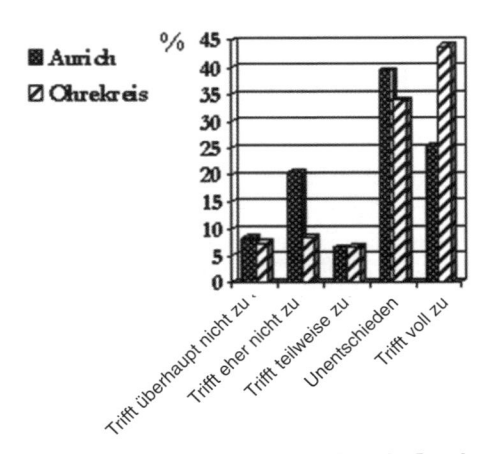

Abb. 1: Bewertung der Verschandelung der Landschaft durch Windkraftanlagen getrennt nach Landkreisen (Graphik: Zoellner 2005)

lung der Landschaft. 39,4 % bewerten die Veränderung in Aurich jedoch teilweise als verschandelnd. Im Ohrekreis dagegen ist die überwiegende Mehrzahl der Befragten (77,7 %) der Meinung, Windkraftanlagen verändern das Landschaftsbild negativ.

Ähnlich sieht es bei der Aussage „Windkraftanlagen kann man als landschaftliche Bereicherung sehen" aus. 68,2 % sehen diese in Aurich nicht als landschaftliche Bereicherung und 92,2 % im Ohrekreis (Abb. 2).

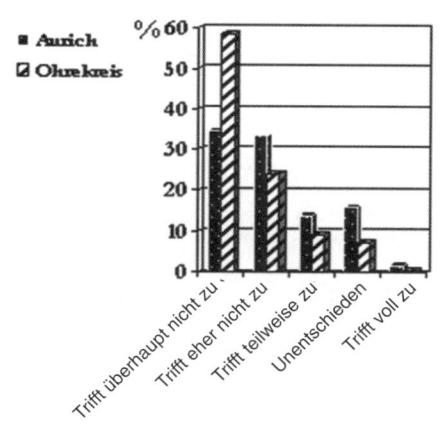

Abb. 2: Bewertung der möglichen Bereicherung einer Landschaft durch Windkraftanlagen (Graphik: Zoellner 2005)

Die Aussage „Windkraftanlagen fallen mir in der Landschaft nicht wirklich auf" wurde wie folgt bewertet (siehe Abb. 3): Für 33,5 % trifft dies in Aurich zu, im Ohrekreis für 19,8 %. 75,2 % stimmen dieser Aussage nicht zu im Ohrekreis und 61,2 % in Aurich.

Verglichen mit den oben genannten Kriterien kann die Windkraftnutzung wie folgt beurteilt werden: Für die *Kohärenz* ist es wichtig, dass die Windkraftanlagen einzeln noch erkennbar sind. D. h. die Windkraftanlagen sollten nicht zu dicht und auch nicht vereinzelt aufgebaut werden. Es sollten auch nicht zu viele verschiedene Typen gemischt zusammengestellt werden. Aus Wahrnehmungs- und Bewertungssicht sollte sich ein zusammenhängendes Bild ergeben.

Die *Komplexität* erhöht sich, wenn die Windkraftanlagen unterschiedlich stark drehen, bzw. wenn sie über das Fahren auf einer Straße in immer wieder neuen Mustern wahrgenommen werden. Sind die Windkraftanlagen einzeln sichtbar, so besteht eine geringe Komplexität.

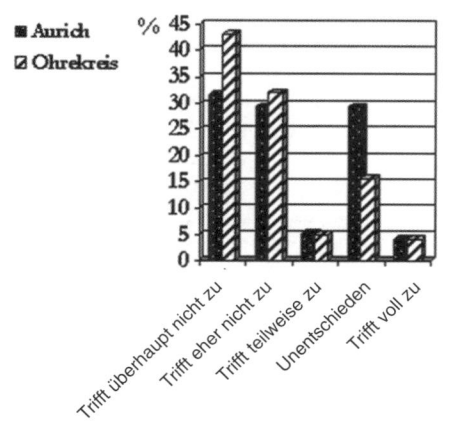

Abb. 3: Bewertung der Auffälligkeit von Windkraftanlagen im Vergleich der beiden Landkreise (Graphik: Zoellner 2005)

Lesbarkeit hat etwas mit Verstehen zu tun. Wenn einzelne Anlagen sich z. B. nicht drehen oder anders ausgerichtet sind, ist die Lesbarkeit reduziert. Insgesamt sollten Windkraftanlagen die Lesbarkeit einer Landschaft nicht wesentlich reduzieren.

Ein weiteres Charakteristikum von Landschaften ist *Rätselhaftigkeit*. Diese könnte sich durch den Aufbau von Windkraftanlagen dann erhöhen, wenn unklar ist, wie die Anlagen funktionieren. Hier können Stillstand und Geräusche zu Fragen führen bzw. sogar Angst auslösen.

Vertrautheit würde erst mit der Zeit ansteigen. D. h. wir können davon ausgehen, dass Windkraftanlagen in einer Landschaft erst nach mehreren Jahren bis Jahrzehnten als vertraut wahrgenommen werden; anfänglich reduzieren Windkraftanlagen die Landschaftswahrnehmungspräferenz bezogen auf das Merkmal Vertrautheit.

Unter Wahrnehmungsaspekten ist bei Windkraftanlagen darauf zu achten, dass sie

Abb. 4: Windkraftanlagen in Navarra/Spanien (Foto: Schweizer-Ries 2005)

ein einheitliches Erscheinungsbild abgeben und sich möglichst alle gleichzeitig bewegen. Die Lesbarkeit und Rätselhaftigkeit könnte positiv beeinflusst werden, indem Windkraftanlagen besichtigt und „begriffen" werden können.

3.2.2 Umweltpsychologische Unterstützung des Aufbaus von energienachhaltigen Gemeinschaften
Die neuerdings sehr bekannte Gemeinde Jühnde in Niedersachsen ist das erste Bioenergiedorf Deutschlands (FRAGEL 2004). Davor standen jedoch mehrere Jahre der Vorbereitung, in die auch UmweltpsychologInnen eingebunden waren. Bereits 1997 trafen sich zehn Wissenschaftlerinnen und Wissenschaftler der Universität Göttingen, um die Verbreitung von erneuerbaren Energien voranzubringen. Eine der Projektideen war ein Bioenergiedorf. Im Jahr 2000 gründeten sie das Interdisziplinäre Zentrum für Nachhaltige Entwicklung, und das Landwirtschaftsministerium willigte ein, sie beim Angriff des Projektes zu unterstützen. Im Jahr 2001 konnten 18 Dörfer dafür gewonnen werden, sich an einem Wettbewerb darüber, wer finanziell beim Aufbau einer Biogasanlage unterstützt wird, zu beteiligen. Jühnde wurde 2002 als Modelldorf ausgewählt (SCHMUCK/EIGNER 2003). Seit 2005 produzieren die Anlagen Strom und Wärme für das gesamte Dorf. Die psychologischen Aspekte bezogen sich vor allem auf die Motivierung, an der Transformation teilzunehmen. Die Veränderung soll das Wohlbefinden im Dorf steigern, den Gemeinschaftssinn ebenso fördern wie umweltfreundliches Verhalten und Selbsteffizienz erlebbar machen. Letztendlich sollte das Prinzip auch auf andere deutsche Dörfer übertragen werden. Auch wenn die letzten Auswertungen noch fehlen, konnte bereits gezeigt werden, dass die Initiierung einer Energienachhaltigen Gemeinschaft mit umweltpsychologischer Hilfe erfolgreich bewerkstelligt werden konnte (EIGNER-THIEL 2005).

4 Umweltwahrnehmung und Nachhaltigkeit
Die Dekade „Bildung für Nachhaltige Entwicklung" 2005 bis 2014 der Vereinten Nationen zielt darauf ab, die Wahrnehmung und Bewertung der Landschaften durch Erziehung gezielt zu verändern. Inzwischen geht man davon aus, dass es sich um einen lebenslangen Lernprozess bis ins hohe Alter handeln wird. Bisher sind Bildung und Erziehung viel zu stark mit dem formalen Bildungssystem verbunden und gehen von dem Kontext „Schule" aus. Da es um die Veränderungen von Weltsichten, Lebensstilen und Verhaltensweisen geht, wird die Bezeichnung „Lernen für Nachhaltigkeit" bzw. Nachhaltigkeitslernen als Begriff inzwischen bevorzugt. Lernorte können dabei vielfältig sein: Infor-

mationszentren, Marktplätze, die freie Natur, in Kindergärten, Vereinen oder der Familie. Generell geht es dabei um das „Verlernen von abträglichen Verhaltensweisen und Neulernen von verträglicheren, nachhaltigen, zukunftsfähigen Verhaltensweisen" (KRUSE 2002). Das Lernen für Nachhaltigkeit braucht die Interaktion und Kommunikation der Lernenden und lebt dabei vom Miteinander und Voneinander. Notwendig ist also ein partizipatives Lernen. Zudem spielt die emotionale Erlebnisebene eine besonders bedeutende Rolle. Universitäten können gemeinsam mit Akteurinnen und Akteuren von Aktionsgruppen und Betrieben (z. B. aus der Landwirtschaft) Lernangebote entwickeln, die eine veränderte Umweltwahrnehmung und veränderte Verhaltensweisen nach sich ziehen.

Literatur

ALTMAN, I./ROGOFF, B. (1987). World view in psychology: Trait, interactionist, organismic, and transactionalist approaches. In D. Stokols & I. Altman (Eds.): Handbook of environmental psychology, Vol. 1, 7-40. New York.

APPLETON, J. (1984): Prospects and refuges re-visited. Landscape Journal, 3, 91-103.

BERLYNE, D. E. (1972): Aesthetics and Psychobiology. New York.

BRIDGEWATER, P./CRESSWELL, I. D. (1998): The Reality of the World Network of Biosphere Reserves: Its Relevance for the Implementation of the Convention on Biological Diversity. In: IUCN (Ed.): Biosphere reserves – Myth or reality? Proceedings of a workshop at the 1996 IUCN World Conservation Congress, Montreal, Canada. Gland/Cambridge.

DEUTSCHES-MAB-NATIONALKOMITEE (2004): Voller Leben: UNESCO-Biosphärenreservate – Modellregionen für eine Nachhaltige Entwicklung. Bonn.

EIGNER-THIEL, S. (2005): Kollektives Engagement für die Nutzung erneuerbarer Energieträger: Motive, Mobilisierung und Auswirkungen am Beispiel des Aktionsforschungsprojekts „Das Bioenergiedorf". Studien zur Umweltpsychologie, Bd. 1. Hamburg.

EREC (2005): Energy Sustainable Communities: Experiences, Success Factors and Opportunities in the EU 25; http://www.esc-forum.net/02Information/docs/ESC_Brochure%20def.pdf [Oktober 2005].

FRAGL, J. (2004): Alles unter Dach und Fach: Bioenergiedorf Jühnde vor dem Start. http://www.dradio.de/dlf/sendungen/umwelt/305170/[20.09.2004, 11:35 Uhr].

GIBSON, J. J. (1979): The ecological approach to visual perception. Boston.

HARTIG, T./EVANS, G. W. (1993): Psychological Foundations of Nature Experience. In: T. Garling/R. G. Golledge (Eds.): Environment and Behaviour: Psychological and Geographical Approaches. Amsterdam, 427-457.

HELLPACH, W. (1924): Psychologie der Umwelt. In: Abderhalden, E. (Hrsg.): Handbuch der biologischen Arbeitsmethoden. Berlin/Wien, 109-112.

KAPLAN, R./KAPLAN, S. (1989): The Experience of Nature: A Psychological Perspective. New York.

KRUSE, L. (2002): Lernen für Nachhaltigkeit – nachhaltiges Lernen: eine ubiquitäre Aufgabe – an vielen Orten, mit vielen Akteuren, in vielen Handlungsbereichen. In: BLK (Hrsg.): Materialien zur Bildungsplanung und zur Forschungsförderung, 97. Bonn.

KUCKARTZ, U. (1998): Umweltbewußtsein und Umweltverhalten. Heidelberg.

LEWIS, C. A. (1979): Healing in the uran environment: A person/plant viewpoint. Journal of the American Planning Association, 45, 281-297.

ORIANS, G. H./HEERWAGEN, J. H. (1992): Evolved responses to landscapes. In: Barkow, J. H./Cosmides, L./Tooby, J. (Eds.): The Adapted Mind. Oxford, 555-579.

SCHMUCK, P./EIGNER, S. (2003): Conversion to sustainable energy sources in a German community. Vortrag auf dem 8th European Congress of Psychology, Vienna, July 07-11, 2003.

SCHWEIZER-RIES, P./LINNEWEBER, V. (2004): Social Acceptability and Implementation of Renewable Energy. Journal of Applied Psychology (Special Issue 18th IAPS Conference), 6(3-4), 157-166.

STROHMEIER, G. (1999): Kulturlandschaft im Kopf. Wahrnehmung und Bild österreichischer Landschaft. Zolltexte, 31, 37-40.

WLASSAK, R. (1892): Zur Psychologie der Landschaft. Vierteljahrschrift für wissenschaftliche Philosophie, 16, 333-354.

WOHLWILL, J. F./KOHN, I. (1973): The environment as experienced by the migrant: An adaptation level view. Representative Research in Social Psychology, 4, 135-164.

ZOELLNER, J. (2005): Akzeptanz von Windkraftanlagen am Beispiel der Landkreise Aurich (Niedersachsen) und Ohrekreis (Sachsen-Anhalt). Unveröffentlichte Diplomarbeit Universität Magdeburg.

Landschaftsinterpretation und erlebnispädagogische Elemente als neue Ansätze zur Förderung der Umweltbildung und des Umwelthandelns

Heidi Megerle (Tübingen)

1 Einführung

Umweltbildung sowie die wissenschaftliche Auseinandersetzung mit den entsprechenden Vermittlungsansätzen stellen ein vergleichsweise junges Forschungsfeld dar. Erst Ende der 1970er Jahre fand in München eine Konferenz zu den Aufgaben der Umwelterziehung in der Bundesrepublik Deutschland statt, in welcher Empfehlungen für verschiedene Bildungsbereiche konkretisiert wurden. Schwerpunktmäßig konzentrierten sich diese Ansätze auf die schulische (curriculäre) Umweltbildung, für welche die Kultusministerkonferenz im Oktober 1980 eine Empfehlung zur flächendeckenden Einführung im Bereich der allgemeinbildenden Schulen formulierte (BECKER 2001, 52).

Trotz der bis heute bemängelten Defizite der curriculären Umweltbildung, aufgrund derer BECKER (2001, 12) eine Neukonzeptionierung für erforderlich ansieht, ist der Forschungsstand zur informellen (außercurriculären) Umweltbildung noch ungleich ungünstiger. GIESEL (2002, X) bezeichnet den momentanen Zustand der Forschung als „desolat". Die Situation werde bestimmt durch „rudimentäre Erhebungen, Spekulationen und Unsicherheit über den Ist-Stand sowie künftige Entwicklungen". „Empirisch gesehen wissen wir über die außerschulische Umweltbildung also außerordentlich wenig."

2 Jahrzehntelange Umsetzungen ohne wissenschaftliche Begleitforschung

Trotz des „Nachhinkens" der wissenschaftlichen Forschung werden Umweltbildungsangebote seit Jahrzehnten in einer breiten Vielfalt von personellen und medienbasierten Formen sowohl im schulischen wie außerschulischen Bereich verwirklicht. Exemplarisch soll dies anhand der Lehrpfade aufgezeigt werden, als deren erster Vorläufer der 1925 von einem Museumsdirektor angelegte Pfad im Palisade Interstate Park (USA) gilt. Fünf Jahre später folgte der vermutlich erste deutsche Lehrpfad in der Mark Brandenburg (LANG 2000, 11). Nach einer vergleichsweise zögerlichen Entwicklung setzte nach dem Zweiten Weltkrieg ein regelrechter Lehrpfad-Boom ein. 1996 konnte EBERS in der vermutlich ersten umfassenden Erhebung eine Gesamtzahl von ca. 1000 Lehrpfaden in der BRD ermitteln, mit einer deutlichen räumlichen Konzentration in den südlichen Landesteilen und einer Konzentration auf den Themenbereich Wald.

Die mit den Lehrpfaden anvisierten Zielsetzungen beinhalteten in erster Linie eine erzieherische, lenkende und aufklärende Funktion, die die Besucher zum Schutz des Waldes motivieren sollte (EBERS 1998, 11). Generell erhoffte man sich hierdurch die Initiierung einer Wirkungskette, die über die Vermittlung von Faktenwissen zu Natur und Landschaft zur Ausbildung eines Umweltbewusstseins und letztendlich zu einem umweltverantwortlichen Handeln führen sollte.

Forschungen, inwieweit die oben angeführte Kausalkette tatsächlich zu den angestrebten Wirkungen führt sowie generell zur Akzeptanz der bisherigen Umweltbildungsangebote, wurden erst vergleichsweise spät durchgeführt. 1998 stellten DE HAAN und

KUCKARTZ Ergebnisse der Umweltbewusstseinsforschung vor, die für die Umweltpädagogik ernüchternd und desillusionierend waren. Die Effekte von Umweltwissen erwiesen sich insgesamt nicht nur als „enttäuschend gering", sondern zeigten manchmal sogar negative Korrelationen zum Umweltverhalten, d. h. „wer über größeres Umweltwissen verfügt, verhält sich weniger umweltgerecht" (DE HAAN/KUCKARTZ 1998, 22).

Insbesondere die bisher genutzten Lernmodelle, die einen engen linearen Kausalzusammenhang zwischen Wissen, Einstellungen und Verhalten unterstellten, erwiesen sich somit als kaum haltbar.

Häufig gelang es den Lehrpfaden mit ihren rein rezeptiv aufzunehmenden Tafeltexten, die oft didaktisch unzureichend aufbereitet und ohne konkreten örtlichen Bezug waren, jedoch nicht einmal, die potenziellen Adressaten überhaupt zu erreichen und wenigstens einige Basisinformationen zu vermitteln. Lediglich 9 % der auf traditionellen Lehrpfaden in Bad Herrenalb befragten Besucher gaben an, alle Tafeln beachtet zu haben, gegenüber 33 %, die keine einzige der Tafeln gelesen hatten sowie Besuchern, die nicht einmal bewusst registriert hatten, sich auf einem Lehrpfad zu befinden (MEGERLE 1998). Selbst Besucher, die vorhandene Tafeln gelesen hatten, konnten sich schon zwei Stunden später nicht mehr an den Inhalt der Tafeltexte erinnern (LAUX 2002, 24).

3 Informelle Umweltbildung benötigt spezifische Konzeptionen

Entscheidende Gründe für das Scheitern der traditionellen Lehrpfade liegen in der fehlenden Differenzierung zwischen curriculärer und informeller Umweltbildung sowie der damit verbundenen unterschiedlichen Motivation bei den Teilnehmenden. Während bei schulischen Veranstaltungen üblicherweise eine extrinsische Motivation vorherrscht, richtet sich die Teilnahme an Angeboten in der Freizeit meist ausschließlich nach intrinsischen Motiven. Für das „recreational learning" sind spezifische und von schulischer Umweltbildung deutlich differierende Konzeptionen erforderlich, denn das Hauptmotiv eines Freizeitpublikums für den Aufenthalt in Natur- und Landschaft liegt überwiegend im Erholungs- und Tourismussektor. Ein Angebot wird daher nur angenommen, sofern der zu erwartende Gewinn die abzuschätzende Anstrengung übersteigt, d. h. Interesse weckt und aufrecht erhält und/oder Spaß zu machen verspricht. In Schutzgebieten kann dies durchaus auch ein intrinsisches Bildungsinteresse sein, denn Bevölkerungsschichten mit höherer Bildung bzw. einem ausgeprägten Interesse an Naturthemen sind hier überproportional vertreten. So ergaben Untersuchungen von ALTSCHWAGER (1997) auf dem Naturerlebnispfad im Nationalpark Bayerischer Wald, dass 24,5 % der berufstätigen Besucher im pädagogischen Bereich tätig waren. Drei Viertel der Befragten gaben an „mittel" oder „viel" Freizeit in der Natur zu verbringen und haben dadurch ebenfalls „mittel" bis „viel" naturkundliche Kenntnisse. Informationen, insbesondere zu spektakuläreren Naturphänomenen, werden von den Besuchern durchaus gewünscht. Lediglich 8 % der am Blautopf bei Blaubeuren befragten Besucher äußerten kein Interesse an Informationen zur zweitgrößten Karstquelle der Bundesrepublik (MEGERLE 2003b, 16). Das Scheitern der traditionellen Lehrpfade kann somit nicht auf ein generell mangelndes Interesse der Besucher zurückgeführt werden.

3.1 Entwicklung der „heritage interpretation" als spezifisches Bildungskonzept für amerikanische Schutzgebiete

Analog zur Entwicklung in Deutschland wurde auch in den US-amerikanischen Nationalparks, trotz erster innovativer Vermittlungsansätze bereits durch John MUIR und

Enos MILLS (LUDWIG 2003, 21), lange Zeit auf eine rein rezeptive Wissensvermittlung gesetzt. Den entscheidenden Umschwung brachte 1957 die Publikation von TILDEN „Interpreting our heritage", in welcher der Autor, nach langjährigen Recherchen zu Verbesserungspotenzialen der Besucherangebote, eine grundlegende Neukonzeptionierung der Natur- und Landschaftsvermittlung in den Nationalparks entwickelte. Die „heritage interpretation" (Landschaftsinterpretation) basiert auf den spezifischen Anforderungen eines Freizeitpublikums und soll durch adäquate Kommunikations- und Vermittlungsformen notwendige Informationen für die Parkbesucher bereitstellen, um diesen einen angenehmen Parkaufenthalt zu ermöglichen sowie Verständnis und Wertschätzung der Nationalparks und Unterstützung für Naturschutzstrategien zu erreichen. Konsequenterweise wurden sowohl im National Park Service als auch in den einzelnen Nationalparks Interpretationsabteilungen eingerichtet. Parallel wurden zunehmend universitäre Abschlüsse sowie ein stringentes Qualifizierungs- und Zertifizierungssystem aufgebaut. In einem jahrzehntelangen Wechselspiel zwischen praktischer Umsetzung und wissenschaftlicher Evaluation wurde die Landschaftsinterpretation als methodisch-didaktischer Ansatz der informellen Umweltbildung zunehmend professionalisiert.

3.2 „Provoke, reveal, relate" – Kernaussagen von TILDEN

Die entscheidenden Aspekte der Landschaftsinterpretation, die diese von der rein rezeptiven Informationsvermittlung der traditionellen Lehrpfade unterscheiden, sind im Wesentlichen die nachfolgend dargestellten Punkte.

Interesse wecken („provoke")
Da im Unterschied zu einem Fachpublikum bei einem Freizeitpublikum nicht per se von einem ausgeprägten Interesse an Bildungsinhalten zu Umwelt- und Naturthemen ausgegangen werden kann, muss das Angebot die Aufmerksamkeitsschwelle der potenziellen Teilnehmer überwinden. Dies kann durch ein ungewöhnliches zeitliches oder räumliches Setting, eine überraschende optische Gestaltung oder eine Neugier erweckende Überschrift gewährleistet werden. Im Gegensatz zu einer Schautafel „Die Eibe", die kaum beachtet wurde, blieb jeder Erwachsene vor der Tafel „Der Baum des Todes" stehen, obgleich dieselbe Thematik behandelt wurde. Analog ist der Aufforderungscharakter des Ringbuches mit Durchblick im Vergleich zu einer traditionellen Lehrpfadtafel einzustufen.

Zusammenhänge sowie verborgene Bedeutungen erschließen („reveal")
Einem fachlich nicht vorgebildeten Besucher erschließen sich viele Charakteristika einer Landschaft nicht unmittelbar. Interpretation erschließt diese „hidden meaning".

So kann anhand der meist übersehenen und heute kaum noch bekannten Wiesenwässergräben eine umfassende historisch-genetische Kulturlandschaftsentwicklung vermittelt werden. Hierdurch lässt sich auch ein emotionaler Bezug zu einer Landschaft sowie ein Regionalbewusstsein aufbauen, denn über ein rein affektives Herangehen hinaus entstehen wesentlich tiefere Eindrücke bei der Vermittlung von Verständnis für die Beziehung der Umwelt und den kulturellen Bemühungen des Menschen (FEHN 1998, 54).

Analog gilt dies für naturwissenschaftliche Zusammenhänge, wie sie exemplarisch anhand von Findlingen vermittelt werden können, die ein Laie nicht als Besonderheit wahrgenommen hätte (Abb. 2).

Abb. 1: Ringbuchtafel mit Durchblick (Naturerlebnispfad Pirchner Moos, Südtirol) (Foto: Megerle)

Abb. 2: Findlinge mit Erläuterungstafel (Pfrunger Ried) (Foto: Megerle)

Bezüge zum konkreten Phänomen und zum Besucher herstellen („relate")
Interpretationsangebote beziehen sich immer auf ein für den Besucher wahrnehmbares Phänomen und seine spezifischen Ausprägungen am jeweiligen Standort. Nur so ist gewährleistet, dass Authentizität anstelle von nicht verorteten Allgemeinplätzen vermittelt wird. Intensiviert wird die Vermittlung durch den Bezug zur Lebenswelt des Besuchers. Anstelle von Allgemeinplätzen, die z. B. auf jede Buche, unabhängig vom konkreten Standort zutreffen, thematisiert ein Interpretationsangebot die regionalen, lokalen und individuellen Spezifika.

Zielgruppenorientierung und übergeordnete Leitidee
Kurze, anregende und für die jeweilige Zielgruppe gut verständliche Texte sind ein wesentlicher Aspekt der Interpretation. Die Verwendung von Fachwörtern sowie generell ein ungewohntes Vokabular oder ein komplizierter Satzbau schafft eine Diktionsdistanz. Auch werden die Unterschiede im Textverständnis oft unterschätzt. So kann eine für den Experten nachvollziehbare Sequenz einem Laien Schwierigkeiten bereiten (BALLSTAEDT 1993, 10).

Um den Besuchern die Einordnung und damit auch Erinnerung der Interpretation zu erleichtern, ist die Formulierung einer übergeordneten Leitidee von entscheidender Bedeutung, denn „people remember themes – they forget facts" (HAM 1992, 39).

Während die Landschaftsinterpretation durch ihre besucherorientierte Ausrichtung bei Erwachsenen z. T. deutlich erhöhte Lesequoten erreicht (WITTIB [2002] ermittelte durchschnittliche Lesequoten von 25 % auf einem traditionellen Lehrpfad, jedoch 62 % bei einem Interpretationspfad zu ähnlicher Thematik in räumlicher Nähe), vermerkte bereits TILDEN (1977), dass für Kinder andere Ansätze zu wählen sind.

3.3 „Bambisierung" der Natur bei gleichzeitig zurückgehenden Naturkontakten

In Deutschland ist v. a. bei Jugendlichen ein Trend zu zurückgehenden Naturkontakten verbunden mit einem „erschreckenden Unwissen und Desinteresse an realen Naturphänomenen" bei gleichzeitiger Tendenz zur „Verniedlichung der Natur" zu verzeichnen – eine Entwicklung die BRÄMER (2005, 101) als „Bambi-Syndrom" klassifiziert. Wenn der „durchschnittliche Großstädter" sein Auto nur noch ein- bis zweimal im Jahr für einen Spaziergang am Waldrand abstellt (AMMER 1991), gewinnt die Notwendigkeit verschiedener pädagogischer Ansätze zur Vermittlung von Naturerlebnissen zunehmend an Bedeutung. Das oberste Ziel der Naturerlebnispädagogik sind dabei Naturerlebnisse und Sinneserfahrungen in der Natur, nicht die Vermittlung naturkundlicher Fakten. Auch im Rahmen der verschiedenen Konzepte der Umwelterziehung findet dieses Thema in den letzten Jahren eine verstärkte Berücksichtigung, obwohl ein erheblicher Teil der Umweltbildung sich auch heute noch auf die reine Wissensvermittlung – oft in theoretischer Form – beschränkt. Dabei unterbleibt jedoch, wie ZUCCHI (2000, 158) ausführt, „ein erlebnishaftes Herangehen an und eine ganzheitliche Betrachtung von Natur und Landschaft", d. h. eine direkte Begegnung mit den Phänomenen. Begrifflich-theoretische Vermittlungsformen sprechen meist nur den abstrakt-verbalen Lerntyp an und werden somit weder allen Lern- noch allen Wahrnehmungstypen gerecht. Ein Lernprozess ist aber umso nachhaltiger und erfolgreicher, je aktiver sich die Menschen mit dem Sachverhalt auseinandersetzen. Wird das gesamte Spektrum der Sinneskanäle aktiviert, also Hören, Sehen, Riechen, Schmecken und taktiles Wahrnehmen an einem Lernprozess gleichermaßen beteiligt, so sieht ZUCCHI (2000, 159) hierin eine „Effektierung des Lernerfolges sowohl in Bezug auf eine ganze Lerngruppe als auch im Hinblick auf den Einzelnen".

Eine besondere Bedeutung haben Naturerlebnisse im Kindesalter, da das Naturbewusstsein vor allem in den impressiven Phasen der Kindheit und Jugend initiiert wird (LEHMANN 2000, 28). Während textbasierte informelle Umweltbildungsangebote, die neuere pädagogische Erkenntnisse integrieren, bei Erwachsenen auf eine positive Resonanz stoßen können (siehe oben), werden v. a. Kinder hierdurch jedoch weniger gut erreicht. Evaluierungen von VEVERKA (2001) zeigten, dass Kinder Texte z. T. komplett ignorierten und sich eine Ausstellung stattdessen durch Ausprobieren erarbeiteten. Kinder lernen am effektivsten durch unmittelbares Erleben und Handeln. Lernen durch das Lesen von Textbeiträgen ist, insbesondere außerhalb des schulischen Umfeldes, in diesem Alter eindeutig zweitrangig.

3.4 Erlebnisgesellschaft und Edutainment

Die Naturerlebnispädagogik führt mit dem Teilwort „Erlebnis" einen im Zeitalter der „Erlebnisgesellschaft" fast inflationär gebrauchten, gleichzeitig aber schillernden und schwer definitorisch zu fassenden Begriff im Namen. Die hohe Subjektivität des Begriffes macht es unmöglich, einheitliche Standards für verschiedene Zielgruppen sowie verschiedene Raum- und Zeitbezüge zu treffen. Als problematisch kann es sich daher erweisen, wenn die unreflektierte Verwendung des Modewortes Erlebnis, oft aus reinen Marketinggründen, bei den anvisierten Teilnehmern hohe Erwartungen weckt, die dann aufgrund der konkreten Ausgestaltung nicht befriedigt werden können. Dies kann zu einem hohen Grad an Frustration sowie zu einer Ablehnung ähnlich bezeichneter Angebote führen. Beispiele für die ungerechtfertigte Verwendung des Erlebnisbegriffes sind so genannte Naturerlebnispfade, die weitgehend traditionellen Lehrpfaden mit rein rezeptiv aufzunehmenden Texttafeln entsprechen und lediglich ein oder zwei interaktive Stationen ohne dahinterstehendes Gesamtkonzept integriert haben. Nur unwesentlich besser sind Pfade einzustufen, bei denen die einzige Aktivität der Besucher im Umblättern der Ringbuchseiten eines in sich ebenfalls rein rezeptiven Textes besteht (vgl. hierzu MEGERLE 2003a, 272 ff.).

Dennoch ist ein genereller Trend der Freizeitgesellschaft hin zu unterhaltsamer Bildung (Info- oder Edutainment) zu erkennen. WOHLERS (2003, 31 f.) sieht in der zunehmenden Verflechtung von Bildungsangeboten mit Formen der modernen Unterhaltungsgesellschaft große Chancen, ein breites Publikum zu erreichen. Allerdings ist bei den durchaus positiv zu bewertenden Aspekten der Integration von Umweltbildung in verschiedenste Freizeiteinrichtungen die teilweise kritische Gratwanderung zwischen reiner Unterhaltung und unterhaltsamer Bildung zu berücksichtigen. So konnten bei einer Analyse von Naturerlebnispfaden (MEGERLE 2003, 250) mehrere Pfade erfasst werden, die an deutlich über der Hälfte der Stationen nicht einmal eine minimale Wissensvermittlung integriert hatte. Solche Pfade können zwar durchaus unterhaltsam sein, als Medium der Umweltbildung sind sie jedoch nicht mehr zu werten. Dies gilt gleichermaßen für Events, die die Natur als reine Kulisse benutzen.

3.5 Banalisierung, Inflationierung und Standardisierung

Als Gegenreaktion auf Umweltbildungsangebote, die durch sehr wissenschaftliche und oft hochkomplexe Gestaltung eher zur Abschreckung als zur Motivation eines fachwissenschaftlich nicht vorgebildeten Publikums führen, finden sich zunehmend Angebote mit geradezu banalen Inhalten. Lehrpfadtafeln, die als einzigen Inhalt nur noch das Schlagwort „Buche" aufweisen, wirken mit hoher Wahrscheinlichkeit keineswegs effektiver als überladene Textseiten.

Als zunehmend problematisch erweist sich auch die aktuelle Entwicklung der Naturerlebnispfade. Da die ersten interaktiven Pfade auf eine sehr positive Resonanz stießen, entstehen momentan in fast schon inflationärem Ausmaß neue Naturerlebnispfade, die häufig auf „bewährte Installationen" wie Baumtelefone, Barfußpfade oder Holzxylophone zurückgreifen. Diese Elemente fanden sich bei einem Drittel bis zu über der Hälfte der untersuchten Pfade. Hierdurch ergibt sich eine zunehmende Nivellierung hin zu „Standardpfaden", die wiederum durch die Gleichförmigkeit und das Überangebot zu einem sinkenden Interesse der Besucher führen kann (MEGERLE 2003a, 362). Diesem Trend kann nur durch eine individuelle Konzeption mit eindeutigem Lokalbezug entgegengewirkt werden.

3.6 „Schmusepädagogik" ohne politischen Hintergrund

Subtiler ist die immer wieder aufgeworfene Kritik an der Naturerlebnispädagogik, dass sie allein nicht ausreichend sei. So wird diesem Ansatz der Vorwurf gemacht, „die politische, die gesellschaftliche Dimension wie auch den Handlungsaspekt nicht angemessen in das theoretische Gebäude integriert zu haben" (MICHELSEN 1998, 61). DE HAAN (1997, 163) geht hierbei sogar so weit, dass eine Pädagogik, die nur auf „heile" Natur und ihre sinnliche Wahrnehmung abgestellt ist („Flucht in die Idylle der Natur"), übersehen würde, dass zu „dem Erleben einer (weitgehend) intakten Umwelt – gleichsam kontrastierend – Erfahrungen mit Umweltproblemen gehören. Denn nur dann wird Umweltverschmutzung als massiver Verlust empfunden, wenn die Betroffenen sie direkt verspüren und/oder darin eine Reduzierung eigener Lebensqualität sehen".

Dennoch sei die Aussage gewagt, dass insbesondere bei Kindern ein Umweltbildungsansatz, der in erster Linie auf politischen und gesellschaftlichen Dimensionen sowie auf Umweltproblemen und ggf. Lösungsmöglichkeiten basiert, wohl kaum dazu führt, dass Freude an der Natur und Verständnis für sie vermittelt werden. „Wichtig ist es, 'positive', ermutigende ökologische Begriffe zu betonen. Umweltbildung als Katastrophenpädagogik ist nicht nur wenig lernwirksam, sondern fördert Resignation und u. U. auch Depressionen. [Siebert 1998, 91] Eine Ökopädagogik, die zwar gut gemeint, aber nicht reflexiv ist, ist in Gefahr, kontraproduktiv zu wirken." (SIEBERT 1998, 91)

3.7 Integratives, pluralistisches Gesamtkonzept

Da sowohl rein rationale Umweltbildungsansätze als auch rein emotionale Naturerlebnisangebote jeweils wichtige Aspekte nicht beinhalten, muss die Tendenz zu einem integrativen, pluralistischen Gesamtkonzept gehen. Ein schlicht additives Modell entspräche dem faktischen Zustand der momentanen Umweltbildung (BECKER 2001, 29). Daher müsste die „Entweder-Oder-Debatte" (JUNG 2005, 95) zugunsten einer „integrativen Umweltbildung" aufgegeben werden, die verschiedene Konzepte für verschiedene Situationen, Adressaten und Altersgruppen beinhaltet (BECKER 2001, 29).

Zeitgleich ist eine zunehmende Professionalisierung der informellen Umweltbildung anzustreben. Während für die Durchführung curriculärer Umweltbildungsangebote ein mehrjähriges Studium Voraussetzung ist, können Bildungsangebote im informellen Bereich nach wie vor ohne jegliche offizielle Qualifizierung oder pädagogisch-fachlich-didaktische Vorbildung durchgeführt werden (WOHLERS 2003, 14). Bei gleichzeitigem Fehlen von Qualitätsstandards finden sich auch heute noch zahlreiche Umweltbildungsangebote, die selbst minimalen Anforderungen nicht gerecht werden.

3.8 Interaktive und integrative Langzeitangebote sind am erfolgversprechendsten

Empirisch belegte Evaluationen informeller Umweltbildungsangebote sind bislang nur in Einzelfällen durchgeführt worden. Dennoch zeigen die wenigen Publikationen eine relativ eindeutige Tendenz: Kurzzeitpädagogik, d. h. Angebote, die nur wenige Stunden umfassen, können zwar durchaus Interesse wecken, zeigen aber als einmalige Aktionen keine langfristigen Wirkungen in bezug auf komplexere Aspekte wie Einstellungen oder gar Handlungsintentionen (BITTNER 2002, 242). Eine Stabilisierung kann nur durch länger dauernde Angebote (mehrtägig) oder kumulative Bildungsangebote mit aufeinander aufbauenden Elementen erreicht werden (BITTNER 2002, 237f). Hierbei erweist sich für Kinder und Jugendliche eine enge Kooperation zwischen curriculärer und außercurriculärer Umweltbildung mit Vor- und Nachbereitung der Naturerfahrungen an außerschulischen Lernorten als erfolgversprechend.

Während kein Zusammenhang zwischen Umweltwissen und Umwelthandeln nachgewiesen werden konnte, lassen sich direkte Zusammenhänge zwischen primären Naturerfahrungen und einem entsprechenden Umweltwissen und Umwelthandeln nachweisen (BÖGEHOLZ 1999, 200). Da sich die „erkundende Naturerfahrungsdimension" bei Kindern im Hinblick auf die Effekte für späteres Umwelthandeln als am bedeutendsten erwiesen hat (BÖGEHOLZ 1999, 184), unterstreicht dies die Erforderlichkeit, Kindern und Jugendlichen möglichst häufig Naturerfahrungen zu ermöglichen, auch ohne diese in jedem Fall mit Bildungsinhalten zu vernetzen. Vermehrte Naturerfahrungen können einen Selbstverstärkereffekt nach sich ziehen und führen so zu einer „umweltpädagogischen Spirale". Dies konnte durch Untersuchungen von LUDE (2005, 80) im Nationalpark Bayerischer Wald belegt werden. Entgegen möglicher Einschätzungen, dass nach häufigen Naturkontakten ein Sättigungseffekt auftreten könnte, zeigte sich, dass Kinder mit einem erhöhten Anteil an Naturerfahrungen weitere Naturerfahrungen mehr schätzen und in ihrer Qualität eher würdigen konnten. Kinder ohne Naturerfahrungen kamen hingegen mit (über-)großen Erwartungen, was letztendlich zur Enttäuschung führte. Allerdings zeigten sich selbst bei den Naturunerfahrenen bei einem mehrtägigen Programm positive Verschiebungen hin zu einer umweltfreundlicheren Einstellung (siehe Abb. 3).

Außer der Dauer der Angebote spielt auch der ganzheitliche Einbezug der Teilnehmer eine entscheidende Rolle in Bezug auf eine Effektivierung der Umweltbildung. Nicht nur bei Kindern (siehe oben), sondern auch bei Erwachsenen zeigte sich, dass interaktive Angebote auf eine deutlich positivere Resonanz stießen als selbst gute Vermittlungsansätze durch Texte (WIDNER 2003, 119).

4 Fazit: Eine Professionalisierung der informellen Umweltbildung ist unausweichlich

Als Konsequenz lässt sich aus den vorliegenden Untersuchungen ablesen, dass sowohl die curriculäre als auch die informelle Umweltbildung in weitaus stärkerem Maße als bislang auf eine Professionalisierung von Angeboten mit längerer Zeitdauer und/oder aufeinander aufbauenden integrativen und kumulativen Segmenten setzen sollte, die eine umweltpädagogische Wirkungsspirale in Gang setzen können. Hierzu ist es erforderlich, v. a. Kindern und Jugendlichen positive primäre Naturerfahrungen zu ermöglichen, wie dies momentan mittels Naturerfahrungsräumen in eher naturferneren städtischen Bereichen erfolgreich initiiert wird (SCHEMEL 2005, 5). Eine enge Vernetzung zwischen schulischen und außerschulischen Angeboten erhöht den Grad der langfristigen Wirksamkeit. Dies gilt gleichermaßen für die interaktive und multisensorische Einbeziehung der Teilnehmer im Rahmen des „recreational learning". Rein rezeptive Angebote einerseits sowie Erlebnisangebote ohne bildungstheoretischen Hintergrund andererseits haben sich als wenig geeignet erwiesen, um Umweltwissen und Umwelthandeln langfristig positiv zu beeinflussen.

Die momentan noch unzureichende empirische Datenbasis für eine fundierte Evaluation informeller Umweltbildung sollte insbesondere in der UN-Dekade für nachhaltige Bildung eine Ausweitung der wissenschaftlichen Begleitforschung forcieren. Die Geographie, die diesem Themenbereich bislang wenig Aufmerksamkeit geschenkt hat,

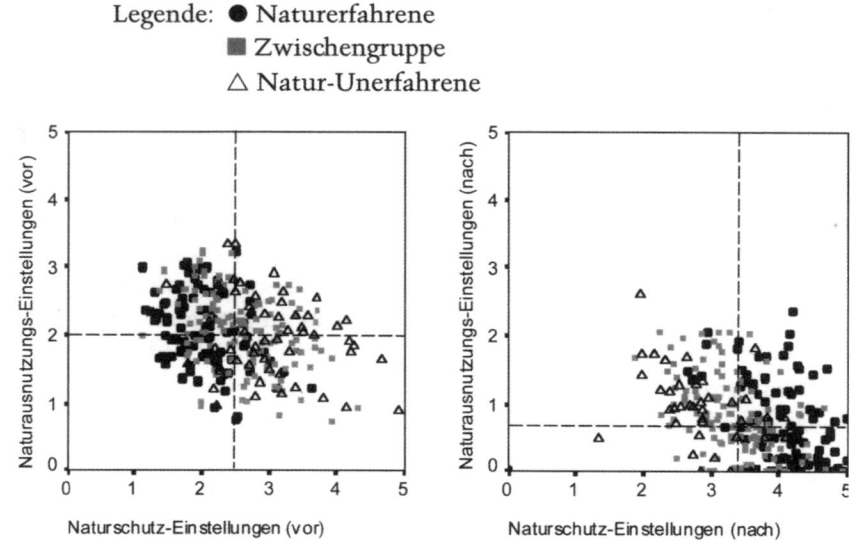

Abb. 3: Änderungen der Naturschutzeinstellung vor und nach einem mehrtägigen umweltpädagogischen Programm (Lude 2005, 78)

scheint als Raumwissenschaft, die natur- und sozialwissenschaftliche Aspekte integriert, hierfür in besonderem Maße prädestiniert.

Literatur

ALTSCHWAGER, I. (1997): Der Nationalpark Bayerischer Wald als Entwicklungsregion für angepassten Tourismus und Naturerlebnis – dargestellt anhand einer Evaluation des Naturerlebnispfades. Diplomarbeit am Geographischen Institut der Universität Kiel.

AMMER, U./PRÖBSTL, U. (1991): Freizeit und Natur – Probleme und Lösungsmöglichkeiten einer ökologisch verträglichen Freizeitnutzung. Hamburg, Berlin

BALLSTAEDT, S. (1993): Richtlinien zur Gestaltung von Lehrtexten. Reihe: Werkstattbericht/ Deutsches Institut für Fernstudien an der Universität Tübingen, 2.

BECKER, G. (2001): Urbane Umweltbildung im Kontext einer nachhaltigen Entwicklung. Opladen.

BITTNER, A. (2002): Außerschulische Umweltbildung in der Evaluation, Schriftenreihe Didaktik in Forschung und Praxis, Bd. 5, Göttingen.

BÖGEHOLZ, S. (1999): Qualitäten primärer Naturerfahrung und ihr Zusammenhang mit Umweltwissen und Umwelthandeln. Opladen.

BRÄMER, R. (2005): Naturschutz contra Nachhaltigkeit. Jugendreport 2003 zu den Folgen der Naturentfremdung. In: Unterbrunner, U./Forum Umweltbildung (Hrsg): Natur erleben. Neues aus Forschung & Praxis zur Naturerfahrung. Innsbruck, 101-120.

EBERS, S. (1996): Lehrpfadsituation in Deutschland Entwicklung – Ist-Zustand – Neue Ansätze. Hrsg. Förderverein Natur- und Schulbiologiezentrum Leverkusen e. V., Leverkusen.

EBERS, S./LAUX, L./KOCHANEK, H. (1998): Vom Lehrpfad zum Erlebnispfad. Wetzlar.

FEHN, K./KLEEFELD, K. (1998): Die Verbindung von Natur- und Kulturerleben – der Betrachtungsansatz der ganzheitlich historisch-geographischen Kulturlandschaftspflege. In: Schemel, H. (1998): Naturerfahrungsräume – ein humanökologischer Ansatz für naturnahe Erholung in Stadt und Land. Angewandte Landschaftsökologie, 19. Bonn-Bad Godesberg, 191-206.

GIESEL, K./DE HAAN, G./RODE, H. (2002): Umweltbildung in Deutschland Stand und Trends im außerschulischen Bereich. Berlin

HAAN DE, G./KUCKARTZ, U.: (1998) : Umweltbildung und Umweltbewusstsein. Opladen.

HAAN de, G. et al. (Hrsg.) (1997): Umweltbildung als Innovation – Bilanzierungen und Empfehlungen zu Modellversuchen und Forschungsvorhaben. Berlin.

HAM, S. (1992): Environmental Interpretation – a practical guide for people with big ideas and small budgets. Golden, Co. USA.

JUNG, N. (2005): Naturerfahrung, Interdisziplinarität und Selbsterfahrung – zur Integration in der Umweltbildung In: Unterbrunner, U./Forum Umweltbildung (Hrsg): Natur erleben. Neues aus Forschung & Praxis zur Naturerfahrung. Innsbruck, 87-100.

LANG, C./STARK, W. (2000): Schritt für Schritt Natur erleben. Ein Wegweiser zur Einrichtung moderner Lehrpfade und Erlebniswege. Wien.

LAUX, L. (2002): Vom „Lehr-fad" zum Erlebnispfad. In: Forum Umweltbildung (Hrsg.): Grenzgänge. Umweltbildung und Ökotourismus. Wien, 24-27.

LEHMANN, A. (2000): Alltägliches Waldbewusstsein und Waldnutzung – Der Wald in kulturwissenschaftlich-volkskundlicher Sicht. In: Lehmann, A./Schriewer, K. (Hrsg.): Der Wald – ein deutscher Mythos. Berlin, 23-38.

LUDE, A. (2005): Naturerfahrung und Umwelthandeln. In: Unterbrunner, U./Forum Umweltbildung (Hrsg): Natur erleben. Neues aus Forschung & Praxis zur Naturerfahrung. Innsbruck, 65-86.

LUDWIG, T. (2003): Einführung in die Naturinterpretation. In: Alfred Toepfer Akademie für Naturschutz (Hrsg.): Mitteilungen aus der NNA, 1, 20-27.

MEGERLE, A. (1998): Landschaftsmarketing als Baustein für einen zukunftsfähigen Albtourismus. In: Eberhard-Karls-Universität Tübingen - Geographisches Institut/NABU (Hrsg.): Wirtschaftswunder Schwäbische Alb, Naturpotential als Chance für den ländlichen Raum, 37 - 53 (= NABU Hochschuldialog).

MEGERLE, H. (in Vorber.): Current trends in interpretation in the United States of America. In: Info Bulletin of Interpret Europe (zum Druck angenommen).

MEGERLE, H. (2003a): Naturerlebnispfade – neue Medien der Umweltbildung und des landschaftsbezogenen Tourismus? Bestandsanalyse, Evaluation und Entwicklung von Qualitätsstandards. (= Schriften des Geographischen Instituts der Universität Tübingen, H. 124).

MEGERLE, H. (2003b): Bericht zum Geländepraktikum in Blaubeuren. Unveröff. Manuskr., Tübingen.

MICHELSEN, G. (1998): Theoretische Diskussionsstränge der Umweltbildung. In: Beyersdorf, M./Michelsen, G./Siebert, H. (Hrsg.) (1998): Umweltbildung – Theoretische Konzepte, empirische Erkenntnisse, praktische Erfahrungen. Neuwied, 61-65.

SCHEMEL, H./REIDL, K:/BLINKERT, B. (2005): Naturerfahrungsräume im besiedelten Bereich. In: Naturschutz und Landschaftsplanung, 1, 5-14.

SIEBERT, H. (1998): Ökologisch denken lernen. In: Beyersdorf, M./Michelsen, G./Siebert, H. (Hrsg.) (1998): Umweltbildung – Theoretische Konzepte, empirische Erkenntnisse, praktische Erfahrungen. Neuwied, 84-93.

TILDEN, F. (1977)[2]: Interpreting our Heritage. Chapel Hill, USA.

VEVERKA, J. (2001): Exhibit evaluation for Children's Exhibits. The Kirby Science Center Experience, http://www.heritageinterp.com/newpage13.htm.

WIDNER, C. (2003): An Evaluation of the Effectiveness of Interpretive Services at Lake Tahoe Basin Management Unit. In: Interpretive Sourcebook. Proceedings of the national interpreters workshop. Sparks (Nevada), 119-121.

WITTIB, H. (2002): Entdeckungspfade und ihr Erfolg bei Besuchern. Ein Vergleich des Belchenpfades mit dem Erzkasten Rundweg auf dem Schauinsland. Unveröff. Zulassungsarbeit an der Universität Freiburg im Breisgau.

WOHLERS, L. (2003): Informelle Umweltbildung als Edutainment – Probleme und Chancen In: Wohlers, L. (Hrsg): Methoden informeller Umweltbildung. Frankfurt am Main.

ZUCCHI, H./JUNKER, S. (2000): Umweltbildung im Rahmen landespflegerischer Studiengänge – das Beispiel der Fachhochschule Osnabrück (Niedersachsen). In: Natur und Landschaft, 4, 158-164.

Gestaltungskompetenz fördern – Potenzial der Szenario-Methode aus der Perspektive der Bildung für nachhaltige Entwicklung

Johanna Schockemöhle (Vechta)

Bildung für eine nachhaltige Entwicklung soll Schülerinnen und Schülern den Erwerb von „Gestaltungskompetenz" ermöglichen. Bei der Vermittlung der einzelnen Fähigkeiten und Kenntnisse, aus denen sich eine umfassende Gestaltungskompetenz zusammensetzt, spielen innovative, zukunftsorientierte Unterrichtsmethoden eine bedeutende Rolle. In diesem Beitrag wird beispielhaft die Szenario-Technik vorgestellt und ihr Potenzial hinsichtlich der Realisierung der Ziele der Bildung für eine nachhaltige Entwicklung erläutert.

Am konkreten Beispiel des Projektes „Die Zukunft der Landwirtschaft in Deutschland" sollen sowohl die grundlegenden methodischen Schritte der Szenario-Technik als auch Chancen und Probleme bei der praktischen Umsetzung dargelegt werden.

1 Leitbild „Nachhaltige Entwicklung"

Der Begriff „Nachhaltige Entwicklung" kennzeichnet ein umfassendes gesellschaftliches Modernisierungskonzept, das auf die Verbesserung der sozialen und ökonomischen Lebensbedingungen der Menschen im Einklang mit der Sicherung der natürlichen Lebensgrundlagen und Wahrung der kulturellen Identität zielt. Im Sinne der Agenda 21, dem Abschlussdokument der Konferenz der Vereinten Nationen für Umwelt und Entwicklung 1992 in Rio de Janeiro, gilt derjenige Entwicklungspfad als nachhaltig, der die ökonomischen, sozialen, kulturellen und ökologischen Bedürfnisse von Menschen befriedigt, ohne die entsprechenden Bedürfnisse anderer Menschen und zukünftiger Generationen zu gefährden.

Diese anspruchsvollen Ziele können nur umgesetzt werden, wenn in unserer Gesellschaft die Bereitschaft wächst, die bei uns vorherrschenden Muster des Wirtschaftens und Konsumierens in Frage zu stellen und neue Lebens- und Produktionsstile zu entwickeln, die den Anforderungen des Leitbildes „nachhaltige Entwicklung" gerecht werden. Dieser Gestaltungsauftrag ist nicht nur über Akteure auf (inter-)nationaler Ebene umzusetzen, sondern bedarf vor allem der Mitwirkung aller Bürger auf regionaler und lokaler Ebene.

2 Ziel der Bildung für nachhaltige Entwicklung: Gestaltungskompetenz fördern

Um Bürgern die zielorientierte und eigenverantwortliche Beteiligung an der zukunftsfähigen Gestaltung ihres Lebensumfeldes zu ermöglichen, wendet sich Bildung für eine nachhaltige Entwicklung an Lernende mit dem Ziel, deren „Gestaltungskompetenz" zu fördern. Der Begriff „Gestaltungskompetenz" bezeichnet das Vermögen, „die Zukunft von Sozietäten, in denen man lebt, in aktiver Teilhabe im Sinne nachhaltiger Entwicklung modifizieren und modellieren zu können" (DE HAAN/HARENBERG 1999, 60). Diese Zielsetzung bewahrt den Gedanken der Autonomie und des Rechts auf

Selbstbestimmung des Individuums. Insofern ist Umweltbildung kein Konzept zur schnellen und effektiven Verhaltensänderung des Einzelnen in Richtung einer nachhaltigen Entwicklung, sondern sie stellt eine Offerte dar: Sie bietet dem Einzelnen die Möglichkeit, sich Fähigkeiten, Fertigkeiten und Wissen anzueignen, die die Voraussetzung zur selbstbestimmten, innovativen und am Leitbild der Nachhaltigkeit orientierten Gestaltung der Zukunft in Kooperation mit anderen Menschen schaffen.

Welche spezifischen Fähigkeiten, Fertigkeiten und Kenntnisse münden in solch eine umfassende „Gestaltungskompetenz"? In der umweltpädagogischen Literatur finden sich vielfältige Angaben über Schlüsselqualifikationen oder -kompetenzen, die zur Bewältigung der epochalen Probleme beitragen sollen. Um das Ziel „Gestaltungskompetenz" ausdifferenzieren zu können, orientiert sich dieser Beitrag an der „handlungsorientierten Konzeption von Umweltbildung" nach BOLSCHO/ SEYBOLD (1996, 96 ff.). Abb. 2 stellt eine Weiterentwicklung dieser Konzeption unter dem Leitbild der Bildung für Nachhaltige Entwicklung dar und benennt wesentliche Bausteine einer umfassenden Gestaltungskompetenz.

Abb. 1: Bausteine der Gestaltungskompetenz (eigener Entwurf; nach Bolscho/Seybold 1996)

Bei der Vermittlung der einzelnen Kompetenzen im schulischen und außerschulischen Lernen spielen innovative, zukunftsorientierte Unterrichtsmethoden eine bedeutende Rolle. Im Folgenden wird beispielhaft die Szenario-Methode vorgestellt und ihr Potenzial erläutert, den Erwerb von Gestaltungskompetenz seitens Lernender zu fördern.

3 Die Szenario-Methode

Szenarien sind Zukunftsentwürfe, in denen mögliche künftige Entwicklungen eines Sachverhaltes vorausgedacht werden. Die positiven bzw. negativen Entwicklungen einzelner Einflussfaktoren werden zu Modellen zusammengefasst.

Die Auseinandersetzung mit denkbaren Zukunftszuständen oder „Szenarien" kann die Funktion eines „Frühwarnsystems" erfüllen; daran knüpft die didaktische Kategorie der „Zukunftsorientierung" an. Dabei geht es nicht darum, was wir tun können, wenn dieser oder jener Fall eingetreten ist („Reagieren"), sondern wie wir auf der Grundlage von Wissen um wahrscheinliche Zukunftszustände jetzt handeln können, um das Unerwünschte zu verhindern und das Wünschenswerte zu erreichen („Agieren"). Ein zukunftsorientiertes Denken stellt somit eine wesentliche Grundlage für ein gezieltes Handeln in der Gegenwart dar, um die Zukunft im gewünschten Sinne mit zu gestalten.

Im Rahmen der Szenario-Methode werden zwei Extremszenarien entworfen: So-

DER SZENARIO-TRICHTER UND DIE DREI GRUNDTYPEN DES SZENARIOS

Erläuterung:

Die Schnittfläche des Trichters bezeichnet die Summe aller denkbaren und theoretisch möglichen Zukunftssituationen für den angepeilten Zeithorizont; t_0 steht für den Beginn der entsprechenden Zeitspanne, t_n für den Zielzeitpunkt, t_i und t_j markieren „Zwischenstationen" auf dem Weg dorthin.

- positives Extremszenario
- Trendszenario
- negatives Extremszenario

(Quelle: Weinbrenner 1998)

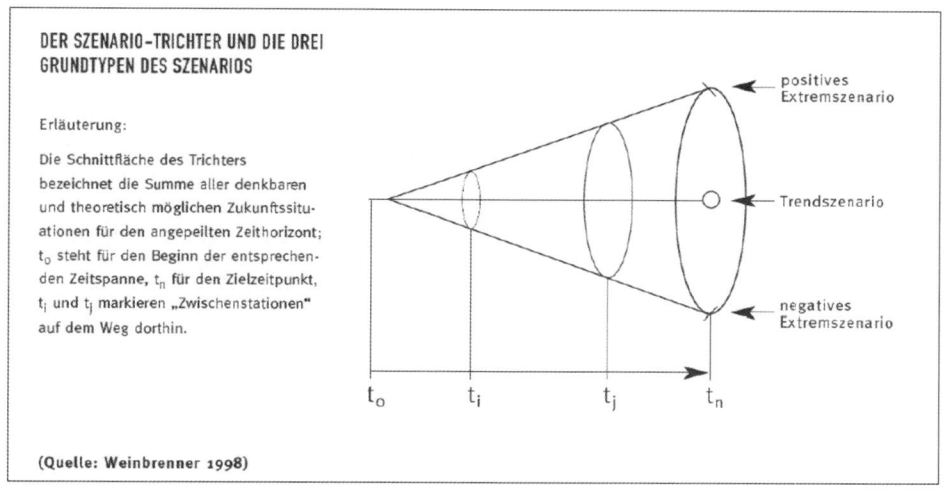

Abb. 2: Der Szenario-Trichter (nach Weinbrenner 1998)

wohl ein extrem positives als auch ein extrem negatives Zukunftsbild. Im „best-case-scenario" oder „Hoffnungsszenario" hat sich ein bestimmter Sachverhalt bis zum Jahr „X" (Zeithorizont wird zuvor festgelegt) so positiv entwickelt, dass viele Ausgangsprobleme der Gegenwart nicht mehr existent sind. Beim „worst-case-scenario" oder „Horrorszenario" hingegen hat sich die Situation extrem verschlechtert. Die Szenario-Methode setzt einen Konsens voraus, was die Problemlage sowie die Begriffe „positiv" und „negativ" angeht; dies ist natürlich nicht in allen Lerngruppen zu erwarten und wird Anlass zu Diskussionen geben (vgl. SCHRAMKE/UHLENWINKEL 2000, 7).

Durch die Entwicklung der beiden Extremszenarien werden alle denkbaren und theoretisch möglichen „Zukünfte" eines Sachverhaltes eingekreist, wie anhand des Trichtermodells am besten verdeutlicht werden kann (vgl. Abb. 3).

Die hier vorgestellte Szenario-Methode stellt eine didaktisch reduzierte Form der aus der Wirtschaft stammenden Szenario-Technik dar; sie ist in ihrem Ablauf in vier Phasen gegliedert: I. Problemanalyse, II. Einflussanalyse, III. Entwicklung des Szenarios und IV. Entwicklung von Handlungsstrategien (nach WEINBRENNER 1998). Am Beispiel des Projektes „Landwirtschaft 2030 – Szenarien zur Zukunft der Landwirtschaft in Deutschland" wird im Folgenden sowohl die Einbettung der Szenario-Methode in ein Oberstufenprojekt zu einem der Schlüsselthemen der Bildung für nachhaltige Entwicklung als auch die Umsetzung der einzelnen methodischen Schritte dargestellt.

4 Das Projekt „Landwirtschaft 2030 – Szenarien zur Zukunft der Landwirtschaft in Deutschland"

Wie wird sich die Landwirtschaft in Deutschland bis zum Jahr 2030 entwickeln? Natürlich kann auf diese Frage keine eindeutige Antwort gegeben werden, denn die Zukunft ist und bleibt unvorhersehbar. Doch die Entwicklung von Szenarien ermöglicht Lernenden einen realistischen Blick auf verschiedene denkbare Zukunftszustände unserer Landwirtschaft und sie provoziert vor allem die Frage, wie und von wem wünschenswerte Zustände gefördert bzw. unerwünschte Situationen verhindert werden können.

4.1 „Landwirtschaft 2030" – Projektidee und Ziele

Das Projekt „Landwirtschaft 2030" richtet sich an Schüler der Sekundarstufe II. Es beruht auf den Prinzipien der Bildung für nachhaltige Entwicklung. Dieser Ansatz spiegelt sich bereits in der inhaltlichen Ausrichtung des Vorhabens wider: Mit dem Themenfeld „Landwirtschaft, Lebensmittelerzeugung und -konsum" wurde bewusst ein Schlüsselthema gewählt, welchem innerhalb der nachhaltigen Gestaltung der künftigen Lebens- und Arbeitswelt eine große Bedeutung zukommt.

Auslöser und Ansatzpunkt des Projektes sind die zum Teil sehr problematischen Folgen einer nicht-nachhaltigen Landwirtschafts- und Ernährungsweise in Deutschland. Beispielhaft seien folgende Problembereiche genannt: Verlust an Arten- und Biotopvielfalt durch Intensivierung und Monotonisierung der Landschaft, nicht artgerechte Tierhaltungssysteme, Eutrophierung von Gewässern, Bodenversauerung, Verstärkung des Treibhauseffektes durch Nährstoff-Emissionen bzw. Nährstoffauswaschung, Aufgabe von Betrieben bzw. Arbeitsplatzverluste durch hohen Wettbewerbsdruck gekoppelt mit niedrigen Lebensmittelpreisen oder Lebensmittelskandale wie die BSE-Problematik.

Im Rahmen des Projektes sollen die Schüler Handlungsstrategien entwerfen, die zur Lösung einiger ausgewählter Probleme beitragen können, und prüfen, wie und von wem diese Lösungsansätze in der Realität umgesetzt werden können. Um die Schüler bei der Lösung diese Aufgabenstellung ihrem Lernstand und ihren Lernvoraussetzungen gemäß unterstützen zu können, bedient sich das Projekt zum einen der Szenario-Methode: Die Schüler bekommen die Aufgabe, in Gruppen jeweils ein Zukunftsbild für einen landwirtschaftlichen Betrieb zu entwickeln. Der Zeithorizont des Szenarios wird vorher festgelegt, in diesem Beispiel das Jahr 2030. In dem Zukunftsbild sollen sowohl soziale, politische, ökonomische, technische als auch ökologische/tierethische

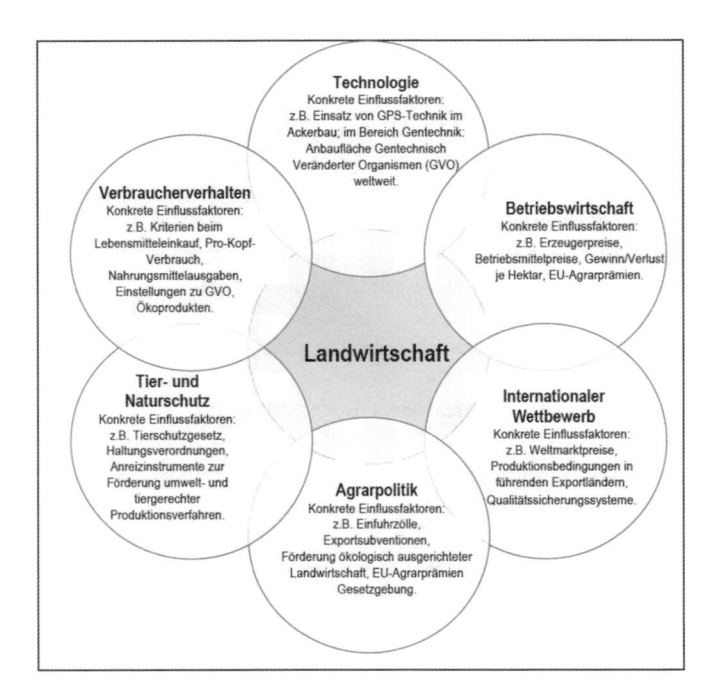

Abb. 3:
Einflussnahme auf die Landwirtschaft – ausgewählte Einflussbereiche mit beispielhaften Einflussfaktoren (eigener Entwurf)

Faktoren berücksichtigt werden, die auf den landwirtschaftlichen Betrieb der Zukunft Einfluss nehmen können (vgl. Abb. 4). Anschließend werden die Szenarien (gegenüber geladenen Gästen) präsentiert und diskutiert. Die Offenlegung denkbarer Zukunftszustände erleichtert es, in der Diskussion Handlungsstrategien zu entwickeln, die bestimmte mögliche Fortschritte fördern bzw. verhindern, und die bereits heute von zu benennenden Akteuren in die Tat umgesetzt werden können.

Damit die Schüler ihre Zukunftsentwürfe und Handlungsstrategien gezielter an die komplexe Wirklichkeit anpassen können, bildet die Erkundung eines landwirtschaftlichen Betriebes den zweiten methodischen Schwerpunkt des Projektes. Dieser Bauernhof stellt zugleich auf anschauliche Weise den Ausgangspunkt des Szenarios in der Gegenwart dar, das heißt, die Schüler entwerfen auf der Grundlage der erkundeten betrieblichen Strukturen ein Zukunftsbild dieses Betriebes nach ihren Vorstellungen.

Projektziel ist, dass die Schüler Verständnis entwickeln für die Komplexität der Ursache-Wirkungs-Beziehungen zwischen verschiedenen Einflussbereichen in der Landwirtschaft. Der handlungsorientierte Umgang mit diesem komplexen System soll vorausschauendes und vernetztes Denken schulen sowie kommunikative Kompetenzen der Schüler stärken. Ein Überdenken persönlicher wie gesellschaftlicher Konsumgewohnheiten soll initiiert und ein kompetentes Verbraucherverhalten seitens der Schüler gefördert werden.

Projektverlauf

Das Projekt „Landwirtschaft 2030" basiert in seiner inhaltlichen Struktur auf einem fachübergreifenden Ansatz. Es ist sowohl in Form eines fächerverbindenden Unterrichts in den Fächern Erdkunde, Biologie, Politik oder Wirtschaft umsetzbar oder in Form des fachübergreifenden Unterrichts innerhalb eines der Fächer zu realisieren. Das Projekt ist beispielsweise gut geeignet, um eine Unterrichtseinheit zum Thema „Landwirtschaft in Deutschland" abzuschließen. Der zeitliche Umfang des Vorhabens beträgt drei Projekttage.

A Problemanalyse
Mittels der Moderationsmethode tragen die Schüler am ersten Projekttag im Plenum die ihnen bekannten problematischen Folgen der intensiven Landwirtschaft zusammen und systematisieren sie. Fragen nach einzelnen Erscheinungen, nach den Betroffenen, nach Fakten, Hypothesen und Zusammenhängen sollen das Problemverständnis vertiefen; sie führen weiter zu den Ursachen der Probleme.

B Einflussanalyse
Daraufhin werden Einblicke in das Beziehungsgeflecht verschiedener Faktoren ermöglicht, die Einfluss auf die intensive Landwirtschaft ausüben und somit Teil des Ursachenkomplexes sind, der die problematischen Folgen bewirkt. Aus Gründen der didaktischen Strukturierung können nicht alle Einflussgrößen berücksichtigt werden; Abb. 4 veranschaulicht die getroffene Auswahl. Kriterien für die Selektion der Einflussfaktoren sind a) Wirkungsgrad der Beeinflussung auf die Landwirtschaft, b) langfristige Bedeutung des Faktors (Vermeidung von Tagesaktualitäten), c) mehrperspektivischer Zugang und d) globale Bedeutung der Einflussgröße.

Die Entfaltung der Multiperspektivität anstelle der einseitigen Konzentration auf beispielsweise wirtschaftliche Ursachen gesundheitlicher Probleme, wie vergangene

Lebensmittelskandale es nahe legen, entspricht dem Retinitätsprinzip des systemorientierten Lernens. Nur ein Bewusstsein über die Vielfältigkeit und globalen Verknüpftheit der Probleme sowie die Einsicht, dass diese nicht Folge einer einfachen, linearen und lokalen Ursachenkette, sondern Konsequenz eines Netzes unterschiedlicher Interessen mit weltweiter Ausdehnung sind, ermöglicht die erfolgreiche Kommunikation und Lösung von Umweltkrisen.

Es wird deutlich, dass beim Zuschnitt dieses Themenfeldes auf ein einziges Fach viele Perspektiven nicht behandelt werden könnten; das Resultat wären thematische Teilstücke mit unzureichender Anschlussfähigkeit an die Erfahrungswelt des Einzelnen. Ein interdisziplinäres Vorgehen hingegen entspricht der realen Komplexität.

Mithilfe der Einflussanalyse erarbeiten sich die Schüler die theoretischen Grundlagen für die Entwicklung von Problemlösungsstrategien. Diese liefern die nötige kognitive Basis für die anstehende Hoferkundung.

C Entwicklung des Szenarios und Lernen vor Ort
Nachdem die Schüler sich in der ersten Phase des Projektes mit den Ursache-Wirkungs-Beziehungen im Bereich der intensiven Landwirtschaft beschäftigt haben, erfolgt nun die inhaltliche Ausrichtung auf die Zukunft der Landwirtschaft. Die Schüler bilden „Planungsgruppen". In jeder Planungsgruppe entscheiden die Schüler, ob sie entweder ein extremes, aber noch realistisches Positiv- oder ein Negativszenario entwerfen wollen. Das Positivszenario soll dabei die nachhaltige Entwicklung eines landwirtschaftlichen Betriebes unter extrem guten Bedingungen darstellen; es ist ein „Hoffnungsszenario". Dem gegenüber beschreibt das „Horrorszenario" den denkbar schlechtesten Werdegang: Die heutigen Probleme erfahren keine Lösung, sondern werden in ihrer Intensität und Quantität noch gesteigert. Durch die kurze Charakterisierung der Szenarien soll auf der einen Seite die Phantasie der Schüler angeregt, auf der anderen Seite die vagen Formulierungen „positiv/negativ" konkretisiert und die extremen Unterschiede zwischen den Entwürfen betont werden.

Nach der Sammlung von Kenntnissen rund um die intensive Landwirtschaft und der vorläufigen Skizzierung eines betrieblichen Positiv- oder Negativszenarios bildet die Organisation der anstehenden Hoferkundung die nächste Aufgabe. Die Schüler sollen sich überlegen, welchen Schwerpunkt sie bei der Recherche vor Ort setzen (abhängig von Szenario), wie sie methodisch vorgehen (z. B. Interview führen, messen, beschreiben, skizzieren) und welche technischen Hilfsmittel sie benötigen (z. B. Diktiergerät, Fotoapparat oder Videokamera).

Dann gibt das Projekt Raum für die reale Begegnung. In ihren Planungsgruppen erkunden Schüler einen intensiv wirtschaftenden Betrieb in ihrer räumlichen Umgebung. Sie haben nun Zeit, Landwirtschaft vor Ort zu „be-greifen". Die selbst organisierten Recherchen und Untersuchungen auf dem Hof und die Befragung des Landwirts tragen zudem zu einer Anpassung der Zukunftsentwürfe an die komplexe Wirklichkeit bei. Mögliche Szenarien und Maßnahmen zu deren Realisierung können vor Ort entwickelt und Folgen und Nebenwirkungen „durchgespielt" werden.

Der Hoferkundung schließt sich die Herstellung der Präsentationsform an. Je nach verfügbarer Zeit und Ausstattung der Schule bieten sich z. B. eine Ausstellung an Stellwänden, durch Folien oder Computereinsatz unterstützte Vorträge, ein Videofilm und/oder die Gestaltung von Internetseiten an. Die betreffende Präsentationsform wird bereits zu Beginn der Projekttage mit den Schülern verabredet. Bei der Ausgestaltung der Szenarien, Erstellung der Dokumentation und Planung der Präsentation sind der Kreativität und Phantasie keine Grenzen gesetzt.

D Entwicklung von Handlungsstrategien
Die fertig gestellten Dokumentationsformen sollten vor der Präsentation bereits intern vorgestellt und diskutiert werden. So können die Teilnehmer ihre Präsentation erproben, Schwachstellen in der Argumentation ausgleichen und sich auf verschiedene Positionen in der Diskussion vorbereiten.

Nach Möglichkeit ist die Moderation der Präsentation von Schülern zu übernehmen; dies erhöht den Grad der Eigenständigkeit und verstärkt die Identifizierung mit den Ergebnissen.

Die Vorstellung der Ergebnisse gegenüber den geladenen Landwirten und gegebenenfalls anderen Fachleuten bildet den Höhepunkt des Projektes. Die Schüler bekommen Gelegenheit, „öffentlich" ihre Ideen zu kommunizieren. In der Diskussion können die Realisierungschancen überprüft, die eigenen Handlungsmöglichkeiten zur Durchsetzung bzw. Verhinderung eines Szenarios als Verbraucher erörtert und bisheriges Verbraucherverhalten reflektiert werden. Dabei muss kein Konsens bezüglich neuer Leitbilder oder Verhaltensweisen erreicht werden. Vielmehr stellt die Auseinandersetzung mit divergierenden Meinungen ein konstruktives Element dar, welches die Herausbildung eigener Standpunkte und deren Kommunikation beim Schüler (und auch bei den Gästen) fördert und dazu beiträgt, sich die zur Durchsetzung dieses Standpunktes nötigen Handlungsoptionen anzueignen.

4.2 Metainteraktion, Reflexion und Evaluation

Neben dem Thema „Zukunft der Landwirtschaft" spielt die „Metainteraktion" eine zentrale inhaltliche Rolle innerhalb des Projektes. Der Begriff kennzeichnet das Kommunizieren über die Interaktionsprozesse während des Projektes. Indem die aufeinander bezogenen Handlungen der Teilnehmer untereinander thematisiert und reflektiert werden, können sowohl arbeitsorganisatorische Probleme gelöst und neue Anregungen gewonnen werden, als auch soziale Konflikte diskutiert und bewältigt werden. Die Art und Weise des Agierens in der Gruppe rückt so in das Bewusstsein der Teilnehmer, was dazu beiträgt, dass „Tun pädagogisches Tun wird" (FREY 1990, 142). Innerhalb des Arbeitsprozesses sind dafür feste Zeiträume am Ende eines jeden Projekttages eingeplant (Tagesabschluss); bei Bedarf kann zudem kurzfristig die Arbeit unterbrochen werden, um

- Orientierung über den Stand der Arbeit in Hinsicht auf das Ziel zu gewinnen,
- Anregungen auszutauschen und gegebenenfalls den Ablauf zu verändern,
- Probleme mit der Aufgabenstellung und -verteilung zu lösen und um
- Konflikte zwischen oder innerhalb von Arbeitsgruppen zu diskutieren und zu lösen (vgl. FREY 1990, 137).

Für die Metainteraktion bieten sich methodisch Gespräche in Arbeitsgruppen bzw. im Plenum oder das kommentarlose Sammeln von Statements („Blitzlicht") an.

Das Projekt „Die Zukunft der Landwirtschaft" wird mit einer Phase der Reflexion und Evaluation abgeschlossen. Der bewusste Rückblick auf die vergangenen Projekttage dient dem Verarbeiten verschiedenster Eindrücke und dem Transfer des Gelernten in die Alltagswelt. Die Herausbildung eigener Standpunkte wird durch das bewusste Überdenken der Erfahrungen und der verschiedenen Standpunkte gefördert. Aus der

Reflexion der Teilnehmer können zudem Schlüsse auf den „Erfolg" des Projektes gezogen werden, das heißt, es können (vage) Aussagen darüber gemacht werden, ob das Projekt dazu beitragen konnte, den Einzelnen zu zukunftsfähigem Denken und Handeln zu befähigen.

Eine Bewertung des Projektes durch die Teilnehmer stellt zudem die Möglichkeit dar, neue Ideen in die Konzeption zu übernehmen, Schwierigkeiten abzubauen und inhaltlich-methodische Fehler in künftigen Projekten zu vermeiden.

Bei der Durchführung des Unterrichtsvorhabens „Landwirtschaft 2030" in einem Geographie-Leistungskurs (12. Klasse) wurde die Evaluation des Projektes mittels einer schriftlichen Befragung durchgeführt. Ein Fragebogen mit offenen Fragestellungen, die die Schüler zu Hause in 20 bis 30 Minuten beantworteten, gab jedem Projektteilnehmer die Möglichkeit, offen und anonym zu Wort zu kommen. Die Ergebnisse dieser Befragung, die sich auf die methodische Ausrichtung des Projektes beziehen, fließen in die folgende Bewertung der Szenario-Technik ein. Auf die Darstellung weiterer Auswertungsergebnisse der Schülerbefragung wird an dieser Stelle verzichtet.

5 Bewertung der Szenario-Methode

Die tabellarisch zusammengefasste Bewertung der Szenario-Methode (Tab. 1) basiert neben den Ergebnissen aus der Schülerbefragung auf den praktischen Erfahrungen seitens der Autorin bei der Vorbereitung, Durchführung und Nachbereitung des Projektes „Landwirtschaft 2030".

Die Gegenüberstellung von Vor- und Nachteilen der Szenario-Methode im Unterricht in Tab. 1 zeigt: Diese Technik verlangt einen hohen Zeit- und Arbeitsaufwand! Sie vermag jedoch auf besondere Weise selbsttätiges Lernen, die Arbeit an komplexen, wirklichkeitsnahen Problemstellungen sowie Analyse, Antizipation, Reflexion und den

Tab. 1: Bewertung der Szenario-Methode (eigener Entwurf)

Die Szenario-Methode im Unterricht	
Das gefällt nicht:	**Das gefällt:**
☹ arbeitsaufwendige Materialsuche und didaktische Strukturierung,	☺ reduziertes 4-Phasenschema eignet sich gut für Einsatz im Schulunterricht,
☹ notwendige Einführung in die Technik (Komplexität der Methode),	☺ partizipative Methode,
☹ nur für höhere Jahrgangsstufen geeignet (ab Klasse 10),	☺ ermöglicht problemorientiertes, handlungsorientiertes und kreatives sowie systemorientiertes Lernen,
☹ Offenheit der Methode für einige Schüler ungewohnt,	☺ fördert antizipatorisches Denken,
☹ setzt Konsens bzgl. der Problemlage und der Begriffe „positiv / negativ" voraus,	☺ ermöglicht selbstgesteuerte Lernprozesse,
☹ ist zeitaufwändig in der Durchführung (und führt so zu Unterrichtsausfall in anderen Kursen).	☺ schafft Freiräume für eigenständiges Arbeiten in Kleingruppen,
	☺ fördert die Herausbildung von Werten und die Reflexion eigener Verhaltensweisen,
	☺ schafft Vorrat an Handlungsoptionen für die Gegenwart,
	☺ basiert auf Entwurf realistischer Zukunftsbilder (keine Utopien).

Entwurf von Handlungskonzepten auf Seiten der Schüler zu fördern. Wird im Rahmen eines Projektes der methodische Ansatz um das Lernen vor Ort und die Kooperation mit externen Partnern erweitert, so entstehen ideale Lernbedingungen: Die seitens der Bildung für nachhaltige Entwicklung geforderte Partizipation kann von den Schülern in der Realität erprobt werden.

Insgesamt weist die Szenario-Methode ein erhebliches Potenzial auf, den Erwerb von Gestaltungskompetenz zu unterstützen. Im Sinne der Bildung für nachhaltige Entwicklung empfiehlt sich demnach der vermehrte Einsatz der Szenario-Technik im Unterricht der Sekundarstufe II.

Literatur

BOLSCHO, D./SEYBOLD, H. (1996): Umweltbildung und ökologisches Lernen. Ein Studien- und Praxisbuch. Berlin.

FREY, K. (1990): Die Projektmethode. 3. Auflage, Weinheim und Basel.

DE HAAN, G./HARENBERG, D. (1999): Bildung für eine nachhaltige Entwicklung – Gutachten zum Programm. In: Bund-Länder-Kommission für Bildungsplanung und Forschungsförderung (Hrsg.): Materialien zur Bildungsplanung und zur Forschungsförderung, H. 72. Bonn.

SCHRAMKE, W./UHLENWINKEL, A. (2000): Zukunftsentwürfe im Geographieunterricht. In: Praxis Geographie, (30)2, 4-8.

WEINBRENNER, P. (1998): Mit der Szenario-Technik Probleme erkennen. In: Praxis Schule 5-10, (9)6, 14-18.

Umweltwahrnehmung im Ballungsraum: (Industrie-)Wälder im Ruhrgebiet – neue außerschulische Naturerfahrungs- und Lernräume der offenen Ganztagsgrundschule in NRW

Andreas Keil (Dortmund)

1 Einleitung
1.1 Industriewald Ruhrgebiet

Als Katalysator für die Erneuerung von Altindustrieflächen im Ruhrgebiet wurde in der Zeit von 1989–1999 insbesondere in der besonders stark urban-industriell überformten Region entlang der Emscher die Internationale Bauausstellung (IBA) Emscher-Park durchgeführt (s. z. B. DETTMAR/GANSER 1999). Im Rahmen der IBA Emscher Park wurden Industriebrachen als von „Industrienatur" und „Industriekultur" geprägte Freiräume für die Bevölkerung des Ruhrgebietes geöffnet, wobei selbstverständlich nur die Flächen freigegeben wurden, die sich bei Altlastenuntersuchungen als gefahrlos erwiesen haben oder die zuvor durch entsprechende Sanierung gesichert wurden (vgl. REBELE/DETTMAR 1996, 101-168). Auf ausgewählten Projektflächen dieser Bauausstellung wurde seit 1996 eine Konzeption für eine nachhaltige Landschaftsentwicklung auf Industriebrachen entwickelt und erprobt, basierend auf dem Ansatz, dass auf diesen brachliegenden Flächen Natur nach kurzer Zeit spontan zurückkehrt und sich bis hin zum Waldstadium entwickelt. Dieser Erfolg versprechende und geringe Entwicklungs- und Pflegekosten verursachende Ansatz wurde nach dem Ende der IBA Emscher Park unter dem Titel „Industriewald Ruhrgebiet" als dauerhaftes Projekt auf die Landesforstverwaltung Nordrhein-Westfalen übertragen (vgl. WEISS 2003).

Vor diesem Hintergrund war es das übergeordnete Erkenntnisinteresse der vom Autor zwischen 1997 und 2003 mit qualitativen, mikrogeographischen Methoden durchgeführten Untersuchungen (s. FINDEL/KEIL 2003, KEIL 2002 u. 1998), festzustellen, ob und in welcher Weise die Bevölkerung der Region Industriebrachen und Industriewälder als Naturerlebnis- und Erholungsraum annimmt: Wie wird die neu entstandene Natur genutzt und wie wird sie und ihre Veränderung in den letzten Jahren wahrgenommen und erlebt?

Die Ergebnisse der Untersuchungen dokumentieren, dass sich im Zeitraum der IBA Emscher Park („Zeit der Ausreifung") die Bewertung der Projektflächen von ehemals verbotenen Räumen („Terra incognita") zu etablierten Freiräumen für die Bevölkerung der Umgebung wandelte, wie das Beispiel der Nutzungskartierung auf der ehemaligen Zeche Rheinelbe in Gelsenkirchen zeigt (s. Abb. 1): Die Flächen dienen heute insbesondere als:
- Abenteuerflächen für Kinder
- Freiräume für Jugendliche
- Erholungsräume für Erwachsene (vgl. KEIL 2005).

Die Untersuchungen haben auch gezeigt, dass die Industriewaldflächen viele Potenziale für ein differenziertes und gestuftes außerunterrichtliches Bildungs- und Freizeitangebot besitzen und dass einzelne Flächen auch von Schulklassen als Lern- und Erlebnisort genutzt werden.

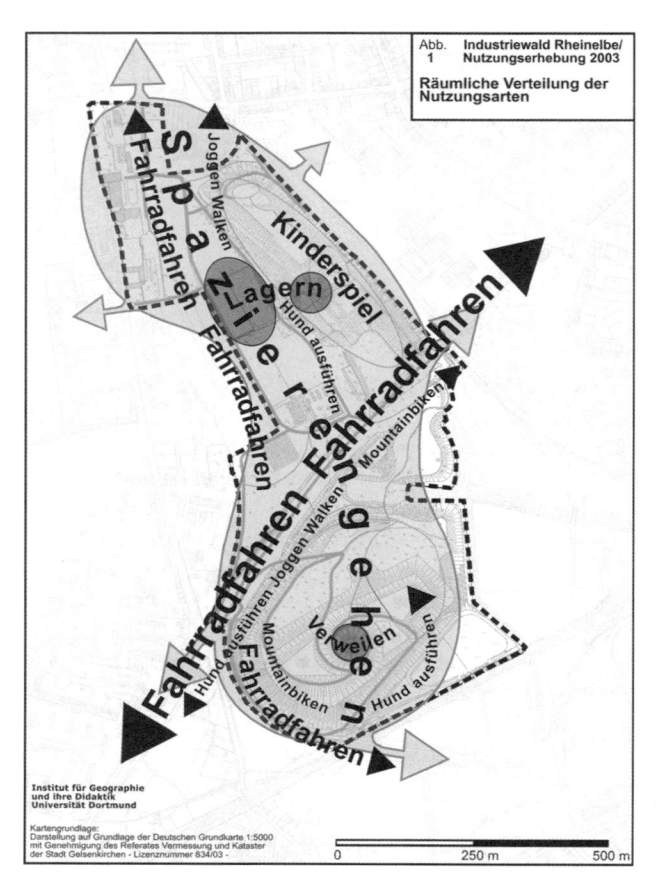

Abb. 1:
Nutzungskartierung Industriewald Rheinelbe Gelsenkirchen (2003)

1.2 Offene Ganztagsgrundschule NRW

In NRW beschloss das Ministerium für Schule, Jugend und Kinder (MSJK) im Jahr 2003 das Ganztagsgrundschulangebot besonders zu fördern. Mit der Offenen Ganztagsgrundschule soll „mehr Zeit für Bildung und Erziehung, individuelle Förderung, Spiel- und Freizeitgestaltung sowie eine bessere Rhythmisierung des Schultages" erreicht werden (s. MSJK 2003). So soll eine neue Lernkultur entstehen, welche die Entwicklung der Schülerinnen und Schüler weiter verbessert. Dies gilt besonders auch für Kinder mit Konzentrations- und Lernschwächen, mit Verhaltensauffälligkeiten, mit körperlicher und/oder geistiger Behinderung und Kinder aus Stadtteilen mit besonderem Erneuerungsbedarf. Die Zahl der Ganztagsgrundschulen in NRW ist seither insbesondere im Ballungsraum Ruhrgebiet schnell angestiegen: z. B. gab es in Dortmund zu Beginn des Schuljahres 2005/2006 54 Ganztagsgrundschulen mit 3850 Plätzen (bis 2007 sollen es 5400 Plätze werden).

1.3 Industriewald Ruhrgebiet und Offene Ganztagsgrundschule NRW

Die Schlussfolgerung lag nahe, Industriewälder und die neuen Ganztagsgrundschulen des Ruhrgebiets zusammen zu bringen, indem dieser Flächentyp sowie andere innerstädtische Wälder als außerschulische Lernorte für Kinder aus den offenen Ganztagsgrundschulen NRW genutzt werden. Unter dem Titel „Raus ins Vergnügen! – (Industrie-)Wald als Lern- und Erlebnisraum für Kinder der offenen Ganztagsgrundschule" wurde unter der Leitung von Prof. Dr. Karl-Heinz OTTO (Ruhr-Universität Bochum) und dem Autor im Auftrag des Ministeriums für Umwelt und Naturschutz, Landwirtschaft und Verbraucherschutz NRW im Jahr 2004 ein entsprechendes Projekt durchgeführt (s. a. KEIL/OTTO 2004). Übergeordnetes Ziel war es, die Aneignung von Industriewäldern aber auch von herkömmlichen Wäldern durch Kinder der Offenen Ganztagsschule anzuregen und damit den Flächentyp Wald, der besonders für Kinder in (Alt-)Industrieregionen vielfach für selbstständiges kindliches Entdecken und Erleben verloren gegangen ist, wieder verfügbar zu machen.

2 Projekt „Raus ins Vergnügen!"

Abb. 2 zeigt den Projektablauf und dokumentiert damit auch das methodische Vorgehen des Projekts:

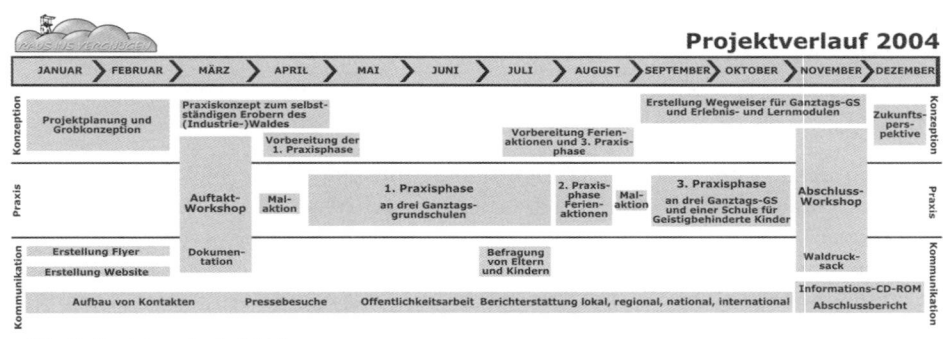

Abb. 2: Projektverlauf 2004

2.1 Auftakt-Workshop

Um die Projektplanung zu präzisieren, wurde in der Anfangsphase des Projekts ein Auftakt-Workshop organisiert, zu dem Experten aus den Bereichen Schule, Bildung, Forst und Wissenschaft eingeladen wurden (50 Teilnehmer). Als Ergebnis des Workshops wurde festgehalten, dass die Projektgruppe Freizeit- und Lerneinheiten im Zusammenhang mit dem Thema (Industrie-)Wald entwickelt, bei denen der begrenzte Raum des Schulgeländes verlassen und naturgeprägte Freiräume im direkten Schulumfeld einbezogen und genutzt werden sollen („Raus ins Vergnügen!"). In enger Kooperation mit Bildungsinstitutionen sollen diese Lerneinheiten im Rahmen der offenen Ganztagsgrundschule modellhaft erprobt werden. Aus diesen Projekterfahrungen sollen im Laufe des Jahres 2004 Module erarbeitet werden, die interessierten Schulen bei der Erschließung der städtischen Naturräume inhaltliche und konzeptionelle Unterstützung bieten.

2.2 Malaktion

Eine weitere wichtige Schlussfolgerung aus dem Auftaktworkshop war, das Waldverständnis von Grundschulkindern aus dem Ruhrgebiet in die Projektplanung mit einzubeziehen, um ein adressatengerechte Gestaltung der vorgesehenen Waldeinheiten zu gewährleisten. Insofern wurde zunächst mit 344 Kinder aus den Jahrgangsstufen 1 bis 4 aus Ganztagsgrundschulen eine Malaktion durchgeführt, um Lernvoraussetzungen und Vorerfahrungen der Kinder zu erfassen.

Die Kinder erhielten die Aufgabe, einen Wald zu malen, und damit ihr Bild bzw. ihre Vorstellung von Wald zu dokumentieren. Die Ergebnisse zeigten, dass Kindern im nach wie vor urban-industriell geprägten Ballungsraum Rhein-Ruhr persönliche Walderlebnisse offenbar weitgehend fehlen, denn zu diesem Zeitpunkt gehörten Palmen, Gorillas oder auch Fernsehfiguren zum festen Inventar des „Kinderwaldes" (s. Abb. 3). Oftmals bestand das Waldbild nur aus einem Baum oder einer Pflanze, in dem Tiere zum Teil gar nicht oder nur vereinzelt vorkamen. Die Wiederholung der Malaktion (im Sinne einer Erfolgskontrolle) nach der Durchführung der Waldeinheiten am Ende des Projektes zeigte, dass das Thema Wald bei den Kindern nun von ihren konkreten positiven Walderfahrungen geprägt wurde.

Abb. 3: Waldbild aus der Malaktion

2.3 Organisatorische Voraussetzungen für schulische Waldprojekte

Wichtige Voraussetzung für die erfolgreiche Durchführung von Waldprojekten ist eine gute Organisation. Aspekte wie Zeitrahmen, Sicherheit, Kosten, Betreuung, Erreichbarkeit und Ausstattung des Waldes sind zu klären. Um diesen Aufwand auf das Nötigste zu reduzieren, wurde von den Projektmitarbeitern basierend auf ihren langjährigen

Abb. 4: Wegweiser (Deckblatt und Checkliste)

Erfahrungen ein Wegweiser einschließlich einer Checkliste zusammengestellt (Abb. 4). Dieser wird interessierten Schulen zur Verfügung gestellt, so dass auch für Laien die Organisation eines Waldbesuchs mit einer Schülergruppe leicht zu bewältigen ist.

2.4 Praxisphase
In der Zeit von April bis Oktober 2004 führte das Projektteam mit sechs Offenen Ganztagsgrundschulen und einer Schule für geistig behinderte Kinder im Ruhrgebiet (in Bochum (3x), Castrop-Rauxel, Dortmund, Herne, Witten) Waldprojekte durch. Diese Projektschulen wurden so ausgewählt, dass sie sich im Hinblick auf das soziale Einzugsgebiet, den Charakter der potenziellen Wälder und ihre Lage in der Metropolregion Ruhrgebiet (Innenstadtlage, Umland etc.) deutlich voneinander unterschieden. Wichtig zu erwähnen ist, dass sowohl mit Vormittags- als auch mit Nachmittagsgruppen gearbeitet wurde, dass mit zwei Schulen im Sinne des Konzepts der Offenen Ganztagsgrundschulen auch größere Ferienaktionen durchgeführt wurden und dass mit unterschiedlichen Betreuungsmodellen gearbeitet wurde (Einbeziehung und Zusammenarbeit von Lehrern, Eltern, Studierenden, Rentnern, Erziehern).

2.4.1 Zielsetzungen der Waldprojekte
Da das Angebot für die meisten Kinder freiwillig war, galt es ein Programm zu erarbeiten, das in hohem Maße die Interessen der Kinder berücksichtigt. Die Kinder sollten in jedem Fall Freude an den Aktionen haben, damit sich ein positiver Bezug zum Wald entwickeln kann. Da aber kein reines Spaß-, sondern ein Bildungsprogramm entwickelt werden sollte, wurde ebenso auf den Transfer von Lerninhalten Wert gelegt. Außerdem sollten die Waldprogramme auch von Laien ohne großen Aufwand nachgeahmt werden können, indem sie kein großes Vorwissen und auch nur einen geringen Materialeinsatz erfordern sollten.

Übergeordnete Zielsetzungen der Waldaktionen waren:
- die ganzheitliche Förderung der Kinder,
- das lebendige Lernen mit Kopf, Herz und Hand,
- der Aufbau und die Weiterentwicklung personaler, sozial-kommunikativer, in haltlicher und methodischer Kompetenzen.

Die Kinder sollten durch die Waldbesuche animiert werden, den Wald zu entdecken, neugierig zu sein, selbstständig forschen zu wollen, Dinge im Wald auszuprobieren, Herausforderungen anzunehmen. Sie sollten, sofern individuell erforderlich, Unterstützung und Förderung darin erhalten, sich mit dem Wald auseinander zu setzen und ihn als einen Teil der Lebenswirklichkeit bewusst zu erfahren.

Die Waldtage wurden so gestaltet, dass zum einen nachhaltige Bildungs- und Entwicklungsprozesse angestoßen werden, zum anderen die Freude am Draußen sein geschaffen und erhalten wird. Durch die Waldbesuche sollte die Liebe zur Natur, die Bindung an den Wald gefördert werden und es sollte ein Interesse an ökologischen Zusammenhängen bei den Kindern geweckt werden, so dass diese die komplexen Zusammenhänge nach und nach besser verstehen lernen. Ziel der Waldaktionen war es auch, mit den Kindern verantwortungsvolles Handeln gegenüber der Mitwelt, den Mitschülern und der Natur zu lernen und zu üben, um an einem friedvollen Miteinander und der Erhaltung der natürlichen Lebensgrundlagen mitzuwirken. Somit sollten die Waldaktionen folgende Ebenen der Persönlichkeitsentwicklung ansprechen:
- *Emotionale Ebene* (durch sinnliche Erfahrungen, ästhetische Aspekte des Waldes,

Erfahrung der eigenen Möglichkeiten und Grenzen)
- *Kognitive Ebene* (durch das Lösen von verschiedenen Aufgabenstellungen, die Erforschung des Waldes, Förderung der Wertschätzung des Waldes, Entstehung eines persönlichen Bezugs, Erkennen und Nachvollziehen von ökologischen Zusammenhängen)
- *Psychomotorische Ebene* (durch mehr Bewegung, komplexe Bewegungserfahrungen, immer neue Herausforderungen in der Bewegung)
- *Soziale Ebene* (durch die Erlebnisse in der Gruppe, das gemeinsame Spielen und Lernen, die Kommunikation und die Übung im Umgang von Konflikten)
- *Pragmatische Ebene* (durch Aktionen und Aufgabenstellungen, die gute Ideen, Kreativität und Lösungsstrategien erfordern).

2.4.2 Inhalte der Waldprojekte: Die Module
Bei der Durchführung der Waldprojekte mit den sieben beteiligten Partnerschulen wurde deutlich, dass mit den Waldaktionen die zuvor genannten Zielsetzungen realisierbar sind. Die Projektmitarbeiter (eine Pädagogin, ein Biologe, zwei Lehrer) entwickelten und erprobten auf der Grundlage ihrer langjährigen Walderfahrungen bis zum Ende der Praxisphase einen Katalog von 38 Waldaktionen. Unterstützt und ergänzt wurde ihre Arbeit durch Geographiestudierende der Universität Dortmund, die sich im Rahmen von Seminaren oder ihrer Examensarbeiten an dem Projekt beteiligten. Die Waldaktionen wurden zu Modulen zusammengefasst, wobei es drei verschiedene Arten von Modulen gibt: zum einen sechs „Komplett-Module, die in einem jeweils ca. zweistündigen Waldbesuch eingesetzt werden können; zum anderen vier „Bastel-Module", aus denen man sich Aktionen zusammenstellen kann und zwei „Ferien-Module", die ein Programm für einen ganzen Tag enthalten (s. Tab. 1). Die einzelnen Aktionen stehen in Form von Aktionskarten, die alle notwendigen Hinweise für die Durchführung enthalten, interessierten Schulen zur Verfügung (s. Abb. 5).

Zur Evaluierung der Praxisphase wurden im Anschluss teilnehmende Kinder, ihre Eltern sowie beteiligte Lehrkräfte befragt. Die Kinder bewerteten die Waldaktionen überwiegend positiv und kritisierten nur, dass die Zeit im Wald „zu kurz" war. Auch bei den Eltern überwiegt die positive Beurteilung, anfängliche Ängste, insbesondere vor Zeckenbissen, konnten mit der Erfahrung der Projekte minimiert werden. Interessant ist, dass sich Eltern für die Betreuung der Schüler im Wald eher professionelle Lehrkräfte als ehrenamtliche Betreuer wünschen, auch wenn dies mit einem Kostenbeitrag verbunden wäre.

Tab. 1: Liste der entwickelten Waldmodule und -aktionen

Komplett-Module	Bastel-Module
• **Erster Waldtag (4 Aktionen:** z. B. Waldpicknick)	• **Bewegungsspiele (4 Aktionen:** z. B. Seilparcours)
• **Baumbegegnungen (4 Aktionen:** z. B. Baumgesichter)	• **Bauen im Wald (4 Aktionen:** z. B. Waldsofa)
• **Vertrauensbildung (3 Aktionen:** z. B. Pendel)	• **Kreativ im Wald (4 Aktionen:** z. B. Baumbilder)
• **Buche und Eiche (4 Aktionen:** z. B. Waldgirlande)	• **Sonstige Aktionen (5 Aktionen:** z. B. Kräuterquark)
• **Waldrallye (5 Aktionen:** z. B. Wald-Memory)	Ferien-Module
• **Tiere des Waldbodens (4 Aktionen:** z. B. Knettiere)	• **Ferienaktion I (8 Aktionen)**
	• **Ferienaktion II (4 Aktionen)**

Modul:	Zeit im Wald:	Veranstaltungsart:	Ordnungsmerkmal:
Bauen Im Wald	3-4 Stunden	Aktion für Vormittag, Nachmittag, Ferien	BiW 1
Name:	**Jahreszeit:**	**Material:**	**Voraussetzungen:**
Waldsofa	Frühling, Sommer, Herbst	Säge (nicht zwingend notwendig)	Freie Fläche; Äste aus Totholz

Aktionsbeschreibung:
Zur Bestimmung der Größe des Waldsofas versammeln sich die Kinder in einem Kreis und ziehen jeweils vor sich mit den Füßen eine Linie auf dem Waldboden. Nun werden die Kinder aufgefordert, Äste aus Totholz zu sammeln, die sie entlang der Linie aufstapeln und ineinander verflechten, um die Stabilität des Waldsofas zu erhöhen. Je höher und dichter die Äste aufgestapelt werden, desto bequemer lässt es sich auf dem Waldsofa sitzen.
Größere Äste können, unter Aufsicht, von den Kindern mit einer Säge bearbeitet werden.

Idee:
Bei dieser Übung wird über das kindliche Interesse an handwerklichen Arbeiten die Zusammenarbeit der Kinder gefördert. Darüber hinaus ist das Waldsofa als zentraler Ort für weitere Aktionen oder ein Waldpicknick nutzbar.

Tipps:
Das Waldsofa darf ausschließlich aus Totholz gebaut werden, es werden keine Äste abgerissen. Die gefundenen Äste sollten nicht zu feucht, und nicht von Pilzen befallen sein.
Regelmäßige Sitzproben sollten in diese Aktion eingebaut werden.

Abb. 5: Beispiel einer Aktionskarte (Waldsofa aus dem Modul Bauen im Wald)

Die beteiligten Lehrkräfte beschrieben vor allem die bei den Schülern zu beobachtenden positiven Veränderungen durch die Waldaktionen. Die Schülergruppen haben sich in ihrem Sozialverhalten deutlich verbessert, die Waldaktionen haben eine differenzierte Förderung von Stärken und Schwächen ermöglicht, die Mobilitätserziehung machte sich bei allen teilnehmenden Kindern positiv bemerkbar und ebenso wurde die Wissensbasis zum Themenfeld Wald bei allen Kindern deutlich erhöht.

3 Fazit und Ausblick

Der (Industrie-)Wald bietet somit umfangreiche Möglichkeiten, die im Fächerkanon der Grundschule verankerten Lernbereiche aufzugreifen. Er stellt als Lernumfeld einen wichtigen Bestandteil moderner Grundschuldidaktik dar, deren oberste Zielsetzung es ist, „die Lernfreude der Schülerinnen und Schüler zu erhalten und weiter zu fördern" (s. MINISTERIUM FÜR SCHULE, WISSENSCHAFT UND FORSCHUNG NRW (MSWF) (2002, 13). Das Motto des Projekts „Raus ins Vergnügen!" bestätigte sich eindrucksvoll (s. Abb. 6).

Außerschulische Lernorte im Allgemeinen und der Wald im Besonderen sind für die Vermittlung von kognitiven, methodischen, sozial-kommunikativen und personalen Kompetenzen von großer Bedeutung und sollten in einem verantwortungsbewussten Unterricht verankert werden. Den Erlebnisraum Wald (im Ruhrgebiet immer häufiger in Form des Industriewaldes) den Kindern wieder verfügbar zu machen, heißt, ihnen wertvolle Chancen zu ihrer persönlichen Entwicklung zu eröffnen.

In der Schlussphase des Projekts wurde ein Abschlussworkshop durchgeführt, der sich an Lehrer und das Personal der Ganztagsgrundschulen der Rhein-Ruhr-Region wandte. Auf dem Workshop wurden die zuvor genannten positiven Schlussfolgerungen des Projekts vorgestellt, um den Schulen Anreiz und Hilfestellung bei der Initiierung von Waldprojekten zu geben. Zudem erhielten die Teilnehmer einen Waldrucksack inkl. aller Projektmaterialien (Wegweiser, CD-ROM, Waldmodule, Erste-Hilfe-Tasche). Der Workshop sollte Möglichkeiten zum Erfahrungsaustausch bieten und Einblicke in praxisorientierte Waldaktionen vermitteln. So wurden gemeinsam mit der nordrhein-westfälischen Umweltministerin Bärbel Höhn, deren Ministerium dieses Projekt in Auftrag gegeben hatte, 90 Schülern („kleine Waldexperten") und den Teilnehmern in Castrop-Rauxel einige Waldaktionen praktisch durchgeführt (s. Abb. 6) sowie der Industriewald Rheinelbe in Gelsenkirchen besucht.

Schließlich bleibt festzuhalten, dass das Projekt im Jahr 2005 in eine Transferphase eingetreten ist: Es wird eine interaktive Internetplattform entwickelt, die allen (Ganztags-)Schulen in NRW und darüber hinaus als Basis für die Implementierung von Waldprojekten und den Erfahrungsaustausch dienen soll. Darüber hinaus soll ein

Abb. 6: Ministerin Bärbel Höhn mit Kindern im Industriewald

gestuftes Fort- und Weiterbildungsangebot konzipiert und realisiert werden. Zentraler Bestandteil wird ein landesweites Netz von Modellschulen mit Informations- und Beratungsfunktion sein.

Ganztagsschulen haben „mehr Zeit für Kinder" und „innovative Schulkonzepte" und eignen sich daher besonders für veränderte Formen des Lernens und die fantasievolle Erprobung erweiterter pädagogischer Handlungsmöglichkeiten, z. B. durch neue Lernumgebungen (s. MSJK 2003). Mit der Bildungsplattform soll sich der Wald als „Schul- und Lebensraum" dauerhaft und flächendeckend etablieren. Und im Ruhrgebiet wird sich die Wahrnehmung des Industriewaldes als vielfältig nutz- und erlebbarer Freiraum weiter verstetigen.

Literatur

Dettmar, J./Ganser, K. (Hrsg.) (1999): IndustrieNatur. Ökologie und Gartenkunst im Emscher Park. Stuttgart (Hohenheim).

FINDEL S./KEIL A. (2003): Industriewald Ruhrgebiet: Nutzung und Wahrnehmung eines neuen Freiraumtyps im Ballungsraum – aktionsräumliche und wahrnehmungsgeographische Untersuchung 2003. Düsseldorf (unveröff. Forschungsbericht).

KEIL, A. (2005): Patterns of Use and Perception of Postindustrial Urban Landscapes in the Ruhr. In: Kowarik, I. et al. (Eds.): Urban wild Woodlands. Berlin, 117-130.

KEIL, A. (2002): Industriebrachen – Innerstädtische Freiräume für die Bevölkerung. Mikrogeographische Studien zur Ermittlung der Nutzung und Wahrnehmung der neuen Industrienatur in der Emscherregion. (=Duisburger Geographische Arbeiten, 24).

KEIL, A. (1998): Industriebrachen: Nicht nur Nischen für Pflanzen und Tiere. In: LÖBF-Mitteilungen, 1998/2, 62-69.

KEIL, A./OTTO, K.-H. (2004): Raus ins Vergnügen! Wald als Lern- und Erlebnisraum. In: Praxis Geographie, (34)10, 38.

MSJK NRW (2003): Offene Ganztagsschule im Primarbereich, Runderlass vom 12.02.2003.

MSWF NRW (2002): Grundschule – Richtlinien und Lehrpläne – Sachunterricht. Frechen.

REBELE, F./DETTMAR, J. (1996): Industriebrachen – Ökologie und Management. Stuttgart.

WEISS, J. (2003): Industriewald Ruhrgebiet – Freiraumentwicklung durch Brachensukzession. In: LÖBF-Mitteilungen, 2003/1, 55-59.

Leitthema E – Nachhaltigkeit: Grenzbereich zwischen Ressourcenerhalt und -degradation

Sitzung 1: Ressourcen, Gewalt und Gerechtigkeit

Michael Flitner (Freiburg) und Dietrich Soyez (Köln)

Die drei Begriffe im Titel der Sitzung umreißen ein spannungsreiches Feld. Dramatische Illustrationen des Zusammenhangs von Ressourcenaneignung und Gewalt liefert die Geschichte in schier unübersehbarer Folge – vom Abtransport der Edelmetalle aus Lateinamerika nach der spanischen Eroberung bis hin zur rücksichtslosen Plünderung des Kautschuks aus dem „belgischen" Kongo, der zwischenzeitlich König Leopold persönlich gehörte. Im gleichen Land sichern sich regionale Warlords heute den Zugriff auf Erze und Diamanten, die oftmals unter unmenschlichen Bedingungen gewonnen werden. Über verschlungene, aber heute im Prinzip nachvollziehbare Warenketten landen diese Ressourcen wiederum in allen Teilen der Welt, vor allem in den Industriegesellschaften. Aus so genannten Blutdiamanten werden dort glitzernde Geschmeide und aus seltenen Erzen zentrale Bausteinchen in unseren Rechnern und Mobiltelefonen.

So werden auch heutige – und erst recht zukünftige – Konflikte überwiegend als Kriege oder Bürgerkriege „um" Rohstoffe gedeutet, um Öl vor allem, um Diamanten, aber auch um Drogen. Erst mit dem Ende des Kalten Krieges hat sich die Konfliktforschung aus verschiedenen Disziplinen diesen Zusammenhängen intensiver zugewandt, und in den letzten Jahren sind zahlreiche Studien erschienen, die sie gezielt in den Blick nehmen. Von neuen „Ressourcenkriegen" ist da die Rede, von „Umweltsicherheit" und von „Ökogewalt".

Zunächst wurden malthusianische Grundgedanken neu belebt, nach denen die Knappheit bestimmter Ressourcen angesichts eines wachsenden Bedarfs fast zwangsläufig zu gewalttätigen Konflikten führt (HOMER-DIXON 1994, BÄCHLER 1998). Dabei war der Blick vor allem auf erneuerbare Ressourcen gerichtet: Übernutzung und Bevölkerungswachstum degradieren nach dieser Vorstellung die natürlichen Lebensgrundlagen und verschärfen dadurch subnationale Verteilungskämpfe. Diesen Thesen wurde jedoch bald schon entgegengehalten, dass der Zusammenhang von Gewaltausübung und Ressourcenvorkommen eher in einer Umkehrung zu deuten sei: Gerade dort, wo es viele Ressourcen gibt, entwickeln sich oft heftige Konflikte um Verteilung und Teilhabe, zumal wenn keine stabilen Institutionen die sozialen Verhältnisse regeln. Statt der Ressourcenknappheit sei eher von einem „Ressourcenfluch" auszugehen, der besonders auf den schwachen Staaten laste und diese weiter schwäche (DE SOYSA 2000). Von hier zur Vorstellung einer neuen „Landschaft des globalen Konflikts", abgeleitet aus einem einfachen Zusammenhang zwischen Ressourcenvorkommen in (militärisch) schwachen Staaten und dem Ressourcenhunger der Großmächte, ist es dann kein weiter Schritt (KLARE 2001).

Wenn diese einfachen, polaren Grundthesen in den letzten Jahren stark ausdifferenziert worden sind, so hat dazu die Geographie ganz erheblich beigetragen. Vor allem PELUSO/WATTS (2001) haben Gewalt als ein „ortsspezifisches Phänomen" in den Blick genommen, das zwar im weiteren Kontext des Umweltwandels und internationaler

Machtbeziehungen steht, aber jeweils eben auch in spezifischen lokalen historischen Bezügen und sozialen Verhältnissen verankert ist. So wird auch die auslösende Rolle von Ressourcen in gewaltförmigen Konflikten nicht in deren Quantität verständlich. „Natürliche" Ressourcen tragen immer schon kulturelle Bewertungen in sich, wie nicht zuletzt schon ZIMMERMANN (1951) in einer klassischen Schrift belegt hat. Und das heißt auch: Kulturelle Auseinandersetzungen, gesellschaftliche Maßstäbe der Gerechtigkeit und Verhandlungen über Zugangsberechtigungen und Nutzungsweisen spielen hier eine besondere Rolle. Vor allem LE BILLON (2001) hat darauf hingewiesen, dass auch die unterschiedliche Materialität von Ressourcen auf Entstehung und Ablauf von Konflikten einen großen Einfluss ausüben kann, so etwa durch die räumliche Form ihres Vorliegens und die davon mit bedingten Möglichkeiten und Begrenzungen ihrer Gewinnung.

An diesen Differenzierungen setzen die Beiträge der Leitthemensitzung an und verfeinern sie weiter. Einerseits sollte die einfache quantitative Antithese (zuviel/zuwenig Ressourcen) einer genaueren Betrachtung weichen. Mit dieser Frage setzt sich am direktesten der Beitrag des Politologen Matthias BASEDAU (Hamburg) auseinander, der vor allem auf sozioökonomische und institutionelle Faktoren hinweist, die das generelle Konfliktpotenzial in ölreichen Staaten offenbar erheblich beeinflussen. Die entscheidende Bedeutung der jeweiligen Kontexte wird dann auch in den übrigen Beiträgen mit jeweils aufschlussreichen Varianten belegt. Jürgen OSSENBRÜGGE (Hamburg) stellt dabei deutliche Beziehungen zu den derzeit gegebenen Globalisierungsprozessen her, durch die sich für die mit den lokalen Verhältnissen vertrauten Akteure besondere Gelegenheitsfenster öffnen. Über spezielle *broker* aus ökonomischen oder politischen Elitenetzwerken können sie die informellen Schnittstellen nutzen, die den Transfer der Ressourcen in die formellen Wirtschaftskreisläufe der entwickelten Ökonomien ermöglichen, und so hier gegebene Profite abschöpfen. Weitere besondere Kontextualitäten belegen Benedikt KORF (Liverpool) und Caroline DESBIENS (Québec): Im ersten Fall wird deutlich, auf welche Weise in Sri Lanka geographisch untermauerte Erkenntnisse zur Legitimation problematischer Landansprüche genutzt werden können. Vor dem Hintergrund der jahrelangen kriegerischen Auseinandersetzungen wird hier das Verdikt von LACOSTE wachgerufen: *La géographie, ça sert, d'abord, à faire la guerre ...*

Auch im zweiten Beispiel, aus dem Nordosten Kanadas, kommen Legitimationsstrategien zur Anwendung, die mit interessegeleiteten Prozessen wissenschaftlicher Erkenntnis und Beschreibung verknüpft sind. Offensichtlich kollidieren hier aber auch weiter gehende soziale Konstruktionen von Natur und Ressourcen der beteiligten Partner, in denen sich die Eliten industrieller Modernisierung und Gruppen marginalisierter Ureinwohner gegenüber stehen. Die vermeintlich geringere ökonomische Wertigkeit nicht-industrieller Ressourcennutzungen wird dabei überhöht, was sich – wie in den Beispielen aus Sri Lanka – als Ausübung „epistemischer Gewalt" fassen lässt. Freilich zeigt das kanadische Beispiel einen entscheidenden Unterschied darin, dass hier, fast erstaunlicherweise, die epistemische (symbolische, strukturelle ...) Gewalt nicht zu manifester, physischer Gewalt geführt hat.

Die Beiträge geben nicht nur differenzierte Antworten, sondern werfen auch neue Fragen auf. Diese betreffen vor allem drei Problembereiche, in denen weiterführende geographische Studien besonders ergiebig erscheinen: Einmal sind, wie das letzte Beispiel verdeutlicht, gezieltere Bemühungen auf solche Kontexte zu richten, in denen offensichtliche Nötigungen verschiedener Art *nicht* zu manifester Gewalt führen. In diesem Zusammenhang scheint etwa eine Ausarbeitung verschiedener Gerechtigkeitsperspektiven viel versprechend. Zweitens ist Prozessen der sozialen Konstruktion von Natur und ihrer Aushandlung größere Aufmerksamkeit zu widmen, nicht zuletzt angesichts der problematischen, jüngst verbreiteten Versuche, der „Natur" selbst die Eigenschaften eines Akteurs zuzubilligen (so auch Peluso/Watts 2001, 27). Zum dritten schließlich sollten die Verbindungen von informellen Schattenökonomien und den formellen industriellen Ökonomien sowie den zugehörigen Konsumwelten deutlicher aufgedeckt werden, um gegebene Verantwortlichkeiten und notwendige Strategieänderungen besser ansprechen zu können.

Literatur

Bächler, G. (1998): Why Environmental Transformation Causes Violence: A Synthesis. Environmental Change and Security Project Report, Spring (4).

Dalby, S. (2002): Environmental Security. Minnesota.

De Soysa, I. (2000): The Resource Curse: Are Civil Wars Driven by Rapacity or Paucity? In: Berdal, M./Malone, D. M. (Eds.): Greed and Grievance: Economic Agendas in Civil Wars. London, 113-135.

Homer-Dixon, T. (1994): Environmental Scarcities and Violent Conflict: Evidence from Cases. In: International Security, 19, 5-40.

Le Billon, P. (2001): The Political Ecology of War: Natural Resources and Armed Conflicts. In: Political Geography, 20, 561-581.

Klare, M. T. (2001): Resource Wars. The New Landscape of Global Conflict. New York.

Peluso, N./Watts, M. J. (2001) (Eds.): Violent Environments. Ithaca/London.

Zimmermann, E. W. (1951): World resources and industries: a functional appraisal of the availability of agricultural and industrial materials. New York.

Öl als Gewaltursache? Empirische Ergebnisse zum Zusammenhang von Ressourcenreichtum und Gewalt in „Entwicklungsländern"

Matthias Basedau (Hamburg)

1 Einleitung

Die Friedens- und Konfliktforschung hat sich in den letzten Jahren verstärkt dem Zusammenhang von Reichtum an bzw. Abhängigkeit von natürlichen Ressourcen und Gewalt (besonders Bürgerkrieg) zugewandt. Zahlreiche quantitative Untersuchungen (COLLIER/HOEFFLER 2001, DE SOYSA 2000, DE SOYSA/NEUMAYER 2005 etc.) und Einzelfallstudien (vgl. u. a. in BASEDAU/MEHLER 2005, BERDAL/MALONE 2000) scheinen zu belegen, dass ressourcenabhängige Staaten ein erhöhtes Bürgerkriegsrisiko aufweisen. Alle drei Golfkriege (Iran vs. Irak 1980–1988, Irak vs. Kuwait, US u. a. 1990–1991, Irak vs. USA u. a. 2003) scheinen überdies auch eine erhöhte zwischenstaatliche Kriegswahrscheinlichkeit nahe zu legen.

In theoretischer Hinsicht wird diese erhöhte Gewaltwahrscheinlichkeit von ressourcenreichen Staaten im Wesentlichen auf drei Kernprobleme zurückgeführt, die von Ressourcenreichtum und -abhängigkeit ausgehen (vgl. DE SOYSA/NEUMAYER 2005, COLLIER/HOEFFLER 2001, ROSS 2004, BASEDAU/LAY in BASEDAU/MEHLER 2005, HUMPHREYS 2005):

- Ressourcenreichtum schafft über seine Lukrativität und den strategischen Wert bestimmter Ressourcen *Motive für Gewaltanwendung*. Machtkämpfe eskalieren oder sich benachteiligt fühlende Gruppen oder Förderregionen greifen zur Gewalt, um ihren Forderungen Gehör zu verschaffen. Externe Akteure sind zur Sicherung der Versorgung und Profite zu direkten oder indirekten militärischen Interventionen bereit. Der Kampf um die Kontrolle von Ressourcen verlängert Gewaltkonflikte, selbst wenn deren ursprüngliche Ursachen längst entfallen sind.
- Ressourcenreichtum liefert überdies die *gewaltökonomischen Gelegenheiten* zur Gewaltanwendung („feasability"; „opportunity"). Ressourcenerlöse erleichtern die Aufstellung und den Unterhalt von Rebellengruppen oder Auf- und Ausbau des staatlichen Sicherheitsapparats, wobei externe Netzwerke im Gegenzug für die Zufuhr von Logistik und Waffen sorgen („Kriegsökonomie").
- Ressourcenreichtum trägt indirekt zur Gewaltwahrscheinlichkeit bei, indem andere *Effekte des „Ressourcenfluchs"* wie sozioökonomischer Niedergang, Korruption und verschlechterte Qualität staatlicher Institutionen sowie Mangel an Demokratie indirekt Gewaltursachen („root causes") schaffen.

Dieser Zusammenhang scheint Worst-Case-Szenarien für ressourcenreiche Länder zu rechtfertigen; allerdings ist die These vom „Ressourcenfluch" in letzter Zeit, insbesondere im Hinblick auf Gewalt, zunehmend in Frage gestellt worden (vgl. v. a. die Sondernummer des Journal of Conflict Resolution, August 2005 [= RON 2005a/b, BASEDAU 2005]).

Als Gründe dafür werden neben methodologischen Gründen wie unzuverlässiger Datenbasis, wenig aussagekräftigen Indikatoren und der Beschränkung auf Einzelfälle einerseits und quantitative Studien andererseits vor allem widersprüchliche empirische Ergebnisse und die fehlende Erklärung von Ausnahmen – Länder, die trotz Ressourcenreichtum von Gewalt verschont werden – verantwortlich gemacht (s. Ross 2004, BASEDAU 2005). Ross (2004) ist zum Schluss gekommen, dass sich das positive Wissen um den Zusammenhang zwischen natürlichen Ressourcen und (Bürger-)Krieg auf vier Erkenntnisse beschränkt: Während der Zusammenhang mit Primär- und Agrarprodukten schwach oder nicht existent ist, erhöhen Diamanten, Edelhölzer und Drogen zwar nicht die Wahrscheinlichkeit, dass es zu Kriegen kommt, verlängern Gewalt aber, sobald diese aufgetreten ist. Lediglich Öl scheint (Bürger-)Kriege zu begünstigen, insbesondere Sezessionskonflikte.

Auch wenn diese letzte Erkenntnis bereits wieder in die Kritik geraten ist (SMITH 2004, FEARON 2005, HUMPHREYS 2005), will sich dieser Beitrag den Auswirkungen von Öl auf Gewalt widmen: Zunächst soll die erhöhte Gewaltwahrscheinlichkeit an einem Sample von 37 Entwicklungsländern seit ca. 1990 aufgezeigt werden. Anschließend wird der Frage nachgegangen, weshalb manche der ölproduzierenden Länder von Gewalt betroffen waren, andere aber nicht. Schließlich sollen einige kompakte Schlussfolgerungen für die zukünftige Forschung gezogen werden.

2 Öl und Gewaltwahrscheinlichkeit

Neben den oben genannten theoretischen Gründen für Gewalt in ressourcenreichen Staaten gibt es besondere Eigenschaften der Ressource Öl, die deren Gewaltträchtigkeit erhöhen dürften: Zunächst sorgt die wachsende Knappheit von Öl für eine besondere Lukrativität dieser Ressource. Im innenpolitischen Kontext steigert dies die Bedeutung des Machtkampfes. Insbesondere erdölproduzierende Regionen, die traditionell in einem problematischen Verhältnis zur Zentralregierung stehen, haben einen starken Anreiz, auf Unabhängigkeit zu pochen. Falls die Zentralregierung der Förderregion einen angemessenen Anteil an den Öleinnahmen vorenthält, die Bevölkerung aber die ökologischen Kosten der Produktion zu tragen hat, dann sind bewaffnete Erhebungen wie in Aceh (Indonesien), in Cabinda (Angola) oder im Niger-Delta (Nigeria) nicht unwahrscheinlich.

Öl ist überdies aufgrund seiner Unverzichtbarkeit für die Volkswirtschaften des hoch industrialisierten Nordens extern besonders sensitiv. Die erhöhte Nachfrage aus der Volksrepublik China und den USA – nicht umsonst bezeichnete der *Economist* beide Länder als „Oiloholics" – hat für verstärkte politische Interventionen in Förderregionen wie Nordafrika, dem Golf von Guinea und dem Persischen Golf gesorgt. Wenngleich verschärfte weltweite Verteilungskonflikte bislang, von medienträchtigen Ausnahmen abgesehen, eher selten zu zwischenstaatlichen Konflikten geführt haben (BECK 2003), gibt es mutmaßlich auch Auswirkungen auf innerstaatliche Konflikte. Im Bürgerkrieg in Kongo-Brazzaville 1997 führten Rivalitäten zwischen französischen und US-amerikanischen Ölmultis zur wechselseitigen Unterstützung von politischen Gegnern im Land. Der Sudan konnte bislang vor einer massiven Reaktion der internationalen Gemeinschaft im Darfur-Konflikt besonders deshalb sicher sein, weil die ständigen Sicherheitsratmitglieder China und Russland ein vorrangiges Interesse an Öl- und Waffengeschäften mit der Regierung in Khartum haben.

Wie aber verhält es sich insgesamt mit der Kriegswahrscheinlichkeit in den erdölproduzierenden Ländern in der so genannten Dritten Welt? Auf Grundlage der Anzahl und Intensität von Massenkonflikten (gemessen auf Basis des Uppsala Conflict Data

Programme, UCDP) in Ölländern, deren Abhängigkeit von Öl 2002 mindestens 10 % der Gesamtexporte betrug – womit ein Mindestmaß an interner Relevanz sichergestellt ist –, zeigt sich, dass Erdölländer tatsächlich ein erhöhtes Risiko aufweisen, von organisierten Gewaltkonflikten betroffen zu sein.

Wie Tab. 1 zu entnehmen ist, waren in der Periode von 1990 bis 2002 14 der Länder von erheblichen Gewaltkonflikten betroffen, vier erlebten Bürgerkriege geringer Intensität. Da nur (oder immerhin) 19 Länder von solchen Konflikten verschont wurden, beträgt die Bürgerkriegswahrscheinlichkeit nahezu 50 %. Selbst wenn die intensitätsarmen Konfliktfälle Trinidad, Venezuela, Uzbekistan, Mexiko und Nigeria (mit nur einem Jahr mit zudem geringer Konfliktbelastung[1]) nicht hinzugezählt werden, liegt die Belastung mit 37 % immer noch weit über der „gewöhnlichen" Kriegswahrscheinlichkeit.

Tab. 1: Bürgerkriegsbelastung in Ölförderländern 1990–2002* (Quelle: Uppsala Confict Data Programme [http://www.pcr.uu.se/research/UCDP/our_data1.htm])

Abwesend		Gering (1)	Erheblich (> 2) und hoch (> 8)
Argentina	Saudi Arabia	Trinidad & Tobago	Algeria (28)
Bahrain	Syria	Venezuela	Angola (30)
Brunei	Turkmenistan	Mexico	Azerbaijan (9)
Cameroon	UAE	Uzbekistan	Chad (12)
Cote d'Ivoire	Vietnam		Colombia (31)
Ecuador			Congo, DR (15)
Equatorial Guinea			Congo, Republic (9)
Gabon			Yemen (3)
Kazakhstan			Iran (14)
Kuwait			Iraq (13)
Libya			Egypt (7)
Nigeria			Indonesia (17)
Oman			Russia (14)
Qatar			Sudan (34)
19		4	14

( ) Anzahl der Kriegsjahre multipliziert mit Intensität (1-3)
* Berücksichtigt sind alle nicht hoch industrialisierten Ölländer (also ohne z. B. Norwegen), die 2002 mehr als 10 % ihrer Exporte mit Öl bestritten

Auch bei der Wahrscheinlichkeit internationaler Konflikte ergibt sich eine überzufällige Belastung, die freilich deutlich unter der Anzahl und Intensität innerstaatlicher Kriege liegt. Die Seltenheit internationaler Konflikte entspricht allerdings einem globalen Trend. Der Anteil klassischer zwischenstaatlicher Kriege nimmt immer mehr ab, wenngleich Bürgerkriege zunehmend eine internationale Komponente aufweisen.

Wie in Tab. 2 dargestellt ist, waren zehn von 37 Fällen von irgendeiner Form eines internationalen bzw. internationalisierten Konflikts betroffen (27,0 %): Davon waren fünf so genannte internationalisierte Bürgerkriege[2] (Demokratische Republik Kongo,

---

[1] Die „geringe" Konfliktbelastung Nigerias wirft Fragen hinsichtlich der Verlässlichkeit dieser Konfliktdatenbank auf. Die Konfliktdatenbank des Heidelberger Instituts für Internationale Konfliktforschung (HIIK) weist einen weitaus höheren Wert für Nigeria auf. Diese Werte sind in Tab. 5 berücksichtigt.

[2] D. h. Truppen externer Akteure griffen in einen Bürgerkrieg ein. Die Konfliktformation ist aber primär innerstaatlich. Diese Gewaltkonflikte sind daher auch bei den innerstaatlichen Konflikten berücksichtigt.

Tab. 2: Zwischenstaatliche Kriege und internationalisierte Bürgerkriege in Ölförderländern 1990–2004 (Quelle: Uppsala Conflict Data Programme [http://www.pcr.uu.se/research/UCDP/our_data1.htm])

Kein internationaler Krieg auf eigenem Territorium 1990–2004		internationaler Krieg auf eigenem Territorium 1990–2004	
		Zwischenstaatlicher Krieg	Internationalisierter Bürgerkrieg
Algeria	Libya	Cameroon (1)	Azerbaijan (6)
Angola	Mexico	Ecuador (1)	Congo, Republic (10)
Argentina	Oman	Iraq (7)	Congo/Zaire (15)
Bahrain	Qatar	Kuwait (4)	Sudan (3)
Brunei	Russia	Nigeria (1)	Uzbekistan (1)
Chad	Saudi-Arabia		
Colombia	Syria		
Cote d'Ivoire	Trinidad & Tobago		
Egypt	Turkmenistan		
Equatorial Guinea	UAE		
Gabon	Venezuela		
Indonesia	Vietnam		
Iran**	Yemen		
Kazakhstan			
27		5	5

( ) Anzahl der Kriegsjahre multipliziert mit Intensität (1-3)
* Intensiver zwischenstaatlicher Krieg 1980–1988 (27)

Kongo-Brazzaville, Azerbaijan, Sudan, Uzbekistan), wovon zwei Fälle eine sehr geringe Intensität aufwiesen. In diesem Sinne weniger gravierend waren ebenso die zwischenstaatlichen Kriege zwischen Nigeria und Kamerun (Bakassi-Konflikt 1996) bzw. Ecuador gegen Peru (1995). Von sowohl klassischen als auch heftigen primär zwischenstaatlichen Konflikten waren lediglich der Irak und Kuwait betroffen. Dazu zählte noch der Iran, falls die Periode vor 1990 miteinbezogen worden wäre (1. Golfkrieg mit Irak, 1980–88). Bemerkenswert ist einerseits, dass an den gravierenden „reinen" internationalen Konflikten stets der Irak beteiligt war, und andererseits, dass die internationale Konfliktanfälligkeit erhöht, aber ausgesprochen deutlich niedriger als für (vorwiegend) interne Konflikte ausfällt.

Obwohl der Zusammenhang internationaler Konflikte und Öl gewiss gesonderte wissenschaftliche Aufmerksamkeit verdient hat (z. B. BECK 2003), stellt sich in unserem Zusammenhang vor allem die Frage, weshalb etwa die Hälfte der Ölstaaten von *interner* Gewalt betroffen war, die andere Hälfte aber nicht. Es ist eine theoretisch unbefriedigende Erklärung, dass einige Länder lediglich per Zufall von Bürgerkrieg verschont werden. Gibt es systematische Gründe?

3 Kontextabhängigkeit von Gewalt in Ölstaaten

In einer Replik auf die eingangs erwähnten kritischen Arbeiten in der Sondernummer des Journal of Conflict Resolution räumten COLLIER und HOEFFLER, gewissermaßen die „Urgroßeltern" des auf Gewalt bezogenen „Ressourcenfluchs" ein, „...the search for conditioning circumstances is a key research agenda." (COLLIER/HOEFFLER 2005, 627). Oder in einer Kurzformel: „Context matters" (BASEDAU 2005). Zweifellos ist die Bedeutung von Kontextbedingungen ohne weiteres einsichtig. Die wissenschaftliche Herausforderung besteht darin, theoretisch relevante Kontextbedingungen zu identifizieren, zu ordnen und deren Erklärungskraft hinsichtlich der Gewaltwahrscheinlichkeit empirisch zu überprüfen.

Die Kontextbedingungen lassen sich sowohl in endogene und exogene als auch ressourcenspezifische und nicht ressourcenspezifische Variablen einteilen (s. Tab. 3). Dazu zählen neben dem Ressourcentyp (für unser Sample Öl), der geographische Ort des Vorkommens, die Streuung des Vorkommens sowie die Art der Produktion bzw. Ausbeutung. Zahlreiche Arbeiten verweisen auf die Bedeutung dieser Variablen für das Auftreten und die Dynamik von Gewalt (s. Ross 2004, Le Billon 2001/2003, Paes 2004, Auty/Gelb 2001 etc.). Beispielsweise macht die regionale Konzentration der Erdölförderung das Auftreten von Sezessionskonflikten wahrscheinlich (s. Einleitung). Mit geringem technischen Aufwand zu fördernde natürliche Ressourcen (alluviale Diamanten, Edelhölzer) – dazu gehört Öl freilich nicht – sind besonders geeignet, um damit den Unterhalt von Rebellengruppen zu bestreiten.

Ein weiteres zentrales Element der ressourcenspezifischen Faktoren ist die absolute und relative Höhe der Ressourceneinnahmen bzw. -renten. Dies betrifft vor allem die Frage, wer sie in welchem Umfang erhält, und was anschließend mit ihnen geschieht. Mit den involvierten Akteuren sind bereits z. T. externe Akteure, z. B. Ölmultis, mit eingeschlossen. Weitere exogene, ressourcenspezifische Faktoren sind die allgemeine wie länderspezifische Nachfrageentwicklung und die Regelungsdichte im Bereich der internationalen Wirtschaftsbeziehungen, hier der Erdölpolitik.

Die nicht ressourcenspezifischen Bedingungen umfassen alle relevanten Variablen, die unabhängig oder in Verbindung mit ressourcenspezifischen Faktoren das Auftreten und die Dynamik von physischer Gewalt beeinflussen können (Basedau 2005). Dazu

Tab. 3: Kontextbedingungen für den Zusammenhang von natürlichen Ressourcen und physischer Gewalt

	Ressourcenspezifisch	Nicht ressourcenspezifisch*
Endogen	- Ressourcentyp(en)** - Streuung der Vorkommen - Modi der Förderung - Reichtumsgrad - Abhängigkeitsgrad - Revenue Management System: Verteilung (Nutznießer) und Nutzung der Einnahmen (Innenpolitik Wirtschaftspolitik, Außen- und Sicherheitspolitik)	- Gesellschaft (z.B. Beziehungen zwischen Identitätsgruppen, Zivilgesellschaft) - Wirtschaft (Niveau und Dynamik) - Institutionen (Legitimität und Effizienz) - Akteure (Integrität und Kompetenz von Akteuren, politische Kultur)
Exogen	- Internationale Nachfrageentwicklung beim Ressourcentyp - Grenzübergreifende Streuung von Vorkommen - Länderspezifische Nachfrageentwicklung (inkl. illegaler Netzwerke) - Spezifische Interessen externer Akteure (Multis, Regierungen) - Bilaterale, regionale und globale Governance des Ressourcensektors (Staaten, Firmen, intern. Organisationen und Regime, internationale Transparenzinitiativen)	- Verhältnis zu Anrainern, regionalen und extraregionalen Vormächten (USA) - Generelle Konfliktanfälligkeit der Region (z.B. „spill-over") - Multipolarität und Dynamik der relativen Machtpotentiale der Region - Interdependenz des Landes - Regelungsdichte zwischen relevanten Akteuren (regionale und ggf. internationale Organisationen) International)

* Besonders vor und nach dem Beginn/der Entdeckung von Ressourcenvorkommen.
** hier Öl

zählen insbesondere die Beziehungen zwischen Identitätsgruppen, das allgemeine Entwicklungsniveau und seine Dynamik sowie institutionelle wie akteurspezifische Merkmale des politischen und sozioökonomischen Systems. Exogene Faktoren umfassen das regionale wie internationale Umfeld und zahlreiche bilaterale Beziehungen sowie nicht zuletzt die Konstellation und Dynamik der internationalen Beziehungen auf sicherheitspolitisch relevanten Politikfeldern.

Es ist anzunehmen, dass diese Faktoren in einem sowohl komplexen als auch dynamischen Zusammenspiel stehen: Es gibt mutmaßlich nicht einfache lineare, sondern vor allem indirekte Effekte, und die nicht ressourcenspezifischen Variablen unterliegen der Veränderung, sobald die Ölproduktion eingesetzt hat oder zu einer realistischen Option für die Akteure geworden ist. Wie Beispiele in Nigeria, Angola und Indonesien zeigen, bleiben die Beziehungen zwischen Identitätsgruppen oder Regionen nicht unberührt, wenn eine Bevölkerungsgruppe über erhebliche Ölquellen verfügt.

Natürlich können nicht all diese Merkmale und ihr Zusammenspiel in diesem Rahmen einer Prüfung unterzogen werden. Dennoch lassen sich mit bereits relativ einfachen Mitteln recht eindeutige und möglicherweise überraschende Resultate erzielen. Dabei handelt es sich besonders um die Frage, wie hoch die Einnahmen aus dem Ölgeschäft tatsächlich sind.

4 Höhe und Verwendung der Erdöleinnahmen

Auffällig und leicht nachvollziehbar ist die Beobachtung, dass vor allem bevölkerungsschwache Erdölstaaten wie die Ölemirate im Persischen Golf oder auch Brunei von Gewalt verschont werden. Zwar wird bisweilen argumentiert, dass in diesem Sinne kleine Gemeinwesen leichter zu regieren sind, oder auch Spannungen zwischen ethnischen Gruppen weniger wahrscheinlich sind, allerdings scheint ein Aspekt wesentlich interessanter. Die meisten Studien, die den Zusammenhang von Ressourcenreichtum und Gewalt untersuchen, messen Reichtum mit der Abhängigkeit von Ölexporten und dem Anteil von Öl am Bruttoinlandsprodukt (BASEDAU 2005): Im innergesellschaftlichen

Tab. 4: *Bürgerkriegsbelastung und Einkommen pro Kopf aus Ölexporten* (Quellen: Uppsala Conflict Data Programme und Basedau/Lacher [(in Vorber.)])*

Öleinkommen pro Kopf (2002)	Bürgerkriegsbelastung abwesend oder gering 1990–2002 (0-1)		Erhöht und hoch 1990–2002 (mind. > 2)	
Höher als 1000 Dollar	Bahrain (0) Brunei (0) Equatorial Guinea (0) Gabon (0) Kuwait (0) Libya (0)	Oman (0) Qatar (0) Saudi Arabia (0) Trinidad & Tobago (1) UAE (0)		
Niedriger als 1000 Dollar	Argentina (0) Cameroon (0) Cote d'Ivoire (0) Kazakhstan (0) Mexico (1) Nigeria (0)	Syria (0) Turkmenistan (0) Uzbekistan (1) Venezuela (1) Vietnam (0)	Algeria (28) Angola (30) Azerbaijan (9) Chad (12) Colombia (31) Congo, DR (15) Congo, Republic (9)	Iran (14) Iraq (13) Egypt (7) Indonesia (17) Russia (14) Sudan (34) Yemen (3)

( ) Anzahl der Kriegsjahre multipliziert mit der Intensität (1-3)

Tab. 5: *Öleinnahmen, Bürgerkrieg und Kontextfaktoren in hochabhängigen Ölförderländern (Quelle: Basedau/Lacher [in Vorber.])*

Länder	Ölrente pro Kopf (US$)	Bürgerkriegs- belastung nach UCDP Kriegsjahre x Intensität: 0-30	Konflikt- belastung nach HIIK Konflikt- jahre x Intensität	Bevölkerung (Mio.)	Militärausgaben pro Kopf (US$ p.c.)	Gesundheits- ausgaben pro Kopf (US$ p. c.)	Regierungs- ausgaben pro Kopf (US$ p. c.)	Human Development Index
Qatar	14790	0	0	0,6	1205	619	8408	0,833
Brunei	9777	0	0	0,3	1099	302	6720	0,867
U.A.E.	7506	0	0	2,9	907	541	8134	0,824
Kuwait	6481	0	0	2,4	1638	562	2692	0,838
Bahrain	5640	0	0	0,3	1560	353	1143	0,843
Equatorial Guinea	5608	0	0	0,5	60	47	611	0,703
Oman	3071	0	0	2,8	892	197	2741	0,77
Saudi Arabia	2715	0	14	23,5	785	296	2292	0,768
Libya	2625	0	0	5,4	464	103	1436	0,794
Trinidad & Tobago	1785	1	0	1,3	69	115	1778	0,801
Gabon	1644	0	0	1,3	63	58	1189	0,648
Venezuela	831	1	2	25,2	37	188	...	0,778
Congo Republic	587	9	7	3,6	23	12	385	0,494
Algeria	579	28	28	31,3	66	55	638	0,704
Angola	579	30	28	13,2	91	20	407	0,381
Turkmenistan	423	0	0	4,8	19	33	...	0,752
Iran	337	14	0	68,1	64	48	484	0,732
Kazakhstan	332	0	0	15,5	16	29	339	0,766
Syria	258	0	14	17,4	53	28	...	0,71
Azerbaijan	250	9	0	8,3	15	...	239	0,746
Yemen	178	3	10	19,3	178	8	152	0,482
Nigeria	140	0	22	120,9	3	3	160	0,466

Sofern nicht anders gekennzeichnet alle Angaben für 2002, nur Staaten mit Abhängigkeit von mind. 20 % von Ölrenten am BIP, geordnet nach Höhe des Pro-Kopfeinkommens aus Ölrente; Bürgerkriegswerte ergeben sich aus dem Produkt der Anzahl und Intensität (1-3) der Kriege im Sinne des UCDP; Konfliktwerte ergeben sich aus dem Produkt der Anzahl der Anzahl und Intensität (1-5) der Konflikte im Sinne des HIIK

Kontext spielt aber sehr viel stärker der Ölreichtum relativ zur Bevölkerungsgröße eine Rolle. Misst man, z. B. für das Jahr 2002, das Pro-Kopf Einkommen aus Ölexporten, so zeigt sich, dass Staaten die deutlich über 1000 US-Dollar pro Jahr und Kopf erwirtschaften, eine gegen Null tendierende Bürgerkriegswahrscheinlichkeit aufweisen (s. Tab. 4).

Zwar entsteht kein perfekter Zusammenhang, denn bei den Staaten mit weniger als 1000 Dollar pro Kopf halten sich die Positiv- und Negativbeispiele in etwa die Waage. Dennoch lässt sich angesichts dieses Befundes die These eines „Paradox of Plenty" (KARL 1997) für die Gewaltwahrscheinlichkeit in Ölländern nicht aufrechterhalten. Selbst wenn wir behaupten, es sei vor allem die Abhängigkeit von Ressourcen bzw. Öl, die Konflikte auslöst, ergibt sich kein überzeugendes Muster. Alle friedlichen Länder mit hohem Einkommen sind hoch abhängig, werden von Gewalt jedoch weitestgehend verschont (s. Tab. 5). Abgesehen von Ausnahmen wie Kazhakstan und unter Umständen Saudi-Arabien bedarf dieser Befund gewiss noch der empirischen Konsolidierung über längere Zeiträume. Auch welcher genaue Teil tatsächlich diesen Gesellschaften und Regierungen zur Verfügung steht, mag auf einem anderen Blatt stehen. Theoretisch ist der Zusammenhang aber alles andere als unplausibel:

Politische Spannungen lassen sich wesentlich leichter vermeiden oder entschärfen, wenn den Eliten Ressourcen zur Verfügung stehen, um mögliche politische Rivalen zu kooptieren oder die Bevölkerung durch großzügige soziale Wohltaten (Verzicht auf Steuern, kostenloses Gesundheits- und Bildungssysteme) ruhig zu stellen. In der Tat ist integraler Bestandteil des Konzepts des „Rentier-Staates", dass mit Ressourcenrenten Kooptation und Patronage oder der Ausbau des Sicherheitsapparates betrieben werden (BEBLAWI 1987, MADHAVY 1970, ROSS 2001). Wird dies erfolgreich praktiziert, lässt sich dies theoretisch schlecht mit ressourceninduzierter Gewalt in Einklang bringen.

Tatsächlich gibt es Hinweise, dass der Spielraum, den hohe bzw. relativ höhere Ölrenten eröffnen, von Regierungen zu einer Politik genutzt werden, die zweifellos wenig demokratisch ist[3], aber Gewalt wirksam zu verhindern scheint (BASEDAU/LACHER in Vorber.). Die in Tab. 5 identifizierten friedlichen Fälle sind zum großen Teil die bekannten Ölemirate v. a. im Persischen Golf, die typischerweise eine solche Politik betreiben. Insofern gibt es vor allem zwei Idealtypen von ölproduzierenden Staaten (siehe Tab. 5):

1. Friedliche ölproduzierende Länder sind vor allem durch hohe Öleinnahmen pro Kopf gekennzeichnet, die sie zu einer großzügigen Verteilungspolitik, aber auch zum Ausbau des Sicherheitsapparates nutzen. Sie sind in der Regel hoch abhängig von Öl, weisen aber meist nur eine geringe Bevölkerungsgröße auf.
2. Gewaltsame ölproduzierende Länder unterscheiden sich in nahezu jeder Hinsicht: Sie erzielen weitaus geringere Öleinnahmen pro Kopf und sind deshalb nicht in der Lage, ihre Bevölkerung mit Verteilungspolitiken ruhig zu stellen und effektive Sicherheitsorgane aufzubauen. In der Regel sind sie von Öleinnahmen stark abhängig. Förderländer mit geringen Öleinnahmen, aber auch geringer Abhängigkeit, d. h. mit anderen Reichtumsquellen, werden häufig von Gewalt verschont, wenngleich in einigen von ihnen – aber offenbar aus anderen Gründen – Gewalt auftritt.

Zweifellos erfassen die genannten Bedingungen nur einen Ausschnitt der in Tab. 3 aufgeführten Kontextbedingungen. Bevor diese nicht umfassend geprüft sind, kann von konsolidierten Erkenntnissen nur mit größter Vorsicht ausgegangen werden. Insbesondere internationale Faktoren oder die Bedeutung von Institutionen bzw. Korruption sollten geprüft werden (BOSCHINI et al. 2003). So ist nachvollziehbar, dass die Qualität von Institutionen die sozioökonomischen Auswirkungen und damit (indirekte) Gewaltursachen von Ressourcenreichtum beeinflusst. Eine erhöhte externe Interventionswahrscheinlichkeit ist durchaus ambivalent in bezug auf Gewaltbelastung. Gut möglich ist auch, dass Ölstaaten durch die Militärpräsenz externer Akteure vor Bürgerkriegen geschützt werden (z. B. Frankreich in Gabun).

Überdies sind die Zusammenhänge an Einzelfällen oder auch in vergleichenden Studien zu überprüfen und zu vertiefen. Insbesondere die Identifizierung des Zusammenspiels der Kontextbedingungen bedarf zukünftiger Forschung.

5 Zusammenfassende Kernthesen

Ölproduzierende Länder der „Dritten Welt" haben eine deutlich erhöhte Bürgerkriegsbelastung (und – etwas weniger ausgeprägt – eine erhöhte Belastung mit internationa-

---

[3] Der durchschnittliche Wert bei Freedom House beträgt ca. 5,2 (Maximum an Demokratie/Freiheit wäre 1, Minimum 7). Als „frei" wird lediglich Mexiko bewertet. Insofern scheint Öl tatsächlich Demokratie zu verhindern (ROSS 2001).

len Konflikten). Verantwortlich gemacht werden dafür v. a. Machtkämpfe um Öleinnahmen und die Möglichkeit, Öleinnahmen zur Kriegführung zu verwenden.

Allerdings handelt es sich um einen probabilistischen Zusammenhang, der in jüngeren Studien zunehmend in Frage gestellt wird. In jedem Fall gibt es zahlreiche Ausnahmen. Die zentrale Forschungsfrage lautet daher: Weshalb werden einige Ölländer von Konflikten verschont und andere nicht?

Der theoretische Schlüssel liegt in den Wirkungen von Kontextbedingungen der jeweiligen Länder, die in Verbindung mit der Ölproduktion stehen (oder auch unabhängig davon wirken). Dementsprechend sind Kontextbedingungen in ressourcenspezifische (z. B. Grad der Abhängigkeit/Reichtum, Verwendung der Einnahmen) und nicht ressourcenspezifische Faktoren (generelles Entwicklungsniveau, Beziehungen zwischen Identitätsgruppen, politisches System) einerseits sowie exogene und endogene Faktoren andererseits zu unterteilen.

Für 37 Erdöl produzierende Länder in der „Dritten Welt" lassen sich vor allem zwei Typen identifizieren: Relativ politisch stabil und gewaltarm sind Staaten, die über 1000 US-Dollar pro Kopf und Jahr Öleinnahmen verfügen und diese für eine soziale Verteilungspolitik und den Sicherheitsapparat einsetzen. Es handelt sich zumeist um Kleinstaaten mit weniger als drei Mio. Einwohnern. Demgegenüber politisch instabil und gewaltanfällig sind Staaten, die deutlich weniger als 1000 US-Dollar pro Kopf und Jahr aus Ölexporten einnehmen. Sie geben weniger aus für Sicherheit und Sozialpolitik; es handelt sich zumeist um bevölkerungsreichere Staaten mit mindestens rund vier Mio. Einwohner.

Höhere Abhängigkeit von Öl wirkt sich nur als Risikofaktor aus, wenn die Einnahmen unter die 1000 US Dollar pro Kopf-Marke fallen. Autoritäre politische Strukturen sind aber für fast alle Ölstaaten typisch. Es verbleibt allerdings noch umfangreicher zukünftiger Forschungsbedarf, der vor allem die Wirkung externer Faktoren und das Zusammenspiel der gesamten Kontextbedingungen betrifft.

Literatur

Acemoglu, D./Johnson, S./Robinson, J. A. (2002): Reversal of fortune. Geography and institutions in the making of the modern world income distribution. In: The Quarterly Journal of Economics, (117)4, 1231-1294.

Auty, R.(1993): Sustaining development in mineral economies. The resource curse thesis. London.

Auty, R./Gelb, A. (2001): Political economy of resource-abundant states. In: Auty, R. (Ed.): Resource abundance and economic development. Oxford.

Bannon, I./Collier, P. (Eds.) (2003): Natural resources and violent conflict. Options and actions. Washington, DC.

Basedau, M. (2005): Context matters. Rethinking the resource curse in sub-Saharan Africa. GIGA Working Paper Series. Working Paper No. 1. Hamburg: German Institute for Global and Area Studies.

Basedau, M./Mehler, A. (Eds.) (2005): Resource politics in sub-Saharan Africa. Hamburg African Studies/Etudes Africaines Hambourgeoises, 13.

Basedau, M./Lacher, W. (2006; in prep.): A paradox of plenty? Rent distribution and political stability in oil states. GIGA Working Paper Series. Working Paper No. 20. Hamburg: German Institute of Global and Area Studies.

BEBLAWI, H. (1987): The rentier state in the Arab world. In: Beblawi, H./ Lucani, G. (Eds.): The rentier state. New York.

BECK, M. (2003): Die friedenspolitische Bedeutung internationaler Verteilungskonflikte um Erdöl für den Vorderen Orient. In: Die Friedenswarte (Journal of International Peace and Organization), 78(4), 317-344.

BERDAL, M./MALONE, D. (Eds.) (2000): Greed and grievance. Economic agendas in civil wars. Boulder/CO.

BOSCHINI, A. D./PETTERSON, J./ ROINE, J. (2004): Resource curse or not. A question of appropriability. Mimeo, Stockholm.

COLLIER, P./HOEFFLER, A.(2001): Greed and grievance in civil war. Washington, DC.

COLLIER, P./ HOEFFLER, A. (2005): Resource rents, governance and conflict. In: Journal of Conflict Resolution, 49(4), 625-633.

DE SOYSA, I. (2000): Are civil wars driven by rapacity or paucity? In: Berdal, M./Malone, D. (Eds.): Greed and grievance. Economic agendas in civil wars. Boulder/CO, 113-135.

DE SOYSA, I./NEUMAYER, E. (2005): Resource wealth and the risk of civil war onset: results from a new dataset 1970-1999. Paper presented at the ECPR General Conference Budapest, September 2005.

FEARON, J. D. (2005): Primary commodities and civil war. In: Journal of Conflict Resolution, 49(4), 483-507.

GARY, I./KARL, T. J. (2003): Bottom of the barrel. Africa's oil boom and the poor. Washington, DC.

HUMPHREYS, M. (2005): Natural resources, conflict, and conflict resolution: Uncovering the mechanisms. In: Journal of Conflict Resolution, (49)4, 508-537.

KARL, T. J. (1997): The paradox of plenty. Oil booms and petro-states. Berkeley.

LE BILLON, P. (2001): The political ecology of war. Natural resources and armed conflict. In: Political Geography, 20(5), 561-584.

LE BILLON, P. (2002): Risiko Ressourcenreichtum. In: Medico International (Hrsg.): Ungeheuer ist nur das Normale. Zur Ökonomie der Neuen Kriege. Medico Report 24. Frankfurt am Main, 28-49.

MAHDAVY, H. (1970): Patterns and problems of economic development in rentier states. The case of Iran. In: Cook, M. A. (Ed.): Studies in the economic history of the Middle East. London.

PAES, W.-C. (2004): Oil and national security in Sub-Saharan Africa. In: Traub-Merz, R./ Yates, D. (Eds.): Oil policy in the Gulf of Guinea. Security & conflict, economic growth, social development. Bonn, 87-100.

RON, J. (Ed.) (2005): Paradigm in distress? Primary commodities and civil war. Special Issue of the Journal of Conflict Resolution, 49(4). Yale.

ROSS, M. L. (1999): The political economy of the resource curse. In: World Politics 51(2), 297-322.

ROSS, M. L. (2001): Does oil hinder democracy? In: World Politics 53(1), 325-361.

ROSS, M. L. (2004): What do we know about natural resources and civil war? In: Journal of Peace Research, 41(3), 337-356.

ROSS, M. L. (2004b): How do natural resources influence civil war? Evidence from thirteen cases. In: International Organizations, 58(1), 35-67.

SMITH, B. (2004): Oil wealth and regime survival in the developing world. 1960-1999. In: American Journal of Political Science, 48(2), 232-246.

TRAUB-MERZ, R./ YATES, D. (Eds.) (2004): Oil policy in the Gulf of Guinea. Security & conflict, economic growth, social development. Bonn.

Konflikte ohne Ende? Zu den materiellen Grundlagen afrikanischer Gewaltökonomien

Jürgen Oßenbrügge (Hamburg)

1 Einleitung

Die Ankündigung des Leitthemas E *Nachhaltigkeit: Grenzbereich zwischen Ressourcenerhalt und -degradation* spricht von einer Zuspitzung der Konflikte um natürliche Ressourcen und der Notwendigkeit zur nachhaltigen Nutzung, um eine dauerhaft friedvolle Entwicklung zu gewährleisten. Als auslösendes Moment der Konflikte seien neben Verteilungsfragen besonders die Ressourcenverknappung anzusehen. Dieses Argument wurde in den letzten Jahren vielfach angeführt, besonders sei hier an eine bemerkenswerte Rede von Klaus TÖPFER erinnert. Auf dem Bochumer Geographentag 1993 forderte der damalige Bundesumweltminister und langjährige UNEP-Direktor eine wissenschaftliche und politische Handlungsagenda, die mögliche Umweltkriege thematisieren sollte. Die Wahrscheinlichkeit dieser Kriege leitete er aus problematischen Trends des globalen Wandels ab: Ausdehnung der Trockengebiete, Verknappung der landwirtschaftlichen Nutzfläche, Erschöpfung nicht erneuerbarer Ressourcen, zunehmende Zahl der Umweltflüchtlinge, unkontrollierte Verstädterung etc.

All zu viele geographische Beiträge mit expliziten Bezügen zur Friedens- und Konfliktforschung sind zwischenzeitlich zu diesem Thema allerdings nicht erschienen, wohl aber von anderen Forschungsrichtungen. Besonders in der Politikwissenschaft ist das Ressourcenthema zu einem sehr prominenten Thema avanciert. Die dabei erarbeiteten empirischen Erkenntnisse verweisen allerdings auf einen anders gelagerten Zusammenhang hin als in unserem Tagungsthema angekündigt: Nicht die Ressourcenverknappung, sondern der Ressourcenreichtum und die davon ableitbaren Aneignungsinteressen bilden den Kern der Erklärungen für Konflikte und Fehlentwicklungen (z. B. BERDAL/MALONE 2000). In diesem Sinn werden Ressourcen als „Fluch" (resource curse) aufgefasst. Hieraus leitet sich die Frage ab, welche Ressourcen in Hinblick auf ihre Zugänglichkeit sowie marktwirtschaftliche und geostrategische Bedeutung soziale Konflikte, politische Fehlentwicklungen und gewaltförmige Auseinandersetzungen befördern. In den Erklärungsansätzen werden besonders rentenkapitalistische Thesen betont, die in der Geographie auch eine Verankerung haben, z. B. in der Arbeit von Karl August WITTVOGEL (1970).

Neben den Thesen zur Ressourcenverknappung und zum Ressourcenfluch sei noch auf eine dritte Richtung in der Friedens- und Konfliktforschung hingewiesen, die vielleicht als „globalisierte Schattenwelten" bezeichnet werden kann. Sie beleuchtet Seiten von Kriegen und Konflikten, über die viel zu wenig bekannt ist. Ressourcen sind nicht nur Gegenstand von Verknappungsthesen oder Rentenstaaten, die als „failing states" ihr Gewaltmonopol abgeben, sondern auch die Objekte der Begierde internationaler Profiteure, die im Schatten der Kriege blühende Geschäfte aufziehen und globale Wertschöpfungsketten steuern. Ressourcen sind weiterhin Bestandteil der Überlebensökonomien von Menschen, die alltäglich gewalttätigen Beziehungen ausgesetzt sind. Wenn wir über Ressourcen und Gewalt sprechen, dann berühren wir viele Alltagsseiten des

Kriegs- und Konfliktgeschehen der Welt (besonders des globalen Südens), die sehr widersprüchliche, spannungsgeladene und bewegende Bilder und Erzählungen ergeben. Das Thema Krieg, Gewalt und nicht-formelle Wirtschaft wird in der Arbeit von Carolyn NORDSTROM (2005) sehr eindrucksvoll ausgebreitet, und es ist ebenfalls als Ausdruck dieser Perspektive zu sehen, wenn die Bezeichnung „violent environments" für den Sammelband von Nancy PELUSO und Michael WATTS (2001) als Titel dient.

Es ist naheliegend, dass die Diskussionsstränge „Globaler Wandel und Ressourcenverknappung", „Ressourcenfluch und postkolonialer Staat" sowie „globalisierte Schattenwelten und alltägliche Gewaltbeziehungen" nur mit großen kollektiven und interdisziplinären Anstrengungen verbunden werden können. Der folgende Beitrag kann dazu nur einige Skizzen liefern. Die Bedeutung der Ressourcenfrage im afrikanischen Konfliktgeschehen wird über sechs Thesen erläutert, in denen besonders das global-lokale Zusammenspiel gewaltförmiger Ressourcennutzung in den Vordergrund gerückt wird.

2 Thesen zur Bedeutung der Ressourcenfrage in afrikanischen Konflikten

These 1: Derzeit ist weniger Ressourcenverknappung, sondern eher der Ressourcenreichtum für das Konflikt- und Kriegsgeschehen in Afrika verantwortlich

Die These, Ressourcenverknappung würde Konflikte und Kriege erzeugen, ist vielfach in der Militär- und Kriegsgeschichte zu finden und empirisch zu belegen. Besonders das Einsetzen der Industrialisierung im 19. Jahrhundert und der damit verbundenen gigantischen Transformation energetischer, mineralischer und pflanzlicher Rohstoffe erhöhte in den entstehenden Industrieländern schnell die Nachfrage und beförderte im Zeitalter des Imperialismus (ca. 1871–1914) eine an Ressourcen orientierte Expansions- und Kriegszielpolitik. Daher ist die Annahme der Ressourcenverknappung an sich eine wichtige Forschungsperspektive. Bedeutungsvoll ist sie auch in den aktuellen Debatten über den Klimawandel und den damit verbundenen Veränderungen erneuerbarer Ressourcen besonders in semiariden Regionen, wie sie beispielsweise im Syndrom-Ansatz des Wissenschaftlichen Beirats der Bundesregierung Globale Umweltveränderungen (BGU) bzw. des Potsdamer Instituts für Klimaforschung (REUSSWIG 1999) diskutiert werden. Ihre Relevanz ist aber weniger auf aktuelle Konfliktsituationen zu beziehen, sondern sie stellen eher eine Art „Frühwarnsystem" möglicher Konfliktkonstellationen der Zukunft dar. Allerdings sind einige der in diesem Zusammenhang diskutierten Annahmen auch sehr problematisch. Dieses zeigt sich besonders in bekannten Forschungsprogrammen zu diesem Thema, die durch Thomas HOMER-DIXON (1991) und Gerhard BAECHLER (2000) repräsentiert werden.

Die Vorstellung von Knappheit, gekoppelt mit Prozessen des globalen Wandels (Klimawandel, Desertifikation, Biodiversitätsverlust), des Bevölkerungsanstiegs und eines quantifizierbaren Ressourcenbegriffs ist aus verschiedenen Gründen ein umstrittener Ausgangspunkt für die Friedens- und Konfliktforschung: Zu den Konfliktpunkten gehören (vgl. HOMER-DIXON/PELUSO/WATTS 2003):

- die Vorstellung einer linearen Verbindung zwischen Knappheit und Bevölkerungswachstum (Neo-Malthusianismus);
- die fehlenden Verbindungen zwischen Ressourcennutzungen lokaler Akteure und weltwirtschaftlichen Strukturierungen;
- die mangelnde theoretische Reflexion zentraler Kategorien, besonders des Begriffs Knappheit und fehlende Integration übergreifender Konzepte (z. B. Überlegungen zu gesellschaftlichen Naturverhältnissen).

Obwohl auch der Begriff Ressourcenfluch eine theoretisch problematische, da geodeterministische Verbindung zu den Konflikten herstellt, ist es gegenwärtig naheliegender, nicht von der These der Ressourcenverknappung auszugehen, sondern die Vielfalt der Ressourcen und deren reichhaltige Vorkommen in den Blick zu nehmen. Jedenfalls ist in Hinblick auf die Konfliktregionen in Afrika festzustellen, dass die Möglichkeiten zur Aneignung von Ressourcen einen wichtigen Baustein zu der Entstehung bzw. zur Persistenz der Konflikte beitragen. Dabei lassen sich zwei Linien unterscheiden, die in den Thesen zwei und drei aufgenommen werden.

These 2: Ressourcenreichtum erzeugt problematische Staatlichkeit
Die kritischen Gesellschaftswissenschaften gehen davon aus, dass sich das Verhältnis von Staat und Gesellschaft im Kontext der Globalisierung grundlegend wandelt. In der Geographie werden dabei besonders die Prozesse des „up-" und „downscalings" oder der „politics of scale" hervorgehoben. Für afrikanische Staaten trifft dieses grundlegende Muster allerdings nur eingeschränkt zu. Beispielsweise hebt DUNN hervor, dass wegen der besonderen Kolonialgeschichte und der unzulänglichen Staatsbildung im postkolonialen Kontext neben aktuellen Auseinandersetzungen globalisierungsbedingter Veränderungen der Staaten weitere Bezugspunkte wesentlich seien. Dazu gehört unter anderem die Geschichte der Ressourcenausbeutung, die ein prägender Faktor sowohl der kolonialen politischen Organisation als auch der postkolonialen Staaten gewesen sei. Gewalttätige Beziehungen bei der Extraktion und dem Transport von Ressourcen und harte Konflikte um die Aneignung der Renten gehören zur „Identität" des Staates in Afrika (DUNN 2004).

Die problematische Staatlichkeit lässt sich damit zugleich als Folge gewalttätiger Beziehungen um Ressourcen in Afrika auffassen und als Ursache, die ihre gegenwärtige Militanz und Persistenz befördert. Sie drückt sich sowohl in institutionellen Defiziten als auch in Durchsetzungsproblemen des territorialen Gewaltmonopols des postkolonialen Staates aus. Entsprechend nimmt die Debatte über „failing states" und die korrupte Staatsklasse einen breiten Raum ein. Vor diesem Hintergrund ist es kaum überraschend, dass die Debatten, die um die Begriffe „resource curse", „paradox of plenty" und „greed or grievance" kreisen, durchaus darauf reduziert werden können, dass der Ressourcenreichtum der entscheidende Ausgangspunkt für die problematische Staatlichkeit in Afrika sei. Auch wenn es stabile ressourcenreiche oder zerfallene ressourcenarme Staaten gibt wie Botswana und Somalia, so bleibt die starke positive Korrelation signifikant, die in vielen afrikanischen Staaten zwischen den Gelegenheiten, sich Ressourcenrenten anzueignen, und kriegerischen Konflikten besteht.

Die Bezeichnung „resource curse" geht auf Ergebnisse von Analysen zurück, die eine negative Verbindung zwischen der „natürlichen Ressourcenintensität" einer Volkswirtschaft und den wirtschaftlichen Wachstumsraten festgestellt haben. Nach SACHS/WARNER (2001) bedeutet ein Zuwachs an Ressourcen im Umfang einer Standardabweichung etwa ein Prozent geringeres Wachstum pro Jahr. Im Anschluss an diese Untersuchungen ist versucht worden, komplexere Beziehungen zwischen wirtschaftlicher Entwicklung und Wohlfahrt auf Basis der Ressourcenausstattung herzustellen. Dazu lassen sich nach BULTE/DAMANIA/DEACON (2005) grundsätzlich drei Hypothesen verfolgen, die dass gegenwärtige Spektrum politisch-ökonomischer Erklärungen für den Ressourcenfluch wiedergeben.

Die erste wird als „Dutch disease"-Modell (Holländische Krankheit) bezeichnet. Hier wird angenommen, dass die Einkünfte, die durch Rohstoffe erzielt werden, Investitionen in die verarbeitenden Industrien oder Qualitätssicherung der Arbeitskraft reduzieren. Ressourcenreichtum behindert daher die Entwicklung produktiver Sektoren einer Volkswirtschaft. Als zweite Gruppe lassen sich die „rent seeking"-Modelle zusammenfassen. Hier steht die Annahme im Vordergrund, dass sich Ressourcenrenten leicht aneignen lassen. Dieses hat zur Folge, dass sich eine generelle Nehmermentalität ausbildet und ein „aufgeblähter" Staatsapparat oder klientelistische Netze erzeugt werden. Eine dritte Gruppe von Erklärungen stellt Institutionen stärker in den Vordergrund und argumentiert, dass Ressourcenreichtum nicht direkt das Wirtschaftswachstum beeinflusst, sondern indirekt über den problematischen Einfluss auf die Institutionen. Dabei werden weitergehende Implikationen des Ressourcenfluchs aufgezeigt, z. B. die negative Korrelation zwischen Ressourcenreichtum und Entwicklungsindikatoren wie Bildung und Demokratisierung.

Sicherlich lassen sich derartige partielle Erklärungen kontrovers diskutieren, weil in diesen Arbeiten einfache Ursache-Wirkungsrelationen (Ressourcenreichtum → Staatszerfall → Konflikt) auf statistisch valide Beziehungen ohne Beachtung regional spezifischer Kontextbedingungen untersucht werden. Jedoch lassen sich zahlreiche Bestätigungen dafür finden, dass ausbeutbare Rohstoffvorkommen den Weg in Entwicklungsfallen ebnen (vgl. das „staple trap"-Modell von AUTY 2004). Ressourcenreichtum ist ein ständiger Anreiz für Fehlallokationen, die eine Präferenz für kurzfristige Rentenaneignung aufzeigen, die konsumtiven, kriminellen oder militärischen Zwecken zuungunsten langfristiger Investitionen in produktive Sektoren, den Ausbau der Bildung oder der Anhebung genereller Lebensbedingungen zugeführt werden. Aktuell sind diese problematischen makro-ökonomischen Implikationen vor dem Hintergrund zunehmender ausländischer Direktinvestitionen in die afrikanischen Ressourcenökonomien beachtenswert: Die Ergebnisse der „resource curse"-Forschung verweisen auf die Begrenztheit und die potenziellen deformierenden Impulse der auf diese Weise erzeugten Wachstums- und Wohlfahrtseffekte.

These 3: Staatszerfall befördert lokale Kriegsökonomien oder Gewaltmärkte. Art und Fundorte der Ressourcen spielen dafür eine strukturierende Rolle.
Das problematische Verhältnis von Staat und Gesellschaft in vielen Regionen Afrikas erhöht die Wahrscheinlichkeit, dass sich Interessengegensätze militant zuspitzen und zu kriegerischen Auseinandersetzungen führen. In diesen Situationen lassen sich politisch-geographische Überlegungen dazu nutzen, Ressourcenkriege typologisch zu ordnen. Sie beziehen sich zum einen auf die Lagemerkmale der Ressourcen (Beschaffenheit, Ergiebigkeit, Marktwert, strategischer Wert), zum anderen auf die territoriale Organisation und Kontrollkompetenz des postkolonialen Staates.

Eine sehr hilfreiche Systematisierung dieser Fragen, die mit einem Typisierungsversuch von Ressourcenkriegen verbunden ist, stammt von LE BILLON (2004) (s. Abb. 1). Die Lagemerkmale von Ressourcen unterscheidet er nach dem Grad der räumlichen Konzentration bzw. Dispersion. Kupferminen oder Erdölfelder sind in diesem Sinne konzentrierte, alluviale Diamantenfelder oder Coltan-Vorkommen sind disperse Lagerstätten. Derartige Betrachtungen machen darauf aufmerksam, dass Lagemerkmale der Ressourcen gewissermaßen die Organisation ihrer Ausbeutung strukturieren. Konzentrierte Lagerstätten setzen hohe und differenzierte Organisationen voraus, disperse Lagerstätten können auch von kleinen Organisationseinheiten ausgebeutet werden. „Staatsnahe" Ressourcen sind in kontrollierten oder leicht kontrollierbaren Gebieten zu finden. Die Aneignung staatsferner Ressourcen ist dagegen nur mit hohem Mobilisierungsaufwand und kostenaufwendiger dauerhafter militärischer Präsenz realisierbar.

Wenn beide Variablen zu einer Vierfeldertabelle zusammengefügt werden, entsteht eine Typologie ressourcenbezogener Konflikte, die für eine erste Einordnung genutzt werden kann.

Merkmale	A: Punktuelle, konzentrierte Ressourcen	B: Flächenhafte, diffuse Ressourcen
1: „nahe" Ressourcen	Staatsstreich, externe Intervention	Bäuerlich-ländliche Rebellion
2: „entfernte" Ressourcen	Sezession	„Warlordism", Lokale Kriegsökonomien

Abb. 1: Typologie der Ressourcenkonflikte nach Le Billon (2004)

1. Die Aneignung staatsnaher konzentrierter Ressourcen ist nur durch Putsch und Staatsstreich bzw. durch eine ausländische Intervention möglich (Beispiel: Rep. Kongo [Brazzaville] 1993/94 und 1997).
2. Staatsferne konzentrierte Ressourcen führen häufig zu Bestrebungen der Sezession und neuer Eigenstaatlichkeit, um auf diese Weise die Renten vor dem Zugriff der Zentrale abzuschirmen (Beispiel: Sudan).
3. Disperse staatsferne Ressourcen ergeben die wirtschaftliche Basis für Milizen und Warlords, die kleinräumliche Kontrolle über die Ressourcenausbeute ausüben (Beispiel: Demokratische Republik Kongo, Angola).
4. Disperse staatsnahe Ressourcen sind häufig Impulsgeber für Unruhen und Aufstände im Sinne mehr oder weniger militanter sozialer Bewegungen.

Für die Entstehung regionaler Konfliktformationen ist besonders die wirtschaftliche Marginalisierung von Grenzregionen eine weitere fördernde Bedingung. Zugleich bekommen sie eine strategische Bedeutung für nicht formelle wirtschaftliche Aktivitäten. Dabei sind Flüchtlingslager häufig neuralgische Knoten, von denen aus nicht formelle transnationale Beziehungen gesteuert werden. Grenzräume sind daher in vielen modernen Kriegen die Schauplätze militanter transnationaler Gewaltbeziehungen (PUGH/COOPER 2004).

Obwohl diese Vierertypologie eine gute Differenzierung von Ressourcenkriegen und Ressourcenkonflikten erlaubt, ist sie jedoch zumindest in einer Hinsicht zu erweitern: Ressourcenbezogene Kriegsökonomien sind keineswegs nur gewaltförmig lokale Ökonomien, sondern sie sind in globale Wertschöpfungsketten integriert. Daher ist zu klären, welche Rolle unternehmerische Akteure spielen, die den Weg der Ressourcen zu den Verarbeitern und Endabnehmern regeln.

These 4: Lokale Kriegsökonomien können sich selbst stabilisieren, in dem sie sich in globale Produktions- und Wertschöpfungsketten einbinden

Eine grundlegende These über die „neuen" Kriege ist, dass Kriegsziele nicht unbedingt mit dem Sieg über den Feind erreicht werden, sondern die Kontinuität der Kämpfe und die Institutionalisierung von Gewalt den Zwecken der beteiligten Akteure besser dienen. Auf diese Weise lassen sich ökonomische Vorteile realisieren, die mit Ausdehnung der territorialen Kontrolle und Vertreibung rivalisierender oder nur störender Bevölkerungsgruppen verbunden sind.

Regionalisierte Kriegs- bzw. Schattenökonomien lassen sich damit zum einen als Schauplätze für unternehmerische Eliten beschreiben, die über Gewaltbeziehungen Vorteile aus dem (für Kriegsökonomien typischen) Gemisch von Korruption, schwacher Regierungsführung und durchlässigen Grenzen erzielen. Zum anderen erfüllen Kriegsökonomien auch breit gefasste Wohlfahrtsbedürfnisse. Zum Beispiel ermöglichen sie es Menschen, in extremer Not zu überleben, oder sorgen für kurze Wege durch die Bürokratie. Dieser Dualismus von raubgierigen Warlord-/Mafia-Aktivitäten, die gleichzeitig funktionalen Nutzen bringen, zusammen mit den Anpassungsfähigkeiten von Schattennetzwerken, die in Friedenszeiten weiterleben, stellt eine besondere Herausforderung für die Friedenspolitik dar. Georg ELWERT hat den Begriff des Gewaltmarktes vorgeschlagen, um das Zusammenspiel von gewaltoffenen Räumen, also die Abwesenheit fester Regeln und eines staatlich legitimierten Gewaltmonopols, und marktwirtschaftlicher Beziehungen zu fassen: „Unter einem Gewaltmarkt [verstehen wir] ein von Erwerbszielen bestimmtes Handlungsfeld [...], in dem sowohl Raub und Warenaustausch als auch ihre Übergangs- und Kombinationsformen (wie Lösegelderpressung, Straßenzölle, Schutzgelder usw.) vorkommen. Dabei knüpfen die unterschiedlichen Handlungsformen derart aneinander an, dass einerseits jeder Akteur grundsätzlich mehrere Optionen von Raub bis Handel hat (also nie nur reine Händler gegen reine Räuber stehen) und dass andererseits ein (zwar konfliktuelles aber) sich selbst stabilisierendes Handlungssystem entsteht" (ELWERT 1997).

Die These ist naheliegend, dass das Kriegsgeschehen in Afrika eine spezifische Form des Business darstellt, um sich lokale Ressourcen anzueignen. Für die Entstehung regionaler Konfliktformationen, sind daher sowohl Akteurskonstellationen und Produktionsketten zu untersuchen, die die spezifischen Formen der Kriegsökonomie prägen.

Als eine ergiebige und belastbare Informationsquelle dafür ist das *Panel of Experts on the illegal exploitation of the natural resources and other forms of wealth of the Democratic Republic of Congo* anzusehen. Diese Expertengruppe ist von den Vereinten Nationen im Jahr 2000 eingesetzt worden und hat bis Ende 2003 die weltwirtschaftlichen Beziehungen der Kriegsökonomien in Zentralafrika untersucht. Ein wichtiges Ergebnis dieser Arbeit ist die Aufdeckung der Funktionsweise so genannter Elitennetzwerke, in denen verschiedene Kompetenzen zusammenkommen, die das Konfliktgeschehen prägen. Dazu gehören

- Militärische Kompetenz, d. h. Organisation und Ausübung physischer Gewalt;
- Wirtschaftliche Kompetenz, d. h. Organisation von Transportketten und Handel sowie das Vermögen des „Fernhalten des Staates" in Form der Hintergehung von Steuern, Zöllen oder Auflagen;
- Soziokulturelle Kompetenz, d. h. Beteiligung der „richtigen" Akteure und skalenbezogenes Wissen (Mafiakompetenz).

Diese Form gewaltförmiger Wirtschaftsbeziehungen ist keine endogen organisierte Regionalwirtschaft, sondern sie ist im hohen Maße außengesteuert, was die Expertengruppe sehr anschaulich an der Produktions- und Wertekette von Coltan aus dem Ostkongo aufzeigt. Das Mineral Coltan ist eine Mischung aus Niobit (auch Columbit genannt) und Tantalit, aus denen die Metalle Niob und Tantal gewonnen werden. Tantal wurde bis vor kurzem zur Produktion von kleinsten Kondensatoren mit hoher elektrischer Kapazität in der modernen Mikroelektronik zum Beispiel in Mobiltelefonen und Laptops benötigt. Die Coltan-Vorkommen im östlichen Kongo entsprechen nach der Einleitung von LE BILLON (2004) dem Typ disperser, staatsferner Ressourcen. Sie sind mit vergleichsweise einfachen Gerätschaften ausbeutbar. Coltan erzielte Anfang 2000 Rekordpreise auf den internationalen Märkten. In dieser Zeit intensivierten sich die ressourcenbezogenen Auseinandersetzungen im östlichen Kongo und besonders Milizen mit Unterstützung aus Ruanda und Uganda begannen im großen Stil die Coltan-Lager zu plündern bzw. den Abbau zu organisieren. Ein wichtiger Indikator dafür sind die Exportzunahmen aus den Nachbarländern. Sie belegen, dass Coltan aus dem Kongo geschmuggelt und als legalisierter Rohstoff aus den Nachbarländern auf den Weltmarkt gebracht worden ist. Mit dem in Analogie zur Geldwäsche gefassten Begriff „Ressourcenwäsche" lässt sich dieser Zusammenhang beschreiben.

Die Preise für Coltan sind seit der Rekordhöhe 2000/01 erheblich gesunken. Damit ist auch das Interesse der beteiligten Akteure an der Ausbeutung zurückgegangen. Gleichzeitig stiegen aber die Weltmarktpreise für Kassiterit oder Zinnstein als Ausgangsprodukt für Zinn wegen starker Nachfrage aus Ostasien (VR China) erheblich an. Da die Extraktion von Zinnstein der von Coltan ähnelt, hat diese trotz Einsetzen eines Friedensprozesses im Kongo zu einer Fortsetzung der gewaltförmigen Ressourcenökonomie mit großer Strukturähnlichkeit und weitgehend identischen Akteurskonstellationen geführt. Der Weltmarktpreis für Kassiterit verdreifachte sich zwischen April 2002 und 2004 auf das Zehnjahreshoch von 9600 US-Dollar, sank dann auf etwa 8000 US-Dollar (Sommer 2005). Wie Coltan, Gold und Diamanten wird auch Kassiterit aus dem Kongo zur Ressourcenwäsche in die Nachbarstaaten geschmuggelt (GLOBAL WITNESS 2005, HUMAN RIGHTS WATCH 2005).

Da offizielle Statistiken keine Produktionsangaben für die Kassiterit-Förderung ausweisen, gleichwohl aber die Ausdehnung der Förderung auf dem Territorium der Demokratischen Republik Kongo bekannt ist, hat die NGO „Global Witness" eine Schätzung vorgelegt. Sie beruht im Wesentlichen auf gestiegenen Exportdaten des Nachbarstaates Ruanda und Annahmen nicht gemeldeter und nachgewiesener Importe aus der Demokratischen Republik Kongo. Danach ist die Jahresproduktion auf über 8000 t angestiegen, was auf Einnahmen von mehr als 50 Mio. US-Dollar schließen lässt, die in die gegenwärtige Kriegsökonomie der Jahre 2004/05 fließt.

Vor dem Hintergrund der transnationalen Akteurs- und Produktionsnetze, die Gewaltmärkte prägen, lassen sich Kriegsökonomien in Analogie der Interpretation der wirtschaftlichen Globalisierung von AMIN/THRIFT (1990) als „local nodes in global networks" interpretieren. Denn nur über die „erfolgreiche" Integration der gewaltförmigen Extraktion von Ressourcen ist diese Form der Kriegsökonomie aufrecht zu erhalten. Die verschlungenen Wege nicht formeller Ressourcen in die Weltwirtschaft und die dabei auftretenden Formen der Ressourcenwäsche kennzeichnen Forschungsfragen, die im Kontext der „Governance" globaler Wertschöpfungsketten vertieft werden könnte (GEREFFI/HUMPHREY/STURGEON 2005). Im Folgenden soll jedoch ein etwas anders gelagerter Aspekt aufgenommen werden, der stärker die institutionellen Rahmenbedingungen für Kriegsökonomien betrachtet.

These 5: Globalisierung befördert Entstaatlichung und Informalisierung durch einen doppelten Prozess: Entkoppelung aus formellen wirtschaftlichen Beziehungen, Einbindung in schattenwirtschaftliche Beziehungen.

In der wissenschaftlichen Literatur und in den Medien finden sich häufig Zeitdiagnosen der Entwicklungsprobleme Afrikas, die der folgenden Einschätzung ähneln: „Das Muster von Gewalt, Plünderung, Bürgerkrieg, Banditentum und Massakern, die während der 1980er und 1990er Jahren die große Mehrzahl der afrikanischen Länder befallen haben, hat Millionen von Menschen aus ihren Städten und Dörfern verjagt, die Wirtschaft von Regionen und Ländern ruiniert und die institutionelle Fähigkeit zur Handhabung von Krisen und zur Rekonstruktion der materiellen Lebensgrundlagen in eine Trümmerlandschaft verwandelt" (CASTELLS 2003, 120 f.).

Allerdings sollte nicht übersehen werden, dass neben der Kolonialgeschichte und den innerstaatlichen Kriegen weitere externe Ursachen für diese Situation verantwortlich gemacht werden können. Neben den bereits erwähnten transnationalen Akteursnetzwerken, die die Ressourcenextraktion aktiv betreiben, gehört dazu auch die Strukturierung wirtschafts- und gesellschaftspolitischer Rahmenbedingungen.

Die sich im Begriff Globalisierung ausdrückende Intensivierung der weltweiten Produktions-, Handels- und Finanzintegration hat bekanntermaßen die afrikanischen Wirtschaftsräume kaum erfasst. Der Anteil Afrikas am Welthandel oder an ausländischen Direktinvestitionen ist gering und betrifft im Wesentlichen den Rohstoff- und Agrarsektor. Dieser Abkopplungsprozess von der Weltwirtschaft wurde durch Maßnahmen neoliberaler Strukturanpassung begleitet, durch die eine Integration und aufholende Entwicklung eingeleitet werden sollte. Die vielfach bilanzierten Wirkungen der Strukturanpassungspolitik verweisen aber eher auf ein gegenteiliges Ergebnis. Zu beobachten sind der Zusammenbruch der formellen (städtischen) Arbeitsmärkte und der Rückgang der Nahrungsmittelproduktion pro Kopf zwischen 1975 und 1995 bei gleichzeitig starker Exportorientierung und Einführung unangepasster Technologien und Produktlinien.

Faktisch stellen die heute bestehenden bzw. die von der Weltbank und dem Internationalen Währungsfond IWF propagierten Wirtschaftsordnungen fördernde Bedingungen für die Zunahme informeller Beziehungen her, denn die formellen Formen der Wirtschaft sind quantitativ völlig unzureichend, um breite Einkommens- und Beschäftigungschancen zu schaffen. Gleichzeitig führt die propagierte und umgesetzte neoliberale Politik zur Entstaatlichung und vermindert dadurch die Kapazität, Wohlfahrtseffekte zu generieren, zu verteilen und zu regulieren (z. B. durch Verlust strategischer Planungskompetenz oder Steuerhoheit). Hieraus resultieren verschiedene Folgeeffekte wie beispielsweise die Privatisierung der Sicherheit, die weitere Ausdehnung informeller Wirtschaftsbeziehungen oder eben die Zunahme von Gewalt zur Durchsetzung ungleicher Tauschverhältnisse und Aneignung von Ressourcen. Die von außen induzierte abnehmende Tiefe von Staatlichkeit und die Zersetzung staatlicher Monopole bilden eine wichtige Rahmenbedingung für Gewaltmärkte und transnationale Netzwerke, die sich gewissermaßen als Schatten neoliberaler Globalisierung ausbreiten. Daraus ergibt sich eine abschließende These:

These 6: Die durch „failing states", lokale Gewaltmärkte und Globalisierung strukturierten Gewaltbeziehungen lassen als „realistische Alternative" nur imperiale „Protektoratslösungen" zu.
Am 2. März 2005 meldet die Nachrichtenagentur AFP, dass die in der Demokratischen Republik Kongo im Einsatz stehende Friedenstruppe der Vereinten Nationen (MONUC) mindestens 50 Milizionäre der Front für Nationalismus und Integration (FNI) getötet habe. Die Blauhelmsoldaten aus Pakistan und Südafrika hätten damit auf den Mord an neun UN-Soldaten eine Woche zuvor durch die FNI-Kämpfer reagiert. Weiterhin wurde gemeldet, dass von der FNI schon öfter Überfälle auf Flüchtlinge und Plünderungen von Ressourcen in der Stadt Hafe in der Region Ituri ausgegangen seien. Dieses blutige, als „robust" attributierte Vorgehen der MONUC ist umgehend vom Sprecher des UN-Sicherheitsrates als direkte Antwort auf den Tod ihrer Soldaten gerechtfertigt worden. Auch das deutsche Außenministerium als Repräsentant des drittgrößten Beitragszahlers der MONUC sprach ihr vorbehaltloses Einverständnis aus. Diese Unterstützung schließt damit auch die bei diesem Einsatz getöteten zehn Schulkinder und zahlreichen Frauen ein, die den Milizionären als so genannte menschliche Schutzschilde gedient haben sollen.

Ähnliche Aussagen und explizite Forderungen, häufiger „militärisch robust" vorzugehen, finden sich auch in Positionen von NGOs, die wie „Global Witness" eine hohe Reputation für den politischen Umgang mit afrikanischen Konfliktsituationen haben oder in Stellungnahmen wie dem Friedensgutachten der deutschen Institute zur Friedens- und Konfliktforschung. Global Witness fordert in einem offenen Brief an den UN-Sicherheitsrat nicht nur die härtere militärische Gangart, sondern mit Blick auf Kongo und Liberia ein erweitertes Mandat. Dieses solle auf die natürlichen Ressourcen ausgerichtet sein.

Angesichts der eingeschränkten Erfolge zivilgesellschaftlicher Interventionsformen, die eine Austrocknung der schattenwirtschaftlichen Beziehungen anstreben wie
- der Kimberley-Prozess zur Zertifizierung der Diamanten;
- die „publish what you pay"-Initiative, die verdeckte Zahlungen transnationaler Konzerne an Mitglieder der gewalttätigen Elitenetzwerke transparent machen will;
- der „monitoring"-Ansatz verschiedener Nichtregierungsorganisationen zur Aufdeckung gewaltförmiger Ressourcengeschäfte;

bleibt die „robuste" militärische Befriedung anscheinend die einzig wirkungsvolle Alternative. In Anbetracht der weltwirtschaftlichen und politischen Rahmenbedingungen ist aber auch die These naheliegend, „dass die herrschende neoliberale Doktrin unvermeidlich zu gewaltträchtigen Konfrontationen führt" (LOCK 2004). Globalisierung erzeugt danach die Schatten und die darin eingelagerten Gewaltbeziehungen, die durch den Krieg um Ressourcen, gegen Drogen (und auch gegen den Terror) wieder bekämpft werden. Im afrikanischen Kontext führt diese negative Verknüpfung zum Sachzwang, die territoriale Kontrolle internationalen Mächten zu übertragen. Ansonsten müsste sie aufgegeben werden, was angesichts des Ressourcenreichtums unwahrscheinlich erscheint und eher solche Regionen betreffen könnte, die für die Weltwirtschaft und Gesellschaft „unbedeutend" sind. Imperiale, neokoloniale Muster mit Protektoratslösungen sind daher ebenso wahrscheinlich wie die Etablierung einer neuen „terra incognita" (RUFIN 1994), in denen sich Gewaltbeziehungen zu selbstorganisierten Schattenwelten verdichten.

3 Schlusswort

Jenseits dieser unbequemen Aussichten bleibt die Hoffnung auf neue Generationen hoffnungsvoller Reformer, auf die der jetzige Bundespräsident und ehemalige IWF-Chef KÖHLER mit der Initiative „Partnerschaft für Afrika" setzt, also auf endogene Veränderungen, die sich trotz historischer und aktueller struktureller Gewalt und multiskalarer Aneignungsinteressen durchsetzen sollen. Voraussetzung für ihren Erfolg ist allerdings das Erkennen der Schattenwirtschaft in ihrer sektoralen, regionalen und netzwerkförmigen Dynamik, die sich im Kontext der Globalisierung vertieft und sich in vielen Teilen Afrikas lokal verdichtet. Sie aufzulösen benötigt sicherlich mehr als Dialoginitiativen.

Literatur

AMIN, A./THRIFT, N. (1992): Neo-Marshallian Nodes in Global Networks. In: International Journal of Urban and Regional Research, 16, 571-587.

AUTY, R. (2004): Natural Resources and Civil Strife: A Two-Stage Process. In: Geopolitics, 9, 29-49.

BAECHLER, G. (2000): Weltökologie: Umwelt und Konflikte: Übernutzung von Naturgütern als Konfliktursache – Ursachensyndrome – Umweltkonflikte als Gesellschaftskonflikte – Globale und lokale Umwelt- und Friedenspolitik. In: Globale Trends, 5, 319-334.

BERDAL, M./MALONE, D. J. (Eds.) (2000): Greed & Grievance. Economic Agendas in Civil Wars. Ottawa.

BULTE, E. H./DAMANIA, R./DEACON, R. T. (2005): Resource Intensity, Institutions and Development. In: World development, (33)7, 1029-1044.

CASTELLS, M. (2003): Das Informationszeitalter. Teil 3: Jahrhundertwende. Opladen.

DUNN, K. C. (2004): Africa's Ambiguos Relation to Empire and Empire. In: Empire's New Clothes: Reading Hardt and Negri. New York u. a., 143-162.

ELWERT; G. (1997): Gewaltmärkte. Beobachtungen zur Zweckrationalität von Gewalt. In: Kölner Zeitschrift für Soziologie und Sozialpsychologie, 37, 86-101.

GEREFFI, G./HUMPHREY, J./STURGEON, T. (2005): The Governance of Global Value Chains. Review of International Political Economy, 1, 78-104.

GLOBAL WITNESS (2004): Same Old Story - Natural Resources in the Democratic Republic of Congo. Washington DC.

GLOBAL WITNESS (2005) Under-Mining Peace. The Explosive Trade in Cassiterite in Eastern DRC. Washington DC.

GLOBAL WITNESS (2005): Same Old Story. A background study on natural resources in the Democratic Republic of Congo. Washington DC.

HOMER-DIXON, TH. (1999): Environment, Scarcity, and Violence. Princeton, NJ.

HOMER-DIXON, TH./PELUSO, N./WATTS, M (2003): Debating Violent Environments. In: ECSP Report, 9, 89-96.

HUMAN RIGHTS WATCH (2005) The Curse of Gold. Democratic Republic of Congo. New York.

LE BILLON, PH. (2004): The Geopolitical Economy of Resource Wars. In: Geopolitics, 9, 1-28.

LOCK, P. (2003): Gewalt als Regulation: Zur Logik der Schattenglobalisierung. In: Kurtenbach, S./Lock, P. (Hrsg.): Kriege als (Über)Lebenswelten. Schattenglobalisierung, Kriegsökonomien und Inseln der Zivilität. Bonn, 40-61.

NORDSTROM, C. (2005): Leben mit dem Krieg. Menschen, Gewalt und Geschäfte jenseits der Front. Frankfurt.

PELUSO, N./WATTS, M. (Eds.): (2001) Violent Environments. Ithaca, NY.

PUGH, M./COOPER, N. (2004) War Economics in a Regional Context. Challenges of Transformation. London.

REUSSWIG, F. (1999): Syndrome des Globalen Wandels als transdisziplinäres Konzept: zur Politischen Ökologie nicht-nachhaltiger Entwicklungsmuster. In: Zeitschrift für Wirtschaftsgeographie, 43, 184-201.

RUFIN, J.-CHR. (1993): Das Reich und die neuen Barbaren. Berlin.

SACHS, J. D./WARNER, A. M. (2001): The curse of natural resources. In: European Economic Review, 45, 827-838.

WATTS, M. (2004): Antinomies of community: some thoughts on geography, resources and empire. In: Transactions of the Institute of British. Geographers NS, 29, 195-216.

WITTVOGEL, K. A. (1970): Marxismus und Wirtschaftsgeschichte. Aufsätze. Frankfurt (Original: Geopolitik, Geographischer Materialismus und Marxismus. In: Unter dem Banner des Marxismus, 3. Jg. Wien).

Hydraulischer Imperialismus, Geographie und epistemische Gewalt in Sri Lanka

Benedikt Korf (Liverpool)

1 Ressourcen, Gewalt, Episteme

Der Zusammenhang zwischen natürlichen Ressourcen und gewalttätigen Konflikten ist in neueren Arbeiten der Friedensforschung stärker in den Mittelpunkt gerückt. Einige Autoren, insbesondere Thomas HOMER-DIXON, argumentieren in malthusianischer Tradition, dass Knappheit an Ressourcen zu zunehmenden Konflikten zwischen verschiedenen Nutzergruppen führen (HOMER-DIXON 1999). Demgegenüber hat Paul COLLIER von der Weltbank in seinen einflussreichen Studien versucht zu zeigen, dass nicht Knappheit, sondern Reichtum an Ressourcen zu bewaffneten Auseinandersetzungen führen kann (COLLIER/HOEFFLER 2004). COLLIER führt dies darauf zurück, dass Ressoucenreichtum Anreize zur gewalttätigen Aneignung von Ressourcenrenten bietet. Beide Denkschulen essentialisieren die Ressourcen-Konflikt-Kausalität, statt die sozialen und politischen Prozesse zu betrachten, die zu Gewalt in politischen Auseinandersetzungen führen. Ein wichtiger Aspekt hierbei ist, wie Gewalt im politischen Kontext *legitimiert* wird. Legitimationsdilemmata treten in vielen postkolonialen Staaten auf, in denen einheimische Eliten ihre neu gewonnene politische Position sichern müssen. Oft entstand und entsteht Gewalt in postkolonialen Transformationsprozessen aufgrund ungerechter institutioneller Regelungen zur Verteilung knapper Ressourcen und aufgrund von Exklusionsprozessen sozialer und ethnischer Minderheiten (WIMMER 2002).

In diesem Beitrag wird die Rolle von lokalen intellektuellen Eliten bei der Rechtfertigung von sozialen und politischen Exklusionsprozessen untersucht, was als epistemische Gewalt zu bezeichnen ist. Epistemische Gewalt ist eine indirekte Form der Gewalt, die durch die Festigung bestimmter „*truth claims*" bestehende strukturelle Abgrenzungsprozesse legitimieren hilft. Epistemische Gewalt kann sowohl Definitionsmacht als auch Legitimationsmacht sein, indem sie Diskurse produziert, die in GRAMSCIS Sinne hegemonial sind. Diese hegemonialen Diskurse definieren und grenzen ein, welche Formen und Zwecke von Gewalt gerecht(fertigt) sind. Die Rolle epistemischer Gewalt wird hier am Beispiel von Sri Lanka aufgezeigt.

2 Sri Lanka: Hydraulischer Imperialismus und epistemische Gewalt

In Sri Lanka fand von 1983 bis 2002 ein Bürgerkrieg zwischen der singhalesisch dominierten Zentralregierung und der Rebellengruppe Liberation Tigers of Tamil Eelam (LTTE) statt. Historisch gesehen ging es in Sri Lanka, insbesondere in der politisch dominanten Auseinandersetzung zwischen singalesisch dominiertem Zentralstaat und tamilischer Minderheit um die Frage, ob Sri Lanka ein ethnisch homogener oder heterogener Staat sei. Singalesische Nationalisten argumentierten, dass Sri Lanka eine buddhistisch-singalesische Kultur sei und Minderheiten sich dieser unterzuordnen hätten. Die tamilische Minderheit reagierte darauf mit der Forderung eines eigenen Homelands im Nordosten der Insel, wo Tamilen die Bevölkerungsmehrheit stellen. Die Homeland-Forderung führte zu einer zunehmenden Territorialisierung der sozialen und politischen Grenziehungen und zur Forderung nach ethnisch homogenen administrativen Einheiten (KORF 2004/2005).

Der postkoloniale Staat, politisch von der singalesischen Mehrheit dominiert, nutzte Bewässerungsprojekte zur Urbarmachung der Trockenzone im Nordosten Sri Lankas zur Untermauerung singalesischer Gebietsansprüche (MOORE 1989, PEEBLES 1990, TENNAKOON 1988). In der alten srilankischen Hochkultur, die ihre Blütezeit vor etwa 1000 Jahren erlebte, hatte sich ein ausgeklügeltes und hoch differenziertes Gesellschaftssystem entwickelt, das auf einem dezentralisierten Bewässerungssystem aufbaute. Der britische Anthropologe E. R. LEACH bezog sich auf dieses berühmte Beispiel, um Karl WITTVOGELs These von den despotischen, zentralistisch regierten hydraulischen Gesellschaften in Asien zu widerlegen (LEACH 1959). Nachdem Sri Lanka im Jahr 1948 unabhängig wurde, bildete sich bei singalesischen Politikern ein immer einflussreicher werdender Diskurs heraus, der die Zukunft Sri Lankas mit dieser altehrwürdigen Tradition der hydraulischen Gesellschaft verbinden wollte. Diese romantischen Bilder von unschuldigen Bauern – die *peasant ideology* (MOORE 1989) – und von den reinen Werten der hydraulischen Gesellschaft wurden alleine auf die singalesisch-buddhistische Kultur bezogen (TENNAKOON 1988) und mutierten damit zu einem hydraulischen Imperialimus: Wasser als grundlegende Ressource für die Nutzung von Landressourcen in der srilankischen Trockenzone wurde in Form der Bewässerungs- und Siedlungspolitik ein politisches Instrument zur Wiederherstellung der hydraulischen Blütezeit.

Gegen diese Politik der singalesischen Zentralmacht, die singalesische Familien aus dem Süden des Landes im Nordosten der Insel ansiedelte, den die tamilische Minderheit als ihr Homeland betrachteten, wandte sich u. a. der tamilische Widerstand (PEEBLES 1990, TAMBIAH 1986). Tamilische Politiker kritisierten insbesondere die Veränderung ethnischer Bevölkerungsanteile in einigen Distrikten in der Nordostprovinz, die sie auf die gezielte Siedlungspolitik der Zentralregierung zurückführten, welche sie als diskriminierend gegenüber der tamilischen Minderheit empfanden. Singalesische Politiker haben diese Siedlungspolitik immer wieder mit verschiedenen Argumenten verteidigt und legitimiert: Die Wiederurbarmachung der Territorien des alten hydraulischen Reiches wurde als eine Wiedergutmachung für vergangenes Unrecht (während der britischen Kolonialzeit) dargestellt. Außerdem sei angesichts der Landknappheit im singalesisch besiedelten Süden des Landes, insbesondere im Hochland, eine Nichtnutzung der Trockenzone im Nordosten nicht zu rechtfertigen.

Dieser Beitrag analysiert epistemische Gewalt in Form von Arbeiten singalesischer Hochschulgeographen in Sri Lanka, die mit so genannten „wissenschaftlichen" oder „rationalen" Argumenten singalesisch-nationalistische Politiken zu legitimieren suchen. Prof. G. H. PEIRIS, Geograph, ehemaliger Rektor der University of Peradeniya und Fellow des International Centre for Ethnic Studies (ICES) in Kandy, versucht die „Mythen" tamilischer Nationalisten, insbesondere deren Forderung nach einem tamilischen Homeland und deren Behauptung einer ethnisch diskriminierenden Siedlungspolitik zu widerlegen. Prof. C. M. MADDUMA BANDARA, ebenfalls Geograph und ehemaliger Rektor an der University of Peradeniya, entwirft ein Gegenmodell zur bisherigen regionalen Grenzziehung und schlägt Provinzgrenzen nach „rationalen", naturwissenschaftlichen Kriterien vor.

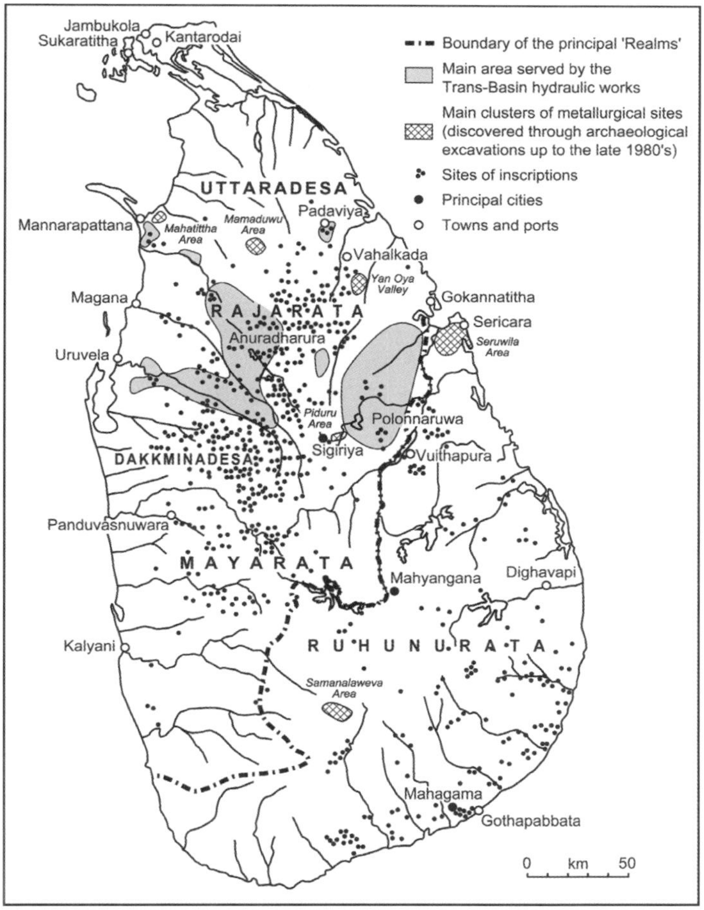

Abb. 1:
Alte hydraulische Herrschaftsbereiche und Siedlungsgrenzen in Sri Lanka (Peisris 1996, 15)

3 Spatial statistics – Dekonstruktion des tamilischen Homeland-„Mythos"

In seinem einflussreichen Artikel „An Appraisal of the Concept of a Traditional Tamil Homeland in Sri Lanka" (PEIRIS 1991) untersucht PEIRIS verschiedene Argumente, die zur Legitimierung tamilischer Homeland-Forderungen vorgebracht wurden, insbesondere die Auffassung, dass staatliche Kolonisationsprogramme singalesische Siedler in tamilischen Siedlungsgebieten – dem tamilischen „Homeland" im Nordosten Sri Lankas – ansiedeln. Für die Widerlegung dieser Argumente greift Peiris auf klassisch geographische Techniken zurück: Kartographie und *spatial statistics*.

In seinen kartographischen und statistischen Analysen vergleicht PEIRIS die ethnischen Siedlungsgrenzen (Abb. 1) und identifiziert die territorialen Siedlungsräume der drei im Nordosten lebenden ethnischen Gruppen: Tamilen, Muslime und Singalesen. Aufgrund vorhandener kolonialer Quellen kommt PEIRIS zum Schluss, dass im 19. Jahrhundert unter kolonialer Herrschaft die im Inland der Nordostprovinz siedelnden singalesischen *chena*-Bauern aufgrund von Hunger, Epidemien und kultureller Assimilierung durch andere ethnische Gruppen sukzessive zur Aufgabe dieser Territorien gezwungen waren. Es sind genau diese Gebiete, die später durch die Bewässerungsprojekte Kantalai (im Distrikt Trincomalee), Allai Extension Scheme (ebenfalls Trincomalee) und Gal Oya (im Distrikt Amparai) urbar gemacht und zum großen Teil an singalesische Siedler aus dem Süden vergeben wurden. PEIRIS schlussfolgert, dass es klare Hinweise auf eine singalesische Bevölkerung in den inländischen Territorien der Nordostprovinz gegeben habe und dass deshalb „the demand by one ethnic group [the Tamils, B.K.] for exclusive proprietary rights over Provinces and Districts which encompass extensive tracts of territory which it had never occupied ... lacks *rational* basis" (PEIRIS 1991, 24; Hervorhebung KORF).

Im zweiten Schritt analysiert PEIRIS die Veränderung der ethnischen Bevölkerungsanteile, insbesondere in den Distrikten Trincomalee und Amparai. Tamilen haben den Anstieg der singalesischen Bevölkerungsteile in diesen Distrikten mit den Siedlungsprogrammen in Verbindung gebracht und als Versuch der singalesisch dominierten Zentralregierungen interpretiert, Tamilen zur Minderheit in diesen Distrikten zu machen, um damit territoriale Forderungen nach einem tamilischen Homeland zu konterkarieren (BASTIAN 1995). So stieg der singalesische Bevölkerungsanteil im Distrikt Trincomalee von 4,5 % (1921) auf 33,6 % (1981). Peiris argumentiert jedoch, dass zum Beispiel im Fall des Gal Oya-Siedlungsprogramms in Amparai Singalesen nur in Gebieten angesiedelt worden seien, die bereits „an exclusive Sinhalese area in *pre*-Gal Oya times" (PEIRIS 1991, 27; Hervorhebung KORF) gewesen seien. Diese Argumentation ist als *spatial* statistics zu bezeichnen, denn sie betont die territoriale *Okkupation* als ausschlaggebend, nicht die Bevölkerungszahlen und auch nicht eine angemessene Verteilung von Ressourcen unter der in einem Territorium lebenden Bevölkerung. Kritikpunkt tamilischer Politiker war jedoch, dass die lokale tamilische (und muslimische) Bevölkerung unzureichend an der Nutzung der Ressourcen in ihrem eigenen Hinterland beteiligt worden seien. Dabei ist zu beachten, dass im 19. Jahrhundert die jetzt durch Bewässerungsprojekte dicht bewohnten und intensiv genutzten Gebiete nur durch wenige *chena*-Bauern besiedelt waren, die Wanderfeldbau betrieben hatten.

PEIRIS schlussfolgert: „In a densely populated country like Sri Lanka, where the prevailing pressure of population on land is intense, 9 % of its population claiming exclusive rights over 29 % of its territory is in itself unfair [the Tamil population claiming the Northeast as homeland, B.K.] ... [this resource scarcity] implies that the country cannot afford to have uninhabited buffer zones ... nor can such uninhabited ... tracts of territory be reserved untouched as future lebensraum for any one ethnic group of the country." (PEIRIS 1991, 34).

Peiris nutzt seine „wissenschaftliche" Untersuchung „with a high degree of accuracy" (PEIRIS 1991, 20) zur Legitimierung *politischer* Forderungen: Es sei aufgrund der Ressourcenknappheit der Insel nicht vertretbar, so PEIRIS, dass eine kleine Minderheit territoriale Ansprüche stellt, die der Mehrheit eine notwendige Nutzung zur Überwindung dieser Knappheit untersagt.

4 Rekonstruktion: Rationale Provinzgrenzen

Prof. G. H. PEIRIS versucht die politischen Argumente tamilischer Nationalisten „wissenschaftlich" zu widerlegen und die Ansiedlung singalesischer Bauern im Nordosten zu rechtfertigen; Prof. Madduma BANDARA entwirft ein Gegenmodell zu den gegenwärtigen Provinzgrenzen, die seiner Ansicht nach „imprints of colonial times on our map" seien (MADDUMA BANDARA 2001). Seine Vorschläge stehen in Zusammenhang mit politischen Bestrebungen in Sri Lanka, durch eine Dezentralisierung von Verwaltungsbefugnissen an die Provinzen der tamilischen Minderheit politisch entgegenzukommen. MADDUMA BANDARA stellt sein auf „wissenschaftlichen Kriterien" beruhendes Modell den „irrationalen, ethnischen Kompromisslösungen korrupter Politiker" gegenüber, die die Diskriminierung der singalesischen Bevölkerung während der Kolonialzeit perpetuieren würden.

MADDUMA BANDARA schlägt stattdessen vor, Flusseinzugsgebiete als Kriterium für die Neugliederung der Provinzgrenzen festzulegen (Abb. 2). Dies würde den natürlichen Zusammenhang zwischen Wasser- und Landnutzung auch auf politisch-administrativer Ebene nachvollziehen, unnötige Konflikte zwischen den Provinzen vermeiden helfen und die Klarheit der Provinzgrenzen garantieren, denn mit modernen Vermessungstechnologien könnten diese Grenzen schnell und eindeutig demarkiert werden. Sein Vorschlag hätte auch den Vorteil, dass es keine *land-locked* Provinzen mehr gäbe. Durch den Zugang zum Meer und die vorgeschlagene Demarkierung hätten alle Provinzen die notwendigen Ressourcen für eine weitgehend autarke Entwicklungsstrategie.

Ein Blick auf Abb. 2 lässt jedoch schnell erkennen, dass der „rationale" Diskurs der „natürlichen" Grenzen hochpolitische Folgen hätte: Die Nordostprovinz würde in ver-

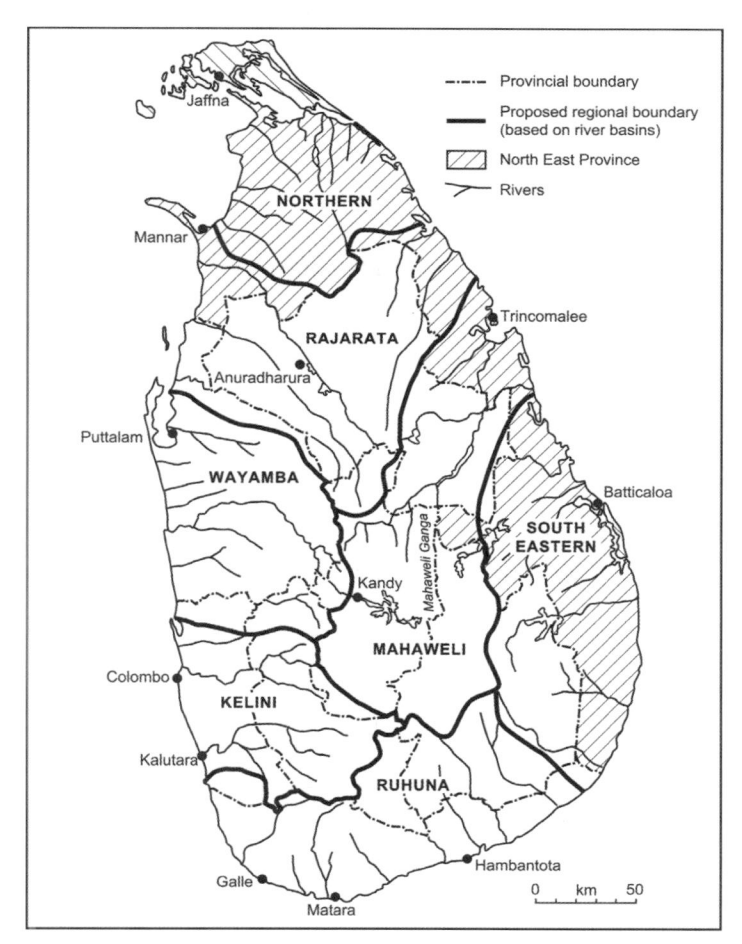

Abb. 2:
Naturalisierte Provinzgrenzen nach Madduma Bandara (2001, 22)

schiedene Scheiben geschnitten und insbesondere strategisch wichtige Orte, wie zum Beispiel Trincomalee mit seinem Hafen, würden Provinzen zugeordnet, die singalesisch dominiert wären. Auch argumentiert MADDUMA BANDARA mit einem geschlossenen Containerdenken, wenn er das indigene Entwicklungspotenzial jeder Provinz darlegt, als ob eine Provinz nur unabhängig von ihren Nachbarprovinzen wirtschaftlich gedeihen könnte. Diese Naturalisierung der politischen Geographie hat jedoch handfeste politische Ziele, wie sich aus dem politischen Engagement von MADDUMA BANDARA erkennen lässt: Im April 2000 beteiligte er sich an der Neugründung einer radikal singalesisch-nationalistischen Partei „Sihala Urumaya", die u. a. fordert, Sri Lanka als *unitary state* zu bewahren, die Provinzverwaltungen abzuschaffen (!) und den Singalesen „ihre verlorenen Rechte" zurückzugeben. Seine natürlichen Provinzgrenzen stützen dieses singalesisch-nationalistische Programm, weil sie die territoriale Basis der tamilischen Minderheit im Nordosten – ihr Homeland – zerstückelt.

5   Geographische Imaginationen und epistemische Gewalt

In diesem Beitrag wurden zwei Beispiele vorgestellt, in denen singalesische Geographen politische Forderungen des ethnisch Anderen dekonstruieren, um eigene territoriale Ansprüche zu rationalisieren. In Sri Lanka stehen die Verbindung von Land- und Wasserressourcen in der Trockenzone im Mittelpunkt ethnisch-politischer Konflikte um Territorien. Die „Verwissenschaftlichung", „Rationalisierung" und Naturalisierung von *geographical imaginations* schafft Legitimation für politische Ansprüche auf territoriale Räume und die Nutzung von natürlichen Ressourcen. Rationalisierung, die Legitimierung für diskriminierende Politiken schafft, wurde in diesem Beitrag als epistemische Gewalt bezeichnet. In der wissenschaftlichen Diskussion um so genannte Ressourcenkriege (COLLIER/HOEFFLER 2004, HOMER-DIXON 1999) werden diese Aspekte der Legitimierung verschiedener Formen von Gewalt nicht ausreichend berücksichtigt. Auch die *grabbing hand* eines Warlords muss sich eine gewisse Legitimität verschaffen, für die es einer epistemischen, diskursiven Untermauerung bedarf, zum Beispiel in der Form von *geographical imaginations*, die dann zu einer Form epistemischer Gewalt werden.

Literatur

BASTIAN, S. (1995): Control of State Land: The Devolution Debate. Colombo.
COLLIER, P./HOEFFLER, A. (2004): Greed and Grievance in Civil War. In: Oxford Economic Papers, 56, 563-595.
HOMER-DIXON, T. (1999): Environment, Scarcity and Violence. Princeton.
KORF, B. (2004): Der Andere als Schurke: Zur Rolle ethnisierter Feindbilder in den srilankischen Friedensverhandlungen. In: Internationales Asienforum, 35(3-4), 245-262.
KORF, B. (2005): Wer hat Angst vorm Schurkenstaat? Macht/Raum-Diskurse in Sri Lanka. In: Geographica Helvetica, 60(2), 127-135.
LEACH, E. R. (1959): Hydraulic Society of Ceylon. In: Past and Present, 15, 2-26.
MADDUMA BANDARA, C. M. (2001): Redefining the Regions of Sri Lanka – A National Need of Our Time. Inaugural Address at the Peradeniya University Lecture Series (PULSE), 24 January.
MOORE, M. (1989) The Ideological History of the Sri Lankan 'Peasantry'. In: Modern Asian Studies, 23(1), 179-207.

PEEBLES, P. (1990): Colonisation and Ethnic Conflict in the Dry Zone of Sri Lanka. In: Journal of Asian Studies, 49(1), 30-55.

PEIRIS, G. H. (1991): An Appraisal of the Concept of A Traditional Tamil Homeland in Sri Lanka. In: Ethnic Studies Report, 9(1), 13-39.

PEIRIS, G. H. (1996): Development and Change in Sri Lanka: Geographical Perspectives. Kandy.

TAMBIAH, S. (1992): Buddhism Betrayed? Chicago.

TENNAKOON, S. N. (1988): Rituals of Development: The Accelerated Mahaweli Development Program of Sri Lanka. In: American Ethnologist 15(2), 294-310.

WIMMER, A. (2002): Nationalist Exclusion and Ethnic Conflict. Cambridge.

A New Path to the Waterfall: Nature, Nation and Hydroelectric Development in James Bay

Caroline Desbiens (Québec)

1 Introduction

The history of the relationship between the indigenous and the non-indigenous population of the James Bay area spans over more than three hundred years. However, that relationship has intensified and given rise to numerous conflicts since the beginning of the nineteen-seventies and in the wake of the construction of hydroelectric dams, most notably on La Grande River. The river is more than 800 km long from east to west and drains an area of 97 400 km^2 before flowing into the James Bay. At the end of the first development phase (from 1973 to 1985), the river was dammed in three different sites (LG-2, LG-3, LG-4) and flooded in five places to create a reservoir with a total surface of 10 000 km^2. At the heart of conflicts encountered during the first construction phase were the production power of the river and the social and cultural interpretations of it by the Cree and Québécois. La Grande River forces the southern population of the province to communicate with the northern population, and vice-versa, notwithstanding the colonial heritage stemming from this context. Even though the situation was punctuated by numerous conflicts, they never gave rise to armed confrontation. However, even if the conflict did not erupt into physical violence, it is an undisputable fact that the transformation of the landscape is a form of epistemological violence towards Cree history and culture. The goal of this study is to explore this epistemological violence; compared to other sensitive areas around the world where the presence of exploitable natural resources is synonymous with political and social upheaval, the James Bay case offers hints of solutions to a more equitable exploitation of the territory.

2 Analysis

In order to understand epistemological violence through the hydroelectric development of the region, the study adopts a critical approach toward colonial history. Several researchers have demonstrated that, in a North American context, the impact of European culture within a territory does not take place solely in virgin space; rather, it involves the erasure of human traces left by indigenous populations. The erasure of indigenous landscapes takes several shapes, from epidemics that wiped out populations to dispossessing populations of their land or assimilating populations into the dominant society through education, legislation or development. To understand the effect of these methods and to showcase positive interventions for the future, the recounting of history must be take place backwards, as it were, and in a dialectic manner – the recounting of North American expansion must mention the destructuring of indigenous geographies. Without this double perspective, Canadian history – as well as Québec history – masks its foundation and becomes the exclusive work of "pioneers". Hiding this relation between construction and dispossession is a structural element of the official historiography. Denys DELÂGE makes reference to this dynamic: "Specifically, the imperial paradigm is part of our historiography in both what it hides and what it reveals. To see the discovery of America means hiding the conquest that led to it; to see colonial expansion generally means forgetting the shrinking of indigenous spaces; to see 'growth' and 'progress' means closing our eyes to the process of 'reduction' and the building of 'Indian reserves'." (DELÂGE 2000, 521-522).

Perceived in the seventies – and beforehand – as a new frontier of colonization, James Bay has frequently been the object of what may be termed "tunnel vision history". Because it was an important part of the cultural and economical assertion of the Québécois – who themselves had been the "colonial other" of the British empire – the hydropower development of La Grande River was often presented in the nationalist imagination as the beginning of the exploitation of the region by human populations. To oppose this biased account of the river's history, it is necessary to broaden the historical horizon and to conceive it as a natural object that was deeply changed by human activity even before its transformation on a greater scale for the needs of industrial society. Therefore, the analysis first addresses the building of the La Grande Complex in order to compare this period of the river's history with the methods of exploitation specific to the Cree culture.

2.1 LG-2 Site: water builders/nation builders

The spectacle of the transformation of La Grande River was the ideal terrain for the nationalizing of the Quebec population. Popular views often portrayed James Bay dams as "water castles" and the people who built them as pioneers and "water builders". Echoing previous narratives of colonization that presented the relation between society and nature as a battle between domineering and dominated, these views added to the "naturalization" of the Québec nation. Through this symbolic discourse, the very essence of a people appears to be the direct result of their interaction with the territory. The pioneer ideology thus validates Québec's autochthonism in America. This sanction is even more important north of the St. Lawrence valley where the French speaking population was not yet implanted systematically.

From its inception, Hydro-Quebec has been an important channel for such representations, particularly through an advertising campaign conducted in 1973 and based on the slogan: "We are Hydro-Quebecers". Using this slogan, Hydro-Quebec "combined hydroelectricity and the fact of being a Quebecer (*québécitude*) to create a new identity" (PERRON 2003, 81).

During works on La Grande River, James Bay workers were the perfect archetypes of what could be called a "hydroelectric *québécitude*". As craftsmen of this "electric landscape", they combined their physical power with that of the river to produce energy on a national scale. The Esso company reiterated this vision in the following slogan created to commemorate the initial phase of development: "James Bay: Energy for Quebecers thanks to Quebecers' energy". In spite of these slogans, the LG-2 camp does not exist anymore. Nevertheless, the work of those who remodelled the river is represented in the monuments that the hydroelectric installations have become, in the popular imagination and in the historiography of James Bay. But what of the Crees who worked on the very same watercourse named *Chisasibi* in their own language?

2.2 Uupichun: the river's energy and the work of the Cree

Because of their geographical situation downstream of the expected power plants, the Crees of Fort George were subjected to the most direct consequences of the La Grande River transformation. Fort George residents were anxious to protect their island, but they were even more preoccupied with the future of a time-honoured fishing site. Located twenty-three kilometers down the river, the First Rapids (*Uupichun* in the Cree language) were easily accessible by canoe from Fort George. Uupichun, where whitefish spawned, was an extremely productive fishing site that was also used for camping and fish processing. The unique physical structure of the First Rapids explained its productivity in terms of fishing resources and strategic importance to the annual hunting cycle. For the Crees, the power of the Chisasibi River at this location resided in its ability to provide many fish as the geography of the site offered good capture conditions for people. At Uupichun, the river seemed to invite the Crees to pick its fruit in much the same way an animal offers itself to a hunter (PRESTON 1982).

All the characteristics that made Uupichun a strategic site for the Cree economy – downward slope, current speed, rock quality, etc. – very much interested hydroelectric engineers seeking to obtain maximum energy from the Chisasibi during the first phase of development. After negotiations, the Fort George community was moved to the main land and the fishing site – which the Crees wanted to protect – was eventually sacrificed to the construction of the LG-1 dam. For the Crees of Fort George, the destruction of Uupichun meant the loss of an important cultural heritage. The capacity to work and to perpetuate typically Cree production methods thanks to river energy was part of this heritage, perhaps representing the deepest loss for the Crees whose identity was closely linked to this work. Indeed, traditional activities were all the more important since the Cree economy had already begun to change at the turn of the seventies. However, unlike the abrupt transformation of the river, the transition towards different production methods and types of work is a gradual process whose evolution is strongly linked to the capacity of individuals to adapt to a changing nature. Even though it does not undermine the physical integrity of Cree individuals, the destruction of heritage sites constitutes a form of epistemic violence that will have repercussions on future generations.

3 Conclusion

Our analysis emphasizes the dynamics of production/destruction of cultural landscapes linked to the hydroelectric exploitation of James Bay rivers. Uupichun was a production site and therefore a cultural site for Chisasibi people because it represented an important hub of contact and exchange between humans and nature. Environmental impact assessments, oral history, cartography and various archives demonstrate that dozens of sites just as strategic as Uupichun have disappeared as a result of hydroelectric development. By undermining the territory, the destruction of sites revered by the Cree undermines their integrity as a society. The value of the work accomplished in these sites was translated in a dynamic social exchange, as was the case for LG-2 workers. On a small and large scale, work ensures quality of life to community members from a material point of view by providing sustenance and income, but also from a symbolic point of view, through the sharing of work and of the fruit of the work.

This role of work as an agent of social cohesion was made possible by nature: abundant resources were the gift of the Chisasibi to the Crees who gathered there.

Therefore, from their standpoint, this loss of a socialized nature represents the loss of a cooperative structure established through generations of use of this territory. Even though this loss does not leave physical marks among Cree communities, it undermines collective memory by attacking territorial integrity. I have called this phenomenon "epistemological violence". It is absolutely essential that this kind of violence be recognized and mitigated in order to preserve the equilibrium of exchange and prevent an abundance of natural resources in this region from becoming synonymous with social disintegration and armed opposition.

References

DELÂGE, D. (2000): L'histoire des Premières Nations, approches et orientations. In: Revue d'histoire de l'Amérique française, (53)4, 521-527.

PERRON, D. (2003): 'On est Hydro-Québécois.' Consommateur, producteur ou citoyen? Analyse de la nationalisation symbolique d'Hydro-Québec.['We are Hydro-Quebecers.' Consumers, producers or citizens? Analysis of the symbolic nationalization of Hydro-Québec]. In: Globe, (6)2, 73-97.

PRESTON, R. (1982): Toward a General Statement on the Eastern Cree Structure of Knowledge. In: Cowan, W. (Ed.): Papers of the Thirteenth Algonquian Conference. Ottawa, 299-306.

Leitthema E – Nachhaltigkeit: Grenzbereich zwischen Ressourcenerhalt und -degradation

Sitzung 2: Landnutzungswandel und Landdegradation – Prozesserfassung und Szenarien einer nachhaltigen Nutzung

Johannes Ries (Trier) und Manfred Meurer (Karlsruhe)

Zur Einführung ist es angebracht, Landdegradation und Landnutzungswandel abzugrenzen und zu definieren. Mit Blick auf die mediterranen Landschaften, welche in den ersten zwei Beiträgen behandelt werden, bieten CONACHER/SALA (1998, 171)[1] einen Definitionsvorschlag für Landdegradation an, der besonders geeignet erscheint, weil er Landdegradation in einem sehr umfassenden Sinne begreift: „[...] land degradation is defined as: alterations to all aspects of the natural (or biophysical) environment by human actions, to the detriment of vegetation, soils, landforms, water (surface and subsurface) and ecosystems." Wie bei allen jüngeren Definitionsversuchen ist der Mensch zwar einziger Auslöser, betroffen aber ist das gesamte Geoökosystem. Die Bewertung der Schädigung erfolgt damit nicht ausschließlich aus der Sicht des Menschen und vor dem Hintergrund seines Nutzens, sondern ist auf die gesamte (natürliche) Umwelt hin ausgedehnt. Somit weist diese Definition über einen rein anthropozentrischen Schadensbegriff hinaus.

Die Dynamik des aktuellen Landnutzungswandels wird heute von klimatischen, demographischen und ökonomischen Faktoren bestimmt. Während die Ursachen von Klimawandel und Landnutzungswandel weitgehend bekannt sind, herrscht über die geoökologischen, ökonomischen und sozialen Folgen noch große Unsicherheit. Daraus ergeben sich die Fragen für die Beiträge von BEGUERÍA-PORTUGUÉS et al. und HILL/RÖDER/MADER: Wo ist Landdegradation Folge von Landnutzungswandel? Wie ist sie ausgeprägt, wie kann sie erfasst und quantifiziert werden? Und für die beiden folgenden Beiträge von BUTTSCHARDT sowie NÜSSER/SAMIMI: Welche Strategien können Landdegradation verhindern und degradierte Flächen wiederherstellen helfen? Die regionalen Beispiele führen uns vom Mittelmeerraum über Westafrika nach Südafrika.

Der Landnutzungswandel kann grundsätzlich in zwei unterschiedlichen Richtungen ablaufen. Intensivierungs- und Extensivierungsprozesse können zur Degradation führen, sie laufen oft räumlich eng benachbart sowie mit beeindruckender Geschwindigkeit ab. In Südeuropa werden auf vergleichsweise geringen Flächenanteilen mit immer größerem technischem Aufwand bei Bewässerung und Folienbau sehr gewinnträchtig Gemüse und Obst produziert. Die Plastikgewächshäuser des industriellen Gartenbaus beschränken sich dabei heute keineswegs mehr auf die Talböden und Schwemmebenen der Küstenhöfe und Deltas, wo sie oft die gesamte Fläche überdecken, sondern ziehen sich bis in die mittleren Hangbereiche. Umfangreiche Geländeeingriffe sind mit der notwendigen Großterrassierung verbunden. Auf den steilen Böschungen sind flächenhafter Abtrag und Rinnenerosion zu beobachten; Folienreste und Rückstände von Pestiziden und Herbiziden belasten Boden und Vorfluter.

Kritisch ist der steigende Wasserbedarf zu beurteilen. Die regionalen Ressourcen sind

---

[1] CONACHER, A. J./SALA, M. (Hrsg.) (1998): Land Degradation in Mediterranean Environments of the World. Nature and Extent, Causes and Solutions. Chichester, New York.

ausgeschöpft, und nur mit dem Wassertransport aus den Gebirgen und dem damit verbundenen weiteren Ausbau der Vorratshaltung in Speichern kann diese Intensivlandwirtschaft im Mittelmeerraum ausgeweitet werden. Die geoökologischen Folgen dieser Entwicklung sind kaum absehbar, und wissenschaftliche Studien fehlen weitgehend. Neben dieser Intensivierung finden flächenhaft in den mediterranen Gebirgen gegenläufige Landnutzungsänderungen statt: Acker- und Grünlandflächen fallen brach und werden extensiveren Nutzungsformen zugeführt. In der Phase des Übergangs vom Auflassen bis zu einer natürlichen Vegetation mit hohen Bedeckungsgraden vergehen in den semiariden und subhumiden Landschaften mehrere Jahrzehnte, in denen weitgehend unklar ist, wie sich Oberflächenabfluss und Bodenabtrag entwickeln. Als sicher gilt: Auf frisch aufgelassenen Flächen steigen Oberflächenabflüsse und Bodenerosionsraten. Das abgetragene Material gelangt in die Stauseen und verfüllt die Reservoire. Sind die Flächen dann dicht verbuscht oder bewaldet, nimmt die Abflussspende rapide ab, da das Wasser am Standort durch die Vegetation zurückgehalten wird. Viele Bewässerungsgebiete in den vorgelagerten Tiefebenen werden deshalb zukünftig mit weniger Wasser auskommen müssen. Der Beitrag von BEGUERÍA-PORTUGUÉS et al. zeigt, wie sich unter dem Landnutzungswandel von ehemaligen Ackerflächen hin zu extensiveren Nutzungen die Bodenerosion, der Wasserhaushalt und die in den Vorflutern zu Verfügung stehende Wassermenge verändern. Die kleinräumige Verteilung an Landnutzungsveränderungen und die je spezifische Degradierung können flächenhaft und aktuell nur mit Fernerkundungsmethoden dokumentiert werden. In ihrem Beitrag über die Erfassung prozessrelevanter Oberflächeneigenschaften mit optischen Fernerkundungssystemen zeigen HILL/RÖDER/MADER an Beispielen aus Südostspanien die methodische Vielfalt und die hohe Aussagekraft der so gewonnenen Daten. Gerade die neuen Hyperspektraldaten liefern im sehr großmaßstäbigen Bereich neue und bessere Informationen.

Seit über 30 Jahren werden in der Physischen Geographie die Folgen von Intensivierungsprozessen in den vorrangig weidewirtschaftlich genutzten Flächen Westafrikas untersucht: Übernutzung der Holzressourcen, Überweidung und Ackerbau führen in Verbindung mit der starken Variabilität der Niederschläge und eingeschränkten Wanderungs- und Vorsorgemöglichkeiten der Bevölkerung zum typischen Schadensbild der Desertifikation. Von ihrer Auswirkung sind aktuell im Niger mehr als eine Million Menschen bedroht. Der Beitrag von BUTTSCHARDT stellt uns Biosphärenreservate als Modell für nachhaltige Nutzungssysteme am Beispiel von Westafrika vor. Die ökologischen Probleme stehen in Wechselwirkung mit den ökonomischen Systemen und dem politischen Rahmen, in denen die Akteure, Landnutzer und Entscheidungsträger, agieren. Im letzten Beitrag zeigen NÜSSER/SAMIMI an Beispielen aus dem südlichen Afrika, welche Konsequenzen sich aus Politischer Ökologie für die Landnutzung ergeben.

Die Beiträge spannen einen Bogen von den Ursachen und Formen der Landdegradation über die Methoden der Erfassung hin zu Strategien der Vermeidung und Möglichkeiten der Regradation, die den Menschen als Handelnden in den Mittelpunkt stellen. Die Beiträge zeigen: Daten müssen auf *nested-scale*-Ebenen erfasst werden; Methodenforschung ist vor allem im mikroskaligen Bereich und damit auf der Prozessebene Erfolg versprechend. Im sozialwissenschaftlichen Bereich sind die wesentlichen Erkenntnisse zum Common´s Dilemma, zu den Landbesitzverhältnissen, der Notwendigkeit der Partizipation sowie zur Entwicklung der Agrarproduktion erbracht, dagegen müssen Schutz- und Vermeidungsstrategien regional getestet und bewertet werden. Überdies wird deutlich: Landdegradationsforschung ist Schnittstellenforschung und steht somit im Kern einer modernen Geographie.

Global Change and Water Resources in the Mediterranean Mountains: Threats and Opportunities

Santiago Beguería-Portugués (Zaragoza/Utrecht), José I. López-Moreno, Noemí Lana-Renault, Estela Nadal-Romero, Pilar Serrano-Muela, Jérôme Latron, David Regüés-Muñoz, Teodoro Lasanta, Carlos Martí-Bono and José M. García-Ruiz (Zaragoza)

1 Introduction

Water is a strategic resource in all the countries surrounding the Mediterranean basin, with many regions periodically exposed to situations of stress, like the one experienced in spring and summer 2005 in almost all Iberian regions. In this context, water resources management has gained the status of a national issue, as illustrated by intense political debate originated in recent years by the National Hydrological Plan in Spain (MARTI 2000, EMBID/GURREA 2004). In a context of steadily increasing water demand it is generally admitted that water availability will be one of the drivers of future economical and social development in the region. In this sense, global change scenarios are not very promising, projecting an intensification of stress conditions during the 21th century. This is due to the combined effect of increase in temperature and reduction of precipitation in the region (SCRÖTER et al. 2005, EEA 2004), along with a clear trend towards extensification and land abandonment (ROUNSEVELL et al. 2005).

Large part of these changes is expected to happen or is already happening in the mountain areas. This is particularly significant, since mountain headwaters are primary sources of water resources in the region (THORNES 1999, GARCÍA RUIZ et al. 2001). Although the signals of climate change, specially referring to precipitation decrease, are still very weak, socio-economic processes leading to land use change have been very important in mountain areas in the Mediterranean Basin. In the most developed countries of the region (those belonging to the EU) a process of land marginalisation leaded to depopulation, extensification and farmland abandonment during the last century (RABBINGE/VAN DIEPEN 2000, TAILLEFUMIER/PIÉGAY 2003). Decreased human pressure on mountain areas has had the effect of promoting natural vegetation recovery, in some parts largely helped by vast reforestation programs (fig. 1).

Fig. 1: Land cover changes in the Ijuez between 1957 (a) and 2002 (b). The abandonment of cultivation fields in the valley slopes was generalized in the valley during the 50's of the last century, and was followed by a process of natural and artificial revegetation.

The effects of this changes on mountain headwater catchments is yet not completely evaluated, and is a key research topic at the DGPGC (GARCÍA-RUIZ et al. 2004). Various aspects of water resources research going from total water yield, timing and quality to planning and management are of interest. Of special concern are the scale issues, and various experimental settings have been installed to assess the effect of land use change on water resources at different scales (fig. 2). The methods used comprise at-point rainfall simulation, monitoring of water and sediment production at plot scale and small catchment scale, and the analysis of historical climatic and discharge records at a basin scale. The purpose of this paper is to summarize the results obtained from these studies.

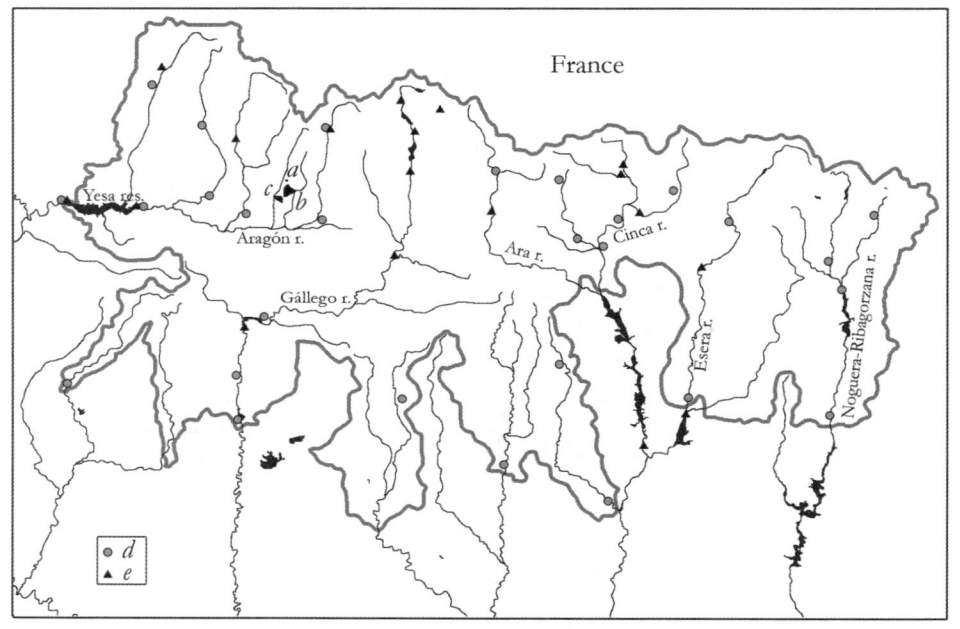

Fig. 2: Multi-scale approach to field Hydrology studies: location of the different study areas. Contour of the Central Pyrenees basins analysed in the study. Also shown are: 'Valle de Aísa' experimental station (a); 'Loma de Arnás' experimental catchment (b); 'San Salvador' experimental catchment (c); climatic observatories (d); gauging stations

2 Results at plot scale

Studies at plot scale allow to assess the effects of different land uses on some aspects of surface hydrology, basically the generation of surface runoff and the export of solutes and suspended sediment. In the Aísa Valey Experimental Station nine plots of 10 x 3 m have been installed and monitored since 1992 (LASANTA et al., in press). Soil and location conditions are virtually the same, allowing a comparison of the results obtained from the application of different treatments to the plots. Rainfall, surface runoff, suspended sediment and solutes are measured at each plot. The treatments reproduce traditional and modern land use practices and various states of land abandonment. Traditional rotating cereal crops are represented by two plots which are cultivated or left fallow on alternating years. A third field was cultivated under the same practice during four years, and abandoned thereafter. Traditional shifting agriculture has been reproduced in other two plots. The management consisted on burning the original dense shrub cover, using the ashes as natural fertilizer, cultivating the plot during four years, and abandoning it after that. In other plot seasonal (summer) pasture practices are reproduced, and finally in one plot the dense shrub vegetation typical of crop fields after many years of abandonment was left as control.

The results show important differences in surface runoff production, both in average annual values and inter-annual variation (fig. 3). The highest runoff coefficient, as well as the highest variance, was observed under shifting agriculture practices (median around 16 %), followed by the cereal crops (11 %). The runoff coefficient diminished after land abandonment in both cases, towards similar values to those of the meadow (7.5 %). The lowest mean runoff, and also the lowest variance, was observed in the shrub plot (4.5 %). The highest soil loss was observed under shifting agriculture practices (900 kg ha^{-1}) and cereal cultivation (400–700 kg ha^{-1}). Inter-annual differences cover almost one order of magnitude between the first and the ninth deciles. Soil loss was very much reduced after abandonment in the two cases (250 and 200 kg ha^{-1}, respectively). The shrub plot only exported 110 kg ha^{-1} and showed very little inter-annual variation, and the meadow was very close with 180 kg ha^{-1}.

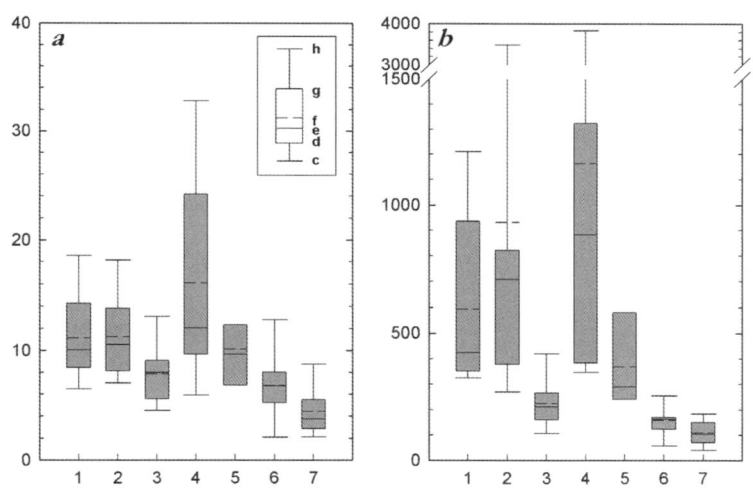

Fig. 3: Results from different treatments at plot scale in the Valle de Aísa experimental station. Surface runoff, in % of the precipitation (a); annual soil loss, in kg ha^{-1} (b). Box plot: first decile, 10 % (c), first quartile, 25 % (d), second quartile or median, 50 % (e), mean (f), third quartile, 75 % (g), ninth decile, 90 % (h). The treatments are (see explanation in the text): traditional rotating cereal crop, cultivated (1) and fallow (2) phases; abandoned cereal crop (3); shifting agriculture (4); abandoned shifting agriculture (5); meadow (6); shrubs (7)

3 Results at catchment scale

Studies at plot scale are interesting because they allow a high level of control over the treatments applied. The results, however, refer only to hydrological processes that apply at point scale, like runoff production or water infiltration. Upscaling from plot to catchment scale is thus necessary to allow for other processes to be considered, like redistribution of soil water in the unsaturated and saturated zones. New research questions can be posed, like the hydrological behaviour of headwater catchments at event and long term time scales.

Experiments with twin catchments allow the comparision of the hydrological behaviour of catchments with different land cover. This is the case of the catchments of the DGPGC in the Central Pyrenees, where two catchments were instrumented and monitored since 1996: i) Arnás catchment, characterized by abandoned cereal fields with different levels of vegetation cover; and ii) San Salvador catchment, completely forested. Climatic and hydrological variables are automatically measured: temperature, wind speed, radiation, precipitation, discharge, groundwater level, suspended sediment, solutes and bedload (García-Ruiz et al. 2000).

The behaviour of the two catchments is highly different (fig. 4). In general, the deforested catchment showed higher total discharge. At the beginning of the season, when the water storage in the two catchments is at its minimum after the summer period, the response to a rainfall event is highly differentiated. While in Arnás catchment some discharge was observed almost for any event, in San Salvador a certain amount of rainfall was needed before the catchment started producing any runoff. This is due to the different mechanisms of runoff production in both cases, since in Arnás there are some uncovered surfaces with very low permeability in which runoff is controlled by infiltration excess (Horton runoff) (García-Ruiz et al. 2005). In San Salvador and large parts of Arnás, on the contrary, runoff is produced only by saturation excess (Dunne runoff), what requires the previous humectation of the soils (Seeger/Beguería 2003).

At event scale, Arnás catchment responded very fast to rainfall, with high peak

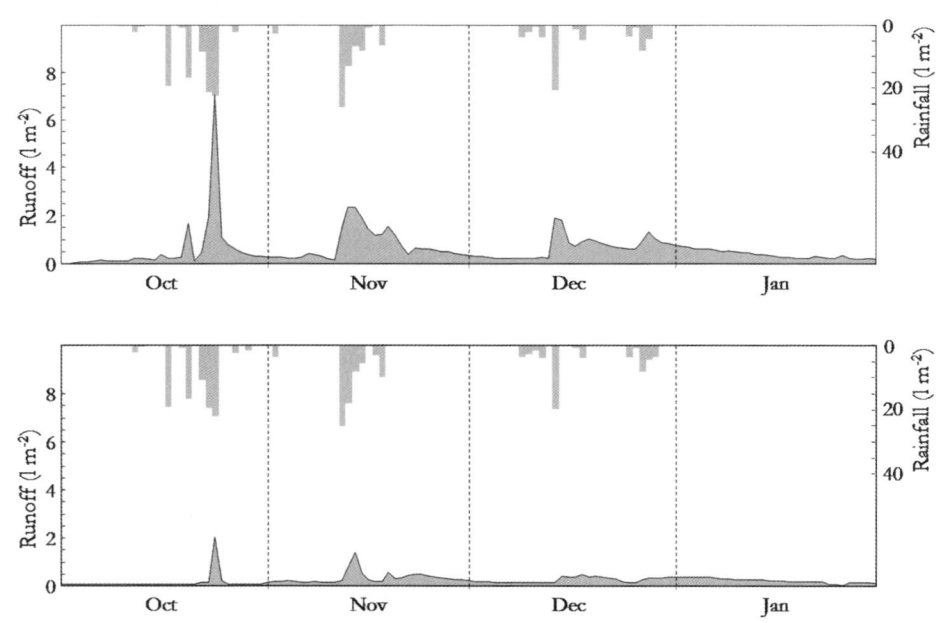

Fig. 4: Hydrographs observed at Arnás (a) and San Salvador (b) experimental catchments (October 1999 to February 2000). Discharge is expressed in l m^{-2} to compare between the two catchments of different size, and also to compare with the observed rainfall (in the same units)

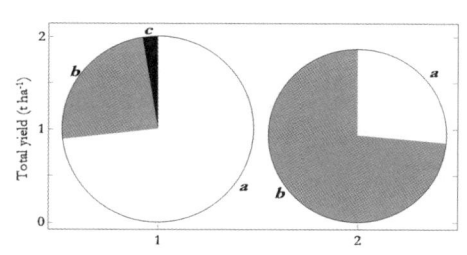

Fig. 5: Sediment yield observed at Arnás (a) and San Salvador (b) experimental catchments, hydrological year 1999–2000. Suspended sediment (1), solutes (2) and bedload (3)

flows and also fast falling limb of the hydrograph. San Salvador, on the other side, responded in a more moderate way, with less spectacular peak flows and more prolonged falling limb (SEEGER/BEGUERÍA 2003).

There were also important differences between the catchments in sediment yield (fig. 5). Although the total annual yield is similar (2.04 and 1.87 t ha^{-1}) there were significant differences in the importance of different transport modes. Most of the sediment (46 %) was exported as suspended sediment in Arnás, solutes representing 34 % and bedload being around 20 % of the total (REGÜÉS et al. 2004). In San Salvador, however, most of the transport (73.5 %) was done in the form of solutes, and no bedload was observed. This is related to the longer residence times of water in the soils, resulting in higher concentration of solutes.

4 Results at basin scale

Research at plot and catchment scale allows to gain detailed insight into the hydrological effects of land use change in the Pyrenees. In a survey about land use change in the Aragón River basin (c. 2000 km^2), comparing aerial photos from 1956–57 and today, the abandoned surface was estimated in about 22 % of the total area. Of the abandoned fields, 65 % of the surface is now covered by natural secondary forest or reforestation; 28 % has transformed into dense shrubland; and 7 % is still used as meadows or seasonal pastures. From a management point of view, an evaluation of the effect of these changes on water resources is needed at a basin scale.

Important questions at this scale are: Can we detect a trend in the availability of water resources during the last Century? If such a trend exists, can it be attributed to climate drifts, to land cover change, or to both of them? What changes can we expect in water resources availability in a near future? How can the current water management strategies deal with these changes? Analysis of historical records of climate, discharge and reservoir levels in the Pyrenees have helped to address these questions.

4.1 Total water yield

Regional adimensional series were constructed from 18 weather stations and 28 gauging stations from the central sector of the Spanish Pyrenees (fig. 1). A common recording period from 1945 to 1995 was used (fifty years). The regional series show the annual evolution of total rainfall and water yield (volume of water) in the region, expressed in standard deviations over the average value in the period (fig. 6).

No clear trend in precipitation was found in the period analysed, but alternated dry and wet periods instead. The relation between the two variables, however, showed important differences. Until 1975 approximately the discharge curve appeared systematically *under* the line representing the precipitation, but this relationship was inverted in the second half of the period. This suggests a gradual change in the relationship between rainfall and runoff along the study period. An attempt to relate this shift to the evolution of temperature during the same period was unsuccessful. No significant increa-

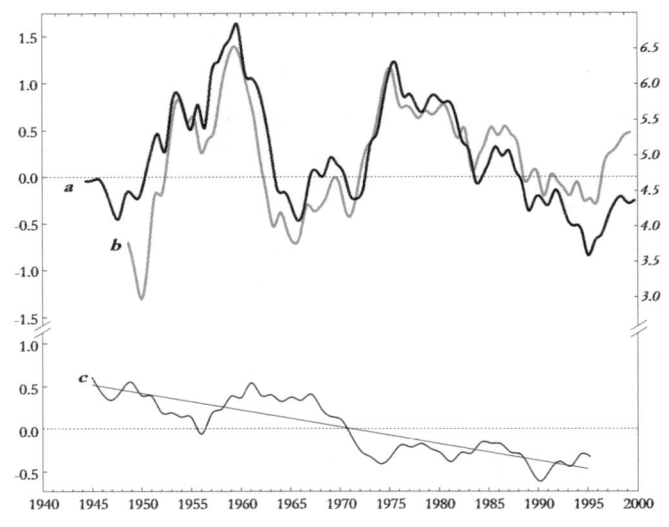

Fig. 6:
Regional time series of discharge (a) and precipitation (b) in the Central Pyrenees basins. Units are standard deviations over the average in the period 1945-1995. Secondary units (right axis, in italic font) is the total annual water yield of the Central Pyrenees basins, in hm³ x 1000. Below (c) are shown the residuals from estimating the annual water yield (a) upon total rainfall (b), and minimum-squares adjusted linear trend.

se in water consumption occurred in the area, due to the very low population of the high valleys. The only driver that could explain the observed change in the rainfall-runoff transfer process was the change in land cover, more precisely the revegetation of vast surfaces during the period analysed.

A simple linear regression model was used to estimate the surface water losses. It was found that the annual water yield could be predicted with good accuracy ($r^2 = 0.939$) from the regional annual precipitation. The analysis of the evolution of the residuals over time (fig. 6) offers a way of quantifying the shift in the model produced by the change in land cover. The residuals of the regression (observed minus predicted) showed a clear downward trend during the study period, significant at a=0.99. This means that the same amount of rainfall produced significantly less water at the end of the study period than at the beginning. This loss was estimated at around one fourth (25 %), what represents a very important loss in terms of water resources.

4.2 Annual regime and flood frequency

The experiences from the experimental catchments show that not only a change in total water yield can be expected from changes in the vegetation cover, but also in the hydrological response to given events. This includes the annual timing of discharge (regime) and the frequency of high flows and flooding.

We used the regional series of precipitation, temperature and discharge to analyse the existence of trends in the monthly totals of these variables (BEGUERÍA et al. 2003, GARCÍA-RUIZ et al. 2001). We used Spearman's Rho test against a null hypothesis of a linear trend in the period 1945–1995 (table 1). The results showed little evidence of trends in precipitation, which only was significant for the months of October and May, with very little increment (0.12 and 0.39 standard deviations, respectively). The case of temperature was similar, with significant trends of opposite sign only in January and April (0.58 and -0.39 sd). Discharge, on the contrary, showed significant decrease in eight months, with values ranging from -0.37 to -0.63 sd. The changes were concentrated in the periods of spring - early summer and autumn.

For analysing the existence of changes in the frequency of high flows and flooding

Table 1: Monthly trends of precipitation, temperature and discharge in the Central Pyrenees in the period 1945–1995, from regional time series over 18 and 28 climatic and gauging stations. The magnitude of the trend is expressed in standard deviations over the average in the same period.

	Jan	Feb	Mar	Apr	May	Jun	Jul	Aug	Sept	Oct	Nov	Dec
Precipitation	0.09	-0.23	-0.44	0.29	0.12*	0.02	0.34	-0.01	-0.01	0.39*	0.30	0.20
Temperature	0.58*	0.28	0.17	-0.39*	0.03	-0.21	0.16	0.19	-0.32	-0.09	0.10	0.37
Discharge	-0.17	-0.42*	-0.43	-0.62*	-0.75*	-0.46*	-0.37*	0.01	-0.60*	-0.52*	-0.63*	-0.17

*: trend is significant at a = 0.95

Table 2: Estimated maximum discharge for different return periods at several gauging stations in the Pyrenees ($m^3\ s^{-1}$), calculated for two different registering periods.

	Period 1945-1978				Period 1979-1995			
	1 year	5 years	10 years	25 years	1 year	5 years	10 years	25 years
Aragón R. at Jaca	42	160	200	263	27	99	124	165
Gállego R. at Anzánigo	119	422	496	596	76	215	264	340
Ésera R. at Eriste	49	114	138	175	32	64	79	105
Vero R. at Lecina	13	34	38	42	6	18	22	26

we calculated the discharge corresponding to different return periods (extreme quantiles) using two data sets from the periods (1) 1945–1978 and (2) 1978–1995 (table 2). Both data sets included approximately equal number of years in which rainfall was higher and lower than the average. The quantiles were calculated using partial duration series sampling on discharge series, and adjusting the resulting samples to Generalized Pareto distributions using the method of L-moments (see BEGUERÍA 2005). The results were very different in the two analysed periods and for all gauging stations, indicating a decrease in the frequency of high flows that is reflected in lower expected highest discharges for the same return periods (GARCÍA-RUIZ et al. 2001).

4.3 Induced changes in reservoir management strategies

We have seen so far that significant alteration of total water yield, annual regime and frequency distribution of discharge has occurred in the Pyrenees during the last decades, and that this changes can be attributed to the abandonment of cultivated land and revegetation over large surfaces. This fact can have great impact on water resources availability for human use, since discharge from virtually all Pyrenean rivers is stored in reservoirs downstream and distributed for irrigation, industrial and urban use.

We addressed this question by analysing management patterns of these reservoirs. Here we present the example of the Yesa reservoir in the Aragón River. We analysed the storage regime of the reservoir through monthly series of water level, input and output dicharge (LÓPEZ-MORENO et al. 2004). PCA analysis on different years regimes showed two types of management. In ordinary years, which predominated in the first two decades of operation of the reservoir, high storage levels were reached at the beginning of the winter, grace to autumn rainfalls usual under Mediterranean climate. The managers then released as much water as it entered the reservoir keeping a safety margin of about 20 % of the reservoir capacity, and completed the filling to the maximum capacity in late spring.

The situation predominating in the last two decades, however, was different. Due to diminished discharge, specially during the autumn high flows, the managers needed to keep infilling the reservoir almost during the whole season. Some years even the maximum storage levels were not reached at the beginning of the summer. This example demonstrates that the observed hydrological changes have had an impact also at management level.

5 Discussion and conclusions

We have found a significant decrease in water resources in the Pyrenees during the second half of the 20th century, together with changes in the monthly regime and in the frequency of high flows. We attribute these trends to changes in land cover undergone in the study area during that period, including land abandonment and vegetation recovery in a vast part of the Pyrenees. This hypothesis has been corroborated at different scales, from direct experimentation at plot scale to observation at both catchment (through the comparison of twin catchments) and basin scales (through observation of trends in time series of concerned variables).

The current situation is not critical, and reservoir management strategies have been flexible enough to compensate for these changes and are still able to feed the current water demand. However, a shift has been detected in reservoir management towards more stressed situation, reflected in longer infilling period to reach the same amount of water storage. A pertinent question is whether the system will be also sustainable in the future, when added stress in the form of climate change will reduce water yield even more.

The process of vegetation recovery is expected to continue in the near future, although most probably the rate will decrease with respect to that observed in the first decades after abandonment. Climate change is expected to increase water stress through reduction in precipitation and increase in potential evapotranspiration. However, we do not know with certainty what the effects of climate change will be in mountain regions, that can differ from the general trends expected in the Mediterranean area. Thus, more research is needed for estimating water resources generation in headwater catchments in scenarios of global change.

Other aspects arise from the experimental and observational settings at detailed scale. Observational experiments in twin catchments have shown that revegetation leads to decreased torrential behaviour of mountain streams, resulting in a less hazardous environment.

Up to now no complete assessment has been made on the consequences of global change for water resources in the Mediterranean area. Integrated management plans should consider both the effects of climate and land cover changes, and not only on total water yield but also on other aspects like monthly regime, torrentiality, flood frequency or sediment yield. As it has been shown land cover can have a very significant role on headwater catchments hydrology, and thus on global water resources in Mediterranean environments.

References

BEGUERÍA, S. (2005): Uncertainties in partial duration series modelling of extremes related to the choice of the threshold value. In: Journal of Hydrology, 303, 215-230.

BEGUERÍA, S./LÓPEZ-MORENO, J. I./LORENTE, A./SEEGER, M./GARCÍA-RUIZ, J. M. (2003): Assessing the Effect of Climate Oscillations and Land-use Changes on Streamflow in the Central Spanish Pyrenees. In: Ambio, 32(4), 283-286.

EEA, EUROPEAN ENVIRONMENT AGENCY (2004): Impacts of Europe's changing climate, An indicator-based assessment. Luxembourg, 107.

EMBID, A./GURREA, F. (2004): Relevance and application of the EU Water Directive in terms of Spain's National Hydrological Plan. In: Water Science & Technology, 49(7), 111-116.

GARCÍA RUIZ, J. M./MARTÍ BONO, C./ARNÁEZ VADILLO, J./BEGUERÍA-PORTUGUÉS, S./LORENTE GRIMA, A./SEEGER, M. (2000): Las cuencas experimentales de Arnás y San Salvador en el Pirineo Central Español: escorrentía y transporte de sedimento. In: Cuadernos de Investigación Geográfica, 26, 23-40.

GARCÍA-RUIZ, J. M./LASANTA, T./VALERO, B./MARTÍ, C./BEGUERÍA, S./LÓPEZ-MORENO, J. I. (2004): Soil erosion and runoff generation related to land use changes in mountain areas. In: Huber, U./Bugmann, H. K. M./Reasoner, M. A. (Eds.): Global change and mountain regions. An overview of current knowledge. Dordrecht (The Netherlands), 321-330.

GARCÍA-RUIZ, J. M./ARNÁEZ, J./BEGUERÍA, S./SEEGER, M./MARTÍ-BONO, C./WHITE, S. (2005): Runoff generation in an intensively disturbed, abandoned farmland catchment, Central Spanish Pyrenees. In: Catena, 59, 79-92.

GARCÍA-RUIZ, J. M./BEGUERÍA, S./LÓPEZ-MORENO, J. I./LORENTE, A./SEEGER, M. (2001): Los recursos hídricos superficiales del Pirineo aragonés y su evolución reciente. Geoforma ediciones, Logroño (Spain), 192.

LASANTA, T./BEGUERÍA, S./GARCÍA-RUIZ, J.M. (in press): Geomorphic and hydrological effects of traditional shifting agriculture in a Mediterranean mountain, Central Spanish Pyrenees. In: Mountain Research and Development.

LÓPEZ-MORENO, J. I./BEGUERÍA, S. /GARCÍA-RUIZ, J. M. (2004): Storage regimes of the Yesa Reservoir, upper Aragón river basin, Central Spanish Pyrenees. In: Environmental Management, 34(4), 508-515.

MARTI, O. (2000): When the rain in Spain is not enough. In: Unesco Courier, available online at http://www.unesco.org/courier/2000_12/uk/planet.htm.

RABBINGE, R./VAN DIEPEN, C. A. (2000): Changes in agriculture and land use in Europe. In: European Journal of Agronomy, 13, 85-100.

REGÜÉS, D./LANA-RENAULT, N./MARTÍ-BONO, C./NADAL-ROMERO, E./GARCÍA-RUIZ, J. M. (2004): Aplicación de perfilometría en la estimación del transporte en carga de fondo en un torrente de montaña (cuenca de Arnás, Pirineo aragonés). In: Benito, G./Díez Herrero, A. (Eds.): Riesgos naturals y antrópicos en Geomorfología. Toledo, 191-198.

ROUNSEVELL, M. D. A./EWERT, F./REGINSTERA, I./LEEMANS, R./CARTER, T. R. (2005): Future scenarios for European agricultural land use II. Projecting changes in cropland and grassland. In: Agriculture, Ecosystems & Environment, 107, 117-135.

SCHRÖTER, D. and 34 more authors (2005): Ecosystem service supply and vulnerability to global change in Europe. In: Science, 310, 1333-1337.

SEEGER, M./BEGUERÍA, S. (2003): La respuesta hidrológica en dos cuencas experimentales con diferentes usos del suelo en el Pirineo Aragonés – Das hydrologische Verhalten zweier kleiner Einzugsgebiete mit unterschiedlicher Nutzungsgeschichte und -intensität in den Aragonesischen Pyrenäen. In: Marlzoff, I./de la Riva, J./Seeger, M. (Hrsg.): Landnutzungswandel und Landdegradation in Spanien – El cambio en el uso del suelo y la degradación del territorio en España. Zaragoza, Johann Wolfgang Goethe Universität – Frankfurt am Main and Universidad de Zaragoza, 203-221.

Taillefumier, F./Piégay, H. (2003): Contemporary land use changes in prealpine Mediterranean mountains: A multivariate GIS-based approach applied to two municipalities in the Southern French Prealps. In: Catena, 51, 267-296.

Thornes, J. (1999): The hydrological cycle and the role of water in Mediterranean environments. In: Golley, F. B./Bellot, J. (Eds.): Rural planning from an environmental system perspective. Ijmuiden (The Netherlands).

Landdegradation und Desertifikation. Die Erfassung prozessrelevanter Oberflächeneigenschaften mit optischen Fernerkundungssystemen

Joachim Hill, Achim Röder und Sebastian Mader (Trier)

1 Einleitung

Weite Bereiche der ländlichen Regionen im Süden Europas haben in den vergangenen Jahrzehnten erhebliche Veränderungen erfahren. Große Teile der Bevölkerung sind dort in das Umfeld urbaner Zentren abgewandert, um bessere Verdienstmöglichkeiten in Industrie, Gewerbe und Dienstleistung nutzen zu können. Die damit einhergehende Marginalisierung der peripheren Regionen findet ihren stärksten Ausdruck in umfassenden Landnutzungsveränderungen. Dabei spielt zum einen die vollständige Aufgabe der landwirtschaftlichen Nutzung eine wichtige Rolle, andererseits aber auch der zunehmende Rückgang in der traditionellen Nutzung semi-natürlicher Vegetationsgesellschaften. Viele dieser Gebiete erfahren im Zuge ihrer zunehmenden Verbuschung und Bewaldung tief greifende Veränderungen der geo-ökologischen Prozessdynamik bis hin zur Änderung der hydrologischen Verhältnisse und einer dramatisch ansteigenden Feuergefahr (Mazzoleni et al. 2004; s. auch Beguería-Portugués et al., dieser Band). Zugleich finden sich immer wieder regionale Brennpunkte, in denen meist wegen der Nähe zu urbanen Agglomerationen oder aufgrund einer durch Tourismus bedingten großen Nachfrage die traditionellen Bewirtschaftungsformen (z. B. Beweidung, Holznutzung) derart intensiviert wurden, dass mittlerweile eine nachhaltige Nutzung nicht mehr gewährleistet ist (z. B. Hostert et al. 2003a, b). Viele dieser Ökosysteme sind dementsprechend von Landdegradationsprozessen betroffen, die gemeinhin in den Kontext des globalen Problems der Desertifikation gestellt werden. Nicht mehr bestritten wird, dass Desertifikation als komplexes System bio-geophysikalischer Prozesse und Randbedingungen insbesondere durch sozio-ökonomische Einflussfaktoren an Dynamik gewinnt (Reynolds/Stafford-Smith 2002).

In dieser Situation ist allenfalls durch die Entwicklung geeigneter Managementstrategien eine nachhaltige Inwertsetzung der betroffenen Landnutzungssysteme zu erreichen. Die Verfügbarkeit räumlich differenzierter Informationsprodukte zu Vegetations- und Bodenverhältnissen, die den Zustand semi-natürlicher bzw. intensiv genutzter Ökosysteme abbilden, ist dazu eine unabdingbare Voraussetzung. Deren Bereitstellung bzw. zeitgerechte Aktualisierung kann allerdings wegen des hohen Aufwandes kaum über terrestrische Verfahren befriedigt werden; zunehmend rücken satellitengestützte Erhebungs- und Bewertungskonzepte in den Vordergrund, wie sie etwa im Umfeld europäischer Forschungsprojekte (u. a. www.georange.org, www.ladamer.org, www.desurvey.net) erarbeitet werden. Schwerpunkte bei der Nutzung von Fernerkundungssystemen als alleinige Informationsquelle liegen neben der Zustandserfassung zweifellos in der häufigen Wiederholung synoptischer Beobachtungen bzw. der Bewertung langjähriger Zeitserien aus den verfügbaren Datenarchiven. Ihre Nutzung gestattet sowohl ein retrospektives Umweltmonitoring wie auch die Erfolgskontrolle bei der Umsetzung von Maßnahmen zur Minderung und Eindämmung von Degradationsprozessen. Darüber hinaus können wichtige Eingabegrößen für integrierte Modellierungsansätze zur räumlich expliziten Landschaftsbewertung ausschließlich über Fernerkundungsdaten bereitgestellt werden (u. a. BOER 1999, BOER/PUIGDEFABREGAS 2003).

2 Das Untersuchungsgebiet

Die in diesem Beitrag vorgestellten Ergebnisse beziehen sich auf methodische Untersuchungen in der Cañada Hermosa, einem Teileinzugsgebiet des Rio Guadalentín in SE-Spanien. Es ist eine der von Landdegradationsprozessen stark betroffenen Regionen Spaniens, zu der bereits mehrere Studien vorliegen (u. a. BOER 1999, HILL/SCHÜTT, 2000 BOER/PUIDEFÁBREGAS 2003). Geologisch gehört das Gebiet zur Betischen Kordillere, wobei die Lithologie von jurassischen bis tertiären Kalken und Mergeln dominiert wird. Mit einem durchschnittlichen Jahresniederschlag von etwa 300 mm in den Niederungen gehört die Region zu den trockensten Bereichen des europäischen Mittelmeergebietes (u. a. GEIGER 1970). Die Böden in den stärker reliefierten Bereichen umfassen karbonatreiche Lithosole und Regosole; in den Niederungen finden sich zumeist karbonathaltige Fluvisole (PROYECTO LUCDEME 1988), die überwiegend zur Getreideproduktion, zu kleinen Teilen auch zum Anbau bewässerter Sonderkulturen genutzt werden. Die heute ausschließlich zur Jagd und allenfalls extensiven Weidewirtschaft aufgesuchten Gebirgsbereiche sind überwiegend mit Trockengräsern (*Stipa tenacissima*) und mehr oder weniger aufgelockerten Kiefernbeständen (*Pinus halepensis*) bestanden.

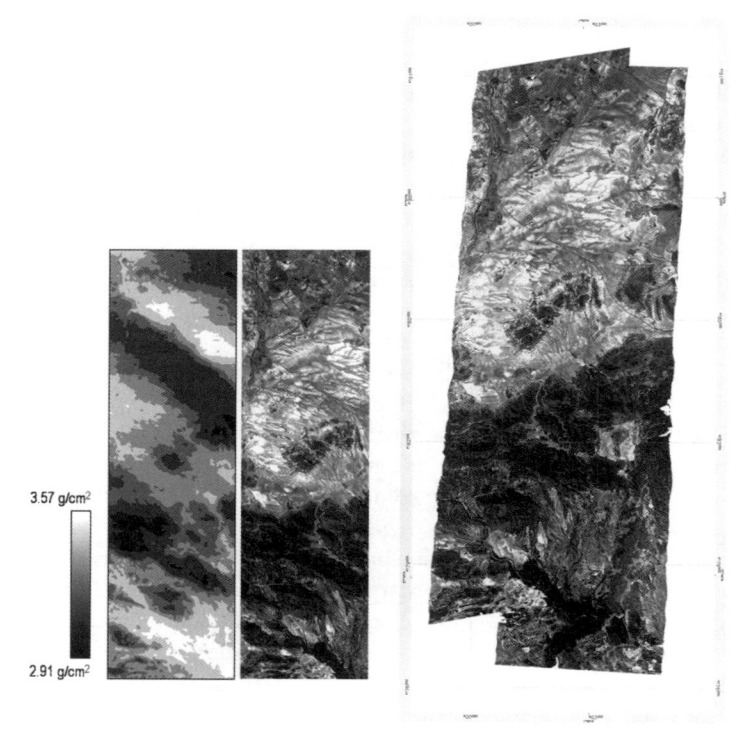

Abb. 1: Mit AtCPro 3.2 erzeugte Schätzung der Wasserdampfverteilung für den Bildstreifen Lorca1 (links); orthoprojiziertes Bildmosaik aus den atmosphärisch korrigierten Bildstreifen Lorca1 und Lorca2 (rechts)

3 Material und Methoden

Die hier vorgestellten Arbeiten beziehen sich auf die vergleichende Erprobung unterschiedlicher Auswertungsverfahren anhand von zwei, am 29. Juni 2000 mit dem HyMap-Hyperspektral-Scanner (u. a. Cocks et al. 1998) über dem Untersuchungsgebiet aufgenommenen Datensätze (Lorca1, Lorca2). HyMap verfügt in der im Jahr 2000 vom Deutschen Zentrum für Luft- und Raumfahrt eingesetzten Version über 126 Spektralkanäle, die mit einer spektralen Bandbreite von 15–21 nm das reflektive Spektrum zwischen 0.4 und 2.5 μm abdecken; mit einem Öffnungswinkel von 2.2 mrad wurde aus einer Flughöhe von ca. 3500 m über Grund eine Pixelgröße von etwa 7 x 7 m^2 erzielt. Die Integration von HyMap und einer stabilisierten Plattform (Zeiss SM2000) mit Inertial-Navigationssystem (Boeing MIGIT GPS/INS) gestattet unter Nutzung eines angemessen aufgelösten digitalen Geländemodells eine hochgenaue parametrische Georeferenzierung der Bilddaten. Darüber hinaus standen als Ergänzungsdaten zu dieser Befliegung umfangreiche, vor Ort durchgeführte spektroradiometrische Messungen (1998, 2001, 2003), Vegetationsaufnahmen (2000) und Bodenprobenentnahmen (1998, 2003) zur Verfügung.

Die geometrische Aufbereitung der beiden Hyperspektraldatensätze erfolgte mit einem parametrischen Korrekturverfahren (Schläpfer et al. 1998) unter Einbeziehung der während des Bildfluges zeitgleich erhobenen GPS- und INS-Navigationsdaten (RMSE = 6.8 m N-S, 7.2 m N-S). Die Korrektur der atmosphärischen Effekte einschließlich der dazu notwendigen, räumlich differenzierten Schätzung des atmosphärischen Wasserdampfs wurde mit AtCPro vers. 3.2 (u. a. Hill/Mehl 2003) durchgeführt. Zusätzlich wurden dabei topographisch bedingte Beleuchtungseffekte durch Einbindung eines entsprechend illuminierten Geländemodells kompensiert (Abb. 1). Nach dieser sorgfältigen Vorverarbeitung stand für jede georeferenzierte Pixelposition ein bidirektionelles Reflexionsspektrum in der Auflösung von 126 Spektralkanälen zur Verfügung (Abb. 3); anschließend erfolgte mittels unterschiedlicher methodischer Konzepte die Ableitung der vorgestellten Informationsprodukte.

Diese Produkte konzentrieren sich auf boden- und vegetationsbezogene Indikatoren. Während auf regionaler Maßstabsebene zumeist „Standardindikatoren" (z. B. Vegetationsindizes, Albedo) zur Zustandsbeschreibung eingesetzt werden (z. B. Fang et al. 2005), die allenfalls grobe Anhaltspunkte zu Landschaftszustand und -veränderungen liefern, müssen auf lokaler Ebene unbedingt besser differenzierte Parameter zur Beschreibung des Oberflächenzustands herausgearbeitet werden (u. a. Hill 2000). Während im erstgenannten Fall anhand erhöhter Albedowerte allenfalls auf eine stärkere Exposition der Bodenoberfläche (Vegetationsrückgang) zu schließen ist, werden über eine differenzierte Analyse der Spektraleigenschaften genauere Aussagen beispielsweise zur Bodendegradation (Versalzung, Krustenbildung, verstärk-

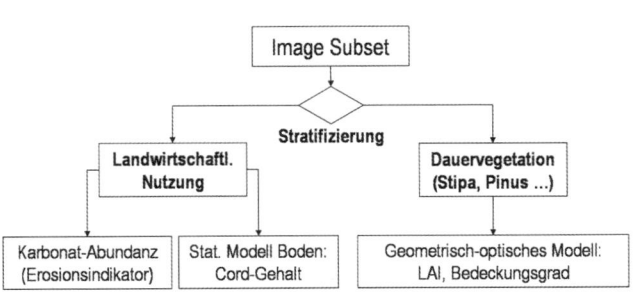

Abb. 2: Räumliche Stratifizierung als Optimierungsschritt zur Anwendung thematischer Verarbeitungskonzepte von Fernerkundungsdaten

GeoSail Modellkonzept

Reflexion des Bodens im Schatten: $\rho_{gS} = \rho_{gI}\,\tau$

Reflexion des beleuchteten Bodens: ρ_{gI}

Reflexion des Bestandes im Schatten: $\rho_{mS} = \tau\,\rho_{mI}$

Reflexion beleuchteter Bestand: $\rho_{mI} = \rho_{\infty}\left(1-\tau^2\right) + \rho_{gI}\,\tau^2$

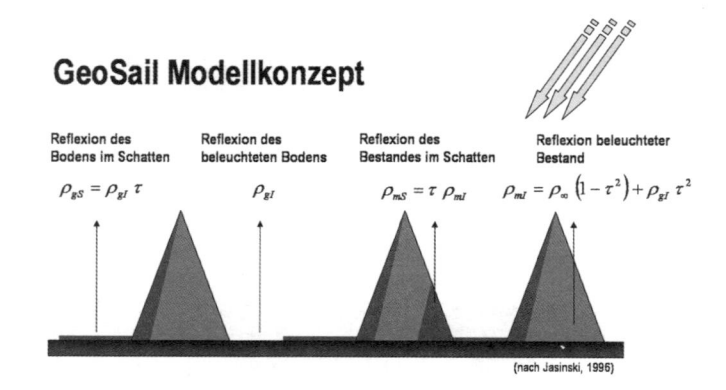

(nach Jasinski, 1996)

Abb. 3:
Die mit GeoSail berechneten Reflexionskomponenten eines geometrisch aufgelösten, lückigen Vegetationsbestandes

te Bodenerosion) möglich. Im Vegetationsbereich ist es nicht nur sinnvoll, zwischen photosynthetisch aktiven und abgestorbenen Komponenten zu trennen, sondern darüber hinaus definierte biophysikalische Größen (Blattflächenindex, Bedeckungsgrad usw.) als Modellparameter (u. a. BOER 1999) bereitzustellen.

Dazu werden verschiedene Methoden eingesetzt, darunter die numerische Inversion spektraler Mischsignaturen unter Bezug ausgewählter Referenzspektren (auch als Mischpixelmodellierung, in englischer Sprache als Spectral Mixture Modelling bezeichnet) (u. a. ADAMS et al. 1993, ELMORE et al. 2000). Die Berechnung eines Erosionsindikators wurde mit einem dreidimensionalen Entmischungsmodell durchgeführt; ergänzend dazu wurden bodenchemische Indikatoren zur Standortbewertung (Konzentration des organischen Kohlenstoffs im Oberboden) mittels eines statistisch-empirischen Modells (HILL/SCHÜTT 2000) in ihrer Flächendifferenzierung berechnet.

Mathematisch invertierbare Reflexionsmodelle, die auf Prinzipien der Streuung, Absorption und Transmission von Strahlung im Bestand aufbauen (z. B. QUIN/LIANG 2000, KUUSK 1998), bieten dazu eine wertvolle Grundlage. Zur Schätzung des proportionalen Bedeckungsgrades in einem geometrisch aufgelösten Vegetationsbestand müssen allerdings Modellkonzepte eingesetzt werden, die neben der Simulation von Reflexionsprozessen an Blättern und geschlossenen Beständen auch die drei-dimensionale Geometrie von Bestandsobjekten berücksichtigen. In dieser Studie wurde eine modifizierte Version des GeoSail-Reflexionsmodells (HUEMMRICH 2001) eingesetzt, das eine frühe Fassung des Bestandsreflexionsmodells SAIL (VERHOEF 1984) mit einem Teilmodell von JASINSKI (1996) verbindet, anhand dessen der Anteil beleuchteter und beschatteter Komponenten in einem Bestand berechnet wird (Abb. 3); die reflexionsoptischen Eigenschaften der photosynthetisch aktiven Blätter im Bestand werden dabei aus dem Reflexionsmodell PROSPECT (JACQUEMOUD/BARET 1990) übernommen. Zunächst wurde der Fernerkundungsdatensatz in boden- bzw. vegetationsdominierte Raumeinheiten stratifiziert, um die eingesetzte Algorithmik im Bezug auf vegetations- und bodenbezogene Anwendungen optimal anzuwenden (Abb. 2).

4 Ergebnisse und Diskussion

Die Nutzung spektraler Mischungsmodelle zur Differenzierung von Bodensubstraten ist auch mit multispektralen Daten operationeller Erdbeobachtungssatelliten möglich und erfordert nicht zwingend die Verfügbarkeit von Hyperspektraldaten. Allerdings kann die differenziertere spektrale Charakterisierung zu Verbesserungen der Ergebnisse führen. Im vorliegenden Fall wurde mit drei „Endmember"-Spektren gearbeitet. Als Repräsentant für die spektralen Eigenschaften des Ausgangssubstrates wurde eines der vor Ort gemessenen Gesteinsspektren mit der höchsten Albedo ausgewählt, der in ungestörter Position voll entwickelte Bodentyp wird durch ein Bodenspektrum mit hohem Anteil an organischem Kohlenstoff parametrisiert. Vervollständigt wird das Mischungsmodell durch ein typisches Spektrum photosynthetisch aktiver Vegetation.

Dieser Entmischungsansatz basiert auf der Vorstellung, dass die Entwicklung von Böden entweder einer progressiven oder regressiven Dynamik unterliegt (u. a. BIRKELAND 1990). Im ersten Fall entwickeln sich Böden entsprechend substrat- und klimagesteuerter bodengenetischer Prozesse kontinuierlich weiter, im anderen Fall wird die Bodenentwicklung unterbrochen, und zwar entweder durch extrem schnelle externe Materialzufuhr oder die Kappung bestehender Bodenprofile durch verstärkte Erosionsprozesse. Die Oberfläche der von Erosionsprozessen betroffenen Böden wird zunehmend durch Bestandteile des Ausgangsgesteins (und damit dessen spektraler Merkmale) charakterisiert. Die abgetragenen Bodenteilchen hingegen bilden Kolluvien und werden in die bodenbildenden Prozesse einbezogen; für das Ausgangsgestein typische Merkmale treten dabei zugunsten anderer Komponenten (org. Substanz, Eisenverbindungen usw.) zurück. Der durch mathematische Inversion des linearen Mischungsmodells (u. a. SCHOWENGERDT 1997) ermittelte proportionale Anteil der Spektraleigenschaften des Ausgangsgesteins am Gesamtsignal kann somit für jedes Bildpixel als Erosionsindikator interpretiert werden. Insgesamt dokumentiert das Bildprodukt das Vorhandensein eines filigranen Netzwerks von Fließstrukturen, die als Quellen bzw. Senken von Bodenmaterial zu verstehen sind (Abb. 5).

Tatsächlich ist im Untersuchungsgebiet die Konzentration des organischen Kohlenstoffs im Substrat des Ah-Horizontes invers mit der Bodenmächtigkeit bzw. Anteilen des Ausgangsgesteins korreliert (HILL/SCHÜTT 2000). Anstelle einer relativen Einstufung wie im zuvor dargestellten Bearbeitungskonzept kann die von Hyperspektralsystemen bereitgestellte differenzierte Spektralinformation allerdings auch quantitativ interpretiert werden. Die klassische Vorgehensweise besteht darin, die Reflexionseigenschaften eines repräsentativen Kollektivs von Bodenproben im Spektrallabor unter standardisierten Bedingungen zu messen und anschließend die Reflexionswerte oder daraus abgeleitete Parameter (u. a. JARMER 2003) mit parallel erhobenen Labordaten zu

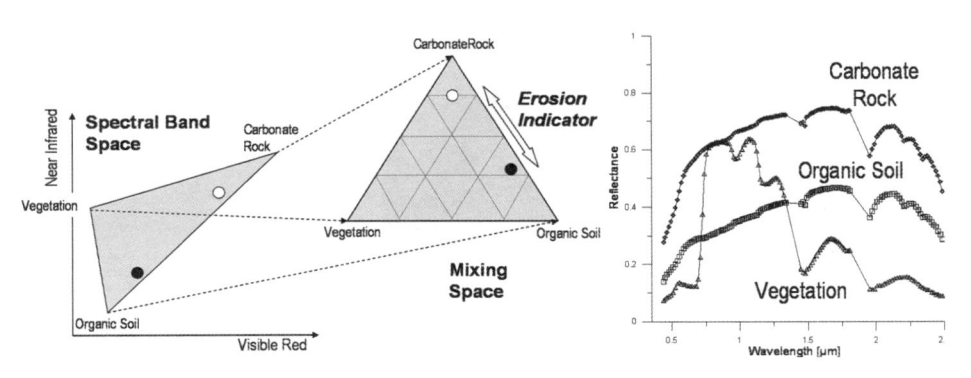

Abb. 4: Das zur Erosionskartierung eingesetzte spektrale Mischungsmodell und seine „Endmember"-Spektren in HyMap-Auflösung

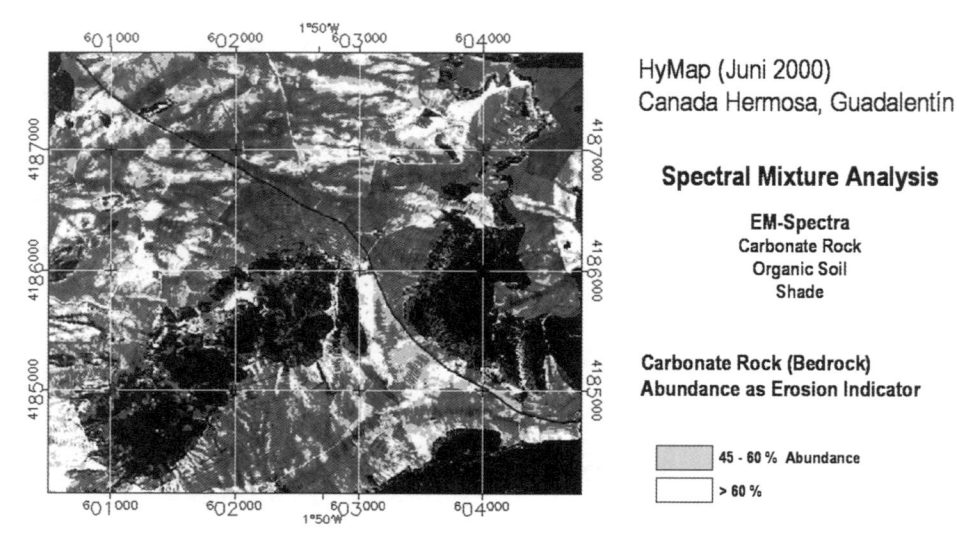

Abb. 5: Proportionale Anteile des karbonatische Ausgangsgesteine repräsentierenden Spektrums am Gesamtsignal als Erosionsindex; Werte von > 60 % sind weiß, Werte zwischen 45 und 60 % grau eingefärbt.

korrelieren. Die Übertragung derartiger empirischer Modelle auf atmosphärisch korrigierte Bilddaten ermöglicht die Erstellung von Karten optisch sensitiver Komponenten, wie etwa der Konzentration organischen Kohlenstoffs im A_h-Horizont (Abb. 6). Im Vergleich zu ausgewählten Standorten einer bereits vorliegenden Bearbeitung zur Situation zu Beginn der neunziger Jahre (HILL/SCHÜTT 2000) zeigen sich nur geringe

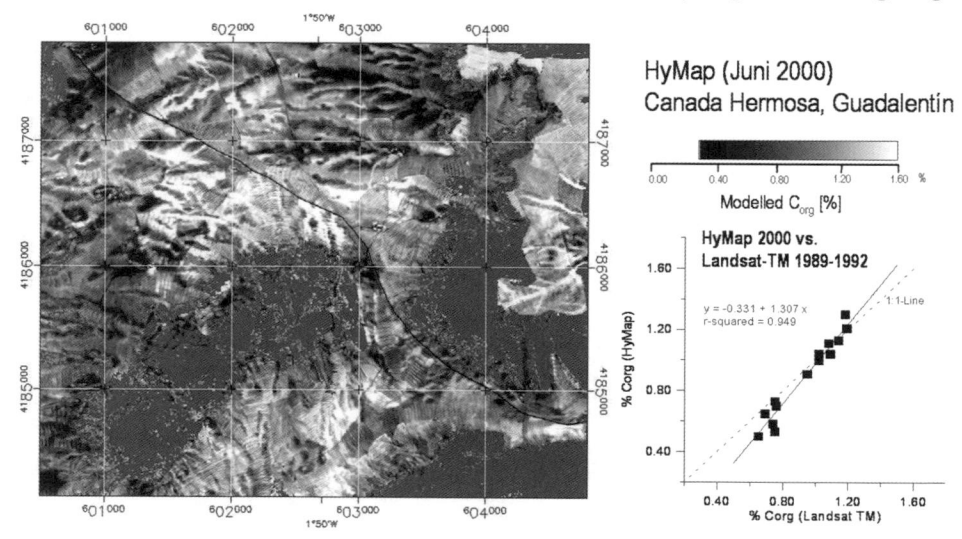

Abb. 6: Konzentration organischen Kohlenstoffs in Böden des Untersuchungsgebietes (Canada Hermosa) in SE-Spanien; die Schätzung beruht auf der Anwendung eines bereits etablierten statistischen Modells (HILL/SCHÜTT 2000) auf neuere Daten des HyMap-Hyperspektralscanners. Die integrierte Graphik zeigt anhand mehrerer Standorte den Vergleich zwischen Landsat-TM- und HyMap-Ergebnissen.

Unterschiede; im Vergleich zu einem unabhängig davon erhobenen zweiten Referenzdatensatz erfolgt derzeit eine differenzierte Validierung dieser Ergebnisse. Derartige Informationsprodukte können jedenfalls nicht nur zur Standortbewertung, sondern auch zur lokalen Parametrisierung von Modellansätzen genutzt werden.

Selbstverständlich benötigen modellorientierte Bewertungsansätze des Landschaftszustandes neben bodenbezogenen Größen auch räumlich differenzierte Zustandsvariablen zur Vegetationsbedeckung. Auch hier werden häufig einfache Spektralindizes genutzt (BARET/GUYOT 1991), die anhand selektiver Geländeaufnahmen mit biophysikalischen Größen korreliert werden. Diese Beziehungen gelten zumeist nur für bestimmte Bestandstypen bzw. Biome und erfordern gegebenenfalls spezifische Anpassungen. Insbesondere semi-natürliche Vegetationsgesellschaften in Trockenräumen weisen jedoch wegen des hohen Anteils an nicht photosynthetisch aktiven Komponenten deutlich modifizierte Spektraleigenschaften auf und sind mit Standardindizes wie etwa dem NDVI (Normalised Difference Vegetation Index) nicht angemessen abzubilden. Zugleich sind Untersuchungen auf lokaler Maßstabsebene unbedingt erforderlich, um regionale Interpretationsschemata zu bewerten und zu optimieren.

Das GeoSail-Reflexionsmodell wurde unter Berücksichtigung der während der HyMap-Befliegung gültigen Einstrahlungsgeometrie mit Hilfe von im Gelände gemessenen Reflexionsspektren für die wichtigsten, spektral wirksamen Bestands- und Hintergrundkomponenten einer typischen, von Halfagras (*Stipa tenacissima*) dominierten Vegetationsgesellschaft parametrisiert (Tab. 1). Die Simulation des Reflexionssignals erfolgte versuchsweise für Bestandselemente mit einem konstanten Blattflächenindex (LAI) für die photosynthetisch aktiven Komponenten von 0.5; der LAI der seneszenten Bestandskomponenten wurde proportional (Faktor 1.5) an den LAI der grünen Komponenten gekoppelt. Die Bedeckungsgrade variierten zwischen 0 und 100 % systematisch in Schritten von 5 %; die berechneten Bestandsspektren wurden anschließend gemäß ihrer euklidischen Distanz jedem Bildpixel innerhalb der Vegetationsmaske zugewiesen (Abb. 6).

Zur Bewertung der erzielten Ergebnisse standen Vergleichsmessungen zur Verfü-

Tab. 1: *Parametrisierung von GeoSail zur Berechnung der Bedeckungsproportion von Halfagras-Vegetationsgemeinschaften am Aufnahmedatum des HyMap-Datensatzes*

Angular Configuration	Sun Zenith: 24.1569 Sun Azimuth: 239.8032	
Canopy Spectral Components	Stipa tenacissima (photosynth.)	Stipa tenacissima (dry, yellow)
Leaf Incl. Angle	80 degr.	60 degr.
LAI	green: 0.5 constant	dry: proportional coupling to green
Background Components	Stipa tenacissima (woody, dark)	Interspace: calcaric lithosol
Geom. Shape of Canopy Elems.	Cylinder	
Canopy height-to-width ratio	1.0	
Fractional Cover	0–1.0, step = 0.5	

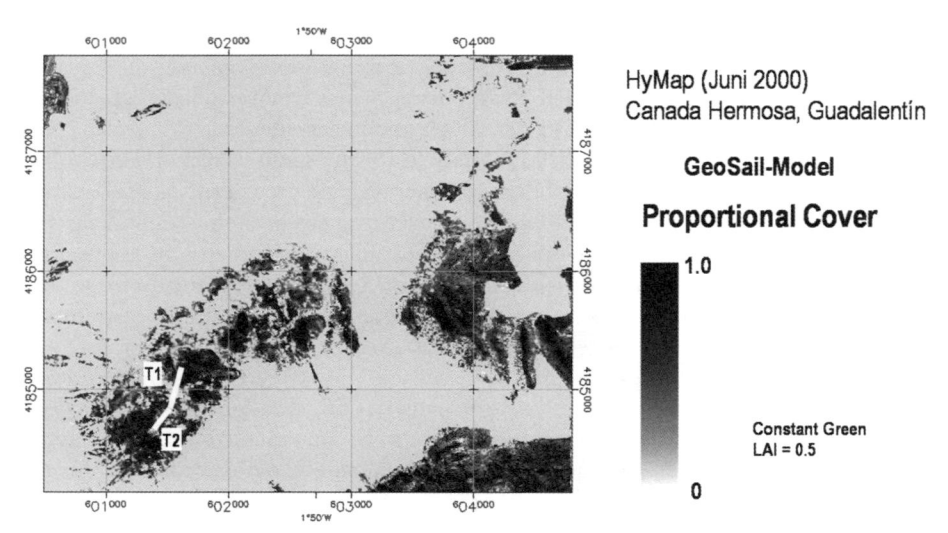

Abb. 7: Mit dem GeoSail-Reflexionsmodell berechnete Karte des Bedeckungsgrades von Halfagras-dominierten Vegetationsbeständen im Bereich der Canada Hermosa, SE-Spanien. Die Positionen der Transekte 1 und 3 sind in der Abbildung erkennbar.

gung, die einige Wochen vor der Befliegung entlang von Geländeprofilen in den „Los Cigarrones" mit einer Schrittweite von 10 m über 4 m² große Flächen standardisiert erhoben wurden (Abb. 7). Berücksichtigt man die deutlich höhere Variabilität der Geländemessungen im Vergleich zu der deutlich niedrigeren räumlichen Auflösung der HyMap-Pixel (unter Berücksichtigung aller Systemparameter etwa 100 m²), sind die Ergebnisse als außerordentlich positiv einzustufen. Vergleicht man für die bearbeiteten Bildbereiche (Abb. 8) die modellbasierten Bedeckungsproportionen mit den entsprechenden Werten des NDVI, fällt auf, dass dieser Index mit den modellbasierten Bedeckungsgraden nur mit einem Bestimmtheitsmaß von 0.626 korreliert, also erheblich weniger Aussagekraft besitzt. Obwohl häufig eingesetzt, ist der NDVI demnach für eine Bewertung der Vegetationsverhältnisse in Trockenräumen schlecht geeignet.

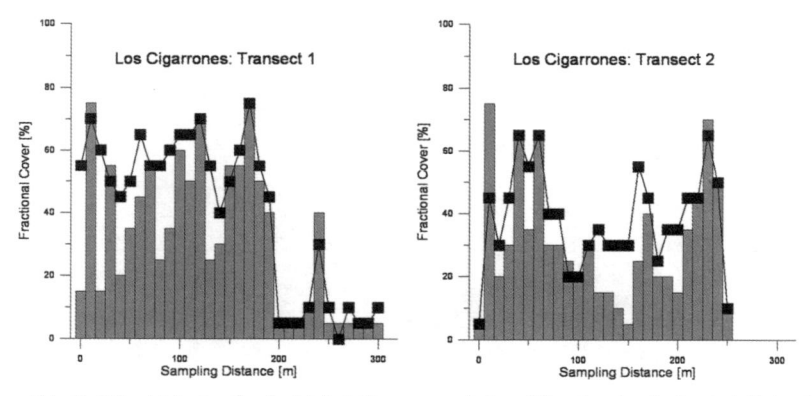

Abb. 8: Vergleich der GeoSail-Modellierungsergebnisse (Quadrate) mit den bei Geländerhebungen im März 2000 entlang von zwei Transekten ermittelten Daten zur proportionalen Vegetationsbedeckung (Säulen)

5 Ausblick

Anhand verschiedener Bearbeitungskonzepte und -methoden wurden aus HyMap-Hyperspektraldaten verschiedene Informationsprodukte erzeugt, die zur Erfassung und Beurteilung von Landdegradationsprozessen gut geeignet sind. Unabhängig von den eingesetzten Methoden beruhen sämtliche Produkte in erster Linie auf dem spektralen Informationsgehalt der Daten. Damit wird deutlich, dass die Charakterisierung biophysikalischer Oberflächeneigenschaften durch Bilddaten sehr hoher räumlicher Auflösung allenfalls ergänzt, aber nicht ersetzt werden kann. Die Nutzung der vorgestellten Datenprodukte bleibt übrigens nicht nur auf die direkte Bewertung beschränkt, sondern umfasst auch die Integration der räumlich differenzierten Informationsebenen in modellbasierte Bewertungsansätze. Zugleich sind solche experimentellen Datensätze auch zur Validierung operationeller Fernerkundungssysteme gut geeignet. In Verbindung mit entsprechenden Geländerhebungen ließ sich zudem nachweisen, dass einfache Vegetationsindizes in allen Untersuchungsgebieten mit einem überproportionalen Anteil an Trockenvegetation (d. h. auch in außereuropäischen, desertifikationsgefährdeten Trockengebieten) konzeptionell nicht zur Erfassung und Überwachung des Landschaftszustands geeignet sind und daher auch nicht zur Anwendung kommen sollten. Modellbasierte Interpretationsansätze scheinen wesentlich besser geeignet; ihr Einsatz sollte weiter geprüft werden.

Literatur

ADAMS, J. B./SMITH, M. O./GILLESPIE, A. R. (1993): Imaging spectroscopy: interpretation based on spectral mixture analysis. In: Pieters, C. M./Englert, P. A. J. (Eds.): Topics in remote sensing IV: Remote geochemical analysis. Cambridge, 145-166.

BARET, F./GUYOT, G. (1991): Potential and limits of vegetation indices for LAI and APAR measurements. Remote Sens. Environment, 35, 161-173.

BEGUERÍA-PORTUGUÉS, S./LÓPEZ-MORENO, J. I./LANA-RENAULT, N./NADAL-ROMERO, E./ SERRANO-MUELA, P./LATRON, J./REGÜÉS-MUÑOZ, D./LASANTA, T./MARTÍ-BONO, C./ GARCÍA-RUIZ, J. M. (2006): Land use changes, soil erosion and water resources in the Mediterranean mountains. Dieser Band.

BOER, M. M. (1999): Assessment of dryland degradation: linking theory and practice through site water balance modelling. Netherlands Geographical Studies, 251, KNAG: Utrecht, The Netherlands.

BOER, M. M./PUIGDEFÁBREGAS, J. (2003): Predicting potential vegetation index values as a reference for the assessment and monitoring of dryland condition. International Journal of Remote Sensing, (24)5, 1135-1141.

COCKS, T./JENSSEN, R./STEWART, A./WILSON, I./SHIELDS, T. (1998): The HyMap Airborne Hyperspectral Sensor: The System, Calibration and Performance. Proc. 1st EARSeL Workshop on Imaging Spectroscopy (Schaepman, M./Schläpfer, D./Itten, K. I.) (Eds.): 6-8 October 1998, Zurich, EARSeL, Paris, 37-42.

ELMORE, A.J./MUSTARD, J.F./MANNING, S.J./LOBELL, D.L. (2000): Quantifying vegetation change in semiarid environments: precision and accuracy of spectral mixture analysis and the normalised vegetation index. Remote Sens. Environ., 73, 87-102.

FANG, H./LIANG, S./MCCLARAN, M. P./VAN LEEUWEN, W. J. D./DRAKE, S./MARSH, S. E./ THOMSON, A. M./IZAURRALDE, R. C./ROSENBERG, N. J. (2005): Biophysical characterization and management effects on semiarid rangeland observed from Landsat ETM+ data, IEEE Trans. Geoscience and Remote Sensing, (43)1, 125-134.

GEIGER, F. (1970): Die Aridität in Südostspanien – Ursachen und Auswirkungen im Landschaftswandel. Stuttgarter Geographische Studien, 77.

HILL, J./MÉGIER, J./MEHL, W. (1995): Land degradation, soil erosion and desertification monitoring in Mediterranean ecosystems. Remote Sensing Reviews, 12, 107-130.

HILL, J./SCHÜTT, B. (2000): Mapping complex patterns of erosion and stability in dry Mediterranean ecosystems. Remote Sens. Environ., 74, 557-569.

HILL, J./MEHL, W. (2003): Geo- und radiometrische Aufbereitung multi- und hyperspektraler Daten zur Erzeugung langjähriger kalibrierter Zeitreihen. Photogrammetrie – Fernerkundung – Geoinformation, 1, 7-14.

HILL, J./HOSTERT, P./RÖDER, A. (2003): Observation and long-term monitoring of Mediterranean ecosystems with satellite remote sensing and GIS, Management of Environmental Quality, (14)1, 51-68.

HOSTERT, P./RÖDER, A./HILL, J./UDELHOVEN, T./TSIOURLIS, G. (2003a): Retrospective studies of grazing-induced land degradation: a case study in central Crete, Greece. Int. J. Remote Sensing, (24)20, 4019-4034.

HOSTERT, P./RÖDER, A./HILL, J. (2003b): Coupling spectral unmixing and trend analysis for monitoring of long-term vegetation dynamics in Mediterranean rangelands. Remote Sensing of Environment, 87, 183-197.

HUEMMRICH, K. F. (2001): The GeoSAIL model: a simple addition to the SAIL model to describe discontinuous canopy reflectance. Remote Sens. Environ., (75)3, 423-431.

JACQUEMOUD, S./BARET, F. (1990): PROSPECT: a model of leaf optical properties spectra. Remote Sens. Environ., 34, 75-91.

JARMER, TH. (2003): Der Einsatz von Reflexionsspektrometrie und Satellitenbilddaten zur Erfassung pedochemischer Eigenschaften in semi-ariden Gebieten Israels. Dissertation Universität Trier.

JASINSKI, M. F. (1996): Estimation of subpixel vegetation density of natural regions using satellite multispectral imagery, IEEE Trans. Geoscience and Remote Sensing, (34) 3, 804-813.

KUUSK, A. (1998): Monitoring of vegetation parameters on large areas by inversion of a canopy reflectance model. Int. J. Remote Sensing, 19, 2893-2905.

MAZZOLENI, S./DI PASQUALE, G./MULLIGAN, M., DI MARTINO, P. REGO, F. (Eds.) (2004): Recent dynamics of the Mediterranean vegetation and landscape. Chichester.

PROYECTO LUCDEME (1988): Mapa de suelos Escala 1:100.000, Lorca -953. Ministerio de Agricultura, Pesca y Alimentation (MdAPA) (Ed.). Murcia.

QUIN, W./LIANG, S. (2000): Plane-parallel canopy radiation transfer modelling. Recent advances and future directions. Remote Sensing Reviews, 18, 305-315.

REYNOLDS, J. F./STAFFORD-SMITH, D. M. (eds.) (2002): Global desertification. Do humans cause deserts? Dahlem Workshop Report 88. Berlin.

SCHLÄPFER D./SCHAEPMAN, M. E./ITTEN, K. I. (1998): PARGE: Parametric Geocoding Based on GCP-Calibrated Auxiliary Data. SPIE Int. Symp. on Opt. Sc, Eng. and Instr. San Diego (CA), 334-344.

SCHOWENGERDT, R. A. (1997): Remote Sensing. Models and Methods for Image Processing. San Diego.

SMITH, M. O./USTIN, S. L./ADAMS, J. B./GILLESPIE, A. R. (1990): Vegetation in deserts I: A regional measure of abundance from multispectral images. Remote Sensing of Environment, 31, 1-26.

VERHOEF, W. (1984): Light scattering by leaf layers with application to canopy reflectance modelling: the SAIL model. Remote Sens. Environ., 16, 125-141.

Biosphärenreservate als Modell für nachhaltige Nutzungssysteme – das Beispiel Westafrika und das Biosphärenreservat Pendjari

Tillmann K. Buttschardt (Karlsruhe)

1 Einleitung

Die UNESCO besitzt mehrere internationale und so genannte regierungsübergreifende Programme, welche den Schutz und Erhalt der natürlichen Mit- und Umwelt sichern sowie den Menschen in seinem Lebensraum schützen sollen. Hierunter fällt auch das mittlerweile im 35. Jahr laufendende „Man und Biosphere-Programm", welches nach eigenen Angaben Menschen, Biodiversität und Ökologie vereinen soll (UNESCO 2005). Zentrales Instrument ist der Großschutzgebietstyp „Biosphärenreservat", welcher ursprünglich stärker dem Naturschutz verpflichtet war, seit 1995 jedoch gleichermaßen den folgenden Leitgedanken Geltung verschaffen soll (UNESCO 1996):
- Erhalt der natürlichen *und* kulturellen Biodiversität
- Vorreiterfunktion für die Raumnutzungsplanung *und* Experimentierraum für neue Landnutzungsstrategien
- Ermöglichen von Forschung, Monitoring (Überwachung)
- Erziehung und Ausbildung

Diese neue inhaltliche Ausrichtung wird stark von dem geprägt, was in der Sevilla-Erklärung „Vision für das 21. Jahrhundert" (UNESCO 1996, 7) genannt wird und letztendlich in die Umsetzung der als unumgänglich erachteten Verknüpfung ökonomischer, sozialer und ökologischer Interessen, also in eine nachhaltige Landnutzung, münden soll (Abb. 1).

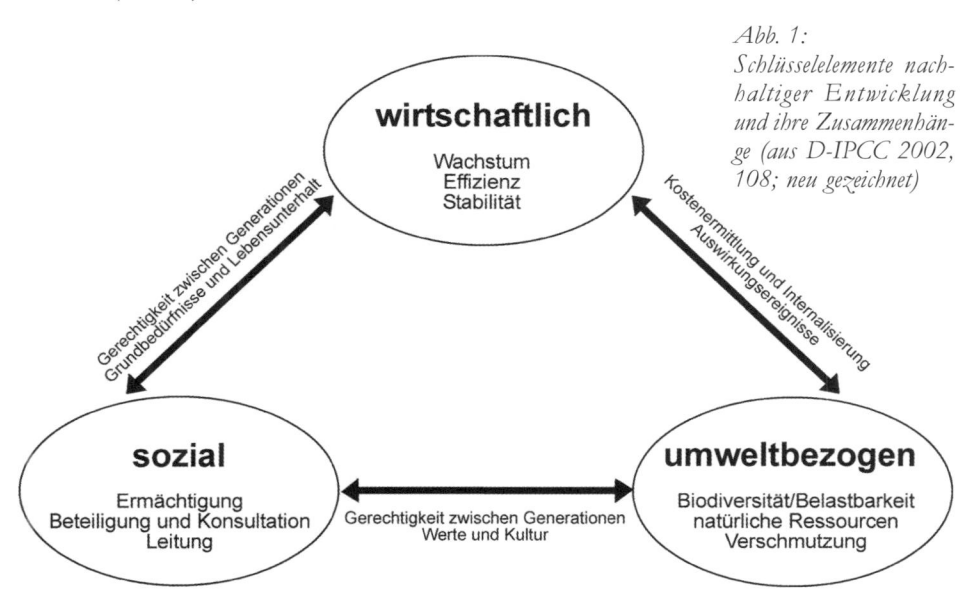

Abb. 1: Schlüsselelemente nachhaltiger Entwicklung und ihre Zusammenhänge (aus D-IPCC 2002, 108; neu gezeichnet)

Der Titel dieses Beitrages stellt also nicht etwa eine Frage oder These dar, sondern das konkrete Ziel einer weltweit angelegten Strategie (World Network) mit inzwischen 482 Biosphärenreservaten in 102 Ländern (UNESCO 2005). Allein von 2003 bis 2005 kamen 42 neue Reservate hinzu. Betrachtet man allerdings die Weltkarte der Biosphärenreservate, so fällt auf, dass auch nach 34 Jahren Laufzeit des Programmes noch nicht alle Großregionen ausreichend repräsentiert sind: So gibt es im gesamten pazifisch-ozeanischen Raum (mit Ausnahme von Galápagos und des Juan Fernández Archipels) und der Antarktis keine Biosphärenreservate. Die nordhemisphärischen Polar- und Subpolarregionen mit Grönland, Sibirien und Nordkanada sind nur mit wenigen Schutzgebieten vertreten. Auch in dem biogeographisch so außerordentlich wertvollen Indonesischen Archipel finden sich nur sechs Schutzgebiete.

Biosphärenreservate werden von den nationalen Regierungen nominiert und nach nationalem Recht geschützt. Sie erhalten ihre internationale Anerkennung nachdem sie von einer Expertenkommission geprüft wurden. Schließlich bestätigt der Generaldirektor der UNESCO den Status. Regelmäßige Kontrollen sollen die Qualität des Gebietes sicherstellen.

Generell sind Biosphärenreservate eingeteilt nach dem Drei-Zonen-Konzept. Um eine Kernzone mit hoher Schutzgüte und keinen menschlichen Eingriffen liegt eine Pufferzone, die einer definierten, nachhaltigen Landnutzung unterliegen sollte. An diese Pufferzone schließt sich die Übergangszone an, in welcher die Nutzungsintensität zunimmt (Abb. 2). Für das Management solcher Raumeinheiten resultieren auf der Raum-, Ziel- und Managementebene unterschiedliche Anforderungen, die nur durch eine ausreichende finanzielle und personelle Begleitung und Ausstattung sichergestellt werden können.

Schien lange Zeit die gleichzeitige Verwirklichung der drei in Abb. 1 gezeigten Teilziele miteinander unvereinbar, so zeigt sich aktuell vor allem an Beispielen in Europa,

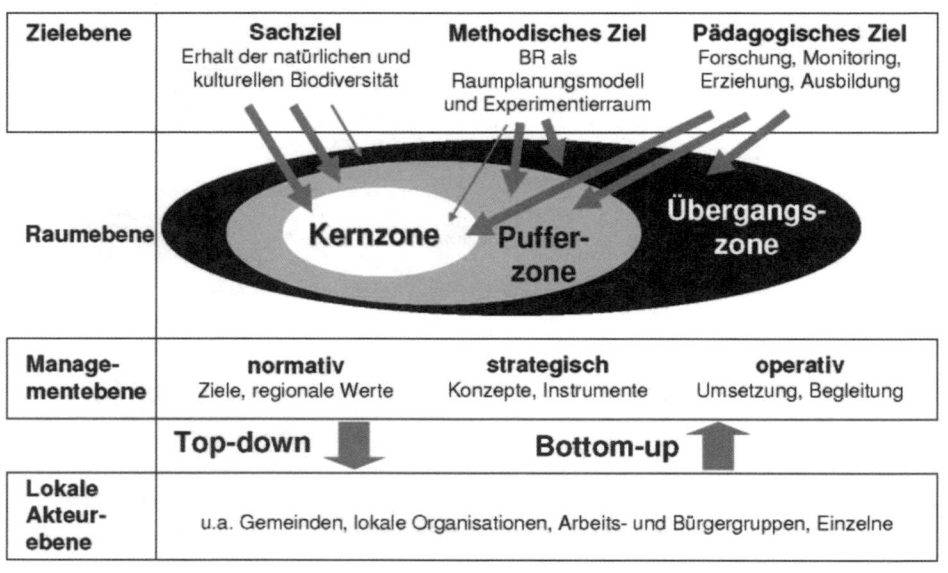

Abb. 2: Anforderungen an das Management von Biosphärenreservaten (aus Hammer 2002, 114; neu gezeichnet). BR = Biosphärenreservat

dass Naturschutz und Regionalwirtschaft durchaus zusammengeführt werden können. Natürlich sind die entsprechenden Ansätze zur Umsetzung und Verwirklichung dieser so genannten nachhaltigen Regionalentwicklung an den drei bereits angeführten klassischen Dimensionen zu orientieren (HAMMER 2002, 115 f.):

- Bereich Regionalwirtschaft
    - Förderung der lokal-regionalen Kreislaufwirtschaft
    - Unterstützung innovativer Milieus
    - Ausschöpfen endogener Potenziale
- Bereich soziokulturelle Aspekte der Kulturlandschaft
    - Bezug zu lokalen Werten, Normen und Produkten (bzw. deren Erneuerung und Weiterentwicklung)
    - Erhalt lokal-regionaler Nutzungsformen
    - Erhalt und sanfte Nutzung der Natur- und Kulturlandschaft
- Bereich regionale Umwelt und Raumentwicklung
    - Erhalt der Artenvielfalt und der Ökosysteme
    - Ökologisierung von Produktion und Nutzungsformen
    - ausgewogene Raumentwicklung

In diesem Beitrag werden die spezifischen Schwierigkeiten der Entwicklung eines Biosphärenreservates in Westafrika aufgezeigt. Anhand von Fragestellungen in der Kernzone des Biosphärenreservates Pendjari wird dabei stärker auf die Faktoren Feuer und Wasser eingegangen.

2 Die Situation in Westafrika

Das überwiegend frankophone Westafrika zählt derzeit 22 Biosphärenreservate. Die Mehrzahl liegt in den sommerfeuchten Subtropen. Drei Biosphärenreservate können der immerfeuchten äquatorialen Zone zugerechnet werden, eines der immertrockenen Wüstenzone. Sonderfälle bilden die beiden Biosphärenreservate in Guinea und Guinea-Bissau (Tab. 1).

Flächenmäßig dominiert mit 77 350 km² das Biosphärenreservat „Air et Ténéré" in Niger. Das Gebiet ist fast unbesiedelt und daher ein Sonderfall. Der zweitwichtigste Gebietskomplex ist das Dreiländereck von Benin, Burkina Faso und Niger. Hier liegen die Schutzgebiete um das Niger-W und den Pendjari-Fluss. Beide Biosphärenreservate sind durch Jagdzonen verknüpft. Gebiete also, die sehr gering bis nicht besiedelt sind und deren Vegetationseinheiten charakteristisch sind für die wechselfeuchten Savannentypen der Sudan-Guinea-Zone. Vervollständigt werden die Flächen durch Schutzgebiete in Burkina Faso (Arli und Pama), die keinen UNESCO Status haben. Die beiden Reservate Pendjari und W weisen zusammen eine Fläche von 21 530 km² auf, der gesamte Komplex aus Schutzgebieten umfasst etwa 38 600 km².

Betrachtet man die bereits angeführten Teilaspekte einer nachhaltigen Regionalentwicklung, so kann für Westafrika ausgeführt werden, dass in den wenigsten Fällen derzeit die Einbindung der ökonomischen Aspekte bzw. der regionalen Entwicklung gelungen ist.

3 Das Biosphärenreservat Pendjari

Das Biosphärenreservat Pendjari (Réserve de Biosphère de la Pendjari) befindet sich im Département Atacora im Nordwesten Benins. Es erstreckt sich zwischen 10° 30' und 11° 30' nördlicher Breite und zwischen 0° 50' und 2° 00' östlicher Länge. Im Osten,

Tab. 1: *Biosphärenreservate in Westafrika, zusammengestellt nach UNESCO 2005*

Staat	Biosphärenreservate	Jahr der Gründung	Lage	Größe Kernzone/Pufferzone* in km²
Benin	Pendjari	1986	subtrop. Sommerregenzone	2740/3480
Burkina Faso	Mare aux Hippopotames	1977	subtrop. Sommerregenzone	680/900
Kamerun	Waza	1979	subtrop. Sommerregenzone	1700**
	Benoué	1981	subtrop. Sommerregenzone	1800**
	Dja	1981	äquatoriale Zone	5260**
Elfenbeinküste	Tai	1977	äquatoriale Zone	5200**
	Comoé	1983	subtrop. Sommerregenzone	11500**
Ghana	Bia	1977	äquatoriale Zone	7**
Guinea	Badiar	2002	subtrop. Sommerregenzone	130/320
	Haut Niger	2002	subtrop. Sommerregenzone	550/3640
	Massif du Ziama	1980	Bergregenwälder	430/270
	Monts Nimba		Bergregenwälder	220/350
Guinea Bissau	Boloma Bijagós	1996	marine Archipele /subtrop. Sommerregenzone	240/230
Mali	Boucle du Baoulé	1982	subtrop. Sommerregenzone	5330/1770
Niger	Air et Ténéré	1997	subtrop. Trockenzone	9280/68070
Nigeria	Omo	1977	äquatoriale Zone	10/140
Senegal	Samba Dia	1979	subtrop. Sommerregenzone	8**
	Delta du Saloum	1980	subtrop. Sommerregenzone	760/1040
	Niokolo Koba	1981	subtrop. Sommerregenzone	9130**
Multinational Senegal/ Mauretanien	Delta du Fleuve Senegal	2005	subtrop. Trockenzone	
Multinational Benin/B.F./Niger	'W' Region	1996, erweitert 2002	subtrop. Sommerregenzone	10180/5130

Anmerkungen:
* Exklusive der sog. Übergangszone (Transition area)
**Es kann keine Größe der Kern- und Pufferzonen angegeben werden.
Äquatorial Guinea, Liberia, Sierra Leone Togo und Tschad haben keine Biosphärenreservate ausgewiesen.
In der Literatur finden sich sehr verschiedene Größenangaben der jeweiligen Schutzgebiete. Dies geht darauf zurück, dass häufig die Zuordnung der Schutzgebiete nicht eindeutig erfolgt. Für das Biosphärenreservat Pendjari findet sich meist der Wert für den Nationalpark, der innerhalb des Biosphärenreservates liegt. Hier sind die offiziell von der UNESCO genannten Daten aufgeführt.

Norden und Westen wird der Park vom namengebenden Fluss Pendjari begrenzt, der über weite Strecken die Grenze zu Burkina Faso bildet. Das Gebiet findet seine südöstliche Begrenzung im Aufschwung des Atacora-Gebirgszuges, der sich von Nordosten nach Südwesten erstreckt. Die südliche Grenze des Biosphärenreservates Pendjari bildet die Nationalstraße 3 (Route National Inter-Etats 3 – RNIE 3) von Dassa nach Ouagadougou.

Das Klima ist geprägt durch die jahreszeitliche Verteilung der Niederschläge: Im Sommer von Mai/Juni bis Oktober/November liegt die Regenzeit mit Niederschlagsmaxima im August und September, der im Winter die Trockenzeit folgt. Im Zeitraum der meteorologischen Aufzeichnungen von 1960 bis 2000 betrugen die Niederschläge durchschnittlich 1052 mm/a. Die Jahresamplitude der monatlichen Temperaturmittelwerte schwankt nur sehr wenig (5,1 K), wobei die Jahresmitteltemperatur bei 27,1 °C liegt.

Als potenziell natürliche Vegetation wird für das Biosphärenreservat Pendjari auf den nicht grund- und stauwasserbeeinflussten Böden eine regen- bzw. sommergrüne

Trockenwaldgesellschaft angeben (HESS 1993). Dabei wird unterschieden zwischen lichtem laubabwerfendem Wald (Forêt claire) als feuerbeeinflusstem Klimaxtyp und dem dichten laubabwerfenden Wald (Forêt dense sèche) als nicht feuerbeeinflusstem Klimaxtyp. Die Primärvegetation ist überall anthropogen überprägt worden, da das Gebiet des Nationalparks bis weit in das letzte Jahrhundert hinein noch nachweislich Siedlungsgebiet war.

Die reichhaltige Fauna der Großsäuger setzt sich aus Karnivoren und Herbivoren zusammen. Zu den Karnivoren zählen unter anderem Löwe (*Panthera leo*), Leopard (*Panthera pardus*), Hyäne (*Crocuta crocuta*) und Gepard (*Acinonyx jubatus*). Unter den Herbivoren finden sich viele Antilopenarten (u. a. *Hippopotragus eauinus*) sowie der afrikanische Büffel (*Syncerus caffer*), Elefanten (*Loxodonta africana*) und Flus-

Abb. 3: Benin und die Lage des Biosphärenreservates Pendjari (eigener Entwurf)

spferd (*Hippopotamus amphibius*). Alle Arten sind in ihrem Verbreitungsgebiet wildlebend stark rückläufig und in ihrem Bestand allgemein gefährdet.

Das Biosphärenreservat Pendjari ist in verschiedene Zonen gegliedert. Das Kerngebiet, das identisch ist mit dem Pendjari-Nationalpark (Parc National de la Pendjari), ist untergliedert in
- drei getrennt voneinander liegende Kernzonen,
- drei Pufferzonen zum Schutz der Kernzonen,
- eine weitere Pufferzone, die ökotouristisch genutzt wird.

Die südliche Grenze dieses 2740 km² umfassenden Nationalparkes bildet der Yapiti-Fluss. Weiter nach Süden schließt sich eine 1800 km² große Entwicklungszone an. Diese ist zusammengesetzt aus zwei Jagdgebieten (Zone de chasse Batia, Zone de chasse Porga) und einem Gebiet der kontrollierten Nutzung (Zone d'occupation contrôlée). Des Weiteren existiert im Osten des Biosphärenreservates ein weiteres Jagdgebiet (Zone de chasse Konkombri), das eine Fläche von 250 km² umfasst.

Aus dieser Aufgliederung wird bereits klar, dass die offizielle Unterteilung der UNESCO im Fall des Biosphärenreservates Pendjari einer genaueren Überprüfung nicht standhalten kann. Die UNESCO-Einstufung betrachtet das gesamte Gebiet des Nationalparks als „Core area". Es findet dort jedoch Nutzung (Ökotourismus) und Feuermanagement statt. Generell ist dies statthaft, da nach dem MAB-Programm nur 3 % der Biosphärenreservatsfläche als Kernzone auszuweisen sind.

3.1 Feuerproblematik im Biosphärenreservat Pendjari

In den meisten afrikanischen Schutzgebieten werden nur wenige der aufgestellten Schutzziele erreicht. Hauptgrund dafür sind die schlechte finanzielle Ausstattung der Administrationen und regelmäßig wiederkehrende Liquiditätsprobleme der die Administration finanzierenden politischen Instanzen. Weiterhin sorgen einerseits wechselnde Zuständigkeiten und die meist mangelhafte Regierungsführung auf nahezu allen politischen Ebenen für eine wenig kontinuierliche Arbeit, die das Hauptproblem der Wilderei wenigstens nicht behebt, wenn nicht gar durch Korruption forciert. Auch leidet hierunter die Akzeptanz der einheimischen Bevölkerung. Auf der anderen Seite bestehen meist nur unzureichende Kenntnisse über die Wirkungen der geplanten oder durchgeführten Naturschutzmaßnahmen und damit über die Möglichkeiten, das Management effektiver zu gestalten (HOUINATO 1996, SAUERBORN et al. 1994). Grundsätzliche Lösungen der Schutz- und Nutzungsprobleme in Westafrika existieren derzeit noch nicht (ZOMAHOUN 2002, 4).

Jährlich werden gemäß einem Plan d'Incinération weite Teile des Parkgebietes vorbeugend entzündet, um vornehmlich folgenden Zielen zu dienen:
1. Rückführung der Brandlast, um durch Wilderei ausgelöste Großfeuer zu verhindern, vor allem um sensible Ökosysteme (z.B. Mare und Galeriewälder),
2. Stimulation des Wachstums der Gräser als Futter für die Herbivoren durch Wiederaustrieb zu Beginn der Trockenzeit und
3. Herstellung von Blickbeziehungen durch Abbrennen des hohen Savannengrases für die Touristen.

Außerhalb des Nationalparks brennen die Jagdpächter, um besser jagen zu können; im gesamten Biosphärenreservat lösen regelmäßig Wilderer Feuer aus. Nicht minder einflussreich sind in den Randgebieten des Reservats die Brände, die dort traditionell von der Dorfbevölkerung gelegt werden (MASUCH 2005). Im Pendjari-Nationalpark werden also auf der Grundlage des Managementplans von 1979 (GREEN 1979) sowie nachfolgender Richtlinien (z. B. DPNP 2003) Maßnahmen durchgeführt, die im Gegensatz zu den internationalen Naturschutzvereinbarungen stehen, welche die großflächige Unberührtheit der zentralen Zone vorsehen. In einem von der Gesellschaft für Technische Zusammenarbeit (GTZ) finanzierten Forschungsprojekt wurde daher angestrebt, die aktuelle Brandsituation zu dokumentieren sowie mit Hilfe von experimentellen Bränden neue Erkenntnisse für die Gestaltung eines praxisorientierten Feuermanagementkonzeptes zu gewinnen (KRESS 2005). Hierzu wurden zwölf experimentelle Brände in den verschiedenen Vegetationseinheiten und zu verschiedenen Zeitpunkten der Trockenzeit gelegt. Mittels Temperaturumschlagsfarben wurden die Brandereignisse in ihren Auswirkungen auf die Vegetationsstraten und den Boden untersucht sowie abgeschätzt, welche Feuerarten für das Prozessgefüge der im Gebiet vorkommenden Savannentypen maßgeblich sind. Weiterhin wurde die in der Saison 2004/05 durchgeführte Praxis des Feuerlegens dokumentiert und der Erfolg der Herstellung von Brandschutzstreifen kontrolliert.

Jede der untersuchten Parzellen wies ein unterschiedliches Brandbild und einen unterschiedlichen Brandverlauf auf. Maßgebliche Faktoren hierzu sind: Brennbare Biomasse und Artenzusammensetzung, Restfeuchte von Boden und Vegetation, Dichte des Bewuchses, Stetigkeit der Windrichtung und -stärke während des Brandes. Alle Feuer erwiesen sich jedoch als rasch laufende Bodenfeuer mit niedrigen Temperaturen. Die Temperaturverteilung innerhalb der 30 x 30 m großen Testparzellen war sehr heterogen. Termintenbauten erwiesen sich als determinierend für den Schutz junger Phanerophyten. Horstversuche zeigten, dass im Bereich der Erneuerungsknospen 200 Grad Celsius nie überschritten wurden. Die Temperaturmaxima in den Brandparzellen lagen bei 800–200 Grad Celsius.

Die Ergebnisse bedeuten für das Parkgebiet und wohl auch für andere Schutzgebiete dieser Klimazone folgendes (ebd. 110):

- „Kernpunkte für ein praxisorientiertes Feuermanagement sind klar formulierte Zielsetzungen für die einzelnen Zonen des Biosphärenreservates sowie eine beträchtliche Reduzierung der zu brennenden Fläche von bisher 80 % auf etwa 10 % der Fläche.
- Nur durch eine konsequente Brandflächenreduzierung wird die Realisierung eines differenzierten und gezielten Feuermanagements mit den derzeitigen finanziellen und personellen Voraussetzungen überhaupt erst möglich.
- Ein wichtiges Instrument zur Gewährleistung der Umsetzung der Ziele für jede Zone ist die Anlage eines Pare-Feux-Verbundnetzes (Netz von Brandschutzstreifen) im gesamten Biosphärenreservat. Nur so können feuersensible Bereiche nachhaltig vor dem Feuereinfluss bewahrt und gleichzeitig ein wirkungsvoller Schutz vor Großbränden erreicht werden.
- Es muss zwischen Feuern unterschieden werden, die präzise zu legen sind, und Feuern, die sich diffus verbreiten dürfen, ohne der Zielsetzung der Zone zu widersprechen. Ist ein präzises Feuer notwendig, müssen bisher nicht genutzte, professionelle Brandtechniken zum Einsatz kommen.
- Um eine optimale Umsetzung des Feuermanagements zu gewährleisten, muss eine Neuordnung der bisherigen Zonierung des Biosphärenreservates überdacht werden."

3.2 Wasserproblematik im Biosphärenreservat Pendjari

Über fünf Monate fallen im Biosphärenreservat Pendjari nahezu keine Niederschläge. Da selbst der einzige perennierende Fluss, der zum Volta-Einzugsgebiet gehörende Pendjari, im Frühjahr extreme Niedrigwasser aufweist, ist die Tierwelt mit großer Trockenheit konfrontiert. Die Populationen der Flusspferde nutzen in dieser extremen Jahreszeit mit Tagestemperaturmaxima von bis zu 45 Grad Celsius flussbegleitende Flachseen und abgeschnürte Altarme, sog. Mare. Während früher die Tiere die alljährliche Rhythmik von Trocken- und Regenzeit natürlicherweise durch Wanderungen ausgleichen konnten, muss heute angestrebt werden, dass die Tiere innerhalb der Grenzen des Biosphärenreservats bleiben. Außerhalb eines Schutzgebiets werden sie von der Bevölkerung gejagt und haben deshalb sehr geringe Überlebenschancen. Wassermangel innerhalb des Biosphärenreservats und das damit einhergehende Abwandern der Tiere könnten schwerwiegende Konsequenzen für die ohnehin unter Druck stehenden Tierpopulationen haben.

Um für Touristen attraktive Tierbeobachtungen zu ermöglichen, wurde in einem von der GTZ finanzierten Forschungsprojekt der Wasserhaushalt des in unmittelbarer Nähe zum einzigen, im Parkgebiet befindlichen Hotel liegenden Mare Diwouni hydraulisch-numerisch modelliert (OBERKIRCHER 2005). Hierzu waren umfangreiche Geländearbeiten unter wenig günstigen Freilandbedingungen notwendig. Die für das Modell erforderlichen Eingangsgrößen existierten nicht. Alle Eingangsdaten mussten durch Sondenmessungen (Abfluss), Geländevermessung (GPS-Vermessung, Handvermessung), Bestimmung der Rauheit, Bestimmung des Einzugsgebietes des Mares aufwändig erarbeitet werden. Hier zeigte sich, dass für die aktuelle Management-Praxis der Datenbestand der Biosphärenreservatsverwaltung in keiner Weise ausreichend ist.

Die Wasserstände und Fließgeschwindigkeiten wurden für die Monate März bis September mit dem Programm FLUMEN simuliert. Im Zentrum Stand die Frage, wie weit das Mare in seinem Wasserhaushalt vom nahe gelegenen Fluss abhängig ist. Das überraschende Ergebnis der Modellierung zeigte, dass der Wasserhaushalt des Mare Diwouni allein durch Niederschlag, Verdunstung, Direktabfluss aus dem Einzugsgebiet und Abfluss in den Pendjari bestimmt wird. Der Fluss selbst speist also das Mare nicht; wasserbauliche Eingriffe in das Flusssystem sind also unsinnig. „Während der Trockenzeit überwiegt die Verdunstung aus dem Mare, Abfluss erfährt lediglich der Pendjari selbst, auch dieser kann jedoch streckenweise trockenfallen. Setzen die ersten Niederschläge sehr spät ein, trocknet auch das Mare selbst aus. In der Regenzeit verändern sich die Prozesse im Untersuchungsgebiet sehr stark. Der Abfluss des Pendjari steigt an, Altarme und Rinnen im Bereich der Mäander werden gefüllt, das Wasser erreicht bei normalem Hochwasserverlauf jedoch nicht das Mare. Vielmehr erfährt das Mare eine so intensive Speisung aus Niederschlägen, dass zu Ende der Regenzeit Wasser über eine Rinne in den Fluss abfließt" (OBERKIRCHER 2005, 99).

Will also das Management des Reservates die Wasserverfügbarkeit verbessern, so sind nur minimale Aufschüttungen im Bereich der das Mare umrundenden Piste durchzuführen. Weiterhin zeigte sich in dieser Untersuchung die deutliche Auswirkung der Megaherbivoren (Flusspferd) auf die äußere Form des Stillgewässers und der zu ihm hin- bzw. wegführenden Rinnen.

3.3 Einbeziehung der Anrainer in das Biosphärenreservatskonzept

Neben diesen naturwissenschaftlich orientierten Prozessstudien ist es für die erfolgreiche Umsetzung einer nachhaltigen Landnutzungsstrategie von entscheidender Bedeutung, ob die Integration der Anrainerbevölkerung in die Schutzkonzepte gelingt (GERMAN MAB NATIONAL COMMITTEE 2005). Auch die weiter im Norden gelegene Region um das Niger-W wird diesbezüglich von einem umfangreichen Projekt begleitet, in das mehrere Förderer eingebunden sind (FONDS EUROPÉEN DE DÉVELOPPEMENT 2002).

MASUCH 2005 gibt einen Überblick über die im Rahmen des Projekts Pendjari, einer von der (GTZ) geförderten EZ-Maßnahme, durchgeführte regionalökonomische Unterstützung der im Biosphärenreservat gelegenen Dörfer. Die im Sinne der Vernetzung von Naturschutz und Anwohnern vom Management des BR Pendjari durchgeführten integrativen Maßnahmen haben demnach folgende Ziele:
- Einbeziehen der Anrainer in die Schutzbelange des Biosphärenreservate Pendjari,
- Akzeptanz des Biosphärenreservate Pendjari,
- Sicherung der Existenzgrundlage der Anrainerbevölkerung und
- nachhaltige Ressourcennutzung.

Im Einzelnen durchgeführte Maßnahmen innerhalb der Zusammenarbeit zwischen Anrainern und Verwaltung sind:
   a) Stärkung der lokalen Organisationsstruktur durch Schaffung von Interessenvertretungen der Anrainer gegenüber der Verwaltung des BR Pendjari,

b) Erhöhung der ackerbaulichen Produktion
   - Erschließung von Niederungen für den Reis- und Gemüseanbau,
   - Einführung von Ochsengespannen zur Feldbearbeitung,
c) Diversifizierung der Einkommensquellen durch
   - Mikrokreditvergabe,
   - Förderung der Imkerei und des Reisanbaus,
   - Mitarbeit im BR Pendjari (Überwachung, Hilfsarbeiten),
   - Abgabe von einem Drittel der Jagdeinnahmen an Organisationen der Anrainer,
d) Umwelterziehung von Schülern zur Stärkung des Umweltbewusstseins und des Engagements der Bevölkerung.

4   Zusammenfassung und Fazit

Biosphärenreservate sollen Modellregionen sein für eine nachhaltige Entwicklung. Sie sollen im Sinne der nachhaltigen Regionalentwicklung gleichermaßen Natur und Umwelt, regionalwirtschaftliche und Forschungs- bzw. Bildungsaufgaben dienen. Die auf diesem Konzept basierenden theoretischen Potenziale der regionalen Vermarktung und Warenkreisläufe, der nachhaltigen und bewussten Nutzung und Inwertsetzung der vor Ort vorhandenen Ressourcen sind vielfältig. HAMMER (2002, 128) betont, dass „über die Konzeptvorgaben […] eine *räumlich* und auch *sektoriell* ausgewogene ganzheitliche integrative regionale Sicht, regionale Institutionsentwicklung, regionale Steuerung und damit [eine] regionale Raumentwicklung […] möglich wird". Allerdings wird gerade in Westafrika deutlich, dass aktuell diesem Ansatz dort auch Grenzen gesetzt sind. Hier sind zuvorderst Sachgrenzen zu nennen. Es mangelt an Geld; nicht unbedingt absolut, denn auch mit geringen Mittel könnte Positives bewirkt werden; vor allem mangelt es an langfristig zugesagten, fest verfügbaren Geldmitteln. Die politischen Randbedingungen in Westafrika sind mithin die anfälligsten weltweit. Dass es hier langfristige Entwicklungskonzepte schwer haben, liegt auf der Hand. Weiterhin fehlt für ein effizientes Management der Groschutzgebiete Forschungskapazität, sowohl in personeller als auch in infrastruktureller Hinsicht. Der Kenntnisstand über die Systeme vor Ort ist rudimentär, lokale Daten praktisch nicht verfügbar. Die vorgestellten Studien haben dennoch gezeigt, wie mit geringem Aufwand eine Unterstützung der Administration des Biosphärenreservates geleistet werden kann.

Literatur

D-IPCC (Deutsche IPCC Koordinierungsstelle des BMBF) (Hrsg.) (2002): Klimaänderung 2001, Synthesebericht. Bonn, September 2002.

DPNP (Direction du Parc National de la Pendjari) (2003): Plan d'Aménagement et de Gestion de la Réserve de Biosphère de la Pendjari. Tanguiéta (unveröff.).

FONDS EUROPÉEN DE DÉVELOPPEMENT (2002): Programme Régional Parc – W (ECOPAS). (Ecosystèmes Protégés en Afrique Sahélienne). Fiche Synthetique de Présentation 7 ACP RPR 742.

GERMAN MAB NATIONAL COMMITTEE (ed.)(2005): Full of life : UNESCO biosphere reserves – model regions for sustainable development. Berlin, Heidelberg.

GREEN, A. A./SAYER, J. A./PETERS, M. (1979): Développement des parcs nationaux, Bénin. Plan directeur. Parc National de la Pendjari. FAO: DP/BEN/77/011, Document de travail No. 1. Rapport technique 1. Rome.

HAMMER, T. (2002): Das Biospärenreservat-Konzept als Instrument nachhaltiger Regionalentwicklung. Beispiel Entlebuch. In: Mose, I./Weixlbaumer, N. (Hrsg.): Naturschutz: Großschutzgebiete und Regionalentwicklung. Naturschutz und Freizeitgesellschaft, 5, 111-135.

HESS, S. (1993): Entwicklung einer Biotopkomplexkarte für den Pendjari-Nationalpark (Republik Benin) auf der Grundlage von Fernerkundungsdaten. Diplomarbeit am Institut für Geographie der Rheinischen Friedrich-Wilhelms-Universität Bonn (unveröff.).

HOUINATO M. (1996): Aménagement Agropastoral de la zone riveraine de la Réserve de la Pendjari. Rapport principal. MAB-UNESCO: Programme Bourses de Recherches jeunes chercheurs. Cotonou (Bénin).

KRESS, A. (2005): Praxisorientiertes Feuermanagement im Biosphärenreservat Pendjari (Bénin, Westafrika). Diplomarbeit am Institut für Geographie und Geoökologie, Universität Karlsruhe (TH) (unveröff.).

MASUCH, J. (2005): Biosphärenreservat Pendjari (Benin, Westafrika): Strategien zum Land-Use-Management in der Anrainergemeinde Pouri. Diplomarbeit am Institut für Geographie und Geoökologie, Universität Karlsruhe (TH) (unveröff.).

OBERKIRCHER, L. (2005): Der Wasserhaushalt des Mare Diwouni, Pendjari-Biosphärenreservat, Benin, Westafrika. Modellierung hydrologischer und hydrodynamischer Prozesse. Diplomarbeit am Institut für Geographie und Geoökologie, Universität Karlsruhe (TH) (unveröff.).

SAUERBORN, J./HESS, S./GRUNERT, J. (1994): Untersuchungen zu Wirkungen und Erfolgen des Naturschutzes im Pendjari-Nationalpark (Benin). In: Zentralblatt für Geologie und Paläontologie. 1993, H. 3/4, 409-421.

UNESCO (Hrsg.)(1996): Biosphere Reserves: The Seville Strategy and Statutory Framework of the World Network. Paris.

UNESCO (2005): Online Information vom 30.11.2005: http://www.unesco.org/mab/.

ZOMAHOUN, G.-H. (2002): Landnutzungs- und Managementstrategien für die Puffer- und Siedlungszone des Pendjari-Nationalparks (Bénin). Karlsruher Schriften zur Geographie und Geoökologie (KSzGG), 16.

Politische Ökologie im südlichen Afrika: Problemkontexte, Ursachen und Konsequenzen

Marcus Nüsser (Heidelberg) und Cyrus Samimi (Erlangen)

1 Das südliche Afrika als Krisen- und Konfliktraum

In aktuellen Medienberichten zu Entwicklungsproblemen in den Ländern des südlichen Afrika stehen beinahe ausschließlich Krisen und Konflikte im Vordergrund. Neben Schilderungen über Ausmaß und Auswirkungen der HIV/Aids-Pandemie dominieren Meldungen über die vielerorts zu beobachtende politische Instabilität und immer wiederkehrende Ausbrüche von Gewalt. Darüber hinaus wird in internationalen Pressemitteilungen auf akute Nahrungsmittelkrisen und einen weitgehenden Zusammenbruch der Agrarproduktion in einzelnen Ländern des südlichen Afrika hingewiesen. Neben den hier nur stichwortartig angedeuteten Problemkontexten bilden tief greifende Veränderungen im Bereich der Landnutzungssysteme und die fortschreitende Landdegradation gravierende Entwicklungsprobleme und Konfliktfelder in großen Teilen des Subkontinents. Bei der Suche nach den Konfliktursachen einerseits und den Voraussetzungen für eine nachhaltige Landnutzung andererseits rücken in allen Staaten des südlichen Afrika verstärkt Probleme des Landrechts und der Landverteilung in das Zentrum der Betrachtung. Dabei kommt der Frage nach den Ursachen und Konsequenzen der politischen und sozioökonomischen Rahmenbedingungen für die Landnutzungssysteme besondere Bedeutung zu. Ausgehend von einer politisch-ökologischen Perspektive werden aktuelle Problemfelder anhand regionaler Fallbeispiele aufgezeigt und in den Kontext ihrer historischen Entwicklungsbezüge gestellt.

2 Der Ansatz der Politischen Ökologie als Analyserahmen

Landnutzung und Ressourcenschutz stellen Konfliktfelder dar, auf denen gesellschaftspolitische Auseinandersetzungen zwischen lokalen Bevölkerungsgruppen, staatlichen Institutionen und externen Akteuren stattfinden. Seit Mitte der 1980er Jahre haben die mittlerweile klassischen Arbeiten aus der Politischen Ökologie (BLAIKIE 1985, 1995; BLAIKIE/BROOKFIELD 1987; BRYANT/BAILEY 1997) einen Rahmen für Untersuchungen der Wechselwirkungen zwischen den politisch-ökonomischen Verhältnissen, der Umwelt- und Ressourcendegradation und den aus diesem Spannungsverhältnis resultierenden Konflikten geliefert. Das Grundprinzip dieses hybriden und dezidiert integrativen Ansatzes besteht im Konzept einer „politisierten Umwelt" (*politicised environment*). Dabei werden zunehmende Ressourcendegradation, anwachsende Nutzungskonflikte und Existenzsicherungskrisen als Ergebnis von Interaktionen zwischen den Handlungen und Interessen ortsansässiger und nicht-ortsansässiger Akteure im Kontext ungleichgewichtiger Machtbeziehungen gedeutet. Die Formen und Intensitäten von Landnutzung und landwirtschaftlicher Produktion, wie auch das Ausmaß der Landdegradation einerseits und die Ausweisung von Ressourcenschutzgebieten andererseits, werden als Ausdruck von Verfügungsrechten an agrarischen Ressourcen im Kontext der ökonomischen und politischen Rahmenbedingungen interpretiert. Dabei können die aktuellen Problemkonstellationen nicht losgelöst von den historischen Entwicklungen eingeordnet und analysiert werden.

Für die Länder im südlichen Afrika sind Unterschiede in der kolonialen Geschichte und in der postkolonialen Entwicklung zum Verständnis der heutigen Problemsituation von besonderer Relevanz. Aus der kolonialzeitlichen Entwicklungsgeschichte sind Gegensätze zwischen den ehemaligen Siedlerkolonien (Südafrika, Namibia, Simbabwe) einerseits und den kolonialen Protektoraten (z. B. Botsuana und Lesotho) andererseits festzuhalten. Während die Siedlerkolonien durch starke Zuwanderung aus Europa, eine generell ungleiche Landverteilung und den Aufbau von Apartheidstrukturen geprägt wurden, waren die Protektorate grundsätzlich durch eine weitaus geringere Siedlungsaktivität von Europäern gekennzeichnet, deren Einflussnahme zudem weitgehend auf die Verwaltung beschränkt blieb. Auch im Prozess der Dekolonisation lassen sich deutliche Unterschiede zwischen den ehemaligen Siedlerkolonien und den kolonialen Protektoraten erkennen. In den Siedlerkolonien verzögerten sich die Unabhängigkeit und das damit verbundene Ende der Apartheid bis in die 1990er Jahre. Dagegen wurden die ehemaligen Protektorate bereits in den 1960er Jahren und weitgehend konfliktfrei in die Unabhängigkeit entlassen. Während in allen ehemaligen Siedlerkolonien gegenwärtig über Landreformen diskutiert wird, ist dies aufgrund des geringen privaten Landbesitzes in den ehemaligen Protektoraten kein größeres Problem.

3 Landbesitzverhältnisse: Entwicklungen, Konflikte und Folgen für die landwirtschaftliche Produktion

Für die historische Entwicklung der Landbesitzverhältnisse in den ehemaligen Siedlerkolonien steht das Beispiel Simbabwe. Bereits bevor das heutige Simbabwe im Jahr 1923 Kronkolonie wurde, kam es zur Aufteilung des Landes, wobei das Staatsland den größten Anteil hatte (Abb. 1). In den folgenden Jahrzehnten wurde zuerst das frei verfügbare kommerzielle Land ausgeweitet, das in Simbabwe in der aktuellen Terminologie als *Large Scale Commercial Farm Areas* (LSCFA), in anderen Ländern hingegen als *Freehold Land* bezeichnet wird. Seit den 1960er Jahren dehnte sich dann auch das *Communal Land* aus. Letzteres galt insbesondere nach der einseitigen Unabhängigkeit der weißen Minderheitsregierung im Jahr 1965 als Reservat für die schwarze Bevölkerungsmehrheit. Kleine Flächen standen als *African Purchase Areas*, heute *Small Scale Commercial Farm Areas* (SSCFA), der schwarzen Bevölkerung zum Kauf zur Verfügung. Nach der Unabhängigkeit im Jahr 1980 änderte sich an der Aufteilung

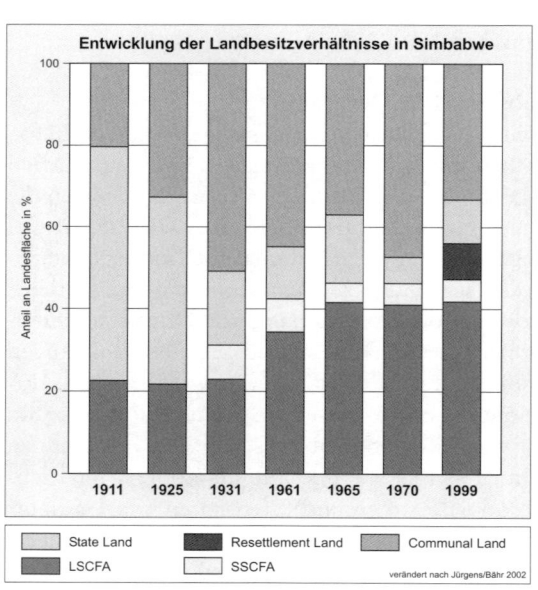

Abb. 1: Die Entwicklung der Landbesitzverhältnisse in Simbabwe 1911–1999

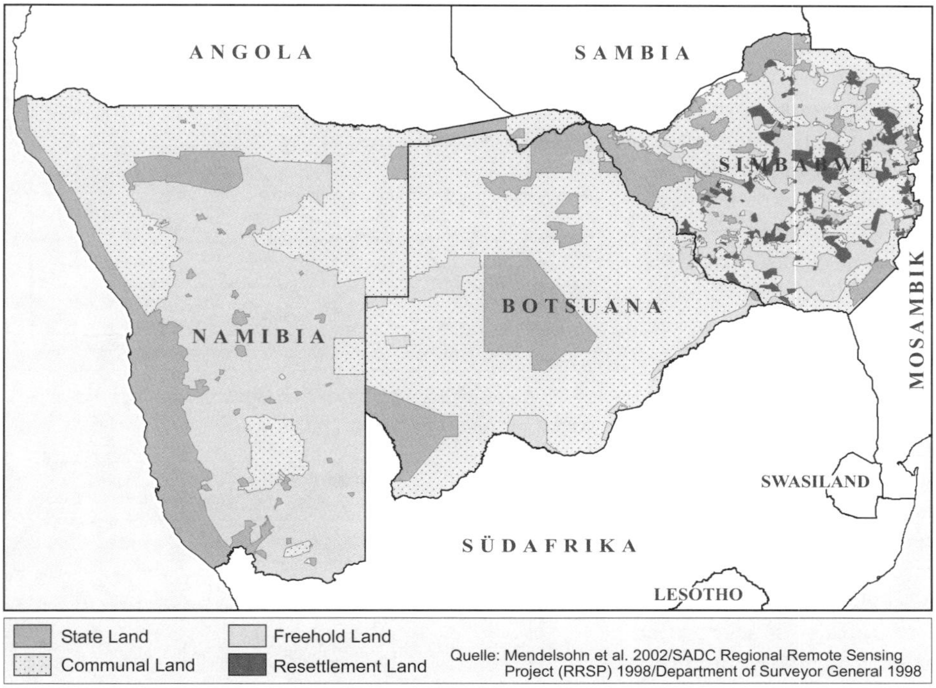

Abb. 2: Unterschiede in den aktuellen Besitzverhältnissen in den Ländern Namibia, Botsuana und Simbabwe

kaum etwas, nur wenige Farmen wurden im Rahmen einer Landreform neu verteilt (*Resettlement Land* – RL). Das verbliebene Staatsland (*State Land*) besteht z. B. aus Nationalparks und Waldreservaten. Betrachtet man die räumliche Verteilung der unterschiedlichen Landkategorien, fällt für Simbabwe zunächst auf, dass die Struktur relativ stark fragmentiert ist (Abb. 2). Sie orientiert sich allerdings weitgehend an den agrarökologischen Voraussetzungen. Demnach liegen die Großfarmen in begünstigten Regionen oder sind so groß, dass auch unter ungünstigen Bedingungen eine produktive Landnutzung in Form extensiver Weidewirtschaft betrieben werden kann. Außerdem lebt die Bevölkerungsmehrheit auf nur ca. 40 % der Landesfläche. Ähnlich verhält sich die Situation in Namibia, wobei der Norden des Landes durchaus agrarökologisch begünstigt ist. Diese Gunst wird aber durch die sehr hohe Bevölkerungsdichte weitgehend aufgehoben. Das Staatsland umfasst, anders als in Simbabwe und Botsuana, neben Nationalparks und anderen Schutzgebieten auch großflächige Diamantensperrgebiete. In Botsuana als ehemaligem Protektorat ist das Bild unterschiedlich, da kommerzielles Farmland dort nur einen sehr kleinen Flächenanteil ausmacht.

Die Landbesitzverhältnisse stellen in vielen Ländern ein enormes Konfliktpotenzial dar. In Simbabwe kam es seit 1999 zu einer Instrumentalisierung der Landfrage durch die Regierung unter Präsident Mugabe. Dabei ging es nicht nur um die Umverteilung des Großgrundbesitzes, sondern auch um Machtsicherung der Staatsklasse gegen eine aktive und erfolgreiche Oppositionspartei. Im Verlauf des Konfliktes kam es zu einer weitgehenden Enteignung des Landes, größtenteils unter Gewaltanwendung. Mit der Enteignung einher geht ein drastischer Einbruch der landwirtschaftlichen Produktion

(Abb. 3). Bei der Getreideproduktion liegt Simbabwe inzwischen hinter den Nachbarländern Mosambik und Sambia und kann die eigene Bevölkerung als ehemaliger Getreideexporteur heute nicht mehr selbst versorgen. Die beiden Nachbarländer profitieren hingegen von Farmern aus Simbabwe, die teilweise aktiv von den Regierungen angeworben werden. So haben sich unter ähnlichen agrarökologischen und kulturellen Rahmenbedingungen entlang des Beira-Korridors zahlreiche Farmer aus Simbabwe niedergelassen. Der Einfluss dieser Farmer zeigt sich insbesondere in der Entwicklung der Produktionszahlen für Tabak. In Simbabwe wird zwar immer noch deutlich mehr produziert als in den benachbarten Vergleichsländern, aber die Erzeugung ist

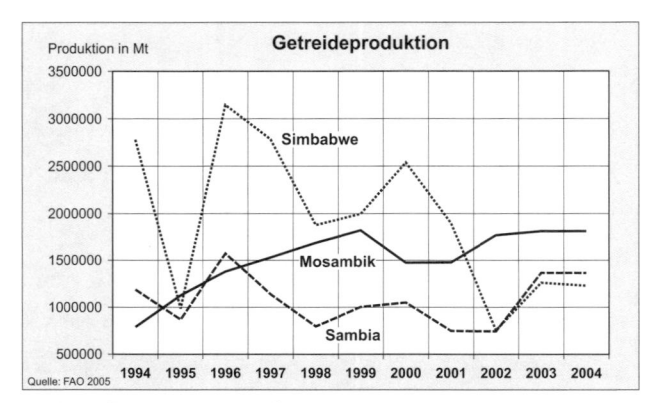

Abb. 3: Entwicklung der Getreideproduktion in ausgewählten Ländern des südlichen Afrika zwischen 1994 und 2004

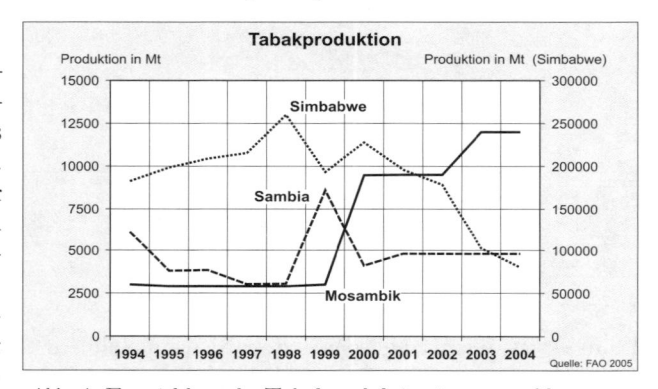

Abb. 4: Entwicklung der Tabakproduktion in ausgewählten Ländern des südlichen Afrika zwischen 1994 und 2004

eingebrochen (Abb. 4). Für Mosambik zeigt die Produktionskurve hingegen steil nach oben. Neben der Ausweitung der Produktion von Grundnahrungsmitteln diversifizieren innovative Farmer in diesem Kontext auch den Anbau von *Cashcrops*, wobei zusätzlich zu traditionellen Anbauprodukten auch Pflanzen zur Gewinnung von Arzneigrundstoffen, wie beispielsweise Arten der Gattung *Vinca*, eine Rolle spielen.

4 Nutzungsmuster, Landdegradation und Ressourcenschutz als Konfliktfelder

Management, Degradation und Schutz landwirtschaftlich nutzbarer Ressourcen bilden eng mit dem Landrecht und den Bodenbesitzverhältnissen verknüpfte Bereiche. Beispielhaft lässt sich dieser Zusammenhang anhand unterschiedlicher Intensitäten der Landdegradation in angrenzenden Gebieten erkennen, die durch verschiedene Nutzungssysteme und/oder unterschiedliche Formen des Landrechts gekennzeichnet sind. Besonders offensichtlich werden diese Unterschiede in Luft- und Satellitenbildern erkennbar. Regionale Beispiele für derart gut identifizierbare Grenzen lassen sich im Bereich der ehemaligen *Homelands* in Südafrika, in Simbabwe (SAMIMI 2000, 2003) oder auch an der Grenze zwischen Südafrika und dem Binnenstaat Lesotho (NÜSSER 2002) zeigen.

Bei der Ursachenanalyse von Landdegradation im subsaharischen Afrika wird die

Berücksichtigung von Landrechtskonflikten und externen Interventionen in historischer Perspektive in den Vordergrund gestellt (BATTERBURY/BEBBINGTON 1999, LEACH/MEARNS 1996, SINGH 2000, TIFFEN/MORTIMER/GICHUKI 1994). Der Fall Lesotho zeigt exemplarisch für viele Länder des südlichen Afrika, wie bereits in der Kolonialzeit Landnutzungspraktiken der lokalen Bevölkerung für die starke Degradation der agrarischen Ressourcen verantwortlich gemacht und entsprechende Gegenmaßnahmen von den politischen Entscheidungsträgern gefordert und teilweise in Form von Zwangsmaßnahmen umgesetzt wurden (NÜSSER 2004; SHOWERS 1989, 1996). Auch in der postkolonialen Entwicklung bleibt die Problematik der Land- und Ressourcendegradation im Kontext der Landbesitzverhältnisse brisant. Dies lässt sich an dem aus Satellitenbildern quantifizierten Verlust der Miombo-Trockenwaldbestände im Gutu Distrikt ableiten, der beispielhaft für die Situation in Simbabwe gelten kann (SAMIMI 2003). Auffällig ist, dass es unter allen Besitzverhältnissen zwischen Mitte der 1970er und Ende der 1990er Jahre zu einem Rückgang des Trockenwaldes gekommen ist, wobei sich in den *Communal Lands* eine höhere Abnahme als in den kommerziellen Farmgebieten zeigt (LSCFA, SSCFA) (Abb. 5). Am drastischsten stellt sich jedoch die Lage in den *Resettlement*-Gebieten dar. Dabei ist zu berücksichtigen, dass die Landreform in Simbabwe erst Anfang der 1980er Jahre stattfand und der hohe Trockenwaldverlust demnach auf eine kürzere Zeitspanne bezogen werden muss.

Auch die Erhaltung und der Schutz natürlicher Ressourcen können nicht losgelöst von den politischen Rahmenbedingungen betrachtet werden. Die Ausweisung von Schutzgebieten im südlichen Afrika zwischen Anfang und Mitte des 20. Jahrhunderts war häufig nur mit auf Zwangsmaßnahmen beruhenden Umsiedlungen von Bevölkerungsgruppen unter den Bedingungen der kolonialen Herrschaftsstrukturen realisierbar. In der jüngeren Vergangenheit zeigte sich an vielen Beispielen die Tendenz zur Arrondierung und transnationalen Integration von Schutzgebieten (*Transfrontier Conservation Areas* oder *Transboundary Protected Areas*; vgl. SAMIMI/NÜSSER 2006). Hierbei und vor dem Hintergrund angestrebter Vernetzungen von Schutzgebieten und den damit verbundenen Konflikten zeigt sich deutlich die politisch-ökologische Dimension der Zugangs- und Verfügungsrechte. Konkret stellt sich bei der Einrichtung des Limpopo Nationalparks in Mosambik, der zusammen mit dem südafrikanischen Kruger Nationalpark und dem Gonarezhou Nationalpark in Simbabwe zum Great Limpopo Transfrontier Park zusammengeschlossen wurde, die Frage nach der Rolle der jetzt im Nationalpark lebenden Bevölkerungsgruppen. Angestrebt wird dabei eine Umsiedlung, die unter den heutigen politischen Bedingungen allerdings freiwillig zu erfolgen hätte. Anreize dazu sollen durch verstärkte, vor allem ökonomische Partizipationsmöglichkeiten am Nationalpark geschaffen werden. Auch am Beispiel des Maloti-Drakensberg Transfrontier Conservation and Development Project zwischen Lesotho und Südafrika

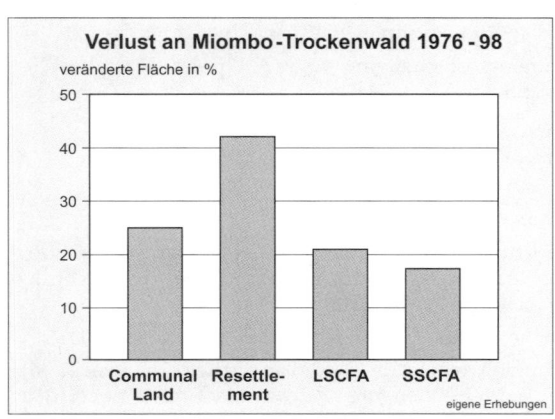

Abb. 5: Der nach Besitzverhältnissen differenzierte Verlust an Miombo-Trockenwald im Gutu Distrikt (Simbabwe)

lässt sich zeigen, dass die wichtigsten strategischen Ziele, die einerseits im grenzüberschreitenden Natur- und Landschaftsschutz und zum anderen im nachhaltigen Ressourcenmanagement unter Einbindung beteiligter Akteure bestehen, bei der Umsetzung mit erheblichen Problemen konfrontiert sind. Bei der Umsetzung von Naturschutzkonzepten kann Südafrika auf vielfältige Erfahrungen zurückblicken, doch zeigen sich Schwierigkeiten bei der Integration ehemaliger *Homeland*-Gebiete, in denen starke Widerstände gegen Nutzungsbeschränkungen auftreten. Auch im Hochland von Lesotho sind die bisherigen Ansätze zur Kontrolle und Regulierung der Landnutzung durch Inventarisierung von Weideflächen und Einführung von Rotationsweiden bislang nicht als erfolgreich zu bezeichnen (NÜSSER 2002). Insbesondere in den *Communal Lands* sehen sich die von staatlicher Seite angestrebten Nutzungsregulierungen häufig mit starken Widerständen konfrontiert.

5 Fazit

Wie der vorstehende Überblick zeigt, lassen sich unterschiedliche Bereiche im Zusammenhang von Ressourcennutzung, Ressourcenschutz und Landdegradation im südlichen Afrika als Ausdruck einer politisierten Umwelt interpretieren. Damit sind nicht nur die beteiligten Akteure, sondern vor allem auch die zugrunde liegenden sozioökonomischen Strukturen und politischen Machtbeziehungen angesprochen. Exemplarisch belegen die angesprochenen Themenfelder die immer wieder feststellbare Bedeutung externer Interventionen und ihrer Auswirkungen für das Verständnis aktueller Probleme an der Schnittstelle zwischen sozioökonomischer Entwicklung und zunehmender Umweltdegradation. Insbesondere hinsichtlich der Zugangs- und Verfügungsrechte in Bezug auf die natürlichen Ressourcen in den Ländern des südlichen Afrika ist die Berücksichtigung der historischen Dimension unerlässlich.

Literatur

BATTERBURY, S./BEBBINGTON, A. (1999): Environmental histories, access to resources, and landscape change. In: Land Degradation and Development, 10, 279-288.

BLAIKIE, P. (1985): The political economy of soil erosion in developing countries. London.

BLAIKIE, P. (1989): Environment and access to resources in Africa. In: Africa 59, 18-40.

BLAIKIE, P. (1995): Changing environments or changing views? A political ecology for developing countries. In: Geography, 80, 203-214.

BLAIKIE, P./BROOKFIELD, H. (1987): Land degradation and society. London, New York.

BRYANT, R.L./BAILEY, S. (1997): Third world political ecology. London.

DEPARTMENT OF THE SURVEYOR GENERAL (1998): Zimbabwe Land Classification 1 : 1 000 000. Department of the Surveyor General. Harare (Zimbabwe).

FAO (2005): FAOSTAT data 2005. http://faostat.fao.org/faostat/form?collection= Production.Crops.Primary&Domain =Production&servlet=1&hasbulk= 0&version=ext&language=EN (last update 14.7.2005).

JÜRGENS, U./BÄHR, J. (2002): Das südliche Afrika. Gotha (= Perthes Regionalprofile).

LEACH, M./MEARNS, R. (1996): Challenging received wisdom in Africa. In: Leach, M./ Mearns, R. (Eds.): The lie of the land. Challenging received wisdom on the African environment. London, 1-33.

MENDELSOHN, J./JARVIS, A./ROBERTS, C./ROBERTSON, T. (2002): Atlas of Namibia. Cape Town.

NÜSSER, M. (2002): Maloti-Drakensberg: Naturraum und Nutzungsmuster im Hochgebirge des südlichen Afrika. In: Petermanns Geographische Mitteilungen, (146)4, 60-68.

NÜSSER, M. (2004): Krisen und Konflikte in Lesotho: Entwicklungsprobleme eines peripheren Hochlandes aus politisch-ökologischer Perspektive. In: Gamerith, W./ Messerli, P./Meusburger, P./Wanner, H. (Hrsg.): Alpenwelt – Gebirgswelten: Inseln, Brücken, Grenzen. Tagungsbericht und wissenschaftliche Abhandlungen 54. Deutscher Geographentag Bern 2003, 633-640.

SADC Regional Remote Sensing Project (RRSP) (1998): Southern African development community – Regional remote sensing project. Harare (Zimbabwe).

SAMIMI, C. (2000): Landnutzung und Umweltveränderung im Gutu Distrikt (Zimbabwe). In: Bähr, J./Jürgens, U. (Hrsg.): Transformationsprozesse im Südlichen Afrika – Konsequenzen für Gesellschaft und Natur. Symposium in Kiel vom 29.10.–30.10.1999. (= Kieler Geographische Schriften 104), 129-141.

SAMIMI, C. (2003): Das Weidepotential im Gutu Distrikt (Zimbabwe). Möglichkeiten und Grenzen der Modellierung unter Verwendung von Landsat TM-5. Karlsruhe (= Karlsruher Schriften zur Geographie und Geoökologie, 19).

SAMIMI, C./NÜSSER, M. (2006): Visionen der Vernetzung von Schutzgebieten im südlichen Afrika. In: Natur und Landschaft, (81)4, 185-192.

SHOWERS, K. (1989): Soil erosion in the Kingdom of Lesotho: origins and colonial response, 1830s-1950s. In: Journal of Southern African Studies, (15)2, 263-286.

SHOWERS, K. (1996): Soil erosion in the Kingdom of Lesotho and development of historical environmental impact assessment. In: Ecological Applications, 6, 653-664.

SINGH M. (2000): Basutoland: A historical journey into the environment. In: Environment and History, 6(1), 31-70.

TIFFEN, M./MORTIMER, M./GICHUKI, F. (1994): More People, less erosion. Environmental recovery in Kenya. Chichester.

Leitthema E – Nachhaltigkeit: Grenzbereich zwischen Ressourcenerhalt und -degradation

Sitzung 3: Bodenerosionsforschung: Experiment und Modell

Rainer Duttmann (Kiel) und Ádám Kertész (Budapest)

Die Bekämpfung der Bodenerosion zählt vor dem Hintergrund einer weltweit unverändert zunehmenden Boden- und Landschaftsdegradation zu den zentralen Herausforderungen für den Boden- und Landschaftsschutz. Heutige Schätzungen gehen davon aus, dass weltweit ca. 20 Mio. km^2 der potenziell nutzbaren Landfläche in mehr oder minder starkem Umfang degradiert sind. Dies entspricht einem Flächenanteil von 15 % der Landfläche (s. RICHTER 1998). Auf mehr als 15 Mio. km^2 gilt dabei die auf eine nicht angepasste Landnutzung (u. a. Entwaldung, Überweidung, fehlerhafte Landbewirtschaftung) zurückzuführende Bodenerosion als die dominierende Degradationsform. Angesichts des weiterhin stark zunehmenden Bevölkerungswachstums und der damit zusammenhängenden Sicherung der Ernährungsgrundlage ist in den nächsten 50 Jahren von einer Verdreifachung der landwirtschaftlichen Produktion auszugehen, was eine dramatische Inanspruchnahme weiterer Landressourcen vor allem in den Schwellen- und Entwicklungsländern erwarten lässt (s. MIELICH 2003). Auch in Europa zählt die Bodenerosion zu den zentralen Umweltproblemen in agrarwirtschaftlich genutzten Landschaften. So gehen jüngere Schätzungen davon aus, dass hier etwa 115 Mio. ha Landfläche von Bodenerosion betroffen sind.

Zur Vermeidung bzw. Reduzierung der enormen ökologischen und ökonomischen Schäden (vgl. dazu PIMENTAL et al. 1995) bedarf es neben der Bereitstellung zuverlässiger Erosionsprognosemodelle für unterschiedliche Betrachtungsmaßstäbe vor allem der Entwicklung praxistauglicher Bodenerosionskonzepte und der Einführung rechtsverbindlicher Steuerungsinstrumente. Beispiele hierfür sollen im Folgenden vorgestellt und diskutiert werden.

Mit der Untersuchung der global differenzierten Ursachenkomplexe der Bodenerosion beschäftigt sich der Beitrag von Hans-Rudolf BORK. Anhand von Fallbeispielen aus dem nordchinesischen Lössplateau, der zu Chile gehörenden Osterinsel, der Eastern Cape Province in Südafrika sowie aus dem Nordwesten der USA und aus Deutschland stellt er Verfahren zur Datierung und Quantifizierung der historischen und rezenten Bodenerosion vor und diskutiert die zeitliche Entwicklung und Dynamik des Bodenerosionsgeschehens vor dem Hintergrund der jeweiligen naturräumlichen Ausstattungsverhältnisse und der jeweils herrschenden sozio-ökonomischen sowie politischen Rahmenbedingungen.

Der Beitrag von Jürgen BÖHNER gibt einen Überblick über den aktuellen Forschungsstand auf dem Gebiet der Erosionsmodellierung. Ein besonderes Augenmerk ist dabei auf die flächenhafte Modellierung der Winderosion gerichtet, die im Unterschied zur Wassererosion bisher nur eingeschränkt möglich ist. Anhand des von ihm entwickelten physikalisch begründeten WEELS-Modells (Wind Erosion on European Light Soils) stellt er Beispiele für die Quantifizierung und regionalisierte Abbildung windbedingter Bodenumlagerungen für Einzelereignisse und im langjährigen Verlauf vor und diskutiert die Anwendung von Szenarienrechnungen für Zwecke des Bodenschutzes und des Landnutzungsmanagements.

Mit der praktischen Umsetzung von Boden- und Erosionsschutzmaßnahmen auf betrieblicher Ebene beschäftigt sich der Beitrag von Thomas MOSIMANN. Ausgehend von dem Problem, dass wirksame Erosionsschutzmaßnahmen bisher nur in vergleichsweise geringem Umfange in der Fläche zum Einsatz kommen, wird darin die Frage untersucht, inwieweit die aktuellen rechtlichen Rahmenbedingungen („Gute Fachliche Praxis", EU-Cross Compliance-Richtlinie) sowie die derzeitigen betrieblichen und technischen Entwicklungen zukünftig einen verbesserten Bodenerosionsschutz erwarten lassen. Gestützt auf umfangreiche Untersuchungen aus Deutschland und der Schweiz stellt der Beitrag eine Strategie für den Bodenerosionsschutz vor, in der dargelegt wird, wie betrieblicher Erosionsschutz mittel- und langfristig erreicht werden soll.

Literatur

MIELICH, G. (2003): Die Bekämpfung der Bodendegradation – eine weltweite Herausforderung. In: Petermanns Geographische Mitteilungen, 147(3), 6-13.

PIMENTAL, D./HARYEY, C./RESOSUDARMO, P./SINCLAIR, K./KURSZ, D./McNAIR, M./CRIST, S./SHPRITZ, L./FITTON, R./SAFFOURI, R./BLAIR, R. (1995): Environmental and economic cost of soil erosion and conservation benefits. In: Science, 267, 1117-1123.

RICHTER, G. (Hrsg.) (1998): Bodenerosion. Analyse und Bilanz eines Umweltproblems. Darmstadt.

Bodenerosion als globales Umweltproblem

Hans-Rudolf Bork, Stefan Dreibrodt und Andreas Mieth (Kiel)

1 Einführung

Zwar existieren zahlreiche Karten, die das Ausmaß der Bodenerosion durch Wind oder Wasser visualisieren. Prüfungen der in den Karten angegebenen Bodenerosionsraten zeigen erschreckende Über- und Unterschätzungen – nicht selten um mehrere Größenordnungen. Die Karten basieren ausnahmslos auf groben, meist fehlerhaften Annahmen zu den Faktoren, die das Ausmaß der Bodenerosion determinieren, nicht auf vieljährigen Messungen des realen Ausmaßes der Bodenerosion. Ohne zumindest die ungefähre Kenntnis der aktuellen Erosionsraten ist ein erfolgreicher Bodenschutz kaum möglich. Daher begannen die Autoren, Bodenerosionsraten an verschiedenen Standorten in Europa, Nord- und Südamerika, Südafrika, Asien und auf einigen ostpazifischen Inseln exakt zu rekonstruieren. Erst langfristige Betrachtungen gestatten die Einordnung der rezenten Dynamik. Die identifizierten Wirkungen verschiedener Landnutzungssysteme auf die Böden werden nachstehend für sehr verschiedenartige Standorte vorgestellt.

2 Beispiele für nachhaltige Bodennutzung

2.1 Nachhaltiger Gartenbau der Rapa Nui im Palmwald der Osterinsel (Chile)

Polynesische Siedler entwickelten auf der heute chilenischen Osterinsel vor mehr als einem Jahrtausend ein Gartenbausystem, das sie in einem dichten Palmenwald praktizierten (MIETH/BORK 2004). Taro, Yams, Zuckerrohr, Bananen und andere Kulturpflanzen wurden von den Polynesiern erfolgreich zwischen den zahlreichen, vor Bodenerosion und Austrocknung schützenden Palmen angebaut. Für die Bodenbearbeitung wurden Pflanzstöcke eingesetzt; eine Beschädigung der Wurzeln der Palmen wurde so verhindert. Pflanzenreste wurden als organischer Dünger in den Boden eingearbeitet. Ein hoher Humusgehalt resultierte in der mehrere Dezimeter tiefen Pflanzschicht, wie Merkmale der Füllungen von Pflanzlöchern eindrucksvoll belegen. Jahrhunderte später beendeten Brandrodungen des Palmenwaldes die nachhaltige Nutzung. Verbrannte Palmstümpfe und durch den Brand fixierte Palmwurzelröhren bezeugen den über mehrere Jahrhunderte praktizierten Rodungsprozess.

2.2 Früher nachhaltiger Gartenbau im zentralen Lössplateau Nordchinas

Im tief zerschnittenen nordchinesischen Lössplateau rodeten die ersten Gartenbauern vor mehr als 7000 Jahren die Vegetation auf den Hängen und auf den Plateauresten. Eine lange Phase intensiven, permanenten Gartenbaus folgte. Die bis zu 1,5 m mächtigen rotbraunen Böden (Cambisole) wurden auf den steilen Hängen flächenhaft abgetragen. Tiefe Schluchten rissen, ausgehend von den schmalen Trockentälern, Hang aufwärts ein. Gartenland ging hier in erheblichem Umfang dauerhaft verloren.

Vor etwa 4750 Jahren gelang Bauern nördlich von Yan'an die erfolgreiche Etablierung eines Boden schützenden, nachhaltigen Gartenbausystems. Untersucht wurde der Riedel Zhongzuimao, auf dem am unteren Rand verkleinerter Felder, von etwa 2750 v. Chr. bis zum Jahr 1958 n. Chr. allmählich eine Ackerterrasse aufwuchs. Oberhalb erodiertes Substrat sedimentierte hier. Als die Terrasse eine Höhe von 1,8 m und eine Breite von 27 m erreicht hatte, wurde sie von einem Starkniederschlag zerrissen. Die entstandene, 1,5 m tiefe und 2 m breite Schlucht wurde von Bauern rasch mit Material – hauptsächlich kalkhaltigem Löss – aus der näheren Umgebung verfüllt. Bald darauf zerschnitten zwei weitere kleine Schluchten die Ackerterrasse. Beide wurden neuerlich schnell von den Bauern verfüllt. In den folgenden viereinhalb Jahrtausenden verhinderten die Flurstruktur und die Boden schonende Bewirtschaftung linienhafte Bodenerosion auf dem Zhongzuimao vollkommen – ein außergewöhnlich lang anhaltender Erfolg! Schwache flächenhafte Bodenerosion am kurzen Oberhang ließ die Gartenterrasse auf einer Breite von mehr als 80 m maximal 7 m hoch aufwachsen.

Erst eine politisch erzwungene Veränderung der Feldfrüchte, der Fruchtfolgen und der Organisationsstrukturen im Rahmen der Kampagne des „Großen Sprungs nach Vorne" beendete im Jahr 1958 n. Chr. den nachhaltigen Gartenbau. Die Bodenerosionsraten am Zhongzuimao stiegen dadurch um mehr als das Dreißigfache (BORK/LI 2002).

3   Beispiele für nicht nachhaltige Landnutzung und ihre Wirkungen auf die Böden
3.1 Wirkungen von Weidewirtschaft, Garten- und Ackerbau sowie Holzwirtschaft

Erosionssensitive, nicht nachhaltig genutzte Standorte erfuhren besonders starke Veränderungen durch die Etablierung nicht angepasster Landnutzungssysteme.

3.1.1 Die Altmoränenlandschaften im Westen Schleswig-Holsteins

Aufschlüsse in der Dithmarscher Geest im Westen Schleswig-Holsteins belegen häufige und gravierende, auf Nährstoffmangel zurückzuführende Veränderungen der Landnutzung. Der erste Ackerbau endete südlich von Albersdorf im Neolithikum rasch. Einige Starkniederschläge erodierten und transportierten den nährstoffreichen, humosen Pflughorizont auf die Unterhänge und in die kleinen Talauen. Durch die Entfernung der Feldfrüchte bedingte Stoffverluste, die aufgrund fehlender Kenntnis zum Nährstoffkreislauf nicht kompensiert werden konnten, trugen ebenfalls zur Aufgabe des Ackerbaus bei. Auf den Ackerbau folgte eine Phase intensiver Beweidung. Die tonarmen und sandreichen Substrate versauerten in der niederschlagsreichen Region im Verlauf nur weniger Jahrhunderte währender intensiver Beweidung derart stark, dass ein Podsol unter Heidevegetation entstand. Dieser Nutzungswandel und die resultierende Bodendegradierung wiederholten sich jeweils während Bronze- und Eisenzeit (REISS/BORK 2005).

3.1.2 Die Lösslandschaft des Palouse im Pazifischen Nordwesten der USA

Europäischstämmige Einwanderer rodeten – in Unkenntnis der Witterungsextreme (insbesondere der Winterkälte, der Häufigkeit, Intensität und Wirksamkeit von Starkniederschlägen sowie der Wirkungen von Schneeschmelzen) – im Verlauf der zweiten Hälfte des 19. Jahrhunderts in der Lösslandschaft des Palouse im Südosten des US-Bundesstaates Washington erstmals Langgrassteppen und Wälder. Trotz der Anspannung zahlreicher Zugtiere vor Pflüge und Erntemaschinen blieb die ackerbauliche Nutzung auf die Auen und die schwach geneigten Unterhänge der fruchtbaren, hügeligen Lösslandschaft beschränkt. Geringe Bodenerosionsraten resultierten auf den Äckern. Die Einführung von Zugmaschinen ermöglichte dann in den 1930er Jahren die ackerbauliche Nutzung auch sehr steiler Hänge. In einer zweijährigen Fruchtfolge wird seitdem im Wechsel mit einjähriger Schwarzbrache hauptsächlich Sommerweizen angebaut. Reißt ein sommerlicher Starkniederschlag auf den Hängen Erosionsrillen ein, ist der Farmer gezwungen, baldmöglichst zu pflügen oder zu grubbern, um das Einschneiden tiefer Schluchten in den kleinen Rillen während des nächsten Starkniederschlages zu verhindern. So werden nicht nur durch Starkniederschläge Bodenpartikel fortgeführt (auf manchen Hängen werden durch Oberflächenabfluss mehr als 100 Tonnen Boden pro Hektar und Jahr erodiert), auch die Bodenbearbeitung transportiert in erheblichem Umfang Bodenpartikel Hang abwärts. In sieben Jahrzehnten wurden manche Standorte viele Hundert Mal gepflügt. Auf den Kuppen wurden die fruchtbaren degradierten Schwarzerden dadurch nicht selten vollständig fortgepflügt (GELDMACHER 2002). Kalkhaltiger Löss steht dann dort an. Wassererosion entfernte auf den steilen Mittelhängen den Boden teilweise; auf den Unterhängen liegen Kolluvien. Sieben Jahrzehnte intensiven Ackerbaus haben damit eine homogene fruchtbare Bodendecke in einen heterogenen Flickenteppich aus kalkhaltigem Löss mit geringem Wasserhaltevermögen, aus unterschiedlich mächtigen Relikten degradierter Schwarzerde und aus Kolluvien verwandelt. Der Ackerbau ist erschwert, die Erträge sind reduziert. Einige Standorte haben im Palouse seit den 1930er Jahren die dort geringmächtige Lössdecke vollkommen verloren. Basalte stehen jetzt an diesen wüst gefallenen Standorten an.

3.1.3 Im Süden Sichuans (Südwestchina)

Das Volk der Yi nutzte Bergwälder im Süden von Sichuan – von wenigen, durch Konflikte mit den Han ausgelöste Ausnahmen im späten 19. Jahrhundert abgesehen – bis in das Jahr 1958 n. Chr. nachhaltig. In jenem Jahr bewirkte der Energiebedarf durch den „Großen Sprung nach Vorne" ausgedehnte Rodungen. Aufforstungsversuche durch das Abwerfen von Kiefernsamen aus Flugzeugen schlugen noch 1958 fehl. Im Untersuchungsgebiet Xixi im Südwesten Sichuans wurden die Rodungsflächen zunächst als Weide- und ab 1965 als Ackerland genutzt. Die Yi legten ohne die notwendigen technischen Kenntnisse Ackerterrassen an. Dadurch wurde linienhafte Bodenerosion entscheidend gefördert. Bodenerosionsraten von mehr als 300 Tonnen pro Hektar und Jahr traten auf. Das Ackerterrassensystem wurde zerschluchtet. Im Jahr 1985 wurde das Gebiet mit Kiefern aufgeforstet. Seitdem ist die Bodenerosion unbedeutend.

3.1.4 Der Archipel Juan Fernández (Chile)

Auf der im östlichen Pazifik im Archipel Juan Fernández gelegenen, heute chilenischen Robinson Crusoe Insel setzten aus Spanien stammende Siedler im Jahr 1591 Ziegen aus, die sich im 16. und 17. Jahrhundert massenhaft vermehrten. Die Entnahme wertvoller Hölzer (z. B. des Sandelholzes *Santalum fernandezianum*) veränderte die Vegetation der kaum 50 km² kleinen Insel vor allem im 18. und 19. Jahrhundert weiter. Anlässlich der Eröffnung des Nationalparks im Jahr 1936 ausgesetzte Kaninchen vermehrten sich drastisch. Die unkontrollierte Holzentnahme, Brände, die Ziegen- und Kaninchenplagen vernichteten die küstennahen Wälder vollständig. Bodenerosion setzte ein. Hauptsächlich im 20. Jahrhundert wurden die Böden flächenhaft auf den Unterhängen erodiert und in den Pazifik gespült. Eine Wiederbesiedlung der Erosionsflächen mit Vegetation ist aufgrund der geringen Infiltrationskapazität der exponierten Gesteine und der häufigen, Oberflächenabfluss erzeugenden Starkniederschläge nicht absehbar.

3.2 Wirkungen von Erschließungsmaßnahmen

3.2.1 Erdöl- und Erdgasförderregion Ugra im Nordwesten Sibiriens (Russland)
Die kleinen Völker der Khanten, Mansen, Yamalen und Nensen nutzten den Norden der Westsibirischen Tiefebene bis zur Mitte des 20. Jahrhunderts als Jäger, Sammler, Fischer und Rentierhalter nachhaltig. Gelegentliche Brände veränderten die Vegetation der Tundra und der Taiga. Jedoch entstand nur sehr selten und nur an wenigen Standorten Feststoff verlagernder Oberflächenabfluss.

In den 1950er Jahren wurden Erdöl und Erdgas in Nordwest-Sibirien entdeckt. Die Zahl der Förderstandorte und die Länge von Bahnstrecken und Straßen nehmen seitdem beständig zu. Straßen und Bahnlinien werden über mehrere Meter hohe Sanddämme geführt; Siedlungen und Förderstandorte erhalten mächtige Fundamente aus Sand, um die Bodenbewegungen durch Tau- und Gefrierprozesse zu mindern. Die Gewinnung der riesigen benötigten Sandmengen hat inzwischen begonnen, Tundra und Taiga nachhaltig zu verändern.

Östlich von Khanty-Mansiysk wird der Sand im Sommer mit Schwimmbaggern am Rand kleiner Flüsse durch Abpumpen gewonnen. Das Fließverhalten der Flüsse ändert sich an den Sandentnahmestandorten und unterhalb; Seiten- und Sohlenerosion wird verstärkt. Der auf verdichteten, betonierten oder asphaltierten Oberflächen während der Schneeschmelzen oder der sommerlichen Starkniederschläge auftretende Oberflächenabfluss spült Sand von den Straßenböschungen in die Auen auf die dortigen Niedermoore. Im Verlauf der erst ein halbes Jahrhundert währenden Phase der Erdölförderung entstanden in den Auen bis zu 5 m hohe Flussterrassen – ein Prozess, der hier an kleinen Flüssen erstmals im Holozän auftritt.

In der Tundra mit dem nur wenige Dezimeter auftauenden Dauerfrostboden werden in Straßennähe anstehende Sande durch flaches Abschieben entnommen – gelegentlich auf einzelnen Flächen, die mehrere Quadratkilometer einnehmen. Die Vegetation der Tundra mit ihrer dichten, den Boden (außer an den wenigen stärker geneigten Hangstandorten mit Solifluktion) vor Verlagerung vorzüglich schützenden Decke aus Flechten, Moosen, Kräutern, niedrigen Sträuchern und Bäumen wird zerstört. Starke Winde transportieren im Sommer Sandkörner von den Entnahmeflächen in die Umgebung. Eine Sandschicht überzieht flächenhaft die dortigen Nieder- und Hochmoore. Dünen entstehen und wandern über Tundra und durch die nördliche Taiga.

Zwar haben die Förderung von Erdöl und Erdgas sowie der resultierende Bau von Straßen, Bahntrassen und Siedlungen erst einen geringen Teil des Nordens der Westsibirischen Tieflandes direkt verändert. Jedoch wurden erstmals im Holozän Prozesse initiiert, die in den kommenden Jahrzehnten und Jahrhunderten aktiv und sichtbar bleiben und ausgedehnte Gebiete indirekt über den Transport von Partikeln erfassen werden. Tundra und Taiga erfahren hier eine von den Gas- und Ölverbrauchern in Europa kaum wahrgenommene dramatische Veränderung.

3.2.2 Späte Landnahme auf Floreana (Galápagos, Ecuador)
Auf der kleinen Insel Floreana verhinderten geringe Hangneigungen, ein hohes Wasseraufnahmevermögen der Substrate und eine dichte Vegetation bis zur Mitte des 20.

Jahrhunderts gravierende Oberflächenabflussbildung und Bodenerosion, obwohl im drei- bis zehnjährigen Rhythmus mit den El Niño-Ereignissen immer wieder extreme Starkniederschläge auftraten. Diese vermochten jedoch auf den durchlässigen Substraten in den vergangenen Jahrhunderten stets vollkommen zu versickern. Auch die Nutzung eines kleinen Areals im Hochland der Insel durch eine 1932 eingewanderte deutsche Familie änderte an dieser Situation zunächst nichts. Erst der Umzug der Siedler vom Hochland an die Westküste in den frühen 1950er Jahren bewirkte die schneisenartige Zerstörung der Vegetation durch Anlage eines Verbindungsweges und die flächenhafte Zerstörung der Vegetation durch Hausbau und Brände in Küstennähe. Seitdem wirkt der in Gefällsrichtung vom Hochland zur Westküste führende Weg als Abflussbahn. Der Abfluss verlässt den verdichteten Weg und reißt tiefe Rillen in die lockere Tephra. Thor Heyerdahl beobachtete hier im El Niño-Jahr 1953 die lokal starke linienhafte Bodenerosion. Im El Niño-Sommer 1982/83 schnitten sich erneut Rillen ein. Die unsachgemäße Anlage von Weg und Siedlung beendete die jungholozäne geomorphodynamische Stabilitätsphase (BORK/MIETH 2005).

4 Kombinationswirkungen intensiver Landnutzung und extremer Witterungsereignisse

4.1 Der Norden Zentraloregons im Pazifischen Nordwesten der USA

In der Umgebung von Monument, im Norden Zentraloregons, begannen Ackerbau und intensive Beweidung durch europäischstämmige Siedler in der zweiten Hälfte des 19. Jahrhunderts. Die nachhaltige Nutzung der erosionssensitiven Region durch indigene amerikanische Völker endete abrupt.

Bis in das frühe 20. Jahrhundert wurden auf einigen ackerbaulich genutzten Hängen die geringmächtigen fruchtbaren, wasserdurchlässigen Böden nahezu vollständig flächenhaft erodiert und als Kolluvien auf den Unterhängen sowie als Auensedimente in kleinen Auen abgelagert. Gesteine mit geringer Wasserdurchlässigkeit gelangten auf den Hängen an die Oberfläche. Seitdem tragen diese Standorte bereits während mäßig starker Niederschläge zur Abflussbildung bei. Häufigkeit und Intensität der Hochwasser in den größeren Vorflutern wuchsen.

Wenige Starkniederschläge sorgten in den 1920er Jahren im Einzugsgebiet des East Fork Cottonwood Creek bei Monument für extrem hohen Oberflächenabfluss auf den vegetations- und bodenfreien Standorten und für das Einreißen bis zu 15 m tiefer Schluchtsysteme zuerst an den Tiefenlinien und bald darauf auf den Unterhängen (GELDMACHER 2002). Gleichzeitig wurden an weiteren Standorten landwirtschaftlich nutzbare und genutzte Böden flächenhaft erodiert. Der Ackerbau endete in dieser kurzen und verheerenden Starkniederschlags- und Bodenerosionsphase. Die Intensität der Beweidung wurde reduziert.

Da die häufige Abflussbildung auf den nunmehr exponierten, wenig durchlässigen Substraten bis heute anhält, werden eine Wiederbesiedlung durch Pflanzen und die Bildung wieder landwirtschaftlich nutzbarer Böden in den kommenden Jahrhunderten oder Jahrtausenden verhindert.

4.2 Deutschland

Das Zusammentreffen von intensiver Landnutzung auf ganzen Hängen und außergewöhnlich extremen Starkniederschlägen hatte auch auf die Böden Deutschlands verheerende Wirkungen. So verursachte der 1000-jährige Niederschlag im Juli des Jahres

1342 vom Rhein bis zur Oder, von der Donau bis zur Eider die bei weitem stärkste Bodenerosion, die ein einzelnes Ereignis während des Holozäns in Mitteleuropa außerhalb der Alpen auslöste. Etwa ein Drittel der kumulierten Bodenerosion der vergangenen eineinhalb Jahrtausende wurde hauptsächlich durch dieses sowie ein weiteres, vorausgegangenes Extremereignis in der ersten Hälfte des 14. Jahrhunderts verursacht (BORK et al. 1998). Zwar sind in Deutschland nur wenige hügelige, mit lehmig-sandigen Substraten bedeckte Landschaften wie der Kraichgau, das Untereichsfeld oder die Hallertau stark erosionsgefährdet. Dennoch wurden im Juli 1342 auch andere, intensiv landwirtschaftlich genutzte Räume verheert. Ausgedehnte Gebiete fielen für Jahrhunderte (z. B. in den Jungmoränenlandschaften Nordost-Deutschlands) oder gar dauerhaft wüst. So verschwanden in den Mittelgebirgen an vielen Hängen die geringmächtigen fruchtbaren Böden vollständig. Seitdem sind dort wieder verbreitet nur langsam verwitternde Festgesteine exponiert.

Träfe das Tausendjährige Ereignis auf intensiv und einheitlich ackerbaulich oder als Grünland genutzte große Schläge mit starken Hangneigungen in erosionssensitiven Räumen, wären für die Bewohner kaum vorstellbar verheerende Schäden die Folge.

5 Schlussfolgerungen

Die erste gravierende Veränderung der Boden schützenden Vegetation durch Menschen begann in den untersuchten Räumen zu sehr verschiedenen Zeitpunkten:

- im tief zerschnittenen nordchinesischen Lössplateau durch Beweidung, Garten- oder Ackerbau vor mehr als 7000 Jahren,
- in Mitteleuropa ebenfalls durch Beweidung, Garten- oder Ackerbau bereits während des Neolithikums,
- auf der Osterinsel (Chile) durch Gartenbau vor etwa 1300 Jahren,
- auf der Robinson Crusoe Insel im Jahr 1591 durch die Einführung und spätere Massenvermehrung von Ziegen, im 19. Jahrhundert durch Holzentnahme und im 20. Jahrhundert durch die Einführung von Kaninchen,
- im Pazifischen Nordwesten der USA durch Ackerbau in der zweiten Hälfte des 19. Jahrhunderts,
- im Süden von Sichuan (China) durch Weidewirtschaft im Jahr 1958 und Ackerbau von 1965 bis 1985,
- auf der Insel Floreana (Galápagos-Archipel) in den 1950er Jahren durch Vegetationszerstörung aufgrund von Siedlungstätigkeit und der Anlage von Verbindungswegen zwischen dem Hochland und der Westküste und
- im nordwestsibirischen Tiefland (Russland) in den 1980er Jahren durch die Entnahme und Aufschüttung von Sand im Zusammenhang mit der Rohstoffgewinnung und der dazu erforderlichen Landerschließung.

Lediglich auf der Osterinsel führten bereits die ersten polynesischen Gartenbauern vor etwa 1300 Jahren sofort ein Boden schonendes, nachhaltiges Landnutzungssystem ein. An den übrigen Untersuchungsstandorten bedingte die erste Landnutzung durch Tierhalter, Garten- oder Ackerbauern andersartige Bodenbildungsprozesse; Bodenerosion durch Wind oder Oberflächenabfluss war die Folge. Vor den ersten gravierenden Veränderungen von Vegetation und Böden waren einige der untersuchten Standorte über viele Jahrhunderte oder Jahrtausende extensiv und nachhaltig von Jägern, Sammlern, Fischern oder Tierhaltern genutzt worden (Pazifischer Nordwesten der USA, Nordwesten Sibiriens, südliches Sichuan im Südwesten Chinas, Mitteleuropa), andere waren davor unbesiedelt (Isla Robinson Crusoe). Bodenerosion war nicht aufgetreten.

Die Böden und das Relief entwickelten und entwickeln sich unter dem Einfluss der Landnutzung völlig andersartig als unter von Menschen nicht oder kaum beeinflussten Bedingungen. In einigen Regionen Chinas, Nordamerikas sowie Mittel- und Westeuropas existieren heute keine Standorte mehr, deren Entwicklung ohne bedeutsame anthropogene Einflüsse und Eingriffe ablief. Kulturböden haben natürliche Böden ersetzt, Kulturlandschaften sind an die Stelle von Naturlandschaften getreten. Außerhalb höherer Gebirgslagen ist in Deutschland kein Hangstandort bekannt, der nicht im Verlauf von Urgeschichte, Mittelalter oder Neuzeit genutzt worden wäre.

Die Prozesse der Wasser- und Winderosion wurden auf vegetationsarmen oder -freien Oberflächen immer durch natürliche Ereignisse ausgelöst: durch Oberflächenabfluss während starker Niederschläge oder plötzlich abschmelzende wasserreiche Schneedecken oder durch hohe Windgeschwindigkeiten. Das Ausmaß der Bodenerosion variierte in den untersuchten, genutzten Gebieten zeitlich und räumlich sehr stark.

In den früh besiedelten Regionen Chinas, z. B. am Zhongzuimao im Lössplateau, wurden die Böden bereits in den ersten Jahrhunderten oder ein bis zwei Jahrtausenden des Garten- und Ackerbaus fast vollständig flächenhaft abgetragen und die Unterhänge zerschluchtet. Erst seitdem prägt kalkhaltiger Löss (wieder) die Oberfläche der Landschaften. Der Gartenbau konnte außerhalb der zerrunsten Unterhänge fortgesetzt werden.

Auch einige mitteleuropäische Standorte verloren schon im Verlauf von Neolithikum, Bronze- oder Eisenzeit vollständig ihre damals oft humusreichen, fruchtbaren Böden (BORK 1983). Zumeist vorübergehende Extensivierungen oder Nutzungsaufgaben waren die Folge. In den Mittelgebirgen wurden geringmächtige Böden im Verlauf von Mittelalter und Neuzeit, zu einem erheblichen Teil im 14. Jahrhundert, auf den Ober- und Mittelhängen häufig vollständig erodiert. Im Norden und im Nordosten Deutschlands erodierten zumindest die Oberböden auf den Mittelhängen. In Löss verkleideten Becken wurden die holozänen Böden vollständig auf vielen steilen Mittel- und Oberhängen abgetragen. Das Schluchtenreißen verheerte Lösslandschaften in Mitteleuropa ebenfalls besonders im 14. und im 18. Jahrhundert. Seltene extreme Witterungsereignisse bedingten den weit überwiegenden Teil dieses Bodenverlustes. Die durch Nutzung ermöglichte holozäne Bodenerosion führte an den meisten untersuchten Standorten zu einer Jahrhunderte oder Jahrtausende währenden Minderung der Bodenfruchtbarkeit.

Grundlegende Veränderungen der Landnutzungssysteme und -intensitäten durch Landnahme, Kolonisierung, Expansion, Technisierung und politische Umbrüche führten im 20. Jahrhundert zu einer Vervielfachung der Bodenerosionsraten:

- auf der Poike Halbinsel im Osten der Osterinsel in den 1930er Jahren durch eine außergewöhnlich hohe Schafdichte und jährliche Brände,
- im Einzugsgebiet von Dwight's Creek im Palouse (Washington, USA) im Jahr 1935 mit dem Ersatz der Zugtiere durch Zugmaschinen, die eine ackerbauliche Nutzung auch steilster Lösshänge ermöglichte,
- im Einzugsgebiet des East Fork Cottonwood Creek (Oregon, USA) im frühen 20. Jahrhundert durch die ackerbauliche Nutzung und die intensive Beweidung erosionssensitiver Standorte mit geringmächtigen Böden,
- auf dem Zhongzuimao (Provinz Shaanxi, China) im Jahr 1958 durch veränderte Feldfrüchte, Fruchtfolgen und Eigentumsverhältnisse,

- im Westen von Floreana durch unsachgemäßen Wegebau und Brände in den frühen 1950er Jahren,
- bei Xixi (Provinz Sichuan, China) im Jahr 1958 durch Waldrodung und im Jahr 1965 durch die unsachgemäße Anlage von Ackerterrassen und den nachfolgenden Ackerbau,
- in Deutschland in den 1950er, 1960er, und 1970er Jahren durch Flurbereinigung bzw. Kollektivierung sowie
- im Nordwesten Sibiriens in Sandabbau- und Sandverwendungsgebieten vor allem seit den 1980er Jahren.

Der explosionsartige Anstieg der Bodenerosionsraten in den vergangenen Jahrzehnten in verschiedenen Regionen der Erde hat seine Ursache bislang nicht in häufigeren oder intensiveren Starkniederschlägen, Stürmen oder Schneeschmelzen. Allein von Menschen geschaffene ungünstige Vegetations- und Landschaftsstrukturen, die unsachgemäße Anlage von Infrastruktur, die Intensivierung der Landwirtschaft, technische Entwicklungen, Modifikationen der politischen und sozialen Gegebenheiten sowie das andersartige Verhalten der Bevölkerung im ländlichen Raum bedingten die Veränderungen der Böden.

Literatur

Bork, H.-R. (1983): Die holozäne Relief- und Bodenentwicklung in Lössgebieten – Beispiele aus dem südöstlichen Niedersachsen. In: Bork, H.-R./Ricken, W.: Bodenerosion, holozäne und pleistozäne Bodenentwicklung. In: Catena Suppl., 3, 1-93.

Bork, H.-R./Bork, H./Dalchow, C./Faust, B./Piorr, H.-P./Schatz, T. (1998): Landschaftsentwicklung in Mitteleuropa. Gotha.

Bork, H.-R./Li, Y. (2002): 3200 Reliefentwicklung im Lössplateau Nordchinas – Das Fallbeispiel Zhongzuimao. In: Peterm. Geogr. Mitt., (146)2, 80-85.

Bork, H.-R./Mieth, A. (2005): Catastrophe on an enchanted island: Floreana, Galápagos, Ecuador. In: Rapa Nui Journal, (19)1, 25-29. Los Osos (Easter Island Foundation).

Geldmacher, K. (2002): Landschaftsentwicklung und Landnutzungswandel im Pazifischen Nordwesten der USA seit 1850. Dissertation Mathem.-Naturwiss. Fakultät Universität Potsdam (unveröff.).

Mieth, A./Bork, H.-R. (2004): Easter Island – Rapa Nui. Scientific Pathways to Secrets of the Past. In: Man and Environment, 1. Kiel.

Reiss, S./Bork, H.-R. (2005): Landnutzung, Bodenerosion, Boden- und Reliefentwicklung – Ein Beitrag zur Landschaftsgeschichte in der Umgebung von Albersdorf (Dithmarscher Geest). In: Kelm, R. (Hrsg.): Frühe Kulturlandschaften in Europa. Albersdorfer Forschungen zur Archäologie und Umweltgeschichte, 3, 68-85.

Regionalisierungsmethoden für räumlich differenzierte Erosionsprognosen

Jürgen Böhner (Göttingen)

1 Einleitung

Angesichts der Bedeutung intakter Pedotransferfunktionen für die Sicherung der Ernährungsgrundlagen einer wachsenden Weltbevölkerung bildet der Boden eine Schlüsselressource. Obwohl die nachhaltige Bodennutzung ein heute allgemein akzeptiertes Leitbild ruraler Entwicklungen darstellt und implizierte Umweltqualitätsziele die duale Bedeutung des Bodens als Wirtschafts- und Schutzgut in Abwägungsprozessen berücksichtigen, sind global steigende Ansprüche an die qualitative und quantitative Nahrungsmittelversorgung auch aktuell mit einer Ausweitung und Verschärfung der Bodendegradation verbunden. Wasser- und Winderosion, die weltweit dominierenden Formen der Bodendegradation, sind dabei keineswegs auf Regionen mit einer starken klimatischen Disposition beschränkt. Auch unter den „gemäßigten" Klimaverhältnissen der Bundesrepublik können Bodenverluste durch Wassererosion im reliefierten Gelände auf intensiv bewirtschafteten Lössböden die Bodenneubildungsraten deutlich übersteigen (MIEHLICH 2003). Im norddeutschen Tiefland stellt die Winderosion ein verbreitetes Degradationsproblem dar. Der Saltationsprozess ist auf unbedeckten feinsandigen Oberböden mit einer Aggregatzerschlagung und der Suspension von Stäuben verbunden, so dass neben Boden- und Nährstoffverlusten auf betroffenen Flächen auch nachteilige „off site"-Effekte durch Staubeinträge in benachbarte naturnahe oder bewirtschaftete Ökosysteme auftreten können. Die Rolle unangepasster Bewirtschaftungsstrukturen und Bearbeitungspraktiken als wichtige Determinanten der Bodenerosion wurde in Westdeutschland in den 1950er bis 1970er Jahren deutlich, wo die Beseitigung tradierter bodenschützender Strukturen (Hecken, Streuobstwiesen u. a.) durch Flurbereinigungsmaßnahmen, die Zusammenlegung von Ackerschlägen und später auch der Anbau subventionierte Feldfrüchte unabhängig von Standortqualität und Bodenfruchtbarkeit mit einer drastischen Erhöhung der Bodenerosionsraten verbunden war (BORK et al. 2003). Als Konsequenzen dieser Entwicklung wurde die nachhaltige Sicherung von Bodenressourcen als umweltpolitisches Ziel etabliert und im Jahr 1991 im Bodenschutzgesetz verankert.

Die praktische Umsetzung des vorsorgenden Bodenschutzes und die Überprüfung der Einhaltung von Bodenschutzzielen war mit einem erhöhten Bedarf nach bodenbezogenen Informationen für die Beratungspraxis verbunden und führte in zahlreichen Fachbehörden zur Einrichtung von Bodeninformationssystemen. Abb. 1 aus der Amerikanischen Bodenenzyklopädie illustriert typische Entwicklungsphasen und charakteristische Anwendungsoptionen eines Bodeninformationssystems. Neben der Datenaufnahme und -verwaltung von Fachdaten ermöglichen Analyseoptionen eine Regionalisierung und teilautomatisierte Kartierung relevanter Geodaten. Dispositions- und Prozessmodelle unterstützen die Bewertung von Erosionsrisiken unter aktuellen oder veränderten Klima- und Nutzungsverhältnissen. Der letztgenannte Anwendungsaspekt,

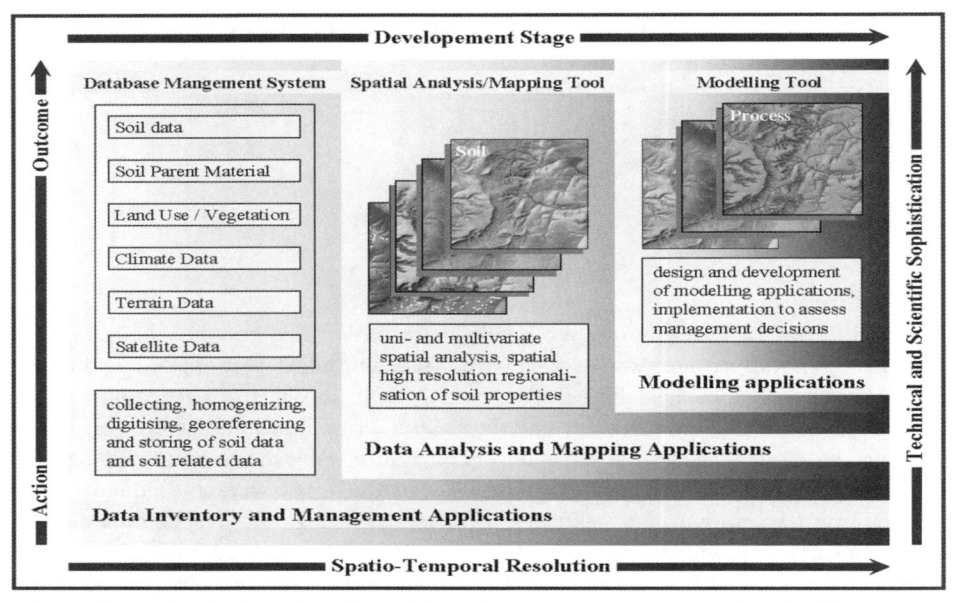

Abb. 1: Konzeptionelles Modell der Entwicklungsphasen und typischen Anwendungsbereiche eines Bodeninformationssystems (verändert nach Böhner et al. 2004)

die Nutzung von Methoden und Modellen für die räumlich differenzierte Abschätzung von Erosionsrisiken, steht im Vordergrund dieses Beitrags. Nach einer einführenden Übersicht über Prinzipien der Modellbildung am Beispiel der Wassererosionsmodellierung wird mit dem europäischen WEELS-Modell ein konzeptuell physikalisches Winderosionsmodell vorgestellt. Anwendungsmöglichkeiten des Modells zur Abschätzung der Konsequenzen von Klima- und Landnutzungswandel werden am Beispiel von Szenarienrechnungen dargestellt.

2 Modelle zur Abschätzung von Bodenerosion durch Wasser

Die in empirischen Forschungsprozessen übliche Differenzierung zwischen induktiver und deduktiver Arbeitsweise reflektiert auch in der Physischen Geographie die wichtigsten erkenntnistheoretischen Paradigmen der Modellbildung (BÖHNER 2005). Angesichts der Komplexität der an der Wassererosion beteiligten Teilsysteme, Faktoren und Prozesse nehmen induktiv gebildete „empirische" Modelle einen traditionell großen Raum ein. Bei diesem auch als „bottom up" bezeicheten Prinzip der Modellbildung werden Funktionen und Parameter des Modells auf Basis empirischer resp. statistisch identifizierter Zusammenhänge und Relationen zwischen steuernden Einflussfaktoren und beobachteten Erosionswirkungen bestimmt. Der wohl bekannteste Vertreter empirischer Erosionsmodelle, die Universal Soil Loss Equation (USLE) wurde von WISHMEIER/SMITH (1965) auf Basis von Abtragsmessungen an standardisierten Hangsegmenten ermittelt. Die Abschätzung des mittleren jährlichen Bodenabtrags auf einer Ackerparzelle erfolgt in der USLE als Funktion von Niederschlagserosivität (R-Faktor), Hanglänge und -neigung (LS-Faktor), Bodenerodibilität (K-Faktor) und Bodenbedeckung (C-Faktor) sowie unter Berücksichtigung evtl. durchgeführter Bodenschutzmaßnahmen (P-Faktor).

Neben regionalen Parameteranpassungen, wie z. B. in der Allgemeinen Bodenabtragsgleichung (ABAG) von Schwertmann et al. (1990) wurde das Konzept der USLE in der Folgezeit auch in zahlreichen Derivaten modifiziert und durch GIS-Funktionalitäten erweitert, um eine räumlich differenzierte Berechnung von Erosionsraten auf gegliederten Hängen (Renard et al. 1997) oder eine Abschätzung von Massenbilanzen (Hensel/Bork 1988, Böhner/Köthe 2003) zu ermöglichen. Die USLE bzw. die USLE Derivate stellen heute allgemein akzeptierte Instrumente der landwirtschaftlichen Beratungspraxis dar. Auch die oft geäußerte Kritik an der eingeschränkten Übertragbarkeit empirischer Gleichungen kann nicht negieren, dass auf Grundlage verlässlicher Flächendaten für sensitive Eingangsgrößen wie dem K- und R-Faktor sowie schlagspezifisch berechneter LS-Faktoren zumindest die räumliche Differenzierung der Erosionsdisposition für alternative Nutzungsoptionen plausibel erfasst wird.

Obwohl bereits mit den ersten Erweiterungen und Modifikationen z. B. der Modified USLE (MUSLE75) von Williams (1975) auch versucht wurde, den Erosionsprozess zeitlich dynamisch abzubilden, weisen empirische Modelle deutliche Defizite bei der „ereignisbezogenen" Modellierung von Erosionsprozessen auf. Weitere erkenntnistheoretische Nachteile wie die nur begrenzten Möglichkeiten einer physikalisch konsistenten kausalen Abbildung des dynamischen System- und Prozessverhaltens sowie damit verbundene Einschränkungen bei der Erfassung von Geltungsbereichen unterschiedlicher System- und Prozesszustände außerhalb der empirischen Datenbasis haben seit Ende der 70er Jahre vermehrt zur Entwicklung physikalischer Modelle geführt. Bei der deduktiven „top down"-Modellbildung werden physikalische Gesetzmäßigkeiten oder physikalische Analogien (konzeptuell physikalische Modelle) zur Abbildung dynamischer Prozessabläufe berücksichtigt. Häufig verwendete physikalischen Kenngrößen zur Parametrisierung der ablösenden Kraft des Oberflächenabflusses sind u. a. Schubspannung, Schergeschwindigkeit, Strömungskraft und Abflussgeschwindigkeit oder alternative hydraulische Kenngrößen zur Charakterisierung der Abflussunruhe und Abflussturbulenz des Oberflächenabflusses.

Wichtige Entwicklungen auf dem Weg zur Realisierung komplexer Modelle waren zunächst in den USA das CREAMS Modell (Chemical Runoff and Erosion from Agricultural Management Systems; Knisel 1980) und das WEPP Model (Water Erosion Prediction Project; Lane et al. 1989). Wachsende Computerkapazitäten und die Realisierung von GIS-Schnittstellen z. B. im EROSEM (European Soli Erosion Model; Morgan et al. 1998) haben in der Folgezeit zu einer raschen Verbreitung leistungsfähiger Erosionsmodelle geführt. Erosion 3D (Schmidt et al. 1996), ein auch in der Praxis häufig eingesetztes Modell zur zeitlich dynamischen Simulation flächenbezogener Einzugsgebietsgrößen (Feststoffaustrag, Feststoffeintrag) und Punkt- bzw. Rasterzellen bezogener Größen (Abfluss, transportierte Sedimentmenge, Sedimentkonzentration, Korngrößenverteilung im Sediment, Nettoaustrag), repräsentiert mit seiner differenzierten Abbildung von Teilprozessen durch Submodelle für jeweils eng begrenzte raum-zeitliche Gültigkeitsbereiche den aktuellen mainstream in der Modellbildung.

3 Das Europäische WEELS Winderosionsmodell

In der Winderosionsforschung stellte sich die Entwicklung auf dem Gebiet der Prozessmodellierung sehr ähnlich dar. Vor dem Hintergrund teilweise verheerender Winderosionsereignisse und Staubstürme in den als „dust bowls" bezeichneten Great Plains der USA mit massiven wirtschaftlichen, sozioökonomischen und ökologischen Folgen wurden in den USA bereits Mitte des vergangenen Jahrhunderts Untersuchungen zur Quantifizierung der Winderosion und beteiligten Faktoren angestrengt, die zur Entwicklung der Wind Erosion Equation (WEQ) führten (WOODRUFF/SIDDOWAY 1965). Wie die USLE wurde auch die WEQ in zahlreichen Derivaten als Revised Wind Erosion Equation (u. a. FRYREAR et al. 1998) ergänzt und modifiziert. Parallel wurden seit Ende der 1970er Jahre verstärkt konzeptuell physikalische Modelle wie z. B. das Wind Erosion Prediction System (WEPS; HAGEN 1991) entwickelt. Obwohl mit der Realisierung komplexer Modelle wesentliche Fortschritte in der dynamischen Simulation windinduzierter Erosions-, Dispersions- und Depositionprozesse gemacht worden sind, wird das Potenzial der besseren überregionalen Übertragbarkeit dieser Modelle durch sehr hohe Anforderungen an die Qualität und raum-/zeitliche Auflösung der Eingangsdaten konterkariert. Die zusätzliche methodisch bedingte Beschränkung auf kleine Modellareale beeinträchtigt deren Anwendung bei der Beurteilung von Erosionsrisiken im Rahmen regionaler ökologischer und politischer Fragestellungen.

Angesichts dieser vorherrschenden Modelldefizite wurde im Rahmen des EU-WEELS-Projektes (Wind Erosion on European Light Soils) mit dem WEELS Modell ein konzeptuell physikalisches Modell realisiert, das unter Integration z. T. vorhandener Modelle und Regionalisierungsmethoden eine zeitlich dynamische, räumlich hoch auflösende Indikation von Winderosionsrisiken auf Grundlage ubiquitär verfügbarer oder leicht zu erhebender topographischer und klimatischer Basisdaten ermöglicht. Die Realisierung des Modells am Geographischen Institut der Universität Göttingen (Arbeitsgruppe Geosystemanalyse) und dem Bodentechnologischen Institut (BTI Bremen) des Niedersächsischen Landesamtes für Bodenforschung (NLfB) erfolgte in einer interdisziplinären Kooperation mit Projektpartnern aus Großbritannien, Schweden, den Niederlanden und Belgien.

Zur Erfassung der aktuellen Erosionsdynamik wurden in zwei 5 x 5 km großen, aktuell erosionsgefährdeten Modellarealen in Barnham (Suffolk/Großbritannien) und Grönheim (Cloppenburger Geest/Niedersachsen) auf ausgewählten Testflächen ereignisbezogene Feldmessungen durchgeführt. Die dort erhobenen Daten bildeten in Kombination mit flächenhaft verfügbaren Landnutzungs- und Bodeninformationen sowie langjährigen meteorologischen Zeitreihen die empirische Datengrundlage der Modellentwicklung. Um eine physikalisch konsistente dynamische Abbildung des Prozessgeschehens zu ermöglichen, basieren die mit dem WEELS-Modell berechneten Sedimenttransportraten auf einer modifizierten BAGNOLD (1966) Sedimenttransportgleichung. Die Bagnold Gleichung beschreibt den maximalen Sedimenttransport für einen „Standard-Dünensand" mit einer mittleren Korngröße von etwa 250 µm. Die Parametrisierung der bodenspezifischen Erodibilität unterschiedlich texturierter Mineralböden erfolgte in Windkanalexperimenten mit dem offenen transportablen Grenzschichtwindkanal des BTI Bremen.

In Abb. 2 ist eine Übersicht über Struktur und modulare Gliederung des WEELS Modells dargestellt. Generalisiert lassen sich die Teilmodule in zwei Gruppen zusammenfassen. Die Teilmodule WIND, WIND EROSIVITÄT und BODEN FEUCHTE integrieren dynamische Variablen zur Abbildung der zeitlichen Variabilität des Klimawirkungskomplexes. Während in den Teilmodulen WIND und WIND EROSIVITÄT unter Integration des WAsP Modellansatzes von MORTENSEN et al. (1993) Wind- und Schubspannungsgeschwindigkeiten im Stundentakt simuliert werden, generiert das BODEN FEUCHTE-Modul diskrete Oberbodenfeuchten als Tageswerte. Die zweite Modulgruppe mit den Teilmodulen BODEN ERODIBILITÄT, BODEN RAUHIGKEIT und

LANDNUTZUNG repräsentiert den Einfluss der Oberflächeneigenschaften und die assoziierte Oberflächendisposition gegenüber Winderosionsprozessen in Abhängigkeit pedophysikalischer Oberbodeneigenschaften, meteorologischer Rauhigkeitslängen und dem nutzungsspezifischen saisonalen Bodenbearbeitungs- und Vegetationsstatus.

Die aktuelle Erosionsgefährdung wird in stündlichen Zeitschritten unter Berücksichtigung der Bodenfeuchte durch die Dauer erosiver Bedingungen und die maximale Sedimenttransportrate repräsentiert. Als zusätzliches Maß der windinduzierten Bodendegradation wird eine tägliche Erosions-/Akkumulationsbilanz ermittelt. Die Bilanzierung erfolgt anhand der modellierten Transportraten benachbarter Rasterzellen unter Berücksichtigung der vorherrschenden Windrichtung. Eventsimulationen und Modellläufe zur Bewertung langfristiger Erosionsrisiken in den Modellarealen in Barnham und Grönheim wurden in einer räumlichen Auflösung von 25 x 25m durchgeführt.

Die Ergebnisse der langfristigen Modellläufe weisen generalisiert ein höheres Erosionsrisiko für das englische Testgebiet aus, in dem das Gebietsmittel des Bodenabtrags im Zeitraum 1970–1998 auf bewirtschafteten Flächen 1,56 t ha^{-1} a^{-1} und die maximale Abtragsrate 15,5 t ha^{-1} a^{-1} betrug. Bei einem durchschnittlichen Nettoflux von über 3 t ha^{-1} sind die Monate März, September und November durch eine erhöhte Erosionsdisposition gekennzeichnet. Auf der Norddeutschen Testfläche betrug der mittlere jährliche Materialverlust in der Modellperiode 1981-1993 dagegen nur 0,43 t ha^{-1} a^{-1} bei einem maximalen Nettoflux von ca. 10,0 t ha^{-1} a^{-1} und höchsten Abtragsraten von über 2,5 t ha^{-1} in den Monaten März und April.

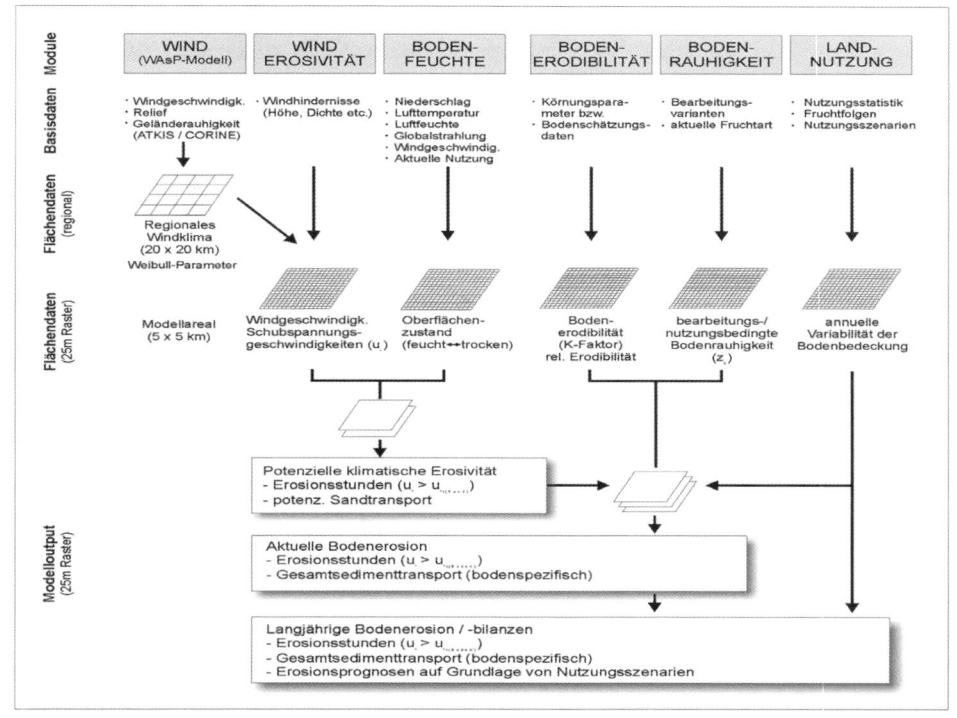

Abb. 2: Konzept und modulare Gliederung des WEELS Modells (verändert nach Böhner et al. 2003)

Neben der eingeschränkten Vergleichbarkeit der Ergebnisse durch die unterschiedlichen Modellperioden ist bei diesen Angaben allerdings auch kritisch zu berücksichtigen, dass das WEELS Modell den Nettoflux überschätzt, da die Reduktion suspendierbaren Oberbodenmaterials während eines Erosionsevents z. B. durch „crusting"-Effekte in den Simulationen unberücksichtigt bleibt. Flächenhafte Approximationen langfristiger Bodenverluste auf Basis von ^{137}Cs Analysen im Barnham Modellareal (WARREN 2002) bestätigen diesen Aspekt, machen aber auch deutlich, dass die Raummuster der Erosion kongruent abgebildet werden. Videodokumentationen des Winderosionsevents vom 13. und 14. März 1994 in Barnham bestätigen gleichzeitig die Präzision des Modells, sowohl bei der zeitlich dynamischen Simulation von Prozessabläufen als auch bei der Identifikation akut betroffener Flächen (vgl. BÖHNER et al. 2003).

4 Klima- und Landnutzungsszenarien

Neben der Indikation der aktuellen Erosionsgefährdung sollte mit dem WEELS Modell auch eine Abschätzung langfristiger Degradationsrisiken unter verschiedenen Klima- und Landnutzungsszenarien geleistet werden. Eine Definition kombinierter Klima- und Nutzungsszenarien erweist sich allerdings als problematisch, da Winderosion als hochdynamischer, in charakteristischen Zeitskalen von 10^{-1} bis 10^2 Minuten ablaufender Prozess sowohl an erosive Witterungsbedingungen (Überschreitung der kritischen Schubspannungsgeschwindigkeit, trockener Oberboden) als auch an eine nutzungsabhängige Prädisposition (glatter, weitgehend vegetationsfreier Oberboden) gebunden ist. Das Gebietsmittel der jährlichen Erosionsdauer von nur ca. 43 Minuten im Testgebiet Barnham verdeutlicht, das diese Voraussetzungen nur in eng begrenzten Zeitfenstern erfüllt sind, so dass Winderosionsereignisse aus formal statistischer Sicht als diskrete stochastische Ereigniskombination geringer Eintrittswahrscheinlichkeit zu bewerten sind. Realistische Szenarien machen daher vor allem eine realistische Abbildung der Frequenzen und Magnituden von Winderosionsevents notwendig.

Im Rahmen von Forschungskooperationen mit der Universität Wageningen (Soil and Water Conservation Group) wurden daher erste Szenarienrechnungen mit dem WEELS Modell auf Basis rekombinierter Nutzungs- und Klimadaten, also auf Grundlage realistischer direkter Beobachtungsdaten exemplarisch für das Testgebiet Barnham durchgeführt. In Modellläufen wurden Klima- und Nutzungsszenarien getrennt berücksichtigt, um im Sinne einer Sensitivitätsanalyse den quasinatürlichen und anthropogenen Einfluss auf langfristige Degradationsrisiken differenziert erfassen zu können. Die Landnutzungsszenarien repräsentieren Perioden mit signifikant unterschiedlichen Verteilungen von Anbaufrüchten bzw. Nutzungsoptionen, die via Clusteranalyse auf Basis von Landnutzungsstatistiken der Periode 1970–1998 identifiziert wurden (vgl. Tab. 1). In drei Szenarienläufen und einem Kontrolllauf wurden Klimadaten des Zeitraums 1970–1998 mit jährlich generierten zufallsverteilten Nutzungsmustern unter Berücksichtigung der in Tab. 1 angegebenen Flächenanteile kombiniert. Der Einfluss von Hecken wurde in zwei Szenarien analysiert. Das „Ohne Hecken-Szenario" simuliert die Konsequenzen einer heckenfreien Feldflur bei sonst unveränderten Klima- und Nutzungsverhältnissen. Im „Erweiterten Hecken-Szenario" wird dagegen eine vollständige Einfriedung der nordwestlichen bis südwestlichen Schlaggrenzen durch uniforme 15 m hohe Hecken geringer Porosität (0.25) angenommen.

Mit der Nordatlantik-Oszillation (NAO) wurde für die Klimaszenarien ein Zirkulationsmuster berücksichtigt, das in Abhängigkeit der Mäandergeschwindigkeiten der Planetari-

Tab. 1: *Landnutzungsverteilungen in den Landnutzungsszenarien (LNS) und im Kontrolllauf (K = Kartoffel, Z = Zuckerrüben, SG = Sommergetreide, WG = Wintergetreide, WW = Winterweizen, R = Raps, B = Brache, W = Weide) (verändert nach Böhner et al. 2004)*

Szenario	Cluster	Nutzung (%)							
		K	Z	SG	WG	WW	R	B	W
LNS-1	1970-1980	3.03	11.45	15.89	21.79	5.58	0.17	0.00	26.85
LNS-2	1981-1992	5.36	18.82	8.73	18.71	14.53	1.98	0.00	16.07
LNS-3	1993-1998	3.89	15.96	7.24	16.49	14.46	0.71	6.23	20.13
Kontrolllauf	1970-1998	4.20	15.50	11.17	19.47	11.12	1.00	1.34	21.00

schen Frontalzone und der troposphärischen Baroklinität über dem zentralen Nordatlantik den Witterungsverlauf West- und Mitteleuropas maßgeblich beeinflusst. Gestützt auf monatliche Zeitreihen des NAO-Index (HURREL 1995) der US National Oceanic and Atmospheric Administration (NOAA) wurden durch zeitlich gleitende t-Tests die Perioden des Beobachtungszeitraum identifiziert, die die statistisch signifikantesten Differenzen des NAO-Index aufweisen. Die Negative NAO-Periode 1976–1985, in Tab. 2 als N-NAO bezeichnet, ist demnach eine Phase verstärkter Meridionalzirkulation, während die Positive NAO Periode 1986–1995 durch eine intensivierte Zonalzirkulation gekennzeichnet ist.

In Abb. 3 sind exemplarisch die räumlichen Verteilungen der maximalen Sedimenttransportraten (Jahresmittel) für den Langfristmodelllauf (Barnham Referenzlauf), den Kontrolllauf sowie für die Szenarien dargestellt. Tab. 1 gibt eine saisonal differenzierte Übersicht über verschiede statistische Gebietskennwerte der Sedimenttransportraten. Danach stellen sich die Modellergebnisse zusammenfassend wie folgt dar:

Die Klimaszenarien weisen bemerkenswert geringe Unterschiede in den räumlichen Verteilungsmustern der Sedimenttransportraten auf. Die verstärkte Zonalzirkulation im P-NAO Szenario, mit der implizierten Intensivierung der zyklonalen Aktivität und erhöhten Windspitzen wird offensichtlich durch gleichzeitig vermehrte advektive Niederschläge gedämpft, so dass erst bei saisonal differenzierter Betrachtung verstärkte Erosionsrisiken, insbesondere im Februar und März nachweisbar sind. Bei Berücksichtigung der absoluten Sedimenttransportraten ist im N-NAO Szenario dagegen insbesondere im September das Erosionsrisiko durch verstärkte kalttrockene Nordostwinde erhöht. Auch bei den Landnutzungsszenarien sind die Unterschiede in den räumlichen Verteilungsmustern graduell gering. Die höheren Transportraten im LNS-2 reflektieren die erhöhten Flächenanteile erosionsanfälliger Feldfrüchte wie Zuckerrüben, Raps und Kartoffeln während in den anderen Szenarien der größere Anteil von Weideflächen, im LNS-3 zusätzlich die verstärkte Brache mit reduzierten Degradationsrisiken

Tab. 2: *Jahresgang des Nord-Atlantik-Oszillations-Index (NAO) in den Perioden 1976–1985 (Negative NAO) und 1986–1995 (Positive NAO), Differenzen und t-Test Signifikanzniveaus (verändert nach Böhner et al. 2004)*

	J	F	M	A	M	J	J	A	S	O	N	D	Jahr
N-NAO	-0.17	-0.06	-0.18	-0.08	-0.18	-0.20	-0.24	0.18	-0.39	-0.12	0.11	-0.06	-0.12
P-NAO	0.73	0.44	0.78	0.13	0.35	-0.26	0.17	0.08	0.06	0.09	0.42	-0.03	0.25
Differenz	0.90	0.50	0.96	0.21	0.53	-0.06	0.41	-0.10	0.45	0.21	0.31	0.03	0.36
t-test [%]	96.9	87.9	98.7	67.3	85.9	55.3	80.1	58.1	84.8	68.2	72.2	52.1	98.1

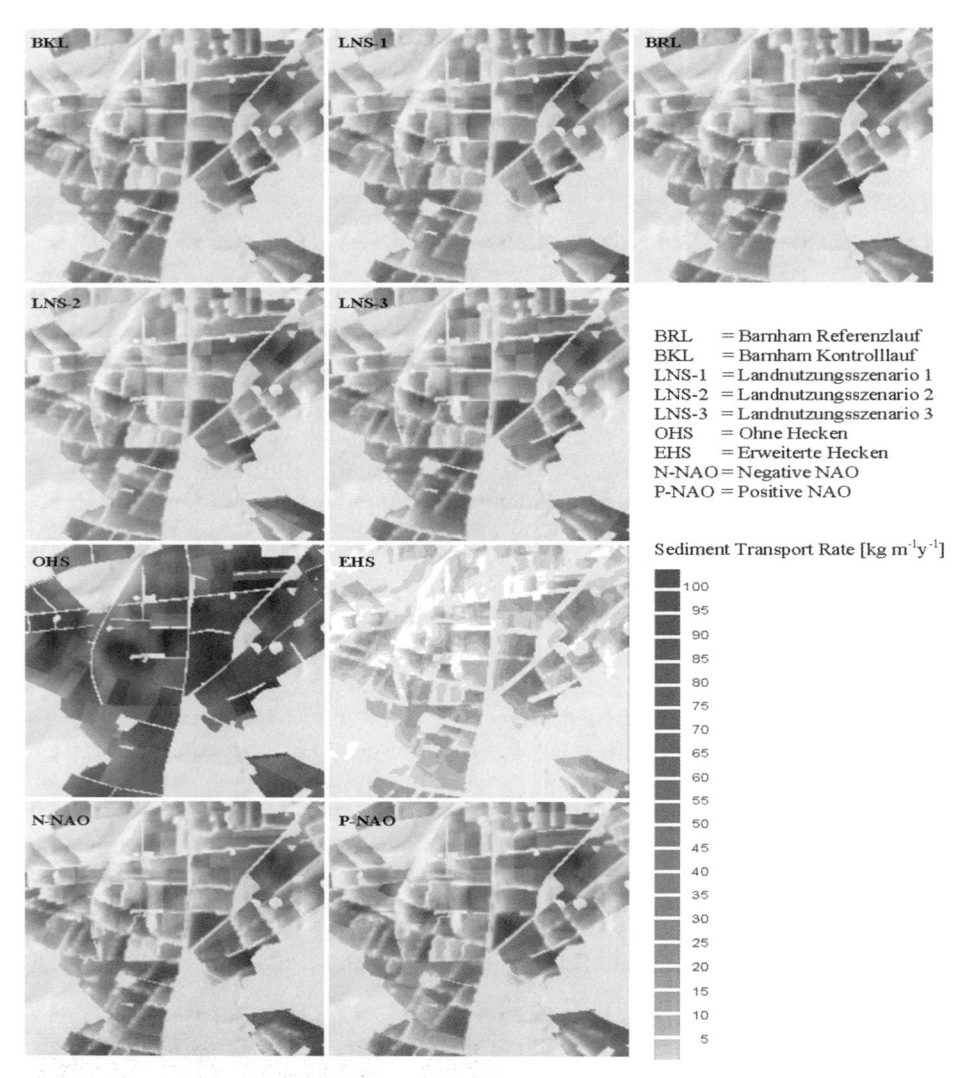

Abb. 3: Räumliche Verteilung der maximalen Sedimenttransportraten bei unterschiedlichen Klima- und Landnutzungsszenarien (verändert nach Böhner et al. 2003)

verbunden ist. Deutliche Unterschiede in den Verteilungsmustern sowie den Gebietsstatistiken treten dagegen bei den Heckenszenarien auf. Im OHS erhöht sich das Jahresmittel der Transportraten durch vollständigen Verzicht auf Hecken von 24,8 auf 86,7 kg m^{-1} a^{-1} um den Faktor 3,5. Die „virtuelle" Einfriedung der westlichen Schlaggrenzen hohe, optisch dichte Hecken reduziert dagegen im EHS das Erosionsrisiko ganzjährig um mehr als 50 %.

Gerade am Beispiel der Heckenszenarien wird aber auch deutlich, das eine tragfähige Referenzanweisung im Sinne optimierter Nutzungsstrategien unter gegebenen oder vermeintlich veränderten Erosionsrisiken zukünftig nur dann zu leisten ist, wenn auch eine monetäre Bewertung von Bodenverlusten und meliorativen Maßnahmen erfolgt.

Tab. 3: Statistische Kenngrößen der maximalen Sedimenttransportraten für verschiedene Klima- und Landnutzungsszenarien (BRL = Barnham Referenzlauf, LNS = Landnutzungsszenario, OHS = Ohne Hecken, EHS = Erweiterte Hecken, N-NAO = Negative NAO, P-NAO = Positive NAO, Mittelwert = Gebietsmittel [kg m^{-1}], Q 50 % = Median [kg m^{-1}], S = Standardabweichung [kg m^{-1}], Q 95 % = 95 % Quantil [kg m^{-1}]) (verändert nach Böhner et al. 2004)

BRL	J	F	M	A	M	J	J	A	S	O	N	D	Jahr
Mittelwert	3.97	3.21	5.33	2.19	0.52	0.00	0.05	1.02	3.38	1.38	3.73	0.00	24.78
BRL/BRL	1.000	1.000	1.000	1.000	1.000	1.000	1.000	1.000	1.000	1.000	1.000	1.000	1.000
Q 50%	1.91	1.98	2.62	0.84	0.20	0.00	0.01	0.46	1.59	0.45	1.46	0.00	18.65
S	4.71	3.82	6.51	3.46	0.76	0.01	0.11	1.38	4.27	2.15	5.52	0.00	22.99
Q 95%	13.87	10.68	19.22	9.76	2.21	0.01	0.29	4.10	12.64	5.99	15.37	0.00	71.00
BKL	J	F	M	A	M	J	J	A	S	O	N	D	Jahr
Mittelwert	3.69	3.29	4.52	2.13	0.66	0.00	0.06	0.99	4.32	1.51	3.60	0.00	24.78
BKL/BRL	0.928	1.026	0.848	0.975	1.281	1.134	1.095	0.969	1.281	1.093	0.967	0.723	1.000
Q 50%	1.72	2.11	2.40	0.72	0.20	0.00	0.01	0.44	2.71	0.51	1.72	0.00	18.97
S	4.50	3.57	5.98	3.62	1.08	0.01	0.14	1.30	4.73	2.46	4.70	0.00	22.19
Q 95%	13.07	10.48	17.46	9.69	2.78	0.02	0.27	3.77	14.06	6.29	14.49	0.00	71.09
LUS-1	J	F	M	A	M	J	J	A	S	O	N	D	Jahr
Mittelwert	3.33	3.30	3.43	1.55	0.53	0.00	0.05	1.10	4.56	1.66	3.66	0.00	23.18
LUS-1/BRL	0.839	1.028	0.644	0.709	1.020	0.691	0.908	1.079	1.352	1.202	0.982	0.679	0.935
Q 50%	1.23	2.02	1.45	0.19	0.10	0.00	0.01	0.54	2.40	0.61	1.66	0.00	16.44
S	4.43	3.92	4.87	3.45	0.89	0.01	0.09	1.40	5.56	2.39	4.88	0.00	22.22
Q 95%	12.04	11.56	12.79	9.26	2.67	0.01	0.25	4.02	16.05	6.73	14.47	0.00	67.82
LUS-2	J	F	M	A	M	J	J	A	S	O	N	D	Jahr
Mittelwert	3.56	3.33	4.76	2.71	0.87	0.00	0.05	1.04	4.34	1.63	4.07	0.00	26.36
LUS-2/BRL	0.897	1.037	0.894	1.238	1.678	1.890	0.826	1.017	1.286	1.176	1.093	0.858	1.064
Q 50%	1.89	1.97	2.64	1.00	0.48	0.00	0.01	0.59	2.08	0.58	1.97	0.00	19.34
S	4.47	3.60	5.99	4.21	1.02	0.01	0.08	1.21	5.70	2.41	5.30	0.00	24.01
Q 95%	12.36	10.81	18.10	12.25	2.90	0.04	0.20	3.58	15.41	6.80	15.63	0.00	74.48
LUS-3	J	F	M	A	M	J	J	A	S	O	N	D	Jahr
Mittelwert	3.41	2.72	4.82	2.51	0.76	0.00	0.05	0.93	4.12	1.12	3.16	0.00	23.59
LUS-3/BRL	0.858	0.846	0.905	1.147	1.465	1.625	0.904	0.910	1.222	0.807	0.849	1.095	0.952
Q 50%	1.24	1.58	1.92	0.55	0.19	0.00	0.01	0.43	1.86	0.35	1.30	0.00	15.90
S	4.65	3.17	6.97	4.68	1.18	0.01	0.09	1.21	5.85	1.83	4.44	0.00	24.21
Q 95%	14.29	9.53	20.41	15.11	3.34	0.04	0.22	3.55	16.42	4.87	13.44	0.01	77.06
OHS	J	F	M	A	M	J	J	A	S	O	N	D	Jahr
Mittelwert	12.52	12.01	17.43	8.59	2.49	0.02	0.25	4.37	11.80	5.18	12.06	0.01	86.71
OHS/BRL	3.152	3.740	3.272	3.926	4.816	9.429	4.477	4.279	3.495	3.745	3.237	7.773	3.500
Q 50%	10.86	10.49	13.84	5.90	1.72	0.00	0.17	4.10	10.17	4.15	9.46	0.00	79.67
S	10.17	7.22	13.52	8.47	2.28	0.04	0.24	2.74	8.21	4.63	9.67	0.01	39.76
Q 95%	32.71	26.10	45.00	26.00	7.55	0.11	0.73	9.23	27.49	14.58	30.73	0.02	156.99
EHS	J	F	M	A	M	J	J	A	S	O	N	D	Jahr
Mittelwert	2.28	1.70	1.71	0.87	0.50	0.00	0.01	0.42	1.11	0.50	1.49	0.00	10.60
EHS/BRL	0.574	0.530	0.322	0.396	0.965	0.769	0.228	0.411	0.329	0.360	0.400	1.081	0.428
Q 50%	0.78	0.93	0.56	0.21	0.16	0.00	0.00	0.15	0.43	0.14	0.62	0.00	7.34
S	3.14	2.13	2.88	1.68	0.79	0.01	0.03	0.71	1.64	0.99	2.17	0.00	10.93
Q 95%	8.95	6.17	7.34	3.69	2.28	0.01	0.07	1.84	4.63	2.38	5.84	0.01	32.38
P-NAO	J	F	M	A	M	J	J	A	S	O	N	D	Jahr
Mittelwert	3.65	5.13	11.24	1.23	0.11	0.00	0.01	0.47	1.27	0.45	0.03	0.00	23.61
P-NAO/BRL	0.920	1.599	2.110	0.563	0.222	0.025	0.181	0.457	0.377	0.325	0.009	2.390	0.953
Q 50%	1.77	3.36	6.81	0.57	0.04	0.00	0.00	0.19	0.69	0.09	0.00	0.00	16.82
S	4.77	5.80	12.95	1.59	0.17	0.00	0.02	0.71	1.55	1.02	0.09	0.00	22.13
Q 95%	13.28	15.91	35.36	4.69	0.49	0.00	0.05	1.91	4.41	2.47	0.16	0.01	65.94
N-NAO	J	F	M	A	M	J	J	A	S	O	N	D	Jahr
Mittelwert	6.94	0.59	1.33	1.17	0.52	0.00	0.05	0.75	9.12	0.73	2.88	0.00	24.08
N-NAO/BRL	1.748	0.185	0.249	0.534	1.000	0.124	0.920	0.730	2.700	0.530	0.774	0.000	0.972
Q 50%	4.13	0.32	0.65	0.71	0.14	0.00	0.00	0.22	5.51	0.34	1.88	0.00	18.00
S	8.00	0.78	1.92	1.31	0.90	0.00	0.10	1.11	10.27	0.98	3.09	0.00	22.63
Q 95%	22.96	2.14	5.26	4.03	2.34	0.00	0.28	3.21	32.41	2.72	9.12	0.00	69.19

Auch bei der Definition kombinierter Klima- und Nutzungsszenarien ist weitere Methodenentwicklung notwendig. Neben der Weiterentwicklung geeigneter downscaling-Verfahren zur direkten Assimilation von Klimamodelldaten müssen Landnutzungsszenarien auch regionale demographische und sozioökonomische Entwicklungen sowie Umweltqualitätsziele berücksichtigen. Die Definition kombinierter Klima- und Nutzungsszenarien ist damit insgesamt eine methodische Herausforderung für das Fach Geographie, die zukünftig wieder eine verstärkte Reintegration anthropo- und physiogeographischer Methoden notwendig macht.

Literatur

BAGNOLD, R. A. (1966): An approach to the sediment transport from general physics. Geol. Survey, Professional Paper, 422-I.

BÖHNER, J./KÖTHE, R. (2003): Bodenregionalisierung und Prozessmodellierung: Instrumente für den Bodenschutz. In: Petermanns Geographische Mitteilungen, 147(3), 72-82.

BÖHNER, J./KÖTHE, R./SELIGE, T. (2004): Geographical Information Systems: Applications to Soils. In: Hillel, D./Rosenzweig, C./Powlson, D./Scow, K./Singer, M./Sparks, D. (Eds.): Encyclopedia of Soils in the Environment. Oxford, 121-129.

BÖHNER, J./SCHÄFER, W./CONRAD, O./GROSS, J./RINGELER, A. (2003): The WEELS Model: Methods, Results and Limitations. In: Catena, 52, 289-308.

BÖHNER, J./GROSS, J./Riksen, M. (2004): Impact of Land Use and Climate Change on Wind Erosion: Prediction of Wind Erosion Activity for various Land Use and Climate Scenarios using the Weels Wind Erosion Model. In: Goosens, D./Riksen, M. J. P .M. (Eds.): Wind Erosion and Dust Dynamics: Observations, Simulations, Modelling, 169-192.

FRYREAR, D. W./SALEH, A./BILBRO, J. D. (1998): A single event wind erosion model. In: Transactions of the American Society of Agricultural Engineers, 41(5), 1369-1374.

HAGEN, L. J. (1991): A wind erosion prediction system to meet user needs. In: J. Soil Water Cons., 46, 106-112.

HENSEL, H./BORK, H.-R. (1988): EDV-gestützte Bilanzierung von Erosion und Akkumulation in kleinen Einzugsgebieten unter Verwendung der modifizierten Universal Soil Loss Equation. In: Landschaftsökologisches Messen und Auswerten, 2, 2/3, 107-136.

HURRELL, J. W. (1995): Decadal trends in the North Atlantic oscillation: regional temperature and precipitation. Science, 269, 676-697.

KNISEL, W. G. (1980): CREAMS: A Field-Scale Model for Chemicals, Runoff and Erosion from Agricultural Management Systems. U.S. Dept. of Agric., Conserv. Res. Rep. No. 26.

LANE, L. J./NEARING, M. A./STONE, J. J./NICKS, A. D. (1989): WEPP hillslope profile erosion model user summary. NSERL Report No. 2. Indiana (USA).

MORGAN, R. P. C./QUINTON, J. N./SMITH, R. E./GOVERS, G./POESEN, J. W. A./AUERSWALD, K./CHISCI, G./TORRI, D./STYCZEN, M. E. (1998): The European soil erosion model (EUROSEM): A process-based approach for predicting sediment transport from fields and small catchments. In: Earth Surface Processes and Landforms, 23, 527-544.

MORTENSEN, N. G./LANDSBERG, L./TROEN, I./PETERSEN, E. L. (1993): Wind Atlas Analysis and Application Programme (WA^{s}P). Riso National Laboratory, Roskilde (Dänemark).

RENARD, K. G./FOSTER, G R./WEESIES, G. A./MCCOOL, D. K./YODER, D. C. (1997): Predicting Soil Erosion by Water – a Guide to Conservation Planning with the Revised Universal Soil Loss Equation (RUSLE). U.S. Dept. of Agric., Agr. Handbook No. 703.

SCHMIDT, J./VON WERNER, M./MICHAEL, A./SCHMIDT, W. (1996): Erosion-2D/3D: Ein Computermodell zur Simulation der Bodenerosion durch Wasser. Dresden, Freiberg.

SCHWERTMANN, U. /VOGL, W./KAINZ, M. (1990): Bodenabtrag durch Wasser – Vorhersage des Abtrags und Bewertung von Gegenmaßnahmen. Stuttgart.

WARREN, A. (Ed.) (2002): Wind erosion on agricultural land in Europe. European Commission (EUR 20370), Office for official publications of the European Communities. Luxembourg.

WILLIAMS, J. R. (1975): Sediment routing for agricultural watersheds. In: Water Ressources Bulletin, Am. Water Res. Assoc., (11)5, 965-974.

WISCHMEIER, W. H./SMITH, D. D. (1965): Predicting Rainfall-Erosion Losses – a Guide to conservation Farming. U.S. Dept. of Agric., Agr. Handbook No. 537.

WOODRUFF, N. P./SIDDOWAY, F. H. (1965): A wind erosion equation. Soil Sci. Soc., 29, 602-608.

Bodenerosionsschutz – Wie weiter mit der „neuen" Landwirtschaft?

Thomas Mosimann (Hannover)

1 Was könn(t)en konsequent angewandte Erosionsschutzmaßnahmen erreichen?

Bodenerosion ist ein unvermeidlicher Begleitprozess im Acker- und Weinbau und deshalb schon als historische Erscheinung bekannt (BORK et al. 2003). Sie kann durch Schutzmaßnahmen jedoch stark gemindert werden. Das Vorsorgeprinzip im Umweltschutz allgemein und die Bodenschutzgesetzgebung im Besonderen verlangen eine Minimierung der Abtragsbeträge durch „Gute fachliche Praxis" in der Landwirtschaft. Fallstudien zeigen, dass sich durch eine auf den einzelnen Betrieb abgestimmte Kombination von Maßnahmen die Abtragsbeträge in der Gesamtbilanz um mehr als die Hälfte senken lassen. Konservierende Bodenbearbeitung in Kombination mit weiteren Schutzmaßnahmen kann die Erosion auf einzelnen Parzellen um bis zu 90 % vermindern (DUTTMANN/BRUNOTTE 2002). Trotzdem sind Betriebe mit konsequenten Erosionsschutzkonzepten noch immer Ausnahmen. Schutzmaßnahmen wie Mulchsaat, Zwischenfrüchte oder Kunstwiesen haben sich zwar in manchen Region verbreitet etabliert oder sind generell vorgeschrieben (Winterbedeckung). Dies reicht aber nicht aus. Die Abtragsbeträge sind vielfach immer noch zu hoch. Dies hat viele Gründe:

- Hohe Gefährdung durch Standort und Parzellenstruktur (steile Hänge, große Parzellen).
- Immer noch konventionelle Bodenbearbeitung oder ungenügend funktionierende Mulchsaaten.
- Schlechte Bodenbedeckung der Winterkulturen (vor allem Winterweizen).
- Zu hohe Blattfruchtanteile in der Fruchtfolge (Rüben, Mais, Kartoffeln, Soja, Sonnenblumen).
- Bodenverdichtung mit der Folge von weiträumigem Oberflächenabfluss.

Das Kernproblem liegt darin, dass von den vielen wirksamen Erosionsschutzmaßnahmen nur wenige verbreitet eingesetzt werden (siehe Abb. 1). Wie können wir dies ändern? Eröffnet die zukünftige Landwirtschaft hierzu neue Chancen?

2 Die „neue" Landwirtschaft: Rahmenbedingungen und Entwicklungen

Unter dem Aspekt des Bodenerosionsschutzes sind für die aktuelle und zukünftige Landwirtschaft folgende Rahmenbedingungen und Entwicklungen relevant:

1. Gute fachliche Praxis. Sie ist unterdessen mehr oder weniger verbindlich definiert (BUNDESMINISTERIUM FÜR VERBRAUCHERSCHUTZ, ERNÄHRUNG UND LANDWIRTSCHAFT 2001). Boden konservierende Anbautechniken stehen zur Verfügung.
2. Übergang zu Direktzahlungen, die an ökologische Leistungen geknüpft sind (EU-Cross Compliance; siehe Kap. 3).
3. Fortschreitende Technisierung (z. B. Precision Farming).
4. Zunehmende Maschinengewichte.

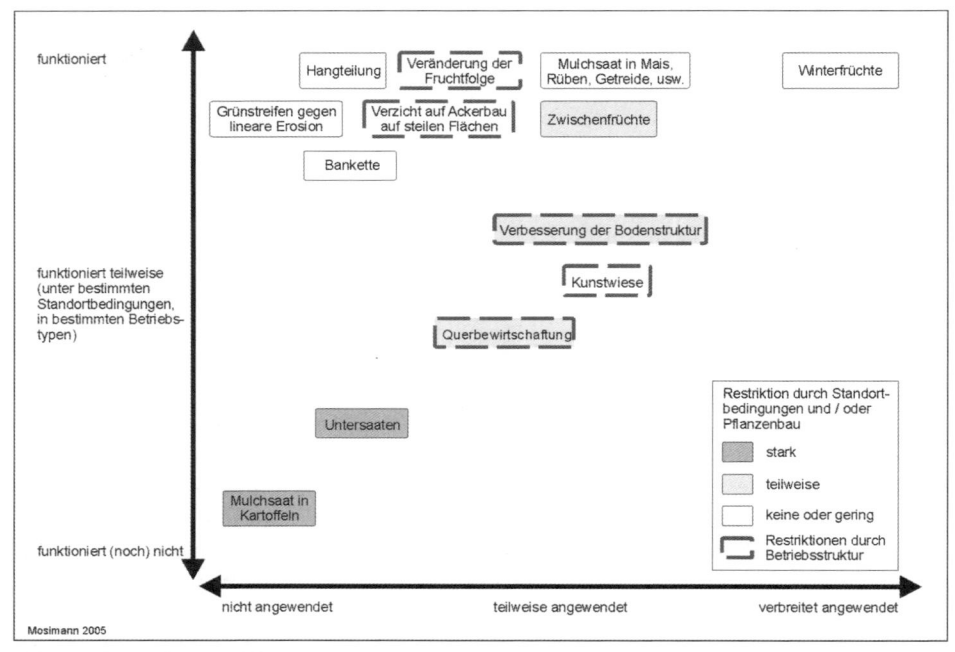

Abb. 1: Einstufung von Erosionsschutzmaßnahmen nach Verbreitung und Funktionieren

5. Zunehmendes Lohnunternehmertum.
6. Zunehmende Marktorientierung.

Die ersten beiden Punkte wirken sich positiv auf den Erosionsschutz aus oder beinhalten mindestens ein entsprechendes Potenzial. Punkt 4 wirkt eindeutig negativ. Bei den Punkten 3, 5 und 6 lassen sich die Effekte auf die Erosionsgefährdung nur schwer vorhersagen. Die Widersprüchlichkeit lässt sich am Beispiel des zunehmenden Lohnunternehmertums illustrieren: Lohnunternehmer können als „Spezialisten" Mulchsaattechniken vielleicht besser beherrschen. Daraus resultiert ein positiver Effekt durch höhere Bodenbedeckung. Auf der andern Seite ist ein Lohnunternehmer „fremd" auf den bearbeiteten Parzellen. Er hat viel weniger Kontakt zum Boden als der Bewirtschafter. Mangelnde Rücksicht auf örtliche Gegebenheiten (verbunden mit dem Einsatz großer Erntemaschinen) kann Bodenstrukturschäden verstärken. Die Folgen wären eindeutig negativ. Eine Strategie für den Erosionsschutz muss diese Ungewissheiten im Auge behalten.

Die gesetzlichen Rahmenbedingungen haben sich für die Bodenerosion in den letzten zehn Jahren stark geändert und verbessert. Mehrere Gesetzeswerke enthalten heute direkt und indirekt wirksame Bestimmungen zur Minderung der Bodenerosion und des damit verbundenen Stofftransports: Bundesbodenschutzgesetz und -verordnung (oder die entsprechenden Gesetze und Verordnungen anderer Länder), EU-Direktzahlungen (Cross Compliance), EU-Wasserrahmenrichtlinie, Hochwasserschutzgesetz (Auenerosion) und Naturschutzgesetz. Der Bereich Bodenerosion ist heute „umzingelt" von Bestimmungen, ein Erfolg langjähriger und hartnäckiger Gesetzgebungsarbeit. Viele Bestimmungen in diesen Gesetzen und Verordnungen sind allerdings zu allgemein (Zielsetzungsartikel), zu offen, zu unklar oder stehen in Konkurrenz zu anderen Regelungen. Deshalb entscheidet die Art und Konsequenz des Vollzugs fast vollständig über ihre Wirkung.

3 Die EU-Cross Compliance: Chancen und Grenzen
3.1 Die Forderungen der Cross Compliance zum Erosionsschutz

Am 1. Januar 2005 hat die EU die landwirtschaftlichen Direktzahlungen für anderweitige Verpflichtungen, die sog. Cross Compliance eingeführt (BUNDESMINISTERIUM FÜR VERBRAUCHERSCHUTZ, ERNÄHRUNG UND LANDWIRTSCHAFT 2005). Die Landwirte erzielen einen Teil des Betriebseinkommens für die Erfüllung von Verpflichtungen im Bereich Umwelt-, Natur- und Landschaftsschutz. Um die vollen Zahlungen zu erhalten, sind eine Reihe von neuen Vorschriften und Auflagen einzuhalten. Folgende direkten und indirekten Auflagen betreffen bzw. beeinflussen die Bodenerosion:

Direkte Bestimmungen zur Bodenerosion: Bei Erosionsgefährdung Pflicht zur Winterbedeckung auf mindestens 40 % der Fläche (durch Winterkultur, Zwischenfrucht oder organische Rückstände). Verbot der Beseitigung von Terrassen.

Auflagen mit indirekter Bedeutung für den Erosionsschutz: Drei-Kulturen-Prinzip in der Fruchtfolge (keine Monokulturen). Wenn nicht einzuhalten, sind besondere Maßnahmen zur Humuserhaltung erforderlich. Humuserhaltung allgemein (Mindesthumuspegel, Abbrennen von Stoppelfeldern verboten). Erhaltung von Dauergrünland und von Landschaftselementen wie Hecken.

Diese Regelungen sind vom Prinzip her ein wichtiger Schritt, weil die Direktzahlungen endlich mit konkreten Auflagen zur Reduzierung der Bodenerosion verknüpft werden. Eine kritische Betrachtung legt die Schwächen offen. Winterbedeckung auf lediglich 40 % der Fläche reicht nicht aus. Sie ist mit den heute verfügbaren Techniken mit Ausnahme schwerer Böden auf fast allen Flächen erreichbar. Die Winterbedeckung mit Winterkulturen bietet zudem vielfach nur einen ungenügenden Schutz. Besonders der spät gesäte Winterweizen geht oft nur mit Bedeckungsgraden von 5 % in die Wachstumsruhe. Das Beseitigungsverbot für Terrassen ist im Ackerbau West- und Mitteleuropas kaum relevant. Die meisten Hecken sind schon abgeräumt. Bei den indirekten Maßnahmen kann das für den Erosionsschutz bedeutsame Drei-Kulturen-Prinzip umgangen werden. Das Prinzip der Erhaltung von Dauergrünland wird nicht reichen. Hier geht es vielmehr um eine Rückführung besonders gefährdeter Flächen in Grünland. Schon diese kurze Aufzählung der Schwächen zeigt, dass nur eine konsequente Umsetzung der dargestellten Bestimmungen auf eine Reduktion der Bodenerosionsgefährdung hoffen lässt. Dies wird jedoch nicht einfach.

3.2 Probleme der Umsetzung

Für die Umsetzung der Cross Compliance hat der Bund ein Rahmengesetz erlassen. Der Vollzug liegt weitgehend bei den Ländern, sowohl was die konkreten Normen als auch was die Kontrollmethoden betrifft. So bestimmen zum Beispiel die Bundesländer die Grenze zwischen Flächen mit geringer Erosionsgefährdung (keine Maßnahmenpflicht) und Erosionsgefährdung.

Für die Umsetzung der Cross Compliance stellen sich somit eine ganze Reihe von Fragen, deren Lösung wesentlich ihre zukünftige Wirkung bestimmt:
- Wird der Bodenerosionsschutz in der zukünftigen Routinekontrolle überprüft und wie geschieht dies?
- Wo liegt die Grenze zwischen gefährdeten und nicht gefährdeten Flächen? Nach

welchem Kriterium wird die Gefährdung ermittelt?
- Wie wird die in der Cross Compliance allgemein verankerte Beratungspflicht umgesetzt?

Es existieren demzufolge im Rahmen der Umsetzung mindestens vier Problemebenen:
1. Die normative Ebene: Welche Flächen gelten als gefährdet? Hier besteht eine enge Verknüpfung zur Interpretation der Bodenschutzgesetze.
2. Die methodische Ebene: Wie, wo und durch wen erfolgt die Gefährdungsschätzung?
3. Die psychologische Ebene: Wie kommen die Anforderungen des Erosionsschutzes zum Betriebleiter?
4. Die pflanzenbautechnische Ebene: Wie können konservierende Anbauverfahren verbessert und noch breiter durchgesetzt werden.

Die Vergangenheit zeigt, dass Einzelschritte auf einzelnen Ebenen nur wenig oder gar nicht zum Erfolg führen. Es ist eine Strategie für den Bodenerosionsschutz erforderlich, die auf allen Ebenen verknüpft ansetzt (siehe unten). Maßgebend ist dabei der gesamte gesetzliche Rahmen und nicht die Cross Compliance alleine.

3.3 Wird die Cross Compliance die Erosionsgefährdung verändern?

Die Schweiz hat ökologisch begründete Direktzahlungen an die Landwirtschaft bereits 1992 eingeführt. Die damit verknüpften Umweltauflagen beinhalten auch Bestimmungen zur Bodenerosion: Neben der Pflicht zur Winterbedeckung dürfen im Betrieb keine sichtbaren Erosionsschäden auftreten. Diese scheinbar klare und eindeutige Bestimmung stellt in der Umsetzung allerdings große Probleme. Erosionsschäden sind im Rahmen der Routinekontrolle praktisch nicht erfassbar.

In der Nordwestschweiz besteht seit dem Einführungsjahr der Direktzahlungen ein Bodenerosionsmonitoring (MOSIMANN 2003). Dieses erfasst in einer umfangreichen Stichprobe (8 % aller Betriebe) im Zehnjahresabstand alle für die Erosionsgefährdung relevanten Bewirtschaftungsmerkmale. Der Erosionstrend wird aus den Bewirtschaftungsveränderungen auf der Basis der ABAG errechnet. Dies ermöglicht Aussagen zur Wirkung der Direktzahlungen zehn Jahre nach deren Einführung (Abb. 2). Die Ergebnisse sind ernüchternd. Die Erosionsgefährdung ist im Juragebiet (Bergland und Mittelgebirge) zwar signifikant zurückgegangen. Dies resultiert jedoch im Durchschnitt nicht aus einer besser angepassten Bewirtschaftung, sondern aus der Extensivierung der Nutzung auf weniger ertragreichen

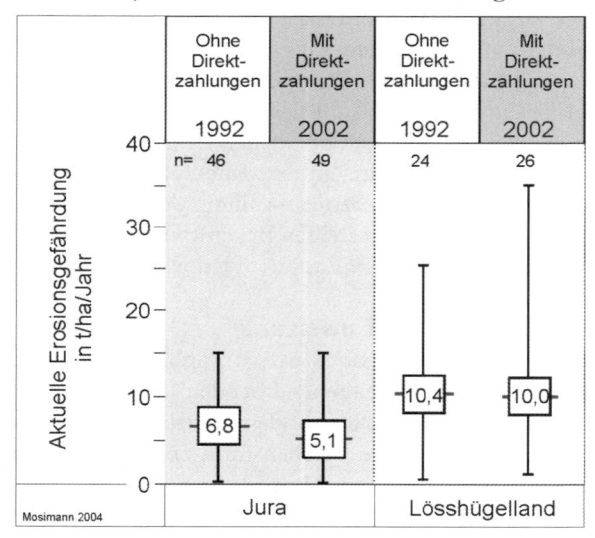

Abb. 2: Entwicklung der Erosionsgefährdung in der Nordwestschweiz nach Einführung der landwirtschaftlichen Direktzahlungen mit ökologischen Auflagen (nach Mosimann 2003)

Böden (Rückkehr zur Grünlandnutzung an Stelle von Ackerbau). Im Lösshügelland wird umgekehrt eine Intensivierung festgestellt. Mischbetriebe mit höheren Kunstwiesenanteilen in der Fruchtfolge stellten auf reinen Ackerbau um. In diesen Betrieben stieg die Erosionsgefährdung an, im Durchschnitt blieb sie gleich hoch. Im Einzelfall wirken die mit den Direktzahlungen verbundenen Auflagen. Im Durchschnitt aller Betriebe wird deren Effekt von den Marktveränderungen völlig überprägt. In der beobachteten Region haben die Direktzahlungen also im besten Fall einen Anstieg der Bodenerosion verhindert.

4 Strategie für den Bodenerosionsschutz

Die Verwirklichung von mehr Erosionsschutz ist ein langfristiger Prozess. Erfolg hat nur, was sich in den Köpfen der Betriebsleiter verankert. Dabei sind verschiedene Hindernisse zu überwinden, wie zum Beispiel die prinzipielle Abneigung gegenüber Umweltschutzparagraphen und Belehrungen „von außen", ungenügende oder zu wenig nach Parzellen differenzierte Problemwahrnehmung, Konkurrenz des Erosionsschutzes mit vielen andern Umwelt-, Tierschutz und Qualitätsauflagen, Druck des Marktes, finanzielle und strukturelle Begrenzungen des Betriebes. Folgende grundlegende Einstellungen und Einsichten gilt es zu vermitteln und wachsen zu lassen:

- Erosionsschutz ist Bestandteil einer modernen „Guten fachlichen Praxis". Nur wer den Boden schützt, ist ein Profi.
- Erosionsschutz ist ohne oder mit nur geringfügigen Mehrkosten möglich.
- Erosionsschutz lohnt sich langfristig.
- Erosionsschutz vermindert das Haftungsrisiko für Offsite-Schäden.

Die Umsetzung von Bodenerosionsschutzmaßnahmen muss sich im Weiteren an einigen politisch vorgegebenen und von den Landwirtschaftsorganisationen durchgesetzten Prinzipien orientieren.

- Weitgehende Freiwilligkeit bei der Umsetzung betrieblicher Schutzmaßnahmen.
- Hilfe zur Selbsthilfe als Maxime der Beratung.
- Zielvorgaben, keine Einzelregelungen (siehe unten).
- Behördenintervention nur in krassen Fällen (erhebliche Verletzung der „Guten fachlichen Praxis", Gefahrenabwehr).

Ein Vorgehen vor diesem Hintergrund verlangt ein langfristiges Konzept zur schrittweisen Umsetzung von mehr Bodenerosionsschutz. Dabei müssen viele verschiedene Elemente zusammenspielen und es braucht ein gut funktionierendes Netzwerk der Akteure. Alle Anstrengungen müssen sich letztlich auf die Betriebsleiter richten. Es braucht eine *Strategie für den Bodenerosionsschutz*. Eine solche Strategie stellt dar, wie mittel- und langfristig mehr Erosionsschutz in allen Betrieben mit gefährdeten Flächen erreicht werden soll. Sie setzt Ziele und definiert die beteiligten Akteure, notwendigen Bausteine und Instrumente. Sie formuliert die Aufgaben der verschiedenen Akteure, Bausteine und Instrumente. Sie steuert die Abfolge der Umsetzungsschritte und sichert die Erfolgskontrolle.

Abb. 3 stellt eine solche Strategie für den Bodenerosionsschutz mit ihren Akteuren und Bausteinen dar. Das Konzept stützt sich auf Einzelerfahrungen in vielen Regionen. Es ist in seiner Gesamtheit aber aus einem seit 2001 laufenden und langfristig angelegten Pilotberatungsprojekt zur Umsetzung des Bodenschutzes in der Landwirtschaft in Niedersachsen herausgewachsen. Die dargestellte Strategie befindet sich in allen Teilbereichen in der Umsetzung.

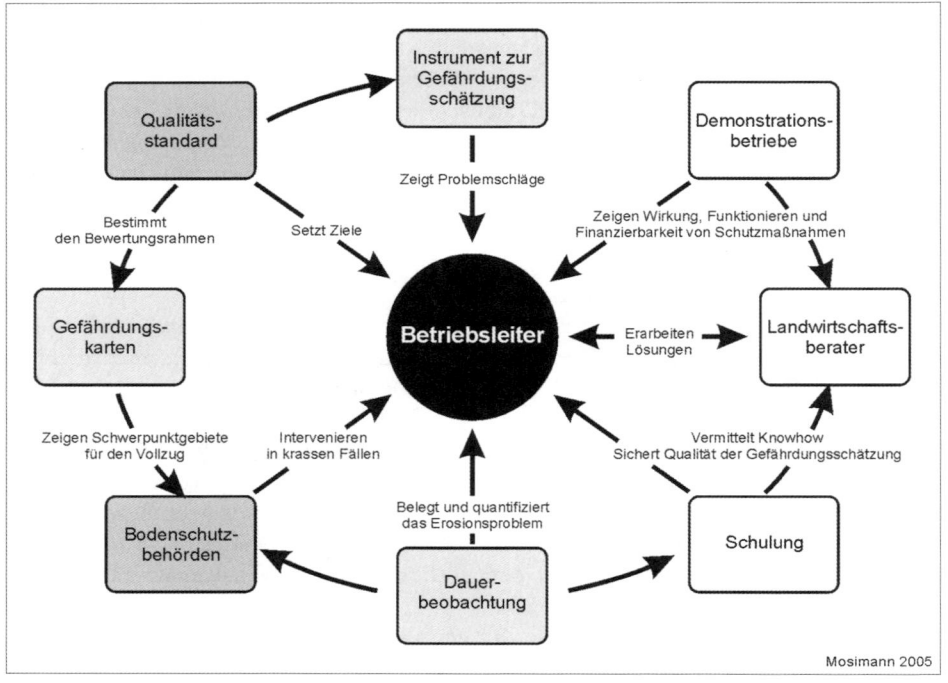

Abb. 3: Bausteine einer Strategie für den Bodenerosionsschutz

In der großen Gliederung besteht eine Strategie für den Bodenerosionsschutz aus einem landwirtschaftlichen (Abb. 3, rechte Seite) und einem physischgeographisch-bodenkundlichen Teil. Im landwirtschaftlichen Teil steht die Beratung im Zentrum. Ein Beratungskonzept muss darstellen, wie Berater und Betriebsleiter zusammenwirken sollen und die notwendigen Informationen, Instrumente, Demonstrationsobjekte und Schulungen hierfür bereitstellen.

Zwischen dem landwirtschaftlichen Teil und den Feldern der Geographie, Landschaftsökologie und Bodenkunde gibt es die folgenden drei wichtigen Schnittstellen: Die Qualitätsstandards und Prinzipien der Zielsetzung, die Instrumente zur Gefährdungsschätzung und die Dauerbeobachtung der Bodenerosion.

Für den Qualitätsstandard haben sich in 20 Jahren wissenschaftlicher Diskussion drei Varianten herausgeschält: Bodenbedeckungsindizes (FRIELINGHAUS/WINNIGE 2000), Toleranzwerte/Richtwerte (SCHWERTMANN et al. 1990) und Gefährdungsstufen (MOSIMANN 1998, NIEDERSÄCHSISCHES LANDESAMT FÜR ÖKOLOGIE 2003). Über Vor- und Nachteile existiert eine umfangreiche Diskussion, die wahrscheinlich nie zum Abschluss kommen wird. Qualitätsstandards müssen mit praxistauglichen Erosionsmodellen überprüfbar sein, den erheblichen Modellunschärfen standhalten und eine schrittweise Annäherung ermöglichen (Setzen von Zwischenzielen). Diese Bedingungen erfüllen streng genommen nur Gefährdungsstufen. Die faktische Wirkung von Qualitätsstandards hängt aber nur sekundär von der Wahl eines bestimmten Standards ab. Viel entscheidender ist die Frage, ob überhaupt ein gesetzlich verankerter oder wenigstens politisch abgestimmter Standard (als Richtlinie) existiert. In den meisten Staaten und Bundesländern fehlen in dieser Art verankerte Standards noch immer. Dies ist eine der größten Lücken im Erosionsschutz.

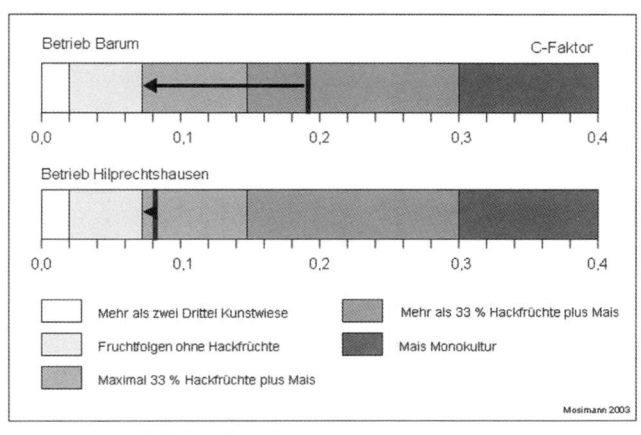

Abb. 4: Die C-Faktor-Messlatte

Für die Zielsetzung in den einzelnen Betrieben sind jedoch nicht nur die „absoluten" Standards (Toleranz/Richtwert oder Gefährdungsstufe) wichtig. Systeme relativer Ziele akzeptiert die Praxis besser. Abb. 4 demonstriert dies am Beispiel der C-Faktor-Messlatte. Diese Messlatte zeigt dem Betriebsleiter, wie weit sein Fruchtfolge- und Bearbeitungsfaktor vom in der gegebenen Fruchtfolge pflanzenbautechnisch optimal erreichbaren C-Faktor entfernt ist. Er bekommt damit ein Ziel, das sich in der gegebenen Betriebsstruktur und momentanen Marktsituation auch verwirklichen lässt.

5 Wie geht es weiter? Gewisses und Ungewisses der Zukunft

Bei wichtigen Schutzmaßnahmen sind auch in Zukunft technische Verbesserungen zu erwarten. Die Mulchsaattechniken lassen sich weiter optimieren, um die vielfach noch ungenügende Bodenbedeckung durch organische Rückstände zu steigern (TEBRÜGGE 2003). Verfahrenstests zum Einsatz der Mulchsaat in Kartoffeln laufen. Reduzierte, d. h. pfluglose Bodenbearbeitung wird sich mit Sicherheit weiter ausbreiten, weil sie Arbeitszeit und Treibstoff spart. Neue Techniken wie die Intervallsaat zur Bekämpfung der linearen Erosion in Fahrgassen sind in Erprobung (SANDERS/MOSIMANN 2005). Dies alles wird zur Verminderung der Erosion beitragen.

Sorge bereitet die Entwicklung bei der mechanischen Belastung der Böden. Große Erntemaschinen erreichen heute Gewichte von über 60 Tonnen. In manchen Regionen sind die durchschnittlichen Achslasten in den letzten zehn Jahren bei gleich bleibender Zahl von Überfahrten um bis zu 50 % gestiegen. Erhöhter Oberflächenabfluss durch Bodenverdichtung bleibt ein schwer quantifizierbarer erosionssteigernder Faktor. Er ist ein wichtiger Grund, dass auf vielen Parzellen die Modellrechnungen nicht ausreichend mit der beobachteten Erosion übereinstimmen. Neben diesen erkennbaren Entwicklungen gibt es zwei große Ungewissheiten.

Die Entwicklung der Anbauflächen erosionsfördernder Kulturen:
Die durchschnittlichen C-Faktoren hängen natürlich auch vom Flächenanteil der verschieden erosionsanfälligen Kulturen ab. Markt und Agrarpolitik werden deshalb die Erosionsgefährdung weiterhin beeinflussen; wie genau, lässt sich aber schwer absehen. So verharrt die Maisanbaufläche nach einer gewaltigen Zunahme bis etwa 1985 auf konstant hohem Niveau und wird vorläufig nicht abnehmen. Die Rübenanbaufläche ging dagegen seit 1991 um etwa 20 % zurück. Die bevorstehende Änderung der Zuckermarktordnung der EU könnte den Zuckerrübenanbau weiter erheblich verringern. Die Wirkung auf die Gesamterosionsgefährdung sollte nicht überschätzt werden. Un-

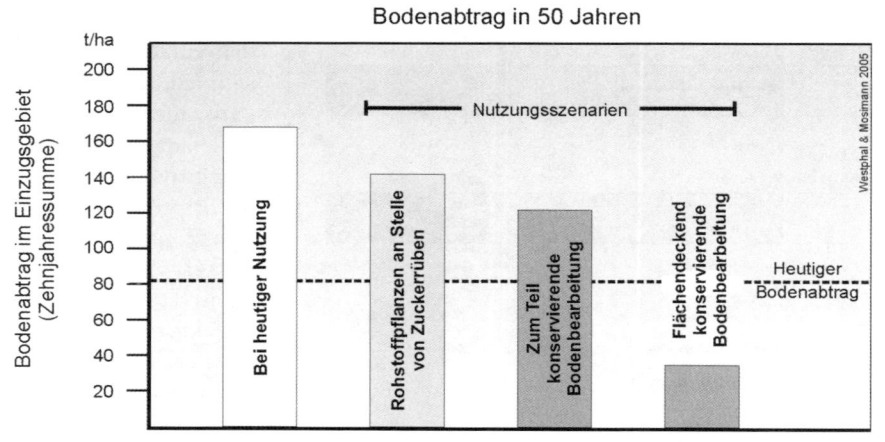

Abb. 5: Prognose des Bodenabtrags in 50 Jahren im niedersächsischen Bergland für verschiedene Nutzungsszenarien (Grundlage: Niederschlagsprognose des regionalen Klimamodells REMO)

ter den Bedingungen des Berglandes (Ackerbau auf Flächen mit >5 % Hangneigung, erosionsanfällige Böden auf Löss) würde der gesamte Bodenabtrag selbst bei einem vollständigen Ersatz der Rüben durch Raps (Rohstoffpflanzenszenario) nur um etwa 25 % zurückgehen.

Der Einfluss von Klimaänderungen auf die Bodenerosion:
Die voraussichtliche Klimaerwärmung wird auch die Niederschlagsregime verändern. Regionale Klimaprognosen mit dem Klimamodell REMO (SCHRUM et al. 2003) postulieren für Norddeutschland eine Erhöhung der Niederschlagsmengen und eine Zunahme intensiver Regen. Modellierungen mit EROSION-3D für das niedersächsische Bergland auf der Basis des aus der REMO-Prognose abgeleiteten Niederschlagsszenarios lassen für die nächsten 50 Jahre bei gleich bleibender Nutzung eine Verdoppelung der Erosion erwarten (Abb. 5; WESTPHAL 2005). Um einen solchen Klimaeinfluss zu kompensieren, würde z. B. ein starker Rückgang erosionsgefährdender Kulturen nicht ausreichen. Der Klimawandel ist möglicherweise stärker als der Markt. Eine Verdoppelung der Abtragsbeträge lässt sich nur durch einen weitgehend flächenhaften Einsatz konservierender Bodenbearbeitung verhindern.

6 Fazit: Worauf kommt es an?

Die Verbesserung des Erosionsschutzes bleibt eine langfristige Aufgabe. Ein Erfolg versprechendes Vorgehen muss viele Bausteine miteinander verknüpfen. Oberstes Ziel jeder Strategie für den Bodenerosionsschutz ist die Motivation der Betriebsleiter. Erosionsschutz muss ein selbstverständlicher Bestandteil der „Guten fachlichen Praxis" werden. Dies braucht praxistaugliche Instrumente und Verfahren und einen langen Atem. Für die Forschung bedeutet dies Weiterentwicklung der Schätzmodelle, Feldversuche zur Optimierung von Schutzmaßnahmen, Dauerbeobachtung der Erosionsentwicklung (auch als Erfolgskontrolle) und laufende Anpassung der für den Vollzug erforderlichen Instrumente an die sich ständig wandelnden Anforderungen des Vollzugs. Wir müssen uns langfristig im Netzwerk der Praxis engagieren.

Literatur

BUNDESMINISTERIUM FÜR VERBRAUCHERSCHUTZ, ERNÄHRUNG UND LANDWIRTSCHAFT (Hrsg.) (2001): Gute fachliche Praxis zur Vorsorge gegen Bodenschadverdichtungen und Bodenerosion. Berlin.

BUNDESMINISTERIUM FÜR VERBRAUCHERSCHUTZ, ERNÄHRUNG UND LANDWIRTSCHAFT (Hrsg.) (2005): Meilensteine der Agrarpolitik. Umsetzung der europäischen Agrarreform in Deutschland. Berlin.

BORK, H.-R./SCHMIDTCHEN, G./DOTTERWEICH, M. (Hrsg.) (2003): Bodenbildung, Bodenerosion und Reliefentwicklung im Mittel- und Jungholozän Deutschlands. (= Forschungen zur Deutschen Landeskunde, Bd. 253).

DUTTMANN, R./BRUNOTTE, J. (2002): Oberirdische Stofftransporte in Agrarlandschaften. In: Geographische Rundschau, (54)5, 26-33.

FRIELINGHAUS, M./WINNIGE, B. (2000): Maßstäbe bodenschonender landwirtschaftlicher Bodennutzung. Erarbeitung eines Bewertungs- und Entscheidungshilfesystems (Indikation der Wassererosion). (= UBA-Texte 43/2000).

MOSIMANN, TH. (1998): Bodenerosion im Bodenschutzvollzug. In: Richter, G. (Hrsg.): Bodenerosion. Analyse und Bilanz eines Umweltproblems. Darmstadt, 171-184.

MOSIMANN, TH. (2003): Besserer Erosionsschutz durch ökologischen Leistungsnachweis? In: Agrarforschung, Bd. 10, H. 11/12, 428-433.

NIEDERSÄCHSISCHES LANDESAMT FÜR ÖKOLOGIE (Hrsg.) (2003): Bodenqualitätszielkonzept Niedersachsen. Teil 1: Bodenerosion und Bodenversiegelung. Hildesheim.

SANDERS, S./MOSIMANN, TH. (2005): Erosionsschutz durch Intervallbegrünung in Fahrgassen – Ergebnisse aus Versuchen im Winterweizen. In: Wasser und Abfall, 7(10), 34-38.

SCHRUM, C./HÜBNER, U./JACOB, D./PODZUN, R. (2003): A coupled atmosphere/ice/ocean model for the North Sea and the Baltic Sea, from: Climate Dynamics, 21, 131-151, Berlin.

SCHWERTMANN, U./VOGL, W./KAINZ, M. (1990): Bodenerosion durch Wasser. Vorhersage des Abtrags und Bewertung von Gegenmaßnahmen. Stuttgart.

TEBRÜGGE, F. (2003): Konservierende Bodenbearbeitung gestern, heute, morgen – von wendender über nicht wendende Bodenbearbeitung zur Direktsaat. In: Landbauforschung Völkenrode/FAL Agricultural Research, Sonderh. 256, 49-59.

WESTPHAL, H. (2005): Einfluss von Klimaänderungen auf die Bodenerosion in Niedersachsen. Simulation der Entwicklung des Erosionsgeschehens mit EROSION-3D auf der Grundlage der Klimaprognose des Modells REMO. (= Diplomarbeit Geographisches Institut Universität Hannover).

Leitthema E – Nachhaltigkeit: Grenzbereich zwischen Ressourcenerhalt und -degradation

Sitzung 4: Interessen- und Nutzungskonflikte als Gegenstand des Geographieunterrichts

Johann-Bernhard Haversath (Gießen) und Gisbert Rinschede (Regensburg)

Mit der voranschreitenden Globalisierung und Fragmentierung (HAHN 2003, SCHOLZ 2003) verschieben sich auch die Perspektiven und Zielrichtungen im Geographieunterricht. In den Meldungen der Tagespresse wird uns das Neueste aus aller Welt präsentiert – so scheint es zumindest. In Wirklichkeit jedoch wird nur über solche Themen berichtet, die von den Meinungsbildnern als relevant, interessant, wichtig, kurios, passend o. ä. eingestuft werden. So ist es auch mit den Interessen- und Nutzungskonflikten (MEINBERG 1995, DITTMANN 2003). Je nach ökonomischem, humanitärem oder politischem Gewicht werden einige Konflikte in den Vordergrund gestellt, viele andere bleiben ungenannt oder gänzlich im Schatten. Das mag ein Grund dafür sein, dass auch zentrale geographische Themen, *big bangs*, in Schule und Öffentlichkeit keine Selbstläufer sein müssen. Soviel steht also fest: Auch die aktuellen Themen müssen erst zu interessanten Themen gemacht werden, sie sind es nicht per se. Sie erhalten erst dann ihre Leuchtkraft (für die Gesellschaft) und Faszination (für die Schüler), wenn sie – abgesehen von der medialen Präsenz – auch mit den Ansätzen und Möglichkeiten der Gegenwart erschlossen werden (HAUBRICH 2002, RINSCHEDE 2005). Geographiedidaktik und Geographieunterricht sind daher stets ein Spiegel ihrer Zeit.

Die Sitzung geht in diesem Sinne davon aus, dass einerseits die aktuellen, medial präsenten Themen und andererseits neue fachliche Zugänge – wie die Kritische Geopolitik – zusammengehören und kritisch zu hinterfragen (d. h. zu dekonstruieren) sind. Daraus ergibt sich folgender Dreischritt:

- Die interdisziplinär ausgerichtete Geopolitik und speziell die Politische Geographie haben in den letzten Jahren, vor allem nach dem Zerfall der Sowjetunion und der Auflösung des Ost-West-Gegensatzes, in Wissenschaft und interessierter Öffentlichkeit einen Aufschwung verzeichnet, der jeden distanzierten Beobachter staunen lässt. Zahlreiche Fragestellungen zum Thema Raum und Macht bekommen durch die Kritische Geopolitik (REUBER/WOLKERSDORFER 2001, REUBER 2002) neues Gewicht, viele Themen in Alltag und Wissenschaft werden nun mit weltpolitischen Entscheidungen verbunden. Herausragende Begriffe sind Globaler Wandel, Umweltprobleme, neue Weltordnung und Globalisierung/Triadisierung/Fragmentierung (NISSEL 2004). Das Schulfach Geographie muss sich verstärkt hiermit auseinandersetzen, um der jungen Generation Qualifikationen und Kompetenzen zur Bewältigung der neuen Problemfelder an die Hand zu geben.
- An den Konfliktpotenzialen der elementaren Ressource Wasser (HOFFMANN 2002) und des zur Zeit wichtigsten Energiepotenzials Erdöl (KREUTZMANN 2005) lassen sich die fundamentalen Aufgaben des Geographieunterrichts in globaler Perspektive eindrucksvoll und facettenreich dokumentieren. Die Ianusköpfigkeit der Ressourcen – als Basis der Konflikte und als strukturelle Machtmittel (REUBER 2005) – deutet an, dass hier im Unterrichtsfach hohe Anforderungen gestellt werden. Es

geht um Kompetenzen in einem vielfach vernetzten und hochgradig komplexen Themen- und Handlungsfeld. Die Akteure stehen im Vordergrund; ihre Tätigkeiten und Ziele sind so verwirrend vielfältig, dass der subjektzentrierte Zugang nur unzureichend zur Dekonstruktion beiträgt.
- Der Themenbereich Konfliktentstehung und Konfliktlösung tritt förmlich eine Lawine los. Wohl deshalb zieht er sich auf allen Maßstabsebenen (lokal, regional, national und international) wie ein roter Faden in einer Art Lehrplansäule durch alle Jahrgangsstufen des Geographieunterrichts. Es kommt hier darauf an, einen vielfältig verwobenen Fragenkomplex mit differenzierten Problemstellungen und Antworten altersgerecht zu erschließen. Hier greift die scheinbar abgenutzte Formel: Der Weg ist das Ziel.

Die angesprochenen Themenbereiche gelten aus doppeltem Grund als besonders komplex: Auf den ersten Blick erschweren die unterschiedlichen Akteure den Zugang, deren Einstellungen, Motivationen und Ziele nicht einfach zu erkennen sind, auf den zweiten Blick kommen das abnehmende Wissen und Problemverständnis von Natur und natürlichen Prozessen hinzu (BÖHN/HOOGELAND/VOGEL 1995). Dass Ressourcen, Akteure und Betroffene in dynamische Systeme mit vernetzten, interdependenten Strukturen eingebettet sind, dass eigene, reflektierte Handlungserfahrungen in solchen Systemen nur ganz bedingt vorauszusetzen sind, all das erschwert den Umgang mit Nutzungskonflikten nochmals. Es reicht zudem für Unterrichtskonzepte nicht aus, allein die kognitive Ebene anzusprechen; so kann nicht die Basis für Kompetenzen gelegt werden. Der mehrperspektivische Zugang eröffnet schon eher die Möglichkeit, Schüler für Interessen- und Nutzungskonflikte zu sensibilisieren und wenigstens einen Teil der Erfahrungs- und Handlungsdefizite durch einen Wechsel der Sichtweisen, der Befindlichkeiten und der Betroffenheit zu kompensieren. Zielsetzung der Konfliktforschung und auch des Geographieunterrichts ist es, nicht nur die jeweiligen Konfliktursachen zu benennen, sondern auch Formen der Konfliktbewältigung aufzuzeigen.

Den unterrichtlichen Inhalten, den Altersstufen und den Individuen entsprechend, kommt den Unterrichtsmethoden und -medien, aber auch den gesellschaftlichen Positionen aller am Lernprozess beteiligten Akteure besondere Bedeutung zu (UHLENWINKEL 2005). Hieraus leitet sich – quer zu den Themen gedacht – die breite Konzeption der Sitzung ab: Es geht erstens um die Sachprobleme, zweitens um die Ressourcen mit ihrem dualen Charakter und drittens um die Möglichkeiten der unterrichtspraktischen Annäherung.

Literatur

BÖHN, D./HOOGELAND, M./VOGEL, H. (Hrsg.): Umwelterziehung international. Nürnberg. (= Geographiedidaktische Forschungen, Bd. 27).

DITTMANN, A. (2003): Human Hazards in der Humanökolgie. In: Praxis Geographie, (33)11, 11-15.

HAHN, B. (2003): Armut in New York. In: Geographische Rundschau, (55)10, 50-54.

HAUBRICH, H. (2002): In der Schule von heute: Nachhaltig Geographie lernen. In: Ehlers, E./Leser, H. (Hrsg.): Geographie heute – für die Welt von morgen. Gotha und Stuttgart, 161-165.

HOFFMANN, T. (2002): Mittelasien im Umbruch. In: Geographie heute, 204, 2-7.

MEINBERG, E. (1995): Homo oecologicus. Das neue Menschenbild im Zeichen der ökologischen Krise. Darmstadt.

Kreutzmann, H. (2005): Ölinteressen in der Region des Persischen Golfs. Politisch-territoriale Transformationen vom Osmanischen Reich zum „Greater Middle East". In: Geographische Rundschau, (57)11, 4-11.

Nissel, H. (2004): Mumbai: Megacity im Spannungsfeld globaler, nationaler und lokaler Interessen. In: Geographische Rundschau, (56)4, 55-60.

Reuber, P. (2002): Die Politische Geographie nach dem Ende des Kalten Krieges. Neue Ansätze und aktuelle Forschungsfelder. In: Geographische Rundschau, (54)7-8, 4-9.

Reuber, P. (2005): Konflikte um Ressourcen. Ein Thema der Politischen Geographie und der Politischen Ökologie. In: Praxis Geographie, (35)9, 4-9.

Reuber, P./Wolkersdorfer, G. (Hrsg.) (2001): Politische Geographie. Handlungsorientierte Ansätze und Critical Geopolitics (= Heidelberger Geographische Arbeiten, H. 112).

Rinschede, G. (2005): Geographiedidaktik. Paderborn.

Scholz, F. (2003): Globalisierung und „neue Armut". In: Geographische Rundschau, (54)10, 4-10.

Uhlenwinkel, A. (2005): Argumentationen verstehen und strukturieren. In: Praxis Geographie, (35)9, 36-39.

Geopolitik – (k)ein Thema für den Geographieunterricht

Dieter Böhn (Würzburg)

1 Einführung – Aufgaben und Definition
1.1 Die Aufgabe des Geographieunterrichts im Hinblick auf die Geopolitik
Wenn die Schule auf das Leben und Handeln in einer durch politische Entscheidungen geprägten Gesellschaft vorbereiten soll, dann ist die Einbeziehung des Politischen auch in den Geographieunterricht zwingend. Drastisch formulieren KNOX/MARSTON (2001, 442) in ihrem Standardwerk einen Schlüsselsatz: „Alles geographische Wissen ist politisch, jede politische Praxis ist geographisch". Geopolitik ist also aus pädagogischen wie aus fachlichen Gründen ein unerlässliches Thema für den Geographieunterricht. Daraus resultieren allerdings weitere Fragen:
- Was wird unter Geopolitik verstanden?
- In welchen Maßstabsebenen vollzieht sich Geopolitik, die für den Geographieunterricht relevant ist?
- Welche Inhalte sollte eine Geopolitik vermitteln?
- Welche Metaebene sollten geopolitische Inhalte im Geographieunterricht aufzeigen?

Wegen der Kürze der Zeit lassen sich die einzelnen Fragen nur ansatzweise beantworten. Das Aufzeigen wichtiger Felder halte ich allerdings für wesentlich, um die Bedeutung des Bereichs Geopolitik für den Geographieunterricht zu dokumentieren.

1.2 Die Frage der Definition: Was ist eigentlich „Geopolitik"?
Die bereits zitierte Definition von KNOX/MARSTON (2001, 442) umfasst alle Maßstabsebenen, vom politisch geprägten kleinräumlichen Handeln einzelner Personen bis zu politisch bedingten globalen Strukturen. In den beiden führenden deutschen geographischen Lexika (OSSENBRÜGGE 2002, LESER 2005) wird „Geopolitik" allerdings stark naturdeterministisch gesehen (der Raum bestimmt die Politik), die Raumwirksamkeit politischen Handelns als „Politische Geographie" definiert. Dagegen unterscheiden REUBER/WOLKERSDORFER (2005, 641) nicht zwischen Politischer Geographie und Geopolitik, sondern definieren den Diskurs „im Spannungsfeld von Macht, Politik und Raum" als „zwei Seiten derselben Medaille".

Geopolitik behandelt danach die Beziehung zwischen Politik und Raum. Dabei wird die Politik ebenso in ihrem gesamten Bereich einschließlich der Ideologien und der Macht betrachtet wie der Raum in allen Maßstabsebenen. Im Alltag werden unter Geopolitik vor allem internationale Beziehungen in ihrer Raumabhängigkeit und ihrer Raumprägung verstanden.

2 Die regionale Ebene der Geopolitik
Geopolitische Themen auf der regionalen Maßstabsebene haben den Vorteil, dass sie der Schüler kennt, empirisch untersuchen und noch relativ einfach die wirkenden Kräf-

te erkennen kann. Sie sind bildungspolitisch wichtig, weil auf dieser Ebene der Schüler als künftiger Entscheidungsträger lernt, wie raumwirksame politische Prozesse ablaufen und überlegen kann, wie er – durch Bürgerinitiativen oder Wahlen – auf der Grundlage rationaler Entscheidungen in solche Prozesse eingreift. Im heutigen Geographieunterricht werden solche Themen auch behandelt, wenngleich die politische Dimension sich noch stärker herausarbeiten ließe. Drei Beispiele sollen dies verdeutlichen.

Beispiel 1: Eigentumspolitik
Während der deutschen Teilung 1945 bis 1990 wurden beide Territorien durch unterschiedliche politische Wertvorstellungen geprägt, die sich auch im Raum auswirkten. Im Westen Deutschlands erstrebte die Politik eine umfassende Bildung von privatem Eigentum, daher wurde der Bau von Einfamilienhäusern staatlich gefördert. Ergebnis ist eine Vergrößerung der Siedlungsfläche auf mehr als das Doppelte, während die Einwohnerzahl nur um ein Fünftel zunahm. Im Osten Deutschlands vollzieht sich seit der Wiedervereinigung eine ähnliche Entwicklung, weil die politische Bevorzugung des kollektiven Wohnens entfiel, die sich räumlich in der Anlage von Großwohnsiedlungen dokumentierte. Hier werden sogar ganze Wohnanlagen „rückgebaut", ein politisch verbrämender Ausdruck für Abriss. Im Geographieunterricht lässt sich bei der Analyse des Heimatraums durch den Vergleich von Plänen die Ausweitung bzw. die Umwidmung der Siedlungsflächen meist einfach erfassen. Wichtig ist, dies als Ergebnis politischer Zielsetzungen zu erkennen.

Beispiel 2: Ausweisung des Standorts einer Mülldeponie
An einem konkreten Beispiel aus dem Heimatraum (hier wird der Raum südlich München vorgestellt) erarbeiten Schüler, dass bei der Festlegung eines Standorts fachliche Argumente nicht den Ausschlag geben, weil sie noch immer mehrere Möglichkeiten zulassen. Daher muss eine politische Entscheidung getroffen werden.

Beispiel 3: Läden in der Innenstadt oder Einkaufszentren am Stadtrand
Gegenwärtig können Schüler ermitteln, dass zunehmend in der Innenstadt Läden leer

Abb. 1: Handlungsorientierte empirische Untersuchung durch Schüler: Die Auffassung eines Geschäftsmanns und des Bürgermeisters zur Gestaltung der Innenstadt werden ermittelt und dadurch übereinstimmende und divergierende Ziele erfasst. Ob z. B. eine Fußgängerzone die Attraktivität erhöhen soll, ist eine politische Entscheidung (Quelle: Mensch und Raum, Hauptschule Bayern, 1988, 85).

stehen, während am Stadtrand ständig neue Einkaufszentren entstehen. In vielen Gemeinden versucht man im Stadtrat, durch politische Vorgaben wie der Begrenzung von Verkaufsflächen im Außenbereich und der Ausweisung von Fußgängerzonen die Attraktivität der Innenstadt zu erhalten.

3 Ausgewählte Räume als Themen internationaler Geopolitik

Der Geographieunterricht hat stets internationale geopolitische Themen behandelt; ein Beispiel war der weltpolitische Vergleich der USA mit der Sowjetunion. Vielfach blieb der globale geopolitische Aspekt jedoch ausgeklammert: So wurden etwa der Israel-Palästina-Konflikt oder der Bürgerkrieg in Jugoslawien fast stets lediglich als regionale bzw. nationale Konflikte behandelt. Eine globale Sicht ist jedoch notwendig, weil sonst wichtige Kräfte nicht erkannt werden.

Beispiel 1: Geopolitische Stellung Deutschlands
Vor 1990 lagen beiden Staaten des geteilten Landes jeweils an der Grenze ihres ideologischen Lagers und waren stark von den jeweiligen Schutzmächten abhängig, denn diese garantierten ihre Existenz. Seitdem ist das geeinte Deutschland in der Mitte eines wirtschaftlich wie politisch sich einigenden Europas, zum ersten Mal seit Jahrhunderten ist das Land nur von Verbündeten umgeben. Dies hat die geopolitische Handlungsfreiheit erhöht, auch im militärischen Bereich. Die Bundeswehr hatte bei ihrer Gründung die Aufgabe, das eigene Land zu verteidigen. Einen Wandel brachten der Wegfall der globalen Ost-West-Teilung, der politische Zusammenbruch Jugoslawiens und schließlich die Ereignisse des 11. September 2001 in den USA. Deutschland stellt nicht nur in Kosovo und in Afghanistan Soldaten zur Stabilisierung der politischen Lage und ist damit Teil eines weltweiten Krisenmanagements. Der geopolitische Ansatz geht noch weiter: Unter Berufung auf eben diese Übernahme globaler Verantwortung beansprucht die deutsche Regierung einen ständigen Sitz im UN-Sicherheitsrat.

Beispiel 2: Die Geopolitik der EU – Wo endet Europa?
Eine für unsere Schüler gegenwärtig und noch für eine längere Zeit bedeutende geopolitische Frage ist die einer Mitgliedschaft der Türkei in der Europäischen Union. Obwohl die Türkei bereits seit dem 14. Jahrhundert Gebiete in Europa besitzt (noch heute ist das Gebiet in Ostthrakien mit rund 24 000 qkm größer als das von vier EU-Mitgliedstaaten – Slowenien, Zypern, Luxemburg und Malta), gilt sie vielen als asiatischer Staat. Bereits 1963, als die damalige Europäische Wirtschaftsgemeinschaft ganze sechs Mitgliedstaaten umfasste, wurde die Türkei assoziiert, die Türkei stellte 1987 ein Beitrittsgesuch, 2005 sollen die Beitrittsverhandlungen beginnen. Die Meinungen sind in vielen Mitgliedstaaten der EU geteilt.

Die Gegner eines Beitritts vertreten die Ansicht, dass die Mitgliedschaft des dann flächenmäßig und auch von der Einwohnerzahl her ab etwa 2012 größten Staates der EU mit seiner von einer islamisch-asiatischen Kultur geprägten Bevölkerung zu einer Destabilisierung der EU selbst führen würde. Dies müsse geopolitisch unerwünscht sein, denn nach den beiden von Europa ausgehenden Weltkriegen sei genau die Stabilisierung Europas das herausragende Ergebnis der europäischen Einigung. Darüber hinaus werde die Aufnahme der Türkei die EU in unmittelbare Nachbarschaft zu den Krisengebieten des Nahen Ostens und der Kaukasusregion bringen, ohne dass die EU die politische und die militärische Kraft hätte, dort stabilisierend einzugreifen.

Abb. 2:
Karikaturen können auch geopolitische Sichtweisen verdeutlichen und sind dann im Unterricht gut einsetzbar. Diese Zeichnung verdeutlicht unterschiedliche Sichtweisen, die sich auf eine geopolitische Bewertung auswirken. In den USA bedeutete es verhältnismäßig wenig, einen neuen Staat aufzunehmen und dadurch die Flagge zu verändern. Für viele in der EU wird aber mit der Aufnahme der Türkei die Grenze eines Kulturraums überschritten, was sie ablehnen (Quelle: Dan Perjovschi: Ohne Titel. In: Frankfurter Allgemeine Zeitung, 06.08.2005).

Die Befürworter eines Beitritts führen ebenfalls geopolitische Argumente ins Feld. Auch hier spielt die Kultur eine bedeutende Rolle, die allerdings anders bewertet wird: Mit der Einbeziehung der islamisch geprägten Türkei würden Anstöße für eine Anpassung dieser Religion an die durch Technik und gesellschaftliche Entwicklung (Demokratie, Selbstbestimmungsrecht des Individuums, Gleichberechtigung der Frau) gewandelte übrige Welt unterstützt. Dies könne zu einer Verbesserung der geopolitischen Situation im gesamten Vorderen Orient führen.

Es empfiehlt sich, im Unterricht nicht nur die unterschiedlichen Sichtweisen der EU aufzuzeigen. Wichtig ist auch, wie Menschen in der Türkei argumentieren. Auch hier gibt es nämlich unterschiedliche Auffassungen. Vereinfacht lässt sich sagen: Die Befürworter wünschen eine geopolitische Ausrichtung nach Westen als Konsequenz einer Annäherung an Europa seit den Reformen Atatürks, die Gegner wünschen eine bedeutende Rolle in Asien in der Folge der geopolitischen Bedeutung des Osmanischen Reiches.

4 Ausgewählte Themenfelder in ihrer Raumwirksamkeit

Die Behandlung der Geopolitik im Geographieunterricht darf sich nicht nur auf Räume als Thema beschränken, es müssen auch politische Entscheidungen in ihrer unterschiedlichen Raumwirksamkeit verdeutlicht werden.

Beispiel 1: Handelspolitik
Vielen erscheint der Vorgang der Globalisierung als ein gleichsam naturgesetzlicher Vorgang. In Wirklichkeit ist er Ergebnis politischer Entscheidungen von Nationen, die Weltwirtschaft durch Abbau von Handelshemmnissen zu liberalisieren. Unternehmen aus den westlichen Industriestaaten erhielten dadurch die Möglichkeit, etwa in Schwellenländern zu investieren; diese empfingen dadurch kostenlos technisches Know-how, Kapital und Managementqualifikationen. Vor allem aber öffneten die Industrieländer ihren heimischen Markt. Dadurch gelangen die Schwellenländer zu wachsendem Wohlstand, den sie ohne diese Politik auf keinen Fall in der gleichen kurzen Zeitspanne erreicht hätten.

Diese Geopolitik des Handels führt zum einen dazu, dass aus Industrieländern zahlreiche Arbeitsplätze in so genannte Billiglohnländer verlagert werden. Viele Eltern unserer Schülerinnen und Schüler und dadurch sie selbst sind durch den Verlust von Arbeitsplätzen direkt betroffen, darüber hinaus die gesamte sozioökonomische Entwicklung nicht nur Deutschlands. Denn es wird gefordert, zahlreiche soziale Vergünstigungen und staatliche Hilfen abzubauen, um Lohnkosten zu senken. Die Globalisierung der Produktion und des Handels führte andererseits dazu, dass die Menschen in den Industrieländern preisgünstige Textilien, Spielwaren und zunehmend Industriegüter erwerben können – allein die Konsumenten in den USA sparten durch Billigimporte in den vergangenen zehn Jahren über 600 Milliarden Dollar ein (HORNIG/WAGNER 2005, 77).

Der rasch ansteigende Welthandel vollzieht sich noch immer zu zwei Dritteln innerhalb der sogenannten Triade aus Westeuropa, Nordamerika und Ostasien. „Zwischen diesen Ländern besteht ein intensiver gegenseitiger Austausch von artenähnlichen Produkten" (KULKE 2005). Ein industrialisiertes Land kauft nämlich mehr Güter auf dem Weltmarkt als ein agrarisch geprägtes Entwicklungsland. Man kann mit den Schülern die Prognose erarbeiten, dass mittelfristig selbst bei umfassender Zunahme der industriellen Erzeugung in Schwellen- und Entwicklungsländern die Chancen für Produktionszuwächse auch in Deutschland steigen. Vielfach wird daher die Auffassung vertreten, Deutschland dürfe sich nicht durch Importschranken abschließen, sondern müsse durch innovative Produkte seine führende Stellung im Welthandel bewahren, dann würden auch die Arbeitsplätze im eigenen Lande gesichert. Die Geopolitik des Handels wirkt sich damit innenpolitisch auf die Sozialpolitik und die Bildungspolitik aus, aber auch konkret auf die Steuerpolitik, wenn etwa Investitionen im Ausland abgeschrieben werden können.

Wie stark jedoch auch eine globale Wirtschaft immer noch durch die nationale Politik bestimmt wird, zeigen Beispiele, bei denen aus politischen Gründen die Globalisierung unterlaufen wird. Entwicklungsländer können im globalen Wettbewerb vor allem preisgünstige Agrarerzeugnisse liefern. Die Industrieländer aber subventionieren die eigene Landwirtschaftsproduktion mit jährlich 300 Milliarden US-Dollar (FISCHER WELTALMANACH 2005, 564) und verhindern so den Absatz der sonst konkurrenzfähigen Waren in ihren Staaten. Andererseits zwingen Regierungen in Entwicklungsländern ausländische Investoren, einheimische Produzenten zu bevorzugen, in dem sie einen Anteil festlegen, der im eigenen Land hergestellt werden muss. In China sind es etwa bei der Autoproduktion 40 %, „eine Utopie angesichts der Qualität der Zulieferer und dem Entwicklungsstand der Branche im Reich der Mitte" (HEIM 2005). Die Firmen reagieren wirtschaftlich und politisch: Sie veranlassen ihre Zulieferer, Produktionsstätten in China zu errichten (was wiederum zum Verlust von Arbeitsplätzen in Deutschland führen kann), zum anderen verhandeln sie mit der Regierung um eine Kompromisslösung.

Beispiel 2: Energiepolitik
Industrieländer sind in hohem Maße von Erdöl abhängig. Die Erdöl exportierenden Länder erreichen daher eine große Macht. Selbst die USA beugen sich, obwohl das US-Energieministerium der OPEC vorwarf, die amerikanische Wirtschaft habe in den 1980er und 1990er Jahren sieben Billionen US-Dollar für „Preisschocks und Manipulationen" bezahlt (VORHOLZ 2005). Da die Erdölproduktion und die Pipelines leicht gestört werden können, wie das Beispiel Irak zeigt, würde selbst eine militärische Besetzung dieser Länder wenig nützen, man ist geopolitisch auf Verhandlungslösungen angewiesen. An diesem Beispiel lässt sich auch verdeutlichen, dass Wirtschaftsinteressen

moralischen Maßstäben übergeordnet sind. So haben die arabischen Länder, die „den Westen" mit Erdöl versorgen, eine Gesellschaftsordnung, die den westlichen Vorstellungen über Demokratie oder über die Stellung der Frau in der Gesellschaft nicht entspricht. Das beunruhigt jedoch die Regierungen der Abnehmerländer kaum, ganz im Gegenteil, man wünscht sich in den Förderländern politische Stabilität. Der Sicherstellung der Versorgung wird höchste Priorität eingeräumt. Industriestaaten verteilen zudem den Kauf von Erdöl auf viele Staaten, um politische Unruhen in einzelnen Ländern ausgleichen zu können. Die Internationale Energie Agentur (IEA) verwaltet eine „strategische Reserve", welche die einzelnen Staaten anlegen ließen. Sie ist für Zeiten gedacht, in denen die Ölversorgung in Gefahr ist. Nach dem Wirbelsturm Katrina im August 2005 in den USA wurde jedoch auf Wunsch der USA ein Teil der Reserve freigegeben, unter anderem, um den Preisanstieg zu bremsen. Weil der Verbrauch an Erdöl zunimmt, nicht zuletzt durch den wirtschaftlichen Aufstieg von China und Indien, wächst die politische Abhängigkeit.

Am Beispiel der Energiepolitik kann dem Schüler auch sehr gut nicht nur die geopolitische Verflechtung von Lieferländern und Verbraucherländern verdeutlicht werden, sondern auch die Verflechtung von internationaler und nationaler Politik. Politiker sind bereits beim Ansteigen von Benzinpreisen bereit, durch staatliche Maßnahmen eine Preissenkung durchzuführen, weil sie dadurch Zustimmung beim Wähler erhoffen. Dabei wissen alle, dass das Erdöl nicht einmal zu hohen Preisen unbegrenzt zur Verfügung stehen wird.

5 Internationale geopolitische Szenarien

Die bisherigen Darstellungen griffen konkrete Beispiele aus der Erfahrungswelt der Schülerinnen und Schüler auf. Nun geht es darum, dass auch unsere Schüler sich kritisch mit „Weltbildern" auseinandersetzen. Welche globalen geopolitischen Strukturen werden z. B. durch eine Gliederung in Großräume verdeutlicht? Aus Zeitgründen sei hier nur auf das bekannteste Beispiel verwiesen: die Gliederung der Welt in Kulturkreise durch den amerikanischen Politologen Huntington. Hatte dieser das Thema bei seinem Aufsehen erregenden Aufsatz 1993 „The Clash of Civilizations?" (HUNTINGTON 1993) noch mit einem Fragezeichen versehen, so wurde der Zusammenprall im Buch 1996 (HUNTINGTON 1996) als Aussagesatz formuliert, Konflikte vor allem mit dem sinischen und islamischen Kulturkreis als unvermeidbar angesehen.

Huntingtons Thesen wurden sogleich nach seinem Erscheinen heftig diskutiert (s. REUBER/WOLKERSDORFER 2002). Die meisten Politiker und Wissenschaftler verneinen Huntingtons Schlussfolgerung eines unausweichlichen Zusammenpralls der Kulturen. REUBER/WOLKERSDORFER (2005, 633) sprechen von einer „neuen geopolitischen Erzählung" und behaupten damit, dass es sich um ein Konstrukt, nicht um eine Realität handele. Es müsse erkannt werden, dass die kulturellen Differenzen konstruiert seien. Die „Dekonstruktion" bezieht auch die biographische Ebene mit ein: Huntington sei neben seiner Harvard-Professur für internationale Beziehungen Berater der US-Regierung und habe den „clash" konstruiert, um ein neues Feindbild zu schaffen (REUBER/WOLKERSDORFER 2002, 26). Ähnlich hatte schon der 1935 in Jerusalem geborene, in Ägypten und im Libanon aufgewachsene und in den USA lehrende Edward W. Said behauptet, der im 19. Jahrhundert geschaffene Begriff „Orient" sei als Negation abendländischer Werte konstruiert worden, um Vorwände für die Beherrschung des Gebietes zu haben (SAID 1981, SCHMID 2002).

Das Ziel eines solchen Unterrichts in Geopolitik ist damit nicht – wie auch hier bisher geschehen – Wirklichkeiten zu deuten, sondern scheinbare Wirklichkeiten als Konstrukte zur Verfolgung politischer Ziele zu entlarven („dekonstruieren"). Der „Linguistic Turn" geht davon aus, dass es dem Menschen nicht möglich ist, die (räumliche) Wirklichkeit unverfälscht wiederzugeben. Daher „wird durch die Fokussierung auf die Repräsentationsebene Sprache die Bedeutung dieser Diskursinstanz in den Vordergrund gestellt" (REUBER/WOLKERSDORFER 2005, 648).

Geographen gingen jedoch über die Ablehnung der Konfliktthesen Huntingtons hinaus und verneinen eine Beziehung zwischen Kultur und Raum (z. B. KREUTZMANN 1997, KREUTZMANN/REUBER 2002; kritisch auch POPP 2003 und MÜLLER/SCHRÜFER 2003). Dabei hatte bereits der Geograph KOLB 1963 die Welt in zehn Kulturkreise gegliedert. Sicher ist die früher in der Geopolitik vorherrschende Auffassung unrichtig, der Raum präge die Politik (vgl. die Definitionen bei OSSENBRÜGGE [2002] und LESER [2005]). Dennoch gibt es eine Beziehung zwischen Kultur und Raum, denn Räume lassen sich als Verbreitungsgebiet von Kulturen gegeneinander abgrenzen. Gerade in der Geopolitik sind solche Zuordnungen von Kultur und Raum bedeutsam. Von der kulturellen Selbstdefinition Europas in der politischen Frage eines Beitritts der Türkei zur EU wurde bereits gesprochen. Wir müssen erkennen, dass in vielen Teilen der Erde eine auf die Kultur gestützte Regionalisierung als Instrument politischer Willensbildung genutzt wird – Beispiele sind die Afrikanische Union, die Arabische Liga oder die Organisation der Islamischen Konferenz. In der Wirtschaft ist es längst üblich, die kulturellen Unterschiede der einzelnen Länder zu beachten, da sonst große ökonomische Verluste drohen (vgl. BÖHN et al. 2003). Es ist wichtig, dass dies auch in der Politik verstärkt geschieht. Bereits in der Schule muss auf die hohe Bedeutung regional differenzierter kulturbedingter Verhaltensweisen für politische Entscheidungen in den einzelnen Regionen der Welt hingewiesen werden.

Der Raum fehlt, um noch auf weitere Felder der Geopolitik darzustellen, die im Geographieunterricht behandelt werden könnten, ja sollten. Eine kurze, keineswegs vollständige Auflistung muss hier genügen:

- Die Rolle von Weltbank und Internationalem Währungsfonds. In der Entwicklungspolitik sind die Maßnahmen der beiden Institutionen umstritten. Gerade ihnen kommt aber etwa bei der Armutsbekämpfung hohe Bedeutung zu. Damit sind sie auch für die geopolitische Stabilität verantwortlich.
- Sicherung der Umwelt durch eine globale Klimapolitik. Noch große politische Anstrengungen sind notwendig, um etwa den Treibhausgas-Emittenten USA (36 % der Emissionen; FISCHER WELTALMANACH 2005, 681) zur Unterzeichnung des Kioto-Protokolls zu veranlassen.
- Die Rolle der UN bei der Friedenssicherung. Hier könnten die politischen Bemühungen einzelner Staaten gewürdigt werden, die durch Unterstützung oder Teilnahme an UN-Missionen beitragen, regionale Konflikte zunächst zu begrenzen und dann zu lösen.
- Die geopolitische Bedeutung der Nichtregierungsorganisationen. Im Prozess der Globalisierung verloren nationale Regierungen nicht nur über die in ihren Staaten ansässigen Konzerne frühere Einflussmöglichkeiten, gleichzeitig stieg auch die Macht verschiedener NGOs. Internationale Kampagnen von Greenpeace oder des WWF, zunehmend auch von Attac beeinflussen politische Entscheidungen, etwa bei der Ausweisung von Naturschutzgebieten oder der Förderung alternativer Energien.

6 Schlusswort – Metaebenen geopolitischen Handelns

Ein fundierter Geographieunterricht darf nicht auf der Ebene des Faktischen verharren, er muss die Metaebene der wirkenden politischen Kräfte einbeziehen. Zwei Faktoren bestimmen raumwirksames politisches Handeln: Werte und Macht.

Politik wird durch Wertvorstellungen geprägt, die oftmals als Ideologien bezeichnet werden. Sie sind vielfach kulturell bedingt. Ein Leugnen räumlich unterschiedlich verbreiteter Wertsysteme muss hinterfragt werden. Hier könnte es zu einer Dekonstruktion der Dekonstrukteure kommen, denn Schüler wollen wissen, warum ein solcher Zusammenhang bestritten wird (vgl. 5). Sollen Wirklichkeiten nicht erkannt werden? Und wenn dem so ist, warum nicht?

Macht ist der zweite raumwirksame politische Faktor. Es gilt zu erkennen, dass der Macht in der Politik eine höhere Bedeutung als den Werten zugesprochen wird (vgl. 4, Beispiel Energiepolitik). Das wird für den Schüler frustrierend sein, zielt doch Erziehung darauf ab, Handeln moralisch zu gestalten. Das Erkennen der politischen Wirklichkeit trägt zum Aufbau eines realitätsorientierten Weltbildes bei, das eine hohe Frustrationstoleranz bei politischen Entscheidungen ermöglicht und dadurch den Schüler befähigt, später auch bei Widrigkeiten politische Ziele zu verfolgen.

Literatur

Böhn, D./Reichenbach, Th./Albrecht, H./Ahrens, R. (2003): Respect the Other Culture – The Key to Business Success. In: Kopp, H. (Ed.): Area Studies, Business and Culture. Münster, Hamburg, London, 151-162.

Fischer Weltalmanach (2005). Frankfurt.

Heim, C. (2005): Ein „Fabrikle" in Peking als Wechsel auf die Zukunft. In: Frankfurter Allgemeine Zeitung, 02.09.2005, 18.

Hornig, F./Wagner, W. (2005): Duell der Giganten. In: Der Spiegel, Nr. 32, 08.08.2005, 74-88.

Huntington, S. (1993): The Clash of Civilizations? In: Foreign Affairs, (72)3, 22-49.

Huntington, S. (1996): Der Kampf der Kulturen (The Clash of Civilizations). München, Wien.

Knox, P. L./Marston, S. A. (2001): Die Geographie politischer Territorien und Grenzen. In: Knox, P. L./Marston, S. A. (Hrsg. von Gebhardt, H./Meusburger, P./Wastl-Walter, D.): Humangeographie. Heidelberg, Berlin, 441-492.

Kolb, A. (1963): Ostasien. Geographie eines Kulturerdteiles. Heidelberg.

Kreutzmann, H. (1997): Kulturelle Plattentektonik im globalen Dickicht. In: Internationale Schulbuchforschung, 19, 413-423.

Kreutzmann, H./Reuber, P. (2002): „Kulturerdteile" im Wandel? – Politische Konflikte und der „Kampf der Kulturen". In: Ehlers, E./Leser, H. (Hrsg.): Geographie heute – für die Welt von morgen. Gotha, 139-146.

Kulke, E. (2005): Globaler Warenhandel. In: Praxis Geographie, (35)7-8, 4-9.

Leser, H. (Hrsg.) (2005): DIERCKE Wörterbuch Allgemeine Geographie (13. völlig überarbeitete Neuauflage).

Löwenstein, S. (2005): Die wundersame Verwandlung der Bundeswehr. In: Frankfurter Allgemeine Zeitung, 26.08.2005, 6.

Müller, A./Schrüfer, G. (2003): Die Kulturerdteile aus der Sicht der Schulerdkunde. In: Popp, H. (Hrsg.): Das Konzept der Kulturerdteile in der Diskussion – das Beispiel Afrikas. Bayreuth, 43-59. (= Bayreuther Kontaktstudium Geographie 2).

OSSENBRÜGGE, J. (2002): Geopolitik. In: Brunotte, E. et al. (Hrsg.): Lexikon der Geographie, Bd. 2, 30-31.

OSSENBRÜGGE, J. (2002a): Politische Geographie. In: Brunotte, E. et al. (Hrsg.): Lexikon der Geographie, Bd. 3, 64.

POPP, H. (2003): Kulturwelten, Kulturerdteile, Kulturkreise – Zur Beschäftigung der Geographie mit einer Gliederung der Erde auf kultureller Grundlage. In: Popp, H. (Hrsg.): Das Konzept der Kulturerdteile in der Diskussion – das Beispiel Afrikas. Bayreuth 19-42.

REUBER, P. (2002): Politische Geographie nach dem Ende des Kalten Krieges. In: Geographische Rundschau, (54)7/8, 4-9.

REUBER, P./WOLKERSDORFER, G. (2002): *Clash of Civilizations* aus der Sicht der kritischen Geopolitik. In: Geographische Rundschau, (54)7/8, 24-29.

REUBER, P./WOLKERSDORFER, G. (2005): Politische Geographie. In: Schenk, W./Schliephake, K. (Hrsg.): Allgemeine Anthropogeographie. Gotha und Stuttgart, 632-664 (= Perthes Geographie-Kolleg).

SAID, E. W. (1981): Orientalismus. Frankfurt, Berlin, Wien (original: Orientalism, 1978).

SCHMID, H. (2002): Orientalismus. In: Brunotte, E. et al. (Hrsg.): Lexikon der Geographie, Bd. 3, 14-15.

VORHOLZ, F. (2005): „Träumt weiter". In: Die Zeit, 37, 08.09.2005, 21.

Brennpunkt Wasser. Das Konfliktpotenzial einer elementaren Ressource – dargestellt am Beispiel Mittelasien

Thomas Hoffmann (Achern-Sasbachried)

1 Das Weltproblem Wasser

Das usbekische Sprichwort „Wo das Wasser endet, endet auch die Welt" hat heute einen weit über die Grenzen dieses mittelasiatischen Landes hinausreichenden Bekanntheitsgrad erlangt. Dies liegt nicht an einem überproportionalen internationalen Interesse an der Kultur der Region, sondern ist primär der nunmehr vierzigjährigen Dramatik rund um die ökologische Katastrophe am Aralsee geschuldet. Parallel zu dieser Katastrophe – und kausal eng mit ihr verwoben – entwickelt sich seit dem Niedergang der Sowjetunion und der Entstehung souveräner Staaten in der Region Mittelasien eine weitere Konfliktebene um das Wasser der beiden grenzüberschreitenden Aralsee-Zuflüsse Amu Darja und Syr Darja. Dieser Konflikt ist ein weiteres Beispiel für den medial wie wissenschaftlich seit Beginn der 1990er Jahre vielfach prophezeiten „Kampf um Wasser", der zunächst im Zentrum der umwelt-, seit geraumer Zeit aber zunehmend der sicherheitspolitischen Diskussionen steht (BARANDAT 1997). Alle Beobachtungen deuten darauf hin, dass sowohl die Zahl als auch die Brisanz der internationalen Wasserkonflikte weiter zunimmt. So ergab bereits zu Beginn des Jahrtausends eine Umfrage unter 200 Umweltexperten der UNEP, dass Experten Wassermangel und Wasserverschmutzung neben Klimawandel und Desertifikation zu den mit Abstand drängendsten Umweltproblemen des 21. Jahrhunderts einstufen.

Wie brisant das Weltproblem Wasser zwischenzeitlich tatsächlich ist, belegt die Vielzahl internationaler Konferenzen zum Thema sowie die Erarbeitung des ersten World Water Report, den die 23 mit Süßwasser-Fragen befassten Unterorganisationen der Vereinten Nationen 2003 unter dem Titel „Water for people. Water for Life" gemeinsam vorlegten und der fortan alle drei Jahre neu erarbeitet werden soll.

Das Ausmaß der bereits heute insbesondere in Teilgebieten des nördlichen Afrikas, des Nahen und Mittleren Ostens, aber auch Indiens und Chinas zu konstatierenden Wassermangelgebiete sowie die vielerorts damit einher gehende Wasserverschmutzung bildet die Grundlage zu äußerst besorgniserregenden Szenarien. So werden Indien und China aller Voraussicht nach gegen Ende des 21. Jahrhunderts Wassermangel in einem Ausmaß erfahren, das nicht mehr wie bislang saisonal und räumlich begrenzt, sondern räumlich wie zeitlich in beiden Staaten als permanente Krise auftreten wird. Noch dramatischer sehen die Prognosen für den Nahen Osten im Allgemeinen und für Israel, Jordanien, Algerien und Somalia im Besonderen aus. Diese Staaten werden bereits bis zur Mitte des 21. Jahrhunderts im nationalen Durchschnitt weit weniger als 1000 m³, einige gar weniger als 500 m³ Süßwasser pro Kopf und Jahr zur Verfügung habe. Eine als ausreichend bewertete Wasserverfügbarkeit liegt demgegenüber bei 1700 m³/Kopf und Jahr. Solange keine nachhaltigen und funktionierenden echten kooperativen Lösungsstrategien auf der Grundlage des Watershed-Ansatzes angegangen werden, werden die zunächst inselartig auftretenden Wasserprobleme sukzessive zu großflächigen

Krisenregionen zusammenwachsen, so dass unzweifelhaft ein globales Problem entsteht.

Auch die Region Mittelasien ist Teil dieses Problems und des damit verbundenen Potenzials an Interessens- und Nutzungskonflikten. Diese sollen nicht nur, sondern müssen Gegenstand eines zeitgemäßen Geographieunterrichts sein. Denn die Aufgabe von Schule im Allgemeinen und des Geographieunterrichts im Besonderen ist die problemlösungsorientierte Heranführung und Vorbereitung der Schüler mit Blick auf akute Gegenwartsprobleme und problemträchtige Zukunftsfragen. Diese gilt es zunächst in ihren Ursachen nachzuvollziehen, in ihren Dimensionen zu begreifen und in ihren globalen Auswirkungen zu verstehen. Die bestehenden Probleme dürfen nicht verschwiegen oder gar geleugnet werden. Zugleich darf Schule aber nicht bei der Darlegung dieser Probleme aufhören, sondern muss stets den Schritt hin zu aktuell diskutierten oder bereits angewandten Problemlösungsstrategien vollziehen, gleich ob es sich dabei um die Weltwasserproblematik, um die Auswirkungen des Klimawandels, das Desertifikations-, Weltbevölkerungs- oder Verstädterungsproblem handelt. Nur so kann es gelingen, Schülern die personale, fachliche und methodische Kompetenz zu vermitteln, die sie zu verantwortungsvollen und handlungsfähigen Bürgern mit adäquater raumbezogener Handlungskompetenz macht.

Die drängende Problematik der ausreichenden Versorgung der Weltbevölkerung mit sauberem Trinkwasser sowie die vielfach damit einhergehenden Konflikte müssen als eine der großen Herausforderungen des 21. Jahrhunderts Thema des Geographieunterrichts sein. Denn nur in der Synopse physisch-geographischer und anthropogeographischer Aspekte kann das umfassende und komplexe Wirkungsgefüge naturräumlicher Voraussetzungen und gesellschaftlich-politischen Handelns sachgerecht erfasst werden. Zwischenzeitlich liegt eine Vielzahl ausgearbeiteter Unterrichtsvorschläge vor, die den Konflikt um Wasser anhand der Fallbeispiele Jordan, Euphrat, Tigris, Indus oder Nil (z. B. SABBAGH 1999, LÜKENGA 2000, HOFFMANN 2001/2003) darstellen. Anliegen dieses Beitrages ist es, zu prüfen, inwieweit auch die Auseinandersetzung um Amu Darja und Syr Darja die didaktisch geforderte Exemplarität erfüllt, um als Fallbeispiel zur Analyse der komplexen Konfliktstruktur sowie zur Bewertung möglicher Lösungsansätze thematisiert zu werden.

2 Das Konfliktpotenzial von Wasser

Die Wasserversorgung wird weltweit infolge von Bevölkerungswachstum, steigendem Individualverbrauch, zunehmender Wasserverschmutzung, unsachgemäßem Umgang mit und Nutzung der Ressourcen immer schwieriger. Da Wasser für die menschliche Existenz ein unverzichtbares Gut ist, tritt – bedingt durch seine Verknappung – das dieser Ressource in besonderem Maß innewohnende Konfliktpotenzial immer häufiger zutage. Zugleich bieten konfliktträchtige Konstellationen um knappe Wasserressourcen jedoch stets auch die Chance zur Kooperation, so dass die gegensätzlichen und problembehafteten Nutzungsinteressen verschiedener Gruppen um die gleichen Wasserressourcen entscheidend und nachhaltig entschärft werden können. Beredte Beispiele dafür sind die Rheinkonvention sowie der trotz aller ernsthaften politischen Konflikte zwischen Indien und Pakistan seit vier Jahrzehnten stabile Indus-Wasservertrag (CLEMENS 2004).

Im Verlauf der 1990er Jahre vermehrte sich jedoch die Zahl der Konflikte weltweit. Die heute zu konstatierenden Wasserkonflikte zeigen sehr spezifische, meist individuelle Ursachenmuster, Intensitäten, Dimensionen und Brennpunkte. Neben der Versorgung mit Trink- und Bewässerungswasser in den ariden und semi-ariden Räumen der Erde sind vor allem die grenzüberschreitenden Gewässer Gegenstand bi- oder gar multilateraler Auseinandersetzungen. Als weitere Brennpunkte potenzieller oder realer Wasserkonflikte sind Megastädte, die Landwirtschaft sowie die großen multifunktionalen Staudammprojekte zu identifizieren.

Die um Wasser geführten oder vom Wasser ausgehenden Konflikte können politischer, ökonomischer, ökologischer oder sozialer Natur sein (s. auch Abb. 1).

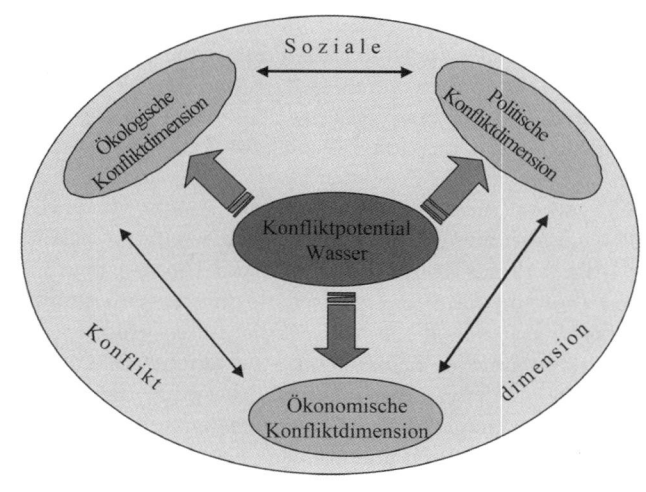

Abb. 1: Das Konfliktpotenzial von Wasser (Entwurf und Zeichnung: Hoffmann 2001)

2.1 Politische Wasserkonflikte

Die brisantesten Konflikte um Wasser treten bi- oder multilateral auf der internationalen Ebene dann auf, wenn zwei oder mehrere Anrainerstaaten einen möglichst großen Anteil eines grenzüberschreitenden Gewässers – sei es ein Fluss oder ein See – nutzen wollen. Weltweit gibt es 214 solcher grenzüberschreitender Gewässer, an deren Ufern über 40 Prozent der Weltbevölkerung leben. Dabei weisen keinesfalls alle dieser Gewässer das gleiche Konfliktpotenzial auf. Vielmehr steht dieses Potenzial in Korrelation zu den insgesamt verfügbaren Wassermengen des jeweiligen Raumes. Mit zunehmender Aridität, abnehmender Zahl der Fließgewässer und mangelnden Alternativen der Wasserversorgung nimmt das Konfliktpotenzial auf der internationalen, aber auch auf der binnenstaatlichen Ebene zu. Es erfährt zudem in denjenigen Staaten eine zusätzliche Potenzierung, in denen der aus anderen Staaten – meist in Gestalt von Fremdlingsflüssen – bezogene Anteil des insgesamt verfügbaren Wassers sehr hoch ist.

In einem weiter gefassten Sinn sind aber auch die Auseinandersetzungen um den Umgang mit Wasser bzw. dessen Reglementierung ein Feld politischer Konflikte um Wasser. So sind auf der kommunalen Ebene beispielsweise immer wieder Streitigkeiten um die Festlegung von bestimmten Zeiten der Wassernutzung oder aber deren quantitative Begrenzung festzustellen.

Wasser erweist sich offenkundig als ein auf verschiedenen Ebenen umstrittenes, zuweilen auch heute bereits umkämpftes Gut, das seinerseits als Waffe eingesetzt werden kann, wie es in der Vergangenheit bereits mehrfach der Fall war.

2.2 Ökonomische Wasserkonflikte

Im Mittelpunkt der ökonomischen Konfliktebene von Wasser stehen Wasserpreise, die entweder neu eingeführt oder deren bestehende Tarife erhöht werden. Diese in manchen Fällen mit der Absicht der Verbrauchsminderung eingeführten Maßnahmen führen vielfach zu Existenz bedrohenden Zugangsbeschränkungen für Armutsgruppen aufgrund deren mangelnder Kaufkraft. Eine weitere Ursache ökonomischer Konflikte um Wasser ist in dem Aufeinandertreffen unterschiedlicher Nutzungsinteressen zu beobachten. So führt beispielsweise der hohe Wasserverbrauch von Golfplätzen – etwa in Thailand – dazu, dass lokal verfügbare Wassermengen knapp werden. Da die ländliche Bevölkerung in aller Regel den Kaufkraftpotenzialen ihrer Konkurrenten um die knappe Ressource nicht gewachsen ist, wird Wasser für sie zur unerschwinglichen Ware mit allen damit einher gehenden ökonomischen und sozialen Konsequenzen. Die besondere Brisanz dieser Konfliktform ist in der Tatsache begründet, dass die Einführung oder die Erhöhung von Wasserpreisen die unteren Einkommensschichten überproportional stärker belastet als die höheren Einkommensgruppen. Der lokalen Ebene übergeordnet sind in jüngster Zeit zunehmende Aktivitäten eines internationalen Wasserhandels – zu erkennen etwa zwischen der Türkei und einigen Mittelmeerstaaten oder zwischen Kanada und einigen ostasiatischen Staaten –, deren Abhängigkeitsstrukturen die Basis künftiger ökonomisch und politisch begründeter Wasserkonflikte bilden können.

2.3 Ökologische Wasserkonflikte

Die ökologische Ebene von Wasserkonflikten konzentriert sich im Wesentlichen auf zwei Schwerpunkte: zum einen auf die großflächige Überflutung von Gebieten im Zusammenhang mit dem Bau großer Staudämme und zum anderen auf die nachhaltige Verschmutzung und Kontamination von Flüssen, Seen oder Grundwasserkörpern.

Beide Prozesse ziehen eine Fülle negativer ökologischer Auswirkungen, Probleme und Konflikte nach sich, die immer auch die Lebensqualität der betroffenen Menschen beeinträchtigen. So führt das Aufstauen großer Wassermassen zwangsläufig zu Vertreibung oder gar Verlust angestammter Tier- und Pflanzenarten, verändert die mikroklimatischen Verhältnisse und verursacht nachhaltige Schädigungen des lokalen Ökosystems. Für die autochthone Bevölkerung sind diese Großprojekte häufig die Ursache für den Verlust von Heimat mit der Konsequenz sozialer Entwurzelung und – trotz vielfach angebotener und auch geleisteter Kompensationen – Verarmung.

Ein weiteres Konfliktfeld resultiert aus der Einleitung kontaminierter Substanzen in Fließgewässer, Seen und Grundwasserkörper. Dieses bringt nicht nur die Zerstörung der natürlichen Umwelt mit sich, sondern entzieht den in der Region lebenden Menschen letztlich ihre Lebensgrundlage.

2.4 Soziale Wasserkonflikte

Die soziale Konfliktebene von Wasser ist elementar, da sie die intensivsten Überschneidungen mit den anderen Konfliktebenen zeigt. Dabei geht es vor allem um die Auswirkungen von politischen, ökonomischen oder ökologischen Konflikten auf den einzelnen Menschen oder auf gesellschaftliche Gruppen. Gleich ob die Ursache der Konflikte im Bau eines Staudamms begründet ist oder ob es um ein umstrittenes internationales Gewässer, um die Verschmutzung von Wasser, den Anstieg von Wasserpreisen, um Überschwemmungen oder um die Verfügungsgewalt über Wasserressourcen geht, stets wirken die direkten oder indirekten Folgen dieser Prozesse auf Menschen.

Die identifizierbaren realen Wasserkonflikte lassen sich nicht ausschließlich einer der hier ausgewiesenen Konfliktebenen zuordnen. Vielmehr zeigen sowohl die Konflikte um den Jordan, den Euphrat, den Nil oder den Lauca vielfältige Überschneidungen von mehreren Konfliktebenen. Auch der in Mittelasien zu beobachtende Wasserkonflikt um Amu Darja und Syr Darja auf der einen und den Aralsee auf der anderen Seite erstreckt sich über mehrere Konfliktebenen.

3 Der Wasserkonflikt in Mittelasien

Mit dem Untergang der Sowjetunion entstanden nicht nur fünfzehn neue Staaten, sondern auch eine Vielzahl neuer Probleme. Dazu zählt die Entflechtung nunmehr unter nationaler Regie stehender Infrastrukturnetze ebenso wie die Remigrationsbewegungen großer Teile der russischen Bevölkerung aus den nunmehr eigenständigen vormaligen Sowjetrepubliken. In der ariden Region Mittelasien kommt ein weiteres Konfliktfeld hinzu: Wasser. Zu Beginn der 1960er Jahre begann das heute endgültig besiegelte Schwinden des Aralsees infolge der grenzenlosen Übernutzung der verfügbaren Wasserressourcen seiner beiden Hauptzuflüsse. Die damit einhergehenden ökonomischen, ökologischen und gesundheitlichen Folgeprobleme für die Bevölkerung sind vielfach untersucht und dargelegt worden (LETOLLE/MAINGUET 1996, HOFFMANN 1997). Heute erweitert zudem die Auseinandersetzung um die Ressource Wasser im Allgemeinen und die Verfügbarkeit über das Wasser der beiden Hauptflüsse der Region, Amu Darja und Syr Darja, im Besonderen die zunehmend an Brisanz gewinnenden internationalen Wasserkonflikte.

3.1 Naturräumliche Voraussetzungen und Entwicklung

Das Gebiet der neu entstandenen Staaten Kasachstan, Usbekistan, Turkmenistan, Kirgisistan und Tadschikistan zeigt klimatisch und hygrisch eine ausgeprägte Bipolarität. Im Westen dominieren weite, aride Ebenen, die maximal 200 Millimeter Niederschlag/Jahr verzeichnen, im Osten belaufen sich die in den Gebirgsregionen von Pamir und Tian Shan gemessenen Niederschlagswerte auf über 500 Millimeter pro Jahr. Die kontinuierlichen Niederschläge und niederen Temperaturen haben in den Gebirgslagen Kirgisistans und Tadschikistans ein Wasserreservoir von über 1100 Kubikkilometer in über 20 000 großen und kleinen Gletschern entstehen lassen. Gespeist von deren Schmelzwässern durchfließen Amu Darja und Syr Darja als Fremdlingsflüsse die Turansenke mit den Wüsten Karakum und Kysilkum und schaffen hier die Voraussetzung für Landwirtschaft und Besiedlung. Diese naturräumlichen Gegebenheiten bieten optimale Bedingungen für den Bewässerungsanbau von Baumwolle, deren Wachstumsansprüche oftmals bildhaft so umschrieben werden: „mit dem Kopf in der Sonne und mit den Füßen im Wasser". Der Beginn des intensiven Baumwollanbaus in der Region Mittelasien datiert in das ausgehende 19. Jahrhundert, unmittelbar nach der zaristischen Eroberung der Region. Der Baumwollanbau wurde rasch ausgeweitet und die Anbaufläche allein zwischen 1889 und 1893 um über 50 Prozent auf knapp 150 000 Hektar gesteigert. Der mit der Russischen Revolution und der Gründung der Sowjetunion einsetzende politische Paradigmenwechsel brachte hinsichtlich der bereits im Zarenreich begonnenen Baumwollpolitik keine Veränderung, sondern wurde konsequent auf Expansion setzend fortgeführt. Die Hochphase dieser Landwirtschaftsexpansion wurde in den Jahren zwischen 1965 und 1987 erreicht, mit einem Maximum des Baumwollanbaus von 3,225 Millionen Hektar. In der unerschütterlichen Überzeugung, dass sowohl die Ressource Land als auch die Ressource Wasser in unerschöpflichen Mengen verfügbar seien, gab der damit einhergehende unverhältnismäßig hohe Wasserverbrauch von 14 000 bis 15 000 m³ Wasser pro Hektar (im Vergleich dazu liegt der Bedarf in Israel lediglich bei 2500 m³ Wasser/Hektar) (HOFFMANN 1997) jahrzehntelang keinen Anlass zum Handeln und trug so unzweifelhaft ganz wesentlich zu der ökologischen Katastrophe am Aralsee bei. Da diese Fehlentwicklungen in der Bewässerungslandwirtschaft samt der ökologischen Konsequenz der allmählichen Austrocknung des Aralsees als binnenstaatlicher Prozess verlief, wurde kein internationaler Wasserkonflikt ausgelöst. Stattdessen setzten die sowjetischen Wasserbau- und Agraringenieure zum Betrieb ihrer Baumwollproduktion auf eine gigantische Bewässerungsinfrastruktur, die von entsprechend groß dimensionierten multifunktionalen Staudämmen im Pamir und Tian Shan über den 1445 Kilometer langen Karakum-Kanal bis hin zu Tausenden von kleineren Bewässerungskanälen reichte. Zwar arbeiteten diese Strukturen vergleichsweise ineffizient, garantierten aber doch den Fortbestand und die Ausweitung der Baumwollproduktion als Rückgrat der einseitig auf die Produktion agrarischer Rohstoffe ausgerichteten regionalen Wirtschaftsstruktur. Die erforderliche Verfügbarkeit von Wasser für den Baumwollanbau in der Turansenke sowie die Lösung auftretender Versorgungsprobleme garantierten die politischen Entscheidungsträger und Behörden auf der den einzelnen Sowjetrepubliken übergeordneten Ebene.

3.2 Elektrizität oder Baumwolle?

Eben diese politisch-administrative Struktur änderte sich mit der staatlichen Unabhängigkeit der mittelasiatischen Staaten in der zweiten Jahreshälfte 1991 grundlegend. Die neu erlangte staatliche Souveränität brachte die Eigenverantwortung – aber auch den Machtanspruch – hinsichtlich aller politischen und wirtschaftlichen Entscheidungen mit sich. Bislang zentral in Moskau geregelte administrative und wirtschaftliche Prozesse mutierten in diesem Kontext zu nationalen Interessen, wobei insbesondere die naturräumlich bedingt knappe Ressource Wasser sich sehr schnell, nicht nur als potenzielles, sondern auch als reales Konfliktmedium entpuppte. In dem sich anbahnenden Wasserkonflikt stehen sich in der Region zwei Staatengruppen gegenüber. Auf der einen Seite sind dies die beiden Hochgebirgsstaaten Tadschikistan und Kirgisistan, die beide durch das jährliche Niederschlagsaufkommen und die großen, in Gletscher gebundenen Reserven ganzjährig über ausreichend Wasser verfügen. Zugleich verfügen beide Staaten aber nicht über nennenswerte Vorkommen von Erdöl oder Erdgas zur Deckung ihres jeweiligen Energiebedarfs. Um die wachsende Nachfrage decken zu können, konzentrieren sie ihre Energiepolitik auf die in sowjetischer Zeit errichteten Staudämme zur Gewinnung hydroelektrischer Energie. Der größte Energiebedarf entsteht aufgrund der regionalen klimatischen Verhältnisse dabei im Winterhalbjahr. Dies bedingt, dass die kirgisischen und tadschikischen Stauseen während der Sommermonate nicht abgelassen, sondern aufgefüllt werden, um im Winter zur kontinuierlichen Stromproduktion über ausreichende Wassermassen verfügen zu können. Ganz anders gestaltet sich die Situation am Unterlauf der beiden Flüsse. Hier verlangen die ausgedehnten Baumwoll- und auch Reiskulturen vor allem in den Sommermonaten nach großen Mengen Bewässerungswasser, wohingegen der Bedarf im Winterhalbjahr weitgehend entfällt. Diese sich diametral entgegenstehenden Nutzungsinteressen der Oberlauf-Anrainerstaaten Kirgisistan und Tadschikistan auf der einen und der am Unterlauf von Amu Darja und Syr Darja gelegenen Staaten Usbekistan, Turkmenistan und Kasachstan auf der anderen Seite prägen die Konfliktstruktur. Zugleich verfügen sowohl Usbekistan als auch Turkmenistan über umfangreiche Erdöl- und vor allem Erdgasvorkommen, die zwischenzeitlich neben der Baumwolle bedeutende Elemente der Exportwirtschaft beider Staaten darstellen.

Diese verwobene Konstellation von ungleich verteiltem Wasser- und Energiebedarf bzw. Wasser- und Energieverfügbarkeit in der Region wurde unter sowjetischer Herrschaft so gelöst, dass zwischen den energiereichen und wasserarmen Republiken Turkmenistan und Usbekistan auf der einen und den wasserreichen, aber energiearmen Republiken Tadschikistan und Kirgisistan auf der anderen Seite ein von Moskau aus geregelter, zeitlich adäquat gestalteter Güteraustausch als Bartergeschäft, d. h. Tausch ohne Geldzahlungen, stattfand. Dieser regionale, auf Kooperation beruhende Lösungsansatz partieller Bedürftigkeiten wurde nach der Unabhängigkeitserklärung der mittelasiatischen Staaten nicht in modifizierter Form als bi- oder multilaterale Kooperation weitergeführt. Stattdessen wurde die Kooperation zwischen den Staaten zurückgefahren und damit begonnen, zunächst die Erdöl- und Erdgas-, später auch die Wasserlieferungen sich gegenseitig in Rechnung zu stellen und bei ausbleibenden Zahlungen die Wasser- und Energielieferungen zu stoppen. Angesichts dieser veränderten Sachlage, die für die Gebirgsstaaten aufgrund ihrer geringeren Wirtschaftskraft elementare Abhängigkeiten begründeten, stärkten diese ihre Potenziale der hydroelektrischen Energiegewinnung mit dem Ziel weitreichender energiepolitischer Autarkie. Der Konflikt um die Wasserressourcen von Amu Darja und Syr Darja, die durch die Aufstauung in den Sommermonaten den Baumwollproduzenten am Unterlauf nicht zur Verfügung stehen und ihnen wirtschaftlich massive Schäden zufügen, scheint sich zu verfestigen.

Daneben sind weitere Teilkonflikte zu identifizieren, wie der zwischen Turkmenistan und Usbekistan um die Frage, wie viel Wasser die Turkmenen bei Kerki dem Amu Darja zur Speisung des Karakum-Kanals, der Lebensader Turkmenistans, entnehmen dürfen. Mit dem Entschluss der turkmenischen Regierung, den Bau des „Goldenen Zeitalter-Kanals" durch die Karakum anzugehen und dazu dem Amu Darja bei Turkmenabad weitere Wassermassen für das über 1100 km lange Kanalsystem zu entnehmen, zeichnet sich für die nahe Zukunft eine weitere Verschärfung der regionalen Wasserkonflikte ab. Auch die Tatsache, dass Afghanistan sein bislang wenig in Anspruch genommenes Recht zur Nutzung des Amu Darja-Wassers geltend machen wird, birgt weiteren Konfliktstoff. Denn dann würde nicht nur das bereits heute überbeanspruchte Flusssystem noch zusätzlich belastet, sondern auch der Kreis der Rivalen um das knappe Gut Wasser erweitert werden.

3.3 Lösungsansätze

Wem aber gehört das Wasser von Amu Darja und Syr Darja? Der existentiellen Bedeutung des Wassers bewusst, haben alle mittelasiatischen Staaten die nationale Verfügbarkeit des Wassers auf ihrem Territorium in ihrer Verfassung festgeschrieben. Dies berechtigt sie, so die jeweils nationale Position, das auf ihrem Staatsgebiet fließende Wasser ohne Rücksicht auf andere Gewässeranrainer zu nutzen. Ernsthafte Konflikte sind damit vorprogrammiert. Angesichts der naturräumlichen Rahmenbedingungen ist eine friedliche Lösung der quantitativ bei gutem Management ausreichenden Wasserressourcen aber nur durch eine intensive regionale Kooperation möglich. Zwar ist man sich theoretisch dieser Tatsache bewusst, doch die Realpolitik lässt noch keinen dahingehenden Durchbruch erkennen. So wurden zwar Verträge zur Verbesserung der Situation am Aralsee und in diesem Zusammenhang auch über die Nutzung der Wasserressourcen geschlossen, doch deren Umsetzung scheiterte noch stets an den nationalen Interessen. Bemerkenswert ist in diesem Zusammenhang, dass die deutsche Entwicklungszusammenarbeit mit den mittelasiatischen Staaten einen Fokus auf die Schaffung regionaler Kommunikations- und Kooperationsforen etwa zur Bekämpfung der Desertifikation setzt, um so die institutionellen und kommunikativen Voraussetzungen für Kooperationen auf anderen, weit brisanteren Feldern, wie vor allem des regionalen Wassermanagements zu setzen. Derzeit aber stehen die Zeichen in der mittelasiatischen Wasserfrage primär auf Konflikt und nicht auf Kooperation.

4 Interessens- und Nutzungskonflikte um Wasser am Beispiel Mittelasiens als Gegenstand des Geographieunterrichts?

Angesichts der aktuellen Entwicklungen ist von einer weiteren Verschärfung der Ressourcenkonflikte im Allgemeinen (REUBER 2005) und des Weltwasserproblems auf allen Konfliktebenen im Besonderen auszugehen. Zudem ist festzustellen, dass die Verschärfung des Wasserproblems – gleichgültig, ob dies im Nahen oder Mittleren Osten, in Ostafrika oder in Mittelasien geschieht – in einer intensiv globalisierten und vernetzten Welt immer auch Auswirkungen auf andere Weltregionen hat, sei es in Gestalt von Flüchtlingsströmen, veränderten wirtschaftlichen Rahmenbedingungen oder politischen Entscheidungen. Dieser wichtigen, weil existenzielle Belange von Millionen Menschen berührenden Problematik und globalen Verantwortung muss sich der Geographieunterricht daher ebenso stellen wie anderen Weltproblemen. Die Analyse der Sekundarstufe II-Lehrpläne ergibt, dass diese Thematik aber nur in vier Bundesländern als verbindlich und in zwei Bundesländern als fakultativ vorgegeben ist. Es liegt jedoch in der Verantwortung unseres Faches, das Weltwasserproblem zu benennen, über Lösungsansätze nachzudenken und so einen wichtigen Beitrag zur Entwicklung der fachlich-kognitiven, der methodischen, der sozialen und damit letztlich der personalen Kompetenzen der Schüler zu leisten. Dabei darf weder Zukunftsangst noch Fatalismus transportiert werden, sondern es gilt in erster Linie analytisches, vernetztes und problemlösungsorientiert-kreatives Denken zu vermitteln und zu trainieren.

Ob der Problemkreis „Konfliktpotenzial Wasser" dabei am Fallbeispiel Jordan, Euphrat, Nil oder Amu Darja untersucht wird, ist im Grunde von nachgeordneter Bedeutung und ist in Abhängigkeit von dem spezifischen Erkenntnisinteresse des Unterrichts zu entscheiden. Dabei stehen vor allem Fragen nach der jeweiligen Konfliktebene und der Komplexität des Gesamtkonflikts im Mittelpunkt. Grundsätzlich wichtig ist vielmehr, dass die zentralen Ursachen der Konflikte samt deren Folgewirkungen verstanden und Ansatzmöglichkeiten für realistische Lösungswege erarbeitet und erkannt werden. In diesem Zusammenhang kommt dem Watershed-Ansatz eine besondere Bedeutung zu. Die Schüler sollen erkennen, dass die Nutzung eines grenzüberschreitenden Gewässers auf der Grundlage ausschließlich nationaler Interessen per se Konfliktpotenzial birgt. Demgegenüber sieht der Watershed-Ansatz die gemeinsame Nutzung eines grenzüberschreitenden Gewässers auf der Grundlage gleichberechtigter Partner und demokratisch getroffener, konsensualer Entscheidungen zugunsten aller an und von diesem Gewässer lebenden Menschen vor. Die administrative Zuständigkeit obliegt nach diesem Modell nicht ausschließlich den Nationalstaaten, sondern den zum Einzugsbereich des Flusssystems gehörenden Regionen. Anstelle nationalstaatlicher Grenzen und vermeintlicher Vorteile der Anrainerstaaten am Oberlauf gegenüber jenen am Unterlauf steht damit die Wasserscheide als maßgeblicher Bezugsrahmen einer grenzüberschreitenden Kooperation gleichberechtigter Partner mit legitimen Nutzungsinteressen.

Die Analyse der Konfliktstrukturen um die mittelasiatischen Flüsse Amu Darja und Syr Darja ermöglicht den Schülern folglich die Einsicht, dass dieser Konflikt einerseits durch die jahrzehntelange massive Übernutzung der knappen Ressource Wasser folgenschwere ökologische Konflikte auslöst und andererseits vor allem durch politische Positionierungen und Entscheidungen (KARAEV 2005) auf der politischen, ökonomischen und sozialen Konfliktebene verschärft wurde. Zugleich verdeutlicht dieses Fallbeispiel aber auch, dass nur durch eine kooperative Zusammenarbeit die für alle Beteiligten nachteilige konfliktträchtige Situation an Amu Darja und Syr Darja überwunden werden kann. Die Schüler erlangen an diesem Beispiel die grundsätzliche Einsicht, dass Kooperation sowohl als konfliktpräventive wie auch als konfliktlösende Handlungsmaxime in einer vielfach interdependenten und global verflochtenen, von Ressourcenmangel und Interessenkonflikten geprägten Welt die einzige Option ist, die nachhaltige Lösungen ermöglicht. Die Thematisierung des aktuellen Wasserkonflikts in Mittelasien bietet sich daher sowohl aus fachlicher als auch aus pädagogischer Perspektive als geeignetes Fallbeispiel zur Erläuterung von Interessen- und Nutzungskonflikten als wichtigem Gegenstand eines zeit- und themengerechten Geographieunterrichts an.

Literatur

ACHMANDSCHANOWA, G. (2002): Ist eine Lösung der Energie- und Wasserkrise in Zentralasien in Sicht? Unter: www.wostok.de/news/6-01/inhaltframe.html vom 16.4.2002.

BARANDAT, J. (1997): Wasser – Konfrontation oder Kooperation. Baden-Baden.

CARIUS, A./DABELKO, G./WOLF, A. (2004): Water, Conflict and Cooperation. Unter: www.un-globalsecurity.org/pdf/carius_Dabelko_Wolf.pdf (8.8.2005).

CLEMENS, J. (2004): Frieden durch grenzüberschreitendes Wassermanagement? Der Indus-Wasservertrag zwischen Indien und Pakistan von 1960. In: Entwicklung und Ländlicher Raum, (38)2, 22-25.

CONEN, J. (1996): Wasser- und Bodenverteilung in Zentralasien. Bonn. (= Aktuelle Analysen des Bundesinstitut für ostwissenschaftliche und internationale Studien, Nr. 58).

GIESE, E./BAHRO, G./BETKE, D. (1998): Umweltzerstörungen in den Trockengebieten Zentralasiens (West- und Ost-Turkestan). Stuttgart. (= Erdkundliches Wissen, Bd. 125).

GIESE, E./SEHRING, J./ TROUCHINE, A. (2004): Zwischenstaatliche Wassernutzungskonflikte in Mittelasien. In: Geographische Rundschau, (56)10, 10-17.

GIESE, E./SEHRING, J./ TROUCHINE, A. (2004): Zwischenstaatliche Wassernutzungskonflikte in Zentralasien. Gießen. (= Zentrum für internationale Entwicklungs- und Umweltforschung Discussion Papers, 18).

GULOMOVA, L.: Water: The future apple of discord in Central Asia. www.cacianalyst.org/April_25_2001/April_25_2001_WATER_CENTRAL_ASIA.htm (20.8.2005).

GUMPPENBERG, M.-C. v./STEINBACH, U. (Hrsg.) (2004): Zentralasien. Geschichte – Politik – Wirtschaft. Ein Lexikon. München.

HANNAN, T./O´HARA, S. (1998): Managing Turkmenistan´s Kara Kum Canal: problems and prospects. In: Post-Soviet Geography and Economics, (39)4, 225-235.

HOFFMANN, T. (1997): Die ökologische Katastrophe hat einen Namen: Aralsee. In: Hoffmann, T. (Hrsg.): Wasser in Asien. Elementare Konflikte. Osnabrück, 295-299.

HOFFMANN, T. (2001): Wassermacht Türkei. Beschert der Wasserreichtum der Türkei im 21. Jh. Die regionale Vormachtstellung? In: Geographie heute, (22)188, 36-41.

HOFFMANN, T. (2002): Wasserstreit in Mittelasien. Wem gehört das Wasser von Amu-Darja und Syr-Darja. In: Geographie heute, (23)204, 30-34.

HOFFMANN, T. (2003): Weltproblem Wasser. Stuttgart.

JUNISBAI, B. (2005): Controlling Conflict in Central Asia. www.usaid.gov/locations/europe_eurasia/car/ctrl_conf_in_car.html (8.8.2005).

LERMAN, Z./GARCÍA-GARCÍA, J./D. WICHELNS, D. (1996): Land and water policies in Uzbekistan. In: Post-Soviet Geography and Economics, (37)3, 145-174.

KARAVEZ, Z. (2005): Water Diplomacy in Central Asia. In: Meria, (9)1.

LETOLLE, R./MAINGUET, M. (1996): Der Aralsee. Eine ökologische Katastrophe. Berlin.

LÜKENGA, W. (2000): Wasser als knappe Ressource – Wird Wasser der Konfliktstoff des 21. Jahrhunderts? In: Geographie und Schule, (22)128, 2-12.

O´HARA, S. (1998): Environmental Politics in Central Asia. www.psa.ac.uk/cps/1998ohara.pdf /(8.8.2005).

REUBER, P. (2005): Konflikte um Ressourcen. Ein Thema der politischen Geographie und der Politischen Ökologie. In: Praxis Geographie, (35)9, 4-9.

SABBAGH, J. (1999): Der Kampf um das weiße Gold. Wasserkonflikte zwischen Israel und seinen Nachbarn. In: Geographie heute, (20)169, 28-33.

SMITH, D. (1995): Environmental security and shared water resources in post-soviet Central Asia. In: Post-Soviet Geography and Economics, (36)6, 351-370.

UNESCO et al. (2003): Water for People. Water for Life. The United Nations World Water Development Report. Paris.

Konfliktentstehung und Konfliktlösung im Geographieunterricht

Thomas Breitbach (Köln)

1 Das Thema „Konflikte" im Rahmen der Unterrichtsplanung: Unterrichtliche Entscheidungsfelder

Die Formulierung des Themas klingt zugegebenermaßen ein wenig nach einem umfassenden Konzept bzw. einem „Rezept", wie das Thema „Konflikte" in den Unterricht eingebracht werden könne oder gar solle. Angesichts der inhaltlichen Fülle der Thematik und der Vielzahl von verfügbaren Unterrichtsmaterialien wäre ein solches Unterfangen innerhalb eines Beitrags jedoch vermessen. Vielmehr sollen einige Anregungen aus unterrichtspraktischer Sicht zur Planung bzw. Reflexion von Unterrichtseinheiten gegeben werden.

Die unterrichtliche Problematik mag am Beispiel folgender Schüleräußerung deutlich werden: Nachdem eine Schülerin der Jahrgangsstufe 7, wie vom Lehrplan vorgegeben, das Thema Nutzungskonflikte und Desertifikation in der Sahelzone bearbeitet hatte, wobei sie Schulbuchmaterialien, einen Film und weitere Materialien zur Verfügung hatte, sagte sie in der abschließenden Diskussion folgenden Satz: „Wenn es den Menschen dort so schlecht geht und sie Hunger leiden, warum setzen sie sich dann nicht ins Flugzeug und fliegen nach Amerika?"

Eine solche Äußerung kann viele Ursachen haben: Vielleicht ist die Schülerin nicht in der Lage, die ihr vorliegenden Informationen sachlich und emotional einzuordnen, vielleicht ist ihr Gedanke aber auch Ausdruck von Ratlosigkeit: Wie soll ein Kind ihres Alters auf die Dimension der ihr präsentierten Problematik reagieren? Vielleicht ist es der Versuch, angesichts des Fehlens von für die Schülerin erkennbaren Lösungsmöglichkeiten ein Stück kindlicher Unbefangenheit zu bewahren.

Dieses Beispiel zeigt die Komplexität unterrichtlicher Entscheidungen. An anderer Stelle (BREITBACH 1996; 1998) wurde diese Komplexität in dem Ansatz unterrichtlicher Entscheidungsfelder dargestellt. Übertragen auf das Thema „Konflikte" könnte die Darstellung wie in Abb. 1 aussehen.

Es wird deutlich, dass die Umsetzungswege und Erwartungen an den Unterricht sehr unterschiedlich sein werden, je nachdem aus welcher Perspektive man sich dem Thema nähert, z. B. aus Sicht der Fachwissenschaft und Fachdidaktik, der Politik oder vorherrschenden pädagogisch-didaktischen Paradigmen. In der Unterrichtspraxis muss die Lehrkraft jedoch alle diese Erwartungen und Angebote zu einer für die konkrete Unterrichtssituation und Lerngruppe schlüssigen und verantwortbaren Unterrichtseinheit zusammenfügen. Um dies zu verdeutlichen, seien einige Teilbereiche des unterrichtlichen Entscheidungsprozesses herausgegriffen.

2 Richtlinienbezug

Das Thema „Konflikte" ist vor allem aus der Problemorientierung und dem Ansatz der Schlüsselprobleme legitimiert. In Lehrplänen ist es besonders stark in allgemeingeographisch ausgerichteten Lehrplänen vertreten. Als Beispiel seien die Richtlinien für Gymnasium und Gesamtschule in Nordrhein-Westfalen angeführt. Der dortige Lehrplan folgt nicht regionalen Einheiten (wie z. B. in einem regional-thematischen Lehrplan), sondern ist nach Themenfeldern (Sekundarstufe I) bzw. Inhaltsfeldern (Sekundarstufe II) untergliedert.

Insgesamt zeigen die Richtlinien einen uneinheitlichen Gebrauch des Begriffs „Konflikt". Bezüge werden zu nahezu allen Teildisziplinen der Geographie hergestellt, auch wenn der Begriff „Konflikt" vielfach nicht ausdrücklich genannt ist. In der Sek. I ist eine explizite Zuordnung vor allem zur Politischen Geographie formuliert. Entsprechend sind die vorgeschlagenen Fallbeispiele eher Ausdruck unterrichtlicher Erfahrung als von klarer theoretischer Strukturierung.

Gemeinsam ist allen Zuordnungen jedoch die allgemein-geographische Ausrichtung. Diese zielt laut Richtlinienkonstruktion auf die Vermittlung übertragbarer Erkenntnisse, aufgezeigt an ausgewählten Beispielen. Eine Systematisierung erfolgt in einer abschließenden „topographischen Verflechtung", hier einer Übersicht über aktuelle Konflikträume der Erde.

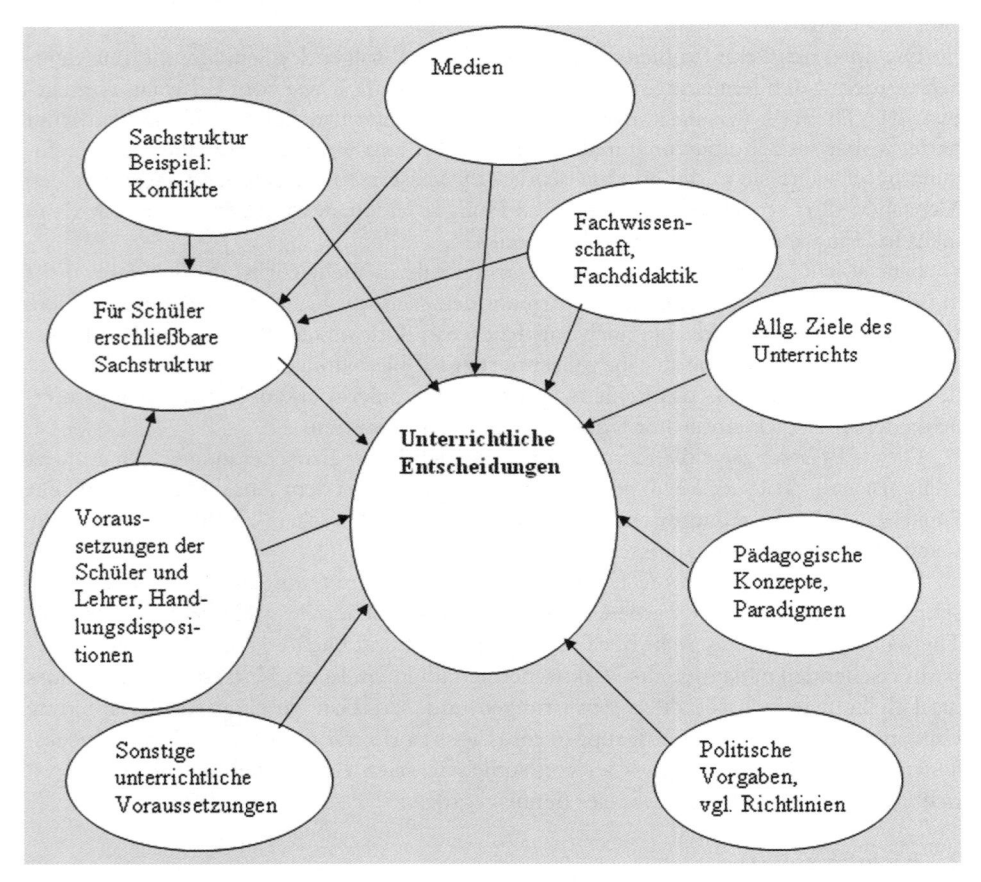

Abb. 1: Das Thema „Konflikte" im Rahmen der Unterrichtsplanung: Unterrichtliche Entscheidungsfelder (Entwurf: Breitbach 2005)

> Jahrgangsstufe 7/8:
>
> Einbindung in **Themenfeld** VII: Raumwirksamkeit politischer Entscheidungen
> Darin: **Intention:** *Die Auswirkungen von politischen Entscheidungen auf den Raum erkennen und deren Bedeutung für das Leben der Menschen einschätzen*
> Obligatorisches Thema: **Poltische Grenzen können Konflikte schaffen**
> Weiteres Thema: Staatliche Landverteilung prägt Räume
> Topographische Verflechtung: **Aktuelle Krisenräume der Erde**
>
> In der Oberstufe:
>
> Einbindung in das **Inhaltsfeld** III: Raumstrukturen und raumwirksame Prozesse im *Spannungsfeld von Aktionen und Konflikten sozialer Gruppen, Staaten und Kulturgemeinschaften*
> Darin verschiedene thematische Bausteine (Siedlungen, Zusammenwachsen und Desintegration von Räumen; wichtig: Raumwahrnehmung)
> In **Inhaltsfeld** I: Raumstrukturen und Raumwirksame Prozesse in der *Wechselwirkung von natürlichen Systemen und Eingriffen des Menschen*: **Konflikte i. S. von Zielkonflikten**
> In **Inhaltsfeld** II: Raumstrukturen und raumwirksame Prozesse im *Spannungsfeld von wirtschaftlichen Disparitäten und Austauschbeziehungen*: **Konflikte i. S. von Nutzungskonflikten**, jedoch ist der Begriff Konflikt hier nicht explizit genannt

Abb. 2: Das Thema „Konflikte" in den Richtlinien des Landes NRW (Gymnasium/Gesamtschule) (Zusammenstellung und Hervorhebungen durch den Verfasser)

Aus dieser Ausrichtung ergeben sich Fragen:
- Welches sind Erkenntnisse, die an einem Fallbeispiel erarbeitet werden, jedoch Einblick in grundsätzliche Sach- und Raumzusammenhänge erlauben?
- Inwieweit werden Konflikte eher von idiographischen Merkmalen denn von allgemeinen Prinzipien geprägt?
- Inwiefern hilft das Verständnis eines Konfliktbeispiels zum Verständnis eines anderen Beispiels, das in einem anderen Kulturkreis, unter anderen politisch-historischen Konstellationen angesiedelt ist?
- Inwieweit sind allgemeine Prinzipien den Schülern einer bestimmten Altersgruppe überhaupt vermittelbar oder nehmen diese eher nur den konkreten Fall wahr?
- Welche Konflikte und welche Darstellung ist den Schülern einer bestimmten Altersgruppe zumutbar?
- Welche Fallbeispiele sollten vermittelt werden?
- Worin besteht der Bezug zur Geographie und deren spezifischer Beitrag zum Verständnis von Konflikten? Oder stellt das Thema „Konflikte" letztlich nur den Versuch dar, ein Feld anderer Fächer (z. B. Geschichte, Politik) zu besetzen?

Um diese Fragen für die Unterrichtsplanung überschaubarer zu machen, seien einige Aspekte herausgegriffen.

3 Ausgewählte Reflexionsebenen des Themas „Konflikte" im Geographieunterricht

Eine Durchsicht von Karten und Zusammenstellungen der Konflikträume der Erde (z. B. FISCHER WELTALMANACH 2005; RICHTER/BREITBACH 2005, 124) zeigt, dass Krisenräume nach sehr unterschiedlichen Kriterien zusammengestellt werden. Dabei lassen sich drei Bezugsebenen zum Erdkundeunterricht herausarbeiten, deren Merkmale

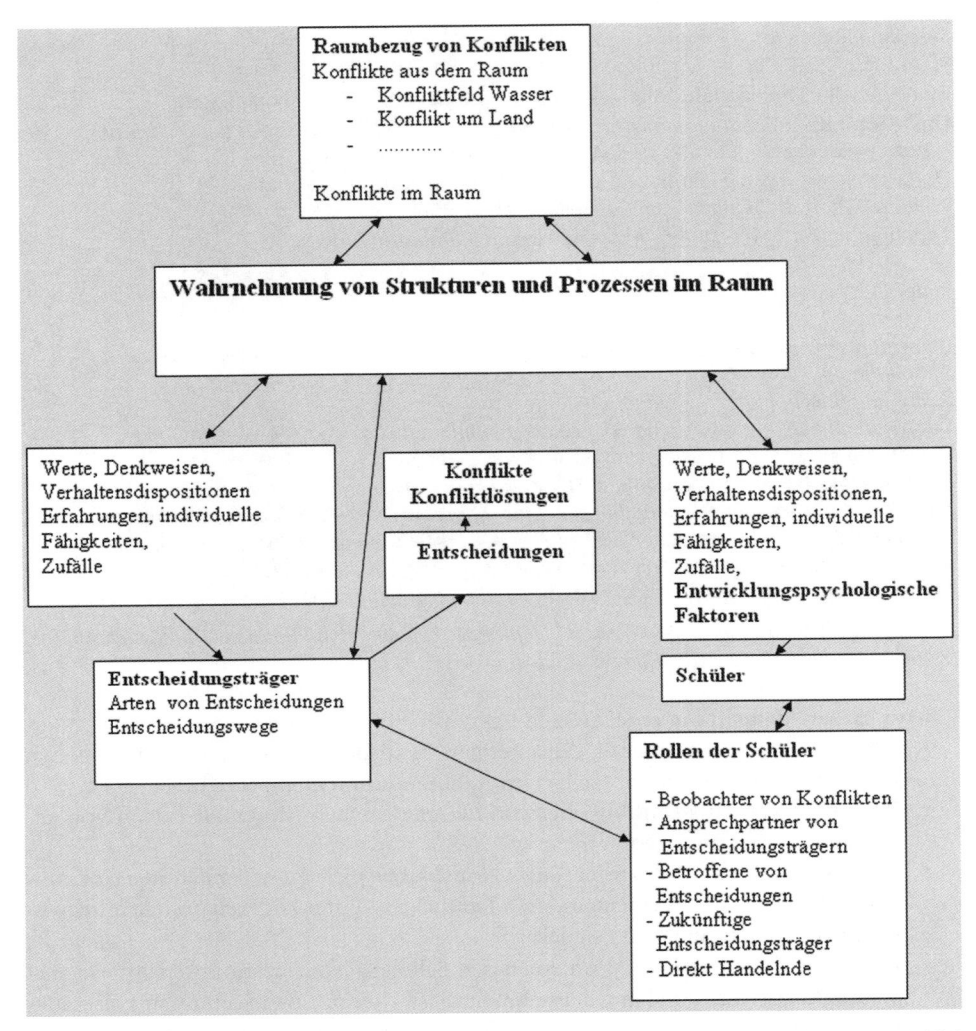

Abb. 3: Reflexionsebenen des Themas „Konflikte" im Erdkundeunterricht (Entwurf: Breitbach 2005

in Abb. 3 dargestellt sind. Dies sind: der Raumbezug von Konflikten; Entscheidungsträger und Entscheidungswege; der Bezug der Schüler zu Konflikten, Räumen und Entscheidungsträgern.

3.1 Zum Raumbezug von Konflikten
Der Raumbezug lässt sich durch zwei Kategorien beschreiben:
 a) Konflikte, die aus dem Raum, d. h. aus der Qualität und Anordnung von Raumstrukturen heraus entstehen. Beispiele sind: Konflikte um Wasser, Weidegründe, Zugang zu Handelwegen usw.
 b) Konflikte, die im Raum stattfinden und Auswirkungen auf den Raum haben. Beispiele sind Stammesfehden, konfliktträchtige Entscheidungen politischer oder wirtschaftlicher Führer (Bsp. Simbabwe) usw.

Beide Arten des Raumbezugs gehen ineinander über, auch kann sich die Art des Raumbezugs mit der Dauer eines Konflikts verändern. Als wichtiges Unterrichtsziel ergibt sich hieraus die Offenlegung von Ursachen- und Wirkungsgefügen unter besonderer Berücksichtigung der räumlichen Komponente.

3.2 Entscheidungsträger und Entscheidungswege

Sowohl Konflikte als auch Konfliktlösungen beruhen auf den Entscheidungen von Menschen. Es gilt also, diese Entscheidungsprozesse in den Unterricht einzubeziehen. Aufschluss darüber geben allgemeine Verhaltenstheorien sowie beispielsweise die Biographien von Entscheidungsträgern. Dabei lassen sich vielfältige Einflussfaktoren auf das Entscheidungsverhalten ausweisen.

3.3 Der Bezug der Schülerinnen und Schüler zum Thema

Der Bezug von Schülern zum Thema wird im Rahmen der handlungsorientierten Ansätze besonders relevant, denn Schüler treten hier nicht mehr nur als Rezipienten auf, sondern sollen zu verantwortlichem Handeln erzogen werden. Damit müssen auch Einflussfaktoren auf das Entscheidungsverhalten von Schülern genauer reflektiert werden.

Theoretisch wird das Entscheidungsverhalten von Schülern von ähnlichen Einflussfaktoren wie das der Entscheidungsträger in „größeren" Konflikten bestimmt. Aufschluss hierüber geben Lern- und Verhaltenstheorien. Die Wahrnehmung gesellschaftlicher Prozesse durch Jugendliche ist beispielsweise in Publikationen des Instituts für Jugendforschung gut dokumentiert. Hinzuweisen ist auch auf eine Publikation von KIRCHBERG (1998) über das veränderte Verhalten von Jugendlichen und Auswirkungen auf den Geographieunterricht. Gegenüber den Entscheidungsträgern bei Konflikten kommt bei Schülern jedoch der entwicklungspsychologische Aspekt ergänzend hinzu.

Bezogen auf die unterrichtliche Einbindung des Themas „Konflikte" ist der Bezug der Schüler zu den Entscheidungsträgern sowie zum Raum von Interesse. Schüler nehmen in diesem Kontext mehrere Rollen ein: als Beobachter von Konflikten, als Ansprechpartner von Entscheidungsträgern, als Betroffene von Entscheidungen, als zukünftige Entscheidungsträger, als direkt Handelnde. In ähnlicher Weise ist auch ihr Bezug zum Raum definiert: als Beobachtende von Prozessen im Raum, als Betroffene, als Handelnde, wobei es sehr unterschiedliche Handlungsmöglichkeiten gibt.

4 Raumwahrnehmung als Basis des Entscheidungsverhaltens in Konflikten

Aus der Abbildung der Einflussfaktoren auf Entscheidungen (Abb. 3) wird deutlich, dass der Bezug zum Raum vor allem durch die Wahrnehmung bestimmt wird. Entscheidungen werden getroffen, indem handlungsrelevante Rauminformationen als Basis von Entscheidungsprozessen dienen. In der historischen Konfliktforschung hat DAVIES in einer Publikation bereits 1962 nachgewiesen, dass die Wahrnehmung von Problemsituationen, Mangel usw. eine wichtige Rolle beim Ausbruch von Konflikten spielt. So bricht nach Ansicht von DAVIES eine Revolution aus, wenn die Diskrepanz zwischen erwarteter und tatsächlicher Bedürfnisbefriedigung unerträglich groß geworden ist. DAVIES stellt diesen Zusammenhang in Form einer Kurve graphisch dar (nach BÖHNING/JUNG-PAARMANN [1989, 184 f.]). Geographisch gesehen beruht die von DAVIES beschriebene Diskrepanz auf der Wahrnehmung von Strukturen und Prozessen im Raum. REUBER (2002) hat auf die Bedeutung einer fehlerhaften Wahrnehmung für die Formulierung geopolitischer Ziele hingewiesen, u. a. am Beispiel der Thesen des Clash of Civilizations von HUNTINGTON.

Für die Behandlung von Konflikten im Geographieunterricht ergibt sich die Frage, wodurch die Raumwahrnehmung von Schülern beeinflusst wird und wie sie im Sinne einer konfliktmindernden Zielsetzung beeinflusst werden sollte. Hierzu ist es zunächst notwendig, sich darüber klar zu werden, welche Raumbilder im Erdkundeunterricht vermittelt werden. Dies sei für Afrika an einigen Beispielen aufgezeigt.

4.1 Raumbilder Afrikas in verschiedenen Quellen

Es würde den Rahmen des Beitrags übersteigen, die Fülle von Unterrichtmedien zu analysieren. Dies sei einer späteren Publikation vorbehalten. An dieser Stelle sei die Problematik an ausgewählten außerschulischen Quellen aufgezeigt, deren Verwendung im Rahmen der Hinwendung zu schülerorientiertem und mehrperspektivischem Unterricht aber immer bedeutungsvoller werden dürfte.

Im September 2002 hat der Verfasser exemplarisch die Programme von 16 Fernsehsendern im Hinblick auf Beiträge zu Afrika untersucht. Auffallend war im Untersuchungszeitraum unter anderem eine sehr eingeschränkte Darstellung Afrikas, meist anhand von Fallbeispielen und nicht von Raumausschnitten, denen eine spezifische Qualität bzw. Perspektive zugewiesen wurde. Dabei fallen lediglich drei Sichtweisen auf:

- die archäologische,
- die exotische,
- die Katastrophensicht.

Sendungen, die eine Gesamtbewertung Afrikas oder einzelner Teilräume vornehmen, waren die Ausnahme.

Beispielhaft seien auch belletristische und populärwissenschaftliche Bücher genannt. Sie sind bzw. waren in jeder Buchhandlung erhältlich, z. T. auf Bestsellerlisten verzeichnet und können daher als meinungsbildend für eine breitere Öffentlichkeit gelten. Ergänzend sei der Bericht eines afrikanischen Priesters in einer Pfarrgemeinde als Quelle eines Raumbildes dargestellt: Im Jahr 2001 veröffentlichte der Journalist Peter SCHOLL-LATOUR eine Afrikamonographie, in welcher er kurz zuvor durchgeführte Reisen durch zahlreiche Staaten Afrikas schildert und mit zahlreichen Reisen durch dieselben Regionen in den 1950er und 60er Jahren vergleicht. Die auf beiliegenden Karten eingezeichneten Reiserouten decken nahezu jeden Staat Afrikas ab. Aufgrund seiner Konzeption als zeitlicher und räumlicher Querschnitt erscheint das Buch geeignet, um ein Fazit zur Situation Gesamtafrikas sowie in seiner räumlichen Differenzierung ziehen zu können, und mit dieser Zielsetzung ist das Buch auch ausdrücklich verfasst. SCHOLL-LATOUR kommt im Fazit seiner Darstellung zu einer sehr pessimistischen Sicht, welche bereits im Titel deutlich wird: „Afrikanische Totenklage. Der Ausverkauf des Schwarzen Kontinents."

Die italienische Schriftstellerin Kuki GALLMANN publizierte mehrere Bücher, in denen sie über ihr Leben in Afrika berichtet. In ihrem 1994 erschienenen Buch „Ich träumte von Afrika" schildert sie die Faszination, welche sie mit Afrika verbindet, aber auch Fremdheit, Problematik sowie persönliche Schicksale, welche ihr Leben in Afrika prägten. Dieses Buch kann als Beispiel für ähnliche biographische Bücher gelten, welche Afrika aus einer persönlichen Lebensperspektive heraus betrachten und deren Afrikabild insgesamt eher positiv ist.

Im Gottesdienst einer Pfarrgemeinde war ein mit der Gemeinde befreundeter (afrikanischer) Priester aus Uganda zu Gast. Er berichtete über Projekte seiner Gemeinde und bat um Unterstützung. Nur „zwischen den Zeilen" wurde deutlich, wie sehr er und seine Gemeinde unter den Wirren des Bürgerkriegs in Ruanda, Flüchtlingsströmen und persönlichen Bedrohungen gelitten haben mögen. Von seiner Persönlichkeit her strahlte er Mut und Hoffnung aus, keinesfalls aber Erstaunen oder Neid auf den Wohlstand der Menschen, die vor ihm in der Kirche saßen.

4.2 Schlussfolgerungen für die Behandlung von „Konflikten" im Geographieunterricht

Alle aufgezeigten Raumbilder haben ihre Begründung und ihren Wahrheitshalt, ihre Wirkung auf den Rezipienten ist jedoch sehr unterschiedlich. Für den Unterricht ergibt sich daraus die Frage, in welcher Funktion ein spezifisches Raumbild angeboten werden sollte. Dies kann nur auf der Basis der Lernsituation und der Lerngruppe entschieden werden. In jedem Fall bedeutet das Vorhandensein sehr unterschiedlicher Raumbilder aber die Aufforderung zur Gegenüberstellung sowie eine kritische Sicht von Fallbeispielen, die Raumausschnitte, manchmal bis zur Großraumdimension, unter lediglich einer ausgewählten Qualität betrachten.

Die angesprochene Eigenschaft vieler Fallbeispiele, Raumeinheiten ausgewählte Qualitäten zuzuweisen, ist eng mit dem exemplarischen Ansatz verbunden. Man könnte dies als pars pro toto-Prinzip bezeichnen. Vielfach bleibt unklar, wofür ein Beispiel exemplarisch ist, auch werden Fallbeispiele vielfach nicht umfassend eingeordnet.

Gegen diese Methodik sprechen Erkenntnisse aus der Kulturforschung, insbesondere der Vorurteilsforschung. Sie fordern eine Hinführung zu differenziertem Denken, die Vermittlung von Wissen über fremde Kulturen, ihre Wertesysteme, Errungenschaften, interkulturelle Differenzen und Gemeinsamkeiten, Dynamik und Einflussfaktoren sowie eine Auseinandersetzung mit fremden Kulturen und interkulturellen Austausch. Auch die Füllung von Begriffen ist regional und kulturell verschieden, was zu Vorurteilen und falschen Sichtweisen führen kann (vgl. BREITBACH 1992).

Am Beispiel Afrikas lässt sich zudem bei Durchsicht der fachwissenschaftlichen Literatur zeigen (z. B. BREMER 1999, WIESE 1997), dass manche als exemplarisch präsentierte Beispiele nicht auf größere Räume übertragen werden können. Sie zeigen nur einen begrenzten zeitlichen Ausschnitt, es liegen kaum gesicherte Datengrundlagen vor, von wenigen Beispielen wird auf Großräume hochgerechnet, es finden sich viele Gegenbeispiele. Dies gilt etwa für Fragen der Tragfähigkeit von Räumen, der Verbreitung von Wirtschaftsformen und deren Problematik sowie für die Darstellung der Effekte von Projekten und Planungsmaßnahmen.

Man kann also vereinfacht sagen: Unsichere Datenlage, unkritische Reflexion und didaktisch bedingte Exemplarität können eine unheilvolle Symbiose eingehen.

5 Forderungen für die Behandlung des Themas „Konflikte" im Geographieunterricht

Aus den genannten Erkenntnissen, welche im Rahmen einer breiter angelegten Untersuchung gewonnen wurden, lassen sich folgende Schlussfolgerungen ziehen:
1. Es sollte stärker darauf geachtet werden, welches Raumbild vermittelt wird. Dabei sollte stärker auf Differenziertheit geachtet werden. Ein besonders kritisches Augenmerk gilt dem exemplarischen Ansatz, insbesondere wenn einem Raum- oder Sachausschnitt bestimmte Qualitäten zugewiesen werden. Eine zu eingeengte oder verzerrte Raumdarstellung verstellt den Blick auf Lösungsmöglichkeiten. Die pars pro toto-Sicht sollte vermieden werden.

2. Das vermittelte Raumbild muss in Beziehung gesetzt werden zu den Zielen, die hierdurch erreicht werden sollen. Kein Raumbild ist allgemeingültig, sondern steht in einem Spannungsverhältnis zu anderen Raumbildern.
3. Fallbeispiele sollten stärker in räumliche und sachliche Zusammenhänge eingeordnet werden.
4. Die Reflexionsebene der Entscheidungsträger sollte stärker berücksichtigt werden. In diesem Kontext bedarf der Bezug der Schüler zu Entscheidungen und Entscheidungsträgern einer kritischen Überprüfung.

Ein Beispiel für eine Umsetzungsmöglichkeit der letztgenannten Forderung ist die Darstellung verschiedener Handlungsebenen zur Konfliktlösung, aufgezeigt in RICHTER/BREITBACH (2005, 140). Schüler erhalten hier Einblick in verschiedene Aufgabenfelder der Konfliktlösung sowie der handelnden Personen und Organe, angefangen vom Individuum bis hin zu internationalen Organisationen. Außerdem sind Handlungsmöglichkeiten der Schüler in Bezug zu den verschiedenen Ebenen aufgeführt. Wichtig ist der Aspekt der Kongruenz: Internationale Konflikte können, überspitzt formuliert, nicht mit dem Besuch eines Eine-Welt-Ladens gelöst werden. Um Demotivation auf Schülerseite zu vermeiden, ist daher der Einblick in die ganze Bandbreite der Handlungsmöglichkeiten nötig. Dabei haben persönliche Beispiele (Kontakt zu Experten, engagierte Personen) vielfach einen stärkeren auffordernden Charakter als fachdidaktische Konzepte: Handeln ist eng mit handelnden Personen und ihrem Beispiel verbunden. Neben Problemen und Konflikten sind daher auch positive Modelle von großer Bedeutung, wie die eigene Unterrichtspraxis gezeigt hat.

6 Aufgaben des Erdkundeunterrichts im Rahmen des Themas „Konflikte"

Im Rückgriff auf die in Abb. 3 gezeigten Reflexionsfelder kann man als Ausrichtung der Behandlung von Konflikten im Erdkundeunterricht zusammenfassend sagen, dass der Erdkundeunterricht letztlich darauf abzielt, einen Einblick in Konflikte zu ermöglichen, welcher umfassendes Lernen an derzeitigen Konflikten ermöglicht und zukünftige Handlungschancen nicht verstellt – basierend auf der Erkenntnis, dass aus Schülern spätere Entscheidungs- und Handlungsträger werden können. Dazu kann der Erdkundeunterricht durch folgende Teilaufgaben beitragen:

1. Aufzeigen von Zusammenhängen zwischen Konflikten und Raum (Hinführen zum vernetzten Denken);
2. Förderung einer differenzierten Raumwahrnehmung, Vermeidung von Vorurteilen; Ziele: Förderung konfliktlösender Entscheidungen, Vermeidung konfliktverursachender Entscheidungen;
3. Einblick in Vielfalt von Entscheidungsmöglichkeiten und Entscheidungsträgern; Bezug zur Lebens- und Erfahrungswelt der Schülerinnen und Schüler; Prinzip: Kongruenz

Diese erdkundlichen Arbeitsfelder sind eingebunden in:
- eine allgemeine Werteerziehung,
- die Bereitstellung einer methodischen Kompetenz, um Handeln zu ermöglichen.

Hierzu ist die Zusammenarbeit aller Fächer vonnöten.

Literatur

BÖHNING, P./JUNG-PAARMANN, H. (1989): Revolutionen. Geschichts-Kurse für die Sekundarstufe II. Bd. 3. Paderborn.

BREITBACH, T. (1992): Müssen wir vor Japan Angst haben? Religionsgeographie als Hilfe zum interkulturellen Verständnis am Beispiel Schintoismus und Wirtschaft in Japan. In: Geographie heute, 106, 41-46.

BREITBACH, T. (1996): Stellenwert und Handhabung der Fernerkundung im Geographieunterricht. In: Geographie und Schule, 104, 26-39.

BREITBACH, T. (1998): Wechselwirkungen zwischen fachwissenschaftlichen Inhalten, Medien, Lern- und Erziehungszielen bei der Vermittlung globaler Ordnungsmuster. In: Rinschede, G./Gareis, J. (Hrsg.): 26. Deutscher Schulgeographentag in Regensburg 1998. Tagungsband I. Regensburg, 53-76. (= Regensburger Beiträge zur Didaktik der Geographie Bd. 4).

BREITBACH, T./RICHTER, D. (Hrsg.) (2005): Mensch und Raum 8. Geographie für Gymnasium NRW. Berlin.

BREMER, H. (1999): Die Tropen. Geographische Synthese einer fremden Welt im Umbruch. Berlin, Stuttgart.

GALLMANN, K. (1994): Ich träumte von Afrika. München.

KIRCHBERG, G. (1998): Veränderte Jugendliche – unveränderter Geographieunterricht? Aspekte eines in der Geographiedidaktik vernachlässigten Problems. In: Praxis Geographie, 4/1998, 24-29.

REUBER, P. (2002): Die Politische Geographie nach dem Ende des Kalten Krieges. Neue Ansätze und aktuelle Forschungsfelder. In: Geographische Rundschau, (54)7/8, 4-9.

SCHOLL-LATOUR, P. (2001): Afrikanische Totenklage. Der Ausverkauf des Schwarzen Kontinents. München.

WIESE, B. (1997): Afrika. Ressourcen – Wirtschaft – Entwicklung. Stuttgart.

Anhang

Autoren- und Herausgeberverzeichnis

Dr. Ala Al-Hamarneh
Geographisches Institut
Universität Mainz
55099 Mainz
a.al-hamarneh@geo.uni-mainz.de

Dr. Aline Albers
Angewandte Anthropogeographie
und Geoinformatik
Universität Paderborn
Warburger Str. 100
33098 Paderborn
aline.albers@web.de

Prof. Dr. Monika Alisch
Fachbereich Sozialwesen
FH Fulda
Marquardstr. 35
36039 Fulda
monika.alisch@sw.fh-fulda.de

Prof. Dr. Jürgen Bähr
Geographisches Institut
Universität Kiel
Ludewig-Meyn-Str.14
24118 Kiel
baehr@geographie.uni-kiel.de

Dr. Matthias Basedau
Institut für Afrikakunde
Neuer Jungfernstieg 21
20354 Hamburg
basedau@iak.duei.de

Dr. Santiago Beguería Portugués
Instituto Pirenaico de Ecología
Apartado 202
Campus de Aula Dei
E-50080 Zaragoza
sbegueria@ipe.csic.es

Dr. Tobias Behnen
Institut für Wirtschafts- und
Kulturgeographie
Universität Hannover
Schneiderberg 50
30167 Hannover
t.behnen@kusogeo.uni-hannover.de

Dipl.-Geogr. Christina Benighaus
DIALOGIK gGmbH
Seidenstr. 36
70174 Stuttgart
benighaus@dialogik-expert.de

Dr. Lars Bernard
Institute for Environment and
Sustainability
European Commission Joint
Research Centre
I-21020 Ispra (VA)
lars.bernard@jrc.it

Prof. Dr. Dieter Böhn
Institut für Didaktik der
Geographie
Universität Würzburg
Wittelsbacherplatz 1
97074 Würzburg
dieter.boehn@mail.uni-wuerzburg.de

PD Dr. Jürgen Böhner
Geographisches Institut
Universität Göttingen
Goldschmidtstr. 5
37077 Göttingen
jboehne1@gwdg.de

Prof. Dr. Jürgen Bollmann
Abteilung Kartographie
Universität Trier
Campus II
54286 Trier
bollmann@uni-trier.de

Prof. Dr. Hans-Rudolf Bork
Ökologie-Zentrum
Universität Kiel
Olshausenstr. 75
24118 Kiel
hrbork@ecology.uni-kiel.de

Dr. Thomas Breitbach
Schneewittchenweg 18
51067 Köln
Thomas.Breitbach@Netcologne.de

Prof. Dr. Manfred F. Buchroithner
Institut für Kartographie
TU Dresden
01062 Dresden
manfred.buchroithner@tu-dresden.de

Dr. Benjamin Burkhard
Ökologie-Zentrum
Universität Kiel
Olshausenstr. 75
24118 Kiel
bburkhard@ecology.uni-kiel.de

Dr. Tillmann K. Buttschardt
Institut für Geographie und
Geoökologie
Universität Karlsruhe
Kaiserstr. 12
76128 Karlsruhe
tillmann.buttschardt@ifgg.uni-karlsruhe.de

Prof. i. R. Dr. Jürgen Deiters
Fachbereich Kultur- und
Geowissenschaften
Universität Osnabrück
Seminarstr. 19 a/b
49069 Osnabrück
juergen.deiters@Uni-Osnabrueck.de

Ph. Dr. Caroline Desbiens
Département de géographie
Université Laval
Sainte-Foy (Québec)
Canada G1K 7P4
caroline.desbiens@ggr.ulaval.ca

Prof. Dr. Richard Dikau
Geographisches Institut
Universität Bonn
Meckenheimer Allee 166
53115 Bonn
r.dikau@giub.uni-bonn.de

Dr. Stefan Dreibrodt
Ökologie-Zentrum
Universität Kiel
Olshausenstr. 75
24118 Kiel
sdreibrodt@ecology.uni-kiel.de

Prof. Dr. Rainer Duttmann
Lehrstuhl für Landschaftsökologie und Geoinformation
Universität Kiel
Ludewig-Meyn-Str. 14
24098 Kiel
duttmann@geographie.uni-kiel.de

Dr. Michael Ernst
Fachleiter für Erdkunde
Escher Weg 14
66119 Saarbrücken
MiErnst@t-online.de

PD Dr. Jan Esper
Eidgenössische Forschungsanstalt
für Wald, Schnee und Landschaft
Zuercherstr. 111
CH-8903 Birmensdorf
esper@wsl.ch

Dr. Werner Eugster
Geographisches Institut
Universität Bern
Hallerstr. 12
CH-3012 Bern
werner.eugster@ipw.agrl.ethz.ch

Prof. Dr. Heinz Fassmann
Institut für Geographie und
Regionalforschung
Universität Wien
Universitätsstr. 7
A-1010 Wien
heinz.fassmann@univie.ac.at

Prof. Dr. Martina Flath
Institut für Umweltwissenschaften
Hochschule Vechta
Oldenburger Str. 97
49377 Vechta
martina.flath@uni-vechta.de

Dr. Michael Flitner
Institut für Forstökonomie
Universität Freiburg
Tennenbacherstr. 4
79106 Freiburg
m.flitner@ife.uni-freiburg.de

David C. Frank
Eidgenössische Forschungsanstalt
für Wald, Schnee und Landschaft
Zürcherstr. 111
CH-8903 Birmensdorf
david.frank@wsl.ch

Prof. Dr. Klaus Friedrich
Institut für Geographie
Universität Halle-Wittenberg
Von-Seckendorff-Platz 4
06120 Halle (Saale)
klaus.friedrich@geo.uni-halle.de

Prof. Dr. Martina Fuchs
Wirtschafts- und
Sozialgeographisches Institut
Universität Köln
Albertus-Magnus-Platz
50923 Köln
fuchs@wiso.uni-koeln.de

Prof. Dr. José M. García-Ruiz
Instituto Pirenaico de Ecología
Apartado 202
Campus de Aula Dei
E-50080 Zaragoza
humberto@ipe.csic.es

PD Dr. Thomas Glade
Geographisches Institut
Universität Bonn
Meckenheimer Allee 166
53115 Bonn
thomas.glade@uni-bonn.de

Dipl.-Geogr. Birgit Glorius
Institut für Geographie
Universität Halle-Wittenberg
Von-Seckendorff-Platz 4
06120 Halle (Saale)
birgit.glorius@geo.uni-halle.de

PD Dr. Karsten Grunewald
Institut für Geographie
TU Dresden
01062 Dresden
kg3@rcs.urz.tu-dresden.de

Dr. Martin Hallet
Europäische Kommission
Generaldirektion für Wirtschaft
und Finanzen
Brüssel
martin.hallet@dg2.cec.be

Prof. Dr. Wolfgang Hassenpflug
Geographisches Institut
Universität Kiel
Ludewig-Meyn-Str. 14
24118 Kiel
hassenpflug@geographie.uni-kiel.de

Prof. Dr. Hartwig Haubrich. i. R.
Abteilung Geographie
PH Freiburg
Kunzenweg 21
79117 Freiburg
haubrich@ph-freiburg.de

Prof. Dr. Johann-Bernhard
Haversath
Institut für Didaktik der
Geographie
Universität Gießen
Karl-Glöckner-Str. 21 G
35394 Gießen
Johann-bernhard.Haversath@geogr.uni-giessen.de

Prof. Dr. Ingrid Hemmer
Institut für Didaktik der
Geographie
Universität Eichstätt-Ingolstadt
Ostenstr. 18
85072 Eichstätt
ingrid.hemmer@ku-eichstaett.de

Prof. Dr. Michael Hemmer
Institut für Didaktik der
Geographie
Universität Münster
Robert-Koch-Str. 26
48149 Münster
michael.hemmer@uni-muenster.de

Prof. Dr. Joachim Hill
Fachbereich Geographie/
Geowissenschaften
Universität Trier
Campus II
54286 Trier
hill@uni-trier.de

Dr. Sylke Hlawatsch
Leibniz-Institut für die Pädagogik
der Naturwissenschaften
Universität Kiel
Olshausenstr. 62
24098 Kiel
hlawatsch@ipn.uni-kiel.de

Dr. Thomas Hoffmann
Institut für Geographie und
Geoökologie
Universität Karlsruhe (TH)
Im Wegscheid 19
77855 Achern-Sasbachried
TWHoffmann@gmx.de

Prof. Dr. Hans Hopfinger
Lehrstuhl für Kulturgeographie
Universität Eichstätt-Ingolstadt
Ostenstr. 18
85072 Eichstätt
hans.hopfinger@ku-eichstaett.de

Prof. Lorenz Hurni
Institut für Kartografie
ETH Zürich
Wolfgang-Pauli-Str. 15
CH-8093 Zürich
Lorenz.hurni@karto.baug.ethz.ch

Prof. Dr. Armin Hüttermann
PH Ludwigsburg
Reuteallee 46
71602 Ludwigsburg
huettermann@ph-ludwigsburg.de

Dr. Heike Jöns
Cultural and Historical Geography
University of Nottingham
GB-Nottingham NG7 2 RD
heike.joens@nottingham.ac.uk

Apl. Prof. Dr. Ulrich Jürgens
Fachbereich Geographie
Universität Siegen
Adolf-Reichwein-Str. 2
57068 Siegen
juergens@geographie.uni-siegen.de

Dr. Sigrun Kabisch
Department Stadt- und Umwelt-
soziologie
Umweltforschungszentrum
Leipzig-Halle
Permoser Str. 15
04318 Leipzig
sigrun.kabisch@ufz.de

Prof. Dr. Andreas Kagermeier
Fachbereich Geographie/
Geowissenschaften
Universität Trier
Campus II
54286 Trier
andreas.kagermeier@uni-trier.de

Dr. Andreas Keil
Institut für Geographie und ihre
Didaktik
Universität Dortmund
Emil-Figge-Str. 50
44227 Dortmund
andreas.keil@uni-dortmund.de

Prof. Dr. Ádám Kertész
Geographical Research Institute
Hungarian Academy of Sciences
Budaörsi út 43-45
H-1112 Budapest
kertesza@helka.iif.hu

Dr. Karl-Heinz Klär
Staatssekretär
Bevollmächtigter des Landes
Rheinland-Pfalz beim Bund und
der Europäischen Union
In den Ministergärten 6
10117 Berlin

Dr. Andreas Klinke
The King's Centre for Risk
Management
138-142 Strand
GB-London WC2R 1HH
andreas.klinke@kcl.ac.uk

Autoren und Herausgeber

Prof. Dr. Dr. Helmuth Köck
Abteilung Geographie
Universität Koblenz-Landau
Im Fort 7
76829 Landau
koeck@uni-landau.de

Dr. Benedikt Korf
Department of Geography
University of Liverpool
GB-Liverpool L69 7ZT
B.korf@liv.ac.uk

Prof. Dr. Frauke Kraas
Institut für Geographie
Universität Köln
Albertus-Magnus-Platz
50923 Köln
f.kraas@uni-koeln.de

Dr. Thomas Krafft
Depatment für Geo- und
Umweltwissenschaften
LMU München
Luisenstr. 37
80333 München
t.krafft@iggf.geo.uni-muenchen.de

Prof. Dr. Stefan Krätke
Wirtschafts- und Sozialgeographie
Europa-Universität Viadrina
Große Scharrnstr. 59
15230 Frankfurt (Oder)
wisogeo@euv-frankfurt-o.de

Dipl.-Geogr. Karsten Krüger
Geographisches Institut
Universität Kiel
Ludewig-Meyn-Str. 14
24098 Kiel
krueger@geographie.uni-kiel.de

Prof. Dr. Elmar Kulke
Geographisches Institut
HU Berlin
Rudower Chaussee 16
12489 Berlin
elmar.kulke@geo.hu-berlin.de

Noemi Lana-Renault
Instituto Pirenaico de Ecología
Apartado 202
Campus de Aula Dei
E-50080 Zaragoza
noemi@ipe.csic.es

Dr. Martin Lanzendorf
Department Stadtökologie,
Umweltplanung und Verkehr
Umweltforschungszentrum
Leipzig-Halle
Permoserstr. 15
04318 Leipzig
martin.lanzendorf@ufz.de

Dr. Teodoro Lasanta
Instituto Pirenaico de Ecología
Apartado 202
Campus de Aula Dei
E-50080 Zaragoza
fm@ipe.csic.es

Dr. Jérôme Latron
Instituto Pirenaico de Ecología
Apartado 202
Campus de Aula Dei
E-50080 Zaragoza
jlatron@ija.csic.es

Dr. Gustav Lebhart
Direktion Bevölkerung
Bundesanstalt Statistik Österreich
Guglgasse 13
A-1110 Wien
Gustav.Lebhart@statistik.gv.at

Prof. Dr. Sebastian Lentz
Leibniz-Institut für Länderkunde
Schongauerstr. 9
04329 Leipzig
S_Lentz@ifl-leipzig.de

José López-Moreno
Instituto Pirenaico de Ecología
Campus de Aula Dei
E-50080 Zaragoza

Dr. Thomas Ludemann
Intitut für Biologie
Universität Freiburg
Schänzlestr. 1
79104 Freiburg
thomas.ludemann@biologie.uni-freiburg.de

Prof. Dr. Ralf Ludwig
Geographisches Institut
Universität Kiel
Ludewig-Meyn-Str. 14
24098 Kiel
ludwig@geographie.uni-kiel.de

PD Dr. Jürg Luterbacher
Geographisches Institut
Universität Bern
Hallerstr. 12
CH-3012 Bern
juerg@giub.unibe.ch

Sebastian Mader
Fachbereich Geographie/
Geowissenschaften
Universität Trier
54286 Trier
made6101@trier.de

Dr. Carlos Martí-Bono
Instituto Pirenaico de Ecología
Apartado 202
Campus de Aula Dei
E-50080 Zaragoza
cmarti@ipe.csic.es

Prof. Dr. Wolfram Mauser
Department für Geographie und
Umweltwissenschaften
LMU München
Luisenstr. 37
80333 München
w.mauser@iggf.geo.uni-muenchen.de

Dr. Heidi Megerle
Geographisches Institut
Universität Tübingen
Hölderlinstr. 12
72074 Tübingen
heidi.megerle@uni-tuebingen.de

Prof. Dr. Manfred Meurer
Institut für Geographie und
Geoökologie
Universität Karlsruhe
Kaiserstr. 12
76128 Karlsruhe
Manfred.Meurer@ifgg.uka.de

Dr. Christiane Meyer
Fachbereich Geographie/
Geowissenschaften
Universität Trier
Campus II
54286 Trier
meyerc@uni-trier.de

Prof. Dr. Günter Meyer
Geographisches Institut
Universität Mainz
55099 Main
g.meyer@geo.uni-mainz.de

Dr. Andreas Mieth
Ökologie-Zentrum
Universität Kiel
Olshausenstr. 75
24098 Kiel
hrbork@ecology.uni-kiel.de

Dr. Anders Moberg
Department of Meteorology
Stockholms Universitet
SE-106 91 Stockholm
anders.moberg@misu.su.se

Prof. Dr. Heiner Monheim
Fachbereich Geographie/
Geowissenschaften
Universität Trier
Campus II
54296 Trier
monheim@uni-trier.de

Prof. Dr. Thomas Mosimann
Institut für Physische Geographie
und Landschaftsökologie
Universität Hannover
Schneiderberg 50
30167 Hannover
mosimann@geog.uni-hannover.de

Dr. Andreas Müller
Fachbereich Geographie/
Geowissenschaften
Universität Trier
Campus II
54286 Trier
muellera@uni-trier.de

Dr. Felix Müller
Ökologie-Zentrum
Universität Kiel
Olshausenstr. 75
24118 Kiel
fmueller@ecology.uni-kiel.de

Estela Nadal Romero
Instituto Pirenaico de Ecología
Apartado 202
Campus de Aula Dei
E-50080 Zaragoza
estelanr@ipe.csic.es

Prof. Dr. Peter Nagel
Institut für Natur-, Landschafts-
und Umweltschutz/Biogeographie
Universität Basel
St. Johanns-Vorstadt 10
CH-4056 Basel
peter.nagel@unibas.ch

Dr. Cordula Neiberger
Fachbereich Geographie
Universität Marburg
Deutschhausstr. 10
35032 Marburg
neiberge@staff.uni-marburg.de

PD Dr. Marcus Nüsser
Geographisches Institut
Universität Bonn
Meckenheimer Allee 166
53001 Bonn
m.nuesser@uni-bonn.de

Prof. Dr. Gabi Obermaier
Didaktik der Geographie
Universität Bayreuth
Universitätsstr. 30
95440 Bayreuth
gabriele.obermaier@uni-bayreuth.de

Prof. Dr. Jürgen Oßenbrügge
Institut für Geographie
Universität Hamburg
Bundesstr. 55
20146 Hamburg
ossenbruegge@geowiss.uni-hamburg.de

Prof. Dr. Harald Pechlaner
Stifungslehrstuhl Tourismus
Universität Eichstätt-Ingolstadt
Pater-Philipp-Jeningen-Platz 2
85072 Eichstätt
harald.pechlaner@ku-eichstaett.de

PD Dr. Ralf Peveling
Institut für Natur-, Landschafts- und
Umweltschutz/Biogeographie
Universität Basel
St. Johanns-Vorstadt 10
CH-4056 Basel
ralf.peveling@unibas.ch

Prof. Dr. Jürgen Pohl
Geographisches Institut
Universität Bonn
Meckenheimer Allee 166
53115 Bonn
pohl@giub.uni-bonn.de

Prof. Dr. Heinz-Dieter Quack
Europäisches Tourismus Institut
Universität Trier
Palais Kesselstadt
Liebfrauenstr. 9
54290 Trier
hdquack@eti.de

Dr. Alexandra Raab
Institut für Bodenkunde
Universität Regensburg
Universitätsstr. 31
93053 Regensburg
alexandra.raab@geographie.uni-regensburg.de

PD Dr. Thomas Raab
Institut für Geschichte
Universität Regensburg
Universitätsstr. 31
93053 Regensburg
thomas.raab@geographie.uni-regensburg.de

Dr. David Regüés-Muñoz
Instituto Pirenaico de Ecología
Montañana 1005
E-50059 Zaragoza
dregues@ipe.csic.es

Prof. Dr. Sibylle Reinfried
Institut für Geogeographie und
ihre Didaktik
PH Ludwigsburg
Reuteallee 46
71634 Ludwigsburg
reinfried@ph-ludwigsburg.de

Prof. Dr. Ortwin Renn
DIALOGIK gGmbH
Seidenstr. 36
70174 Stuttgart
ortwin.renn@sowi.uni-stuttgart.de

Prof. Dr. Johannes Ries
Fachbereich Geographie/
Geowissenschaften
Universität Trier
Campus II
54286 Trier
riesj@uni-trier.de

Prof. Dr. Gisbert Rinschede
Lehrstuhl für Didaktik der
Geographie
Universität Regensburg
Universitätsstr. 31
93053 Regensburg
gisbert.rinschede@geographie.uni-regensburg.de

Dr. Achim Röder
Fachbereich Geographie/
Geowissenschaften
Universität Trier
Campus II
54286 Trier
roeder@uni-trier.de

Prof. Dr. Felizitas Romeiß-Stracke
Büro für Sozial- und
Freizeitforschung
Nederlingerstr. 30 a
80638 München
Felizitas-rs@web.de

Prof. Dr. Werner Rothengatter
Institut für Wirtschaftspolitik und
Wirtschaftsforschung
Universität Karlsruhe (TH)
Kollegium am Schloss, Bau II
76128 Karlsruhe
rothengatter@iww.uni-karlsruhe.de

Dr. Karl-Heinz Rother
Landesamt für Umwelt, Wasser-
wirtschaft und Gewerbeaufsicht
Rheinland-Pfalz
Kaiser-Friedrich-Str. 7
55116 Mainz
Karl.Rother@luwg.rlp.de

Prof. Dr. Ulrike Sailer
Fachbereich Geographie/
Geowissenschaften
Universität Trier
Campus II
54286 Trier
sailer@uni-trier.de

Dr. Cyrus Samimi
Institut für Geographie
Universität Erlangen-Nürnberg
Kochstr. 4/4
91054 Erlangen
csami@geographie.uni-erlangen.de

Prof. Dr. Eike W. Schamp
Institut für Wirtschafts- und
Sozialgeographie
Universität Frankfurt am Main
Robert-Mayer-Str. 6-8
60325 Frankfurt am Main
schamp@em.uni-frankfurt.de

Dipl.-Geograph Jörg Scheffer
Institut für Geographie
Universität Passau
Innstr. 40
94032 Passau
scheffer@uni-passau.de

Autoren und Herausgeber

Dipl.-Geogr. Jörg Scheithauer
Fakultät Forst-/Geo-/
Hydrowissenschaften
TU Dresden
Helmholtzstr. 10
joerg.scheithauer@mailbox.tu-dresden.de

Dr. Thomas Schmitt
Fachbereich Geographie/
Geowissenschaften
Universität Trier
Campus II
54286 Trier
thsh@uni-trier.de

Prof. Dr. Christoph Schneider
Geographisches Institut
RWTH Aachen
Templergraben 55
52056 Aachen
christoph.schneider@geo.rwth-aachen.de

Dr. Nicolas Schneider
Geographisches Institut
Universität Bern
Hallerstr. 12
CH-3012 Bern
nicolas.schneider@giub.unibe.ch

Johanna Schockemöhle
Institut für Didaktik der
Naturwissenschaften
Universität Vechta
Driverstr. 22
49377 Vechta
jschockemoehle@ispa.uni-vechta.de

Gundula Scholz, M. A.
Fachbereich Geographie/
Geowissenschaften
Universität Trier
Campus II
54286 Trier
gundula_ulrike.scholz@uni-trier.de

Helmut Schröer
Oberbürgermeister der Stadt Trier
Rathaus der Stadt Trier
Am Augustinerhof
54290 Trier
rathaus@trier.de

Jun. Prof. Dr. Petra Schweizer-Ries
Institut für Psychologie
Universität Magdeburg
Pfälzer Platz, Haus 24
39016 Magdeburg
petra.schweizer-ries@gse-w.uni-magdeburg.de

Prof. Dr. Peter Schwenkmezger
Präsident der Universität Trier
Universitätsring 15
54286 Trier
schwenkm@uni-trier.de

Pilar Serrano-Muela
Instituto Pirenaico de Ecología
Campus de Aula Dei
Apartado 202
E-50080 Zaragoza
pili@ipe.csic.es

Dr. Brice A. Sinsin
Faculté des Sciences
Agronomiques
Université d'Abomey-Calavi
01 BP 526 Cotonou (Bénin)
bsinsin@bj.refer.org

Prof. Dr. Dietrich Soyez
Institut für Geographie
Universität Köln
Albertus-Magnus-Platz
50923 Köln
d.soyez@uni-koeln.de

Dipl.-Geogr. Christian Steiner
Geographisches Institut
Universität Mainz
Becherweg 21
55128 Mainz
c.steiner@geo.uni-mainz.de

Dipl.-Geogr. Kay Sumfleth
Geographisches Institut
Universität Kiel
Ludewig-Meyn-Str. 14
24098 Kiel
sumfleth@geographie.uni-kiel.de

Prof. Dr. Walter Thomi
Institut für Geographie
Universität Halle-Wittenberg
Von-Seckendorff-Platz 4
06099 Halle (Saale)
walter.thomi@geo.uni-halle.de

Rainer Uphues
Institut für Didaktik der Geographie
Universität Münster
Robert-Koch Str. 26
48149 Münster
uphuesr@uni-muenster.de

Prof. Dr. Jörg Völkel
Institut für Geographie
Universität Regensburg
Universitätsstr. 31
93053 Regensburg
joerg.voelkel@geographie.uni-regensburg.de

Dr. Karin Vorauer-Mischer
Institut für Geographie
Universität Wien
Universitätsstr. 7
A-1010 Wien
karin.vorauer@univie.ac.at

Prof. Dr. Heinz Wanner
Geographisches Institut
Universität Bern
Hallerstr. 12
CH-3012 Bern
wanner@giub.unibe.ch

Prof. Dr. Anthony M. Warnes
Sheffield Institute for Studies on
Ageing (SISA)
University of Sheffield
Northumberland Road
GB-Sheffield S10 2TU
a.warnes@sheffield.ac.uk

Dr. Robert J. S. Wilson
School of GeoSciences
University of Edinburgh
West Mains Road
The King's Buildings
GB-Edinburgh EH9 3JW
rob.wilson@ed.ac.uk

Albrecht Wirthmann
Statistical Office of the European
Communities
European Commission
Luxembourg
Albrecht.Wirthmann@cec.eu.int

Dr. Peter Wittmann
Deutsche Gesellschaft für
Geographie/Leibniz-Institut für
Länderkunde
Schongauerstr. 9
04329 Leipzig
p_wittmann@ifl-leipzig.de

Prof. Dr. Harald Zepp
Geographisches Institut
Universität Bochum
Universitätsstr. 150
44780 Bochum
harald.zepp@rub.de